개념을 잡아 주는 **자율학습 기본서**

고등 **셀파**

통합사회

STRUCTURE | 고등 셀파 통합사회만의 학습 시스템

이 책의 **구성과 특징**

BOOK 1 개념 잡는 알집

🌱 교과서 내용 정리

❶ 빠른 핵심 체크
단원의 핵심 개념을 한눈에 볼 수 있도록 도표, 표 등으로 정리

❷ 교과서 핵심 개념 정리
핵심 개념을 중심으로 5종 교과서의 내용을 체계적으로 정리

🌱 이 자료 이렇게 해석하자!

❶ 핵심 자료와 셀파 길잡이
시험에 자주 활용되는 교과서의 주요 자료를 수록하고,
상세하게 설명

❷ 교과서 탐구 풀이
중요한 교과서 탐구 활동의 과제 풀이를 수록

❸ 교과서 자료 더 보기
다른 유형의 심화 자료를 수록

🌱 내신 실력 쌓기

❶ 개념 채우기
앞에서 정리한 교과서의 주요 내용을 깔끔하게 표로 정리하고,
빈칸 채우기로 주요 개념을 다시 확인

❷ 내신 객관식 및 서술형 문제
시험에 나올 만한 객관식 문제와 시험 출제율이 높아지고 있
는 서술형 문제로 집중 연습

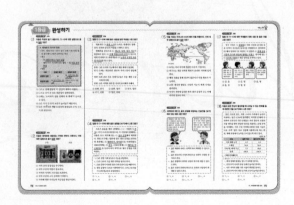

🌱 1등급 완성하기

부족한 2%를 채워 주는 고난도 문제를 수록하여 난이도 있는 내
신 문제와 모의고사 형태의 문제 대비

BOOK 2 | 딱 맞는 풀이집

🌱 딱 맞는 풀이

모든 문제에 대한 상세한 풀이, 자료를 분석하는 Self-Tip,
정답을 찾아가는 Self-Tip, 내 것으로 만드는 Self-Tip 등의
코너를 통한 친절한 해설 수록

BOOK 3 | 시험 대비 문제집

🌱 대단원 내용 정리

대단원의 내용을 표로 요약하여 정리하고,
빈칸 채우기로 주요 개념을 다시 확인

🌱 통합사회 예상 문제

실제 내신 시험 형태의 대단원 평가 문제를 수록

🌱 딱 맞는 풀이

통합사회 예상 문제에 대한 상세하고 친절한 해설 수록

Contents

이 책의 **차례**

영역 3 | 사회 변화와 공존

고등 셀파 통합사회

Self-study Partner

	천재교육	미래엔	비상	지학사	동아
	14 ~ 21	12 ~ 17	10 ~ 17	12 ~ 19	14 ~ 17
	22 ~ 29	18 ~ 23	18 ~ 25	20 ~ 27	18 ~ 25
	30 ~ 37	24 ~ 31	26 ~ 33	28 ~ 37	26 ~ 37
	42 ~ 53	36 ~ 45	38 ~ 47	42 ~ 51	42 ~ 49
	54 ~ 61	46 ~ 51	48 ~ 55	52 ~ 59	50 ~ 57
	62 ~ 69	52 ~ 59	56 ~ 63	60 ~ 69	58 ~ 65
	74 ~ 81	64 ~ 73	68 ~ 77	74 ~ 81	70 ~ 79
	82 ~ 99	74 ~ 89	78 ~ 93	82 ~ 99	80 ~ 93
	108 ~ 115	94 ~ 103	98 ~ 105	104 ~ 111	100 ~ 107
	116 ~ 127	104 ~ 111	106 ~ 113	112 ~ 119	108 ~ 115
	128 ~ 135	112 ~ 121	114 ~ 123	120 ~ 129	116 ~ 127
	140 ~ 147	126 ~ 133	128 ~ 135	134 ~ 141	132 ~ 141
	148 ~ 155	134 ~ 141	136 ~ 145	142 ~ 149	142 ~ 145
	156 ~ 165	142 ~ 151	146 ~ 153	150 ~ 157	146 ~ 153
	166 ~ 173	152 ~ 159	154 ~ 161	158 ~ 167	154 ~ 159
	178 ~ 183	164 ~ 169	166 ~ 173	172 ~ 179	164 ~ 167
	184 ~ 191	170 ~ 175	174 ~ 181	180 ~ 187	168 ~ 171
	192 ~ 199	176 ~ 187	182 ~ 191	188 ~ 197	172 ~ 183
	208 ~ 215	192 ~ 199	196 ~ 203	202 ~ 209	190 ~ 193
	216 ~ 223	200 ~ 209	204 ~ 211	210 ~ 217	194 ~ 201
	224 ~ 231	210 ~ 215	212 ~ 219	218 ~ 225	202 ~ 209
	232 ~ 239	216 ~ 223	220 ~ 227	226 ~ 235	210 ~ 217
	244 ~ 251	228 ~ 237	232 ~ 239	240 ~ 247	222 ~ 229
	252 ~ 259	238 ~ 245	240 ~ 247	248 ~ 255	230 ~ 237
	260 ~ 267	246 ~ 253	248 ~ 255	256 ~ 265	238 ~ 245
	272 ~ 279	258 ~ 265	266 ~ 269	270 ~ 277	250 ~ 259
	280 ~ 287	266 ~ 275	270 ~ 279	278 ~ 285	260 ~ 267
	288 ~ 295	276 ~ 283	280 ~ 287	286 ~ 295	268 ~ 273

I 인간, 사회, 환경과 행복

🌱 이 단원의 핵심 포인트 짚고 가기

단원	핵심 포인트
01 인간, 사회, 환경의 탐구와 통합적 관점	· 시간적, 공간적, 사회적, 윤리적 관점 · 통합적 관점의 필요성
02 행복의 의미와 기준	· 행복의 의미 · 동서양의 행복론 · 삶의 목적으로서 행복
03 행복한 삶을 실현하기 위한 조건	· 질 높은 정주 환경 · 경제적 안정 · 민주주의의 실현 · 도덕적으로 살아가고 성찰하는 자세

🌱 셀파와 내 교과서 단원 비교하기

인간, 사회, 환경을 이해하기 위해 어떤 시각을
가져야 하며, 행복한 삶을 위해 무엇이 필요한가?

삶의 목적으로서 행복을 실현하기 위한 여러 조건을 통합적 관점에서 이해한다.

01 인간, 사회, 환경의 탐구와 통합적 관점

1 인간, 사회, 환경을 바라보는 관점 자료 01

1. 시간적 관점

<용어> 주어진 대상 이외에 그 대상과 함께 제시된 모든 정보

의미	어떤 사회 현상이나 사건의 현재 모습을 있게 한 시대적 배경과 맥락을 살펴보는 것
특징	과거의 사실, 사건, 제도, 가치 등을 통해 현재 나타나고 있는 현상이나 문제를 이해하고 바람직한 해결 방안을 찾는 데 도움을 줌.

2. 공간적 관점

의미	사회 현상이나 인간 생활을 위치, 장소, 분포 패턴, 영역, 이동, 네트워크 등❶의 공간적 맥락에서 살펴보는 것
특징	지역 간의 차이를 이해하고, 사회 현상과 인간 생활에 대한 환경의 영향을 파악하는 데 도움을 줌.

3. 사회적 관점

의미	어떤 사회 현상이나 개인의 행위가 나타나게 된 배경을 사회 구조 및 사회 제도❷의 측면에서 분석하고 예측하며, 그 대안을 살펴보는 것
특징	사회 구조와 법·제도가 사회 현상에 미치는 영향을 파악하고, 정책 대안을 마련하는 데 도움을 줌.

4. 윤리적 관점

의미	어떤 인간의 행위가 도덕적 행위인지, 그 기준을 탐색하고 바람직한 삶의 모습을 살펴보는 것
특징	사회 현상을 도덕적 가치에 따라 평가하고 사회가 지향해야 할 규범적 방향과 가치를 설정하는 데 도움을 주며, 사회 문제의 바람직한 해결책을 모색하게 해 줌.

<용어> 마땅히 따르고 지켜야 할 본보기가 되는 것

자료 01 커피를 통해 살펴보는 다양한 관점의 특징

시간적 관점	공간적 관점
Q 커피 문화가 전 세계로 확산된 시대적 배경과 맥락은 무엇일까? **A** 18세기부터 본격적으로 유럽인이 플랜테이션 방식으로 커피를 재배하였고, 이후 선진국에서 커피 문화가 자리 잡았다. 지구촌을 시장으로 하는 커피 전문 기업들이 생겨나면서 전 세계로 커피 문화가 확산되었다.	**Q** 커피는 어느 지역에서 주로 생산되고 소비될까? **A** 커피는 대표적인 열대작물로, 주로 저위도의 개발 도상국에서 생산된다. 커피를 소비하는 국가는 대부분 소득 수준이 높은 선진국들이다.
사회적 관점	**윤리적 관점**
Q 우리나라 사람들이 커피를 많이 마시는 사회적 배경은 무엇일까? **A** 서구식 음식 문화가 보편화되어 커피를 자주 마시면서 커피 전문점이 많아졌고, 커피 전문점이 음료 시장에서 우위를 점하면서 사람들이 커피를 더 많이 선택하게 되었다.	**Q** 커피 생산·소비 과정에서 어떤 윤리적 문제가 나타나는가? **A** 커피 생산 과정에서는 아동이 노동 착취를 당하거나 생산자가 정당한 임금을 받지 못하는 문제가, 소비 과정에서는 소득 불평등이 커피 소비에 영향을 주는 문제가 나타난다.

셀/파/길/잡/이 커피를 다양한 관점에서 바라볼 수 있다. 커피 문화가 전 세계로 확산된 배경을 시간적 관점에서, 커피의 생산지와 소비지를 공간적 관점에서, 서구식 음식 문화가 보편화되면서 음료 시장에서 커피 전문점이 우위를 점하는 것을 사회적 관점에서, 커피 생산 및 소비 과정에서 나타나는 문제를 윤리적 관점에서 이해할 수 있다.

▶ 빠른 핵심 체크 ◀

인간, 사회, 환경을 바라보는 관점

시간적 관점	시대적 맥락을 토대로 사회 현상을 살펴보는 것
공간적 관점	공간 정보를 바탕으로 사회 현상을 공간적 맥락에서 살펴보는 것
사회적 관점	사회 구조 및 사회 제도의 영향력을 고려하여 사회 현상을 살펴보는 것
윤리적 관점	규범적 방향성과 가치를 고려하여 사회 현상을 살펴보는 것

❶ 다양한 공간 정보

장소	사람들이 의미 있게 만들어 온 공간으로, 개인마다 장소의 의미는 다름.
영역	어떤 집단이 점유하는 공간
네트워크	인구, 물자, 정보가 영역의 경계를 넘어 이동하며 형성된 관계

❷ 사회 구조와 사회 제도
- 사회 구조: 한 사회에서 개인이 일정한 행동을 하도록 정형화된 사회적 관계의 틀
- 사회 제도: 사회 구성원들의 원활한 상호 작용을 가능하게 해 주는 관습화된 절차 및 규범 체계

교과서 자료 더 보기 ✛

화장장 건설을 둘러싼 갈등

화장장은 꼭 필요한 공공시설이지만 기피 시설이어서, 화장장 건설을 둘러싼 갈등이 계속되고 있다.

- 시간적 관점: 과거에는 유교의 효 사상과 풍수 사상의 영향으로 대부분 매장을 하였으나, 산업화와 유교 문화의 쇠퇴 등으로 화장 문화가 확대되었다.
- 공간적 관점: 화장장은 오염 물질을 배출하므로 환경에 미치는 영향을 고려하여 입지를 선정해야 한다.
- 사회적 관점: 갈등을 해결하기 위해 법과 제도를 정비해야 한다.
- 윤리적 관점: 정부는 건설 예정지 주민에게 정당한 보상을 해야 하고, 주민은 사익뿐만 아니라 공익도 고려해야 한다.

2 통합적 관점의 필요성

1. 개별 관점을 통한 탐구의 한계 개별 관점만을 통해 탐구하면 다양한 요인들이 복잡하게 얽혀 나타나는 <u>사회 현상의 다양한 측면을 종합적으로 파악하기 어려움.</u>

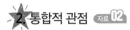 **2 통합적 관점** 자료02

└ **예** 어떤 물건의 일부만 만져 보면 그 물건의 특성을 종합적으로 파악하기 어려움.

의미	사회 현상을 탐구할 때 시간적·공간적·사회적·윤리적 관점을 모두 고려하여 통합적으로 살펴보는 것
필요성	• 다양한 측면에서 사회 현상을 종합적으로 이해할 수 있어, 인간과 사회에 대한 통찰력을 기를 수 있음. • 복잡한 사회 현상을 정확하고 깊이 있게 이해하고, 이를 바탕으로 문제에 대한 근본적인 해결책을 찾아 인류의 삶을 개선할 수 있음.

• **빠른 핵심 체크** •

통합적 관점

의미	사회 현상을 시간적·공간적·사회적·윤리적 관점을 모두 고려하여 통합적으로 살펴보는 것
필요성	사회 현상을 정확하고 종합적으로 이해하여, 문제의 근본적인 해결 방안을 모색할 수 있음.

자료 02 **통합탐구** 통합적 관점으로 살펴본 기후 변화

남태평양에 있는 키리바시, 투발루 등의 섬나라는 기후 변화에 따른 해수면 상승으로 국토가 바닷물에 잠길 위기에 처해 있다. 국제 사회는 기후 변화에 따른 피해를 막기 위해 파리 협정(2015년)과 같은 다양한 협약을 맺었지만, 남태평양 섬나라의 정상들은 선진국들의 더욱 적극적인 대처를 요구하고 있다. 기후 변화 문제를 아래 자료를 통해 다양한 관점에서 파악해 보자.

시간적 관점을 통해 본 기후 변화의 원인	공간적 관점을 통해 본 기후 변화에 따른 지역별 영향

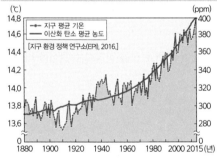

▲ 지구 평균 기온과 이산화 탄소 평균 농도의 변화

▲ 기후 변화에 따른 주요 지역의 변화

셀/파/길/잡/이 1880년 이후부터 현재까지의 흐름을 보면, 산업 혁명 이후 급속하게 산업화와 도시화가 진행되면서 화석 연료의 사용이 증가하여 이산화 탄소와 같은 온실가스가 다량으로 배출되었다. 온실가스의 배출은 지구 평균 기온을 상승하게 하여 기후 변화를 불러왔다.

셀/파/길/잡/이 현재 중국, 미국 등을 비롯한 상위 8개국이 전 세계 이산화 탄소 배출량의 60%를 차지하고 있지만, 이에 따른 피해는 전 세계 곳곳에서 발생하고 있다. 기온 상승에 따른 빙하 감소로 해수면이 상승하여 해안 저지대가 침수 위험에 처해 있다.

사회적 관점에서 본 기후 변화 문제의 해결 노력	윤리적 관점에서 본 기후 변화의 책임
기후 변화를 막기 위해 2015년에 체결된 파리 협정은 선진국에만 온실가스 감축 의무를 부여하고 일부 선진국이 이탈하였던 교토 의정서와는 달리 195개 협약 당사국 모두가 감축 목표를 지키도록 한 구속력 있는 협정이다.	기후 변화에 대한 책임은 오래전부터 온실가스를 많이 배출해 온 선진국이 더 많이 져야 한다. 또한 현세대는 기후 변화의 원인을 제공하였으므로, 미래 세대를 위해 책임 의식을 가지고 온실가스 배출량을 줄여 나가야 한다.

셀/파/길/잡/이 전 지구적인 기후 변화를 막기 위한 국제 사회의 노력에 따라 2015년에 체결된 파리 협정은 감축 목표를 지키도록 한 구속력이 있으므로 각 국가는 이를 준수하기 위해 노력해야 한다. 국제 사회 구성원의 행동은 국제 협약의 영향을 받기 때문이다.

셀/파/길/잡/이 기후 변화는 그 원인을 제공한 선진국 및 현세대와 피해를 크게 받았거나 받을 개발 도상국 및 미래 세대 간의 형평성과 책임 문제와 관련이 있다. 선진국은 개발 도상국의 피해를 배상해야 하고, 현세대는 미래 세대를 위해 온실가스 배출량을 줄여야 한다.

교과서 탐구 풀이 ✍

Q 기후 변화의 원인과 해결 방안을 통합적 관점에서 설명해 보자.

A 기후 변화는 18세기 산업 혁명 이후 산업화, 도시화로 온실가스의 배출량이 크게 늘어나면서 지구 평균 기온이 상승하여 나타났다.

국제 사회는 기후 변화를 막기 위해 교토 의정서를 체결하였지만, 개별 국가의 이해관계 충돌로 구속력 및 강제성이 없어 효과적이지 못했다.

최근에는 195개 국가가 기후 변화를 막기 위해 법적 구속력이 있는 파리 협정을 체결하여 온실가스 감축을 위해 노력하고 있다.

기후 변화 문제를 해결하기 위해서는 선진국과 현세대가 더 큰 책임감을 가지고 노력해야 한다. 기후 변화의 주범인 온실가스를 많이 배출한 국가들은 일찍이 공업화된 선진국이지만, 이에 따른 피해를 보는 지역은 전 세계 곳곳에 있으며 특히 개발 도상국이 많은 피해를 보기 때문이다. 또한 기후 변화에 대한 원인은 현세대가 제공하였지만, 피해는 미래 세대가 받게 될 가능성이 크므로 현세대가 적극적으로 온실가스 배출량을 줄여야 한다.

개념 채우기

1. 인간, 사회, 환경을 바라보는 관점

(❶) 관점	• 어떤 사회 현상이나 사건의 현재 모습을 있게 한 시대적 배경과 맥락을 살펴보는 것 • 과거의 사실, 사건, 제도, 가치 등을 통해 현재 나타나고 있는 현상이나 문제를 이해하고 바람직한 해결 방안을 찾는 데 도움을 줌.
(❷) 관점	• 사회 현상이나 인간 생활을 위치, 장소, 분포 패턴, 영역, 이동, 네트워크 등의 공간적 맥락에서 살펴보는 것 • 지역 간의 차이를 이해하고, 사회 현상과 인간 생활에 대한 환경의 영향을 파악하는 데 도움을 줌.
(❸) 관점	• 어떤 사회 현상이나 개인의 행위가 나타나게 된 배경을 사회 구조 및 사회 제도의 측면에서 분석하고 예측하며, 그 대안을 살펴보는 것 • 사회 구조와 법·제도가 사회 현상에 미치는 영향을 파악하고, 정책 대안을 마련하는 데 도움을 줌.
(❹) 관점	• 어떤 인간의 행위가 도덕적 행위인지, 그 기준을 탐색하고 바람직한 삶의 모습을 살펴보는 것 • 사회 현상을 도덕적 가치에 따라 평가하고 사회가 지향해야 할 규범적 방향과 가치를 설정하는 데 도움을 주며, 사회 문제의 바람직한 해결책을 모색하게 해 줌.

2. 통합적 관점

의미	사회 현상을 탐구할 때 시간적·공간적·사회적·윤리적 관점을 모두 고려하여 (❺)으로 살펴보는 것
필요성	• 다양한 측면에서 사회 현상을 종합적으로 이해할 수 있어 인간과 사회에 대한 통찰력을 기를 수 있음. • 복잡한 사회 현상을 정확하고 깊이 있게 이해하고, 이를 바탕으로 문제에 대한 근본적인 해결책을 찾아 인류의 삶을 개선할 수 있음.

답 | ❶ 시간적 ❷ 공간적 ❸ 사회적 ❹ 윤리적 ❺ 통합적

---

1 인간, 사회, 환경을 바라보는 관점

01 다음 자료는 특정 관점을 토대로 커피에 대해 이야기하고 있다. 이 관점에 해당하는 것은?

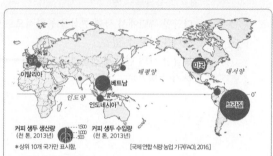

▲ 커피의 생산과 수입

커피 생두 생산량 (천 톤, 2013년) — 1500 — 1000 — 500
커피 생두 수입량 (천 톤, 2013년)
*상위 10개국만 표시함.
[국제 연합 식량 농업 기구(FAO), 2016.]

커피는 주로 저위도 지역의 개발 도상국에서 생산되고, 여러 유통 단계를 거쳐 이동하여 대부분 선진국으로 수입된다.

① 시간적 관점   ② 사회적 관점   ③ 공간적 관점
④ 윤리적 관점   ⑤ 철학적 관점

★02 (가), (나) 글에서 사회 현상을 바라보는 관점을 바르게 연결한 것은?

(가) 일본은 독도가 자국의 영토라는 왜곡된 주장을 계속하고 있다. 그러나 독도가 우리의 고유 영토라는 사실은 《삼국사기》(1145년), 《팔도총도》(1531년) 등 옛 문헌과 지도에서 확인되고 있다. 1877년 일본의 최고 행정 기관인 태정관은 "독도는 일본과 관계없다는 사실을 명심하라."라고도 하였다.
　　　　　　－ 동북아역사재단, 《우리 땅 독도를 만나다》 －

(나) 커피 한 잔의 가격에서 커피 생산자의 수익이 차지하는 비중은 1%가 채 안 된다. 이러한 부정의 함을 바로 잡기 위해, 생산자가 정당한 임금을 받을 수 있도록 *공정 무역 커피를 소비해야 한다.

*공정 무역 개발 도상국에서 생산하는 제품에 정당한 가격을 지급하여, 생산자가 경제적으로 자립할 수 있도록 해 주는 무역 방식

	(가)	(나)
①	시간적 관점	공간적 관점
②	시간적 관점	윤리적 관점
③	사회적 관점	공간적 관점
④	사회적 관점	윤리적 관점
⑤	윤리적 관점	공간적 관점

03 다음 글을 토대로 밑줄 친 ㉠ 현상을 평가한 내용으로 가장 적절한 것은?

> ㉠ 은어 문화는 빠른 속도를 추구하는 정보화 사회, 재미를 중요시하는 대중문화의 모습이 반영된 것일 수 있다. 청소년들은 주위 친구들이 모두 은어를 사용하면 그 집단에 속하기 위해서 은어를 쓸 수밖에 없다.

① 도덕적이지 못한 문화이다.
② 사회 구조의 영향을 받았다.
③ 통합적으로 바라본 결과이다.
④ 규범적 방향성에 초점을 둔 문화이다.
⑤ 공간적 관점을 통해서 이해될 수 있다.

★04 다음의 관점을 토대로 우리나라의 고령화 현상을 탐구한 학생은?

> 인간의 행위가 도덕적 차원에서 인정받기 위한 기준을 탐색하고 바람직한 삶의 모습을 살펴보고자 한다.

① 은주: 고령화로 노년 부양비가 증가해서 사회 복지 부담도 함께 늘어나고 있어.
② 소민: 노인 부양은 가족뿐만 아니라 정부와 사회가 함께 노력해야 한다는 가치관이 퍼져야 해.
③ 보람: 산업화 과정에서 산아 제한 정책이 추진되고, 평균 수명이 증가하면서 고령화가 진행되었어.
④ 이현: 고령화가 진행되면서 정부는 노인들의 경제 활동을 지원하기 위해 다양한 제도를 마련하고 있어.
⑤ 혜란: 젊은 층이 더 나은 경제적 기회를 찾아 도시로 나가면서, 농촌의 고령 인구 비율이 도시보다 높게 나타나.

05 다음 질문의 댓글을 작성한 사람의 직업으로 가장 적절한 것은?

> ◎ 전 세계의 아동 노동 실태를 조사하고 싶어요. 어떤 주제를 조사하면 될까요?
> Ⓐ 세계 어느 곳에서 아동 노동이 이루어지고 있는지, 해당 국가의 위치와 자연적·인문적 특징은 무엇인지 조사해 보세요.

① 역사학자　② 사회학자　③ 생물학자
④ 윤리학자　⑤ 지리학자

06 (가)~(라)는 각각 시간적, 공간적, 사회적, 윤리적 관점 중 하나를 토대로 화장장 건설을 둘러싼 갈등의 주요 탐구 과제를 선정한 것이다. 각 과제를 수행하기 위한 방법에 대한 설명으로 적절하지 **않은** 것은?

> (가) 화장장 건설에 최적의 입지 조건은 무엇인가?
> (나) 우리나라의 장례 문화는 역사적으로 어떻게 바뀌었나?
> (다) 화장장 건설에 따른 문제를 해결하기 위해 어떤 법과 제도가 필요한가?
> (라) 화장장 건설을 둘러싼 갈등을 해결하기 위해 시민으로서 어떤 태도를 가져야 하는가?

① (가): 화장장 건설 예정지의 공간 정보를 분석한다.
② (가): 화장장이 지역의 환경에 미치는 영향을 조사한다.
③ (나): 산업화 이전과 이후의 화장률을 비교한다.
④ (다): 문제 해결을 위해 개인적으로 할 수 있는 방법을 조사한다.
⑤ (라): 공익과 사익을 어떻게 조화롭게 추구해 나갈 수 있는지 토론한다.

2 통합적 관점의 필요성

★07 다음 글의 밑줄 친 ㉠~㉣에 대한 설명으로 적절한 내용을 〈보기〉에서 고른 것은? (단, ㉡~㉣은 각각 시간적, 공간적, 윤리적 관점 중 하나를 드러낸다.)

> 우리나라 지역 축제의 문제점은 ㉠ 통합적 관점에서 살펴보아야 한다. 즉, ㉡ 역사적으로 지역 축제가 어떤 의미를 가져왔으며 현재의 지역 축제는 어떤 활동에 초점이 맞춰져 있는지, ㉢ 지역의 공간 정보가 잘 드러나는지, 예산만 낭비되고 실패를 거듭하지는 않는지, ㉣ 축제를 즐기지 못하고 소외되는 이웃은 없는지 등을 종합적으로 살펴보아야 한다.

┤ 보기 ├
ㄱ. ㉠: 복잡한 사회 현상을 종합적으로 깊이 있게 이해하게 해 준다.
ㄴ. ㉡: 현재의 지역 축제를 만든 사회 구조 및 사회 제도를 분석하는 것이다.
ㄷ. ㉢: 지역 축제의 지금의 모습을 있게 한 시대적 배경이 잘 반영되었는지 확인하는 것이다.
ㄹ. ㉣: 축제는 여러 사람이 함께 즐겁게 참여하는 것을 전제로 한다.

① ㄱ, ㄴ　② ㄱ, ㄹ　③ ㄴ, ㄷ　④ ㄴ, ㄹ　⑤ ㄷ, ㄹ

08 다음 글의 밑줄 친 '통합적 관점'이 필요한 이유로 가장 적절한 것을 〈보기〉에서 고른 것은?

> 인간, 사회, 환경의 탐구를 위해서는 시간적 관점, 공간적 관점, 사회적 관점, 윤리적 관점을 모두 고려하는 <u>통합적 관점</u>이 필요하다.

┤ 보기 ├

ㄱ. 개별 관점으로 보는 것이 보다 효율적이기 때문이다.
ㄴ. 시대적 배경을 파악하는 것이 가장 중요하기 때문이다.
ㄷ. 사회 현상을 바라보는 종합적인 통찰력을 기를 수 있기 때문이다.
ㄹ. 사회 현상은 복잡하고 다양한 측면의 요인이 뒤섞여 나타나기 때문이다.

① ㄱ, ㄴ   ② ㄱ, ㄷ   ③ ㄴ, ㄷ
④ ㄴ, ㄹ   ⑤ ㄷ, ㄹ

★ 통합탐구
09 다음 기후 변화 문제를 다양한 관점에서 분석한 학생들의 대화 내용 중 옳은 내용을 말한 학생을 고른 것은?

> 기후 변화는 자연적인 현상이지만, 산업 혁명 이후 공장이 많아지고 자동차가 늘어나 이산화 탄소의 배출량이 급격하게 증가하면서 변화 속도가 빨라졌다. 이산화 탄소를 많이 배출한 국가는 주로 공업화를 이룬 선진국이지만, 이에 따른 피해는 전 지구적으로 나타나고 있다. 국제 사회는 이러한 기후 변화를 막기 위해 여러 가지 협정을 맺어 탄소 배출량을 줄여 나가고 있다. 또한 선진국이 피해를 입은 개발 도상국을 위해 온실가스 배출량을 줄여 나가야 한다는 의견이 공감을 받고 있다.

> 지훈: 기후 변화에 따른 피해는 개발 도상국에서만 나타나.
> 종현: 기후 변화는 시간적 관점으로 보면 산업 혁명 이후부터 심화되었어.
> 민기: 선진국은 책임 의식을 가지고 피해를 보상하고 온실가스 배출량을 줄여야 해.
> 영민: 국제 사회가 맺은 협정은 국제 사회 구성원들에게 별다른 영향력을 행사하지 못해.

① 지훈, 종현   ② 지훈, 민기   ③ 종현, 민기
④ 종현, 영민   ⑤ 민기, 영민

10 다음은 교통 혼잡의 원인 및 이 문제의 해결과 관련하여 다양한 관점에서 선정한 탐구 주제이다. 이를 보고 물음에 답하시오.

> (가) 교통 신호 체계에 문제가 있는 것일까?
> (나) 과거에도 이렇게 교통 혼잡이 심했을까?
> (다) 교통 혼잡이 도심에서 심한 이유는 무엇일까?
> (라) 운전자의 교통질서 의식 수준이 낮은 것은 아닐까?

(1) (가)~(라)가 의미하는 관점을 각각 쓰시오.(단, (가)~(라)는 각각 시간적, 공간적, 사회적, 윤리적 관점 중 하나임.)

(2) (가)~(라) 관점이 사회 현상을 어떤 측면에서 바라보는지 그 특징을 간략하게 서술하시오.

11 다음 글을 참고하여 사회 현상을 제대로 이해하기 위해 요구되는 관점이 무엇인지 쓰고, 이와 같은 관점이 필요한 이유를 서술하시오.

> 과거에 어느 왕이 코끼리 한 마리를 끌고 와서 여러 명의 맹인들에게 만져 보도록 하였다. 왕은 맹인들에게 코끼리가 무엇과 비슷한지 물었다. 그러자 상아를 만진 사람은 코끼리의 모양이 무와 같다 하였고, 다리를 만진 사람은 통나무와 같다 하였으며 꼬리를 만진 사람은 새끼줄과 같다고 하였다.

1등급 완성하기

01 갑, 을이 우리나라의 고령화 현상을 바라보는 관점에 대한 옳은 설명을 〈보기〉에서 고른 것은?

> 고령화 현상은 도시보다 촌락에서 훨씬 심해. 청장년층이 더 나은 취업 기회를 찾아 도시로 가면서 촌락의 노인 인구 비율이 훨씬 높게 나타나기 때문이지.

> 고령화가 진행되면서 노년 부양비는 점점 증가하고 있어. 그래서 노인 부양을 위한 우리 사회의 사회 복지 부담도 함께 크게 늘어나고 있어.

갑

을

┤ 보기 ├
ㄱ. 갑은 위치, 장소, 네트워크 등 공간적 맥락을 살펴보고 있다.
ㄴ. 갑은 우리 사회가 어떤 가치나 규범을 지향해야 하는지를 살펴보고 있다.
ㄷ. 을은 사건의 현재 모습을 있게 한 시대적 상황을 살펴보고 있다.
ㄹ. 을은 사회 구조나 사회 제도의 측면에서 사회 현상을 이해하고 있다.

① ㄱ, ㄷ ② ㄱ, ㄹ ③ ㄴ, ㄷ
④ ㄴ, ㄹ ⑤ ㄷ, ㄹ

02 밑줄 친 ㉠~㉢과 관련된 관점으로 가장 적절한 것은?

> 기후 변화가 심해지고 있다. 기후 변화의 주범인 ㉠ 이산화 탄소의 평균 농도는 산업화 이후 급격하게 증가해, 1900년 290ppm에서 2000년 370ppm 수준으로 늘었다. 같은 기간 지구의 기온은 약 0.8℃ 정도 상승했다. 그 결과 ㉡ 고위도 지역과 고산 지대는 빙하가 녹고, 해안 저지대는 해수면 상승으로 침수와 같은 재해가 나타나며, 일부 섬나라는 삶의 터전을 상실하여 기후 난민이 발생할 위험에 처해 있다. 이에 따라 세계 여러 국가들은 ㉢ 기후 변화에 따른 심각성을 인지하고 기후 협약을 체결하였다. 그러나 ㉣ 선진국과 개발 도상국 간의 형평성 문제로 ㉤ 개발 도상국에서는 기후 변화에 대한 선진국들의 즉각적인 책임을 촉구하였다.

① ㉠: 통합적 관점
② ㉡: 시간적 관점
③ ㉢: 공간적 관점
④ ㉣: 윤리적 관점
⑤ ㉤: 문학적 관점

03 ㉠에 들어갈 관점에 대한 옳은 설명을 〈보기〉에서 고른 것은?

> 에스파냐의 '레알 마드리드'와 'FC 바르셀로나'의 라이벌 경기인 '엘 클라시코'는 가장 인기 있는 축구 경기이다. 이 현상은 (㉠)에서 이해해야 한다. 바르셀로나가 속한 카탈루냐 지역은 15세기에 마드리드 등이 포함된 에스파냐에 강제로 통합되었다. 특히 20세기 초 독재자 프랑코가 수도 마드리드의 축구팀 '레알 마드리드'를 지지하고 'FC 바르셀로나'를 탄압하자 카탈루냐 주민들의 감정이 크게 상해 현재와 같은 '축구 전쟁'이 탄생하게 된 것이다.

┤ 보기 ├
ㄱ. 당시의 시대적 상황을 이해할 수 있는 관점이다.
ㄴ. 어떤 가치나 규범을 지향해야 하는지 살펴본다.
ㄷ. 과거의 자취를 따라가 현재와 관련지어 의미를 부여할 수 있다.
ㄹ. 자유와 평화, 정의와 같은 인류의 보편적 가치를 추구할 수 있다.

① ㄱ, ㄴ ② ㄱ, ㄷ ③ ㄴ, ㄷ ④ ㄴ, ㄹ ⑤ ㄷ, ㄹ

04 다음 추모 공원 입지 선정 문제의 원인과 해결 방안을 찾기 위한 ㉠~㉣ 활동의 방향으로 적절하지 않은 것은?

> 현수: 경기도 ○○시가 추모 공원을 만들려고 했는데, 건설 예정지 인근의 △△시 주민이 이를 반대해서 심각한 갈등이 나타났다는 뉴스를 봤어.
> 성주: ㉠ 왜 묘지를 만들지 않고 추모 공원을 조성하는 거지? 다양한 관점에서 조사해 봐야겠어.
> 경민: ㉡ △△시 주민이 추모 공원 조성을 반대하는 이유는 정당한가? ㉢ 추모 공원의 입지를 결정할 때는 입지 타당성 조사를 거쳤을 텐데. 왜 반대하지?
> 찬용: ㉣ 이러한 갈등을 해결하려면 어떻게 해야 할까? 잘 해결된 사례가 있는지 조사해 봐야겠어.

① ㉠: 우리나라 장례 문화의 역사적 변천 과정을 조사한다.
② ㉠: 장례 문화가 바뀌는 데에 영향을 미친 법이나 제도를 조사한다.
③ ㉡: 사회 공공의 이익을 위해 △△시 주민의 이익을 희생시킬 수 있는 근거를 마련한다.
④ ㉢: 추모 공원 설립 예정지의 공간 특성을 분석한다.
⑤ ㉣: 다양한 관점을 고려하여 공익과 사익이 조화된 사례를 찾는다.

02 행복의 의미와 기준

1 행복의 의미와 다양한 기준 자료 01

1. 행복의 의미

(1) **행복의 일반적 의미** 생활에서 충분한 만족과 기쁨을 느껴 흐뭇한 상태

(2) **행복에 대한 다양한 입장❶**

① 아리스토텔레스 "행복은 삶의 궁극적 목적이며, 참된 행복은 이성의 기능을 잘 발휘할 때 달성된다."
└ 용어 더할 나위 없는 지경에 도달하는 것

② 석가모니 생로병사(生老病死)의 괴로움을 벗어난 상태

2. 행복의 기준
└ 분석 동시대를 살아가거나 비슷한 환경에 놓인 사람들은 행복의 기준을 공유하기도 하지만, 대개 시대적 상황이나 지역적 여건에 따라 다르게 나타남.

(1) **시대적 상황에 따른 행복의 기준**

선사 시대	생존을 위해 식량을 확보하고 외부의 위협으로부터 안전하게 사는 것
고대 그리스	이성의 기능을 잘 발휘하여 지혜와 덕을 얻는 것
헬레니즘	• 전쟁과 사회적 혼란에 따른 불안에서 벗어나 마음의 평온을 얻는 것 • 에피쿠로스학파: 육체의 고통이 없고 마음에 불안이 없는 평온한 삶 • 스토아학파: 정념에 방해받지 않는 초연한 태도로 자연의 질서에 따라 사는 것
서양 중세	신앙을 통해 영원하고 완전한 존재인 신과 하나가 되고 구원받는 것
근대 이후	인간의 기본적 권리 보장 및 자유와 평등을 실현하는 것
오늘날	물질적 풍요뿐만 아니라, 건강, 일과 취미, 인간관계, 사회 복지 등 행복의 기준이 과거보다 훨씬 복잡하고 다양해짐.

(2) **지역적 여건에 따른 행복의 기준** 자료 02

① **자연환경❷** 기후와 지형 등 주어지는 환경에서 얻을 수 있는 것에 행복을 느끼거나, 반대로 환경의 결핍을 채우는 것이 행복의 중요한 기준이 됨.

② **인문 환경** 종교, 문화, 산업 등 인문 환경에 따라 행복의 기준이 달라질 수 있음.
└ 예 • 차별이나 구속이 있는 지역: 인간으로서의 자유를 누리는 것
　　• 갈등과 분쟁이 심한 지역: 정치적 안정과 평화를 달성하는 것
　　• 종교적 영향이 큰 지역: 종교의 교리에 따라 살아가는 것

2 삶의 목적과 진정한 행복

1. 삶의 목적으로서의 행복❸

(1) 사람들이 추구하는 삶의 다양한 목표나 가치는 행복을 위한 수단에 불과함.

(2) 행복의 기준은 다양하지만, 결국 궁극적으로 추구하는 삶의 목적은 행복임.

2. 진정한 행복 자료 03

(1) **진정한 행복의 의미** 일시적·감각적 즐거움이라기보다 지속적이고 정신적인 즐거움

(2) **진정한 행복을 위한 노력**

물질적·정신적 가치의 조화	물질적 욕망을 인정하고 절제하면서 정신적 가치를 함께 추구해야 함. 분석 객관적 기준(주거, 소득, 수명 등)뿐만 아니라 주관적 기준(삶의 만족감 등)까지 충족되어야 함.
의미 있는 목표의 설정과 추구	의미 있는 목표를 설정하고 이를 달성하고자 노력해야 함.
개인적·사회적 측면 고려	개인이 느끼는 주관적 만족감과 사회의 구성원으로서 누리는 사회적 여건을 함께 중시해야 함.
자기 삶에 만족하고 성찰하는 태도	자신이 처해 있는 삶의 조건을 타인과 비교하지 않고, 자기 삶에 대해 성찰해야 함.

▶ 빠른 핵심 체크 ◀

행복의 기준에 영향을 미치는 요인
┌ 시대적 상황
└ 지역적 여건(자연환경, 인문 환경)

❶ 동양의 행복론

유교	하늘로부터 부여받은 도덕적 본성을 보존하고 함양하면서 다른 사람과 더불어 살아가며 인(仁)을 실현하는 것
불교	청정한 불성(佛性)을 바탕으로 '나'라는 의식을 벗어 버리기 위한 수행과 고통받는 중생을 구제하는 실천을 통해 해탈의 경지에 이르는 것
도가	타고난 그대로의 본성에 따라 인위적인 것이 더해지지 않은 자연 그대로의 모습으로 살아가는 것

❷ 자연환경에 따른 행복의 기준의 예
마실 물이 부족한 건조 기후 지역에서는 생존에 필요한 깨끗한 물을 확보하는 것이, 일조량이 부족한 북유럽 지역에서는 햇볕을 쬘 수 있는 것이, 척박한 기후로 기아와 질병에 시달리는 지역에서는 굶주림 없이 질병 치료를 받는 등 의식주를 확보하고 의료 혜택을 누리는 것이 행복의 기준이 될 수 있다.

▶ 빠른 핵심 체크 ◀

행복한 삶을 추구하기 위한 노력
┌ 물질적·정신적 가치의 조화
├ 의미 있는 목표의 설정과 추구
├ 개인적·사회적 측면 고려
└ 자족하고 성찰하는 태도

❸ 삶의 궁극적 목적
고대 그리스의 철학자 아리스토텔레스는 "이 세상의 모든 존재는 목적이 있다. 인간이 추구하는 궁극적인 목적은 행복이다."라고 말하였다.

이 자료 이렇게 해석하자!

자료 01 디오게네스(Diogenes)의 행복

고대 철학자 디오게네스는 금욕과 자족을 행복으로 여기며, 나무통을 집 삼아 평생을 가난하게 생활하였다. 어느 날, 콩깍지를 삶아 먹으려던 그의 앞에 왕궁에 들어가 호의호식하며 지내던 동료 철학자 아리스티포스(Aristippos)가 찾아왔다.

쯧쯧, 왕한테 가서 고개를 숙이면 콩깍지를 삶아 먹지 않아도 될 텐데.

쯧쯧, 콩깍지를 삶아 먹는 것만 배우면 그렇게 굽실거리며 살지 않아도 될 텐데.

자료 02 통합탐구 고대 그리스인과 고대 중국인의 행복관 비교

고대 그리스인은 개인의 자율성에 대한 신념을 지니고 있었다. 이러한 생각은 행복에 대한 그들의 정의에도 뚜렷이 나타난다. 그리스인이 정의하는 행복이란 '아무런 제약이 없는 상태에서 자신의 능력을 최대한 발휘하여 탁월성을 추구하는 것'이었다.

고대 중국인들은 조화로운 인간관계를 중요하게 여겼다. 어릴 때부터 자신이 어떤 집단의 구성원, 특히 가족의 구성원이라는 점을 가장 중요한 사실로 교육받았다. 또한, 주변 환경을 자신에 맞추어 바꾸기보다는 자신을 주변 환경에 맞추도록 수양하는 일을 중시하였다. 중국인에게 행복이란 '화목한 인간관계를 맺고 평범하게 사는 것'이었다.

이 때문에 그리스의 꽃병이나 술잔에는 전투나 육상 경기처럼 개인들이 경쟁하는 모습이 그려져 있는 데 비해, 중국의 도자기나 화폭에는 가족의 일상이나 농촌의 한가로운 정경이 자주 등장한다.

– 리처드 니스벳, 《생각의 지도》 –

셀/파/길/잡/이 고대 그리스인은 개방적인 해양 무역을 통해 일찍이 다른 세계의 존재를 알았고, 도시 국가 속에서 자신의 삶을 스스로 통제할 수 있다는 믿음이 있었다. 이와 달리, 고대 중국인은 노동 집약적인 농업을 통해 문화 동질성을 키워 나갔고, 중앙 집권적 사회 속에서 자신의 존재를 타인과의 관계 및 자신에게 부여되는 역할을 통해 확인하였다. 이러한 자연환경과 인문 환경의 차이로 고대 그리스인과 고대 중국인은 서로 다른 행복관을 지니게 되었다고 볼 수 있다.

자료 03 진정한 행복

행복은 비교를 모른다
박노해

나의 행복은 비교를 모르는 것
나의 불행은 남과 비교하는 것

남보다 내가 앞섰다고 미소 지을 때
불행은 등 뒤에서 검은 미소를 지으니

이 아득한 우주에 하나뿐인 나는
오직 하나의 비교만이 있을 뿐

어제의 나보다 좋아지고 있는가
어제의 나보다 더 지혜로워지고
어제보다 더 깊어지고 성숙하고 있는가

나의 행복은 하나뿐인 잣대에서 자유로워지는 것
나의 불행은 세상의 칭찬과 비난에 울고 웃는 것

셀/파/길/잡/이 • 진정한 행복은 타인과의 비교에서 얻어지는 것이 아니라, 자기 삶에 만족하며 충실히 살아가면서 날마다 더 나은 나로 성숙해지기 위해 부단히 노력하는 자아실현의 과정에서 얻어진다.
• 진정한 행복은 세상이 만들어 놓은 기준과 잣대에 따라 살아가는 삶에서는 찾기 어렵다. 이러한 기준과 잣대에 따라 살아간다면 오히려 불행해질 수 있다.

개념 채우기

1. 행복의 의미

(❶)의 일반적 의미	생활에서 충분한 만족과 기쁨을 느껴 흐뭇한 상태

2. 시대에 따른 행복의 기준

선사 시대	생존을 위해 식량을 확보하고 외부의 위협으로부터 안전하게 사는 것
고대 그리스	이성의 기능을 잘 발휘하여 지혜와 덕을 얻는 것
헬레니즘	전쟁과 사회적 혼란에 따른 불안에서 벗어나 마음의 평온을 얻는 것
서양 중세	신앙을 통해 영원하고 완전한 존재인 신과 하나가 되고 구원받는 것
근대 이후	인간의 기본적 권리 보장 및 자유와 평등을 실현하는 것
오늘날	물질적 풍요뿐만 아니라, 건강, 일과 취미, 인간관계, 사회 복지 등 행복의 (❷)이 과거보다 훨씬 복잡하고 다양해짐.

3. 지역에 따른 행복의 기준

자연 환경	• 마실 물이 부족한 건조 기후 지역: 생존에 필요한 깨끗한 물을 확보하는 것 • 일조량이 부족한 북유럽 지역: 햇볕을 쬘 수 있는 것 • 척박한 기후로 기아와 질병에 시달리는 지역: 의식주를 확보하고 의료 혜택을 누리는 것
인문 환경	• 차별이나 구속이 있는 지역: 인간으로서의 (❸)를 누리는 것 • 갈등과 분쟁이 심한 지역: 정치적 안정과 평화를 달성하는 것 • 종교적 영향이 큰 지역: 종교의 교리에 따라 살아가는 것

4. 삶의 목적과 행복한 삶

삶의 목적으로서의 행복	• 사람들이 추구하는 다양한 목표나 가치는 행복을 위한 수단임. • 삶의 모습과 행복의 기준은 다양하지만, 결국 궁극적으로 추구하는 삶의 목적은 행복임.
진정한 행복을 위한 노력	• 물질적 가치와 정신적 가치의 조화 • 의미 있는 (❹)의 설정과 추구 • 개인적 측면과 사회적 측면 고려 • 자기 삶에 만족하고 성찰하는 태도

답 | ❶ 인간의 ❷ 기준 ❸ 자유 ❹ 목표

01 ㉠에 들어갈 개념에 대한 옳은 설명을 〈보기〉에서 고른 것은?

> (㉠)은(는) 일반적 의미로 생활에서 충분한 만족과 기쁨을 느끼어 흐뭇한 상태를 말한다. 흔히 우리는 자신이 세운 목표를 달성하여 성취감을 느끼는 것, 가족이 화목하게 지내는 것, 남을 위해 봉사하면서 보람을 느끼는 것 등을 (㉠)(이)라고 여긴다.

┤ 보기 ├
ㄱ. 대다수의 사람들이 추구하고 바라는 것이다.
ㄴ. ㉠의 기준은 모든 사람에게 동일하게 나타난다.
ㄷ. 시대적 상황이나 지역적 여건에 영향을 받지 않는다.
ㄹ. 오늘날 ㉠의 기준은 과거보다 복잡하고 다양해지고 있다.

① ㄱ, ㄴ   ② ㄱ, ㄹ   ③ ㄴ, ㄷ
④ ㄴ, ㄹ   ⑤ ㄷ, ㄹ

★02 을이 갑에게 해 줄 수 있는 조언으로 가장 적절한 것은?

① 경제적으로 풍요롭지 못하면 행복해질 수 없다.
② 부, 건강, 권력 등의 조건이 충족되면 반드시 행복해진다.
③ 진정한 행복은 자기 삶에 만족할 줄 아는 마음에서 비롯된다.
④ 정신적 가치보다 물질적 가치를 행복의 기준으로 삼아야 한다.
⑤ 경제적 풍요로움을 위해서라면 권력자에게 복종할 줄 알아야 한다.

03 다음 판서 내용 중 (가)~(라)에 들어갈 내용을 〈보기〉에서 찾아 바르게 연결한 것은?

시대에 따른 행복의 기준	
선사 시대	생존을 위해 식량을 확보하고 외부의 위협으로부터 안전하게 사는 것
고대 그리스	(가)
헬레니즘	(나)
서양 중세	(다)
근대 이후	(라)
오늘날	행복의 기준이 과거보다 훨씬 복잡하고 다양해짐.

┤ 보기 ├
ㄱ. 이성의 기능을 잘 발휘하여 지혜와 덕을 얻는 것
ㄴ. 인간의 기본적 권리 보장 및 자유와 평등을 실현하는 것
ㄷ. 전쟁과 사회적 혼란에 따른 불안에서 벗어나 마음의 평온을 얻는 것
ㄹ. 신앙을 통해 영원하고 완전한 존재인 신과 하나가 되고 구원을 얻는 것

	(가)	(나)	(다)	(라)
①	ㄱ	ㄴ	ㄷ	ㄹ
②	ㄱ	ㄷ	ㄹ	ㄴ
③	ㄱ	ㄹ	ㄴ	ㄷ
④	ㄴ	ㄱ	ㄹ	ㄷ
⑤	ㄴ	ㄷ	ㄹ	ㄱ

〔통합탐구〕
04 ㉠에 들어갈 말로 가장 적절한 것은?

고대 그리스인이 정의하는 행복이란 '아무런 제약이 없는 상태에서 자신의 능력을 최대한 발휘하여 탁월성을 추구하는 것'이었다. 반면, 고대 중국인에게 행복이란 '화목한 인간관계를 맺고 평범하게 사는 것'이었다. 이 때문에 그리스의 꽃병이나 술잔에는 전투나 육상 경기처럼 개인들이 경쟁하는 모습이 그려져 있는 데 비해, 중국의 도자기나 화폭에는 가족의 일상이나 농촌의 한가로운 정경이 자주 등장한다. 이와 같이, 행복의 기준은 (㉠)에 따라 다르게 나타나기도 한다.

① 개인의 선택 　② 물질적 조건
③ 시대적 상황 　④ 역사적 사건
⑤ 지역적 여건

05 다음 기사를 통해 추론할 수 있는 내용으로 가장 적절한 것은?

대기업에 다니던 이○○ 씨는 사직서를 내고, 이탈리아로 여행을 떠났다. 그는 피렌체의 한 공방에서 늘 배우고 싶어 하던 금속 공예를 배우고 돌아와, 현재 금속 디자인 일을 하고 있다. 이 씨는 "직장 다니던 때에 비해 소득이 절반 정도밖에 안 되지만 내가 정말 하고 싶은 일을 하고 있어 행복하다."라고 말했다.
– 《○○ 신문》, 2016. 4. 14.

① 행복은 물질적 조건들의 집합이다.
② 행복은 절대자에 의해 주어지는 것이다.
③ 경세적인 풍요를 행복의 기준으로 삼아야 한다.
④ 행복을 얻기 위해서는 다수의 사람이 선호하는 삶의 방식을 택해야 한다.
⑤ 객관적 기준뿐만 아니라 개인의 주관적 만족감 역시 행복의 중요한 기준이다.

2 삶의 목적과 진정한 행복

★**06** 다음 만화를 통해 유추할 수 있는 것을 〈보기〉에서 있는 대로 고른 것은?

┤ 보기 ├
ㄱ. 행복은 삶의 궁극적인 목적이다.
ㄴ. 삶의 모습과 행복의 기준은 다양하다.
ㄷ. 행복은 다른 가치를 추구하기 위한 수단이다.
ㄹ. 사람들이 살면서 추구하는 다양한 목표나 가치는 행복을 위한 수단이라고 볼 수 있다.

① ㄱ, ㄴ 　　② ㄷ, ㄹ 　　③ ㄱ, ㄴ, ㄷ
④ ㄱ, ㄴ, ㄹ 　　⑤ ㄴ, ㄷ, ㄹ

딱풀 p. 4

07 다음 신문 기사에서 얻을 수 있는 진정한 행복에 관한 교훈으로 적절하지 <u>않은</u> 것은?

> ## △△신문
>
> 10년 전 영국의 16세 소녀 ○○은 32억 원가량의 복권에 당첨되었지만, 10년이 지난 지금 그녀의 통장에는 340만 원 정도밖에 남지 않았다. 복권에 당첨된 후 그녀는 매일 파티를 열며 돈을 흥청망청 쓰기 시작했고, 급기야 약물까지 손을 대며 하루하루를 쾌락 속에서 보냈다. 그녀는 현재 마트에서 일하며 남은 시간은 간호사가 되기 위해 노력하고 있다. 그녀는 "오랫동안 나는 목적지 없이 표류하듯 살아왔다. 평범한 가정을 이루고 사는 지금이 오히려 과거보다 더 행복하다."라고 말했다.

① 일시적이고 감각적인 즐거움을 중시해야 한다.
② 물질적 가치와 정신적 가치가 조화를 이루어야 한다.
③ 경제적으로 부유한 삶이 반드시 행복한 것은 아니다.
④ 의미 있는 목표를 세우고, 이를 달성하고자 노력해야 한다.
⑤ 진정한 행복을 실현하기 위해서는 객관적 기준뿐만 아니라 주관적 기준도 충족되어야 한다.

08 밑줄 친 ㉠의 이유로 가장 적절한 것은?

> 미국의 한 대학에서 졸업생 집단의 행복 정도를 비교하는 연구를 하였다. 첫째 집단은 '돈이 많은 사람이 되는 것', '인기가 많은 사람이 되는 것'과 같은 목표를, 둘째 집단은 '다른 사람을 도와주는 것, 더 좋은 인간관계를 맺는 것' 등을 삶의 목표로 하였다. 몇 년 후 두 집단을 찾아가 조사한 결과, ㉠ 첫째 집단보다 둘째 집단이 더 행복하다고 말했다.

① 행복은 누구에게나 저절로 찾아오는 것이기 때문이다.
② 동시대를 살아가는 사람들은 행복의 기준을 공유하기 때문이다.
③ 행복의 본질은 눈앞의 단기적인 성취를 이루는 것이기 때문이다.
④ 행복은 하나의 사건을 통해 느껴지는 감각적인 즐거움이기 때문이다.
⑤ 의미 있는 목표를 설정하고 추구하는 과정에서 행복에 가까워질 수 있기 때문이다.

09 다음 글을 읽고 물음에 답하시오.

> 유교는 하늘로부터 부여받은 도덕적 본성을 함양하면서 다른 사람과 더불어 같아가며 (㉠)을(를) 실현하는 것을 행복이라고 보았다. 불교는 청정한 불성을 바탕으로 '나'라는 의식을 벗어 버리기 위한 수행과 고통받는 중생을 구제하는 실천을 통해 (㉡)의 경지에 이르는 것을 행복이라고 보았다. 도가에서는 (㉢)을(를) 행복이라고 보았다.

(1) ㉠, ㉡에 들어갈 용어를 쓰시오.

_____

(2) ㉢에 들어갈 내용을 서술하시오.

_____

10 지역적 여건에 따라 행복의 기준이 다르게 나타나는 구체적인 사례를 세 가지 이상 서술하시오.

_____

_____

_____

11 다음 시에 나타난 진정한 행복에 대해 서술하시오.

> ### 행복은 비교를 모른다.
> 박노해
>
> 나의 행복은 비교를 모르는 것
> 나의 불행은 남과 비교하는 것
>
> 남보다 내가 앞섰다고 미소 지을 때
> 불행은 등 뒤에서 검은 미소를 지으니
>
> 이 아득한 우주에 하나뿐인 나는
> 오직 하나의 비교만이 있을 뿐
>
> 어제의 나보다 좋아지고 있는가
> 어제의 나보다 더 지혜로워지고
> 어제보다 더 깊어지고 성숙하고 있는가
>
> 나의 행복은 하나뿐인 잣대에서 자유로워지는 것
> 나의 불행은 세상의 칭찬과 비난에 울고 웃는 것

_____

_____

_____

01 다음을 주장한 서양 사상가가 긍정의 대답을 할 질문을 〈보기〉에서 고른 것은?

> 행복이 최고의 선이라는 것은 누구나 다 아는 이야기이다. 그러나 행복에 관해 좀 더 살펴볼 필요가 있는데, 그러기 위해서는 먼저 인간의 기능에 관해 알아야 한다. 사람만이 지닌 특별한 기능은 정신의 이성적 활동 기능이다. 사람의 이성적 활동은 그에 알맞은 규범, 즉 덕을 가지고 수행할 때 너 잘할 수 있다.

┤ 보기 ├
ㄱ. 행복은 감각적 즐거움과 동일한가?
ㄴ. 행복은 인간 삶의 궁극적 목적인가?
ㄷ. 행복은 이성의 기능을 잘 발휘할 때 달성되는가?
ㄹ. 행복은 자신의 조건을 타인과 비교하는 데서 오는가?

① ㄱ, ㄴ ② ㄱ, ㄷ ③ ㄴ, ㄷ
④ ㄴ, ㄹ ⑤ ㄷ, ㄹ

02 다음을 읽고 추론할 수 있는 행복에 관한 설명으로 옳은 것에만 '✓'를 표시한 학생은?

> 중국 동부 지역은 농경 생활에 적합하였다. 농경 사회에서는 많은 노동력이 필요하여 공동 작업이 필수적이었는데 그러므로 중국에서는 조화로운 인간관계가 중요했다. 고대 중국인은 어릴 때부터 자신이 어떤 집단의 구성원, 특히 가족의 구성원이라는 점을 가장 중요한 사실로 교육받았고, 주변 환경을 자신에 맞추어 바꾸기보다는 자신을 주변 환경에 맞추도록 수양하는 일을 중시했다. 따라서 중국인에게 행복이란 '화목한 인간관계를 맺고 평범하게 사는 것'이었다.

설명＼학생	갑	을	병	정	무
농경 사회 구성원들은 다른 사회 구성원들보다 행복하다.	✓	✓	✓		
중국인들은 자신의 삶을 스스로 통제할 수 있다는 믿음이 강하였다.			✓		✓
행복의 기준은 시대적 상황이나 지역 여건에 따라 영향을 받기도 한다.	✓			✓	✓
동시대를 살아가거나 비슷한 환경에 놓인 사람들은 행복의 기준을 공유하기도 한다.	✓		✓		✓

① 갑 ② 을 ③ 병
④ 정 ⑤ 무

03 표는 지역적 여건에 따른 행복의 기준을 설명한 것이다. (가)~(다)에 대한 옳은 설명을 〈보기〉에서 고른 것은?

	지역적 여건	행복의 기준
(가)	마실 물이 부족한 건조 지역	생존에 필요한 깨끗한 물을 확보하는 것
	일조량이 부족한 북유럽 지역	햇볕을 쬘 수 있는 것
	(나)	의식주를 확보하고 의료 혜택을 누리는 것
인문 환경	차별이나 구속이 있는 지역	(다)
	(라)	정치적 안정과 평화를 달성하는 것
	종교적 영향이 큰 지역	종교의 교리에 따라 살아가는 것

┤ 보기 ├
ㄱ. (가)는 종교, 문화, 산업 등과 같은 자연환경이다.
ㄴ. (나)는 척박한 기후로 기아와 질병에 시달리는 지역이다.
ㄷ. (다)는 신앙을 통해 영원하고 완전한 존재인 신과 하나가 되고 구원받는 것이다.
ㄹ. (라)의 예로 잦은 내전이 발생하는 서남아시아와 일부 아프리카 국가를 들 수 있다.

① ㄱ, ㄴ ② ㄱ, ㄷ ③ ㄴ, ㄷ
④ ㄴ, ㄹ ⑤ ㄷ, ㄹ

04 다음은 수행 평가 문제와 학생 답안이다. 밑줄 친 ㉠~㉤ 중 옳지 않은 것은?

〈수행 평가〉
○ 문제: 진정한 행복을 추구하기 위한 노력에 대해 서술하시오.
○ 학생 답안
　진정한 행복을 추구하기 위한 노력은 다음과 같다. ㉠ 물질적·정신적 가치를 조화롭게 추구해야 하며, ㉡ 자신이 소중하게 여기는 가치가 항상 옳다는 확신을 가져야 한다. 또한 ㉢ 삶의 목표를 세우고 이를 달성하기 위해 노력해야 하며, ㉣ 개인이 느끼는 주관적 만족감과 사회적 여건을 함께 중시해야 한다. 또한 ㉤ 타인과의 지나친 비교를 피하는 것이 좋다.

① ㉠ ② ㉡ ③ ㉢ ④ ㉣ ⑤ ㉤

03 행복한 삶을 실현하기 위한 조건

1 질 높은 정주 환경과 경제적 안정

1 질 높은 정주 환경 조성 [자료 01]

분석 좁게는 주거 환경에서부터 넓게는 문화, 여가, 자연환경 등 일상생활의 전 영역을 광범위하게 일컫는다.

(1) 정주 환경 일정한 공간에 자리 잡고 살아갈 수 있는 <u>주거지와 다양한 주변 환경</u>

자연환경	거주지 주변의 물, 대기, 토양 등
인문 환경	교통 및 통신 시설, 교육 시설, 공공시설, 상업 및 문화 시설 등

에 환경이 쾌적하고 생활에 편리한 시설을 갖추고 있으며, 범죄율이 낮고 정치적으로 안정된 곳

(2) 질 높은 정주 환경 자연환경이 쾌적하고, 인문 환경이 잘 갖추어진 곳

필요성	• 인간의 기본적인 삶의 문제를 해결하여 행복한 삶을 이루는 데 필요함. • 장소 혹은 공간은 그곳에서 살아가는 사람들의 기억과 역사를 담고 있는 저장고로서 인간의 행복과 긴밀하게 관련됨.
질 높은 정주 환경 조성을 위한 노력	• 산업화 이전 인간은 자연환경에 적응하며 살아왔지만, 산업화 이후 인간은 본격적으로 자연을 탐구하고 개발하여 삶의 질을 높이는 정주 환경을 만들기 위해 노력함. • 오늘날: 많은 국가가 국민의 살기 좋은 주거 환경을 위해 정책을 실시함.❶

에 특정한 장소에 가면 마음이 편안해지는 경우

에 최근에는 인간과 자연의 조화와 공존을 위한 지속 가능한 생태 환경을 조성하기도 함.

자료 01 [통합탐구] 전통 사회와 현대 사회의 이상적인 정주 환경 비교

(가) 사람이 살 터로는 첫째로 지리(地理)가 좋아야 하고, 둘째는 생리(生利)가 좋아야 하며, 셋째는 인심(人心)이 좋아야 하며, 넷째로 산수(山水)가 좋아야 한다. 이 네 가지에서 하나라도 모자라면 살기 좋은 땅이 아니다. 지리가 뛰어나도 생리가 부족하면 오래 살 수 없고, 생리가 좋아도 지리가 나쁘면 그 또한 오래 살 수 없다. 지리와 생리가 모두 좋다 하여도 인심이 나쁘면 반드시 후회할 일이 생기고, 가까운 곳에 즐길 만한 산수가 없으면 마음을 풍요롭게 가꿀 수 없다.
– 이중환, 《택리지》 –

(나) 최근 각종 여론 조사에 따르면 사람들이 거주지를 선택할 때 중요하게 고려하는 요인으로는 대중교통의 편리성, 은행이나 병원 및 공공시설 등 편의 시설과의 접근성, 공원 및 녹지 면적 비중, 적당한 주택 가격 및 주거 비용, 우수한 교육 여건, 직장과의 인접성 등이 있다.
– 설문 조사 기관 M사, 2014. –

셀/파/길/잡/이 • (가): 조선 후기의 실학자인 이중환이 저술한 《택리지》에는 가거지(可居地), 즉, 사람이 살기에 적합하여 살기 좋은 곳의 조건들이 서술되어 있다. 첫째로 주거를 선정하는 기준인 지리(地理: 풍수지리적 명당), 둘째로 생리(生利: 그 땅에서 생산되는 이익, 풍부한 산물), 셋째로 인심(人心: 넉넉하고 좋은 이웃 간의 정), 넷째로 산수(山水: 빼어난 경치)를 들었다.
• (나): 오늘날 사람들은 안락한 주거 환경과 기본적인 위생 시설, 교육과 의료 혜택을 누릴 수 있는 시설 등이 갖추어져 있는 질 높은 정주 환경을 선호한다.

2 경제적 안정❷ [자료 02]

필요성	• 기본적인 삶의 조건을 충족하고, 삶의 질을 유지하려면 일정 수준 이상의 물리적 조건이 기본 토대로 뒷받침되어야 함. • 경제 규모를 확대하여 국가의 부(富)를 늘릴 필요가 있으나, 국민 소득이 높다고 해서 구성원의 삶의 질이 반드시 높은 것은 아님. → 국민의 행복 실현을 위해서는 경제적 성장뿐만 아니라 경제적 안정이 실현되어야 함.
경제적 안정을 위한 국가의 노력	• 일자리를 확대하여 실업자를 줄이고 최저 임금을 보장해야 함. • 경제 활동에 어려움을 겪는 사람들을 위한 사회 복지 제도를 마련해야 함. • 경제적 불평등을 해소해야 함.

왜 국가의 부는 국민에게 쾌적한 환경이나 질 높은 의료 및 교육 혜택을 제공하기 때문

에 실업 급여 제공, 사회 보험 마련 등

왜 경제적 불평등이 심화되면 사회 구성원들이 상대적 박탈감을 느낄 수 있기 때문

• 빠른 핵심 체크 •

정주 환경
┌ 좁은 의미 → 주거 환경
└ 넓은 의미 → 문화, 여가, 자연환경 등

경제적 안정을 위한 국가의 노력
┌ 최저 임금 보장
├ 사회 복지 제도 마련
└ 경제적 불평등 해소

❶ 질 높은 정주 환경 조성을 위한 정책

초기	주택과 도로 건설, 노후된 건물과 시설 개선에 중점
이후	교통의 편의성 강화, 문화 및 복지 시설 조성에 중점
최근	지속 가능한 생태 환경 조성에 중점

교과서 탐구 풀이

Q 전통 사회와 현대 사회의 이상적인 정주 환경의 공통점과 차이점을 설명해 보자.

A 전통 사회와 현대 사회에서 공통으로 중시하는 이상적인 정주 환경은 쾌적한 자연환경과 경제 활동에 유리한 환경이다. 반면, 차이점도 존재하는데 전통 사회에서는 풍수 사상에 근거한 명당(혹은 풍수적 길지)과 이웃 간의 정을 이상적인 정주 환경의 중요한 조건으로 생각하고, 현대 사회에서는 치안이나 보건 및 위생, 교육 서비스 등 사회·문화적 환경 등을 이상적인 정주 환경의 조건으로 여긴다.

❷ 맹자의 항산(恒産)과 항심(恒心)
맹자는 "일반 백성은 항산(恒産)이 있어야 항심(恒心)이 있을 수 있다."라고 하였다. 즉, 항산(일정한 생업)이 없으면 그 때문에 항심(도덕적인 마음)을 가지지 못한다는 것이다. 맹자는 경제적 안정이 궁극적으로 백성의 도덕성을 유지하기 위한 토대가 된다고 보았으며 통치자는 백성의 행복을 위해서 기본적인 생업을 보장하여 경제적 안정을 이루게 해 주어야 한다고 하였다.

자료 02 부유한 국가일수록 더 행복할까?

이스털린	소득이 행복과 관련 있다는 점은 맞지만, 소득이 증가한다고 해서 반드시 더 행복한 것은 아니다. 소득이 일정 수준에 도달하고 기본적 욕구가 충족되면, 소득이 증가해도 행복에는 큰 영향을 미치지 않는다. 이를 '이스털린의 역설(Easterlin Paradox)'이라고 부른다. 장기적으로 국가의 부가 증대하더라도 국민의 행복 수준이 이에 비례해 증가하는 것은 아니다.
스티븐슨	소득이 늘어나면 선택할 기회가 많아져 더 자유롭고 건강한 생활을 하므로 돈이 행복에 미치는 영향에는 한계가 없다.
울퍼스	부유한 국가의 국민이 가난한 국가의 국민보다 더 행복하고, 국가가 부유해질수록 국민의 행복 수준은 더 높아진다.

셀/파/길/잡/이 이스털린은 소득이 행복과 관련된 것은 맞지만, 장기적인 소득 증가가 행복 증대로 이어지는 것은 아니라고 말한다. 이와 반대로, 스티븐슨과 울퍼스는 소득이 행복에 미치는 영향에는 한계가 없다고 주장한다.

교과서 자료 더 보기 +

경제적 안정과 행복

행복은 물질적 조건만으로 실현되는 것은 아니지만, 기본적인 삶의 조건이 충족되지 않으면 행복해지기는 어렵다. 예를 들어 1인당 국내 총생산(GDP)이 높은 나라일수록 대체로 국민의 기대 수명은 높고, 영아 사망률이 낮은데, 이는 상대적으로 교육, 치안, 환경 등의 사회적 조건과 여가나 문화 생활을 누릴 수 있는 조건들이 잘 갖추어 있기 때문이다.

---

2 민주주의의 실현과 도덕적 실천

1 민주주의의 실현 **자료 03**

용어 국민이 권력을 가지고, 스스로 권력을 행사하는 정치 제도나 사상

필요성	• 시민의 인권이 존중되고, 시민 각자가 원하는 삶의 방식을 자유롭게 추구할 수 있음. • 권력자에 의한 자의적 지배를 막고 권력 남용과 부패를 방지할 수 있음. • 사회 구성원이 자유와 권리를 최대한 보장받으면서 행복한 삶을 꾸려 나갈 수 있음.
민주주의 실현을 위한 노력	• 정책 결정 과정에서 주권자인 시민의 의사를 반영하여 정책으로 실현될 수 있도록 민주적 제도를 마련해야 함. • 민주적 제도를 마련하는 것도 필요하지만, 시민이 정치에 활발히 참여하여 자신의 정치적 의사를 자유롭고 적극적으로 표현해야 함. **예** 주권자로서 투표권 행사, 국가 정책 결정 과정에 의견 제시, 국가 정책 감시 등

· 빠른 핵심 체크 ·

민주주의의 실현을 위한 노력
┌ 시민의 정치 참여
└ 민주적 제도 마련

도덕적 실천과 성찰을 위한 노력
┌ 보편적 가치를 토대로 행동하는 습관
└ 역지사지 자세와 관용적 태도

자료 03 독재가 국민에게 남긴 것

A국은 1960년대까지만 해도 아시아 국가 중에서 민주주의 제도가 비교적 잘 갖추어지고, 경제 수준도 높은 국가였다. 그러나 독재 정권하에서 정경 유착, 부정부패가 심해지면서 경제도 점차 어려워졌다. A국은 독재 정권 시 발생한 채무 280억 달러에 대한 이자를 갚아야 했으며, 1인당 국민 총소득(GNI)은 2015년 기준 한국의 10분의 1 수준이다. 또한 월평균 수입이 23달러 미만인 극빈층이 전체 인구의 35%가량을 차지하며, 고질적인 빈부 격차와 높은 범죄율 등의 문제로 고통받고 있다.
– 코로넬 외, 《더 뉴스》 –

셀/파/길/잡/이 한 사회 내에서 시민 참여가 불가능하거나 활발하게 발생하지 않는다면, 시민의 자유와 권리를 제한받을 수 있을 뿐만 아니라 권력자에 의한 자의적 지배나, 권력 남용, 부패가 발생하기 쉽다. 따라서 사회 구성원의 행복한 삶을 위해서는 시민 참여가 활성화되는 민주주의를 실현해 나가야 한다.

교과서 자료 더 보기 +

정치적 참여와 행복

1998년 노벨 경제학상을 수상한 아마르티아 센(Sen, A. K.)은 시민의 정치적 참여가 행복한 삶을 실현하는 데 중요한 역할을 한다고 보았으며, 민주주의의 발전이 시민의 행복에 기여하고, 삶의 질 향상에 도움이 된다고 여겼다. 왜냐하면 시민의 정치적 의사가 반영되는 국가일수록 인권이 존중되기 때문이다.

---

2 도덕적 삶의 실천과 성찰하는 삶 ❸
분석 도덕적 사고와 도덕적 감정을 실천으로 옮기려면 선하게 살고자 하는 의지를 지녀야 함.

(1) 도덕적 삶의 실천 삶의 여러 문제에 관해 도덕적으로 사고하고 느끼며 행동하는 것

(2) 도덕적 성찰

① 자신의 언행에 부족함이나 잘못이 없는지 반성하고 살펴서 바로잡는 것

② 공동체나 사회에 문제가 있는지 살피고 해결하려고 노력하는 것

(3) 도덕적 실천과 성찰의 중요성 ─ **분석** 바람직한 삶에 대한 성찰을 바탕으로 한 도덕적 실천이 중요함.

① 더 나은 사람이 되는 과정에서 만족감과 행복감을 얻을 수 있음.

② 사회 구성원 간에 사회적 신뢰가 형성되고 사회 전체의 행복 수준도 높아질 것임.

(4) 도덕적 실천과 성찰을 위한 노력

① 보편적 가치를 토대로 행동하는 습관 기르기

② 역지사지의 자세로 다른 사람과 더불어 살아가려는 관용적 태도 기르기

❸ 도덕적 실천과 행복에 관한 명언
• 소크라테스: "성찰하지 않는 삶은 살 가치가 없다."
• 루소: "나는 인간의 마음이 맛볼 수 있는 가장 참된 행복이 선을 행하는 것임을 알고 있으며 또 그렇게 느낀다."
• 달라이 라마: "행복은 다른 사람을 배려하고 다른 사람의 행복을 진정으로 바랄 때 생긴다. 돈, 권력, 사회적 지위로 우정과 애정을 만들 수 있지만, 돈과 권력이 사라지면 이 또한 사라진다."

개념 채우기

1. 질 높은 정주 환경 조성

(❶)	• 주거지와 다양한 주변 환경 • 자연환경: 거주지 주변의 물, 대기, 토양 등 • 인문 환경: 교통 및 통신·교육·공공시설 등
질 높은 정주 환경	자연환경이 쾌적하고, 인문 환경이 잘 갖추어진 곳
필요성	인간의 기본적인 삶의 문제를 해결하여 행복한 삶을 이루는 데 필요함.

2. 경제적 안정

필요성	• 기본적인 삶의 조건을 충족하고, 삶의 질을 유지 하려면 일정 수준 이상의 물리적 조건이 기본 토 대로 뒷받침되어야 함. • 국민 소득이 높다고 해서 구성원의 삶의 질이 반 드시 높은 것은 아님. • 국민의 행복 실현을 위해서는 경제적 성장뿐만 아니라 경제적 안정이 실현되어야 함.
국가의 노력	• 최저 임금 보장 • 사회 복지 제도 마련 • (❷) 해소

3. 민주주의의 실현

필요성	• 시민의 인권이 존중되고, 시민 각자가 원하는 삶 의 방식을 자유롭게 추구할 수 있음. • 권력자에 의한 자의적 지배를 막고 권력 남용과 부패를 방지할 수 있음. • 사회 구성원이 자유와 권리를 최대한 보장받으 면서 행복한 삶을 꾸려 나갈 수 있음.
노력	• 민주적 제도 마련 • (❸)

4. 도덕적 실천과 성찰하는 삶

도덕적 삶의 실천	삶에서 마주하는 여러 문제에 관해 도덕적으로 사고하고 느끼며 실천하는 것
도덕적 (❹)	• 자신의 언행에 부족함이나 잘못이 없는지 반 성하고 살펴서 바로잡는 것 • 공동체나 사회에 문제가 있는지 살피고 해결 하려고 노력하는 것
중요성	• 더 나은 사람이 되는 과정에서 만족감과 행복 감을 얻을 수 있음. • 사회 구성원 간에 신뢰가 형성되고 사회 전체 의 행복 수준도 높아질 것임.
노력	• 보편적 가치를 토대로 행동하는 습관 기르기 • 역지사지의 자세로 다른 사람과 더불어 살아 가려는 관용적 태도 기르기

답 | ❶ 정주 환경 ❷ 경제적 불평등 ❸ 시민 참여 ❹ 성찰

1 질 높은 정주 환경과 경제적 안정

 01 ㉠에 들어갈 개념에 대한 옳은 설명을 〈보기〉에서 고른 것은?

> (㉠)(이)란 인간이 정착하여 살아가고 있는
> 지역의 생활 환경을 의미하며, 좁게는 주거 환경에서
> 부터 넓게는 문화, 여가, 자연환경 등 일상생활의 전
> 영역을 광범위하게 일컫는 말이다.

┤ 보기 ├
ㄱ. 행복한 삶을 실현하기 위해서는 ㉠의 질을 높일
  필요가 있다.
ㄴ. 거주지 주변의 물, 대기, 토양 등과 같은 자연환
  경 이외의 요소는 제외된다.
ㄷ. 산업화 이후 ㉠을 쾌적하고 살기 좋게 조성하려
  는 노력은 오히려 감소하였다.
ㄹ. 최근에는 인간과 자연의 조화와 공존을 위한 지
  속 가능한 생태 환경을 조성하고자 한다.

① ㄱ, ㄴ   ② ㄱ, ㄷ   ③ ㄱ, ㄹ
④ ㄴ, ㄹ   ⑤ ㄷ, ㄹ

통합탐구
02 다음 글을 통해 추론할 수 있는 내용으로 적절하지 않은 것은?

> 사람이 살 터로는 첫째로 지리(地理)가 좋아
> 야 하고, 둘째는 생리(生利)가 좋아야 하며, 셋
> 째는 인심(人心)이 좋아야 하며, 넷째로 산수(山
> 水)가 좋아야 한다. 이 네 가지에서 하나라도 모
> 자라면 살기 좋은 땅이 아니다. 지리가 뛰어나도
> 생리가 부족하면 오래 살 수 없고, 생리가 좋아
> 도 지리가 나쁘면 그 또한 오래 살 수 없다. 지리
> 와 생리가 모두 좋다 하여도 인심이 나쁘면 반드
> 시 후회할 일이 생기고, 가까운 곳에 즐길 만한
> 산수가 없으면 마음을 풍요롭게 가꿀 수 없다.
>
> – 이중환, 《택리지》 –

① 지역의 풍속과 이웃 간의 정을 중시하였다.
② 풍수적으로 명당을 뜻하는 길지를 중시하였다.
③ 생업을 이을 만한 경제적인 여건을 중시하였다.
④ 자연을 적극적으로 개발할 수 있는 환경을 중시하
  였다.
⑤ 심신의 풍요를 누리게 하는 아름다운 자연환경을
  중시하였다.

03 다음 글과 관련된 행복한 삶을 위한 경제적 측면의 조건에 대한 옳은 설명만을 〈보기〉에서 고른 것은?

> 맹자는 "고정적인 생업[항산(恒産)]이 없으면서도 일정하고 떳떳하며 도덕적인 마음[항심(恒心)]을 지니는 것은 오직 선비만이 할 수 있습니다. 일반 백성은 고정적인 생업이 없으면 그로 인해 도덕적인 마음도 없어집니다."라고 하였다. 즉, 항산(일정한 생업)이 없으면 그 때문에 항심(도덕적인 마음)을 가지지 못한다는 것이다.

┃ 보기 ┃
ㄱ. 물질적 가치를 멀리할 때 행복해질 수 있다.
ㄴ. 통치자는 백성의 생업을 보장하는 데 힘써야 한다.
ㄷ. 백성이 부유해지면 도덕적인 마음이 사라지므로 국가의 부를 축소해야 한다.
ㄹ. 기본적인 삶의 조건을 충족하고, 삶의 질을 유지하려면 일정 수준 이상의 물질적 조건이 필요하다.

① ㄱ, ㄴ ② ㄱ, ㄹ ③ ㄴ, ㄷ
④ ㄴ, ㄹ ⑤ ㄷ, ㄹ

04 갑, 을에 대한 옳은 설명을 〈보기〉에서 고른 것은?

> 갑: 소득이 행복과 관련 있다는 점은 맞지만, 소득이 증가한다고 해서 반드시 더 행복한 것은 아닙니다. 소득이 일정 수준에 도달하면, 소득이 증가해도 행복에 큰 영향을 미치지 않습니다.
> 을: 부유한 국가의 국민이 가난한 국가의 국민보다 더 행복하고, 국가가 부유해질수록 국민의 행복 수준은 더 높아집니다.

┃ 보기 ┃
ㄱ. 갑은 소득이 행복에 미치는 영향에는 한계가 없다고 여긴다.
ㄴ. 갑은 장기적으로는 국가의 부와 국민의 행복이 비례해 증가하는 것은 아니라고 강조한다.
ㄷ. 을은 가난한 국가의 국민은 경제 수준이 더 높은 국가의 국민보다 행복하다고 본다.
ㄹ. 을은 부유한 국가일수록 교육, 복지 인프라가 발달해 국민의 행복 수준은 높아진다고 주장한다.

① ㄱ, ㄴ ② ㄱ, ㄹ ③ ㄴ, ㄷ
④ ㄴ, ㄹ ⑤ ㄷ, ㄹ

2 민주주의의 실현과 도덕적 실천

05 행복한 삶을 실현하기 위한 조건으로 민주주의의 실현이 필요한 이유로 적절하지 <u>않은</u> 것은?

① 권력 남용과 부패가 발생하면 사회 구성원에게 악영향을 미치기 때문이다.
② 시민이 표출한 정치적 의사가 정책에 반영되어 삶의 만족감을 높일 수 있기 때문이다.
③ 독재나 권위주의적 정치가 이루어지는 국가의 국민은 기본적 인권을 누리기 어렵기 때문이다.
④ 사회 구성원이 자유와 권리를 누리며 각자가 원하는 삶의 방식을 자유롭게 추구할 수 있기 때문이다.
⑤ 소수의 전문가를 믿고 정치의 전 과정을 맡기면 시민의 의사를 효율적으로 반영할 수 있기 때문이다.

06 다음 글을 통해 이끌어 낼 수 있는 적절한 교훈을 〈보기〉에서 고른 것은?

> A국은 1960년대까지만 해도 아시아 국가 중에서 민주주의 제도가 비교적 잘 갖추어지고, 경제 수준도 높은 나라였다. 그러나 독재 정권하에서 정경 유착, 부정부패가 심해지면서 경제도 점차 어려워졌다. 당시 대통령은 재임 동안 정치적으로 다른 의견을 내는 사람들과 언론인을 투옥했을 뿐만 아니라, 무려 100억 달러를 부정하게 모은 것으로 추정된다. A국은 해당 대통령 집권 시 발생한 채무 280억 달러에 대한 이자를 갚아야 했다. 또한 월평균 수입이 23달러 미만인 극빈층이 전체 인구의 35%가량을 차지하며, 고질적인 빈부 격차와 높은 범죄율 등의 문제로 고통받고 있다.
> － 코로넬 외,《더 뉴스》－

┃ 보기 ┃
ㄱ. 민주주의 사회에서는 권력자에 의한 자의적 지배를 추구한다.
ㄴ. 민주주의의 발전은 민주적 제도를 확립하는 것만으로 이루어진다.
ㄷ. 민주주의의 실현이 제한된 국가에서는 권력 남용이나 부패가 발생하기 쉽다.
ㄹ. 민주주의가 발전하려면 시민이 정치에 관심을 가지고 국가 정책을 감시해야 한다.

① ㄱ, ㄴ ② ㄱ, ㄹ ③ ㄱ, ㄷ
④ ㄴ, ㄹ ⑤ ㄷ, ㄹ

07 ㉠에 들어갈 말로 가장 적절한 것은?

2003년 미시간 대학 연구팀은 423쌍의 장수 부부를 대상으로 연구한 끝에 공통점을 발견하였다. 이들은 정기적으로 몸이 불편하거나 가족이 없는 사람들을 방문하여 돕고 있다는 것이다. 사람은 남을 돕고 난 후에 심리적 포만감인 헬퍼스 하이(Helper's High)를 느낀다. 이때 즐거움을 느끼게 하는 엔도르핀의 분비가 정상치의 3배 이상 상승하고, 타액 속의 바이러스와 싸우는 면역 항체의 수치는 높아진다. 이는 결국 인간이 (㉠)라는 사실을 보여 준다.

– EBS 지식 채널 e, 〈작은 힘 1부〉 –

① 타인에게 무관심한 존재
② 경제적 이익을 좇는 존재
③ 더불어 살 때 행복한 존재
④ 독립적으로 살아가는 존재
⑤ 적극적으로 정치에 참여하는 존재

08 행복한 삶을 실천하기 위한 조건으로 도덕적 실천과 관련한 옳은 설명을 〈보기〉에서 있는 대로 고른 것은?

┤ 보기 ├

ㄱ. 도덕적 실천을 통해 개인은 만족감과 행복감을 얻을 수 있다.
ㄴ. 무엇이 옳은지 알고 있다면 도덕적 실천 여부와 무관하게 삶의 질 향상에 이바지한다.
ㄷ. 역지사지의 자세로 타인과 더불어 살아가려는 관용적 태도를 지니면 행복한 삶을 살 수 있다.
ㄹ. 사회 구성원이 도덕적으로 실천하고 성찰하는 삶을 살면 사회 전체의 행복 지수는 높아질 수 있다.

① ㄱ, ㄴ   ② ㄱ, ㄹ   ③ ㄱ, ㄴ, ㄹ
④ ㄱ, ㄷ, ㄹ   ⑤ ㄴ, ㄷ, ㄹ

09 갑, 을이 공통으로 강조하는 내용으로 가장 적절한 것은?

갑: 나는 인간의 마음이 맛볼 수 있는 가장 참된 행복이 선을 행하는 것임을 알고 있으며 또 그렇게 느낀다.
을: 행복은 다른 사람을 배려하고 다른 사람의 행복을 진정으로 바랄 때 생긴다. 돈, 권력, 사회적 지위로 우정과 애정을 만들 수 있지만, 돈과 권력이 사라지면 이 또한 사라진다.

① 도덕적 관습   ② 도덕적 실천
③ 비관적 사고   ④ 윤리적 토론
⑤ 합리적 사고

10 다음 글을 읽고 물음에 답하시오.

(가)	조선 후기 실학자인 이중환이 저술한 《택리지》에는 가거지(可居地), 즉 사람이 살기에 적합하며 살기 좋은 곳의 조건들이 서술되어 있다. 첫째로 주거를 선정하는 기준으로 풍수적 길지인지를 보는 (㉠), 둘째로 경제 활동의 여건이 유리한지를 보는 (㉡), 셋째로 이웃 간의 정과 풍속이 좋은지를 보는 (㉢), 넷째로 자연경관이 아름다운지를 보는 (㉣)을(를) 들었다.
(나)	최근 각종 여론 조사에 따르면 사람들이 거주지를 선택할 때 중요하게 고려하는 요인으로는 대중교통의 편리성, 은행이나 병원 및 공공시설 등 편의 시설과의 접근성, 공원 및 녹지 면적 비중, 적당한 주택 가격 및 주거 비용, 우수한 교육 여건, 직장과의 인접성 등이 있다.

(1) ㉠~㉣에 들어갈 용어를 쓰시오.

(2) (가)와 (나)의 이상적인 정주 환경의 차이점을 서술하시오.

11 밑줄 친 ㉠과 ㉡이 중요한 이유가 무엇인지 행복한 삶과 관련하여 서술하시오.

㉠ 도덕적 성찰은 자신의 언행에 부족함이나 잘못이 없는지 반성하고 살펴서 바로잡는 것이다. 나아가 자신이 살아가는 사회에 문제가 있는지 살피고, 그것을 해결하려고 노력하는 것이다. 행복한 삶을 위해서는 바람직한 삶에 대한 성찰을 바탕으로 한 ㉡ 도덕적 실천이 중요하다.

01 세로 낱말 (A)에 대한 설명으로 적절하지 <u>않은</u> 것은?

		(A)	
	(B)		
(C)			
		(D)	

[가로 열쇠]

(A): 정치적 주의나 주장이 같은 사람들이 정권을 잡고 정치적 이상을 실현하기 위하여 조직한 단체 ⑩ ○○에 가입하다.

(B): 국민이 권력을 가지고, 스스로 권력을 행사하는 정치 제도나 사상

(C): 인간 생활을 둘러싸고 있는 자연계의 모든 요소가 이루는 환경 ⑩ 물, 대기, 토양 등

(D): 인간의 생활에 필요한 물건이나 노동을 생산·분배·소비하는 모든 활동

[세로 열쇠]

(A): …… 개념

① 자연환경과 인문 환경을 포괄한다.

② 주거지와 다양한 주변 환경을 포함한다.

③ 녹지 공간과 편의 시설 등도 이에 해당한다.

④ 경제적 투자 가치를 평가 기준으로 삼아야 한다.

⑤ 인간의 기본적인 삶의 문제를 해결해 행복한 삶을 이루는 데 필요하다.

02 표는 세계 여러 나라의 영아 사망률, 기대 수명, 1인당 국내 총생산을 나타낸 것이다. 표에 대한 옳은 분석을 〈보기〉에서 고른 것은?

[통계청, 〈국제 통계연감〉, 2016.]

구분	미국	중국	콩고
영아 사망률(%)	6.0	11.6	50.6
기대 수명(세)	79.1	75.8	62.3
1인당 국내 총생산(달러)	55,837	7,925	1,851

┤ 보기 ├

ㄱ. 경제 수준이 높을수록 양극화가 심화된다.

ㄴ. 국민 소득이 높은 나라는 대체로 기대 수명이 높다.

ㄷ. 경제적으로 안정된 나라는 비교적 영아 사망률이 낮다.

ㄹ. 경제 여건이 양호한 나라들은 상대적으로 의료 혜택의 질이 낮다.

① ㄱ, ㄴ　　② ㄱ, ㄹ　　③ ㄴ, ㄷ

④ ㄴ, ㄹ　　⑤ ㄷ, ㄹ

03 다음 글을 지지하는 입장에서 부정의 대답을 할 질문으로 적절한 것은?

정치적 권리는 국민의 기본적 욕구에 관심을 집중시키고, 적절한 공공 활동을 요구하게 한다. 투표, 비판, 항의 등을 포함한 정치적 권리 행사는 정부의 반응에 실질적인 영향을 미친다. …… 기근을 자연재해와 연결하는 사람들이 있지만, 많은 국가에서는 자연재해를 겪거나 재난을 당하고도 기근이 일어나지 않았다. 기아 방지를 위해 노력하는 정부가 존재하기 때문이다. 민주 국가는 선거가 이루어지고 야당과 자유 언론의 비판이 제기되기 때문에 기근 방지 노력을 하게 된다. …… 정치적, 사회적 참여는 인간적인 삶과 복지를 위해 꼭 필요한 내재적 가치를 지닌다.

① 민주주의 발전은 시민의 행복과 관련이 있는가?

② 시민 참여를 보장하는 제도를 시행해야 하는가?

③ 시민의 정치 참여가 삶의 질 향상에 기여하는가?

④ 시민의 정당, 이익 집단, 시민 단체 활동을 제한해야 하는가?

⑤ 시민의 정치적 의사가 반영되는 국가일수록 인권이 존중되는가?

04 (가)를 지지하는 입장에서 (나)의 A에게 할 수 있는 조언을 〈보기〉에서 고른 것은?

(가)	경주 교동의 최씨 가문은 나눔과 베풂의 귀감이다. 최씨 가문은 농산물을 어느 정도 수확하면 소작료를 낮춰 소작농들의 몫을 늘려 주었다. 그리고 '주변 100리 안에 굶는 사람이 없게 하라'는 가훈에 따라 흉년이면 곳간을 열어 가진 것을 나누었다.
(나)	○○그룹의 회장 A는 자신의 자녀에게 회사의 경영권과 지분을 승계하는 과정에서 각종 불법, 편법 행위를 동원하여 각종 세금을 내지 않은 혐의로 조사를 받고 있다.

┤ 보기 ├

ㄱ. 인간은 홀로 살아가는 존재임을 자각하라.

ㄴ. 자신의 잘못에 대해 관용적 태도를 지녀라.

ㄷ. 자신의 이익을 충족하기 위해 공동체에 해를 입히고 있지 않은지 성찰하라.

ㄹ. 사회적 약자의 고통에 관심을 가지고 기부나 사회봉사에 참여하여 진정한 행복을 누려라.

① ㄱ, ㄴ　　② ㄱ, ㄹ　　③ ㄴ, ㄷ

④ ㄴ, ㄹ　　⑤ ㄷ, ㄹ

II 자연환경과 인간

🌱 이 단원의 핵심 포인트 짚고 가기

단원	핵심 포인트
01 자연환경과 인간 생활	· 자연환경과 인간의 생활 양식 · 자연재해와 인간의 삶
02 자연에 대한 다양한 관점	· 인간 중심주의 · 생태 중심주의 · 인간과 자연의 바람직한 관계
03 환경 문제 해결을 위한 노력	· 환경 문제 해결을 위한 정부, 시민 단체와 기업의 노력 · 환경 문제 해결을 위한 개인적 차원의 실천 방안

🌱 셀파와 내 교과서 단원 비교하기

셀파	천재교육	미래엔	비상	지학사	동아
01 자연환경과 인간 생활	01 자연환경과 인간 생활	1 자연환경과 생활	1 자연환경과 인간 생활	1 자연환경과 인간 생활	01 자연환경이 인간 생활에 미치는 영향은? 02 자연재해를 극복하고 안전하게 살아가려면?
02 자연에 대한 다양한 관점	02 자연에 대한 다양한 관점	2 인간과 자연의 관계	2 인간과 자연의 관계	2 인간과 자연의 관계	03 자연에 대한 인간의 다양한 관점은? 04 인간과 자연의 바람직한 관계는?
03 환경 문제 해결을 위한 노력	03 환경 문제 해결을 위한 노력	3 환경 문제 해결을 위한 다양한 노력	3 환경 문제의 해결을 위한 노력	3 환경 문제 해결을 위한 방안	05 환경 문제 해결을 위한 노력과 실천 방안은?

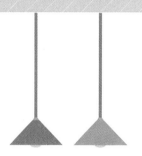

자연환경과 인간의 삶은
어떻게 연관되어 있는가?

자연환경과 인간 생활의 관계 및 자연관을 탐구하고, 환경 문제를 해결하는 방안을 모색한다.

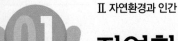

II. 자연환경과 인간

01

자연환경과 인간 생활

1 자연환경과 인간의 생활 양식

1 인간 생활의 토대로서의 자연환경

(1) **자연환경의 의의** 인간은 삶의 터전, 각종 생활에 필요한 도구, 에너지, 자원 등을 자연으로부터 얻으며 생활함.

(2) **자연환경이 인간 생활에 미치는 영향** 기후, 지형 등의 자연환경에 따라 인간의 생활 양식은 다양하게 나타남. 자료01

> 보충 인간은 자연환경에 순응하여 살거나 자연환경의 제약을 극복하고 적절히 이용함.

자료01 통합탐구 벼농사와 인간 생활의 관계

벼는 성장기에 고온 다습한 기후가 형성되어야 잘 자라는 작물이다. 따라서 동아시아의 온대 계절풍 지역과 동남 및 남부 아시아의 열대 계절풍 기후 지역에서 주로 재배된다. 이들 지역은 하천의 범람으로 평야가 형성되어 있어 벼농사에 더욱 유리하다. 벼농사는 논을 만들어 물을 대는 작업이나 김매기, 벼 베기 등에서 여러 사람의 협력이 필요하다. 이러한 이유로 벼농사 지역에서는 오래전부터 마을 공동체가 형성되었다. 특히 수로와 저수지 등 관개 시설을 건설하려면 대규모의 노동력을 동원해야 하는데, 이를 위해서는 정치 조직이 필수였다. 벼 재배에 유리한 자연환경이 벼농사를 가능하게 하였고, 이것이 정치에도 영향을 미친 것이다.

> 보충 계절에 따라 주기적으로 방향이 바뀌는 바람을 의미함. 여름에 부는 계절풍은 고온 다습하기 때문에 벼농사를 가능하게 함.

한편, 벼농사는 경제적 측면에도 영향을 준다. 미국 캘리포니아주는 여름에 일사량이 풍부하기는 하나 비가 거의 오지 않는 지역이라 벼농사에 적합하지 않다. 그러나 캘리포니아 지역은 관개 시설을 통해 부족한 강수량 문제를 해결하고, 미국 정부가 지급하는 보조금을 지원받아 많은 양의 쌀을 수출하여 지역 경제에 보탬이 되고 있다.

셀/파/길/잡/이 세계의 각 지역은 기후, 지형 등 자연환경이 다르다. 인간은 서로 다른 자연환경에 적응하여 지역마다 고유한 생활 양식을 만들어 왔다. 세계 여러 지역 주민의 다양한 생활 양식을 살펴보면 자연환경과 매우 밀접한 관련이 있다는 것을 알 수 있다. 자연환경은 지역의 산업, 정치, 경제, 음식 문화 등 인간 생활의 다양한 측면에 영향을 미친다. 윗글에서도 벼가 잘 자라는 자연조건과 사회 조건이 지역의 산업, 정치, 경제 등에 큰 영향을 미친 것을 살펴볼 수 있다.

2 기후와 인간 생활

(1) **세계의 기후 지역** 기온과 강수 특성에 따라 구분되며, 저위도에서 고위도로 가면서 열대, 건조, 온대, 냉대, 한대 기후의 순으로 나타남. 자료02

자료02 세계의 기후 구분

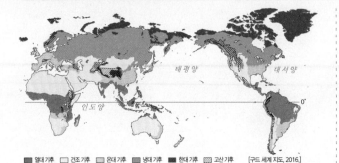

▲ 세계의 기후 지역

■ 열대 기후 □ 건조 기후 ■ 온대 기후 ■ 냉대 기후 ■ 한대 기후 ▨ 고산 기후 [구드 세계 지도, 2016.]

셀/파/길/잡/이
세계의 기후는 열대, 건조, 온대, 냉대, 한대 기후로 구분한다. 적도 부근의 열대 기후 지역은 연중 기온이 높고, 건조 기후 지역은 강수량이 적어 인간 거주에 불리하다. 또한, 냉·온대 기후 지역은 계절의 변화가 뚜렷하며, 한대 기후 지역은 극 주변에 분포하여 겨울이 길고 몹시 춥다.

▶ 빠른 핵심 체크 ◀

자연환경과 인간 생활

기후	기온과 강수 특성 등 기후적 특성에 따라 의식주 및 산업, 토지 이용 등 인간 생활에 차이 발생
지형	지형적 특성은 인간의 생활 양식에 영향을 줌.

교과서 자료 더 보기 +

커피와 인간 생활

커피는 적도를 기준으로 남·북위 25° 사이의 다습한 열대 및 아열대 기후 지역에서 잘 자란다. 커피는 브라질, 베트남, 콜롬비아, 인도네시아, 에티오피아 등지에서 주로 재배되고, 북부 유럽과 미국 등의 선진국에서 소비된다. 이에 따라 커피의 국제적 이동이 많다.

콜롬비아의 경우 생산된 커피 중 90%를 수출할 정도로 수출 의존도가 높다. 이로 인해 콜롬비아 경제는 국제 커피 가격의 변동에 따라 큰 영향을 받는다. 커피의 공급 과잉과 가격 하락은 커피 농가의 수익을 악화하고, 커피 농장 노동자의 지나친 저임금 문제를 유발한다.

교과서 자료 더 보기 +

고산 기후

해발 고도가 높은 산지에서 나타나는 기후를 고산 기후라고 한다. 해발 고도가 높아질수록 기온이 낮아지기 때문에, 적도 부근의 고산 지역은 연중 온화한 기후가 나타나 사람들이 살기에 적합하다. 다만, 일교차가 크고 햇빛이 강해 챙이 긴 모자를 쓰고 생활하는 경우가 많다.

(2) **기후에 따른 생활 양식의 차이**   기후는 인간 생활 전반에 많은 영향을 미침. 자료 03

열대 기후 지역	의복	얇고 간편하며, 통풍을 위해 헐렁한 옷을 입음. 왜 부패를 막기 위해서임.
	음식	기름에 볶거나 튀기는 요리가 발달했으며 향신료를 많이 사용함.
	전통 가옥	• 개방적이고 바람이 잘 통함. • 비가 많이 오는 지역은 급경사로 지붕을 짓고, 지면에서 띄운 고상 가옥을 지음. 왜 습기와 해충을 막기 위해서임.
건조 기후 지역	의복	• 사막: 모래바람과 강한 햇빛을 막기 위해 온몸을 감싼 헐렁한 옷을 입음. • 초원: 가축의 가죽이나 털을 이용한 옷을 입음. 보충 농경이 불리한 초원에서는 주로 유목을 함.
	음식	• 사막: 오아시스 주변에서 재배한 대추야자나 밀을 양식으로 함. • 초원: 양이나 염소 등 동물의 젖과 고기를 양식으로 이용함.
	전통 가옥	• 사막: 벽이 두껍고 창이 거의 없는 흙벽돌집에 거주함. • 초원: 조립과 분해가 쉬운 이동식 가옥에 거주함. 왜 물과 풀을 찾아 이동해야 하기 때문임.
온대 기후 지역❶	의복	연중 습윤한 지역에서는 모자를 쓰거나 비옷을 자주 입고 다님.
	음식	• 여름철이 뚜렷하게 건조한 지역에서는 건조한 여름철을 잘 견디는 올리브, 포도 등을 재배하고 겨울에는 밀을 재배하여 먹음. • 여름철에 강수량이 많은 지역에서는 벼농사가 발달하여 쌀을 주식으로 함.
	전통 가옥	여름철이 뚜렷하게 건조한 지역에서는 외벽을 하얗게 칠하고 창문을 작게 만든 가옥이 발달함. 왜 여름철 강한 태양빛을 차단함.
냉대 기후 지역		• 계절 변화가 나타나 더위와 추위에 모두 적응할 수 있는 생활 양식이 나타남. • 전통 가옥: 주변에서 쉽게 구할 수 있는 통나무를 재료로 지음.
한대 기후 지역	의복	동물의 가죽이나 털로 만들어 입으며, 옷차림이 두껍고 무거운 편임.
	음식	열량이 높은 육류를 많이 먹고 저장 음식이 발달함.
	전통 가옥	주변에서 구할 수 있는 가축의 가죽이나 눈과 얼음을 이용하여 폐쇄적으로 지음.
	농업	농경이 어려워 순록 유목이나 수렵 및 어업 활동을 함.

❶ **온대 기후 지역의 구분**
온대 기후 지역은 지역에 따라 계절별 기온 및 강수량의 차이가 크다. 서부 유럽이나 북아메리카 북서 해안 등에서는 연중 습윤하고 온화한 기후가 나타나며, 지중해 연안 등지는 여름철이 뚜렷하게 고온 건조하다. 그리고 우리나라를 비롯하여 일본, 중국 남동부 등은 여름철이 덥고 강수량이 많다. 이러한 기후의 차이로 지역별로 각기 다른 생활 모습이 나타난다.

자료 03   **기후에 따른 생활 양식 차이**

의복	 ▲ 열대 기후 지역의 얇고 간편한 옷차림	 ▲ 건조 기후 지역의 온몸을 감싸는 헐렁한 옷차림	 ▲ 한대 기후 지역의 두껍고 무거운 옷차림
전통 가옥	▲ 열대 기후 지역의 급경사 지붕의 고상 가옥	 ▲ 건조 기후 지역의 흙벽돌 가옥	 ▲ 지중해 연안 온대 기후 지역의 흰 벽면의 가옥

교과서 자료 더 보기

기후에 따른 음식 문화 차이
열대 기후 지역에서는 음식이 쉽게 상하는 것을 방지하기 위해 향신료를 많이 사용한다. 열대 기후가 주로 나타나는 동남아시아 일대에서는 고온 다습하기 때문에 음식이 쉽게 상하므로 밥을 기름으로 볶은 음식인 나시 고렝이 발달했다. 말레이어로 나시(nasi)는 '쌀, 밥'을, 고렝(goreng)은 '튀기다, 볶다'를 의미한다.
한편, 한대 기후 지역에서는 열량이 높은 육류를 많이 먹으며 저장 음식이 발달하였다. 특히, 기온이 매우 낮은 지역에서는 불을 피울 연료가 부족하고 음식이 잘 상하지 않아 주로 고기를 날 것으로 먹는다. 날고기를 먹으면 열량이 높은 지방질과 비타민을 얻을 수 있다.

셀/파/길/잡/이 기후는 인간 생활에 많은 영향을 미친다. 기후에 따라 사람들이 입는 의복의 특성이 다르고, 재배되는 작물과 기르는 가축의 종류, 음식의 조리 방법이 다르다. 또한 가옥의 구조도 다르게 나타난다.

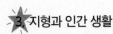

3. 지형과 인간 생활

(1) **세계의 다양한 지형** 산지, 평야, 해안, 하천, 사막, 화산, 빙하 등의 다양한 지형이 분포함.

> **보충** 하천은 지역 간 교통로로 이용되고, 높은 산지나 사막은 교통의 장애가 되기도 하여 지역 간 교류에 큰 영향을 미침.

(2) **지형에 따른 생활 양식의 차이** 기후와 마찬가지로 <u>인간의 생활 양식에 영향을 줌.</u>

산지 지역	특징	해발 고도가 높고 경사가 급함. →인간 거주에 불리
	생활 양식	• 산비탈을 개간하여 밭농사를 짓거나 각종 임산 자원을 채취함. • 초지가 발달한 지역에서는 고산 지대에 잘 적응한 가축을 사육하여 고기와 젖 등의 먹을거리나 의복의 재료를 얻음. • 열대 지역 중 해발 고도가 높은 지역은 연중 봄과 같은 날씨가 지속되어 고산 도시가 발달함. ─ 예 남아메리카 안데스 산지의 키토, 라파스 등
평야 지역	특징	해발 고도가 낮고 경사가 완만하며 평평함. → 인간 거주에 유리
	생활 양식	벼농사, 밀농사 등 주로 농사를 지음.
해안 지역	특징	육지와 바다가 만나는 곳 → 두 곳을 모두 이용할 수 있음.
	생활 양식	• 전통적으로 어업, 양식업 등이 발달하고, 넓은 평야가 있는 해안은 농업이 이루어지기도 함. • 조차❷가 크고 수심이 얕은 해안은 갯벌을 염전이나 양식장으로 활용함.

> **❷ 조차**
> 밀물과 썰물 때의 해면 높이의 차를 의미한다.
>
> **❸ 관개 시설**
> 농경지에 물을 공급하는 시설로서, 저수지, 보, 수로, 댐 등이 해당한다.

4. 오늘날의 자연환경 적응 방식 과학 기술의 발달로 자연환경의 제약이 줄어듦. **자료04**

기후	• 전통적인 음식·의복·가옥 문화가 약해지고 현대적인 생활 양식이 나타남. • 건조 기후 지역에서는 관개 시설❸의 확충으로 농업이 가능해졌으며, 풍부한 일조량을 활용하여 태양광 에너지를 생산함. • 기후적 특성을 활용하여 다양한 축제 개최 ─ 예 날씨에 따라 달라지는 편의점 상품의 배치, 기상 조건에 따라 운항 절차 및 시간 조정 등 • 날씨 마케팅: 기상 정보를 기업의 경영 활동에 활용해 부가 가치를 창출함.
지형	• 산지 지역: 지하자원이 풍부한 곳에서는 광업이, 경관이 아름다운 곳에서는 관광 산업이 발달함. • 평야 지역: 교통로를 건설하여 각종 산업 시설 집중 • 해안 지역: 해안 중 수심이 깊은 곳은 대규모 항구와 산업 단지가 조성되기도 함. • 그 외에도 지형적 특성을 이용한 에너지 생산, 각종 관광 산업이 발달함. ─ 예 산지 지형에서 수력 발전, 화산 지형에서 지열 발전, 해안 지형에서 조력 발전 등

자료04 기후 환경을 적극적으로 극복한 사례

(가) 인공 관개 시설

(나) 해수 담수화 시설

(다) 현대식 회랑

셀/파/길/잡/이 • (가) 아랍 에미리트 샤르자의 인공 관개 시설: 건조 기후 지역은 연 강수량이 적고, 강수량보다 증발량이 많기 때문에 오늘날에는 인공 관개 시설을 설치하여 지하수를 이용한다. 인공 관개 시설을 이용하면 가로수와 잔디를 관리할 수 있을 뿐만 아니라 대규모로 관개 농업도 가능하다.
• (나) 사우디아라비아의 해수 담수화 시설: 해수 담수화는 바닷물에서 염분 등을 제거하여 담수로 만드는 것을 뜻하는데, 건조한 지역의 물 부족 문제를 해결하기 위해 사용하는 기술이다.
• (다) 싱가포르의 현대식 회랑: 강수량이 많은 기후 지역에서는 발달된 건축 기술을 활용하여 지붕의 경사 없이 비를 피할 수 있는 공간을 확보하는 형태로 건물을 짓고 있다.

교과서 자료 더 보기➕

지형 환경을 적극 활용한 사례

▲ 베트남의 할롱 베이

할롱 베이는 탑 카르스트로 유명한 관광지이다. 탑 카르스트는 석회암이 오랜 시간 동안 빗물이나 지하수에 의해 녹는 과정에서 단단한 부분이 남아 형성된 뾰족한 탑 모양의 지형이다.

2 자연재해와 인간의 삶

1. 인간의 삶을 위협하는 자연재해

(1) **의미** 기후, 지형 등의 자연환경 요소들이 인간의 안전한 삶을 위협하면서 피해를 주는 현상

(2) **피해 특징** 인명과 재산상의 막대한 피해가 발생하고, 피해 복구에 많은 비용과 시간이 듦.

(3) **유형** **보충** 기후 변화로 인해 자연재해의 발생 횟수와 피해 규모가 증가하고 있음.

기상 재해	홍수	일시에 많은 비가 내릴 때 발생함. → 시가지와 농경지의 침수 피해
	가뭄	오랫동안 비가 내리지 않아 발생 → 농작물 피해, 각종 용수 부족
	폭설	많은 눈이 단시간에 집중해서 내림. → 교통 마비, 구조물 붕괴를 유발
	열대 저기압	• 강한 바람과 많은 강수를 동반함. → 풍수해 유발 • 지역에 따라 태풍, 허리케인 등 다양한 명칭으로 불림.
지형 (지질) 재해	지진	땅이 갈라지고 흔들림. → 건축물과 도로 등의 붕괴, 인명 및 재산 피해
	지진 해일❹	거대한 파도가 해안을 덮침. → 각종 기반 시설의 침수, 인명 피해 발생
	화산 활동	• 용암, 화산 가스 등의 분출 → 농작물과 주거지의 매몰, 화재 유발 • 화산재의 분출 → 바람을 타고 멀리까지 이동해 다른 지역에까지 피해를 주고, 항공기 운항에 지장을 줌.

2. 안전하고 쾌적한 환경에서 살아갈 시민의 권리 **자료 05**

(1) **시민의 권리 확보를 위한 국가적 차원의 노력** 시민의 안전권과 환경권을 보장해야 함.

법적 장치 마련	우리나라는 헌법❺을 비롯해 「재난 및 안전관리기본법」, 「자연재해대책법」 등의 법률을 제정하여 국민의 생명과 재산의 보호를 법적으로 보장함.
사전 대비책 마련	내진 설계❻ 의무화, 조기 예보 및 경보 체계, 대피 요령 마련 등
복구 체계 구축	재난 관리 시스템 구축, 재해민에 대한 보상과 지원 대책 마련

(2) **시민의 권리 확보를 위한 개인적 차원의 노력** 국민 스스로 안전에 대한 권리 인식 필요

① 사전에 국가에 안전 조치를 요청하고, 재해 대비 안전 교육에 적극적으로 참여함.

② 재해 발생 시 행동 요령에 따라 대응하고, 피해 발생 시 신속한 복구와 보상을 신청함.

③ 자연재해 발생 시 공동체의 빠른 회복을 위해 노력하는 성숙한 시민 의식 함양

자료 05 **통합탐구** 지진 발생에 대한 대응 방식 차이

(가) 우리나라의 지진 발생

2016년 9월 12일 경북 경주시에서 기상청 관측 사상 최대 규모인 5.8 강진이 발생했다. 현재 과학 기술로는 지진에 대한 단기 예측이 불가능하다. 결국 지진 피해를 최소화하기 위한 가장 좋은 방법은 최단 시간 내에 신속한 대응을 하는 것이다. 그러나 우리나라는 높은 인구 밀도, 난개발, 내진 설계 미비 등으로 지진에 취약하다.

(나) 칠레 정부의 지진 대응 정책

칠레는 세계적인 모범 방재 국가로 인정받고 있다. 칠레 정부는 1960년 세계 지진 관측 사상 최고 기록인 진도 9.5의 발디비아 지진 이후 내진 설계 기준법을 제정하고, 재난 대비 기반 시설을 지속해서 보강하였다. 또한 재난 발생 시 실시간 재난 경보 상황 및 지시 사항을 끊김 없이 전파할 수 있는 통신망을 확충하였다.

셀/파/길/잡/이 우리나라는 지진 발생이 빈번하게 일어나는 국가가 아니기 때문에 지진이 자주 발생하는 국가에 비해 지진에 대한 대비책이 미흡한 편이다. 따라서 한반도에 큰 규모의 지진이 발생하면 건물이 무너지고 산사태나 지진 해일 등의 추가적인 자연재해가 일어나 막대한 인명 피해와 재산 피해가 발생할 것이다. 이에 우리나라에서도 지진에 대한 대비책 마련이 시급하다.

• 빠른 핵심 체크 •

자연재해와 인간의 삶

자연 재해	인간의 삶을 위협하면서 막대한 피해를 주는 현상
시민의 권리	• 국가: 안전하고 쾌적한 환경에서 살 수 있도록 법적·제도적 장치 마련, 재해에 대한 대비책과 복구 체계 구축 • 개인: 안전에 관한 권리를 인식하고 시민 의식을 함양해야 함.

❹ **지진 해일**
바다 밑에서 발생한 지진이나 화산 활동으로 인해 거대한 파도가 해안을 덮치는 현상을 말하며, 쓰나미라고도 한다.

❺ **헌법**
국가의 통치 조직과 통치 작용의 원리를 규정하고, 국민의 기본권을 보장하는 국가의 최고법이다. 우리나라는 헌법 제34조와 제35조를 통해 안전권과 환경권을 보장하고 있다.

❻ **내진 설계**
지진에 견딜 수 있도록 건축물의 기초를 설계하는 방식이다.

교과서 탐구 풀이 ✏

Q 칠레 정부의 지진 대응 정책을 참고하여 우리나라의 지진 대응 정책을 수립해 보자.

A 건물을 지을 때는 내진 설계를 의무화하는 등 지진 피해를 줄이기 위한 사전 노력을 기울여야 한다. 한편으로는 재해 발생 시 신속한 대응을 위한 조직을 구성하고 경보 시스템을 마련하며, 시민들을 위한 지진 대응 훈련을 실시해야 한다.

개념 채우기

1. 기후와 인간 생활

열대 기후 지역	간편한 의복, 기름에 볶거나 튀기는 요리, 개방적이고 바람이 잘 통하는 가옥이 나타남.
건조 기후 지역	• 사막은 온몸을 감싼 의복, 대추야자나 밀을 이용한 음식, (❶)집이 나타남. • 초원은 가축을 이용한 의복, 음식, 이동식 가옥이 나타남.
온대 기후 지역	• 연중 습윤한 지역: 비옷을 자주 입음. • 여름철이 건조한 지역: 올리브, 포도 등의 작물 재배, (❷)색의 창문이 작은 가옥 발달 • 여름이 덥고 강수량이 많은 지역: 벼농사 발달
냉대 기후 지역	주변에서 쉽게 구할 수 있는 통나무로 집을 지음.
한대 기후 지역	• 농경에 매우 불리 → 순록 유목, 수렵, 어업 활동 • 가축을 이용한 의식주 문화가 나타남.

2. 지형과 인간 생활

산지 지역	해발 고도가 높고 경사가 급해 인간 거주에 불리 → 밭농사, 임업, 가축 사육 등을 함.
(❸) 지역	해발 고도가 낮고 경사가 완만해 인간 거주에 유리 → 대규모 농업 지대, 도시가 발달함.
해안 지역	육지와 바다 환경 모두를 이용할 수 있으며, 어업과 양식업 등이 발달함.

3. 자연재해와 인간의 삶

자연재해의 의미	자연환경의 요소들이 인간의 안전한 삶을 위협하면서 피해를 주는 현상
자연재해의 유형	• (❹) 재해: 일시에 많은 비가 내려 침수를 유발하는 홍수, 비가 내리지 않아 각종 용수 부족을 야기하는 가뭄, 많은 눈으로 교통 마비와 구조물 붕괴가 나타는 폭설, 강한 바람과 많은 강수를 동반하는 열대 저기압 등이 있음. • 지형(지질) 재해: 땅이 흔들리고 갈라져 건물 등의 붕괴를 유발하는 (❺), 해저에서의 지각 변동으로 거대한 파도가 해안을 덮치는 지진 해일, 용암과 각종 화산 분출물로 토지 매몰과 화재를 유발하는 화산 활동 등
안전하고 쾌적한 환경에서 살아갈 권리를 위한 노력	• 국가적 차원: 시민의 안전권과 환경권 보장을 위해 노력해야 함. → 다양한 법적·제도적 장치 마련, 재해에 대한 사전 대비책과 복구 체계 마련 등 • 개인적 차원: 재해 대비 교육에 참여해 재해 발생 시 행동 요령을 익히고, 재해 발생 시 성숙한 시민 의식 필요

답 ❶ 흙벽돌집 ❷ 흰 ❸ 평야 ❹ 기상 ❺ 지진

01 자연환경과 인간 생활의 관계에 대한 옳은 설명을 〈보기〉에서 고른 것은?

┤ 보기 ├
ㄱ. 지형 조건은 인간의 생활 양식에 영향을 미치지 않는다.
ㄴ. 인간은 자연환경으로부터 생존에 필요한 토대를 마련한다.
ㄷ. 과학 기술의 발달로 인간에게 미치는 자연환경의 제약이 약해진다.
ㄹ. 자연환경이 인간의 생활에 미치는 영향은 과거와 현재가 다르지 않다.

① ㄱ, ㄴ   ② ㄱ, ㄷ   ③ ㄴ, ㄷ
④ ㄴ, ㄹ   ⑤ ㄷ, ㄹ

★02 (가), (나)의 의복 특징이 나타나는 지역을 지도의 A~E에서 골라 바르게 연결한 것은?

(가)　　　　　　　(나)

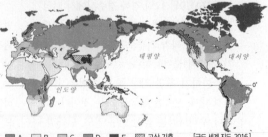

■ A　□ B　■ C　■ D　■ E　▨ 고산 기후　[구드 세계 지도, 2016.]

	(가)	(나)		(가)	(나)
①	A	B	②	A	C
③	B	C	④	B	D
⑤	C	E			

03 밑줄 친 ㉠에 들어갈 용어로 가장 적절한 것은?

> 사막 지역에서 볼 수 있는 전통 가옥은 지붕이 평평하지만, 열대 기후 지역에서는 지붕의 경사가 매우 급한 전통 가옥을 찾아볼 수 있다. 그 이유는 두 지역의 _____ ㉠ _____ 이(가) 다르기 때문이다.

① 기온 　　② 바람 　　③ 지형
④ 강수량 　　⑤ 해발 고도

04 사진과 같은 생활 양식이 나타나는 기후 지역에 대한 설명으로 옳은 것은?

① 사계절이 뚜렷하게 나타난다.
② 냉대 기후 지역보다 고위도에 분포한다.
③ 기름에 볶거나 튀기는 요리가 발달했다.
④ 넓은 평야가 발달해 벼농사가 활발하게 이루어진다.
⑤ 과거에는 이동하며 사는 주민보다 정착 생활을 하는 주민들이 많았다.

★05 자료의 (가) 기후 지역에 대한 설명으로 옳은 것은?

> **(가) 기후 지역의 특성**
> • 특산물
> 　– 올리브유
> 　– 포도를 이용해서 만든 와인
> • 관광 산업
> 　– 하얗게 벽을 칠한 전통 가옥을 찾는 사람들이 많음.

① 여름에 덥고 건조하다.
② 북극과 남극 주변에 분포한다.
③ 연중 비가 거의 내리지 않는다.
④ 연중 기온이 매우 높고 강수량이 많다.
⑤ 적도 주변의 해발 고도가 높은 지역이다.

06 다음 자료에 나타난 전통 가옥의 모습을 특징적으로 볼 수 있는 지역에 대한 옳은 설명을 〈보기〉에서 고른 것은?

> 이 지역 주민들은 천막집에서 산다. 천막집은 쉽게 조립하고 해체할 수 있다. 몽골에서는 양털로 만든 천이나  양의 가죽 등으로 천막집인 '게르'를 만드는데, 이는 지역에서 가장 구하기 쉬운 재료이다.

┤ 보기 ├
ㄱ. 강수량이 적은 지역이다.
ㄴ. 소나무와 같은 침엽수가 잘 자란다.
ㄷ. 쌀과 해산물을 이용한 다양한 음식이 발달되어 있다.
ㄹ. 주민들은 가축에게 먹일 물과 풀을 찾아 이동 생활을 한다.

① ㄱ, ㄴ 　　② ㄱ, ㄹ 　　③ ㄴ, ㄷ
④ ㄴ, ㄹ 　　⑤ ㄷ, ㄹ

07 자료는 어느 방송사에서 제작하고자 하는 다큐멘터리의 촬영 계획이다. (가)~(라)에 들어갈 내용을 〈보기〉에서 고른 것은?

> • 주제: 자연환경과 그에 적응한 주민들의 생활 모습
> • 촬영 장소: 적도 부근의 고산 지대인 키토
> • 의복 등 준비 사항: 　　(가)
> • 자연 경관 촬영: 　　(나)
> • 인문 경관 촬영: 　　(다)
> • 농업 특성에 관한 촬영: 　　(라)

┤ 보기 ├
ㄱ. (가): 햇빛을 가릴 수 있는 챙이 긴 모자
ㄴ. (나): 라마 등 고산 지대에 적응한 동물
ㄷ. (다): 바닥이 지면으로부터 높게 띄워져 있는 가옥
ㄹ. (라): 대추야자나 밀을 재배하는 모습

① ㄱ, ㄴ 　　② ㄱ, ㄷ 　　③ ㄴ, ㄷ
④ ㄴ, ㄹ 　　⑤ ㄷ, ㄹ

08 다음 글은 지형에 따른 생활 양식의 차이에 대한 설명이다. 밑줄 친 ㉠∼㉤ 중 옳지 <u>않은</u> 것은?

> 세계에는 다양한 지형이 나타난다. 이러한 지형은 각 지역 주민의 생활 양식에 큰 영향을 준다. 일반적으로 ㉠ 산지 지역은 사면의 경사가 급하고 해발 고도가 높아 인간이 거주하지 않는다. ㉡ 평야 지역은 산지보다 경지를 개간하기에 유리하므로, 넓은 경지를 이용하여 농사를 짓는다. ㉢ 해안 지역은 농업 및 어업과 관련한 생활 양식이 발달한다. ㉣ 수심이 깊고 배가 드나들기 유리한 곳은 항구로 발달하고, ㉤ 조차가 크고 수심이 얕은 해안은 갯벌을 염전이나 양식장으로 이용한다.

① ㉠   ② ㉡   ③ ㉢
④ ㉣   ⑤ ㉤

★09 다음은 학생이 작성한 형성평가지이다. 질문에 대한 답이 옳게 표시된 것만을 있는 대로 고른 것은?

> 주제: 오늘날의 자연환경 적응 방식
> ◇반 이름: ○○○
> ※ 옳은 진술이면 '예', 틀린 진술이면 '아니요'에 ✓표 하시오.
> (가) 지하자원이 풍부한 곳에서는 광업이 발달한다.
> 　　　　　　　　　　　　예 ✓ 아니요 □
> (나) 건조 기후 지역에서는 관개 시설의 확충으로 농업이 가능해졌다.
> 　　　　　　　　　　　　예 □ 아니요 ✓
> (다) 산지 지형에서는 조력 발전을, 해안 지형에서는 수력 발전을 한다.
> 　　　　　　　　　　　　예 □ 아니요 ✓
> (라) 빙하 지형이나 카르스트 지형처럼 독특한 지형이 나타나는 곳은 관광지로 이용된다.
> 　　　　　　　　　　　　예 ✓ 아니요 □

① (가), (나)   ② (가), (다)
③ (나), (라)   ④ (가), (다), (라)
⑤ (나), (다), (라)

2 자연재해와 인간의 삶

10 자연재해에 대한 옳은 설명을 〈보기〉에서 고른 것은?

> ┤ 보기 ├
> ㄱ. 자연 현상으로 인한 재해를 의미한다.
> ㄴ. 특정 지역에서 일시적으로 한 번 발생하는 경향이 크다.
> ㄷ. 기후적 요인과 지형적 요인에 의한 자연재해로 구분할 수 있다.
> ㄹ. 과학 기술의 발달로 정확한 예측이 가능해져 완벽한 대비를 할 수 있다.

① ㄱ, ㄴ   ② ㄱ, ㄷ   ③ ㄴ, ㄷ
④ ㄴ, ㄹ   ⑤ ㄷ, ㄹ

11 (가), (나) 자연재해에 대한 옳은 설명을 〈보기〉에서 고른 것은?

(가)　　　　　　　　(나)

> ┤ 보기 ├
> ㄱ. (가)는 열대 저기압의 영향으로도 발생할 수 있다.
> ㄴ. (나) 주변에서 발달하는 수려한 경관은 관광 자원으로 활용될 수 있다.
> ㄷ. (가)는 (나)보다 기후 변화의 영향을 적게 받는다.
> ㄹ. (나)는 (가)보다 지진 해일을 유발할 가능성이 적다.

① ㄱ, ㄴ   ② ㄱ, ㄷ   ③ ㄴ, ㄷ
④ ㄴ, ㄹ   ⑤ ㄷ, ㄹ

12 자연재해에 따른 문제를 해결하기 위한 국가적 차원의 노력으로 적절하지 <u>않은</u> 것은?

① 경보 체계와 대피 요령을 마련한다.
② 재해 복구와 지원에 대한 대책을 수립한다.
③ 자연재해의 양상을 파악하여 그에 맞는 예보 체계를 구축한다.
④ 법률을 제정하여 국민의 생명과 재산의 보호를 법적으로 보장한다.
⑤ 재해 발생 시 공동체의 빠른 회복을 위해 성숙한 시민 의식을 함양한다.

통합탐구

13 밑줄 친 ⊙~@에 대한 옳은 설명을 〈보기〉에서 고른 것은?

> 2004년 12월 26일 인도네시아 수마트라섬에서 지각판의 충돌로 발생한 지진의 여파로 ⊙ 초대형 쓰나미가 발생해 ⓒ 25만 명이 목숨을 잃고 200만 명에 달하는 이재민이 발생했다. 이후 인도네시아는 ⓒ 첨단 쓰나미 탐지 및 경보 장치를 도입하고, 국가 간에 쓰나미 정보를 공유하는 등 쓰나미 피해를 예방하고자 많은 노력을 기울이고 있다. 그러나 @ 인도네시아는 긴 해안선을 따라 다양한 언어를 쓰고 있어 쓰나미 경보를 모든 주민이 알아들을 수 없다.

┌─ 보기 ────────────────────
ㄱ. ⊙: 기후적 요인과 관련된 자연재해에 해당한다.
ㄴ. ⓒ: 안전하게 살아갈 시민의 권리를 보장받지 못했다.
ㄷ. ⓒ: 국가적 차원에서 할 수 있는 노력이다.
ㄹ. @: 시민들은 모두 인도네시아 정부가 지정한 언어를 습득해야 한다.
└────────────────────────

① ㄱ, ㄴ 　② ㄱ, ㄷ 　③ ㄴ, ㄷ
④ ㄴ, ㄹ 　⑤ ㄷ, ㄹ

14 다음 신문 기사의 제목으로 가장 적절한 것은?

> **○○ 신문**
>
> 　2012년 10월에 발생한 허리케인 '샌디'가 미국 뉴저지주 부근을 강타하여 뉴저지주의 전기 공급이 대부분 중단되었다. 정전과 연료 공급 차질로 많은 주유소가 문을 닫으면서 난방과 자동차에 필요한 연료가 부족해졌다. 이 때문에 주유소에 몰린 수백 대의 차량과 사람들로 큰 혼란이 발생하였다. 이때 시민들은 *커뮤니티 매핑을 활용하여 주유소의 위치와 연료 보유 여부 등의 정보를 공유하였다. 실시간으로 전달된 정확한 정보들은 긴급한 상황에서 연료를 구하는 시민들에게 큰 도움을 주었다.
>
> *커뮤니티 매핑 참여자들이 특정 주제에 관한 정보를 현장에서 수집하고, 이를 지도로 만들어 공유하는 기술

① 열대 저기압에 대한 정부의 대응
② 자연재해를 막기 위한 사전 대비책
③ 피해 복구를 위한 국제 사회의 지원책
④ 인간의 무분별한 개발로 인한 홍수의 발생
⑤ 자연재해 피해에 대한 시민 사회의 발 빠른 대처

15 다음과 같은 전통 음식이 발달한 기후 지역의 명칭과 기후의 특성에 대해 서술하시오.

> 　이 음식의 명칭은 '나시 고랭'이다. 나시 고랭은 쌀을 주재료로 하여 각종 해산물이나 채소를 넣어 만든 볶음밥으로, 독특한 향신료를 사용한다.

_____

_____

_____

16 다음 글을 읽고 인간이 자연환경에 적응하는 과거와 현재의 방식이 어떻게 다른지 서술하시오.

> 　사막 지역은 물이 부족해 나무가 잘 자라기 어렵다. 이에 사막 지역의 주민들은 건조한 환경에서도 잘 자라는 밀이나 대추야자 등을 재배하여 먹고 살았다. 현재는 사막 지역에 위치한 국가들에서도 가로수를 쉽게 볼 수 있다. 물이 풍부한 지역에서 물을 끌어와서 가로수를 조성하기 때문이다.

_____

_____

_____

17 다음과 같은 헌법 조항이 갖는 의의에 대해 서술하시오. (단, '안전할 권리', '국가의 노력'을 포함하여 서술한다.)

> **헌법 제34조**
> ① 모든 국민은 인간다운 생활을 할 권리를 가진다.
> ⑥ 국가는 재해를 예방하고 그 위험으로부터 국민을 보호하기 위해 노력하여야 한다.
>
> **헌법 제35조**
> ① 모든 국민은 건강하고 쾌적한 환경에서 생활할 권리를 가지며, 국가와 국민은 환경 보전을 위하여 노력하여야 한다.

_____

_____

_____

1등급 완성하기

교육청 기출 _변형

01 자료는 TV 프로그램 촬영 계획의 일부이다. (가), (나)에 해당하는 지역을 지도의 A~C에서 고른 것은?

세계의 다양한 지역을 찾아서	
촬영 지역	촬영내용
(가)	#1. 연중 온화하고 꾸준히 강수가 내리는 도시 #2. 우산과 비옷을 챙기는 사람들
(나)	#1. 고온 건조한 여름과 올리브 농장 #2. 온난 습윤한 겨울철에 밀을 재배하는 사람들

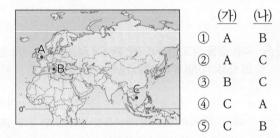

	(가)	(나)
①	A	B
②	A	C
③	B	C
④	C	A
⑤	C	B

수능 기출 _변형

02 다음 자료의 밑줄 친 ㉠ 경관이 가장 잘 나타나는 기후 지역의 특징으로 옳은 것은?

○○에게

안녕? 잘 지내고 있니? 나는 지금 ㅁㅁ에 와 있어. 비행기 안에서 처음 이 지역을 내려다봤을 때, 소나무 지대가 넓게 펼쳐져 있는 모습이 인상적이었어. 이곳에서는 그걸 타이가라고 부르더라. 그리고 주변을 걷다 보니 ㉠ 구하기 쉬운 통나무로 집을 지은 모습을 볼 수 있어. 그걸 보면서 자연환경과 인간 생활은 밀접하게 관련이 있다고 다시 한 번 느꼈지. 돌아가면 사진 보여 줄게. 그럼 안녕!

△△ 보냄.

① 해발 고도가 높고, 연중 온화하다.
② 농경이 어려워 수렵 및 어업 활동을 한다.
③ 얇고 간편하며 통풍에 좋은 헐렁한 옷을 입는다.
④ 벽이 두껍고 창이 작은 흙벽돌집을 쉽게 볼 수 있다.
⑤ 계절 변화가 나타나 더위와 추위에 모두 적응할 수 있는 생활 양식이 나타난다.

03 을이 살고 있는 지역과 비교한 갑이 살고 있는 지역의 상대적 특성을 그림의 A~E에서 고른 것은?

① A
② B
③ C
④ D
⑤ E

*고저는 많음(적음), 많(가까움), 높음(낮음)을 의미함

04 자료에서 설명하는 지역을 지도의 A~E에서 고른 것은?

이 지역 사람들은 해발 고도가 높은 산지에서 거주한다. 해발 고도가 높아도 항상 봄과 같은 기후가 나타나기 때문이다. 이 지역 사람들은 고산 지대에서 잘 자라는 '라마'라는 가축을 기르고, 가축을 이용해 옷을 지어 입고 옷감을 만들어 판다.

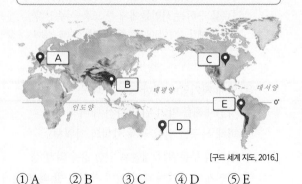

[구드 세계 지도, 2016.]

① A　　② B　　③ C　　④ D　　⑤ E

05
다음은 통합사회 수업 장면이다. 교사의 질문에 옳게 대답한 학생을 고른 것은?

지형에 따라 다르게 나타나는 생활 양식을 이야기해 볼까요?

• 주제: 지형 조건과 인간 생활
 – 평야 지역 – 산지 지역
 – 해안 지역
 – 독특한 경관이 나타나는 지역

 갑
평야는 특별한 자원이 없어서 인구 밀도가 낮습니다.

 을
산지 지역에서는 산비탈을 개간하여 밭농사를 지어요.

 병
해안 지역은 바다가 장애물이 되어서 지역 간 교류가 어려워요.

 정
베트남의 할롱베이는 탑 카르스트라는 독특한 경관을 관광지로 이용해요.

① 갑, 을   ② 갑, 병   ③ 을, 병
④ 을, 정   ⑤ 병, 정

06
다음 글에 대한 옳은 설명을 〈보기〉에서 고른 것은?

서기 79년 8월 24일, 이탈리아의 나폴리 근처 연안 도시인 폼페이는 베수비오 화산의 폭발로 한순간에 도시 전체가 사라졌다. 그로부터 1,500여 년이 지나서야 폼페이 유적이 발견되었고, 18세기에 이르러 발굴이 본격적으로 시작되었다. 폼페이는 수 미터에서 수십 미터 두께의 화산재에 파묻혀 폭발 당시의 모습 그대로 보존되어 있었다. 폼페이 유적의 복원 이후 유적뿐만 아니라 베수비오 화산 자체가 관광 명소로 각광 받기 시작하였다. 그리고 1845년 최초의 화산 관측소가 이곳에 세워지면서 화산에 대해 연구하는 화산학의 과학적 발전이 본격화되었다.

– 양희경 외, 《영화 속 지형 이야기》 –

┤ 보기 ├
ㄱ. 화산 활동은 기후적 요인에 의한 자연재해이다.
ㄴ. 화산이 분출하면 화산재에 의해 생활 공간이 매몰될 수 있다.
ㄷ. 화산학의 발전으로 화산에 대한 피해를 완벽히 막을 수 있게 되었다.
ㄹ. 자연재해는 인간에게 막대한 피해를 주지만, 경우에 따라서는 도움이 되는 환경을 제공하기도 한다.

① ㄱ, ㄴ   ② ㄱ, ㄷ   ③ ㄴ, ㄷ
④ ㄴ, ㄹ   ⑤ ㄷ, ㄹ

07
다음 글의 제목으로 가장 적절한 것은?

청동기 시대부터 동아시아 지역에서는 인구가 급격하게 증가하면서 식량 생산을 증대할 방법이 필요하였다. 이 방법이 바로 물을 이용한 벼농사였다. 벼농사는 논을 만들어 물을 대는 작업이나 김매기, 벼 베기 등에서 여러 사람의 협력이 필요하다. 이러한 이유로 벼농사 지역에서는 마을 공동체가 형성되었다. 특히 수로와 저수지 등 관개 시설을 건설하려면 대규모의 노동력을 동원해야 하는데, 이를 위해서는 정치 조직이 필수였다. 그래서 고대 국가에서는 물을 다스리는 '치수'가 가장 중요한 왕의 업적이었다.

① 평야 지역의 주민 생활
② 쌀이 주로 재배되는 지역
③ 자연환경이 고대 정치에 준 영향
④ 재배 작물에 따른 인구 밀도의 차이
⑤ 하천 주변에 벼농사가 발달하는 이유

08
(가), (나) 자료에 대한 옳은 설명을 〈보기〉에서 고른 것은?

(가) 우리나라의 역사 문헌을 살펴보면 2년부터 1904년까지 기록된 지진은 2,161회이다. 기상청에 따르면 1978년부터 2015년까지 지진 발생 횟수는 약 1,212회로, 최근 한반도의 지진 발생 횟수가 급증하고 있다고 한다. 대형 지진이 발생할 가능성은 낮지만 경주에서 규모 5.8의 역대 최대 지진이 발생하는 등 위험이 감지되고 있다.

(나) 칠레 정부는 1960년 세계 지진 관측 사상 최고 기록인 진도 9.5의 발디비아 지진 이후 내진 설계 기준법을 제정하고, 재난 대비 기반 시설을 지속해서 보강하였다. 또한 실시간 재난 경보 상황 및 지시 사항을 끊김 없이 전파할 수 있는 통신망을 확충하였다.

┤ 보기 ├
ㄱ. (가)를 통해 우리나라는 지진 안전지대가 아님을 알 수 있다.
ㄴ. (나)를 통해 칠레는 지진의 발생을 완전히 근절하였음을 알 수 있다.
ㄷ. (가), (나)를 통해 우리나라가 칠레보다 안전권이 더 잘 보장됨을 알 수 있다.
ㄹ. 우리나라는 (나)와 같은 모범 사례를 바탕으로 (가)와 같은 상황을 극복해야 한다.

① ㄱ, ㄴ   ② ㄱ, ㄹ   ③ ㄴ, ㄷ
④ ㄴ, ㄹ   ⑤ ㄷ, ㄹ

Ⅱ. 자연환경과 인간

02 자연에 대한 다양한 관점

1 인간 중심주의와 생태 중심주의 [자료 01]

1. 인간 중심주의
인간에게만 본래적 가치❶를 인정하고, 자연을 인간의 이익이나 필요에 따라 평가하는 관점 [자료 02]

> **왜** 오직 인간만이 이성을 지닌 존재이기 때문

특징	• 인간을 다른 자연적 존재보다 우월하고 귀한 존재로 인식 • 이분법적 관점: 인간과 자연을 구별하여 인간을 자연으로부터 독립된 존재로 봄. • 도구적 자연관: 인간의 이익과 행복 증진을 위하여 자연을 수단으로 이용할 수 있다고 여김. → 인간의 욕구 충족을 위한 도구로서 자연이 지니는 유용성을 중시
의의	자연을 탐구하고 개발함으로써 과학 기술 발전과 경제 성장을 이루어 인간의 삶을 풍요롭게 하는 데 도움을 줌. **분석** 자연은 그 자체로 가치 있는 것이 아니라 인간의 풍요로운 삶을 위한 도구에 불과하다고 봄.
한계❷	자연의 본래적 가치를 인정하지 않고, 도구적 가치만 강조하기 때문에 인간의 자연 정복이 당연시됨. → 자연을 남용하고 훼손한 결과 환경 오염, 생태계 파괴 등과 같은 환경 위기를 초래함.

2. 생태 중심주의
자연이 인간에게 주는 유용성과 관계없이 자연 그 자체로 존중받을 가치가 있다고 여기는 관점 [자료 03]

> **용어** 본래적 가치 또는 내재적 가치

특징	• 인간을 자연으로부터 독립된 우월한 지배자가 아닌, 자연의 한 구성원으로 인식 • 전일론적 관점에 따라 생태계 전체를 도덕적으로 대우하고자 함. • 인간과 자연은 서로 영향을 주고받는 관계로 조화와 균형을 강조함.
의의	인간을 생태계 구성원의 하나로 보고 인간과 자연의 공존을 모색한다는 점에서 환경 문제를 해결하기 위한 시사점을 줌.
한계	• 생태계의 중요한 가치 실현에 인간의 어떤 개입도 허용하지 않는 비현실적인 측면이 있음. • 개별 생명체보다 생태계 전체의 이익을 중시하는 환경 파시즘❸적 성격이 있음.

2 인간과 자연의 바람직한 관계

1. 인간과 자연의 관계 변화

과거	인간은 자연을 두려워하고, 자연에 순응하면서 살아옴.
근대 이후	• 인간 중심적 사고를 바탕으로 자연을 이용과 지배의 대상으로 인식함. • 과학 기술이 발달하면서 자연을 적극적으로 이용하고 개발함.
오늘날	환경 문제가 사회적 쟁점이 되면서 이를 극복하기 위해 지속 가능한 발전, 친환경적인 삶을 강조함. **분석** 환경 보호와 경제 성장을 함께 추구하고자 함.

2. 인간과 자연의 유기적 관계
인간은 생태계의 구성원으로서 자연 속의 다른 존재들과 유기적 관계❹를 맺으며 살아감.

> **분석** 인간과 자연은 서로 대립하거나 어느 한쪽이 우위를 가지는 관계가 아니라 공존하는 관계임.

3. 인간과 자연의 공존을 위한 노력 [자료 04]

(1) 인간은 생태계의 한 구성원임을 깨닫고, 환경친화적 가치관 함양

(2) 현세대뿐만 아니라 미래 세대까지 생각하는 책임 의식 함양

(3) 동양의 자연관을 계승하여 인간과 자연 간의 조화를 회복하는 사고방식을 확립

(4) 효율성과 경제성보다는 자연과 인간의 공생을 중시하는 사회적 인식을 확대

(5) 모든 문제를 과학 기술의 발달로 해결할 수 있다는 과학 기술 만능주의를 경계

> **예** 생태 도시, 슬로 시티 지정, 생태 통로 건설, 자연 휴식년제 도입, 생태계 복원 사업, 멸종 위기종 복원 사업 등

빠른 핵심 체크

인간 중심주의
- 이분법적 관점
- 도구적 자연관

생태 중심주의
- 전일론적 관점
- 인간과 자연의 공존과 조화

❶ 본래적 가치
다른 어떤 것의 수단이기 때문이 아니라, 그 자체가 목적이기 때문에 갖는 가치를 말한다.

❷ 인간 중심주의를 비판한 카슨
미국의 생태학자 카슨은 그녀의 책 《침묵의 봄》에서 '자연을 통제한다.'라는 생각은 인간의 오만함에서 비롯되었다고 보았다. 특히 살충제로 인한 환경 오염의 심각성을 제기하며, 화학 물질을 계속 사용하면 생태계가 완전히 파괴되어 무시무시한 적막만이 흐르는 '침묵의 봄'을 맞을지도 모른다고 경고하였다.

❸ 환경 파시즘
생태계 전체의 선(善)을 위해 개별 생명체의 선을 희생할 수 있다고 보는 생태 중심주의의 한 입장을 비판적으로 가리키는 용어이다.

빠른 핵심 체크

인간과 자연의 관계 변화
- 과거 → 자연에 순응
- 근대 이후 → 자연을 이용, 지배
- 오늘날 → 친환경적인 삶 강조

인간과 자연의 공존을 위한 노력
- 환경친화적 가치관 함양
- 책임 의식 함양
- 동양의 자연관을 계승
- 자연과 인간의 공생을 중시
- 과학 기술 만능주의 경계

❹ 유기적 관계
전체를 구성하고 있는 각 부분이 서로 밀접하게 관련이 있어서 떼어 낼 수 없는 관계이다.

이 자료 이렇게 해석하자!

자료 01 · 통합탐구 · 인간 중심주의와 생태 중심주의의 자연관 비교

(가) 인간 중심주의 사례	(나) 생태 중심주의 사례
열대 과일 팜의 열매에서 나오는 팜유는 립스틱 부터 치약, 도넛, 초콜릿 바까지 수천 가지 제품의 원료로 이용된다. 팜유의 최대 생산지는 인도네시아로, 원시림에 불을 놓아 만든 대규모 팜유 농장은 많은 일자리를 창출하고 수출을 통해 외화를 벌어들이며 인도네시아의 경제 발전에 크게 기여했다. – 《○○ 신문》, 2015. 12. 2. –	미국 전역에는 약 60여 개의 국립 공원이 있다. 미국의 국립 공원 정책은 자연을 있는 그대로 보전하는데 초점이 맞춰져 있다. 따라서 국립 공원에서 산불이 나도 자연 현상으로 일어난 불일 경우 웬만해서는 인간이 나서서 끄지 않는다. 인간이 개입할 일이 아니라고 판단하기 때문이다. – 《○○ 신문》, 2016. 6. 10. –

셀/파/길/잡/이
- (가): 인간 중심주의의 사례로, 원시림에 불을 놓아 대규모 팜유 농장을 만드는 것은 자연을 인간의 이익을 위한 도구로 보았기 때문이다.
- (나): 생태 중심주의의 사례로, 자연 현상에 의한 산불을 인위적인 진압을 하지 않는 것은 인간의 개입이 자연의 균형을 깨뜨릴 위험성이 있다고 보고, 인간이 자연의 질서에 함부로 개입하지 않는 데 초점을 두기 때문이다.

자료 02 · 인간 중심주의의 대표 사상가들

- 아리스토텔레스: "식물은 동물의 생존을 위해서, 동물은 인간을 위해서 존재한다."
- 베이컨: "방황하고 있는 자연을 사냥해서 노예로 만들어 인간의 이익에 봉사하도록 해야 한다."
- 데카르트: "우리는 자연의 주인이자 소유자가 될 수 있다. 인간은 정신을 소유한 존엄한 존재지만, 자연은 의식이 없는 물질이다."

셀/파/길/잡/이

인간 중심주의를 대표하는 사상에는 자연을 인간이 정복할 대상이자, 인간의 행복과 복지, 욕구 충족을 위한 도구적 존재로 간주하는 특징이 있다.

자료 03 · 레오폴드의 깨달음

산림 공무원이던 레오폴드는 늑대 사냥에 나서기로 한다.

늑대가 줄자, 수가 늘어난 사슴 떼가 풀과 나무를 먹어 치웠다.

결국, 토양이 유실되고 동물들은 먹이가 부족하여 죽어 갔다.

늑대를 전부 잡아 없애면 사슴이 늘어나서 산이 더 보기 좋고 안전해 질 거야.

생태계의 구성원들은 하나의 유기체로 연결되어 있구나!

셀/파/길/잡/이 레오폴드의 일화는 모든 생명체가 자연의 일부이며, 서로 끊임없이 영향을 주고받는 관계임을 보여 준다. 레오폴드는 생태계 전체를 하나의 유기체로 보고, 생명 공동체의 범위를 인간에서 동물, 식물, 토양, 물을 포함한 대지까지 확대해야 한다고 주장하며, 대지는 경제적 가치로만 평가될 수 없다고 하였다. 또한, 그는 인간 역시 생명 공동체의 한 구성원이므로, 생태계의 안정을 유지할 의무가 있으며, 생태계의 균형을 파괴하는 무분별한 개입을 자제해야 한다고 보았다.

교과서 자료 더 보기 ⊕

레오폴드의 '대지의 윤리'

바람직한 대지 이용을 오직 경제적 문제로만 생각하지 마라. 모든 물음을 경제적으로 무엇이 유리한가 하는 관점뿐만 아니라 윤리적, 심미적으로 무엇이 옳은가의 관점에서도 검토하라. 생명 공동체의 통합성과 안정성 그리고 아름다움의 보전에 이바지한다면, 그것은 옳다. 그렇지 않다면 그르다.
– 레오폴드, 《모래 군의 열두 달》 –

자료 04 · 통합탐구 · 동양의 자연관이 주는 교훈

유교	만물이 본래적 가치를 지닌다고 보며, 인간과 자연이 조화를 이루는 천인합일(天人合一)의 경지를 지향함. [용어] 하늘과 인간이 하나로 일치하는 유교의 이상적 경지
불교	만물이 독립적으로 존재할 수 없으며, 서로 연결되어 상호 의존하고 있다는 연기(緣起)를 깨닫고 모든 생명을 소중히 여기며 자비를 베풀 것을 강조함. [용어] 모든 존재와 현상이 무수한 원인과 조건에 의해 생겨난다는 불교의 교리
도가	사람의 힘이 더해지지 않은 자연 그대로의 질서를 따르는 무위자연(無爲自然)을 추구하며, 자연의 한 부분인 인간이 자연과 조화를 이루어야 한다고 봄. [용어] 사람의 힘을 더하지 않은 그대로의 자연, 또는 그런 이상적인 경지

셀/파/길/잡/이 동양의 자연관은 환경친화적인 삶을 강조한다. 유교, 불교, 도가 사상은 모두 인간과 자연이 서로 분리되어 존재하는 것이 아니라 자연 속에서 더불어 존재한다고 여기고, 인간과 자연이 조화를 이루어야 한다고 본다. 즉, 인간과 자연의 관계를 정복과 지배가 아닌 상호 의존과 협력의 관점으로 바라본다. 이와 같은 동양의 자연관은 오늘날 환경 문제를 해결하는 데에 많은 시사점을 준다.

교과서 탐구 풀이 ✎

Q 우리 조상들이 마당에 뜨거운 물을 식혀서 버린 이유는 무엇일까?

A 우리 조상들은 뜨거운 물을 바로 버리면 땅속의 곤충이나 식물이 열기로 인해 해를 입을 수 있다고 생각했기 때문에 뜨거운 물을 식혀서 버렸다. 즉, 우리 조상들은 인간과 자연이 서로 분리된 존재가 아니라 자연 속에서 더불어 살아가는 존재로 보았고, 자연과의 조화를 이루어야 한다고 생각하였다.

내신 실력 쌓기

개념 채우기

1. 인간 중심주의

의미	인간에게만 본래적 가치를 인정하고, 자연을 인간의 이익이나 필요에 따라 평가하는 관점
특징	• 인간을 다른 자연적 존재보다 우월한 존재로 인식함. • 이분법적 관점: 인간과 자연을 구별하여 바라봄. • (❶): 인간의 이익과 행복 증진을 위해 자연을 수단으로 이용할 수 있다고 여김.
의의	자연을 탐구하고 개발함으로써 과학 기술 발전과 경제 성장을 이루어 인간의 삶을 풍요롭게 하는 데 도움을 줌.
한계	자연의 본래적 가치를 인정하지 않고, 도구적 가치만 강조하기 때문에 인간의 자연 정복이 당연시되어 심각한 환경 문제가 발생함.

2. 생태 중심주의

의미	자연이 인간에게 주는 유용성과 관계없이 자연 그 자체로 존중받을 가치가 있다고 여기는 관점
특징	• 인간을 자연으로부터 독립된 우월한 지배자가 아닌, 자연의 한 구성원으로 인식함. • (❷)적 관점에 따라 생태계 전체를 도덕적으로 대우하고자 함. • 인간과 자연은 서로 영향을 주고받는 관계로 조화와 균형을 이루어야 함을 강조함.
의의	인간을 생태계 구성원의 하나로 보고 인간과 자연의 공존을 모색한다는 점에서 환경 문제를 해결하기 위한 시사점을 줌.
한계	• 생태계의 중요한 가치 실현에 인간의 어떤 개입도 허용하지 않는 비현실적 측면이 있음. • 개별 생명체보다 생태계 전체의 이익을 중시하는 (❸)적 성격이 있음.

3. 인간과 자연의 바람직한 관계

동양의 자연관	유교	인간과 자연이 조화를 이루는 (❹)의 경지 지향
	불교	만물이 연결되어 의존한다는 연기의 자각
	도가	자연 그대로의 질서를 따르는 무위자연 추구
공존을 위한 노력		• 환경친화적 가치관 함양 • 책임 의식 함양 • 동양의 자연관을 계승하여 인간과 자연의 조화 강조 • 자연과 인간의 공생을 중시 • 과학 기술 만능주의 경계

답 | ❶ 도구적 자연관 ❷ 전일론 ❸ 환경파시즘 ❹ 천인합일

1 인간 중심주의와 생태 중심주의

01 다음에 검색된 내용으로 미루어 볼 때, 검색어 A에 대한 옳은 설명을 〈보기〉에서 고른 것은?

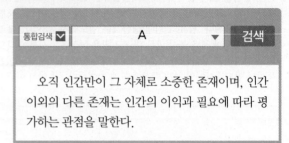

> 오직 인간만이 그 자체로 소중한 존재이며, 인간 이외의 다른 존재는 인간의 이익과 필요에 따라 평가하는 관점을 말한다.

┤ 보기 ├
ㄱ. 자연을 위해 인간의 욕구가 절제되어야 한다.
ㄴ. 인간은 다른 자연적 존재보다 우월하고 귀한 존재이다.
ㄷ. 인간의 이익과 행복을 위해 자연을 수단으로 이용할 수 있다.
ㄹ. 인간은 자연으로부터 독립된 지배자가 아니라 자연의 한 구성원일 뿐이다.

① ㄱ, ㄴ　　　② ㄱ, ㄷ　　　③ ㄴ, ㄷ
④ ㄴ, ㄹ　　　⑤ ㄷ, ㄹ

★02 갑, 을, 병 모두가 부정의 대답을 할 질문으로 옳은 것은?

> 갑: 식물은 동물의 생존을 위해서, 동물은 인간을 위해서 존재한다.
> 을: 방황하고 있는 자연을 사냥해서 노예로 만들어 인간의 이익에 봉사하도록 해야 한다.
> 병: 우리는 자연의 주인이자 소유자가 될 수 있다. 인간은 정신을 소유한 존엄한 존재지만, 자연은 의식이 없는 물질이다.

① 자연은 그 자체로서 가치 있는가?
② 인간은 자연보다 우월한 존재인가?
③ 인간은 자연으로부터 독립된 존재인가?
④ 자연은 인간의 풍요로운 삶을 위한 수단인가?
⑤ 인간의 삶을 개선하기 위해 자연을 이용할 수 있는가?

통합탐구

03 다음 사례에서 엿볼 수 있는 자연을 바라보는 관점의 한계를 〈보기〉에서 고른 것은?

> 열대 과일 팜의 열매에서 나오는 팜유는 립스틱부터 치약, 도넛, 초콜릿 바까지 수천 가지 제품의 원료로 이용된다. 팜유의 최대 생산지는 인도네시아로, 원시림에 불을 놓아 만든 대규모 팜유 농장은 많은 일자리를 창출하고 수출을 통해 외화를 벌어들이며 인도네시아의 경제 발전에 크게 기여하였다.

┤ 보기 ├

ㄱ. 자연의 본래적 가치를 인정하지 않는다.
ㄴ. 지연 보전을 위한 인간의 어떤 개입도 인정하지 않는다.
ㄷ. 생태계 전체를 위해 개별 생명체의 가치가 경시될 가능성이 크다.
ㄹ. 인간의 자연 정복을 정당화하여 자연을 남용하고 훼손해 환경 위기를 초래하였다.

① ㄱ, ㄴ   ② ㄱ, ㄷ   ③ ㄱ, ㄹ
④ ㄴ, ㄹ   ⑤ ㄷ, ㄹ

통합탐구

04 (가)의 사례에 대해 (나)의 입장에서 내릴 수 있는 평가로 옳은 것을 〈보기〉에서 고른 것은?

(가)	미국의 국립 공원 정책은 자연을 있는 그대로 보전하는 데 초점이 맞춰져 있다. 따라서 국립 공원에서 산불이 나도 자연 현상으로 일어난 불일 경우 웬만해서는 인간이 나서서 끄지 않는다. 인간이 개입할 일이 아니라고 판단하기 때문이다.
(나)	자연은 인간에게 주는 유용성과 관계없이 그 자체로 존중받을 가치가 있다. 인간은 자연으로부터 독립된 존재가 아니라 사연을 구성하는 일부이며, 자연 안의 모든 생명은 평등한 가치와 권리를 지닌다. 따라서, 무생물을 포함한 자연 전체를 도덕적으로 대우해야 한다.

┤ 보기 ├

ㄱ. 야생 상태의 자연이 인간의 생존을 위협하고 있다.
ㄴ. 자연 전체의 균형과 안정을 우선적으로 고려하고 있다.
ㄷ. 인간과 자연을 분리하여 자연을 지배의 대상으로 보고 있다.
ㄹ. 인간의 개입이 자연의 질서를 깨뜨릴 수 있기 때문에 신중하게 대처하고 있다.

① ㄱ, ㄴ   ② ㄱ, ㄷ   ③ ㄴ, ㄷ
④ ㄴ, ㄹ   ⑤ ㄷ, ㄹ

[05~06] 다음을 읽고 물음에 답하시오.

> 바람직한 대지 이용을 오직 경제적 문제로만 생각하지 마라. 모든 물음을 경제적으로 무엇이 유리한가 하는 관점뿐만 아니라 윤리적, 심미적으로 무엇이 옳은가의 관점에서도 검토하라. 생명 공동체의 통합성과 안정성 그리고 아름다움의 보전에 이바지한다면, 그것은 옳다. 그렇지 않다면 그르다.

05 위와 같이 주장한 사상가로 옳은 것은?

① 베이컨   ② 데카르트
③ 레오폴드   ④ 소크라테스
⑤ 아리스토텔레스

06 위 사상가의 입장으로 옳지 않은 것은?

① 생태계 전체는 하나의 유기체이다.
② 인간은 생명 공동체의 한 구성원이다.
③ 공동체의 범위를 대지까지 확대해야 한다.
④ 대지의 경제적 이용 가치를 극대화해야 한다.
⑤ 대지는 각종 무생물과 생물이 연결되어 살아가는 생명 공동체이다.

07 다음 판서 내용 중 (가)에 들어갈 내용을 〈보기〉에서 고른 것은?

> **[학습 주제] 생태 중심주의의 의의와 한계**
>
> • 의의: 인간을 생태계 구성원의 하나로 보고 인간과 자연의 공존을 모색한다는 점에서 환경 문제를 해결하기 위한 시사점을 줌.
> • 한계: (가)

┤ 보기 ├

ㄱ. 생태계 전체를 도덕적으로 대우해야 할 대상으로 보지 않는다.
ㄴ. 생태계 전체의 선을 달성하기 위해 개별 생명체의 희생을 강요할 수 있다.
ㄷ. 생태계의 중요한 가치를 실현하는 데 인간의 어떤 개입노 허용하시 않기노 한나.
ㄹ. 자연의 본래적 가치를 인정하지 않고, 도구적 가치만을 강조하여 환경 위기를 초래한다.

① ㄱ, ㄴ   ② ㄱ, ㄷ   ③ ㄴ, ㄷ
④ ㄴ, ㄹ   ⑤ ㄷ, ㄹ

② 인간과 자연의 바람직한 관계

★08 인간과 자연의 관계 변화에 대한 적절한 설명을 〈보기〉에서 고른 것은?

┤ 보기 ├

ㄱ. 오늘날에는 환경 보호와 경제 성장을 동시에 추구하고자 노력한다.

ㄴ. 전통 사회에서 인간은 인간 중심적 사고를 바탕으로 자연을 지배의 대상으로 여겼다.

ㄷ. 근대 이후 과학 기술이 발달하면서 인간은 자연을 두려워하고, 자연에 순응하게 되었다.

ㄹ. 오늘날 인간은 환경 문제를 극복하기 위해 지속 가능한 발전과 친환경적인 삶을 강조한다.

① ㄱ, ㄴ   ② ㄱ, ㄹ   ③ ㄴ, ㄷ
④ ㄴ, ㄹ   ⑤ ㄷ, ㄹ

통합탐구

09 다음 사례가 주는 교훈으로 가장 적절한 것은?

• 우리 조상들은 과일나무의 열매를 수확할 때, 열매를 다 따지 않고 일부를 남겨 두었는데, 이는 까치나 그 밖의 동물들이 먹을 수 있도록 남겨 둔 것이었다.

• 우리 조상들은 마당에 뜨거운 물을 버릴 때 반드시 그 물을 식혀서 버렸다.

① 자연을 두려워하며 자연에 순응하는 자세를 길러야 한다.

② 인간과 자연을 분리해 이분법적으로 접근하는 관점을 지녀야 한다.

③ 인간과 자연의 관계에서 인간의 행복을 최우선으로 고려해야 한다.

④ 인간은 생태계의 지배자이므로 모든 구성원을 관리하고 통제해야 한다.

⑤ 인간과 자연은 서로 분리된 존재가 아니므로 자연 속에서 더불어 살아가야 한다.

---

10 다음을 읽고 물음에 답하시오.

(가) 자연이 아무리 아름답게 보존된다고 해도 그것을 감상하는 사람이 없다면 무슨 의미가 있겠는가? 자연환경은 많은 사람에게 행복을 줄 때 의미와 가치가 있다. 따라서 인간의 행복을 위해서 자연을 개발해도 된다고 생각한다.

(나) 자연은 그 자체로 가치가 있다. 그러므로 자연을 돈벌이나 관광 수단으로 삼아서는 안 된다. 자연이 파괴되면 생태계의 질서가 깨지고 그 속에서 사는 인간 역시 행복할 수 없다. 따라서 생태계를 있는 그대로 보전하는 것이 인간의 의무이다.

(1) (가), (나)에 해당하는 자연에 대한 관점을 쓰시오.

_____

(2) (가), (나)의 관점이 가진 한계를 각각 서술하시오.

_____
_____
_____
_____

---

11 다음을 읽고 물음에 답하시오.

(가) 만물이 본래적 가치를 지닌다고 보며, 인간과 자연이 조화를 이루는 천인합일의 경지를 지향하였다.

(나) 사람의 힘이 더해지지 않은 자연 그대로의 질서를 따르는 무위자연을 추구하며, 자연의 한 부분인 인간이 자연과 조화를 이루어야 한다고 보았다.

(다) 만물이 독립적으로 존재할 수 없으며, 서로 연결되어 상호 의존하고 있다는 연기를 깨닫고 모든 생명을 소중히 여기며 자비를 베풀 것을 강조하였다.

(1) (가)~(다)에 해당하는 동양의 사상을 쓰시오.

_____

(2) (가)~(다)의 사상에 담긴 자연에 대한 공통된 입장을 서술하시오.

_____
_____

01 다음을 주장한 사상가가 긍정의 대답을 할 질문을 〈보기〉에서 고른 것은?

> 바람직한 대지 이용을 오직 경제적 문제로만 생각하지 마라. 모든 물음을 경제적으로 무엇이 유리한가 하는 관점뿐만 아니라 윤리적, 심미적으로 무엇이 옳은가의 관점에서도 검토하라. 생명 공동체의 통합성과 안정성 그리고 아름다움의 보전에 이바지한다면, 그것은 옳다. 그렇지 않다면 그르다.

┤ 보기 ├
ㄱ. 무생물은 생명 공동체에 포함되지 않아야 하는가?
ㄴ. 생태계 전제를 하나의 유기제로 보아야 하는가?
ㄷ. 인간은 대지의 지배자가 아니라 생명 공동체의 한 구성원인가?
ㄹ. 인간의 이익과 행복을 위해 자연을 수단으로 이용할 수 있는가?

① ㄱ, ㄴ   ② ㄱ, ㄷ   ③ ㄱ, ㄹ
④ ㄴ, ㄷ   ⑤ ㄷ, ㄹ

02 갑, 을, 병의 관점에 대한 옳은 설명만을 〈보기〉에서 있는 대로 고른 것은?

> 갑: 식물은 동물의 생존을 위해서, 동물은 인간의 생존을 위해서 존재한다.
> 을: 우리는 자연의 주인이자 소유자가 될 수 있다. 인간은 정신을 소유한 존엄한 존재지만, 자연은 의식이 없는 물질이다.
> 병: 대지는 무생물과 식물, 곤충, 각종 동물 등이 유기적으로 연결되어 균형을 이루며 살아가는 생명 공동체이므로 경제적 가치로만 평가할 수 없다.

┤ 보기 ├
ㄱ. 갑은 인간을 위해 자연을 이용하는 것은 당연하다고 본다.
ㄴ. 을은 인간과 자연이 서로 균형과 조화를 이루어야 한다고 본다.
ㄷ. 병은 인간은 생명 공동체의 구성원이므로 생태계의 안정을 유지할 의무가 있다고 본다.
ㄹ. 병은 갑, 을과 달리 생태계를 유기체로 보고 공동체의 범위를 대지까지 확대해야 한다고 본다.

① ㄱ, ㄴ   ② ㄷ, ㄹ   ③ ㄱ, ㄴ, ㄷ
④ ㄱ, ㄷ, ㄹ   ⑤ ㄴ, ㄷ, ㄹ

03 다음 글에서 이끌어 낼 수 있는 내용만을 〈보기〉에서 있는 대로 고른 것은?

> 제2차 세계 대전 이후 인도네시아의 보르네오섬에서 말라리아를 옮기는 모기를 없애기 위해 디디티(DDT)라는 살충제를 대량 살포하였다. 그 결과, 말라리아를 퇴치할 수 있었지만, 바퀴벌레가 모기를 통해 디디티를 흡수하였고, 바퀴벌레를 잡아먹은 도마뱀의 체내에 디디티가 축적되었다. 운동 신경에 장애가 생긴 도마뱀은 고양이의 먹이가 되었고, 고양이들의 몸에도 이상이 생겨 죽어 가자 쥐가 빠르게 늘어나서 사람들은 흑사병의 위협에 처하게 되었다. 게다가 디디티는 식물과 토양 속에 분해되지 않은 채 축적되었고, 인간의 몸에서 암을 유발하였다.

┤ 보기 ├
ㄱ. 생태계의 구성원들은 유기적 관계를 맺고 있다.
ㄴ. 자연은 인간을 위한 도구로서의 가치를 지닌다.
ㄷ. 인간은 자연 속의 여러 존재들과 서로 의존하며 살아간다.
ㄹ. 모든 환경 문제를 과학으로 해결할 수 있다는 과학 기술 만능주의를 경계해야 한다.

① ㄱ, ㄷ   ② ㄴ, ㄹ   ③ ㄱ, ㄴ, ㄷ
④ ㄱ, ㄷ, ㄹ   ⑤ ㄴ, ㄷ, ㄹ

04 다음은 어느 학생이 필기한 내용이다. ㉠~㉤ 중 옳지 않은 것은?

> [학습 주제] 동양의 자연관이 주는 교훈
> 1. 유교
>   (1) 만물은 모두 본래적 가치를 지님. ·········㉠
>   (2) 무위자연의 경지를 지향해야 함. ·········㉡
> 2. 불교
>   (1) 연기의 원리에 따라 만물은 독립적으로 존재할 수 없음. ·········㉢
>   (2) 모든 생명에게 자비를 베풀어야 함. ········㉣
> 3. 도가
>   (1) 인간은 자연의 한 부분으로 자연과 조화를 이루어야 함. ·········㉤

① ㉠   ② ㉡   ③ ㉢   ④ ㉣   ⑤ ㉤

03 환경 문제 해결을 위한 노력

1 환경 문제의 특징

1. 환경 문제의 원인
인구 증가 및 과학과 기술의 발전에 따라 자원 소비량과 폐기물의 양이 급증하면서 발생

2. 환경 문제의 특징
(1) **분포의 광범위성** 국가의 경계를 벗어나 전 세계에 영향을 미침.
(2) **피해의 심각성** 지구 자정 능력❶의 한계를 넘어섰기 때문에 피해 복구에 오랜 시간이 걸림.

3. 환경 문제의 종류

구분	원인	영향
지구 온난화	온실가스의 배출량이 늘어나면서 지구의 평균 기온이 상승	빙하 면적 감소, 해수면 상승, 이상 기후 발생, 동식물의 서식 환경 변화 등
사막화	장기간의 가뭄과 인간의 과도한 개발	식량 생산량 감소, 황사 심화 등
열대림 파괴	무분별한 벌목과 개간, 목축	동식물의 서식지 파괴 → 생물 종 감소
오존층 파괴	염화 플루오린화 탄소❷ 사용 증가	피부암, 안과 질환 유발 등
산성비	대기 오염 물질과 빗물의 결합	건축물 부식, 삼림 파괴 등

2 환경 문제 해결을 위한 정부, 시민 단체, 기업의 노력

1. 환경 문제 해결을 위한 정부의 노력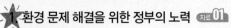

환경 관련 제도 및 정책 강화	• 환경 오염 규제 측면: 오염 물질 배출 부담금 부과, 탄소 배출권 거래 제도 • 환경 오염 예방 측면: 친환경 사업자 국가 보조금, 환경 영향 평가❸
친환경 산업 육성	• 친환경 제품 개발 장려 예 탄소 성적 표지제 • 청정 과학 기술과 에너지 연구·개발 장려 예 에너지 소비 효율 등급 표시제
국제 사회와 공동 대응	다양한 환경 협약을 체결하여 전 지구적 차원의 환경 문제에 공동 대응 예 기후 변화 협약(지구 온난화 방지), 몬트리올 의정서(오존층 파괴 물질 사용 규제), 생물 다양성 협약(생물 종 보호), 사막화 방지 협약(사막화 방지) 등
홍보 활동	기업과 개인을 대상으로 환경 정책과 에너지 절약 실천 방안 홍보

자료 01 환경 문제 해결을 위한 정부의 노력

(가) 탄소 성적 표지제

(나) 에너지 소비 효율 등급 표시제

셀/파/길/잡/이 • (가): 정부는 제품 생산의 모든 과정에서 발생하는 온실가스의 배출량을 이산화 탄소의 배출량으로 환산하여 제품에 부착하는 제도인 탄소 성적 표지제를 시행하고 있다.
• (나): 정부는 제조업자들이 생산 단계에서부터 에너지 절약형 제품을 생산하도록 하는 의무 신고 제도인 에너지 소비 효율 등급 표시제 등을 시행하고 있다.

▶ 빠른 핵심 체크 ◀

환경 문제
- 원인: 자원 소비량과 폐기물 급증
- 특징: 전 지구적인 문제
- 종류: 지구 온난화, 사막화, 열대림 파괴, 오존층 파괴, 산성비 등

❶ 자정 능력
자연 환경이 시간이 지나면서 대기와 해양의 순환 과정을 통해 스스로 오염 정도를 낮추어 정화하는 능력을 말한다.

❷ 염화 플루오린화 탄소(CFCs)
염소와 불소를 포함한 유기 화합물을 총칭하는 것으로, 프레온 가스로 알려져 있다. 주로 냉장고나 에어컨 등의 냉매제, 발포제, 분사제 등으로 사용된다.

❸ 환경 영향 평가
각종 개발 사업이 시행되기 전에 환경에 미치게 될 영향을 예측하고 평가하여 환경에 끼칠 부정적 영향을 줄이는 방안을 마련하는 제도이다.

▶ 빠른 핵심 체크 ◀

환경 문제 해결을 위한 노력

정부	환경 관련 제도 및 정책 강화, 친환경 산업 육성, 국제 사회와 공동 대응, 홍보 활동 등
시민 단체	정부, 기업, 시민을 감시하고 지원
기업	친환경적 기술 개발 및 친환경 경영 추구

교과서 자료 더 보기➕

파리 협정
국제 연합(UN) 기후 변화 협약의 당사국에서는 2015년 12월 12일에 2020년 이후 새로운 기후 변화 체제 수립을 위한 최종 합의문인 파리 협정을 채택하였다. 2020년을 시작으로 2050년까지 지구촌 온실가스 배출량을 0으로 만들겠다는 것을 목표로 한다. 우리 정부도 2030년까지 온실 가스 배출량을 37% 감축한다는 목표를 내세우고 있다.

2. 환경 문제 해결을 위한 시민 단체의 노력 〔예〕 그린피스, 세계 자연 기금 등

(1) **역할** 환경 문제 해결 과정에서 정부, 기업, 시민을 잇는 다리 역할

(2) **기능** 자료02

감시 기능	• 정부의 정책 수립 및 시행 과정 감시 및 비판 • 기업의 환경 윤리 준수 감시 및 비판
지원 기능	• 정부와 기업, 개인이 환경친화적인 행동을 하도록 지원 • 환경 운동 전개, 홍보 활동, 서명 운동 실시 • 시민 대상 환경 보호 실천 방안 교육

자료02 환경 문제 해결을 위한 시민 단체의 노력

(가) 감시 기능(폐기물 해양 투기 정책 비판)　　(나) 지원 기능(에너지 절약 운동)

셀/파/길/잡/이 • (가) 감시 기능: 시민 단체는 정부의 정책과 기업의 활동이 환경에 부정적인 영향을 미칠 때는 반대 여론을 형성하며 정부와 기업을 감시하고 비판하는 역할을 한다.
　　　　　　• (나) 지원 기능: 시민 단체는 환경 문제 해결을 위해 시민의 참여와 관심을 촉구하기 위한 홍보 활동과 서명 운동 등 시민 운동을 전개한다.

교과서 자료 더 보기⁺

그린피스의 환경 보호 운동
　1979년에 창설된 그린피스는 각국에 지부를 둔 영향력 있는 국제적인 시민 단체이다. 그린피스는 반핵, 군비 축소, 남극 보호, 에너지 절약과 재생 가능한 에너지 개발, 삼림 보호, 해양 생태계 보호 등을 주요 활동 영역으로 설정하고 있다. 2014년에 그린피스는 세계 어린이들과 함께 장난감 회사인 L사에 압박을 넣어 북극에서 석유를 시추할 예정인 S사와의 협력 관계를 해지하겠다는 약속을 받아냈다.

3. 환경 문제 해결을 위한 기업의 노력 자료03

기술 개발	• 환경 오염 배출 최소화: 환경 오염 배출량을 줄이기 위한 기반 시설 정비 • 청정 기술❹ 개발: 환경친화적 제품 개발, 에너지 효율이 높은 생산 시설 도입 • 신·재생 에너지의 사용 확대 노력　〔용어〕 기존의 화석 연료를 변환하여 이용하거나 햇빛, 물, 바람 등 재생 가능한 에너지를 변환하여 이용하는 에너지를 말함.
친환경 경영 추구	사회적 책임 의식을 가지고, 환경 오염을 최소화하려는 기업 윤리를 가짐.

❹ 청정 기술
생산 공정 전반에 걸쳐 자원과 에너지를 절약하고 환경 오염을 예방 및 최소화하는 산업 기술을 말한다.

자료03 환경 문제 해결을 위한 기업의 노력

(가) 생산 측면(친환경 제품 생산) (나) 유통 측면(친환경 제품 진열) (다) 폐기 측면(제품 재활용)

셀/파/길/잡/이 • (가) 생산 측면: 기업은 생산 과정에서 배출되는 오염 물질을 정화하는 시설을 갖추고, 환경 오염을 일으키지 않는 친환경 상품을 생산해야 한다.
　　　　　　• (나) 유통 측면: 상품 유통 과정을 간소화하여 유통 단계의 화석 연료 사용을 줄여야 하고 친환경 제품을 우선 공급하거나 진열해야한다.
　　　　　　• (다) 폐기 측면: 상품이 폐기되는 과정에서 자연 상태에서 쉽게 분해될 수 있는 재질로 상품을 만들고, 버려진 제품을 재활용하여 새로운 제품을 제조해야 한다.

교과서 탐구 풀이 ✍

Q 환경 문제 해결을 위한 시설 정비나 기술 개발 등 기업 차원의 노력을 실제 사례에서 찾아 서술해 보자.

A • 자동차 회사: 전기차, 수소차, 하이브리드차 등 친환경 자동차를 개발하여 대기 오염 물질 최소화
　　• 잉크·토너 회사: 제품을 회수한 후 분해 및 분류해 재사용·재활용함으로써 이산화 탄소 배출량 감축

③ 환경 문제 해결을 위한 개인의 노력과 생태 도시

1. 환경 문제 해결을 위한 개인의 노력 자료04

자원과 에너지 절약	다양한 방식으로 자원과 에너지 절약 예 대중교통 이용하기, 사용하지 않는 플러그 뽑기, 일회용품 사용 줄이기 등
재사용 및 재활용	• 재사용: 쓸모 있는 물건을 고쳐서 사용하거나 다른 사람에게 팔고 기증하는 것 예 교복 물려주기, 사용하지 않는 물건 판매하기 • 재활용: 버려지는 물건을 자원으로 다시 활용하는 것 예 쓰레기 분리수거
환경친화적 제품 소비	환경에 미치는 영향을 고려하여 녹색 소비❺ 실천 └ 예 탄소 배출량 인증 제품 소비
환경 윤리 의식 함양	인간과 자연의 관계를 바르게 인식하고 생활 속 환경의 중요성 인식
환경 정책 참여	• 환경 관련 법을 지키고 정책에 동참 • 시민 단체에 가입하여 환경 감시 활동

• 빠른 핵심 체크 •

환경 문제 해결을 위한 개인의 노력
┌→ 자원과 에너지 절약
├→ 재사용과 재활용
├→ 환경친화적 제품 소비
├→ 환경 윤리 의식 함양
└→ 환경 정책 참여

❺ 녹색 소비
제품을 구매하고 사용한 후 버릴 때까지의 전 과정에 걸쳐 친환경적인 행동을 하는 것을 말한다.

자료04 환경 문제 해결을 위한 개인의 노력

▲ 사용하지 않는 플러그 뽑기

▲ 이면지 사용

셀/파/길/잡/이 개인의 행동과 선택이 환경 문제에 큰 영향을 미치고 있으므로 생활 속에서 환경 보호를 실천하고 환경 정책에 적극적으로 참여해야 한다. 사용하지 않는 가전제품의 플러그를 뽑거나 이면지를 사용하는 등의 작은 실천으로 환경을 보호할 수 있다.

교과서 탐구 풀이 ✍

Q 일상생활에서 환경 문제의 해결을 위한 구체적인 실천 방안을 서술해 보자.

A 집에서는 컴퓨터의 절전 기능을 설정한다. 그리고 학교에서는 아무도 없는 교실의 전등을 끄고, 급식 반찬을 남기지 않는다. 또한, 이동할 때 가까운 거리일 경우 걷거나 자전거를 이용한다.

---

2. 환경과 인간의 공존을 위한 생태 도시 자료05

(1) **생태 도시의 의미** 인간과 자연이 공존할 수 있는 체계를 갖춘 환경친화적 도시

(2) **생태 도시의 필요성** 도시에 나타나는 다양한 문제인 에너지의 과다 사용, 환경 오염, 녹지 공간의 파괴 등을 해결할 수 있을 뿐만 아니라 주민들의 삶의 질을 높일 수 있음.

자료05 통합탐구 세계의 생태 도시

(가) 브라질의 쿠리치바   (나) 스웨덴의 예테보리   (다) 독일의 프라이부르크

▲ 녹색 교환 사업

▲ 친환경 에너지 생산

▲ 태양 에너지의 이용

셀/파/길/잡/이 • (가) 브라질의 쿠리치바: 재활용 쓰레기를 식료품으로 바꿔 주는 녹색 교환 사업을 시행함. 세계 최초로 버스 전용 차선을 마련하고 원통형 버스 정류장에서 미리 차비를 내는 방식으로 승하차 시간을 줄이는 등 버스로 교통 체증 및 각종 대기 오염 문제를 해결함.
• (나) 스웨덴의 예테보리: 신·재생 에너지를 최대한 활용하는 탈석유화 정책을 시행하여 석유 의존율을 낮추고 대기 오염 문제를 해소함.
• (다) 독일의 프라이부르크: 태양 에너지를 적극적으로 이용하고, 자전거 주차장 조성과 전차 이용을 지원하는 에코 티켓 발행 등 다양한 환경 정책을 시행함.

교과서 탐구 풀이 ✍

Q 생태 도시의 모범적인 사례를 우리나라에 어떻게 적용할 수 있을지 서술해 보자.

A 모범적인 사례들 중 우리나라에서 적용 가능한 것만을 추려 정부, 시민 단체, 기업, 그리고 개인적 차원에서 할 수 있는 노력을 다해야 한다.

개념 채우기

1. 환경 문제의 특징

특징	분포의 (❶)성, 피해의 심각성
종류	지구 온난화, 사막화, 열대림 파괴, 오존층 파괴, 산성비 등

2. 환경 문제 해결을 위한 노력

정부	• 환경 오염 규제 및 예방을 위한 법과 제도 마련
	  ⍟ 오염 물질 배출 부담금 부과, 환경 영향 평가
	• 친환경 제품 개발 장려
	• 청정 과학 기술과 에너지 연구·개발 장려
	• 기업과 개인을 대상으로 홍보 활동
	• 각종 환경 협약 체결
	  ⍟ (❷)(지구 온난화 방지), 몬트리올 의정서(오존층 파괴 방지), 생물 다양성 협약(생물 종 보호), 사막화 방지 협약(사막화 방지) 등

시민 단체	• (❸) 기능: 정부의 정책 수립 및 시행 과정 감시 및 비판, 기업의 환경 윤리 준수 감시 및 비판 • 지원 기능: 정부와 기업, 개인이 환경친화적인 행동을 하도록 지원, 환경 운동 전개 및 홍보, 환경 보호 실천 방안 교육
기업	• 환경 오염 배출 최소화 • 청정 기술 개발 • (❹) 에너지 사용 확대 노력 • 친환경 경영 추구
개인	• 다양한 방식으로 자원과 에너지 절약 ⍟ 대중교통 이용, 사용하지 않는 플러그 뽑기 등 • 재사용 및 재활용 실천 • 환경에 미치는 영향을 고려하여 (❺) 소비 실천 • 환경 윤리 의식 함양 • 환경 정책 참여

3. 생태 도시

의미	인간과 자연이 공존할 수 있는 체계를 갖춘 환경친화적 도시 ⍟ 쿠리치바, 예테보리, 프라이부르크 등
필요성	도시에 나타나는 다양한 문제인 에너지의 과다 사용, 환경 오염, 녹지 공간의 파괴 등을 해결할 수 있을 뿐만 아니라 주민들의 삶의 질을 높일 수 있음.

답 | ❶ 광역화 ❷ 기후 변화 협약 ❸ 감시 ❹ 신·재생 ❺ 녹색

---

1 환경 문제의 특징

01 세계의 환경 문제에 대한 설명으로 옳지 <u>않은</u> 것은?

① 피해 복구에 오랜 시간이 걸린다.
② 지구 자정 능력의 한계를 넘어섰다.
③ 일반적으로 피해 국가만의 문제이다.
④ 인구 증가에 따른 자원 소비량의 급증이 원인이다.
⑤ 환경 문제를 해결하기 위해서는 생태 중심주의 자연관이 필요하다.

02 다음 글과 가장 관련 있는 환경 문제는?

> 2016년 6월, 노르웨이 스발바르 제도의 빙하 지역에서 특별한 피아노 연주회가 열렸다. 이탈리아의 한 피아니스트가 자신이 만든 '북극을 위한 비가(悲歌)'라는 곡을 빙산이 떠다니는 북극해의 한가운데서 연주한 것이다. 그가 연주하는 도중에 뒤에 있던 빙산의 일부가 떨어져 내리기도 하였다.

① 사막화   ② 산성비
③ 열대림 파괴   ④ 오존층 파괴
⑤ 지구 온난화

통합탐구

★03 다음 시에서 비유하는 환경 문제에 대한 옳은 설명을 〈보기〉에서 고른 것은?

> 메슥거리는 영국의 검은 석탄 구름이 / 이 지방에 검은 장막을 씌우고 / 신선한 녹음으로 빛나는 초목을 모조리 상처 입히며 / 아름다운 새싹을 말려 죽이고 / 독기를 휘감은 채 소용돌이치며 / 태양과 그 빛을 들에서 빼앗고 / 고대의 심판을 받은 저 마을에 / 재의 비처럼 떨어져 내린다.
>
> – 헨리크 입센, 《브란트》 –

┤ 보기 ├
ㄱ. 시에서 검은 장막은 오존층 파괴를 나타낸다.
ㄴ. 매연이 빗물에 섞여 내리는 산성비와 관련 있다.
ㄷ. 지구의 평균 기온이 점점 상승하는 현상을 표현하였다.
ㄹ. 주변 지역에 건축물 부식, 산림 파괴 등의 피해를 주기도 한다.

① ㄱ, ㄴ   ② ㄱ, ㄷ   ③ ㄴ, ㄷ
④ ㄴ, ㄹ   ⑤ ㄷ, ㄹ

2 환경 문제 해결을 위한 정부, 시민 단체, 기업의 노력

04 다음 설명에 해당하는 환경 관련 제도의 명칭은?

> 정부 기관 또는 민간에서 대규모 개발 사업 계획을 수립할 때, 개발 사업이 환경에 미치는 결과를 미리 예측하고 평가하는 제도이다.

① 탄소 성적 표지제　　② 탄소 배출량 감축 제도
③ 환경 영향 평가 제도　④ 온실가스 배출권 거래제
⑤ 에너지 소비 효율 등급 표시제

★05 다음은 학생이 정리한 노트의 일부분이다. (가)에 들어갈 내용으로 적절하지 않은 것은?

> 1. 환경 문제 해결을 위한 정부의 노력
> (1) 친환경 산업 육성
> (2) 환경 정책 홍보 활동
> (3) 국제 사회와 공동 대응
> (4) 　　　　(가)　　　　

① 환경 보전 계획 수립
② 탄소 배출권 거래 제도 시행
③ 오염 물질 배출에 대한 부담금 부과
④ 에너지 효율이 높은 생산 시설의 운영
⑤ 친환경 사업자를 위한 국가 보조금 지급

06 밑줄 친 ㉠~㉤ 중 환경 문제 해결을 위한 회사의 노력으로 적절하지 않은 것은?

> A 회사는 ㉠ 에너지 사용량을 모니터링하기 위해 에너지 세이버 시스템을 도입하였고, 공장의 모든 ㉡ 보일러 연료를 청정 에너지인 액화 천연가스로 바꾸어 연간 5만 톤 이상의 온실가스 배출량을 감축하였다. 또한 ㉢ 개발 사업 시 최대 이윤을 가장 중요한 목표로 삼았다. 그리고 폐수 종말 처리장의 ㉣ 폐수 정화 시스템을 엄격하게 관리하여 1급수로 정화하고, ㉤ 정화된 물의 50%이상을 공장 내에서 재활용하였다.

① ㉠　② ㉡　③ ㉢　④ ㉣　⑤ ㉤

★07 다음 사례를 통해 알 수 있는 옳은 내용을 〈보기〉에서 고른 것은?

> 그린피스: 전 세계 어린이들에게 꿈과 희망을 선물하는 장난감 회사인 L사는 북극해에서 석유를 시추해 환경을 파괴하는 다국적 석유 회사인 S사와 협력 관계를 지속하는 것에 관해 신중히 고민해보십시오.
> L사: 1970년대부터 이어져 온 협력 관계를 청산한다면 엄청난 손실이 예상됩니다. 하지만 S사와의 계약 기간이 끝나면 더는 계약을 연장하지 않겠습니다.

┤ 보기 ├
ㄱ. 그린피스는 친환경 산업을 육성하는 제도를 마련하고 있다.
ㄴ. 그린피스는 전 지구적 차원의 환경 보호 활동을 펼치고 있다.
ㄷ. 그린피스는 기업 활동에 대해 압력을 행사하는 역할을 하고 있다.
ㄹ. 그린피스는 시민을 대상으로 환경 보호 실천 방안을 교육하고 있다.

① ㄱ, ㄴ　　② ㄱ, ㄷ　　③ ㄴ, ㄷ
④ ㄴ, ㄹ　　⑤ ㄷ, ㄹ

08 밑줄 친 ㉠~㉣에 대한 설명 중 옳은 내용을 〈보기〉에서 고른 것은?

> ㉠ 빈 병 보증금 제도는 빈 병의 ㉡ 재사용률을 높여 자원 소비를 줄이기 위해 병의 크기에 따라 보증금을 돌려주는 제도이다. ㉢ 이를 활성화하기 위해 제품에 표기되는 마크를 개선하고, 대형 상점을 중심으로 ㉣ 무인 회수기를 설치하고 있다.
> – 환경부, 2016 –

┤ 보기 ├
ㄱ. ㉠: 환경 보호를 목적으로 한 제도이다.
ㄴ. ㉡: 회수한 빈 병을 새로 가공해 유리병을 만드는 것을 말한다.
ㄷ. ㉢: 활성화하려는 주체는 정부이다.
ㄹ. ㉣: 고용 촉진에도 도움이 된다.

① ㄱ, ㄴ　　② ㄱ, ㄷ　　③ ㄴ, ㄷ
④ ㄴ, ㄹ　　⑤ ㄷ, ㄹ

09 지도의 ㉠~㉤에 대한 설명으로 적절하지 <u>않은</u> 것은?

[환경부, 2016.]

① ㉠은 심각한 가뭄 및 사막화를 방지하기 위한 협약이다.
② ㉡과 ㉢이 해결하고자 하는 환경 문제는 같다.
③ ㉣은 지속 가능한 생태계를 유지하기 위한 협약이다.
④ ㉤은 폐기물 투기에 의한 해양 오염 방지에 관한 협약이다.
⑤ ㉠~㉤은 모두 환경 문제를 해결하기 위한 국제 사회의 협력 모습이다.

10 다음 제도와 관련된 설명 중 옳지 <u>않은</u> 것은?

① 제품의 탄소 배출량 정보를 공개하는 제도이다.
② 온실가스를 줄이는 지속 가능성과 관련된 제도이다.
③ 환경 문제를 해결하기 위한 정부의 제도적 노력이다.
④ 효율이 높은 에너지 절약형 제품을 구입하도록 한다.
⑤ 소비자들이 저탄소 상품을 구입할 수 있도록 안내한다.

11 사진에 나타난 활동 주체에 대한 옳은 설명을 〈보기〉에서 고른 것은?

┤ 보기 ├
ㄱ. 환경 오염을 유발하는 행위에 대해 감시한다.
ㄴ. 반대 여론을 형성하여 정부에 압력을 행사한다.
ㄷ. 환경 협약을 체결하여 국제 사회와 공동 대응한다.
ㄹ. 오염 물질을 배출하는 사업자나 소비자를 처벌한다.

① ㄱ, ㄴ ② ㄱ, ㄷ ③ ㄴ, ㄷ ④ ㄴ, ㄹ ⑤ ㄷ, ㄹ

12 다음 사례를 극복하기 위해 시민 사회가 할 수 있는 노력을 〈보기〉에서 고른 것은?

울산 태화강은 도시화, 산업화로 생활 오수와 각종 폐수가 유입되면서 심각하게 오염되었고, 해마다 물고기들이 떼죽음을 당하는 죽음의 강이 되었다.

┤ 보기 ├
ㄱ. 하수 처리장 건설 등 각종 수질 개선 정책을 시행하였다.
ㄴ. 6,000여 명의 환경 단체 회원이 하천 정화 활동에 참여하였다.
ㄷ. 하천 오염 문제를 사회적으로 쟁점화하고 시민의 참여를 촉구하였다.
ㄹ. 오수 배출을 억제하고 하천을 정화하는 각종 기술을 개발하고자 노력하였다.

① ㄱ, ㄴ ② ㄱ, ㄷ ③ ㄴ, ㄷ
④ ㄴ, ㄹ ⑤ ㄷ, ㄹ

13 다음은 환경 보호를 위한 기업의 노력을 나타낸 것이다. 밑줄 친 ㉠~㉤에 대한 설명 중 옳지 <u>않은</u> 것은?

생산 측면	유통 측면	폐기 측면
• 오염 물질 정화 시설 도입 • ㉠친환경 기술의 개발 • ㉡친환경 상품의 생산	• ㉢상품 유통 과정 최소화 • 친환경 상품의 우선 공급	• ㉣과대 포장 지양 • ㉤버려진 제품을 재활용한 새로운 제품 제조

① ㉠: 환경 오염을 일으키지 않거나 최소화하도록 돕는 기술을 개발해야 한다.
② ㉡: 휘발유를 동력으로 하는 자동차가 그 예이다.
③ ㉢: 상품 유통 과정에서 사용되는 화석 연료를 줄여야 한다.
④ ㉣: 내용물에 비해 포장재를 지나치게 많이 사용해 부피를 늘리는 포장을 말한다.
⑤ ㉤: 폐소방 호스를 이용하여 가방을 만드는 것이 좋은 사례이다.

③ 환경 문제 해결을 위한 개인의 노력과 생태 도시

14 다음은 두 학생의 대화 장면이다. 수지와 원준이의 환경 실천과 가장 거리가 먼 것은?

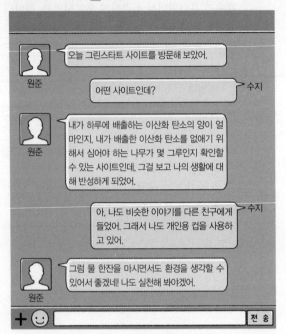

① 교복 물려주기 행사에 참여한다.
② 가까운 거리는 자전거를 이용한다.
③ 일상생활에서 녹색 소비를 실천한다.
④ 종이, 유리, 캔 등은 한 군데 모아서 버린다.
⑤ 가전제품을 사용하지 않을 때에는 플러그를 뽑는다.

15 다음은 인터넷에서 A를 검색한 화면 자료이다. A로 가장 적절한 것은?

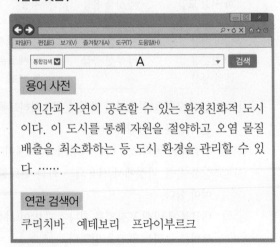

① 신도시   ② 거대 도시   ③ 기업 도시
④ 생태 도시   ⑤ 세계 도시

16 다음을 보고 물음에 답하시오.

> 화석 에너지의 사용 증가, 삼림 파괴 등 인위적 요인으로 인해 지구의 평균 기온이 점점 상승하는 현상이 나타나고 있다. 이에 따라 세계 곳곳에서 이상 기후 현상이 나타나고 있으며, 빙하가 녹아 해수면이 상승하여 일부 해안 저지대가 침수 피해를 입고 있다.

(1) 윗글에서 이야기 하는 환경 문제가 무엇인지 쓰시오.

(2) (1)을 해결하기 위한 개인적 차원의 노력을 두 가지 서술하시오.

17 다음 토론 내용을 읽고 물음에 답하시오.

> 사회자: ○○동 골프장 건설에 관한 여러분의 의견을 듣고 싶습니다.
> 건설 업체: 골프장 건설과 유지를 위해서 나무를 베고 제초제를 뿌리는 것은 어쩔 수 없는 일이라고 생각합니다.
> ○○동 주민: 골프장을 건설하기 위해 산림을 훼손하게 되면 홍수가 날 때 제대로 대처할 수 없을 것입니다.
> 시민 단체: 그렇습니다. 자연환경을 함부로 해치지 않으면서 골프장을 짓는 게 중요합니다.
> 사회자: 아, 그렇다면 환경에 미치게 될 영향을 예측하고 평가할 ㉠ 이(가) 필요하다는 말씀이시군요.

(1) ㉠에 들어갈 알맞은 말을 쓰시오.

(2) ○○동 골프장 선설 문제와 관련하여 시민 단체가 할 수 있는 역할이 무엇인지 두 가지 서술하시오.

1등급 완성하기

교육청 기출 _변형

01 다음 글에 대한 추론으로 적절하지 **않은** 것은?

> 교토 의정서 이후의 새 기후 변화 체제로 195개국이 참가한 파리 협정이 극적으로 타결되었다. 교토 의정서에는 선진국만 온실가스 감축 의무가 있었지만, 파리 협정에서는 개발 도상국에게도 감축 의무를 부과하고 있다. 또한 2023년부터 5년마다 온실가스 감축 상황을 보고하도록 하고 있다.

① 국가 간 협력이 증대될 것이다.
② 협정 이행을 위한 정부 차원의 정책이 마련될 것이다.
③ 인간이 자연의 일부라는 생태학적 관점이 중시될 것이다.
④ 지속 가능한 발전에 대한 국제 사회의 관심을 촉구할 수 있다.
⑤ 환경 오염에 대한 사후 대책이 사전 예방보다 중시될 것이다.

02 지도는 어떤 환경 문제의 영향을 나타낸 것이다. 이 환경 문제에 대한 옳은 설명을 〈보기〉에서 고른 것은?

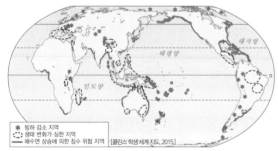

* 빙하 감소 지역
○ 생태 변화가 심한 지역
— 해수면 상승에 의한 침수 위험 지역 [콜린스 학생 세계지도, 2015]

> **보기**
> ㄱ. 온실가스의 과도한 배출이 주요 원인이다.
> ㄴ. 피부암, 안과 질환 등을 유발하는 직접적 요인이다.
> ㄷ. 이상 기후 현상과 동식물의 서식 환경 변화를 초래하고 있다.
> ㄹ. 이 문제의 해결을 위한 국제 협력의 결과 몬트리올 의정서가 체결되었다.

① ㄱ, ㄴ ② ㄱ, ㄷ ③ ㄴ, ㄷ
④ ㄴ, ㄹ ⑤ ㄷ, ㄹ

03 다음은 환경 문제 해결을 위한 노력에 대한 수업 장면이다. 교사의 질문에 답한 내용이 옳은 학생을 고른 것은?

환경 문제 해결을 위한 노력의 주체인 (가), (나)에 대해 설명해 볼까요?

교사

〈환경 문제 해결을 위한 노력〉
1. (가)의 노력: 환경 관련 제도 및 정책 강화
2. (나)의 노력: 친환경 경영 추구

갑: (가)는 상품의 생산, 유통, 폐기 과정에서 환경 오염을 최소화하려고 해요.

을: (가)는 개인을 대상으로 환경 정책과 에너지 절약 실천 방안을 홍보하기도 해요.

병: (나)는 노후화된 시설을 교체하고 오염 방지 시설을 운영함으로써 오염 물질의 배출량을 줄여요.

정: (나)는 정부 정책이 환경에 부정적인 영향을 미칠 때 반대 여론을 형성하여 압력을 행사해요.

① 갑, 을 ② 갑, 병 ③ 을, 병
④ 을, 정 ⑤ 병, 정

04 다음은 어떤 학생의 일기의 일부이다. ㉠~㉤ 중 환경 문제 해결을 위한 노력으로 옳지 **않은** 것은?

> 2018년 ○월 ○일 금요일
> 오늘은 기다리던 현장 학습을 가는 날이다! 엄마는 아침 일찍부터 김밥을 싸고 계셨다. 나는 식사 후 용기를 버리고 올 수 있어 편리한 ㉠ 일회용 용기에 김밥을 담아달라고 부탁드렸다. 그리고 현장 학습 장소를 정확히 알아보기 위해 컴퓨터를 켰다. 그동안 ㉡ 모아둔 이면지에 약도를 그려 현장 학습 장소로 출발했다. 현장 학습 장소까지는 거리가 멀지 않아서 ㉢ 자전거를 이용하였다. 도착하니 반 친구들이 많이 모여 있었다. 신나게 체험 학습을 한 후에는 각자 싸온 ㉣ 도시락을 남기지 않고 다 먹었다. 집으로 돌아오는 길에 친구들과 문구점에 들렀다. ㉤ 예쁜 학용품들이 눈에 띄었지만 꼭 필요한 것만 구매하였다.

① ㉠ ② ㉡ ③ ㉢ ④ ㉣ ⑤ ㉤

Ⅲ

생활 공간과 사회

🌱 이 단원의 핵심 포인트 짚고 가기

단원	핵심 포인트
01 산업화·도시화에 따른 변화	·산업화·도시화에 따른 생활 공간의 변화 ·산업화·도시화에 따른 생활 양식의 변화 ·산업화·도시화에 따른 문제점과 해결 방안
02 교통·통신의 발달과 정보화에 따른 변화 ~ 우리 지역의 변화	·교통·통신 발달, 정보화에 따른 생활 공간과 생활 양식의 변화 ·교통·통신 발달, 정보화에 따른 문제점과 해결 방안 ·지역의 공간 변화 조사 ·지역 변화에 따른 문제점과 해결 방안

🌱 셀파와 내 교과서 단원 비교하기

셀파	천재교육	미래엔	비상	지학사	동아
01 산업화·도시화에 따른 변화	01 산업화·도시화에 따른 변화	1 산업화와 도시화	1 산업화와 도시화	1 산업화·도시화에 따른 변화와 문제점	01 산업화·도시화로 나타난 생활 공간의 변화는? 02 산업화·도시화로 나타난 생활 양식의 변화는?
02 교통·통신의 발달과 정보화에 따른 변화 ~우리 지역의 변화	02 교통·통신의 발달과 정보화에 따른 변화 03 내가 사는 지역의 공간 변화	2 교통·통신의 발달과 정보화 3 우리 지역의 변화	2 교통·통신의 발달과 정보화 3 지역의 공간 변화	2 교통·통신 발달과 정보화에 따른 변화와 문제점 3 우리 지역의 변화와 발전	03 교통·통신의 발달로 나타난 변화와 문제점은? 04 정보화로 나타난 변화와 문제점은? 05 지역의 공간 변화로 나타난 문제점과 해결 방안은?

변화하는 생활 공간은
우리의 삶에 어떤 영향을 미치는가?

생활 공간 및 생활 양식의 변화로 나타난 문제에 관한 적절한 대응 방안을 파악한다.

01 산업화·도시화에 따른 변화

1 산업화·도시화에 따른 생활 공간의 변화

1. 산업화·도시화의 의미 자료 01

(1) **산업화** 농업 중심의 사회가 광공업과 서비스업 중심의 사회로 변화해 가는 현상

(2) **도시화** 한 국가 내에서 도시에 거주하는 인구의 비율이 높아지는 현상, 또는 도시적 삶의 방식이 확대되어 가는 현상 [분석] 일반적으로 산업화와 함께 나타남.

2. 산업화·도시화에 따른 거주 공간의 변화

집약적 토지 이용	도시에 많은 사람과 기능이 집중함. → 제한된 공간을 효율적으로 이용하기 위해 고층 건물이 들어섬. [예] 높은 업무용 빌딩, 고층 아파트 등
지역 분화❶	도시가 성장하면서 도시 내부가 업무·상업, 주거, 공업 지역 등으로 기능의 분화가 이루어짐.
대도시권 형성	• 대도시의 인구가 많아지고, 그 기능과 영향력이 커지면서 대도시와 주변 촌락이 하나의 생활권을 이룸. • 대도시 주변의 촌락에는 도시의 주택 부족 문제를 해결하고자 대규모 주택 단지가 들어서거나 공업 지역이 형성되어 도시적 경관이 나타남.

3. 산업화·도시화에 따른 생태 환경의 변화 자료 02

녹지 면적의 감소	• 도시의 지표면이 콘크리트나 아스팔트 등으로 포장되어 녹지 면적이 감소함. → 생물 종 다양성 감소 • 포장된 지표에 빗물이 흡수되지 못해 홍수 발생 위험도가 증가함.
환경 오염	다양한 경제 활동으로 인한 과도한 오염 물질 배출 → 쓰레기 문제, 대기 오염, 수질 오염 등이 나타나면서 생활 환경이 악화됨.

2 산업화·도시화에 따른 생활 양식의 변화 자료 03

물질적 풍요	• 산업화로 제품의 대량 생산과 대량 소비가 가능해짐. → 소득이 증대되고 생활 수준이 향상됨. • 기계화와 자동화로 근로자의 노동 시간은 줄어들고 여가 시간이 늘어남.
도시성❷의 확산	• 효율성과 합리성을 추구하고 익명성을 띰. • 이질적인 주민 구성이 나타나고 개인주의적인 방식으로 행동하며, 사회적 관계도 이해타산에 기초하여 맺어짐. • 생활에 편리한 상업 시설, 여가·문화 시설, 교통 시설의 이용이 증가함. • 도시성은 산업화·도시화에 따라 점차 주변의 촌락으로 확대됨.
직업의 분화	• 1차 산업에서 2·3차 산업 중심으로 변하면서 직업이 분화되고 전문성이 증가함. → 도시 주민들은 다양한 직업에 종사함. • 다양한 직업에 종사하는 도시 주민들 간의 이질성이 높아지고 직업 간 소득 수준에 차이가 나타남.
개인주의 가치관의 확산	• 공동체보다는 개인을 강조하는 경향이 커짐. → 집단보다는 개인의 정체성을, 집단의 목표보다는 개인의 목표를 중요시 함. • 이기주의와는 다르게 개인의 존엄성과 자율성을 중시하고 공동체와의 조화를 추구하는 개인주의 가치관이 나타남. • 가족의 형태는 핵가족화되었고, 점차 1인 가구의 비중이 증가함.

● 빠른 **핵심** 체크 ●

산업화·도시화에 따른 거주 공간의 변화
집약적 토지 이용, 지역 분화, 대도시권 형성

산업화·도시화에 따른 생태 환경의 변화
녹지 면적의 감소, 환경 오염

❶ 지역 분화
지역별로 접근성, 지대 및 지가가 다르기 때문에 나타나는 현상이며, 도시 내부 지역은 각기 다른 토지 이용이 나타난다.

도심	교통이 편리한 곳에 위치하며, 업무·상업 기능이 발달하고 고층 건물이 밀집함. [예] 서울 중구
부도심	교통이 편리한 곳에는 도심의 기능을 분담하는 부도심이 위치함. [예] 서울 영등포구
주거 지역	도시의 외곽에는 대규모 주거 단지가 조성되며, 대형 마트와 학교가 많음. [예] 서울 노원구
공업 지역	넓은 부지를 필요로 하여 도시 외곽에 형성되어 있음. [예] 서울 구로구
위성 도시	대도시의 기능을 분담하기 위해 대도시 주변에 형성됨. [예] 김포, 고양

● 빠른 **핵심** 체크 ●

산업화·도시화로 인한 생활 양식의 변화
- 물질적 풍요
- 도시성의 확산
- 직업의 분화
- 개인주의 가치관의 확산

❷ 도시성
도시에 사는 사람들의 특징적인 사고나 행동 양식을 말하며, 보통 도시적 생활 양식 혹은 도시 문화라고 한다.

🌱 이 자료 이렇게 해석하자!

자료 01 **우리나라의 산업화와 도시화**

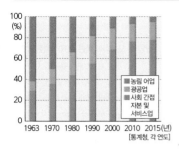

▲ 우리나라 산업 구조의 변화

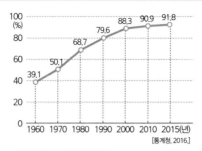

▲ 우리나라 도시화율의 변화

셀/파/길/잡/이 우리나라는 1960년대까지 전체 산업 중에서 농림 어업에 종사하는 사람의 비중이 60%를 넘는 농림 어업 중심의 사회였으나, 산업화로 인해 광공업과 서비스업에 종사하는 사람의 비중이 점차 증가해 왔다. 산업화로 인해 촌락의 인구가 일자리를 찾아 도시로 이동하는 이촌 향도 현상이 나타나면서 도시화가 촉진되었다. 현재 우리나라의 인구 10명 중 9명은 도시 지역에 거주하고 있다.

교과서 자료 더 보기 ➕

산업화와 세계 도시 인구의 성장

산업화가 진행되면서 세계의 도시 수와 도시 거주 인구는 지속적으로 증가해 왔다. 그리고 1,000만 명 이상이 거주하는 도시도 늘어나고 있다.

자료 02 **산업화·도시화에 따른 생태 환경 변화**

(가)

	1980년	2015년	
임야	66,128km²	64,003km²	감소
논밭	22,099km²	19,108km²	감소
*대지	1,721km²	2,983km²	증가
도로	1,399km²	3,144km²	증가

*대지: 건축을 할 수 있는 땅 [국토교통부, 2016.]

▲ 우리나라 토지 이용의 변화

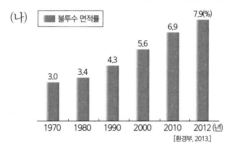

▲ 우리나라 불투수 면적률의 변화

셀/파/길/잡/이 • (가): 우리나라는 산업화·도시화에 따라 삼림과 같은 자연 상태의 토지가 감소하고 주택, 공장, 도로 등의 면적이 늘어났다.
• (나): 불투수 면적은 콘크리트나 아스팔트로 덮여 있어 빗물이 투과되기 어려운 지역의 면적을 말한다. 우리나라는 불투수 면적의 증가로 빗물이 토양에 흡수되지 못해 홍수 발생 위험도가 증가하였다.

교과서 탐구 풀이 ✍

Q 산업화·도시화의 진전으로 도시의 생태 환경이 어떻게 변화했는지 서술해 보자.

A 시가지 개발로 인해 녹지 공간이 줄어들었고, 도시 표면은 콘크리트와 아스팔트로 덮였다. 이로 인해 생물종 다양성이 감소하였고, 열섬 현상이 심화되었을 뿐만 아니라 홍수 발생 위험도도 높아졌다. 또한, 많은 인구가 배출하는 오염 물질로 인해 생활 환경이 악화되었다.

자료 03 **통합탐구** **산업화·도시화에 따른 생활 양식의 변화**

(가)

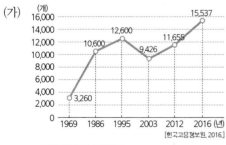

▲ 우리나라 직업 수의 변화

(나)

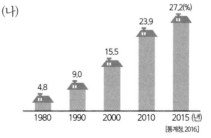

▲ 우리나라 1인 가구 비율의 변화

셀/파/길/잡/이 • (가): 우리나라의 직업 수는 세분화되어있던 기존의 직업명을 통합했던 2003년을 제외하면 꾸준히 증가해 왔다. 이는 산업화로 인해 직업이 분화되었기 때문이다.
• (나): 산업화·도시화로 인해 개인주의적 가치관이 확산되면서 최근 1인 가구가 꾸준히 증가하고 있다. 자신의 행복을 위해 혼자만의 시간을 보내며 혼자 밥을 먹거나 여가 생활을 즐기는 '나홀로족'이 증가하는 것도 이와 관련이 깊다.

교과서 자료 더 보기 ➕

우리나라 편의점 수의 변화

1인 가구가 증가하면서 라면, 과자 등의 간식에서부터 양말에 이르기까지 다양한 생활용품을 취급하는 편의점의 수요도 늘고 있다.

❸ 산업화·도시화에 따른 문제점과 해결 방안

1. 산업화·도시화에 따른 문제점 [자료 04]

(1) 도시 문제

① **원인** 인구와 각종 기능이 도시로 과도하게 집중하여 도시 기반 시설❸이 부족하게 되면서 발생함.

② **종류**

주택 문제	한정된 공간에 많은 인구가 밀집하면서 주택 부족 및 불량 주택 지역 형성 등의 문제 발생
교통 문제	교통량의 증가로 교통 체증 및 주차난 등의 문제 발생
범죄 발생	사람들 간의 이질성이 커져 다양한 범죄 발생
환경 문제	• 산업 폐수나 생활 하수로 인한 수질 오염 • 공장 매연이나 자동차 배기가스의 배출로 인한 대기 오염 • 산업 폐기물과 생활 쓰레기 등의 증가로 인한 토양 오염 • 자동차, 공장 등에서 발생하는 인공 열, 포장 면적에 의한 열 흡수, 고층 건물에 의한 바람길 차단 등으로 인한 열섬 현상❹의 발생 [자료 05]

(2) 노동 문제

실업 문제	산업화의 영향으로 사회가 요구하는 능력이나 직업이 변화하면서 일할 능력과 의사가 있음에도 불구하고 일자리를 갖지 못함.
노사 갈등	노동자와 사용자 사이의 이해관계 충돌로 발생

(3) 공동체 의식 약화 타인에 대한 무관심과 이기주의 확산 등으로 주변 사람과의 소통이 줄어들고 개인 중심의 생활을 하게 되면서 발생

(4) 인간 소외 현상❺ 생산 과정의 자동화로 인해 인간을 마치 기계의 부속품처럼 여기게 되어 노동에서 얻는 만족감과 성취감이 약화됨.

(5) 지역 간 불균형 도시에 각종 기능과 산업 시설 집중 → 도시와 농촌 간의 지역 격차 심화

2. 산업화·도시화에 따른 문제의 해결 방안 [자료 06]

사회적 차원	주택 문제 해결	대도시의 주택 문제를 해결하기 위해 도시 재개발 사업❻을 추진하거나 대도시 주변에 신도시를 건설함.
	교통 문제 해결	• 교통 문제를 해결하기 위하여 대중교통 수단을 확충하거나 교통 체계를 개편함. • 주차난 완화를 위해 공영 주차장을 확대함.
	범죄 예방	범죄 예방을 위한 구체적인 정책 마련
	환경 문제 해결	• 공원이나 생태 하천 등의 녹지 공간을 늘리기 위해 노력함. • 오염 물질의 배출 규제를 강화함.
	사회 문제 해결	• 소외 계층을 위한 사회 복지 제도 확충 ── 예 고용 보험, 노인 돌봄 서비스 등 • 최저 임금제와 비정규직 보호법 등 노동자를 위한 제도 마련
	지역 공동체 회복	마을 공동체 운영, 공동체 주택 건설 등을 통해 지역 공동체를 회복함.
	균형 발전 추구	도시의 기능을 분산하고, 지방 도시를 육성함.
개인적 차원		• 환경 문제 해결을 위한 대중교통 이용, 자원 절약, 쓰레기 최소화 등 친환경적인 생활 양식 실천 • 공동체 의식 약화 문제를 해결하기 위해 연대 의식 함양

· 빠른 핵심 체크 ·

산업화·도시화에 따른 문제점
- 도시 문제
- 노동 문제
- 공동체 의식 약화
- 인간 소외 현상
- 지역 간 불균형

산업화·도시화에 따른 문제의 해결 방안

사회적 차원	도시 재개발 및 신도시 건설, 교통 체계 개편, 범죄 예방, 생태 환경 복원, 사회 복지 제도 확충, 지역 공동체 회복 등
개인적 차원	친환경적인 생활 실천, 연대 의식 함양

❸ **도시 기반 시설**
대중교통, 도로, 시장, 공원 등 도시인의 생활이나 도시 기능의 유지에 필요한 물리적인 요소를 말한다.

❹ **열섬 현상**
도심 지역의 온도가 주변 지역보다 높게 나타나는 현상을 말한다.

❺ **인간 소외 현상**
노동의 주체인 인간이 노동 과정에서 객체나 수단으로 전락하여 소외되는 현상을 말한다.

❻ **도시 재개발 사업**
노후화되고 불량해진 주택이나 공공 시설물을 개량하여 주거 환경을 개선하고, 교통 시설과 교통 체계 등을 정비하는 사업을 말한다.

이 자료 이렇게 해석하자!

자료 04 통합탐구 **산업화·도시화에 따른 문제점**

그는 이번에 주먹으로 문을 두드리기 시작했다. …… 그러자 아파트 복도 저쪽 편의 문이 열리고, 파자마를 입은 사내가 이쪽을 기웃거리며 내다보았는데 그것은 그 사람 한 사람뿐만은 아니었다. …… "우리는 이 아파트에 거의 3년 동안 살아왔지만, 당신 같은 사람은 본 적이 없소." "아니 뭐라고요?" 그는 튀어 오를듯한 분노 속에서 신음 소리를 발했다. "당신이 나를 한 번도 본 적이 없다고 해서, 그래 이 집주인을 당신 멋대로 도둑놈이나 강도로 취급한다는 말입니까? 나도 이 방에서 3년을 살아왔소. 그런데도 당신 얼굴은 오늘 처음 보오. 그렇다면 당신도 마땅히 의심받아야 할 사람이 아니겠소?"

– 최인호, 《타인의 방》 –

셀/파/길/잡/이 최인호의 《타인의 방》은 산업화 시대의 단절된 도시인의 삶을 주제로 한 소설이다. 이 소설은 공간적 배경인 아파트를 통해 전통적인 공동체적 주거 공간이 사적인 공간으로 대체됨을 표현하고 있다. 아파트는 바로 옆에 누가 사는지 알 필요도 없고 알 수도 없는 철저한 사적 공간이기 때문이다. 특히 "우리는 이 아파트에 거의 삼 년 동안 살아왔지만, 당신 같은 사람은 본 적이 없소."라는 대목은 개인주의 가치관 확산과 인간관계의 단절을 여실히 보여 주고 있다.

교과서 자료 더 보기 ➕

우리나라 교통 혼잡 비용의 증가

1995	2000	2005	2010	2015 (년)
11.6	19.4	23.5	28.5	33.4(조 원)

[한국교통연구원, 2016.]

교통 혼잡 비용은 교통 수요의 증가에 따라 발생하는 사회적 비용을 말한다. 산업화에 따라 도시에 교통량이 증가하면서 환경 오염 비용, 교통사고 비용 등이 증가하고 있다.

자료 05 **산업화·도시화에 따른 문제점: 열섬 현상**

(가)

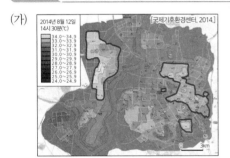

▲ 광주광역시 여름 열섬 지도(2014년)

(나)

전국 평균 8.14(일) / 서울 13 / 대구 20 / 부산 19 / 광주 16.6

[기상청, 2016.]

▲ 주요 도시의 평균 열대야 일수(2011~2015년)

셀/파/길/잡/이
- (가): 2014년에 작성된 광주광역시의 여름날 기온 분포에서 노란색으로 표시된 지역은 아파트 밀집 지역이나 교통량이 많은 곳으로, 다른 지역보다 최고 4℃ 가까이 높게 나타났다.
- (나): 2011~2015년의 주요 도시 평균 열대야 일수를 보면, 전국 평균보다 크게 웃도는 것을 알 수 있다. 이는 도시의 표면이 포장되어 있어 낮 동안에 지상에 쌓인 열을 그대로 가두어 놓아 밤까지 기온이 떨어지지 않기 때문이다.

교과서 탐구 풀이 ✋

Q 도시의 열섬 현상을 완화하는 방법을 제안해 보자.

A 인공 열을 발생시키는 냉난방 시설의 사용을 자제하고, 도심 지역에 진입하는 자동차에 혼잡 통행료를 징수하는 등 차량 운행을 제한해야 한다. 또한, 도심에서 열기가 쉽게 빠져나갈 수 있도록 바람길을 고려하여 건물 배치를 계획하고, 옥상 정원이나 공원을 조성하는 등 녹지 면적을 증가시켜야 한다.

자료 06 **산업화·도시화에 따른 문제를 해결하기 위한 노력**

(가) 옥상 정원

(나) 마을 공동체

(다) 대중교통 이용

셀/파/길/잡/이
- (가): 옥상 정원은 도시에 부족한 녹지를 보충하는 역할을 하며 열섬 현상을 완화시키는 역할도 한다.
- (나): 마을 공동체의 운영은 지역 내 소통을 증진시켜 주민 간 결속력을 강화시킨다.
- (다): 대중교통을 이용하면 출퇴근길의 교통 체증을 피할 수 있고 대기 오염도 줄일 수 있다.

교과서 자료 더 보기 ➕

단절된 생태계를 연결하는 비오톱

비오톱은 도시에서도 야생 생물이 서식할 수 있도록 만든 숲, 가로수, 습지, 하천, 화단 등의 다양한 인공물이나 자연물을 말한다. 비오톱을 조성하면 생태계를 보전할 뿐만 아니라 생물종 다양성을 유지할 수 있다. 그리고 비오톱은 생태계의 다양한 현상을 관찰할 수 있으므로 생태 학습원으로도 활용될 수 있다.

개념 채우기

1. 산업화·도시화에 따른 생활 공간의 변화

집약적 토지 이용	제한된 공간을 효율적으로 이용하고자 고층 건물이 들어섬.
(❶)	도시 내부가 업무·상업, 주거, 공업 지역 등으로 기능이 분화됨.
(❷) 형성	대도시와 주변 촌락이 하나의 생활권을 이룸.
녹지 면적의 감소	도시의 지표면이 콘크리트나 아스팔트 등으로 포장되어 녹지 면적이 감소함.
환경 오염	쓰레기 문제, 대기 오염, 수질 오염 등이 나타나면서 생활 환경이 악화됨.

2. 산업화·도시화에 따른 생활 양식의 변화

물질적 풍요	• 소득이 증대되고 생활 수준이 향상됨. • 노동 시간이 줄어들고 여가 시간이 늘어남.
(❸) 의 확산	• 도시적 생활 양식이 확산됨. • 생활에 편리한 상업 시설, 여가·문화 시설, 교통 시설의 이용이 증가함.
직업의 분화	2·3차 산업이 발달하면서 직업이 분화되고 전문성이 증가함.
개인주의 가치관의 확산	• 공동체보다는 개인을 강조하는 경향이 커짐. • 가족의 형태가 핵가족화되고, 점차 1인 가구의 비중이 증가함.

3. 산업화·도시화에 따른 문제점과 해결 방안

(❹) 문제	• 문제점: 도시 과밀화로 인한 주택 문제, 교통 문제, 환경 문제, 범죄 등의 발생 • 해결 방안: 도시 기반 시설의 확충, 교통 체계 개편, 환경 보호 노력, 범죄 예방 정책 시행 등
노동 문제	• 문제점: 실업 문제, 노사 갈등 등의 문제 발생 • 해결 방안: 여러 법적 장치 마련 및 노사 간 배려하는 자세 필요
공동체 의식 약화	• 문제점: 타인에 대한 무관심과 (❺) 확산 등으로 발생 • 해결 방안: 지역 사회 활성화 및 공동체 의식 함양
인간 소외 현상	• 문제점: 인간이 노동 과정에서 소외되어 발생 • 해결 방안: 노동자를 위한 제도 마련
지역 간 불균형	• 문제점: 도시에 각종 기능과 산업 시설이 집중되어 발생 • 해결 방안: 도시 기능 분산 및 지방 도시 육성

답 | ❶ 지역 분화 ❷ 대도시권 ❸ 도시성 ❹ 도시 ❺ 익명성

---

1 산업화·도시화에 따른 생활 공간의 변화

01 밑줄 친 ㉠~㉤에 대한 설명으로 옳지 않은 것은?

> ㉠ 산업화가 진행되면서 산업 구조가 변화하고, ㉡ 촌락의 인구가 일자리를 찾아 도시로 이동하면서 도시화가 진행되었다. ㉢ 도시화는 한 국가 내에서 도시에 거주하는 인구의 비율이 높아지는 현상, 또는 도시적 삶의 방식이 확대되어 가는 현상을 뜻한다. ㉣ 도시화는 전 세계적으로 확산하고 있으며, 이로 인해 사람들의 ㉤ 생활 공간에는 많은 변화가 나타났다.

① ㉠에 따라 공업과 서비스업의 비중이 높아졌다.
② ㉡은 이촌 향도 현상이라고 한다.
③ ㉢의 진전으로 우리나라는 현재 10명 중 9명이 도시에 거주하고 있다.
④ ㉣은 세계의 도시 수와 도시 거주 인구가 증가하는 현상으로 확인할 수 있다.
⑤ ㉤의 사례로는 '도시 내 토지 이용 집약도 하락'이 있다.

★02 다음 항공 사진 속 지역이 (가)에서 (나)로 변화하면서 나타난 현상으로 옳은 설명을 〈보기〉에서 고른 것은?

(가)

▲ 1945년

(나)

▲ 2015년

┤ 보기 ├
ㄱ. 생물 종이 다양해졌다.
ㄴ. 녹지 면적이 감소하였다.
ㄷ. 도시 기반 시설이 증가하였다.
ㄹ. 1차 산업에 종사하는 사람들의 비율이 높아졌다.

① ㄱ, ㄴ   ② ㄱ, ㄷ   ③ ㄴ, ㄷ
④ ㄴ, ㄹ   ⑤ ㄷ, ㄹ

03 다음 소설에 나타난 생활 공간의 변화에 대한 설명으로 옳지 <u>않은</u> 것은?

> 지금 꽹이부리말이 있는 자리는 원래 땅보다 갯벌이 더 많은 바닷가였다. 그 바닷가에 '고양이섬'이라는 작은 섬이 있었다. 호랑이까지 살 만큼 숲이 우거진 곳이었다던 고양이섬은 바다가 메워지면서 흔적도 없어졌고, 오랜 세월이 지나면서 그곳은 소나무 숲 대신 공장 굴뚝과 판잣집들만 빼곡히 들어찬 공장지대가 되었다. …… 일자리를 찾아 도시로 올라온 이농민들은 돈도 없고 마땅한 기술도 없어 꽹이부리말 같은 빈민 지역에 둥지를 틀었다. …… 집 지을 땅이 없으면 시궁창 위에도 다락집을 짓고, 기찻길 바로 옆에도 집을 지었다.   – 김중미, 《꽹이부리말 아이들》 –

① 주택 부족 문제가 나타났다.
② 이촌 향도 현상이 나타났다.
③ 산업화와 도시화 현상이 나타났다.
④ 고양이섬에서는 간척 사업이 이루어졌다.
⑤ 자연 상태의 토지 면적이 이전보다 넓어졌다.

04 다음은 우리나라 토지 이용의 변화를 나타낸 것이다. A, B에 들어갈 항목을 옳게 연결한 것은?

(단위: km²)

이용＼시기	1980년	2015년
임야	66,128	64,003
논밭	22,099	19,108
*대지	1,721	2,983
도로	1,399	3,144

*대지 건축을 할 수 있는 땅

[국토 교통부, 2016.]

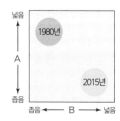

	A	B
①	경지 면적	포장 면적
②	경지 면적	녹지 면적
③	녹지 면적	경지 면적
④	녹지 면적	삼림 면적
⑤	포장 면적	시가지 면적

05 그래프는 우리나라의 불투수 면적률 변화를 나타낸 것이다. 이와 같은 추세가 계속될 때 나타날 수 있는 변화로 옳지 <u>않은</u> 것은?

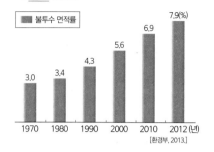

[환경부, 2013.]

① 생물 종 다양성이 감소한다.
② 열섬 현상이 더욱 자주 발생한다.
③ 토양에 흡수되는 빗물의 양이 줄어든다.
④ 여름철 밤에는 기온이 잘 낮아지지 않는다.
⑤ 빗물이 도시 하천으로 흘러드는 속도가 느려진다.

2 산업화·도시화에 따른 생활 양식의 변화

06 산업화와 도시화로 인해 나타날 수 있는 생활 양식의 변화를 〈보기〉에서 고른 것은?

> 보기
> ㄱ. 도시성이 확산된다.
> ㄴ. 직업이 단순화된다.
> ㄷ. 대량 생산과 대량 소비가 가능해진다.
> ㄹ. 노동 시간의 증가로 여가 시간이 줄어든다.

① ㄱ, ㄴ   ② ㄱ, ㄷ   ③ ㄴ, ㄷ
④ ㄴ, ㄹ   ⑤ ㄷ, ㄹ

07 다음 노랫말을 통해 알 수 있는 내용으로 옳지 <u>않은</u> 것은?

> 아침에는 우유 한 잔, 점심에는 패스트 푸드
> 쫓기는 사람처럼 시곗바늘 보면서
> 거리를 가득 메운 자동차 경적 소리
> …(중략)…
> 아무런 말 없이 어디로 가는가
> 함께 있지만 외로운 사람들

① 도시적 생활 양식이 잘 드러나 있다.
② 사람들 간의 약화된 유대감을 그리고 있다.
③ 개인주의 가치관이 퍼져 있음을 알 수 있다.
④ 속도 지향적인 삶의 모습이 잘 나타나 있다.
⑤ 산업화로 인해 풍요로워진 도시인의 삶을 나타내고 있다.

08 다음 소설을 통해 알 수 있는 도시인의 생활 양식으로 가장 적절한 것은?

> 그는 이번에 주먹으로 문을 두드리기 시작했다. …… 그러자 아파트 복도 저쪽 편의 문이 열리고, 파자마를 입은 사내가 이쪽을 기웃거리며 내다보았는데 그것은 그 사람 한 사람뿐만은 아니었다. …… "우리는 이 아파트에 거의 3년 동안 살아왔지만, 당신 같은 사람은 본 적이 없소." "아니 뭐라고요?" 그는 튀어 오를듯한 분노 속에서 신음 소리를 발했다. "당신이 나를 한 번도 본 적이 없다고 해서, 그래 이 집 주인을 당신 멋대로 도둑놈이나 강도로 취급한다는 말입니까? 나도 이 방에서 3년을 살아왔소. 그런데도 당신 얼굴은 오늘 처음 보오. 그렇다면 당신도 마땅히 의심받아야 할 사람이 아니겠소?"
>
> – 최인호, 《타인의 방》 –

① 산업화에 따른 직업의 분화
② 거주 공간 변화에 따른 생활 수준의 향상
③ 교통과 통신의 발달에 따른 도시성의 확산
④ 효율성과 합리성을 추구하는 도시인의 행동 양식
⑤ 개인주의적 가치관의 확산으로 인한 인간관계 변화

10 지도는 광주광역시의 여름철 어느 날의 기온 분포를 나타낸 것이다. (가) 지역의 기온이 높은 이유를 〈보기〉에서 고른 것은?

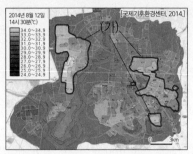

┤ 보기 ├
ㄱ. 자동차 통행량과 에어컨 사용량이 증가했기 때문이다.
ㄴ. 콘크리트와 아스팔트로 덮인 지표 면적이 넓기 때문이다.
ㄷ. 대도시권이 형성되어 도시의 인구가 분산되었기 때문이다.
ㄹ. 건물을 지을 때 바람길을 고려해서 건물 배치를 했기 때문이다.

① ㄱ, ㄴ　　② ㄱ, ㄷ　　③ ㄴ, ㄷ
④ ㄴ, ㄹ　　⑤ ㄷ, ㄹ

3 산업화·도시화에 따른 문제점과 해결 방안

통합탐구

09 다음은 학생이 제출한 수행 평가지 내용이다. 밑줄 친 ㉠~㉤ 중 옳지 않은 것은?

> [수행 평가]
> △△반 이름: ○○○
>
> ※ 산업화·도시화에 따른 문제점을 서술하시오.
> 　산업화·도시화로 사회가 전체적으로 풍요로워지고 ㉠ 도농 간 격차가 사라졌지만, 도시에는 각종 문제가 발생하고 있다. 인구가 과도하게 집중하면서 도시에는 ㉡ 주택 부족, 교통 체증 등이 발생하고 있다. 또한 산업 시설과 도시 생활에서 발생하는 ㉢ 각종 오염 물질은 생활 환경을 악화시키고 있다.
> 　한편 산업화로 생산 과정이 자동화되면서 ㉣ 인간 소외 현상이 나타나고 있으며, ㉤ 인간적인 유대와 공동체 의식이 약화되고 있다.

① ㉠　　　② ㉡　　　③ ㉢
④ ㉣　　　⑤ ㉤

11 다음은 수업의 한 장면이다. 교사의 질문에 대한 학생의 대답으로 가장 적절한 것은?

 공동체 주택은 커뮤니티 공간을 갖추고 독립된 생활을 하는 새로운 주거 형태를 말합니다. 입주자들은 공동 규약을 마련하고 생활 문제를 공동으로 해결하며 살아가고 있습니다. 그렇다면 최근 공동체 주택이 주목받는 이유는 무엇일까요?

① 실업과 노사 갈등 문제를 해결할 수 있기 때문입니다.
② 출퇴근 시간의 교통 혼잡을 해결할 수 있기 때문입니다.
③ 개인이 휴식할 수 있는 공간의 중요성이 커지기 때문입니다.
④ 빈부 격차, 사회 계층 간의 갈등의 해결에 도움을 줄 수 있기 때문입니다.
⑤ 타인에 대한 무관심과 이기주의가 심해지면서 공동체 의식의 회복이 강조되기 때문입니다.

12 신문 기사의 밑줄 친 ㉠에 대한 설명으로 가장 적절한 것은?

> △△ 마을은 지은 지 20년이 넘은 노후 주택이 10집 중 8집에 달하는 서울의 대표적 달동네였다. 서울특별시는 2012년 이 마을을 주거 환경 관리 사업 대상지로 선정하였고, 주민들은 ㉠ 개선 사업을 통해 30년간 방치됐던 도축장과 폐가, 폐기물 적치장을 공동 텃밭으로 만들었다. 시에서는 폐쇄 회로와 보안등 설치, 산책로 조성, 마을 지도 제작 등으로 마을의 안전을 높이고 각종 마을 공동체 프로그램과 맞춤형 집수리 지원 사업도 진행하였다.
>
> – 《○○ 신문》, 2016. 7. 26. –

① 지방 도시를 육성하기 위한 사업이다.

② △△ 마을의 실업 문제를 해소하였을 것이다.

③ 사업 시행 후 주민 간의 공동체 의식은 약화될 것이다.

④ 낙후된 지역의 주거 환경 개선이 사업의 목표였을 것이다.

⑤ 도시 문제를 해결하기 위한 개인적 차원의 노력에 해당한다.

★13 도시에 흐르는 하천을 (가) 형태에서 (나) 형태로 복원했을 때 나타나는 변화를 〈보기〉에서 고른 것은?

(가)   (나)

┤ 보기 ├

ㄱ. 수질이 악화된다.

ㄴ. 열섬 현상이 완화된다.

ㄷ. 불투수 면적이 증가한다.

ㄹ. 생물 종 다양성이 증가한다.

① ㄱ, ㄴ   ② ㄱ, ㄷ   ③ ㄴ, ㄷ

④ ㄴ, ㄹ   ⑤ ㄷ, ㄹ

서술형 문제

14 그래프는 우리나라의 산업 구조와 도시화율의 변화를 나타낸 것이다. 1970년에 대한 2015년의 상대적 특성을 제시된 단어를 사용하여 서술하시오.

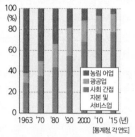

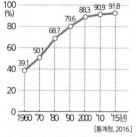

▲ 우리나라 산업 구조의 변화   ▲ 우리나라 도시화율의 변화

• 산업 구조	• 직업 수	• 도시 인구 비율

15 다음은 수행 평가 보고서의 일부이다. 이를 보고 물음에 답하시오.

> 〈수행 평가 보고서〉
> • (A)의 의미: 도심의 기온이 외곽 지역보다 높아지는 현상
> • (A)의 원인: (㉠)

(1) A의 명칭을 쓰시오.

(2) ㉠에 들어갈 원인을 두 가지 서술하시오.

16 도시의 환경 문제를 해결하기 위한 개인적 차원의 실천 방안을 한 가지 쓰시오.

01 그래프는 A~C 국가의 도시화율 변화를 나타낸 것이다. 이에 대한 설명으로 옳은 것은?

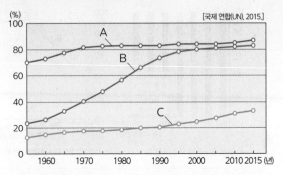

[국제 연합(UN), 2015.]

① A는 1970년대 이후 이촌 향도 현상이 본격화되었다.
② B는 1980년에 도시 인구가 촌락 인구보다 많다.
③ C는 2015년 현재 A와 B보다 도시화가 더 많이 이루어졌다.
④ A는 B보다 산업화가 늦게 시작되었다.
⑤ B는 C보다 2000년 이후 도시 인구 증가율이 높다.

02 그래프는 울산광역시의 산업별 인구 구조를 나타낸 것이다. 이에 대한 옳은 추론을 〈보기〉에서 고른 것은? (단, ㉠, ㉡은 각각 1970년과 2014년 중 한 시기이다.)

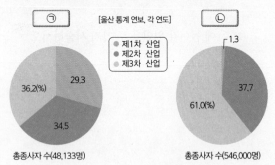

[울산 통계 연보, 각 연도]

● 제1차 산업
● 제2차 산업
● 제3차 산업

총종사자 수(48,133명)　　　총종사자 수(546,000명)

┤ 보기 ├
ㄱ. ㉠은 1970년, ㉡은 2014년일 것이다.
ㄴ. ㉠은 ㉡보다 전체 인구수가 적을 것이다.
ㄷ. ㉡은 ㉠보다 직업의 종류가 단순할 것이다.
ㄹ. ㉡은 ㉠보다 아파트에 거주하는 인구가 적을 것이다.

① ㄱ, ㄴ　　② ㄱ, ㄷ　　③ ㄴ, ㄷ
④ ㄴ, ㄹ　　⑤ ㄷ, ㄹ

03 지도는 우리나라의 주요 도시 수와 도시 인구수를 나타낸 것이다. 이에 대한 옳은 설명을 〈보기〉에서 고른 것은?

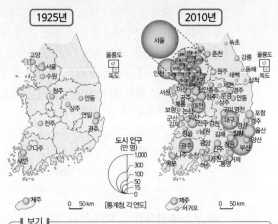

┤ 보기 ├
ㄱ. 1925년에는 인구가 100만 명 이상인 도시가 없다.
ㄴ. 2010년 서울의 인구는 부산의 인구보다 2배 이상 많다.
ㄷ. 1925년보다 2010년에 도시 거주 인구의 비율이 낮다.
ㄹ. 1925년~2010년 사이에 지역적으로 균등하게 도시가 성장했다.

① ㄱ, ㄴ　　② ㄱ, ㄷ　　③ ㄴ, ㄷ
④ ㄴ, ㄹ　　⑤ ㄷ, ㄹ

04 그래프의 A, B에 들어갈 항목을 바르게 연결한 것은?

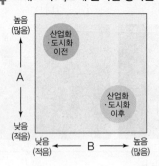

	A	B
①	소득 수준	공동체 의식
②	여가 시간	직업의 종류
③	직업의 종류	소득 수준
④	공동체 의식	평균 가구원 수
⑤	평균 가구원 수	여가 시간

05 A, B 지역에 대한 옳은 설명을 〈보기〉에서 고른 것은?

A　　　　　　　B

┤보기├
ㄱ. A 지역은 B 지역보다 고층 건물이 적다.
ㄴ. A 지역은 B 지역보다 교통이 편리하고 접근성이
　　높다.
ㄷ. B 지역은 A 지역보다 대형 마트와 초등학교가 많
　　이 분포해 있다.
ㄹ. B 지역은 A 지역보다 행정·금융 기관, 대기업의
　　본사, 백화점 등이 모여 있다.

① ㄱ, ㄴ　　　② ㄱ, ㄷ　　　③ ㄴ, ㄷ
④ ㄴ, ㄹ　　　⑤ ㄷ, ㄹ

06 다음은 각각 1960년대와 오늘날의 일기이다. (가) 시기에 대한 (나) 시기의 상대적 특성을 〈보기〉에서 고른 것은?

(가) 아침 일찍부터 할머니가 나를 깨우셨다. 열심히
　　키운 벼를 수확하러 나가시는 어른들과 함께 아
　　침을 먹으라고 하셨다. 오늘 밤에는 마을 사람
　　들이 다 같이 추수를 기념하여 잔치를 벌인다고
　　한다. 서울에서 일하는 누나는 잘 있을까? 잔치
　　에 함께하면 좋을 텐데 아쉽다.
(나) 주말 아침이라 늦잠을 자고 있는데 시끄러운 소
　　리에 잠에서 깼다. 우리 아파트의 누군가가 이
　　사를 가는지 사다리차 소리가 요란했다. 그러나
　　누가 살았는지, 또 누가 새로 이사를 오는지는
　　나는 알 수가 없다. 다만 소란스럽지 않고 조용
　　한 이웃이면 좋겠다.

┤보기├
ㄱ. 산업 구조가 단순하다.
ㄴ. 생태적 공간이 확대되었다.
ㄷ. 공동체 의식이 약화되었다.
ㄹ. 도시적 생활 양식이 확대되었다.

① ㄱ, ㄴ　　　② ㄱ, ㄷ　　　③ ㄴ, ㄷ
④ ㄴ, ㄹ　　　⑤ ㄷ, ㄹ

07 다음은 인터넷에서 A를 검색한 화면 자료이다. A로 가장 적절한 것은?

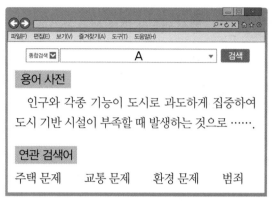

① 대도시권　　② 도시 문제　　③ 열섬 현상
④ 지역 분화　　⑤ 인간 소외 현상

08 (가), (나)에 대한 설명으로 옳지 않은 것은?

(가) 창원시는 교통 체증과 에너지 문제가 발생하여
　　이의 해결을 위해 2008년부터 공영 자전거 제도
　　를 실시하고 있다. 자전거 도로를 만들고 공영
　　자전거 '누비자' 시스템을 구축하였으며, 시민
　　들을 대상으로 자전거 안전 교육도 실시하고 있
　　다.
(나) 로스앤젤레스는 수십 년간의 노력을 기울여
　　*'스모그 도시'라는 꼬리표를 떼어 냈다. 이는 로
　　스앤젤레스가 엄격한 법률과 기준을 제시하고,
　　기술 개발을 통해 오염 물질의 배출을 줄였기 때
　　문에 가능했던 것이다.
*스모그(smog) 스모그는 연기(smoke)와 안개(fog)의 합성어로, 오염된
공기가 안개와 함께 한곳에 머물러 있는 상태

① (가)에서 나타난 문제를 해결하는 다른 방법으로는
　　대중교통 이용의 확대가 있다.
② (나)는 경제적 효율성보다 시민들의 건강을 우선시
　　한 정책이다.
③ (가)와 (나)의 방식을 통해 대기 오염을 개선할 수
　　있다.
④ (가)와 (나)는 환경에 미치는 인간의 기술 활용을
　　최소화하였다.
⑤ (가)와 (나)는 도시 문제를 해결하기 위한 사회적
　　차원의 노력이다.

02 교통·통신의 발달과 정보화에 따른 변화 ~우리 지역의 변화

1 교통·통신 발달에 따른 생활 공간과 생활 양식의 변화 자료 01

1. 교통·통신 발달에 따른 생활 공간의 변화

> 왜 고속국도, 광역 철도 등 광역 교통망이 발달한 대도시의 영향력이 확대되기 때문임.

생활 공간 확대	• 교통의 발달로 통근·통학권 등 개인적 생활권이 확대되어 대도시권 형성 • 통신의 발달로 시·공간적 제약이 크게 완화되어 지구촌 사회 형성
경제 공간 확대	접근성이 향상된 지역은 경제가 활성화되어 국토 이용의 효율성이 증대됨.

2. 교통·통신 발달에 따른 생활 양식의 변화

경제 활동 변화	• 대형 선박이나 항공기를 통한 원료, 상품, 노동력의 이동 → 국제 무역 및 다국적 기업의 공간적 분업 활발 ┈ 참고 p.184~185의 다국적 기업 설명 • 통신의 발달로 금융 거래 활성화
여가 공간 확대	장거리 이동이 가능해지면서 국·내외 여행 증가 → 문화 체험 기회 증가
정보 교류 증가	• 세계의 다양한 소식 및 정보 교류 활성화 • 누리 소통망(SNS)❶으로 다양한 소통과 인간관계 형성

자료 01 교통 발달에 따른 생활 공간의 확대

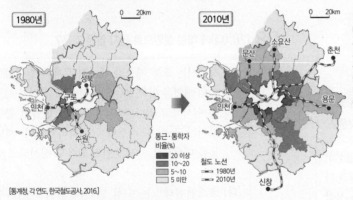

| 1980년 | 2010년 |
| 0   20km | 0   20km |

문산, 소요산, 춘천, 성북, 구로, 인천, 용문, 수원, 신창

통근·통학자 비율(%)
- ■ 20 이상
- ■ 10~20
- ■ 5~10
- □ 5 미만

철도 노선
- ═ 1980년
- ═ 2010년

[통계청, 각 연도, 한국철도공사, 2016]

1980년에는 통근·통학자 비율 5% 이상인 지역이 서울의 인근 시·군에 한정되어 있었으나, 2010년에는 통근·통학자 비율 5% 이상인 지역이 서울에서 비교적 거리가 먼 곳까지 확대됨.

▲ 철도 노선 확대에 따른 서울로의 통근·통학권 변화

셀/파/길/잡/이 서울은 주변 지역으로 철도 노선이 확대되었을 뿐만 아니라 시외 고속버스 노선이 증가하고, 외곽 순환 고속 도로가 건설되는 등 교통이 발달하여 통근·통학권이 확대되었다.

2 교통·통신 발달에 따른 문제점과 해결 방안 자료 02

생활 공간 격차	문제점	교통·통신이 발달한 지역은 경제 활동이 활성화되지만, 교통·통신의 조건이 불리한 지역은 경제가 쇠퇴함. → 빨대 효과❷가 발생하기도 함.
	해결 방안	• 교통 기반 시설의 확충 • 경제 활동이 위축된 지역의 특성에 맞는 자원 개발로 지역 경쟁력 강화
생태 환경 변화	문제점	• 새로운 도로 건설 및 교통수단의 증가로 환경 오염, 생태계 파괴, 교통사고, 소음 등의 문제 발생 • 항공기·선박 증가 → 외래 생물 종 전파로 생태 환경 교란, 질병 확산
	해결 방안	• 생태 통로 및 환경친화적 도로 건설 • 교통수단의 환경 오염 물질 배출 최소화 ┈ 예 소음이나 진동을 줄이는 기술 개발 • 선박 평형수 처리 장치의 의무적 설치 • 첨단 통신 기술로 접근하기 어려운 생태 환경 관찰 → 생태 문제 해결

> 왜 선박의 무게 중심을 맞추기 위해 선박 내에 채워 넣거나 빼내는 바닷물인 선박 평형수를 통해 각종 외래 종이 유입되기 때문임.

▶ 빠른 핵심 체크 ◀

교통·통신 발달에 따른 변화
- 생활 공간의 확대
- 경제 활동 증가
- 여가 공간 확대
- 정보 교류 증가

❶ 누리 소통망(SNS)

누리 소통망은 온라인상에서 사람과 사람을 연결해 주어 관계를 맺고 정보를 공유할 수 있는 서비스이다. 오늘날 누리 소통망이 사회 전반에 걸쳐 보편적으로 사용되면서 사람들은 이전보다 훨씬 다양한 소통과 인간관계를 형성하고 있다.

▶ 교과서 자료 더 보기 ◀

교통수단의 발달

마차·범선 평균 속도 16km/h	1500~1840년
증기선 평균 속도 25km/h	1850~1930년
프로펠러 비행기 평균 속도 480~640km/h	1950년대
제트 비행기 평균 속도 800~1,120km/h	현재

[경제지리학, 2011]

교통 수단의 발달로 세계의 시·공간 거리가 크게 단축되어 생활 공간의 범위가 확대되었다.

▶ 빠른 핵심 체크 ◀

교통·통신 발달에 따른 문제점과 해결 방안

생활 공간 격차	• 교통 기반 시설 확충 • 지방 도시 육성
생태 환경 변화	• 생태 통로 건설 • 환경 오염 규제 • 생물 종 교란 방지

❷ 빨대 효과

빨대로 컵의 음료를 빨아들이듯이, 대도시가 주변 중소 도시의 인구나 경제력을 흡수하는 현상을 말한다.

강경은 조선 후기까지 금강 수운을 따라 상업이 발달하면서 대동강의 평양, 낙동강의 대구와 함께 전국 3대 시장으로 명성을 떨쳤다. 1930년대에는 일본 식민 정책의 영향으로 하루에 100척 이상의 선박이 드나들 정도의 상업 중심지였다. 그러나 철도가 개통되면서 수운이 쇠퇴하자, 강경의 중심 시가지는 포구에서 강경역으로 옮겨 갔다. 또한 충청 지방도 새로운 철도와 도로 등의 교통로를 중심으로 중심지가 재편되면서 강경의 명성은 줄어들었다. 그러나 오늘날 강경은 전국 최대의 젓갈 시장으로 부각되었다. 지역 대표 특산물인 젓갈을 활용하여 1997년부터 '강경 젓갈 축제'를 추진한 덕분이다. 이 축제로 강경 젓갈은 지역을 알리는 고유 상표(brand)로 자리매김하였다. 또한 강경은 기존 교통수단을 활용하여 축제 기간에 젓갈 관광 열차를 운영하는 등 지역의 경제 활성화와 관광 산업의 발전을 도모하고 있다. — 강경 젓갈 축제 추진 위원회, 2016. —

셀/파/길/잡/이 강경은 과거 지역 경제의 중심지였지만 육상 교통의 발달로 교통 조건이 불리해지면서 지역 경제가 쇠퇴하였다. 그러나 강경은 지역 특성을 살린 축제와 상표 개발로 지역 경쟁력을 강화하고 있다.

교과서 자료 더 보기 ⊕

교통 발달에 따른 생태 환경 변화

새로운 도로가 건설되는 과정에서 생태계의 연속성이 단절되고 동식물의 서식지가 줄어든다.

③ 정보화에 따른 생활 공간과 생활 양식의 변화

1. 정보화에 따른 생활 공간의 변화

가상 공간의 등장	인터넷을 통한 가상 공간의 등장 → 생활 공간이 가상 공간까지 확장
공간 이용 방식의 변화	• 위성 위치 확인 시스템(GPS)❸을 활용하여 내비게이션으로 최단 경로 파악, 실시간 버스 도착 정보 확인 가능 • 지리 정보 시스템(GIS)❹을 교통, 토지, 해양, 최적 입지 분석 등에 활용 • 인터넷 검색 기록, 위치 정보, 폐회로 텔레비전(CCTV) 정보, 자연재해 정보 등 다양한 기록이 저장된 거대 자료(big-data)를 국가의 공공 정책이나 기업의 마케팅 등에 활용함.

2. 정보화에 따른 생활 양식의 변화 [자료 **03**]

정치·행정적 영역	• 전자 투표, 청원이나 서명, 인터넷 시민 운동을 통한 시민의 정치 참여 증가 • 인터넷을 통한 민원 서류 발급
경제적 영역	• 지식 정보 산업 관련 직업 증가 • 원격 근무나 화상 회의를 통한 효율적인 업무 수행 • 전자 상거래 활성화로 인한 인터넷 쇼핑 증가 • 인터넷 뱅킹을 이용한 은행 업무 처리
사회·문화적 영역	• 누리 소통망(SNS)과 같은 쌍방향 통신 매체를 이용한 문화 교류 • 폭넓은 교류로 권위주의적 인간관계에서 수평적 인간관계로 변화 • 유비쿼터스❺ 구축 → 온라인 교육, 원격 진료 서비스 확대

왜 제1,2차 산업과 정보 기술(IT) 간의 연계가 이루어지고, 고객의 요구에 따른 맞춤형 생산이 활성화되기 때문임.

빠른 핵심 체크

정보화에 따른 변화

생활 공간 변화	• 가상 공간의 등장 • GPS, GIS, 거대 자료 등을 활용한 공간 이용 방식의 변화
생활 양식 변화	• 인터넷을 통한 정치 참여, 민원 서류 발급 • 원격 근무, 전자 상거래 활성화, 인터넷 뱅킹 • SNS를 통한 문화 교류, 온라인 교육, 원격 진료

❸ **위성 위치 확인 시스템(GPS)**
인공위성을 활용하여 현재 위치를 알려 주는 시스템이다.

❹ **지리 정보 시스템(GIS)**
다양한 지리 정보를 수치화하여 컴퓨터에 입력·저장하고 이를 다양한 방법으로 분석·종합하여 제공하는 시스템이다.

❺ **유비쿼터스**
어디서나 자유롭게 통신망에 접속하여 자료를 주고받을 수 있는 상태를 말한다.

자료 **03** 정보화에 따른 생활 양식의 변화

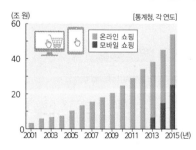

▲ 온라인 쇼핑 운영 형태별 거래액 변화

▲ 국내 택배 물동량과 해외 직접 구매 물량

셀/파/길/잡/이 정보화로 전자 상거래가 발달하면서 인터넷 쇼핑이나 모바일 쇼핑이 가능해져 온라인 쇼핑 거래액이 크게 증가하였다. 온라인 쇼핑의 증가는 택배 시장의 성장과 해외 직접 구매의 증가를 가져왔다.

교과서 탐구 풀이 ✋

Q 스마트폰 등 이동 통신 기기의 대중화가 개인의 정치, 경제생활에 미친 영향을 서술해 보자.

A 누리 소통망(SNS)이나 인터넷 게시판을 통해 손쉽게 정치에 침여할 수 있게 되면서 직접 민주주의가 가능해지고 있다. 한편, 인터넷을 활용하여 언제 어디서나 쇼핑을 하거나 원격 근무를 할 수 있게 되었다.

④ 정보화에 따른 문제점과 해결 방안

1. 정보화에 따른 문제점 [자료 04]

> 왜 다양한 기관에서 소득, 신용 정보, 신체, 의료 정보 등을 저장 및 관리하면서 사생활 노출 가능성이 커졌기 때문임.

인터넷 중독	인터넷 사용을 스스로 조절하지 못하여 대면적 인간관계가 약화되고 일상생활에 지장을 초래함.
사생활 침해	• 개인 정보가 다른 사람에게 노출되거나 악용됨. • 폐회로 텔레비전(CCTV)과 휴대 전화 위치 추적 기술 등의 발전으로 개인이 국가 기관이나 기업에 의해 감시와 통제를 받을 수 있음.
사이버 범죄	사이버 공간의 익명성을 이용하여 인터넷 사기, 해킹, 사이버 금융 범죄, 사이버 저작권 침해, 사이버 폭력 등의 범죄가 발생함.
정보 격차	정보의 소유와 접근 정도에 따라 지역 간, 계층 간 격차가 발생함. → 소득이나 부의 불평등 초래

자료 04 정보화에 따른 문제점

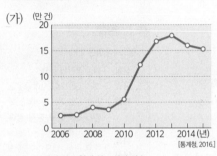

▲ 개인 정보 침해 신고 상담 건수

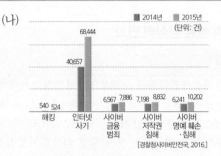

▲ 사이버 범죄의 발생 현황

셀/파/길/잡/이 • (가) 개인 정보 침해: 개인의 정보가 정보화 기기에 노출되면서 자신의 행동이나 기록이 타인에게 노출되거나 악용되는 사생활 침해 사례가 증가하고 있다.
• (나) 사이버 범죄: 정보 통신망을 이용한 해킹, 인터넷 사기, 사이버 금융 범죄, 사이버 저작권 침해, 사이버 명예 훼손 등의 범죄가 증가하고 있다.

2. 정보화에 따른 문제의 해결 방안

> 보충 정보 통신 보호법, 개인 정보 보호법 등과 관련된 제도적 방안을 마련함.

구분	개인적 차원	사회적 차원
인터넷 중독	인터넷 사용 시간 제한	인터넷 중독자를 위한 프로그램 마련
사생활 침해	• 개인 정보 노출 최소화 • 정보 유출 시 신속히 신고	• 개인 정보 관리 강화 및 처리 과정 공개 • 개인 정보 도용 처벌 수준 강화
사이버 범죄	타인을 존중하고 배려하는 정보 윤리⑥ 실천	• 정보 보안 관련 기구 및 전문 인력 강화 • 관련 법률 보강 • 정보 통신 윤리 교육
정보 격차	정보화 교육 참여	• 정보 기반 시설 확충 • 정보화 활용 교육 지원

⑤ 지역의 공간 변화

1. 지역의 공간 변화 조사

(1) 지역 조사

① 의미 지역에 대한 자료를 수집하고 분석·종합하여 지역의 특성과 변화 양상을 파악하는 활동

② 필요성 산업화와 도시화, 교통·통신의 발달 등으로 변화하는 지역의 특성과 문제 상황에 관한 구체적인 조사를 통해 해결 방안 마련

(2) 지역 조사 과정 자료 05

조사 계획 수립	조사 주제와 지역, 방법을 선정함.
지역 정보 수집	• 실내 조사: 문헌 자료, 통계 자료, 지형도, 항공 사진 등을 통해 지역 정보를 수집하고 현지 조사를 위한 준비를 함. **왜** 행정 구역, 인구, 도로, 토지 이용 등 • 현지(야외) 조사: 설문 조사, 면담, 관찰, 실측 등을 통해 직접 정보를 수집함.
지역 정보 분석	• 수집된 자료를 조사 항목별로 구분하고 정리함. • 중요한 지리 정보를 선별하여 도표, 그래프, 통계표, 지도 등으로 작성함.
보고서 작성	조사 방법, 지역 변화 및 문제점, 해결 방안 등을 포함하여 보고서를 작성함.

자료 05 지역 조사 방법

(가) [한국산업단지공단, 각 연도]

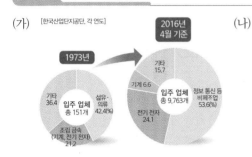

▲ 서울 디지털 산업 단지의 입주 업체 변화

(나)

[가리봉동 구로 공단 배후지에서 다문화의 공간으로, 2013.]

▲ 가리봉 시장 일대 한자가 표시된 상점 분포

셀/파/길/잡/이
• (가)는 실내 조사(인터넷 조사)를 통해 서울 디지털 산업 단지의 입주 업체 비율 변화를 조사한 뒤, 원 그래프로 표현하였다. 서울 디지털 산업 단지는 과거보다 정보 통신과 관련된 업종이 크게 늘어났음을 알 수 있다.
• (나)는 현지 조사(관찰)를 통해 가리봉 시장 일대에 한자가 표시된 상점의 위치를 파악하고, 이를 지도에 표현하였다. 가리봉 시장 일대에는 재중 교포들이 많이 거주하여, 이들을 대상으로 하는 상점이 많다.

2. 지역 변화에 따른 문제점과 해결 방안 자료 06

구분	문제점	해결 방안
대도시	• 인구 과밀화로 각종 시설 부족 • 도시 내 노후화된 공간 증가	도시 재개발을 통한 환경 개선
지방의 중소 도시	• 대도시 의존도 심화 • 대도시로 인구 유출	지역 특성화 사업 추진
도시와 인접한 촌락	도시화 진행으로 전통적 가치관 변화	지역 공동체 운영
도시와 멀리 떨어진 촌락	• 노동력 부족, 성비 불균형 등 인구 문제 • 각종 시설 부족, 지역 경제 침체	• 지역 브랜드❼ 추진, 지역 축제 개최 • 교육·의료·문화 시설 확충

❼ 지역 브랜드
지역 그 자체 또는 지역의 상품을 소비자에게 특별한 브랜드로 인식시키는 것을 말한다. 지역 고유의 특성이 잘 드러난 지역 브랜드는 지역을 홍보하는 수단으로 활용될 수 있다.

자료 06 통합탐구 지역의 문제점과 해결 방안

▲ 평택호의 오염

▲ 평택호 환경 정화 활동

▲ 평택 '세계인 어울림 마당'

셀/파/길/잡/이 평택은 인구와 각종 시설이 증가하면서 환경 오염 문제가 발생하고 있으며, 특히 평택호의 오염이 심각하다. 이에 따라 평택은 평택호의 수질 개선을 위해 환경 정화 활동을 실시하고 있다. 한편, 외국인 비율이 높은 평택은 주민들 간의 이질감을 해소하기 위해 '세계인 어울림 마당' 등 다양한 축제를 열고 있다.

교과서 자료 더 보기 +

지역 문제 해결의 해외 사례
에스파냐에 있는 빌바오시는 풍부한 자원을 바탕으로 제철 및 조선 공업이 발달하였다. 하지만 공업이 쇠퇴하면서 일자리를 잃은 사람들이 도시를 떠났다. 이후 빌바오시는 강변에 생태 공원과 문화 시설을 만들어 문화 도시로 성장하였다.

개념 채우기

1. 교통·통신 발달에 따른 생활 공간과 생활 양식의 변화

생활 공간 변화	• 시·공간 제약 완화, 생활권 (❶　　　)
	• 지역 경제 활성화, 국토 이용의 효율성 증대
생활 양식 변화	• 국내·외 여행 및 소통 증가 → 문화 체험 기회 증가
	• 경제 활동 공간 확대

2. 교통·통신 발달에 따른 문제점과 해결 방안

생활 공간 격차	문제점	대도시가 주변 중소 도시의 인구와 경제력을 흡수하는 (❷　　　) 효과 발생
	해결 방안	• 교통 기반 시설 확충
		• 지역에 맞는 자원 개발로 지역 경쟁력 강화
생태 환경 변화	문제점	환경 오염, 생태계 파괴, 외래 생물 종 전파, 교통사고 등
	해결 방안	• 생태 통로 및 환경 친화적 도로 건설
		• 교통수단의 환경 오염 물질 배출 최소화
		• 선박 평형수 처리 장치의 의무적 설치

3. 정보화에 따른 생활 공간과 생활 양식의 변화

생활 공간 변화	• 생활 공간이 (❸　　　)까지 확장됨.
	• 공간 정보 기술을 활용한 의사 결정 증가
생활 양식 변화	• 인터넷을 통한 시민의 정치 참여 증가
	• 지식 정보 관련 직업 증가, 원격 근무 가능
	• 전자 상거래 활성화, 인터넷 뱅킹 활용도 증가
	• 온라인 교육, 원격 진료 가능

4. 정보화에 따른 문제점과 해결 방안

인터넷 중독	인터넷 사용 시간 제한
사생활 침해	• 개인 정보 관리 강화, 개인 정보 도용 처벌 수준 강화
	• 정보 노출 최소화, 유출 시 신속히 신고
사이버 범죄	• 보안 관련 기구·전문 인력 강화, 관련 법률 보강
	• 개인의 올바른 정보 윤리 확립
(❹　　　)	정보 소외 계층을 위한 정보 기반 시설 확충 및 정보화 활용 교육 지원

5. 지역의 공간 변화

(❺　　　)	• 의미: 지역에 대한 자료를 수집하고 분석·종합하여 지역의 특성과 변화 양상을 파악하는 활동
	• 과정: 조사 계획 수립 → 자료 수집 → 자료 분석 → 결론 도출
지역 문제 해결	지역의 특성을 조사하여 지역의 문제를 파악하고, 이를 통해 해결 방안을 마련해야 함.

답 ❶ 확대 ❷ 빨대 ❸ 가상공간 ❹ 정보 격차 ❺ 지역 조사

★01 다음 자료를 보고 추론할 수 있는 내용으로 옳은 것을 〈보기〉에서 고른 것은?

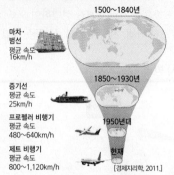

마차·범선 평균 속도 16km/h
1500~1840년

증기선 평균 속도 25km/h
1850~1930년

프로펠러 비행기 평균 속도 480~640km/h
1950년대

제트 비행기 평균 속도 800~1,120km/h
현재

[경제지리학, 2011.]

┤ 보기 ├
ㄱ. 세계의 시간 거리가 단축되었다.
ㄴ. 지구의 상대적 크기가 더욱 커졌다.
ㄷ. 지역 간의 접근성이 크게 약화되었다.
ㄹ. 사람과 물자 이동의 시·공간적 제약이 줄어들었다.

① ㄱ, ㄴ　　② ㄱ, ㄹ　　③ ㄴ, ㄷ
④ ㄴ, ㄹ　　⑤ ㄷ, ㄹ

통합탐구

02 다음 신문 기사의 주제로 가장 알맞은 것은?

　부산의 한 광고 대행사에서 일하는 윤○○ 씨는 자칭 연극광이다. 윤 씨는 이따금 오전 8시쯤 부산역에서 출발하는 한국 고속 철도(KTX)에 몸을 싣고 다양한 연극을 볼 수 있는 서울시 종로구의 대학로로 향한다. 그는 "두 달에 한 번쯤 아침에 부산에서 출발해 서울에서 친구와 연극을 보고 차도 마신 다음 저녁에 돌아온다."라고 말했다.

– 《○○일보》, 2014. 3. 29. –

① 고속 철도(KTX) 개통의 역사
② 교통 발달에 따른 생활 공간의 확대
③ 교통로의 건설이 생태 환경에 미친 영향
④ 교통수단의 발달이 가져온 지역 경제의 쇠퇴
⑤ 새로운 교통수단의 등장에 따른 지방 도시의 성장

03 그래프는 우리나라를 찾는 외국인 수와 해외로 나가는 우리나라 관광객 수를 나타낸 것이다. 이에 대한 설명으로 옳지 <u>않은</u> 것은?

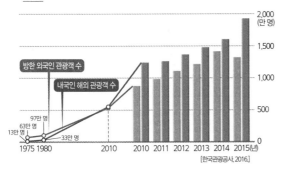

[한국관광공사, 2016.]

① 항공 교통의 발달로 국가 간 교류가 확대되었다.
② 항공기로 장거리 이동이 가능해져서 여가 공간이 축소되었다.
③ 인적 교류가 활성화되고 다른 지역의 문화 체험 기회가 많아졌다.
④ 2015년 방한 외국인 관광객 수는 1975년 대비 20배 넘게 증가하였다.
⑤ 1975년과 2015년의 수치를 비교할 때, 내국인 해외 관광객 수 증가율이 방한 외국인 관광객 수 증가율보다 더 높다.

2 교통·통신 발달에 따른 문제점과 해결 방안

04 다음은 수업의 한 장면이다. 교사의 질문에 바르게 답한 학생을 〈보기〉에서 고른 것은?

경춘 국도는 한때 서울과 춘천을 잇는 유일한 도로였지만, 서울-춘천 고속 국도가 개통하면서 통행량이 급감하고 있어요. 경춘 국도 일대에서 나타날 수 있는 변화는 무엇이 있을까요?

┤ 보기 ├
갑: 경춘 국도 주변 지역의 경기가 활성화될 거예요.
을: 유명 브랜드가 많은 복합 상가가 건설될 것 같아요.
병: 유동 인구가 줄어 주변 음식점이 문을 닫을지도 몰라요.
정: 기존에 오던 관광객을 고속 국도 인근 지역으로 빼앗길 것 같아요.

① 갑, 을   ② 갑, 병   ③ 을, 병
④ 을, 정   ⑤ 병, 정

05 다음은 학생이 정리한 필기 노트의 일부분이다. (가)에 들어갈 내용으로 적절하지 <u>않은</u> 것은?

1. 교통·통신 발달에 따른 문제점
   (1) 야생 동물의 교통사고 증가
   (2) 유조선 충돌 사고로 인한 해양 오염
   (3) _____(가)_____

① 생태계의 연속성과 다양성 파괴
② 고속 국도와 공항 주변 주민들의 소음 피해
③ 도로 건설로 인한 산림 훼손 및 녹지 면적 감소
④ 야생 동물 이동 통로의 단절로 인한 서식지 감소
⑤ 위치 확인 시스템을 이용한 멸종 위기 동물 보호

06 **교통·통신 발달에 따른 문제를 해결하기 위한 노력을 〈보기〉에서 고른 것은?**

┤ 보기 ├
ㄱ. 빨대 효과가 일어날 수 있는 정책을 강화한다.
ㄴ. 지역의 특성에 맞는 자원을 개발하여 경쟁력을 높인다.
ㄷ. 선박 평형수를 통해 다양한 외래 종이 유입되도록 한다.
ㄹ. 자동차 배기가스 감소를 위해 저감 장치의 장착을 의무화한다.

① ㄱ, ㄴ   ② ㄱ, ㄷ   ③ ㄴ, ㄷ   ④ ㄴ, ㄹ   ⑤ ㄷ, ㄹ

3 정보화에 따른 생활 공간과 생활 양식의 변화

★07 그래프는 온라인 쇼핑 거래액 변화를 나타낸 것이다. 이에 대한 설명으로 옳은 내용을 〈보기〉에서 고른 것은?

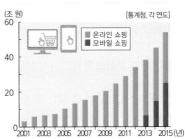

┤ 보기 ├
ㄱ. 판매자와 구매자 간의 공간적 제약이 늘어났다.
ㄴ. 정보화로 생활 공간이 가상 공간으로 확장되었다.
ㄷ. 세계 각국의 우수한 제품을 소비할 수 있게 되었다.
ㄹ. 2013년 이후 온라인보다 휴대 전화를 활용한 전자 상거래가 더 많다.

① ㄱ, ㄴ   ② ㄱ, ㄷ   ③ ㄴ, ㄷ   ④ ㄴ, ㄹ   ⑤ ㄷ, ㄹ

통합탐구

08 다음은 인터넷에서 어떤 용어를 검색한 화면 자료이다. 검색한 용어에 대한 설명으로 옳은 내용을 〈보기〉에서 고른 것은?

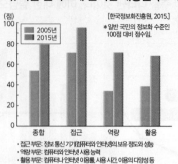

용어 사전

온라인상에서 사람과 사람을 연결해 주어 관계를 맺고 정보를 공유할 수 있는 서비스를 말한다.

지식 검색

◎ 활용 방법을 알려 주세요.
Ⓐ 이용자들이 서로 정보와 의견을 공유하면서 대인 관계망을 넓힐 수 있어요.
Ⓐ 이것을 이용하여 제품을 홍보하기도 해요.

┤ 보기 ├

ㄱ. 일상적인 정보의 생산과 소비를 활발하게 한다.
ㄴ. 이를 이용한 선거 운동은 시민의 정치 참여 기회를 확대시켰다.
ㄷ. 각종 지리 정보를 수집·분석해 사전에 예측하는 기능을 하기도 한다.
ㄹ. 다양한 집단과의 교류로 수평적 인간관계에서 권위주의적 인간관계로 변화하게 한다.

① ㄱ, ㄴ   ② ㄱ, ㄷ   ③ ㄴ, ㄷ
④ ㄴ, ㄹ   ⑤ ㄷ, ㄹ

---

4 정보화에 따른 문제점과 해결 방안

09 다음 사례에 나타난 우리 사회의 문제로 가장 적절한 것은?

편의점에서 아르바이트를 하던 대학생 정○○ 군은 한 번도 매장에 나온 적 없는 주인에게 "근무 시간에 스마트폰만 만지지 말고 열심히 일을 하라."라는 꾸중을 들었다. 일주일쯤 뒤 정 군은 주인이 자신의 행동을 소상히 알고 있던 '비결'을 알고 깜짝 놀랐다. 주인은 매장에 설치된 폐회로 텔레비전(CCTV)을 통해 수시로 그를 보고 있었던 것이다.

① 정보 격차   ② 인터넷 중독   ③ 사이버 범죄
④ 사생활 침해   ⑤ 지적 재산권 침해

---

10 그래프는 정보화 취약 계층의 정보화 수준을 나타낸 것이다. 이를 올바르게 분석한 내용을 〈보기〉에서 고른 것은?

[한국정보화진흥원, 2015.]
*일반 국민의 정보화 수준인 100점 대비 점수임.

• 접근 부문: 정보 통신 기기(컴퓨터와 인터넷)의 보유 정도와 성능
• 역량 부문: 컴퓨터와 인터넷 사용 능력
• 활용 부문: 컴퓨터나 인터넷 이용률, 사용 시간, 이용의 다양성 등

┤ 보기 ├

ㄱ. 2005년보다 2015년의 정보 격차가 커졌다.
ㄴ. 2005년에 정보 격차가 가장 큰 지표는 역량 부문이다.
ㄷ. 2005년과 2015년의 정보 격차가 가장 큰 지표가 서로 다르다.
ㄹ. 2015년 기준, 정보 격차 해소를 위한 가장 시급한 해결책은 정보 통신 기기의 보급이다.

① ㄱ, ㄴ   ② ㄱ, ㄷ   ③ ㄴ, ㄷ
④ ㄴ, ㄹ   ⑤ ㄷ, ㄹ

---

11 그래프는 사이버 범죄 발생 현황을 나타낸 것이다. 이에 대한 설명으로 옳지 않은 것은?

■ 2014년 ■ 2015년
(단위: 건)

인터넷 사기: 40,657 / 68,444
사이버 금융 범죄: 6,567 / 7,886
사이버 저작권 침해: 7,198 / 8,832
사이버 명예 훼손·침해: 6,241 / 10,202

[경찰청사이버안전국, 2016.]

① 가상 공간에서의 익명성을 이용한 범죄이다.
② 사이버 범죄의 발생 건수가 전체적으로 증가하였다.
③ 이와 같은 현상이 나타난 주요 원인은 가상 공간의 확대 때문이다.
④ 사이버 범죄를 막기 위한 제도적 방법으로는 개인 정보 처리 과정의 공개가 있다.
⑤ 사이버 범죄를 해결하기 위해 개인은 타인을 존중하고 배려하는 정보 윤리를 실천해야 한다.

⑤ 지역의 공간 변화

12 지역 조사 중 (가), (나) 단계에서 수행하는 활동을 〈보기〉에서 고른 것은?

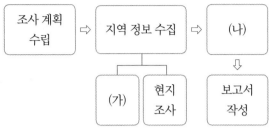

┤ 보기 ├
ㄱ. 교통 발달에 따른 지역 특성의 변화에 대한 주제를 설정한다.
ㄴ. 지형도에서 강경 포구, 강경역 등의 위치를 찾아 조사 경로를 결정한다.
ㄷ. 수집된 자료를 정리하여 젓갈 시장을 이용하는 소비자의 분포도를 작성한다.
ㄹ. 읍사무소에서 직원을 만나 철도 교통이 강경 포구의 성쇠에 미친 영향에 대해 질문한다.

	(가)	(나)		(가)	(나)
①	ㄱ	ㄴ	②	ㄱ	ㄷ
③	ㄴ	ㄷ	④	ㄴ	ㄹ
⑤	ㄷ	ㄹ			

★13 다음은 학생이 제출한 지역 조사 보고서이다. (가)에 들어갈 내용으로 적절하지 않은 것은?

〈우리 지역 조사 보고서〉

지역의 변화상	• 산업 구조: 2·3차 산업의 비중이 증가함. • 토지 이용: 농경지의 면적이 빠르게 감소하고 주거용, 공업용 토지 이용이 늘어남. • 인구: 2000년대부터 외국인이 대거 유입됨. • 생태 환경: 하천이 오염되고 있음. • 주민 의식: 주민의 공동체 의식이 낮은 것으로 나타남.
문제점	• 인구에 비해 각종 시설이 부족함. • 녹지 면적이 부족하고 환경 오염이 심각함.
해결 방안	(가)

① 무분별한 개발을 억제한다.
② 지역 내에 녹지를 조성한다.
③ 부족한 공공시설을 확충한다.
④ 하천을 복개하여 도로로 이용한다.
⑤ 주민 화합을 위한 다문화 축제를 개최한다.

14 다음을 보고 물음에 답하시오.

버스 정류장에 설치된 전광판을 보면 버스가 몇 분 후에 도착하는지, 어느 정거장에 위치해 있는지를 알 수 있다. 이는 (㉠)을 이용한 것이다. (㉠)은 인공위성이 정해진 지구 궤도를 돌며 보내는 신호를 수신하여 사람과 사물의 위치를 파악하는 공간 정보 기술이다.

(1) ㉠에 들어갈 용어를 쓰시오.

_____

(2) 일상생활에서 ㉠의 기술이 활용되고 있는 또 다른 예를 한 가지 제시하시오.

_____

_____

15 다음을 보고 물음에 답하시오.

강원도 춘천시는 준고속 열차 'ITX-청춘'의 개통 이후 지역 경제에 타격을 입고 있다. 수도권에서 춘천으로 통학이 가능해지면서 춘천 지역의 자취생이 30%나 감소하고, 지역 주민들이 수도권에서 쇼핑과 여가를 즐기는 등 상권 유출 현상이 잇따랐다. 이동 시간과 비용이 줄면서 유명 브랜드가 많은 복합 상가 형태의 수도권 대형 의류점으로 소비 인구가 이탈하고 있는 것이다. — 《○○ 뉴스》, 2014. 2. 6. —

(1) 윗글에서 나타나는 현상을 일컫는 용어를 쓰시오.

_____

(2) (1)과 같은 현상이 나타나는 원인을 쓰시오.

_____

_____

(3) 윗글에 나타난 지역 문제를 해결하기 위한 방안을 제시하시오.

_____

_____

_____

수능 기출 _변형

01 다음은 최근에 개통한 고속 철도를 이용한 사람들의 대화이다. 이로 인해 예상되는 변화를 〈보기〉에서 고른 것은?

큰 병원이 있는 서울에 가는데 1시간 반 정도밖에 안 걸려. 교통비가 더 들어도 서울에 갈 때 항상 이용해.

광주에 사는 김○○

나도 광주에 계시는 부모님 뵈러 갈 때 이용하는데, 예전에 비해 더 자주 뵐 수 있게 되어서 정말 좋아.

서울에 사는 최△△

┤ 보기 ├
ㄱ. 도로의 교통 혼잡을 줄여줄 것이다.
ㄴ. 쇼핑을 위한 서울로의 인구 이동이 증가했을 것이다.
ㄷ. 모든 지역이 고르게 발달하여 지역 경제가 성장할 것이다.
ㄹ. 서울에서 광주로 이동하는 항공 교통의 이용 승객 수가 증가할 것이다.

① ㄱ, ㄴ   ② ㄱ, ㄷ   ③ ㄴ, ㄷ
④ ㄴ, ㄹ   ⑤ ㄷ, ㄹ

02 밑줄 친 ㉠~㉤에 대한 설명으로 옳지 <u>않은</u> 것은?

교통의 발달로 ㉠ 시공간의 제약이 크게 줄어들면서 인간 생활뿐만 아니라 생태 환경에도 큰 변화가 나타났다. 세계 각 지역을 이동하는 ㉡ 항공기나 선박을 통해 외래 생물 종이 전파되었으며, ㉢ 새로운 도로가 건설되면서 산림이 훼손되고 녹지 면적이 감소하였다. 또한, 교통수단이 증가하면서 ㉣ 교통이 혼잡해지고, 각종 ㉤ 환경 문제가 나타났다.

① ㉠: 생활권이 줄어들었다.
② ㉡: 생태 환경이 교란되는 요인이다.
③ ㉢: 야생 동물들의 서식지가 줄어든다.
④ ㉣: 교통사고 발생 확률이 높아진다.
⑤ ㉤: 대표적으로는 소음, 공해가 있다.

03 다음 사례를 종합하여 도출할 수 있는 정보화에 따른 변화 내용으로 가장 적절한 것은?

• 아이슬란드는 무작위로 선출된 일반 시민들이 헌법 심의회를 구성해 헌법 개정안을 심사하는 방식을 채택하였다. 심의 내용은 인터넷을 통해 국민에게 전달되었고, 누리 소통망(SNS)을 통해 국민의 의견도 수렴하였다. 이 같은 과정을 거친 후, 개헌안은 2012년 국민 투표를 통해 가결되었다.
• A씨는 최근에 직장 동료나 친구들과의 직접 만남을 줄이는 대신, 온라인 커뮤니티와 누리 소통망(SNS) 활동을 활발하게 하고 있다. 현실 공간에서와는 다르게 개인의 성별, 나이, 학력 등과 관련 없이 시공간을 초월하여 서로 평등한 인간관계를 맺는 것이 훨씬 편하다고 느꼈기 때문이다.

① 사람들 간의 정신적 유대감이 강화된다.
② 정보에 접근하는 환경의 격차가 커진다.
③ 가상 공간에서 다양한 소통이 증대된다.
④ 정보 통신망을 활용한 거래가 활발해진다.
⑤ 대면적 접촉을 통한 사회적 관계 형성이 확산되고 있다.

04 다음 자료와 같은 상거래 방식의 확대가 가져올 변화로 적절하지 <u>않은</u> 것은?

① 물류 센터와 택배 산업이 발달한다.
② 상거래 활동의 시간적 제약이 적어진다.
③ 상품을 진열하는 매장의 필요성이 커진다.
④ 물건을 구입할 수 있는 경로가 다양해진다.
⑤ 상품 구매 활동을 위한 공간 이동이 감소한다.

05 표는 소외 계층의 정보화 수준을 나타낸 것이다. 이를 분석한 내용으로 옳은 것은?

부문\계층	장애인	저소득층	농어민	장노년층
접근	96.5	94.6	89.6	95.1
활용	76.8	80.9	61.0	64.1

[한국정보화진흥원, 2015.]

*수치는 일반 국민의 정보화 수준을 100으로 가정했을 때의 비교 수준임.
*접근 부문은 컴퓨터와 인터넷의 보유 정도와 성능을 나타내는 지표임.
*활용 부문은 컴퓨터나 인터넷 이용률, 사용 시간, 이용 다양성을 나타내는 지표임.

① 정보화 수준은 소득 수준과 무관하다.
② 정보화 수준은 지역별로 차이가 나타나지 않는다.
③ 장애인에게는 정보화 교육보다 컴퓨터 보급이 시급하다.
④ 활용 부문에서 세대 간 격차가 소득 계층 간 격차보다 더 크다.
⑤ 정보화 기기의 활용 능력보다 정보화 기기 접근에서의 격차가 더 크다.

06 그래프는 개인 정보 침해 신고 상담 건수를 나타낸 것이다. 이에 대한 옳은 설명을 〈보기〉에서 고른 것은?

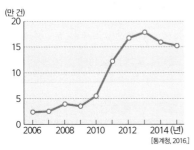

[통계청, 2016.]

┤ 보기 ├
ㄱ. 지적 재산권을 둘러싼 갈등과 관련이 있다.
ㄴ. 2010년 이후 개인 정보 침해 신고가 급증하였다.
ㄷ. 증가 이유 중 하나는 다양한 기관이 수집한 개인 정보가 유출되었기 때문이다.
ㄹ. 위 문제를 해결하기 위해서는 정보 소외 계층이 겪는 불평등을 없애려는 노력이 필요하다.

① ㄱ, ㄴ ② ㄱ, ㄷ ③ ㄴ, ㄷ
④ ㄴ, ㄹ ⑤ ㄷ, ㄹ

07 다음은 지역 조사의 과정을 나타낸 것이다. ㉠~㉤에 대한 설명으로 옳지 않은 것은?

순서	내용 및 방법
주제 및 지역 선정	㉠ 대도시에 인접한 ○○군의 지역 변화를 조사하기로 한다.
㉡	• 주요 작물의 생산량 변화를 조사한다. • ㉢ 지역 주민들 간의 관계를 조사한다.
㉣	수집한 자료를 그래프, 표, 지도로 나타낸다.
보고서 작성	㉤ 보고서를 작성한다.

① ㉠은 도시와 농촌의 경관이 함께 나타난다.
② ㉡은 실내 및 현지 조사 과정을 포함한다.
③ ㉢은 주로 통계 자료 조사를 통해 이루어진다.
④ ㉣은 지역 정보의 분석 과정을 포함한다.
⑤ ㉤은 조사 방법, 분석한 자료, 결론 등이 명확하게 드러나도록 작성한다.

08 (가) 지역의 문제점을 해결하기 위한 방안으로 적절하지 않은 것은?

산업화·도시화는 (가) 지역의 경제 성장을 가져왔지만, 지역 개발을 둘러싸고 지역 주민 간의 갈등이 나타나게 되었다. 지역 내 신도시 개발, 고속 열차(KTX) 복합 환승 센터 건립, 주한 미군 기지의 이전 사업 등을 둘러싸고 주민 간 또는 이익 단체 간의 갈등이 나타났다. 한편 편의 시설이나 교육·문화·의료 시설 등의 부족 문제와 지역 개발에 따른 주택·교통·환경 문제를 해결하고, 생활 환경을 개선해 달라는 주민들의 요구가 증가하고 있다.

① 대중교통 이용을 장려한다.
② 다양한 기반 시설을 확충한다.
③ 환경 오염을 막기 위해 적극 노력한다.
④ 지역의 특성을 고려하여 해결 방안을 마련한다.
⑤ 집단 간 갈등 해결은 다수결의 원칙을 따르도록 한다.

IV

인권 보장과 헌법

🌱 이 단원의 핵심 포인트 짚고 가기

단원	핵심 포인트
01 인권의 의미와 변화 양상	·인권의 의미와 인권 확장의 역사 ·현대 사회에서의 인권 확장
02 인권 보장을 위한 다양한 노력	·인권 보장을 위한 헌법의 역할과 제도적 장치 ·대한민국 헌법이 보장하는 기본권 ·준법 의식과 시민 참여의 필요성
03 국내외 인권 문제와 해결 방안	·사회적 소수자 차별, 청소년 노동권 등 국내 인권 문제와 해결 방안 ·세계 인권 문제의 양상과 해결 방안

🌱 셀파와 내 교과서 단원 비교하기

셀파	천재교육	미래엔	비상	지학사	동아
01 인권의 의미와 변화 양상	**01** 인권의 의미와 변화 양상	**1** 인권 확대의 역사	**1** 인권의 의미와 변화 양상	**1** 인권의 의미와 현대 사회의 인권	**01** 역사 속에서 인권이 확립되어 온 과정은? **02** 현대 사회에 새롭게 등장한 인권은?
02 인권 보장을 위한 다양한 노력	**02** 인권 보장을 위한 다양한 노력	**2** 헌법의 인권 보장과 시민 참여	**2** 헌법의 역할과 시민 참여	**2** 인권 보장을 위한 헌법의 역할과 시민 참여	**03** 인권 보장을 위한 헌법의 역할은? **04** 준법 의식과 시민불복종이 필요한 이유는?
03 국내외 인권 문제와 해결 방안	**03** 국내외 인권 문제와 해결 방안	**3** 인권 문제의 양상과 해결 방안	**3** 인권 문제의 양상과 해결	**3** 인권 문제의 양상과 해결 방안	**05** 우리 사회의 인권 문제에 대한 해결 방안은? **06** 지구촌 인권 문제의 해결 방안은?

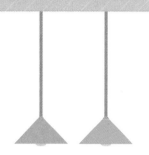

인권은 어떻게 확장되었으며,
그 내용은 무엇인가?

근대 시민 혁명 이후 확립되어 온 인권의 의미와 변화를 파악하고,
인권 보장을 위한 여러 가지 제도와 노력을 살펴본다.

IV. 인권 보장과 헌법

인권의 의미와 변화 양상

1 인권의 의미와 보장의 역사

1. 인권의 의미와 특징

용어 인간은 인간이라는 이유만으로 존재 가치가 있다는 뜻으로, 이는 인권을 통해 구체화되며 실현될 수 있음.

의미	• 인간이라면 누구나 누릴 수 있는 기본적인 권리 • 인간존엄성을 유지하며 살아갈 수 있도록 모든 사람이 누려야 하는 기본적인 권리 • 인간이라는 이유만으로 존엄성을 보장받으며 행복하게 살아갈 권리	
특징	보편성	인종·성별·종교·사회적 신분 등과 관계없이 모든 인간이 누리는 권리
	천부성	태어나면서부터 하늘로부터 부여받아 지니게 되는 당연한 권리
	항구성	일정 기간에만 한정되는 것이 아니라 영구히 보장되는 권리
	불가침성	남에게 양도할 수 없고, 누구도 빼앗거나 무시할 수 없는 권리

> 인류 구성원 모두가 원래부터 존엄성과 동등하고도 남에게 양도할 수 없는 권리를 가지고 있다는 점을 인정하는 것이 자유롭고 정의로우며 평화로운 세상을 이루는 밑바탕이 된다.
> – 〈세계 인권 선언〉(1948년) 전문 –

2. 인권 보장의 역사

분석 시민 혁명과 여러 역사적 사건 속에서 많은 사람의 노력으로 인권의 내용이 확장되었고, 인권을 보장받는 사람이 늘어남.

(1) 시민 혁명과 자유권 및 평등권의 등장

시민 혁명의 배경	• 근대 시민 혁명 이전까지 왕, 귀족, 성직자 등이 권력을 독점하고, 대다수의 평민은 봉건적 신분제에 의한 차별과 절대 군주의 억압을 받음. 자료 01 • 천부 인권 사상❶, 계몽사상❷, 사회 계약설❸의 영향으로 시민의 의식이 변화한 것을 바탕으로 시민의 자유와 권리를 요구하는 시민 혁명이 일어남. • 인간 존엄성 및 자유권과 평등권을 명시한 선언들이 발표됨.	
시민 혁명의 발생 자료 02	영국 명예혁명 (1688년)	• 왕권 제한❹과 의회 중심의 입헌 군주제❺의 토대가 마련됨. • '권리 장전'(1689년): 의회의 동의 없는 과세 금지, 의원 선거의 자유 및 언론의 자유 규정
	미국 독립 혁명(1775년)	• 영국의 지배를 받고 있던 미국이 영국의 전제와 차별에 항의하며 독립 혁명을 일으킴. • '버지니아 권리 장전'(1776년)❻: 최초로 행복 추구권을 명시 • '미국 독립 선언'(1776년): 시민의 자유와 권리를 보장
	프랑스 혁명 (1789년)	• 봉건 체제를 무너뜨리고 자유와 평등을 중심으로 한 인간의 권리를 선언하며 시민들이 혁명을 일으킴. 분석 당시 권리의 주체는 재산이 있는 성인 남자인 시민에 한정됨. • '인간과 시민의 권리 선언'(1789년): 시민에게 재산권·사상·신체의 자유 등의 불가침의 권리가 있다고 규정
자유권·평등권의 보장	자유권	국가 권력의 간섭에서 벗어나 자유롭게 생활할 수 있는 권리
	평등권	부당하게 차별을 받지 않고 동등하게 대우받을 권리

(2) 참정권의 보장 자료 03

등장 배경	• 시민 혁명 이후에도 직업, 재산, 성별 등에 따라 선거권이 제한되어 있었음. • 노동자, 농민, 여성이 선거권을 요구하는 참정권 확대 운동을 전개한 결과, 20세기 이후 거의 모든 사람이 참정권을 보장받게 됨. 예 영국 차티스트 운동(1838~1848년), 여성 참정권 운동(20세기 초)
참정권	국가 의사 결정 과정과 정치에 자유롭게 참여할 수 있는 권리

빠른 핵심 체크

인권의 특성과 보장의 역사

❶ 천부 인권 사상
인간은 태어날 때부터 남에게 침해받지 않을 기본적 권리를 하늘로부터 부여받는다는 사상이다.

❷ 계몽사상
인간의 합리적 이성에 따라 인간 생활의 진보를 이룰 수 있다고 보는 사상이다.

❸ 사회 계약설
사회나 국가가 자유롭고 평등한 개인들의 합의나 계약으로 발생하였다는 학설이다.

❹ 마그나 카르타(1215년)
명예혁명에 앞서 왕의 권한을 제한하였던 사건이 있었다. 영국의 존왕은 귀족과의 다툼 끝에 '마그나 카르타'를 서약하였다. 이 문서는 영국 '대헌장'이라고도 하는데, 의회의 승인 없이 세금을 부과할 수 없고, 법에 따르지 않고는 체포 또는 감금할 수 없음을 규정하였다. 그러나 대다수 영국인은 여전히 신분제하에서 인권을 누리지 못하였다.

❺ 입헌 군주제
군주의 권력이 헌법에 의하여 일정한 제한을 받는 정치 체제이다.

❻ 버지니아 권리 장전
'미국 독립 선언문' 발표 직전에 미국 버지니아주에서 발표한 문서로, 최초로 행복 추구권을 규정하였다. 이 외에도 시민의 천부 인권을 선언하며 신체의 자유, 언론·출판의 자유, 종교·신앙의 자유 등을 포함하였다.

🌱 이 자료 이렇게 해석하자!

자료 01 혁명 전 프랑스 사회의 '구제도'의 모순

혁명(1789년)이 일어나기 전의 프랑스 사회 체제를 '구제도'라고 한다. 구제도에서는 신분제의 원리가 법과 관습에 의해 유지되었다. 특권 신분인 제1 신분의 성직자와 제2 신분의 귀족은 토지와 재산을 소유하면서도 면세 특권을 비롯한 여러 가지 혜택을 누렸다. 반면, 시민 계급과 농민, 노동자 등으로 구성된 제3 신분인 평민은 인구 대다수였지만, 정치 참여가 매우 어려웠으며 무거운 경제적 부담에 시달리는 등 신체적·경제적 자유를 제대로 보장받지 못했다. 근대에 들어 경제적으로 성장한 시민 계급을 중심으로 구제도의 모순을 자각하게 되었다.

셀/파/길/잡/이 그림은 혁명 전 프랑스 사회의 구제도를 묘사한 당대의 풍자화이다. 평민인 노인이 성직자와 귀족을 등에 업고 힘겹게 걷고 있다. 프랑스 혁명의 원인은 신분제의 모순에서 비롯되었다고 볼 수 있다.

교과서 탐구 풀이 🖊

Q 각종 시민 혁명이 일어난 시대적 배경을 파악해 보자.

A 근대 시민 혁명 이전에는 왕과 귀족, 성직자 등이 권력을 독점하였고 대부분의 평민들은 엄격한 신분 제도에 가로막혀 부당한 대우를 받아야 했다. 사람들은 점차 억압과 차별에 불만을 갖기 시작하였는데, 특히 상공업의 발달 과정에서 성장한 시민 계급은 일부 특권 계급이 누려 왔던 권리를 모든 사람이 함께 누려야 한다고 생각하였다.

자료 02 　통합탐구　 시민 혁명을 통한 자유권과 평등권의 보장

영국 명예혁명(1688년)	미국 독립 혁명(1775년)	프랑스 혁명(1789년)
의회가 전제 군주를 폐위하고, 메리와 윌리엄을 공동 왕으로 추대하여 평화롭게 정권 교체를 이룸.	미국에서 영국의 식민지 지배와 중상주의 정책에 따른 차별에 항의하며 일어남.	구제도(구체제)에 분노한 평민 대표들로 구성된 국민 의회를 중심으로 일어남.
'권리 장전(1689년)'에서 국왕에게 청원할 권리, 언론의 자유, 의회의 동의 없는 과세 금지, 의원 선거의 자유 등을 보장	'미국 독립 선언(1776년)'에서 국민 주권의 원리, 저항권 등을 보장	'인간과 시민의 권리 선언(1789년)'에서 천부 인권, 자유권, 저항권, 국민 주권, 권력 분립, 소유권 불가침 등을 보장

셀/파/길/잡/이 근대 이전에는 신분제에 따라 대다수 사람이 왕과 소수의 귀족에게 억압과 차별을 받으며 살았다. 근대에 들어 시민들은 천부 인권 사상, 계몽사상 등의 영향을 받아 영국의 명예혁명, 미국의 독립 혁명, 프랑스 혁명과 같은 시민 혁명을 통해 자유권과 평등권을 확립해 나갔다.

교과서 자료 더 보기 ➕

인간과 시민의 권리 선언
제1조 인간은 자유롭고 평등한 권리를 지니고 태어나서 살아간다. 사회적 차별은 오로지 공공 이익에 근거할 때에만 허용될 수 있다.
제2조 모든 정치적 결사의 목적은 인간이 지닌 소멸할 수 없는 자연권을 보전하는 데 있다. 이러한 권리로서는 자유권과 재산권과 신체 안전에 관한 권리와 억압에 관한 저항권이다.

자료 03 시민 혁명 이후 참정권의 확대를 위한 노력

(가) 차티스트 운동

영국의 노동자들이 1832년 선거법 개정으로도 참정권을 얻지 못하자, 이후 '인민헌장'을 통해 선거권 확대, 비밀 투표 등을 요구하였다.

(나) 여성 참정권 운동

1913년, 영국 런던의 경마 대회에서 에밀리 데이비슨(Davison, E.)이라는 여성이 "여성에게도 투표권을!"이라고 부르짖으면서 질주하던 말을 향해 몸을 던졌다. 이날의 참사가 계기가 되어 영국 여성은 1918년 처음 투표권을 획득했다. 시민 혁명 이후에도 여전히 참정권을 보장받지 못했던 여성들은 여러 나라에 걸쳐 참정권 확대 운동을 전개하였다.

셀/파/길/잡/이
시민 혁명 이후 자유권과 평등권 중심의 인권 보장이 이루어졌으나, 권리의 주체는 재산이 있는 성인 남자, 즉 '시민'에 한정되었다. 이후 영국에서는 노동자들이 차티스트 운동을 통해 참정권을 요구하면서 재산에 따른 선거권 제한 등이 사라졌다. 그러나 여성의 선거권은 여전히 제한되어 있었다. 여성들은 500여 년간 저항, 시위, 청원 등을 통해 꾸준히 선거권을 요구하였고, 그 결과 20세기 초에 이르러 투표권을 획득하였다.

(3) 산업 혁명 이후 사회권의 보장 자료 04

등장 배경	• 18세기 산업 혁명 이후 자본주의가 발전하면서 물질적으로 풍요로워졌지만, 노동자 등의 사회적 약자들은 열악한 노동 환경, 빈부 격차 등으로 고통받음. • 모든 인간이 인간답게 살아가고, 자유와 권리를 실질적으로 누리려면 국가가 사회적 약자를 보호해야 한다는 생각이 확산됨.
사회권	모든 국민이 최소한의 인간다운 생활을 보장받아야 하고, 국가에 이를 요구할 수 있는 권리 예 노동의 권리, 교육을 받을 권리, 쾌적한 환경에서 살 권리 등
'바이마르 헌법'(1919년)	• 제1차 세계 대전 후 독일에서 최초로 시행된 민주주의 헌법 • 사회권을 헌법에 최초로 명시하였고, 이후 여러 국가에서 복지 국가 헌법을 제정하는 데 영향을 줌.

(4) '세계 인권 선언' 채택과 연대권의 보장 자료 05

'세계 인권 선언'(1948년)[7]	• 인권 보장을 인류 보편적 가치로 선포, 인권 보장의 국제적 기준 제시 • 국제 연합(UN) 총회에서 채택한 포괄적인 인권 문서 • 등장 배경: 두 차례의 세계 대전으로 인한 인권 침해에 대한 반성, 인권을 억압하는 국가가 인류의 평화와 번영을 위협할 수 있다는 인식, 인권 문제 해결을 위해서는 인류 공동의 노력이 필요하다는 깨달음 등 • 영향: 국가나 지역을 초월한 인류 전체의 인권 의식의 발전과 연대권의 확산에 기여하였으며 수많은 국제 인권법의 토대가 됨.[8]
연대권의 등장 배경	• 지구촌 일부 지역에서는 여성, 아동, 장애인, 난민 등 차별, 전쟁, 기아, 환경 파괴 등으로 인권 침해를 당하면서도 인권을 옹호할 힘이 없는 경우가 있음. • 사회적 약자 등 차별받는 집단의 인권 보호를 위해 자신이 소속되어 있는 공동체에서 더 나아가 국제적 연대와 단결이 필요하다는 인식이 확대됨.
연대권	• 지구촌 구성원 모두의 인권 보장을 위해 국제적인 연대와 협력을 중시하는 권리 예 누구나 평등하게 대우받을 권리, 평화의 권리, 재난으로부터 구제받을 권리, 지속 가능한 환경에 관한 권리 등[9] • 인권의 의미는 자유권에서 사회권, 그리고 연대권으로 그 범위가 점차 확대됨.

2 현대 사회에서의 인권 확장

1. 인권의 확장

왜 도시 환경의 변화에 따라 새로운 사회 문제 해결의 필요성이 증대되고 있기 때문

배경	• 오늘날 인권 의식이 높아지고 사회가 변화하면서 새롭게 요구되는 인권이 등장함. • 인권이 보장하는 권리의 범위가 넓어지고, 그 내용 또한 구체화되고 있음.
의의	• 인류가 추구해야 할 보편적 가치의 핵심, 공정한 민주 사회 건설의 기준 • 한 사회의 도덕성이나 정의로움을 평가하는 척도

2. 현대 사회에서 확장된 인권 자료 06

분석 우리나라는 1960년대 이후 급격한 산업화·도시화가 진행되어 도시민의 인권을 위협하는 각종 도시 문제를 해결할 필요성이 커지고 있음.

종류	의미	배경	보장 노력[10]
주거권	쾌적하고 안정적인 주거 환경에서 인간다운 주거 생활을 할 권리	주택 부족, 주거비 증가, 빈곤층과 농어촌의 열악한 주거 문제 등	주거비 지원 및 유지, 주거 환경 정비, 최저 주거 기준[11] 설정으로 주거 약자 지원
안전권	각종 위험으로부터 안전을 보호받을 권리	재해나 전염병의 피해, 갈등 및 범죄의 증가 등	재난 안전 관리 관련 법과 정책 마련
환경권	건강하고 쾌적한 환경에서 살아갈 권리	대기 및 수질 오염, 소음 등 각종 환경 문제 발생	국민의 권리 및 의무로 규정, 국제 협약 이행 등
문화권	누구나 문화생활에 참여하고, 자신의 문화적 정체성을 유지·표현할 권리	사회적 약자의 문화생활 기회 제한, 생활 수준이 높아지고 여가가 증가함.	문화 누리 카드 등 사회적 약자나 문화 소외 계층 대상으로 문화 체험 지원

예 • 노약자, 장애인, 도서 지역 주민 등의 문화생활 지원
• 다문화 사회의 이주민의 문화적 정체성 보장

---

[7] 세계 인권 선언(1948년)
전문과 본문 30개 조항으로 이루어져 있으며, 전문은 인권의 보편성, 천부성, 항구성, 불가침성을 확인하고 국가의 인권 보장 책무를 선언하였다.

[8] 국제 인권 규약(1966년)
국제 연합 총회에서 '세계 인권 선언'을 구속력 있게 만들고자 채택하였다.

[9] 유엔 아동 권리 협약(1989년)
제24조 1. 당사국은 아동이 최상의 건강 수준을 유지할 권리와 질병 치료 및 건강의 회복을 위한 시설을 이용할 권리를 인정한다.
4. 당사국은 이 조에서 인정하는 권리의 완전한 실현을 점진적으로 달성하기 위해 국제 협력을 증진하고 장려해야 한다.

· 빠른 핵심 체크 ·

인권 확장의 배경과 종류
┌ 배경 → 인권 의식 고양, 사회 변화
└ 종류 ┬ 주거권
　　　　├ 안전권
　　　　├ 환경권
　　　　└ 문화권

[10] 헌법에서 보장하는 인권
• 주거권: 제35조 ③ 국가는 주택 개발 정책 등을 통하여 모든 국민이 쾌적한 주거 생활을 할 수 있도록 노력하여야 한다.
• 안전권: 제34조 ⑥ 국가는 재해를 예방하고 그 위험으로부터 국민을 보호하기 위하여 노력하여야 한다.
• 환경권: 제35조 ① 모든 국민은 건강하고 쾌적한 환경에서 생활할 권리를 가지며, 국가와 국민은 환경 보전을 위하여 노력하여야 한다.

[11] 최저 주거 기준
인간이라면 기본적으로 누려야 할 최소한의 주거 수준으로, 일반적으로 가구당 면적, 방 개수, 화장실, 부엌 등의 면적 기준을 내용으로 한다.

이 자료 이렇게 해석하자!

자료 04 통합탐구 산업 혁명 이후 '바이마르 헌법'과 사회권 보장

- 바이마르 헌법

바이마르 헌법

Die Verfassung
des
Deutschen Reichs

제163조 2. 모든 국민에게는 노동할 기회가 주어진다. 적절한 일자리를 얻지 못한 국민은 필요한 생계비를 지원받을 수 있다.

- 사회권 보장의 배경

19세기 말 미국의 노동자들은 하루 12~16시간의 장시간 노동과 주당 7~8달러에 불과한 저임금에 시달렸다. 한편 20세기 초 영국의 도시에서는 누더기 같은 옷을 입고 맨발로 다니는 아이들을 흔하게 볼 수 있었다. 아무리 부지런하게 일해도 가난을 벗어날 수 없던 사람들은 아이들에게 옷과 신발을 사 줄 돈조차 없었기 때문이다.

셀/파/길/잡/이

18세기 산업 혁명 이후 자본주의 발달에 따라 빈부 격차와 빈곤 등 사회 불평등이 심화되었다. 이에 사회적 약자의 인간다운 삶을 보장하기 위한 국가의 적극적인 역할을 요구할 수 있는 사회권 중심의 인권이 강조되기 시작하였다.

독일 바이마르 공화국은 '바이마르 헌법'(1919년)에 근대 헌법상 처음으로 사회권을 명시하였다.

자료 05 '인권 3세대론'과 연대권의 보장

'인권 3세대론'은 프랑스 법학자 카렐 바작이 인권의 변화 과정을 시간적 흐름에 따라 1, 2, 3세대로 구분하여 설명한 것이다.

1세대 인권(자유권)	2세대 인권(사회권)	3세대(집단권 또는 연대권)
• 신체의 자유 • 사상·양심·종교의 자유 • 집회 및 결사, 표현의 자유 • 노예나 노예적 예속 상태로부터의 자유 • 자의적인 체포, 구금 또는 추방으로부터의 자유 • 자유로운 선거를 통해 정부에 참여할 수 있는 권리 등	• 교육에 관한 권리 • 사회 보장을 받을 권리 • 인간다운 생활을 할 권리 • 쾌적한 환경에서 생활할 권리 • 적절한 생활 수준을 누릴 권리 • 유급 휴가 등 휴식을 취하고 여가를 누릴 권리 • 노동할 수 있는 권리, 실업으로부터 보호받을 권리 등	• 자결권: 자기 민족이나 집단의 일을 자유롭게 결정하고, 정치적 지위와 발전을 추구할 권리 • 발전의 권리 • 평화의 권리 • 인도주의적 재난 구제를 받을 권리 • 지속 가능한 환경에 대한 권리 등

셀/파/길/잡/이 • 1세대 인권은 개인의 자유를 보호하기 위해 국가의 개입을 경계하는 시민·정치적 권리인 반면, 2세대 인권은 사회적 약자를 포함한 국민의 인간다운 삶을 보장하기 위해 국가의 개입을 요구하는 경제·사회·문화적 권리이다.
• 3세대 인권은 인종 차별, 여성 차별, 국가 간 빈부 격차 등으로 인권을 누리지 못하는 개인과 집단에 대한 각성에서 나온 권리로, 차별받는 집단의 인권 보호를 위한 전 지구적 차원의 권리이다.

교과서 자료 더 보기

세계 인권 선언

제1조 모든 인간은 태어날 때부터 자유로우며, 누구에게나 동등한 존엄성과 권리가 있다. 인간은 타고난 이성과 양심을 지니며, 형제애의 정신에 입각해서 행동해야 한다.

제22조 모든 사람에게는 사회의 일원으로서 사회 보장을 요구할 권리가 있으며, 국가적 노력과 국제적 협력을 통해, 또한 각국의 조직과 자원에 따라 자신의 존엄성과 자신의 인격의 자유로운 발전에 필수 불가결한 경제·사회적·문화적 권리를 실현할 자격이 있다.

자료 06 현대 사회에서 새롭게 등장한 인권

(가) 문화권

대구 ○○ 문화 재단에서 운영하는 '꿈의 오케스트라'에는 대부분 기초 생활 수급자, 차상위 계층, 다문화 가정의 학생이 참가한다. 이는 학생들이 자신들의 꿈과 끼를 발산하게 할 뿐만 아니라, 다양한 계층 및 문화적 배경의 학생들이 함께 어우러져 지역 공동체의 건강한 일원으로 성장할 수 있도록 유도하는 사회 통합에 중점을 두고 있다.
– 《○○신문》, 2016. 7. 25. –

(나) 주거권 — 분석 주거는 생명을 유지하고 가족을 형성할 수 있게 하는 토대임.

타이완의 청년들은 집 한 채를 여러 개의 방으로 쪼갠 타오팡에서 산다. 홍콩의 청년들은 '인간 닭장'이라 불리는 큐비클에서 산다. 도쿄의 청년들은 방 하나를 몇 칸으로 쪼개 벽장처럼 만든 탈법 셰어하우스에 몸을 눕힌다. 타이완 청년들은 위성 도시로 쫓겨나고, 홍콩 청년들은 '탈홍콩'을 꿈꾸며, 도쿄 청년들은 도시에서의 삶이 무리라고 느낀다.
– 《○○신문》, 2016. 1. 8. –

교과서 자료 더 보기

잊힐 권리

'잊힐 권리'는 인터넷상에서 유통되는 개인 정보를 당사자가 삭제하거나 수정해 달라고 요청할 권리이다. 이는 자신에 관한 정보가 인터넷상에서 공개되어 고통받는 사람의 인권을 보장하기 위해 강조되고 있다. 이는 2009년 에스파냐의 한 변호사가 특정 인터넷 사이트를 상대로 과거 자신에 관한 정보를 삭제해 달라며 소송을 제기한 사건을 계기로 법으로 보장되었다. 그러나 이는 특정인이나 집단이 자신에게 불리한 정보만 삭제하여 국민의 '알 권리'를 침해할 수도 있다는 우려가 있다.

셀/파/길/잡/이 • (가)는 문화를 누릴 권리를 보장하려는 노력이다. 오늘날 생활 수준이 높아지고 여가 시간이 늘어나면서 문화가 중요하다는 인식이 확산되고 문화적 측면에서의 인간다운 생활을 누릴 수 있어야 한다는 요구가 증가하고 있다.
• (나)는 도시에서 거주하는 사람들의 주거권이 침해된 사례이다. 우리나라는 〈주거 기본법〉을 제정하여 주거 환경의 정비, 노후 주택 개량, 최저 주거 기준에 못 미치는 주거 약자 지원 등의 노력을 하고 있다.

개념 채우기

1. 인권의 의미와 특징

의미	인간존엄성을 유지하며 살아갈 수 있도록 모든 사람이 누려야 하는 기본적인 권리
특징	보편성	모든 인간이 누리는 권리

특징	보편성	모든 인간이 누리는 권리
	(❶)	태어나면서부터 지니게 되는 당연한 권리
	항구성	영구히 보장되는 권리
	불가침성	누구도 빼앗거나 무시할 수 없는 권리

2. 인권 보장의 역사

자유권·평등권	• 천부 인권 사상, 계몽사상, 사회 계약설의 영향으로 각종 시민 혁명이 일어남. • 영국 명예혁명의 '권리 장전'(1689년), 미국 독립 혁명의 '미국 독립 선언'(1776년), 프랑스 혁명의 '인간과 시민의 권리 선언'(1789년)
	의미	• 자유권: 국가 권력의 간섭에서 벗어나 자유롭게 생활할 수 있는 권리 • 평등권: 부당하게 차별받지 않을 권리
참정권	영국 (❷) 운동, 여성 참정권 운동을 통해 보장됨.
	의미	정치에 참여할 수 있는 권리
(❸)	• 모든 인간이 인간다운 삶을 살아가려면 국가가 사회적 약자를 보호해야 한다는 생각이 확산됨. • 독일 '바이마르 헌법'(1919년)에 최초로 명시됨.
	의미	모든 국민이 최소한의 인간다운 생활의 보장을 받아야 한다는 권리
연대권	• 인권을 누리지 못하는 지구촌 사람들을 위한 인류 공동의 노력이 중요해짐. • '세계 인권 선언'(1948년)에서 인권의 국제적 기준 제시
	의미	지구촌 구성원 모두의 인권 보장을 위해 연대와 협력을 강조하는 권리

3. 현대 사회에서의 인권 확장

주거권	• 쾌적하고 안정적인 주거 환경에서 인간다운 주거 생활을 할 권리 • 최저 주거 기준 설정으로 주거 약자 지원
안전권	• 여러 위험으로부터 안전을 보호받을 권리 • 재난 안전 관리 관련 법과 정책 마련
환경권	• 건강하고 쾌적한 환경에서 살아갈 권리 • 국민의 권리이자 의무, 환경 보전을 위한 법 시행
(❹)	• 문화생활에 참여하고, 문화적 정체성을 유지 및 표현할 권리 • 사회적 약자나 문화 소외 계층 지원

답 | ❶ 천부성 ❷ 차티스트 ❸ 사회권 ❹ 문화권

---

01 인권에 대한 설명으로 옳지 않은 것은?

① 모든 인간이 누려야 할 기본적 권리
② 인간이라면 누구나 누릴 수 있는 권리
③ 인류 역사의 전 과정에 걸쳐 누려 온 권리
④ 인간이라는 이유만으로 지니게 되는 권리
⑤ 인간존엄성을 구체화시키고 실현하는 권리

02 표의 ㉠~㉢에 들어갈 인권의 특징이 바르게 짝지어진 것은?

㉠	태어나면서부터 갖게 되는 당연한 권리
㉡	일정 기간에만 한정되지 않고 영원히 보장되는 권리
㉢	인종·성별·종교·사회적 신분 등과 관계없이 모든 인간이 누리는 권리
㉣	남에게 양도할 수 없고, 국가나 타인이 함부로 빼앗거나 침해할 수 없는 권리

	㉠	㉡	㉢	㉣
①	천부성	항구성	보편성	불가침성
②	천부성	불가침성	항구성	보편성
③	보편성	항구성	불가침성	천부성
④	보편성	천부성	항구성	불가침성
⑤	항구성	불가침성	보편성	천부성

03 (가)~(다)에 들어갈 인권의 세대별 목록으로 적절하지 않은 것은?

1세대	→	2세대	→	3세대
(가)		(나)		(다)

① (가): 사상·양심·종교의 자유
② (가): 노예적 예속 상태로부터의 자유
③ (나): 교육에 관한 권리
④ (나): 사회 보장을 받을 권리
⑤ (다): 실업으로부터 보호받을 권리

04 다음 자료는 프랑스 시민 혁명 이전의 사회 상황을 묘사한 것이다. 이에 대한 올바른 설명만을 〈보기〉에서 있는 대로 고른 것은?

이 그림은 프랑스 혁명(1789년)이 일어나기 전의 사회 체제인 '구제도'를 묘사한 당대의 풍자화이다. 평민인 노인이 성직자와 귀족을 등에 업고 힘겹게 걷고 있다. 당시 프랑스에서는 신분제의 원리가 법과 관습에 의해 유지되었다.

┤ 보기 ├
ㄱ. 평민이 특권층에게 차별과 억압을 받았다.
ㄴ. 왕과 성직자, 귀족 등이 특권을 누리고 권력을 독점하였다.
ㄷ. 인구 대다수를 구성하는 신분은 신체적·경제적 자유를 보장받았다.
ㄹ. 프랑스 혁명의 원인은 무엇보다도 신분제의 모순에서 비롯되었다.

① ㄱ, ㄴ 　　② ㄱ, ㄷ 　　③ ㄱ, ㄴ, ㄷ
④ ㄱ, ㄴ, ㄹ 　　⑤ ㄴ, ㄷ, ㄹ

05 (가)에 들어갈 문서를 〈보기〉에서 고른 것은?

근대 상공업의 발달 과정에서 성장한 시민 계급은 전제 정치와 봉건적 신분 질서 등으로부터 오는 차별과 억압에서 벗어나고자 하였다. 영국에서는 '대헌장(1215년)'을 통해 왕의 권한을 제한하였고, 명예혁명(1688년)으로 시민의 자유와 권리를 확대하였다. 17세기 이후 계몽사상과 사회 계약설 등을 배경으로 18세기 후반 미국과 프랑스에서도 시민 혁명이 일어났고, 　　(가)　　와 같은 문서를 통해 시민의 자유와 권리를 명시하였다.

┤ 보기 ├
ㄱ. 권리 장전 　　ㄴ. 마그나 카르타
ㄷ. 미국 독립 선언 　　ㄹ. 인간과 시민의 권리 선언

① ㄱ, ㄴ 　　② ㄱ, ㄷ 　　③ ㄴ, ㄷ
④ ㄴ, ㄹ 　　⑤ ㄷ, ㄹ

06 밑줄 친 ㉠, ㉡에 대한 설명으로 옳은 것은?

시민 혁명은 차별과 억압을 받던 대다수 사람이 인간의 기본적 권리를 되찾으려던 투쟁이었다. 그 결과 시민들은 ㉠ 자유권과 ㉡ 평등권을 확립해 나갔다.

① ㉠: 부당하게 차별받지 않을 권리이다.
② ㉠: 국가 권력의 간섭 없이 자유로울 권리이다.
③ ㉠: 국가에 의해 인간다운 삶을 보장받을 권리이다.
④ ㉡: 의식주, 의료 등 적절한 생활 수준을 누릴 권리이다.
⑤ ㉡: 지구촌 구성원의 인권 보장을 위한 연대를 강조하는 권리이다.

[07~08] 다음 글을 읽고 물음에 답하시오.

시민 혁명 이후에도 정치 참여의 자유는 재산을 가진 소수의 남성에게 국한되었다. 그에 따라 ㉠ 이러한 차별적인 사회 제도를 바꾸려는 노력이 노동자, 농민, 여성 등을 중심으로 일어났다. 이후 20세기에 이르러 모든 사람이 참정권을 보장받게 되었다.

07 윗글에서 추론할 수 있는 내용으로 옳지 않은 것은?
① 보통 선거가 확립되기까지 많은 사람이 노력하였다.
② 시민 혁명 이후에도 인권 보장의 요구가 지속되었다.
③ 정치에 참여할 권리가 모든 사람에게 보장된 결정적 계기는 프랑스 혁명이었다.
④ 시민 혁명으로 보장된 정치 참여의 자유는 재산이나 성별 등에 따라 제한적으로 부여되었다.
⑤ 노동자와 농민, 여성의 참정권 확대 운동을 통해 참정권이 보편적 인권으로 자리 잡게 되었다.

08 밑줄 친 ㉠의 예를 〈보기〉에서 고른 것은?
┤ 보기 ├
ㄱ. 차티스트 운동 　　ㄴ. 국제 인권 규약
ㄷ. 여성 참정권 운동 　　ㄹ. 인종 차별 철폐 협약

① ㄱ, ㄴ 　　② ㄱ, ㄷ 　　③ ㄴ, ㄷ
④ ㄴ, ㄹ 　　⑤ ㄷ, ㄹ

통합탐구

09 (가)의 입장에서 (나)에 나타난 문제를 해결하기 위해 지지할 주장을 〈보기〉에서 고른 것은?

(가)	국가가 모든 국민의 인간다운 생활을 보장해야 한다. 또한 모든 국민이 최소한의 인간다운 생활을 보장받을 것을 헌법에 명시하여야 한다.
(나)	19세기 말 미국의 노동자들은 하루 12~16시간의 장시간 노동과 주당 7~8달러에 불과한 저임금에 시달렸다. 한편 20세기 초 영국의 도시에서는 누더기 같은 옷을 입고 맨발로 다니는 아이들을 흔하게 볼 수 있었다. 아무리 부지런하게 일해도 가난을 벗어날 수 없던 사람들은 아이들에게 옷과 신발을 사 줄 돈조차 없었기 때문이다.

┤ 보기 ├
ㄱ. 국가의 활동을 최소한으로 제한하여야 한다.
ㄴ. 국가가 사회적 약자를 적극적으로 보호해야 한다.
ㄷ. 국가는 개인의 자유를 침해하지 않는 것을 최우선의 과제로 삼아야 한다.
ㄹ. 국가가 노동의 권리, 교육받을 권리, 쾌적한 환경에서 살 권리 등을 보장해야 한다.

① ㄱ, ㄴ ② ㄱ, ㄷ ③ ㄴ, ㄷ
④ ㄴ, ㄹ ⑤ ㄷ, ㄹ

★10 갑의 질문에 대한 교사의 대답으로 알맞은 것은?

연대권이란 자신이 소속되어 있는 공동체에서 더 나아가 국제적인 연대와 협력을 중시하는 인권입니다.

오늘날 연대권이 강조되는 이유는 무엇인가요?

교사 / 갑

① 지구촌 전역에서 모든 사람이 인권을 누리고 있기 때문입니다.
② 타인의 인권보다 자신의 인권을 보장받는 것이 더욱 중요하기 때문입니다.
③ 오늘날 인권의 범위가 자신이 소속되어 있는 공동체 내로 좁아지고 있기 때문입니다.
④ 차별, 전쟁, 기아, 환경 파괴 등 인권 침해를 일으키는 문제들이 해결되었기 때문입니다.
⑤ 자신의 인권뿐만 아니라 지구촌 구성원 모두의 인권 보장을 위한 노력이 필요하기 때문입니다.

11 밑줄 친 '이 문서'에 해당하는 것은?

'이 문서'는 제2차 세계 대전 이후 국제 연합(UN)에서 세계 평화와 인권 보호를 위하여 채택한 포괄적인 인권 문서로, 수많은 국제 인권법의 토대가 되었다.

① 인민헌장 ② 바이마르 헌법
③ 세계 인권 선언 ④ 미국 독립 선언
⑤ 유엔 아동 권리 협약

2 현대 사회에서의 인권 확장

12 다음은 수행 평가 문제와 학생 답안이다. ⊙~⑩ 중 옳지 않은 것은?

수행 평가
◎ 문제: 현대 사회에서 새로운 분야에서의 인권이 강조되는 이유를 서술하시오.
◎ 학생 답안
　과거에는 신분제에 따른 차별에서 벗어나고, 정치적 참여를 보장받기 위한 인권이 강조되었다. 그 결과, ⊙ 오늘날 우리 사회에는 자유권이나 평등권, 참정권, 사회권 등의 인권이 자리 잡게 되었다. 이후에도 ⓒ 환경이 급속도로 변화하고 사회가 복잡해지면서 새로운 분야에서 인권이 강조되었다. 또한 ⓒ 인권으로 보장하는 권리의 범위가 좁아지고 그 내용 또한 축소하였다. 특히 ⓔ 우리나라는 급격한 산업화와 도시화를 겪으며 도시의 인구가 증가하였다. ⑩ 이에 따라 도시민의 인권을 위협하는 각종 문제가 나타나면서 이를 해결할 필요성이 커지고 있다.

① ⊙ ② ⓒ ③ ⓒ ④ ⓔ ⑤ ⑩

13 오늘날 새롭게 등장한 인권과 그 등장 배경이 바르게 연결되지 않은 것은?
① 문화권: 노동 시간의 증가와 여가의 감소
② 안전권: 범죄 및 재난과 사고의 위험 요소 증가
③ 주거권: 도시의 주택 부족, 빈곤층의 주거 문제
④ 환경권: 인구 및 교통량 증가에 따른 소음, 대기 오염 등의 문제
⑤ 잊힐 권리: 당사자의 동의 없이 개인 정보가 인터넷상에 유통되는 문제

14 다음은 학생의 노트 필기 내용이다. (가)~(마)에 들어갈 현대 사회의 인권을 바르게 짝지은 것은?

[학습 주제] 현대 사회에서 확장된 인권

(가)	건강하고 쾌적한 환경에서 살아갈 권리
(나)	안정적인 주거 환경에서 인간다운 주거 환경을 할 권리
(다)	폭력을 비롯한 여러 위험으로부터 안전을 보호받을 권리
(라)	누구나 문화생활에 참여하고, 자신의 문화적 정체성을 유지할 권리
(마)	인터넷상에서 유통되는 개인 정보를 당사자가 삭제하거나 수정해 달라고 요청할 권리

	(가)	(나)	(다)	(라)	(마)
①	안전권	주거권	문화권	환경권	잊힐 권리
②	주거권	안전권	문화권	잊힐 권리	환경권
③	주거권	환경권	주거권	문화권	잊힐 권리
④	환경권	안전권	문화권	주거권	잊힐 권리
⑤	환경권	주거권	안전권	문화권	잊힐 권리

[통합탐구]

15 다음 사례에서 보장하려는 권리에 대한 내용으로 적절하지 않은 것은?

대구 ○○ 문화 재단에서 운영하는 '꿈의 오케스트라'에는 대부분 기초 생활 수급자, 차상위 계층, 다문화 가정의 학생이 참가한다. 교육비는 물론 악기와 교육 재료도 무상으로 지원되고 있다. '꿈의 오케스트라'는 학생들이 다양한 무대에 올라 꿈과 끼를 발산하게 할 뿐만 아니라, 다양한 계층 및 문화적 배경의 학생들이 함께 어우러져 지역 공동체의 건강한 일원으로 성장할 수 있도록 유도하는 사회 통합에 중점을 두고 있다. ─《○○신문》, 2016. 7. 25. ─

① 문화권을 보장하려는 노력이다.
② 생명을 유지하고 가족을 형성할 수 있게 하는 권리이다.
③ 자기 자신이나 생각을 예술적으로 표현하는 것을 포함한다.
④ 문화생활을 누릴 기회가 상대적으로 적은 사회적 약자들을 위한 권리이다.
⑤ 문화가 인간 삶에서 중요한 의미를 갖는다는 인식이 확산되면서 강조되고 있다.

16 인권의 특징을 두 가지 이상 제시하고, 그것이 의미하는 바를 서술하시오.

17 다음 자료를 보고 물음에 답하시오.

(가) 인간과 시민의 권리 선언
제1조 인간은 자유롭고 평등한 권리를 지니고 태어나서 살아간다.
(나) 세계 인권 선언
제1조 모든 인간은 태어날 때부터 자유로우며, 누구에게나 동등한 존엄성과 권리가 있다.

(1) (가), (나)의 선언과 직접적으로 관련된 역사적 사건을 각각 쓰시오.

(2) (가), (나)에서 밑줄 친 '인간'을 인권 보장의 주체라는 측면에서 비교해 보자.

18 다음 글을 읽고 물음에 답하시오.

우리나라는 급속한 도시화를 겪으며 도시의 인구가 빠르게 증가하였다. 이에 따라 도시민들을 위한 주택이 부족해지고 주거비가 증가할 뿐만 아니라 일조권 침해나 층간 소음 등의 문제도 나타나고 있다. 또한 상대적으로 농어촌 지역에서는 좁은 길이나 누더기 콘크리트 포장, 낡은 지붕, 쓰레기 방치 등 주거 환경이 열악하거나 기초 생활 시설이 부족한 문제를 해결할 필요가 높아졌다.

(1) 윗글에 나타난 문제를 배경으로 현대 사회에서 새롭게 강조되고 있는 인권이 무엇인지 쓰시오.

(2) 윗글에 나타난 문제와 관련된 인권을 보장하려는 사회적 노력을 서술하시오.

01 (가)~(라)의 인권 관련 문서에 대한 옳은 설명을 〈보기〉에서 고른 것은?

> (가) 마그나 카르타(1215년)
> (나) 영국 권리 장전(1689년)
> (다) 버지니아 권리 장전(1776년)
> (라) 인간과 시민의 권리 선언(1789년)

〈보기〉

ㄱ. (가): 최초로 행복 추구권을 규정하였으며 언론·출판·종교의 자유 등을 포함하였다.
ㄴ. (나): 의회가 전제 군주를 폐위하고 평화롭게 정권 교체를 이룬 혁명에서 승인되었다.
ㄷ. (다): 존왕이 귀족과의 다툼 끝에 서약한 문서로, 의회의 승인 없이 세금을 부과할 수 없음을 규정하였다.
ㄹ. (라): 프랑스 혁명의 과정에서 채택한 선택으로, 천부 인권, 자유권, 저항권, 국민 주권, 권력 분립 등 시민의 권리를 규정하였다.

① ㄱ, ㄴ
② ㄱ, ㄷ
③ ㄴ, ㄷ
④ ㄴ, ㄹ
⑤ ㄷ, ㄹ

★02 다음은 학생의 노트 필기 내용이다. ㉠~㉤ 중 옳지 않은 것은?

> **[학습 주제] 근대 시민 혁명**
> 1. 등장 배경
>   (1) 봉건적 신분제에 의한 차별과 절대 군주의 억압으로 인해 대다수의 평민이 고통받음. ·············· ㉠
>   (2) 천부 인권 사상, 사회 계약설의 영향 ··· ㉡
> 2. 대표적 사례
>   (1) 영국 명예혁명: 왕권 제한과 의회 중심의 입헌 군주제의 토대가 마련됨. ··········· ㉢
>   (2) 미국 독립 혁명: 영국의 전제와 차별에 항의하며 미국이 독립을 추구함. ··········· ㉣
>   (3) 프랑스 혁명: 시민들이 봉건 체제를 무너뜨리고자 혁명을 일으켜 노동자와 여성을 포함한 모든 사람의 참정권이 보장됨. ······ ㉤

① ㉠
② ㉡
③ ㉢
④ ㉣
⑤ ㉤

03 다음 글을 읽고 유추할 수 있는 내용만을 〈보기〉에서 있는 대로 고른 것은?

> 1913년 6월 4일 영국 런던의 경마 대회에서 국왕인 조지 5세의 말이 결승점으로 들어오는 순간 에밀리 데이비슨(Davison, E.)이라는 여성이 "여성에게도 투표권을!"이라고 부르짖으면서 질주하던 말을 향해 몸을 던졌다. 이 사건으로 분노한 여성들은 장례식을 거대한 시위 행렬로 만들었다. 이날의 참사는 남녀평등에 관한 대중의 지지를 끌어내는 계기가 됐다. 마침내 영국 여성은 1918년 처음으로 투표권을 획득했다.

〈보기〉

ㄱ. 시민 혁명 이후에도 선거권이 제한되어 있었다.
ㄴ. 세계 여러 나라의 헌법에 사회권이 도입되었다.
ㄷ. 국가가 주도적으로 나서서 지원한 결과 참정권이 보장되었다.
ㄹ. 인권은 저절로 주어지는 것이 아니라 인권을 보장받고자 노력한 결과로 얻어진다.

① ㄱ, ㄴ
② ㄱ, ㄹ
③ ㄱ, ㄴ, ㄷ
④ ㄱ, ㄷ, ㄹ
⑤ ㄴ, ㄷ, ㄹ

04 (가)에 들어갈 말로 가장 적절한 것은?

> 1948년 국제 연합(UN) 총회는 '세계 인권 선언'을 채택함으로써 인권 보장이 인류가 보편적으로 추구해야 할 가치임을 선포하였다. 이는 지구촌 일부 지역에서 각종 차별이나 전쟁, 기아, 환경 파괴 등에 의해 심각한 인권 침해를 당하면서도 자신의 인권을 옹호할 힘조차 없는 개인이나 집단에 대한 인권을 보장해야 한다는 생각으로 나아갔다. 그래서 오늘날에는 [(가)   ] 인권 개념이 강조되고 있다.

① 자국 국민의 인권 확립을 우선적 가치로 삼는
② 일부 시민의 권리로서 인권을 확립하고자 하는
③ 모든 사람에게 정치에 참여할 권리를 부여하는
④ 지구촌 구성원 모두의 인권 보장을 위해 노력하는
⑤ 특정 국가와 지역에 국한된 인권의 특수성을 강조하는

05 다음은 수행 평가 문제와 학생 답안이다. 학생 답안의 ㉠ ~㉣ 중 옳은 것만을 있는 대로 고른 것은?

> ### 수행 평가
>
> ◎ **문제**: 인권의 발달 과정을 '인권 3세대론'에 따라 구분하여 서술하시오.
>
> ◎ **학생 답안**
>
>   '인권 3세대론'은 ㉠ 인권 보장의 시간적 개념을 고려하여 세대로 구분한 것이다. 근대 시민 혁명으로 보장된 1세대 인권은 ㉡ 자유롭기 위해 국가로부터의 불간섭을 요구하는 시민·정치적 권리이다. 2세대 인권은 ㉢ 인간다운 삶을 보장받기 위해 국가가 적극 개입할 것을 요구하는 권리이다. 3세대 인권은 ㉣ 여성, 장애인, 아동, 난민 등 차별받는 집단의 인권 보호에 주목하여 연대와 단결을 강조하는 경제·사회·문화적 권리이다.

① ㉠, ㉡   ② ㉠, ㉢   ③ ㉠, ㉡, ㉢

④ ㉠, ㉡, ㉣   ⑤ ㉡, ㉢, ㉣

06 다음에 나타난 문제에 대한 적절한 설명만을 〈보기〉에서 있는 대로 고른 것은?

>   타이완의 청년들은 집 한 채를 여러 개의 방으로 쪼갠 타오팡에서 산다. 홍콩의 청년들은 '인간 닭장'이라 불리는 큐비클에서 산다. 도쿄의 청년들은 방 하나를 몇 칸으로 쪼개 벽장처럼 만든 탈법 셰어하우스에 몸을 눕힌다. 타이완 청년들은 위성 도시로 쫓겨나고, 홍콩 청년들은 '탈홍콩'을 꿈꾸며, 도쿄 청년들은 도시에서의 삶이 무리라고 느낀다.
>
> – 《○○신문》, 2016. 1. 8. –

┤ 보기 ├

ㄱ. 안정적인 주거 환경에서 살아갈 주거권이 침해된 사례에 해당한다.

ㄴ. 국가가 주거 안정과 주거 수준 향상을 위한 정책을 추진하여 해결해야 한다.

ㄷ. 도시로의 인구 집중으로 주택이 부족해지고 주거비가 증가하면서 나타난 문제이다.

ㄹ. 국민의 쾌적한 생활을 보장하려는 국제 환경 관련 회의에서의 합의를 이행하여 해결할 수 있다.

① ㄱ, ㄴ   ② ㄷ, ㄹ   ③ ㄱ, ㄴ, ㄷ

④ ㄱ, ㄷ, ㄹ   ⑤ ㄴ, ㄷ, ㄹ

07 다음은 현대 사회에서의 인권의 확장에 관한 수업 장면이다. 발표한 내용이 옳지 <u>않은</u> 학생은?

> 문화권을 보장하여 다문화 사회 이주민이 모국의 언어, 음식, 종교 등을 자유롭게 누릴 수 있게 도와야 합니다.
>   갑

> 오늘날 미세 먼지와 황사로 대기의 질이 나빠지는 등 환경 오염이 심각해지면서 환경권에 관한 관심이 커지고 있습니다.
>   을

> 환경권을 보장하기 위해 우리나라 헌법에서 환경권을 국민의 권리로 규정하는 한편, 환경을 보호할 의무도 부여하고 있습니다.
>   병

> 우리나라는 주거권을 보장하기 위해 〈주거 기본법〉을 제정하고 있지만, 주거비 부담을 줄이기 위하여 최저 주거 기준을 설정하고 있지는 않습니다.
>   정

> 인구 밀도가 높은 도시에서 전염병이나 재해가 발생한다면 그 피해가 클 것이므로, 정부가 이를 예방하는 것도 안전권을 보장하기 위한 노력입니다.
>   무

① 갑   ② 을   ③ 병   ④ 정   ⑤ 무

08 ㉠에 대한 옳은 설명만을 〈보기〉에서 있는 대로 고른 것은?

>   2009년 에스파냐의 한 변호사는 특정 인터넷 사이트에서 자신의 이름을 검색하다가, 1998년에 자신의 집이 경매에 부쳐진 일을 누구나 검색할 수 있다는 사실을 알게 되었다. 그는 해당 사이트에 그 정보를 삭제해 달라고 요구하였으나 거절당하자 소송을 제기하였다. 2014년에 유럽 사법 재판소(ECJ)는 그의 요구대로 정보를 삭제하라는 판결을 내렸다. 이 사건을 계기로 유럽에서는 ┃ ㉠ ┃을(를) 보장하는 법이 만들어졌다.

┤ 보기 ├

ㄱ. 개인 정보가 많은 사람에게 공개될 수 있도록 정보 통제 권한을 제한하는 권리이다.

ㄴ. 인터넷상에서 유통되는 개인 정보를 당사자가 삭제하거나 수정해 달라고 요청할 권리이다.

ㄷ. 특정 개인 혹은 집단이 자신에게 불리한 정보만 삭제하여 국민의 '알 권리'를 침해할 수도 있다.

ㄹ. 자신과 관련된 정보가 인터넷상에서 공개되어 고통을 겪고 있는 사람들에게 도움을 줄 수 있다.

① ㄱ, ㄴ   ② ㄷ, ㄹ   ③ ㄱ, ㄴ, ㄷ

④ ㄱ, ㄷ, ㄹ   ⑤ ㄴ, ㄷ, ㄹ

02 인권 보장을 위한 다양한 노력

1 인권 보장을 위한 헌법의 역할과 제도적 장치

1. 인권 보장을 위한 헌법의 역할 —— 분석 헌법에서는 국민의 인권을 '기본권'으로 규정함.

헌법의 역할❶ 자료01	헌법은 국가의 최고법으로, 국민의 기본적 인권의 내용과 이를 보장하기 위한 다양한 제도적 장치를 명시함. → 헌법은 국민 인권 보장의 근본적 토대이자 마지막 보호막	
우리나라 헌법의 원리	국민 주권	주권이 국민에게 있다는 원리❶ 예 국민 투표를 통한 헌법 개정, 국민 선거를 통한 대통령과 국회 의원 선출 등
	권력 분립	국가 권력을 나누어 각각 다른 기관에 맡겨 서로 견제하고 균형을 이루게 하여 국민의 인권을 보장함.
	법치주의	국가의 운영이 국회에서 제정한 법률에 근거하여 수행되어야 한다는 원리로 국가 권력에 의한 자의적·독단적 지배를 막음.
	입헌주의	통치 및 공동체의 모든 생활이 헌법에 따라 이루어지게 함으로써 국민의 인권을 보장함.

자료01 헌법과 인권 보장의 관계

▲ 법의 위계
- 헌법
- 법률
- 명령
- 조례, 규칙

헌법	국가의 법의 체계적 기초로서 국가의 조직, 구성 및 작용에 관한 근본법이며 다른 법률이나 명령으로써 변경할 수 없는 한 국가의 최고 법규
법률	국회에서 만든 법
명령	대통령이나 국무총리, 여러 행정 각부 등 행정 기관에 의하여 제정되는 국가의 법령
조례, 규칙	조례는 지방 의회가, 규칙은 지방 자치 단체장이 만든 법

셀/파/길/잡/이 헌법은 국가 통치 조직과 운영 원리 및 국민의 기본적 인권을 규정한 최고 규범으로, 국가의 다른 모든 법과 제도는 헌법에 따라 만들어진다. 따라서 가장 지위가 높은 헌법에 기본권을 규정함으로써 모든 법이 인권 보장을 실현하도록 하고 있다. 근대 시민 혁명 이후 헌법의 역할이 중시되면서 헌법에서 인권을 보장하게 되었다. 이는 추상적인 인권을 구체적으로 규정하여 인권을 실질적으로 보장하게 한다.

2. 인권 보장을 위한 제도적 장치

(1) 헌법상의 제도적 장치❷ —— 분석 인권을 침해받은 국민의 권리 구제 및 인권 보호를 위한 역할을 함.

권력 분립 제도	국가 권력을 나누어 각각 다른 기관에 분담시켜 상호 견제와 균형을 이루게 하는 것, 즉 입법권을 국회가, 행정권을 정부가, 사법권을 법원이 담당하게 함으로써 권력의 집중이나 남용을 방지하여 국민의 권리를 보장함. 자료02
민주적 선거 제도	• 선거를 통해 국민의 대표자를 선출하여 국민의 의사와 이익을 정치에 반영함. • 공무 담임권을 규정하여 국정 운영에 직접 참여할 수 있게 함.
복수 정당제	• 두 개 이상의 정당을 인정하는 제도로, 정당 설립의 자유를 보장함. • 여러 정당이 자유롭게 활동하도록 하여 의견의 다양성, 정권의 평화적 교체 가능성을 보장함. 분석 국민의 정치적 견해가 정책에 잘 반영되고, 민주적 기본 질서를 유지할 수 있음.
기본권 구제 제도	법원의 재판, 헌법재판소의 헌법 소원 심판이나 위헌 법률 심판 등을 통해 인권을 침해받은 국민의 권리를 구제받게 하고, 그를 위한 인권 보호 기관을 둠. 예 법원, 헌법재판소, 국가인권위원회, 국민권익위원회❸ 등

❶ 국민 주권의 헌법 조항

헌법 제1조 ② 대한민국의 주권은 국민에게 있고, 모든 권력은 국민으로부터 나온다.

교과서 자료 더 보기+

대한민국 헌법 전문(前文)
유구한 역사와 전통에 빛나는 우리 대한 국민은 3·1 운동으로 건립된 대한민국 임시 정부의 법통과 불의에 항거한 4·19 민주 이념을 계승하고, …… 자유 민주적 기본 질서를 더욱 확고히 하여 정치·경제·사회·문화의 모든 영역에서 각인의 기회를 균등히 하고, …… 안으로는 국민 생활의 균등한 향상을 기하고 밖으로는 항구적인 세계 평화와 인류 공영에 이바지함으로써 ……

❷ 적법 절차의 원리
제도적 장치의 또 다른 예로, 국민의 자유와 권리를 제한할 때는 적법한 절차에 따라야 한다는 적법 절차의 원리가 있다.

❸ 국가인권위원회와 국민권익위원회
• 국민의 인권 의식 함양 역할
• 고충 민원(행정 기관이 내린 행정 처분이 위법하거나 부당하다고 생각하여 국민이 제기하는 민원) 처리 및 불합리한 행정 제도 개선

입법권·행정권·사법권의 구성 과정

- 헌법 제40조 입법권은 국회에 속한다.
- 헌법 제66조 ④ 행정권은 대통령을 수반으로 하는 정부에 속한다.
- 헌법 제101조 ① 사법권은 법관으로 구성된 법원에 속한다.

입법권	행정권	사법권
• 행정부 견제: 국정 감사권, 탄핵 소추권 • 사법부 견제: 대법원장 임명 동의권	• 입법부 견제: 법률안 거부권 • 사법부 견제: 대법원장 임명권, 사면권	• 입법부 견제: 위헌 법률 심사 제청권 • 행정부 견제: 명령·규칙 심사권

▲ **우리나라의 권력 분립 제도와 견제의 권한** 우리나라는 삼권 분립주의를 헌법에 규정하여 입법권은 국회에, 행정권은 정부에, 사법권은 법원에 속하도록 하고 있다. ⇄는 견제 권한의 행사를 의미한다.

교과서 자료 더 보기 ⊕

몬테스키외의 권력 분립 정신

같은 사람 또는 같은 관리 집단에 입법권과 행정권을 주었을 때 자유란 존재하지 않는다. 왜냐하면, 이들이 독재적인 법을 만들어 집행할 수 있기 때문이다. 그리고 사법권이 입법권과 행정권으로부터 분리되어 있지 않은 때에도 역시 자유는 존재하지 않는다. …… 같은 사람이나 같은 집단이 이 세 가지 권력, 즉 입법권, 행정권, 사법권을 모두 행사한다면 모든 것을 잃을 것이다.

– 몬테스키외, 《법의 정신》 –

프랑스의 사상가 몬테스키외의 주장에서 권력 분립의 정신을 엿볼 수 있다.

(2) 기본권 구제를 위한 국가 기관 —— 분석 자유 민주주의의 헌법적 가치를 실현하고 국민의 인권을 보장하기 위해 마련하고 있음.

헌법재판소 자료 03	• 역할: 최고법인 헌법에 비추어 법률이나 공권력이 기본권을 침해했다고 판단될 때 위헌 결정을 내림. → 최후의 헌법 수호 역할 • 의의: 법원과 별도로 헌법과 관련된 분쟁을 심판하면서 헌법이 다른 규범이나 국가 권력보다 우위에 있음을 분명히 하여 실질적 법치주의를 실현함.	
	위헌 법률 심판	재판 중인 사건에서 다루는 법률이 헌법에 위반되는지를 판단하는 제도
	헌법 소원 심판	공권력의 행사 또는 불행사, 헌법에 위배되는 법률 탓에 기본권을 침해받은 자가 직접 헌법재판소에 그 권리를 구제해 주도록 청구하는 제도
국가인권 위원회 ④	• 설립 목적: 민주적 기본 질서 확립, 모든 개인의 기본적 인권 보호 및 향상, 인간으로서의 존엄과 가치 실현 • 역할: 일상생활에서 인권 침해가 발생했을 때 이를 조사하여 구제함.	

④ 국가인권위원회의 성격

종합적인 인권 전담 기구	인권 보호 및 향상에 관한 모든 사항을 다룸.
독립 기구	입법, 사법, 행정에 소속되어 있지 않음.
준사법 기구	인권 침해와 차별 행위에 대한 조사와 구제 조치
준국제기구	국제 인권 규범의 국내적 실행 담당

자료 03 통합탐구 헌법재판소의 헌법 소원 심판과 기본권 구제

카드사의 개인 정보 유출로 피해를 본 ○ 씨 등은 지방 자치 단체장에게 주민 등록 번호의 변경을 요구하였으나, 받아들여지지 않았다. 당시 주민 등록법에 따르면 주민 등록 번호가 유출되더라도 이를 바꿀 방법이 없었기 때문이다. 그러나 피해자들은 헌법재판소에 이러한 행정이 헌법에 위반되는지를 판단해 달라고 요청하였다. 헌법재판소는 주민 등록법과 이에 따라 주민 등록 번호 개정을 허가하지 않는 것에 대해 헌법 불합치 결정을 내리고, 해당 법률을 개정하도록 결정하였다.

– 《○○신문》, 2015. 12. 23. –

학원 강사로 일하던 ○ 씨는 한 달 만에 해고되었다. 현행 근로 기준법에 따르면, 근무 기간 6개월 미만의 근로자는 예고 없이 해고할 수 있는 반면, 6개월 이상 근로자는 30일 전에 사용자가 해고 예고를 하여야 한다. ○ 씨는 이러한 법률 규정이 기본권을 침해한다고 생각하여 헌법 소원 심판을 청구하였다. 헌법재판소는 6개월 이상 근무한 월급제 근로자와 6개월 미만의 근로자를 차별하는 것이 기본권을 침해하는 것이라고 보고 위헌 결정을 내렸다.

– 《○○신문》, 2015. 12. 23. –

교과서 자료 더 보기 ⊕

헌법재판소를 통한 인권 보장

○ 씨는 구치소에 수감돼 추가 사건에 대한 재판을 받던 중, 구치소가 교정 시설 안에서 실시하는 종교 집회에 참석하는 기회를 제한하자 "종교의 자유 등을 침해당했다."라며 헌법 소원 심판을 청구했다. 이 청구에 대해 헌법재판소는 위헌 결정을 했다.

– 《○○신문》, 2015. 6. 25. –

헌법재판소는 헌법 재판을 통해 인권 보장의 최후의 보루와 같은 역할을 한다.

인권 보장을 위한 다양한 노력

2 헌법으로 보장하는 기본권

1. 헌법에 명시된 기본권 자료 04

인간의 존엄과 가치 및 행복 추구권	모든 국민이 인간으로서의 존엄과 가치, 행복을 추구할 권리를 가지며, 국가는 기본적 인권을 보장할 의무를 짐을 명시함.
자유권	국가로부터 개인의 자유로운 생활이나 활동을 간섭받지 않을 권리 ⑩ 신체의 자유, 사생활과 비밀의 자유, 양심의 자유, 언론·출판·집회·결사의 자유, 종교의 자유, 통신의 자유, 주거의 자유, 재산권 행사의 자유
평등권	사회생활에서 인종, 성별, 종교, 신분, 장애 등 불합리한 기준에 의해 차별받지 않고 동등하게 대우받을 권리 ⑩ 법 앞에서의 평등, 차별받지 않을 권리
참정권	국민이 국가의 주인으로서 국가의 의사 결정 과정에 참여하는 정치적 권리 [용어] 국가의 공적인 일을 맡을 수 있는 권리 ⑩ 선거권, 공무 담임권, 국민 투표권 [용어] 국가의 중요 정책을 직접 결정할 수 있는 권리
사회권	인간다운 삶을 위한 조건을 국가에 요구할 수 있는 권리 ⑩ 교육을 받을 권리, 근로의 권리, 사회 보장을 받을 권리
청구권⑤	다른 기본권들이 침해되었을 때, 침해를 막고 보상을 받을 권리 [분석] 다른 기본권의 침해를 구제하도록 요구할 수 있는 수단적 권리 ⑩ 청원권, 재판 청구권, 국가 배상 청구권, 형사 보상 청구권

자료 04 우리 헌법에 규정된 기본권과 헌법 조항

자유권	헌법 제12조 ① 모든 국민은 신체의 자유를 가진다. …….
평등권	헌법 제11조 ① 모든 국민은 법 앞에 평등하다. 누구든지 성별·종교 또는 사회적 신분에 의하여 정치적·경제적·사회적·문화적 생활의 모든 영역에 있어서 차별을 받지 아니한다.
참정권	헌법 제24조 모든 국민은 법률이 정하는 바에 의하여 선거권을 가진다.
사회권	헌법 제31조 ① 모든 국민은 능력에 따라 균등하게 교육을 받을 권리를 가진다. 헌법 제34조 ① 모든 국민은 인간다운 생활을 할 권리를 가진다.
청구권	헌법 제26조 ① 모든 국민은 법률이 정하는 바에 의하여 국가 기관에 문서로 청원할 권리를 가진다.

셀/파/길/잡/이 우리나라는 헌법 제10조에 명시된 바에 따라 국가가 불가침의 기본적 인권을 보장해야 한다는 의무를 실천하기 위해 인간의 존엄과 가치 및 행복 추구권을 바탕으로 하는 다양한 기본권을 규정하였다.

2. 헌법에 열거되지 않은 권리의 보장⑥

관련 헌법 조항	헌법 제37조 ① 국민의 자유와 권리는 헌법에 열거되지 아니한 이유로 경시되지 아니한다.
사례	일조권, 수면권, 건강권, 문화권 등 [분석] 사회가 변화하면서 인간의 존엄을 위해 필요하다고 여겨지는 새로운 권리를 광범위하게 보장하고 있음.

3. 기본권의 제한의 근거와 한계 [분석] 국민의 기본권이 국가나 타인의 무분별한 권리 행사 등에 의해 함부로 침해당하지 않도록 보장함.

관련 헌법 조항	헌법 제37조 ② 국민의 모든 자유와 권리는 국가 안전 보장·질서 유지 또는 공공복리를 위하여 필요한 경우에 한하여 법률로써 제한할 수 있으며, 제한하는 경우에도 자유와 권리의 본질적인 내용을 침해할 수 없다.
목적상의 한계	국가 안전 보장, 질서 유지, 공공복리라는 세 가지 목적 중 하나를 충족해야 함. [용어] 구성원 전체의 복지와 이익
방법상의 한계	필요한 때에 한해서만 제한해야 함.
형식상 한계	국민의 대표 기관인 국회에서 제정된 법률의 근거가 반드시 있어야 함.
내용상 한계	제한하는 경우에도 자유와 권리의 본질적인 내용은 침해할 수 없음.

빠른 핵심 체크

헌법에 보장된 기본권

인간의 존엄과 가치 및 행복 추구권
- 자유권
- 평등권
- 참정권
- 사회권
- 청구권

⑤ 청구권의 종류

청원권	국가 기관에 일정한 사항을 문서로 요구할 수 있는 권리
국가 배상 청구권	공무원의 직무상 불법 행위로 피해를 보았을 때 국민이 국가를 상대로 배상을 청구할 수 있는 권리
형사 보상 청구권	형사 사건으로 구속된 피의자가 불기소 처분을 받거나, 피고인이 무죄 판결을 받았을 때 그가 입은 물리적·정신적 피해의 보상을 청구할 수 있는 권리

교과서 자료 더 보기

인간의 존엄과 가치 및 행복 추구권

> 헌법 제10조 모든 국민은 인간으로서의 존엄과 가치를 가지며, 행복을 추구할 권리를 가진다. 국가는 개인이 가지는 불가침의 기본적 인권을 확인하고 이를 보장할 의무를 진다.

인간의 존엄과 가치 및 행복 추구권은 모든 기본권이 지향하는 근본 가치로, 그 바탕이 되는 포괄적 권리이다.

⑥ 우리나라의 인권 보장 노력

헌법 제정 (1948)	최초의 근대적 헌법인 제헌 헌법에서 자유, 평등, 선거, 교육, 근로 등을 국민의 기본적 인권으로 규정하고 보장
4·19 혁명 (1960)	이승만 정권의 부정 선거 규탄
5·18 민주화 운동 (1980)	계엄령 철폐와 군사 독재 정권 퇴진 요구
6월 민주 항쟁(1987)	대통령 직선제와 국민의 기본권 보장 요구

[분석] 우리나라의 제헌 헌법에서는 인간의 존엄성과 가치, 행복 추구권, 인간다운 생활을 할 권리, 환경권 등이 기본권에 포함되지 않았으나, 이후 수차례 헌법 개정 과정에서 국민의 자유와 권리를 확보하고자 함.

③ 정의 실현을 위한 준법 의식과 시민 참여

★ 1 준법 의식 — **분석** 법이나 제도를 마련하는 것을 넘어 준법 의식을 지녀야 함.

의미	사회 구성원들이 법이나 규칙을 지키고자 하는 의식
필요성	• 타인이나 국가 권력으로부터 개인의 권리와 이익을 보호하고 자유를 보장함. • 개인이나 집단 사이의 갈등을 방지하여 사회 질서를 유지하고, 사회 정의와 공동선을 실현함. **분석** 개인을 위한 것이 아닌, 국가나 사회, 온 인류를 위한 선(善)

2. 시민 참여와 시민 불복종

(1) 시민 참여

의미	• 정부의 정책 결정 과정과 집행에 일반 시민이 직접 참여해 영향을 미치는 행위 • 정책 결정 과정을 감시하고, 부당한 정책이나 제도의 개선을 요구하는 행위
필요성	• 대의 민주주의의 보완: 시민의 의사를 정책에 제대로 반영하고, 자신의 권리를 지킴. • 국가 권력이 남용되지 않도록 감시하고, 인간존엄성을 보장하는 정의로운 사회를 실현함. **왜** 시민이 대표자를 통해 간접적으로 주권을 행사하는 한계를 보완함. → 직접 민주주의의 요소가 있음.
유형	• 선거: 국민의 대표 선출　　• 시민 단체 활동: 공동체의 삶을 개선하고자 함. • 이익 집단 활동: 자신이 속한 집단의 이익을 실현하고자 함. **용어** 소신과 요구를 표현하기 위한 적극적인 참여 방법 • 국가 기관, 언론 및 인터넷 게시판에의 의견 표현, 자원봉사 활동, 1인 시위, 청원 운동, 민원 제기, 집회 참가, 서명 운동, 정책 제안, 공청회, 국민 참여 재판 등

용어 중요 정책 결정 이전에 관계자나 전문가에게 의견을 듣는 제도　　**용어** 국민이 형사 재판에 참여하는 제도

★ (2) 시민 불복종 ❼ 자료 **05**

의미		• 잘못된 법이나 정의롭지 못한 정책에 대해 비폭력적 수단으로 복종을 거부하는 것 • 제재와 불이익을 감수하면서도 잘못된 제도에 저항하는 행위
필요성		바람직하지 못한 정책이나 법을 개선하기 위해 모든 수단을 동원했음에도 지속될 때 인권을 침해하는 사례를 바로잡고 인권을 실현하며 정의를 실현함.
사례		• 간디의 '소금법' 거부 운동(1930) • 마틴 루서 킹의 흑인 인권 운동
정당화 조건	공익성(공공성)	자신의 이익 추구가 아닌, 사회 정의의 실현을 목표로 하는 양심적 행동이어야 함. → 행위의 목적에 정당성이 있어야 함.
	비폭력성	시민 불복종의 목적 달성을 위해 폭력적인 행위를 해서는 안 됨.
	처벌 감수	위법 행위에 따르는 처벌을 받아들이고서라도 참여할 의사가 있어야 함.
	최후의 수단	다른 모든 합법적인 수단을 동원해도 해결되지 않을 때 마지막으로 행사함.

왜 정당한 이유가 없는 시민 불복종은 사회 혼란을 가져오므로 신중히 실행해야 함.

자료 **05** 통합탐구 시민 불복종의 사례

　　인도 독립운동의 지도자 간디는 영국의 식민 지배를 받던 당시 영국이 시행하던 '소금법'의 부당함을 알리고자 했다. 인도인의 소금 채취를 금지하고, 영국이 소금을 판매하여 많은 세금을 징수하는 이 소금법 때문에 사람들은 소금을 사 먹지도 못하였다. 이에 간디는 군중과 함께 소금을 직접 채취하였고, 감옥에 갔다. 그는 소금법 행진에 대해 "이것은 힘과 정의의 싸움이며, 나는 이 싸움에서 세상의 공감을 얻고 싶다."라고 밝혔다.
- 이정호, 《마하트마 간디의 시민 불복종 운동》 -

　　1963년 8월 28일 노예 해방 100주년을 기념하여 미국 워싱턴에서 열린 평화 대행진에서, 미국의 흑인 해방 운동 지도자인 마틴 루서 킹 목사가 '나에게는 꿈이 있습니다(I Have a Dream).'라는 제목으로 연설하였다. 마틴 루서 킹은 흑인 차별 문제의 심각성을 일깨우는 데 중요한 역할을 한 인물이다. 1955년에는 시내버스 이용의 흑인 차별 대우에 반대하는 몽고메리 버스 승차 거부 운동을 비폭력적으로 이끌어 승리하였다.
- 이종훈, 《세계를 바꾼 연설과 선언》 -

정의 실현을 위한 노력
- 준법 의식
- 시민 참여
- 시민 불복종 → 조건: 공익성, 비폭력성, 처벌 감수, 최후의 수단

❼ 롤스와 소로의 시민 불복종 사상

　　시민 불복종은 법의 바깥 경계선에 있긴 하지만 법에 대한 충실성의 한계 내에서 법에 대한 불복종을 나타내는 것이다. 법에 대한 충실성은 그 행위의 공공적이고 비폭력적인 성격과 그 행위의 법적인 결과를 받아들이겠다는 의지로 표현된다.
- 롤스, 《정의론》 -

분석 롤스는 시민 불복종의 정당화 조건으로 공익성, 비폭력성, 처벌 감수 등을 주장함.

　　불의의 법들이 존재한다. 우리는 그 법을 준수하는 것으로 만족할 것인가, 아니면 그 법을 개정하려고 노력하면서 개정에 성공할 때까지는 그 법을 준수할 것인가, 아니면 당장이라도 그 법을 어길 것인가? …… 왜 정부는 시민들로 하여금 방심하지 않고 항상 정부의 잘못을 지적하며, 정부가 기대하는 이상으로 시민들이 잘하도록 격려하지 않는가?
- 소로, 《시민의 불복종》 -

분석 소로는 19세기 중반 미국에서 자신의 세금이 노예제나 멕시코 전쟁과 같이 인권과 정의를 훼손하는 데 사용되는 것에 반대하여 납세 거부 운동을 함.

셀/파/길/잡/이
• 간디의 소금 투쟁은 영국의 식민지였던 인도에서 소금법 폐지 운동을 전개한 것이다. 소금법에 대한 저항의 의미로 바닷가를 행진함으로써 6만여 명이 투옥되었다. 결국 영국 정부는 인도에서 소금 생산을 허용하였다.
• 마틴 루서 킹은 1955년 미국 몽고메리 시에서 흑인과 백인의 버스 분리 탑승 정책에 반대하는 시위를 이끌었다. 결국 미국 연방 지방 법원은 해당 정책이 헌법에 어긋난다고 판결했다.

개념 채우기

1. 인권 보장을 위한 헌법의 역할과 제도적 장치

헌법의 역할	국가 최고법인 헌법은 국민 인권 보장의 근본적 토대이자, 마지막 보호막의 역할	
헌법의 원리	• (❶　　　　　): 주권이 국민에게 있음. • 권력 분립: 국가 권력을 나누어 권력 남용을 방지함. • 법치주의: (❷　　　　　)에서 제정한 법률에 근거하여 국가를 운영함. • 입헌주의: 통치 및 모든 공동체 생활을 헌법에 따름.	
제도적 장치	권력 분립 제도	국가 권력을 서로 다른 기관에 분담시켜 상호 견제와 균형을 이루게 함.
	민주적 선거 제도	선거를 통해 대표자를 선출하여 국민의 의사를 정치에 반영함.
	(❸　　　)	여러 정당이 자유롭게 활동하도록 하여 정권의 평화적 교체 가능성을 보장함.
	인권 침해 구제 기관	헌법재판소의 (❹　　　　　) 심판과 위헌 법률 심판, 국가인권위원회 등

2. 헌법으로 보장하는 기본권

기본권의 종류	• 인간으로서의 존엄과 가치 및 행복 추구권 • (❺　　　　　): 국가로부터 개인의 자유로운 생활이나 활동을 간섭받지 않을 권리 • 평등권: 모든 국민이 차별받지 않을 권리 • 참정권: 국민이 국가의 주인으로서 국가의 의사 결정 과정에 참여하는 정치적 권리 • (❻　　　　　): 인간다운 삶을 위한 조건을 국가에 요구할 권리 • 청구권: 기본권 침해를 막고 보상을 받을 권리
기본권의 제한	국가 안전 보장, 질서 유지, 공공복리를 위하여 필요한 때에 한해서만 법률에 근거하여 제한함.

3. 정의 실현을 위한 준법 의식과 시민 참여

(❼　　　)	사회 구성원들이 법이나 규칙을 지키고자 하는 의식
시민 참여	정부의 정책 결정 과정과 집행에 일반 시민이 직접 참여해 영향을 미치는 행위
시민 불복종	• 잘못된 법이나 불의한 정책에 대해 비폭력적 수단으로 복종을 거부하는 행위 • 정당화 조건: 공익성, 비폭력성, 처벌 감수, 최후의 수단

답 | ❶ 국민 주권 ❷ 국회 ❸ 복수 정당제 ❹ 헌법 소원 ❺ 자유권 ❻ 사회권 ❼ 준법 의식

---

1 인권 보장을 위한 헌법의 역할과 제도적 장치

[01~02] 다음 자료를 보고 물음에 답하시오.

> 바사니오는 베니스의 상인 안토니오에게 자금을 빌려 달라고 부탁한다. 그러나 안토니오는 자신의 자본이 선박과 상품에 투입되어 있었기 때문에 유대인 고리대금업자인 샤일록에게 돈을 빌린다. 샤일록은 ㉠ 돈을 빌려 주는 대신 안토니오의 살 1파운드를 담보로 하기로 하고 계약을 맺는다. 그런데 안토니오의 배가 모두 행방불명이 되고, 계약 기간이 만료되자, 샤일록은 안토니오에게 그의 살을 내놓으라고 요구한다. 이에 재판관은 "계약서에 있는 대로 안토니오에게서 살 1파운드를 가져가시오. 다만 그의 살을 떼어낼 때 피를 한 방울이라도 흘리게 해서는 안 되오." 라고 판결했다.

01 밑줄 친 ㉠의 계약이 현대 한국 사회에서 성립할 수 없는 이유로 옳은 것은?

① 계약의 자유를 존중하지 않기 때문이다.
② 헌법재판소가 존재하지 않기 때문이다.
③ 고리대금업 운영이 허용되지 않기 때문이다.
④ 권력 분립의 원리에 따르지 않았기 때문이다.
⑤ 인권 보장을 위한 헌법이 존재하기 때문이다.

02 윗글의 '안토니오'가 침해당한 인권에 대한 설명으로 가장 적절한 것은?

① 종교의 자유에 대한 권리를 침해당하였다.
② 인간의 존엄과 가치 및 생명권을 침해당하였다.
③ 국가 기관에 문서로 청원할 권리를 침해당하였다.
④ 성별에 따른 차별을 받지 않을 권리를 침해당하였다.
⑤ 국가에 인간다운 생활을 요구할 수 있는 권리를 보장받지 못하였다.

03 다음에서 공통으로 강조하는 헌법의 원리로 옳은 것은?

> • 국민 투표를 통하여 헌법을 개정한다.
> • 선거를 통하여 대통령과 국회 의원을 선출하고 국민의 의사와 이익을 정치에 반영한다.

① 법치주의　　　　　② 입헌주의
③ 국민 주권　　　　　④ 권력 분립
⑤ 기본권 구제

04 우리나라 헌법의 원리에 대한 설명으로 옳은 것은?

① 권력 분립의 원리를 규정하고 있지 않다.

② 국민 주권의 원리는 국민 투표를 통해 헌법을 개정하는 것과 무관하다.

③ 입헌주의의 원리에 따라 공동체의 모든 생활이 헌법에 따라 이루어지도록 한다.

④ 법치주의는 국가의 운영은 대통령의 명령에 근거하여 수행되어야 한다는 것이다.

⑤ 국민 선거에 의해 국회 의원을 결정하는 것은 권력 분립의 원리를 실현하는 것이다.

통합탐구

05 다음 글에서 강조하는 정신과 관련된 우리나라의 제도에 대한 설명으로 옳지 않은 것은?

> 같은 사람 또는 같은 관리 집단에 입법권과 행정권을 주었을 때 자유란 존재하지 않는다. …… 그리고 사법권이 입법권과 행정권으로부터 분리되어 있지 않은 때에도 역시 자유는 존재하지 않는다. …… 같은 사람이나 같은 집단이 이 세 가지 권력, 즉 입법권, 행정권, 사법권을 모두 행사한다면 모든 것을 잃을 것이다.
> – 몽테스키외, 《법의 정신》 –

① 국민의 기본권을 보장하기 위한 것이다.

② 행정부에 대한 국정 감사는 법원의 권한이다.

③ 헌법에 규정한 삼권 분립주의를 따르고 있다.

④ 어느 한 기관에 권력이 집중되는 것을 방지한다.

⑤ 권력 남용을 억제하기 위한 견제 장치가 존재한다.

06 다음 대화에서 헌법과 국민의 인권 보장의 관계에 대해 옳게 설명한 학생을 고른 것은?

 유정
 진규
 수훈
 준호

유정	진규	수훈	준호
국가는 헌법을 바탕으로 인권을 존중하고 보호하고 실현하여야 합니다.	헌법재판소의 심판과 달리 법원의 재판은 국민의 권리 구제와 관련이 없습니다.	헌법에서의 복수 정당제는 의견의 다양성을 보장한다는 점에서 인권을 보장할 수 있습니다.	만 19세 이상 국민이면 누구나 국회 의원 선거권을 갖도록 한 것은 인권 보장과 무관합니다.

① 유정, 진규 ② 유정, 수훈 ③ 진규, 수훈

④ 진규, 준호 ⑤ 수훈, 준호

07 인권 보장을 위한 우리나라의 제도적 장치에 관한 옳은 설명에만 '✓'를 표시한 학생은?

설명＼학생	갑	을	병	정	무
법원의 재판을 통해 국민의 침해된 권리를 구제할 수 있다.	✓		✓		✓
국가인권위원회에서 위헌 법률 심판을 담당하고 있다.			✓		✓
인권 보호 기관으로는 국가인권위원회와 국민권익위원회 등이 있다.	✓	✓		✓	✓
헌법 소원 심판에서는 재판 중인 사건에서 다루는 법률의 위헌 여부를 판단한다.		✓	✓	✓	✓

① 갑 ② 을 ③ 병 ④ 정 ⑤ 무

08 밑줄 친 ㉠에 해당하는 국가 기관으로 옳은 것은?

> 우리나라에는 최고법인 헌법에 비추어 법률이 인권을 침해하거나 공권력이 기본권을 침해했는지를 판단하기 위해 ㉠ 헌법 소원 심판, 위헌 법률 심판을 담당하는 기관이 있다.

① 국회 ② 법원 ③ 행정부

④ 헌법재판소 ⑤ 국가인권위원회

통합탐구

09 다음 사례에 나타난 인권 보장의 제도적 장치에 대한 설명으로 옳지 않은 것은?

> 카드사의 개인 정보 유출로 피해를 본 ○ 씨 등은 주민 등록 번호의 변경을 요구하였으나, 당시 주민 등록법에 따르면 주민 등록 번호가 유출되더라도 이를 바꿀 방법이 없었다. 헌법재판소는 주민 등록법과 이에 따라 주민 등록 번호 개정을 허가하지 않는 것에 대해 헌법 불합치 결정을 내리고, 해당 법률을 개정하도록 결정하였다. – 《○○신문》, 2015. 12. 23. –

① 기본권 구제와 관련된 제도이다.

② 법원과 별도로 헌법과 관련된 분쟁을 심판한다.

③ 국가 권력을 나누어 서로 견제와 균형을 이루게 한다.

④ 헌법 소원을 통해 침해당한 권리를 구제받게 한다.

⑤ 헌법이 다른 규범이나 국가 권력보다 우위에 있음을 분명하게 한다.

2 헌법으로 보장하는 기본권

10 다음 상황에서 침해된 기본권으로 가장 적절한 것은?

> A사는 구직 사이트에 낸 비서 채용 공고에서 전화 인터뷰 질문 내용에 '결혼 예정 시기'와 '신장 165cm 이상'을 명시한 뒤 이 인터뷰를 통과한 사람만 면접을 볼 수 있다고 공지했다.

① 자유권　　② 평등권　　③ 참정권
④ 사회권　　⑤ 청구권

11 표의 ㉠~㉢에 들어갈 기본권에 대한 설명으로 옳지 않은 것은?

㉠	국가의 의사 결정 과정에 참여할 수 있는 권리
㉡	국가에 인간다운 생활의 보장을 요구할 수 있는 권리
㉢	다른 기본권이 침해되었을 때 이를 구제하도록 요구할 수 있는 권리

① ㉠을 위해 선거권, 국민 투표권 등을 보장하고 있다.
② ㉠은 국민이 국가의 공적인 일을 맡을 수 있는 권리를 포함한다.
③ ㉡은 사회생활에서 불합리한 기준에 의해 차별받지 않을 권리이다.
④ ㉢에는 청원권, 국가 배상 청구권, 형사 보상 청구권 등이 있다.
⑤ ㉠, ㉡, ㉢ 모두 인간의 존엄과 가치 및 행복 추구권을 바탕으로 하여 보장되고 있다.

12 밑줄 친 ㉠이 침해당한 권리를 보장받는 이유와 직접적으로 관련된 헌법 조문으로 옳은 것은?

> ㉠ ○○아파트 주민들은 인근 아파트 건설 업체가 공사 도중 설계를 변경하여 일조 시간이 하루 1시간에도 미치지 못하게 될 것이라는 전망이 나오자, 건설사를 상대로 공사 금지 가처분 신청을 법원에 냈고, 법원은 주민들의 신청을 받아들였다.

① 모든 국민은 법 앞에 평등하다.
② 모든 국민은 신체의 자유를 가진다.
③ 행정권은 대통령을 수반으로 하는 정부에 속한다.
④ 모든 국민은 법률이 정하는 바에 의하여 선거권을 가진다.
⑤ 국민의 자유와 권리는 헌법에 열거되지 아니한 이유로 경시되지 아니한다.

[13~14] 다음을 보고 물음에 답하시오.

> 갑: 내 땅에 내 돈 들여서 호텔을 짓겠다는데 안 된다니, 이건 기본권 침해예요.
> 을: 이곳은 개발 제한 구역이므로 그 ㉠ 기본권은 제한될 수 있습니다.

통합탐구

13 위 대화에서 갑이 제한받은 기본권과 그 제한의 근거를 옳게 연결한 것은?

	제한받은 기본권	제한의 근거
①	사회권	공공복리
②	자유권	공공복리
③	자유권	질서 유지
④	참정권	공공복리
⑤	참정권	국가 안전 보장

14 밑줄 친 ㉠의 제한에 대한 설명으로 옳은 것은?

① 조례에 근거하여 국민의 기본권을 제한할 수 있다.
② 국가 안전 보장을 이유로는 국민의 기본권을 제한할 수 없다.
③ 목적상의 한계에 제시된 세 가지 목적을 동시에 모두 충족해야 한다.
④ 우리나라는 기본권 제한을 금지하므로, 관련 헌법 조항이 존재하지 않는다.
⑤ 우리 헌법에 따르면 기본권 제한 시에도 자유와 권리의 본질적인 내용은 침해할 수 없다.

3 정의 실현을 위한 준법 의식과 시민 참여

15 다음 노래 가사에서 강조하는 태도에 대하여 가장 적절하게 해석한 것은?

> 행복한 이 세상은 법이 지켜지는 세상
> 작은 것을 지켜도 느껴지는 큰 보람
> ……
> 우리 모두가 지킬수록 기분 좋은 기본
> – 윤형주, 〈지킬수록 기분 좋은 기본〉 –

① 준법을 통한 질서 유지를 강조한다.
② 권위에 대한 복종의 중요성을 노래한 것이다.
③ 인간다운 삶을 실현하기 위한 권리를 주장한다.
④ 인권 보장을 바탕으로 한 평등 의식을 강조한다.
⑤ 정치 참여를 통한 민주주의 실현을 강조하고 있다.

16 다음에 제시된 행위에 대한 옳은 설명만을 〈보기〉에서 있는 대로 고른 것은?

> 기존 장애인 표지는 장애인이 얌전히 휠체어에 앉아 있는 모습이었다. 그런데 뉴욕의 한 디자이너가 장애인이 의지를 갖고 앞으로 나아가려는 모습을 형상화한 새로운 표지를 만들었다. 그녀는 자신이 만든 장애인 표지를 뉴욕시 장애인 표지판에 몰래 붙여 왔고, 시민들의 열렬한 지지 끝에 장애인 표지를 바꾸는 데 성공했다. － 《○○신문》, 2015. 10. 2. －

┤ 보기 ├

ㄱ. 직접 민주주의를 보완하기 위한 수단이다.
ㄴ. 사익을 추구하기 위한 이익 단체 활동은 포함될 수 없다.
ㄷ. 선거 참여뿐만 아니라 자원봉사 활동, 청원 운동 등이 해당한다.
ㄹ. 인터넷 게시판에 사회적 문제에 대한 자신의 의견을 표현하는 활동도 해당한다.

① ㄱ, ㄴ　　② ㄷ, ㄹ　　③ ㄱ, ㄴ, ㄷ
④ ㄱ, ㄷ, ㄹ　　⑤ ㄴ, ㄷ, ㄹ

통합탐구

17 ㉠, ㉡에 해당하는 시민 불복종의 정당화 조건을 각각 옳게 연결한 것은?

> 간디는 영국의 식민 지배를 받던 당시 영국이 시행하던 '소금법'의 부당함을 알리고자 했다. 인도인의 소금 채취를 금지하고, 영국이 소금을 판매하여 많은 세금을 징수하는 이 소금법 때문에 사람들은 소금을 사 먹지도 못하였다. 간디는 영국에 이 법의 폐지를 요구하였으나, 그 요구가 받아들여지지 않자, 소금을 직접 채취하였고, ㉠ 불법 행동을 한 결과 감옥에 갇혔다. 그는 소금법 행진을 한 이유를 묻는 사람들의 질문에 "이것은 ㉡ 힘과 정의의 싸움이며, 나는 이 싸움에서 세상의 공감을 얻고 싶다."라고 밝혔다.

	㉠	㉡
①	공익성	비폭력성
②	공익성	최후의 수단
③	처벌 감수	공익성
④	처벌 감수	비폭력성
⑤	최후의 수단	공익성

18 ㉠에 들어갈 말을 쓰고, 그 필요성을 두 가지 서술하시오.

> 수많은 사람이 살아가는 사회에서는 다양한 권리 다툼이 일어날 수 있다. 이때 개인들이 법을 지키지 않고, 자신의 힘으로 문제를 해결하고자 하면, 개인 간의 힘의 우열 때문에 공정하지 않은 결과가 나타날 수 있다. 따라서 법을 지키려고 하는 태도인 　㉠　 을(를) 지녀야 한다.

19 다음 글에 제시된 헌법상의 제도적 장치의 목적에 대해 서술하시오.

> 우리나라는 입법권은 입법부(국회)에, 행정권은 행정부(정부)에, 사법권은 사법부(법원)에 속하도록 하는 삼권 분립주의를 헌법에 규정하고 있다. 이를 위해 각 권력 기관 간의 견제 장치를 마련하고 있다.

20 다음을 읽고 물음에 답하시오.

> 학원 강사로 일하던 ○ 씨는 한 달 만에 해고되자 헌법재판소에 직접 도움을 요청하였다. 현행 근로 기준법에 따르면, 근무 기간 6개월 미만의 근로자는 6개월 이상 근로자와 달리 예고 없이 해고할 수 있다. ○ 씨는 이러한 법률 규정이 ㉠ 기본권을 침해한다고 생각하여 　㉡　 을(를) 청구하였다. 헌법재판소는 6개월 이상 근무한 월급제 근로자와 6개월 미만의 근로자를 차별하는 것이 기본권을 침해하는 것이라고 보고 위헌 결정을 내렸다. － 《○○신문》, 2015. 12. 23. －

⑴ 밑줄 친 ㉠이 가리키는 기본권이 종류를 쓰시오.

⑵ ㉡에 들어갈 사법적 수단의 명칭과 의미를 서술하시오.

01
다음 자료에 대한 옳은 설명을 〈보기〉에서 고른 것은?

(가)	⊙ 은(는) 인간이라면 누구나 누려야 하는 기본적 권리로, 모든 사람이 인간존엄성을 유지하며 행복하게 살아갈 수 있어야 한다.
(나)	ⓛ 제10조 모든 국민은 인간으로서의 존엄과 가치를 가지며, 행복을 추구할 권리를 가진다. 국가는 개인이 가지는 불가침의 기본적 인권을 확인하고 이를 보장할 의무를 진다.

┤ 보기 ├
ㄱ. ⊙은 ⓛ에 명시될 때에만 보장될 수 있다.
ㄴ. ⓛ은 ⊙을 제도적으로 구현하고자 한 노력의 결과물이다.
ㄷ. (가)와 달리, (나)에는 국가의 책무에 관한 내용이 나타나 있지 않다.
ㄹ. ⓛ은 국가의 최고법으로, ⊙을 지켜 주는 마지막 보호막의 역할을 한다.

① ㄱ, ㄴ ② ㄱ, ㄷ ③ ㄴ, ㄷ
④ ㄴ, ㄹ ⑤ ㄷ, ㄹ

02
교사의 질문에 대해 옳은 답변을 한 학생을 〈보기〉에서 고른 것은?

(가), (나)에 대해 설명해 볼까요?

〈헌법의 원리와 인권 보장〉
• (가): 국가의 운영이 법률에 근거하여 수행되어야 한다는 원리
• (나): 주권이 국민에게 있다는 원리

┤ 보기 ├
갑: (가)는 법치주의, (나)는 국민 주권의 원리입니다.
을: (가)에서의 법률은 행정부가 제정한 규칙을 의미합니다.
병: (가)와 (나) 모두 국민의 의사를 존중하여 인권을 보장하려는 목적에 따르고 있습니다.
정: 국민 투표를 통해 헌법을 개정하는 활동은 (가)에 따른 것으로 (나)와는 관련이 없습니다.

① 갑, 을 ② 갑, 병 ③ 을, 병
④ 을, 정 ⑤ 병, 정

03
그림에 대한 옳은 설명을 〈보기〉에서 고른 것은? (단, A~C는 각각 입법부, 행정부, 사법부 중 하나이다.)

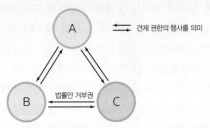

견제 권한의 행사를 의미

법률안 거부권

┤ 보기 ├
ㄱ. A는 위헌 법률 심사 제청권을 통해 B를 견제할 수 있다.
ㄴ. B는 C를 견제하기 위하여 대법원장 임명권을 행사할 수 있다.
ㄷ. C는 국정 감사권과 탄핵 소추권을 바탕으로 A와 B를 견제할 수 있다.
ㄹ. A, B, C 간의 상호 견제는 국민의 권리를 보장하기 위한 것이다.

① ㄱ, ㄴ ② ㄱ, ㄷ ③ ㄱ, ㄹ
④ ㄴ, ㄷ ⑤ ㄷ, ㄹ

04
다음 기사에 나타난 인권 침해를 해결하기 위하여 갑이 취할 수 있는 방법만을 〈보기〉에서 있는 대로 고른 것은?

○○국가 출신의 갑은 △△시의 한 목욕탕을 찾았다가 피부색이 다르다는 이유만으로 출입을 거부당했다. 그는 이미 한국 국적을 취득했다고 밝혔지만, 목욕탕 업주 을은 갑의 외모가 외국인으로 보인다며 입장을 막았다. 갑은 실랑이 끝에 여러 사람 앞에서 심한 욕설을 듣고 쫓겨났다.

┤ 보기 ├
ㄱ. 질서 유지를 위하여 기본권이 제한될 수 있음을 인식한다.
ㄴ. 을의 기본권 침해 행위를 대상으로 헌법 소원 심판을 청구한다.
ㄷ. 국회에 인종 차별을 엄격히 규제하는 특별법 제정을 청원한다.
ㄹ. 인권 침해와 관련하여 국가 인권 위원회와 같은 인권 보호 기관에 진정을 한다.

① ㄱ, ㄴ ② ㄴ, ㄷ ③ ㄷ, ㄹ
④ ㄱ, ㄴ, ㄹ ⑤ ㄴ, ㄷ, ㄹ

05 (가), (나)에서 나타나는 헌법 조항을 실현하기 위한 방안을 〈보기〉에서 고른 것은?

> (가) **전문** …… 안으로는 국민 생활의 균등한 향상을 기하고…….
> (나) **제1조** ② 대한민국의 주권은 국민에게 있고, 모든 권력은 국민으로부터 나온다.

┤ 보기 ├
ㄱ. 일정 연령 이상의 국민에게 선거권을 부여한다.
ㄴ. 일정 요건을 갖춘 재외 국민에게 대통령 선거권을 인정한다.
ㄷ. 근로자의 근로 조건 향상을 위하여 근로의 권리를 보장한다.
ㄹ. 모든 국민이 중학교까지 의무 교육의 혜택을 받을 수 있게 한다.

	(가)	(나)		(가)	(나)
①	ㄱ, ㄴ	ㄷ, ㄹ	②	ㄱ, ㄷ	ㄴ, ㄹ
③	ㄴ, ㄷ	ㄱ, ㄹ	④	ㄴ, ㄹ	ㄱ, ㄷ
⑤	ㄷ, ㄹ	ㄱ, ㄴ			

06 그림에서 갑과 을이 말하고 있는 기본권에 대한 옳은 설명만을 〈보기〉에서 있는 대로 고른 것은?

┤ 보기 ├
ㄱ. 갑이 주장하는 기본권은 청구권적 기본권에 해당한다.
ㄴ. 을은 갑과 달리 국민의 종교적 자유 보장을 강조할 것이다.
ㄷ. 을이 주장하는 기본권은 우리나라 헌법 조항에 명시되어 있다.
ㄹ. 갑은 을에 비해 국가의 개입에 대해 소극적인 입장을 취할 것이다.

① ㄱ, ㄷ 　② ㄴ, ㄹ 　③ ㄷ, ㄹ
④ ㄱ, ㄴ, ㄷ 　⑤ ㄱ, ㄷ, ㄹ

07 다음 대화의 (가)와 (나)에 대한 설명으로 옳은 것은?

사회 질서 유지를 위해서는 법을 지키고자 하는 (가) 을(를) 먼저 강조해야 해.

정부의 정책 결정에 시민이 직접 개입해 영향을 미치는 (나) 이(가) 더 중요해.

① (가)는 민주주의 사회에서 지양되어야 할 가치이다.
② (가), (나)는 사회 변화에 큰 영향을 미치지 못한다.
③ (가)와 달리 (나)는 시민의 인권 보장과 관련이 없다.
④ 정의로운 사회 실현을 위해서는 (나)와 달리 (가)가 요구된다.
⑤ 선거 기간에 투표하는 활동, 이익 단체에서의 활동은 (나)와 관련된 행위이다.

08 다음에 제시된 행위의 조건에 대한 적절한 설명을 〈보기〉에서 고른 것은?

> 1963년 8월 28일 노예 해방 100주년을 기념하여 미국 워싱턴에서 열린 평화 대행진에서, 미국의 흑인 해방 운동 지도자인 마틴 루서 킹 목사가 '나에게는 꿈이 있습니다(I Have a Dream).'라는 제목으로 연설하였다. 마틴 루서 킹은 흑인 차별 문제의 심각성을 일깨우는 데 중요한 역할을 한 인물이다. 1955년에는 시내버스 이용의 흑인 차별 대우에 반대하여, 5만 명의 흑인 시민이 참가한 몽고메리 버스 승차 거부 운동을 비폭력적으로 이끌어 승리하는 등 미국 인권 운동의 발전에 큰 공헌을 하였다.
> – 이종훈, 《세계를 바꾼 연설과 선언》 –

┤ 보기 ├
ㄱ. 폭력적인 행위를 지양한다.
ㄴ. 사익 추구를 위한 행위라도 정당화될 수 있다.
ㄷ. 현행법이 정의롭지 않다면, 이러한 행위에 따른 처벌을 거부하여야 한다.
ㄹ. 모든 합법적인 수단을 동원해도 해결되지 않을 때 사용하는 최후의 수단이다.

① ㄱ, ㄴ 　② ㄱ, ㄹ 　③ ㄴ, ㄷ
④ ㄴ, ㄹ 　⑤ ㄷ, ㄹ

03 국내외 인권 문제와 해결 방안

1 국내 인권 문제와 해결 방안

1. 사회적 소수자의 인권 문제

> **분석** 단순히 수가 적은 사람들이 아니라 약자의 위치에 있는 사람들을 의미함.

(1) **사회적 소수자** 신체적 또는 문화적 특징 때문에 사회의 다른 구성원에게 차별받기 쉬우며, 차별받는 집단에 속해 있다는 의식을 가진 사람들의 집단

> **예** 장애인, 이주 외국인(외국인 노동자, 결혼 이민자), 노인, 여성, 북한 이탈 주민, 비정규직 노동자 등

(2) **사회적 소수자 차별❶의 문제점과 해결 방안**

① 문제점: 편견이나 법·제도의 미흡 등으로 인해 개인의 인권 침해, 사회 갈등 유발, 사회 통합에의 장애 등의 문제가 발생함.

② 사회적 소수자 차별의 해결 방안

> **용어** 일상생활 속에서 인권 문제를 인식할 수 있는 민감성과 공감 능력

개인적 차원	• 사회적 소수자에 대한 편견 극복, 인권 감수성 함양 • 사회적 소수자의 상황을 잘 이해하고 다양성을 존중할 줄 아는 자세 함양
사회적 차원	• 지속적인 인권 교육과 의식 개선 활동 • 사회적 소수자에 대한 차별 금지나 불평등 해소를 위한 법률 및 제도❷ 도입

★ 2. 청소년 노동과 관련된 인권 문제

(1) **청소년 노동권 보호** 청소년은 성인이 보장받는 노동 조건에 대한 권리를 똑같이 보장받음.

> **비교** 청소년은 위험한 일이나 유해 업종에서 일할 수 없고, 노동 시간을 제한받는 등 더 강한 보호를 받음.

(2) **청소년 노동권 침해의 문제점과 해결 방안** 〔자료 01〕

① 문제점: 청소년이 사회에 부정적 인식을 가질 수 있으며, 건전한 가치관 형성에도 나쁜 영향을 미칠 수 있음.

② 해결 방안

> **분석** 청소년이 노동권을 보장받기 위해서는 〈근로 기준법〉 등을 이해하고 이를 바탕으로 일 시작 전에 근로 계약서를 쓰는 것이 중요함.

개인적 차원	고용주	청소년이 일하면서 보장받아야 할 권리를 보호하며 관련 법규를 준수
	청소년	노동권에 관한 지식을 갖추고, 부당한 대우 시 적극적인 자세로 대처
사회적 차원		청소년 노동 관련 법률이나 제도를 보완❸

2 세계 인권 문제와 해결 방안

1. 세계 인권 문제의 양상❹

> **분석** • 정보 통신 기술의 발전으로 지구 곳곳의 다양한 인권 침해 사례를 접할 수 있음.
• 국가나 지역별로 인권이 보장되는 양상은 차이가 남.

빈곤 문제	생존의 위협은 물론 생활 환경, 교육, 직업 등 최소한의 인간다운 삶을 어렵게 하는 문제 — **왜** 가뭄이나 기근 등으로 식량 생산이 어렵거나, 잦은 내전으로 삶의 기반이 흔들리기 때문
성차별 문제	임금이나 고용 및 승진, 교육 기회나 정치 참여 기회 등 일상생활의 전반에서 남녀를 차별하는 문제 — **왜** 종교나 관습, 사회 구조와 편견 때문
아동 노동 문제	아동❺이 감당하기 힘든 노동에 내몰린 문제 — **왜** 저소득 국가의 아동들이 어려운 경제 형편 또는 부당한 일에 저항할 힘이 없기 때문
국민의 기본권 침해 문제	국가 지도자의 체제 유지 목적과 전통적인 종교 관습의 유지 등의 이유로 국민의 기본권을 탄압하고 국민의 자유를 억압하는 문제

2. 세계 인권 문제 해결 방안 〔자료 02〕

> **용어** 인류를 하나의 공동체로 인식함에 따라 생기는 권리와 책임감

개인적 차원	세계 시민 의식을 지니고, 인권 문제를 해결하는 과정에서 책임 의식을 가져야 함. — **예** 국제 사면 위원회의 양심수 구제 활동, 국경 없는 의사회의 난민 구호 활동 등
사회적 차원	개별 국가뿐만 아니라 국제 연합(UN)이나 비정부 기구의 지원, 국제적인 여론 조성, 국제법에 근거한 제재 등 인권 문제 해결을 위한 국제적인 연대가 필요함.

▶빠른 핵심 체크◀

국내 인권 문제

→ 사회적 소수자의 인권 문제
→ 청소년 노동과 관련된 인권 문제

❶ 사회적 소수자들이 겪는 어려움

장애인	이동의 어려움, 교육 및 취업에서 차별 등
이주 외국인	언어 소통 문제, 문화적 차이, 차별 대우 등
비정규직 노동자	저임금, 노동 조건의 차별, 임금 체불 등
노인	개인적 노후 대비의 부족, 복지 정책의 미비로 생존권이 위협 등

❷ 사회적 소수자를 위한 사회적 지원

• 장애인 차별 금지 및 권리 구제 등에 관한 법률
• 외국인 근로자의 고용 등에 관한 법률
• 장애인 생활 도우미 제도
• 결혼 이민자를 위한 문화 지원 프로그램
• 교통 약자를 위한 저상 버스

❸ 근로 기준법

헌법에 따라 근로 조건의 기준을 정하여 놓은 법률로, 근로자의 기본적 생활을 보장하고 향상시키며 균형 있는 국민 경제의 발전을 목적으로 한다.

국제 사회의 대표적인 인권 문제

→ 빈곤 문제
→ 성차별 문제
→ 아동 노동 문제
→ 국민의 기본권 침해 문제

❹ 세계 인권 문제의 다양한 양상

• 독재 국가에서의 인권 유린 문제
• 전쟁과 내전으로 인한 난민·기아 문제
• 사회적 관습이나 종교적 이유로 발생하는 성차별 문제
• 다문화 사회에서의 인종 차별, 소수 민족 박해 문제, 종교 박해 문제
• 아동 학대와 아동 노동 문제

❺ 아동

국제 연합(UN)과 국제 노동 기구(ILO)는 18세 미만의 모든 사람을 '아동'으로 규정하고 있다.

자료 01 청소년 아르바이트 십계명

① 만 15세 이상 청소년만 근로가 가능해요.

② 부모님의 동의서와 나이를 알 수 있는 증명서가 필요해요. — 분석 사용자는 15세 이상 18세 미만인 자(연소 근로자)에게 그 연령을 증명하는 가족 관계 기록 사항에 관한 증명서와 친권자 또는 후견인의 동의서를 사업장에 갖춰 두어야 함.

③ 근로 계약서를 반드시 작성해야 해요.

④ 청소년도 성인과 동일한 최저 임금을 적용받아요.

⑤ 하루 7시간, 일주일에 35시간을 초과하여 일할 수 없어요. — 분석 당사자 사이의 합의에 따라 1일에 1시간, 1주일에 5시간을 한도로 연장할 수 있음.

⑥ 휴일에 일하거나 초과 근무를 했을 때는 50%의 가산 임금을 받을 수 있어요.

⑦ 일주일을 개근하고 15시간 이상 일을 하면 하루의 유급 휴일을 받을 수 있어요.

⑧ 청소년은 위험한 일이나 유해 업종의 일은 할 수 없어요. — 분석 사용자는 근로자에게 1주일에 1회 이상의 유급 휴일을 주어야 함.

⑨ 일을 하다 다치면 산재 보험으로 치료와 보상을 받을 수 있어요.

⑩ 상담은 청소년 근로권익센터의 1644-3119로 전화하세요.

– 고용 노동부, 《청소년 알바 십계명》 –

셀/파/길/잡/이 미성년자는 독자적으로 임금을 청구할 수 있으므로 사용자는 매월 일정한 날짜에 임금을 주어야 하고, 반드시 근로자에게 직접(현금이나 통장 입금) 주어야 한다.

교과서 자료 더 보기+

청소년이 알아야 할 〈근로 기준법〉

제67조(근로 계약)

① 친권자나 후견인은 미성년자의 근로 계약을 대리할 수 없다.

② 친권자, 후견인 또는 고용노동부 장관은 근로 계약이 미성년자에게 불리하다고 인정하는 경우에는 이를 해지할 수 있다.

③ 사용자는 18세 미만인 자와 근로 계약을 체결하는 경우에는 제17조에 따른 근로 조건을 서면으로 명시하여 교부하여야 한다.

자료 02 통합탐구 다양한 세계 인권 지수

세계 기아 지수
- 국제 식량 정책 연구소(IFPRI)가 발표
- 117개국을 대상으로 영양실조 상태인 인구 비율, 5세 이하 아동의 급성·만성 영양 결핍과 사망률 등의 지표를 토대로 하였다.
- 지도에서 붉은색으로 표시된 곳은 기아 지수가 높은 곳을 의미한다.

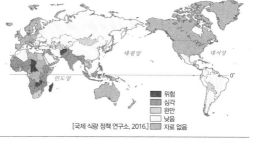

위험 / 심각 / 완만 / 낮음 / 자료 없음

[국제 식량 정책 연구소, 2016.]

성 격차 지수
- 세계 경제 포럼(WEF)이 발표
- 매년 각국의 경제, 정치, 교육, 건강 분야에서 성별 격차를 측정한 성 격차 지수를 발표한다.
- 성 격차 지수가 1이면 완전 평등, 0이면 완전 불평등을 의미한다.

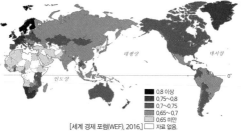

0.8 이상 / 0.75~0.8 / 0.7~0.75 / 0.65~0.7 / 0.65 미만 / 자료 없음.

[세계 경제 포럼(WEF), 2016.]

언론 자유 지수
- 프리덤 하우스(Freedom House)가 발표
- 매년 190개국의 언론 실태를 평가하여, 각국의 정치적 압력·통제, 경제적 압력, 실질적인 언론 피해 사례, 법·제도가 보도 내용에 미치는 영향 등을 기준으로 측정한다.
- 0~30점은 언론 자유국, 31~60점은 부분적 자유국, 61~100점은 언론 부자유국으로 분류된다.

자유국 / 부분적 자유국 / 부자유국

[프리덤 하우스, 2016.]

셀/파/길/잡/이 인권 지수는 국제 사회에서 발생하는 인권 문제를 객관적으로 파악할 수 있는 도구이다. 국제기구나 비정부 기구, 언론 기관 등은 국가별 인권 보장 실태와 그 변동 상황을 비교하기 위해서 정기적으로 조사하여 발표한다.

교과서 자료 더 보기+

· 불평등 조정 인간 개발 지수(UNDP)

인간 개발 지수(HDI)는 한 국가의 인간 개발 수준을 수명과 건강, 지식 접근성, 생활수준 분야에서 분석하여 산출한 것이다. 여기에 불평등 요소를 반영하여 조정한 것이 불평등 조정 인간 개발 지수이다.

국가	인간 개발 지수(HDI)	불평등 조정 인간 개발 지수(IHDI)
노르웨이	1위	1위
호주	2위	4위
네덜란드	5위	2위
미국	8위	28위
영국	14위	16위
대한민국	17위	36위
핀란드	24위	14위

· 인권 지수와 발표 기관

명칭	발표 기관
인간 개발 지수	국제 연합 개발 계획 (UNDP)
세계 노동 권리 지수	국제 노동조합 총연맹 (ITUC)
성·제도· 개발 지수	경제 협력 개발 기구 (OECD)
세계 자유 지수	프리덤 하우스 (Freedom House)
세계 언론 자유 지수	국경 없는 기자회 (RWB)

개념 채우기

1. 사회적 소수자의 인권 문제와 해결 방안

(❶)	신체적 또는 문화적 특징 때문에 사회의 다른 구성원에게 차별받기 쉬우며, 차별받는 집단에 속해 있다는 의식을 가진 사람들의 집단	
차별의 문제점	편견이나 법·제도의 미흡 등으로 인해 개인의 인권 침해, 사회 갈등 유발, 사회 통합에의 장애 등의 문제가 발생함.	
해결 방안	개인적	• 사회적 소수자에 대한 편견 극복, 인권 감수성 함양 • 사회적 소수자의 상황을 잘 이해하고 다양성을 존중할 줄 아는 자세 함양
	사회적	• 지속적인 인권 교육과 의식 개선 활동 • 사회적 소수자에 대한 차별 금지나 불평등 해소를 위한 법률 및 제도 도입

2. 청소년 노동과 관련된 인권 문제와 해결 방안

청소년 노동권 보호	청소년은 성인이 보장받는 노동 조건의 권리를 똑같이 보장받는 한편, 위험한 일이나 유해 업종에서 일할 수 없고, 노동 시간을 제한받는 등 더 강한 보호를 받음.	
차별의 문제점	청소년이 사회에 부정적 인식을 가질 수 있으며, 건전한 가치관 형성에도 나쁜 영향을 미칠 수 있음.	
해결 방안	개인적	• (❷)는 청소년이 일하면서 보장받아야 할 권리를 보호하며 관련 법률을 준수 • (❸)은 노동권에 관한 지식을 갖추고, 부당한 대우 시 적극적인 자세로 대처
	사회적	청소년 노동 관련 법률이나 제도를 보완

3. 세계 인권 문제의 양상과 해결 방안

양상	• 빈곤 문제 • 성차별 문제 • 아동 노동 문제 • 국민의 기본권 침해 문제	
해결 방안	개인적	세계 시민 의식을 지니고, 인권 문제를 해결하는 과정에서 책임 의식을 가져야 함.
	사회적	개별 국가뿐만 아니라 국제 연합(UN)이나 비정부 기구의 지원, 국제적인 여론 조성, 국제법에 근거한 제재 등 인권 문제 해결을 위한 (❹)가 필요함.

답 | ❶ 사회적 소수자 ❷ 고용주 ❸ 청소년 ❹ 국제적인 연대

★**01** 다음에 검색된 내용으로 미루어 볼 때, 검색어 A에 대한 설명으로 옳지 <u>않은</u> 것은?

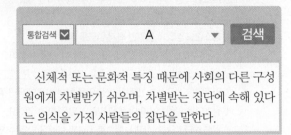

> 신체적 또는 문화적 특징 때문에 사회의 다른 구성원에게 차별받기 쉬우며, 차별받는 집단에 속해 있다는 의식을 가진 사람들의 집단을 말한다.

① A는 집단의 크기에 따라 결정된다.
② A는 인종, 성별, 연령, 장애 등을 이유로 소외와 차별을 받는다.
③ 장애인 생활 도우미 제도, 교통 약자를 위한 저상 버스 등은 A를 위한 사회적 지원이다.
④ A에 대한 지속적인 차별은 사회 갈등의 원인으로 작용하여 사회 통합을 이루는 데 장애가 된다.
⑤ A에 대한 차별을 해결하기 위해서는 개인적 차원의 노력뿐만 아니라 사회적 차원의 노력도 필요하다.

통합탐구

02 다음 글에 나타난 인권 문제를 해결하기 위한 방안을 〈보기〉에서 고른 것은?

> ○○군 ◇◇초등학교는 학생 10명 중 1명이 다문화 가정의 자녀인 것으로 나타났다. △△경제연구소는 2020년에는 국내 체류 외국인 수가 인구의 약 5%가 될 것으로 추정하며, 20세 이하 연령층에서 5명 중 1명은 다문화 가정의 자녀가 될 것으로 전망했다. 문제는 다문화 가정의 자녀들이 학교 내 따돌림 및 차별로 인한 고통을 호소한다는 것이다.

┤ 보기 ├
ㄱ. 다문화 가정 자녀의 생활에의 적응을 돕는다.
ㄴ. 다문화 사회 속에서 우리 문화의 정체성을 더욱 강화한다.
ㄷ. 문화 다양성을 존중하기보다 문화 동질성을 형성하기 위해 노력한다.
ㄹ. 다문화 가정 자녀들에 대한 편견을 버리고 다양성을 존중하는 자세를 지닌다.

① ㄱ, ㄴ   ② ㄱ, ㄹ   ③ ㄴ, ㄷ
④ ㄴ, ㄹ   ⑤ ㄷ, ㄹ

03 다음과 같은 제도들에 대한 옳은 설명을 〈보기〉에서 고른 것은?

• 교통 약자를 위한 저상 버스
• 결혼 이민자를 위한 문화 지원 프로그램

┤ 보기 ├
ㄱ. 노동권의 침해를 막기 위한 정책이다.
ㄴ. 사회적 소수자들을 배려하는 사회적 노력이다.
ㄷ. 소외된 지역의 열악한 생활 여건을 개선하기 위한 제도이다.
ㄹ. 불합리한 법·제도와 사회 구성원들의 편견으로 인해 겪는 차별을 해소하기 위한 지원이다.

① ㄱ, ㄴ
② ㄱ, ㄷ
③ ㄴ, ㄷ
④ ㄴ, ㄹ
⑤ ㄷ, ㄹ

04 청소년의 노동권에 대한 설명으로 옳지 않은 것은?

① 청소년도 성인과 동일한 최저 임금을 적용받는다.
② 일을 시작하기 전에 근로 계약서를 작성하는 것이 중요하다.
③ 친권자나 후견인은 미성년자의 근로 계약을 대리할 수 있다.
④ 일을 하다 다칠 경우 산재 보험으로 치료와 보상을 받을 수 있다.
⑤ 휴일에 일하거나 초과 근무를 했을 때는 50%의 가산 임금을 받을 수 있다.

05 다음 자료는 '청소년 아르바이트 십계명'의 일부이다. ㉠~㉣에 들어갈 숫자를 〈보기〉의 수식에 넣어 계산한 값 A로 옳은 것은?

• 만 (㉠)세 이상 청소년만 근로가 가능해요.
• 하루 (㉡)시간, 일주일에 (㉢)시간을 초과하여 일할 수 없어요.
• 일주일을 개근하고 (㉣)시간 이상 일을 했을 때, 하루의 유급 휴일을 받을 수 있어요.

┤ 보기 ├
(㉠) + (㉡) + (㉢) − (㉣) = (A)

① 38
② 40
③ 42
④ 48
⑤ 49

★06 다음은 어느 청소년의 근로 계약서의 일부이다. 밑줄 친 ㉠~㉤ 중 근로 기준법에 어긋나는 것을 고른 것은?

한○○ (이하 "사업주"라 함)과 손△△(17세) (이하 "근로자"라 함)은 다음과 같이 근로 계약을 체결한다.
1. 계약 기간: 20□□년 1월 1일~20□□년 12월 31일
2. 근무 장소: ㉠ □□ 피자 가게
3. 업무 내용: ㉡ 피자 판매와 청소 및 정리
4. 근로 시간: ㉢ 오전 10시부터 오후 8시까지
　　　　　　휴게 시간(12시 ~ 13시)
5. 근무일/휴일: 매주 6일 근무, 유급 휴일 매주 월요일
6. 임금: ㉣ 부모님 명의의 통장에 입금
7. 가족 관계 증명서 및 동의서
　• ㉤ 나이를 알 수 있는 증명서 제출 여부: ○
　• 친권자 또는 후견인의 동의서 구비 여부: ○

① ㉠, ㉡
② ㉠, ㉣
③ ㉡, ㉢
④ ㉢, ㉣
⑤ ㉣, ㉤

2 세계 인권 문제와 해결 방안

★07 밑줄 친 ㉠~㉣에 대한 옳은 설명을 〈보기〉에서 고른 것은?

인권 보장의 범위가 역사적으로 확대되어 왔음에도 모든 인류가 충분히 인권을 보장받는 것은 아니다. 오늘날 세계 곳곳에서 발생하는 대표적인 인권 문제에는 ㉠ 빈곤과 식량 부족 문제, ㉡ 여성 차별 문제, 아동 학대와 ㉢ 아동 노동 문제, ㉣ 국민의 기본권 침해 문제 등이 있다.

┤ 보기 ├
ㄱ. ㉠은 생존의 위협은 물론 최소한의 인간다운 삶을 어렵게 하는 문제이다.
ㄴ. ㉡은 특정 인종에 대한 적대감을 드러내는 배타주의이다.
ㄷ. ㉢의 아동은 국제적으로 19세 미만의 모든 사람으로 규정하고 있다.
ㄹ. ㉣은 국가 권력이 국민의 일상생활을 통제하는 문제이다.

① ㄱ, ㄴ
② ㄱ, ㄷ
③ ㄱ, ㄹ
④ ㄴ, ㄹ
⑤ ㄷ, ㄹ

서술형 문제

08 교사의 설명에서 밑줄 친 ㉠에 대한 옳은 내용을 〈보기〉에서 고른 것은?

정보 통신 기술의 발전으로 오늘날 우리는 지구 곳곳에서 발생하는 ㉠ 세계 인권 문제의 사례들을 접할 수 있습니다.

┤ 보기 ├

ㄱ. ㉠이 국가나 지역별로 나타나는 양상에는 차이가 없다.

ㄴ. ㉠을 해결하기 위해서는 자국민의 인권 보장만을 우선시하여야 한다.

ㄷ. ㉠의 대표적 사례로는 빈곤 문제, 성차별 문제, 아동 노동 문제 등이 있다.

ㄹ. ㉠의 해결을 위해 개인은 세계 시민 의식을 지니며, 인권 문제를 해결하는 과정에서 책임 의식을 가져야 한다.

① ㄱ, ㄴ   ② ㄱ, ㄷ   ③ ㄴ, ㄷ
④ ㄴ, ㄹ   ⑤ ㄷ, ㄹ

통합탐구

09 다음은 세계 성 격차 지수를 나타낸 것이다. 이에 대한 분석으로 옳은 내용을 〈보기〉에서 고른 것은?

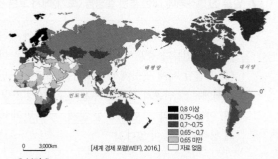

■	0.8 이상
■	0.75~0.8
■	0.7~0.75
■	0.65~0.7
■	0.65 미만
□	자료 없음

0 ___ 3,000km   [세계 경제 포럼(WEF), 2016.]

┤ 보기 ├

ㄱ. 자료에서 색이 짙을수록 양성평등이 실현된 국가이다.

ㄴ. 자료를 통해 세계 각국의 여성에 대한 사회적 차별의 정도를 파악할 수 있다.

ㄷ. 영양실조 상태인 인구 비율, 5세 이하의 급성·만성 영양 결핍 등을 기준으로 측정한다.

ㄹ. 자료에서 유럽 및 북미 지역의 성 격차 지수는 서남아시아 지역의 성 격차 지수보다 낮다.

① ㄱ, ㄴ   ② ㄱ, ㄷ   ③ ㄴ, ㄷ
④ ㄴ, ㄹ   ⑤ ㄷ, ㄹ

10 다음을 읽고 물음에 답하시오.

(㉠)은(는) 신체적 또는 문화적 특징 때문에 사회의 다른 구성원에게 차별받기 쉬우며, 차별받는 집단에 속해 있다는 의식을 가진 사람들의 집단을 말한다. 이들이 가진 불리한 조건을 보완하기 위한 다양한 ㉡ 법률과 제도가 마련되어야 한다.

(1) ㉠에 들어갈 용어를 쓰시오.

(2) 밑줄 친 ㉡에 해당하는 사례를 두 가지 이상 서술하시오.

11 다음 자료를 보고 물음에 답하시오.

청소년 아르바이트에서의 인권 침해 경험(2015년)

*복수 응답을 허용함.

항목	경험 비율(%)
근로 계약서를 작성하지 않았다.	71.4
최저 임금보다 적은 돈을 받고 일했다.	25.0
임금을 받지 못했거나 약속보다 적게 받았다.	17.1
시간을 초과하여 일하였거나 하기로 한 일과 전혀 다른 일을 하였다.	13.8
폭언 등 인격 모독을 당했다.	11.8
작업 환경이 불결하고 위험했다.	10.3
부당하게 해고당했다.	6.9
성적 피해를 봤다.	3.3
구타나 폭행을 당했다.	2.5

[한국청소년정책연구원, 2015.]

(1) 자료와 같은 인권 침해로 인해 나타날 수 있는 문제점을 두 가지 서술하시오.

(2) (1)에서 답한 문제점을 해결하기 위한 방안을 서술하시오.

1등급 완성하기

01 다음 교사의 질문에 대한 적절한 발표 내용을 〈보기〉에서 있는 대로 고른 것은?

> 모둠별로 주어진 문제점을 해결하기 위한 방안을 발표해 볼까요?

구분	국내 인권 문제의 다양한 양상
모둠1	장애인 인권 문제
모둠2	이주 외국인 인권 문제
모둠3	비정규직 노동자 인권 문제
모둠4	노인 인권 문제

┤ 보기 ├
ㄱ. 모둠1: 이동 시 불편 해소를 위한 시설 확충이 필요합니다.
ㄴ. 모둠2: 전통적인 단일 민족주의 문화를 계승하는 노력이 필요합니다.
ㄷ. 모둠3: 근로 환경 개선을 위한 법률을 제정해야 합니다.
ㄹ. 모둠4: 생존권 보장을 위한 사회 복지 정책을 운영해야 합니다.

① ㄱ, ㄴ   ② ㄷ, ㄹ   ③ ㄱ, ㄴ, ㄷ
④ ㄱ, ㄷ, ㄹ   ⑤ ㄴ, ㄷ, ㄹ

02 (가)의 제도들을 지지하는 사람이 (나)의 질문에 응답한 결과로 옳은 것은?

(가)	• 장애인 의무 고용 제도: 국내 사업주에게 일정 비율 이상의 장애인을 고용하도록 의무를 부과하는 제도이다. • 농·어촌 학생 특별 전형: 대학의 장이 정하는 농·어촌 지역의 학생을 대상으로 입학 정원의 4% 이내(모집 단위별 입학 정원의 10% 이내)에서 정원 외로 선발할 수 있는 제도이다.
(나)	• 질문 1: 사회적 소수자에게 차별에 대한 보상을 제공해야 하는가? • 질문 2: 불합리한 차별에 대한 금지가 규정된 법률이 필요하지 않은가?

응답 결과		질문 1	
		예	아니요
질문 2	예	Ⅰ	Ⅱ
	아니요	Ⅲ	Ⅳ

① Ⅰ   ② Ⅱ   ③ Ⅲ
④ Ⅳ   ⑤ Ⅱ, Ⅳ

교육청 기출 _변형
03 다음 사례에 대한 옳은 분석을 〈보기〉에서 고른 것은?

> **○○회사 단기 계약직 사원 모집**
> 1. 근무 기간: 20□□년 7월~20□□년 12월
> 2. 연 령: 15세 이상
> 3. ㉠ 근무 시간: 협의 가능
>   ㉡ 연장 근무는 근로 기준법에 정하는 바에 따름
> 4. ㉢ 임금: 최저 임금법의 기준에 따름

> 방과 후에 아르바이트를 해 볼까?

갑(15세)

> 그래. 용돈은 내 손으로 직접 벌고 싶어.

을(17세)

┤ 보기 ├
ㄱ. 갑은 을과 달리 최저 임금법을 적용받지 못한다.
ㄴ. 갑의 경우 ㉠은 원칙적으로 1일 7시간, 1주 35시간을 초과할 수 없다.
ㄷ. 을의 경우 ㉡은 1일 1시간, 1주 7시간 이내에서만 가능하다.
ㄹ. 갑과 을은 모두 법정 대리인의 동의 없이 독자적으로 ㉢을 청구할 수 있다.

① ㄱ, ㄴ   ② ㄱ, ㄷ   ③ ㄴ, ㄷ
④ ㄴ, ㄹ   ⑤ ㄷ, ㄹ

04 다음은 서술형 평가 문제와 학생 답안이다. ㉠~㉤ 중 옳지 않은 것은?

> **〈서술형 평가〉**
> ◎ 문제: 세계 인권 문제의 해결 방안에 대해 서술하시오.
> ◎ 학생 답안
> 　세계 인권 문제를 해결 방안은 다음과 같다. 우선, 개인적 차원에서는 ㉠ 세계 시민 의식을 가져야 한다. 또한, ㉡ 인권 문제를 해결하는 과정에서 책임 의식을 가져야 한다. 한편, 한 국가 내에서 일어나는 인권 문제는 ㉢ 개별 국가가 해결해야 하는 문제이므로 국제적 연대가 필요하지 않다. 사회적 차원에서는 ㉣ 국제 기구나 비정부 기구의 지원이 필요하며, 필요한 경우 ㉤ 국제적으로 여론을 조성하거나 국제법에 근거하여 제재할 수도 있다.

① ㉠   ② ㉡   ③ ㉢   ④ ㉣   ⑤ ㉤

V
시장 경제와 금융

🌱 이 단원의 핵심 포인트 짚고 가기

단원	핵심 포인트
01 자본주의의 전개와 합리적 선택	·자본주의의 역사적 전개 과정과 특징 ·시장 경제에서 합리적 선택의 의미와 한계
02 시장 경제의 발전과 경제 주체의 역할	·시장 경제의 작동과 발전을 위한 정부의 역할 ·시장 경제의 발전을 위한 기업과 노동자의 역할 ·시장 경제의 발전을 위한 소비자의 역할
03 국제 분업 및 무역의 필요성과 그 영향	·자원, 노동, 자본의 지역 분포에 따른 국제 분업과 무역의 필요성 ·국제 무역 확대에 따른 긍정적인 영향과 부정적인 영향
04 안정적인 경제생활과 금융 설계	·안정적인 경제생활을 위한 금융 자산 관리의 방법과 자산 관리의 원칙 ·생애 주기별 금융 생활 설계

🌱 셀파와 내 교과서 단원 비교하기

셀파	천재교육	미래엔	비상	지학사	동아
01 자본주의의 전개와 합리적 선택	01 자본주의의 발달과 시장 경제	1 자본주의와 합리적 선택	1 자본주의의 전개 과정과 합리적 선택	1 자본주의와 합리적 선택	01 자본주의의 역사적 전개 과정과 그 특징은? 02 합리적 선택의 의미와 그 한계는?
02 시장 경제의 발전과 경제 주체의 역할	02 시장 경제의 발전과 경제 주체의 역할	2 시장 경제에서 시장 참여자들의 역할	2 시장 경제와 경제 주체의 역할	2 시장 경제의 발전을 위한 참여자의 역할	03 시장 참여자들의 바람직한 역할은?
03 국제 분업 및 무역의 필요성과 그 영향	03 국제 분업 및 무역의 필요성과 그 영향	3 국제 분업과 무역	3 국제 무역의 확대와 영향	3 국제 분업과 무역의 확대	04 국제 분업과 무역이 필요한 이유는? 05 무역 확대가 우리 삶에 미치는 영향은?
04 안정적인 경제생활과 금융 설계	04 안정적인 경제생활과 금융 설계	4 자산 관리와 금융 생활 설계	4 자산 관리와 금융 생활	4 안정적인 경제생활과 금융 설계	06 생애 주기별 금융 설계 방법은?

시장 경제는 인간의 삶에
어떤 영향을 미치는가?

시장 경제의 의의, 시장 경제의 한계를 극복하려는 노력, 국제 분업과
무역 및 금융 생활을 탐구하고 다양한 사례를 분석한다.

01 자본주의의 전개와 합리적 선택

1 자본주의의 의미와 특징

1. 자본주의의 의미
사유 재산제❶에 바탕을 두고, 자유로운 경쟁을 통해 상품의 생산, 교환, 분배, 소비가 이루어지는 경제 체제 [자료01]

2. 자본주의의 특징

사유 재산권 보장	개인이 재산을 자유롭게 획득하고 사용할 수 있도록 보장함.
경제 활동의 자유 보장	개별 경제 주체들은 시장에서 경쟁을 통해 자신의 경제적 이익을 자유롭게 추구함.
시장 경제 체제	주로 시장에서 결정된 가격에 따라 상품의 거래가 이루어지고 자원이 배분됨.

2 자본주의의 역사적 전개 과정과 특징

[용어] 수출은 적극적으로 권장하고, 수입은 극도로 막는 보호 무역을 펴면서 국가가 상공업 활동에 깊이 개입한 정책임.

상업 자본주의 (16~18세기)	• 15세기 말 유럽에서 절대 왕정의 <u>중상주의</u> 정책에 힘입어 발전함. • 자본주의의 초기 단계로, 상품의 유통 과정에서 이윤을 추구함.

⇩

산업 자본주의 (18~19세기)	• 18세기 중반 영국에서 시작된 산업 혁명으로 공장제 기계 공업이 발전하였고, 이에 대량 생산이 가능해지면서 전개됨. • 산업 시설을 소유한 자본가의 주도로 상품의 생산 과정에서 이윤을 추구함. • 애덤 스미스: '보이지 않는 손'❷이라는 시장의 기능 강조, 개인의 경제적 자유 보장, 국가의 간섭을 최대한 배제하려는 자유방임주의❸ 제시 • 정부의 시장 개입을 최소화하는 작은 정부 강조

⇩

독점 자본주의 (19세기)	• 19세기 말 과도한 경쟁의 결과 거대한 소수 기업이 시장에 대한 지배력을 행사하면서 전개됨. • 시장에서 자유로운 경쟁이 줄고 자원 배분이 효율적으로 이루어지지 않는 <u>시장 실패</u>가 나타남. [비교] 정부 실패는 시장에 대한 정부의 개입이 오히려 효율적인 자원 배분을 저해하는 상황을 말함. • 자본주의의 발달에 따른 소득 분배의 불평등과 같은 문제를 비판하면서 사회주의 사상이 19세기 초부터 확산됨.

⇩

수정 자본주의 (20세기) [자료02]	• 1929년 대공황이 발생하여 은행과 기업이 도산하고 실업자가 늘어나자 이를 해결하기 위한 방안으로 지지를 받음. [예] 대규모 공공사업으로 일자리를 창출하고 소비자의 구매력을 높이고자 함. • 케인스: 시장 실패와 같은 시장 경제의 문제점을 보완하려면 <u>정부가 시장에 개입</u>해야 한다고 주장하여 정부 정책을 뒷받침함. • 정부가 다양한 정책을 통해 시장에 적극적으로 개입하는 큰 정부 강조, 혼합 경제 체제라 부르기도 함.

⇩ [용어] 경제 침체와 물가 상승이 동시에 발생하는 상태

신자유주의 (20세기 말) [자료03]	• 1970년대에 두 차례의 석유 파동❹으로 인한 <u>스태그플레이션</u>이 발생했을 때 정부 실패가 부각되고, 시장의 기능이 다시 중시되면서 지지를 받음. • 하이에크: 정부가 시장에 개입하는 것이 비효율성이나 부패를 낳아 효율적인 자원 분배를 저해한다고 주장 • 정부의 지나친 시장 개입을 비판하면서 정부의 <u>규제 완화 및 철폐</u> 추구

[보충] 세계화의 물결 속에서 전 세계로 퍼져 나갔으나 빈부 격차가 심화하면서 비판이 제기되고 있음.

[예] 복지 축소, 기업에 대한 세금 감면, 공기업의 민영화, 노동 시장의 유연성 강화 등

● 빠른 핵심 체크 ●

자본주의의 특징
- 사유 재산권 보장
- 경제 활동의 자유 보장
- 시장 경제 체제

❶ 사유 재산제
개인이 재산을 가질 수 있도록 하는 제도이다. 구체적으로 토지나 공장, 기계와 같은 생산 수단을 개인이 소유, 관리, 처분할 수 있도록 허용하고 이러한 권리를 법으로 보호하는 것을 말한다.

● 빠른 핵심 체크 ●

자본주의의 역사적 전개 과정

상업 자본주의	상품 유통 과정에서 이윤 추구
⇩	
산업 자본주의	애덤 스미스의 자유방임주의 사상
⇩	
독점 자본주의	소수의 독점 기업, 시장 실패 발생
⇩	
수정 자본주의	대공황을 해결하기 위해 정부의 시장 개입 강조
⇩	
신자유주의	스태그플레이션을 해결하기 위해 정부 규제 완화 강조

❷ 보이지 않는 손
누군가가 의도하거나 계획하지 않더라도 자원의 배분이 효율적으로 이루어지도록 하는 시장의 기능을 의미한다.

❸ 자유방임주의
개인의 경제 활동의 자유를 최대한으로 보장하고, 이에 대한 국가의 간섭을 가능한 배제하려는 경제 사상 및 정책이다.

❹ 석유 파동
1973~1974년과 1978~1980년 두 차례에 걸친 석유 공급 감소로 국제 석유 가격이 상승하여 전 세계가 경제적 위기와 혼란을 겪은 일이다.

이 자료 이렇게 해석하자!

자료 01 애덤 스미스의 '보이지 않는 손'과 자유방임주의

우리가 저녁을 먹을 수 있는 것은 정육점 주인과 양조업자, 빵집 주인의 친절이나 자비 때문이 아니라, 그들 각자가 자신의 이익에 관심을 두는 이기심 때문이다. …… 각 개인은 '보이지 않는 손'에 의해 자기가 전혀 의도하지 않았던 다른 목적도 달성하게 된다. …… 그는 자신의 이익을 추구함으로써 의도적으로 공익을 증진시키려고 하는 경우보다 오히려 더 효과적으로 사회의 이익을 촉진한다.

– 애덤 스미스, 《국부론》 –

셀/파/길/잡/이 애덤 스미스는 '보이지 않는 손'으로 수요와 공급을 조절하는 시장의 가격 기능 또는 작동 원리를 은유적으로 표현하였다. 그는 개인이 사익을 추구하도록 경제적 자율성을 최대로 보장할 때 효율적인 자원 배분이 이루어지고 사회 전체의 부 또한 증가하게 된다고 보았다. 따라서 자유방임주의의 입장에서 국부를 증가시키는 최선의 방법은 국가의 간섭이나 개입을 최소화하고 개인이 자신의 이익을 자유롭게 추구하도록 내버려 두는 데 있다고 주장하였다.

교과서 자료 더 보기 ⊕

경제 체제의 유형

자본주의는 생산 수단을 개인이 소유하고, 시장 가격을 통해 경제 문제를 해결하려는 시장 경제 체제를 바탕으로 한다. 한편 자본주의의 체제를 유지하면서도 복지 정책 등을 통해 정부가 시장에 일정 부분 개입하는 것은 혼합 경제 체제라고 한다. 반면 사회주의 체제는 생산 수단을 국가가 소유하는 경제 체제이다.

자료 02 **통합탐구** 1929년 대공황 이후의 자본주의

미국 경제는 1920년대 중반까지 큰 호황을 누리는 것처럼 보였으나 필요한 재화의 양보다 생산량이 훨씬 더 많은 '과잉 생산'이 이루어지고 있었다. 그러던 중 1929년 10월 24일, 뉴욕 월가의 증권 거래소에서 주가가 폭락하면서 경제 대공황이 시작되었다. 이렇게 시작된 주가 폭락은 기업들의 도산과 대량 실업으로 이어졌다. 이때 케인스는 공황이 일어난 원인이 생산물을 실제로 구매할 수 있는 수요인 '유효 수요'가 부족했기 때문이라고 진단하고, 유효 수요를 증가시키려면 정부가 시장에 개입하여 고용률을 높이고 소득 격차를 줄여야 한다고 주장하였다. 이러한 이론에 따라 1933년 루스벨트 정부는 '뉴딜(New Deal) 정책'을 실시하였다. 미국 정부는 은행에 자금을 빌려주어 파산을 막고, 전기와 댐을 건설하는 대규모 공공사업 등을 추진하여 지역 개발과 일자리 창출을 도모하였다.

셀/파/길/잡/이 1929년부터 1930년대 초까지 전 세계를 휩쓴 대공황을 계기로, 소비자의 구매력 하락과 과잉 생산에 따른 시장 실패를 초래하였던 자본주의는 수정을 거치게 되었다. 즉, 정부는 대규모 공공사업을 벌이거나 사회 보장 제도를 강화하는 등의 정책을 통해 시장에 적극적으로 개입하였다. 이러한 수정 자본주의에서 국민 경제는 민간 부문과 공공 부문이 공존하는 혼합 경제가 되었다.

교과서 탐구 풀이 ✎

Q 대공황 이후 정부의 역할은 그 이전에 비해 어떻게 변화하였는지 서술해 보자.

A 대공황 이후 미국을 시작으로 대부분의 국가에서는 원칙적으로 자본주의 체제를 유지하면서도 경기 조절 정책이나 복지 정책 등을 통해 정부가 시장에 일정 부분 개입하는 것을 허용하였다. 즉, 정부의 개입을 최소화하며 작은 정부를 강조했던 이전에 비해 정부의 역할을 강조하는 큰 정부를 추구하는 것으로 변모하였다.

자료 03 자본주의의 전개에 영향을 미친 사상가들

애덤 스미스 (Smith, A.)	"개인의 이익 추구가 사회 전체의 조화와 이익을 가져온다. 정부의 시장 개입을 최소화하는 '자유방임주의'가 적합하다."
케인스 (Keynes, J. M.)	• "정부 기능의 확대는 시장 경제를 침해하는 것이 아니다. 나는 그것이 시장 경제의 전면적 붕괴를 막는 유일한 수단이라고 본다." • "대공황과 같이 경제가 침체된 상황에서 실업 문제를 해결하기 위해서는 정부가 지출을 확대하여 일자리를 늘림으로써 소득을 보장해야 한다."
하이에크 (Hayek, F. A.)	• "시장과 경쟁의 자유가 사회 발전의 필수적 요소이기 때문에 정부로부터 시장의 자유를 지켜야 한다." • "시장에 대한 정부의 개입이 정부의 거대화 및 관료화에 따른 비효율성이나 정부의 부정부패 때문에 오히려 효율적인 자원 배분을 저해하게 된다."
프리드먼 (Friedman, M.)	"정부와 시장은 별개이다. 정부는 존재해야 하지만, 시장의 게임 규칙을 집행하는 심판자로서의 역할만 해야 한다."

셀/파/길/잡/이

• 애덤 스미스는 산업 자본주의 시기에 시장의 자율성을 강조하였다. 특히 《국부론》에서 시장의 작동 원리를 '보이지 않는 손'에 비유하면서 개인이 사익을 추구하는 과정에서 효율적인 자원 배분이 이루어진다며 '자유방임주의'를 주장하였다.

• 케인스는 국가의 시장 개입 필요성을 강조하는 수정 자본주의로의 변화를 이끌었다. 특히 미국의 뉴딜 정책을 추진한 미국의 루스벨트 대통령은 케인스의 주장에 따라 정부가 직접 일자리를 창출하고 소비를 증진해야 한다고 보았다.

• 하이에크와 프리드먼은 정부의 역할을 축소하고 경제는 시장에 맡겨야 한다는 신자유주의를 주장하였다.

❸ 합리적 선택의 의미와 방법

1. 선택의 문제와 합리적 선택의 의미

(1) **선택의 문제 발생** 사람들의 욕구에 비해 자원이 부족한 자원의 희소성에서 비롯됨.

(2) **합리적 선택의 의미** 최소의 비용으로 최대의 편익을 얻을 수 있도록 선택하는 것
> **필요성** 시장 경제에서 경제 주체의 합리적 선택은 시장 전체의 효율성을 높임.

2. 합리적 선택을 위해 고려해야 할 것들

편익	어떤 선택을 통해 얻게 되는 만족이나 이득으로, 금전적·비금전적인 것을 포함함.
기회비용 자료 **04**	• 어떤 것을 선택함으로써 포기한 것의 가치 중 가장 가치 있는 것으로, 명시적 비용과 암묵적 비용을 모두 포함함. 예 갑이 취업 대신 대학 진학을 선택하였다면 대학 교육에 필요한 비용(명시적 비용)뿐만 아니라 취업을 통해 얻었을 소득(암묵적 비용)도 기회 비용에 포함됨. • 명시적 비용: 어떤 경제 행위를 할 때 직접 화폐로 지출한 비용 • 암묵적 비용: 어떤 경제 행위를 함으로써 포기한 것의 가치로, 화폐로 지출하지는 않지만 발생하는 비용

3. 합리적 선택의 방법

비용 - 편익 분석하기	• 선택에 따른 비용과 편익을 비교하여 비용보다 편익이 더 큰 쪽을 선택하는 것이 합리적임. • 여러 가지 선택에 따른 비용이 같다면 편익이 클수록 합리적이고, 편익이 같다면 비용이 적게 들수록 합리적임.
매몰 비용❺ 고려하지 않기	이미 지급하고 난 뒤 회수할 수 없는 비용 → 합리적 선택을 할 때 매몰 비용은 선택으로 발생하는 비용이 아니므로 고려해서는 안 됨.
합리적 의사 결정 단계 활용하기 자료 **05**	문제 인식 → 선택 기준의 결정 → 정보 수집 및 대안 탐색 → 대안 평가 → 최종 선택 및 실행

❹ 합리적 선택과 시장의 한계

1. 합리적 선택의 한계

(1) **편익과 비용의 정확한 파악의 어려움** 개인이 경제 활동에서 자신의 선택으로 인한 편익과 비용을 정확히 파악하기 어려운 경우가 있음.

(2) **사회 전체적으로 볼 때 비효율성 초래** 효율성을 추구한 개인의 합리적 선택이 사회 전체적으로 볼 때는 효율적이지 않은 경우가 나타나기도 함.

(3) **공공의 이익 훼손, 규범 준수 간과** 개인이 합리적 선택으로 효율성만을 지나치게 추구하다 보면, 공공의 이익을 훼손하거나 규범 준수를 간과할 수 있음. 비교 형평성: 사회 구성원에게 생산된 재화의 분배를 균형 있게 해야 한다는 원칙임.

2. 시장의 한계 자료 **06**

(1) **시장의 한계** 시장의 기능이 제대로 작동하지 않아 시장에서의 자원 배분이 효율적이지 못한 상태인 시장 실패❻가 발생함.

(2) **시장 실패의 원인**

불완전 경쟁	시장에 공급자가 하나밖에 없는 독점 시장이나 소수의 공급자가 존재하는 과점 시장이 나타나 자유로운 경쟁이 제한됨. → 시장에서 가격 결정이나 자원 배분이 효율적으로 이루어지지 못함.
공공재의 부족	공공재❼는 대가를 지급하지 않은 사람도 소비할 수 있고(비배제성), 한 사람이 공공재를 소비한다고 해서 다른 사람이 소비할 수 있는 몫이 줄어들지 않는 특성(비경합성)이 있어 무임승차❽ 문제가 발생함. → 필요한 공공재의 생산에 자원이 충분하게 배분되지 못함.
외부 효과❾	어떤 경제 주체의 행동이 제3자에게 의도하지 않은 혜택이나 손해를 가져다주면서도 이에 대한 보상이 이루어지지 않을 때 발생함. → 재화나 서비스가 사회가 필요로 하는 것보다 적게 생산(또는 소비)되거나 많이 생산(또는 소비)됨.

▶ 빠른 **핵심** 체크 ◀

합리적 선택을 위해 고려해야 할 것들
┌ 편익
└ 기회비용(명시적 비용+암묵적 비용)

합리적 선택의 방법
┌ 비용 - 편익 분석
├ 매몰 비용은 고려하지 않을 것
└ 합리적 의사 결정 단계 활용

❺ **매몰 비용**
경제 활동을 하다가 지출이 되었지만 돌려받을 수 없는 비용을 말한다. 회수가 불가능하므로 합리적인 선택을 할 때 고려하지 않는 것이 바람직하다. 예를 들어 공연을 보러 갔는데 지루하다면 과감히 자리에서 일어나 돌아가는 것이 더 합리적인 선택이다. 공연 티켓을 위해 지불한 비용은 돌려받을 수 없는 매몰 비용이기 때문이다.

▶ 빠른 **핵심** 체크 ◀

시장의 한계
┌ 시장 실패
└ 시장 실패의 원인 ┬ 불완전 경쟁
                   ├ 공공재의 부족
                   └ 외부 효과

❻ **시장 실패**
불완전 경쟁, 공공재의 부족, 외부 효과 등의 이유로 시장에서 자원 배분이 효율적으로 이루어지지 못한 상태를 말한다.

❼ **공공재**
국방, 치안, 도로 등 일단 생산되어 공급되면 많은 사람이 공동으로 소비할 수 있는 재화나 서비스를 말한다.

❽ **무임승차**
어떤 사람이 재화나 서비스를 소비하여 이득을 보았음에도 이에 대한 대가 지불을 회피하는 행위를 말한다.

❾ **외부 효과의 구분**

외부 경제	외부 불경제
• 다른 사람에게 혜택을 주지만 그에 대한 대가를 받지않는 경우 • 사회적으로 적정한 수준보다 적게 생산·소비됨.	• 다른 사람에게 손해를 끼치지만 그에 대한 보상을 하지않는 경우 • 사회적으로 적정한 수준보다 많이 생산·소비됨.

자료 04 기회비용과 합리적 선택

극장에서 두 시간 동안 영화를 보기 위해 영화 티켓 비용 1만 원을 지불하였고, 그 시간 동안 아르바이트로 얻을 수 있었던 수입이 1만 원이라고 하자. 이때 영화를 보기 위해 치르는 비용이 얼마인지 보자. 아르바이트를 하지 않고 영화를 볼 때의 기회비용은 영화 티켓 비용 1만 원뿐만 아니라 아르바이트로 얻을 수 있었던 수입 1만 원도 포함된다. 영화 티켓 비용 1만 원은 명시적 비용이고, 아르바이트로 얻을 수 있었던 수입 1만 원은 암묵적 비용이다. 따라서 영화를 보는 만족감의 가치가 2만 원보다 적다면 합리적 선택으로 볼 수 없다.

한편, 영화를 보던 중 재미를 느끼지 못하면서도 영화 티켓 비용 1만 원이 아까워 계속 극장에 있는 경우가 종종 있다. 이 경우 합리적 선택이라고 할 수 없는데, 왜냐하면 이미 지불한 1만 원은 극장에 계속 앉아 있든 나가든 회수할 수 없기 때문이다. 이처럼 회수할 수 없는 비용을 매몰 비용이라고 하는데, 합리적 선택을 위해서는 매몰 비용은 고려하지 않아야 한다.

셀/파/길/잡/이

선택에 따른 비용을 경제학적으로 기회비용이라고 하는데, 이는 두 가지로 구성된다. 하나는 선택한 대안을 위해 지출해야 하는 비용인 명시적 비용이다. 다른 하나는 선택을 위해 포기한 대안이 갖는 가치인 암묵적 비용이다. 어떤 대안을 선택하면 그로 인해 가질 수 있었던 다른 대안을 포기할 수밖에 없으므로 포기한 대안의 가치도 비용에 포함되는 것이다. 포기한 대안이 2개 이상일 경우 대안들의 가치 중 가장 큰 가치가 암묵적 비용에 해당한다.

자료 05 합리적 선택을 위한 의사 결정 단계

하정이는 (1) 스마트폰을 구매하기로 하고, (2) 기능, 가격, 내구성, 디자인을 제품 선택의 기준으로 결정하였다. 하정이는 (3) 각 기준에 따라 일정한 점수를 부여하는 방법으로 인터넷 검색과 대리점 방문을 통해 여러 대안을 만들어 아래와 같은 의사 결정표를 작성하였다.

구분	기능 (30점)	가격 경쟁력 (25점)	내구성 (20점)	디자인 (15점)	합계 (점)
A 스마트폰	25	20	20	10	75
B 스마트폰	30	25	15	15	85
C 스마트폰	20	25	20	15	80

(4) 주어진 평가 기준을 토대로 대안을 평가한 결과, B 스마트폰의 합계 점수가 85점으로 가장 높았다. 그래서 하정이는 (5) B 스마트폰을 구매하기로 하였다.

셀/파/길/잡/이 (1)~(5)까지 합리적 의사 결정 단계에 따라 의사 결정표를 만들면, 제품에 따라 편익과 비용을 비교해 볼 수 있고, 그 선택에 따른 기회비용이 무엇인지 알 수 있기 때문에 합리적 선택을 할 수 있다.

교과서 자료 더 보기

합리적 의사 결정 단계

(1) 문제 인식	선택해야 할 것과 그 것의 필요성이 무엇인지 인식함.
(2) 선택 기준의 결정	구체적인 평가 기준과 그 중요도를 결정함.
(3) 정보 수집	정보를 수집하고 가능한 대안을 탐색함.
(4) 대안 평가	선택의 기준에 따라 각각의 대안에 대한 비용과 편익을 평가함.
(5) 최종 선택 및 실행	최종적으로 구매할 것을 선택함.

자료 06 통합탐구 시장의 한계가 나타난 여러 사례

(가) ○○업체들이 담합을 통해 원료 단가를 깎고 최종 판매가를 부당하게 올리다가 적발되었다. 공정 거래 위원회는 이 같은 담합 행위를 지속해 온 회사들에 과징금을 부과한다고 밝혔다. 이로 인해 소비자들은 높은 가격에 제품을 구매하였고, 원료를 공급하는 업자들도 소득이 줄어들었다.

(나) 꿀벌은 꽃에서 꿀을 모아 가고, 그 과정에서 과일나무의 열매를 맺는 데 필요한 수분 활동이 이루어진다. 따라서 과수원 주변에 양봉업자가 와서 꿀벌을 친다면 과수원 주인은 이전보다 더 많은 과일을 수확할 수 있지만, 그 혜택에 대해 양봉업자에게 대가를 지급하지 않는다. 양봉업자도 더 많은 꿀을 얻게 되지만 그 대가를 지급하지는 않는다.

(다) 어떤 사람이나 기업이 오염 물질을 배출하여 다른 사람에게 손해를 끼치면서도 아무런 대가를 지급하지 않는다고 하자. 이런 경우, 다른 사람에게 끼치는 손해에 대해 비용을 지불하거나 보상을 하지 않기 때문에 사회적으로 적정한 수준보다 많이 생산되는 문제가 발생한다.

셀/파/길/잡/이
· (가)에서 업체들은 소수의 기업이 지배하는 상품 시장에서 담합을 통해 가격을 부당하게 올리는 등 부당한 이익을 취하고 공정한 경쟁을 해치는 행위를 하였다.
· (나)에서 양봉업자와 과수원 주인 간의 관계는 외부 효과 중 외부 경제의 대표적 사례이다.
· (다)에서 환경 오염은 외부 효과 중 외부 불경제의 대표적 사례이다.

교과서 탐구 풀이

Q 국방 서비스와 같은 공공재가 시장을 통해 충분히 공급되기 어려운 이유를 설명해 보자.

A 국방 서비스는 그것을 이용하는 사람 중 비용을 지불하지 않는 사람과 지불한 사람을 구별하여 혜택을 주는 일이 매우 어려우며(비배제성), 다른 사람의 소비로 인해 나의 국방 서비스의 양이 줄어드는 것이 아니기 때문에 무임승차자가 발생하게 된다. 이로 인해 민간 기업은 이윤을 얻기 어려우므로 생산을 하지 않으므로 시장에서 충분히 공급되지 않는다.

개념 채우기

1. 자본주의의 의미와 특징

의미	사유 재산제에 바탕을 두고, 자유로운 경쟁을 통해 상품의 생산, 교환, 분배, 소비가 이루어지는 경제 체제
특징	• (❶) 보장 • 시장 경제 체제 • 경제 활동의 자유 보장

2. 자본주의의 역사적 전개 과정

상업 자본주의	• 15세기 말 중상주의 정책에 힘입어 발전 • 상품의 유통 과정에서 이윤 추구
산업 자본주의	• 18세기 중반 산업 혁명으로 생산성 증가 • 애덤 스미스는 '보이지 않는 손'의 역할을 강조하면서 국가의 간섭을 최대한 배제하려는 (❷) 사상 제시
독점 자본주의	• 19세기 말 자본주의가 고도로 발달하면서 거대한 소수 기업이 시장 지배 • 자원 배분이 효율적으로 이루어지지 않는 시장 실패가 나타남.
(❸)	• 1929년 대공황을 해결하기 위해 등장 • 케인스는 시장 경제의 문제점을 보완하기 위해 정부가 시장에 개입해야 한다고 주장
신자유주의	• 1970년대에 석유 파동으로 인한 스태그플레이션을 정부가 해결하지 못해 등장 • 비효율성을 낳는 정부의 개입을 비판하면서 다시 시장의 기능을 강조함.

3. 합리적 선택의 의미와 방법

합리적 선택 시 고려해야 할 것들	• 편익: 어떤 선택을 통해 얻게 되는 만족이나 이득 • (❹): 포기한 것의 가치 중 가장 큰 것(명시적 비용 + 암묵적 비용)
합리적 선택의 방법	• 비용 – 편익 분석 • 매몰 비용은 고려하지 않을 것 • 합리적 선택을 위한 의사 결정 단계 활용

4. 합리적 선택과 시장의 한계

불완전 경쟁	독점 시장이나 과점 시장이 나타나 경쟁이 제한됨.
공공재 부족	무임승차로 인해 필요한 공공재의 생산에 자원이 충분하게 배분되지 못하는 문제가 발생함.
(❺)	제3자에게 의도하지 않은 혜택이나 손해를 가져다 주면서도 어떤 대가를 받거나 지급하지 않아 적정 수준보다 적게 생산되거나 많이 생산됨.

답 ❶ 사유 재산권 ❷ 자유방임주의 ❸ 수정 자본주의 ❹ 기회비용 ❺ 외부 효과

---

1 자본주의의 의미와 특징

01 자본주의의 특징에 대한 옳은 설명을 〈보기〉에서 고른 것은?

┤ 보기 ├
ㄱ. 사유 재산 제도를 부정한다.
ㄴ. 경제 활동의 자유가 보장된다.
ㄷ. 정부의 계획에 따라 상품의 거래가 이루어진다.
ㄹ. 경제 주체들은 시장에서 경쟁을 통해 이익을 추구한다.

① ㄱ, ㄴ　　　② ㄱ, ㄷ　　　③ ㄴ, ㄷ
④ ㄴ, ㄹ　　　⑤ ㄷ, ㄹ

02 (가)에 대한 설명으로 옳지 <u>않은</u> 것은?

우리나라 경제 체제를 흔히 [(가)] 라고 부른다. [(가)] 는 사유 재산제에 바탕을 두고 자유로운 경쟁을 통해 상품의 생산, 교환, 분배, 소비가 이루어지는 경제 체제이다.

① 시장 가격의 기능을 신뢰한다.
② 개인의 경제 행위에 대한 책임은 국가가 진다.
③ 시장의 기능이 효율적인 자원 배분을 돕는다고 본다.
④ 시장에서 경쟁을 통해 자신의 경제적 이익을 자유롭게 추구할 수 있다.
⑤ 각 경제 주체가 자신의 이익을 추구하는 과정에서 사회 전체의 부도 증가한다고 본다.

2 자본주의의 역사적 전개 과정과 특징

03 밑줄 친 ㉠에 대한 설명으로 옳지 <u>않은</u> 것은?

1929년부터 1930년대 초까지 전 세계를 휩쓴 대공황을 계기로, 과잉 생산의 문제를 안고 있던 ㉠ 자본주의는 수정될 수밖에 없었다.

① 정부가 시장에 적극적으로 개입하게 되었다.
② 개인의 이익보다 사회 전체의 이익을 중시하였다.
③ 국민 경제 중 정부가 규제하고 관리하는 공공 부문이 확대되었다.
④ 자본주의의 형태가 정부가 개입하는 수정 자본주의로 변모하였다.
⑤ 국민 경제는 민간 부문과 공공 부문이 공존하는 혼합 경제가 되었다.

04 다음과 같은 사상이 중심이 된 자본주의 사회에 대한 설명으로 옳은 것은?

> 우리가 저녁 식사를 기대할 수 있는 건 푸줏간 주인, 양조장 주인, 빵집 주인의 자비심 덕분이 아니라, 그들이 자기 이익을 챙기려는 생각 덕분이다. 각 개인은 보이지 않는 손에 의하여 인도되어 자기가 전혀 의도하지 않았던 목적을 촉진하게 된다. 그는 자신의 이익을 추구함으로써 오히려 더 효과적으로 사회의 이익을 촉진한다.   – 애덤 스미스, 《국부론》 –

① 국가가 시장에 적극 개입하였다.
② 중상주의 정책에 힘입어 발전하였다.
③ 시장의 한계를 보완하고자 등장하였다.
④ 복지 축소와 공기업의 민영화를 주장하였다.
⑤ 개인의 경제 활동의 자유가 최대한 보장되었다.

통합탐구

05 다음 사건을 계기로 등장한 자본주의 사회의 특징에 대한 옳은 설명을 〈보기〉에서 고른 것은?

> 1973~1974년, 1978~1980년 두 차례에 걸쳐 국제 석유 가격이 폭등하여 전 세계 경제에 타격을 준 석유 파동이 있었다. 이러한 석유 파동으로 경기 침체와 동시에 물가가 상승하는 스태그플레이션이 발생하였다.

┤ 보기 ├
ㄱ. 국가가 적극적으로 시장에 개입하여 시장 실패를 해결하였다.
ㄴ. 소수 기업이 시장에 대한 지배력을 행사하면서 경쟁이 제한되었다.
ㄷ. 정부의 역할을 줄이고 시장 기능을 중시하자는 주장이 나오게 되었다.
ㄹ. 기업에 대한 세금 감면, 노동 시장의 유연성 강화, 공기업 민영화 등을 실시하였다.

① ㄱ, ㄴ   ② ㄱ, ㄷ   ③ ㄴ, ㄷ
④ ㄴ, ㄹ   ⑤ ㄷ, ㄹ

---

06 그림은 자본주의의 역사적 전개 과정을 네 단계로 보여 준다. (가)~(라)에 대한 옳은 설명을 〈보기〉에서 고른 것은?

(가) 상업 자본주의	→	(나)	→	(다) 수정 자본주의	→	(라)

┤ 보기 ├
ㄱ. (가) 시기에는 개인의 경제적 자유를 최대한 보장할 때 사회 전체의 이익도 커진다고 보았다.
ㄴ. (나) 시기에 자원이 효율적으로 배분되지 못하는 시장 실패의 문제가 나타나게 되었다.
ㄷ. (다) 시기에 정부가 시장에 적극적으로 개입하는 큰 정부를 추구하였다.
ㄹ. (라) 시기에 복지를 확대하고 노동 시장의 유연성을 강화하였다.

① ㄱ, ㄴ   ② ㄱ, ㄷ   ③ ㄴ, ㄷ
④ ㄴ, ㄹ   ⑤ ㄷ, ㄹ

---

07 다음은 정부 규제에 대한 갑과 을의 토론 내용이다. 이에 대한 설명으로 적절하지 않은 것은?

> 사회자: 소비자 보호와 공정 거래를 위한 정부 규제에 대해 어떻게 생각하십니까?
> 갑: 소비자를 보호하고 공정한 거래 질서를 확립하기 위해 정부 규제는 필요합니다. 시장 참여자들의 자유 경쟁에 의해 가격이 결정되지 않고, 소수의 영향력 아래 가격이 결정되기도 한다는 사실을 기억해야 합니다.
> 을: 제 생각은 달라요. 정부 규제는 시장이 제대로 작동하는 데 방해가 될 뿐이에요. 시장과 경쟁의 자유야말로 사회 발전의 필수적인 요소라는 것을 기억해야 합니다. 정부로부터 시장의 자유를 지켜야 합니다.

① 갑은 공공의 이익을 위해 정부의 개입이 정당화될 수 있다고 생각한다.
② 을은 시장에 의한 자원 배분이 바람직하다고 보고 있다.
③ 갑은 작은 정부, 을은 큰 정부를 추구할 것이다.
④ 갑은 시장 실패, 을은 정부 실패의 가능성을 강조할 것이다.
⑤ 갑과 을은 시장의 기능과 정부의 역할에 대해 다른 견해를 가지고 있다.

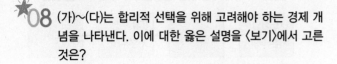

3 합리적 선택의 의미와 방법

08 (가)~(다)는 합리적 선택을 위해 고려해야 하는 경제 개념을 나타낸다. 이에 대한 옳은 설명을 〈보기〉에서 고른 것은?

(가)	이미 지급하고 난 뒤 회수할 수 없는 비용
(나)	어떤 선택을 통해 얻게 되는 만족이나 이득
(다)	어떤 것을 선택함으로써 포기한 것들 가운데 가장 가치 있는 것

┤ 보기 ├

ㄱ. 합리적 선택을 위해 (가)를 고려해서는 안 된다.
ㄴ. 어떤 선택을 할 때 포기한 대안들 중 (나)가 가장 작은 것을 선택하는 것이 합리적 선택이다.
ㄷ. (나)가 (다)보다 큰 대안을 선택하는 것이 합리적 선택이다.
ㄹ. 어떤 선택을 하는 순간 모든 사람에게 (다)는 같다.

① ㄱ, ㄴ ② ㄱ, ㄷ ③ ㄴ, ㄷ
④ ㄴ, ㄹ ⑤ ㄷ, ㄹ

09 다음 사례에 대한 분석으로 옳은 것은?

갑은 고등학교를 졸업하면서 A 대학교에도 입학 원서를 냈고, B 회사에도 취업 원서를 냈다. 갑은 A 대학과 B 회사에 모두 합격하였고, 어디로 갈 것인지 고민하였다. 대학 생활을 위해서는 4년 동안 2,000만 원의 ㉠ 학비와 200만 원의 ㉡ 교재비를 지출해야 하지만, 회사에 들어가면 1년 동안 1,000만 원의 ㉢ 소득을 얻을 수 있었다. 결국, 갑은 대학에 진학했다. (단, 그 외의 비용은 발생하지 않는다고 가정한다.)

① 갑의 대학 진학에 따른 기회비용은 2,000만 원이다.
② ㉠은 명시적 비용에 해당한다.
③ ㉡은 암묵적 비용에 해당한다.
④ ㉢은 매몰 비용에 해당한다.
⑤ 갑은 대학 진학에 따른 편익이 ㉠과 ㉡의 합보다 크다고 판단하였다.

10 다음 사례에 대한 옳은 분석을 〈보기〉에서 고른 것은?

기정이와 준서는 등산을 가장 좋아한다. 그래서 주말마다 함께 등산을 즐기고 있다. 그런데 이번 주말에 비가 온다는 소식을 듣고 실내 암벽 등반장을 2만 원을 지불하고 예약하였다. 그러나 막상 주말이 되니 날씨가 매우 화창하였다. 그래서 둘은 등산을 갈 것인지 실내 암벽 등반을 하러 갈 것인지 고민이 되었다. 실내 암벽 등반장의 예약은 당일 취소 불가로 환불이 불가능해서 더욱 고민이 되었다. 그러나 결국 두 사람은 가장 좋아하는 등산을 하기로 결정했다.

┤ 보기 ├

ㄱ. 위 사례에서 발생한 매몰 비용은 2만 원이다.
ㄴ. 두 사람이 등산을 하기로 결정한 것은 합리적 선택이다.
ㄷ. 합리적 선택을 하기 위해서 실내 암벽 등반장 예약금을 고려해야 한다.
ㄹ. 두 사람이 합리적인 선택을 했다고 한다면 등산을 통한 금전적 이익이 있어야 한다.

① ㄱ, ㄴ ② ㄱ, ㄷ ③ ㄴ, ㄷ
④ ㄴ, ㄹ ⑤ ㄷ, ㄹ

4 합리적 선택과 시장의 한계

11 다음 사례들의 공통점에 대한 적절한 분석을 〈보기〉에서 고른 것은?

• 수돗물이 싸다는 이유로 물을 필요 이상으로 낭비하게 되면 환경 오염이나 수자원 부족 같은 문제가 생길 수 있다.
• 기업이 이윤 극대화를 위해 소수의 사람들에게 필요한 치료제를 생산하지 않는다면 인간의 존엄성 및 생명 존중 사상이 훼손될 수 있다.

┤ 보기 ├

ㄱ. 개인이나 기업의 합리적 선택이 사회적 차원에서 보면 바람직하지 않은 결과를 초래할 수 있다.
ㄴ. 각 경제 주체는 선택의 과정에서 공익과 규범을 고려하여 조화를 추구하는 자세를 갖춰야 한다.
ㄷ. 선택을 통해 공공의 이익과 규범을 준수하기 위해서는 무엇보다 효율성을 추구하는 것이 필요하다.
ㄹ. 합리적 선택을 위해 개인이나 기업이 비용을 줄이려고 사회 규범을 어기는 것은 어쩔 수 없는 과정이다.

① ㄱ, ㄴ ② ㄱ, ㄷ ③ ㄴ, ㄷ
④ ㄴ, ㄹ ⑤ ㄷ, ㄹ

12 교사의 질문에 옳게 답한 학생만을 〈보기〉에서 있는 대로 고르면 몇 명인가?

> 시장에서 자원이 효율적으로 배분되지 못하는 시장 실패가 발생하는 여러 가지 이유를 발표해 볼까요?

┤ 보기 ├

갑: 대가를 지급하지 않아도 같은 서비스를 누릴 수 있는 공공재는 사회가 필요로 하는 만큼 생산되지 않습니다.

을: 하나 또는 소수의 기업이 시장을 지배하며 생산량을 줄이고 가격을 올려서 이윤을 추구하기도 합니다.

병: 다른 사람에게 혜택을 주지만 그에 대한 대가를 받지 않는 경우 사회적으로 필요한 수준보다 적게 생산됩니다.

정: 다른 사람에게 손해를 끼치지만 그에 대한 보상을 하지 않는 경우 사회적으로 적정한 수준보다 많이 소비됩니다.

① 없음. ② 1명 ③ 2명
④ 3명 ⑤ 4명

13 밑줄 친 ㉠의 사례로 적절하지 **않은** 것은?

> 시장 경제에서 개인이 사적인 이익을 추구하는 것은 시장 경제를 발전시키는 원동력이 된다. 그러나 남에게 피해를 주는 ㉠ 지나친 사익 추구는 사회 갈등과 경제적 비효율을 초래한다.

① 한 기업이 난치병을 앓는 아기들을 위해 적자를 피할 수 없는 특수 분유를 계속해서 생산하고 있다.

② 기업들이 담합하여 상품의 가격을 높게 설정하면서 소비자들은 관련 상품을 비싸게 구매할 수밖에 없었다.

③ 한 기업이 폐수 처리 비용을 줄이기 위해 무분별하게 공해 물질을 배출하여 지역 주민들의 건강이 악화되었다.

④ 사람들이 특정 물품을 사재기하면서 상품 가격이 오르게 되어 소비자들이 비싼 가격에 물건을 살 수밖에 없었다.

⑤ 부동산 투기로 땅값이 상승하면 땅을 구입한 사람들은 부가 증가하지만 서민들은 집을 마련하기가 점점 더 어려워진다.

14 밑줄 친 ㉠에 해당하는 내용을 서술하시오.

> **○○타임즈**   1933. 12. 31.
>
> 작년 말 '뉴딜(New Deal)'이라는 구호를 내걸고 대통령에 당선된 루스벨트는 취임 직후부터 불황을 타개하기 위한 각종 정책을 추진하였다. 그 결과 1년 동안 산업 생산량이 50%나 증가하는 등 경기 회복의 기미가 나타나고 있다. 뉴딜은 카드 게임에서 새로운 카드로 바꾸어 친다는 뜻이다. 이는 미국 경제가 그동안 견지해 왔던 이전의 원칙을 포기하고, ㉠ 새로운 방법으로 경제 문제를 해결한다는 것을 의미한다.

15 다음을 읽고 물음에 답하시오.

> 호텔 주방에서 일하는 갑은 매달 300만 원의 월급을 받고 있다. 그는 이 일을 그만두고 자신의 식당을 개업하려고 한다. 식당 개업 시 1년 동안 평균 예상 수입은 2억 원이고, 1년 동안 식당을 운영하면서 드는 비용은 1억 원이다.

(1) 식당을 개업하는 경우 발생하는 기회비용과 편익은 각각 얼마인지 쓰시오.

(2) 갑에게 합리적 선택이 무엇인지 쓰고, 그 이유를 서술하시오.

16 다음 사례에 나타난 A사의 문제점을 서술하시오.

> A사가 개발한 자동차는 뒤에서 다른 차가 들이받을 경우 폭발하는 설계상의 결함이 있었다. 그러나 A사는 이러한 결함을 알고 비용과 편익을 분석하였는데, 이 결함으로 죽거나 다친 사람에게 지급하는 위로금과 치료비, 자동차 수리비가 이미 판매된 차의 부품을 교체해 주는 비용의 약 3분의 1밖에 되지 않는다는 계산 결과를 얻었다. 그래서 설계상의 결함을 알았으면서도 개선하지 않고, 결함 있는 차를 계속 판매하였다.

수능 기출 _변형

01 교사의 질문에 대해 옳게 답변한 학생을 〈보기〉에서 고른 것은?

표는 두 가지 경제 체제를 비교한 것입니다. (가), (나)에 들어갈 적절한 질문을 말해 볼까요?

질문 체제	(가)	(나)
자본주의 시장 경제	예	아니요
사회주의 계획 경제	아니요	예

┤ 보기 ├

갑: (가)는 "경제적 효율성이 높은가?"가 적절합니다.

을: (가)는 "시장 가격에 따라 상품 거래가 이루어지는가?"가 적절합니다.

병: (나)는 "사유 재산권을 인정하는가?"가 적절합니다.

정: (나)는 "자원 배분 과정에서 '보이지 않는 손'을 강조하는가?"가 적절합니다.

① 갑, 을 　　② 갑, 병 　　③ 을, 병

④ 을, 정 　　⑤ 병, 정

교육청 기출 _변형

02 밑줄 친 ㉠, ㉡에 대한 설명으로 옳은 것은?

　　갑은 오래된 책상을 교체하기로 하였다. 처음에는 20만 원짜리 ㉠ 책상을 시장에서 구입할까도 생각하였지만, 직접 제작하기로 하였다. ㉡ 책상을 직접 제작하면 목재비, 배송료, 공방 이용료만 하더라도 20만 원이고, 3일간의 제작 기간 동안 아르바이트를 할 수 없게 된다. 하지만 자신이 쓸 책상을 직접 만들었다는 뿌듯함과 자기가 원하는 모양으로 만들 책상으로부터 얻는 즐거움 등을 생각해 본 결과, 책상을 직접 제작하는 것이 합리적이라고 판단하였다.

┤ 보기 ├

ㄱ. ㉠의 명시적 비용은 20만 원이다.

ㄴ. ㉡을 선택할 때 명시적 비용과 암묵적 비용을 함께 고려하였다.

ㄷ. 명시적 비용은 ㉡보다 ㉠을 선택할 때 크다.

ㄹ. ㉠과 ㉡을 통해 얻는 편익이 같다고 판단하였다.

① ㄱ, ㄴ 　　② ㄱ, ㄷ 　　③ ㄴ, ㄷ

④ ㄴ, ㄹ 　　⑤ ㄷ, ㄹ

평가원 기출 _변형

03 밑줄 친 ㉠~㉢에 대한 옳은 설명을 〈보기〉에서 고른 것은?

　　미국 정부는 대공황을 극복하기 위해 자유방임주의에 기초한 ㉠ 이전의 경제 체제와는 다른 ㉡ 새로운 경제 체제를 채택하였다. 미국 정부는 뉴딜 정책과 같은 적극적인 시장 개입을 통해 고용을 창출하고 경기를 활성화하고자 하였다. 그러나 미국 경제는 1970년대에 발생한 '석유 파동'으로 인해 다시 어려움을 겪게 되었다. 이를 계기로 1980년대 초 미국 정부의 경제 운용 방식은 정부의 개입을 축소하고 시장의 자율성을 강조하는 ㉢ 새로운 방향으로 전환되었다.

┤ 보기 ├

ㄱ. ㉠에서는 국가의 간섭을 최대한 배제하려고 하였다.

ㄴ. ㉡에서 정부는 시장의 한계를 보완하고 국민의 인간다운 생활을 보장하기 위해 큰 정부를 강조하였다.

ㄷ. 1929년 대공황은 ㉢으로 이행하는 배경이 되었다.

ㄹ. ㉢에서는 ㉡에 비해 독과점에 대한 규제가 강화되었다.

① ㄱ, ㄴ 　　② ㄱ, ㄷ 　　③ ㄴ, ㄷ

④ ㄴ, ㄹ 　　⑤ ㄷ, ㄹ

평가원 기출 _변형

04 다음 그림은 자본주의 경제 체제의 변천 과정을 도식화한 것이다. 이에 대한 설명으로 가장 적절한 것은?

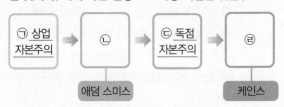

㉠ 상업 자본주의 → ㉡ → ㉢ 독점 자본주의 → ㉣

애덤 스미스 　　　　　　　　케인스

① ㉠ 시기에는 개인의 합리적 선택이 사회 전체의 효율성을 증가시킨다는 사상이 지배적이었다.

② ㉡ 시기에는 시장에 대한 정부의 개입을 최소화하고자 하였다.

③ 세계 대공황은 ㉢이 등장하게 된 배경으로 작용하였다.

④ ㉣ 시기에는 정부 규제의 완화 및 철폐를 주장하였다.

⑤ ㉢ 시기에는 ㉣ 시기에 비해 시장 실패를 줄이기 위한 조치가 더 적극적으로 시행되었다.

교육청 기출 _변형

05 다음 자료에 대한 옳은 설명을 〈보기〉에서 고른 것은?

> 현재 100만 원을 가지고 있는 갑은 1안과 2안 중에서 무엇을 선택할지 고민하고 있다. 단, 갑은 다른 조건은 고려하지 않았다.
> - 1안: 1년 동안 사용한 후 40만 원을 받고 판매점에 되파는 조건으로 A폰을 ⊙ 100만 원에 구입한다.
> - 2안: 1년 동안 사용한 후 판매점에 반납하는 조건으로 A폰을 ⓒ 70만 원에 구입하고, 나머지 30만 원은 원금의 10%를 ⓒ 이자로 받는 1년 만기 통장에 넣어 둔다.

┤ 보기 ├
ㄱ. 갑의 선택에 있어 ⊙은 매몰 비용이다.
ㄴ. 2안을 선택하려는 경우 ⓒ은 명시적 비용이다.
ㄷ. 1안을 선택하려는 경우 ⓒ은 기회비용에 포함된다.
ㄹ. 두 가지 방안 중 2안을 선택하는 것이 합리적이다.

① ㄱ, ㄴ   ② ㄱ, ㄷ   ③ ㄴ, ㄷ
④ ㄴ, ㄹ   ⑤ ㄷ, ㄹ

평가원 기출 _변형

06 다음은 정부의 유가 정책에 대한 갑과 을의 대화이다. 이에 대한 설명으로 적절하지 <u>않은</u> 것은?

> 갑: 정부가 정유사들의 기름 값 인하를 유도하는 것은 시장의 가격 기능을 왜곡하는 것은 아닐까? 중동 정세 악화로 기름 값이 오른 것은 오히려 시장 기구가 잘 작동하고 있다는 증거인데, 이를 인위적으로 바꾸는 것은 바람직하지 않아.
> 을: 요즘처럼 높은 물가로 인해 소비자들이 어려울 때는 정부가 적절하게 개입하여 조치를 취하는 것이 사회적으로 이로울 거야. 시장에 의한 자원 배분이 늘 바람직하다는 생각은 곤란해.

① 갑은 시장에 의한 자원 배분이 바람직하다고 보고 있다.
② 갑은 시장 여건에 따른 가격 변화는 받아들여야 한다는 입장이다.
③ 을은 국민의 어려운 경제 상황을 개선하기 위해서 정부의 개입이 정당화될 수 있다고 생각한다.
④ 을은 국가가 시장에 개입하는 것이 시장의 기능으로 자원 배분이 이루어지는 것보다 효율적이라고 생각한다.
⑤ 갑과 을은 정부의 역할과 시장 기능에 대해 다른 견해를 가지고 있다.

평가원 기출 _변형

07 (가), (나)의 경제 개념에 대한 옳은 설명을 〈보기〉에서 고른 것은?

> (가) 경제 주체가 어떤 경제 행위를 선택할 때 얻게 되는 만족이나 가치
> (나) 경제 주체가 여러 가지 대안들 가운데 하나를 선택할 때 포기한 대안들의 가치 중 가장 큰 것

┤ 보기 ├
ㄱ. (나)는 매몰 비용에 해당한다.
ㄴ. 암묵적 비용은 (나)에 포함되지 않는다.
ㄷ. (가)가 (나)보다 큰 것을 선택하는 것은 합리적 선택이다.
ㄹ. 최소의 (나)로 최대의 (가)를 누리는 것은 효율성의 원리이다.

① ㄱ, ㄴ   ② ㄱ, ㄷ   ③ ㄴ, ㄷ
④ ㄴ, ㄹ   ⑤ ㄷ, ㄹ

교육청 기출 _변형

08 다음 진술 Ⅰ~Ⅳ에 대해 옳게 평가한 학생을 〈보기〉에서 고른 것은?

> Ⅰ: 편익은 암묵적 비용을 포함한다.
> Ⅱ: 기회비용이 작은 것을 선택해야 한다.
> Ⅲ: 시장 실패는 합리적 선택의 한계를 보여 준다.
> Ⅳ: 합리적 선택을 위해서는 매몰 비용을 제외해야 한다.

┤ 보기 ├
갑: 편익은 어떤 선택을 통한 만족감이나 이득이므로 Ⅰ은 잘못된 진술이에요.
을: 기회비용은 포기한 것의 가치이므로 Ⅱ은 잘못된 진술이에요.
병: 시장 실패는 각각의 경제 주체들이 효율성만을 추구할 때 사회 전체적으로는 효율적이지 않을 수 있으므로 Ⅲ은 옳은 진술이에요.
정: 매몰 비용도 명시적 비용에 포함되기 때문에 Ⅳ은 옳은 진술이에요.

① 갑, 을   ② 갑, 병   ③ 을, 병
④ 을, 정   ⑤ 병, 정

02 시장 경제의 발전과 경제 주체의 역할

1 시장 경제의 발전을 위한 정부와 기업가의 역할

1. 정부의 역할

공정한 경쟁 촉진	• 독과점 기업의 횡포를 규제함으로써 불공정 거래 행위 규제 • 관련 법규: 독점 규제 및 공정 거래에 관한 법률 및 경제 관련 법률 • 관련 기관: 한국소비자원❶, 공정 거래 위원회❷ 등 소비자 보호 기관
공공재 생산	• 공공재의 예: 국방, 치안, 공원, 기상 정보 제공 서비스 등 • 무임승차 문제 때문에 사회에서 필요한 양만큼 생산되지 않는 공공재는 정부가 직접 공급함으로써 시장 실패를 개선함.
외부 효과 개선 예 담배를 피우지 않는 사람이 간접 흡연으로 피해를 입음.	• 외부 경제(긍정적 외부 효과)가 있는 행위: 보조금 지급, 세제 혜택 등 긍정적 유인 제공 → 생산이나 소비를 늘림. 예 꽃 가게 옆에 이벤트 카페가 새로 생기면서 꽃 가게 매출이 상승함. • 외부 불경제(부정적 외부 효과)가 있는 행위: 오염 물질 배출량 제한, 세금 부과 등 부정적 유인 제공 → 생산이나 소비를 줄이도록 함.
빈부 격차 문제 개선	사회 보장 제도나 누진세❸ 등과 같은 소득 재분배 정책❹ 시행

왜 시장 경제는 효율성은 높지만 공평한 분배가 보장되지 않기 때문임.

2. 기업가의 역할

(1) 기업의 경제적 역할

재화와 서비스의 공급자	• 재화와 서비스를 생산·공급하여 소비자들의 수요를 충족시킴. • 기업의 목적은 이윤의 극대화임.
생산 요소의 수요자❺	노동·토지·자본과 같은 생산 요소를 생산 요소 시장에서 공급받고 그 대가로 임금·지대·이자 등을 지급함.
경제 활성화에 이바지	생산 활동을 통해 일자리를 창출하고, 국민 소득을 증대시킴.

(2) 기업가 정신과 사회적 책임

기업가 정신의 발휘 자료 01	• 기업가 정신: 미래의 위험과 불확실성을 무릅쓰고 혁신과 창의성을 바탕으로 이윤을 추구하는 기업가의 의지 • 의의: 생산성 향상은 물론 소비자 만족, 노사 관계 안정으로 이어져 경제 발전에 도움이 됨.
기업의 사회적 책임 수행	• 기업 윤리를 토대로 공정하게 경쟁하고, 법규를 준수하여 건전한 이윤 추구 예 고용 차별, 불합리한 해고는 하지 않아야 함. • 노동자의 권익과 복지 실현 및 소비자의 권리 존중 • 장애인 고용, 낙후된 지역에 공장 설립, 예술 및 교육 지원 사업 등의 실천

자료 01 통합탐구 기업의 역할

새로운 생산 방식
새로운 기술 개발
신제품 개발
새로운 시장 개척
새로운 조직 형성
새로운 원료나 부품 공급

▲ 혁신의 요소

경제학자 슘페터는 기업가 정신의 본질을 혁신이라고 보았다. 그는 이윤 추구를 위해 새로운 방식으로 새로운 상품을 개발하는 것을 기술 혁신이라 규정하고, 기술 혁신을 통해 '창조적 파괴'에 앞장서는 기업가의 노력이나 의욕을 기업가 정신이라고 정의했다. 그는 이윤이 기업가의 혁신에서 발생되는 것이라고 하였으며, 이윤을 창조적 파괴 행위를 성공적으로 이끈 기업가의 정당한 노력의 대가라고 보았다.

셀프/파/길/잡/이 슘페터가 말한 창조적 파괴는 기존에 존재하는 것을 파괴하고 새로운 시장을 창출함으로써 새로운 산업이 만들어지고 새로운 직업이 생기며, 수많은 사람들에게 기회를 제공하는 것을 의미한다.

빠른 핵심 체크

시장 경제의 발전을 위한 정부의 역할
- 공정한 경쟁 촉진
- 공공재 생산
- 외부 효과 개선
- 빈부 격차 문제 개선

시장 경제의 발전을 위한 기업가의 역할
- 기업가 정신 발휘
- 기업의 사회적 책임 수행

❶ 한국소비자원
소비자의 불만을 처리하고 피해를 구제하는 역할을 한다.

❷ 공정 거래 위원회
「독점 규제 및 공정 거래에 관한 법률」에 따라 설치된 준사법 기관으로서 기업 간의 공정하고 자유로운 경쟁을 보장함으로써 시장 경제의 원리를 지켜 나가기 위해 활동하고 있다.

❸ 누진세
세금 부과의 대상이 되는 소득이나 재산이 많을수록 세율을 높여 세금을 부과하는 제도이다.

❹ 소득 재분배 정책
조세나 사회 보장 제도를 통하여 소득의 불평등과 그에 따른 생활의 격차를 줄이기 위해 시행하는 정책을 말한다.

❺ 경제 활동의 순환

교과서 자료 더 보기

캐롤의 기업의 사회적 책임
캐롤은 기업의 사회적 책임이란, 경제적 책임(이익 극대화), 법률적 책임(법 규제 준수)뿐만 아니라 소비자, 지역 사회 등에 관한 폭넓은 사회적 책임도 적극 수행하는 것까지 포함된다고 정의하였다.

2 시장 경제의 발전을 위한 노동자와 소비자의 역할

● 빠른 핵심 체크 ●

시장 경제의 발전을 위한 노동자의 역할
- 노동 삼권 보장
- 노동자의 바람직한 역할: 성실한 업무 수행, 바람직한 노사 관계 형성

시장 경제의 발전을 위한 소비자의 역할
- 합리적 소비
- 윤리적 소비

1. 노동자의 역할

(1) **노동자의 경제적 역할** 기업에 노동을 제공하고 임금을 받아 생활하며, 노동을 통해 자신의 잠재력을 실현

(2) **노동자의 권리 보장(노동 삼권, 근로 3권)** 자료 02

단결권	근로 조건 개선과 근로자의 경제적 지위 향상을 도모하기 위해 단체를 결성할 수 있는 권리 ┌ 근로 계약의 당사자인 사업주 또는 경영 담당자
단체 교섭권	노동조합이 사용자와 근로 조건에 관하여 교섭하고 단체 협약을 체결할 수 있는 권리 └ 용어 노동자들의 노동 조건과 생활 조건을 유지하고 개선하는 것을 기본적 목적으로 노동자들이 결성하는 자주적인 단체
단체 행동권	근로 조건의 유지 및 개선을 위해 근로자가 사용자에 대항하여 파업 등의 단체 행동을 할 수 있는 권리

자료 02 노동권을 보장하기 위한 법규

헌법 제32조
① 모든 국민은 근로의 권리를 가진다. 국가는 사회적·경제적 방법으로 근로자의 고용의 증진과 적정 임금의 보장에 노력하여야 하며, 법률이 정하는 바에 의하여 최저 임금제를 시행하여야 한다.

헌법 제33조
① 근로자는 근로 조건의 향상을 위하여 자주적인 단결권·단체 교섭권 및 단체 행동권을 가진다.

근로 기준법	헌법에 따라 근로 조건의 기준을 정해 근로자의 기본적 생활을 보장·향상시키며 균형 있는 국민 경제의 발전을 도모하기 위해 제정한 법
노동조합 및 노동관계 조정법	헌법상 보장되는 노동 삼권(단결권, 단체 교섭권, 단체 행동권)의 보장을 목적으로 노동조합과 사용자의 집단적 노사 관계를 규율하는 법률
최저 임금법	근로자에 대하여 임금의 최저 수준을 보장하여 근로자의 생활 안정과 노동력의 질적 향상을 꾀함으로써 국민 경제의 건전한 발전에 이바지하는 것을 목적으로 함.

셀/파/길/잡/이 국가는 상대적으로 약자인 노동자의 권리를 보호하기 위하여 임금 수준이나 근로 시간, 작업 환경, 노후 복지 등에서 노동자를 보호할 수 있는 법적 및 제도적 장치를 가지고 있다.

● 교과서 탐구 풀이 ✎

Q 노동자의 권리 보장은 시장 경제에 어떤 영향을 미치는지 써 보자.

A 우리나라는 헌법으로 노동 삼권, 최저 임금, 인간다운 생활을 할 권리, 국가의 사회 보장, 사회 복지 증진의 의무를 보장하고 있는데, 이런 규정들은 노동자가 적정 임금과 근로 조건의 향상을 요구할 수 있는 법적 기초가 된다. 이러한 법을 기초로 기업가가 노동자의 권리를 존중하고 노동자는 책임을 다하는 협력의 관계가 형성되면 시장 경제는 더욱 발전하게 될 것이다.

(3) **노동자의 바람직한 역할**

성실한 업무 수행	근로 계약에 따라 업무를 성실히 수행하여 생산성 향상과 소비자의 만족을 위해 노력해야 함.
바람직한 노사 관계 형성	사용자와 소통하고 협력하며 상생의 관계를 형성해야 함.

2. 소비자의 역할

(1) **소비자의 경제적 역할** 재화와 서비스의 수요자로, 소비를 통해 시장 가격 결정이나 기업의 생산에 영향을 끼침으로써 자원 배분의 방향을 결정함. → 소비자 주권❻

(2) **합리적 소비와 윤리적 소비**

❻ 소비자 주권
자본주의 경제에서 생산물의 종류와 수량을 결정하는 최종적 권한이 소비자에게 있다는 것이다.

합리적 소비	• 의미: 한정된 자원으로 최대 만족을 얻고자 비용과 편익을 고려한 소비 • 한계: 합리적 소비만 추구할 경우 소비에 따른 사회적 영향을 고려하지 못하는 경우 발생 └ 분석 소비자가 낮은 가격만 중시 → 기업의 과도한 생산비 낮추기 → 환경 파괴, 낮은 임금, 과다한 노동 요구로 노동자의 인권 침해 문제 등이 발생
윤리적 소비	• 의미: 소비자가 상품, 서비스 등을 구매할 때 원료 재배, 생산, 유통 등의 전 과정이 소비와 연결되어 있다는 것을 인식하고 윤리적으로 소비하는 것 • 필요성: 효율성만을 추구한 합리적 소비로 인한 환경 과괴나 노동자의 인권 침해와 같은 폐단 극복 └ 예 공정 무역 상품, 친환경 상품 등 • 사회에 미치는 영향: 소비자가 윤리적 상품을 구매할 때 기업도 노동자의 인권을 보장하고 친환경적 상품 생산을 위해 노력할 것임.

개념 채우기

1. 시장 경제의 발전을 위한 정부의 역할

공정한 경쟁 촉진	독과점 기업의 횡포를 각종 법규나 소비자 보호 기관을 통해 규제함으로써 공정한 경쟁 질서 촉진
(❶) 생산	무임승차 문제 때문에 사회에서 필요한 양만큼 생산되지 않아 정부가 직접 공급
외부 효과 개선	• 긍정적 외부 효과가 있는 행위: 보조금 지급, 세제 혜택 등 긍정적 유인 제공 • 부정적 외부 효과가 있는 행위: 오염 물질 배출량 제한, 세금 부과 등 부정적 유인 제공
빈부 격차 문제 개선	사회 보장 제도나 누진세제 등과 같은 소득 재분배 정책 시행

2. 시장 경제의 발전을 위한 기업가의 역할

기업가 정신 발휘하기	• (❷): 불확실성을 무릅쓰고 혁신을 바탕으로 이윤을 추구하는 기업가의 의지 • 의의: 생산성 향상은 물론 소비자 만족, 노사 관계의 안정으로 이어질 수 있음.
기업의 (❸) 다하기	• 기업 윤리를 토대로 공정하게 경쟁하고, 법규를 준수하여 건전한 이윤 추구 • 노동자들의 권익과 복지 실현 및 소비자의 권리 존중

3. 시장 경제의 발전을 위한 노동자의 역할

노동자의 권리 (노동 삼권) 보장	• 단결권: 노동조합을 결성할 수 있는 권리 • 단체 교섭권: 사용자와 근로 조건에 관하여 교섭할 수 있는 권리 • (❹): 사용자에 대항하여 단체 행동을 할 수 있는 권리
노동자의 바람 직한 역할	• 자신의 업무를 성실히 수행 • 바람직한 노사 관계 형성

4. 시장 경제의 발전을 위한 소비자의 역할

(❺)	• 의미: 소비자가 상품, 서비스 등을 구매할 때 원료 재배, 생산, 유통 등의 전 과정이 소비와 연결되어 있다는 것을 인식하고 윤리적으로 소비하는 것 • 필요성: 효율성만을 추구한 합리적 소비로 인한 환경 파괴나 노동자의 인권 침해와 같은 폐단 극복 • 사회에 미치는 영향: 소비자가 윤리적 상품을 구매할 때 기업도 노동자의 인권을 보장하고 친환경적 상품 생산을 위해 노력할 것임.

답 | ❶ 공공재 ❷ 기업가 정신 ❸ 사회적 책임 ❹ 단체 행동권 ❺ 윤리적 소비

01 (가)~(다) 사례의 공통점에 대한 옳은 분석을 〈보기〉에서 고른 것은?

> (가) 가격 담합과 같은 불공정 거래 행위가 일어났다.
> (나) 한 기업이 폐수 처리 장치를 설치하지 않고 폐수를 흘려보내 강이 오염되었다.
> (다) 공공재는 무임승차 문제 때문에 수익성이 낮아 기업이 생산을 꺼리므로 사회에서 필요한 만큼 공급되지 않는다.

보기

ㄱ. 자원의 비효율적 배분을 초래하는 시장 실패를 보여 준다.
ㄴ. 기업에 세제 혜택을 제공해 공공재 생산을 유도해야 한다.
ㄷ. 자원의 효율적 배분을 위해 정부가 대책 마련에 힘써야 한다.
ㄹ. 시장 기능의 원활한 작동을 위해 정부는 시장에 개입해서는 안 된다.

① ㄱ, ㄴ   ② ㄱ, ㄷ   ③ ㄴ, ㄷ
④ ㄴ, ㄹ   ⑤ ㄷ, ㄹ

★02 (가), (나)에 대한 옳은 설명을 〈보기〉에서 고른 것은?

> (가) 기업이 생산 과정에서 발생한 폐수를 하천에 흘려 보내면 식수가 오염되어 사람들이 건강상 피해를 입는다.
> (나) 누군가가 담배를 피우면 간접 흡연으로 주변 사람은 불쾌감을 느끼기도 하고 심한 경우 건강에 해를 입는다.

보기

ㄱ. (가)는 긍정적 외부 효과의 사례이다.
ㄴ. (나)는 사회적으로 최적의 자원 배분이 이루어진 사례이다.
ㄷ. (가)와 (나)는 모두 자원의 비효율적 배분을 초래하여 시장의 한계를 가져올 수 있다.
ㄹ. (가)와 (나)의 상황에서 정부는 경제적 유인을 제공하여 자원 배분의 효율성을 높일 수 있다.

① ㄱ, ㄴ   ② ㄱ, ㄷ   ③ ㄴ, ㄷ
④ ㄴ, ㄹ   ⑤ ㄷ, ㄹ

딱풀 p. 42

03 교사의 질문에 대해 적절하게 답한 학생을 〈보기〉에서 고른 것은?

기업이 사회적 책임을 수행하는 활동에는 어떤 것이 있을까요?

> ※ 학습 주제: 기업의 사회적 책임
> • 의미: 기업이 사회 전체의 이익을 추구하는 활동

┤ 보기 ├
갑: 기업의 이윤 극대화를 추구하는 활동
을: 사회적 약자를 경제적으로 지원하는 활동
병: 기술 혁신을 통하여 원가를 절감하는 활동
정: 낙후된 지역의 문화 시설을 확충하는 활동

① 갑, 을   ② 갑, 병   ③ 을, 병
④ 을, 정   ⑤ 병, 정

04 다음 신문 기사를 통해 추론할 수 있는 내용을 〈보기〉에서 고른 것은?

> A사는 일제 강점기에 '건강한 국민만이 잃어버린 주권을 되찾을 수 있다.'라는 창업주의 신념으로 설립되었다. 이후 결핵 치료제, 항균제 등 필수 의약품을 출시하며 인지도 높은 제약 기업으로 발돋움했다. 또한 창업주가 사망한 후 A사 주식은 유언대로 공익 법인에 기증되었고, 전문 경영인 체제를 본격적으로 도입하여 경영 세습은 없었다. 여기에 투명하고 안정적인 재무 구조와 긴밀한 노사 협력으로 장수 기업의 전통을 이어 오고 있다.

┤ 보기 ├
ㄱ. 기업은 불공정 거래 행위를 규제하기 위한 대책 마련에 힘써야 한다.
ㄴ. 기업은 사회가 필요로 한다면 수익성이 낮은 상품도 반드시 생산해야 한다.
ㄷ. 긴밀한 노사 협력을 통해 노동자의 권리가 보장된다면 기업도 이익을 얻을 수 있다.
ㄹ. 기업은 건전한 이윤을 추구하면서 소비자의 권익을 존중하는 사회적 책임을 다해야 한다.

① ㄱ, ㄴ   ② ㄱ, ㄷ   ③ ㄴ, ㄷ
④ ㄴ, ㄹ   ⑤ ㄷ, ㄹ

2 시장 경제의 발전을 위한 노동자와 소비자의 역할

05 ㉠~㉢에 대한 설명으로 옳은 것은?

> 사용자에 비해 상대적 약자인 노동자를 보호하기 위한 대표적인 권리가 '노동 삼권'이다. 노동자는 사용자와 대등한 위치에서 근로 조건을 개선하고 경제적 지위 향상을 도모하고자 단체를 만들 수 있다는 (㉠)과 노동조합이 사용자와 근로 조건에 관해 교섭하고 협약을 체결할 수 있는 (㉡)을 가진다. 또한 노동자는 노동 쟁의가 발생했을 때 파업 등의 방법으로 사용자에게 대항할 수 있는 (㉢)을 행사할 수 있다.

① ㉢은 항상 노사 갈등을 조장하여 원활한 시장의 작동을 저해한다.
② ㉠은 단결권, ㉡은 단체 행동권이다.
③ ㉠은 기업을 보호하고, ㉡과 ㉢은 노동자를 보호하기 위한 권리이다.
④ ㉠~㉢은 기업의 이윤 극대화에 도움이 되지 않는다.
⑤ ㉠~㉢은 헌법에 근거하여 법적으로 보장되는 노동자의 권리이다.

06 밑줄 친 (가)에 들어갈 적절한 내용을 〈보기〉에서 고른 것은?

> A 기업의 노사 관계가 서로 한 치의 양보 없이 극적으로 치닫고 있다. 기업가와 노동자는 상호 보완적인 관계이므로 서로의 입장에 대해 귀 기울이고 양보할 것은 양보하고 타협할 것은 타협해야 한다. 그럼에도 불구하고 기업가와 노동자가 각자의 입장만 고수하며 파업과 직장 폐쇄를 반복하고 있다. 끝없이 대립하고 있는 것이다. 이를 해결하기 위해 _____ _____
> (가)

┤ 보기 ├
ㄱ. 기업가는 노동조합의 설립을 막아야 한다.
ㄴ. 노동자와 기업가는 상생의 관계를 형성해야 한다.
ㄷ. 노사 대립은 사회적 고통을 수반하므로 노동자가 양보해야 한다.
ㄹ. 기업가는 노동자의 노고에 맞게 보상하고, 노동자는 기업가와 대립해야만 한다는 생각을 하지 않아야 한다.

① ㄱ, ㄴ   ② ㄱ, ㄷ   ③ ㄴ, ㄷ
④ ㄴ, ㄹ   ⑤ ㄷ, ㄹ

07 다음 사례에서 갑이 중시할 소비 생활의 자세를 〈보기〉에서 고른 것은?

> 갑은 인권, 정의, 평화, 환경과 같은 가치를 소중히 생각하는 윤리적 소비를 실천하고 있다. 그는 비윤리적 기업 상품에 대한 불매 운동을 펼치고, 공정 무역 상품을 구매하며, 지속 가능한 소비 운동 등에 적극 참여함으로써 바람직한 소비 문화를 조성하기 위해 노력하고 있다.

┃ 보기 ┃
> ㄱ. 소비자에게 인기가 높은 해외의 고가 명품을 구매한다.
> ㄴ. 아동 노동을 통해 생산된 낮은 가격의 상품을 구매한다.
> ㄷ. 자신이 거주하는 인근 지역 사회에서 재배한 채소를 구매한다.
> ㄹ. 제품 구매 전에 탄소 배출량을 확인하여 친환경 상품을 구매한다.

① ㄱ, ㄴ ② ㄱ, ㄷ ③ ㄴ, ㄷ
④ ㄴ, ㄹ ⑤ ㄷ, ㄹ

08 다음 사례를 통해 내릴 수 있는 결론으로 가장 적절한 것은?

> 한 시사 잡지의 '시간당 6센트'라는 제목의 기사는 윤리적 소비의 개념과 필요성을 온 세상에 알리는 계기가 됐다. 기사는 세계적 스포츠 기업인 N사가 아프리카와 동남아시아 등의 공장에서 아동과 여성의 노동력을 착취했다는 사실을 폭로했다. 이후 갑국과 을국의 소비자들은 N사 제품의 불매 운동을 벌였고, 이는 세계 전역으로 퍼져 나갔다. 결국 N사는 노동자의 연령을 제한하고, 공장의 관리·감독을 강화하겠다는 방침을 발표하는 등 노동 환경 개선에 나섰다.

① 윤리적 소비의 기준은 사람에 한정되어야 한다.
② 소비자들의 특정 제품 불매 운동은 지양해야 한다.
③ 갑국과 을국의 소비자는 합리적 소비를 실천하였다.
④ 윤리적 소비가 기업의 사회적 책임을 강화할 수 있다.
⑤ 소비자는 상품의 소비를 통해 자신의 필요를 충족시킨다.

09 밑줄 친 ㉠의 구체적 내용을 한 가지만 서술하시오.

> 기업가와 노동자는 근로 계약을 맺으며, 여기서 노동자의 권리와 책임의 관계가 성립한다. 노동자는 자신들의 노동 조건을 유지하고 개선시키기 위해 집단을 형성하고 단결할 수 있는 권리를 행사할 수 있다. 이는 기업가보다 상대적 약자인 노동자들을 보호하기 위한 장치이다. 하지만 상대적 약자라 해도 노동자가 권리만 주장할 수는 없다. 노동자에게도 일정한 ㉠책임과 의무가 따른다.

10 밑줄 친 ㉠의 구체적인 역할을 각각 한 가지씩 서술하시오.

> 시장 경제에서는 자원을 배분하는 것이 시장의 기본적인 역할이다. 결국 자원 배분은 시장의 자율에 맡기며, 시장 참여자들의 자율적인 경제 활동과 사적 이익 추구를 기반으로 시장 경제는 발전한다. 그러나 각 경제 주체의 효율성만 추구하는 행위는 시장 실패를 가져오기 쉬우며, 시장의 한계 상황에서는 여러 문제가 발생할 수 있다. 그러므로 ㉠정부, 기업가, 노동자, 소비자 등 시장 참여자들의 적극적인 역할이 필요하다.

11 밑줄 친 ㉠의 사례를 두 가지만 서술하시오.

> 물질적 풍요로움을 기반으로 하는 현대 사회의 소비 문화는 환경 파괴, 개발 도상국 국민에 대한 인권 침해, 부의 불균형 문제 등의 문제를 드러냈다. 현대 사회의 소비 문화가 가진 문제를 비판하고 그 대안으로 등장한 것이 ㉠'윤리적 소비'이다.

교육청 기출 _변형

01 (가), (나)에 대한 설명으로 옳은 것은?

> (가) A 마을에는 진입로가 정비되지 않아 경치를 감
> 상하기 어려운 뒷산이 있다. 등산을 좋아하는
> 갑은 많은 비용을 들여 진입로를 정비하였고,
> 이후 사람들도 이 진입로를 이용하고 있지만,
> 갑에게 어떠한 대가도 지불하지 않고 있다.
> (나) 프로야구 B팀의 경기가 열리는 날이면 야구장
> 인근에 살고 있는 주민들은 ㉠ 경기장을 찾아 응
> 원하는 관중들의 함성 때문에 불편함을 느끼지
> 만, 이에 대한 보상을 받지는 못하고 있다.

① (가)는 부정적 외부 효과의 사례이다.
② (나)에서 ㉠에게 정부가 보조금을 지급하여 자원의
효율적 배분을 유도할 수 있다.
③ (가)와 달리 (나)에서는 자원의 비효율적 배분이 나
타나고 있다.
④ (나)와 달리 (가)와 같은 경우 재화와 서비스가 사
회가 필요로 하는 것보다 많이 생산된다.
⑤ (가)와 (나)의 상황에서 정부는 경제적 유인을 통해
자원의 효율적인 배분을 도울 수 있다.

평가원 기출 _변형

02 다음 자료에 대한 옳은 분석을 〈보기〉에서 고른 것은?

> A사는 희귀 난치병 아동을 위한 특수 분유를 개발
> 하여 판매하고 있다. 그런데 이미 ㉠ 연구 개발에 투
> 입된 비용은 회수가 불가능하고, 국내 판매 수입만으
> 로는 생산 비용을 충당하지 못하여 누적되고 있다.
> 이러한 상황에 대응하기 위하여 A사는 (가), (나) 중
> 하나의 대안을 선택하려고 한다.
>
> A사의 대안 ─── (가) 손실을 줄이기 위하여 생산 중단
>   └── (나) 새로운 해외 시장 개척

┤ 보기 ├
ㄱ. A사의 대안 선택 시 ㉠을 고려하는 것이 합리적이다.
ㄴ. (가)는 기업이 효율성을 선택의 기준으로 삼은 방
안이다.
ㄷ. (나)는 위험을 감수하는 기업가 정신에 부합하는
방안이다.
ㄹ. (가), (나) 모두 기업의 이윤보다 자사 상품 구매
자에 대한 사회적 책임을 우선시하는 방법이다.

① ㄱ, ㄴ   ② ㄱ, ㄷ   ③ ㄴ, ㄷ
④ ㄴ, ㄹ   ⑤ ㄷ, ㄹ

03 다음 사례를 통해 추론할 수 있는 내용을 〈보기〉에서 고
른 것은?

> 갑국의 A사는 세계 경기 불황으로 엄청난 적자를
> 보기 시작했다. 결국 A사는 노동자의 3분의 1을 감
> 원하겠다고 발표했다. 그러나 노동자들은 사측과 협
> 의 끝에 해고 대신 근로 시간 단축을 선택했다. 그리
> 고 천천히 근로 시간과 임금을 줄여나갔고, 사측은
> 전체 근로자의 고용 보장으로 화답했다. 또한 해외에
> 공장을 건설하는 대신 자국 내 공장을 증설하여 일자
> 리를 창출함으로써 생산 비용을 절감하였고, 이 같은
> 노력으로 영업 이익률도 대폭 개선되었다.

┤ 보기 ├
ㄱ. 노사는 상생을 통해 시장의 발전을 도모할 수 있다.
ㄴ. 노동자는 노동조합의 설립과 가입을 자제해야 한다.
ㄷ. 기업은 노동자의 권리를 보장하고 노동자는 자신
들의 책임을 다해야 한다.
ㄹ. 노사는 장기적인 관점보다는 단기적인 관점으로
시장을 바라보아야 한다.

① ㄱ, ㄴ   ② ㄱ, ㄷ   ③ ㄴ, ㄷ
④ ㄴ, ㄹ   ⑤ ㄷ, ㄹ

평가원 기출 _변형

04 (가), (나)의 입장에 대한 옳은 설명을 〈보기〉에서 고른 것은?

> (가) 소비의 목적은 소비자의 만족감 충족이다. 소비
> 자는 자신의 욕구와 상품에 대한 정보를 바탕으
> 로 소득 범위 내에서 상품을 적절하게 선택하여
> 최소 비용으로 최대 만족을 얻을 수 있어야 한다.
> (나) 소비자는 자신을 넘어 사회 및 환경에 이르기까지
> 영향을 미친다. 따라서 자신에게 돌아오는 직접
> 적인 혜택만 생각하지 말고 장기적 관점에서 사회,
> 자연에 미치는 영향도 고려하여 소비해야 한다.

┤ 보기 ├
ㄱ. (가): 효율성을 우선적으로 고려한 소비이다.
ㄴ. (가): 개인적 선호보다 공공성을 상품의 선택 기
준으로 삼아야 한다.
ㄷ. (나): 생태계를 고려한 지속 가능한 소비는 소비
자의 의무이다.
ㄹ. (나): 인권과 노동 등의 가치는 소비자가 고려할
사항이 아니다.

① ㄱ, ㄴ   ② ㄱ, ㄷ   ③ ㄴ, ㄷ
④ ㄴ, ㄹ   ⑤ ㄷ, ㄹ

03 국제 분업 및 무역의 필요성과 그 영향

1 국제 분업과 무역의 필요성

1. 국제 분업과 무역의 의미

용어 각국이 자기 국가에서 생산하기에 유리한 상품을 전문적으로 생산하여 경쟁력을 갖추는 것

국제 분업	국가별로 특수한 환경에 맞춰 가장 유리한 상품을 특화하여 생산하는 것
무역	• 의미: 국가 간에 국경을 넘어 상품, 서비스, 생산 요소 등을 거래하는 것 • 무역 품목의 다양화: 과거에는 자원, 공산품 등이 주요 품목이었으나, 최근에는 생산 요소, 기술, 지식 재산권의 거래도 활발함.

2. 국제 분업과 무역의 발생 원리❶

절대 우위	한 국가가 어떤 상품을 다른 국가보다 적은 생산비로 생산하는 것
비교 우위	한 국가가 다른 국가에 비해 상대적으로 더 적은 기회비용으로 상품을 생산하는 것 **보충** 한 국가가 모든 상품에 절대 우위에 있어도 두 국가 간에 무역이 나타날 수 있는 것은 비교 우위로 설명할 수 있음.

★ 3. 국제 분업과 무역의 필요성 **자료01**

분석 각 국가는 기후, 지형 등과 같은 자연조건과 자원, 노동, 자본, 기술 등의 질과 양이 차이가 나므로, 같은 상품을 만들더라도 생산비는 서로 다름.

(1) **자국에서 얻기 힘든 상품 얻기** 자원, 노동, 자본 등과 같은 생산 요소의 지역적 분포가 다르므로, 국제 분업과 무역을 통해 자국 내에서 부족한 생산 요소를 얻을 수 있음.

(2) **무역 당사국의 이익 발생** 생산 요소의 지역적 분포가 달라 발생하는 상대적 생산비의 차이로 각 국가는 상대적으로 더 적은 기회비용으로 생산할 수 있는 비교 우위 상품을 특화하여 생산한 뒤 무역을 통해 교환하면 무역 당사국 모두에게 이익이 됨.

자료01 우리나라의 시기별 주요 수출 상품으로 본 비교 우위 상품 변화

구분	1960년	1970년	1980년	1990년	2015년
1위	철광석	섬유	의류	의류	반도체
2위	중석	합판	철·강관	반도체	자동차
3위	생사	가발	선박	신발	선박
4위	무연탄	철광석	섬유	선박	무선 통신 기기
5위	오징어	전자 제품	음향 기기	영상 기기	석유 제품

셀/파/길/잡/이
• 1960년: 제조업 발달이 미약하여 당시에 넉넉한 편이었던 광물 및 수산 자원을 수출하였다.
• 1970년: 풍부한 노동력을 바탕으로 경공업 제품(섬유, 가발 등)을 수출하였다.
• 1980년: 경공업 제품과 함께, 정부의 자본 집약적 중화학 공업 육성 정책 실시로 중화학 공업 제품(선박 등)을 수출하였다.
• 1990년: 자본 및 기술 축적으로 중화학 공업 제품과 첨단 산업 제품(반도체)을 주로 수출하였다.
• 2015년: 자본과 기술 발달로 첨단 산업이 더욱 발달하였다.
• 수입 상품: 우리나라는 지하자원이 부족하여 1980년 이후부터는 원유가 수입 품목 상위권을 차지하였다.

2 국제 무역의 확대가 우리 삶에 끼치는 영향

★ 1. 국제 무역 확대에 따른 긍정적인 영향

개인	국내에서 생산되지 않거나 비싼 상품을 쉽고 저렴하게 구매할 수 있고, 상품 선택의 폭이 넓어져 편익이 증가함.
기업	• 규모의 경제 실현: 외국에서 원자재를 싸게 사고, 비교 우위 제품을 대량 생산 → 생산비 절감 및 제품 판매 증가에 따른 이윤 증가 **용어** 대량으로 생산하여 평균 생산 비용이 하락하는 것 • 외국 기업과의 경쟁에서 이기기 위한 기술 개발과 생산성 향상 노력 → 기업 경쟁력 강화 → 국내 경제 활성화, 일자리 창출

• 빠른 핵심 체크 •

국제 분업과 무역의 필요성

각 국가는 비교 우위 상품을 특화하여 생산한 뒤 교환하는 것이 이익임.

❶ 절대 우위와 비교 우위

구분	노트북	옷
갑국	100원	200원
을국	600원	400원

갑·을국이 노트북과 옷만을 생산·소비한다고 가정한다. 각 상품의 1단위 생산비용은 위 표와 같다. 이때 갑국은 두 상품 생산에 모두 절대 우위를 갖는다. 그러나 노트북 1단위를 생산하려면 갑국은 옷 0.5(100/200), 을국은 옷 1.5(600/400) 단위를 포기해야 한다. 노트북 생산의 기회비용은 갑국이 을국보다 적은 것이다. 반면, 옷 생산의 기회비용은 갑국(노트북 2 단위)보다 을국(노트북 2/3 단위)이 적다. 즉, 비교 우위에 따라 갑국은 노트북, 을국은 옷 생산에 특화·생산하여 무역을 하면 모두 이익이 발생한다.

교과서 자료 더 보기 +

생산 요소의 분포와 비교 우위

오스트레일리아는 지하자원이 풍부하여 세계적인 자원 수출국이고, 베트남은 인건비가 저렴한 노동력이 풍부하여 섬유·의류, 신발 산업과 같은 노동 집약적 산업이 발달하였다. 우리나라는 축적된 자본과 기술을 바탕으로 주로 첨단 상품을 수출하고, 세계 각 지역이 가진 생산 요소의 이점을 활용하기 위해 풍부한 자본을 직접 해외에 투자하고 있다.

• 빠른 핵심 체크 •

국제 무역의 확대에 따른 영향

긍정	• 상품 선택의 폭이 넓어짐. • 국내 기업의 경쟁력 강화
부정	• 국내 산업의 위축 • 자율적인 경제 정책 운영의 어려움 • 국외의 경제 상황이 국내에 끼치는 파급 효과 증가

국가	• 무역으로 자원 및 기술력 부족 문제 해결 • 선진국의 기술이나 자본 전파 → 개발 도상국이 경제적으로 발전할 기회가 생김.

2. 국제 무역 확대에 따른 부정적인 영향

비교 국제 무역 확대에 따른 부정적인 영향은 보호 무역주의를 주장하는 사람들이 자유 무역을 반대하는 근거임.

(1) **경쟁력이 떨어지는 국내 산업의 위축** 경쟁력이 떨어지는 산업이나 기업의 쇠퇴 → 일자리와 소득 감소 → 사회적 불안 및 소득 분배의 불균형

(2) **정부의 자율적인 경제 정책 운영의 어려움** 정부가 자국 산업 보호를 위한 정책을 시행하면, 외국 정부·기업과의 이해관계가 충돌하여 국제적 갈등이 생길 수 있음. ❷

(3) **국가 간 상호 의존도 심화에 따라 국외의 경제 상황이 국내 경제에 끼치는 파급 효과 증가**

① 세계 경제의 불안 요인 발생 → 수출 환경이 나빠짐. → 연관 산업의 생산이 타격을 받음.
　　예 미국 금융 위기, 유럽 재정 위기, 중국 경제 불안 등

② 우리나라처럼 무역 의존도가 높은 국가는 더 큰 영향을 받음. **자료 02**

(4) **국가 간 빈부 격차 확대** 자본과 기술이 풍부한 선진국과 상대적으로 경쟁력이 떨어지는 개발 도상국이 자유 무역을 하면 그 격차가 더욱 커질 수 있음.

자료 02 | 통합탐구 | 우리나라의 무역 의존도

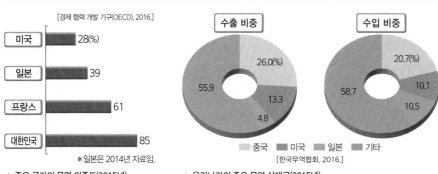

[경제 협력 개발 기구(OECD), 2016.]

미국	28(%)
일본	39
프랑스	61
대한민국	85

*일본은 2014년 자료임.

▲ 주요 국가의 무역 의존도(2015년)

수출 비중
26.0(%) / 55.9 / 13.3 / 4.8

수입 비중
20.7(%) / 10.1 / 10.5 / 58.7

▣ 중국 ▣ 미국 ▣ 일본 ▣ 기타
[한국무역협회, 2016.]

▲ 우리나라의 주요 무역 상대국(2015년)

셀/파/길/잡/이 • 무역 의존도란, 한 국가의 경제가 어느 정도 무역에 의존하고 있는가를 나타내는 지표로, 각국의 국내 총생산(GDP)에서 무역액이 차지하는 비율로 나타낸다.
• 우리나라가 다른 국가들보다 무역 의존도가 높은 이유는 상대적으로 자원이 부족하고 시장 규모도 작아 수출 주도형 경제 성장 전략을 펼쳤기 때문이다.
• 우리나라는 중국, 미국, 일본에 대한 수출입 비중이 매우 높아, 무역 대상국이 편중되어 있다. 만약 이들 국가의 경제가 나빠지거나 우리나라와의 국가 관계가 악화된다면 우리나라 경제가 큰 타격을 받을 수 있다.

3. 국제 무역 확대 과정에서 나타나는 경제 협력

세계 무역 기구(WTO; World Trade Organization)	• 의미: 국가 간 무역 장벽을 제거하고 자유 무역을 확대하기 위해 1995년에 설립된 국제기구 • 특징: 공산품뿐만 아니라 농산물, 서비스, 자본, 노동, 기술, 지적 재산권까지 무역 대상의 확대를 가져옴. • 기능: 자유 무역을 방해하는 불공정 무역 행위를 규제하고, 국가 간 무역 분쟁이나 마찰을 조정함.
지역 경제 협력체	지리적으로 가깝고 경제적 상호 의존도가 높은 국가들이 형성하여, 관세를 인하하고 무역 장벽을 낮춤으로써 공동의 이익을 추구하며, 비회원국들에 관해서는 차별적인 무역 규제를 취함. ⑩ 유럽 연합(EU)
자유 무역 협정(FTA; Free Trade Agreement)❸	국가 간에 상품이나 서비스의 교역에서 관세 및 무역 장벽을 완화하거나 제거하는 협정

❷ **중국과 미국의 무역 전쟁**
중국이 낮은 가격으로 철강 제품을 수출하여 미국의 철강 산업이 타격을 받자 미국 정부가 이 제품에 높은 관세를 부과하였다. 반대로 중국 정부는 저렴한 미국산 닭고기가 중국에 들어오면서 중국의 닭고기 산업이 큰 타격을 받자, 이 상품에 높은 관세를 매겼다. 두 국가는 서로를 상대로 세계 무역 기구(WTO)에 소송을 제기하였다. 이렇게 국제 무역이 확대되면 정부가 자국의 산업을 보호하기 위한 정책을 시행했을 때, 외국 정부와 이해관계가 충돌하여 국제적인 갈등이 발생하기도 한다.

교과서 탐구 풀이

Q 무역 의존도가 높아 생길 수 있는 문제에 대한 예방책이나 해결 방안을 이야기해 보자.

A 한 두 국가의 경제 위기로 국내 경제에 큰 타격이 오지 않도록 무역 상대국을 다변화해야 한다. 또한 내수 시장을 활성화하여 수출과 내수의 균형을 맞춘다면 국외의 경제적 위기로부터 영향을 덜 받을 수 있다.

❸ **우리나라와 칠레의 자유 무역 협정**
우리나라는 2004년 칠레와 자유 무역 협정이 발효된 이후, 이전보다 칠레와의 교역액이 약 4배 증가하였다. 우리나라는 칠레에 주로 자동차, 석유 제품, 휴대 전화 등 기술 집약적 제품을 수출하고, 칠레로부터는 구리 등의 광물 자원과 과일 등을 수입한다. 현재 칠레산 수입 포도는 우리나라 수입 포도의 80%를 차지하고 있으며, 이 때문에 국내 포도 재배 면적과 생산량은 반으로 줄어들었다.

개념 채우기

1. 국제 분업과 무역의 필요성

국제 분업	국가별로 특수한 환경에 맞춰 가장 유리한 상품을 특화하여 생산하는 것
무역	국가 간에 국경을 넘어 상품, 서비스, 생산 요소 등을 거래하는 것
국제 분업과 무역의 필요성	• 자국에서 얻기 힘든 상품을 얻을 수 있음. • 무역 당사국의 이익 발생: 생산 요소의 지역적 분포가 달라 발생하는 상대적 생산비의 차이로 각 국가는 (❶) 상품을 특화하여 생산한 뒤 교환하면 무역 당사국 모두 이익을 얻음.

2. 국제 무역 확대에 따른 긍정적인 영향

소비자의 편익 증가	국내에서 생산되지 않거나 비싼 상품을 쉽고 저렴하게 구매할 수 있고, 상품 선택의 폭이 넓어짐.
국내 기업의 경쟁력 강화	• (❷)의 경제 실현 • 경쟁에서 이기기 위한 기술 개발과 생산성 향상 노력 → 국내 경제 활성화 및 일자리 창출
새로운 기술의 전파	국가 간 교류를 통해 기술이나 자본 이전 → 개발 도상국의 발전 기회

3. 국제 무역 확대에 따른 부정적인 영향

경쟁력이 떨어지는 국내 산업의 위축	관련 산업이나 기업의 쇠퇴로 일자리 및 소득 감소
정부의 자율적인 경제 정책 운영의 어려움	정부가 자국 산업 보호를 위한 정책 시행 시 국제 갈등이 생길 수 있음.
국외의 경제 상황이 국내 경제에 끼치는 파급 효과 증가	국가 간 (❸) 심화에 따라 국외의 경제 위기가 국내 경제의 타격으로 이어짐.
국가 간 (❹) 확대	선진국과 개발 도상국 간 격차가 더욱 커질 수 있음.

4. 국제 무역 확대 과정에서 나타나는 경제 협력

세계 무역 기구(WTO)	국가 간 무역 장벽을 제거하고 자유 무역을 확대하기 위해 설립된 국제기구
지역 경제 협력체	지리적으로 가깝고 경제적 상호 의존도가 높은 국가들이 형성하여, 무역 장벽을 낮춤으로써 공동의 이익을 추구함.
(❺) (FTA)	국가 간 상품·서비스 교역에서 관세 및 무역 장벽을 완화하거나 제거하는 협정

정답 | ❶ 비교 우위 ❷ 규모 ❸ 이호 의존도 ❹ 경제 격차 ❺ 자유 무역 협정

---

01 다음 사례를 통해 추론할 수 있는 내용으로 적절하지 않은 것은?

> 오스트레일리아는 지하자원이 풍부하지만 공업 발달이 부진하다. 그래서 지하자원이 부족한 우리나라에 철광석, 석탄 등을 수출하고, 우리나라로부터 석유 제품, 승용차 등을 수입한다. 한편, 베트남은 인건비가 저렴한 노동력이 풍부하여 섬유·의류 산업이 발달하였다. 상대적으로 인건비가 비싼 우리나라는 베트남으로부터 의류나 신발을 많이 수입하고, 반도체나 휴대 전화와 같은 첨단 상품을 수출한다.

① 같은 상품이라도 생산비는 국가마다 차이가 난다.
② 국가 간에 비교 우위 상품을 특화하여 거래하면 무역 당사국 모두 이익을 얻는다.
③ 지하자원이 풍부한 국가가 기술력이 우수한 국가보다 무역에서 절대적으로 유리하다.
④ 생산 요소의 지역적 분포의 차이로 인한 생산비의 차이가 국제 분업과 무역을 초래하였다.
⑤ 자국에서 생산 가능한 상품이라도 외국에서 더 저렴하게 생산한다면, 이를 수입하는 것이 이익이다.

통합탐구

★02 다음 자료에 대한 옳은 설명을 〈보기〉에서 고른 것은?

구분	1960년	1970년	1980년	1990년	2015년
1위	철광석	섬유	의류	의류	반도체
2위	중석	합판	철·강판	반도체	자동차
3위	생사	가발	선박	신발	선박

▲ 우리나라의 시기별 주요 수출 품목

┤ 보기 ├
ㄱ. 한 국가의 시기별 비교 우위 분야는 항상 동일하다.
ㄴ. 1970년에는 기술 집약적 상품에 비교 우위가 있었다.
ㄷ. 1980년대에는 중화학 공업 제품의 수출이 증가하였다.
ㄹ. 최근에는 풍부한 자본 및 기술을 바탕으로 한 첨단 산업 분야에 비교 우위가 있다.

① ㄱ, ㄴ　　　② ㄱ, ㄷ　　　③ ㄴ, ㄷ
④ ㄴ, ㄹ　　　⑤ ㄷ, ㄹ

03 ㉠, ㉡에 대한 설명으로 옳은 것은?

> 국제 무역의 발생 원리는 (㉠)와 (㉡)로 설명할 수 있다. 한 나라가 어떤 상품을 생산하는 비용이 다른 나라보다 적게 드는 것을 (㉠)라고 한다. (㉡)는 한 나라가 다른 나라보다 적은 기회비용으로 상품을 생산하는 것을 말한다.

① 무역은 반드시 ㉠에 의해서만 발생한다.
② 상대 나라가 모든 상품의 생산에서 ㉠이 있을 때는 무역을 하지 않는 것이 이익이다.
③ ㉡은 각국의 경제 여건에 따라 차이를 보인다.
④ ㉡이 있는 상품을 특화한 뒤 무역을 하면 더 비싼 상품을 파는 국가만 이익을 얻는다.
⑤ ㉠은 비교 우위, ㉡은 절대 우위이다.

통합탐구

04 (가)~(다)를 통해 추론할 수 있는 적절한 내용을 〈보기〉에서 고른 것은?

> (가) 자본이 풍부한 국가는 그 자본을 다른 국가에 직접 투자함으로써, 그 국가가 가진 생산 요소의 이점을 활용한다.
> (나) 세계적인 신발 기업 A사는 생산비를 줄이기 위해 저렴한 노동력이 풍부한 국가들에 생산 공장을 세워 신발을 생산하고 있다.
> (다) 열대 농산물은 주로 연평균 기온이 20℃ 이상인 열대 기후 지역에서 재배된다. 그 외 지역은 주로 이 지역에서 생산된 농산물을 수입하여 먹는다.

┤ 보기 ├
ㄱ. 국제 거래의 대상은 지하자원이 대부분을 차지하고 있다.
ㄴ. 국가 간 국제 분업과 무역이 활발하게 이루어지고 있다.
ㄷ. 각 국가의 무역 장벽이 강화되면서 국가 간 의존도가 약화되고 있다.
ㄹ. 생산 요소의 분포 차이로 국가별로 상대적 생산비에 차이가 나 비교 우위 분야가 다르다.

① ㄱ, ㄴ ② ㄱ, ㄷ ③ ㄴ, ㄷ
④ ㄴ, ㄹ ⑤ ㄷ, ㄹ

---

2 국제 무역의 확대가 우리 삶에 끼치는 영향

05 다음 신문 기사를 보고, 국제 분업과 무역이 미치는 영향에 대해 옳은 내용을 말한 학생을 고른 것은?

> 우리나라 A사가 자체 기술로 개발한 쿠션 화장품은 국내 및 해외에서 엄청난 판매량을 기록하였다. 이러한 성과를 내게 된 것은 연구·개발 분야에 대한 아낌없는 투자와 유행 변화에 맞춘 상품 출시 때문이다. ─《○○신문》, 2016. 6. 24. ─

> 종현: A사의 성공으로 국내 실업률이 높아질 거야.
> 민현: A사는 세계 시장을 대상으로 규모의 경제를 실현할 수도 있어.
> 민기: A사의 기술이 개발 도상국에 이전되면 개발 도상국이 경제적으로 발전할 수 있어.
> 영민: A사는 외국 기업과 경쟁할 필요가 없어서 연구·개발 분야에 집중 투자할 수 있었어.

① 종현, 민현 ② 종현, 민기 ③ 민현, 민기
④ 민현, 영민 ⑤ 민기, 영민

06 다음 사례에서 A국에 나타난 무역 확대의 영향에 대한 옳은 설명을 〈보기〉에서 고른 것은?

> A국은 1980년대까지는 쌀을 수출하던 국가였다. 그러나 1990년대 초, 쌀은 수입해서 먹으면 된다며 농업 투자를 절반으로 줄이고 산업화를 추진하였다. A국의 쌀 농업은 쇠퇴하였고, 농업 종사자들은 어려움을 겪었다. 그 결과 A국은 세계 최대의 쌀 수입국이 되었다. 그런데 2008년에 국제 곡물 가격이 폭등하고 대표적인 쌀 수출국들이 수출을 통제하면서 A국의 쌀 가격이 2배나 올랐다. 그러자 A국 사람들은 쌀 부족 현상에 항의하는 시위를 멈추지 않았다.

┤ 보기 ├
ㄱ. 쌀의 무역 의존도가 낮아졌다.
ㄴ. 국외의 경제 상황이 국내 경제에 끼치는 파급 효과가 커졌다.
ㄷ. 세계 시장에서 경쟁력이 떨어진 국내 산업이 어려움을 겪고 있다.
ㄹ. 쌀 생산을 줄이고 수입하면서 소비자들의 식량 안보 상황이 좋아졌다.

① ㄱ, ㄴ ② ㄱ, ㄷ ③ ㄴ, ㄷ
④ ㄴ, ㄹ ⑤ ㄷ, ㄹ

딱풀 p. 44

통합탐구

07 다음 그래프는 우리나라의 칠레와의 교역 상품을 나타 낸 것이다. 칠레와의 자유 무역 협정 체결(2004년) 이후 의 변화를 바르게 추론한 것을 〈보기〉에서 고른 것은?

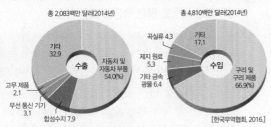

총 2,083백만 달러(2014년)　　　총 4,810백만 달러(2014년)

수출: 자동차 및 자동차 부품 54.0(%), 기타 32.9, 고무 제품 2.1, 무선 통신 기기 3.1, 합성수지 7.9

수입: 구리 및 구리 제품 66.9(%), 곡실류 4.3, 기타 17.1, 제지 원료 5.3, 기타 금속 광물 6.4

[한국무역협회, 2016.]

┨ 보기 ┠
ㄱ. 우리나라 과수 산업의 가격 경쟁력이 높아졌다.
ㄴ. 우리나라 자동차는 관세 장벽이 낮아져 수출에 유리해졌다.
ㄷ. 소비자들은 저렴한 가격에 다양한 상품을 소비할 기회가 증가했다.
ㄹ. 우리나라는 노동 집약적 산업에, 칠레는 기술 집 약적 산업에 비교 우위가 있다.

① ㄱ, ㄴ　　　② ㄱ, ㄷ　　　③ ㄴ, ㄷ
④ ㄴ, ㄹ　　　⑤ ㄷ, ㄹ

08 다음 의견에 부합하는 내용으로 옳지 <u>않은</u> 것은?

　각국이 비교 우위의 원리에 따라 자유 무역을 하면 세계 경제 전체의 생산 효율성을 극대화할 수 있다.

① 저렴하게 다양한 상품을 소비할 기회가 증가한다.
② 선진국의 기술이 개발 도상국으로 쉽게 전파된다.
③ 개발 도상국은 농업에 특화돼 빈부 격차가 커진다.
④ 보호 무역 정책은 자원을 비효율적으로 배분한다.
⑤ 무역 장벽이라는 보호막이 있으면 기업이 기술 개 발을 소홀히 하여 경쟁력이 낮아진다.

09 밑줄 친 ⊙, ⓒ에 대한 설명으로 옳지 <u>않은</u> 것은?

　국제 분업과 무역에서 국제 협력의 필요성은 ⊙ 세 계 무역 기구(WTO)의 등장과 ⓒ 자유 무역 협정 (FTA) 체결의 모습으로 나타나고 있다.

① ⊙은 무역 대상의 확대를 가져왔다.
② ⊙은 불공정 무역 행위를 규제한다.
③ ⓒ은 비회원국에 대한 차별이 행해진다.
④ ⊙과 ⓒ 모두 국가 간 상호 의존성을 강화하고 있다.
⑤ ⊙과 달리 ⓒ은 모든 국가와의 관세 장벽을 완화하 고 있다.

10 (가)에 들어갈 내용을 '기회비용'의 개념을 포함하여 서 술하시오.

　A국은 메모리 반도체와 섬유 생산의 기술력이 모 두 세계적으로 뛰어나지만, 섬유는 A국이 직접 생산 하지 않고 상대적으로 인건비가 싼 B국에서 수입하 고 있다. 왜냐하면 _____(가)_____ 때문이다.

11 다음 사례에 나타난 국제 분업과 무역이 우리 삶에 미치 는 영향을 서술하시오.

・1988년에는 바나나 한 개의 가격이 2,000원, 소고 기 한 근이 6,000원이었다. 그만큼 바나나가 귀했 다. 그러나 지금은 2,000원이면 바나나 한 송이를 살 수도 있다.
・과거 휴가철 대표 음식으로 꼽히던 삼겹살, 수박 등의 인기가 주춤한 반면 쇠고기, 체리, 망고스틴 등 수입육과 수입 과일의 인기가 치솟고 있다. 관 계자는 국내산 과일의 가격이 많이 높아지면서 소 비자들이 수입 과일을 구매하고 있으며, 해마다 해외 여행객 수가 최고치를 경신함에 따라 여행지 에서 맛보았던 다양한 식품을 찾는 고객이 크게 증가하고 있다고 설명했다.

12 밑줄 친 ⊙으로 인해 나타날 수 있는 변화를 서술하시오.

　모든 무역이 공정한 것은 아니다. 대체로 선진국의 공산품은 비싼 가격에 팔리고, 개발 도상국의 농산품 은 싼 값에 거래가 이루어진다. 또한 선진국과 개발 도상국은 경제력이나 생산력에 크게 차이가 있는데, ⊙ 동일한 규칙 아래 이루어지는 무역은 개발 도상국 에게 불리하게 작용할 수도 있다.

1등급 완성하기

교육청 기출 _변형

01 다음 자료에 대한 설명으로 옳은 것은?

> 갑국과 을국은 모두 노동만을 생산 요소로 사용하여 X재와 Y재를 생산하고 소비한다. 교역 시 양국은 각각 비교 우위에 있는 재화를 특화한다. 표는 각 재화 1단위를 생산하는 데 필요한 노동 시간을 나타낸다.

구분	갑국	을국
X재	2시간	3시간
Y재	4시간	9시간

┤ 보기 ├
ㄱ. 갑국에서 X재 1단위 생산의 기회비용은 Y재 2단위이다.
ㄴ. 갑국은 X재와 Y재의 생산에 모두 절대 우위를 갖는다.
ㄷ. 을국은 X재의 생산에 비교 우위를 갖는다.
ㄹ. 갑국은 을국보다 X재 1단위 생산의 기회비용이 더 작다.

① ㄱ, ㄴ ② ㄱ, ㄷ ③ ㄴ, ㄷ
④ ㄴ, ㄹ ⑤ ㄷ, ㄹ

02 다음 그림의 대화에 대한 설명으로 옳은 것은?

긍정적인 영향을 준다고 생각합니다.

무역 확대가 우리 삶에 어떠한 영향을 미친다고 생각하십니까?

부정적인 영향이 더 크다고 생각합니다.

갑 을

① 갑은 다른 나라의 경제 상황이 국내 경제에 끼치는 파급 효과 확대를 근거로 들 것이다.
② 을은 규모의 경제를 실현한 기업들의 경쟁력 상승에 따른 국내 일자리 증가를 근거로 들 것이다.
③ 갑은 을과 달리 국가 간 기술 이전이 쉬워짐에 따라 빈부 격차가 감소함을 근거로 들 것이다.
④ 을은 갑과 달리 다양한 상품이나 서비스를 저렴한 가격에 소비할 기회가 증가함을 근거로 들 것이다.
⑤ 갑과 을 모두 국가 간 문화 교류 활성화로 인한 문화 소비의 만족감 증가를 근거로 들 것이다.

03 다음 교사의 질문에 대해 옳게 답변한 학생을 〈보기〉에서 고른 것은?

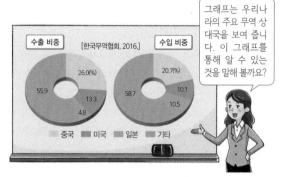

그래프는 우리나라의 주요 무역 상대국을 보여 줍니다. 이 그래프를 통해 알 수 있는 것을 말해 볼까요?

[수출 비중] [한국무역협회, 2016.] [수입 비중]
26.0(%) 20.7(%)
55.9 13.3 58.7 10.1
4.8 10.5
■ 중국 ■ 미국 ■ 일본 ■ 기타

┤ 보기 ├
갑: 무역 규모가 점점 줄어들고 있어요.
을: 무역 대상국이 특정 국가에 편중되어 있어요.
병: 무역에서 몇몇 선진국의 비중이 큰 것이 큰 장점이에요.
정: 특정 국가의 경제 상황이 나빠지면 큰 타격이 예상돼요.

① 갑, 을 ② 갑, 병 ③ 을, 병
④ 을, 정 ⑤ 병, 정

04 다음은 갑국의 경제 상황에 대한 내용이다. 밑줄 친 ㉠, ㉡에 대한 설명으로 옳은 것은?

우리나라의 주요 수출국인 A국의 정부가 적극적으로 자국 산업을 보호하는 ㉠ 보호 무역주의를 내세우고 있습니다. 그동안 50여 개국과 자유 무역 협정을 체결하면서 ㉡ 자유 무역주의에 발맞춰 왔던 우리나라는 보호 무역주의가 기승을 부리면서 그동안의 노력이 허사로 돌아갈 가능성이 커지고 있습니다.

① ㉠ 정책을 펴게 되면 비교 우위가 있는 산업들은 수출이 증가하여 국내 일자리가 늘어날 것이다.
② ㉠은 ㉡과 달리 무역의 확대를 찬성할 것이다.
③ ㉡이 확대되면 국가 간 새로운 기술 전파가 쉬워져 경제 기반이 취약한 나라에 도움이 될 수 있다.
④ ㉡은 ㉠과 달리 외국의 값싼 상품 수입에 따른 국내 상품 공급량 감소로 인한 실업을 막기 위한 것이다.
⑤ ㉠과 ㉡ 모두 경쟁력 없는 국내 산업의 위축을 막기 위한 것이다.

04 안정적인 경제생활과 금융 설계

1 안정적인 경제생활을 위한 자산 관리의 기본 원칙

1. 자산[1] 관리의 의미와 필요성

의미	• 좁은 의미: 저축이나 투자 등을 통한 금융 자산의 관리 • 넓은 의미: 금융 자산과 실물 자산 등 개인의 모든 재산을 관리하는 것
필요성	• 안정적인 경제생활을 이어가기 위함. • 평균 수명 증가에 따른 노후 생활 대비의 필요성 증가 왜 평생 소비 활동을 하는 반면, 소득을 얻는 시기는 한정되어 있기 때문임. • 미래에 예상되는 지출과 예기치 못한 지출에 대한 대비 • 국경을 뛰어넘는 금융 거래 증가 및 위험성이 높은 금융 상품 개발 등 금융 환경의 변화에 대한 대비
방법	저축, 투자

2. 자산 관리의 기본 원칙

안전성	금융 상품의 원금과 이자가 보전(보호)될 수 있는 정도 → 투자의 위험 요소가 많을수록, 그 투자 수단의 안전성은 낮아짐.
수익성	금융 상품의 가격 상승이나 이자 수익을 기대할 수 있는 정도 → 일반적으로 수익성과 안전성은 상충되는 경우가 많음.
유동성(= 환금성)	필요할 때 보유하고 있는 자산을 쉽게 현금으로 전환할 수 있는 정도

예 예금은 안전성은 높지만 수익성이 낮은 편이며, 주식은 수익성이 높지만 안전성이 낮은 편임.

3. 합리적인 자산 관리
투자의 목적과 기간에 따라 안전성, 수익성, 유동성을 고려하여 다양한 금융 자산에 분산 투자를 해야 함. → 포트폴리오[2] 구성 자료01

자료01 합리적 자산 관리를 위한 분산 투자

"달걀을 한 바구니에 담지 말아라."라는 말이 있다. 위험을 관리할 수 있는 좋은 방법은 금융 상품마다 안전성, 수익성, 유동성이 제각각이므로 여러 상품에 분산 투자하는 것이다. 포트폴리오 구성을 통한 분산 투자의 기본 원칙은 안전성, 수익성, 유동성이 적절하게 조화를 이루게 하는 것이다.

2 금융 자산의 종류와 특징 자료02

예금	• 의미: 일정한 계약에 따라 이자를 받기로 하고 금융 회사에 돈을 맡기는 것 • 종류: 입출금이 자유로운 요구불 예금, 이자 수입을 목적으로 하는 저축성 예금 • 특징: 안전성과 유동성은 높지만, 수익성은 낮음, 예금자 보호 제도[3]를 통해 보호
주식	• 의미: 기업이 사업 자금 조달을 위해 발행하는 것으로, 자금을 투자한 사람에게 그 대가로 회사 소유권 일부를 준다는 증표 용어 주식회사가 투자자들에게 회사 경영을 통해 얻은 이익 가운데 일부를 투자자의 투자 지분에 따라 나눠 주는 것 • 수익: 배당과 시세 차익 용어 투자자들이 주식 가격이 낮게 형성되어 있을 때 샀던 주식을 가격이 오른 시점에 내다 팔아서 얻는 이익 • 특징: 수익성은 높지만, 안전성이 낮음.
채권	• 의미: 국가나 공공 기관, 금융 회사, 기업 등이 미래에 일정한 이자를 지급할 것을 약속하고 돈을 빌린 후 제공하는 증서 분석 주로 공공 기관, 금융 기관, 신용도가 높은 기업에서 발행하므로 비교적 안전성이 높음. • 수익: 채권 발행 기관에서 약속한 이자와 시세 차익 • 특징: 예금보다 안전성이 낮지만 수익성은 높음, 주식보다 안전성은 높지만 수익성은 낮음.

구분	펀드	보험	연금
의미	다수의 투자자에게서 모은 자금을 금융 기관들이 주식 및 채권 등에 투자하여 그 수익을 투자자들에게 분배하는 상품	미래에 당할지도 모를 사고에 대비하여 매달 정기적으로 보험료를 내고, 사고가 나면 약속한 보험금을 받는 금융 상품	노후의 소득 감소 위험에 대비하여 경제 활동을 하는 동안 일정 금액을 적립해 두었다가 나중에 지급받는 금융 상품
특징	• 적은 돈으로 투자 가능 • 간접 투자 상품으로, 전문 투자가가 어려운 투자를 대신해 주는 장점이 있음. • 원금 손실 가능성이 있음.	• 사고로 인한 손해를 막아 주는 역할을 함. • 종류: 인적 위험에 대비하는 생명 보험, 재산의 경제적 손실을 보상하는 손해 보험 등	• 장기간 지속적으로 받으며, 노후 보장의 효과가 강함. • 종류: 공적 연금, 퇴직 연금, 개인 연금 등

셀/파/길/잡/이 다양한 금융 자산에 적절하게 분산 투자하기 위해서는 금융 자산의 특징을 잘 알아야 한다. 따라서 예금, 주식, 채권은 물론, 그 외에 기타 금융 자산으로 전문 투자가가 대신 투자해 주는 펀드, 위험에 대비할 수 있는 보험이나 연금도 안정적인 금융 생활을 하는 데 중요하다.

교과서 자료 더 보기+

상품별 수익과 위험의 정도

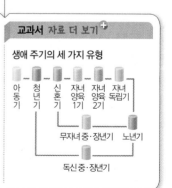

각 금융 자산별 수익과 위험 정도를 잘 알아두고, 투자 목적과 기간에 따라 분산 투자를 해야 한다.

3 생애 주기별 금융 설계

1. 생애 주기의 의미와 특징

의미	일련의 단계를 거쳐 삶이 변화하는 모습을 나타낸 것
특징	• 사람들은 생애 주기를 거치며, 각 단계에 따라 수입과 지출의 내용과 크기가 달라짐. • 생애 주기는 유아기, 아동기, 청년기, 중·장년기, 노년기로 나누기도 하고 연령대로 나누기도 함.

★ 2. 생애 주기를 고려한 금융 설계 자료 03

생애 주기에 따른 재무 설계	• 의미: 자신의 생애 주기별 과업을 바탕으로 재무❹ 목표를 설정하고, 미래의 수입과 지출을 고려하여 구체적인 계획을 세우는 과정 • 필요성: 고령화가 가속화되면서 은퇴 이후 대비의 필요성 증가 • 생애 주기에 따른 수입과 지출, 금융 자산의 큰 흐름에 대한 이해를 바탕으로 장기적인 관점에서 재무 계획을 수립해야 함.
재무 설계 과정	재무 목표 설정(자신의 가치관과 재무 상태 등을 고려해 장·단기 재무 목표 설정) → 재무 상태 분석(자신의 재무 상태 및 이용 가능한 자원 파악) → 목표 달성을 위한 대안 모색(재무 목표의 우선순위와 시간 계획 등을 설정) → 재무 행동 계획 실행(재무 목표 달성을 위한 계획 실행) → 재무 실행 평가와 수정(목표 달성 정도를 평가하고 달성하지 못하였을 경우 문제점을 파악하고 수정)

분석 현재의 소득이나 자산을 기준으로 현재의 소비를 결정하는 것이 아니라 장기적 관점에서 소비와 저축을 결정해야 함.

빠른 핵심 체크

생애 주기별 금융 설계

생애 주기	일련의 단계를 거쳐 삶이 변화하는 모습
재무 설계	생애 주기별 과업을 바탕으로 제한된 소득을 현재와 장래에 어떻게 배분할지 사전에 검토하는 작업

❹ 재무
개인이나 가정, 단체 등의 경제 상태와 관련된 일을 말한다.

자료 03 통합탐구 일반적인 생애 주기별 수입과 지출 곡선

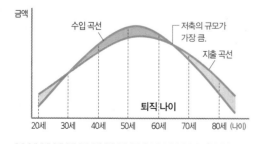

• 일반적으로 20대까지는 부모의 도움을 받아 성장하고 교육을 받으므로, 지출보다 수입이 적으며, 은퇴를 한 60대 이후의 노년기에도 수입이 줄어듦.
• 일반적으로 노년기 이전(30~50대의 장년기)에 수입이 지출보다 많으므로 이 시기에 충분한 금융 자산을 확보해 두어야 함.

교과서 자료 더 보기+

생애 주기의 세 가지 유형

아동기 – 청년기 – 신혼기 – 자녀 양육 1기 – 자녀 양육 2기 – 자녀 독립기

무자녀 중·장년기 – 노년기

독신 중·장년기

셀/파/길/잡/이 그래프와 같이 시기별로 수입이 지출을 초과하는 시기가 있고 반대로 지출이 수입을 초과하는 시기가 있다.

개념 채우기

1. 자산 관리의 의미와 필요성

의미	개인의 모든 재산을 관리하는 것, 저축이나 투자 등을 통한 금융 자산의 관리
필요성	안정적인 경제생활을 위한 효율적 자산 관리 필요

2. 자산 관리의 기본 원칙과 합리적인 자산 관리

안전성	금융 상품의 원금과 이자가 보전될 수 있는 정도
(❶)	금융 상품의 가격 상승이나 이자 수익을 기대할 수 있는 정도
유동성	보유 자산을 쉽게 현금으로 전환할 수 있는 정도
합리적인 자산 관리	투자의 목적과 기간에 따라 안전성, 수익성, 유동성을 고려하여 다양한 금융 자산에 적절히 배분하여 (❷) 투자해야 함.

3. 금융 자산의 종류와 특징

예금	• 의미: 계약에 따른 이자를 받기로 하고 금융 회사에 돈을 맡기는 것 • 종류: 요구불 예금, 저축성 예금 • 특징: 안전성과 유동성은 높지만 수익성은 낮은 편이며, 예금자 보호 제도를 통해 보호
(❸)	• 의미: 주식회사가 사업 자금 조달을 위해 발행하는 것, 배당을 받거나 시세 차익을 얻을 수 있음. • 특징: 수익성은 높지만, 안전성이 낮음.
(❹)	• 의미: 국가나 공공 기관, 금융 회사, 기업 등이 발행한 일종의 차용 증서 • 특징: 예금보다 안전성이 낮지만 수익성은 높고, 주식보다는 안전성이 높지만 수익성은 낮음.

4. 생애 주기를 고려한 금융 설계

생애 주기	일련의 단계를 거쳐 삶이 변화하는 모습을 나타낸 것
생애 주기에 따른 금융 설계	• 의미: 자신의 생애 주기별 과업을 바탕으로 재무 목표를 설정하고, 미래의 수입과 지출을 고려하여 구체적인 계획을 세우는 과정 • 필요성: 고령화가 가속화되면서 은퇴 이후 대비의 필요성 증가
(❺) 과정	재무 목표 설정 → 재무 상태 분석 → 목표 달성을 위한 대안 모색 → 재무 행동 계획 실행 → 재무 실행 평가와 수정

답 | ❶ 수익성 ❷ 분산 ❸ 주식 ❹ 채권 ❺ 재무 설계

---

1 안정적인 경제생활을 위한 자산 관리의 기본 원칙

01 밑줄 친 ㉠에 대한 구체적인 설명으로 적절하지 <u>않은</u> 것은?

> 사람들은 누구나 풍족한 삶을 꿈꾼다. 경제적인 어려움 없이 살아가고 싶지만 평생 돈을 벌고 쓰는 과정은 일정한 법칙대로 움직이는 것이 아니다. 특히 오늘날 삶의 불규칙함이 더 커지면서 안정적인 경제생활을 영위하기 위한 ㉠ 자산 관리의 필요성이 더 커지고 있다.

① 미래에 예상되는 목돈 지출에 대비해야 한다.
② 평균 수명의 증가로 노후 생활 대비의 필요성이 더 커졌다.
③ 금융 자산의 종류가 점점 축소되고 그 특성이 획일화되고 있다.
④ 소비는 평생 이루어지지만 소득을 얻을 수 있는 시기는 한정되어 있다.
⑤ 오늘날 위험성이 높은 금융 상품 개발 등 금융 환경의 변화가 커지고 있다.

02 ㉠~㉢에 들어갈 자산 관리의 기본 원칙이 바르게 연결된 것은?

> 자산을 효율적으로 관리하고 잘 활용하기 위해서는 세 가지 자산 관리의 기본 원칙을 고려해야 한다. (㉠)은 투자한 금융 자산의 가치가 안전하게 보호될 수 있는 정도를 말하고, (㉡)은 보유하고 있는 자산을 쉽게 현금으로 전환할 수 있는 정도를 말한다. (㉢)은 금융 상품의 가격 상승이나 이자 수익을 기대할 수 있는 정도를 뜻한다.

	㉠	㉡	㉢
①	안전성	수익성	유동성
②	안전성	유동성	수익성
③	수익성	유동성	안전성
④	수익성	안전성	유동성
⑤	유동성	안전성	수익성

2 금융 자산의 종류와 특징

통합탐구

★03 (가)~(다)는 금융 자산이다. 이에 대한 설명으로 옳은 것은?

(가)	일정한 계약에 따라 이자를 받기로 하고 은행 등 금융 회사에 돈을 맡기는 것
(나)	국가나 공공 기관, 금융 회사, 기업 등이 미래에 일정한 이자를 지급할 것을 약속하고 돈을 빌린 후 제공하는 증서
(다)	기업이 사업 자금을 조달하기 위해 발행하는 것으로서, 자금을 투자한 사람에게 그 대가로 회사 소유권의 일부를 준다는 증표

① (가)는 (다)보다 수익성이 낮지만 안전성은 높다.
② (나)보다 (다)를 선호한다면 수익성보다 안전성을 중시하는 것이다.
③ (가)는 (나)와 (다)보다 안전성과 수익성이 모두 낮다.
④ (나)는 (가)와 (다)보다 수익성이 높다.
⑤ (다)는 (가)와 (나)보다 유동성이 높다.

04 다음 자료에 대한 옳은 설명을 〈보기〉에서 고른 것은?

갑은 A, B 중 하나를 선택하여 2천만 원을 투자하려고 한다.

A	온라인 주식 매매 시스템으로 ⊙ 주식에 투자
B	증권 회사에서 1년 만기 ⓒ 채권을 구매

┤ 보기 ├
ㄱ. A는 국채 투자보다 수익성이 낮은 방안이다.
ㄴ. ⊙을 보유하게 되면 갑은 주주로서 배당을 받을 수 있는 권리를 갖게 된다.
ㄷ. B는 원금 손실의 가능성이 A보다 낮은 방안이다.
ㄹ. ⓒ은 주식회사가 자금을 조달하기 위하여 발행하는 증서이다.

① ㄱ, ㄴ　　② ㄱ, ㄷ　　③ ㄴ, ㄷ
④ ㄴ, ㄹ　　⑤ ㄷ, ㄹ

통합탐구

05 그림은 금융 자산의 수익과 위험의 정도를 보여 준다. 이에 대한 옳은 설명을 〈보기〉에서 고른 것은?

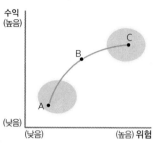

┤ 보기 ├
ㄱ. A에 가까울수록 안전한 금융 자산이다.
ㄴ. B는 A에 비해 수익성과 안전성이 모두 높다.
ㄷ. 채권보다는 주식이 C에 가깝다.
ㄹ. C에 가까울수록 분산 투자가 쉬워진다.

① ㄱ, ㄴ　　② ㄱ, ㄷ　　③ ㄴ, ㄷ
④ ㄴ, ㄹ　　⑤ ㄷ, ㄹ

3 생애 주기별 금융 설계

통합탐구

★06 그림은 생애 주기별 수입과 지출을 보여 준다. A~C 단계에 대한 일반적인 특징을 〈보기〉에서 고른 것은?

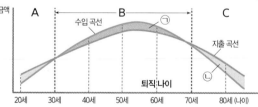

┤ 보기 ├
ㄱ. 충분한 금융 자산을 확보할 수 있는 시기는 A 단계이다.
ㄴ. B 단계는 수입이 지출보다 많아 재무 설계가 필요 없다.
ㄷ. C 단계는 소득이 크게 줄어드는 시기이므로 전 생애에 걸친 효율적인 자산 관리가 필요하다.
ㄹ. 은퇴 시기가 늦어질수록 ⊙의 면적은 넓어지고 ⓒ의 면적은 줄어들 것이다.

① ㄱ, ㄴ　　② ㄱ, ㄷ　　③ ㄴ, ㄷ
④ ㄴ, ㄹ　　⑤ ㄷ, ㄹ

07 그림은 사회 수업 시간에 다루는 수업 주제를 보여 준다. (가)에 대한 옳은 설명을 〈보기〉에서 고른 것은?

> • 주제: ____(가)____
> • 의미: 생애 주기 전체를 고려하여 인생 목표의 달성을 위해 필요한 자금 계획을 세우는 것

┤ 보기 ├
ㄱ. 한번 정해지면 바꾸지 않아야 한다.
ㄴ. 장기적인 관점에서 소비와 저축을 결정해야 한다.
ㄷ. 현재의 소득이나 자산을 기준으로 작성해야 한다.
ㄹ. 생애 주기별 수입과 지출에 대한 이해를 바탕으로 이루어져야 한다.

① ㄱ, ㄴ   ② ㄱ, ㄷ   ③ ㄴ, ㄷ
④ ㄴ, ㄹ   ⑤ ㄷ, ㄹ

★08 다음은 사회 수업 시간에 갑에게 주어진 수행 과제이다. 과제를 수행함으로써 갑이 얻을 수 있는 가치로 적절하지 <u>않은</u> 것은?

〈수행 과제〉
나의 생애 주기별 금융 설계

생애 주기	주요 사건	목표	금융 설계
청년기			
신혼기			
자녀 양육 1기			
자녀 양육 2기			
자녀 독립기			
노년기			

① 노후 생활에 대비할 수 있다.
② 전 생애 동안 지출보다 수입이 많도록 준비할 수 있다.
③ 생애 주기를 통해 금융 자산의 큰 흐름을 이해할 수 있다.
④ 효율적인 자산 관리를 통한 안정적인 경제생활을 할 수 있다.
⑤ 미래의 과업을 사전에 인식하고 그에 맞는 대비를 할 수 있다.

09 다음 사례들과 같은 경우를 대비할 수 있는 적절한 방안을 서술하시오.

> • 살다 보면 결혼 준비나 내 집 마련, 자녀 교육 등 목돈이 들어가는 일이 생긴다.
> • 어느 날 갑자기 잘 다니고 있던 일자리를 잃어 소득이 없어지는 일이 생길 수 있다.
> • 예기치 않은 사고가 생기거나 아파서 병원비가 필요한 일이 발생하기도 한다.

10 다음을 읽고 물음에 답하시오.

> 합리적인 자산 관리를 위해서는 금융 자산마다 안전성, 수익성, 유동성이 제각각이므로 (㉠)을(를) 해야 한다. (㉠)(이)라는 말을 전문 용어로 포트폴리오 구성이라고 표현하기도 한다. 포트폴리오 구성을 통한 (㉠)은(는) 위험을 관리하는 가장 현명한 방법이자, 투자의 기본 원칙 중 하나이다. 예금, ㉡ 주식, ㉢ 채권 각각의 특성을 종합적으로 고려하여 여러 자산을 골고루 보유하는 것이 (㉠)을(를) 합리적으로 실천하는 길이다.

(1) ㉠에 들어갈 말을 쓰시오.

(2) ㉡과 ㉢의 상대적인 특징을 자산 관리의 원칙에 비추어 서술하시오.

11 다음과 같은 문제를 해결하기 위해 우리는 개인적으로 어떤 노력을 해야 하는지 서술하시오.

> 한 연구 보고서는 우리나라에서 2030년에 태어나는 여성의 기대 수명은 90.82세, 남성은 84.7세로 세계 최고를 기록할 것으로 내다보았다. 그러나 현재 한국의 노인 빈곤율은 OECD 국가 중 가장 높다. 무엇을 어떻게 해야 가난한 노년을 면할 수 있을까? '오래 일하는 것'이 최선의 답임을 누구나 알고 있지만 누구도 앞날을 장담하지 못한다. 어쩌면 몹시 아플 수도 있고 어쩌면 보다 빨리 퇴직할 수도 있다.

평가원 기출 _변형

01 그림은 금융 상품 A~D의 일반적인 특성을 나타낸 것이다. 이에 대한 옳은 설명을 〈보기〉에서 고른 것은? (단, A~D는 각각 주식, 채권, 요구불 예금, 저축성 예금 중 하나이다.)

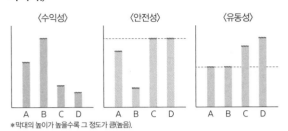

〈수익성〉 〈안전성〉 〈유동성〉

A B C D   A B C D   A B C D

＊막대의 높이가 높을수록 그 정도가 큼(높음).

┤ 보기 ├
ㄱ. A는 주식, B는 채권이다.
ㄴ. C는 저축성 예금, D는 요구불 예금이다.
ㄷ. 원금 손실 위험을 기피하는 투자자일수록 A보다 B를 선호한다.
ㄹ. C보다 D를 선호한다면 D가 C에 비해 현금화가 쉽기 때문이다.

① ㄱ, ㄴ   ② ㄱ, ㄷ   ③ ㄴ, ㄷ
④ ㄴ, ㄹ   ⑤ ㄷ, ㄹ

교육청 기출 _변형

02 그림은 경제 수업 내용을 정리한 노트의 일부분이다. A~C에 대한 설명으로 옳은 것은? (단, A~C는 각각 요구불 예금, 주식, 채권 중 하나이다.)

〈금융 상품의 일반적인 특성 비교〉
• 수익성: C 〉 A 〉 B
• 안전성: B 〉 A 〉 C
• 유동성: ㉠

① ㉠에는 'C〉A〉B'가 적절하다.
② A와 달리 B는 이자 수익이 발생한다.
③ B와 달리 C는 예금자 보호 제도의 적용을 받는다.
④ A, C 모두 시세 차익을 얻을 수 있다.
⑤ B의 이자율이 상승하면 A, C의 수요는 증가한다.

수능 기출 _변형

03 교사의 질문에 대해 옳게 답변한 학생을 〈보기〉에서 고른 것은? (단, A~C는 정기 적금, 채권, 연금 중 하나이다.)

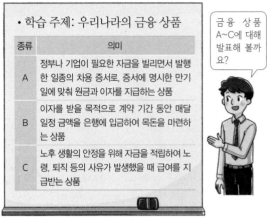

• 학습 주제: 우리나라의 금융 상품

종류	의미
A	정부나 기업이 필요한 자금을 빌리면서 발행한 일종의 차용 증서로, 증서에 명시한 만기일에 맞춰 원금과 이자를 지급하는 상품
B	이자를 받을 목적으로 계약 기간 동안 매달 일정 금액을 은행에 입금하여 목돈을 마련하는 상품
C	노후 생활의 안정을 위해 자금을 적립하여 노령, 퇴직 등의 사유가 발생했을 때 급여를 지급받는 상품

금융 상품 A~C에 대해 발표해 볼까요?

┤ 보기 ├
갑: A는 만기일 이전에 다른 사람에게 팔 수 있습니다.
을: B는 예금자 보호법에 따라 보호를 받습니다.
병: C는 정기 적금입니다.
정: B, C와 달리 A는 배당금을 받습니다.

① 갑, 을   ② 갑, 병   ③ 을, 병
④ 을, 정   ⑤ 병, 정

평가원 기출 _변형

04 그림은 A 시점부터 남은 일생 동안의 소득과 소비를 일치시키려는 사람의 재무 계획을 나타낸다. 이에 대한 분석으로 옳은 것은? (단, A 시점 이전에는 자산과 부채가 없다.)

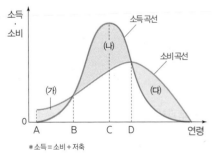

소득·소비

소득곡선
(나)
소비곡선
(가)   (다)

0   A   B   C   D   연령

＊소득＝소비＋저축

① A~B 기간에는 소득이 소비보다 크다.
② B~D 기간에는 누적 저축액이 지속적으로 증가한다.
③ C~D 기간에는 소득 대비 소비가 지속적으로 감소한다.
④ D 시점에서 누적 소비액은 일생 중 최대가 된다.
⑤ (가)와 (다)의 합은 (나)보다 작다.

VI

사회 정의와 불평등

🌱 이 단원의 핵심 포인트 짚고 가기

단원	핵심 포인트
01 정의의 의미와 실질적 기준	·정의의 의미와 정의가 요청되는 이유 ·정의의 실질적 기준
02 자유주의와 공동체주의의 정의관	·자유주의적 정의관 ·공동체주의적 정의관 ·권리와 의무, 사익과 공익의 조화
03 사회 및 공간 불평등 현상과 개선 방안	·사회 불평등 현상의 의미와 양상 ·공간 불평등 현상의 양상과 원인 ·정의로운 사회를 위한 다양한 제도와 실천 방안

🌱 셀파와 내 교과서 단원 비교하기

셀파	천재교육	미래엔	비상	지학사	동아
01 정의의 의미와 실질적 기준	01 정의의 의미와 실질적 기준	1 정의의 의미와 기준	1 정의의 의미와 실질적 기준	1 정의의 의미와 기준	01 정의의 의미와 실질적 기준은?
02 자유주의와 공동체주의의 정의관	02 자유주의와 공동체주의의 정의관	2 다양한 정의관	2 다양한 정의관의 특징과 적용	2 다양한 정의관의 특징과 적용	02 자유주의적 정의관과 공동체주의적 정의관의 특징은?
03 사회 및 공간 불평등 현상과 개선 방안	03 사회 및 공간 불평등 현상과 개선 방안	3 다양한 불평등 문제와 해결 방안	3 불평등의 해결과 정의의 실현	3 사회 및 공간 불평등 현상과 정의로운 사회	03 사회 불평등의 양상과 그 원인은? 04 사회 불평등의 올바른 해결 방안은?

정의로운 사회의 조건은 무엇이며
이의 실현을 위해 어떻게 해야 하는가?

정의의 의미와 기준 등을 탐구하고, 사회적·공간적 불평등 현상을
완화하려는 다양한 제도와 실천 방안을 탐색한다.

01 정의의 의미와 실질적 기준

1 정의의 의미와 필요성

1. 정의의 의미

(1) 일반적 의미 개인이 지켜야 할 올바른 도리 또는 사회를 구성 및 유지하는 공정한 도리

(2) 시대와 장소에 따라 다양한 정의에 관한 관점

① 동양의 유교 의로움〔의(義)〕, 즉 옳음

② 서양의 고전적 의미 각자에게 그의 몫을 주는 것

> **분석** 아리스토텔레스는 정의란 같은 것은 같게 대우하고 다른 것은 다르게 대우하는 것이며, 각자에게 각자의 몫을 주는 것이라고 봄.

③ 오늘날 주로 '사회 정의'를 의미하며, 이는 사회 제도가 추구해야 할 최고의 덕목

> **예** 오늘날 사회 구조가 복잡해지고 다양한 가치의 분배를 둘러싼 갈등이 심해지면서 강조되고 있음.

2. 정의에 관한 여러 사상가의 주장

공자		'천하의 바른 정도(正道)를 이루는 것'을 삶의 목표로 삼음.
플라톤❶		정의는 '국가가 지녀야 할 가장 필수적 덕목'으로, 사회적 지위와 역할을 각자의 능력과 소질에 따라 배분하는 것
아리스토텔레스 [자료 01]	일반적 정의	공익 실현을 위한 법을 준수하는 것
	특수적 정의	• 분배적 정의: 각 사람이 지닌 가치에 따라 권력, 명예, 재화 등을 분배하여 공정함을 실현하는 것 • 교정적 정의: 손해와 이익에서 사람들 간의 동등하지 않음을 바로잡는 것 • 교환적 정의: 교환의 결과를 공정하게 하는 것

> **분석** 분배적 정의의 대상으로는 부, 소득, 권리, 기회, 지위 등의 이익이나 세금, 의무, 책임 등의 부담이 있음.

3. 정의의 필요성 [자료 02]

(1) 사회 구성원들이 기본적 권리를 누리며 인간다운 삶을 살아가게 함.

(2) 사회 구성원들이 서로 신뢰하고 공동체 발전을 위해 적극 참여하고 협력하게 함.

(3) 이해 갈등을 공정하게 처리하게 하여 개인선과 더불어 공동선❷을 실현하게 해 줌.

> **분석** 옳고 그름에 관한 판단 기준이 없다면 사회 구성원들은 자기 이익만을 중시할 수 있음.

2 정의의 실질적 기준 [자료 03]

업적에 따른 분배❸	의미	당사자들이 성취한 업적, 즉 성과나 실적 정도에 비례하여 분배하는 것
	장점	• 객관화·수량화할 수 있어 분배의 몫을 정하기 쉽고 비교적 공정함. • 열심히 일하려는 성취동기를 북돋을 수 있고, 생산성을 높일 수 있음.
	단점	• 서로 다른 종류의 업적을 비교하기 어려움. • 사회적 약자에 대한 배려가 부족하고 빈부 격차가 커질 수 있음. • 업적을 쌓으려는 경쟁이 과열될 수 있고, 사회적 갈등을 유발할 수 있음.
능력에 따른 분배	의미	육체적·정신적 능력, 즉 전문적 지식이나 자질 등에 따라 분배하는 것
	장점	잠재력 실현, 능력이 뛰어난 사람 우대, 업무 효율성 제고
	단점	• 능력이나 잠재력을 평가하는 정확한 기준을 마련하기 어려움. • 능력은 타고난 재능이나 환경과 같은 우연적·선천적 요소의 영향을 받음.
필요에 따른 분배❹	의미	기본적 욕구 충족이 어려운 사람들에게 필요한 재화와 가치를 우선적으로 분배하는 것
	장점	사회적 약자를 비롯하여 구성원의 인간다운 삶을 보장하려는 근거가 됨.
	단점	• 자원이 한정되어 있으므로 모두의 필요와 욕구를 만족시킬 수는 없음. • 노동 의욕을 약화하여 창의성이나 경제적 효율성을 저해할 수 있음.

> **예** 의사와 예술가의 업적 중 누구의 업적이 더 큰가를 비교하기는 어려움.

> **왜** 결과로 나타나지 않으면 객관적 평가가 어려움.

> **분석** 이를 간과하면 약자의 소외감을 유발하고 사회 불평등을 심화시킴.

자료 01 통합탐구 아리스토텔레스의 정의에 대한 관점

아리스토텔레스는 정의를 일반적 정의와 특수적 정의로 구분하고, 특수적 정의를 다시 교정적 정의, 분배적 정의, 교환적 정의로 구분하였다. 일반적 정의는 법을 준수하는 것을 의미한다. 아리스토텔레스는 법을 준수하는 사람은 정의로운 사람이고 법을 지키지 않는 사람은 부정의하다고 주장하였다. 교정적 정의는 다른 사람에게 해를 끼치면 그만큼 보상하게 하고, 다른 사람에게 이익을 주었으면 그만큼 받게 함으로써 서로 간의 동등하지 않음을 바로잡는 것이다. 분배적 정의는 각자의 가치에 따라 권력, 명예, 재화를 분배함으로써 공정함을 실현하는 것이다. 또한 교환적 정의는 같은 가치를 지닌 두 물건을 교환하게 함으로써 교환의 결과를 공정하게 하는 것이다. 아리스토텔레스는 공정한 사람은 정의로운 사람이고, 불공정한 사람은 부정의한 사람이라고 주장하였다.

셀/파/길/잡/이 · 아리스토텔레스의 교정적 정의는 사람과 사람 사이에 잘못된 것을 바로잡는 것이고, 분배적 정의는 가치에 비례하여 몫을 분배하는 것이며, 교환적 정의는 물건의 정당한 교환과 관련된 것이다.
· 분배적 정의와 관련하여 아리스토텔레스는 당사자들이 동등함에도 동등하지 않은 몫을 분배하거나, 동등하지 않은 사람들이 동등한 몫을 분배받으면 싸움과 불평이 생겨난다고 보았다. 그러므로 그는 정의로운 것은 일종의 비례적인 것이라고 주장하였다.

교과서 자료 더 보기

분배 정의에 관한 다양한 관점

자본주의	누구나 자유로운 경쟁을 통해 합리적으로 이윤을 추구할 수 있도록 모두에게 평등한 기회를 주어야 함.
사회주의	경제적 평등의 실현을 위해 필요에 따라 분배해야 함.
절차적 정의	분배 기준이 서로 충돌할 수 있으므로, 분배의 기준보다는 분배의 절차에 주목해야 함. 절차나 과정이 공정하다면 그에 따른 결과도 공정함.

자료 02 사회 제도가 추구해야 할 덕목으로서의 정의의 중요성

사상 체계의 제1덕목을 진리라고 한다면, 사회 제도의 제1덕목은 정의이다. 이론이 아무리 정교하고 간결하다 할지라도 그것이 진리가 아니라면 배척되거나 수정되어야 하듯이, 법이나 제도가 아무리 효율적이고 정연할지라도 정의롭지 못하면 개혁되거나 폐기되어야 한다. 모든 사람은 전체 사회의 복지를 위한다는 이유로도 결코 침해될 수 없는 기본적 권리를 가진다. 그러므로 정의는 타인이 갖게 될 더 큰 선을 위하여 소수의 자유를 뺏는 것이 정당화될 수 없다고 본다. – 롤스, 《정의론》 –

셀/파/길/잡/이 롤스는 사회 제도가 추구해야 할 제1의 덕목이 정의라고 하였다. 그에 따르면, 법이나 제도가 아무리 효율적이라도 정의롭지 못하다면 사회 구성원의 기본적 권리를 침해할 수 있기 때문에 개선되어야 한다. 또한 정의는 구성원 모두의 인권을 존중하는 것이며, 아무리 다수의 이익에 도움이 된다고 할지라도 소수를 희생시키지 않는 것이다.

교과서 탐구 풀이

Q 롤스가 정의를 사회 제도의 제1의 덕목이라고 주장한 이유를 말해 보자.

A 롤스에 따르면, 인간에게는 어떤 이유로도 결코 침해될 수 없는 기본적 권리와 자유가 있다. 그는 오직 정의로운 사회 제도만이 구성원의 기본적 권리를 보장하는 역할을 수행할 수 있다고 보았다.

자료 03 통합탐구 분배적 정의에서 실질적 기준의 결정

마을에서 공동으로 담근 김치를 어떤 기준으로 나누면 좋을까?

업적에 따른 분배

김치를 담근 양만큼 받는다면, 열심히 일한 사람에게 그만큼의 보상을 해 줄 수 있어. 그러나 일하는 데 어려움이 있는 사람에게는 불리한 결과가 나타나고, 경쟁이 과열될 수 있어.

능력에 따른 분배

더 잘 담그는 사람에게 김치를 더 많이 준다면, 맛있는 김치를 더 많이 담글 수 있어. 그러나 그런 능력에 우연적·선천적 요소가 개입되는 것은 공정하다고 보기 어려워. 또 능력이 있다고 해서 반드시 성과를 내는 것도 아니야.

필요에 따른 분배

부양가족 수나 경제 형편을 고려하여 나누면 김치가 꼭 필요한 사람에게 돌아갈 수 있어. 그러나 모든 사람의 필요를 충족하기는 어렵고, 열심히 일하려는 동기가 약화될 수 있어.

절대적 평등에 따른 분배

모든 사람에게 김치를 똑같이 나누면 경제적 평등을 실현할 수 있어. 그러나 열심히 일하려는 의욕이나 창의성이 저하되고, 경제적 효율성을 떨어뜨릴 수 있어.

셀/파/길/잡/이 '어떤 기준에 따라서 분배할 것인가?'는 사회적·경제적 가치를 분배하는 것과 관련된 정의인 분배적 정의와 관련된 중요한 물음이다. 업적, 능력, 필요, 절대적 평등 등 어떤 분배 기준을 택하느냐에 따라 구성원들마다 분배받는 몫이 달라질 수 있다. 이들 기준은 각기 장단점이 있어 어느 한 가지만이 정의롭다고 말할 수 없고, 서로 충돌하기도 하므로 여러 기준을 고려하되, 사회적 합의를 통해 각 상황에 가장 적합한 분배 기준을 마련해야 한다.

교과서 자료 더 보기

다양한 분배 기준의 중요성

왈처는 서로 다른 사회적 삶의 영역에서는 서로 다른 분배 기준이 통용되어야 한다고 주장하였다. …… 필요의 기준이 지배해야 하는 의료 영역에서 능력이나 업적의 기준이 적용되어 어떤 이에게 필요한 의료 혜택이 주어지지 않는다거나, 경제적 불평등이 사회적 지위의 불평등이나 고용 기회의 불평등, 심지어 건강상의 불평등으로 이어지는 것은 정의롭지 않다. – 《처음 읽는 윤리학》 –

분배적 정의에서는 사회적 자원을 공정하게 분배하기 위해 적절한 기준을 설정하는 것이 중요하다.

내신 실력 쌓기

개념 채우기

1. 정의의 의미

(❶)	개인이 지켜야 할 올바른 도리 또는 사회를 구성하고 유지하는 공정한 도리
사회 정의	• 오늘날 정의는 주로 사회 정의를 가리킴. • 정의는 사회 제도가 추구해야 할 최고의 덕목

2. 정의에 관한 여러 사상가의 주장

공자	천하의 바른 정도를 이루는 것
플라톤	• 국가가 지녀야 할 가장 필수적 덕목 • 사회적 지위와 역할은 각자의 능력과 소질에 따라 배분하는 것
(❷)	• 일반적 정의: 법을 준수하는 것 • 특수적 정의: 분배적 정의, 교정적 정의, 교환적 정의

3. 정의의 필요성

구성원의 권리 보장	사회 구성원이 인간다운 삶을 살아가게 함.
공동체 발전	사회 구성원이 상호 신뢰를 바탕으로 공동체의 발전을 위해 협력하게 함.
갈등의 공정한 처리	이해 갈등을 공정하게 처리하는 기준이 됨.
공동선 실현	개인선과 더불어 공동선을 실현하게 해 줌.

4. 다양한 분배 기준

(❸)		당사자들이 성취한 성과나 실적에 따라 분배
	장점	객관적 평가가 용이함, 생산성을 높임.
	단점	사회적 약자에 대한 배려 부족, 경쟁 과열
능력		육체적·정신적인 능력에 따라 분배
	장점	개인의 잠재력 실현, 업무 효율성 제고
	단점	평가 기준 설정의 어려움, 우연적 요소의 영향
(❹)		사회적 약자에게 필요한 재화와 가치를 분배하는 것
	장점	최대한 많은 이들의 인간다운 삶 보장
	단점	모든 사람의 필요 충족 불가능, 열심히 일하려는 동기 약화, 경제적 비효율성 초래 가능

답 | ❶ 정의 ❷ 아리스토텔레스 ❸ 업적 ❹ 필요

1 정의의 의미와 필요성

01 A에 대한 옳은 설명을 〈보기〉에서 고른 것은?

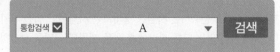

개인이 지켜야 할 올바른 도리 또는 사회를 구성하고 유지하는 공정한 도리. 옳음, 공정성, 공평성 등의 의미를 지니고 있음.

┤ 보기 ├
ㄱ. 공동체 전체에 이익이 되는 것이다.
ㄴ. 유교에서는 의로움, 즉 옳음이라고 여겼다.
ㄷ. 각자가 받아야 할 마땅한 몫을 주는 것이다.
ㄹ. 개인의 행복 추구와 자아실현을 중시하는 것이다.

① ㄱ, ㄴ ② ㄱ, ㄷ ③ ㄴ, ㄷ
④ ㄴ, ㄹ ⑤ ㄷ, ㄹ

★02 다음을 주장한 사상가가 부정의 대답을 할 질문으로 적절한 것은?

사상 체계의 제1덕목을 진리라고 한다면, 사회 제도의 제1덕목은 정의이다. 이론이 아무리 정교하고 간결하다 할지라도 그것이 진리가 아니라면 배척되거나 수정되어야 하듯이, 법이나 제도가 아무리 효율적이고 정연할지라도 정의롭지 못하면 개혁되거나 폐기되어야 한다. 모든 사람은 전체 사회의 복지를 위한다는 이유로도 결코 침해될 수 없는 기본적 권리를 가진다. 그러므로 정의는 타인이 갖게 될 더 큰 선을 위하여 소수의 자유를 뺏는 것이 정당화될 수 없다고 본다.

① 정의롭지 못한 법은 개선해야 하는가?
② 사회 제도는 정의를 추구해야 하는가?
③ 모든 사람은 기본적 권리를 가지고 있는가?
④ 다수를 위하여 소수가 희생하는 것은 부당한가?
⑤ 법과 제도를 운영할 때 가장 중요한 기준은 효율성인가?

통합탐구

03 (가), (나), (다)에 들어갈 말이 알맞게 짝지어진 것은?

> 아리스토텔레스는 정의를 일반적 정의와 특수적 정의로 구분하고, 특수적 정의를 다시 구분하였다.
>
> ____(가)____는 다른 사람에게 해를 끼치면 그만큼 보상하게 하고, 다른 사람에게 이익을 주었으면 그만큼 받게 함으로써 서로 간의 동등하지 않음을 바로잡는 것이다. ____(나)____는 각자의 가치에 비례하여 권력, 명예, 재화를 분배함으로써 공정함을 실현하는 것이다. 또한 ____(다)____는 같은 가치를 지닌 두 물건을 교환하게 함으로써 교환의 결과를 공정하게 하는 것이다.

	(가)	(나)	(다)
①	교정적 정의	교환적 정의	분배적 정의
②	교정적 정의	분배적 정의	교환적 정의
③	교환적 정의	교정적 정의	분배적 정의
④	교환적 정의	분배적 정의	교정적 정의
⑤	분배적 정의	교정적 정의	교환적 정의

04 교사의 질문에 대해 갑과 을은 옳은 대답을, 병은 잘못된 대답을 하였다. (가), (나)에 들어갈 알맞은 말을 〈보기〉에서 골라 바르게 짝지은 것은?

┤ 보기 ├
ㄱ. 구성원들이 인간다운 삶을 살아가게 합니다.
ㄴ. 공동선보다 개인선을 우선하여 추구하게 합니다.
ㄷ. 구성원 간의 이해 갈등을 공정하게 처리해 줍니다.
ㄹ. 자원의 편중 현상과 사회 계층의 양극화를 심화시킵니다.

	(가)	(나)		(가)	(나)
①	ㄱ, ㄴ	ㄷ, ㄹ	②	ㄱ, ㄷ	ㄴ, ㄹ
③	ㄱ, ㄹ	ㄴ, ㄷ	④	ㄴ, ㄷ	ㄱ, ㄹ
⑤	ㄴ, ㄹ	ㄱ, ㄷ			

2 정의의 실질적 기준

05 다음 글에 나타난 분배의 기준으로 옳은 것은?

> 성과 연봉제란 개인의 업무에 대한 성과 평가에 따라 급여가 결정되는 임금 체계이다. 직급 내 성과 평가에 따라 급여 수준의 차이가 발생한다. 기업의 성과 연봉제는 근로자의 노력을 극대화하여 기업의 생산성을 향상하려는 전략적인 선택이라고 할 수 있다.

① 능력에 따른 분배
② 업적에 따른 분배
③ 필요에 따른 분배
④ 평등에 따른 분배
⑤ 노력에 따른 분배

06 다음에 나타난 분배 기준에 대한 올바른 설명을 〈보기〉에서 고른 것은?

> 〈공 고〉
> ○○ 기업 직원 모집 요건
> ⋮
> 경력자 및 자격증 소지자 우대

┤ 보기 ├
ㄱ. 성취동기를 약화하여 경제적 효율성이 떨어질 수 있다.
ㄴ. 타고난 재능이나 환경 같은 우연적 요소의 영향을 받을 수 있다.
ㄷ. 직무 수행에 필요한 전문 지식이나 자질에 따라 분배하는 것이다.
ㄹ. 사회적 약자를 비롯하여 최대한 많은 구성원이 인간다운 삶을 살 수 있게 해 준다.

① ㄱ, ㄴ
② ㄱ, ㄷ
③ ㄴ, ㄷ
④ ㄴ, ㄹ
⑤ ㄷ, ㄹ

★07 필요에 따른 분배를 바르게 설명한 것은?

① 개인이 지닌 잠재력에 따라 몫을 나누는 것이다.
② 당사자들이 성취한 업적에 따라 분배하는 것이다.
③ 모든 사람에게 똑같은 양의 몫을 분배하는 것이다.
④ 각 사람이 지닌 가치에 따라 사회적 지위를 나누는 것이다.
⑤ 기본적 욕구 충족이 어려운 사람들에게 재화와 가치를 우선 분배하는 것이다.

08 ㉠에 들어갈 적절한 내용을 〈보기〉에서 고른 것은?

나는 성과 연봉제 도입을 찬성해. 성과에 따라 급여가 결정되면, 능력을 인정받고 보수도 오를 수 있으니, 지금보다 더 열심히 일하려는 사람이 늘어날 거야.

나는 성과 연봉제 도입을 반대해. 왜냐하면 ㉠

갑   을

┤ 보기 ├

ㄱ. 직원들의 성취동기를 저하시키기 때문이야.

ㄴ. 직원 간에 지나친 경쟁을 불러오기 때문이야.

ㄷ. 노력에 비해 성과가 나오지 않는 직원을 배려할 수 없기 때문이야.

ㄹ. 일하지 않으려는 직원들이 많아져 목표한 만큼 생산성이 오르지 않기 때문이야.

① ㄱ, ㄴ   ② ㄱ, ㄷ   ③ ㄴ, ㄷ

④ ㄴ, ㄹ   ⑤ ㄷ, ㄹ

10 롤스가 정의를 사회 제도가 추구해야 하는 제1덕목이라고 주장한 이유를 서술하시오.

11 다음 글에 나타난 분배 정의의 기준이 지닐 수 있는 한계를 한 가지만 서술하시오.

> 플라톤에 따르면, 정의로운 사회는 절제의 미덕을 갖춘 사람에게는 생산에 힘쓸 수 있는 일자리를 배분하고, 용기의 미덕을 가진 사람에게는 국가를 수호할 일자리를 배분하며, 지혜의 미덕을 갖춘 합리적인 사람에게는 국가를 통치할 수 있는 일자리를 배분해야 한다. 또한 이러한 사회적 지위와 역할은 출신 가문에 의해서 세습되는 것이 아니라 각자의 능력과 소질에 따라 주어져야 한다.

통합탐구

09 ㉠, ㉡에 대한 적절한 설명을 〈보기〉에서 고른 것은?

마을 사람들이 함께 김장한 뒤에 김치를 어떤 기준으로 나누면 좋을까요?

(㉠)의 기준에 따라 김치를 더 맛있게 담글 수 있는 사람이나 자격증을 가진 사람에게 더 주어야 합니다.

(㉡)의 기준에 따라 부양가족 수나 경제 형편을 고려하여 나누어야 합니다.

┤ 보기 ├

ㄱ. ㉠이 뛰어난 사람은 반드시 업적을 이룰 수 있다.

ㄴ. ㉠은 우연적인 요소의 영향을 받으므로 공정함에 의문이 제기될 수 있다.

ㄷ. ㉡에 따른 분배 방식이 가장 정의롭다.

ㄹ. ㉡은 모두의 필요를 충족시키기 어렵다는 점에서 한계가 있다.

① ㄱ, ㄴ   ② ㄱ, ㄷ   ③ ㄴ, ㄷ

④ ㄴ, ㄹ   ⑤ ㄷ, ㄹ

12 다음 글을 읽고 물음에 답하시오.

> '배리어 프리(barrier free)'는 고령자나 장애인 등과 함께 살기 좋은 사회를 만들기 위해 물리적·제도적 장벽을 허물고자 하는 운동이다. 처음에는 휠체어를 탄 고령자나 장애인들도 편하게 살 수 있도록 주택이나 공공시설을 지을 때 문턱을 없애자는 운동에서 시작하였다. 이후, 물리적 개념뿐만 아니라 자격, 시험 등을 제한하는 제도적·법률적 장벽을 비롯하여 각종 차별과 편견을 허물자는 의미로 폭넓게 사용되고 있다.

(1) 윗글에 나타난 분배 정의의 기준을 쓰시오.

(2) (1)에서 답한 기준의 장점과 단점을 한 가지씩만 서술하시오.

1등급 완성하기

수능 기출 _변형

01 다음 사상가가 긍정의 대답을 할 질문으로 알맞은 것을 〈보기〉에서 고른 것은?

> 정의는 합법적이며 공정한 것을 의미한다. 특수한 정의의 한 종류는 명예, 금전 등의 분배에 관련되는 것이고, 다른 종류는 사람들의 거래에 관련되는 것과 손해와 이익에서 사람들 간의 동등함을 바로잡는 것이다.

┤ 보기 ├
ㄱ. 모든 사람에게 절대적 평등을 실현해야 하는가?
ㄴ. 정의로운 사회는 각자에게 각자의 당연한 몫을 할당해야 하는가?
ㄷ. 동등한 당사자들 간에 동등한 몫을 분배받게 하는 것이 정의로운가?
ㄹ. 사회적 약자를 비롯하여 많은 이들의 인간다운 삶을 보장해야 하는가?

① ㄱ, ㄴ   ② ㄱ, ㄷ   ③ ㄴ, ㄷ
④ ㄴ, ㄹ   ⑤ ㄷ, ㄹ

02 다음 개념에 대한 옳은 설명에만 '✓' 표시를 한 학생은?

> '각자에게 그의 몫을 주는 것', '동일한 것은 동일하게 취급하고 다른 것은 다르게 취급하는 것'

설명 \ 학생	갑	을	병	정	무
사회 특권층의 권리를 강화해 준다.	✓		✓		✓
개인선과 공동선을 실현하게 해 준다.			✓	✓	✓
사회 구성원들이 서로 신뢰할 수 있게 한다.	✓	✓	✓		
이해 갈등을 공정하게 처리하는 데 도움을 준다.		✓	✓	✓	

① 갑   ② 을   ③ 병   ④ 정   ⑤ 무

03 갑과 을의 입장에 대한 설명으로 옳은 것은?

> 갑: 육체적, 정신적 능력이 뛰어난 사람에게 더 많은 보상을 해야 한다. 예를 들어, 직원을 채용할 때 직무 관련 자격증을 가진 사람을 우대하고, 탁월한 치료 능력을 가진 사람이 의사가 되어야 한다.
> 을: 업적 또는 이바지한 정도에 따라 분배하는 것이 공정하다. 기회의 평등을 실현한 상태에서 개인들이 자유롭게 경쟁하여 그 성과를 분배받는다면 그로 인한 결과의 차이는 정의롭다고 할 수 있다.

① 갑은 사회적 불평등을 완화하고자 한다.
② 갑은 개인의 잠재적 능력을 발휘하도록 해야 한다고 본다.
③ 을은 사회적 약자 보호를 위해 복지 제도를 확충하고자 한다.
④ 을은 모든 사람의 필요와 욕구를 고려하여 분배할 것을 주장한다.
⑤ 갑과 을의 주장은 모두 경제적 효율성이 저하된다는 한계를 지닌다.

04 (나)의 입장에서 (가)의 분배 기준을 비판하는 근거로 적절하지 않은 것은?

(가)	미국에서 기업의 최고 경영자(CEO)와 근로자의 연봉을 조사한 결과, CEO와 근로자 연봉 비율의 평균은 303대 1로 나타났다. 이러한 연봉 격차가 최근 들어 급격히 커지면서 경영진의 초고액 연봉을 둘러싼 논쟁이 가열되고 있다. 미국 CEO들의 연봉은 지난 36년 동안 997% 올랐지만, 근로자의 연봉은 10.9% 상승에 그쳤다.
(나)	사회적 불평등을 완화하고 사회적 약자를 보호하기 위해 기회의 평등을 넘어 결과의 평등이 이루어져야 한다.

① 경쟁이 과열될 수 있다.
② 빈부 격차가 커질 수 있다.
③ 우연적·선천적 요소가 개입할 수 있다.
④ 사회적 약자에 대한 배려가 부족할 수 있다.
⑤ 능력이 뛰어난 사람에게 적절한 대우를 해 줄 수 없다.

02 자유주의와 공동체주의의 정의관

1 자유주의적 정의관

1. 자유주의❶ 개인의 자유❷를 가장 소중한 가치로 여기는 사상 ┐ **비교** 개인주의: 개인이 사회보다 우선하며, 사회는 자유롭고 독립적인 개인의 합에 불과하다고 여기는 사상

⭐2. 자유주의적 정의관

자유주의적 정의관	• 타인의 자유를 침해하지 않는 한에서 개인의 자유와 권리를 **최대한 보장하여** 개인선을 실현하는 것이 정의로움. **분석** 자유 경쟁을 통해 공정하게 취득한 이익을 ┐ 보장하는 것이 옳음. • 사회나 국가는 개인의 자유로운 선택권과 자율성을 최대한 허용해야 하며, 중립적 입장에서 특정한 가치나 삶의 방식을 개인에게 강제해서는 안 됨.	
특징	장점	개인의 자유로운 선택과 권리, 사적 이익 추구를 보장함.
	단점	• 타인의 권리나 사회 전체의 이익을 침해하는 이기주의로 변질될 수 있음. • 사회에 대한 무관심이 증가할 수 있음.
대표 사상가 **자료 01**	롤스	• 공정으로서의 정의: 공정한 절차를 통해 합의된 것은 정의로움. • 사회적 약자의 복지를 배려하기 위해 사회적·경제적 불평등을 최소화하려는 국가 역할의 필요성을 인정함.
	노직	• 소유 권리로서의 정의: 개인의 자유와 소유권을 보장하는 것이 정의로움. • 개인의 소유권을 보호하는 역할만 하는 최소 국가를 지지하면서 국가의 소득 재분배 정책인 조세 정책이나 복지 제도에 반대함.

2 공동체주의적 정의관

1. 공동체주의❸ 인간의 삶에서 공동체❹가 가지는 의미를 중시하는 사상

⭐2. 공동체주의적 정의관 **자료 02**

공동체주의적 정의관	• 공동체 구성원들이 서로에 대한 유대감을 바탕으로 각자의 역할과 의무를 다하면서 공동선을 추구하는 것이 정의로움. • 공동체는 개인이 공동체의 가치와 목적을 내면화하고, 소속감을 지니며 공동체가 지켜야 할 미덕을 따르는 좋은 삶을 살 수 있도록 장려해 주어야 함.	
특징	장점	개인과 공동체의 유기적 관계 속에서 개인과 사회의 행복 증진 추구
	단점	특정 집단의 이념과 이익을 지나치게 강조하여 구성원의 자유와 권리를 훼손하고 희생을 강요하는 집단주의로 변질될 수 있음.
대표 사상가		• 매킨타이어: 공동체의 가치와 전통을 존중하는 삶을 살아야 함. • 왈처: 사회적 가치를 갖는 재화마다 각기 다른 분배 기준이 필요함. • 샌델: 연고 의식과 책임 의식을 가지고 공동체의 활동에 참여해야 함. • 타일러: 공동체적 삶을 토대로 개인의 자아 정체성이 형성됨.

3. 자유주의와 공동체주의 정의관의 조화 **자료 03** ┐ **분석** 사익과 공익, 권리와 의무가 충돌할 때 두 정의관은 모두 양자의 조화를 중시함.

권리와 의무	• 자유주의는 개인의 권리를, 공동체주의는 공동체에 대한 의무를 중시함. • 권리와 의무는 상호 보완적 관계로, 양자를 조화롭게 추구할 때 더욱 잘 실현되어 정의로운 사회를 이룩할 수 있음.
개인선과 공동선	• 자유주의: 개인이 자유롭게 이익을 추구하면 공동선에 이바지할 수 있음. ┐ • 공동체주의: 공동선의 실현은 구성원 각자의 개인선으로 이어짐. • 자유주의와 공동체주의 모두 개인의 행복과 사회의 정의를 추구하므로, 개인선과 공동선의 조화를 중시함. **왜** 자유 경쟁에 의해 개인의 욕구가 충족되고, ┐ 그 결과 국부가 증진되기 때문임.

⟐ 빠른 핵심 체크 ⟐

자유주의적 정의관

┌ 자유주의 → 자유와 권리 중시
└ 정의관 ┬ 개인선을 실현하는 것
　　　　 └ 한계: 이기주의, 무관심

❶ 자유주의의 특징
• 개인의 독립성과 자율성을 중요시함.
• 개인이 사회에 우선한다는 개인주의를 바탕으로 함.
• 모든 인간은 존엄하며 자신이 원하는 삶을 살아갈 자유와 권리가 있다고 여김.

❷ 자유의 구분

소극적 자유	외부로부터의 강제나 방해가 없는 상태
적극적 자유	자신의 선택과 결정에 따라 목적을 설정하고 그것을 실현할 수 있는 상태

⟐ 빠른 핵심 체크 ⟐

공동체주의적 정의관

┌ 공동체주의 → 공동체의 가치와 의무 중시
└ 정의관 ┬ 공동선을 추구하는 것
　　　　 └ 한계: 집단주의로 변질

❸ 공동체주의의 특징
• 인간은 공동체에 소속된 존재인 연고적 자아라고 봄.
• 개인의 자아 정체성과 좋은 삶은 공동체의 역사와 전통을 공유하는 데서 형성된다고 봄.
• 개인은 공동체 구성원으로서 책임과 의무를 부여받으며, 공동체가 올바로 유지되고 발전할 때 좋은 삶을 살 수 있다고 봄.

❹ 공동체를 바라보는 서로 다른 관점

자유주의	공동체주의
개인의 자유와 권리를 실현하기 위한 수단	개인의 정체성을 형성하고 삶의 방향을 설정하는 기반

이 **자료** 이렇게 **해석**하자!

자료 01 롤스와 노직의 자유주의적 정의관

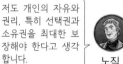

> 모든 사람은 기본적 자유를 최대한 누릴 수 있는 평등한 권리를 가지고 있습니다. **롤스**

> 모두에게 기회가 균등했다면, 정의로운 사회에서도 사회적·경제적 불평등이 허용됩니다. **롤스**

> 그런데 빈부 격차로 인해 사회적 약자들은 기본적 자유를 누리기 어렵습니다. 따라서 이들에게 최대 이익을 보장하는 재분배 정책이 필요합니다. **롤스**

> 저도 개인의 자유와 권리, 특히 선택권과 소유권을 최대한 보장해야 한다고 생각합니다. **노직**

> 저도 동의합니다.

> 아닙니다. 개인은 정당하게 취득한 소유물에 대해 권리를 가집니다. 국가의 재분배 정책은 개인의 소유권을 침해하므로 정당하지 않습니다. **노직**

셀/파/길/잡/이 롤스와 노직은 모두 자유주의 사상가로 자유가 가장 중요한 가치라고 주장한다. 또한 사회 구성원들에게 균등한 기회를 부여하였다면 이후 개인의 노력 여하에 따라 발생하는 사회·경제적 불평등은 허용될 수 있다는 점에서도 의견을 같이한다. 그러나 롤스가 사회적 약자에게 최대의 이익을 보장하기 위한 국가의 재분배 정책에 찬성하는 데 반해, 노직은 자유 지상주의의 입장에서 이러한 정책이 개인의 소유권과 재산권을 침해할 수 있다고 여겨 반대한다.

교과서 자료 더 보기➕

롤스의 정의의 원칙
제1원칙: 개인은 기본적 자유에서 평등한 권리를 지녀야 한다.
제2원칙: 사회적·경제적 불평등은 다음 두 가지 조건이 충족될 때 허용된다. 최소 수혜자에게 최대의 이익을 보장하도록 이루어져야 하고(차등의 원칙), 공정한 기회균등의 원칙에 따라 모든 사람에게 직책이나 직위가 개방되어야 한다(기회균등의 원칙).

자료 02 **통합탐구** 자유주의와 공동체주의 정의관의 비교

독일은 제2차 세계 대전 당시 유대인 학살에 관한 책임을 인정하고 배상금을 지급하는 한편, 여러 차례에 걸쳐 공개 사과하였다. 독일과 같이 과거 세대의 잘못을 현재 세대가 책임져야 하는지에 관해 자유주의와 공동체주의 정의관에서는 서로 다른 입장을 취한다.

자유주의적 정의관	공동체주의적 정의관
자유주의적 관점에서 볼 때 우리는 자유롭고 독립적인 존재이므로, 개인이 자유롭게 선택한 것에 대해서 도덕적 의무를 갖는다. 그러므로 과거 세대가 행한 잘못을 책임질 것인가는 현재 세대의 선택이나 동의에 달려 있다. 과거 독일인이 행한 잘못을 책임지는 데에 동의하지 않는 독일인에게 책임을 묻기는 어렵다.	우리가 스스로 선택하지 않은 것에는 구속되지 않아도 된다고 생각한다면, 공동체를 위해 의무를 다하고, 희생하는 삶을 이해할 수 없을 것이다. 공동체주의적 관점에서 볼 때, 인간의 자아는 그의 사회적·역사적 역할과 지위로부터 분리될 수 없다. 따라서 과거 독일인이 행한 잘못을 현재 세대가 책임지는 것이 바람직하다.

셀/파/길/잡/이 자유주의적 정의관에서는 아무리 도덕적 의무라고 할지라도, 개인의 자유로운 선택을 무시하거나 억압해서는 안 된다. 따라서 동의 없이는 책임을 물을 수 없다는 입장이다. 반면, 공동체주의적 정의관에서는 개인이 스스로 선택하지 않았다 할지라도 개인의 삶과 도덕의 출발점은 공동체이다. 따라서 책임지는 것이 바람직하다는 입장이다.

교과서 자료 더 보기➕

매킨타이어의 공동체주의
인간은 개인의 자격만으로는 선을 탐구할 수도 없고 덕을 실천할 수도 없다. …… 나는 누군가의 아들 또는 딸이고, 누군가의 사촌 혹은 삼촌이다. 나는 이 도시 혹은 저 도시의 시민이며, 이 조합 또는 저 집단의 구성원이다. 그렇기 때문에 나에게 좋은 것은 공동체에서 이러한 역할을 담당하는 누구에게나 좋아야 한다. 이러한 역할들의 담지자로서 나는 가족, 도시, 부족, 민족으로부터 다양한 부담과 유산, 정당한 기대와 책무들을 물려받는다. 그것들은 삶의 도덕적 출발점을 구성한다.
– 매킨타이어, 《덕의 상실》 –

자료 03 자유주의와 공동체주의 정의관의 조화

시골의 어느 한 마을에 사람들이 공동으로 소유한 목초지가 있다. 여기서는 누구나 자유롭게 소를 풀어 놓아 풀을 먹일 수 있다. 어느 날 마을 사람 중 한 명이 몇 마리의 소를 더 사들여 공유지의 풀을 먹게 하였다. 이를 본 이웃들도 더 많은 이득을 얻기 위해 더 많은 소를 사들여 공유지에 풀어 놓기 시작하였다. 그러다 보니 공유지에는 점점 더 많은 소가 들어차게 되었고, 새로운 풀이 자랄 겨를도 없이 풀이 남아 있지 않게 되었다. 결국 공유지는 황무지가 되었고, 아무도 소를 기를 수 없게 되었다.

셀/파/길/잡/이 지나친 개인선 또는 사익 추구로 인해 공동선이 훼손되는 문제가 나타난다는 '공유지의 비극'이다. '공유지의 비극'은 생물학자인 하딘이 만들어낸 개념으로, 개개인의 자제할 수 없는 욕심이 공유지의 비극으로 이어질 수밖에 없다는 주장이다. 사익을 지나치게 추구하면 공동체에 대한 의무나 공동선을 실현할 수 없으며, 공익만을 강조하면 개인의 권리와 이익을 침해하여 개인선을 실현할 수 없게 된다. 이렇듯 사익과 공익은 상호 보완적 관계이다.

교과서 탐구 풀이✍

Q 개인의 권리와 공동체에 대한 의무, 사익과 공익의 갈등을 자유주의와 공동체주의 정의관의 입장에서 해결할 수 있는 방안을 서술해 보자.
A 개인의 권리와 공동체에 대한 의무, 사익과 공익은 조화를 이룰 때 더욱 잘 실현될 수 있다. 자유주의와 공동체주의 정의관은 이들 중 어느 것을 우선하는지에서 견해를 달리 하지만, 개인선과 공동선의 조화로운 추구를 중시한다.

개념 채우기

1. 자유주의적 정의관

(❶)	개인의 자유를 가장 소중한 가치로 여기는 사상	
자유주의적 정의관	• 개인의 자유와 권리를 최대한 보장하여 개인선을 실현하는 것이 정의로움. • 사회와 국가는 개인의 자유로운 삶의 방식을 최대한 허용해야 함.	
	장점	개인의 선택과 권리, 이익 추구를 보장
	단점	• 이기주의로 변질될 수 있음. • 사회에 대한 무관심이 증가할 수 있음.
대표 사상가	(❷)	• 공정으로서의 정의 • 사회적 약자의 복지를 배려해야 함.
	노직	• 소유 권리로서의 정의 • 국가의 재분배 정책 반대

2. 공동체주의적 정의관

(❸)	인간의 삶에서 공동체의 의미를 중시하는 사상	
공동체주의적 정의관	• 공동체 구성원들이 유대감을 바탕으로 각자의 역할과 의무를 다하면서 공동선을 추구하는 것이 정의로움. • 공동체는 개인이 공동체의 가치와 목적을 내면화하고, 소속감을 가질 수 있도록 개인을 이끌어 주어야 함.	
	장점	개인과 공동체의 유기적 관계 속에서 개인과 공동체의 행복 증진 추구
	단점	집단을 지나치게 강조하여 개인을 희생시키는 (❹)로 변질될 수 있음.
대표 사상가	• 매킨타이어: 공동체의 가치와 전통을 존중하는 삶을 살아야 함. • 왈처: 사회적 가치를 갖는 재화마다 각기 다른 분배 기준이 필요함.	

3. 자유주의와 공동체주의 정의관의 조화

권리와 의무	• 자유주의는 개인의 권리를, 공동체주의는 공동체에 대한 의무를 중시함. • 권리와 의무는 (❺)적 관계로 양자를 조화롭게 추구할 때 더욱 잘 실현될 수 있음.
개인선과 공동선	• 자유주의: 개인의 이익 추구는 공동선에 이바지함. • 공동체주의: 공동선의 실현은 개인선으로 이어짐.

답 | ❶ 자유주의 ❷ 롤스 ❸ 공동체주의 ❹ 집단주의 ❺ 상호 보완

---

1 자유주의적 정의관

[01~02] 다음 글을 읽고 물음에 답하시오.

> 근대 유럽에서는 ㉠ 개인의 자유가 무엇보다 소중한 가치라고 여겨 개인의 자유와 권리를 존중하고 보장하는 것이 어떤 가치보다도 우위에 있다는 사상이 등장하였다. 이는 국가나 사회보다 개인이 우선한다고 여기는 사상인 개인주의와 관련을 맺으면서 더욱 발전하였다. 특히 이 사상은 근대 시민 혁명을 통해 정착되었는데, 이때 시민들은 인권 선언을 발표하여 모든 사람의 자유와 평등을 선언하였다.

01 밑줄 친 ㉠의 입장으로 옳은 내용을 〈보기〉에서 고른 것은?

┤보기├
ㄱ. 모든 인간은 존엄하며 독립적인 존재이다.
ㄴ. 인간은 공동체에 소속된 구성원으로서 존재한다.
ㄷ. 인간은 자신이 원하는 삶의 목적에 따라 살 수 있는 자유가 있다.
ㄹ. 자신의 자유와 권리를 누리기 위해서 타인의 자유와 권리를 빼앗을 수 있다.

① ㄱ, ㄴ   ② ㄱ, ㄷ   ③ ㄴ, ㄷ
④ ㄴ, ㄹ   ⑤ ㄷ, ㄹ

★02 밑줄 친 ㉠의 입장에서 정의롭다고 평가할 수 있는 내용을 말한 학생을 바르게 고른 것은?

갑: 국가는 개인이 자신의 신념과 입장에 따라 살도록 허용해야 해.
을: 자유 경쟁을 통해 공정하게 취득한 재산을 보장해야 해.
병: 개인은 공동선을 실현하기 위해 책임과 의무를 다해야 해.
정: 개인이 애국심을 가질 수 있도록 국가가 이끌어 주어야 해.
무: 국가가 특정 삶의 방식을 개인에게 강제하지 않아야 해.

| 갑 | 을 | 병 | 정 | 무 |

① 갑, 을   ② 병, 정
③ 갑, 병, 무   ④ 갑, 을, 정
⑤ 을, 정, 무

떡풀 p. 52

통합탐구

[03~04] 갑, 을은 서양 사상가이다. 물음에 답하시오.

> 갑: 모든 사람은 기본적 자유를 최대한 누릴 수 있는 평등한 권리를 가져야 한다. 또한 사회적·경제적으로 혜택을 가장 받지 못하는 계층에게 최대의 이익을 보장할 수 있어야 한다.
>
> 을: 개인의 자유와 권리를 보호하고 존중하는 것이 정의이다. 특히 개인의 선택권과 소유권이 최대한 보장되어야 한다. 어떤 사람이 정당하게 소유물을 취득하거나 양도받았다면, 그 사람은 그 소유물에 대해 침해당할 수 없는 권리를 지닌다.

03 갑과 을이 각각 누구인지 바르게 짝지은 것은?

	갑	을
①	노직	롤스
②	노직	왈처
③	롤스	노직
④	롤스	매킨타이어
⑤	매킨타이어	노직

04 갑과 을의 주장을 아래 그림과 같이 표현할 때, 옳은 설명을 〈보기〉에서 고른 것은?

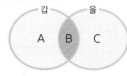

〈범례〉
A: 갑만의 입장
B: 갑, 을의 공통 입장
C: 을만의 입장

보기

ㄱ. A: 국가가 소득 재분배 정책을 시행해야 한다.
ㄴ. A: 국가의 역할은 개인의 소유권 보호로 제한되어야 한다.
ㄷ. B: 개인의 자유를 보호하고 존중해야 한다.
ㄹ. C: 조세 및 복지 제도 등을 통해 사회적 약자의 복지를 배려해야 한다.

① ㄱ, ㄴ ② ㄱ, ㄷ ③ ㄴ, ㄷ
④ ㄴ, ㄹ ⑤ ㄷ, ㄹ

05 자유주의 정의관이 지나칠 때의 문제점으로 적절한 것은?

① 타인과 사회에 대한 관심이 지나치게 증가할 수 있다.
② 개인의 이익만을 추구하여 이기주의로 변질될 수 있다.
③ 개인의 사익 추구를 부정하여 경제적 자유가 위축될 수 있다.
④ 개인선보다 공동선을 우선시하여 개인의 자아실현을 방해할 수 있다.
⑤ 절대적 평등을 강조하여 개인의 성취동기가 약화되고 생산성이 저하될 수 있다.

2 공동체주의적 정의관

06 다음을 지지하는 사람이 긍정의 대답을 할 질문을 〈보기〉에서 고른 것은?

> 인간은 공동체를 선택하기 전에 이미 특정 공동체 안에서 태어났다. 개인은 공동체의 구성원으로서 존재하며 공동체 안에서 행복한 삶을 살 수 있다.

보기

ㄱ. 인간의 삶이 공동체에 뿌리를 두고 있는가?
ㄴ. 개인선을 우선적 가치로 삼고 추구해야 하는가?
ㄷ. 인간은 자신이 선택한 것에 대해서만 책임과 의무를 지니는가?
ㄹ. 개인은 공동체가 올바로 유지되고 발전할 때 좋은 삶을 살 수 있는가?

① ㄱ, ㄴ ② ㄱ, ㄹ ③ ㄴ, ㄷ
④ ㄴ, ㄹ ⑤ ㄷ, ㄹ

07 공동체주의적 정의관의 견해를 올바르게 제시한 사람을 고른 것은?

갑: 개인은 공동체의 이익이나 공동선을 추구하는 것이 바람직해.
을: 공익 실현을 위해서 개인의 자유와 권리를 무조건 희생해야 해.
병: 국가는 개인이 공동체의 가치와 목적을 내면화할 것을 권장해야 해.
정: 공동체의 목표를 달성하기 위한 책임을 소수의 구성원에게 주어야 해.

① 갑, 병 ② 갑, 정 ③ 을, 병
④ 을, 정 ⑤ 병, 정

내신 실력 쌓기

통합탐구

08 (가) 사상가가 (나)의 A에게 해 줄 수 있는 조언으로 적절한 것은?

(가)	나는 이 도시 혹은 저 도시의 시민이며, 이 조합 혹은 저 집단의 구성원이다. 또한 나는 이 씨족, 저 부족, 이 민족에 속해 있다. 그러므로 나에게 좋은 것은 공동체에서 역할을 담당하는 누구에게나 좋은 것이어야 한다. 이처럼 나는 내 가족, 도시, 부족, 민족으로부터 다양한 부담과 유산, 정당한 기대와 책무를 물려받았다. 그것들은 나의 삶과 도덕의 출발점을 구성한다.
(나)	A: 제2차 세계 대전을 일으킨 것은 과거 세대의 독일인이 행한 잘못이므로, 현재 세대가 그것에 대해 사과를 해야 하는 것은 아니다.

① 인간은 공동체로부터 분리되어 독립적으로 존재합니다.
② 인간의 자아는 공동체의 역사와 전통을 기반으로 형성됩니다.
③ 인간은 공동체의 가치와 전통을 극복하려는 노력을 통해 진보해 왔습니다.
④ 인간은 자신의 소유물을 어떻게 사용할 것인가를 자유롭게 선택할 수 있습니다.
⑤ 인간은 자신이 속할 공동체를 스스로 선택하였기 때문에 이에 대해 책임과 의무를 지닙니다.

09 공동체주의 정의관이 지닐 수 있는 문제점에만 '✓' 표시를 한 사람은?

설명 \ 학생	갑	을	병	정	무
사회에 정치적 무관심이 만연할 수 있다.	✓	✓		✓	
공동체에 대한 책임 의식이 저하될 수 있다.	✓			✓	✓
지나칠 경우 개인의 자유와 권리가 억압받을 수 있다.		✓	✓		✓
구성원의 희생을 정당화하는 집단주의로 흐를 수 있다.			✓	✓	✓

① 갑　② 을　③ 병　④ 정　⑤ 무

서술형 문제

10 자유주의적 정의관을 주장한 다음 사상가들의 사상적 차이점을 한 가지만 서술하시오.

자유주의적 정의관을 대표하는 롤스와 노직은 모두 자유주의 사상가로, 자유를 무엇보다 중요한 가치라고 보았다. 두 사상가는 개인의 자유와 권리를 최대한 보장해야 한다고 주장하였다.

11 다음 글을 읽고 공동체주의와 집단주의가 다른 이유를 서술하시오.

독일의 나치즘, 이탈리아의 파시즘, 일본 군국주의 등을 집단주의라고 한다. 집단주의는 개인의 자유와 공동선을 대립적 관점으로 본다. 이는 개인의 자유가 확대될수록 국력은 축소되고, 개인의 자유가 축소될수록 국력이 확대된다는 입장이다. 따라서 집단주의에서 개인의 자유로운 선택과 사익 추구는 반국가적 행위로 낙인찍히고 처벌된다. 심지어 개인의 생명권까지 박탈당할 수 있다.

12 다음 글에 나타난 문제를 해소할 수 있는 방법을 사익과 공익의 관계를 근거로 서술하시오.

시골의 어느 한 마을에 사람들이 공동으로 소유한 목초지가 있다. 여기서는 누구나 자유롭게 소를 풀어 놓아 풀을 먹일 수 있다. 어느 날 마을 사람 중 한 명이 몇 마리의 소를 더 사들여 공유지의 풀을 먹게 하였다. 이를 본 이웃들도 더 많은 이득을 얻기 위해 더 많은 소를 사들여 공유지에 풀어 놓기 시작하였다. 그러다 보니 공유지에는 점점 더 많은 소가 들어차게 되었고, 새로운 풀이 자랄 겨를도 없이 풀이 남아 있지 않게 되었다. 결국 공유지는 황무지가 되었고, 아무도 소를 기를 수 없게 되었다.

1등급 완성하기

01 갑, 을이 〈사례〉 속 A 국가의 정책에 대해 취할 적절한 입장을 〈보기〉에서 고른 것은?

> 갑: 개인이 정당한 노동으로 취득한 소득에는 침해할 수 없는 소유권이 인정된다. 국가는 범죄로부터 시민을 보호하고 계약 이행을 감시하는 최소 국가의 역할을 담당해야 한다.
> 을: 개인들은 원초적 상황에서 합리적 선택을 통해 공정으로서의 정의관에 기초한 원칙들을 합의하게 된다. 이 원칙들은 사회 기본 구조의 원리가 된다.
>
> 〈사례〉
> A 국가는 일정 소득 수준 이하인 사회적 약자의 교육 기회를 확대하기 위해 상속세율과 비례적 소비세율을 인상하여 교육 예산을 증대하였다.

> **보기**
> ㄱ. 국가가 개인의 권리를 침해하는 정책이므로 반대한다.
> ㄴ. 기회의 공정성보다는 결과의 평등을 지향하는 입장이므로 지지한다.
> ㄷ. 사회적 약자에게 최대의 이익을 보장해야 한다는 입장이므로 지지한다.
> ㄹ. 모든 구성원이 기본적 자유를 누릴 평등한 권리를 부정하는 정책이므로 반대한다.

	갑	을		갑	을		갑	을
①	ㄱ	ㄴ	②	ㄱ	ㄷ	③	ㄴ	ㄷ
④	ㄴ	ㄹ	⑤	ㄷ	ㄹ			

02 다음을 주장한 사상가가 긍정의 대답을 할 질문으로 적절한 것은?

> 나는 공동체와 분리된 독립된 존재가 아니다. 왜냐하면 내 삶의 역사는 항상 내가 그것으로부터 나의 정체성을 도출해 내는 공동체의 역사 속에 편입되어 있기 때문이다.

① 개인의 정체성과 공동체의 전통은 상호 독립적인가?
② 국가는 개인의 자유를 보호하고 증진하는 수단인가?
③ 개인은 공동체에 소속감과 책임감을 지녀야 하는가?
④ 국가는 개인의 가치 판단에 개입하지 말아야 하는가?
⑤ 구성원으로서의 의무보다 개인의 권리가 우선하는가?

03 갑과 을의 입장에 대한 옳은 설명만을 〈보기〉에서 있는 대로 고른 것은?

> 최근 웹툰을 둘러싼 폭력·선정성 논란이 일고 있어. 어떤 사람들은 웹툰에 대한 규제를 강화해야 한다고 주장하지만, 내 생각은 달라. 규제 강화는 결국 표현의 자유를 침해하게 될 거야. 나는 표현의 자유를 보장하는 것이 더 중요하다고 생각해.

> 난 규제 강화에 찬성해. 선정적이고 폭력적인 장면을 다수 담고 있는 웹툰이 아무런 제재도 받지 않고 청소년들에게 노출된다면 공동체의 가치를 해칠 수 있기 때문에 규제를 강화해야 해.

 갑   을

> **보기**
> ㄱ. 갑은 자유주의적 정의관에 따라 자신의 주장을 전개하고 있다.
> ㄴ. 갑은 사회가 개인의 자유와 권리를 침해하는 것은 정의롭지 않다고 본다.
> ㄷ. 을은 공동체의 건전한 가치관을 보호하기 위해 규제를 시행해야 한다고 본다.
> ㄹ. 갑과 을은 사회가 공유하는 가치와 윤리를 존중하고 구성원이 지켜야 할 의무를 강조한다.

① ㄱ, ㄴ   ② ㄱ, ㄷ   ③ ㄱ, ㄴ, ㄷ
④ ㄱ, ㄴ, ㄹ   ⑤ ㄴ, ㄷ, ㄹ

04 다음은 수행 평가 문제와 학생 답안이다. 학생 답안의 ㉠~㉤ 중 옳지 않은 것은?

> **수행 평가**
> ◎ 문제: 개인선과 공동선의 의미를 설명하고, 이들 사이의 바람직한 관계에 관하여 서술하시오.
> ◎ 학생 답안: 개인선은 ㉠ 개인이 사적으로 누릴 수 있는 이익을 의미하며, ㉡ 개인의 행복 추구나 자아실현 등이 이에 해당한다. 공동선은 ㉢ 공동체 구성원 모두에게 유익한 것을 뜻하며, ㉣ 공동체의 발전을 이루게 하는 것이다. 개인선과 공동선은 ㉤ 어느 한쪽만을 추구할 때 더욱 잘 실현될 수 있는 상호 대립적인 관계이다. 이러한 인식을 바탕으로 개인선과 공동선의 조화를 추구해야 한다.

① ㉠   ② ㉡   ③ ㉢   ④ ㉣   ⑤ ㉤

03 사회 및 공간 불평등 현상과 개선 방안

1 다양한 불평등 현상

1. 사회 및 공간 불평등❶ 불평등 현상은 부, 권력, 지위 등 자원의 희소성 때문에 대부분의 사회에서 불가피하게 나타남.

2. 다양한 불평등의 양상 ┌ 분석 전통 사회에서는 주로 신분에 따라 불평등이 나타났지만, 오늘날에는 여러 형태의 불평등이 나타남.

(1) 사회 계층의 양극화 [자료 01]

의미	사회 구성원 간 불평등이 심화되어 사회 계층 가운데 중간 계층의 비중이 줄어들고 상층과 하층의 비중이 늘어나는 현상 ┌ 용어 위계가 같거나 비슷한 사회 구성원들이 차지하고 있는 사회적 지위의 층
원인	재산과 소득의 차이에 따른 경제적 격차
문제점	• 사회 전반의 불평등으로 이어져 사회 계층 이동을 막는 계층 대물림 발생 • 사회 발전의 동력이 줄어들고, 계층 간 위화감 조성으로 사회 통합이 어려워짐.

(2) 사회적 약자에 대한 차별
└ 예 여성, 노인, 어린이, 장애인, 빈곤층, 이주 노동자, 북한 이탈 주민, 소상공인 등

의미	경제 수준이나 사회적 지위 등에서 열악한 위치에 있는 개인 또는 집단에 대한 차별
원인	성별❷, 나이, 장애, 경제적 지위 등을 기준으로 한 불합리한 선입견 및 편견
문제점	개인의 능력이나 업적을 인정해 주지 않고, 구성원의 기본적 권리를 침해함.

(3) 공간 불평등 [자료 02]

사례	지역별 대중교통·문화 및 교육 시설 등의 격차, 쓰레기 처리장 주변의 주거 환경 등
원인	성장 거점 개발❸ 방식에 따라 성장 가능성이 큰 수도권과 대도시 위주로 투자를 집중하면서 비수도권과 농촌 지역에 대한 투자에 상대적으로 소홀함.
문제점	• 경제적 차원뿐만 아니라 생활 환경 전반의 불평등으로 이어질 수 있음. • 사회 통합을 저해하여 정의로운 사회 구현에 걸림돌이 될 수 있음.

2 정의로운 사회 실현을 위한 노력

1. 사회·제도적 차원의 노력 [자료 03]

사회 복지 제도	사회 보험	개인과 정부, 기업이 국민에게 발생할 사회적 위험을 보험 방식으로 사전에 대비하는 제도 ― 예 국민 건강 보험, 국민연금, 고용 보험, 산업 재해 보상 보험, 노인 장기 요양 보험 등
	공공 부조	국가가 전액 지원하여 생활이 어려운 국민의 최저 생활을 보장하는 제도 예 국민 기초 생활 보장 제도, 기초 연금, 의료 급여 등
	사회 서비스	사회적 취약 집단을 대상으로 상담, 재활, 돌봄 등의 개별적인 서비스를 제공하는 제도
적극적 우대 조치		• 사회적 약자의 불리한 처지를 완화하기 위해 다양한 측면에서 혜택을 주는 제도 ― 예 여성에게 채용이나 승진 및 공직 진출의 혜택을 제공하는 여성 할당제 • 차별받는 쪽의 반대편이 오히려 차별을 받는 역차별 문제에 유의해야 함.
지역 격차 완화 정책		공간 불평등을 해소하여 국토의 균형 발전을 이루려는 정책 예 공공 기관 및 기업의 지방 이전 등을 통한 균형 개발❹, 자립형 지역 발전 전략❺ 등을 통한 지역 경쟁력 제고, 저렴한 주택 공급, 도시 정비 및 주거 환경 개선 사업 등

2. 개인·의식적 차원의 노력 사회·제도적 차원의 노력과 함께 배려와 존중을 바탕으로 하는 공동체 의식, 고정 관념이나 편견 없이 개방적이고 관용적인 태도를 지녀야 함. ┐

예 여성에 대한 차별을 해소하기 위해서는 여성이 남성보다 사회적 활동에는 적합하지 않다는 편견이 개선되어야 함과 동시에 자녀의 출산과 육아에 대해 사회 및 국가적 책임을 높이는 제도적 보완도 요구됨.

▶ 빠른 핵심 체크 ◀

다양한 불평등의 양상과 그 원인

→ 사회 계층의 양극화 → 경제적 격차
→ 사회적 약자 차별 → 편견, 선입견
→ 공간 불평등 → 성장 위주 정책

❶ 사회 및 공간 불평등의 의미

사회 불평등	한 사회에서 부, 권력, 명예 등의 희소한 자원이 차등적으로 분배되어 사회 구성원들이 차지하는 위치가 서열화되어 있는 상태
공간 불평등	지역 간에 자원이 불균등하게 분배되어 경제·사회·문화적 수준의 차이가 나타나는 현상

❷ 성별에 따른 차별: 유리 천장

여성이나 소수자의 고위직 승진을 막는 조직 내의 보이지 않는 장벽을 '유리 천장'이라고 한다.

❸ 성장 거점 개발

성장 잠재력이 큰 지역을 선정하여 집중적으로 육성하고, 이에 따른 성장 이익을 다른 지역으로 파급하여 효과를 확산하는 개발

불평등 해소를 위한 방안

→ 사회 복지 제도 → 사회 보험 / 공공 부조 / 사회 서비스
→ 적극적 우대 조치
→ 지역 격차 완화 정책

❹ 균형 개발

정체 지역이나 낙후 지역에 우선 투자하여 지역의 개발을 통한 이익을 지역에 고루 나누고, 이를 통해 지역 간 발전 격차를 줄이려는 개발

❺ 자립형 지역 발전 전략

낙후된 지역의 경쟁력을 높이기 위해 해당 지역의 잠재력과 특성을 살릴 수 있는 전략·지역 브랜드 구축, 관광 마을 조성 및 지역 축제와 같은 장소 마케팅 등

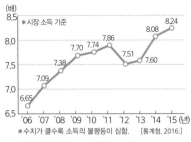

이 자료 이렇게 해석하자!

자료 01 소득 격차로 본 사회 계층의 양극화

▲ 소득 5분위 배율

우리나라는 1960년대 이후 산업화를 통해 빠른 경제 성장을 이루었다. 그러나 경제 성장 과정에서 형평성보다 효율성을 중시한 결과 소득 불평등이 발생하게 되었다. 이러한 경제적 불평등은 소득 5분위 배율을 통해 파악할 수 있다. 그래프에서 우리나라의 5분위 배율은 2012년을 제외하고 계속 높아지고 있으므로, 우리나라의 소득 불평등이 지속적으로 심화되고 있음을 알 수 있다. 이러한 소득 불평등은 주거, 여가, 교육 등 사회 전반에 걸친 불평등으로 이어져 사회 계층의 양극화를 더욱 심화하는 요인이 된다.

셀/파/길/잡/이 소득 5분위 배율은 소득 계층을 5개로 나누어 소득 수준이 높은 20%에 해당하는 가구(5분위)의 평균 소득을 소득 수준이 낮은 하위 20%에 해당하는 가구(1분위)의 평균 소득으로 나눈 값이다. 이를 통해 상위 20%의 소득 수준이 하위 20%의 소득 수준에 비해 몇 배 더 큰지를 파악하여 소득 양극화의 정도를 알 수 있다.

자료 02 통합탐구 우리나라의 공간 불평등

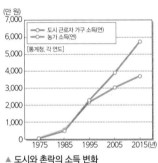

▲ 도시와 촌락의 소득 변화

▲ 수도권 집중도(2014년)

셀/파/길/잡/이 우리나라는 빠른 경제 성장을 이룩하고자 성장 가능성이 큰 수도권을 중심으로 개발을 하였다. 이 과정에서 수도권은 인구와 자본이 유입되어 크게 성장했지만, 비수도권은 상대적으로 성장이 정체되거나 낙후되었다. 이에 따라 도시와 촌락의 소득 격차가 더욱 벌어지고 있으며, 인구와 다양한 상업·서비스 시설들이 수도권에 집중되고 있다.

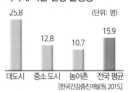
자료 03 통합탐구 사회 불평등을 개선하기 위한 다양한 방안

사회 서비스	정부, 지방 자치 단체, 민간단체는 사회 구성원의 삶의 질 향상을 위해 신생아, 산모, 노인 등 도움이 필요한 다양한 계층에게 사회 서비스를 제공함. 가사·간호·보육·노인 돌봄 서비스, 저소득 가정의 아동이나 장애인 등을 위한 교육 서비스, 문화·환경 관련 서비스 등이 있음.
장애인 의무 고용 제도	장애인의 고용 확대를 위해 사업주가 의무적으로 장애인을 고용하도록 하는 제도임. 국가와 지방 자치 단체의 장은 장애인을 소속 공무원 정원의 3% 이상 고용해야 하며, 이에 따라 시험을 통해 공무원을 선발하는 경우 장애인이 신규 채용 인원의 3% 이상 채용되도록 시험을 실시해야 함.
공공 기관 지방 이전	2005년 정부는 수도권의 공공 기관 지방 이전 계획을 세운 후, 전국에 10대 혁신 도시를 지정하여 공공 기관 이주를 추진함. 혁신 도시는 지역의 성장 거점에 조성되는 미래형 도시로, 지역의 새로운 성장 동력을 창출하는 기반이 됨.

셀/파/길/잡/이 사회 서비스는 사회 구성원들의 인간다운 삶을 보장하는 사회 복지 제도의 하나이다. 사회 복지 제도는 소득 재분배 효과가 있어 경제적 측면의 불평등 완화에 도움이 된다. 장애인 의무 고용 제도는 사회적 약자인 장애인의 처지를 개선하여 실질적 기회의 평등을 보장하려는 적극적 우대 조치의 일환이다. 공공 기관 지방 이전은 지역 격차를 해소하여 국토의 균형 발전을 꾀하는 정책이다.

개념 채우기

1. 사회 불평등의 유형

사회 계층의 (❶　　)	사회 구성원 간 불평등이 심화되어 사회 계층 가운데 중간 계층의 비중이 줄어들고 상층과 하층의 비중이 늘어나는 현상
(❷　　)에 대한 차별	경제 수준이나 사회적 지위 등에서 열악한 위치에 있어 사회적으로 배려와 보호의 대상이 되는 개인 또는 집단에 대한 차별

2. 공간 불평등

의미	지역 간에 자원이 불균등하게 분배되어 경제적·사회적·문화적 수준의 차이가 나타나는 현상
원인	(❸　　　　　) 개발 방식

3. 사회 복지 제도

사회 보험	개인과 정부, 기업이 국민에게 발생할 사회적 위험을 보험 방식으로 사전에 대비하는 제도
(❹　)	국가가 전액 지원하여 생활이 어려운 국민의 최저 생활을 보장하는 제도
사회 서비스	사회적 취약 집단을 대상으로 상담, 재활, 돌봄, 복지 시설 이용 등의 서비스를 제공하는 제도

4. 적극적 우대 조치

의미	사회적 약자의 불리한 처지를 완화하기 위해 다양한 측면에서 혜택을 주는 제도
사례	여성 할당제, 장애인 의무 고용제, 사회적 배려 대상자 및 기회균등 대입 전형 등
유의점	사회적 약자에 대한 혜택의 정도가 과하여 오히려 반대편이 차별을 받는 (❺　　　　　) 문제에 유의해야 함.

5. 지역 격차 완화 정책

의미	공간 불평등을 해소하여 국토의 균형 발전이 이루어질 수 있도록 하는 정책
사례	공공 기관 및 기업의 지방 이전 등 균형 개발, 자립형 지역 발전 전략 등을 통한 지역 경쟁력 제고, 도시 정비 및 주거 환경 개선 사업 등

답 | ❶ 양극화 ❷ 사회적 약자 ❸ 성장 거점 ❹ 공공 부조 ❺ 역차별

---

1 다양한 불평등 현상

01 다음 현상에 대한 옳은 설명을 〈보기〉에서 고른 것은?

> 한 사회에서 부, 권력, 명예 등의 희소한 자원이 개인이나 집단에 차등적으로 분배되어 사회 구성원들이 차지하는 위치가 서열화되어 있는 상태를 말한다.

보기
ㄱ. 대부분의 사회에서 불가피하게 나타난다.
ㄴ. 과거에는 주로 신분에 따른 불평등이 나타났다.
ㄷ. 효율성보다 형평성을 중요시한 결과로 나타난다.
ㄹ. 재산이나 소득과 같은 경제적인 측면에서만 나타난다.

① ㄱ, ㄴ　　② ㄱ, ㄷ　　③ ㄴ, ㄷ
④ ㄴ, ㄹ　　⑤ ㄷ, ㄹ

★02 다음 그래프에 나타난 유리 천장 지수와 관련한 해석으로 옳지 <u>않은</u> 것은?

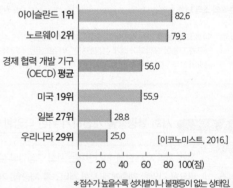

*점수가 높을수록 성차별이나 불평등이 없는 상태임.

① 우리나라의 유리 천장 지수는 OECD 평균의 절반에도 못 미친다.
② 우리 사회는 여성과 소수자를 배려하고 존중하는 공동체 의식이 절실하다.
③ 우리나라가 다른 나라에 비해 여성의 사회 활동에 제약이 많다고 볼 수 있다.
④ 여성이 남성에 비해 잦은 경력 단절을 겪는 이유도 유리 천장을 생성하는 이유일 것이다.
⑤ 유리 천장을 없애기 위해 국가가 정책적으로 나서기보다는 가정에서 해결할 수 있도록 맡겨야 한다.

03 (가), (나)는 사회 불평등의 두 가지 유형이다. 이에 대한 옳은 설명을 〈보기〉에서 고른 것은?

> (가) 사회 구성원 간 불평등이 심화되어 사회 계층 중 중간 계층의 비중이 줄어들고 상층과 하층의 비중이 늘어나는 현상
> (나) 경제 수준이나 사회적 지위 등에서 열악한 위치에 있어 사회적으로 배려와 보호의 대상이 되는 개인 또는 집단에 대한 차별

┤ 보기 ├
ㄱ. (가)는 사회 계층의 양극화 현상이다.
ㄴ. (가)의 주요 원인은 성별, 장애, 경제적 조건 등에 대한 선입견 및 편견이다.
ㄷ. (나)를 완화하기 위해 적극적 우대 조치가 필요하다.
ㄹ. (나)의 주요 원인은 재산과 소득의 차이에 따른 경제적 격차이다.

① ㄱ, ㄴ ② ㄱ, ㄷ ③ ㄴ, ㄷ
④ ㄴ, ㄹ ⑤ ㄷ, ㄹ

04 공간 불평등 현상을 살펴볼 수 있는 항목에 해당하는 것만을 〈보기〉에서 있는 대로 고른 것은?

┤ 보기 ├
ㄱ. 지역별 대중교통 격차
ㄴ. 지역별 문화 및 교육 시설 격차
ㄷ. 쓰레기 처리장 주변의 주거 환경
ㄹ. 부모의 소득에 따른 자녀의 사교육비

① ㄱ, ㄴ ② ㄴ, ㄹ ③ ㄷ, ㄹ
④ ㄱ, ㄴ, ㄷ ⑤ ㄴ, ㄷ, ㄹ

05 다음과 같은 개발 방식에 따른 결과로 옳은 것은?

> 일반적으로 경제적 기반이 취약한 개발 도상국들은 정부 주도로 성장 잠재력이 높은 지역을 집중 개발하고, 그 효과가 주변 지역으로 확산되도록 하는 지역 개발 전략을 채택한다.

① 공간 불평등 현상이 완화되었다.
② 지방 도시의 경쟁력을 높이게 되었다.
③ 수도권에서 지방으로 인구와 자본이 유출되었다.
④ 도시 지역으로 인구와 산업 및 편의 시설 등이 집중되었다.
⑤ 장기적으로 국토의 효율적이고 안정적인 발전을 기대할 수 있다.

06 다음의 수도권 집중도를 나타내는 통계 자료에서 주요 지표에 대한 분석으로 옳은 것은?

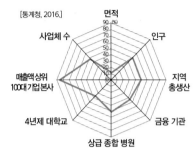

[통계청, 2016]

① 성장 거점 개발의 필요성을 잘 보여 준다.
② 금융 기관의 수도권 집중도가 가장 낮은 편이다.
③ 매출액 상위 100대 기업 본사의 수도권 편중이 가장 심각하다.
④ 의료 서비스가 집중되어 있는 것은 수도권의 면적이 비수도권보다 넓기 때문이다.
⑤ 수도권 집중도를 나타내는 주요 지표의 과반수가 60% 이상의 집중도를 보이고 있다.

2 정의로운 사회 실현을 위한 노력

★07 정의로운 사회를 만들기 위한 방법으로 옳지 않은 것은?

① 누구나 최소한의 인간다운 삶을 누릴 수 있도록 지원해야 한다.
② 지위나 배경 때문에 차별받지 않도록 제도나 법을 정비해야 한다.
③ 경제적 측면의 불평등을 완화하기 위해 소득 재분배 정책을 실시해야 한다.
④ 사회 전 영역에서 각종 우대 조치를 폐지하여 모든 차별의 가능성을 없애야 한다.
⑤ 자신과 다른 배경을 가진 사람들에 대해 고정 관념을 버리고 개방적이고 관용적인 자세로 대한다.

08 공공 부조에 대한 설명으로 옳은 것은?

① 국민 기초 생활 보장 제도가 있다.
② 금전적인 지원보다 서비스를 제공한다.
③ 본인과 국가가 보험 방식으로 대비한다.
④ 빈곤, 실업 등에 대한 사전 예방적 성격이 강하다.
⑤ 상담이나 재활, 돌봄 등 개별적인 서비스를 제공한다.

딱풀 p. 54

통합탐구

09 표에 대한 옳은 설명을 〈보기〉에서 고른 것은? (단, A, B는 각각 사회 보험, 사회 서비스 중 하나이다.)

복지 제도 유형 특징	A	B
국민연금이 이에 속한다.	예	아니요
(가)	아니요	예

┃ 보기 ┃

ㄱ. A는 미래의 위험에 대비하기 위한 제도이다.

ㄴ. B는 A에 비해 국민 전체를 대상으로 보편적인 혜택을 제공한다.

ㄷ. A, B 모두 빈곤한 국민의 최저 생활을 보장하기 위한 제도이다.

ㄹ. (가)에는 '사회적 취약 집단을 대상으로 한다.'가 들어갈 수 있다.

① ㄱ, ㄴ   ② ㄱ, ㄹ   ③ ㄴ, ㄷ
④ ㄴ, ㄹ   ⑤ ㄷ, ㄹ

★10 사회 불평등 현상을 바라보는 갑, 을의 입장에 대해 바르게 해석한 것은?

사회 불평등은 불평등한 위치에 있는 사람의 능력이나 노력과 같은 개인적인 특성에 의한 것이야.

갑

한 개인의 노력으로는 자신의 삶의 조건을 바꾸기가 쉽지 않아. 어떤 이들에게는 아무리 열심히 노력해도 사회 구조가 불리하게 작동하기도 하지.

을

① 갑은 불평등이 개인적 차이와는 무관하다고 본다.

② 갑은 약자들에 대한 각종 우대 정책에 찬성할 것이다.

③ 을은 불평등 현상을 개인이 해결해 나갈 수 있다고 본다.

④ 을은 불평등의 원인을 사회 구조적인 측면에서 찾는다.

⑤ 갑, 을 모두 불평등을 개선하기 위한 사회 제도적 지원을 강조한다.

서술형 문제

11 다음 자료를 보고 물음에 답하시오.

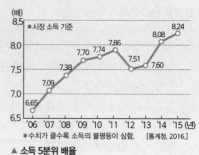

▲ 소득 5분위 배율

(1) 위 현상과 관련된 사회 불평등의 양상을 쓰시오.

(2) 위와 같은 현상이 초래할 문제점을 한 가지만 서술하시오.

12 다음 글에 나타난 불평등 문제를 해결하기 위한 방안을 한 가지만 서술하시오.

우리나라는 빠른 경제 성장을 이룩하고자 수도권을 중심으로 개발을 추진하였다. 이 과정에서 수도권은 인구와 자본이 유입되어 크게 성장했지만, 비수도권은 상대적으로 성장이 정체되거나 낙후되었다. 이러한 격차는 수도권과 비수도권 사이에서뿐만 아니라 도시와 촌락 간에도 나타났다.

13 다음 자료를 보고 물음에 답하시오.

• 장애인 고용 촉진 등에 관한 법률
• 남녀 고용 평등과 일·양립 지원에 관한 법률

(1) 사회적으로 불이익을 받아 온 계층에게 위의 법률과 같이 다양한 혜택을 제공하는 제도를 쓰시오.

(2) (1)과 같은 제도를 시행할 경우 유의할 점을 한 가지만 서술하시오.

평가원 기출 _변형

01 (가), (나)는 교육 불평등 해소와 관련된 법 조항이다. 이에 대한 설명으로 옳은 것은?

(가)	제4조 ① 모든 국민은 성별, 종교, 신념, 인종, 사회적 신분, 경제적 지위 또는 신체적 조건 등을 이유로 교육에서 차별을 받지 아니한다.
(나)	제14조 ① 교육 책임자는 …… 다음 각 호의 수단을 적극적으로 강구하고 제공하여야 한다. 1. 장애인의 통학 및 교육 기관 내에서의 이동 및 접근에 불이익이 없도록 하기 위한 각종 이동용 보장구의 대여 및 수리 2. 장애인 및 장애인 관련자가 필요로 하는 경우 교육 보조 인력의 배치

① (가)는 경쟁을 통한 교육 기회의 획득을 강조한다.

② (나)는 교육 불평등 해소를 위한 적극적인 지원을 강조한다.

③ (가)는 (나)와 달리 교육 기회 확대를 통한 삶의 질 향상을 추구한다.

④ (가)와 (나) 모두 교육에 있어 결과의 평등을 구체적으로 실현하는 것을 추구한다.

⑤ (나)는 (가)와 달리 장애인을 위한 우대 조치를 취함으로써 교육 정책의 효율성을 추구하고자 한다.

02 다음 자료에 대한 분석으로 가장 적절한 것은?

이 그래프는 우리나라의 중산층 비율을 나타낸 것입니다. 1990년대 중반 이후 지속된 이 추세에서 탈락한 중산층은 저소득층으로 편입되고 있습니다.

(%) 100 / 80 / 75.4 75.3 71.7 69.2 64.2 67.4 / 60 / 1990 1995 2000 2005 2010 2015(년) [통계청. 2016.] *2인 이상 도시 가구 기준, 중산층은 중위 소득 50~150%

① 우리나라는 양극화 현상이 점차 심화되고 있다.

② 우리나라의 중산층 비율은 지속적으로 늘어나고 있다.

③ 최근으로 올수록 우리 사회의 통합이 용이해졌을 것이다.

④ 우리 사회의 절대적 빈곤율이 높아지고 있음을 보여 준다.

⑤ 사회 계층 가운데 하층의 비중이 줄어들 것이라고 기대할 수 있다.

03 다음 그래프는 소득 5분위 배율을 나타낸 것이다. 이에 대한 옳은 분석을 〈보기〉에서 고른 것은?

(배) 8.5 *시장 소득 기준 / 8.24 / 8.08 / 8.0 / 7.86 / 7.70 7.74 / 7.60 / 7.51 / 7.5 / 7.38 / 7.09 / 7.0 / 6.65 / 6.5 / '06 '07 '08 '09 '10 '11 '12 '13 '14 '15 (년) *수치가 클수록 소득의 불평등이 심함. [통계청. 2016.]

┤ 보기 ├

ㄱ. 소득 불평등은 매해 지속적으로 악화되었다.

ㄴ. 경제 성장 과정에서 형평성보다 효율성을 중시한 결과이다.

ㄷ. 2014년 이후 5분위와 1분위 소득 간 격차가 8배로 커졌다.

ㄹ. 2013년의 소득 불평등은 전년도에 비해 다소 완화되었다.

① ㄱ, ㄴ　　② ㄱ, ㄹ　　③ ㄴ, ㄷ

④ ㄴ, ㄹ　　⑤ ㄷ, ㄹ

04 다음 토론 참여자들의 주장에 대한 옳은 해석만을 〈보기〉에서 있는 대로 고른 것은?

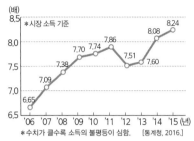

사회적 약자도 스스로 노력해서 성공할 수 있게 해야 합니다. 사회적 약자를 우대하는 것은 사회적 약자가 아닌 사람들에 대한 역차별을 초래합니다. 을

적극적 우대 조치를 시행하는 과정에서 발생하는 역차별 문제와 관련하여 의견을 제시해 주십시오. 갑

사회적 약자에 대한 차별을 금지하는 것뿐만 아니라 적극적 우대 조치를 통해 불평등을 보상해 주어야 합니다. 정의로운 사회를 위해 역차별은 감수해야 합니다. 병

┤ 보기 ├

ㄱ. 갑이 말하는 적극적 우대 조치의 예로 여성 할당제를 들 수 있다.

ㄴ. 을은 역차별이 부당하다고 주장할 것이다.

ㄷ. 병은 적극적 우대 조치의 이점이 그로 인한 역차별의 부작용보다 더 크다고 여길 것이다.

ㄹ. 을과 병은 모두 결과의 평등을 옹호할 것이다.

① ㄱ, ㄷ　　② ㄱ, ㄹ　　③ ㄴ, ㄹ

④ ㄱ, ㄴ, ㄷ　　⑤ ㄴ, ㄷ, ㄹ

VII 문화와 다양성

🌱 이 단원의 핵심 포인트 짚고 가기

단원	핵심 포인트
01 다양한 문화권의 특징	·문화권 형성에 영향을 끼치는 요인 ·세계 다양한 문화권의 특징과 삶의 방식
02 문화 변동과 전통문화	·문화 변동의 요인 ·문화 변동의 양상 ·전통문화의 창조적 계승 방안
03 문화 상대주의와 보편 윤리	·문화의 다양성 ·문화 절대주의와 문화 상대주의 ·보편 윤리 차원에서의 문화 성찰
04 다문화 사회와 문화 다양성 존중	·다문화 사회의 의미와 영향 ·다문화 사회의 갈등 해결을 위한 우리 사회의 노력 ·문화 다양성을 존중하는 태도

🌱 셀파와 내 교과서 단원 비교하기

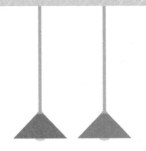

다양한 문화권의 특징은 무엇이며,
문화 다양성을 어떻게 유지해야 할까?

문화의 형성과 교류를 통해 나타나는 다양한 문화권과 다문화 사회를 이해하기 위해서는
바람직한 문화 인식 태도가 필요함을 파악한다.

01 다양한 문화권의 특징

1 문화권의 의미와 문화권 형성에 영향을 주는 요인

1. 문화와 문화권

문화	한 사회의 구성원들이 공유하고 있는 의식주, 언어, 종교 등의 생활 양식
문화권 (문화 지역)	• 의미: 문화적 특성이 비교적 넓은 지표 공간에 걸쳐 유사하게 나타나, 주위의 다른 지역과 구분되는 지표 범위 **용어** 종교 경관과 같이 특정 문화를 가진 집단이 어떤 장소에 오랫동안 거주하면서 만들어 놓은 지역의 문화적 특성 • 특징: 하나의 문화권 내에서는 비슷한 생활 양식과 문화 경관이 나타남. • 경계: 산맥, 하천, 사막 등 대지형에 의해 정해지지만, 문화권마다 경계에 점이 지대가 나타남. **용어** 다른 지리적 특성을 가진 지역과 지역 사이에서 두 지역의 특성이 함께 나타나는 지대

2. 문화권 형성에 영향을 주는 요인

(1) **자연환경** 기후, 지형❶ 등의 영향을 받아 문화권이 형성됨. **왜** 그 지역에서 쉽게 구할 수 있는 재료를 이용하여 옷과 음식을 만들고, 집을 짓기 때문임.

의복	• 열대 기후 지역: 통풍이 잘되는 개방적인 형태의 간단한 의복 문화 • 건조 기후 지역: 강한 햇볕에 의한 자외선과 몸의 수분 증발을 막고 모래바람으로부터 몸을 보호하기 위해 온몸을 감싸는 헐렁한 옷을 입는 의복 문화 • 한대 기후 지역: 보온에 유리한 털옷이나 가죽옷을 입는 의복 문화
음식 **자료 01**	• 아시아의 계절풍 지역: 벼농사 발달 → 쌀을 주식으로 하는 음식 문화 • 유럽과 건조 기후 지역: 밀농사와 목축업 발달 → 빵, 고기를 이용한 음식 문화 • 남아메리카의 고산 지역: 냉량한 기후 → 감자, 옥수수를 이용한 음식 문화
주거	• 가옥 재료: 건조 기후 지역은 흙, 냉대 기후 지역은 통나무, 고산 지역은 돌, 유목 지역은 가축의 털과 가죽을 이용함. **자료 02** • 가옥 특징: 열대 기후 지역은 고상 가옥이나 수상 가옥, 유목 지역은 이동식 가옥, 한대 기후 지역은 고상 가옥❷, 천막집, 얼음집의 주거 문화 발달

자료 01 통합탐구 세계의 주식 문화권

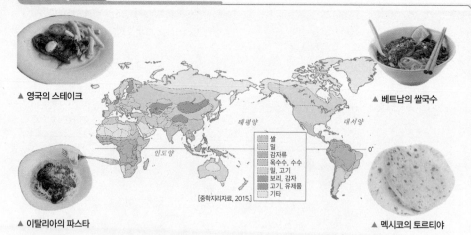

▲ 영국의 스테이크

▲ 베트남의 쌀국수

▲ 이탈리아의 파스타

▲ 멕시코의 토르티야

[중학지리자료, 2015.]

쌀 / 밀 / 감자류 / 옥수수, 수수 / 밀, 고기 / 보리, 감자 / 고기, 유제품 / 기타

셀/파/길/잡/이 • 동아시아 및 동남아시아: 고온 다습한 여름 계절풍과 하천 주변의 비옥한 평야의 영향으로 벼농사에 유리하기 때문에 쌀을 주식으로 하는 음식 문화가 발달하였다. ⑩ 베트남의 쌀국수
• 유럽: 밀은 쌀보다 생육 조건이 까다롭지 않아 냉량하고 건조한 곳에서도 잘 자란다. 북서 유럽은 여름철 기후가 서늘하고 빙하의 영향으로 토양이 척박하며 밀을 재배하였다. 아울러 유럽은 목축업이 발달하여 밀과 고기를 이용한 음식 문화가 발달하였다. ⑩ 영국의 스테이크, 이탈리아의 파스타
• 남아메리카의 고산 지역: 해발 고도가 높아 냉량한 기후가 나타나 감자, 옥수수를 이용한 음식 문화가 나타난다. ⑩ 멕시코의 토르티야

문화와 문화권

문화	한 사회의 구성원들이 공유하고 있는 생활 양식
문화권	문화적 특성이 유사하게 나타나 다른 지역과 구별되는 지표 범위

문화권 형성에 영향을 주는 요인

자연 환경	기후, 지형 등의 영향으로 의식주 문화가 달라짐.
인문 환경	종교, 산업 등의 영향으로 문화가 달라짐.

❶ 지형이 문화에 끼치는 영향
산지 지역 주민들은 임산물을 채취하거나 산비탈을 개간하여 농사를 짓는다. 해안 지역 주민들은 주로 수산업에 종사하며 항구를 중심으로 마을을 형성한다. 평야 지역 주민들은 주로 농업에 종사한다.

❷ 고상 가옥
바닥을 지면에서 띄워서 짓는 집의 형태로, 열대 기후 지역과 툰드라 기후 지역에서 나타난다. 열대 기후 지역에서는 지면으로부터 올라오는 습기와 열기를 차단하고 해충의 침입을 막기 위해, 툰드라 기후 지역에서는 가옥으로부터 나오는 열이 언 땅을 녹이면서 가옥을 붕괴시키는 것을 막기 위해서 고상 가옥을 짓는다.

교과서 자료 더 보기 +

중국의 자연환경에 따른 주식 문화권

0   1,000km

쌀 / 밀 / 고기·유제품 [현대 지도장 2015~2016, 2015.]

• (가): 시짱(티베트)고원 주민들은 혹독한 고원의 지형과 기후에 적응한 야크의 말린 고기와 유제품을 먹는다.
• (나): 고온 다습한 기후가 나타나는 중국 남부 지역 주민들은 쌀을 주식으로 삼는다.
• (다): 상대적으로 서늘하고 건조해 밀이 재배되는 중국 북부 지역 주민들은 밀로 만든 음식을 먹는다.

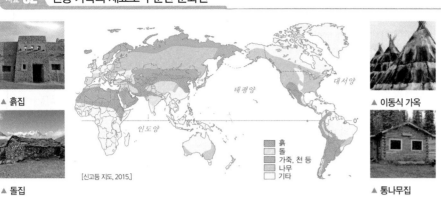

▲ 흙집
▲ 돌집
▲ 이동식 가옥
▲ 통나무집

[신고등 지도, 2015.]

흙
돌
가죽, 천 등
나무
기타

셀/파/길/잡/이
- 흙: 기후가 건조한 사막 지역의 주민들은 주위의 흙을 긁어모아 사용한다.
- 돌: 히말라야와 안데스 산지 등 고산 지역의 일부는 나무가 안 자라, 그 지역 주민들은 주위에서 가장 쉽게 얻을 수 있는 돌을 이용하여 집을 짓는다.
- 가죽: 툰드라 기후 지역에서는 순록의 가죽을 이용하여 이동식 가옥을 짓는다.
- 통나무: 냉대 기후 지역은 냉대림(타이가)이 넓게 분포하여, 목재로 지은 집이 많다.

(2) 인문 환경 종교, 산업, 언어, 예술, 관습, 제도 등의 영향을 받아 문화권이 형성됨.

① 산업에 따른 문화 [용어] 인간에게 필요한 물건을 만들어 내거나 생활에 필요한 서비스를 제공하는 모든 활동

- 산업의 영향: 주민의 경제 활동과 삶의 방식에 영향을 줌.
- 산업의 영향을 받아 형성된 문화권

농경 문화권	정착 생활, 농사를 위한 협동 노동의 필요성에 따른 공동체 문화 발전, 재배 작물의 생장과 수확에 따른 생활 리듬, 풍성한 곡물 수확을 기원·기념하는 행사
유목 문화권	이동 생활, 가축으로부터 의복, 음식, 가옥 재료의 대부분을 충당함.❸
상공업 중심의 문화권	인구가 많고 산업 시설이 많으며 건물의 밀집도가 높음, 현대적이고 도시적인 생활 모습, 출퇴근을 위한 이동 등이 나타남.

② 종교에 따른 문화 자료 03

- 종교의 영향: 인간의 가치관, 의식, 행동에 큰 영향 → 독특한 문화 경관과 관습 형성
- 종교 문화권: 크리스트교 문화권, 이슬람교 문화권, 힌두교 문화권, 불교 문화권 등

❸ 유목 문화권의 특징
강수량이 적지만 초원이 발달한 지역에서는 양, 염소, 말 등을 이끌고 물과 풀을 찾아 이동식 생활을 하는 유목이 발달하였다. 유목민은 가축으로부터 얻은 고기와 유제품을 주식으로 삼고, 가축의 가죽과 털로 옷, 모자, 천막을 만드는 데 사용한다.

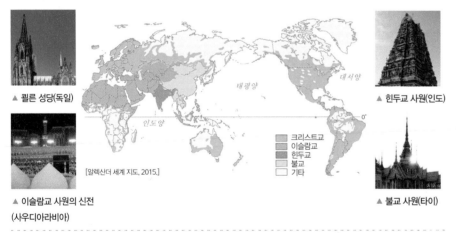

▲ 쾰른 성당(독일)
▲ 힌두교 사원(인도)
▲ 이슬람교 사원의 신전 (사우디아라비아)
▲ 불교 사원(타이)

[알렉산더 세계 지도, 2015.]

크리스트교
이슬람교
힌두교
불교
기타

교과서 자료 더 보기

이슬람교 문화권의 국기

리비아(좌상), 알제리(우상), 터키(좌하), 튀니지(우하)의 국기에는 모두 별과 달이 그려져 있다. 이 국가들은 이슬람교도의 비율이 매우 높다. 별과 달은 이슬람교의 창시자인 무함마드가 신의 계시를 받던 날 밤에 나란히 떠 있었다는 데서 유래된 이슬람교의 전통적인 상징이다.

셀/파/길/잡/이 · 크리스트교 문화권: 예수를 구원자로 믿으며 십자가와 종탑 등이 있는 성당이나 교회에서 예배를 드린다. 세례, 결혼, 장례 등의 의식을 치를 때 종교의 가르침을 따르며, 일상생활에서 기도가 일상화되어 있다.
- 이슬람교 문화권: 중앙에 둥근 돔이 있는 모스크(이슬람 사원)를 볼 수 있다. 알라를 유일신으로 믿고, 신앙 고백, 예배, 자선 활동, 라마단 시기의 단식, 성지(사우디아라비아의 메카) 순례 등 신앙 실천의 다섯 가지 의무를 지키며 살아간다. 술과 돼지고기를 먹지 않으며, 이슬람 율법에 제시되어 있어 이슬람교도에게 허용된 것인 할랄 식품을 먹는다. 한편, 여성들은 얼굴 혹은 전신을 베일(히잡, 부르카 등)로 가리고 있다.
- 힌두교 문화권: 힌두교는 수많은 신을 인정하는 다신교이므로, 힌두교 사원에는 각양각색의 신들이 조각되어 있다. 인간의 영혼은 죽은 뒤 또 다른 세계에 태어난다는 윤회 사상을 믿는다. 소를 신성시하여 소고기를 먹지 않으며, 인도의 갠지스강에서는 종교 의식으로 목욕이나 시신 화장이 이루어지기도 한다.
- 불교 문화권: 자비와 개인의 수양 및 해탈을 강조한다. 불교 사원에서는 불상을 모시는 불당, 부처의 사리를 보관하는 탑 등을 볼 수 있고, 승려들이 음식을 얻어먹는 탁발도 볼 수 있다. 살생을 금하는 교리에 따라 육식을 금기시하고 주로 채식 위주의 식사를 한다. 힌두교와 마찬가지로 윤회 사상이 나타난다.

❷ 세계 문화권별 특징과 삶의 방식 자료04

북극 문화권	• 북극해 연안에 위치하여 한대 기후가 나타남. → 순록 유목, 수렵, 어로 등 • 네네츠족, 이누이트, 라프족 등이 거주	
유럽 문화권	크리스트교의 영향이 크며, 민주주의와 자본주의 사상 발달의 기원	
	북서 유럽	• 게르만족과 개신교도의 비율이 높음, 산업 혁명의 발상지 • 서안 해양성 기후의 영향으로 혼합 농업❹과 낙농업 발달
	남부 유럽	• 라틴족과 가톨릭교도의 비율이 높음, 그리스·로마 문화 발상지 • 지중해성 기후의 영향으로 수목 농업❺ 발달
	동부 유럽	• 슬라브족과 그리스 정교도의 비율이 높음. • 다른 유럽 문화권 지역보다 농업 종사자 비율이 높음.
건조(이슬람) 문화권	• 북부 아프리카, 서남아시아, 중앙아시아 일대의 건조 기후 지역 • 주민 대부분 이슬람교를 믿고, 아랍어를 사용함. • 유목과 오아시스 농업 발달, 석유 개발에 따른 국제 분쟁 심화	
아프리카 문화권	• 사하라 사막 이남의 중남부 아프리카 일대 → 대부분 열대 기후가 나타남. • 부족 단위의 공동체 생활을 하고, 토속 종교를 많이 믿음. 주의 유럽인의 식민 지배로 크리스트교가 널리 전파됨. • 원시 농업, 이동식 화전 농업, 플랜테이션 농업❻ 발달 • 유럽 식민 지배의 영향으로 잦은 분쟁 발생 왜 식민지 시대의 영토 범위대로 독립하여 국경과 종족의 영역이 일치하지 않기 때문임.	
아시아(동양) 문화권	계절풍 기후의 영향으로 벼농사 발달	
	동부 아시아	유교, 불교, 한자, 젓가락 등의 문화적 공통점
	동남아시아	• 태평양과 인도양을 잇는 위치 → 다양한 문화 혼재(중국·인도 문화, 전통·외래 문화, 불교·이슬람·크리스트교 문화) • 세계적인 벼농사 지역, 플랜테이션 농업 발달
	남부 아시아 (인도)	• 잦은 외세 침입과 식민 통치를 받아 종교·언어·민족이 복잡함. • 인더스 문명과 힌두교 및 불교의 발상지
오세아니아 문화권	• 영국의 식민 지배 → 유럽 문화 전파, 원주민 문화 소멸 위기 • 청정한 자연환경을 바탕으로 관광 산업 발달, 상업적 농목업 발달 • 영어 사용 인구 비율과 개신교도의 비율이 높음.	
아메리카 문화권 구분 리오그란데 강의 북쪽은 앵글로아메리카, 남쪽은 라틴 아메리카임.	아메리카 원주민 문화, 유럽 문화, 세계 각지 이주민들의 문화가 공존함.	
	앵글로아메리카	• 북서 유럽의 식민 지배 → 영어 사용, 개신교도의 비율 높음. • 세계 경제의 중심지, 세계적인 농산물 수출 지역
	라틴 아메리카	• 남부 유럽의 식민 지배 → 에스파냐어와 포르투갈어 사용, 가톨릭교도의 비율 높음. • 원주민인 인디오, 백인, 아프리카 흑인이 함께 살면서 다양한 문화와 혼혈족이 생겨남.

• 빠른 핵심 체크 •

세계 문화권별 특징과 삶의 방식

북극 문화권	한대 기후, 유목
유럽 문화권	크리스트교 중심
건조 문화권	건조 기후, 이슬람교
아프리카 문화권	열대 기후, 토속 종교
아시아 문화권	계절풍 기후, 벼농사
오세아니아 문화권	유럽 문화의 전파
아메리카 문화권	다양한 문화의 공존

❹ 혼합 농업
농작물 재배와 가축 사육을 유기적으로 결합한 농업 방식이다.

❺ 수목 농업
고온 건조한 여름 기후에 잘 견디는 올리브, 오렌지, 포도, 코르크 등을 재배하는 농업 방식이다.

❻ 플랜테이션 농업
열대 기후 지역을 중심으로 유럽의 기술과 자본, 원주민의 노동력을 이용하여 상업 작물(고무, 카카오, 커피 등)을 대규모로 재배하는 농업 방식이다.

자료04 통합탐구 세계의 문화권 구분

[디르케 세계 지도, 2016.]

셀/파/길/잡/이

문화권은 앞서 살펴본 자연환경과 인문 환경의 영향을 종합적으로 반영하여 구분한다. 일반적으로 왼쪽 지도와 같이 문화권으로 구분할 수 있다. 문화권은 고정된 것이 아니라 인구 이동, 문화 전파 등을 통해 변하기도 한다.

교과서 탐구 풀이 ✍

Q 문화권 한 곳을 택하여 지도에 표시해 보고, 그 문화권의 대표적인 특징을 서술해 보자.

A 예 건조(이슬람) 문화권은 주민 대부분이 이슬람교를 믿어서 돼지고기와 술을 먹지 않는다. 주민들은 주로 아랍어를 사용하며, 유목, 오아시스 농업 등에 종사한다.

개념 채우기

1. 문화와 문화권

문화	한 사회의 구성원들이 공유하고 있는 생활 양식
(❶)	문화적 특성이 넓은 지표 공간에 걸쳐 유사하게 나타나, 주위의 다른 지역과 구분되는 지표 범위

2. 문화권 형성에 영향을 주는 자연환경

의복 문화	• 열대 기후 지역: 통풍이 잘되는 개방적인 옷 • 건조 기후 지역: 강한 햇볕과 모래바람으로부터 몸을 보호하도록 온몸을 감싸는 헐렁한 옷 • 한대 기후 지역: 보온에 유리한 털이나 가죽옷
음식 문화	• 아시아의 계절풍 지역: (❷)을 주식으로 함. • 유럽과 건조 기후 지역: 빵과 고기 이용 • 남아메리카의 고산 지역: 감자, 옥수수 이용
주거 문화	• 열대 기후 지역: 고상 가옥, 수상 가옥 • 건조 기후 지역: 흙집, 이동식 가옥 • 냉대 기후 지역: 통나무 가옥 • 한대 기후 지역 : 고상 가옥, 천막집, 얼음집

3. 문화권 형성에 영향을 주는 인문 환경

산업	농경 문화권, 유목 문화권, 상공업 문화권 등
종교	• 크리스트교: 십자가와 종탑이 있는 성당이나 교회에서 예배, 예수를 믿음, 기도의 일상화 • 이슬람교: 신앙 실천의 다섯 가지 의무 지키기, 술과 돼지고기 금식, 할랄 산업 발달 • (❸): 다신교, 윤회 사상, 소를 신성시하여 먹지 않음, 갠지스강에서 종교 의식 • 불교: 개인의 수양 강조, 육식 금기시

4. 세계 문화권별 특징과 삶의 방식

북극 문화권	원주민들의 순록 유목, 수렵, 어로 등
유럽 문화권	크리스트교의 영향을 받은 지역으로, 북서 유럽, 남부 유럽, 동부 유럽 지역으로 구분됨.
건조 문화권	건조 기후가 나타나 유목이나 오아시스 농업이 이루어지고, 주민 대부분이 (❹)교를 믿음.
아프리카 문화권	대부분 열대 기후가 나타나고, 토속 종교를 많이 믿으며, 부족 단위의 공동체 생활을 함.
아시아 문화권	계절풍의 영향으로 벼농사가 발달한 지역으로, 동부 아시아, 동남아시아, 남부 아시아로 구분됨.
오세아니아 문화권	유럽 문화가 전파된 지역으로, 백인과 개신교도의 비율이 높음.
(❺) 문화권	여러 문화가 공존하는 지역으로, 앵글로아메리카, 라틴 아메리카로 구분됨.

정답 ❶ 문화권 ❷ 쌀 ❸ 힌두교 ❹ 이슬람 ❺ 아메리카

---

1 문화권의 의미와 문화권 형성에 영향을 주는 요인

★**01** 문화와 문화권에 대한 옳은 설명을 〈보기〉에서 고른 것은?

┤ 보기 ├
ㄱ. 의식주, 언어, 종교 등은 문화에 포함된다.
ㄴ. 자연환경이 같으면 동일한 문화권을 형성한다.
ㄷ. 문화권의 범위와 국가의 경계는 일치하지 않을 수도 있다.
ㄹ. 하나의 문화권 내에 사는 사람들은 비슷한 자연 경관을 만든다.

① ㄱ, ㄴ   ② ㄱ, ㄷ   ③ ㄴ, ㄷ
④ ㄴ, ㄹ   ⑤ ㄷ, ㄹ

02 다음과 같이 의복 문화가 다르게 나타나는 이유로 가장 적절한 것은?

① 언어   ② 종교   ③ 기후 특성
④ 발달한 산업   ⑤ 주민들의 직업 구성

통합탐구

03 다음 자료에 대해 옳지 않은 분석을 한 학생은?

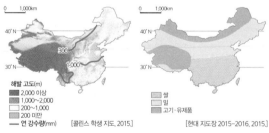

▲ 중국의 자연환경   ▲ 중국의 주식 문화권

① 희관: 쌀이 주식인 지역은 강수량이 많은 편이야.
② 수행: 중국은 자연환경에 따라 주식 문화권이 구분돼.
③ 예일: 밀이 주식인 지역은 쌀이 주식인 지역보다 건조해.
④ 명신: 남서부의 높은 고원은 주식 문화권의 경계에 영향을 주었을 거야.
⑤ 건우: 고기와 유제품이 주식인 지역은 쌀 재배에도 유리한 자연조건을 갖추었어.

04 다음은 세계의 음식 문화에 대한 필기 내용이다. ㉠~㉤에 대한 설명으로 옳지 않은 것은?

<세계의 음식 문화>
• 음식 문화가 다른 이유: (㉠) → 잘 생산되는 작물이 다름.
• ㉡ 아시아의 계절풍 기후 지역: 쌀을 주식으로 함.
• 유럽: ㉢ 빵, ㉣ 고기를 이용한 음식 문화 발달
• 남아메리카의 고산 지역: (㉤) 발달

① ㉠: '기후와 지형의 차이'가 들어갈 수 있다.
② ㉡: 여름철의 고온 다습한 기후는 벼농사에 유리한 조건이다.
③ ㉢: 밀을 주재료로 이용해서 만든다.
④ ㉣: 유럽의 목축업 발달과 관련이 깊다.
⑤ ㉤: '쌀이 주식인 음식 문화'가 들어갈 수 있다.

05 (가)~(다) 가옥에 대한 설명으로 옳은 것은?

(가)   (나)   (다)

① (가)는 가옥 규모에 비해 창문의 크기가 작다.
② (나)는 유목 생활에 편리하도록 만든 가옥이다.
③ (다)는 언 땅이 녹아 가옥이 붕괴되는 것을 막기 위한 구조이다.
④ (가)는 (나)보다 강수량이 많은 지역에서 볼 수 있다.
⑤ (가)~(다) 모두 각 지역의 산업의 영향을 받아 만들어진 전통 가옥이다.

06 산업의 영향을 받아 형성된 문화권에 대한 설명으로 적절하지 않은 것은?

① 농경 문화권에서는 공동체 문화가 발전했다.
② 유목 문화권에서는 가축으로부터 대부분의 의식주 재료를 얻는다.
③ 농경 문화권에서는 정착 생활을, 유목 문화권에서는 이동 생활을 한다.
④ 건물의 밀집도는 유목 문화권보다 상공업 중심의 문화권에서 더 높게 나타난다.
⑤ 상공업이 중심인 문화권에서는 생산 활동을 하는 곳과 주거지가 대부분 일치한다.

07 다음 글은 (가), (나) 사진에 대한 설명이다. ㉠~㉢에 들어갈 말을 바르게 연결한 것은?

(가)    (나)

　(가)는 가축의 젖을 짜는 유목민의 모습이고, (나)는 도시의 출근 시간 모습이다. (가)와 같은 경관이 나타나는 문화권에서는 (나)와 같은 경관이 나타나는 지역보다 전통적인 생활 양식을 유지하며 사는 사람들의 비율이 (㉠) 나타나고, 국토 면적 중 자연 상태의 토지 비율이 (㉡) 나타나며, 제조업에 종사하는 사람들의 비율이 (㉢) 나타난다.

	㉠	㉡	㉢
①	낮게	낮게	높게
②	낮게	높게	낮게
③	높게	낮게	낮게
④	높게	높게	낮게
⑤	높게	높게	높게

통합탐구
08 다음과 같은 국기를 쓰는 국가에서 공통적으로 볼 수 있는 생활 모습을 <보기>에서 고른 것은?

┤ 보기 ├
ㄱ. 여자들은 히잡이나 부르카를 착용하고 외출한다.
ㄴ. 라마단 기간 동안 단식을 하는 주민들을 볼 수 있다.
ㄷ. 매주 일요일에 성당이나 교회에서 예배를 드리는 모습을 볼 수 있다.
ㄹ. 수많은 신을 인정하기 때문에 다양한 신들이 조각되어 있는 사원이 많다.

① ㄱ, ㄴ　　　② ㄱ, ㄷ　　　③ ㄴ, ㄷ
④ ㄴ, ㄹ　　　⑤ ㄷ, ㄹ

★09 다음 종교 문화권 구분 지도에서 A~D 종교의 특징으로 옳지 <u>않은</u> 것은?

[알렉산더 세계 지도, 2015.]

A
B
C
D
기타

① A의 신자들은 주일에 성당이나 교회에서 예배를 드린다.
② C는 소를 신성시하여 먹지 않는다.
③ D는 개인의 수양을 중시하며, 아시아를 중심으로 신자들이 많다.
④ B와 C는 돼지를 불결하게 생각하여 먹지 않는다.
⑤ C와 D의 발상지는 모두 인도이다.

2 세계 문화권별 특징과 삶의 방식

[10~12] 다음은 세계의 문화권을 구분한 지도이다. 이를 보고 물음에 답하시오.

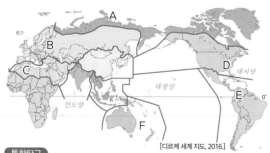

[디르케 세계 지도, 2016.]

통합탐구

★10 B~E 문화권에 대한 옳은 설명을 〈보기〉에서 고른 것은?

┤ 보기 ├
ㄱ. B: 대부분 초원과 사막으로 이루어져 있다.
ㄴ. C: 주민들은 대부분 소를 신성시하는 종교를 믿는다.
ㄷ. D: 경제 발전 수준이 높은 편이고, B의 문화가 전파되었다.
ㄹ. E: 에스파냐어와 포르투갈어를 사용하고 가톨릭교도의 비율이 높다.

① ㄱ, ㄴ
② ㄱ, ㄷ
③ ㄴ, ㄷ
④ ㄴ, ㄹ
⑤ ㄷ, ㄹ

11 다음 설명에 해당하는 문화권을 지도에서 고른 것은?

주민 구성에서 백인이 다수를 차지하고 있으며 개신교도의 비율이 높고, 애버리지니와 마오리족 등 원주민 문화가 소멸할 위기에 처해 있다.

① A
② B
③ C
④ E
⑤ F

12 다음 그림과 같은 주민들의 생활 모습이 나타나는 문화권을 지도에서 고른 것은?

① A
② B
③ C
④ D
⑤ E

13 다음 (1), (2)의 과정을 따라 나온 문화권을 아래 지도에서 고른 것은?

(1) 낱말 카드에서 동부 아시아 문화권의 공통점에 해당하는 5개의 단어를 찾아 모두 지운다.
(2) (1)에서 지우고 남은 단어를 가장 큰 특징으로 하는 문화권을 찾는다.

유	불	교	농	젓
힌	교	한	가	벼
교	두	자	사	락

▲ 낱말 카드

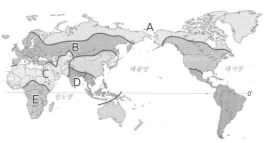

[디르케 세계 지도, 2015.]

① A
② B
③ C
④ D
⑤ E

14 문화권에 대한 설명으로 옳지 <u>않은</u> 것은?

① 유럽 문화권은 크리스트교의 영향이 강하다.

② 동부 아시아 문화권은 한자 문화권에 속한다.

③ 건조 문화권의 주민은 대부분 이슬람교를 믿는다.

④ 오세아니아 문화권은 미국의 식민 지배로 영어를 사용한다.

⑤ 민족, 종교, 언어 등은 문화권 구분의 중요한 기준이 될 수 있다.

[15~16] 다음은 세계의 문화권을 구분한 지도이다. 이를 보고 물음에 답하시오.

[디르케 세계 지도, 2015.]

★15 A~E 문화권에 대한 설명으로 옳은 것은?

① A: 부족 단위의 공동체 문화와 토속 신앙이 발달하였다.

② B: 대부분 건조 기후가 나타나 유목과 오아시스 농업을 한다.

③ C: 이슬람교도의 비율이 높고, 석유가 많이 매장되어 있다.

④ D: 인도양과 태평양이 만나는 교통의 요지에 있어, 다양한 문화가 혼재되어 있다.

⑤ E: 과거 북서 유럽의 식민 지배 영향으로 영어를 사용하는 주민들의 비율이 높다.

16 다음 여행기는 위 지도의 A~E 중 한 문화권을 다녀온 후 쓴 것이다. 이 문화권으로 옳은 것은?

- 모래바람이 강하게 불고 뜨거운 열기를 느낄 수 있었다.
- 주민들은 술과 돼지고기를 먹지 않았다.
- 남자들은 일정한 방향을 향해 수시로 기도를 올렸다.

① A   ② B   ③ C   ④ D   ⑤ E

[17~18] 다음은 세계의 문화권을 구분한 지도이다. 이를 보고 물음에 답하시오.

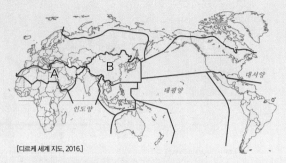

[디르케 세계 지도, 2016.]

17 A 문화권에 대해 다음 물음에 답하시오.

(1) A 문화권의 기후를 쓰고, 그 특징과 관련하여 이 지역에서 발달한 산업을 서술하시오.

(2) A 문화권 주민들이 주로 믿는 종교와 이 종교의 특징을 <u>한 가지만</u> 서술하시오.

18 B 문화권에 속한 국가들의 문화적 공통점을 다음 〈보기〉의 내용을 포함하여 서술하시오.

┌─ 보기 ┐
- 문자   • 종교 문화   • 식사 도구
└────────┘

19 다음 글의 ㉠에 들어갈 말을 쓰고, 밑줄 친 곳에 들어갈 ㉠ 문화권의 종교와 언어 특징을 서술하시오.

아메리카 문화권 중 리오그란데강 이남 지역에서 나타나는 문화권을 (㉠) 문화권이라고 한다. 이 문화권은 남부 유럽의 식민 지배를 받아 _____

01 (가), (나)는 어느 기후 지역의 전통 가옥이다. (나)에 비해 (가) 가옥이 발달한 지역의 상대적 특징을 아래의 ㄱ~ㅁ에서 고른 것은?

(가)   (나)

① ㄱ
② ㄴ
③ ㄷ
④ ㄹ
⑤ ㅁ

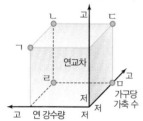

교육청 기출 _변형

02 다음 자료의 (가), (나) 종교에 대한 설명으로 옳은 것은? (단, (가), (나) 종교는 불교, 힌두교, 이슬람교 중 하나이다.)

다양한 종교 경관이 한 지역에서 나타나는 싱가포르

스리 스리니바사 페루말 사원   술탄 모스크

다양한 신들의 모습이 조각되어 있는 (가) 종교 사원   둥근 모양의 지붕과 첨탑이 인상적인 (나) 종교 사원

① (가)의 신자들은 할랄 식품을 먹는다.
② (가)는 술과 돼지고기를 먹는 것을 금한다.
③ (나)의 신자들은 신앙 실천의 다섯 가지 의무를 지키며 살아간다.
④ (나)는 인간의 영혼이 죽은 뒤 다른 세계에서 태어난다는 윤회 사상을 믿는다.
⑤ (가), (나) 모두 소를 신성시한다.

03 A, B 문화권에 대한 옳은 설명을 〈보기〉에서 고른 것은?

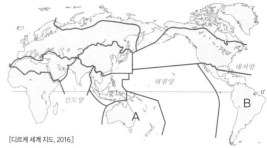

[디르케 세계 지도, 2016.]

| 보기 |
ㄱ. A 문화권에는 마오리족이 거주한다.
ㄴ. A 문화권은 B 문화권보다 에스파냐어 사용 인구가 많다.
ㄷ. B 문화권은 A 문화권보다 가톨릭교도의 비율이 높다.
ㄹ. A, B 문화권은 모두 같은 국가의 식민 지배를 받았다.

① ㄱ, ㄴ   ② ㄱ, ㄷ   ③ ㄴ, ㄷ
④ ㄴ, ㄹ   ⑤ ㄷ, ㄹ

04 A~D에 해당하는 문화권에 대한 설명으로 옳은 것은?

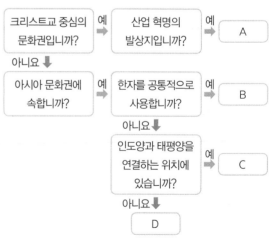

① A는 식민 통치를 받아 종교와 언어가 다양하다.
② B에서는 메카를 향해 기도를 드리는 사람을 쉽게 볼 수 있다.
③ C에 속하는 국가들은 벼농사를 짓기에 불리한 기후 조건을 갖고 있다.
④ D는 힌두교 및 불교의 발상지이다.
⑤ A~D에서는 흔히 가축의 가죽을 이용해서 지은 전통 가옥을 볼 수 있다.

02 문화 변동과 전통문화

1 문화 변동의 요인과 양상

1 문화 변동의 의미와 요인

(1) **의미** 한 사회의 문화가 그 사회 내적으로 새로운 문화 요소가 등장하거나, 다른 사회의 영향을 받아서 크게 변화하는 현상

(2) **요인**

내재적 요인	발명	이전에 존재하지 않았던 문화 요소를 자체적으로 만들어 내는 것 예 등자, 한글, 컴퓨터의 발명
	발견	이미 존재했지만 알려지지 않았던 문화 요소를 찾아내는 것 예 불, 전기, 페니실린의 발견
외재적 요인 (문화 전파)		다른 사회와 교류하거나 접촉하는 과정에서 새로운 문화 요소가 전달되어 정착되는 현상
	직접 전파	다른 사회 구성원과의 직접적인 교류를 통해서 다른 사회의 문화가 전파 예 비단길(실크 로드)을 통한 동서 교역❶
	간접 전파	인쇄물, 인터넷 등과 같은 간접적인 매개체를 통해 다른 사회의 문화가 전파 예 인터넷, 드라마를 통해 퍼져나간 한류 열풍
자료 01	자극 전파	다른 사회에서 전파된 문화 요소에서 아이디어를 얻어 새로운 문화 요소를 발명 예 신라 시대의 이두 문자, 알파벳에 자극 받아 만들어진 체로키 문자

용어 신라 때부터 한자의 음과 뜻을 빌려 우리말을 적던 차자 표기법

2 문화 변동의 양상

(1) **문화 접변❷** 문화 전파로 둘 이상의 다른 문화가 장기간 접촉하여 문화 변동이 일어나는 것

(2) **문화 접변에 따른 문화 변동의 양상(문화 접변의 결과)** 자료 02

문화 동화	• 의미: 기존의 문화 요소가 다른 사회에서 전파된 문화 체계에 흡수되거나 대체되는 현상
	• 문제점: 고유문화의 정체성 상실 —**비교** 문화 병존과 문화 융합은 고유문화의 정체성을 유지함.
문화 병존 (문화 공존)	기존의 문화 요소와 전파된 다른 사회의 문화 요소가 고유한 정체성을 유지하면서 함께 공존(나란히 각각 존재)하는 현상
문화 융합	기존의 문화 요소와 전파된 다른 사회의 문화 요소가 결합하여 이전의 두 문화와는 다른 새로운 문화가 나타나는 현상

2 전통문화의 의의와 창조적 계승

1. 전통문화❸의 의의

| 의미 | 한 사회에서 오랜 기간 이어져 내려와 그 사회의 고유한 가치로 인정받는 문화 |
| 의의 | • 문화 정체성을 표현하고, 한 사회의 독특한 문화 고유성을 유지함.
• 사회 구성원 간의 유대를 강화하고, 사회 유지와 통합에 이바지함.
• 부가 가치가 높은 문화 산업 육성에 이바지하고, 세계 문화의 다양성을 증진함. |

2. 전통문화의 창조적 계승 자료 03

| 의미 | 전통문화의 정체성을 유지하면서 시대적 변화에 맞게 재구성·재창조하여 계승하는 것 |
| 방안 | • 현실적 여건에 맞게 전통문화를 재해석하여 발전 방안 모색
• 외래문화를 비판적으로 수용하며, 전통문화와 조화를 이루고 공존하도록 노력
• 전통문화의 고유성과 독창성을 유지하면서 세계 문화와 교류 |

빠른 핵심 체크

문화 변동의 요인
- 내재적 요인 – 발명, 발견
- 외재적 요인 (문화 전파)
  - 직접 전파
  - 간접 전파
  - 자극 전파

문화 변동의 양상
- 문화 동화
- 문화 병존
- 문화 융합

❶ 동서 교역

근대 이전의 동서 교역은 육상의 비단길, 초원길과 해상 교역로를 통해 활발히 이루어졌다. 대표적인 동서 교역로인 비단길은 중국에서 로마 제국으로 비단을 운반하였던 길이라고 해서 오래전부터 '실크 로드(Silk Road)'라 불렸다. 비단길을 비롯한 동서 교역로는 비단뿐만 아니라 다양한 교역 물품들이 전달되는 통로이자 문화가 교류되는 통로였다.

❷ 문화 접변

| 강제적 문화 접변 | 외부의 강제 압력에 의해 일어나는 문화 접변 예 일제 강점기에 겪은 창씨개명 |
| 자발적 문화 접변 | 스스로의 필요에 의해 외부 문화를 수용하여 자연스럽게 일어나는 문화 접변 예 나바호족이 에스파냐로부터 배운 은세공 기술 |

빠른 핵심 체크

전통문화

| 의미 | 오랜 기간 유지되어 그 사회의 고유한 가치로 인정받는 문화 |
| 창조적 계승 | 문화적 정체성을 유지하면서도 창조적으로 계승하고 발전시켜야 함. |

❸ 전통문화의 예

과거부터 지금까지 공유하며 전승해 온 전통문화의 예로는 한복, 김치, 불고기, 한옥, 온돌, 한글, 한지, 한식, 판소리, 상부상조 정신, 충효 사상, 세시 풍속 등이 있다.

이 자료 이렇게 해석하자!

자료 01 · 통합탐구 · 간다라 양식의 전파

셀/파/길/잡/이 기원전 2세기~기원후 5세기에 간다라 지역은 알렉산드로스 대왕의 인도 침공으로 로마 제국과의 직접 교류가 이루어지면서 헬레니즘 문화의 영향을 받았다. 이때 헬레니즘 문화와 동양의 불교문화가 만나 만들어진 간다라 양식의 불상은 비단길을 통해 스님들에 의해 중국과 우리나라까지 전해졌다.

교과서 탐구 풀이

Q 비단길이 문화 변동에서 어떤 역할을 했는지 쓰고, 이와 비슷한 역사적 사례를 찾아보자.

A 비단길은 다른 지역의 문화가 전파되는 데 중요한 경로가 되었다. 이와 비슷한 사례로, 원나라의 간섭을 받던 고려 시대에는 직접 전파를 통해 몽골에서는 고려의 옷과 음식(고려풍)이, 고려에서는 몽고풍이 유행하였다.

자료 02 · 문화 변동의 다양한 사례

문화 동화	아메리카 대륙의 원주민들이 유럽의 식민 지배로 고유의 토속 신앙을 잃고 대다수가 크리스트교를 믿게 됨.
문화 병존 (문화 공존)	• 필리핀은 필리핀어와 영어를 모두 공용어로 사용함. • 차이나타운, 코리아타운 등: 다른 국가에서 생활하여 정착지의 언어나 식생활을 받아들이면서도, 동시에 자신들의 고유한 언어나 식생활도 유지함. • 싱가포르, 말레이시아의 종교 경관과 기념일: 다양한 민족과 종교가 공존하여 여러 종교 사원을 볼 수 있으며, 각 종교의 기념일을 공휴일로 지정하고 있음.
문화 융합	• 융합(퓨전) 음식과 음악 ⓔ 라이스버거, 재즈(아프리카, 유럽의 음악 요소 융합), 라틴 아메리카의 음악과 춤(레게, 탱고, 삼바, 살사 등) • 산신각: 불교와 우리 민족의 토착 신앙(산신 숭배)이 결합되어 나타남. • 터키 성 소피아 성당: 동로마 제국 때 지어진 크리스트교 건축물이었으나, 오스만 제국의 지배를 받으면서 이슬람 사원으로 개조됨.

교과서 자료 더 보기

성공회 강화 성당으로 보는 문화 융합

1900년에 건립된 한옥 성당으로, 포교를 위해 거부감을 줄이고자 위와 같이 만들었다. 겉모양은 불교 사찰 양식이지만, 내부 구조는 성당 양식(바실리카 양식)을 도입하였다.

자료 03 · 전통문화의 창조적 계승과 발전 방안

▲ **일상생활에서 입을 수 있는 한복** 생활 한복은 전통 한복의 아름다움에 실용성과 현대적인 감각을 더해 만들어졌다.

▲ **'전자 사물놀이' 공연** '일렉트릭 사물놀이' 밴드는 전통적인 사물놀이와 서양의 전자 악기를 접목하였다.

셀/파/길/잡/이 전통문화의 창조적 계승을 위해서는 전통문화에 대해 지속적인 관심을 갖고, 객관적인 입장에서 분석하여 우리 문화만의 고유성과 독창성을 찾아야 한다. 그리고 다른 나라의 문화 요소를 비판적으로 수용하여 이를 우리의 것과 결합할 때 우리 문화의 세계화와 민족 정체성의 보존을 동시에 실현할 수 있다.

교과서 자료 더 보기

전통문화의 계승 방안

• 보존: 프랑스 정부는 1993년에 '프랑스 전통 바게트법'을 만들어 전통적 방법으로 제조된 것만 바게트라는 이름을 사용하게 하는 등 바게트의 전통을 지키고자 노력하였다.

• 변화: 우리나라에서는 떡볶이를 세계화하기 위해 외국인의 입맛에 맞는 카레나 칠리소스 등 외국의 소스와 결합하거나 매운맛에 익숙하지 않은 외국인을 위해 전통적인 궁중 떡볶이를 현대화하는 등 다양한 방안을 시도하고 있다.

개념 채우기

1. 문화 변동의 의미와 요인

의미		한 사회의 문화가 그 사회 내적으로 혹은 다른 사회의 영향을 받아서 크게 변화하는 현상
내재적 요인	발명	이전에 없었던 새로운 문화 요소를 만들어 내는 것
	(❶)	이미 존재했지만 알려지지 않았던 문화 요소를 찾아내는 것
외재적 요인	직접 전파	다른 사회 구성원과의 직접적인 교류를 통해 다른 사회의 문화가 전파됨.
	간접 전파	간접적인 매개체를 통해 다른 사회의 문화가 전파됨.
	(❷)	전파된 문화 요소에서 자극을 받아 새로운 문화 요소를 만들어 내는 것

2. 문화 접변

의미	문화 전파로 둘 이상의 다른 문화가 장기간 접촉하여 문화 변동이 일어나는 것
유형	강제적 문화 접변, 자발적 문화 접변

3. 문화 접변에 따른 문화 변동의 양상

문화 (❸)	기존의 문화 요소가 다른 사회에서 전파된 문화 체계에 흡수되거나 대체되는 현상 → 고유문화의 정체성 상실
문화 병존	기존의 문화 요소와 전파된 다른 사회의 문화 요소가 고유한 정체성을 유지하면서 함께 공존하는 현상
문화 (❹)	기존의 문화 요소와 외래의 문화 요소가 결합하여 이전의 두 문화와는 다른 새로운 문화가 나타나는 현상

4. 전통문화의 의미와 창조적 계승

의미	한 사회에서 오랜 기간 이어져 내려와 그 사회의 고유한 가치로 인정받는 문화
의의	그 사회의 문화 (❺)을 표현하고, 사회 유지와 통합에 이바지하며, 세계 문화의 다양성을 증진함.
창조적 계승 방안	• 현실적 여건에 맞게 전통문화를 재해석하여 발전 방안 모색 • 외래문화를 비판적으로 수용하며, 전통문화와 조화를 이루고 공존하도록 노력 • 전통문화의 고유성과 독창성을 유지하면서 세계 문화와 교류

정답 ❶ 발견 ❷ 자극 전파 ❸ 동화 ❹ 융합 ❺ 정체성

---

1 문화 변동의 요인과 양상

⭐**01** 문화 변동의 요인에 대한 설명 중 옳은 것은?

① 전기나 불은 발명 사례에 해당한다.
② 신라 시대의 이두 문자는 직접 전파의 사례이다.
③ 발명, 발견은 문화 변동의 외재적 요인에 해당한다.
④ 인터넷을 통해 퍼져나간 한류 열풍은 간접 전파 사례이다.
⑤ 간다라 양식의 전파는 문화 변동의 내재적 요인에 해당한다.

02 (가)~(다)에 들어갈 문화 변동의 요인에 대한 옳은 설명만을 〈보기〉에서 있는 대로 고른 것은?

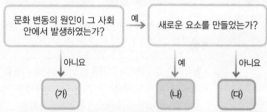

보기
ㄱ. (가)는 문화 전파에 해당한다.
ㄴ. 현대 사회에서는 간접적인 (가)에 의한 문화 변동의 수가 줄어들고 있다.
ㄷ. (나)의 사례에는 등자, 한글, 컴퓨터 등이 있다.
ㄹ. (다)를 통해 불이나 전기를 사용하게 되었다.

① ㄱ, ㄴ   ② ㄱ, ㄹ   ③ ㄴ, ㄷ
④ ㄱ, ㄷ, ㄹ   ⑤ ㄴ, ㄷ, ㄹ

통합탐구
03 다음 사례에 나타난 문화 변동의 양상에 대한 설명으로 가장 적절한 것은?

> 알렉산드로스 대왕이 인도 지역을 점령하면서 인도의 고유문화와 헬레니즘 문화가 결합하여 간다라 양식이 탄생했다.

① 내재적 요인에 의해 문화가 변화하였다.
② 전파로 인해 새로운 문화 요소가 형성되었다.
③ 기존의 문화 요소들이 고유의 성질을 상실하였다.
④ 하나의 문화 요소가 다른 문화 요소에 흡수되었다.
⑤ 세계 각지에 있는 차이나타운의 성격을 설명할 수 있다.

04 (가)~(다)에 나타난 문화 변동의 양상이 바르게 연결된 것은?

> (가) 우리나라를 떠나 다른 나라에 정착한 한민족은 그곳의 언어나 식생활을 누리면서도 동시에 우리나라 고유의 언어와 식생활도 잊지 않고 즐기곤 한다.
> (나) 아메리카 대륙의 원주민들은 유럽의 식민 지배로 유럽 문화와 접촉하면서 원주민 고유의 토속 신앙을 잃고 대다수가 크리스트교를 믿게 되었다.
> (다) 재즈는 미국 흑인이 즐기던 아프리카 음악의 감각에 유럽 전통 음악인 행진곡과 같은 멜로디와 금관 악기 연주 기법들이 결합한 것이다.

	(가)	(나)	(다)
①	문화 융합	문화 동화	문화 병존
②	문화 융합	문화 병존	문화 동화
③	문화 병존	문화 동화	문화 융합
④	문화 병존	문화 융합	문화 동화
⑤	문화 동화	문화 병존	문화 융합

05 (가), (나)의 문화 변동 양상의 차이를 설명할 수 있는 일반적인 질문으로 가장 적절한 것은?

> (가) 18세기 이후, 남태평양의 작은 섬나라들은 유럽인들에게 정복되어 무역 상인들과 선교사들의 활동 무대가 되었다. 당시 선교사들은 기존의 관습이 원시적이라고 생각하고 원주민들을 개화하기 위해 노력하였다. 그 결과 원주민들의 추장 중심 정치 체제는 약화되었으며, 종교 체계도 유럽인들의 종교 교리에 맞게 바뀌었다.
> (나) 말레이시아의 블라카 해협에 면한 항구 도시인 블라카에는 오래전부터 불교, 힌두교, 이슬람교 등 다양한 종교가 유입되었다. 이 외에도 가톨릭 성당과 개신교 교회 건물도 적지 않다. 이들 종교들은 단지 건물로만 존재하는 것이 아니라 실제 각자 종교 의식이 행해질 정도로 블라카의 문화로 자리 잡았다.

① 문화 변동이 단기간에 이루어졌는가?
② 새로운 문화를 만드는 데 기여했는가?
③ 유입된 문화의 영향을 크게 받았는가?
④ 문화 변동의 원인이 내부에 있는가, 외부에 있는가?
⑤ 문화 변동 속에서도 자기 문화의 정체성을 유지하였는가?

06 다음 글에 대한 옳은 분석을 〈보기〉에서 고른 것은?

> 1900년에 건립된 성공회 강화 성당은 전통적인 한옥 구조물에 서양의 기독교식 건축 양식을 수용해 지은 것으로, 동서양의 만남이라는 점에서 눈길을 끈다. 겉모양은 영락없는 전통 사찰 양식인데, 내부 구조는 기독교 교회의 전형적인 바실리카 양식 평면 구성을 통해 서양의 종교 의식을 완벽하게 수행할 수 있도록 꾸민 것이다. 우리는 성공회 강화 성당에서 동서양 문화의 조화를 느낄 수 있다.

> **보기**
> ㄱ. 문화 융합 현상을 찾아볼 수 있다.
> ㄴ. 발명과 발견이 동시에 발생하였음을 알 수 있다.
> ㄷ. 선교사들의 문화 전파에 의해 교회의 건축 양식이 전해졌을 것이다.
> ㄹ. 불교 사찰 양식이 서양의 건축 양식을 만나면서 그 고유의 정체성을 상실하였다.

① ㄱ, ㄴ 　② ㄱ, ㄷ 　③ ㄴ, ㄷ
④ ㄴ, ㄹ 　⑤ ㄷ, ㄹ

07 다음은 문화 변동의 양상을 도식화한 것이다. (가)~(다)에 해당하는 사례를 바르게 이야기한 학생을 고른 것은?

(가)	(나)	(다)	
A+B ↓ C	A+B ↓ A	A+B ↓ A, B	A, B, C: 개별 문화 또는 문화 요소 + : 접촉 ➡ : 변화

> 현수: (가)-우리나라에 유입된 불교와 토착 신앙이 결합하여 절 내부에 산신을 모시는 산신각이 자리 잡았어.
> 수행: (나)-옌벤 조선족 자치구에는 우리나라 풍습과 중국 풍습이 함께 나타나.
> 예일: (나)-아프리카의 많은 부족은 서양 열강의 식민 통치를 받아 자신들의 전통 종교들을 상실하고 유럽 국가들의 종교를 받아들였어.
> 덕주: (다)-멕시코 과달루페 성모상은 검은 머리에 갈색 피부를 갖고 있으며, 남미 전통 의상을 입은 원주민의 모습을 하고 있어.

① 현수, 수행 　② 현수, 예일 　③ 수행, 예일
④ 수행, 덕주 　⑤ 예일, 덕주

내신 실력 쌓기 ～～～～～～～～～～～～～～～

08 다음과 같은 음식 문화에 대한 설명으로 옳은 것은?

① 내부적 요인에 의한 문화 변동에 해당한다.

② 정체성이 약한 문화가 외래문화에 동화된 것이다.

③ 강제적 문화 접변에 의한 저항 심리가 나타난 것이다.

④ 외래문화가 기존 문화와 뒤섞이지 않고 공존하고 있다.

⑤ 서로 다른 사회의 두 문화 요소가 접촉하여 새로운 문화가 등장한 것이다.

2 전통문화의 의의와 창조적 계승

09 다음 중 전통문화의 의의로 적절하지 <u>않은</u> 것은?

① 사회의 유지와 통합에 이바지한다.

② 그 사회의 문화적 정체성을 표현한다.

③ 세계 문화의 다양성 증진에 이바지한다.

④ 그 사회의 독특한 문화 고유성을 유지한다.

⑤ 전통문화가 변한다면 그 존재 의의가 퇴색한다.

★10 다음 글에 나타난 전통문화에 대한 관점으로 옳은 것은?

> 퓨전 국악 뮤지컬 〈판타스틱〉이 외국인 관광객이 객석 점유율의 80% 이상을 차지할 정도로 인기를 끌고 있다. 이 공연은 3개국 언어 동시 출력과 다양한 영상 구현이 가능한 사물 인터넷 기술을 적용하였고, 100% 실시간 국악 연주를 바탕으로 코믹, 창, 상모 돌리기 등 다양한 내용을 선보인다.

① 전통문화는 외래문화와 결합될 때 존재 의의가 있다.

② 외래문화는 도입되는 즉시 전통문화 속으로 흡수해야 한다.

③ 우리 전통문화를 고수하기 위해 현대적인 문화의 도입을 억제해야 한다.

④ 문화의 세계화란 선진국의 외래문화에 우리의 것을 맞춰 나가는 과정이다.

⑤ 문화 정체성을 지키면서 현대적 감각으로 재해석하여 문화 콘텐츠를 발전시켜야 한다.

서술형 문제

11 다음 싱가포르의 종교 기념일에 나타난 문화 변동의 양상을 서술하시오.

> • 4월 14일, 12월 25일: 크리스트교 명절
> • 5월 10일: 불교 명절
> • 6월 25일, 9월 1일: 이슬람교 명절
> • 10월 18일: 힌두교 명절

12 다음 글을 읽고 물음에 답하시오.

> 에스파냐는 멕시코를 정복하는 과정에서 멕시코 원주민들에게 자신들의 종교인 가톨릭을 믿도록 강요하였고, 많은 멕시코인들이 자신들이 갖고 있던 고유의 종교를 버리고 가톨릭으로 개종하였다.

(1) 윗글에 나타난 문화 변동이 내재적 요인에 의한 것인지, 외재적 요인에 의한 것인지 쓰시오.

(2) 윗글에 나타난 멕시코의 문화 변동 양상에 대해 서술하시오.

13 다음 사례를 바탕으로 전통문화를 창조적으로 계승한다는 것이 어떤 의미인지 서술하시오.

> 오늘날과 같은 한복 디자인은 약 120여 년 전에 등장하였다. 한복의 마고자는 만주족의 마괘아를 한복에 어울리게 개량하면서 널리 입게 된 것이다. 그리고 한복 저고리 위에 있는 조끼는 조선 사회에 서구 문물이 도입될 당시 주머니가 없는 전통 한복의 불편함을 개선하기 위해 서양의 베스트를 한복에 맞게 착용하면서 입기 시작했다.
>
> 최근에는 한복의 아름다움에 실용성과 현대적인 감각을 더해 일상생활에서 입을 수 있는 생활 한복이 인기를 끌고 있다.

교육청 기출 _변형

01 다음은 문화 변동의 양상 A, B를 비교한 것이다. 이에 대한 설명으로 옳은 것은?

	A	B
의미	(가)	외래문화 요소가 지배적인 문화로 자리 잡아 기준 문화 요소가 완전히 해체되거나 소멸된 현상
사례	간다라 지방에서는 서양인의 모습의 불상이 만들어지는 등 전통적인 불교문화에 그리스·로마풍의 조형 미술이 결합된 독특한 불교 미술의 발달함.	(나)

① (가)는 '외래문화 요소가 기존 문화 요소와는 독립성을 가지면서 동시에 존재하는 현상'이 적절하다.

② (나)는 '오랜 기간 식민 통치를 받았던 아프리카의 많은 부족은 자신의 전통 종교를 상실하고 서양의 종교를 받아들임.'이 적절하다.

③ A, B 모두 간접 전파의 결과로만 나타난다.

④ A와 달리 B는 자발적 문화 접변을 통해 나타난다.

⑤ A는 B와 달리 문화 접변 후에도 자문화 요소가 원형 그대로 유지된다.

02 A~C는 (나) 지역에서 나타날 수 있는 문화 변동의 양상을 나타낸 것이다. 이에 대한 옳은 설명을 〈보기〉에서 고른 것은?

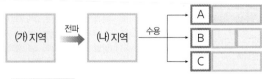

* ☐☐☐ 는 문화 요소이다.

┤ 보기 ├

ㄱ. A는 문화 융합 현상을 보여준다.

ㄴ. B의 사례로는 우리나라의 성공회 강화 성당을 들 수 있다.

ㄷ. C는 외래문화가 전통문화에 흡수된 결과이다.

ㄹ. 위 그림은 (나) 지역에서 자발적 문화 접변이 나타난 경우를 전제하고 있다.

① ㄱ, ㄴ ② ㄱ, ㄹ ③ ㄴ, ㄷ
④ ㄴ, ㄹ ⑤ ㄷ, ㄹ

평가원 기출 _변형

03 다음 문화 변동의 가상 사례에 대한 분석으로 옳은 것은?

〈사건의 흐름〉

고유한 문자가 없었던 A국은 갑국과의 교류를 통해 갑국의 문자를 모방한 새로운 문자를 만듦.

↓

갑국은 자국 문화를 주변국에 이식하겠다는 의도로 B국을 정복한 후, B국 고유의 문자 사용을 금지함. 이에 따라 B국에서 사용하는 문자는 갑국의 문자로 대체되어 소멸됨.

↓

갑국에 의해 B국이 정복당하는 것을 지켜본 A국은 자국의 안보를 위해 새로운 무기인 '활'을 개발하고, 갑국과의 교류를 단절함.

① A국에서는 간접 전파에 의한 문화 융합이 나타났다.

② A국은 내재적·외재적 요인의 영향을 모두 받아 문화 변동이 나타났다.

③ B국에서는 자발적 문화 접변이 나타났다.

④ B국에서는 직접 전파에 의한 문화 병존이 나타났다.

⑤ A, B국은 모두 문화 공존이 나타났다.

04 다음 글이 주장하는 전통문화의 계승 방안으로 가장 적절한 것은?

우리의 길거리 간식인 떡볶이를 세계화하는 정책이 필요하다. 스파게티처럼 세계인에게 익숙한 한국의 대표 전통 음식을 만들어야 하기 때문이다. 이에 따라 전통적으로 사용하던 떡을 바탕으로 하여 떡볶이의 고유성을 지키되, 외국인의 입맛에 맞는 카레나 칠리소스 등 외국의 소스와 결합하거나 매운맛에 익숙하지 않은 외국인을 위해 전통적인 궁중 떡볶이를 현대화하는 등 다양한 방안을 시도해야 한다.

① 전통문화의 질적 수준을 높여 고급화해야 한다.

② 우리 문화의 정체성을 확립하는 데 중점을 두어야 한다.

③ 전통문화 고유의 가치를 발견하여, 그 고유성을 알려야 한다.

④ 우리의 전통문화를 현대적 감각에 맞게 발전시켜 세계화해야 한다.

⑤ 다른 사회의 문화에 대한 이해를 바탕으로 우수한 외래문화를 적극 수용해야 한다.

03 문화 상대주의와 보편 윤리

1 문화의 다양성과 문화 상대주의

1. 문화의 다양성❶ 지역의 환경, 시대의 흐름에 따라 문화가 다양하게 나타나는 것 → 인간의 삶을 풍부하게 만들어 줌으로써 교류와 혁신, 창조성의 원천이 됨.

> **분석** 각 사회는 서로 다른 자연환경과 인문 환경에 적응하며 나름의 생활 방식을 형성함.

2. 문화 절대주의

(1) **의미** 문화를 평가하는 절대적 기준이 있다고 보고, 그 기준에 비추어 문화의 선악이나 우열을 가릴 수 있다고 여기는 태도

(2) **자문화 중심주의와 문화 사대주의**

> **비교** 자문화 중심주의는 자기 문화를 우월하다고 여기고, 문화 사대주의는 타 문화를 우월하다고 여기는 점에서 다름. 그러나 두 가지 관점 모두 문화에 우열이 있다고 본다는 점이 공통적임.

구분	자문화 중심주의	문화 사대주의 자료 01
의미	자기 사회의 문화를 가장 우월하다고 여기고, 자기 문화를 기준으로 다른 사회의 문화를 열등하다고 평가하는 태도	다른 문화가 우월하다고 믿으며 맹목적으로 동경하고, 자기 문화는 열등하다고 여기는 태도
순기능	자기 문화에 대한 자긍심으로 사회 통합에 이바지하는 측면이 있음.	다른 사회의 문화를 수용하여 자기 문화를 개선하는 데 기여할 수 있음.
역기능	• 다른 문화와의 갈등 초래 • 국수주의❷로 인하여 자기 문화의 발전 가능성 저해 우려	• 문화적 정체성을 상실하여 주체적인 문화 형성 저해 • 사회 구성원 간 소속감·일체감 약화

3. 문화를 이해하는 바람직한 태도: 문화 상대주의 자료 02

의미	• 각각의 문화가 고유성과 가치를 지닌다고 보고, 문화 간 선악이나 우열에 대한 평가를 단정적으로 내릴 수 없다고 보는 태도 • 해당 사회의 자연환경과 인문 환경, 역사적·사회적 맥락 속에서 문화를 이해함.
필요성	• 다양한 관습과 규범 등을 편견 없이 이해할 수 있게 도움. 분석 다른 문화를 객관적으로 이해하고, 자신의 문화를 더 깊이 바라볼 수 있음. • 서로 다른 사회 간의 갈등을 방지하고, 다양한 문화의 공존을 도모하는 데 도움.

2 문화 상대주의의 한계와 보편 윤리

1. 문화 상대주의의 한계 자료 03

> **예** 노예제, 인종 차별, 명예 살인, 전족, 사티 등의 문화는 그 문화가 형성된 역사적·사회적 배경이 특수하다 할지라도 인정되기 어려움.

(1) **극단적 문화 상대주의의 문제** 인간의 존엄성을 훼손하고 기본권을 침해하는 문화도 해당 사회에서는 의미와 가치가 있다고 인정하는 극단적인 태도 → 인류의 보편적 가치 훼손, 문화의 질적 발전 저해

> **왜** 인류가 보편적으로 수용하기 어려운 문화에 대해 비판하거나 개선을 요구하기 어렵기 때문임.

(2) **문화 상대주의와 윤리 상대주의❸의 혼동** 문화의 양상이 다양하고 상대적이기 때문에, 옳고 그름에 관한 보편적 기준이 존재하지 않는다는 잘못된 인식을 가질 수 있음.

> **분석** 문화가 상대적이라고 해서 윤리의 상대성을 인정해야 하는 것은 아님.

2. 보편 윤리 차원에서의 문화 성찰

보편 윤리	시대와 사회를 초월하여 모든 사람이 존중하고 따라야 할 윤리 원칙 **예** 인간의 존엄성, 생명 존중, 자유와 평등, 평화와 정의, 황금률❹ 등의 도덕적 가치를 인류가 보편적으로 추구해야 함.
바람직한 문화 이해	• 보편 윤리의 관점에서 문화를 성찰하면 극단적 문화 상대주의를 방지할 수 있음. • 문화 상대주의를 바탕으로 각 문화의 고유한 가치를 인정하면서, 보편 윤리의 관점에서 타 문화는 물론 자문화도 비판적으로 성찰해야 함. → 문화의 질적 발전 및 창조에 기여

● 빠른 핵심 체크 ●

문화의 다양성

의미	지역과 시대에 따라 문화가 다양하게 나타나는 것
배경	사회마다 자연환경과 인문 환경이 서로 다름.

문화를 이해하는 태도

문화 절대주의	절대적 기준에 비추어 문화의 선악, 우열 등을 가릴 수 있다고 여기는 태도 예 자문화 중심주의, 문화 사대주의
문화 상대주의	각각의 문화가 가진 고유성과 가치를 인정 → 문화 간 선악, 우열을 단정적으로 평가할 수 없다고 보는 태도

❶ 문화의 다양성

유네스코는 '세계 문화 다양성 선언'을 바탕으로 '문화 다양성 협약'을 채택하였다. 이 협약은 각 문화의 특수성과 고유성을 인정하고, 각국 문화 정책 수립에 대한 자주적 권한을 보장하고 있다.

❷ 국수주의

국수주의는 자기 민족·국가의 문화만 고수하려는 태도로, 다른 민족이나 국가의 문화는 열등하다고 여긴다. 극단적인 경우에 다른 민족에 대한 차별, 제국주의 침략을 정당화하기도 한다.

● 빠른 핵심 체크 ●

보편 윤리 차원에서의 문화 성찰

목적	극단적 문화 상대주의 방지
방법	문화 상대주의 기반 + 보편 윤리 관점에서 문화에 대한 비판적 성찰 필요

❸ 윤리 상대주의

윤리가 문화마다 다양하고 상대적이어서 옳고 그름에 관한 보편적인 기준은 존재하지 않는다고 보는 관점이다.

❹ 황금률

여러 종교와 도덕, 철학에서 찾을 수 있는 공통 원칙으로, '다른 사람이 너에게 해 주었으면 하는 행위를 다른 사람에게 하라.'라는 윤리 원칙이다.

이 자료 이렇게 해석하자!

자료 01 통합탐구 **문화 사대주의의 사례: 훈민정음 창제를 반대한 사대부들**

> 우리 조선은 예부터 지성스럽게 대국(大國)을 섬기어 중화*(中華)의 제도를 그대로 좇아서 행하였는데, (중국과) 글을 같이하고 법도를 같이하는 이때에 언문을 창작하신 것은 보고 듣기에 놀라움이 있습니다. …… 만약 (훈민정음을 창제하였다는 소식이) 중국에 전해져서 혹시라도 비난하여 말하는 자가 있으면, 어찌 대국을 섬기고 중화를 사모하는 데에 부끄러움이 없겠사옵니까.
>
> – 최만리 등의 상소문, 《조선왕조실록》 –
>
> * **중화** 세계 문명의 중심이라는 뜻으로, 중국과 그 문화를 숭상하여 부르는 말

셀/파/길/잡/이 조선의 세종 대왕은 모든 백성들이 자신의 말과 생각을 쉽게 글로 표현할 수 있도록 하기 위해 훈민정음을 창제하였다. 그러나 최만리, 정창손 등 일부 사대부들은 훈민정음 창제를 반대하였다. 그들은 왕에게 상소문을 올려 중국이라는 대국을 섬기고 중국의 언어와 제도를 따라야 한다고 주장하였다. 이는 중국의 문화를 우리 문화보다 우수하다고 여기는 문화 사대주의의 사례이다.

교과서 자료 더 보기 +

문화 절대주의의 사례

― 지도의 중심에 중국을 배치하여 중화 사상을 반영하고 있다.

◀ **천하도**

조선 중기 이후에 만들어진 상상의 세계 지도로, 중국의 자문화 중심주의와 조선의 문화 사대주의가 나타난다.

자료 02 **문화 상대주의 관점에서 본 문화 사례**

• 아프리카 키쿠유족의 인사법

> 키쿠유족은 상대의 손바닥에 침을 뱉어 반가움을 표시한다. 이러한 행위는 수분을 함께 나눈다는 뜻으로, 행운을 기원한다는 의미가 포함되어 있다. 키쿠유족의 인사법은 물이 부족한 자연환경에 적응하며 형성한 그들의 고유한 문화이다.

• 힌두교와 이슬람교의 음식 문화 차이

> 힌두교에서는 소를 신성한 동물로 여기고 농경 생활에 도움이 되기 때문에 소고기를 먹지 않는다. 반면 이슬람교에서는 돼지고기를 먹지 않는다. 경전인 《쿠란》에 돼지고기 금식이 명시되어 있으며, 기후 역시 돼지 사육에 적합하지 않기 때문이다.

셀/파/길/잡/이 인간은 서로 다른 환경에 적응하며 나름의 생활 방식과 가치관을 형성해 왔기 때문에 문화는 사회와 시대마다 다르게 나타난다. 이처럼 다양한 문화를 특정한 기준이나 관점에 따라 판단한다면 각각의 문화가 가진 특성을 제대로 이해하기 어렵다.

교과서 자료 더 보기 +

티베트의 장례 문화

티베트에서는 전통적인 장례법으로 조장(鳥葬)이 시행된다. 조장은 시신을 독수리 같은 새나 들짐승에게 먹게 하는 방법이다. 이러한 장례 문화가 형성된 이유 중의 하나는 티베트의 기후가 건조하고 춥기 때문에 화장(火葬)에 쓸 나무가 충분하지 않고, 시신을 매장할 경우 잘 썩지 않기 때문이다.

자료 03 **인간의 존엄성과 기본권을 침해하는 문화**

• 중국의 전족 풍습

> 전족은 어린 소녀의 발을 인위적으로 묶어 자라지 못하게 하는 중국의 옛 풍습으로, 거의 천 년간 지속하였다. 작은 발을 만드는 과정은 세 살에서 다섯 살 사이에 시작되었다. 엄지 이외의 네 발가락을 완전히 꺾어 휘어진 발을 헝겊으로 묶고 꼭 맞는 신발을 신긴 뒤 5년 동안 치수를 늘리지 않으면 다 자란 발도 10cm 정도밖에 되지 않는다.
>
> 전족을 한 여성들은 당시 사회에서 인기 있는 여성상이었다고 한다. 그러나 전족의 과정을 겪었던 여성들은 흉측한 발과 척추의 기형, 무력감과 우울증 등으로 고통받아야 했다.

• 인도의 사티

> 사티는 남편이 죽고 나서 화장할 때 아내를 산 채로 함께 화장하는 힌두교의 옛 풍습이다. 1829년에 금지령이 내려지면서 점차 사라져 갔지만 1987년에도 한 여성이 사티로 인해 희생된 사건이 발생하였다.
>
> 일부 힌두교도는 사티가 힌두 사회의 전통 가치를 수호하는 방법이라 믿으며 이를 지지한다. 이들은 힌두교의 전통을 위해서라면 사티와 같이 여성이 희생하는 미풍양속은 계속 지켜져야 한다고 주장한다. 게다가 이를 위해서라면 자살이나 테러, 전쟁까지도 감행할 수 있다고 여긴다.

셀/파/길/잡/이 중국의 전족과 인도의 사티는 모두 전통적으로 이어져 온 관습이다. 그러나 인간의 존엄성과 기본적인 인권을 훼손하는 사례이기 때문에 문화로서 존중하기 어렵다. 이처럼 문화를 이해할 때에는 보편 윤리의 관점에서 성찰함으로써 극단적 문화 상대주의로 흐르지 않게 경계해야 한다.

교과서 자료 더 보기 +

명예 살인

명예 살인은 이슬람 문화권이나 인도의 일부 지역에서 가문의 명예를 더럽혔다는 이유를 들어 남편, 형제, 친척들이 가족 구성원을 살해하는 관습이다. 주로 가문에서 정해 준 정혼자와의 결혼을 거부하거나, 노출이 심한 옷을 입은 여성들이 피해를 입는다. 오늘날 대부분의 나라에서 법으로 금지하고 처벌을 강화하고 있지만, 일부 지역에서는 여전히 관습적으로 일어나고 있다.

개념 채우기

1. 문화의 다양성

의미	지역의 환경, 시대의 흐름에 따라 문화가 다양하게 나타나는 것
배경	각 사회는 서로 다른 자연환경과 (❶　　　　　)에 적응하며 나름의 생활 방식을 형성함.

2. 문화 절대주의

의미	문화를 평가하는 절대적 기준이 있다고 보고, 그 기준에 비추어 문화의 선악이나 우열을 가릴 수 있다고 여기는 태도
(❷　　)	자기 사회의 문화가 가장 우월하고, 다른 사회의 문화는 열등하다고 여기는 태도
(❸　　)	타 문화가 우월하다고 믿으며 맹목적으로 동경하고, 자기 문화는 열등하다고 여기는 태도

3. 문화를 이해하는 바람직한 태도

(❹　　)	• 각각의 문화가 고유성과 가치를 지닌다고 보고, 문화 간 선악이나 우열에 대한 평가를 단정적으로 내릴 수 없다고 보는 태도 • 해당 사회의 자연환경과 인문 환경, 역사적·사회적 맥락 속에서 문화를 이해함.
필요성	• 문화권마다 다양하게 나타나는 관습과 규범 등을 편견 없이 이해할 수 있게 도움. • 서로 다른 사회 간의 갈등 방지, 다양한 문화의 공존을 도모하는 데 도움.

4. 문화 상대주의의 한계와 보편 윤리

문화 상대주의의 한계	• 극단적 문화 상대주의의 문제: 인간의 존엄성을 훼손하고 기본권을 침해하는 문화까지 인정해야 한다고 여길 수 있음. • 문화 상대주의와 윤리 상대주의의 혼동: 문화의 양상이 다양하고 상대적이기 때문에, 옳고 그름에 관한 보편적 기준이 존재하지 않는다는 잘못된 인식을 가질 수 있음.
(❺　　)	시대와 사회를 초월하여 모든 사람이 존중하고 따라야 할 윤리 원칙 ⑩ 인간의 존엄성, 생명 존중, 자유와 평등, 평화와 정의, 황금률 등
바람직한 문화 이해	문화 상대주의를 바탕으로 하고, 보편 윤리의 관점에서 타 문화는 물론 자문화도 비판적으로 성찰해야 함.

답 | ❶ 인문 환경 ❷ 자문화 중심주의 ❸ 문화 사대주의 ❹ 문화 상대주의 ❺ 보편 윤리

01 다음 선언문에 나타난 문화에 대한 적절한 입장을 〈보기〉에서 고른 것은?

> 문화는 시공간을 통해 다양한 형태로 나타난다. 이러한 다양성은 인류를 구성하는 집단과 사회의 정체성과 독창성을 구현한다. 생태 다양성이 자연에 필요한 것처럼 교류와 혁신과 창조성의 원천으로서 문화의 다양성이 필요하다. 이러한 의미에서 문화 다양성은 인류의 공동 유산이며 현재와 미래 세대를 위해 인정되고 보장되어야 한다.

┤ 보기 ├
ㄱ. 인류 사회의 공통적인 문화 요소를 보존해야 한다.
ㄴ. 각 사회가 지닌 문화의 특수성과 고유성을 보호해야 한다.
ㄷ. 다양한 문화를 경험하는 것은 인간의 삶을 풍부하게 만들어 준다.
ㄹ. 세계화의 흐름에 맞추어 전 세계에서 통용될 수 있는 보편적 문화를 창조해야 한다.

① ㄱ, ㄴ　　② ㄱ, ㄷ　　③ ㄴ, ㄷ
④ ㄴ, ㄹ　　⑤ ㄷ, ㄹ

★02 (가)에 들어갈 내용으로 가장 적절한 것은?

> 음식, 의복, 언어, 예술, 도덕 등 문화는 모든 사회에 보편적으로 존재한다. 하지만 문화의 구체적인 모습은 각 사회마다 서로 다른 모습을 띤다. 예를 들어, 열대 지방에서는 눈이 내리지 않기 때문에 눈을 표현하는 단어가 없다. 반면 북극 지방의 이누이트 사이에서는 눈의 상태에 관한 다양한 표현이 발달하였다. 이처럼 문화적 차이는 　(가)　나타나게 된다.

① 특정 사회의 문화만이 옳다고 주장하면서
② 각 사회의 가치를 배제한 문화를 추구하면서
③ 획일적 문화를 극복하려고 노력하는 과정에서
④ 새로운 문화가 유입되어 기존 문화와 융합하면서
⑤ 각 사회가 환경에 적응하며 나름의 생활 방식을 형성하면서

[03~04] 다음 글을 읽고 물음에 답하시오.

> 문화를 이해하는 태도 중 하나인 ⓐ 는 자신이 속한 사회의 문화만이 우수하다고 여기고, 그 것을 기준으로 다른 문화를 열등하다고 평가하고 우 열을 가리는 태도를 말한다. 한편 ⓑ 는 타 문화를 우월하다고 여겨 맹목적으로 동경하면서 자 신의 문화는 열등하게 여기는 태도이다.

03 ㉠, ㉡에 들어갈 말을 바르게 짝지은 것은?

	㉠	㉡
①	문화 사대주의	문화 상대주의
②	문화 사대주의	자문화 중심주의
③	문화 상대주의	문화 사대주의
④	자문화 중심주의	문화 사대주의
⑤	자문화 중심주의	문화 상대주의

04 ㉠, ㉡을 아래 그림과 같이 표현할 때, 이에 대한 옳은 설명만을 〈보기〉에서 있는 대로 고른 것은?

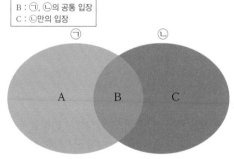

> 〈범 례〉
> A : ㉠만의 입장
> B : ㉠, ㉡의 공통 입장
> C : ㉡만의 입장

┤ 보기 ├
ㄱ. A: 문화적 정체성을 잃어 주체적인 문화 형성을 저해한다.
ㄴ. A: 다른 민족과 문화에 대한 차별과 갈등을 불러 올 수 있다.
ㄷ. B: 절대적인 기준에 비추어 문화 간의 선악이나 우열을 가릴 수 있다고 여긴다.
ㄹ. C: 자기 문화의 존속이나 발전을 어렵게 할 가능 성이 있다.

① ㄱ, ㄴ ② ㄱ, ㄷ ③ ㄴ, ㄷ
④ ㄱ, ㄴ, ㄹ ⑤ ㄴ, ㄷ, ㄹ

통합탐구

05 다음 글에 나타난 문화를 이해하는 관점에 대해 바르게 설명한 것은?

> 우리 조선은 예부터 지성스럽게 대국(大國) 을 섬기어 중화(中華)의 제도를 그대로 좇아서 행하였는데, (중국과) 글을 같이하고 법도를 같 이하는 이때에 언문을 창작하신 것은 보고 듣 기에 놀라움이 있습니다. …… 만약 (훈민정음 을 창제하였다는 소식이) 중국에 전해져서 혹 시라도 비난하여 말하는 자가 있으면, 어찌 대 국을 섬기고 중화를 사모하는 데에 부끄러움이 없겠사옵니까.
> ─ 《조선왕조실록》 ─

① 우리나라의 언어가 지닌 독창성을 인정한다.
② 중국의 언어와 제도를 따라야 한다고 주장한다.
③ 자국의 문화적 정체성을 유지할 것을 강조한다.
④ 자기 문화를 기준으로 다른 문화의 가치를 열등하다 고 평가한다.
⑤ 다양한 문화 사이에는 선악이나 우열이 존재하지 않 는다고 본다.

06 다음 인물이 긍정의 대답을 할 질문만을 〈보기〉에서 있는 대로 고른 것은?

> 한 사회의 문화를 이해하기 위해서는 그 사회의 환경과 역사적 맥락 속에서 문화를 바라보아야 합니다.

┤ 보기 ├
ㄱ. 다양한 문화 사이에 우열을 가릴 수 있는가?
ㄴ. 다른 사회의 문화를 그 사회의 입장에서 이해해 야 하는가?
ㄷ. 각 문화가 형성된 역사적·사회적 상황을 고려해 야 하는가?
ㄹ. 문화권마다 다르게 나타나는 관습과 규범을 편견 없이 바라보아야 하는가?

① ㄱ, ㄴ ② ㄱ, ㄷ ③ ㄴ, ㄷ
④ ㄱ, ㄴ, ㄹ ⑤ ㄴ, ㄷ, ㄹ

내신 실력 쌓기 〜〜〜〜〜〜〜〜〜〜〜〜〜

2 문화 상대주의의 한계와 보편 윤리

[07~08] 다음 글을 읽고 물음에 답하시오.

(가)	문화가 다양한 모습으로 나타난다는 것은 인정해야 하지만, 그것이 ⊙ 인간의 존엄성, 생명 존중, 자유와 평등, 평화와 정의 등과 같이 인류가 보편적으로 추구해야 하는 원칙을 침해해서는 안 된다.
(나)	파키스탄 인권 위원회는 2015년 파키스탄 여성 1천여 명이 가문의 명예를 실추시켰다는 이유로 친족에 의해 살해당했다고 밝혔다. 이와 같은 명예 살인의 피해자는 대부분 여성이다.

07 ⊙을 가리키는 용어로 옳은 것은?

① 국수주의   ② 전체주의   ③ 보편 윤리
④ 문화 절대주의   ⑤ 문화의 다양성

★08 (가)의 관점에서 (나)의 사례를 평가한 내용으로 적절한 것을 〈보기〉에서 고른 것은?

┤ 보기 ├
ㄱ. 인류 사회의 발전에 기여하는 문화적 행위이다.
ㄴ. 인간의 생명과 존엄성을 위협하는 행위로 금지되어야 한다.
ㄷ. 인간으로서 누려야 할 기본적 인권을 침해한 것으로서 부당하다.
ㄹ. 그 사회의 고유한 의미와 가치를 지닌 관습으로 옳고 그름을 판단할 수 없다.

① ㄱ, ㄴ   ② ㄱ, ㄷ   ③ ㄴ, ㄷ
④ ㄴ, ㄹ   ⑤ ㄷ, ㄹ

09 문화를 이해하는 바람직한 자세를 지닌 학생만을 〈보기〉에서 있는 대로 고른 것은?

┤ 보기 ├
갑: 모든 문화를 무조건 이해하고 존중하는 태도를 지닌다.
을: 문화 상대주의를 바탕으로 보편 윤리의 관점에서 문화를 성찰한다.
병: 기존 문화를 성찰하면서 새로운 문화의 창조적 계승과 발전을 추구한다.
정: 사회 구성원의 인간다운 삶을 침해하는 문화에 대해서는 윤리적으로 비판한다.

① 갑, 을   ② 갑, 병   ③ 을, 병
④ 갑, 을, 정   ⑤ 을, 병, 정

서술형 문제

10 다음 대화에서 나타난 을과 병의 문화 이해 태도에 대하여 각각 서술하시오.

아프리카의 A 부족은 상대의 손바닥에 침을 뱉어 반가움을 표시한대요.

너무 더럽지 않아요? 인사 문화는 서구 선진국의 악수법이 최고인 것 같아요. A 부족도 하루 빨리 악수법을 받아들여야 한다고 생각합니다.

A 부족의 인사법은 물이 부족한 환경에서 적응하며 형성한 그들의 고유한 문화로 인정해야 해요.

갑   을   병

11 다음 글을 읽고 ⊙에 들어갈 말을 쓰고, ⊙이 필요한 이유를 두 가지 서술하시오.

⊙ 은(는) 각각의 문화가 고유성과 가치를 지닌다고 보고, 문화 간의 선악이나 우열에 대한 평가를 단정적으로 내릴 수 없다고 보는 태도이다.

12 다음 사례를 문화 상대주의의 입장에서 인정할 수 없는 까닭을 보편 윤리가 중시하는 가치에 근거하여 서술하시오.

사티는 남편이 죽고 나서 화장할 때 아내를 산 채로 함께 화장하는 힌두교의 옛 풍습이다. 오늘날에는 법으로 금지되어 있지만, 1987년에도 한 여성이 사티에 의해 희생당한 사건이 있었다. 일부 힌두교도는 힌두교의 전통을 위해, 사티처럼 여성이 희생하는 관습은 지켜져야 한다고 여긴다.

01 (가)에 들어갈 내용으로 가장 적절한 것은?

> 16세기에 몽테뉴가 유럽 여행을 하던 중 겪은 일이다. 개방형 벽난로에 익숙하던 프랑스와 달리, 독일에서는 폐쇄형 철제 난로가 개발되어 사용되고 있었다. 프랑스인들은 프랑스의 개방형 벽난로가 설치비가 덜 든다고 자랑하며, 독일의 난로는 방 안을 밝히지 못하고 공기를 건조하게 한다고 비난하였다. 한편 독일인은 폐쇄형 난로가 개방형 난로보다 네 배나 많은 열을 발산하면서도 연료가 덜 든다고 자랑하며 프랑스의 난방법을 비난하였다.
> 몽테뉴는 프랑스인과 독일인의 태도를 모두 비판하였다. 왜냐하면 (가)

① 선진국의 문화를 맹목적으로 동경하기 때문이다.
② 인류 사회의 발전을 위협하는 문화까지도 인정하고 있기 때문이다.
③ 자국의 문화만을 우수하다고 여기고 타 문화를 열등하다고 평가하기 때문이다.
④ 다른 사회의 문화가 우월하다고 믿고 자기 사회의 문화를 무시하고 있기 때문이다.
⑤ 모든 문화가 고유한 의미와 가치를 지닌다는 생각을 극단적으로 적용하고 있기 때문이다.

02 갑, 을의 입장으로 옳은 것을 〈보기〉에서 고른 것은?

> 갑: 각 문화는 고유한 가치를 지닌다고 생각해. 따라서 다양한 문화권에서 나타나는 모든 관습이나 풍습을 존중해야 해.

> 을: 하지만 그 풍습이 구성원의 생명이나 인권을 침해한다면 그것도 존중해야 할까? 그러한 풍습은 문화적 가치가 있다고 인정받을 수 없을 뿐만 아니라 옳지 않아.

갑   을

┤ 보기 ├
ㄱ. 갑: 문화 상대주의를 극단적으로 지지한다.
ㄴ. 갑: 문화는 인간이 공통적으로 지향하는 바람직한 가치를 따라야 한다고 본다.
ㄷ. 을: 보편 윤리의 관점에서 문화를 성찰해야 한다고 주장한다.
ㄹ. 갑, 을: 문화에 선악이나 우열이 있다고 본다.

① ㄱ, ㄴ   ② ㄱ, ㄷ   ③ ㄴ, ㄷ
④ ㄴ, ㄹ   ⑤ ㄷ, ㄹ

03 다음 그림의 A~D에 들어갈 질문으로 옳은 것을 〈보기〉에서 고른 것은?

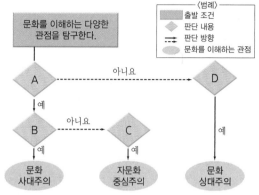

┤ 보기 ├
ㄱ. A: 문화의 우열을 가릴 수 있다고 보는가?
ㄴ. B: 자기 문화에 대한 자긍심을 강조하는가?
ㄷ. C: 타 문화를 맹목적으로 우월하다고 보는가?
ㄹ. D: 문화가 만들어진 사회적 맥락을 고려해야 하는가?

① ㄱ, ㄴ   ② ㄱ, ㄹ   ③ ㄴ, ㄷ
④ ㄴ, ㄹ   ⑤ ㄷ, ㄹ

04 다음 글에 나타난 문화 이해 태도에 부합하는 입장만을 〈보기〉에서 있는 대로 고른 것은?

> 대부분의 사회에서 받은 은혜에 감사하는 것은 좋은 것으로 여겨지고, 인색한 사람은 경멸받으며, 관대한 사람은 존경받는다. 또한 어느 사회에서나 판사의 공정함과 군인의 용기는 기본적인 덕으로 인정된다. …… 이러한 경험은 도덕의 보편적 성격과 절대적 성격을 설명해 주고, 동시에 올바른 삶의 척도를 찾으려는 이론적 시도를 정당화한다.
> – 박찬구, 《개념과 주제로 본 우리들의 윤리학》 –

┤ 보기 ├
ㄱ. 인류가 보편적으로 받아들이기 어려운 문화 현상도 인정해야 한다.
ㄴ. 대부분의 문화에는 사람과 사람 사이의 존중이라는 기본 정신이 담겨 있다.
ㄷ. 문화가 나타나는 모습이 다양하지만, 옳고 그름의 보편적 판단 기준이 없는 것은 아니다.
ㄹ. 문화 활동 과정에서 나타나는 살인, 폭력 등의 극단적인 행위에 대해서도 선악을 판단할 수 없다.

① ㄱ, ㄴ   ② ㄴ, ㄷ   ③ ㄴ, ㄹ
④ ㄱ, ㄷ, ㄹ   ⑤ ㄴ, ㄷ, ㄹ

04 다문화 사회와 문화 다양성 존중

1 다문화 사회의 의미와 영향

1. 다문화 사회로의 변화

다문화 사회	하나의 공동체 안에 인종·민족·종교·언어 등 문화적 배경이 서로 다른 다양한 사람들이 함께 살아가는 사회
확대 배경	교통수단의 발달과 정보 통신 기술의 발전에 따른 세계화 → 서로 다른 문화권에 속한 사람들 간의 이동과 연결 가속화
우리나라의 상황 자료 01	외국인 근로자, 국제결혼 이민자, 북한 이탈 주민, 유학생 등이 증가하면서 다문화 사회로 빠르게 진입

★ 2. 다문화 사회의 영향

> **분석** 다른 문화를 가진 사람들과 접촉하면서 구성원들의 지식이 확장되고 사고의 개방성이 높아져서 타 문화에 대한 편견이나 고정 관념이 약화될 수 있음. 그 결과 문화적 차이에 대한 이해를 높이고 문화 발전을 촉진함.

긍정적 측면	• 문화 다양성의 증대: 다양한 문화를 경험할 수 있는 선택의 폭 확대, 문화 간 상호 작용으로 새로운 문화 형성 및 창조적 공동체로 발전 가능 • 노동력 부족 문제 해소에 기여: 저출산·고령화 현상으로 인한 노동력 부족 문제 등 인력난 해소에 이바지
부정적 측면 자료 02	• 서로 다른 언어, 가치관, 생활 양식 등 문화적 차이에 대한 무지와 이해 부족으로 갈등 발생 > **분석** 자신의 문화를 기준으로 상대 문화를 비하하는 행동은 다문화 사회에서의 공존을 불가능하게 만드는 태도임. • 다른 문화에 대한 편견과 차별: 주류 집단이 소수 집단을 차별하거나 소수 집단 구성원의 인권을 침해함. → 제노포비아❶와 같은 심각한 갈등 초래 • 외국인과 내국인 간의 일자리 경쟁 심화, 외국인 범죄 증가, 외국인 지원을 위한 사회적 비용 증가 등으로 갈등 발생

2 다문화 사회의 갈등 해결

1. 다문화 사회의 갈등 해결을 위한 우리 사회의 노력

(1) **이주민들을 위한 다양한 법과 제도 마련**　외국인 근로자 차별 금지 관련 제도, 국제결혼 이민자를 위한 정착 지원 프로그램, '다문화가족지원법' 등 시행

(2) **다문화 교육 강화**　이주민들의 사회 적응을 위한 언어 교육 시행, 서로 다른 문화를 이해할 수 있는 다양한 체험 행사 개최 등

> **예** 미국의 다문화 정책은 서로 다른 문화적 배경을 가진 수많은 이민자가 미국 사회에 정착하는 과정에서 백인 주류 문화에 융해되어 미국인이라는 새로운 인종으로 바뀌어야 한다는 관점을 바탕으로 시행되었음.

★ (3) **다문화 정책의 수립** 자료 03

용광로 이론	• 기존 문화에 이주민의 문화를 융화·흡수해서 단일한 정체성을 이루어야 한다는 관점 → 동화주의 관점 • 이주민이 자국의 언어, 문화, 사회적 특성을 포기하고 기존 사회의 일원이 되어야 한다고 봄.
샐러드 볼 이론	• 기존 문화와 이주민 문화가 평등하게 인정되어 조화를 이루어야 한다는 관점 → 다문화주의 관점 • 이주민이 자신의 문화를 유지하면서도 기존 문화와 어우러져서 새로운 문화를 형성해 나가야 한다고 봄.

2. 문화 다양성을 존중하는 태도

(1) **다른 민족과 문화에 대한 관용❷적 자세 필요**　이주민을 우리 사회를 구성하는 동등한 주체로 인정, 다른 민족의 문화를 인정하고 포용하는 세계 시민 의식❸ 함양

(2) **문화 상대주의적 태도 함양**　이주민의 문화를 그 사회의 맥락에서 이해하고 존중해야 함.

> • **빠른 핵심 체크** •
>
> **다문화 사회의 의미와 영향**
>
> | 다문화 사회 | 하나의 공동체 안에 다양한 문화적 배경을 가진 사람들이 함께 살아가는 사회 |
> | --- | --- |
> | 긍정적 측면 | • 문화 다양성 증대
• 노동력 부족 문제 해소 |
> | 부정적 측면 | • 문화적 차이에 대한 무지와 이해 부족
• 다른 문화에 대한 편견과 차별
• 외국인과 내국인 간 갈등 |

❶ 제노포비아
'이방'이라는 뜻의 '제노'와 '혐오증'이라는 뜻의 '포비아'가 합쳐진 말이다. 자기와 다르다는 이유만으로 상대방을 무조건 경계하는 심리 상태를 가리킨다.

> • **빠른 핵심 체크** •
>
> **다문화 사회의 갈등 해결**
>
> | 갈등 해결을 위한 노력 | • 다양한 법과 제도 마련
• 다문화 교육 강화
• 다문화 정책의 수립
　– 용광로 이론
　– 샐러드 볼 이론 |
> | --- | --- |
> | 문화 다양성의 존중 | • 다른 민족과 문화에 대한 관용적 자세
• 문화 상대주의적 태도 |

❷ 관용
다른 사람이나 집단의 문화가 자기 집단의 문화와 다를지라도 이를 존중하는 태도이다. 관용은 편견과 차별을 극복하게 하고, 문화 간 갈등을 예방·해결해 준다.

❸ 세계 시민 의식
지구촌 구성원 모두를 이웃으로 여기고, 세계 곳곳에서 일어나는 다양한 문제를 함께 해결해 나가야 할 공동의 문제로 받아들이는 태도를 말한다.

자료 01   우리나라에 거주하는 외국인 현황

(가) 국내 거주 외국인 주민 수와 비중 추이

■ 외국인 주민 수 　　─○─ 외국인 주민 비중

(만 명)										(%)
150									3.4	3
100			2.2	2.3	2.5	2.8	2.8	3.1		2
50	1.1	1.5	1.8							1
0	2006	2007	2008	2009	2010	2011	2012	2013	2014 2015 (년)	0

[국회입법조사처, 2015.]

(나) 국내 거주 외국인의 체류 유형별 분포

유학생 4.8%
국제결혼 이민자 8.5%
한국 국적 취득자 9.1%
기타 14.4%
외국인 근로자 34.9%
외국인 주민 자녀 11.9%
외국 국적 동포 16.4%

총 1,741,919명

[행정자치부, 2015.]

셀/파/길/잡/이
- **(가):** 외국인 주민이란 90일을 초과하여 거주하는 등록 외국인 및 한국 국적을 취득한 자와 그 자녀를 뜻한다. 국내 거주 외국인 주민 수는 지속적으로 증가하는 추세이다.
- **(나):** 우리나라는 1990년대 후반 생산직을 중심으로 노동력 부족 현상이 심해졌다. 이후 중국 등 아시아 지역에서 저임금 노동력이 유입되면서 외국인 근로자가 증가하기 시작하였다. 한편 농촌 남성들의 국제결혼이 늘면서 국제결혼 이민자의 비중이 증가하였다.

자료 02   우리나라의 다문화 수용성

지난 20년간 우리나라는 '단일 민족 국가'에서 '다문화 사회'로 빠르게 변화하고 있지만, 다문화에 대한 포용과 인식은 제자리걸음이다. 한국여성정책연구원 평등사회연구센터장은 우리 국민이 다문화를 대하는 자세에는 '이중적 평가'와 '일방적인 동화 강조'가 두드러진다고 지적하였다.
　　　　　　　　　　　　　－〈○○신문〉－

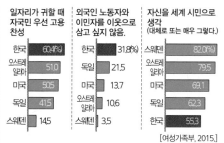

일자리가 귀할 때 자국민 우선 고용 찬성

한국	60.4%
오스트레일리아	51.0
미국	50.5
독일	41.5
스웨덴	14.5

외국인 노동자와 이민자를 이웃으로 삼고 싶지 않음.

한국	31.8%
독일	21.5
미국	13.7
오스트레일리아	10.6
스웨덴	3.5

자신을 세계 시민으로 생각 (대체로 또는 매우 그렇다.)

스웨덴	82.0%
오스트레일리아	79.5
미국	69.1
독일	62.3
한국	55.3

[여성가족부, 2015.]

▲ 다문화 수용성 관련 주요 국제 지표 항목

셀/파/길/잡/이   다문화 수용성 지수는 타 문화에 대한 개방성, 고정 관념 및 차별, 세계 시민 행동 등 8개 구성 요소별 점수를 종합하여 산출한다. 우리나라의 다문화 수용성은 국제 지표 항목과 비교했을 때 여전히 주요 선진국에 비해 낮은 편이다.

자료 03   통합탐구   다문화 사회의 이민자 정책

(가) 프랑스의 다문화 정책

프랑스에서는 학교가 이민자 자녀들이 프랑스 사회로 자연스럽게 동화될 수 있는 가장 중요한 장소로 여겨진다. 프랑스의 학교들은 특별 학급을 개설하여 외국인 이주민 가정의 자녀가 프랑스어를 최대한 빨리 습득한 후, 일반 학급의 정규 과정에 편입될 수 있도록 지도하고 있다.

(나) 캐나다의 다문화 정책

캐나다는 1971년에 세계 최초로 다문화주의를 국가 정책으로 도입하였다. 이를 통해 각각의 인종이나 민족이 자신의 특성을 유지하면서 모든 사람이 평등하게 캐나다 사회에 참여하도록 하였다. 1988년에는 다양성을 캐나다 사회의 기본 성격으로 인정하는 다문화주의 법을 발효하였다.

셀/파/길/잡/이
- **(가):** 프랑스의 사례는 여러 민족의 다양한 문화를 하나로 녹여 프랑스 문화에 동화시키고자 하는 이민자 정책을 나타내고 있는데, 이는 용광로 이론에 따른 정책이다. 그러나 용광로 정책은 소수 집단에 대한 일방적인 동화 정책으로 악용되어 많은 비판을 받았다. 이에 따라 문화의 다양성을 보장하고 이를 통한 사회 통합을 강조하는 샐러드 볼 정책이 부각되고 있다.
- **(나):** 캐나다의 다문화 정책은 국가라는 틀 안에 각 문화의 고유한 특징이 드러날 수 있도록 다양한 인종과 민족이 함께 어울리는 문화를 추구한다. 이와 같은 정책은 샐러드 볼 이론을 따른 것으로, 여러 개의 조각이 조화를 이루어 하나의 작품이 되는 모자이크와 같다고 하여 일명 모자이크 정책이라고도 한다.

개념 채우기

1. 다문화 사회로의 변화

(❶)	하나의 공동체 안에 인종·민족·언어 등 문화적 배경이 서로 다른 다양한 사람들이 함께 살아가는 사회
확대 배경	교통수단의 발달, 정보 통신 기술의 발전에 따른 세계화
우리나라의 상황	외국인 근로자, 국제결혼 이민자, 북한 이탈 주민, 유학생 등이 증가 → 다문화 사회로 빠르게 변화하고 있음.

2. 다문화 사회의 영향

긍정적 측면	• (❷)의 증대: 다양한 문화 경험, 문화 간 상호 작용으로 새로운 문화 형성 가능 • 노동력 부족 문제 해소: 저출산·고령화로 인한 인력난 해소에 이바지
부정적 측면	• 문화적 차이에 대한 무지와 이해 부족으로 갈등 발생 • 다른 문화에 대한 편견과 차별 • 외국인과 내국인 간 일자리 경쟁 심화, 외국인 지원을 위한 사회적 비용 증가 등에 따른 갈등 발생

3. 다문화 사회의 갈등 해결을 위한 우리 사회의 노력

다양한 법과 제도 마련	외국인 근로자 차별 금지 관련 제도, 국제결혼 이민자를 위한 정착 지원 프로그램 등 시행
다문화 교육 강화	• 이주민들의 사회 적응을 위한 언어 교육 실시 • 서로 다른 문화를 체험하는 행사 개최
다문화 정책의 수립	• 용광로 이론: 기존 문화에 이주민 문화를 융화하여 흡수해야 한다는 관점(동화주의 관점) • (❸): 기존 문화와 이주민 문화가 평등하게 인정되어 조화를 이루어야 한다는 관점(다문화주의 관점)

4. 문화 다양성을 존중하는 태도

관용적 자세	• 이주민을 우리 사회를 구성하는 동등한 주체로 인정 • 다른 민족의 문화를 인정하고 포용
(❹) 적 태도	이주민의 문화를 그 사회의 맥락에서 이해하고 존중해야 함.

답 | ❶ 다문화 사회 ❷ 문화 다양성 ❸ 다문화주의 ❹ 문화 상대주의

1 다문화 사회의 의미와 영향

[01~02] 다음 글을 읽고 물음에 답하시오.

> 우리나라는 1990년대 후반 생산직을 중심으로 노동력 부족 현상이 심해졌다. 국내 생산직 근로자의 임금이 상승하고 내국인 근로자들이 기피하는 업종이 생겼기 때문이다. 이후 중국 등 아시아 지역으로부터 저임금 노동력이 유입되면서 외국인 근로자가 증가하기 시작하였다. 한편 농촌의 젊은 여성들이 도시로 떠나면서 농촌 남성들의 국제결혼이 증가함에 따라 국제결혼 이민자가 증가하였다. 요즘에는 도시 거주자들의 국제결혼도 늘고 있는 추세이다.

★01 윗글을 읽고 추론할 수 있는 내용으로 적절한 것을 〈보기〉에서 고른 것은?

┤ 보기 ├
ㄱ. 우리나라도 다문화 사회로 접어들고 있다.
ㄴ. 단일 민족 국가라는 의식이 강화되고 있다.
ㄷ. 문화적 동질성이 깊어지며 언어와 핏줄을 강조하고 있다.
ㄹ. 인력난이 다소 해소되고 젊은 사람이 적은 농어촌 지역에 활력을 불어넣을 것으로 예상된다.

① ㄱ, ㄴ   ② ㄱ, ㄹ   ③ ㄴ, ㄷ
④ ㄴ, ㄹ   ⑤ ㄷ, ㄹ

02 윗글과 같이 다문화 사회가 확대된 배경만을 〈보기〉에서 있는 대로 고른 것은?

┤ 보기 ├
ㄱ. 세계화로 인해 국가 간 인구 이동이 활발해졌다.
ㄴ. 교통수단의 발달과 정보 통신 기술의 발전이 이루어졌다.
ㄷ. 단일 정부의 수립으로 국경과 민족의 의미가 소멸하였다.
ㄹ. 자신의 문화보다 다른 사회의 문화가 우월하다고 믿는 인식이 늘어났다.
ㅁ. 자기 문화의 정체성을 포기하면서 외부 문화를 수용하려는 노력이 이루어졌다.

① ㄱ, ㄴ   ② ㄷ, ㄹ   ③ ㄱ, ㄴ, ㄹ
④ ㄱ, ㄷ, ㅁ   ⑤ ㄴ, ㄹ, ㅁ

딱풀 p. 65

03 다음 자료를 보고 알 수 있는 사실을 〈보기〉에서 고른 것은?

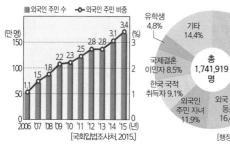

▲ 국내 거주 외국인 주민 수와 비중 추이

▲ 국내 거주 외국인의 체류 유형별 분포

┤ 보기 ├
ㄱ. 우리나라에 거주하는 외국인의 수가 지속적으로 증가하고 있다.
ㄴ. 2015년 국내 거주 외국인 주민 수는 전체 주민 등록 인구 대비 3.1%이다.
ㄷ. 다양한 문화적 배경을 가진 사람들이 우리 사회에서 함께 살아가게 되었다.
ㄹ. 외국인 체류 유형 비율을 고려할 때, 인구 이동은 국제결혼에 의해 가장 많이 발생하고 있다.

① ㄱ, ㄴ   ② ㄱ, ㄷ   ③ ㄴ, ㄷ
④ ㄴ, ㄹ   ⑤ ㄷ, ㄹ

★04 갑, 을의 입장에서 주장할 수 있는 내용을 〈보기〉에서 고른 것은?

다양한 문화적 배경을 가진 사람들이 함께 살아가는 것은 문화적 다양성 증대에 이바지합니다.
갑

다문화 사회에서는 편견과 차별로 인해 갈등이 증가할 수 있습니다.
을

┤ 보기 ├
ㄱ. 갑은 다문화 사회가 문화 발전을 촉진하는 데 기여한다고 볼 것이다.
ㄴ. 갑은 문화적 다양성이 증대되면서 사회 내의 갈등이 증가한다고 볼 것이다.
ㄷ. 을은 외국인 근로자 증가가 노동력 부족 문제 해소에 도움이 된다고 볼 것이다.
ㄹ. 갑은 다문화 사회의 긍정적 영향을, 을은 부정적 영향을 언급하고 있다.

① ㄱ, ㄴ   ② ㄱ, ㄹ   ③ ㄴ, ㄷ
④ ㄴ, ㄹ   ⑤ ㄷ, ㄹ

05 다음 사례에서 나타나는 갈등의 원인으로 가장 적절한 것은?

베트남 출신의 결혼 이주 여성 A 씨는 결혼 초기 점심을 먹은 후 낮잠을 자다가 시어머니로부터 게으르다는 꾸중을 들었다. 베트남에서는 낮잠 시간이 있는데 이를 시어머니가 이해해 주지 않아 속이 상했다. 날씨가 몹시 더운 베트남에서는 점심시간이 보통 두 시간 정도이고, 식사 후 잠을 자는 것이 건강에 좋은 것으로 인식되고 있다.

① 외국인 관련 범죄 비율 증가
② 극단적인 문화 상대주의적 태도
③ 문화적 차이에 대한 무지와 이해 부족
④ 외국인과 내국인 간의 일자리 경쟁 심화
⑤ 다문화 이주민을 보호하기 위한 법적 지원 미흡

② 다문화 사회의 갈등 해결

06 다문화 사회의 갈등을 해결하기 위한 노력으로 적절하지 않은 것은?

① 다른 문화에 대해 관용의 자세를 지닌다.
② 이주민을 위한 다양한 법과 제도를 운영한다.
③ 이주민의 문화를 그 사회의 맥락에서 이해한다.
④ 이주민을 보호해야 할 특별한 대상으로 대우한다.
⑤ 이주민의 사회 적응을 돕는 언어 및 문화 교육 등을 지원한다.

통합탐구

07 다음 글에서 나타난 다문화 정책에 대한 설명으로 옳은 것을 〈보기〉에서 고른 것은?

미국의 다문화 정책은 인종·민족·언어적 배경이 다른 수많은 이민자가 미국 사회에 정착하는 과정에서 백인 주류 문화에 융해되어 미국인이라는 새로운 인종으로 바뀌어야 한다는 관점을 바탕으로 한다.

┤ 보기 ├
ㄱ. 이주민이 기존 사회에 동화될 것을 강조한다.
ㄴ. 여러 민족의 문화를 하나로 녹여야 한다고 본다.
ㄷ. 이주민의 언어, 문화, 사회적 특성이 유지되어야 한다고 강조한다.
ㄹ. 기존 문화와 이주민 문화가 평등하게 조화를 이루어야 한다고 본다.

① ㄱ, ㄴ   ② ㄱ, ㄷ   ③ ㄴ, ㄷ
④ ㄴ, ㄹ   ⑤ ㄷ, ㄹ

[08~09] 다음은 다문화 캠페인 광고의 일부이다. 이를 보고 물음에 답하시오.

08 위의 광고에 반영된 다문화 정책의 특징으로 옳은 것은?

① 다양한 문화의 공존을 보장하고자 한다.
② 주류 문화의 중요성을 강조하는 시도를 경계한다.
③ 여러 문화가 평등하게 인정되어야 함을 강조한다.
④ 여러 문화를 융합하여 하나의 정체성을 갖는 사회를 만들고자 한다.
⑤ 서로 다른 문화의 특성을 유지하면서 조화를 이루는 국가를 만들고자 한다.

★09 위의 광고에 반영된 다문화 정책에 대한 적절한 비판만을 〈보기〉에서 있는 대로 고른 것은?

┤ 보기 ├
ㄱ. 주류 문화가 위축되는 경향이 있다.
ㄴ. 문화적 다양성이 충분히 발휘되지 않는다.
ㄷ. 지나치게 여러 문화가 공존하여 통합이 어렵다.
ㄹ. 소수 집단의 문화적 정체성을 인정하지 않는다.

① ㄱ, ㄴ   ② ㄴ, ㄹ   ③ ㄱ, ㄴ, ㄹ
④ ㄱ, ㄷ, ㄹ   ⑤ ㄴ, ㄷ, ㄹ

10 밑줄 친 ㉠에 대한 설명으로 적절하지 않은 것은?

세계화에 따른 교류 확대로 우리 사회는 빠르게 다문화 사회로 변화하고 있다. 다문화 사회에서 일어날 수 있는 갈등을 방지하고 사회 통합을 이루기 위해서는 ㉠ 문화 다양성을 존중하는 태도가 필요하다.

① 타 문화에 대해 관용의 자세를 갖는다.
② 다른 문화를 가진 사람의 권리를 인정한다.
③ 문화 간의 차이를 차별의 근거로 삼지 않는다.
④ 다른 문화적 배경을 가진 사람을 동화되어야 할 대상으로 여긴다.
⑤ 서로 다른 문화를 체험하고 이해할 수 있도록 상호 교류를 활성화한다.

11 다음 자료를 보고 물음에 답하시오.

통합검색 ☑	A	▼	검색

하나의 공동체 안에 인종·민족·종교·언어 등 문화적 배경이 서로 다른 다양한 사람들이 함께 살아가는 사회를 일컫는 말

(1) A에 들어갈 말을 쓰시오.

(2) A의 긍정적 영향과 부정적 영향을 각각 두 가지씩 서술하시오.

12 다음 글을 읽고 물음에 답하시오.

한국 사회의 통합을 위해서는 이민자들이 자신의 문화를 유지하면서도 우리나라의 구성원으로서 살아갈 수 있도록 해야 한다. 이는 한 사회나 국가 안에서 주류 문화의 중요성을 부각하기보다는, 다양한 문화가 평등하게 인정되고 조화를 이루어야 함을 강조하는 관점이다.

이러한 관점을 바탕으로 ㉠ 다문화 사회의 갈등을 방지하려면 문화 간 차이를 인정하고 공존을 모색할 필요가 있다는 인식이 확산되면서, 문화 다양성을 강조하는 정책으로 변화하고 있는 추세이다.

(1) 윗글의 입장과 같은 다문화 정책을 가리키는 용어를 쓰시오.

(2) ㉠을 해결하기 위한 노력을 세 가지 이상 서술하시오.

01 다음 자료를 보고 유추할 수 있는 사실만을 〈보기〉에서 있는 대로 고른 것은?

> **변화하고 있는 우리 사회**
> 1. 인천 차이나타운: 인천항 개항 이후 중국인들이 모여 살면서 중국의 문화가 형성된 곳이다.
> 2. 경기도 안산 '국경 없는 마을': 약 70개 국가에서 온 외국인 7만여 명이 거주하고 있는 안산시에는 한글 간판보다 외국어 간판이 더 많다.

┤ 보기 ├
ㄱ. 이전에 비해 문화적 다양성이 증가하고 있다.
ㄴ. 다양한 문화를 경험할 수 있는 선택의 폭이 확대되고 있다.
ㄷ. 단일한 문화 요소가 증가하면서 관용의 중요성이 감소하고 있다.
ㄹ. 서로 다른 문화 간의 상호 작용으로 새로운 문화 형성의 기회가 늘어나고 있다.

① ㄱ, ㄴ ② ㄴ, ㄹ ③ ㄱ, ㄴ, ㄹ
④ ㄱ, ㄷ, ㄹ ⑤ ㄴ, ㄷ, ㄹ

평가원 기출 _변형

02 (가)의 질문에 대하여 (나)의 입장을 가진 사람이 지지할 것으로 예상되는 정책으로 옳은 것은?

| (가) | 세계화 시대에 다양한 문화적 배경을 가진 이주민의 유입이 증가하고 있다. 우리는 이주민과 그들의 문화에 대해 어떤 태도를 취할 것인가? |
| (나) | 다양한 문화권에서 온 이민자들을 기존 사회의 문화와 가치 속에 융화·흡수해야 한다. 이민자는 자신의 언어와 문화, 사회적 특성을 버리고 기존 사회의 일원이 되도록 해야 한다. |

① 이주민의 사회적 관습을 인정한다.
② 이주민의 언어도 함께 사용할 수 있도록 허용한다.
③ 이주민의 문화적 정체성 유지를 위한 교육 기관을 설립한다.
④ 이주민의 사회적 특성을 기존 사회에 동화시켜서 단일화한다.
⑤ 이주민들이 자신들의 전통 예절을 계승해 나갈 수 있도록 지원한다.

03 (가)에 들어갈 내용으로 가장 적절한 것은?

> 다문화 사회는 사회 구성원들에게 문화 선택의 기회를 넓혀 줍니다. 또한 문화 간 상호 작용을 통해 새로운 문화가 만들어지기도 합니다. 하지만 서로 다른 문화가 한 사회에 존재하면 갈등이 발생할 가능성도 높아집니다.
> 따라서 _____(가)_____

① 이주민 문화보다 한국 문화를 우선시해야 합니다.
② 한글 사용을 권장하고 이주민의 언어는 금지해야 합니다.
③ 이주민의 문화를 그 사회의 맥락에서 이해하고 존중해야 합니다.
④ 이주민을 주류 집단의 구성원보다 미숙한 존재로 인식해야 합니다.
⑤ 한국 사회의 주류 문화에 이주민이 동화되도록 적극적으로 노력해야 합니다.

평가원 기출 _변형

04 (가)에 들어갈 질문으로 적절하지 않은 것은?

> 이질적 문화를 제거하고 통합성을 강화해야 사회가 발전할 수 있습니다.
> (가)
> 각 문화가 정체성을 대등하게 유지하면서 조화를 이루어 새로운 문화를 형성해 가야 합니다.
> 갑 을

① 다양한 문화가 동등하게 공존해야 하는가?
② 소수 문화의 정체성과 문화적 다양성을 존중해야 하는가?
③ 주류 문화의 관점에서 문화의 단일성을 유지해야 하는가?
④ 소수 문화는 주류 문화 속에 편입되어 동질화되어야 하는가?
⑤ 서로 다른 문화를 보호하기 위하여 문화 간 교류를 금지해야 하는가?

VIII 세계화와 평화

🌱 이 단원의 핵심 포인트 짚고 가기

단원	핵심 포인트
01 세계화에 따른 변화	·세계화와 지역화 ·세계 도시와 다국적 기업에 의한 변화 ·세계화에 따른 문제점과 해결 방안
02 국제 사회의 행위 주체와 평화를 위한 노력	·국제 갈등과 협력 ·국제 사회의 행위 주체 ·평화의 의미와 국제 평화의 중요성
03 남북 분단과 동아시아의 역사 갈등	·남북 분단의 배경과 통일의 필요성 ·동아시아의 역사 갈등과 해결을 위한 노력 ·국제 사회의 평화를 위한 우리나라의 노력

🌱 셀파와 내 교과서 단원 비교하기

셀파	천재교육	미래엔	비상	지학사	동아
01 세계화에 따른 변화	01 세계화에 따른 변화	1 세계화의 양상과 문제	1 세계화의 양상과 문제의 해결	1 세계화의 양상과 문제	01 세계화가 전개되는 양상은? 02 세계화 시대에 나타나는 문제와 그 해결 방안은?
02 국제 사회의 행위 주체와 평화를 위한 노력	02 국제 사회의 행위 주체와 평화를 위한 노력	2 평화의 중요성과 국제 사회의 노력	2 국제 사회의 모습과 평화의 중요성	2 국제 사회의 모습과 평화의 중요성	03 평화가 중요한 이유는? 04 국제 사회의 행위 주체와 그 역할은?
03 남북 분단과 동아시아의 역사 갈등	03 남북 분단과 동아시아의 역사 갈등	3 남북 분단과 동아시아의 역사 갈등	3 동아시아의 갈등과 국제 평화	3 남북 분단 및 동아시아의 역사 갈등과 국제 평화 기여 방안	05 남북 분단과 동아시아 역사 갈등의 해결과 국제 평화에 기여하는 방안은?

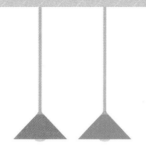

세계화는 우리의 삶에 어떤 영향을 미치며,
다양한 갈등과 분쟁의 평화적인 해결 방법은 무엇인가?

세계화에 따른 문제와 국제 사회의 분쟁을 해결하려면 국제 사회의 협력과 평화를 추구하는
세계 시민 의식이 필요함을 파악한다.

01 세계화에 따른 변화

1 세계화의 다양한 양상

1. 세계화와 지역화의 관계 자료 01

(1) 세계화

> 의미 자국의 산업을 보호하고 교역 조건을 유리하게 하려고 관세를 부과하는 등 인위적 조치를 하는 것

의미	• 국가 간의 경계를 넘어 세계가 단일한 생활권으로 통합되어 가는 흐름 • 국가 간 상호 의존성이 증가하면서 생활 공간이 국경을 넘어 전 지구로 확대되는 현상	
배경	교통·통신의 발달, 세계 무역 기구(WTO) 출범 이후 낮아진 무역 장벽	
양상	경제적 측면	• 전 세계적으로 경제적 상호 의존과 협력 증가 참고 p.122~123의 세계 무역 기구 설명 • 상품이나 자본, 노동 등의 생산 요소가 국가 간에 자유롭게 이동함.
	문화적 측면	• 의식주, 음악, 영화, 스포츠 등 문화 요소의 교류 증가 → 다양한 문화 체험 기회 증가, 국경을 초월한 세계 문화 등장 • 인류의 보편적 가치(인권, 자유, 평등, 민주주의) 확산

(2) 지역화

의미	특정 지역이 그 지역의 고유한 전통과 특성을 살려 세계적인 경쟁력을 갖추는 현상
특징	세계화의 확산 속에서 지역의 특수한 요소들이 세계적인 가치를 가지게 됨. → 세계화와 지역화는 동시에 이루어짐.
지역화 전략❶	• 지리적 표시제, 장소 마케팅, 지역 축제, 지역 브랜드 등의 지역화 전략을 통해 세계 무대에서 경쟁력을 강화함. • 효과: 지역이 세계화의 주체로 등장, 지역 경제 활성화

2. 세계 도시의 형성에 따른 변화 자료 02

세계 도시	경제·정치·문화 등 다양한 측면에서 전 세계적으로 중심지 역할을 하는 도시	
변화	공간적 측면	국제기구의 본부와 국제회의 및 행사가 집중되고, 세계적인 교통·통신망의 중심지 역할을 함.
	경제적 측면	다국적 기업의 본사, 국제 금융 업무 기능, 생산자 서비스❷ 기능, 자본과 고급 노동력 등이 집중됨.

3. 다국적 기업의 등장에 따른 변화 자료 03

다국적 기업	전 세계적으로 제품을 생산·판매하는 기업으로, 세계 각지에 자회사, 지점, 생산 공장을 운영함.
공간적 분업❸	기업 이윤의 극대화를 위해 각 기능이 공간적으로 가장 적절한 곳에 위치하도록 분리되는 현상
변화	**다국적 기업의 산업 시설 유치 지역** • 긍정적 영향: 일자리 증가, 지역 경제 활성화, 기술 습득 • 부정적 영향 　– 경쟁력이 취약한 지역 내 소규모 기업은 피해를 봄. 　– 다국적 기업의 본국에 대한 경제 의존도 강화 　– 다국적 기업이 창출한 이익을 투자 유치국에 재투자하지 않고 모국으로 가져갈 경우, 자본 유출 및 환경 오염 방치 등의 문제 발생 **다국적 기업의 산업 시설이 빠져나간 지역** 실업자 증가, 지역 경제 침체 → 산업 공동화 현상

> 의미 생산 시설이 해외로 이전하면서 국내의 생산 여건이 저하되어 산업이 쇠퇴하는 현상

세계화의 다양한 양상
→ 세계화와 지역화의 동시 진행
→ 세계 도시의 형성
└ 다국적 기업의 등장

❶ 지역화 전략

지리적 표시제	상품의 특성과 품질 등에 생산지의 지리적 특성이 반영된 경우, 국가가 해당 지역에서 생산·제조·가공된 상품임을 나타내는 표시를 할 수 있도록 인정해 주는 제도 예 보성 녹차, 프랑스 카망베르 치즈
장소 마케팅	특정 장소를 상품으로 인식하고 사람들이 선호하는 이미지를 개발하여 지역의 가치를 상승시키는 홍보 전략 예 오스트리아 잘츠부르크의 모차르트 활용 홍보
지역 축제	지역의 고유한 특성을 이용한 축제 예 보령 머드 축제, 리우 카니발
지역 브랜드	지역에서 생산되는 상품과 서비스 또는 지역 자체에 부여한 하나의 고유한 상표 예 I♥NY

❷ 생산자 서비스
다른 재화나 서비스의 생산 및 유통 과정에 필요한 서비스로, 주로 금융, 보험, 회계, 부동산, 광고, 법률, 연구·개발 등의 서비스를 말한다.

❸ 공간적 분업

본사	경영 기획 및 관리 기능을 담당하며, 자본 및 정보 수집과 전문 인력 확보에 용이한 본국의 대도시에 위치함.
연구소	연구 및 개발을 담당하며, 기술 수준이 높은 선진국의 대학 및 연구 시설이 밀집한 곳에 위치함.
생산 공장	생산 기능을 담당하며, 저렴한 노동력이 풍부한 개발 도상국에 위치하거나, 무역 장벽을 극복할 수 있는 선진국에 위치하기도 함.

자료 **01** 통합탐구 세계화와 지역화 사례

(가) 국제 무역의 확대

> 슈퍼마켓에 진열된 상품을 장바구니에 담는 것은 엄청난 이동 거리를 함께 담는 셈이다. 이는 국제 무역이 이루어 낸 결과물이다. 열대 지방의 바나나도 일 년 내내 맛볼 수 있고, 브라질, 케냐에서 재배한 커피도 마찬가지이다.

(나) 송끄란 축제

셀/파/길/잡/이 · (가): 세계화와 교통 · 통신 수단의 발달로 국제 교류가 활발해짐에 따라, 상품 선택의 폭이 확대되었다.
· (나): 타이에서는 우기가 시작되는 4월을 한 해의 시작이라고 생각하여 물 축제인 송끄란 축제를 개최한다. 송끄란 축제는 물이 더러워진 영혼을 깨끗이 씻어 준다고 여기는 타이 주민들만의 고유한 생각과 문화를 바탕으로 시작되었으며, 현재는 전 세계인이 즐기러 오는 세계적인 축제로 발전하였다.

교과서 탐구 풀이 ✍

Q 송끄란 축제에서 세계화와 지역화의 요소를 찾아보고, 세계화와 지역화의 관계를 설명해 보자.

A 송끄란 축제는 타이의 축제이지만, 세계적으로 유명하여 많은 외국인이 방문하여 함께 즐긴다. 송끄란 축제는 타이만의 특수한 문화 요소(지역화의 요소)를 경쟁력 있게 발전시켜 세계적인 축제(세계화의 요소)가 되었다. 이렇게 세계화와 지역화는 동시에 이루어지고 있으며, 각 지역이 세계화의 주체로 등장하여 지역의 고유한 특성을 전 세계에 알리고 있다.

자료 **02** 세계 도시의 특징

▲ 세계 도시 체계

▲ 세계 도시 경쟁력 순위

셀/파/길/잡/이 · 세계 도시들은 서로 기능적으로 연계되어 있고, 뚜렷한 계층 구조가 발달한다.
· 런던, 뉴욕, 파리, 도쿄 등의 세계 도시는 전 세계의 자본 · 금융 · 서비스 · 정보 · 문화 · 정치의 중심지로, 이들 도시에서 일어나는 변화는 전 세계에 영향을 준다.

교과서 자료 더 보기 ⊕

세계 도시로서 뉴욕의 특징

뉴욕의 월가는 세계 금융 시장의 중심지로, 이곳의 주식 가격 변동은 전 세계 경제에 큰 영향을 미친다. 뉴욕에 위치한 국제 연합(UN)의 본부에서는 세계 각국 대표들이 모여 국제 사회의 중요한 문제들을 논의한다. 한편, 뉴욕의 타임스 스퀘어에는 각종 문화 공연 극장이 밀집해 있어 세계 각국에서 온 관광객이 이를 즐긴다.

자료 **03** 다국적 기업의 공간적 분업과 생산 시설 이전에 따른 변화

(가) H사의 공간적 분업

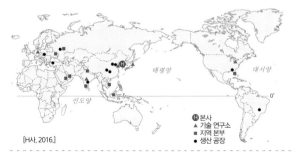

(나) S사의 생산 시설 이전

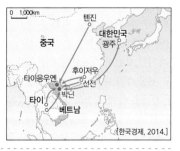

셀/파/길/잡/이 · (가): H사의 본사는 본국의 대도시에 있어 자본과 우수한 인력을 쉽게 구할 수 있다. 기술 연구소는 일본의 요코하마, 중국의 옌타이 등 핵심 기술, 시장 개척 등에 필요한 인력을 구하기 쉬운 곳에 있다. 생산 공장은 중국의 청두와 충칭 등 인건비가 싼 인력을 구하기 쉬운 곳에 있다. 이렇게 다국적 기업은 각 기능을 분리하여 가장 잘 수행할 수 있는 지역에 위치하게 하는 공간적 분업을 지향하고 있다.
· (나): S사가 생산 시설을 베트남으로 이전한 가장 큰 원인은 낮은 인건비이다. 중국의 인건비가 계속 상승하는 가운데, 베트남에는 젊고 저렴한 노동력이 풍부하고 공장 운영에 필요한 기반 시설도 갖춰져 있기 때문이다.

교과서 탐구 풀이 ✍

Q S사의 생산 시설 이전이 중국과 베트남 경제에 어떤 영향을 미칠지 써 보자.

A · 중국에 미치는 영향: 관련 산업의 일자리가 감소하고, 지역 경제가 침체되는 등 산업 공동화 현상이 나타난다.
· 베트남에 미치는 영향: 일자리가 늘어나 지역 경제가 활성화되고, 관련 선진 기술을 습득할 수 있다. 그러나 상대적으로 경쟁력이 약한 지역의 소규모 기업이 피해를 볼 수 있고, 지역 경제가 다국적 기업에 의존하게 될 수 있다.

2 세계화 시대에 나타나는 문제점과 해결 방안

1. 문화의 획일화와 소멸 자료 04

의미	의식주와 같은 생활 양식이나 대중 예술의 확산 과정에서 전 세계의 문화가 비슷해지는 것으로, 특히 선진국의 문화가 보편화하는 현상
사례	• 영어의 영향력 증가에 따른 각 지역의 고유한 언어 소멸 위기 • 전 세계 곳곳에 있는 M 햄버거 매장 • 전 세계인이 즐겨 입는 청바지
문제점	• 지역 문화의 고유성이 사라지고 전통문화의 정체성이 약화됨. • 약소국이나 원주민의 고유한 전통문화가 선진국의 문화에 밀려 소멸될 위기에 처함. → 인류의 문화적 다양성 훼손
해결 방안	• 세계 시민 의식❹을 갖추고, 문화의 다양성을 보전하기 위해 노력❺ • 자국 문화의 정체성을 유지하면서, 외래문화를 능동적으로 수용하는 자세

2 빈부 격차의 심화 자료 05

의미		전 세계의 부는 증가했지만, 부가 일부 국가 및 계층에 집중되어 빈부 격차가 심화됨.
원인		세계화에 따른 자유 무역으로 자본과 기술이 풍부한 선진국과 기업은 경쟁에서 유리한 반면, 상대적으로 경쟁력을 갖추지 못한 개발 도상국과 기업은 경쟁에서 밀림.
	선진국	자본·기술 집약적 산업, 첨단 산업, 금융 서비스 산업이 발달하여 높은 부가 가치 창출
	개발 도상국	값싼 노동력을 사용하는 제조업이나 농업 부문을 담당
양상		국가 간, 지역 간, 한 지역 내에도 나타남.❻
해결 방안		• 공적 개발 원조 : 선진국 정부를 비롯한 공공 기관이 개발 도상국의 경제 발전과 사회 복지 증진을 목표로 제공하는 원조 • 공정 무역: 생산자에게 정당한 가격을 지급하는 제품을 소비자가 구매하도록 하는 윤리적 소비 운동 → 불공정한 무역 구조 문제 해결 ─ 이유 공정 무역 상품은 중간 유통 과정을 거치지 않고 생산자와 직접 거래하기 때문에 생산자에게 더 많은 이윤이 돌아감. • 국제기구를 통해 개발 도상국의 경제적 자립 지원 • 개발 도상국에 대한 선진국의 투자와 기술 이전 • 개발 도상국의 경제에 도움을 줄 수 있는 착한 소비 활동 예 공정 여행 • 세계 시민 의식 갖기 → 지구촌의 분배 정의를 실현해야 함.

3 보편 윤리와 특수 윤리 갈등 자료 06

의미	• 보편 윤리: 모든 사회에서 구성원의 행위를 규제하고 사회 질서를 유지·통합하는 윤리로, 인간존엄성, 인권, 생명 존중, 자유, 평등, 평화 등 인류의 보편적 가치를 중시함. • 특수 윤리: 특정 사회에서만 준수하는 특수한 윤리로, 특정 국가의 시민으로서 국가의 주권이나 자국 시민의 복지를 보편적 가치보다 우선시함.
원인	• 세계화에 따른 국제적 인구 이동 증가로 서로 다른 문화를 가진 사람들 간의 충돌 • 세계화로 국제적 차원의 문제들을 함께 해결하기 위한 과정에서의 입장 충돌 • 각 사회가 처한 정치, 경제, 사회, 종교적 상황을 고려하지 않고 일방적으로 보편 윤리를 강요 ─ 예 양성평등의 가치와 여성 차별을 인정하는 문화 간 갈등
양상	특수 윤리 간의 갈등, 보편 윤리와 특수 윤리 간의 갈등 발생
해결 방안	• 보편 윤리를 존중하는 가운데, 각 사회의 특수 윤리를 편견 없이 바라보고 성찰하는 태도 • 특정 사회 가치가 인류의 보편적 가치를 훼손하는지에 대한 비판적 사고 • 세계 시민 의식을 바탕으로 갈등의 평화적 해결을 위한 노력과 관심

• 빠른 핵심 체크 •

세계화 시대에 나타나는 문제점
- 문화의 획일화와 소멸
- 빈부 격차의 심화
- 보편 윤리와 특수 윤리 갈등

문제점의 해결 방안

국제 및 국가 차원의 협력과 세계 시민 의식

❹ 세계 시민 의식
지구 공동체의 구성원으로서 책임 의식을 갖고, 지구촌 문제를 해결하기 위해 적극적으로 행동하는 마음가짐이다.

❺ 세계 문화 다양성 선언

제1조 문화 다양성
문화 다양성은 인류의 공동 유산이며 현재와 미래 세대를 위한 혜택으로서 인식하고 확인해야 한다.
제4조 문화 다양성을 보장하는 인권
문화 다양성을 지키는 것은 윤리적 의무이며, 인간존엄성을 존중하는 것과 뗄 수 없다.

유네스코(UNESCO)는 2001년 '세계 문화 다양성 선언'을 채택하여 문화의 고유성과 다양성을 보존하기 위해 노력하였다.

❻ 경제 협력 개발 기구(OECD) 34개 회원국의 국내 평균 빈부 격차 현황

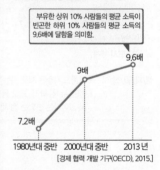

부유한 상위 10% 사람들의 평균 소득이 빈곤한 하위 10% 사람들의 평균 소득의 9.6배에 달함을 의미한다.

7.2배 / 9배 / 9.6배
1980년대 중반 / 2000년대 중반 / 2013년
[경제 협력 개발 기구(OECD), 2015.]

계층 간 소득 격차 심화로 사회 갈등이 발생하기도 한다.

![이 자료 이렇게 해석하자!]

자료 04 문화의 획일화와 소멸 사례

(가) 음식 문화의 획일화 사례

> 세계 곳곳으로 출장을 다니는 D 씨는 친구를 만나 불평을 늘어놓았다. "어디서나 ○○ 햄버거 가게를 만나게 되다니 정말 끔찍하군. 부자 나라든 가난한 나라든 이제 세계 어디를 가건 상점마다 핫도그와 치즈 버거를 팔고 있어. 모든 것이 다 비슷해져 버렸다고! 예전에는 그렇지 않았어. 에스파냐나 프랑스, 미국을 가면 다른 데서는 찾을 수 없는 그 도시만의 흥미롭고 독특한 물건들을 볼 수 있었지."
>
> – 게르트 슈나이더, 《왜 세계화가 문제일까?》 –

(나) 대륙별 사멸 위기의 언어

사멸 위기 언어
총 2,470개
(단위: 개)

오세아니아 210 / 유럽 177 / 아시아 933 / 아프리카 284 / 아메리카 866

[EBS 다큐프라임, 2013.]

셀/파/길/잡/이
- (가): 세계화로 문화 교류가 증가함에 따라 선진국의 문화가 전 세계적으로 확산되어 보편화되고, 지역 고유의 문화가 사라지는 현상이 나타났다. 선진국이 문화를 상품화하고 이를 소비하는 수요자의 범위를 확대하는 데 유리하기 때문이다.
- (나): 세계화로 영어의 영향력이 커지면서, 각 지역의 고유한 언어가 소멸할 위기에 놓여 있다.

교과서 탐구 풀이

Q ○○ 햄버거 점포의 세계 진출로, 세계 각 지역의 음식 문화에 어떤 변화가 나타날지 예측해 보자.

A ○○ 햄버거 점포가 막대한 자본력을 가지고 전 세계 곳곳에 진출하여 인기를 끌면, 지역의 고유한 전통 음식들이 점차 설 곳을 잃어갈 것이다. 즉, ○○ 햄버거를 먹는 사람들이 늘어날수록 입맛까지 획일화되어 음식 문화의 획일화 현상이 심화될 것이다.

자료 05 통합탐구 세계화와 빈부 격차

(가) 선진국(독일)과 개발 도상국(에티오피아)의 무역 구조

농산물 / 연료 및 광물 / 공업 제품 / 기타

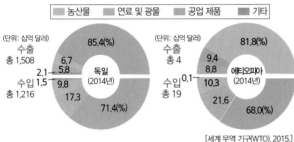

(단위: 십억 달러)
수출 총 1,508
6.7 / 5.8 / 85.4(%) / 2.1
독일 (2014년)
수입 총 1,216
1.5 / 9.8 / 71.4(%) / 17.3

(단위: 십억 달러)
수출 총 4
9.4 / 8.8 / 81.8(%)
에티오피아 (2014년)
수입 총 19
0.1 / 10.3 / 68.0(%) / 21.6

[세계 무역 기구(WTO), 2015.]

(나) 세계의 빈부 격차 현황

■ 최하위 20개국 빈국 평균 1인당 국내 총생산(GDP)
■ 최상위 20개국 부국 평균 1인당 국내 총생산(GDP)

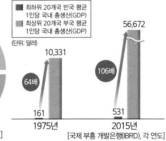

(단위: 달러)

64배 / 161 / 10,331 / 1975년
106배 / 531 / 56,672 / 2015년

[국제 부흥 개발은행(IBRD), 각 연도]

셀/파/길/잡/이
- (가): 독일은 부가 가치가 높은 공업 제품의, 에티오피아는 농산물 등 1차 상품의 수출 비중이 크다. 이러한 무역 구조의 차이로 국가 간 경제적 격차가 커지고, 자유 무역이 강화된 세계화로 이러한 격차는 더욱 심해지고 있다.
- (나): 세계화로 자유 무역이 확대되면서 국가 간 빈부 격차가 과거보다 더욱 심화되었다.

교과서 탐구 풀이

Q 세계의 빈부 격차를 해소하는 대안으로, 공정 무역이 어떤 역할을 할 수 있을지 말해 보자.

A 공정 무역은 소비자가 생산자에게 정당한 가격을 지불하고 거래하는 윤리적 무역 방식으로, 불공정 거래를 멈추게 하고, 무역의 이익을 개발 도상국의 가난한 생산자에게 돌아가게 하여 그들이 경제적으로 자립하도록 한다. 이러한 과정을 통해 공정 무역이 세계의 빈부 격차를 줄일 수 있다.

자료 06 보편 윤리와 특수 윤리 간의 갈등 사례

(가) 파키스탄의 명예 살인

> 무슬림 국가인 파키스탄에서는 한 여성이 파키스탄 사회의 통념에 어긋난 성적 발언과 행동이 담긴 게시물을 누리 소통망(SNS)에 올려 논란을 일으켰다. 그러자 그녀의 오빠가 집안의 명예를 더럽혔다는 이유로 여동생을 살해하는 명예 살인 사건이 일어났다. 국제 사회에서는 이에 대해 비난 여론이 들끓고 있다.

(나) 영국의 브렉시트에 미친 결정적 이슈

> 영국의 유럽 연합 탈퇴(브렉시트) 국민 투표에서 표심을 탈퇴 쪽으로 기울게 한 주요 이슈는 '이민'이었다. 2015년에 영국 내 이민자 수는 840만 명까지 증가했다. 브렉시트를 선택한 영국 국민은 이 많은 이민자들이 영국인의 일자리를 뺏고 있다고 여기고, 이민자에게 지급되는 사회 보장 비용에도 불만이 컸던 것이다.

셀/파/길/잡/이
- (가): 파키스탄에서는 여성의 성적 발언을 금기시하는 특수 윤리가 적용되어 명예 살인이 일어났다. 국제 사회에서는 명예 살인이 보편 윤리의 관점에서 표현의 자유, 생명 존중과 같은 인류의 보편적인 가치를 훼손하는 것이라며 비난하는 여론이 들끓은 것이다.
- (나): 브렉시트 국민 투표는 이민자 문제에 대한 보편 윤리와 특수 윤리 간 갈등 사례라고 볼 수 있다. 브렉시트를 선택한 영국 국민은 자국 국민의 복지를 이민자의 인권과 같은 보편적 가치보다 우선해야 한다는 특수 윤리의 입장에 있다.

교과서 자료 더 보기

보편 윤리와 특수 윤리 간 갈등 사례

> 싱가포르는 공공 시설물 파손을 엄격하게 처벌한다. 지난 1994년, 미국인 소년이 공공 자산을 파손하자 미국 대통령과 여러 인권 단체의 항의에도 불구하고, 싱가포르 정부는 태형 6대를 집행하였다.

> 태형은 보편 윤리의 관점에서 보면 인간존엄성을 훼손하는 처벌 방법이지만, 공공 자산 파손에 대해 강하게 처벌하는 싱가포르의 특수 윤리 관점에서 보면 정당화될 수 있는 집행이다.

개념 채우기

1. 세계화와 지역화의 관계

세계화	국가 간의 경계를 넘어 다양한 측면에서 세계가 단일한 생활권으로 통합되어 가는 현상
(❶　　)	특정 지역이 지역화 전략을 통해 그 지역의 고유한 특성을 살려 세계적인 경쟁력을 갖추는 현상
관계	세계화와 지역화는 동시에 이루어짐.

2. 세계 도시의 형성에 따른 변화

세계 도시	경제·정치·문화 등 다양한 측면에서 전 세계적으로 중심지 역할을 하는 도시 예 런던, 뉴욕, 파리 등
변화	• 공간적 측면: 국제기구의 본부와 국제회의 등 집중, 세계적인 교통·통신망의 중심지 • 경제적 측면: 다국적 기업의 본사, 국제 금융 업무 기능, (❷　　) 서비스 기능, 자본과 고급 노동력 집중

3. 다국적 기업의 등장에 따른 변화

다국적 기업	전 세계적으로 제품을 생산·판매하는 기업으로, 세계 각지에 자회사, 지점, 생산 공장을 운영함.
(❸　　) 분업	본사, 연구소는 대도시나 선진국에, 생산 공장은 대개 저임금 노동력이 풍부한 개발 도상국에 입지
변화	• 산업 시설 유치 지역: 일자리 증가, 지역 경제 활성화, 경쟁력이 취약한 소규모 기업의 피해 • 산업 시설이 빠져나간 지역: 실업자 증가, 지역 경제 침체

4. 세계화 시대에 나타나는 문제점과 해결 방안

문화 (❹　　)	문제점	지역 전통문화의 정체성이 약화, 인류의 문화적 다양성 훼손
	해결 방안	세계 시민 의식을 가지고 문화의 다양성을 보전하기 위해 노력
빈부 격차 심화	문제점	선진국과 다국적 기업은 풍부한 자본과 기술력을 바탕으로 경쟁에서 유리한 반면, 그렇지 못한 개발 도상국과 기업은 경쟁에서 밀림.
	해결 방안	공적 개발 원조, 공정 무역, 국제기구를 통한 개발 도상국의 경제적 자립 지원 등
보편 윤리와 특수 윤리 갈등	의미	• (❺　　): 모든 사회에서 구성원의 행위를 규제하는 윤리 • 특수 윤리: 특정 사회에서만 준수하는 특수한 윤리
	해결 방안	보편 윤리를 존중하는 가운데, 각 사회의 특수 윤리를 편견 없이 바라보고 성찰하는 태도

답 | ❶ 지역화 ❷ 생산자 ❸ 공간적 ❹ 획일화 ❺ 보편 윤리

★01 다음과 같은 현상이 나타나게 된 배경을 〈보기〉에서 고른 것은?

> 슈퍼마켓에 진열된 상품을 장바구니에 담는 것은 엄청난 이동 거리를 함께 담는 셈이다. 덴마크산 삼겹살은 8,102km, 오스트레일리아산 소고기는 8,283km, 미국산 오렌지는 9,549km, 칠레산 와인은 20,362km, 중국산 조기는 907km나 이동해 왔다.

보기

ㄱ. 교통·통신의 발달로 국제 교류가 활발해졌다.
ㄴ. 무역 장벽이 높아지면서 국제 교역량이 증가하였다.
ㄷ. 세계 무역 기구(WTO) 등장으로 자유 무역이 확대되었다.
ㄹ. 시공간 제약이 감소하면서 국가 간 경계가 강화되었다.

① ㄱ, ㄴ   ② ㄱ, ㄷ   ③ ㄴ, ㄷ
④ ㄴ, ㄹ   ⑤ ㄷ, ㄹ

통합탐구

02 밑줄 친 ㉠~㉤ 중 옳지 않은 것은?

> ㉠ 교통·통신의 발달과 국가 간 상호 의존성 증가로 전 세계가 단일한 생활권으로 통합되어 가는 세계화가 진행하고 있다. 이 과정에서 ㉡ 국경을 초월한 세계 문화가 나타나기도 하고, 세계 각 지역의 상품을 집 앞 마트에서 구매할 수도 있게 되었다. 한편, ㉢ 세계화의 흐름 속에서 특정 지역이 그 지역의 고유한 전통과 특성을 살려 세계적인 경쟁력을 갖추는 지역화도 나타나고 있다. ㉣ 브라질의 리우 카니발은 원주민의 전통문화와 아프리카의 음악과 춤이 더해지면서 브라질의 대표 축제가 되었다. ㉤ 리우 카니발은 세계화에 대한 반작용으로 나타난 것으로, 지역 문화의 정체성만을 강조하여 성공하였다.

① ㉠   ② ㉡   ③ ㉢   ④ ㉣   ⑤ ㉤

03 (가), (나)에 대한 설명으로 옳지 <u>않은</u> 것은?

(가)   (나)

▲ 타이 송끄란 축제

▲ 보성 녹차

① (가)는 타 지역과 구별되는 문화 요소를 발전시켰다.

② (가)에는 세계화와 지역화 요소가 모두 드러난다.

③ (나)에는 보성의 지리적 특성이 반영되어 있다.

④ (나)는 다국적 기업의 해외 공장에서 생산된다.

⑤ (가), (나)를 통해 지역 경제가 활성화되기도 한다.

04 세계 도시에 대한 설명으로 옳은 것을 <u>모두</u> 고르면?

① 임금 수준이 낮은 노동력이 많이 분포한다.

② 전문적인 소비자 서비스 기능만 집중되어 있다.

③ 세계 도시들 간에는 평등한 구조가 형성되어 있다.

④ 금융, 보험, 회계, 연구·개발 서비스가 전문화되어 있다.

⑤ 대표적인 상위 세계 도시로는 뉴욕, 런던, 도쿄 등을 들 수 있다.

★05 다음과 같이 다국적 기업 S사가 생산 시설을 이동시킨 이유를 추론한 것으로 적절하지 <u>않은</u> 것은?

① 생산비 절감　　　② 현지 시장 확보

③ 자본과 정보 수집　　　④ 중국의 인건비 상승

⑤ 인건비가 저렴한 노동력 확보

★06 다음 H사의 공간적 분업에 대한 설명으로 적절한 것을 〈보기〉에서 고른 것은?

Ⓗ 본사
▲ 기술 연구소
■ 지역 본부
● 생산 공장

[H사, 2016.]

┌ 보기 ┐

ㄱ. 본사는 서울에 있어 자본과 정보 획득에 유리하다.

ㄴ. 중국 청두, 충칭 공장에서는 H사의 핵심 기술 및 디자인을 개발한다.

ㄷ. 일본 요코하마에는 연구 시설이 밀집해 있어 기술 인력을 구하기 쉽다.

ㄹ. 생산 공장은 인건비가 비싸거나 무역 장벽을 극복할 수 있는 곳에 있다.

① ㄱ, ㄴ　　　② ㄱ, ㄷ　　　③ ㄴ, ㄷ

④ ㄴ, ㄹ　　　⑤ ㄷ, ㄹ

07 밑줄 친 (가)에 들어갈 내용으로 적절하지 <u>않은</u> 것은?

○○ 신문

세계의 공장이라고 불리던 중국의 위상이 비틀거리고 있다. 여러 다국적 기업이 잇달아 중국을 떠나고 있기 때문이다. 미국의 소프트웨어 기업인 M사는 중국 광저우와 베이징에 있는 공장을 폐쇄하고 생산 설비를 베트남으로 옮기기로 결정하였다. 이에 따라 베트남에는 일자리가 늘어 경제가 활성화될 것이라는 전망이다. 그러나 다국적 기업의 영향으로 ＿＿＿＿＿(가)＿＿＿＿＿는 점도 지적되고 있다.

① 지역 경제가 다국적 기업에 의존하게 된다

② 생산 공장의 열악한 노동 환경 문제가 나타날 수 있다

③ 생산 공장이 다시 다른 곳으로 이전할 경우 실업 문제가 나타난다

④ 경쟁력이 약했던 지역의 소규모 기업이 고용 창출 효과를 볼 수 있다

⑤ 다국적 기업이 창출한 이익이 다국적 기업의 본국으로 빠져나갈 수 있다

2 세계화 시대에 나타나는 문제점과 해결 방안

★08 다음 자료에 나타난 경향이 계속될 경우 나타날 수 있는 현상으로 적절하지 <u>않은</u> 것은?

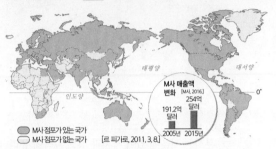

M사 매출액 변화 [M사, 2016.]
191.2억 달러 (2005년)
254억 달러 (2015년)

○ M사 점포가 있는 국가
○ M사 점포가 없는 국가 [르 피가로, 2011. 3. 8.]

▲ M 햄버거 점포가 있는 국가와 없는 국가

① 전통 음식의 정체성이 약화된다.
② 음식 문화의 다양성이 줄어든다.
③ M사가 세계 음식 문화에 큰 영향력을 발휘한다.
④ 지역의 고유한 전통 음식들이 점차 설 곳을 잃어간다.
⑤ 개발 도상국의 음식 문화로 획일화되는 현상이 강해진다.

09 다음 자료에 나타난 문제를 해결할 수 있는 방안으로 옳은 것을 〈보기〉에서 고른 것은?

지구촌에서 소수 민족의 언어가 급속하게 사라지고 있다. 인터넷 사용이 급증하면서 영어가 세계 공용어처럼 쓰여, 소수 민족의 언어나 방언 등은 사용 인구가 급속히 줄어들고 있다. 인류가 오랜 시간 동안 만들어낸 언어가 사라지면 오랜 세월 축적된 인류의 지혜도 동시에 사라진다.

오세아니아 210
유럽 177
아프리카 284
아시아 933
사멸 위기 언어 총 2,470개 (단위: 개)
아메리카 866

[EBS 다큐프라임, 2013.]

┤ 보기 ├
ㄱ. 외래문화를 경계하고 배척하는 자세를 가진다.
ㄴ. 세계 각국은 문화의 정체성을 유지하고자 노력한다.
ㄷ. 문화를 소비 상품으로 인식하고 선진 문화를 받아들인다.
ㄹ. 세계 시민으로서 문화의 다양성을 보전하기 위해 노력한다.

① ㄱ, ㄴ   ② ㄱ, ㄷ   ③ ㄴ, ㄷ
④ ㄴ, ㄹ   ⑤ ㄷ, ㄹ

10 다음과 같은 문제가 심화되고 있는 이유로 적절하지 <u>않은</u> 내용을 말한 학생은?

■ 최하위 20개국 빈국 평균 1인당 국내 총생산(GDP)
■ 최상위 20개국 부국 평균 1인당 국내 총생산(GDP)
(단위: 달러)

64배: 161 (1975년) → 10,331
106배: 531 (2015년) → 56,672

[국제 부흥 개발은행(IBRD), 각 연도]

① 경민: 개발 도상국은 값싼 노동력이 필요한 제조업이나 농업을 담당하기 때문이야.
② 수빈: 보호 무역이 확대되면서 각 국가들이 자국 산업을 보호하려고 하기 때문이야.
③ 보우: 높은 부가 가치를 생산하는 첨단 산업이 주로 선진국에서 발달하기 때문이야.
④ 수행: 자본과 기술이 풍부한 선진국이 개발 도상국보다 경쟁에서 유리하기 때문이야.
⑤ 현수: 막대한 자본력 및 정보력을 가진 다국적 기업이 소규모 기업보다 경쟁력이 있기 때문이야.

통합탐구

★11 상삼이의 쪽지 시험지를 채점한 점수는?

┌─────── 쪽지 시험지 ───────┐

이름: 홍상삼

※(가), (나) 국가의 무역 구조를 보고, 다음 문항에 ○, ×로 답을 표시하시오.

(가)
(단위: 십억 달러)
수출 총 1,508
85.4(%)
6.7
2.1
5.8
수입 총 1,216
1.5
9.8
17.3
71.4(%)

(나)
(단위: 십억 달러)
수출 총 4
81.8(%)
9.4
8.8
수입 총 19
0.1
10.3
21.6
68.0(%)

■ 농산물 ■ 연료 및 광물 ■ 공업 제품 ■ 기타
[세계 무역 기구(WTO), 2015.]

문항	배점	답
1. (가)와 (나)는 수출·수입 규모가 비슷하다.	1점	×
2. (가)는 (나)보다 부가 가치가 높은 상품을 수출한다.	2점	×
3. (나)는 (가)보다 자유 무역에서 더 큰 이익을 볼 수 있다.	3점	×
4. 무역 구조의 차이로 (나)보다 (가)의 경제 수준이 높다.	2점	○
5. 지구촌 분배 정의를 위해 (가)에 공적 개발 원조를 해야 한다.	2점	○

① 3점   ② 5점   ③ 6점   ④ 7점   ⑤ 8점

12 다음의 갈등 사례에 대한 설명 중 옳지 <u>않은</u> 것은?

> 싱가포르는 공공 시설물 파손을 엄격하게 처벌하는 것으로 유명하다. 싱가포르 정부는 지난 1994년 미국의 10대 소년인 마이클 페이에게 자동차와 공공 자산을 파손한 혐의로 태형 6대를 집행하였다. 당시 미국 대통령은 싱가포르 정부에 선처를 호소하였고, 여러 인권 단체가 태형이 인간존엄성을 훼손하는 처벌 방법이라고 항의하였다. 그러나 싱가포르는 법원의 명령에 따라 태형을 집행하여 국제적 논란이 일어났다.

① 보편 윤리와 특수 윤리 간의 갈등 사례이다.
② 태형은 인간의 보편적 가치를 훼손할 수 있다.
③ 인간존엄성은 보편 윤리에서 중요한 가치이다.
④ 싱가포르 사회에서만 준수하는 특수한 윤리가 존재한다.
⑤ 싱가포르 정부는 보편적 가치를 자국 시민의 복지보다 우선한다는 입장이다.

14 다음 글을 읽고 난타가 세계적인 공연이 된 배경을 세계화와 지역화의 개념을 포함하여 서술하시오.

> 난타는 우리나라 고유의 사물놀이를 서양식 공연 양식에 접목한 작품이다. 이 공연은 요리사들이 주방 기구를 타악기로 사용하여 연주하는 비언어극으로, 사물놀이의 리듬을 현대적으로 재해석했다는 평가를 받는다. 난타 공연은 우리나라 공연 사상 최다 관객을 동원하였고, 현재 세계 여러 도시에서 상연되고 있는 우리나라의 간판 문화 상품이다.

_____

15 다음 글을 읽고 물음에 답하시오.

> 미국 소프트웨어 기업인 M사는 생산비 절감을 위해 중국 광저우와 베이징에 있는 공장을 폐쇄하고 생산 설비를 베트남으로 옮기기로 결정하였다.

(1) M사와 같은 기업을 무엇이라 하는지 쓰시오.

_____

(2) M사의 생산 설비 이전은 베트남 경제에 어떤 영향을 주는지 서술하시오.

_____

통합탐구

13 다음 교사의 질문에 바른 대답을 한 학생을 고른 것은?

> 세계화에 따른 문제를 해결하는 방법에 대해 말해 볼까요?
>
> **세계화에 따른 문제**
> • 문화의 획일화
> • 빈부 격차 심화
> • 보편 윤리와 특수 윤리 갈등

 갑
외래 문화를 능동적으로 수용해요.

 을
세계 시민 의식을 가지고 문제를 해결해요.

 병
다국적 기업의 상품을 적극적으로 구매해요.

 정
특수 윤리를 강조하는 사회를 적극적으로 제재해요.

① 갑, 을 ② 갑, 병 ③ 을, 병
④ 을, 정 ⑤ 병, 정

16 ㉠에 들어갈 용어를 쓰고, 세계의 빈부 격차를 해소하는 대안으로 ㉠이 어떤 역할을 할 수 있는지 서술하시오.

> 초콜릿은 전 세계적으로 인기 있는 간식이라 카카오를 생산하는 농가들이 많은 소득을 올릴 것이라 생각하지만 실제로는 그렇지 않다. 카카오는 몇몇 세계적인 유통 업체에 의해 거래되고 있어, 초콜릿에서 발생하는 이익이 대부분 이들에게 돌아가기 때문이다. 이와 같은 생산 구조를 바꾸고자 하는 것이 (㉠) 운동이다.

_____

01 다음은 학생의 필기 내용이다. ㉠~㉤에 대한 설명으로 옳지 않은 것은?

> ※ 세계화의 의미와 영향
> - 의미: 세계 여러 나라가 정치·경제·사회·문화 등의 분야에서 교류가 많아지는 현상
> - 배경
>   - ㉠ 교통과 통신 기술의 발달
>   - 세계 무역 기구(WTO)의 출범 → ㉡ 자유 무역 확대
> - 영향
>
> | 구분 | 경제적 측면 | 문화적 측면 |
> |---|---|---|
> | 긍정적 영향 | ㉢ | ㉣ 다양한 문화 체험 기회 확대 |
> | 부정적 영향 | ㉤ 국가 간 빈부 격차 심화 | 문화적 차이로 인한 갈등 심화 |

① ㉠으로 경제 활동의 시·공간적 제약이 커졌다.
② ㉡으로 국가 간 상호 의존성이 강화되었다.
③ ㉢에는 '소비자의 상품 선택의 폭 확대'가 들어갈 수 있다.
④ ㉣은 국가 간 인적 교류가 늘어났기 때문이다.
⑤ ㉤은 선진국과 개발 도상국의 불평등한 무역 구조가 한 원인이다.

02 다음은 세계화에 대응하는 지역화 전략의 사례이다. 이에 대한 설명으로 옳지 않은 것은?

(가)   (나)

① 지역 간의 동질성을 추구한다.
② 지역 주민의 역할이 중요하다.
③ 지역의 가치와 고유성을 보존한다.
④ 지역 주민의 소득 증대에 기여한다.
⑤ 지역에 대한 주민들의 자긍심을 향상시킨다.

03 밑줄 친 ㉠~㉣에 대해 옳은 내용을 말한 학생을 고른 것은?

> 대표적인 ㉠ 세계 도시인 뉴욕은 세계적인 경제·정치·문화의 중심지 역할을 수행하고 있다.
> 맨해튼을 중심으로 ㉡ 대규모 상업·업무 지구가 형성되어 있고, ㉢ 국제 연합(UN)의 본부가 있으며, 세계 각지에서 온 관광객들은 ㉣ 뉴욕의 상징인 자유의 여신상을 찾고 있다.

> 종현: ㉠은 도시의 기능에 따라 계층 체계가 형성돼.
> 민기: ㉡에는 전문화된 생산자 서비스업이 발달해 있어.
> 영민: ㉢과 같은 주요 국제기구들은 보통 개발 도상국에 위치해.
> 민현: ㉣은 지역화 전략 중 지리적 표시제의 사례야.

① 종현, 민기   ② 종현, 영민   ③ 민기, 영민
④ 민기, 민현   ⑤ 영민, 민현

04 밑줄 친 ㉠~㉤에 대한 옳은 설명을 〈보기〉에서 고른 것은?

> 스포츠 용품을 생산·판매하는 ○○ 기업의 ㉠ 본사는 미국 오리건주에 있으며, 이 기업에서 판매되는 상품은 모두 외국에 있는 ㉡ 생산 공장에서 제작된다. 창업 초기에는 일본에 있던 생산 공장을 1970년대 후반에는 ㉢ 대한민국, 타이완으로 이전하였다. 1980년대에는 ㉣ 중국, 1990년대에는 ㉤ 베트남, 인도네시아 등 동남아시아 지역으로 생산 공장을 이전하였다.

| 보기 |
> ㄱ. ㉠은 경영 기획 및 관리 기능을 담당한다.
> ㄴ. ㉡은 ㉠보다 고급 전문 인력을 필요로 한다.
> ㄷ. ㉣로 공장이 이전한 것은 ㉢의 인건비 상승 때문이다.
> ㄹ. 생산 공장이 ㉤으로 이전하면서 ㉢, ㉣의 근로자들이 ㉤에 대규모로 유입되었다.

① ㄱ, ㄴ   ② ㄱ, ㄷ   ③ ㄴ, ㄷ
④ ㄴ, ㄹ   ⑤ ㄷ, ㄹ

교육청 기출 _변형

05 다음 지도는 우리나라 H사의 해외 진출 현황이다. 이에 대한 설명으로 옳지 <u>않은</u> 것은?

[H사, 2016.]

Ⓗ 본사
▲ 기술 연구소
■ 지역 본부
● 생산 공장

① H사는 여러 국가에 진출한 다국적 기업이다.
② 연구소는 전문 인력의 확보가 유리한 지역에 입지한다.
③ 해외 진출을 통해 생산비 절감이나 시장 확보가 가능하다.
④ 교통·통신의 발달로 기업의 기능이 세계 각지로 분리된다.
⑤ 아시아 지역에 입지한 현지 생산 공장의 수는 아메리카의 것보다 적다.

교육청 기출 _변형

06 세계화에 대한 갑, 을의 관점에 부합하는 진술만을 〈보기〉에서 있는 대로 고른 것은?

세계화로 인해 자유 무역이 확대되어 생산자와 소비자에게 더 많은 기회를 제공하고, 선진국의 정치 이념과 제도가 전 세계로 확산될 것입니다.

세계화로 인해 개인 간, 국가 간 빈부 격차가 심화될 뿐만 아니라 거대 자본의 영향으로 사회·문화적 영역의 갈등도 더욱 커질 것입니다.

 갑   을

┤ 보기 ├
ㄱ. 갑은 재화와 서비스 선택의 폭이 확대될 수 있다고 본다.
ㄴ. 갑은 민주주의 가치의 확산으로 인권이 신장될 것이라고 본다.
ㄷ. 을은 경쟁력이 취약한 산업이 위기에 처할 수 있다고 본다.
ㄹ. 을은 선진국 문화의 확산으로 문화의 다양성이 확대될 수 있다고 본다.

① ㄱ, ㄷ   ② ㄱ, ㄹ   ③ ㄴ, ㄹ
④ ㄱ, ㄴ, ㄷ   ⑤ ㄴ, ㄷ, ㄹ

교육청 기출 _변형

07 밑줄 친 ㉠~㉢에 대한 학생들의 대화 내용 중 옳은 것을 고른 것은?

영국 국민은 ㉠ 세계화로 인한 이민자 증가와 자유 무역이 자신들의 일자리를 위협한다고 생각하여 EU에서 탈퇴하기로 하였다. 이 결정은 ㉡ 세계 금융 시장의 주가와 환율에 영향을 미쳤고, 영국에 있는 ㉢ 다국적 기업들은 대응 방안을 모색하고 있다.

 갑   을   병   정

갑: ㉠에 따라 상품과 생산 요소의 이동이 제한되었어.
을: ㉡은 국가 간 상호 의존성이 낮음을 나타내.
병: ㉢은 국경을 초월하여 활동해.
정: ㉠으로 인해 ㉢의 영향력이 커졌어.

① 갑, 을   ② 갑, 병   ③ 을, 병
④ 을, 정   ⑤ 병, 정

교육청 기출 _변형

08 다음과 같은 현상이 활성화될 때 나타날 수 있는 변화를 옳게 추론한 것을 〈보기〉에서 고른 것은?

일반 커피의 경우, 최종 소비자 가격에서 농민이 차지하는 몫은 0.5%에 불과했다. 이러한 문제에 주목하여 선진국의 시민 단체들은 커피 생산자 조합과 직접 계약을 맺어 정당한 대가를 지불하는 공정 무역을 시작했다. 커피 수입 가격에 포함된 사회 기금은 도로·주택·병원·학교 건설에 사용하도록 하는 한편, 재배 과정에서 농약을 쓰지 않도록 하고 있다.

(단위: %)

구분	일반 커피	공정 무역 커피
커피 재배 농민	0.5	6.0
소매상	94.0	50.0
기타/제 3세계 기금	5.5	44.0
합계	100.0	100.0

▲ 커피의 이익 배분 구조

┤ 보기 ├
ㄱ. 세계 경제의 불평등 정도가 심화될 것이다.
ㄴ. 공정 무역 커피의 유통 단계가 늘어날 것이다.
ㄷ. 낙후 지역의 생활 기반 시설이 확충될 것이다.
ㄹ. 공정 무역 커피 생산 농가의 소득이 늘어날 것이다.

① ㄱ, ㄴ   ② ㄱ, ㄷ   ③ ㄴ, ㄷ
④ ㄴ, ㄹ   ⑤ ㄷ, ㄹ

02 국제 사회의 행위 주체와 평화를 위한 노력

1 국제 갈등과 협력

1. 국제 갈등과 협력의 양상 자료 01

전개	• 세계화의 흐름 속에서 상호 의존도 증대 → 국제 갈등과 협력이 동시에 진행됨. • 자국의 이익을 우선적으로 추구하기 때문에 개별 국가 간의 갈등과 분쟁 발생
특징	• 한 가지 원인에 의해서 발생하기보다는 여러 가지 원인이 복합적으로 작용하여 발생 • 어느 한 국가의 노력만으로 해결할 수 없는 문제 증가 → 국제 협력이 중요해짐. • 국제 갈등의 해결 노력: 갈등 당사자 간의 대화와 양보를 통한 평화적 해결 노력, 국제기구나 국제 비정부 기구가 갈등 조정자의 역할 담당, 국제 협약 등 국제법❶을 통한 해결 방안 모색

2. 국제 사회의 행위 주체 자료 02

국가	• 일정한 영역과 국민을 바탕으로 주권을 가진 국제 사회의 가장 기본적인 행위 주체 • 자국의 이익을 최우선적으로 추구함.
국제기구	• 각 나라의 정부를 구성단위로 함. ┐ 예 경제 협력 개발 기구(OECD), 세계 보건 기구(WHO), 국제 통화 기금(IMF) 등 • 평화 유지, 경제·사회 협력 등 국제적 목적이나 활동을 위해 두 국가 이상으로 구성된 조직체(국제 연합❷이 대표적)
국제 비정부 기구	• 개인이나 민간단체 주도로 만들어진 조직으로 인류 공익을 위해 활동 ┐ • 오늘날 시민 사회의 영향력이 강화되면서 역할 확대 예 그린피스, 국경 없는 의사회, 국제 사면 위원회(국제 앰네스티)
개인	강대국의 전·현직 국가 원수, 국제 연합 사무총장, 노벨상 수상자 등 국제적 영향력이 강한 개인
기타	각국의 지방 자치 단체, 다국적 기업 등도 국제 사회의 행위 주체로 활동

2 국제 평화의 중요성과 노력

1. 평화의 의미

┌ 예 전쟁, 테러, 범죄, 폭행 등

소극적 평화	• 의미: 물리적 폭력이 발생하지 않아 직접적인 폭력의 사용이나 위협이 없는 상태 • 한계점: 직접적 폭력의 원인이 근본적으로 해결되지 않음.
적극적 평화	• 의미: 직접적 폭력은 물론 구조적·문화적 측면의 간접적 폭력❸까지 제거된 상태 • 필요성: 물리적 폭력의 위험뿐만 아니라 각종 차별·억압에서 벗어나 인간의 존엄성을 보장받으며 행복한 삶을 살아갈 수 있음. → 진정한 의미에서의 평화

2. 평화를 실현하려는 노력

(1) 국제 평화의 중요성 왜 제2차 세계 대전 중 독일 나치스의 유대인 대학살(홀로코스트), 난징 대학살 등 내전이나 국가 간 전쟁 시 인간의 생명이 심각하게 위협받은 역사적 사례가 있음.

① 인류의 안전과 생존 보장 국제 평화의 실현으로 인류가 안전하게 살아갈 환경 조성

② 국제 정의의 실현 국가 간 협력과 노력은 빈부 격차, 인권 문제 해결 등에 이바지함.

③ 자연환경, 인공 건축물, 문화유산의 보존 물질적 풍요 및 정신적 문화의 가치 전승

④ 인류의 삶의 질을 높일 수 있는 바탕 마련 적극적 평화의 실현으로 빈곤, 기아, 인종 차별, 불평등 때문에 발생하는 문제 해결

(2) 국제 평화 실현을 위해 요구되는 행위 주체의 역할 자료 03

① 개별 국가 양보와 타협을 통한 외교적 협상으로 갈등 해결에 노력 ┐ 참고 국가는 국민의 수나 영토의 크기와 관계없이 독립적인 주권을 행사함.

② 정부 간 국제기구 분쟁 당사국 간의 원만한 해결을 위해 중재자 역할 담당

③ 국제 비정부 기구 전쟁과 테러에 따른 인권 침해 방지, 인도주의적 구호 활동에 참여

빠른 핵심 체크

국제 갈등과 협력

전개	국제 사회의 상호 의존도 증대 → 국제 갈등과 협력이 동시에 진행
행위 주체	국가, 국제기구, 국제 비정부 기구, 영향력 있는 개인 등

❶ 국제법

국가 간의 협의에 따라 국가 간 권리와 의무 등을 규정한 국제 사회의 법률이다.

❷ 국제 연합(UN)

국제 연합은 제2차 세계 대전 이후 전쟁을 방지하고 평화로운 세계를 유지할 수 있는 협의체가 필요하다는 인식을 바탕으로 1945년에 창설된 국제기구이다. 국제 연합은 국제 분쟁 지역에 평화 유지군을 파견하여 분쟁 지역의 치안 유지와 재건 활동을 하며, 군비 축소 및 국제 협력 관련 활동을 수행하고 있다.

빠른 핵심 체크

평화의 의미

소극적 평화	직접적 폭력의 사용이나 위협이 없는 상태
적극적 평화	직접적 폭력 + 간접적 폭력(구조적·문화적 측면의 폭력)까지 제거된 상태

❸ 간접적 폭력

사회 구조 자체가 행하는 폭력인 구조적 폭력과 문화 영역이 직접적 폭력이나 구조적 폭력을 정당화하는 데 이용되는 문화적 폭력을 아우르는 개념이다. 구조적 폭력은 사회 제도와 관습, 경제적 상태, 정치와 법률, 개발로 인해 발생하는 억압과 착취 등에 의한 폭력을 말한다. 빈곤, 기아, 정치적 억압, 경제적 착취, 종교와 사상 차별 등이 여기에 속한다.

이 자료 이렇게 해석하자!

자료 01 통합탐구 세계의 주요 분쟁 지역

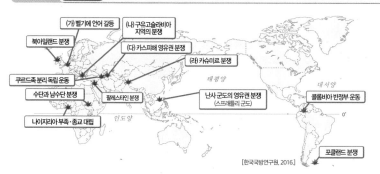

[한국국방연구원, 2016]

(가) 벨기에 언어 갈등	(나) 구유고슬라비아 지역	(다) 카스피해 영유권 분쟁	(라) 카슈미르 분쟁
벨기에의 북부는 네덜란드어를 쓰고, 남부는 프랑스어를 사용하며 두 지역 간의 지역감정이 심하다.	유고슬라비아 연방 공화국이 해체되는 과정에서 서로 다른 종교를 믿는 민족 간에 전쟁이 발발했다.	카스피해의 석유와 천연가스를 조금이라도 더 확보하고자 주변 나라들이 영유권 분쟁을 벌이고 있다.	카슈미르 지역은 주민 대부분이 이슬람교도인데, 힌두교를 믿는 인도에 편입되면서 갈등을 겪고 있다.

셀/파/길/잡/이

세계 곳곳에서 자원, 영토, 민족, 인종, 종교, 인권 문제 등 다양한 원인으로 인하여 국제 갈등이 일어나고 있다. 이러한 국제 갈등은 여러 원인이 복합적으로 작용하여 발생하기 때문에 이를 해결하기 위해서 국제 협력이 중요해지는 추세이다.

자료 02 국제 사회의 행위 주체와 그 역할

(가) 2016년 미국, 이탈리아 등은 남수단의 내전이 격렬해질 것을 우려하여 자국민을 대피시키기 시작하였다. 미국은 자국민 대피를 위한 항공편을 확보 중이며, 이탈리아도 공군기를 남수단으로 보내 자국민을 대피시켰다.

(나) 2016년 국제 앰네스티는 2022 카타르 월드컵 경기장 건설에 참여하는 노동자들의 인권 실태를 고발하는 보고서를 공개했다. 국제 앰네스티는 이주 노동자들이 저임금·고강도의 노동, 차별 등으로 혹사당하고 있다고 밝혔다.

(다) 지미 카터 전 미국 대통령은 퇴임 이후 집이 없는 사람에게 무료로 집을 지어 주는 '해비탯 운동'을 전 세계에서 펼치고, 1994년에는 대북 특사를 자청하여 한반도의 전쟁 위기를 막아 냈다.

(라) 2016년 세계 보건 기구는 400명이 넘는 사망자를 발생시킨 전염병인 황열병이 창궐한 앙골라와 콩고 민주 공화국 접경 지역에 긴급 백신 접종 캠페인을 실시할 예정이라고 밝혔다.

셀/파/길/잡/이

오늘날 세계 곳곳에서 발생하는 문제를 평화롭게 해결하고자 다양한 행위 주체가 역할하고 있다. (가)~(라)에 나타난 국제 사회의 행위 주체와 그 역할을 정리하면 다음과 같다.

사례	행위 주체	역할
(가)	국가	자국민 보호
(나)	국제 비정부 기구	인권 실태 보고로 인류 공익 추구
(다)	개인	인권 신장 및 국제 분쟁 방지
(라)	국제기구	질병 치료를 통한 인권 보장

자료 03 통합탐구 국제 평화 실현 노력

▲ 이스라엘과 요르단

[디르케 세계 지도, 2015]

국경을 맞대고 있는 이스라엘과 요르단은 이스라엘 건국 이후 줄곧 극단적으로 대립하였으며, 1967년 중동 전쟁 이후 적대 관계를 유지해 왔다. 두 국가는 유대교와 이슬람교라는 종교적 차이 외에도 오랫동안 민족 간 갈등을 경험하였다.

1994년 이스라엘과 요르단은 미국과 국제 연합(UN) 등 국제 사회의 적극적인 중재로 평화 협정을 체결했다. 그 결과 이스라엘은 중동 전쟁 당시 점령했던 요르단의 영토를 반환하는 대신 동부 국경 지역의 안전을 보장받을 수 있게 되었다. 한편 요르단은 잃어버린 영토를 회복하고 이스라엘로부터 물을 공급받을 수 있게 되었다.

교과서 자료 더 보기

중국과 러시아의 영토 분쟁과 해결

헤이샤쯔섬은 본래 중국의 영토였으나, 1929년 소련군이 점령하였다가 소련 해체 이후 러시아가 점유해 왔다. 중국은 러시아와 꾸준히 협상한 결과, 헤이샤쯔섬을 러시아와 절반씩 나누어 갖고 인룡섬을 돌려받기로 합의하였다. 두 나라는 양보와 타협을 통해 갈등을 평화적으로 해결하였다.

셀/파/길/잡/이 • 이스라엘과 요르단의 갈등은 유대인과 아랍인 간의 역사적 맥락 속에서 이해해야 한다.
• 국제 사회의 행위 주체 중 국가(미국)와 국제기구(국제 연합)의 중재로 적대 관계를 청산한 사례이다

개념 채우기

1. 국제 갈등과 협력의 양상

전개	(❶　　　　　)의 흐름 속에서 각국의 상호 의존도가 높아지면서 국제 갈등과 협력이 동시에 진행됨.
특징	• 여러 가지 원인이 복합적으로 작용하여 발생 • 어느 한 국가의 노력만으로는 해결하기 어려움. 　→ 국제 협력의 필요성 증가

2. 국제 사회의 행위 주체

국가	• 영토와 국민, 주권을 가진 국제 사회의 기본 행위 주체 • 자국의 이익을 최우선적으로 추구함.
국제기구	각 나라의 정부를 구성단위로 하여 국제 활동을 하는 조직체
(❷　)	• 개인이나 민간단체 주도로 만들어진 국제 조직 • 시민 사회의 영향력이 강화되면서 역할 확대
개인	강대국의 전·현직 국가 원수, 국제 연합 사무총장 등 국제적 영향력이 강한 개인
기타	각국의 지방 자치 단체, 다국적 기업 등

3. 평화의 의미

소극적 평화	물리적 폭력이 발생하지 않아 직접적인 폭력의 사용이나 위협이 없는 상태
(❸　)	직접적 폭력은 물론 구조적·문화적 측면의 간접적 폭력까지 제거된 상태 → 모든 사람이 인간답게 살아갈 삶의 조건이 조성됨.

4. 평화를 실현하려는 노력

국제 평화의 중요성	• 인류의 안전과 생존 보장 • (❹　　　　　)의 실현 • 자연환경, 인공 건축물, 문화유산의 보존 • 인류의 삶의 질을 높일 수 있는 바탕 마련
행위 주체의 역할	• 국제 사회의 행위 주체들은 전쟁 및 테러를 방지하기 위한 노력에 동참해야 함. • 개별 국가: 양보와 타협을 통한 외교적 협상 • 정부 간 국제기구: 분쟁 당사국 간의 원만한 해결을 위해 중재자 역할 담당 • 국제 비정부 기구: 전쟁·테러에 따른 인권 침해 방지, 인도주의적 구호 활동

답 | ❶ 세계화 ❷ 국제 비정부 기구 ❸ 적극적 평화 ❹ 국제 정의 실현

01 다음 자료에 나타난 국제 사회의 양상을 분석한 내용으로 가장 적절한 것은?

> 20세기 초 남극 대륙을 놓고 영유권 분쟁이 심화하자, 영유권을 주장하는 7개 국가와 그 외의 5개 국가가 1959년에 '남극 조약'을 체결하였다. 이 조약에 따르면 남극 대륙은 누구도 영유권을 주장할 수 없고, 오직 평화적 목적으로만 이용할 수 있다.

① 국가 간에 갈등이 발생하였다.
② 국제 협력은 이루어지지 않았다.
③ 다국적 기업이 갈등을 중재하였다.
④ 국제 비정부 기구가 협상을 주도하였다.
⑤ 국제적으로 영향력 있는 개인이 중재하였다.

02 다음에서 설명하는 국제 사회의 행위 주체로 옳은 것은?

> 개인이나 민간단체의 주도로 만들어진 조직으로, 오늘날 시민 사회의 영향력이 강화되면서 그 역할이 확대되고 있다. 특정 국가나 단체의 이익보다는 인류 공익을 위해 활동하고 있다.

① 대한민국
② 국제 연합(UN)
③ 국제 사면 위원회
④ 미국 텍사스주 의회
⑤ 파키스탄의 여성 교육 운동가

03 ㉠, ㉡에 들어갈 국제 사회의 행위 주체를 바르게 짝지은 것은?

> ㉠ 은(는) 각 나라의 정부를 구성단위로 하여 평화 유지, 경제·사회 협력 등을 위해 구성된 조직체이다. ㉡ 는 개인이나 민간단체 주도로 만들어진 조직으로, 오늘날 그 역할이 확대되고 있다.

	㉠	㉡
①	개인	국제기구
②	개인	국제 비정부 기구
③	국가	국제기구
④	국가	국제 비정부 기구
⑤	국제기구	국제 비정부 기구

04 다음 글을 읽고 국제 갈등의 양상에 대한 적절한 분석 내용을 〈보기〉에서 고른 것은?

> 2011년 아프리카의 남수단은 수단으로부터 분리·독립하였다. 남수단이 독립하기 전의 수단은 오랫동안 북부와 남부로 나뉘어 갈등하였다. 당시 북부와 남부의 주민은 서로 언어와 종교가 달랐다. 두 지역은 과거 영국의 식민 통치 체제에서도 분리되어 지배를 받았으며, 경제적 격차도 심하였다. 남수단의 분리·독립 이후에도 두 국가는 원유 수입 배분, 국경선 획정 등의 문제로 갈등을 겪고 있다.

┤ 보기 ├
ㄱ. 갈등의 원인이 복합적으로 존재한다.
ㄴ. 양국은 모두 인류의 공익을 고려하였다.
ㄷ. 시간적 관점에서 갈등을 분석할 필요가 있다.
ㄹ. 국제 사회의 평화 실현을 위한 노력이 나타났다.

① ㄱ, ㄴ   ② ㄱ, ㄷ   ③ ㄴ, ㄷ
④ ㄴ, ㄹ   ⑤ ㄷ, ㄹ

★05 국제 사회의 행위 주체에 대한 옳은 설명을 〈보기〉에서 고른 것은?

┤ 보기 ├
ㄱ. 영토가 작은 국가는 주권 행사에 제약이 있다.
ㄴ. 국가는 국제 사회의 가장 기본적인 행위 주체이다.
ㄷ. 다국적 기업은 국제 사회의 행위 주체로서 영향력을 행사할 수 있다.
ㄹ. 국제 사회의 행위 주체는 상호 협력을 위한 행위가 아니면 활동에 참여할 수 없다.

① ㄱ, ㄴ   ② ㄱ, ㄷ   ③ ㄴ, ㄷ
④ ㄴ, ㄹ   ⑤ ㄷ, ㄹ

06 ㉠에 들어갈 국제 사회의 행위 주체로 옳은 것은?

> ┌─㉠─┐은(는) 제2차 세계 대전 이후 전쟁을 방지하고 평화로운 세계를 유지할 수 있는 협의체가 필요하다는 인식이 널리 퍼지면서 1945년에 창설되었다. 이들은 국제 분쟁 지역에 평화 유지군을 파견하여 분쟁 지역의 치안 유지 및 재건 활동에 참여하고 있다.

① 국제 연합   ② 국제 통화 기금
③ 세계 보건 기구   ④ 경제 협력 개발 기구
⑤ 대한민국 경상북도 도청

2 국제 평화의 중요성과 노력

07 다음 자료는 평화가 침해된 사례 중 하나이다. 이에 대한 설명으로 옳은 것은?

▲ 아우슈비츠 수용소

> 제2차 세계 대전 당시 독일의 나치스는 아우슈비츠 수용소 등으로 유대인을 끌고 가 강제 노동을 시켰으며, '인종 청소'라는 명목으로 학살을 자행하였다.

① 물리적 폭력은 발생하지 않았다.
② 경제적 빈곤에서 오는 폭력이 주요 원인이었다.
③ 테러와 같은 직접적 폭력이 없는 상태의 사례이다.
④ 직접적 폭력의 원인은 해결하였으나 문화적 폭력을 해결하지 못한 사례이다.
⑤ 평화를 이루기 위해 직접적 폭력은 물론 각종 억압과 차별 등도 제거해 나가야 함을 보여 준다.

★08 다음 글에 나타난 평화와 이를 위협하는 요인에 대한 설명으로 옳지 않은 것은?

> 아프리카 흑인 어린이는 일반적으로 흑인 전용 병원에서 태어나 흑인 거주 지역에서만 살아야 하며, 만약 학교라도 다니고 싶다면 흑인 전용 학교에 다녀야만 한다. 그 흑인 아이는 커서도 흑인들만 다니는 직장에만 취직할 수 있고, 흑인 전용 기차만 탈 수 있다. 밤낮을 불문하고 통행증을 제시하기 위해서 수시로 가던 길을 멈춰야 하며, 통행증을 제시하지 못하면 경찰서에 연행된다.
> – 넬슨 만델라, 《자유를 향한 머나먼 길》 –

① 적극적 평화를 달성하지 못한 상태이다.
② 구조적이고 문화적인 폭력이 나타나고 있다.
③ 진정한 의미에서의 평화를 누릴 수 없는 상황이다.
④ 인종 차별과 억압으로 인해 평화를 위협받고 있다.
⑤ 물리적 폭력을 제거하면 해결될 수 있는 문제이다.

[09~10] 다음 자료를 보고 물음에 답하시오.

▲ 이스라엘과 요르단

국경이 인접한 이스라엘과 요르단은 이스라엘 건국 이후 줄곧 극단적으로 대립해 왔다. 두 국가 사이에는 유대교와 이슬람교라는 종교적 차이가 존재한다. 특히 양국은 1967년 중동 전쟁 이후 첨예하게 대립해 왔는데, 미국과 국제 연합(UN) 등 국제 사회의 적극적인 중재로 1994년 평화 협정을 체결하였다.

09 위의 자료를 보고 추론한 내용으로 적절한 것을 〈보기〉에서 고른 것은?

┤보기├
ㄱ. 동남아시아 지역에서 나타난 갈등이다.
ㄴ. 국제 갈등과 협력이 모두 나타나고 있다.
ㄷ. 전쟁을 막음으로써 적극적 평화가 실현되었다.
ㄹ. 이스라엘과 요르단은 국제 사회의 행위 주체이다.

① ㄱ, ㄴ   ② ㄱ, ㄷ   ③ ㄴ, ㄷ
④ ㄴ, ㄹ   ⑤ ㄷ, ㄹ

10 위의 자료에 나타난 국제 사회의 행위 주체에 대한 설명으로 옳지 않은 것은?

① 국제적으로 영향력이 강한 개인이 참여하였다.
② 각국의 정부를 구성단위로 하는 조직체가 참여하였다.
③ 이스라엘과 요르단 양국 정부는 평화 실현 노력에 동참하였다.
④ 국제 사회의 행위 주체들은 국제 협약을 통하여 문제를 해결하였다.
⑤ 갈등 당사국의 노력만으로는 갈등을 해결하기 어려운 경우 국제기구가 중재하기도 한다.

11 다음 글을 읽고 국제 갈등을 해결하기 위해 국제 협력이 필요한 이유를 서술하시오.

오늘날 세계 곳곳에서 갈등이 발생하고 있다. 그 사례로는 벨기에의 언어 갈등, 구유고슬라비아 지역 분쟁, 카스피해 영유권 분쟁, 카슈미르 분쟁 등이 있다. 이처럼 언어 때문에 지역감정이 심해지기도 하고, 민족 간 갈등이 내전으로 이어지거나 자원 확보를 위한 분쟁이 일어나기도 한다. 또 종교와 영토를 둘러싼 갈등으로 고통을 겪기도 한다.

12 ㉠, ㉡에 들어갈 말을 쓰고, ㉡에 해당하는 사례를 세 가지 이상 서술하시오.

　㉠　은(는) 전쟁, 테러, 폭행 등 물리적 폭력이 없는 상태를 뜻한다. 이와 달리 적극적 평화는 직접적 폭력뿐만 아니라 사회 구조나 문화에 의해 발생하는　㉡　까지 모두 제거된 상태를 의미한다.

13 다음 글에 나타난 평화의 유형을 쓰고, 이러한 평화가 필요한 이유를 서술하시오.

모든 사람이 평화롭게 사는 모습을 상상해 보세요. …… 아무것도 소유하지 않는다고 상상해 보세요. 욕심도 없고 굶주림도 없는, 한 형제처럼 모든 사람이 함께 나누며 사는 세상을 상상해 보세요.
– 존 레넌, 《Imagine》 –

교육청 기출 _변형

01 밑줄 친 ⊙~⑩과 같은 국제 사회의 행위 주체에 대한 설명으로 옳은 것은?

> 티베트는 중국의 서쪽 끝에 위치한 자치구이다. 일부 티베트인들은 중국의 지배를 거부하고 ⊙ 티베트 망명 정부를 세워 ⓒ 중국 정부의 억압적 통치를 비난하며, 지속적으로 티베트 독립 운동을 전개해 왔다. 이에 대해 ⓒ 국제 연합(UN)은 중국 정부와 티베트 망명 정부 간의 평화적 대화를 주문하고 나섰다. 한편 ② 국제 앰네스티는 중국이 ⑩ 티베트 자치구의 시위를 무력으로 진압했다고 주장하며 국제 연합의 독자적인 조사를 요구하기도 하였다.

① ⊙: 국제 사회에서 독립된 주권을 가지고 외교 활동을 한다.

② ⓒ: 인류의 보편적 가치를 최우선으로 추구한다.

③ ⓒ: 민간단체가 주도하여 만들었으며 국제적인 연대 활동을 한다.

④ ②: 각국 정부를 구성단위로 하는 국제기구이다.

⑤ ⑩: 한 국가 내부의 일부분이지만 독자적으로 국제 사회에 영향을 미친다.

수능 기출 _변형

02 다음 연설가의 입장에 대한 설명으로 가장 적절한 것은?

> 무지 때문에 전쟁을 벌이는 것이 아니라 싸우는 것이 이익이 될 것이라 생각하기 때문에 전쟁을 피하지 않는 것입니다. 국가는 전쟁을 통해서 얻는 이익이 전쟁으로 발생하는 손실보다 크다고 생각할 때에 전쟁의 위험을 기꺼이 감수합니다. 평화가 깨지는 것이지요.

① 강제력을 가진 세계 정부 수립을 통한 평화 실현을 주장한다.

② 국익을 극대화하려는 국가 정책이 국제 갈등의 원인임을 강조한다.

③ 강력한 국제법을 제정하여 적극적 평화를 달성해야 한다고 주장한다.

④ 국가 간에 전쟁을 벌이는 것은 정의를 수행하기 위해서라고 주장한다.

⑤ 서로 다른 문화적 배경과 역사적 갈등의 경험으로 인한 이해 부족 때문에 갈등이 발생한다고 본다.

평가원 기출 _변형

[03~04] 다음 글을 읽고 물음에 답하시오.

> 저는 폭력을 줄이는 것도 중요하지만, 폭력을 예방하는 것이 더 중요하다고 생각합니다. 폭력을 줄이는 것은 ⊙ 을(를) 목표로 하는 것이고, 폭력을 예방하는 것은 ⓒ 을(를) 지향하는 것입니다. 그러므로 전쟁, 테러, 폭행 등 신체에 직접 해를 가하는 물리적이고 직접적인 폭력이 제거된 ⊙ 상태를 넘어서, 구조적 폭력과 문화적 폭력까지 모두 사라진 ⓒ 상태를 추구해야 합니다. 또한 저는 목적이 수단을 정당화할 수 없다고 봅니다. 평화는 평화적인 수단을 통해서만 이루어져야 한다고 생각합니다.

03 ⊙, ⓒ에 대한 설명으로 옳은 것을 〈보기〉에서 고른 것은?

> 보기
> ㄱ. 어떤 나라의 흑인 격리 정책은 ⊙을 달성하지 못한 사례이다.
> ㄴ. 핵보유국 간의 핵 확산 금지 조약 체결은 ⊙을 위한 조치이다.
> ㄷ. 프랑스에서 발생한 민간인 대상의 테러는 ⊙의 침해와는 거리가 멀다.
> ㄹ. 인종, 종교에 관계없이 환자를 평등하게 치료하는 행위는 ⓒ을 중시하는 입장이다.

① ㄱ, ㄴ   ② ㄱ, ㄷ   ③ ㄴ, ㄷ

④ ㄴ, ㄹ   ⑤ ㄷ, ㄹ

04 윗글을 주장한 사람의 입장으로 적절한 것만을 〈보기〉에서 있는 대로 고른 것은?

> 보기
> ㄱ. 적극적 평화를 위한 직접적인 폭력 사용은 인정되어야 한다.
> ㄴ. 빈곤, 인권 침해 등으로 인간 삶의 질이 저하되는 상태도 폭력이다.
> ㄷ. 소극적 평화는 직접적 폭력의 원인이 근본적으로 해결되지 않은 상태이다.
> ㄹ. 국제 평화의 개념은 테러, 국가 간에 전쟁이 없는 상태로 국한되어야 한다.
> ㅁ. 폭력의 개념은 공인되지 않은 비합법적인 무력을 사용하는 것으로 한정된다.

① ㄱ, ㄴ   ② ㄴ, ㄷ   ③ ㄱ, ㄷ, ㄹ

④ ㄴ, ㄷ, ㅁ   ⑤ ㄷ, ㄹ, ㅁ

03 남북 분단과 동아시아의 역사 갈등

1 남북 분단의 배경과 통일의 필요성

1. 남북 분단의 배경 자료 01

> 용어 미국을 중심으로 한 자유주의 진영과 소련을 중심으로 한 공산주의 진영의 이념적 대립과 갈등

국제적 배경	제2차 세계 대전 이후 세계가 냉전 질서로 재편됨. → 우리나라는 광복과 동시에 남북으로 나뉘어 미국과 소련의 영향력 아래에 들어감.
국내적 배경	• 민족 내부의 응집력 부족: 광복 후 신탁 통치에 대한 찬반 논쟁, 좌익·우익의 이념적 갈등, 통일 정부 수립 노력 실패 • 6·25 전쟁의 발발: 1950년 북한의 남침으로 전쟁 발발 → 남북 분단 고착화

> 예 김구와 김규식 등은 남북한 간 협상을 제의하며 통일 정부를 수립하고자 하였으나 그 뜻을 이루지는 못함.

자료 01 남북 분단의 과정

▲ 광복(1945. 8. 15.) 광복과 동시에 미국과 소련이 북위 38도선을 경계로 한반도를 분할 점령하였다.

▲ 5·10 총선거(1948. 5. 10.) 국제 연합의 감시 아래 남한만 총선거를 시행하였다.

▲ 대한민국 정부 수립(1948. 8. 15.) 제헌 헌법을 토대로 대한민국 정부가 수립되었다.

셀/파/길/잡/이 • 1945년 8월 15일 우리 민족은 광복을 맞이하였으나 곧이어 냉전 질서의 영향과 민족 내부의 이념적 갈등 등으로 인해 분단되었다. 이 과정에서 통일 정부 수립을 위한 노력이 있었으나 실패하였다.
• 국제 연합(UN)은 총선거를 통한 통일 정부 구성 방안을 마련하였다. 하지만 소련과 북한 측의 거부로 남한에서만 총선거가 실시되었고, 총선거에 의해 구성된 제헌 국회는 7월 17일에 제헌 헌법을 제정·공포하였다.

★2 통일의 필요성

> 이유 통일은 남북의 다른 체제와 제도 등을 통합하는 과정에서 드는 비용인 통일 비용을 발생시키지만, 통일로 얻을 수 있는 경제적·비경제적 편익인 통일 편익도 함께 가져옴.

개인·민족적 차원	이산가족과 실향민의 아픔 해소, 언어 등 이질화 현상 극복 및 민족의 동질성 회복 → 민족 공동체의 역량 극대화
사회·문화적 차원	이념·지역·세대 간 갈등 극복, 우리 민족의 역사·전통·문화 발전 가능
정치적 차원	전쟁의 위협에서 벗어나 정치적 안정과 평화를 누릴 수 있음.
경제적 차원	• 소모적인 분단 비용❶ 절감 → 경제 발전, 복지 사회 건설에 투자 가능 • 한반도의 지정학적 요충지로서의 이점 극대화 자료 02

> 예 남한의 자본·기술이 북한의 자원·노동력과 결합하여 경제가 성장하고, 유라시아 대륙과 태평양을 연결하여 물류의 중심지로 성장할 수 있음.

자료 02 통합탐구 통일 한국의 미래상

구분	한국 (2013년)	통일 한국 (2060년)
인구	5천만 명 (세계 15위)	7천만 명 (세계 12위)
국내 총생산 (GDP)	1.4조 달러 (세계 12위)	5.5조 달러 (세계 10위)
1인당 국내 총생산	2.9만 달러 (세계 19위)	7.9만 달러 (세계 7위)

[국회예산정책처, 2014.]

[국토지리정보원, 2015.]

◆ 시베리아 횡단 철도
◆ 몽골 횡단 철도
◆ 중국 횡단 철도
◆ 만주 횡단 철도
◆ 유럽 철도
◆ 코레일

▲ 통일 이후 예상되는 철도 연결 노선도

셀/파/길/잡/이 남북이 통일되면 국내 경제가 활성화되고, 국가 경쟁력 향상으로 경제 발전이 이루어질 것으로 예상된다.

빠른 핵심 체크

남북 분단의 배경

국제적	냉전 질서의 전개
국내적	민족의 응집력 부족 → 6·25 전쟁으로 고착화

통일의 필요성
- 민족 동질성 회복
- 역사·전통·문화의 발전
- 정치 안정과 평화, 경제 활성화

교과서 자료 더 보기 ⊕

6·25 전쟁의 발발

1950년 북한의 남침으로 6·25 전쟁이 발발하면서 남북 분단이 고착화되어 오늘날에 이르고 있다. 전쟁으로 남북한은 막대한 인적·물적 피해를 입었다.

❶ 분단 비용

남북이 분단됨으로써 발생하는 모든 비용으로, 여기에는 남북 대립으로 인해 소요되는 안보 유지 비용, 국제 사회에서의 정치·외교적 불이익, 이산가족의 아픔 등이 포함된다. 이러한 분단 비용은 한 번 지출하면 돌아오지 않는 소모성 비용이다.

교과서 탐구 풀이 ✍

Q 자료를 바탕으로 통일이 이루어지면 우리나라에 어떤 이점이 있을지 추론해 보자.

A 통일은 민족의 경제적 발전과 번영에 기여할 수 있다. 또 통일이 되어 국토의 일체성을 회복하면 남북한이 가지고 있는 자원 활용이 극대화되고, 한반도가 지닌 지리적 이점을 활용하여 국가 경쟁력을 강화할 수 있다.

② 동아시아의 역사 갈등과 해결을 위한 노력

1. 동아시아의 역사 갈등

이유 복잡하게 얽힌 역사적 배경과 해양 자원을 둘러싼 경쟁 등으로 인해 영토 문제, 역사 인식 문제 등 역사 갈등이 심화하고 있음.

(1) 영토 문제

▲ 동아시아 영토 분쟁 지역

이유 이 지역에 석유와 천연가스가 매장된 사실이 알려짐.

쿠릴 열도 (북방 도서) 분쟁	• 러시아와 일본의 영토 분쟁 • 1905년 러일 전쟁에서 일본 영토로 편입 → 제2차 세계 대전 이후 소련의 영토로 귀속 → 러시아의 실효 지배, 일본의 지속적인 영유권 주장으로 갈등
센카쿠 열도 (댜오위다오) 분쟁	• 중국과 일본의 영토 분쟁 • 청일 전쟁에서 승리한 일본이 차지 → 제2차 세계 대전 이후 미국이 점령 → 1972년 일본에 반환하였으나 중국이 자국 영토라고 주장
시사 군도(파라셀 제도) 분쟁	남중국해에 위치한 지역으로 중국과 베트남이 영토 분쟁을 벌임.
난사 군도(스프래틀리 군도) 분쟁	중국, 베트남, 필리핀, 브루나이, 말레이시아 등의 국가가 영유권 주장

(2) 역사 인식 문제 자료 03

이유 총리 등 일본의 고위 정치인들이 제2차 세계 대전의 A급 전쟁 범죄자들을 안치한 야스쿠니 신사를 참배하여 주변 나라와 갈등을 일으킴.

일본의 역사 왜곡	• 역사 교과서 왜곡: 일본의 식민지 지배와 침략 전쟁을 미화하고 정당화하는 역사 교과서를 만들어 검정 심사를 통과시킴. • 야스쿠니 신사❷ 참배 문제 • 일본군 '위안부' 문제 축소·은폐: 침략 전쟁 당시 강제 동원하였으나 이를 부정하고 있음. • 독도❸에 대한 부당한 영유권 주장
중국의 동북 공정❹	• 내용: 과거 만주 지역과 한반도 북부를 중심으로 전개된 고조선, 고구려, 발해 등 우리 역사를 모두 중국의 역사라고 주장 • 목적: 중국 영토 내 소수 민족을 통합하여 국경 지역의 안정 도모, 남북통일 이후 발생할 수 있는 영토 분쟁 방지

• 빠른 핵심 체크 •

동아시아의 역사 갈등
- 영토 문제
- 역사 인식 문제: 일본의 역사 왜곡, 중국의 동북 공정

갈등 해결 노력
- 공동 역사 연구로 역사 인식 차이 극복
- 국제 연대와 교류 확대

❷ 야스쿠니 신사
일본 천황을 위해 싸우다가 전사한 군인들을 안치하고 신격화하여 제사를 지내는 곳이다. 특히 제2차 세계 대전의 A급 전범이 합사되어 있다.

❸ 독도
독도는 삼국 시대 이래로 줄곧 우리나라의 고유 영토이다. 그런데 1905년 일본은 러일 전쟁 중 시마네현 고시를 통해 자국의 영토로 편입하였다는 왜곡되고 불법적인 주장을 하고 있다.

❹ 동북 공정
중국의 동북 3성(랴오닝성, 지린성, 헤이룽장성)에 관한 역사, 지리, 민족 문제 등을 다루는 중국의 국가적 연구 사업이다.

자료 03 역사 인식 문제

일본의 역사 왜곡 내용	우리나라의 비판
• A사에서 발간한 중등 역사 교과서에는 일본이 조선의 주권을 강탈한 이듬해인 1911년과 1936년을 단순 비교하여 조선인의 삶이 나아졌다고 서술되어 있다. 또 제2차 세계 대전에 대하여 '태평양 전쟁', '대동아 전쟁'이 함께 표기되어 있다. • B사의 중등 역사 교과서에는 대한민국이 독도를 불법 점거한 채 일방적으로 독도를 자국의 영토라고 주장하고 있다고 서술되어 있다.	• 일본의 식민지 지배 기간 동안 일본의 인적·물적 수탈로 조선인의 삶은 악화되었고, 수탈에 저항한 소작 쟁의, 노동 쟁의 등이 증가하였다. 또한 '대동아 전쟁'은 일본이 벌인 전쟁의 침략성을 감추고자 사용한 표현이다. • 독도는 명백한 우리나라의 영토로, 삼국 시대 이래로 줄곧 우리나라가 영유하고 있다. 현재에도 대한민국 정부가 영토 주권을 행사하고 있다.

셀/파/길/잡/이 일본이 발행한 역사 교과서에는 고대 일본의 한반도 남부 지역 지배, 일제 강점기 징용·징병의 강제성 부인, 일본군 '위안부' 문제 축소·은폐 등 일본의 침략 행위를 정당화하고 역사를 왜곡하는 내용이 서술되어 있다.

교과서 자료 더 보기➕

고구려사에 대한 동북 공정 내용과 우리나라의 비판

쟁점	중국의 주장	한국의 반박
국가 성격	중국의 지방 정권	독립적인 고대 국가
중국 왕조와의 관계	조공·책봉 관계는 신하라는 증거	조공·책봉은 동아시아의 외교 방식
고려와의 관계	고구려와 고려는 무관함.	고려는 고구려를 계승함.

---

2. 역사 갈등을 해결하기 위한 노력

예 독일과 폴란드는 두 차례의 세계 대전을 거치며 오랫동안 역사 갈등을 겪었음. 하지만 1970년 서독 수상의 진심 어린 사과와 양국의 국경선 문제 합의를 계기로 개선되기 시작함. 이에 두 나라는 꾸준한 연구와 교류를 통해 공동 역사 교과서를 발간하기도 함.

(1) 공동 역사 연구 한·중·일 공동 역사 교재 발행 등을 통해 역사 인식의 차이 극복 노력

(2) 국제 연대와 교류 확대 여성 국제 전범 법정, 동아시아 청소년 역사 체험 캠프 등 개최

영향 서로의 역사에 대한 이해를 넓히고 공통의 역사 인식을 마련함.

③ 국제 사회의 평화를 위한 우리나라의 노력

1. 국제 사회 속 우리나라의 위상

지정학적 측면	• 유라시아 대륙과 태평양을 연결하는 지리적 요충지에 위치 • 국제 물류의 중심지로 도약 가능 • 주변 국가 간의 갈등을 중재하고 소통에 이바지할 수 있음.
정치적 측면	• 국제 연합(UN) 안전 보장 이사회의 비상임 이사국을 역임하는 등 정치적 영향력 증대 • 다양한 국제회의를 개최하여 국제 사회에서 정치적 위상을 높이고, 국가 경쟁력을 한층 강화함. 예 G20 정상 회의, 핵 안보 정상 회의 등 지구촌 문제를 해결하기 위한 다양한 국제회의를 개최함.
경제적 측면 자료 04	• 1960년대 이후 정부가 주도한 경제 개발 정책에 따라 급속한 경제 성장을 달성함. • 1990년대 이후 경제 협력 개발 기구(OECD), 아시아·태평양 경제 협력체 (APEC) 등에 가입하는 경제 대국으로 성장
문화적 측면	• 2018년 동계 올림픽 유치 등 각종 국제 스포츠 대회 개최 • '한류'와 같은 대중문화의 국제적 인기 • 석굴암, 불국사, 해인사 장경판전 등 여러 문화재가 문화적 우수성을 인정받아 유네스코 세계 문화유산❺으로 등재

자료 04 원조를 받던 국가에서 주는 국가로 성장한 우리나라

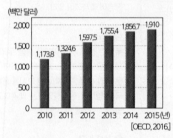

▲ 우리나라 공적 개발 원조(ODA) 현황

우리나라는 2009년에 경제 협력 개발 기구(OECD) 산하 개발 원조 위원회에 가입하여 2010년부터 회원국으로 참여하고 있다. 우리나라는 6·25 전쟁 당시 원조를 받던 국가에서, 급속한 경제 성장을 이루어 해외 원조를 하는 국가로 탈바꿈하였다. 우리나라는 개발 원조 위원회 가입 이후 꾸준히 해외 원조액을 늘려 온 결과 2015년에는 원조 규모 측면에서 회원국 가운데 14위를 차지하였다.

셸/파/길/잡/이 • 공적 개발 원조(ODA)란 선진국이 개발 도상국이나 국제기구에 하는 원조를 말한다. 원조의 형태는 증여, 차관, 배상, 기술 원조 등 다양하게 이루어진다.
• 우리나라는 6·25 전쟁으로 국토의 상당 부분이 훼손되고 많은 산업 시설들이 파괴되어 다른 나라로부터 경제 및 군사 원조를 받았다. 그러나 1960년대 이후부터 추진된 정부 주도의 경제 개발 정책에 따라 고도의 경제 발전을 이루며 세계 10위권의 경제 대국으로 성장하였다.

② 우리나라가 국제 사회의 평화에 기여할 수 있는 방안

(1) 국가적 차원

① 한반도 긴장 완화와 평화 통일 노력   남북의 평화 통일 실현으로 전쟁 위협 제거 → 한반도 및 동아시아 지역의 안정, 세계 평화에 이바지

② 평화 유지 활동 지원   분쟁 지역에 국제 연합 평화 유지군❻ 파견, 테러 확산 방지와 해적 소탕을 위해 세계 여러 국가와 협력

③ 해외 원조 실시   저개발 국가나 개발 도상국에 우리나라의 개발 경험과 기술 지원, 재난을 입은 국가에 긴급 구호 물품 제공 등

④ 지구 온난화 방지와 환경 보호에 적극 동참   친환경적인 산업 발전, 탄소 배출량 감축 등

(2) 개인·민간단체

① 국제 비정부 기구에 참여하여 반전, 평화 운동을 펼치는 등 다양한 활동 전개

② 세계 시민 의식을 바탕으로 빈곤, 기아 등 초국가적인 문제를 함께 해결하기 위해 노력해야 함.

• 빠른 핵심 체크 •

국제 사회 속 우리나라의 위상
- 지정학적 요충지
- 정치적 영향력 증대
- 경제 대국으로 성장
- 문화적 우수성을 인정받음.

우리나라가 국제 평화에 기여하는 방안
- 평화적인 통일 실현 노력
- 국제 연합 평화 유지군 파견
- 해외 원조 실시
- 지구 온난화 방지와 환경 보호

❺ **유네스코 세계 문화유산**
유네스코(UNESCO)는 인류 전체를 위해 보호해야 할 중요한 역사적·학문적 가치를 지닌 세계적인 유산을 문화유산, 자연유산, 혼합유산으로 구분하여 세계 유산으로 지정하고 있다.

교과서 자료 더 보기➕

한국국제협력단(KOICA)
한국국제협력단은 외교부 산하의 공공 기관으로, 개발 도상국의 빈곤 퇴치와 경제·사회 발전을 지원한다. 한국국제협력단에서는 정부 차원의 대외 무상 협력 사업을 전담하고 있으며, 해외 재난 긴급 구호, 해외 봉사단 파견, 인도적 지원 사업, 민간 협력 사업 등 다양한 활동을 펼치고 있다.

❻ **국제 연합 평화 유지군(PKF)**
국제 연합 안전 보장 이사회 산하의 군대로, 분쟁 지역에 파견되어 평화 유지 활동을 펼친다.

딱풀 p.74

개념 채우기

1. 남북 분단의 배경과 통일의 필요성

남북 분단의 배경	• 국제적 배경: (❶) 질서로 재편된 국제적 환경 • 국내적 배경: 민족 내부의 응집력 부족, 6·25 전쟁 발발로 분단 고착화
통일의 필요성	• 개인·민족적 차원: 이산가족과 실향민의 아픔 해소, 민족의 동질성 회복 • 사회·문화적 차원: 이념·지역·세대 간 갈등 극복, 민족의 역사·전통·문화 발전 가능 • 정치적 차원: 한반도를 비롯한 주변국의 정치적 안정과 평화 달성 • 경제적 차원: 남북 분단으로 인한 소모적인 (❷) 절감, 한반도의 지정학적 요충지로서의 이점 극대화

2. 동아시아의 역사 갈등과 해결을 위한 노력

동아시아의 역사 갈등	영토 문제	구릴 열도(북방 도서) 분쟁, 센카쿠 열도(댜오위다오) 분쟁, 시사 군도(파라셀 제도) 분쟁, 난사 군도(스프래틀리 군도) 분쟁 등
	역사 인식 문제	• 일본: 역사 교과서 왜곡, 일본군 '위안부' 문제, 야스쿠니 신사 참배, 독도에 대한 부당한 영유권 주장 등으로 역사 왜곡 • 중국: (❸)을 통해 만주 지역과 한반도 북부를 중심으로 전개된 우리 역사를 중국의 역사라고 주장
해결 노력		• 한·중·일의 공동 역사 연구를 통한 역사 인식의 차이 극복 • 국제 연대와 교류 확대

3. 국제 사회의 평화를 위한 우리나라의 노력

우리나라의 국제적 위상		• 지리적 요충지로서의 지정학적 중요성 • 국제 사회에서의 정치적 영향력 증대 • 급속한 경제 발전을 이루어 경제 대국으로 성장 • 전 세계적으로 문화적 우수성을 인정받음.
우리나라의 국제 평화 기여 방안	국가적 차원	• 한반도의 평화 통일 노력 • 국제 연합 (❹) 파견으로 평화 유지 활동 지원 • 해외 원조 실시 • 지구 온난화 방지와 환경 보호에 동참
	개인·민간단체	국제 비정부 기구에 참여하여 반전 및 평화 운동 등 전개

정답 | ❶ 냉전 ❷ 군사비 ❸ 동북공정 ❹ 평화 유지군

1 남북 분단의 배경과 통일의 필요성

01 남북 분단의 배경으로 적절하지 않은 것은?

① 일본의 식민지 지배와 수탈
② 냉전 질서로 재편된 국제적 환경
③ 신탁 통치 찬반 논쟁으로 인한 분열
④ 광복 이후 미국과 소련에 의한 분할 점령
⑤ 자유주의 진영과 공산주의 진영의 이념적 갈등

★02 다음 자료를 보고 남북 분단에 대한 적절한 분석만을 〈보기〉에서 있는 대로 고른 것은?

> 우리 민족은 1945년 8월 15일 광복을 맞이하였다. 그러나 북위 38도선을 경계로 미군과 소련군이 남과 북에 각각 주둔하여 군정을 실시하면서 분단이 시작되었다. 1945년 12월, 모스크바 3국 외상 회의에서 미국, 영국, 중국, 소련이 최고 5년까지 한반도를 신탁 통치한다는 결정이 내려졌고, 이 소식이 전해지자 국내에서는 신탁 통치 결정을 둘러싸고 격렬한 찬반 논쟁이 전개되었다.
> 한반도 문제는 국제 연합에 이관되었고, 그 결과 총선거에 의한 통일 정부 구성 방안이 결정되었다. 김구와 김규식 등은 통일 정부를 수립하고자 남북한 간 협상을 제의하였으나 그 뜻을 이루지 못하였다. 결국 소련과 북한 측의 거부로 1948년 남한에서만 총선거가 실시되어 대한민국 정부가 수립되었다.

┤ 보기 ├
ㄱ. 다양한 국제적·국내적 배경으로 인해 발생하였다.
ㄴ. 민족 내부의 응집력 부족이 분단의 원인으로 작용하였다.
ㄷ. 미국과 소련을 중심으로 전개된 냉전 질서의 영향을 받았다.
ㄹ. 광복 후 통일 정부를 수립하고자 하는 의지와 노력은 찾아볼 수 없다.

① ㄱ, ㄴ   ② ㄱ, ㄷ   ③ ㄴ, ㄷ
④ ㄱ, ㄴ, ㄷ   ⑤ ㄴ, ㄷ, ㄹ

★03 다음 표를 보고 유추할 수 있는 통일의 필요성으로 가장 적절한 것은?

남한 표준어	북한 표준어
노크	손기척
거짓말	꽝포
도시락	곽밥
화장실	위생실

[표준국어대사전–북한어, 2016.]

① 지나친 군비 경쟁을 극복해야 한다.
② 이념 갈등과 세대 갈등을 해소해야 한다.
③ 이산가족과 실향민의 아픔을 해소해야 한다.
④ 남북의 이질성을 극복하고 동질성을 회복해야 한다.
⑤ 한반도와 주변 국가들의 정치적 안정을 달성해야 한다.

[04~05] 다음 자료를 보고 물음에 답하시오.

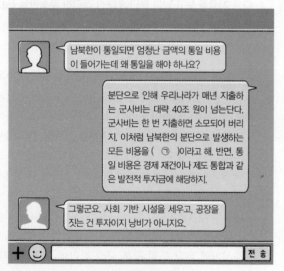

남북한이 통일되면 엄청난 금액의 통일 비용이 들어가는데 왜 통일을 해야 하나요?

분단으로 인해 우리나라가 매년 지출하는 군사비는 대략 40조 원이 넘는단다. 군사비는 한 번 지출하면 소모되어 버리지. 이처럼 남북한의 분단으로 발생하는 모든 비용을 (㉠)이라고 해. 반면, 통일 비용은 경제 재건이나 제도 통합과 같은 발전적 투자금에 해당하지.

그렇군요. 사회 기반 시설을 세우고, 공장을 짓는 건 투자이지 낭비가 아니지요.

04 ㉠에 들어갈 용어로 옳은 것은?

① 기회비용
② 기대 비용
③ 분단 비용
④ 매몰 비용
⑤ 평화 비용

05 ㉠에 대한 설명으로 옳은 것을 〈보기〉에서 고른 것은?

┤ 보기 ├
ㄱ. 통일 이후에 지출되는 비용이다.
ㄴ. 안보 유지비, 외교비 등이 포함된다.
ㄷ. 분단으로 발생하는 경제적 비용에 한정된다.
ㄹ. 남북 간 대립으로 발생하는 소모적 비용이다.

① ㄱ, ㄴ
② ㄱ, ㄷ
③ ㄴ, ㄷ
④ ㄴ, ㄹ
⑤ ㄷ, ㄹ

★06 다음 지도는 남북 통일 이후 예상되는 철도 연결 노선도이다. 이에 대한 적절한 해석을 〈보기〉에서 고른 것은?

[국토지리정보원, 2015.]

┤ 보기 ├
ㄱ. 통일은 남북 간 전쟁의 위협을 제거해 준다.
ㄴ. 통일이 되면 우리나라가 물류의 중심지로 도약할 수 있다.
ㄷ. 통일 이후에 민족의 역량이 불필요하게 낭비될 우려가 있다.
ㄹ. 분단으로 인해 한반도의 지리적 이점을 충분히 활용하지 못하고 있다.

① ㄱ, ㄴ
② ㄱ, ㄷ
③ ㄴ, ㄷ
④ ㄴ, ㄹ
⑤ ㄷ, ㄹ

2 동아시아의 역사 갈등과 해결을 위한 노력

07 밑줄 친 ㉠의 이유로 가장 적절한 것은?

△△의 중등 역사 교과서에는 일본이 조선의 국권을 강탈한 이듬해인 1911년과 1936년을 단순 비교하여 조선인의 삶이 나아졌다고 서술되어 있다. 또 제2차 세계 대전에 대하여 '태평양 전쟁', '대동아 전쟁'이라고 함께 표기되기도 하였다. 한편 □□의 중등 역사 교과서에는 대한민국이 독도를 불법으로 점거하고 있으며, 일방적으로 자국의 영토라고 주장하고 있다고 서술되어 있다. ㉠ 일본은 이러한 교과서 서술로 인해 주변 나라와 갈등을 빚고 있다.

① 동아시아의 평화 정착에 기여하기 때문이다.
② 잘못된 역사 인식을 바로잡아 주기 때문이다.
③ 식민지 지배를 정당화하고 역사를 왜곡하기 때문이다.
④ 정부의 공식적인 검정 심사를 통과하지 않았기 때문이다.
⑤ 한국, 중국, 일본의 공동 역사 연구를 바탕으로 했기 때문이다.

[08~09] 다음은 동아시아의 영토 분쟁 지역을 나타낸 지도이다. 이를 보고 물음에 답하시오.

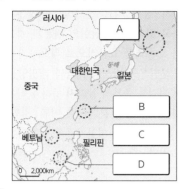

08 A~D 지역의 명칭을 바르게 짝지은 것은?

	A	B	C	D
①	쿠릴 열도	시사 군도	난사 군도	센카쿠 열도
②	쿠릴 열도	센카쿠 열도	시사 군도	난사 군도
③	시사 군도	난사 군도	쿠릴 열도	센카쿠 열도
④	시사 군도	쿠릴 열도	난사 군도	센카쿠 열도
⑤	센카쿠 열도	쿠릴 열도	시사 군도	난사 군도

09 A~D 지역에 대한 설명으로 옳지 <u>않은</u> 것은?

① A: 러일 전쟁 때 일본의 영토로 편입되었다가 제2차 세계 대전 이후 소련의 영토가 되었다.

② B: 일본이 청일 전쟁 이후 차지하였으나 중국이 자국의 영토라고 주장하고 있다.

③ C: 중국과 베트남 간의 영토 분쟁 지역이다.

④ D: 중국을 비롯하여 베트남, 필리핀 등 여러 국가가 영유권을 주장하고 있다.

⑤ A~D: 최근 해양 자원의 중요성이 감소하면서 영토 분쟁이 완화되는 추세이다.

★10 (가)에 들어갈 내용으로 가장 적절한 것은?

> [학습 주제] _____(가)_____
> [주요 사례] • 중국의 동북 공정
> • 일본군'위안부' 문제
> • 야스쿠니 신사 참배 문제

① 남북 분단의 배경

② 소극적 평화의 침해

③ 영토 분쟁 해결 노력

④ 역사 인식 문제와 갈등

⑤ 한반도 긴장 완화와 평화 통일 노력

11 밑줄 친 ㉠의 문제점으로 적절한 것을 〈보기〉에서 고른 것은?

> 야스쿠니 신사는 일본 천황을 위해 싸우다 전사한 군인들을 신격화하여 제사를 지내는 곳이다. 이곳에는 제2차 세계 대전 이후 열린 극동 국제 군사 재판에서 전쟁 범죄자로 판결받은 이들이 합사되어 있다. ㉠ 일본 총리 등 고위 정치인들이 야스쿠니 신사를 참배함으로써 주변 나라의 반발을 사고 있다.

> ┤ 보기 ├
> ㄱ. 종교의 자유를 추구하는 것이다.
> ㄴ. 식민 지배를 사죄하는 행위이다.
> ㄷ. 침략 전쟁을 정당화하는 행위이다.
> ㄹ. 동아시아의 평화 실현을 저해하는 것이다.

① ㄱ, ㄴ   ② ㄱ, ㄷ   ③ ㄴ, ㄷ

④ ㄴ, ㄹ   ⑤ ㄷ, ㄹ

[12~13] 다음 글을 읽고 물음에 답하시오.

> 중국은 ⎡ ㉠ ⎤을(를) 통해 우리나라의 역사에 해당하는 고조선, 고구려, 발해의 역사가 중국의 지방사라고 주장하면서 역사를 왜곡하고 있다.

12 ㉠에 들어갈 용어로 옳은 것은?

① 세계주의   ② 동북 공정

③ '위안부' 문제   ④ 지속 가능성

⑤ 독도 영유권 주장

13 위와 같이 중국이 역사를 왜곡하는 목적으로 옳은 것을 〈보기〉에서 고른 것은?

> ┤ 보기 ├
> ㄱ. 동아시아의 군사적 긴장을 해소하기 위해서이다.
> ㄴ. 그동안 잘못 인식되었던 과거사를 바로잡기 위해서이다.
> ㄷ. 소수 민족을 통합하고 이들의 분리 독립을 막기 위해서이다.
> ㄹ. 중국의 현재 영토를 확고히 하고 국경 지역을 안정시키기 위해서이다.

① ㄱ, ㄴ   ② ㄱ, ㄷ   ③ ㄴ, ㄷ

④ ㄴ, ㄹ   ⑤ ㄷ, ㄹ

3 국제 사회의 평화를 위한 우리나라의 노력

14 (가)에 들어갈 질문으로 옳은 것은?

(가)

동아시아의 전략적 관문에 해당하는 반도국입니다.

유라시아 대륙과 태평양을 연결하는 지리적 요충지입니다.

① 우리 문화가 지닌 독창성은 무엇입니까?
② 우리나라의 지정학적 이점은 무엇입니까?
③ 우리나라의 경제 발전을 보여 주는 예는 무엇입니까?
④ 우리나라의 정치적 영향력이 증대된 계기는 무엇입니까?
⑤ 우리나라에서 민주주의가 발전하게 된 배경은 무엇입니까?

15 (가)에 들어갈 주제로 가장 적절한 것은?

(가)
1. 국제 연합 평화 유지군 파병: 분쟁 지역에 파견하여 평화 유지 활동에 참여
2. 한국국제협력단(KOICA) 운영: 개발 도상국의 교육 및 직업 훈련, 보건 위생, 농촌 개발 등을 지원

① 지구 온난화 방지를 위한 정부의 대책
② 국제 사회 평화를 위한 우리나라의 노력
③ 국가 경쟁력 강화를 위한 우리나라의 활동
④ 평화적 통일 실현을 위한 국제 사회의 지원
⑤ 한류를 확산시키기 위한 국가적 차원의 방안

16 우리나라가 국제 사회의 평화에 기여하는 방안으로 적절하지 않은 것은?

① 한반도의 평화 통일을 위해 노력한다.
② 저개발 국가나 개발 도상국을 적극 지원한다.
③ 지구촌 문제 해결을 위해 다양한 국제회의를 개최한다.
④ 지리적 이점을 활용하여 주변국 간의 갈등을 중재하고 소통에 이바지한다.
⑤ 자국민의 복지를 위해 제3 세계의 기아와 빈부 격차 문제에는 개입하지 않는다.

딱풀 p.74

17 다음 글을 읽고 통일의 필요성을 세 가지 서술하시오.

남북한은 정치·경제·외교·군사적으로 많은 분단 비용을 지불하고 있다. 또한 남한의 자본과 기술력, 북한의 자원과 노동력을 효율적으로 활용하지 못하고 있다. 남북 분단은 유라시아 대륙과 태평양을 연결하는 지리적 이점을 충분히 살리지 못하게 하는 요인이기도 하다. 한편 남북 분단으로 이념·지역·세대 간 갈등을 겪고 있으며, 이산가족과 실향민은 여전히 고통받고 있다.

18 다음 글을 읽고 물음에 답하시오.

우리나라와 일본은 여러 분야에서 긴밀한 관계를 맺어 왔다. 그러나 일본의 부당한 ⓐ 영유권 주장과 ⓑ 역사 인식 문제 등으로 갈등하고 있다.

(1) ⓐ에 들어갈 지역의 명칭을 쓰시오.

(2) 밑줄 친 ⓑ에 해당하는 사례를 서술하시오.

19 다음과 같은 역사 갈등을 해결하기 위한 방안을 두 가지 서술하시오.

일본은 식민지 지배와 침략 전쟁을 미화하고자 다양한 방식으로 역사를 왜곡하고 있다. 한편 중국은 국가적 사업을 통해 고조선, 고구려, 발해의 역사를 중국 역사에 포함하려고 한다.

01 다음 질문에 대해 (가)를 참고하여 할 수 있는 답변으로 적절한 것을 〈보기〉에서 고른 것은?

(가) 세계 평화 지수 순위

통일을 하게 되면 경제적 부담과 정치적·사회적 혼란을 겪게 될까봐 걱정이 되는데, 과연 통일을 꼭 해야 할까요?

순위	국가
1	아이슬란드
2	덴마크
3	오스트리아
4	뉴질랜드
5	포르투갈
53	한국
120	중국
150	북한

[국제경제평화연구소, 2016.]

┤ 보기 ├
ㄱ. 통일은 남북 간의 전쟁 위협을 제거해 줍니다.
ㄴ. 통일이 되면 국제 물류의 중심지로 도약할 수 있습니다.
ㄷ. 통일을 이루면 한반도 평화는 물론 세계 평화 정착에 기여할 수 있습니다.
ㄹ. 통일이 되면 남한의 자본·기술과 북한의 자원·노동력을 바탕으로 경제가 성장할 것입니다.

① ㄱ, ㄴ　　② ㄱ, ㄷ　　③ ㄴ, ㄷ
④ ㄴ, ㄹ　　⑤ ㄷ, ㄹ

02 다음 노트 필기 내용의 ㉠~㉤ 중 옳지 않은 것은?

1. 영토 문제
　(1) 역사적 배경과 해양 자원을 둘러싼 경쟁 등으로 영토 분쟁이 심화 ·········· ㉠
　(2) 사례: 쿠릴 열도, 센카쿠 열도 등 ········· ㉡
2. 역사 인식 문제
　(1) 일본의 역사 왜곡
　① 식민지 지배와 침략 전쟁을 미화하고 정당화하는 역사 교과서 발행 ·········· ㉢
　② 만주 지역과 한반도 북부에서 전개된 우리 역사를 자국의 역사라고 주장 ········· ㉣
　(2) 중국의 동북 공정
　① 고조선, 고구려 등을 자국의 지방사로 왜곡 ·········· ㉤

① ㉠　② ㉡　③ ㉢　④ ㉣　⑤ ㉤

03 다음 글에 나타난 역사 갈등 해결을 위한 적절한 방안을 〈보기〉에서 고른 것은?

폴란드는 제1차 세계 대전 이후 영토 문제로 독일과 갈등을 겪었다. 또한 제2차 세계 대전 당시에는 많은 폴란드인들이 나치스에 희생되어 두 나라의 적대 관계가 지속되었다. 그러던 중 1970년 서독의 빌리 브란트 수상이 폴란드에 와서 진심 어린 사과를 하고, 양국이 국경선 문제에 합의하면서 두 나라 사이는 개선되기 시작하였다. 이후 독일과 폴란드의 역사학자, 지리학자들은 꾸준한 교류와 연구를 통해 2016년 공동 역사 교과서를 발간하였다.

┤ 보기 ├
ㄱ. 자국의 이익을 우선적으로 추구해야 한다.
ㄴ. 상대국의 잘못에 대해 감정적으로 대응한다.
ㄷ. 책임 있는 사과와 상호 존중이 전제되어야 한다.
ㄹ. 역사 인식 차이를 극복하기 위해 공동 연구를 진행한다.

① ㄱ, ㄴ　　② ㄱ, ㄷ　　③ ㄴ, ㄷ
④ ㄴ, ㄹ　　⑤ ㄷ, ㄹ

04 다음 신문 기사를 읽고 유추할 수 있는 내용으로 가장 적절한 것은?

△△신문

교육부는 아프리카에 태양광 전력 기반 이동형 교실(솔라 스쿨)을 지원하고 있다. 솔라 스쿨은 태양광 발전에 유리한 아프리카 지역에 특화된 것으로, 각종 정보 통신 기술 실습 환경이 갖추어져 있다. 교육부는 교육을 통한 발전 경험을 개발 도상국과 공유하고, 교육 소외 지역의 지식 정보 격차 해소를 목표로 다양한 활동을 전개하고 있다.

① 우리나라는 해외 원조 없이 경제 성장을 이루었다.
② 우리나라 전통문화의 우수성이 전 세계에 알려지고 있다.
③ 우리나라는 민간단체를 통해서만 해외 원조를 실시하고 있다.
④ 우리나라는 개발 도상국을 지원함으로써 국제 사회의 평화에 기여하고 있다.
⑤ 세계화로 인해 국제 사회에서의 기아 문제와 빈부 격차 문제가 더욱 심화하고 있다.

IX 미래와 지속 가능한 삶

🌱 이 단원의 핵심 포인트 짚고 가기

단원	핵심 포인트
01 인구 문제의 양상과 해결 방안	·세계의 인구 현황(분포, 구조, 이동) ·다양한 인구 문제(저출산, 고령화, 인구 과잉) ·잠재 성장률 유지를 위한 인구 정책
02 지속 가능한 발전을 위한 노력	·자원의 분포와 소비 실태 ·지속 가능한 발전의 의미와 필요성 ·지속 가능한 발전을 위한 개인적 노력과 제도적 방안
03 미래 지구촌의 모습과 우리의 삶	·미래 지구촌의 정치·경제적 갈등과 협력 ·과학 기술 발전에 따른 미래 지구촌의 공간과 삶의 변화 ·미래 지구촌의 생태 환경 변화 ·지구촌의 미래와 나의 삶

🌱 셀파와 내 교과서 단원 비교하기

지구촌의 미래와 관련하여 지속 가능한 발전이 우리 삶에 어떤 영향을 미치는가?

인구 문제 해결, 지속 가능한 발전을 위한 다양한 방안과 자신의 미래 삶의 방향 설정에 관해 탐구한다.

01 인구 문제의 양상과 해결 방안

1 세계의 인구 현황

1. 인구 변화

(1) **급격한 인구 성장의 원인** 산업 혁명 이후 의학 기술 발달과 생활 수준 향상에 따른 사망률 하락

(2) **선진국과 개발 도상국의 인구 성장** 산업 혁명 이후 선진국을 중심으로 세계의 인구가 증가하다가, 20세기 후반 이후에는 개발 도상국을 중심으로 인구가 성장함.

> **용어** 한 해 동안 인구 천 명당 죽은 사람의 수를 사망률, 태어나는 아기의 수를 출생률이라고 함.

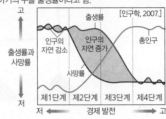

▲ 인구 변천 모형

2. 인구 분포의 요인 자료 01

자연적 요인	기후, 지형, 토지 등 → 기후가 온화하고 넓은 평야가 분포하며 토양이 비옥한 곳에 인구가 밀집함. ── 변화 최근에는 과학 기술과 교통의 발달로 인간의 거주 지역이 확대되고 있음.
사회·경제적 요인	산업, 교통, 문화, 교육 등 → 산업(농업, 공업)이 발달하고 일자리가 풍부하며, 교통이 편리하고 사회 기반 시설이 잘 갖추어진 지역에 인구가 밀집함.

> **용어** 도로, 항만 등과 같이 경제 활동에 밀접한 사회 자본

3. 국가별 인구 구조❶ 자료 02

선진국	개발 도상국보다 출생률이 낮고, 평균 기대 수명이 길어 유소년층 인구 비중이 작고, 노년층의 비중이 큼. → 상대적으로 중위 연령이 높음.
개발 도상국	선진국보다 출생률이 높고, 평균 기대 수명이 짧아 유소년층 인구 비중이 크고, 노년층의 비중이 작음. → 상대적으로 중위 연령이 낮음.
기타	남아 선호 사상이 남아 있는 일부 국가에서는 심각한 남초 현상❷이 나타나기도 함. ── 예 인도

> **용어** 전체 인구를 연령 순서대로 세웠을 때 중간에 있는 사람의 나이

4. 인구 이동의 유형❸ 자료 03

경제적 이동	• 개발 도상국에서 임금 수준이 높고 고용 기회가 많은 선진국으로 이동 • 오늘날 인구 이동의 대부분이 해당함.
정치적 이동	전쟁, 분쟁 등에 의한 이동
환경적 이동	사막화, 해수면 상승 등 기후 변화에 따른 환경 재앙을 피해 이동

2 다양한 인구 문제

1. 인구 이동에 따른 문제 자료 03

인구 유입 지역	• 긍정적 영향: 노동력 확보로 경제가 활성화되고, 문화적 다양성이 증대됨. • 부정적 영향: 이주민과 기존 주민 간의 경제적·문화적 갈등 발생
인구 유출 지역	• 긍정적 영향: 해외 이주 노동자들의 송금으로 외화가 유입됨. • 부정적 영향: 청장년층 노동력의 감소, 사회적 분위기 침체

▲ 유럽의 난민❹ 유입 현황

찬성	• 저렴한 임금의 난민 인력을 활용하여 유럽의 노동력 부족 문제 해결 • 난민들의 인간다운 삶 보장
반대	• 난민으로 인한 재정 지출 증가 • 자국민의 일자리 감소 • 난민들과의 문화적 충돌, 범죄 위험 등

▲ 유럽행 난민 수용 여부에 대한 의견

• 빠른 핵심 체크 •

인구 분포(밀집)의 요인
- 자연적 요인: 온난한 기후, 비옥한 평야
- 사회·경제적 요인: 산업 발달, 풍부한 일자리, 편리한 교통 등

국가별 인구 구조
- 선진국: 유소년층 비중이 작고, 노년층 비중이 큼.
- 개발 도상국: 유소년층 비중이 크고, 노년층 비중이 작음.

인구 이동의 유형
경제적·정치적·환경적 이동

❶ 인구 구조
어느 인구 집단의 연령별·성별 인구 구성으로, 그 지역의 특성을 반영한다. 즉 인구는 연령, 성, 인종과 같은 자연적 특성과 직업, 국적, 종교와 같은 사회적 특성에 따라 인구 구성의 상태가 다르게 나타난다.

❷ 남초 현상
여자 100명당 남자 수를 성비라고 하는데, 성비가 100보다 크면 남초 현상, 100보다 작으면 여초 현상이 나타났다고 한다.

❸ 또 다른 인구 이동의 유형 사례
- 종교적 이동: 16세기 이후 종교의 자유를 위해 북아메리카로 떠난 유럽인들의 이동
- 강제적 이동: 노예 무역으로 아메리카로 간 아프리카인들의 이동

• 빠른 핵심 체크 •

다양한 인구 문제
- 인구 이동에 따른 문제
- 인구 과잉 문제
- 저출산·고령화 문제

❹ 난민
인종, 종교, 정치·사상적 차이로 인한 박해를 피해 다른 지역으로 탈출하는 사람들

자료 01 세계의 인구 분포

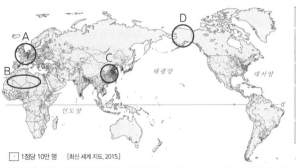

구분	인구 분포
A	온화한 기후, 발달한 산업 → 인구 조밀
B	사막 기후 → 인구 희박
C	온화한 기후, 벼농사와 산업 발달 → 인구 조밀
D	기온이 낮은 기후 → 인구 희박

□ 1점당 10만 명 [최신 세계 지도, 2015.]

▲ A~D 지역의 인구 분포 분석

셀/파/길/잡/이
- 인구 밀집 지역: 북반구 중위도의 냉·온대 기후 지역과 해발 고도가 낮은 하천 주변이나 해안 지역에 인구가 밀집해 있다. 또한 교통이 편리하고 산업이 발달하여 일자리가 많은 선진국이나 대도시에 인구가 집중한다. 북반구는 남반구보다 대륙이 넓게 분포하고, 냉·온대 기후가 넓게 나타나 세계 인구의 90%가 밀집해 있다.
- 인구 희박 지역: 건조·열대·한대 기후 지역이나 험준한 산지·고원 지역, 사막 지역은 인간 거주에 불리하여 인구가 희박하다. 또한 경제 활동에 불리하고 교통이 불편한 지역에도 인구가 적게 분포한다.

교과서 자료 더 보기 ⊕

대륙별 인구 비율

	오세아니아	중남부 아메리카	북부 아메리카	아프리카	유럽	아시아
1950년	0.5	6.7	6.8	9.1	21.7	55.2 (%)
2015년	0.5	8.6	4.9	16.1	10.1	59.8 (%)
2050년	0.6	8.1	4.4	25.5	7.3	54.1 (%)

[국제 연합(UN), 2015.]

개발 도상국이 많은 아시아와 아프리카에 많은 인구가 거주한다. 2050년 자료까지 살펴보면 아프리카의 인구 성장률이 매우 높을 것으로 예상된다.

자료 02 선진국과 개발 도상국의 인구 구조

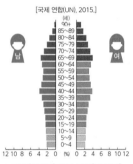

[국제 연합(UN), 2015.]

▲ 일본(선진국) 인구 구조(2015년)

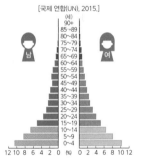

[국제 연합(UN), 2015.]

▲ 니제르(개발 도상국) 인구 구조(2015년)

셀/파/길/잡/이
- 일본: 니제르보다 유소년층 인구 비중이 작고, 노년층의 비중이 큰 방추형 인구 구조를 보인다.
- 니제르: 일본보다 유소년층 인구 비중이 크고, 노년층의 비중이 작아 피라미드형 인구 구조를 보인다.
- 인구 부양비: 인구 부양비는 생산 연령 인구인 청장년 인구에 대한 비생산 연령 인구인 유소년 인구(0~14세)와 노년 인구(65세 이상)의 비율이다. 상대적으로 일본은 노년 부양비가, 니제르는 유소년 부양비가 높다.

교과서 자료 더 보기 ⊕

우리나라의 인구 구조(2015년)

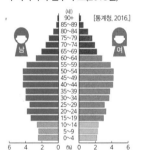

[통계청, 2016.]

우리나라는 산업화 이후 출생률이 현저히 낮아져 유소년층 비중은 감소하고 노년층 비중이 빠르게 늘어났다.

자료 03 통합탐구 세계의 주요 인구 이동

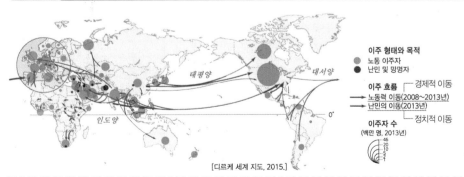

이주 형태와 목적
- ● 노동 이주자
- ● 난민 및 망명자

이주 흐름 ─ 경제적 이동
→ 노동력 이동(2008~2013년)
→ 난민의 이동(2013년) ─ 정치적 이동

이주자 수
(백만 명, 2013년)
46 / 20 / 10

[디르케 세계 지도, 2015.]

셀/파/길/잡/이
- 경제적 이동: 아시아, 아프리카, 라틴 아메리카의 개발 도상국에서 유럽, 앵글로아메리카, 오세아니아 등 임금 수준이 높고 고용 기회가 많은 선진국으로의 인구 이동이 활발하다.
- 정치적 이동: 분쟁이 잦은 서남아시아, 아프리카에서 유럽 및 인접 국가로의 난민 이동이 활발하다.

교과서 자료 더 보기 ⊕

대륙별 인구 유입과 유출 현황

(만 명) ■ 1950~1955년 ■ 2010~2015년
[국제 연합, 2016.]

경제 수준이 높은 앵글로아메리카, 유럽, 오세아니아에 인구가 많이 유입된다.

2. 인구 과잉 문제 [자료 04]

발생 지역	아시아, 아프리카, 라틴 아메리카의 개발 도상국
원인	• 의학 발달과 생활 수준 향상에 따라 사망률은 급격하게 감소하였지만, 출생률은 여전히 높아 인구가 급격히 증가함. • 경제 발전 속도보다 인구 증가 속도가 빨라 식량, 자원 등이 부족함.
문제점	• 인구 부양력의 한계를 넘어선 인구 과잉에 따른 기아, 빈곤, 실업 문제 • 각종 도시 문제: 일부 대도시는 인구 과밀화로 주택 부족, 사회 기반 시설 부족, 환경 오염 등의 문제가 발생함.

용어 인구 부양력 한 국가의 인구가 그 국가의 사용 가능한 자원에 의하여 생활할 수 있는 능력으로, 얼마만큼의 인구를 수용할 수 있는지를 나타냄.

3. 저출산·고령화 문제 [자료 04] [자료 05]

발생 지역		산업화를 통해 일찍 경제 발전을 이룬 유럽, 앵글로아메리카의 선진국
저출산	원인	여성의 사회 진출 증가, 초혼 연령 상승, 결혼 및 출산에 대한 가치관 변화, 양육 부담 증가 등에 따른 출생률 감소
	문제점	생산 연령 인구(생산 가능 인구, 경제 활동 인구)의 감소 → 잠재 성장률[5] 하락, 노동력 부족 및 소비 감소로 경기 침체
고령화[6]	원인	의학 발달과 생활 수준 향상에 따른 평균 기대 수명 증가, 저출산 현상
	문제점	노년 인구 부양비 증가, 노인 복지 비용 증가 → 세대 간 갈등 발생

왜 노인 부양 부담을 지는 청장년층과 노년층 간에 갈등이 발생함.

4. 우리나라의 인구 문제   우리나라는 1960년대까지만 해도 출생률이 높아 유소년층 인구 비중이 컸지만, 산업화와 경제 성장 과정에서 출생률이 매우 낮아지면서 현재는 심각한 저출산·고령화 문제를 겪고 있음.

③ 다양한 인구 문제의 해결 방안

1. 인구 과잉 문제의 해결 방안   산아 제한 정책(출산 억제 정책) 실시, 인구 부양력을 높이기 위한 경제 발전과 식량 증산 정책 실시, 중소 도시 육성 정책 및 촌락의 생활 환경 개선 등

2. 저출산·고령화 문제의 해결 방안 [자료 06]

(1) 정책적 방안

저출산	• 출산 장려 정책: 임신·출산·육아를 위한 비용 지원, 출산 휴가 및 육아 휴직 보장 및 기간 연장, 공공 보육 시설 확충, 자녀수에 따른 세제 혜택 등 • 기타: 청년 일자리 확보, 성별 임금 격차 해소, 유연 근무제 확대 등
고령화	• 노후 생활 보장: 노후 소득 보장을 위한 사회 보장 제도 마련(노인 연금, 국민연금, 주택 연금 등), 노인 복지 시설 확충 • 노인의 경제 활동 지원: 정년 연장[7], 노인 일자리 창출, 노인 직업 훈련 지원 등

(2) 가치관의 변화

① **친가족적 가치관**   결혼과 가족의 소중함을 깨닫고, 양성평등의 성 역할을 이해하며, 노인을 지혜와 경험을 간직한 사회 구성원으로 인정하고 공경해야 함.

② **세대 간 정의를 실현하기 위한 노력**   세대 간의 형평성을 고려하여 사회 복지 비용에 대한 미래 세대의 부담을 줄이기 위해 배려해야 하고, 청장년층의 권리를 침해하지 않으면서 노년층의 인간다운 삶을 보장해야 함.

---

5 잠재 성장률
한 국가의 경제가 과도한 물가 상승을 유발하지 않고, 자본, 노동, 총요소 생산성 등을 최대한 효율적으로 사용하여 달성할 수 있는 국내 총생산(GDP) 증가율이다. 우리나라의 잠재 성장률은 계속 하락할 것으로 예상되는데, 가장 큰 이유는 바로 생산 연령 인구의 감소 때문이다.

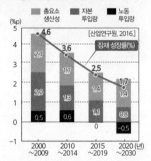
▲ 우리나라 잠재 성장률 추이

6 고령화
총인구 중에 65세 이상 노년층 인구가 차지하는 비율이 높아지는 현상으로, 그 비율이 7% 이상이면 고령화 사회, 14% 이상이면 고령 사회, 20% 이상이면 초고령 사회라고 한다.

▶ 빠른 **핵심** 체크

다양한 인구 문제의 해결 방안
• 인구 과잉 문제: 산아 제한 정책, 식량 증산 정책 등
• 저출산·고령화 문제: 출산 장려 정책, 노인에 대한 사회 보장 제도 마련, 친가족적 가치관, 세대 간 정의 실현을 위한 노력

7 정년 연장에 대한 찬반 의견

찬성	• 노년층의 안정적인 수익 보장 • 노년층의 숙련된 기술과 노하우 활용 • 청년층이 비교 우위를 갖는 직종과 장년층이 비교 우위를 갖는 직종은 다름.
반대	• 정년 연장에 따른 기업의 인건비 부담 • 청년층의 일자리 감소

자료 04 국가별 합계 출산율을 통해 본 인구 문제

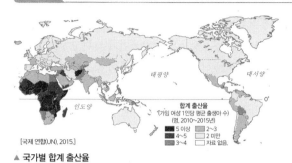

[국제 연합(UN), 2015.]

▲ 국가별 합계 출산율

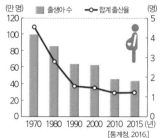

[통계청, 2016.]

▲ 우리나라의 저출산 현상

셀/파/길/잡/이
- 합계 출산율이 높은 중남부 아프리카, 남부 아시아 등은 인구 과잉 문제를 겪고 있고, 합계 출산율이 낮은 유럽, 앵글로아메리카의 선진국들은 생산 연령 인구가 줄어들어 경기 침체 위기에 놓여 있다.
- 우리나라는 1960년대까지만 해도 출생률이 높았지만, 이후 강력한 산아 제한 정책과 여성의 사회 진출 증가 및 결혼에 대한 가치관 변화로 출생률이 낮아졌다. 또한 최근에는 청장년층의 고용 불안, 주택 비용 상승, 결혼 연령 상승, 출산 및 육아에 대한 부담 등도 출생률을 낮추는 데 일조하였다.

교과서 자료 더 보기

아프리카의 기아 인구 비율

[세계 식량 계획(WFP), 2015.]

합계 출산율이 높은 중남부 아프리카 지역은 기아 인구 비율도 높게 나타난다. 식량 생산 속도보다 인구 증가 속도가 빨라 식량이 부족하기 때문이다.

자료 05 선진국의 고령화 문제

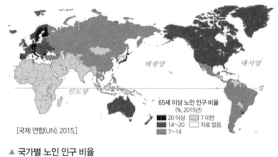

[국제 연합(UN), 2015.]

▲ 국가별 노인 인구 비율

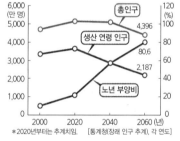

*2020년부터는 추계치임. [통계청(장래 인구 추계), 각 연도]

▲ 우리나라의 고령화 문제

셀/파/길/잡/이
- 일찍이 산업화로 경제 발전을 이룬 유럽, 미국 등의 선진국은 의학 기술의 발달과 생활 수준의 향상으로 평균 기대 수명이 길어지고, 출생률이 감소하여 노인 인구 비율이 높게 나타나고 있다.
- 우리나라는 생산 연령 인구가 감소하는 대신 노인 비율이 증가하여 청장년층의 노년 부양 부담이 매우 커지고 있다. 이에 따라 세대 간 갈등 문제가 발생할 가능성이 높아지고 있다.

자료 06 통합탐구 저출산·고령화의 해결 방안

(가) 스웨덴의 육아 휴직 제도

스웨덴 정부는 부모 모두의 충분한 육아 휴직 기간을 보장하고 있다. 자녀가 8살이 될 때까지 부모는 공동으로 480일의 휴가를 나눠 사용할 수 있다. 부모 중 한 사람이 반드시 60일 이상 사용해야 한다. 이러한 제도는 아버지가 양성평등 의식을 가지고 자녀 양육에 공동으로 참여해야 한다는 취지에서 마련된 것이다. – 《○○일보》, 2016. 9. 21. –

(나) 일본의 정년 연장 정책

일본은 국민 4명당 1명이 65세 이상의 노인으로, 이러한 고령화 문제를 해결하기 위해 일본은 정년을 65세로 의무화하였고, 정년퇴직한 노인을 재고용하는 기업에는 보조금을 지급하였다. 그 결과 2015년에는 일본 기업의 70% 이상이 노인들을 고용하고 있는 것으로 나타났다. – 《○○일보》, 2016. 9. 8. –

교과서 탐구 풀이

Q (나)의 정년 연장에 대해 찬반 토론을 해 보자.

A
- 찬성: 정년 연장을 하면 노년층의 안정적인 수익이 보장되어 노인 빈곤 문제를 해결할 수 있고, 노년층의 숙련된 기술과 노하우를 노동력으로 잘 활용할 수 있다.
- 반대: 정년 연장을 하면 기업의 인건비 부담이 커지고, 그만큼 청년층의 일자리는 감소할 것이다.

셀/파/길/잡/이 1960년대 중반 이후 출생률이 급격히 떨어진 스웨덴은 양성평등 의식 확립을 바탕으로 육아 휴직을 충분히 보장하는 제도를 시행하고 있고, 고령화 문제를 겪고 있는 일본은 정년 연장을 통해 노인의 경제 활동을 활성화하여 노동력 부족 문제를 해결하고 젊은 세대의 부양 부담을 줄이고자 하였다.

개념 채우기

1. 세계의 인구 현황

인구 분포	• (❶　　　　　) 요인: 기후, 지형, 토지 등
	• 사회·경제적 요인: 산업, 교통, 문화, 교육 등
	• 인구 밀집 지역: 기후가 온화하고 넓은 평야가 분포하며, 산업이 발달하고 일자리가 풍부함.
인구 구조	• (❷　　　　　): 유소년층 인구 비중이 작고, 노년층의 비중이 큼.
	• 개발 도상국: 유소년층 인구 비중이 크고, 노년층의 비중이 작음.
	• 기타: 남아 선호 사상이 있는 국가에서는 남초 현상이 나타남.
인구 이동	• (❸　　　　　) 이동: 개발 도상국에서 임금 수준이 높고 고용 기회가 많은 선진국으로 이동
	• 정치적 이동: 전쟁, 분쟁에 의한 이동 ⑩ 서남아시아, 아프리카에서 유럽 및 인접 국가로의 난민 이동
	• 환경적 이동: 환경 재앙을 피해 이동

2. 다양한 인구 문제

인구 이동에 따른 문제	• 인구 유입 지역: 이주민과 기존 주민 간의 경제적·문화적 갈등 발생
	• 인구 유출 지역: 청장년층 노동력의 감소, 사회적 분위기 침체
인구 과잉 문제	• 발생: 개발 도상국
	• 원인: 의학 발달과 생활 수준 향상에 따라 사망률은 급격하게 감소한 반면 출생률은 여전히 높아 인구가 급격하게 증가했는데, 이 속도가 경제 발전 속도보다 빨라 식량, 자원 등이 부족함.
	• 문제: 기아, 빈곤, 실업, 각종 도시 문제
저출산·고령화 문제	• 발생: 선진국
	• 저출산: 여성의 사회 진출 증가, 결혼 및 출산에 대한 가치관 변화에 따른 출생률 감소 → (❹　　　　　) 인구 감소에 따른 노동력 부족과 경기 침체
	• 고령화: 의학 발달과 생활 수준 향상에 따른 평균 기대 수명 증가 → (❺　　　　　) 인구 부양비와 노인 복지 비용 증가로 세대 간 갈등 발생

3. 다양한 인구 문제의 해결 방안

인구 과잉 문제	산아 제한 정책, 식량 증산 정책, 중소 도시 육성 정책, 촌락의 생활 환경 개선 등
저출산·고령화 문제	• 정책적 방안: 출산 (❻　　　　　) 정책, 노인을 위한 사회 보장 제도, 노인의 경제 활동 지원
	• 가치관 변화: 친가족적 가치관, 세대 간 정의 실현

정답 | ❶ 자연적 ❷ 선진국 ❸ 경제적(일자리) ❹ 저출산(고령화, 인구 감소 등을) ❺ 고령화 ❻ 장려

1 세계의 인구 현황

01 세계의 인구 현황에 대한 설명으로 옳은 것은?

① 최근의 인구 성장은 선진국이 주도하고 있다.
② 오늘날에는 인간의 거주 지역이 축소되고 있다.
③ 최근에는 경제적인 목적의 국제 인구 이동이 많다.
④ 세계의 인구는 정보 혁명 이후 급격하게 성장하였다.
⑤ 인도처럼 남아 선호 사상이 있는 일부 국가에서는 여초 현상이 나타난다.

02 그래프의 A~D 단계에 대한 설명으로 옳지 않은 것은?

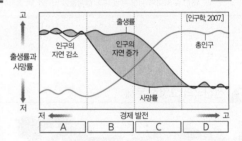

① A 단계는 출생률과 사망률이 모두 높게 나타난다.
② B 단계는 여성의 사회 진출, 자녀에 대한 가치관 변화가 큰 영향을 미친다.
③ C 단계는 인구가 증가하고 있다.
④ D 단계는 주로 선진국에서 나타난다.
⑤ B, C 단계는 주로 개발 도상국에서 나타난다.

★03 다음 세계의 인구 분포 지도에 대한 설명으로 옳지 않은 것은?

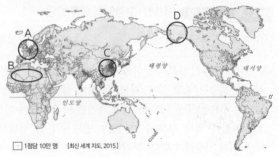

☐ 1점당 10만 명　[최신 세계 지도, 2015.]

① 남반구보다 북반구에 더 많은 인구가 분포한다.
② A는 기후가 온화하고 산업이 발달하여 인구가 많다.
③ B는 해발 고도가 높아 인간 거주에 불리하다.
④ C는 벼농사와 각종 산업이 발달하여 인구가 밀집해 있다.
⑤ D는 기온이 낮아 인구가 희박하다.

[04~05] (가), (나) 국가의 인구 구조를 보고 물음에 답하시오.

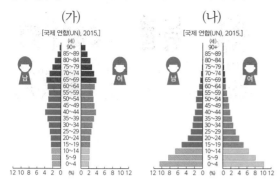

04 (가) 국가와 비교한 (나) 국가의 상대적인 특징을 그림의 A~E에서 고르면?

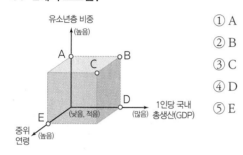

① A
② B
③ C
④ D
⑤ E

05 (가), (나) 국가의 상대적인 인구 구조 특징에 대한 옳은 설명을 〈보기〉에서 고른 것은?

┌─ 보기 ┐
ㄱ. (가) 국가는 출생률이 낮다.
ㄴ. (가) 국가는 평균 기대 수명이 짧다.
ㄷ. (나) 국가는 합계 출산율이 낮다.
ㄹ. (나) 국가는 노년층의 비중이 작다.
└─────┘

① ㄱ, ㄴ   ② ㄱ, ㄹ   ③ ㄴ, ㄷ
④ ㄴ, ㄹ   ⑤ ㄷ, ㄹ

06 다음 대륙별 인구 비율을 나타낸 그래프에서 A, B 대륙으로 바르게 짝지어진 것은?

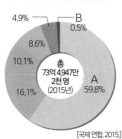

	A	B
①	유럽	아프리카
②	아시아	아프리카
③	아시아	오세아니아
④	아프리카	오세아니아
⑤	아프리카	아시아

07 다음 세계의 인구 이동을 나타낸 지도에 대한 설명으로 옳은 것은?

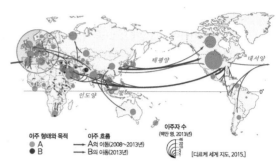

① A는 난민, B는 노동 이주자이다.
② A는 대부분 아시아, 라틴 아메리카로 이주한다.
③ B는 아메리카로의 이주 인구수가 가장 많다.
④ B는 주로 선진국에서 개발 도상국으로 이주한다.
⑤ A는 B보다 이주 인구수가 많다.

2 다양한 인구 문제 ~ **3** 다양한 인구 문제의 해결 방안

〔통합탐구〕

08 다음 유럽으로의 난민 이동 지도를 보고 옳은 내용을 말한 학생을 고른 것은?

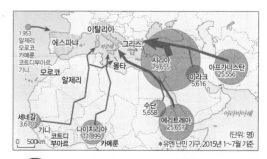

갑: 종교적 박해 때문에 강제로 이주당했어.
을: 경제적 목적으로 인구가 이동하고 있어.
병: 유럽 주민들은 난민들과 문화적 충돌을 겪을 수 있어.
정: 유럽 주민들과 난민들이 일자리를 두고 경쟁하게 될 거야.

① 갑, 을   ② 갑, 병   ③ 을, 병
④ 을, 정   ⑤ 병, 정

[09~10] 다음 (가), (나) 국가의 특징을 읽고, 물음에 답하시오.

> (가) 노인 한 명을 부양하는 청장년층 인구가 1960년에는 11.2명이었는데, 2015년에는 2.4명이다. 2040년에는 1.2명으로 줄어들 것이라고 한다.
>
> (나) 대가족을 선호하는 문화와 낙태를 금기시하는 가톨릭교의 관습으로 인구가 급증하면서 빈곤층이 증가하는 악순환이 발생한다.

09 (가) 국가와 비교한 (나) 국가의 상대적 특징을 그림의 A~E에서 고른 것은?

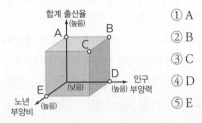

① A
② B
③ C
④ D
⑤ E

★10 (가), (나) 국가가 경험하는 인구 문제에 대한 옳은 설명을 〈보기〉에서 고른 것은?

| 보기 |
> ㄱ. (가) 국가에는 식량 부족 문제가 나타난다.
> ㄴ. (가) 국가의 인구 문제의 원인은 여성의 사회 진출 증가와 결혼에 대한 가치관 변화이다.
> ㄷ. (나) 국가는 노인 복지 비용이 급증하고 있다.
> ㄹ. (나) 국가에는 인구 과잉에 따른 빈곤 문제가 나타난다.

① ㄱ, ㄴ
② ㄱ, ㄷ
③ ㄴ, ㄷ
④ ㄴ, ㄹ
⑤ ㄷ, ㄹ

11 다음 우리나라의 인구 구조 변화에 대한 설명으로 옳은 것을 모두 고르면?

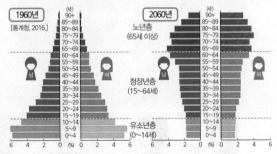

① 1960년에는 출산 장려 정책을 펼쳤을 것이다.
② 1960년에는 2060년보다 중위 연령이 낮게 나타났다.
③ 2060년에는 1960년보다 출생률이 높게 나타날 것이다.
④ 미래에는 노년 인구 부양비가 줄어들 것이다.
⑤ 현재 잠재 성장률 유지를 위한 인구 정책이 필요하다.

12 다음 사진에서 추론할 수 있는 우리나라 인구 문제로 가장 적절한 것은?

① 인구 과잉
② 난민 문제
③ 여초 현상
④ 저출산·고령화
⑤ 대도시의 인구 집중

13 다음 우리나라 인구 변화 그래프를 보고, 앞으로 나타날 수 있는 사회 변화에 대한 추론으로 옳은 것은?

① 실버산업의 쇠퇴
② 노동력 부족 문제
③ 출산 억제 정책 실시
④ 인구 과잉에 따른 주택 부족
⑤ 이촌 향도 현상에 따른 대도시 인구 밀집

★14 다음 합계 출산율을 나타낸 지도에 대한 옳은 설명과 추론을 〈보기〉에서 고른 것은?

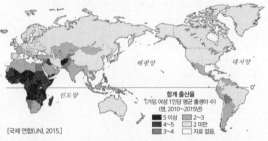

| 보기 |
> ㄱ. 일본은 피라미드형 인구 구조가 나타날 것이다.
> ㄴ. 합계 출산율이 높은 국가들은 보통 선진국이다.
> ㄷ. 중남부 아프리카 국가들은 출산 억제 정책이 필요하다.
> ㄹ. 유럽 및 일부 선진국은 임신·출산·육아 비용 지원에 많은 세금을 투입할 것이다.

① ㄱ, ㄴ
② ㄱ, ㄷ
③ ㄴ, ㄷ
④ ㄴ, ㄹ
⑤ ㄷ, ㄹ

통합탐구

15 다음은 수업 장면의 일부이다. 교사의 질문에 옳은 내용을 말한 학생을 고른 것은?

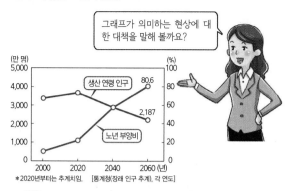

그래프가 의미하는 현상에 대한 대책을 말해 볼까요?

(만 명)
5,000
4,000 — 생산 연령 인구 — 80.6
3,000
2,000 — 2,187
1,000 — 노년 부양비
0
2000 2020 2040 2060 (년)
(%)
100
80
60
40
20
0

＊2020년부터는 추계치임. [통계청(장래 인구 추계), 각 연도]

갑: 장기적인 측면에서 출산 억제 정책이 필요합니다.

을: 노인 연금, 주택 연금 등 사회 보장 제도를 마련해야 합니다.

병: 노인들을 위한 일자리를 늘려야 합니다.

정: 노후를 준비할 수 있도록 정년을 단축해야 합니다.

① 갑, 을   ② 갑, 병   ③ 을, 병
④ 을, 정   ⑤ 병, 정

16 다음 주장에 대한 반대의 근거로 가장 적절한 것은?

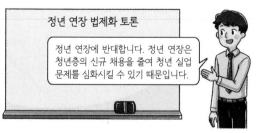

정년 연장 법제화 토론

정년 연장에 반대합니다. 정년 연장은 청년층의 신규 채용을 줄여 청년 실업 문제를 심화시킬 수 있기 때문입니다.

① 노후에 경제적 안정성이 높아질 수 있다.
② 노동 환경 변화에 유연하게 대처할 수 있다.
③ 청년층과 노년층 간의 임금 격차가 작아질 수 있다.
④ 노인 인구 비율이 감소하여 경제가 활성화될 수 있다.
⑤ 고령 근로자에 대한 기업의 임금 부담이 증가할 수 있다.

서술형 문제

17 서남아시아 지역의 전쟁·분쟁 등에 의해 유럽으로 이동하는 난민들의 인구 이동의 유형을 쓰고, 이러한 이동으로 인해 인구 유입 지역에서 나타날 수 있는 문제점을 서술하시오.

_____

_____

18 (가), (나) 국가의 인구 구조를 보고, 물음에 답하시오.

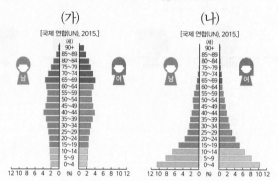

(가) [국제 연합(UN), 2015.]

(나) [국제 연합(UN), 2015.]

(1) (가), (나) 국가 중 노년 부양비가 더 높은 국가를 쓰시오.

(2) (나) 국가에서 나타나는 인구 문제를 쓰고, 이를 해결하기 위한 방안을 서술하시오.

_____

_____

_____

19 다음 지도에서 65세 이상 노인 인구 비율이 높게 나타나는 국가에서 시행해야 할 인구 정책을 서술하시오.

태평양 대서양
인도양

65세 이상 노인 인구 비율
(%, 2015년)
■ 20 이상   □ 7 미만
■ 14~20   □ 자료 없음.
■ 7~14

[국제 연합(UN), 2015.]

_____

_____

_____

교육청 기출 _변형

01 다음은 통합사회 수업 장면이다. 교사의 질문에 대한 발표 내용이 옳은 학생을 고른 것은?

인구 분포 특징에 대해서 말해 볼까요?

□ 1점당 10만 명 [최신 세계 지도, 2015]

갑: 사막, 한대 기후 지역에는 인구가 적게 분포해요.

을: 아시아 대륙에 인구가 가장 많이 분포해요.

병: 북반구보다 남반구에 더 많은 인구가 분포해요.

정: 적도 부근은 산업이 발달해서 인구가 많이 분포해요.

① 갑, 을   ② 갑, 병   ③ 을, 병
④ 을, 정   ⑤ 병, 정

02 (가), (나) 국가의 인구 구조에 대한 설명으로 옳은 것은?

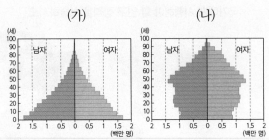

(가)

(나)

① (가) 국가는 노년 부양비가 유소년 부양비보다 높다.
② (나) 국가는 노년층에서 남초 현상이 나타나고 있다.
③ (가) 국가는 (나) 국가보다 합계 출산율이 높다.
④ (가) 국가는 (나) 국가보다 생산 연령 인구가 많다.
⑤ (나) 국가는 (가) 국가보다 중위 연령이 낮다.

03 다음은 학생의 필기 내용이다. ㉠~㉤에 대한 설명으로 옳지 않은 것은?

※ 세계의 인구 이동
1. 인구 이동의 유형: ㉠ 경제적 이동, ㉡ 정치적 이동, 환경적 이동, 종교적 이동, 강제적 이동
2. 오늘날의 인구 이동: 인구 이동 유형 중 (㉢)이 대부분을 차지함.
3. 인구 이동에 따른 문제
 • 인구 유입 지역: ㉣ 이주민과 기존 주민 간의 경제적·문화적 갈등
 • ㉤ 인구 유출 지역: 청장년층 노동력 감소

① ㉠은 개발 도상국에서 경제 수준이 높은 앵글로아메리카, 유럽으로의 이동이 활발하다.
② ㉡을 하는 사람들은 서남아시아, 아프리카와 같이 분쟁이 잦은 지역에서 유출된다.
③ ㉢에 들어갈 인구 이동 유형은 ㉡이다.
④ ㉣ 때문에 일부 유럽 국가의 국민들은 난민 수용을 반대한다.
⑤ ㉤은 경제 활동의 기회가 상대적으로 충분하지 않다.

교육청 기출 _변형

04 다음 우리나라의 인구 구조 변화 추이 그래프를 통해 파악할 수 있는 내용으로 옳은 것을 〈보기〉에서 고른 것은?

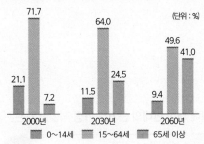

(단위 : %)

71.7

64.0

49.6   41.0

21.1   11.5   24.5

7.2   9.4

2000년   2030년   2060년

■ 0~14세 ■ 15~64세 ■ 65세 이상

보기

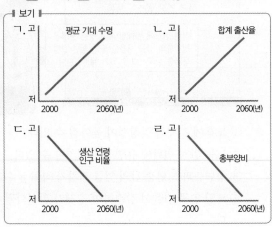

ㄱ. 평균 기대 수명

ㄴ. 합계 출산율

ㄷ. 생산 연령 인구 비율

ㄹ. 총부양비

① ㄱ, ㄴ   ② ㄱ, ㄷ   ③ ㄴ, ㄷ
④ ㄴ, ㄹ   ⑤ ㄷ, ㄹ

05 그래프의 (가)~(다)에 대한 설명으로 옳지 않은 것은? (단, (가)~(다)는 아시아, 아프리카, 유럽만 고려한다.)

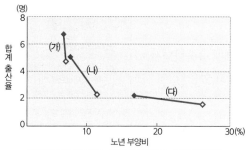

*합계 출산율의 ◆은 1970~1975년, ◇은 2010~2015년의 값임.
**노년 부양비의 ◆은 1970년, ◇은 2015년의 값임.

① (가)는 1970~1975년의 합계 출산율이 가장 높다.
② (다)는 사회 보장 제도에 대한 지출 부담이 증가하고 있다.
③ (가)는 (다)보다 인구 부양력 증대 정책이 필요하다.
④ (나)는 (가)보다 합계 출산율의 감소 폭이 크다.
⑤ (가)는 아시아, (나)는 유럽이다.

06 그래프는 우리나라의 인구 변화를 나타낸 것이다. 우리나라에서 나타날 수 있는 인구 문제와 이에 대한 인구 정책에 대한 추론으로 옳지 않은 것은?

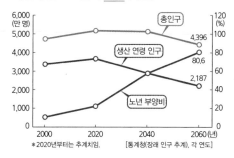

*2020년부터는 추계치임. [통계청(장래 인구 추계), 각 연도]

① 노동 생산성이 저하될 수 있다.
② 노인들의 일자리를 확대할 필요가 있다.
③ 노인 복지 시설에 대한 수요가 늘어날 것이다.
④ 사회 보장 제도에 대한 지출 부담이 증가할 것이다.
⑤ 식량과 자원 부족으로 기아와 빈곤 문제가 나타날 수 있다.

07 그래프의 A, B 국가에 대한 옳은 설명과 추론을 〈보기〉에서 고른 것은?

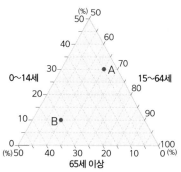

▲ A, B 국가의 연령별 인구 구성비

┤ 보기 ├

ㄱ. A 국가는 B 국가보다 출생률이 높다.
ㄴ. A 국가는 B 국가보다 노인 복지 시설을 확충하기 위해 노력할 것이다.
ㄷ. B 국가는 A 국가보다 유소년 인구 부양비가 높다.
ㄹ. B 국가는 A 국가보다 다양한 출산 장려 정책을 시행할 것이다.

① ㄱ, ㄴ   ② ㄱ, ㄹ   ③ ㄴ, ㄷ
④ ㄴ, ㄹ   ⑤ ㄷ, ㄹ

08 (가), (나) 국가의 인구 특성에 대한 옳은 추론을 〈보기〉에서 고른 것은?

(가) 16세 미만의 아동이 있는 모든 부모는 소득에 관계없이 아동 수당을 지급 받는다.
(나) 결혼 후 2년 간 출산을 미루겠다고 서약하면 보조금을 받을 수 있다.

▲ (가), (나) 국가의 인구 정책

┤ 보기 ├

ㄱ. (가) 국가는 피라미드형 인구 구조가 나타날 것이다.
ㄴ. (나) 국가는 저출산 문제가 나타날 것이다.
ㄷ. (가) 국가는 (나) 국가보다 평균 기대 수명이 길 것이다.
ㄹ. (나) 국가는 (가) 국가보다 유소년층 인구 비중이 클 것이다.

① ㄱ, ㄴ   ② ㄱ, ㄷ   ③ ㄴ, ㄷ
④ ㄴ, ㄹ   ⑤ ㄷ, ㄹ

02 지속 가능한 발전을 위한 노력

1 자원의 분포와 소비 실태

1. 자원의 의미와 특성 자연 상태로부터 얻어 낼 수 있는 것 중에서 인간에게 유용하면서 기술적·경제적으로 이용 가능한 것으로 유한성, 편재성, 가변성❶을 가지고 있음.

━[비교] 에너지 자원: 일상생활과 경제 활동에 필요한 에너지를 얻을 수 있는 자원

2. 에너지 자원의 분포와 소비 [자료 01]

(1) 주요 에너지 자원의 분포와 특징

석유	• 세계 매장량의 절반 정도가 서남아시아에 집중되어 있으며, 주로 사우디아라비아, 러시아 등이 수출하고 공업이 발달한 미국, 중국 등이 수입함. • 운송 수단의 발달로 수요가 급증하였으며, 오늘날에는 수송용, 산업용으로 이용
석탄	• 석유에 비해 비교적 넓은 범위에 분포하며, 주로 오스트레일리아, 인도네시아 등이 수출하고 인도, 중국, 일본 등이 수입함. • 산업 혁명기의 주요 에너지 자원이었으며, 최근에는 발전용, 산업용으로 이용
천연가스	• 석유와 함께 매장되어 있는 경우가 많고, 주로 러시아, 카타르 등이 수출하고 일본, 독일 등이 수입함. • 석유, 석탄보다 대기 오염 물질이 적게 배출되고, 냉동 액화 기술의 발달로 수요가 급증하였으며, 현재 산업용, 가정용, 상업용으로 이용

━[예] 도시가스

(2) 에너지 자원의 소비 특징

① **소비량의 증가** 인구 증가와 산업 발달에 따라 소비량이 계속해서 증가하고 있음.

② **소비지의 편재** 선진국이나 공업이 발달한 국가에서 대부분이 소비됨.

자원의 의미와 특성

┌ 의미: 인간에게 유용하면서 기술적·경제적으로 이용 가능한 것
└ 특성: 유한성, 편재성, 가변성

에너지 자원의 특성

종류	석유, 석탄, 천연가스 등
분포와 소비	자원은 유한하고 편재되어 있으나, 소비량은 꾸준히 증가하고 있음.
문제점	자원 확보를 둘러싼 갈등, 자원 고갈, 환경 문제 등

❶ **자원의 특성**

유한성	자원은 매장량이 한정되어 있어 언젠가는 고갈됨.
편재성	자원은 고르게 분포하지 않고 특정 지역에 치우쳐 분포함.
가변성	과학 기술의 발달과 사회적·문화적 배경 등에 따라 자원의 가치가 변화됨.

[자료 01] **주요 에너지 자원의 분포와 소비**

(가) 주요 에너지 자원의 분포와 이동

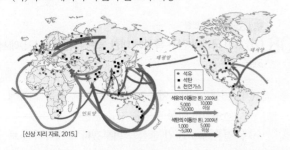

[신상 지리 자료, 2015.]

(나) 세계의 에너지 소비 구조 변화

셀/파/킬/잡/이 • (가): 에너지 자원 중 석유는 생산과 소비 지역이 일치하지 않아 국제적 이동이 활발하다.
• (나): 세계의 에너지 소비량은 꾸준히 증가하고 있는데, 화석 연료(석유, 석탄, 천연가스)의 소비량이 매우 많다.

교과서 자료 더 보기

석유·석탄의 생산과 소비

석유 생산(총 43.6억 톤)

| 13.0 | 미국 13.0 | 러시아 12.4 | 기타 61.6(%) |

━사우디아라비아

석유 소비(총 43.3억 톤)

| 미국 19.7 | 중국 12.9 | 45 | 기타 62.9(%) |

━인도

석탄 생산(총 38.3억 TOE)

| 중국 47.7 | 미국 11.9 | 인도 7.4 | 기타 33.0(%) |

석탄 소비(총 38.3억 TOE)

| 중국 50.0 | 인도 10.6 | 미국 10.3 | 기타 29.1(%) |

[비피(BP), 2016.]

---

3. 자원 분포와 소비에 따른 문제점 [자료 02]

(1) **자원 확보를 둘러싼 국가 간 갈등** 생산지와 소비지의 불일치, 자원 민족주의❷ 확산

(2) **자원 소비 증가에 따른 자원 고갈 문제** 자원의 유한성과 소비량 증가에 따른 자원 부족

(3) **화석 연료 사용 증가에 따른 환경 문제** 화석 연료 연소 시 발생하는 대기 오염 물질로 인한 대기 오염, 이산화 탄소 등 온실가스 배출로 인한 지구 온난화 문제

(4) **에너지 소비 격차 문제** 에너지 소비 상위 10개국은 전체 화석 연료 소비량의 절반 이상을 사용함.

━[용어] 대기 중 온실가스의 증가로 지구의 기온이 상승하는 현상

❷ **자원 민족주의**

천연자원은 산출 국가에 속한다는 인식에 따르는 주장과 행동으로, 자원 생산국은 자국의 정치적·경제적 이익을 위해 자원을 무기화한다.

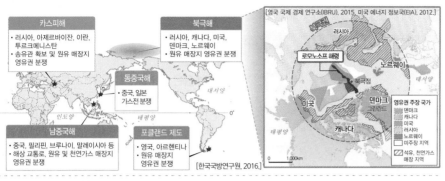

자원 갈등의 해결 방안

효율적인 자원 활용	자원 절약형 산업으로의 전환, 자원 절약의 생활화
신·재생 에너지 개발	화석 연료 고갈 및 환경 문제에 대처하기 위한 신·재생 에너지 개발 ⑩ 풍력, 태양광, 지열, 수소, 바이오 에너지 등
자원 외교 강화	자원의 안정적 확보를 위한 자원 보유국과의 협력 강화

셀/파/길/잡/이 · 석유, 석탄, 천연가스 등 주요 에너지 자원은 지역적으로 편재해 있고 매장량이 한정되어 있어, 이를 확보하기 위한 국가 간, 지역 간 갈등이 날로 심해지고 있다.
· 북극해는 기후 변화로 북극의 빙하가 녹으면서 석유, 천연가스 등 막대한 양의 심해 자원을 둘러싼 연안 국가들의 영유권 다툼이 일어나고 있다.

2 지속 가능한 발전을 위한 노력

1. 지속 가능한 발전의 의미와 필요성

(1) **의미** 현세대의 필요를 충족시키기 위하여 미래 세대가 사용할 경제·사회·환경 등의 자원을 낭비하거나 여건을 저해하지 않으면서 조화와 균형을 이루는 것

(2) **필요성** 자원 고갈, 환경 오염, 생태계 파괴, 빈부 격차의 확대, 갈등과 분쟁 등과 같은 다양한 문제가 끊임없이 나타나고 있음.

▲ 지속 가능한 발전의 개념

지속 가능한 발전을 위한 노력

국제·국가적 노력	· 개발 도상국의 빈곤 문제 해결 · 지속 가능한 기술 개발 · 국제 환경 협약 체결 · 온실가스 배출 감축 제도 시행 · 사회 취약 계층 지원
개인적 노력	에너지 절약, 윤리적 소비 실천 등

2. 지속 가능한 발전을 위한 노력 [자료 03]

국제·국가적 노력	경제적 측면	· 개발 도상국의 빈곤 문제 해결과 복지 증진을 목적으로 공적 개발 원조(ODA) 실시 · 자원 이용의 지속 가능성을 높여 주는 기술 개발
	환경적 측면	· 각종 국제 환경 협약❸ 체결 · 온실가스 배출권 거래 등 온실가스 배출량 감축을 위한 제도 시행
	사회적 측면	사회 계층 간 통합을 위한 사회 취약 계층 지원 제도 시행
개인적 노력		· 자원 및 에너지 절약, 물건 재활용 등 친환경적인 생활 방식 실천 · 윤리적 소비를 실천하고, 지구촌 구성원으로서 건강한 시민 의식을 지녀야 함. ┗[용어] 소비자가 윤리적인 가치 판단에 따라 상품·서비스를 구매하는 것

❸ 다양한 국제 환경 협약

람사르 협약	습지 보호
몬트리올 의정서	염화 플루오린화 탄소의 생산·사용 규제
바젤 협약	유해 폐기물의 국가 간 이동·처리 통제
기후 변화 협약	온실가스의 배출량 규제
생물 다양성 협약	생물 종 보호
사막화 방지 협약	사막화 방지

구분	사회 발전	환경 보호	경제 개발	전제 조건 및 방법
목표	· 빈곤 퇴치 · 기아 종식 · 건강과 웰빙 · 양질의 교육 · 성 평등 · 깨끗한 물과 위생	· 모두를 위한 깨끗한 에너지 · 지속 가능한 생산과 소비 · 기후 변화와 대응 · 해양 생태계 보전 · 육상 생태계 보호	· 양질의 일자리와 경제 성장 · 산업, 혁신, 사회 기반 시설 · 불평등 감소 · 지속 가능한 도시의 공동체	· 정의, 평화, 효과적인 제도 · 지구촌 협력

[국제 개발 협력 시민 사회 포럼, 2016.]

교과서 탐구 풀이 ✐

Q 지속 가능한 발전을 이루기 위해 '모든 국가의 이해관계자'가 노력해야 하는 이유를 생각해 보자.

A 지속 가능한 발전은 정부, 민간 기업, 시민 사회, 개인 중 어느 한 분야에서라도 노력하지 않는다면 이루어질 수 없기 때문이다.

셀/파/길/잡/이 국제 연합(UN)은 2030년까지 정부, 민간 기업, 시민 사회 등 모든 국가의 이해관계자가 실천해 나가야 하는 지속 가능 발전 목표(SDGs)를 제시하였다.

개념 채우기

1. 자원의 의미와 특성

의미	자연 상태로부터 얻어 낼 수 있는 것 중에서 인간에게 유용하면서 기술적·경제적으로 이용 가능한 것
특성	• 유한성: 자원은 매장량이 한정되어 있어 언젠가는 고갈됨. • (❶): 자원은 고르게 분포하지 않고 특정 지역에 치우쳐 분포함. • 가변성: 과학 기술의 발달과 사회적·문화적 배경 등에 따라 자원의 가치가 변화됨.

2. 에너지 자원의 분포와 소비

분포와 특징	• (❷): 주로 서남아시아에 집중 매장되어 있고, 수송용, 산업용으로 이용됨. • (❸): 비교적 넓은 지역에 매장되어 있고, 발전용, 산업용으로 이용됨. • 천연가스: 주로 석유와 함께 발견되고, 산업용, 가정용, 상업용으로 이용됨.
소비 특징	• 인구 증가와 산업 발달로 지속적으로 증가함. • 선진국이나 공업국에서 대부분이 소비됨.

3. 자원 분포와 소비에 따른 문제점

국가 간 갈등	자원 분포지와 소비지의 불일치로 자원 확보를 둘러싼 갈등 발생, 자원 민족주의 확산
자원 고갈	자원의 유한성과 소비 증가에 따른 자원 부족
(❹) 문제	화석 연료 연소 시 대기 오염 물질 발생, 이산화탄소의 배출로 지구 온난화 현상 발생
소비 격차	에너지 소비 상위 10개국에서 전체 소비량의 절반 이상을 사용

4. 지속 가능한 발전을 위한 노력

(❺) 의 의미	현세대의 필요를 충족시키기 위하여 미래 세대가 사용할 경제·사회·환경 등의 자원을 낭비하거나 여건을 저해하지 않으면서 조화와 균형을 이루는 것
지속 가능한 발전을 위한 노력	• 국제·국가적 노력: 개발 도상국의 빈곤 문제 해결, 자원 이용의 지속 가능성을 높여 주는 기술 개발, 각종 국제 환경 협약 체결, 온실가스 배출량 감축을 위한 제도 시행, 사회 취약 계층 지원 제도 시행 • 개인적 노력: 자원 절약 등 (❻) 생활 방식 실천, 윤리적 소비 실천, 건강한 시민 의식 함양

답 | ❶편재성 ❷석유 ❸석탄 ❹환경 ❺지속가능한발전 ❻친환경적인

---

1 자원의 분포와 소비 실태

01 자원에 대한 옳은 설명을 〈보기〉에서 고른 것은?

┤ 보기 ├
ㄱ. 에너지 자원의 매장량은 무한하다.
ㄴ. 대부분의 자원은 전 세계적으로 고르게 분포한다.
ㄷ. 과학 기술이 발달하면 자원의 가치는 변할 수 있다.
ㄹ. 자원은 인간에게 유용하면서 기술적·경제적으로 이용 가능한 것이다.

① ㄱ, ㄴ   ② ㄱ, ㄷ   ③ ㄴ, ㄷ
④ ㄴ, ㄹ   ⑤ ㄷ, ㄹ

★02 그래프는 세계의 에너지 소비 구조 변화를 나타낸 것이다. A~C 자원의 공통점으로 옳은 것은?

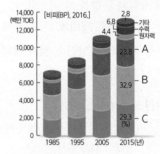

① 화석 연료이다.
② 주로 발전용으로 이용된다.
③ 서남아시아에 집중 매장되어 있다.
④ 소비량이 지속적으로 감소하고 있다.
⑤ 연소 시에도 오염 물질이 배출되지 않는다.

03 그래프는 석유의 생산, 수출, 수입을 나타낸 것이다. A, B 국가로 옳은 것은?

생산량(4,331백만 톤, 2015년)
132 / 130 / 러시아 123 / 기타 61.4%
A B

수출량(1,892백만 톤, 2014년)
187 / 러시아 11.7 / 66 / 기타 62.0%
A / 아랍 에미리트

수입량(1,958백만 톤, 2014년)
176 / 중국 157 / 인도 97 / 기타 57.0%
B

[국제 에너지 기구(IEA), 2016]

	A	B
①	카타르	미국
②	카타르	일본
③	오스트레일리아	일본
④	사우디아라비아	미국
⑤	사우디아라비아	오스트레일리아

04 지도는 주요 에너지 자원의 분포와 이동을 나타낸 것이다. A와 B 자원에 대한 옳은 설명을 〈보기〉에서 고른 것은? (단, 석유, 석탄, 천연가스만 고려한다.)

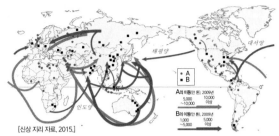

[신상 지리 자료, 2015.]

┤ 보기 ├

ㄱ. A는 산업 혁명기의 주요 에너지 자원이었다.

ㄴ. A는 세계에서 가장 많이 소비되는 에너지 자원이다.

ㄷ. B는 주로 제철 공업 원료나 발전 연료로 사용된다.

ㄹ. B는 냉동 액화 기술의 발달로 운반과 사용이 편리해지면서 사용이 증가하였다.

① ㄱ, ㄴ ② ㄱ, ㄷ ③ ㄴ, ㄷ ④ ㄴ, ㄹ ⑤ ㄷ, ㄹ

05 밑줄 친 ㉠~㉣에 대한 설명으로 옳지 않은 것은?

㉠ 세계의 자원 소비량은 계속해서 증가하고 있다. 특히 석유, 석탄, 천연가스와 같은 화석 연료의 소비량이 급증하고 있다. ㉡ 화석 연료는 연소 과정에서 오염 물질을 배출할 뿐만 아니라, ㉢ 한번 사용하면 재생할 수 없으므로 여러 가지 문제를 불러온다. 또한, 화석 연료는 편재되어 분포하기 때문에 ㉣ 자원의 이동과 분배를 둘러싼 분쟁을 발생시키기도 한다.

① ㉠의 원인은 인구 증가와 산업 발달이다.

② ㉡은 대기 오염을 발생시키는 원인 중 하나이다.

③ ㉢의 사례로는 자원 고갈 문제가 있다.

④ ㉢은 자원의 특성 중 가변성과 관련이 있다.

⑤ 자원 민족주의로 인해 ㉣이 심화된다.

06 다음 글의 문제를 해결하기 위한 방안으로 옳지 않은 것은?

• 자원의 매장량이 한정되어 있다.

• 석탄과 석유는 오염 물질을 많이 배출한다.

• 자원의 확보를 둘러싼 국가 간 갈등이 발생한다.

① 자원을 절약한다.

② 신·재생 에너지를 개발한다.

③ 화석 연료의 사용 비중을 늘린다.

④ 에너지 효율이 높은 상품을 개발한다.

⑤ 자원 부국과 자원 빈국은 경제 협력을 한다.

07 다음 자료의 ㉠ 지역을 지도의 A~E에서 고른 것은?

㉠ 은(는) 중국, 필리핀, 말레이시아, 브루나이 등의 국가가 해양 지형물에 대한 영유권 및 해양 관할권을 주장하는 분쟁 지역이다. ㉠ 은(는) 원유와 천연가스가 매장되어 있고, 해상 교통로이자 전략적 요충지이기 때문에 분쟁 당사국 간의 갈등이 심화되고 있다.

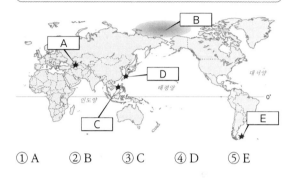

① A ② B ③ C ④ D ⑤ E

08 지도는 북극해 연안 국가들의 영유권 분쟁을 나타낸 것이다. 이에 대한 옳은 설명만을 〈보기〉에서 있는 대로 고른 것은?

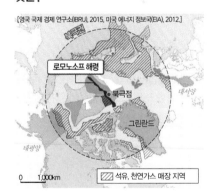

[영국 국제 경제 연구소(IBRU), 2015, 미국 에너지 정보국(EIA), 2012.]

┤ 보기 ├

ㄱ. 분쟁국들은 모호한 국경선을 둘러싸고 분쟁을 벌이고 있다.

ㄴ. 기후 변화로 북극의 빙하가 녹으면서 갈등이 심화되고 있다.

ㄷ. 북극해에서 분쟁이 발생한 원인 중 하나는 석유와 천연가스의 확보 때문이다.

ㄹ. 북극을 둘러싼 덴마크, 캐나다, 미국, 러시아, 노르웨이 등이 영유권 다툼을 하고 있다.

① ㄱ, ㄴ ② ㄱ, ㄹ ③ ㄷ, ㄹ

④ ㄱ, ㄴ, ㄷ ⑤ ㄴ, ㄷ, ㄹ

2 지속 가능한 발전을 위한 노력

09 자료의 ㉠에 대한 옳은 설명을 〈보기〉에서 고른 것은?

1987년에 발표된 '우리 공동의 미래'라는 보고서에서 [㉠] 발전은 '미래 세대가 그들의 필요를 충족시킬 수 있는 능력을 위태롭게 하지 않으면서 현재 세대의 필요를 충족시키는 발전 방식'이라고 정의하였다.

┃ 보기 ┃
ㄱ. ㉠에 들어갈 말은 '지속 가능한'이다.
ㄴ. ㉠은 환경 보존·보호에 한정된 개념이다.
ㄷ. 대규모 화력 발전소 건설은 ㉠과 관련이 깊다.
ㄹ. 지구의 다양한 문제를 해결하기 위해 ㉠은 꼭 필요하다.

① ㄱ, ㄴ　　② ㄱ, ㄹ　　③ ㄴ, ㄷ
④ ㄴ, ㄹ　　⑤ ㄷ, ㄹ

통합탐구

10 다음 자료는 국제 연합(UN)의 지속 가능 발전 목표를 나타낸 것이다. 이를 위한 노력으로 적절하지 <u>않은</u> 것은?

[국제 개발 협력 시민 사회 포럼, 2016]

① 사회 취약 계층 지원
② 개발 도상국의 빈곤 문제 해결
③ 에너지 자원 소비 절약 및 감소
④ 세계화를 통한 시장 경제 체제의 확대
⑤ 환경 보존을 위한 각종 국제 환경 협약 체결

11 다음 지도를 보고 물음에 답하시오.

▲A의 분포
A의 이동(2013년)

[하크 세계 지도, 2015.]

(1) 지도와 같은 분포와 이동을 나타내는 A 자원이 무엇인지 쓰시오.

_____

(2) A 자원의 특징을 분포, 생산국, 이용의 측면에서 서술하시오.

_____

_____

_____

12 다음 글을 보고 물음에 답하시오.

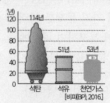

▲ 주요 에너지 자원의 가채 연수(2015)

가채 연수는 확인된 자원의 매장량을 연 생산량으로 나눈 것으로, 자원을 앞으로 몇 년이나 더 사용할 수 있는가를 나타내는 지표이다. 우리가 주로 사용하는 석탄, 석유, 천연가스와 같은 에너지 자원은 ㉠ 가채 연수가 얼마 남지 않은 상황이다.

(1) 윗글과 관련이 깊은 자원의 특성이 무엇인지 쓰시오. (단, 유한성, 편재성, 가변성만 고려한다.)

_____

(2) 밑줄 친 ㉠ 현상을 해결하기 위한 방안을 국제·국가적 차원과 개인적 차원으로 나누어 서술하시오.

• 국제·국가적 차원: _____

_____

• 개인적 차원: _____

_____

_____

교육청 기출 _변형

01 지도는 화석 연료의 지역별 생산량을 나타낸 것이다. A, B 자원에 대한 설명으로 옳은 것은? (단, A, B 자원은 석유, 석탄 중 하나이다.)

① A는 산업 혁명 초기의 주요 에너지 자원이었다.
② B는 세계 에너지 소비량에서 차지하는 비중이 가장 크다.
③ A는 B보다 국제 이동량이 적다.
④ A는 B보다 상용화된 시기가 늦다.
⑤ B는 A보다 운송 수단의 연료로 많이 사용된다.

02 지도는 국가별 1인당 에너지 소비량을 나타낸 것이다. 이를 통해 추론할 수 있는 옳은 설명을 〈보기〉에서 고른 것은?

┤ 보기 ├
ㄱ. 에너지 소비량은 매년 비슷하다.
ㄴ. 중남부 아프리카는 에너지 부족 문제를 겪을 것이다.
ㄷ. 1인당 에너지 소비량은 선진국이 개발 도상국보다 많다.
ㄹ. 지도와 같은 지역적 차이가 나는 이유는 에너지 자원의 편재성 때문이다.

① ㄱ, ㄴ   ② ㄱ, ㄷ   ③ ㄴ, ㄷ
④ ㄴ, ㄹ   ⑤ ㄷ, ㄹ

03 다음 신문 기사를 통해 추론할 수 있는 내용으로 옳지 않은 것은?

> 러시아와 우크라이나가 밀린 가스 대금을 놓고 대립하면서 러시아산 천연가스를 소비하는 유럽의 많은 국가가 피해를 볼 수 있다는 우려를 낳고 있다. 앞서 2009년, 러시아와 우크라이나 간에 파이프라인 통과료, 가스비 채무 불이행, 가격 분쟁 등으로 갈등이 생기자, 러시아가 우크라이나행 가스 밸브를 잠가 관련 유럽 국가들이 큰 피해를 보았다.
> 현재 러시아는 유럽에서 소비되는 천연가스의 30% 이상을 공급하고 있으며, 이 가운데 절반 이상이 우크라이나를 지나는 파이프라인을 통해 유럽으로 공급된다.   – 《○○○○뉴스》, 2014. 4. 7. –

① 러시아가 자원을 무기화하고 있다.
② 자원의 유한성으로 인해 나타난 문제이다.
③ 분쟁 당사국 이외의 나라도 피해를 보고 있다.
④ 자원의 생산지와 소비지가 달라 발생한 문제이다.
⑤ 우크라이나는 안정적인 자원 확보를 위해 사원 외교를 강화할 필요가 있다.

04 밑줄 친 ㉠~㉣을 통해 추론할 수 있는 내용으로 옳지 않은 것은?

> 내가 사는 2118년의 젊은이들을 화나게 하는 방법을 하나 알려 드릴까요? 그들에게 ㉠ 예전엔 사람들이 잔디에다 수백만 톤의 물을 계속 퍼부었다는 얘기를 해 주면 됩니다. 그만큼 급격한 환경의 변화로 ㉡ 지금 물 문제는 아주 심각합니다. …(중략)… 다만 100년 전에 국제 사회는 ㉢ 경제, 환경뿐만 아니라 사회가 균형 있게 성장하는 포괄적이고 총체적인 성장을 위해 노력하고자 선언한 것을 알고 있습니다. 그러나 실천 노력이 부족하였기에 ㉣ 지금은 많은 이들이 굶주려야 합니다.   – 《미래에서 온 편지》 –

① ㉠: 현세대는 자원을 낭비하였다.
② ㉡: 미래 세대는 물 부족 문제를 겪고 있다.
③ ㉡: 현세대가 미래 세대의 권리를 빼앗았다.
④ ㉢: 지속 가능한 발전을 뜻한다.
⑤ ㉣: 이 문제를 해결하기 위해서는 미래 세대가 반성하고 노력해야 한다.

03 미래 지구촌의 모습과 우리의 삶

1 미래 지구촌의 모습

1. 미래 예측의 특징

(1) **필요성** 미래에 발생할 수 있는 위험을 막고 미래 사회에 유연하게 대응할 수 있음.

(2) **특징**

① 다양한 분야에서 미래 지구촌에 대한 낙관적 견해와 비관적 견해가 동시에 나타남.

② 미래학❶의 등장으로 더욱 과학적이고 체계적인 미래 예측이 가능해짐.

⭐ 2 미래 지구촌의 모습

(1) 정치·경제적 문제에 따른 국가 간 협력과 갈등

	협력 강화	갈등 심화
정치적 측면	• 세계 평화를 위한 국가 간, 지역 간 상호 의존성 증대 **[보충]** 국제기구 활동의 증가로 협력이 더욱 긴밀해짐. • 난민, 기아, 빈곤, 환경 등 지구촌 문제 해결을 위한 세계 협력이 늘어남.	• 난민, 기아 문제 • 영토와 자원을 둘러싼 분쟁 • 종교·문화적 차이에 따른 충돌
경제적 측면	자유 무역, 금융 시장 통합, 지역 무역 협정의 확대로 국가 간, 지역 간 상호 의존성이 커짐.	• 세계화에 따른 무역 마찰 • 선진국과 개발 도상국 간의 빈부 격차

(2) 과학 기술의 발전에 따른 공간과 삶의 변화 [자료01]

	긍정적 측면	부정적 측면
교통·통신의 발달	• 시간 거리의 단축, 생활 공간의 확대 • 우주 항공 산업의 발달로 우주 공간의 활용 가능 • 사물 인터넷❷ 기술의 발달로 초연결 사회가 됨.	• 과학 기술 장치의 오작동에 따른 안전 문제 • 개인 정보 유출에 따른 사생활 침해, 개인에 대한 감시의 용이성
로봇 공학의 발달	인공 지능 로봇의 발달	인공 지능 로봇에 일자리를 빼앗길 수 있음.
생명 및 유전 공학의 발달	• 유전자 변형 농산물❸의 생산으로 식량 생산량 증가 • 인간의 수명 연장 및 인간 복제 가능성	유전자 조작 및 인간 복제와 관련하여 윤리적 문제 발생

[자료01] 4차 산업 혁명에 따른 삶의 변화

4차 산업 혁명은 인공 지능에 의해 자동화와 연결성이 극대화되는 산업 환경의 변화를 말한다. 경제학자들은 4차 산업 혁명으로 생산성과 효율성이 비약적으로 높아지는 대신, 인간의 일자리가 크게 줄어들 것이라고 내다본다. 인공 지능 로봇의 발달은 제조업의 단순 작업뿐만 아니라 소위 두뇌를 활용하는 고소득 직종도 대체할 수 있을 것이다.

한편, 4차 산업 혁명은 우리의 행동 양식과 정체성도 변화시킨다. 개인의 사생활과 소유권에 대한 개념, 소비 패턴, 일과 여가에 할애하는 시간, 경력을 개발하고 능력을 키우는 방식 등 여러 측면에 영향을 끼칠 것으로 예상된다.

셀/파/길/잡/이 증기 기관과 기계화로 대표되는 1차 산업 혁명, 전기를 이용한 대량 생산이 본격화된 2차 산업 혁명, 컴퓨터의 자동화 생산 시스템이 주도한 3차 산업 혁명에 이어, 로봇, 인공 지능, 유전자 공학이 주도하는 4차 산업 혁명이 나타나 우리 사회에 엄청난 영향을 줄 것으로 예상한다.

• 빠른 핵심 체크 •

미래 지구촌의 모습

• 국가 간 상호 의존성이 강화되지만 정치적·경제적 측면의 갈등도 심화됨.

• 과학 기술의 발달로 삶이 풍요로워졌지만, 윤리 문제 등 다양한 문제도 발생함.

• 전 지구적으로 다양한 생태 환경의 변화가 나타나 삶을 위협하고 있음.

❶ **미래학**

과거 또는 현재의 모습을 바탕으로 여러 각도에서 미래 사회의 모습을 예측하고 변화 모형을 제시하는 학문이다.

❷ **사물 인터넷(IoT)**

모든 사물을 인터넷과 연결하여 사람과 사물, 사물과 사물 간의 정보를 상호 소통하는 지능형 서비스를 말한다.

❸ **유전자 변형 농산물(GMO)**

어떤 생물체의 유용한 유전자를 다른 생물체에 삽입해 만든 새로운 생물체를 말한다. 지금까지 개발된 것은 대부분 식물이기 때문에 GMO라고 하면 통상 유전자 변형 농산물을 가리킨다.

교과서 탐구 풀이 ✍️

Q 인공 지능의 발달이 우리에게 미칠 영향을 서술해 보자.

A 인공 지능 로봇은 인간이 하기 어렵고 위험한 작업이나 단순 작업에 활용될 수 있어 인간의 삶의 질이 향상될 것이다. 그러나 인공 지능에 일자리를 내주게 될 수도 있고, 감성을 갖춘 인공 지능이 등장할 경우 이를 어떻게 대할 것인가 하는 윤리적인 문제가 대두될 수 있다.

(3) 생태 환경의 변화 자료 02

생태계 변화	• 인구 증가 및 자원 소비량 증가에 따른 환경 오염 • 온실가스 배출로 인한 기후 변화, 과도한 농경 및 목축으로 인한 사막화, 열대 우림 파괴에 따른 생물 종 다양성 감소 등의 생태계 파괴 문제 발생
생태계 파괴를 막기 위한 노력	• 다양한 국제 협약 체결 • 온실가스의 배출 최소화, 신·재생 에너지의 개발·보급 • 멸종 위기의 생물 종 복원, 다양한 방식의 식량 생산 노력

└─ **예** 도시 내 수직 농장 운영, 극단적 기후나 지형에서도 자라는 식용 작물 개발 등

자료 02 생태 환경을 보호하기 위한 노력

영화 〈쥐라기 공원〉은 호박 화석 안에 있는 모기 피에서 공룡의 디엔에이(DNA)를 추출한 뒤 멸종된 공룡을 되살려 내면서 일어나는 이야기를 다룬다. 그 당시에는 이 영화가 상상 속에서나 일어날 법한 이야기였다. 그러나 생명 공학 기술의 발달로 〈쥐라기 공원〉은 더는 공상 과학 영화가 아니라 우리의 가까운 미래 이야기가 되고 있다. 최근에는 회색 늑대나 코요테 등 멸종 위기 동물의 복제 성공 사례가 늘어나고 있다. 생명 공학의 발전이 멸종 위기 동물의 개체 수를 늘려 생물 종의 다양성을 유지하는 데 도움을 줄 수 있을지 많은 관심이 쏟아지고 있다.

─ **셀/파/길/잡/이** 발달된 과학 기술을 활용하여 사라졌거나 멸종 위기에 있는 생물 종을 복원하고, 생태 환경의 변화에 대한 자료를 수집·분석하여 생태계를 관리할 수 있다. 우리나라에서는 멸종 위기에 있는 반달가슴곰, 여우, 산양 등을 복원하기 위한 사업을 추진하고 있다.

교과서 자료 더 보기 ⊕

이산화 탄소 포집 및 저장 기술

이산화 탄소 포집 및 저장 기술(CCS)은 주요 온실가스인 이산화 탄소를 땅속 또는 바닷속에 저장하여 온실가스 배출량을 줄이는 기술이다. 발전소나 제철소와 같이 이산화 탄소를 많이 배출하는 곳에서 이산화 탄소를 모아 압축하여 파이프라인이나 선박을 이용하여 옮긴 후 저장하는 것이다.

② 지구촌의 미래와 나의 삶

★ 1. 지구촌 구성원으로서 갖추어야 할 태도

세계 시민 의식의 함양	• 세계를 하나의 공동체로 인식하고 지구촌 구성원으로서 지구촌 문제에 관심을 갖는 연대 의식 • 인간의 존엄성, 자유와 평등, 정의 등과 같은 인류의 보편적인 가치를 개별 사회 집단의 이익보다 중시하는 자세가 필요함.
올바른 인성과 가치관 정립	• 산업화, 도시화, 정보화 등의 사회 변동을 거치며 공동체 의식이 약화되고 이기주의적 가치관이 확산됨. • 구성원 간에 소통과 화합을 이루기 위해 올바른 인성과 가치관이 필요함.
개방성과 관용❹ 의 정신 지향	• 미래 사회는 문화적 다양성, 개인의 가치 및 신념, 정체성 등이 다양함. • 열린 자세를 바탕으로 다양한 사람들을 배려할 줄 아는 관용의 정신이 필요함.

2. 미래 내 삶의 방향

(1) **미래 삶의 방향** 지구촌의 구성원이라는 점을 고려하여 설정해야 함.

(2) **직업 선택의 방향** 미래 지구촌의 변화에 대한 관심과 탐색, 가치관의 수립, 지식 및 경험, 흥미와 적성 등을 바탕으로 직업을 선택하고 그 꿈을 이루기 위해 능동적으로 노력해야 함. 자료 03

자료 03 미래의 직업

미래에 사라질 직업군	텔레마케터, 은행원, 회계사, 단순 사무직, 운전기사, 주차장 관리인, 택배 배달원, 경비원 등
미래에 증가할 직업군	첨단 과학 기술 분야 관련 직업군, 의료·안전 분야, 환경 관련 분야, 창의성 관련 분야 등의 직업

─ ○○경제, 2016. 5. 2. ─

• 빠른 핵심 체크 •

지구촌 구성원으로서 갖추어야 할 태도

┌ 세계 시민 의식 함양
├ 올바른 인성과 가치관 정립
└ 개방성과 관용의 정신 지향

❹ 관용

타인의 생각이나 행동을 인정하고 받아들이는 자세를 의미한다. 관용의 정신은 자기의 생각에 한계가 있음을 자각하여 타인의 생각에 대해 마음의 문을 열어 놓는 것이며, 타인과의 공존을 인정하고 다른 사람의 의견을 수용하는 능동적이고 개방적인 자세를 말한다.

셀/파/길/잡/이

첨단 기술의 발달로 기존에 있던 직업들이 축소되거나 사라지기도 하고, 새로운 분야의 직업이 등장하기도 하였다. 따라서 진로 탐색 시에는 미래에 성장이 기대되는 새로운 직업에 대해서도 고려하여 선택해야 한다.

개념 채우기

1. 미래 예측의 특징

필요성	미래에 발생할 수 있는 위험을 막고 미래 사회에 유연하게 대응할 수 있음.
특징	• 다양한 분야에서 미래 지구촌의 모습에 대한 낙관적 견해와 비관적 견해가 동시에 나타남. • 과거, 현재의 모습에 근거를 두고 여러 각도에서 미래 사회의 모습을 예측하고 변화 모형을 제시하는 학문인 (❶)의 등장으로 더욱 과학적이고 체계적인 미래 예측이 가능해짐.

2. 미래 지구촌의 모습

정치·경제적 측면의 변화	• 세계 평화와 지구촌 문제의 해결을 위한 세계 협력의 중요성이 커짐. • 세계화에 따른 국가 간, 지역 간 상호 의존성 증대 • 난민 문제, 문화권 간의 충돌, 세계화에 따른 무역 마찰, 빈부 격차 등 다양한 갈등 발생
과학 기술 발달에 따른 변화	• 시간 거리의 단축, 생활 공간의 확대 • 사물 인터넷 기술, 인공 지능 로봇의 발달 • 과학 기술 장치의 오작동에 따른 안전 문제 발생 • 유전자 조작을 통한 식량 생산량 증가 및 인간 복제와 관련하여 (❷) 문제 발생
생태 환경의 변화	• (❸) 배출로 인한 기후 변화, 사막화, 열대 우림 파괴에 따른 생물 종 다양성 감소 등 생태계 파괴 문제 발생 • 다양한 국제 협약 체결, 온실가스 배출 최소화, 신·재생 에너지 개발 및 보급, 멸종 위기의 생물 종 복원, 다양한 방식의 식량 생산 노력

3. 지구촌 구성원으로서 갖추어야 할 태도

(❹)	세계를 하나의 공동체로 인식하고 지구촌 구성원으로서 지구촌 문제에 관심을 갖는 연대 의식
올바른 가치관 정립	구성원 간에 소통과 화합을 이루기 위해 올바른 인성과 가치관이 필요함.
개방성과 관용의 정신 지향	미래 사회는 문화적 다양성, 개인의 가치 및 신념, 정체성 등이 다양하기 때문에 개방성과 관용의 정신이 필요함.

4. 미래 내 삶의 방향

미래 삶의 방향	지구촌의 구성원이라는 점을 고려하여 설정해야 함.
직업 선택에서 고려할 사항	미래 지구촌의 변화에 대한 관심과 탐색, 가치관의 수립, 지식 및 경험, 흥미와 적성 등을 바탕으로 직업을 선택하고 그 꿈을 이루기 위해 능동적으로 노력해야 함.

답 | ❶ 미래학 ❷ 생명 윤리 ❸ 온실가스 ❹ 세계 시민 의식

---

1 미래 지구촌의 모습

01 미래 예측이 필요한 이유로 가장 바람직한 것은?

① 미래 예측을 통해 과거의 모습을 반성할 수 있기 때문이다.

② 미래는 과거와 현실에 기반하여 이미 정해져 있기 때문이다.

③ 미래의 불확실성에 대비하고 미래 사회에 유연하게 대응하기 위함이다.

④ 미래 예측을 통해 미래학이라는 하나의 독립된 학문 영역을 수립하기 위함이다.

⑤ 미래의 지구촌 문제를 해결하기 위해서는 개별 국가 중심의 해결 시나리오가 중요해졌기 때문이다.

★**02** (가), (나)는 미래 사회를 반영한 영화의 내용이다. 이를 통해 예측해 볼 수 있는 옳은 내용을 〈보기〉에서 고른 것은?

(가) 로봇 없이는 생활할 수 없는 2035년, 인공 지능 로봇은 인류를 위해서만 활동하도록 설계되어 있다. 그러나 대형 프로그램 로봇인 비키는 지능이 고도로 발달하여, 인류의 멸종을 막는다는 이유로 사람들을 강제로 집에 감금하고 공격하기에 이른다.

(나) 자신들이 지구의 유일한 생존자라고 믿는 수백 명의 사람은 부족할 것 없는 지하 유토피아에서 통제를 받으며 살아간다. 그러나 이곳의 모든 사람이 자신의 후원자에게 장기와 신체 부위를 제공하고 무참히 죽음을 맞이하게 될 복제 인간임이 드러난다.

┤ 보기 ├

ㄱ. (가)는 인공 지능 로봇에 의해 인류의 삶이 파괴될 수 있음을 경고한다.

ㄴ. (나)는 지하 공간이 인간의 새로운 생활 공간이 된다는 것을 보여준다.

ㄷ. (가)와 (나)에서는 인간존엄성의 훼손이라는 문제가 나타난다.

ㄹ. (가)는 (나)보다 생명 공학의 발달 수준이 높아질 것임을 보여준다.

① ㄱ, ㄴ　　② ㄱ, ㄷ　　③ ㄴ, ㄷ

④ ㄴ, ㄹ　　⑤ ㄷ, ㄹ

03 다음은 학생이 정리한 노트의 일부이다. 밑줄 친 ㉠~㉢ 중 옳지 <u>않은</u> 것은?

◎ 정치·경제적 문제에 따른 국가 간 협력과 갈등	
정치적 측면	• ㉠ 영토와 자원을 둘러싼 분쟁 • ㉡ 종교·문화적 갈등의 발생 • ㉢ 환경 문제 해결을 위한 정치적 협력 확대
경제적 측면	• ㉣ 세계화에 따른 지역 간 상호 의존성 심화 • ㉤ 선진국과 개발 도상국 간의 빈부 격차 해소

① ㉠　　② ㉡　　③ ㉢　　④ ㉣　　⑤ ㉤

04 다음은 미래 지구촌에서 나타날 문제를 해결하는 주체에 관한 대화이다. 이에 대한 설명으로 옳지 <u>않은</u> 것은?

> 갑: 최근 자국의 이익을 중시하는 움직임이 활발해. 몇몇 국가의 선거에서는 지구촌보다 자국의 이익을 강조하는 후보들이 지지를 받고 있기도 해.
> 을: 아니야. 미래에 나타날 국제 갈등은 개별 국가가 대응하기 어렵기 때문에 문제 해결을 위해 문화권이나 경제권을 중심으로 협력하게 될 거야.
> 병: 맞아. 심지어는 지구촌 정부가 형성될 수도 있어. 지구촌 문제를 해결하기 위해 지구촌 시민이 모두 함께 의사결정을 하는 것이지.

① 갑이 주장하는 내용을 뒷받침할 근거로 영국의 유럽 연합(EU) 탈퇴가 있다.
② 을은 지역 협력체의 형성 가능성을 예측하고 있다.
③ 병은 지구촌의 공익을 위해 개별 국가의 이익은 무시될 수 있음을 강조한다.
④ 갑은 을과 병보다 개별 국가의 영향력이 강화될 것으로 예측하고 있다.
⑤ 병은 갑과 을보다 지구촌의 진정한 의미를 강조하고 있다.

05 4차 산업 혁명에 따른 삶의 변화 모습으로 적절하지 <u>않은</u> 것은?

① 인간의 일자리는 크게 줄어들 것이다.
② 생산성과 효율성이 비약적으로 높아질 것이다.
③ 단순 작업에는 로봇보다 인간이 우세할 것이다.
④ 첨단 과학 기술 분야나 창의성 관련 직업은 새로 생겨날 수 있다.
⑤ 개인의 사생활, 소비 패턴, 일과 여가에 대한 개념 등 삶의 여러 측면에 영향을 끼칠 것이다.

통합탐구

06 다음 글과 부합하는 주장을 〈보기〉에서 고른 것은?

> 오늘날 과학 기술은 눈부시게 발전하였고, 미래에는 발전 속도가 더욱 빨라질 것이다. 이를 통해 사람들은 더욱 편리한 삶을 영위할 수 있을 것으로 예측한다. 그러나 인간이 만든 핵무기가 재앙을 가져다준 것처럼 인류의 삶을 순식간에 파괴할 수도 있다.

� 보기 ▏
ㄱ. 인간 복제와 관련하여 윤리적 문제가 나타날 수 있다.
ㄴ. 과학 기술 장치의 오작동에 따른 안전 문제가 발생할 수 있다.
ㄷ. 교통 기술의 발달로 사람들의 활동 범위는 더욱 축소될 것이다.
ㄹ. 사물 인터넷 기술과 고도의 정보화로 근무 형태는 단조로워질 것이다.

① ㄱ, ㄴ　　② ㄱ, ㄷ　　③ ㄴ, ㄷ
④ ㄴ, ㄹ　　⑤ ㄷ, ㄹ

07 다음 글에서 제기한 생태 환경의 변화에 대처하기 위한 방법으로 보기 <u>어려운</u> 것은?

> 현재와 같은 수준으로 자원을 소비하고 오염 물질을 계속 배출한다면, 미래 지구촌의 생태 환경은 더욱 나빠질 가능성이 크다. 기후 변화와 열대림 파괴, 사막화 등이 더 심화되면, 생물 종이 감소하고 생태계가 파괴되어 인간을 포함한 모든 생물체가 생존을 위협받을 수 있다.

① 신·재생 에너지를 개발·보급하기 위해 노력한다.
② 과학 기술을 활용하여 멸종 위기에 있는 생물 종을 복원한다.
③ 전 지구적 차원의 협력을 강화하여 온실가스의 배출을 줄인다.
④ 식량 자원의 확보를 위하여 농축산 경지의 절대적 면적을 지속적으로 늘린다.
⑤ 농경지 감소로 인한 식량 부족 문제에 대비하여 도시 내에 수직 농장을 활성화한다.

2 지구촌의 미래와 나의 삶

★**08** 다음 글에서 강조하고자 하는 태도에 대한 옳은 설명을 〈보기〉에서 고른 것은?

> 오늘날 세계는 지구촌이란 말이 자연스러울 만큼 하나의 공동체가 되어 가고 있다. 우리는 지구 공동체의 일원으로서의 권리와 의무를 다하며, 지구촌의 더 나은 삶을 실현하기 위하여 노력해야 한다.

┤ 보기 ├
ㄱ. 자신의 일상 문제와 세계 문제를 분리하여 생각한다.
ㄴ. 인류 보편적 가치보다 개별 집단의 이익을 더 중시한다.
ㄷ. 책임 의식을 가지고 지구촌 문제 해결에 적극적으로 동참한다.
ㄹ. 구성원 간의 소통과 화합을 이룰 수 있는 올바른 인성을 추구한다.

① ㄱ, ㄴ　② ㄱ, ㄷ　③ ㄴ, ㄷ　④ ㄴ, ㄹ　⑤ ㄷ, ㄹ

통합탐구

09 다음 조사 결과를 바르게 분석한 내용으로 가장 적절한 것은?

> 세계 18개국의 2만 명을 대상으로 '국적(국민), 인종(또는 문화), 지역 공동체, 세계 시민, 종교적 전통 중에서 자신의 정체성을 규정하는 요소는 무엇이라고 생각하는가?'라고 질문한 결과 자신을 '세계 시민'이라고 응답한 비율은 51%로 '국민'으로 응답한 비율보다 높았다. 자신을 세계 시민이라고 대답한 비율이 가장 높은 국가는 나이지리아(75%), 중국(71%), 페루(70%), 인도(67%) 순이었다.
> '세계 시민'이라는 개념에 대해서는 '경제적 영향력이 세계 전체에 미치는 것', '지구 온난화 등 지구 문제에 공동 대처하는 것', '이주의 자유를 추구하는 것' 등으로 생각하는 것으로 나타났다.

① 세계 시민의 개념에 대해 전 세계적으로 전수 조사를 한 것이다.
② 서구 선진국에서 자신의 정체성을 규정하는 요소로 세계 시민을 꼽은 비율이 높았다.
③ 세계 시민의 개념은 생태 환경의 보전과 보편적 가치관의 추구에 한정되어 있다고 본다.
④ 자신의 정체성을 규정하는 요소를 국민으로 답한 사람들은 자국에 대한 자부심이 강할 것이다.
⑤ 세계 시민에게 요구되는 자질에 대한 인식은 다양하게 나타났으며 정형성을 찾기는 어렵다.

10 다음 글을 읽고 물음에 답하시오.

> 산업화 이후 온실가스의 배출량이 점점 늘어나면서 지구의 평균 기온이 높아졌다. 만약 우리가 온실가스의 배출을 적정 수준까지 줄이지 않는다면, 기후 변화는 더 급속히 진행될 것이다. 그러면 미래 지구촌은 빙하가 녹아 해수면이 상승하고 저지대가 침수되어 멸종 위기에 처하는 생물 종이 늘어나는 등 생태계에 큰 변화를 불러올 것이다.

(1) 윗글에서 제기된 지구촌의 문제가 무엇인지 쓰시오.

(2) (1)을 해결하기 위한 방안을 한 가지만 서술하시오.

11 다음 글을 읽고 물음에 답하시오.

> 오늘날에는 지구촌이라는 말이 자연스러울 정도로 전 세계가 하나의 공동체로 통합되고 있다. 따라서 우리는 한 국가의 국민으로서만이 아니라 지구촌의 구성원으로서 자신을 인식하며 (　㉠　) 의식을 지니고 살아가야 한다. 이는 인류의 보편적인 가치를 개별 사회 집단의 이익보다 중시하는 자세를 지니는 것을 중요하게 여긴다.
> 또한, 우리는 미래 사회에 대비하기 위하여 개방성과 (　㉡　)의 정신을 가져야 한다. 미래 사회는 문화적 다양성이 매우 심화할 것이기 때문이다. 따라서 우리는 열린 자세를 바탕으로 다양한 사람들을 배려할 줄 아는 성숙한 자세를 가져야 한다.

(1) ㉠, ㉡에 들어갈 알맞은 용어를 쓰시오.

(2) 윗글을 참고하여 미래 삶의 방향을 설정할 때 고려해야 할 사항을 서술하시오.

교육청 기출 _변형

01 갑, 을의 주장에 대한 적절한 분석을 〈보기〉에서 고른 것은?

> 갑: 과학 기술의 발달로 인해 자연환경이 파괴되어 인류의 생존이 위협받고 있습니다. 모든 나라가 지구 환경 보호를 위해 과학 기술 개발을 최소화해야 하며, 과학 기술 연구의 시작에서부터 적용 단계까지 환경에 대한 책임감과 윤리 의식을 가져야 합니다.
>
> 을: 과학 기술의 발달을 통해 환경 문제를 해결하거나 완화시킬 수 있습니다. 신·재생 에너지를 개발하거나 오염 물질 처리의 기술 수준을 높여 환경 위기에 능동적으로 대처할 수 있습니다.

┤ 보기 ├
ㄱ. 갑은 과학 기술이 쓸데없다고 주장하고 있다.
ㄴ. 갑은 과학 기술 발달에 따른 환경 문제를 지구촌 공동의 문제로 인식하고 있다.
ㄷ. 을은 과학 기술의 긍정적 측면에 주목하고 있다.
ㄹ. 갑, 을 모두 과학 기술이 환경에 미치는 영향력을 과소 평가한다.

① ㄱ, ㄴ   ② ㄱ, ㄷ   ③ ㄴ, ㄷ
④ ㄴ, ㄹ   ⑤ ㄷ, ㄹ

02 다음 사례에서 추론할 수 있는 미래 사회의 모습으로 가장 적절한 것은?

> '브렉시트(Brexit)'는 영국의 유럽 연합(EU) 탈퇴를 뜻하는 말로, 영국은 2016년 6월 국민 투표를 시행하여 브렉시트를 선택했다. 유럽 연합은 유럽의 정치·경제적 통합을 위하여 1993년 마스트리흐트 조약에 의해 출범한 기구로, 과거에 적대적인 관계였던 국가들이 서로 유대 관계를 형성하게 하여 유럽의 평화에 이바지하였다. 그러나 2008년 금융 위기 이후 남부 유럽 국가에 대한 거액의 금융 지원과 이주민 유입에 따른 지출 등 재정 부담이 증가하자, 영국이 유럽 연합의 탈퇴를 선택한 것이다.

① 지구촌이 하나의 시장으로 통일될 것이다.
② 전 지구적인 상호 의존성이 약화될 것이다.
③ 개별 국가 정부의 자율성이 침해될 것이다.
④ 자국의 이익을 중시하는 움직임이 활발해질 것이다.
⑤ 문제의 해결을 위해 국가 간 공동의 노력이 이루어질 것이다.

03 신문 기사를 읽고 과학 기술의 발전에 따라 나타날 수 있는 문제점을 〈보기〉에서 고른 것은?

> 세 명의 유전자를 결합한 아이가 세계 최초로 태어났다. 아이의 어머니는 중추 신경이 마비되는 장애인 '리 증후군'을 일으키는 미토콘드리아 유전자 변이를 가지고 있었다. 이 때문에 아이의 부모는 아이에게 유전자 결함을 물려주지 않으려고 어머니, 아버지, 난자 제공자 세 명의 유전자를 결합하는 체외 수정 시술을 선택하게 되었다.
> 의료진은 아이의 친모의 난자에서 핵을 추출하여 정상 미토콘드리아를 가진 다른 여성의 난자의 핵을 제거한 후, 그 자리에 친모의 핵을 넣어 친부의 정자와 수정시켰다. 이 수정란이 친모의 자궁에 착상하여 아이가 태어났다. 결국 이 아이는 친모의 유전자 변이를 물려받지 않았다.
>
> – 《○○신문》, 2016. 9. 28. –

┤ 보기 ├
ㄱ. 유전병을 사전에 없앨 수 있다.
ㄴ. 태아에 대한 유전자 조작을 부추길 것이다.
ㄷ. 유전자 분석을 통한 맞춤형 치료가 가능해진다.
ㄹ. 유전자 조작과 관련한 윤리적 문제가 대두될 수 있다.

① ㄱ, ㄴ ② ㄱ, ㄷ ③ ㄴ, ㄷ ④ ㄴ, ㄹ ⑤ ㄷ, ㄹ

04 밑줄 친 ㉠~㉤에 대한 설명으로 옳지 않은 것은?

> 미래 지구촌은 정지적·경제적으로 ㉠ 국가 간 협력이 강화되는 동시에 갈등도 심화될 것으로 예측된다. 자유 무역의 확대, ㉡ 국제기구 활동 등으로 국가 간 상호 의존성이 증대되고, 다른 한편으로는 영토 분쟁, ㉢ 빈부 격차 등으로 갈등이 커질 것이다. 또한 미래에는 환경 파괴와 ㉣ 자원 소비 증가로 생태 환경이 더욱 악화될 것이다. 따라서 우리는 환경 문제의 근본적 해결이 ㉤ 미래를 위한 중대한 과제임을 인식하고, 이를 위해 함께 노력해야 한다.

① ㉠: 난민, 빈곤 등 인도적 분야에서 강조되고 있다.
② ㉡: 국제 연합(UN) 등 국제기구의 활동이 중요해지고 있다.
③ ㉢: 국제적 문제가 아닌 국내 문제로 한정되어 있다.
④ ㉣: 신·재생 에너지 개발 등을 통해 대처해 나갈 수 있다.
⑤ ㉤: 세계 시민 의식 함양이 요구된다.

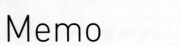

Memo

고등 사회 자기주도학습 기본서

개념을 잡아주는 자율학습 기본서

셀파 사회 시리즈

혼자서도 OK

짜임새 있는 내용 정리와
쉽고 친절한 첨삭을 통해
자기 주도 학습 완벽 성공!

풍부한 내용 구성

중단원별 핵심 주제와 고득점 Tip,
다양한 자료로 구성된 '특강 코너'
'시험 대비집'까지 알차고 풍부한 구성!

내신·수능 정복

전국 교과서 핵심 개념과
수능화 되어가는 최근 기출 분석으로
내신도 수능도 완/전/정/복!

사회의 셀프 파트너, 셀파! 고1~3(통합사회/한국사/생활과 윤리/사회문화/한국지리/동아시아사/세계지리/정치와 법/윤리와 사상)

개념을 잡아 주는 **자율학습 기본서**

고등 **셀파**

통합사회

개념을 잡아 주는 **자율학습 기본서**

고등 **셀파**

통합사회

한보라·최지나·서지연·임형준·정명섭·주우연

BOOK 2

믿고 보는 정답 및 해설 **딱 맞는 풀이집**

천재교육

개념을 잡아 주는 **자율학습 기본서**

고등 **셀파**

선생님이 옆에서 풀어 주듯 친절한 해설!
오답 해결을 위한 완벽 시스템!

각 문항에 대한 상세한 설명이 필요할 때 | **정답을 찾아가는 Self - Tip**

문제와 관련된 개념 정리가 필요할 때 | **내 것으로 만드는 Self - Tip**

자료에 대한 분석 방법을 알고 싶을 때 | **자료를 분석하는 Self - Tip**

서술형 문제에서 고득점이 필요할 때 | **모범 답안 & 주요 단어**

"정답인 이유, 오답인 이유를 확실하게 분석하여 문제 해결력을 키워 줍니다."

통합사회 BOOK 2

믿고 보는 정답 및 해설 **딱 맞는 풀이집**

Ⅰ. 인간, 사회, 환경과 행복

인간, 사회, 환경의 탐구와 통합적 관점

내신 실력 쌓기   p. 12 ~ p. 14

01 ③	02 ②	03 ②	04 ②	05 ⑤
06 ④	07 ②	08 ⑤	09 ③	10 해설 참조
11 해설 참조				

01 공간적 관점의 특징   답 ③

지도는 커피가 주로 저위도 지역의 개발 도상국에서 많이 생산되고, 대부분 선진국에서 수입되고 있음을 보여 준다. 이는 커피의 생산국과 수입국 분포를 공간적 관점에서 이해한 것이다.

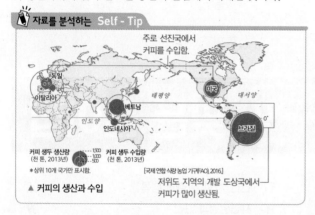

자료를 분석하는 Self - Tip

주로 선진국에서 커피를 수입함.

커피 생두 생산량 (천 톤, 2013년)
커피 생두 수입량 (천 톤, 2013년)
*상위 10개 국가만 표시함.

[국제 연합 식량 농업 기구(FAO), 2016]

▲ 커피의 생산과 수입

저위도 지역의 개발 도상국에서 커피가 많이 생산됨.

02 시간적, 윤리적 관점의 특징   답 ②

(가) 글은 독도가 우리나라 영토임을 삼국사기, 팔도총도 등 역사적 사실 자료를 통해 알 수 있음을 밝히고 있다. 따라서 독도가 우리 영토인 근거를 바라보는 관점은 시간적 관점이다. (나) 글은 커피 가격에서 생산자의 이익이 차지하는 비중이 지나치게 낮다는 점을 지적하며 공정 무역 커피를 소비하는 도덕적 행위를 통해 이를 바로 잡자고 하고 있으므로, 윤리적 관점을 드러낸다.

내 것으로 만드는 Self - Tip

인간, 사회, 환경을 바라보는 다양한 관점
- 시간적 관점: 과거, 현재, 미래의 상호 연관성을 바탕으로 현상이 나타난 당시의 시대적 배경과 맥락을 살펴보는 것
- 공간적 관점: 위치와 장소, 현상의 분포 패턴과 이동, 지역 간 네트워크 등 공간적 맥락을 살펴보는 것
- 사회적 관점: 사회 현상에 대한 사회 제도·정책·구조의 영향력을 분석하고 예측하는 것
- 윤리적 관점: 사회적 현상과 관련된 문제를 규범적 차원에서 살펴보고, 바람직한 사회를 실현하기 위한 방안을 살펴보는 것

03 사회 현상을 바라보는 사회적 관점   답 ②

제시된 글에서 은어 문화를 빠른 속도를 추구하는 정보화 사회, 재미를 중요시하는 대중문화의 모습이 반영된 것일 수 있다고 하였다. 즉 이 글에는 '은어 문화'라는 사회 현상에 대한 사회 구조의 영향력을 분석한 사회적 관점이 드러나 있다.

정답을 찾아가는 Self - Tip

① 도덕적이지 못한 문화이다.
→ 윤리적 관점에서의 평가이다.
③ 통합적으로 바라본 결과이다.
→ 통합적 관점에서의 평가이다.
④ 규범적 방향성에 초점을 둔 문화이다.
→ 윤리적 관점에서의 평가이다.
⑤ 공간적 관점을 통해서 이해될 수 있다.
→ 공간적 관점에서의 평가이다.

04 고령화 현상을 바라보는 다양한 관점   답 ②

제시된 관점은 윤리적 관점이다. 소민이의 탐구 내용은 윤리적 관점을 토대로 노인 부양을 누가 책임져야 하는지에 관해 사람들의 가치관을 고려한 것이다.

①은 사회적 관점에서 고령화로 사회 복지 부담이 증가하는 문제가 나타남을 살펴보았다. ③은 고령화 현상이 나타나게 된 배경을 산업화 과정이라는 시간적 관점에서 살펴보았다. ④는 고령화에 따른 문제를 해결하기 위해 정부가 마련하는 사회 제도를 설명하고 있으므로 사회적 관점에 해당한다. ⑤는 공간적 관점에서 고령화의 정도가 도시와 농촌이라는 공간에 따라 차이가 나타남을 지적했다.

내 것으로 만드는 Self - Tip

윤리적 관점의 특징
윤리적 관점은 인간의 행위가 도덕적 차원에서 인정받기 위한 기준을 탐색하고 바람직한 삶의 모습을 살펴보는 것이다. 이 관점을 통해 사회 현상을 도덕적 가치에 따라 평가하고, 사회가 나아가야 할 규범적 방향을 설정할 수 있다.

05 아동 노동 실태에 관한 공간적 관점   답 ⑤

아동 노동이 많이 이루어지고 있는 국가의 위치와, 그 국가의 자연적·인문적 특징인 공간 정보를 파악하는 것으로 보아 지리학자일 가능성이 높다.

내 것으로 만드는 Self - Tip

아동 노동 실태에 관한 각 관점의 탐구 주제
- 시간적 관점: 아동 노동이 시작된 시기, 아동 노동에 대한 인식의 변화 과정, 아동 노동의 역사
- 공간적 관점: 아동 노동이 많이 이루어지는 국가, 해당 국가의 자연적·인문적 특징
- 사회적 관점: 아동 노동이 많이 이루어지는 국가의 경제·정치 상황, 아동 노동에 관련된 법·제도
- 윤리적 관점: 아동 노동의 인권 침해 여부에 관한 판단 기준

06 화장장 건설을 둘러싼 갈등을 바라보는 다양한 관점   답 ④

(가)는 화장장의 최적 입지를 살펴보는 공간적 관점, (나)는 화장장의 건설 수요가 많아진 역사적 배경을 살펴보는 시간적 관점, (다)는 화장장 건설에 따른 사회적 문제를 해결하기 위한 법과 제도의 필요성을 살펴보는 사회적 관점, (라)는 화장장 건설 예정지의 시민으로서 가져야 하는 규범적 방향성을 살펴보는 윤리적 관점의 주요 탐구 과제이다.

④ 사회적 관점에서는 개인이 자신을 둘러싼 사회 구조나 제도의 영향을 많이 받는다는 점을 고려하므로, 개인적으로 문제를 해결할 수 있는 방법을 찾는 것은 적절하지 않다.

07 통합적 관점에서 파악한 지역 축제의 문제점   답②

제시된 자료는 지역 축제의 문제점을 다양한 관점에서 살펴본 것이다. ㉡은 지역 축제의 현재 모습을 있게 한 시대적 배경과 맥락을 파악하는 시간적 관점을, ㉢은 지역의 고유성을 살펴보는 공간적 관점을, ㉣은 윤리적 관점을 드러낸다.

정답을 찾아가는 Self - Tip

ㄴ. 현재의 지역 축제를 만든 사회 구조 및 사회 제도를 분석하는 것이다.
→ 사회적 관점에 대한 설명이다.

ㄷ. 지역 축제의 지금의 모습을 있게 한 시대적 배경이 잘 반영되었는지 확인하는 것이다.
→ 시간적 관점에 대한 설명이다.

08 통합적 관점의 필요성   답⑤

통합적 관점은 인간과 사회에 대한 종합적인 통찰력을 길러 주고, 사회 현상에 담겨 있는 복잡하고 다면적인 의미를 제대로 이해할 수 있게 해 주므로 필요하다.

정답을 찾아가는 Self - Tip

ㄱ. 개별 관점으로 보는 것이 보다 효율적이기 때문이다.
→ 개별 관점으로 보면 간편하지만, 복잡한 사회 현상의 다양한 측면을 파악하기 어렵다.

ㄴ. 시대적 배경을 파악하는 것이 가장 중요하기 때문이다.
→ 시간적 관점에 대한 설명으로, 통합적 관점이 필요한 이유로는 적절하지 않다.

09 기후 변화를 바라보는 통합적 관점   답③

기후 변화의 원인과 영향, 이에 따른 해결 방안을 모색할 때는 시간적, 공간적, 사회적, 윤리적 관점을 모두 통합적으로 고려해야 한다. 기후 변화는 시간적으로 볼 때 산업 혁명 이후 산업화, 도시화로 공장과 자동차가 늘어나면서 이산화 탄소 배출량이 증가하자 그 정도가 심해졌다. 한편, 윤리적 관점에서 볼 때 선진국은 기후 변화를 불러온 데에 대한 책임 의식을 가지고 개발 도상국에 피해를 보상해야 하며, 보다 적극적으로 온실가스 배출량을 줄여 나가야 한다.

정답을 찾아가는 Self - Tip

지훈: 기후 변화에 따른 피해는 개발 도상국에서만 나타나.
    전 지구적으로

영민: 국제 사회가 맺은 협정은 국제 사회 구성원들에게 별다른 영향력을 행사하지 못해.
→ 국제 사회가 맺은 협정은 개별 구성원에게 큰 영향을 미친다.

서술형 문제

10 사회 문제를 바라보는 다양한 관점의 특징

모범 답안 | (1) (가) 사회적 관점, (나) 시간적 관점, (다) 공간적 관점, (라) 윤리적 관점

(2) (가) 사회적 관점은 사회 현상에 대한 사회 구조, 제도, 정책의 영향력을, (나) 시간적 관점은 현재의 사회 현상을 있게 한 시대적 배경과 맥락을, (다) 공간적 관점은 위치, 장소, 분포, 영역, 이동,

네트워크 등 공간적 맥락을, (라) 윤리적 관점은 도덕적 행위의 기준과 규범적 방향성을 고려하여 사회 현상을 살펴본다.

주요 단어 | 사회 구조, 사회 제도, 시대적 배경과 맥락, 장소, 영역, 네트워크, 도덕적 기준, 규범적 방향성

채점 기준	배점
네 가지 관점을 모두 정확하게 작성하고 서술한 경우	상
네 가지 관점 중 두세 가지만 정확하게 작성하고 서술한 경우	중
네 가지 관점 중 한 가지만 정확하게 작성하고 서술한 경우	하

11 통합적 관점의 필요성

모범 답안 | 통합적 관점, 사회 현상에 담겨 있는 복잡한 의미를 깊이 있게 분석하여 제대로 이해할 수 있으며, 이를 바탕으로 문제에 대한 근본적인 해결책을 찾아 인류의 삶을 개선할 수 있다.

주요 단어 | 통합적 관점, 복잡한 의미, 깊이 있는 이해, 근본적인 해결책

채점 기준	배점
통합적 관점을 쓰고, 그 필요성을 정확하게 서술한 경우	상
통합적 관점만 쓴 경우	하

내 것으로 만드는 Self - Tip

개별 관점을 통한 탐구의 한계
어떤 물건의 일부만 만져 보면 그 물건의 특성을 종합적으로 파악하기 어렵다. 마찬가지로 개별 관점만으로 사회 현상을 바라보면 다양한 측면을 종합적으로 파악하기 어렵다.

1등급 완성하기   p. 15

01 ②   02 ④   03 ②   04 ③

01 고령화 현상을 바라보는 다양한 관점   답②

갑은 도시와 촌락이라는 공간 차이에 따라 고령화의 정도가 다르게 나타난다는 점을 살펴본 것으로 보아 공간적 관점에서, 을은 고령화로 사회 복지 부담이 증가하여 사회 문제가 될 것이라는 점을 살펴본 것으로 보아 사회적 관점에서 고령화 현상을 분석하고 있다고 볼 수 있다.

공간적 관점은 사회 현상을 각종 공간 정보를 통해 공간적 맥락에서 살펴보는 것이고, 사회적 관점은 사회 현상에 영향을 준 사회 구조나 사회 제도를 분석하는 것이다.

정답을 찾아가는 Self - Tip

ㄴ. 갑은 우리 사회가 어떤 가치나 규범을 지향해야 하는지를 살펴보고 있다.
→ 윤리적 관점에 대한 설명이다.

ㄷ. 을은 사건의 현재 모습을 있게 한 시대적 상황을 살펴보고 있다.
→ 시간적 관점에 대한 설명이다.

02 다양한 관점에서 기후 변화 바라보기 답④

㉠은 산업화 이후 이산화 탄소의 농도가 지속적으로 증가하여 지구의 평균 기온이 상승함을 살펴본 것으로, 시간적 관점과 관련이 있다. ㉡은 기후 변화에 따라 지역별로 빙하 감소, 저지대 침수 등의 영향이 나타날 것이라고 분석한 것으로 보아 공간적 관점과 관련이 있다. ㉢은 국제 사회가 기후 변화에 따른 문제점을 인식하여 이를 막기 위해 협약을 체결하는 것을 나타냈으므로, 사회적 관점과 관련이 있다. ㉣과 ㉤은 기후 변화에 대한 책임은 형평성 문제를 고려하여 선진국이 크게 져야 하고, 이에 대한 즉각적인 책임을 촉구하였으므로 윤리적 관점과 관련이 있다.

03 시간적 관점에서 바라본 '엘 클라시코' 답②

㉠은 당시의 시대적 상황을 이해하는 관점으로, 과거의 자취를 따라가 현재와 관련지어 의미를 부여할 수 있는 시간적 관점이다.

정답을 찾아가는 Self - Tip

ㄴ. 어떤 가치나 규범을 지향해야 하는지 살펴본다.
→ 윤리적 관점에 대한 설명이다.

ㄹ. 자유와 평화, 정의와 같은 인류의 보편적 가치를 추구할 수 있다.
→ 윤리적 관점에 대한 설명이다.

04 통합적 관점에서 사회 문제 파악하기 답③

㉠ 묘지 대신 추모 공원을 조성하는 이유는 시간적 관점에서 우리나라의 장례 문화 변천 과정을 조사하거나, 사회적 관점에서 장례 문화가 바뀌는 데에 영향을 준 법이나 제도를 조사하여 파악할 수 있다. ㉢ 공간적 관점에서 입지 타당성 조사를 거쳐 선정된 추모 공원 설립 예정지의 공간 정보를 살펴보면 △△시가 추모 공원 조성에 적합한지 아닌지 알 수 있다. ㉣ 갈등의 해결 방안은 시간적, 공간적, 사회적, 윤리적 관점을 모두 고려하여 공익과 사익이 잘 조화되어 평화롭게 해결된 사례를 통해 도출할 수 있다.

㉡ 윤리적 관점에서는 공익을 위해 △△시 주민의 사익을 제한해도 되는지, 혹은 △△시 주민의 주장이 정당화될 수 있는지, 그 기준을 탐색한다. 공익을 위해 주민의 사익을 희생시킬 근거를 마련하는 것은 바람직하지 않다.

02 행복의 의미와 기준

내신 실력 쌓기			p. 18 ~ p. 20	
01 ②	02 ③	03 ②	04 ⑤	05 ⑤
06 ④	07 ①	08 ⑤	09 해설 참조	
10 해설 참조		11 해설 참조		

01 행복의 의미와 기준 답②

행복의 일반적 의미는 '생활에서 충분한 만족감과 기쁨을 느껴 흐뭇한 상태'이다. 누구나 행복한 삶을 원하지만 행복의 기준은 사람마다 다를 수 있다. 행복의 구체적인 기준은 시대적 상황과 지역적 여건에 따라 다르게 나타난다. 오늘날에는 물질적 풍요뿐만 아니라, 건강, 일과 취미, 인간관계, 사회 복지 등과 같은 다양한 요소를 고려하면서 주관적 만족감을 느끼는 것을 행복으로 여긴다. 이처럼 행복의 기준이 과거보다 훨씬 복잡하고 다양해지고 있다.

02 행복의 기준의 다양성 답③

제시문은 고대 철학자인 아리스티포스와 디오게네스의 대화이다. 디오게네스는 금욕과 자족을 행복으로 여기며 나무통을 집 삼아 평생을 가난하게 생활하였다. 그는 경제적으로 빈곤하지만 자기 삶에 만족하고 자유롭게 살아가는 것을 행복한 삶이라 여겼다.

자료를 분석하는 Self - Tip

아리스티포스: "쯧쯧, 왕한테 가서 고개를 숙이면 콩깍지를 삶아 먹지 않아도 될 텐데."
└ 아리스티포스는 경제적으로 빈곤한 삶을 부끄러운 것으로 여기고 물질적으로 풍요로운 삶을 행복한 삶이라고 여겼다.

디오게네스: "쯧쯧, 콩깍지를 삶아 먹는 것만 배우면 그렇게 굽실거리며 살지 않아도 될 텐데."
└ 디오게네스는 경제적으로 빈곤한 삶이라 할지라도 남에게 아첨하지 않고 자유롭게 살아가는 삶을 행복한 삶이라 여겼다.

03 시대적 상황에 따른 행복의 기준 답②

행복의 기준은 시대적 상황에 따라 다르게 나타난다.

내 것으로 만드는 Self - Tip

시대에 따른 행복의 기준

선사 시대	생존을 위해 식량을 확보하고 외부의 위협으로부터 안전하게 사는 것
고대 그리스	이성의 기능을 잘 발휘하여 지혜와 덕을 얻는 것
헬레니즘	전쟁과 사회적 혼란에 따른 불안에서 벗어나 마음의 평온을 얻는 것
서양 중세	신앙을 통해 영원하고 완전한 존재인 신과 하나가 되고 구원받는 것
근대 이후	인간의 기본적 권리 보장 및 자유와 평등을 실현하는 것
오늘날	물질적 풍요뿐만 아니라, 건강, 일과 취미, 인간관계, 사회 복지 등 행복의 기준이 과거보다 훨씬 복잡하고 다양해짐.

04 지역적 여건에 따른 행복의 기준 답⑤

제시문은 지역적 여건에 따른 행복의 기준이 달라질 수 있음을 고대 그리스인과 고대 중국인의 행복관 비교를 통해 설명하고 있다.

내 것으로 만드는 Self - Tip

지역에 따른 행복의 기준

	지역적 여건	행복의 기준
자연 환경 (기후, 지형)	마실 물이 부족한 건조 지역	생존에 필요한 깨끗한 물을 확보하는 것
	일조량이 부족한 북유럽 지역	햇볕을 쬘 수 있는 것
	척박한 기후로 기아와 질병에 시달리는 지역	의식주를 확보하고 의료 혜택을 누리는 것
인문 환경 (종교, 문화, 산업)	차별이나 구속이 있는 지역	인간으로서의 자유를 누리는 것
	갈등과 분쟁이 심한 지역	정치적 안정과 평화를 달성하는 것
	종교적 영향이 큰 지역	종교의 교리에 따라 살아가는 것

05 오늘날 행복의 기준 답⑤

제시문은 대기업에 다니던 이○○ 씨가 자신이 정말 하고 싶은 일을 하기 위해 사직서를 내고, 이탈리아에서 금속 공예를 배운 후 돌아와 현재 금속 디자인 일을 하고 있다고 소개하고 있다. 비록 그의 소득은 대기업을 다니던 때에 비해 절반 정도 적어졌지만, 그는 자신이 진정으로 원하는 일을 하는 데서 비롯되는 만족감을 바탕으로 행복을 느끼고 있다. 이 사례를 통해 객관적 기준뿐만 아니라 개인의 주관적 만족감 역시 행복의 중요한 기준임을 추론할 수 있다.

정답을 찾아가는 Self - Tip

① 행복은 물질적 조건들의 집합이다.
→ 행복은 물질적·정신적 가치를 조화롭게 추구할 때 느끼는 만족감과 기쁨이다.

② 행복은 절대자에 의해 주어지는 것이다.
→ 제시문의 이○○ 씨는 자신이 진정으로 원하는 일을 하는 데서 행복을 느끼고 있으므로 행복이 인간의 노력보다는 절대자에 의해 주어진다고 보는 것은 옳지 않다.

③ 경제적인 풍요를 행복의 기준으로 삼아야 한다.
→ 제시문은 대기업에 다니던 이○○ 씨가 사직서를 내고 자신이 정말 하고 싶은 금속 디자인 일을 하고 있다고 소개하고 있다. 비록 그의 소득은 대기업을 다니던 때에 비해 절반 정도 적어졌지만, 그는 자신이 진정으로 원하는 일을 하는 데서 비롯되는 만족감을 바탕으로 행복을 느끼고 있기 때문에 경제적인 풍요를 누리는 것을 행복의 기준으로 삼아야 한다는 것은 옳지 않다.

④ 행복을 얻기 위해서는 다수의 사람이 선호하는 삶의 방식을 택해야 한다.
→ 오늘날에는 개개인이 느끼는 주관적 만족감이 중시되고 있고 이로 인해 행복의 기준이 과거보다 더욱 복잡하고 다양해졌다.

06 삶의 목적으로서의 행복 답④

제시문은 돈을 많이 벌어 부자가 되고 싶다고 하는 준수와 좋은 대학에 들어가고 싶다고 하는 소라에게 삶의 목적으로서의 행복을 설명하는 교사의 대화이다. 준수가 부자가 되고자 하는 이유와 소라가 좋은 대학에 들어가고 싶다는 이유는 결국 행복하게 살기 위해서이다. 즉, 부자가 되는 것과 좋은 대학에 들어가는 것은 행복을 이루기 위한 수단이라고 할 수 있다. 이처럼 사람들이 살면서 추구하는 다양한 목표나 가치는 그 자체가 삶의 목적이 아닌 행복을 위한 수단이라고 볼 수 있다. 또한, 사람들의 삶의 모습과 행복의 기준은 다양하지만 결국 궁극적으로 추구하는 삶의 목적은 행복이다.

07 진정한 행복의 의미와 진정한 행복을 위한 노력 답①

제시문은 16세에 복권에 당첨된 소녀가 10년 후 오히려 불행한 삶을 살았다는 내용을 통해 물질적 부가 반드시 행복을 가져오는 것은 아니며, 진정한 행복은 삶의 만족도와 일상생활에서 느끼는 행복감이 충족되어야 한다는 것을 알려주고 있다. 우리는 물질적 욕망을 인정하면서도 이를 절제하고 정신적 가치를 더불어 추구할 때 진정한 행복을 이룰 수 있다. 진정한 행복을 실현하기 위해서는 객관적 기준뿐만 아니라 주관적 기준도 충족되어야 하며, 의미 있는 목표를 세우고 이를 달성하고자 노력해야 한다.

08 의미 있는 목표 추구와 행복의 관계 답⑤

제시문에 소개된 연구에서는 부, 지위, 이미지, 명성 등 어떤 일에서 얻는 결과를 중시하는 외재적 목표보다 어떤 일로부터 경험하는 즐거움과 만족을 추구하는 내재적 목표를 가진 집단이 더 행복하다는 결론이 도출되었다. 이처럼 자신이 소중하다고 생각하는 의미 있는 목표를 세우고, 이를 달성하고자 노력하는 자아실현의 과정에서 행복에 더욱 가까워질 수 있다.

서술형 문제

09 동양의 행복론

모범 답안 | (1) ㉠ 인, ㉡ 해탈

(2) 타고난 그대로의 본성에 따라 자연 그대로의 모습으로 살아가는 것

채점 기준	배점
타고난 그대로의 본성에 따라 자연 그대로의 모습으로 살아가는 것이라고 서술한 경우	상
자연 그대로의 모습으로 살아가는 것이라고만 서술한 경우	하

10 지역에 따라 행복의 기준이 다르게 나타나는 사례

모범 답안 | 마실 물이 부족한 건조 지역에서는 생존에 필요한 깨끗한 물을 확보하는 것이, 일조량이 부족한 북유럽 지역에서는 햇볕을 쬘 수 있는 것이 행복의 기준이 될 수 있다. 또한 종교적 영향력이 큰 지역에서는 종교적 교리에 따라 살아가는 것이, 차별과 구속이 있는 지역에서는 자유를 누리는 것이 행복의 기준이 될 수 있다.

채점 기준	배점
지역에 따라 행복 기준이 다르게 나타나는 적절한 사례를 세 가지 이상 서술한 경우	상
지역에 따라 행복 기준이 다르게 나타나는 적절한 사례를 두 가지 서술한 경우	중
지역에 따라 행복 기준이 다르게 나타나는 적절한 사례를 한 가지 서술한 경우	하

11 진정한 행복

모범 답안 | 진정한 행복은 자신이 가진 것을 인정하고 자기 삶에 만족할 때 얻을 수 있다. 나보다 더 많이 가진 사람을 부러워하다 보면 행복은 우리에게서 멀어진다. 진정한 행복은 타인과의 비교에서 얻어지는 것이 아니라, 자신의 삶을 충실히 살아가면서 날마다 더 나은 나로 성숙해지기 위해 노력하는 자아실현의 과정에서 얻어진다.

주요 단어 | 행복, 비교, 만족

채점 기준	배점
행복은 타인과 비교하는 대신 자신의 삶에 만족하고, 자아실현을 위해 노력하는 자세에서 비롯된다는 점을 모두 적절하게 서술한 경우	상
행복은 타인과 비교하는 대신 자신의 삶에 만족한다는 점을 적절하게 서술하였으나, 자아실현을 위해 노력하는 자세는 언급하지 않은 경우	중
행복은 타인과 비교하지 않는 것이라는 점만을 서술한 경우	하

01 ③   02 ⑤   03 ④   04 ②

01 아리스토텔레스의 행복   답 ③

제시문은 아리스토텔레스의 주장이다. 그는 삶의 궁극적 목적은 행복이라고 보았으며, 또한 행복은 이성의 기능을 잘 발휘할 때 달성된다고 하였다.

> **자료를 분석하는 Self - Tip**
>
> <u>행복이 최고의 선이라는 것은 누구나 다 아는 이야기이다.</u>
> └ 아리스토텔레스에 의하면 행복은 최고의 선, 즉 최고로 좋은 것이다. 우리가 추구하는 것은 모두 어떤 선을 목적으로 하며, 그 모든 선 가운데 최고의 선은 행복이다.
>
> 그러나 행복에 관해 좀 더 살펴볼 필요가 있는데, 그러기 위해서는 먼저 인간의 기능에 관해 알아야 한다. <u>사람만이 지닌 특별한 기능은 정신의 이성적 활동 기능이다.</u>
> └ 육체적으로 느낄 수 있는 욕망을 충족할 때 얻어지는 즐거움은 인간뿐만 아니라 모든 동물도 느낄 수 있는 행복이다. 인간을 인간답게 만들어 주는 고유한 특성은 이성이다.
>
> <u>사람의 이성적 활동은 그에 알맞은 규범, 즉 덕을 가지고 수행할 때 더 잘할 수 있다.</u>
> └ 아리스토텔레스는 탁월성(덕)에 따라 이성의 기능을 발휘하는 것이 참된 행복이라고 보았다.

02 고대 중국인의 행복관   답 ⑤

제시문은 고대 중국의 시대적 상황과 지역적 여건이 구성원들의 행복의 기준에 어떠한 영향을 끼쳤는지 설명하고 있다. 고대 중국인은 노동 집약적인 농업을 통해 문화 동질성을 키워 나갔고, 중앙 집권적 사회 속에서 자신의 존재를 타인과의 관계 및 자신에게 부여되는 역할을 통해 확인하였다. 이처럼 행복의 기준은 시대적 상황이나 지역적 여건에 영향을 받으며, 동시대를 살아가거나 비슷한 환경에 놓인 사람들은 행복의 기준을 공유하기도 한다.

> **정답을 찾아가는 Self - Tip**
>
> • 농경 사회 구성원들은 다른 사회 구성원들보다 행복하다.
> → 제시문은 중국의 농경 문화가 중국인의 행복 기준에 영향을 주었다는 점을 다룬 것이며, 농경 사회 구성원들이 다른 사회 구성원들보다 행복하다는 진술은 없다.
>
> • 중국인들은 자신의 삶을 스스로 통제할 수 있다는 믿음이 강하였다.
> → 제시문과 관련 없는 내용이다.

03 지역적 여건에 따른 행복의 기준   답 ④

표는 지역적 여건에 따른 행복의 기준을 설명하고 있다. (가)는 기후와 지형 등과 같은 자연환경, (나)는 척박한 기후로 기아와 질병에 시달리는 지역, (다)는 인간으로서의 자유를 누리는 것, (라)는 갈등과 분쟁이 심한 지역이다.

> **정답을 찾아가는 Self - Tip**
>
> ㄱ. (가)는 종교, 문화, 산업 등과 같은 자연환경이다.
> → (가)는 기후, 지형 등과 같은 자연환경이다. 종교, 문화, 산업 등은 인문 환경에 해당된다.
>
> ㄷ. (다)는 신앙을 통해 영원하고 완전한 존재인 신과 하나가 되고 구원받는 것이다.
> → (다)는 인간으로서의 자유를 누리는 것이다. 신앙을 통해 영원하고 완전한 존재인 신과 하나가 되고 구원받는 것은 서양 중세에서의 행복의 기준이었다.

04 진정한 행복을 추구하기 위한 노력   답 ②

진정한 행복을 추구하기 위한 노력은 다음과 같다. 우선, 물질적 가치와 정신적 가치가 조화를 이루어야 하며, 의미 있는 목표를 설정하고 추구해야 한다. 또한 행복의 개인적 측면과 사회적 측면을 함께 고려하고, 자기 삶에 만족하며 자신이 추구하는 가치와 삶에 대해 성찰해야 한다. 특히 자신이 소중하게 여기는 가치가 항상 옳은 것은 아니므로 이에 대해 성찰하는 자세가 필요하다.

> **내 것으로 만드는 Self - Tip**
>
> **진정한 행복을 추구하기 위한 노력**
>
> | 노력 | 내용 |
> |------|------|
> | 물질적·정신적 가치의 조화 | 물질적 욕망을 인정하고 절제하면서 정신적 가치를 함께 추구해야 함. |
> | 의미 있는 목표의 설정과 추구 | 의미 있는 목표를 설정하고 이를 달성하고자 노력해야 함. |
> | 개인적·사회적 측면 고려 | 개인이 느끼는 주관적 만족감과 사회의 구성원으로서 누리는 사회적 여건을 함께 중시해야 함. |
> | 자기 삶에 만족하고 성찰하는 태도 | 자신의 조건을 타인과 비교하지 않고, 자기 삶에 대해 성찰해야 함. |

03 행복한 삶을 실현하기 위한 조건

01 ③   02 ④   03 ④   04 ④   05 ⑤
06 ⑤   07 ③   08 ④   09 ②   10 해설 참조
11 해설 참조

01 정주 환경과 질 좋은 정주 환경   답 ③

㉠은 정주 환경이다. 정주 환경에는 거주지를 둘러싼 자연환경과 인문 환경이 포함된다. 인간의 기본적인 삶의 문제를 해결하기 위해서는 질 높은 정주 환경이 필요하다. 산업화 이전 인간은 자연환경에 적응하면서 살아왔지만, 산업화 이후 도시화가 진행되면서 인간은 본격적으로 자연을 탐구하고 개발하여 삶의 질을 높이는 정주 환경을 만들기 위해 노력하였다. 오늘날에는 많은 국가가 국민의 삶의 질을 높이는 정주 환경을 만들기 위해 다양한 정책을 실시하고 있으며, 최근에는 인간과 자연의 조화와 공존을 위한 지속 가능한 생태 환경을 조성하려는 노력을 하고 있다.

정주 환경의 조건

정주 환경	• 주거지와 다양한 주변 환경 • 자연환경: 거주지 주변의 물, 대기, 토양 등 • 인문 환경: 교통 및 통신·교육·공공시설 등
질 높은 정주 환경	자연환경이 쾌적하고, 인문 환경이 잘 갖추어진 곳

02 《택리지》에 나타난 질 높은 정주 환경의 조건 달 ④

조선 후기의 실학자인 이중환이 지술한 《택리지》에는 가거지(可居地), 즉 사람이 살기에 적합하여 살기 좋은 곳의 조건들이 서술되어 있다. 이러한 조건들은 정주 환경이 인간의 삶의 질과 밀접한 관련을 맺고 있음을 보여 준다.

정답을 찾아가는 Self - Tip

④ 자연을 적극적으로 개발할 수 있는 환경을 중시하였다.
→ 《택리지》에 언급되지 않은 내용이다.

자료를 분석하는 Self - Tip

이중환의 《택리지》
 풍부한 산물　풍수지리적 명당
사람이 살 터로는 첫째로 지리(地理)가 좋아야 하고, 둘째는 생리(生利)가 좋아야 하며, 셋째는 인심(人心)이 좋아야 하며, 넷째로 산수(山水)가 좋아야 한다.
　넉넉하고 좋은
　이웃 간의 정
빼어난 경치

이 네 가지에서 하나라도 모자라면 살기 좋은 땅이 아니다. 지리가 뛰어나도 생리가 부족하면 오래 살 수 없고, 생리가 좋아도 지리가 나쁘면 그 또한 오래 살 수 없다. 지리와 생리가 모두 좋다 하여도 인심이 나쁘면 반드시 후회할 일이 생기고, 가까운 곳에 즐길 만한 산수가 없으면 마음을 풍요롭게 가꿀 수 없다.

03 경제적 안정과 행복한 삶 달 ④

제시문은 맹자의 주장이다. 맹자는 경제적 안정이 궁극적으로 백성의 도덕성을 유지하기 위한 토대가 된다고 보았으며, 통치자는 백성의 행복한 삶을 위해서 기본적인 생업을 보장하여 경제적 안정을 이루게 해 주어야 한다고 하였다. 이러한 입장은 오늘날에도 시사하는 바가 크다. 즉, 기본적인 삶의 조건을 충족하고, 삶의 질을 유지하려면 일정 수준 이상의 물질적 조건이 뒷받침되어야 한다. 국가의 부는 국민에게 쾌적한 환경과 질 높은 혜택을 제공하는 기초가 되기 때문에 경제 규모를 확대하여 국가의 부를 늘릴 필요가 있다. 그러나 국민 소득이 높다고 하더라도 구성원의 삶의 질이 반드시 높은 것은 아니다. 따라서 국민의 행복 실현을 위해서는 경제적 성장뿐만 아니라 경제적 안정이 실현되어야 한다.

ㄱ. 물질적 가치를 멀리할 때 행복해질 수 있다.
→ 맹자는 일반 백성의 경우 고정적인 생업이 없으면 그로 인해 도덕적인 마음도 없어진다고 보았다. 즉 도덕적이고 행복한 삶을 위해서는 물질적 가치도 필요하다고 보았다.

ㄷ. 백성이 부유해지면 도덕적인 마음이 사라지므로 국가의 부를 축소해야 한다.
→ 맹자는 경제적 안정이 궁극적으로 백성의 도덕성을 유지하기 위한 토대라고 보았다. 따라서 통치자는 백성들의 행복을 위해서 백성의 생업 보장에 힘써야 한다고 주장하였다.

04 이스틸린의 역설과 그에 대한 반론 달 ④

갑은 이스틸린, 을은 울퍼스의 견해이다. 이스틸린은 수득이 일정 수준에 도달하고 기본적 욕구가 충족되면, 소득이 증가해도 행복에는 큰 영향을 미치지 않는다고 보았다. 이러한 이론은 그의 이름을 따서 '이스틸린의 역설'이라고 불린다. 또한 그는 장기적으로 국가의 부가 증대하더라도 국민의 행복 수준이 이에 비례해 증가하는 것은 아니라고 설명하였다. 반면, 울퍼스는 부유한 국가의 국민이 가난한 국가의 국민보다 더 행복하고, 국가가 부유해질수록 국민의 행복 수준은 더 높아진다고 주장하며, 소득 증가가 지속적으로 구성원의 행복 증진에 영향을 준다고 강조하였다.

정답을 찾아가는 Self - Tip

ㄱ. 갑은 소득이 행복에 미치는 영향에는 한계가 없다고 여긴다.
→ 이스틸린은 소득이 일정 수준을 넘으면 행복도는 더 이상 증가하지 않는다고 주장하였다.

ㄷ. 을은 가난한 국가의 국민은 경제 수준이 더 높은 국가의 국민보다 행복하다고 본다.
→ 울퍼스는 부유한 국가의 국민이 가난한 국가의 국민보다 더 행복하다고 보았다.

05 민주주의의 실현과 행복한 삶 달 ⑤

독재나 권위주의적 정치가 이루어지는 국가에서는 국민이 기본적인 인권을 누리기 어렵다. 이에 반해 민주주의가 발전된 사회는 시민들이 자신의 정치적 의사를 자유롭게 표출하고, 정책 결정 과정에서 자신의 의사를 적극적으로 반영할 수 있다. 이러한 국가일수록 시민의 인권이 존중되고, 시민 각자가 원하는 삶의 방식을 자유롭게 추구할 수 있으므로 시민은 자신의 삶에 만족하고 행복을 느낄 수 있다.

⑤ 소수의 전문가에게 정치의 전 과정을 맡기는 방식으로는 주권자인 시민의 의사를 효율적으로 반영하기 어렵다.

06 독재 국가에서의 권력 남용 달 ⑤

제시문은 독재 국가에서 권력 남용과 부패가 발생하여 국민의 삶의 질이 저하된 사례이다. 이러한 문제를 극복하고 민주주의를 실현하기 위해서는 민주적 제도 확립 외에도 시민이 정치에 관심을 가지고 국가 정책을 감시하는 노력이 함께 필요하다.

정답을 찾아가는 Self - Tip

ㄱ. 민주주의 사회에서는 권력자에 의한 자의적 지배를 추구한다.
→ 민주주의 사회에서는 법치주의, 선거 제도, 언론의 자유 보장 등을 통해 권력자에 의한 자의적 지배를 막고 국민의 자유와 권리를 보장한다.

ㄴ. 민주주의의 발전은 민주적 제도를 확립하는 것만으로 이루어진다.
→ 민주주의의 발전은 민주적 제도만으로는 한계가 있으며, 사회 구성원의 적극적인 참여를 통해 실현된다.

07 이타적 행동과 행복의 관계 　　　　답 ③

제시문은 남과 더불어 살아가려는 노력이 다른 사람을 행복하게 만들뿐만 아니라 자신도 행복하게 해 준다는 것을 보여 준다. 제시문의 한 연구 결과에 따르면 다른 사람을 돕는 행위를 평균보다 많이 한 집단이 그렇게 않은 집단보다 더 행복감을 느낀다고 한다. 도덕적 실천은 상대방을 기쁘게 하려는 목적이 크지만 실천 당사자도 그에 못지않은 행복감을 느끼게 된다.

내 것으로 만드는 Self - Tip

도덕적으로 살아가고 성찰하는 자세

도덕적 실천	삶에서 마주하는 여러 문제에 관해 도덕적으로 사고하고 느끼며 행동하는 것
도덕적 실천과 성찰의 필요성	• 도덕적 실천과 성찰을 통해 만족감과 행복감을 얻을 수 있음. → 남과 더불어 살아가려는 노력은 자신과 타인 모두에게 행복감을 느끼게 해 주기 때문임. • 사회 구성원이 도덕적으로 실천하고 성찰하는 삶을 살면 사회 전체의 행복 수준도 높아질 것임.

08 도덕적 실천과 행복한 삶 　　　　답 ④

도덕적 실천을 통해 개인은 만족감과 행복감을 얻을 수 있다. 또한 역지사지의 자세로 타인과 더불어 살아가려는 관용적 태도를 지니면 행복한 삶을 살 수 있다. 더 나아가 사회 구성원이 도덕적으로 실천하고 성찰하는 삶을 살면 사회 전체의 행복 지수는 높아질 수 있다.

정답을 찾아가는 Self - Tip

ㄴ. 무엇이 옳은지 알고 있다면 도덕적 실천 여부와 무관하게 삶의 질 향상에 이바지한다.
→ 무엇이 옳은지 알고 있다 하더라도 아는 것을 행동으로 옮기는 실천 의지가 없다면 도덕적으로 살아가는 것이라고 볼 수 없다. 즉, 아는 것에서 더 나아가 이를 실천하고자 행동으로 옮기고자 노력하는 자세는 삶의 질 향상에 이바지할 수 있다.

09 도덕적 실천과 행복 　　　　답 ②

갑은 루소, 을은 달라이 라마이다. 루소는 선을 행하는 것이 인간이 삶에서 경험할 수 있는 가장 참된 행복이라고 보았으며, 달라이 라마 또한 다른 사람을 배려하고 다른 사람의 행복을 진정으로 바랄 때 행복을 느낄 수 있다고 여겼다. 두 사상가 모두 타인을 위해 배려하는 마음을 지니고 도덕적 실천을 행할 때 진정한 행복을 이룰 수 있다고 보았다.

서술형 문제

10 《택리지》에 나타난 이상적인 정주 환경의 요건

모범 답안 | (1) ㉠ 지리, ㉡ 생리, ㉢ 인심, ㉣ 산수
(2) (가)에서는 풍수 사상에 근거한 명당과 이웃 간의 정을 이상적인 정주 환경의 중요한 조건으로 생각하고, (나)에서는 치안이나 보건 및 위생, 교육 서비스 등과 같은 사회·문화적 환경 등을 이상적인 정주 환경의 중요한 조건으로 여긴다.
주요 단어 | 정주 환경, 풍수 사상, 이웃, 사회·문화적 환경

채점 기준	배점
(가), (나)의 차이점을 모두 서술한 경우	상
(가), (나)의 차이점을 한 가지만 서술한 경우	하

11 도덕적 실천과 성찰하는 삶

모범 답안 | 행복한 삶을 실현하기 위해서는 바람직한 삶에 대한 도덕적 성찰을 바탕으로 한 도덕적 실천이 중요하다. 우리는 도덕적으로 바람직한 규범과 가치에 대해 알고자 노력하고 이를 실천하면서 점차 더 나은 사람이 될 수 있고, 이 과정에서 삶의 만족감과 행복감을 얻을 수 있기 때문이다. 더 나아가 우리가 바람직한 삶에 대해 성찰하고 도덕적 실천을 하는 삶을 추구하면 개인뿐만 아니라 사회 구성원 간에 사회적 신뢰가 형성되고, 사회 전체의 행복 수준도 높아질 수 있기 때문이다.
주요 단어 | 도덕적 실천, 성찰, 만족감, 사회적 신뢰

채점 기준	배점
도덕적 실천과 성찰의 중요성을 모두 서술한 경우	상
도덕적 실천과 성찰의 중요성 중 한 가지만 서술한 경우	하

1등급 완성하기 　　　　p. 27

01 ④　　**02** ③　　**03** ④　　**04** ⑤

01 정주 환경에 관한 설명 　　　　답 ④

가로 낱말 (A)는 정당이며, 가로 낱말 (B)는 민주주의이고, 가로 낱말 (C)는 자연환경이며, 가로 낱말 (D)는 경제이다. 그러므로 세로 낱말 (A)는 정주 환경이다.

정주 환경은 좁게는 주거 환경에서부터 넓게는 문화, 여가, 자연환경 등 일상생활의 전 영역을 광범위하게 일컫는다. 정주 환경은 삶의 질과 밀접한 관련을 맺고 있으며, 최근 이러한 인식을 바탕으로 각종 생활 공간에 녹지 공간과 편의 시설 등을 확충하려는 노력이 이루어지고 있다. 그러나 일부 사람들은 정주 환경과 인간의 행복한 삶의 관련성을 바르게 인식하지 못한 채, 경제적 투자 가치가 높은 곳만을 좋은 정주 환경이라고 평가하는 잘못을 저지르기도 한다.

④의 경제적 투자 가치가 높은가를 평가 기준으로 삼는 것은 정주 환경에 대한 바람직한 이해와 거리가 멀다.

정답을 찾아가는 Self - Tip

			(A) 정	당	
	(B) 민	주	주	의	
(C) 자	연	환	경		
			(D) 경	제	

02 경제적 안정과 행복의 관계 　답 ③

표는 국민 소득이 높은 국가일수록 영아 사망률이 낮고 기대 수명이 높다는 점을 보여 준다. 이를 통해 경제 여건이 양호한 국가는 국민에게 질 높은 의료 혜택을 제공할 가능성이 높다는 것을 알 수 있다.

정답을 찾아가는 Self - Tip

ㄱ. 경제 수준이 높을수록 양극화가 심화된다.
　→ 제시된 표를 통해 유추할 수 없는 진술이다.
ㄹ. 경제 여건이 양호한 나라들은 상대적으로 의료 혜택의 질이 낮다.
　→ 1인당 국내 총생산이 높은 국가, 즉 경제 여건이 양호한 국가가 그렇지 않은 국가에 비해 대체로 영아 사망률이 낮고, 기대 수명이 높다. 낮은 영아 사망률과 높은 기대 수명은 의료 혜택의 질이 높음을 가리키는 지표로 해석할 수 있다.

03 정치적 참여와 행복의 관계 　답 ④

제시문은 1998년 노벨 경제학상을 수상한 아마르티아 센(Sen, A. K.)의 주장이다. 그는 시민의 정치적 참여가 행복한 삶을 실현하는 데 중요한 역할을 담당한다고 본다. 그는 민주주의 발전이 시민의 행복에 기여하며, 삶의 질 향상에 도움이 된다고 여긴다. 왜냐하면 시민의 정치적 의사가 반영되는 국가일수록 인권이 존중되기 때문이다.

04 공동체와 더불어 살아가는 삶 　답 ⑤

(가)는 한국의 노블레스 오블리주(Noblesse Oblige)라고 불리는 경주 교동 최씨 가문의 가훈을 설명하고 있다. (나)는 경영권과 지분을 승계하는 과정에서 세금을 내지 않기 위해 법을 어긴 대기업 회장 A의 사례를 소개하고 있다. (가)와 (나)의 사례를 통해 자신의 이익만을 추구하는 것은 사회 전체에 피해를 줄 수 있으며 타인의 행복, 공동체의 행복을 함께 추구할 때 비로소 진정으로 행복한 삶을 살 수 있다는 것을 알 수 있다.

정답을 찾아가는 Self - Tip

ㄱ. 인간은 홀로 살아가는 존재임을 자각하라.
　→ 최씨 가문의 가훈에는 더불어 살아가는 삶에 대한 강조가 담겨 있다. 인간은 혼자서는 살아갈 수 없으며, 타인과 더불어 살아가는 사회적·도덕적 존재이다.
ㄴ. 자신의 잘못에 대해 관용적 태도를 지녀라.
　→ 자신의 잘못에 대해서는 반성하고 바로잡는 성찰의 자세가 필요하다.

II. 자연환경과 인간

01 자연환경과 인간 생활

내신 실력 쌓기 　　　　　　　　　p. 34 ~ p. 37

01 ③	02 ①	03 ④	04 ②	05 ①
06 ②	07 ①	08 ①	09 ④	10 ②
11 ①	12 ⑤	13 ③	14 ⑤	15 해설 참조
16 해설 참조		17 해설 참조		

01 자연환경과 인간 생활 　답 ③

인간은 자연환경으로부터 도구, 에너지, 자원 등 생존에 필요한 것들을 얻는다. 그리고 과학 기술이 발달하면서 사막 지역에서도 관개 시설을 활용한 농업 활동이 이루어지는 등 인간은 자연환경의 제약을 극복할 수 있게 되었다.

정답을 찾아가는 Self - Tip

ㄱ. 지형 조건은 인간의 생활 양식에 영향을 미치지 않는다.
　→ 지형 조건도 자연환경의 일부로 인간 생활에 영향을 미친다.
ㄹ. 자연환경이 인간의 생활에 미치는 영향은 과거와 현재가 다르지 않다.
　다르다.

02 열대 기후 지역과 건조 기후 지역의 전통 의복 　답 ①

(가)는 열대 기후 지역의 의복으로, 옷차림이 얇고 간편하며 통풍을 위해 헐렁한 것이 특징이다. (나)는 건조 기후 지역 중 사막의 의복으로, 모래바람과 강한 햇빛을 막기 위해 온몸을 감싼 것이 특징이다.

지도에서 A는 열대 기후 지역, B는 건조 기후 지역, C는 온대 기후 지역, D는 냉대 기후 지역, E는 한대 기후 지역이다.

따라서 (가)는 A이고, (나)는 B이다.

자료를 분석하는 Self - Tip

세계의 기후 지역

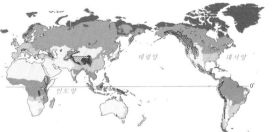

■ 열대 기후　□ 건조 기후　■ 온대 기후　■ 냉대 기후　■ 한대 기후　▨ 고산 기후　[구드 세계 지도, 2016.]

• 적도 부근의 저위도 지역은 태양 에너지를 많이 받는 반면, 극지방의 고위도 지역은 태양 에너지를 상대적으로 적게 받으므로 저위도에서 고위도로 갈수록 기온은 낮아진다.
• 세계의 기후 지역은 저위도에서 고위도로 가면서 열대 → 건조 → 온대 → 냉대 → 한대 기후 순으로 나타난다.

03 강수량에 따른 전통 가옥의 특징　　답 ④

사막 지역은 강수량이 적어 전통 가옥의 지붕이 평평하지만 강수량이 많은 열대 기후 지역의 전통 가옥은 빗물이 잘 흘러내릴 수 있도록 지붕의 경사가 급하다. 따라서 두 지역의 가옥의 특성에 영향을 준 요인은 ④ 강수량이다.

정답을 찾아가는 Self - Tip

① 기온 → 기온과 전통 가옥의 지붕 경사와는 직접적인 관련이 없다.
② 바람 → 바람이 약한 곳에서는 창문을 크게, 바람이 강한 곳에서는 창문을 작게 짓는 경향이 나타난다.
③ 지형 → 지형과 전통 가옥의 지붕 경사와는 직접적인 관련이 없다.
⑤ 해발 고도 → 해발 고도와 전통 가옥의 지붕 경사와는 직접적인 관련이 없다.

04 한대 기후 지역의 주민 생활　　답 ②

북극과 남극 주변에서 나타나는 한대 기후 지역은 겨울이 매우 춥고 길어 인간이 살아가기에 불리하고 식물의 성장 역시 어렵다. 이 때문에 주민들은 수렵을 통해 살아가며, 수렵을 나갔을 때 눈과 얼음을 이용하여 임시 거처를 짓는다.

정답을 찾아가는 Self - Tip

① 사계절이 뚜렷하게 나타난다.
　→ 온대 기후 지역과 일부 위도가 낮은 냉대 기후 지역의 특징이다.
③ 기름에 볶거나 튀기는 요리가 발달했다.
　→ 열대 기후 지역의 특징이다.
④ 넓은 평야가 발달해 벼농사가 활발하게 이루어진다.
　→ 여름 계절풍의 영향을 받는 온대 기후 지역과 일부 열대 기후 지역의 특징이다.
⑤ 과거에는 이동하며 사는 주민보다 정착 생활을 하는 주민들이 많았다.
　→ 한대 기후 지역은 농경이 이루어지기 어렵기 때문에 주민들은 전통적으로 수렵이나 어업 활동, 순록의 유목 등을 하면서 이동하며 살았다.

내 것으로 만드는 Self - Tip

한대 기후 지역의 특징
· 분포: 극 주변에 분포함.
· 기후 특징: 겨울이 길고 몹시 추움. → 식물 성장과 인간 거주에 불리함.
· 의복: 동물의 가죽이나 털로 만들어 입음.
· 음식: 열량이 높은 육류를 많이 먹고 저장 음식이 발달함.
· 전통 가옥: 주변에서 구할 수 있는 가축의 가죽으로 짓고, 수렵 활동 시에는 눈과 얼음을 이용하여 임시 거처를 짓기도 함.
· 농업: 농경이 어려워 순록 유목이나 수렵 및 어업 활동을 함.

05 여름이 덥고 건조한 온대 기후 지역의 특징　　답 ①

자료의 (가) 기후 지역은 온대 기후 지역 중 여름이 덥고 건조한 지역에 해당한다. 지중해 연안에서 특징적으로 나타나며 덥고 건조한 여름철 특성으로 인해 포도나 올리브를 재배하고, 강한 햇빛을 차단하기 위해 벽을 하얗게 칠한 전통 가옥이 나타난다.

정답을 찾아가는 Self - Tip

② 북극과 남극 주변에 분포한다. → 한대 기후 지역의 특징이다.
③ 연중 비가 거의 내리지 않는다. → 건조 기후 지역의 특징이다.
④ 연중 기온이 매우 높고 강수량이 많다. → 열대 기후 지역의 특징이다.
⑤ 적도 주변의 해발 고도가 높은 지역이다.
　→ 열대 기후 지역 중 고도가 높은 지역은 연중 봄과 같은 날씨가 나타난다.

06 건조 기후 지역의 전통 가옥　　답 ②

자료는 건조 기후 지역 중 초원 지대에서 특징적으로 볼 수 있는 전통 가옥이다. 초원은 강수량이 적어 농업에 불리하기 때문에 풀밭을 찾아 옮겨 다니며 말, 양 등을 키우는 유목이 발달했다. 그리고 이들 가축으로부터 의식주의 재료를 얻기도 한다.

정답을 찾아가는 Self - Tip

ㄴ. 소나무와 같은 침엽수가 잘 자란다.
　→ 냉대 기후 지역에 대한 설명이다.
ㄷ. 쌀과 해산물을 이용한 다양한 음식이 발달되어 있다.
　→ 열대 기후 지역에 대한 설명이다.

내 것으로 만드는 Self - Tip

초원 지역의 생활
· 기후 특징: 강수량이 적음. → 식물 성장과 인간 거주에 불리해 물과 풀을 찾아 옮겨 다니면서 말, 양 등을 키우는 유목이 발달함.
· 의복: 가축의 가죽이나 털을 이용한 옷을 입음.
· 음식: 양이나 염소의 젖과 고기를 양식으로 이용함.
· 전통 가옥: 이동식 가옥 ⑩ 몽골의 게르 등

07 열대 고산 기후 지역의 주민 생활　　답 ①

적도 부근의 고산 지역은 연중 온화한 기후가 나타나 사람들이 살기에 적합하다. 다만, 일교차가 크고 햇빛이 강해 챙이 긴 모자를 쓰고 생활하는 경우가 많다. 그리고 지역 주민들은 고산 지대에 잘 적응한 가축인 라마와 알파카 등을 기르면서, 이 가축들로부터 먹을거리와 의복 등을 얻는다.

정답을 찾아가는 Self - Tip

ㄷ. (다): 바닥이 지면으로부터 높게 띄워져 있는 가옥
　→ 열대 기후 지역에서 특징적으로 나타난다.
ㄹ. (라): 대추야자나 밀을 재배하는 모습
　→ 사막에서 볼 수 있다.

08 지형과 주민 생활　　답 ①

산지 지역은 사면의 경사가 급하고 해발 고도가 높으므로 인간이 거주하기에 불리하다. 그러나 산지에서도 불리한 점을 극복하고 살아가는 사람이 많다. 고산 지역의 사람들은 밭농사를 짓거나 임산물을 채취하며, 고산 지대에 잘 적응한 가축을 사육한다.

09 오늘날의 자연환경 적응 방식　　답 ④

과학 기술이 발달하면서 인간은 자연환경의 제약을 극복하고 자연환경을 이용하며 생활하게 되었다. 지하자원이 풍부한 곳은 개발하여 광업 도시로 발전하고, 산지나 해안에서는 지형적 특징을 이용한 발전소가 생기기도 한다. 주로 산지 지형에서는 낙차를 이용한 수력 발전을, 해안 지형에서는 조차를 이용한 조력 발전을 한다. 그리고 빙하 지형이나 카르스트 지형, 화산 지형처럼 독특한 지형이 나타나는 곳은 관광지로 이용된다.

정답을 찾아가는 Self - Tip

(나) 건조 기후 지역에서는 관개 시설의 확충으로 농업이 가능해졌다. → 예 ☑ 아니요 □

10 자연재해의 특징 답 ②

자연재해란 기후, 지형 등의 자연환경 요소들이 인간의 안전한 삶을 위협하면서 피해를 주는 현상을 의미한다. 자연재해는 홍수, 가뭄, 폭설, 열대 저기압 등과 같은 기후적 요인에 의한 것과 지진, 지진 해일(쓰나미), 화산 활동 등과 같은 지형적 요인에 의한 자연재해로 구분된다.

11 자연재해로 인한 피해 답 ①

(가)는 홍수, (나)는 화산 활동의 모습을 나타낸 것이다. 열대 저기압은 많은 강수를 동반하기 때문에 홍수를 유발할 수 있다. 그리고 화산 활동이 일어나는 지역은 화산 활동 이후에 수려한 경관을 바탕으로 관광 산업이 발달하기도 한다.

12 자연재해에 대한 대비 답 ⑤

시민은 안전하고 쾌적한 환경에서 살아갈 권리가 있으므로, 국가는 자연재해의 위협으로부터 시민을 안전하게 보호해야 한다. 평상시에는 경보 체계와 대피 요령 등을 마련하고, 법률을 제정하여 국민들의 피해를 최소화해야 한다. 또한, 재해 발생 시 신속하게 복구할 수 있는 대책을 수립해야 하다. ⑤ 재해 발생 시 공동체의 빠른 회복을 위해 성숙한 시민 의식을 함양해야 하는 주체는 개인이다.

13 쓰나미의 발생과 인도네시아의 대응 답 ③

인도네시아에서 발생한 쓰나미로 삶의 터전을 잃은 이재민들이 생겼다. 이들은 재해로부터 보호받을 권리, 즉 안전하게 살아갈 권리를 보장받지 못했다. 이에 인도네시아는 쓰나미 경보 장치를 도입하고, 국가 간 쓰나미에 대한 정보를 공유하며 피해 예방에 힘썼다. 이는 국가적 차원에서 할 수 있는 노력이다.

14 자연재해 피해에 대한 시민 사회의 대응 답 ⑤

제시된 기사에는 허리케인으로 발생한 피해에 대응하기 위해 시민들이 자발적으로 정보를 공유하고 문제를 해결해 나가는 모습이 담겨 있다. 시민 사회의 발 빠른 대처는 자연재해 피해를 극복하는 데 도움이 된다.

서술형 문제

15 열대 기후 지역의 전통 음식

모범 답안 | 열대 기후 지역으로서, 기온이 높고 강수량이 많다.

주요 단어 | 열대 기후 지역, 높은 기온, 많은 강수량

채점 기준	배점
기후 지역의 명칭과 기온, 강수 특성을 모두 바르게 서술한 경우	상
기후 지역의 명칭과 기온, 강수 특성 중 두 가지만 바르게 서술한 경우	중
기후 지역의 명칭과 기온, 강수 특성 중 한 가지만 바르게 서술한 경우	하

16 건조 기후에 적응하는 방식의 차이

모범 답안 | 과거에는 물이 부족한 자연환경에 적응한 반면, 현재는 물을 끌어와서 가로수를 조성하는 것처럼 과학 기술을 활용하여 물이 부족한 자연환경을 극복하고 있다.

주요 단어 | 적응 방식의 차이, 과학 기술의 발달

채점 기준	배점
과거와 현재의 적응 방식의 차이를 바르게 서술한 경우	상
과거와 현재의 적응 방식의 차이를 미흡하게 서술한 경우	하

17 안전하게 살아갈 권리

모범 답안 | 국가의 최고법인 헌법에 국민의 안전할 권리에 대해 명시함으로써 안전할 권리 보장에 대한 국가의 노력을 강조했다.

주요 단어 | 헌법, 안전할 권리, 국가의 노력

채점 기준	배점
안전할 권리에 대한 법적 의의를 바르게 서술한 경우	상
안전할 권리에 대한 법적 의의를 미흡하게 서술한 경우	하

1등급 완성하기 p. 38 ~ p. 39

01 ① **02** ⑤ **03** ⑤ **04** ⑤ **05** ④
06 ④ **07** ③ **08** ②

01 온대 기후 지역의 주민 생활 🅰 ①

(가), (나)는 모두 온대 기후 지역의 주민 생활을 나타낸 것이다. 구체적으로 (가)는 연중 온화하고 계절별로 강수가 고르게 내리는 지역으로 서부 유럽 지역인 A(런던)에 해당하고, (나)는 여름철이 뚜렷하게 건조한 지역으로 지중해 연안인 B(로마)에 해당한다.

💡 정답을 찾아가는 Self - Tip

C → 열대 기후 지역에 해당한다. C 지역에서는 여름철 높은 기온과 많은 강수량을 바탕으로 벼농사가 활발히 이루어진다.

📋 내 것으로 만드는 Self - Tip

온대 기후 지역과 농업
· 연중 습윤한 지역: 서부 유럽, 북아메리카 북서 해안 등에 분포하며, 밀 농사, 가축 사육 등을 함.
· 여름철이 건조한 지역: 지중해 연안 등에 분포하며, 여름철에는 올리브, 포도 등을 재배하고, 겨울철에는 밀을 재배함.
· 여름철이 고온 다습한 지역: 동아시아 일대에 분포하며, 벼농사 등을 함.

02 냉대 기후 지역의 특징 🅰 ⑤

냉대 기후 지역에서는 타이가라고 불리는 침엽수림 지대가 분포하여 통나무로 지은 전통 가옥이 발달하였다. 냉대 기후 지역은 계절 변화가 나타나기 때문에 더위와 추위에 모두 적응할 수 있는 생활 양식이 나타난다.

💡 정답을 찾아가는 Self - Tip

① 해발 고도가 높고, 연중 온화하다.
→ 열대 기후 지역 중 고산 지역의 특징이다.
② 농경이 어려워 수렵 및 어업 활동을 한다.
→ 한대 기후 지역의 특징이다.
③ 얇고 간편하며 통풍에 좋은 헐렁한 옷을 입는다.
→ 열대 기후 지역의 특징이다.
④ 벽이 두껍고 창이 작은 흙벽돌집을 쉽게 볼 수 있다.
→ 건조 기후 지역 중 사막 지역의 특징이다.

📋 내 것으로 만드는 Self - Tip

냉대 기후 지역의 생활
· 분포 지역: 고위도 지역→온대 기후 지역에 비해 겨울이 길고 추움.
· 생활 양식: 계절의 변화가 나타나 더위와 추위에 모두 적응할 수 있는 생활 양식이 나타남.
· 전통 가옥: 주변에서 쉽게 구할 수 있는 통나무를 재료로 지음.

03 열대 기후 지역과 건조 기후 지역의 전통 가옥 🅰 ⑤

갑이 살고 있는 지역은 열대 기후 지역, 을이 살고 있는 지역은 건조 기후 지역이다. 열대 기후 지역은 건조 기후 지역에 비해 적도와의 거리가 가깝고, 연 강수량이 많으며, 의복의 통풍성이 높다.

✏️ 자료를 분석하는 Self - Tip

빗물이 잘 흐르도록 지붕의 경사를 급하게 지음.

통풍이 잘 되도록 창문을 크게 만들었음.

바닥이 지면에서 떨어져 있어서 지면으로부터 올라오는 열기와 습기, 해충을 차단할 수 있음.

최대한 그늘을 많이 만들기 위해 건물 사이의 간격이 좁음.

강수량이 적어 지붕의 경사가 평평함.

낮의 열기와 밤의 냉기, 모래바람을 막기 위해 창문의 크기가 작음.

04 적도 부근 고산 지대의 주민 생활 🅰 ⑤

자료에서 설명하는 지역은 적도 부근의 고산 지대이다. 해발 고도가 높아질수록 기온이 낮아지기 때문에 적도 부근의 고산 지대는 항상 봄과 같은 날씨가 나타난다. '라마'는 고산 지대에 잘 적응한 가축으로서 안데스 산지의 고지대에서 주로 키운다. 이 지역 주민들은 라마의 가죽으로 만든 옷을 입고 생활하기도 한다.

💡 정답을 찾아가는 Self - Tip

A → 알프스 산지이다. 이 지역은 계절에 따라 산지를 수직적으로 이동하며 목축을 하는 이목이 발달했다.
B → 베트남의 할롱 베이 지역이다. 이 지역은 탑 카르스트라고 하는 독특한 지형이 발달해 관광 산업이 발달했다.
C → 미국의 평야 지대로서 대규모의 밀 농사가 이루어진다.
D → 화산 활동이 활발한 뉴질랜드의 북섬이다. 독특한 화산 지형을 바탕으로 관광 산업이 발달했다.

05 지형과 주민 생활 🅰 ④

세계의 다양한 지형은 지역 주민의 생활 양식에 큰 영향을 준다. 산지 지역 주민들은 산비탈을 개간하여 감자나 옥수수 등을 재배한다. 그리고 카르스트 지형이나 빙하 지형처럼 독특한 경관이 나타나는 지역은 관광 산업이 발달했다.

💡 정답을 찾아가는 Self - Tip

갑: 평야는 특별한 자원이 없어서 인구 밀도가 낮습니다.
→ 평야는 넓은 경지로 이용하기 좋고, 지역 간 교류에도 유리해서 예부터 많은 인구가 모여 산다.
병: 해안 지역은 바다가 장애물이 되어서 지역 간 교류가 어려워요.
→ 해안 지역은 육지와도 연결이 되고, 바다로도 배가 드나들 수 있어서 지역 간 교류가 많다.

06 화산 활동과 주민 생활 🅰④

폼페이에서 발생한 화산 활동은 한순간에 생활 공간을 매몰시켰다. 그러나 현재는 화산의 피해가 생생하게 남아 있는 폼페이를 보기 위해 수많은 관광객이 몰려들어 지역 사회에 도움이 되고 있다.

💡 정답을 찾아가는 Self - Tip
ㄱ. 화산 활동은 ~~기후적~~ 요인에 의한 자연재해이다.
　　　　지형적
ㄷ. 화산학의 발전으로 화산에 대한 피해를 완벽히 막을 수 있게 되었다.
　　→ 화산학의 발전 결과는 제시된 글에 나와 있지 않으며, 화산학이 발전했다고 하더라도 피해를 완벽히 막을 수는 없다.

07 자연환경이 정치에 준 영향 🅰③

제시문에 벼농사 지역은 물 관리 중 가장 중요한 수리 시설의 설치를 위해 많은 노동력이 필요하여 이를 효과적으로 조직하기 위한 정치 체제가 고대 국가에서 갖추어졌다는 내용이 있으므로, 글의 제목으로 '자연환경이 고대 정치에 준 영향'이 적절하다.

💡 정답을 찾아가는 Self - Tip
① 평야 지역의 주민 생활
　　→ 평야 지역 주민의 일반적인 생활과 관련된 글은 아니다.
② 쌀이 주로 재배되는 지역
　　→ 동아시아의 벼농사 지역이 나타나 있지만, 글의 모든 내용을 포괄하는 제목은 아니다.
④ 재배 작물에 따른 인구 밀도의 차이
　　→ 제시된 글과는 관련이 없다.
⑤ 하천 주변에 벼농사가 발달하는 이유
　　→ 제시된 글에는 벼농사가 발달하는 지형적 조건이 나타나 있지 않다.

08 우리나라와 칠레의 지진 발생 🅰②

우리나라는 최근 지진 발생 횟수가 급증하여 더 이상 지진 안전지대가 아니며, 지진에 대비하기 위해 칠레의 모범 사례를 참고하여 여러 가지 방안을 모색해야 한다.

💡 정답을 찾아가는 Self - Tip
ㄴ. (나)를 통해 칠레는 지진의 발생을 완전히 근절하였음을 알 수 있다.
　　→ 과학 기술이 발전하여도 자연재해의 발생을 인간의 힘으로 근절하는 것은 불가능하다.
ㄷ. (가), (나)를 통해 우리나라가 칠레보다 안전권이 더 잘 보장됨을 알 수 있다.
　　→ 위와 같은 내용을 다루고 있지 않고, 칠레가 우리나라보다 지진 대비책이 더 잘 되어 있다.

📝 내 것으로 만드는 Self - Tip

안전하게 살아갈 시민의 권리 확보를 위한 정부의 노력

법적 장치 마련	다양한 법률을 제정하여 국민의 생명과 재산의 보호를 법적으로 보장
사전 대비책 마련	• 조기 예보 및 경보 체계 • 대피 요령 마련 • 내진 설계 의무화
복구 체계 구축	• 재난 관리 시스템 구축 • 재해민에 대한 보상과 지원 대책 마련

 ## 자연에 대한 다양한 관점

01 인간 중심주의의 의미 🅰③

A에 들어갈 검색어는 인간 중심주의이다. 인간 중심주의는 오직 인간만이 그 자체로 소중한 존재이며, 인간 이외의 다른 자연적 존재는 인간의 이익과 필요에 따라 평가하는 관점을 말한다. 인간 중심주의는 인간과 자연을 분리하여 바라보며, 인간은 자신의 이익과 행복 증진을 위하여 자연을 수단으로 이용할 수 있다고 여긴다. 이는 인간의 욕구 충족을 위한 도구로서 자연이 지니는 유용성을 중시하는 '도구적 자연관'에 근거한다.

💡 정답을 찾아가는 Self - Tip
ㄱ. 자연을 위해 인간의 욕구가 절제되어야 한다.
　　→ 생태 중심주의의 견해이다.
ㄹ. 인간은 자연으로부터 독립된 지배자가 아니라 자연의 한 구성원일 뿐이다.
　　→ 생태 중심주의의 견해이다. 인간 중심주의에 따르면 인간은 자연의 지배자이자 관리자이다.

02 인간 중심주의의 대표 사상가 🅰①

갑은 아리스토텔레스, 을은 베이컨, 병은 데카르트이다. 이들은 인간 중심주의를 주장한 대표적인 사상가들이다. 인간 중심주의에 따르면 오직 인간만이 이성을 지닌 존재이기 때문에 그 자체로서 가치가 있으며, 인간은 다른 자연적 존재보다 우월한 존재이다. 이러한 이유로 인간을 자연의 한 부분이 아니라 자연으로부터 독립된 존재로 바라보고, 인간의 이익과 행복 증진을 위해 자연을 수단으로 이용할 수 있다고 주장하며, 자연은 인간의 이익 실현을 위한 도구적 유용성을 지닌다고 여긴다.

👆 자료를 분석하는 Self - Tip
갑: 식물은 동물의 생존을 위해서, 동물은 인간을 위해서 존재한다.
　　→ 아리스토텔레스에 따르면, 식물은 동물을 위해 존재하며, 동물은 인간을 위해 존재한다. 따라서 그는 인간의 필요에 의해 식물과 동물을 이용하는 것은 문제가 되지 않는다고 여긴다.
을: 방황하고 있는 자연을 사냥해서 노예로 만들어 인간의 이익에 봉사하도록 해야 한다.
　　→ 베이컨은 자연에 관해 언급하면서 '방황', 사냥', '노예', '이익', '봉사' 등과 같은 단어를 사용하였다. 이는 자연을 인간의 이익 증진을 위한 수단으로만 바라보는 시각을 보여 준다.
병: 우리는 자연의 주인이자 소유자가 될 수 있다. 인간은 정신을 소유한 존엄한 존재지만, 자연은 의식이 없는 물질이다.
　　→ 데카르트는 인간이 자연의 주인이자 소유자라고 보았다. 다시 말해 자연은 인간의 노예이자 소유물이라는 것이다. 데카르트는 인간만이 정신을 소유하였으므로 존엄하다고 보았다.

03 인간 중심주의의 사례와 그 한계 　　답 ③

제시문은 자연을 바라보는 인간 중심주의적 관점이 드러나 있는 사례이다. 원시림에 불을 놓아 팜유 농장을 만든 것은 자연을 인간의 이익을 위한 도구로 보았기 때문이다. 인간 중심주의에 따르면, 자연의 가치는 인간의 이익이나 필요에 이바지한 정도에 의해 평가된다. 인간 중심주의는 자연의 본래적 가치를 인정하지 않고, 자연의 도구적 가치만 인정하기 때문에 인간이 자연을 정복하고 지배하는 것이 정당화된다. 이로 인해 인간은 자연을 남용하고 훼손하게 되었고 그 결과 환경 오염, 생태계 파괴 등과 같은 환경 위기가 나타났다.

💡 정답을 찾아가는 Self - Tip

ㄴ. 자연 보전을 위한 인간의 어떤 개입도 인정하지 않는다.
　→ 생태 중심주의의 한계이다. 생태계의 중요한 가치 실현에 인간의 어떤 개입도 허용하지 않는 비현실적인 측면이 있다.

ㄷ. 생태계 전체를 위해 개별 생명체의 가치가 경시될 가능성이 크다.
　→ 생태 중심주의의 한계이다. 개별 생명체보다 생태계 전체의 이익을 중시하는 환경 파시즘적 성격이 있다.

04 생태 중심주의의 의미와 사례 　　답 ④

(가)는 생태 중심주의 관점을 엿볼 수 있는 사례이다. (나)는 생태 중심주의의 견해이다. (가)의 정책은 인간의 개입이 자칫 자연의 균형을 깨뜨릴 수 있으므로 인간이 자연의 질서에 함부로 개입하지 않아야 한다는 생태주의의 입장을 근거로 한다.

💡 정답을 찾아가는 Self - Tip

ㄱ. 야생 상태의 자연이 인간의 생존을 위협하고 있다.
　→ 생태 중심주의는 자연과 인간의 관계를 대립적으로 파악하지 않는다. 오히려 인간은 자연과 상생과 공존의 관계를 맺고 있다고 본다.

ㄷ. 인간과 자연을 분리하여 자연을 지배의 대상으로 보고 있다.
　→ 인간 중심주의의 입장이다.

05 레오폴드의 '대지의 윤리' 　　답 ③

제시문은 레오폴드의 《모래 군의 열두 달》의 일부분이다. 그는 이 책에서 '대지의 윤리'를 주장하였는데, 대지의 윤리는 생태계 전체를 하나의 유기체로 보고 공동체의 범위를 인간에서 동물, 식물, 토양, 물을 포함한 대지까지 모두 포괄하는 것으로 확대하려는 입장이다.

📋 자료를 분석하는 Self - Tip

바람직한 대지 이용을 오직 경제적 문제로만 생각하지 마라. → 레오폴드는 대지를 경제적 가치로 평가하는 것에 반대한다.
모든 물음을 경제적으로 무엇이 유리한가 하는 관점뿐만 아니라 윤리적, 심미적으로 무엇이 옳은가의 관점에서도 검토하라. 생명 공동체의 통합성과 안정성 그리고 아름다움의 보전에 이바지한다면, 그것은 옳다. 그렇지 않다면 그르다.
→ 대지의 윤리에 따르면 대지는 생명 공동체이다. 인간 역시 생명 공동체의 한 구성원이므로, 인간은 생태계의 안정을 유지할 의무가 있으며 이를 파괴하는 무분별한 개입을 자제해야 한다.

06 레오폴드의 '대지의 윤리' 　　답 ④

레오폴드에 따르면 대지는 경제적 가치로만 평가될 수 없으며 무생물과 식물, 곤충, 각종 동물 등이 유기적으로 연결되어 균형을 이루며 살아가는 생명 공동체이다.

🗒️ 내 것으로 만드는 Self - Tip

레오폴드의 '대지의 윤리'
• 생태계 전체를 하나의 유기체로 보고 공동체의 범위를 인간에서 동물, 식물, 토양, 물을 포함한 대지까지 확대함.
• 대지는 무생물과 식물, 곤충, 각종 동물 등이 유기적으로 연결되어 균형을 이루며 살아가는 생명 공동체이므로 경제적 가치로만 평가될 수 없음.
• 인간은 생명 공동체의 한 구성원이므로 생태계 안정을 유지할 의무가 있음.

07 생태 중심주의의 의의와 한계 　　답 ③

생태 중심주의의 한계는 생태계의 중요한 가치 실현에 인간의 어떤 개입도 허용하지 않는 비현실적인 측면이 있다는 것과 생태계 전체의 이익을 우선 고려하여 개별 생명체의 희생을 강요할 수 있다는 점에서 환경 파시즘적 성격이 있다는 것이다.

💡 정답을 찾아가는 Self - Tip

ㄱ. 생태계 전체를 도덕적으로 대우해야 할 대상으로 보지 않는다.
　→ 인간 중심주의의 관점이다.

ㄹ. 자연의 본래적 가치를 인정하지 않고, 도구적 가치만을 강조하여 환경 위기를 초래한다.
　→ 인간 중심주의의 한계에 관한 내용이다.

08 인간과 자연의 관계 변화 　　답 ②

과거 인간은 자연을 두려워하고, 자연에 순응하며 살았다. 근대 이후 인간은 인간 중심적 사고를 바탕으로 자연을 이용과 지배의 대상으로 인식하게 되었고, 과학 기술이 발달하면서 자연을 적극적으로 이용하고 개발하였다. 하지만 무분별한 개발로 심각한 환경 위기가 초래되었다. 이에 따라 오늘날에는 환경 문제가 사회적 쟁점이 되면서 이를 극복하기 위해 지속 가능한 발전과 환경친화적인 삶을 강조하고 있으며, 환경 보호와 경제 성장을 동시에 추구하고 있다.

💡 정답을 찾아가는 Self - Tip

ㄴ. 전통 사회에서 인간은 인간 중심적 사고를 바탕으로 자연을 지배의 대상으로 여겼다.
　→ 과거 인간은 자연을 두려워하고, 자연에 순응하며 살았다.

ㄷ. 근대 이후 과학 기술이 발달하면서 인간은 자연을 두려워하고, 자연에 순응하게 되었다.
　→ 근대 이후 인간은 인간 중심적 사고를 바탕으로 자연을 이용과 지배의 대상으로 인식하게 되었으며, 과학 기술이 발달하면서 자연을 적극적으로 이용하고 개발하였다.

09 우리 조상들의 전통적 자연관 　　답 ⑤

제시문은 우리 조상들의 자연관을 나타내고 있다. 우리 조상들은 인간과 자연이 서로 분리된 존재가 아니라, 자연 속에서 더불어 살아가는 존재로 보고, 자연과의 조화를 이루는 삶을 강조하였다.

10 인간 중심주의와 생태 중심주의 비교 이해

모범 답안 | (1) (가) 인간 중심주의, (나) 생태 중심주의

(2) 인간 중심주의는 자연의 본래적 가치를 인정하지 않고, 도구적 가치만 강조하므로 인간이 자연을 정복하고 지배하는 것을 정당화하여 자연을 남용하고 훼손한 결과, 환경 오염, 생태계 파괴 등과 같은 환경 위기를 초래했다는 한계를 지닌다. 한편, 생태 중심주의는 생태계의 중요한 가치 실현에 인간의 어떤 개입도 허용하지 않는 비현실적인 측면이 있다는 것과 생태계 전체의 이익을 우선 고려하여 개별 생명체의 희생을 강요할 수 있다는 점에서 환경 파시즘적 성격이 있다는 한계를 지닌다.

주요 단어 | 도구적 가치, 환경 오염, 비현실적 측면, 환경 파시즘

채점 기준	배점
(가)와 (나)의 한계를 각각 한 가지 이상 서술한 경우	상
(가)와 (나)의 한계 중 어느 한 가지만 서술한 경우	하

11 동양의 자연관

모범 답안 | (1) (가) 유교, (나) 도가, (다) 불교

(2) 유교, 불교, 도가 사상은 모두 인간과 자연이 서로 분리되어 존재하는 것이 아니라 자연 속에서 더불어 존재한다고 보고, 인간과 자연이 조화를 이루어야 한다고 여긴다.

주요 단어 | 분리, 조화

채점 기준	배점
인간과 자연이 분리되어 있지 않고 조화를 이루어야 한다고 서술한 경우	상
인간과 자연이 조화를 이루어야 한다고만 서술한 경우	하

1등급 완성하기   p. 45

01 ④   02 ④   03 ④   04 ②

01 레오폴드의 '대지의 윤리'   답 ④

제시문은 레오폴드의 《모래 군의 열두 달》의 일부분이다. 이 책에서 그가 주장한 대지의 윤리는 생태계 전체를 하나의 유기체로 보고 공동체의 범위를 인간에서 대지까지 확대하려는 입장이다. 이러한 관점에서 인간은 대지의 지배자가 아니라 대지의 구성원이다.

🔍 **정답을 찾아가는 Self - Tip**

ㄱ. 무생물은 생명 공동체에 포함되지 않아야 하는가?
→ 레오폴드는 생태계 전체를 하나의 유기체로 보고 대지는 무생물과 식물, 곤충, 각종 동물 등이 유기적으로 연결되어 균형을 이루면서 살아가는 생명 공동체라고 인식하였다.

ㄹ. 인간의 이익과 행복을 위해 자연을 수단으로 이용할 수 있는가?
→ 인간의 이익과 행복을 위해 자연을 수단으로 이용하자는 입장은 인간 중심주의의 입장이다.

02 인간 중심주의와 생태 중심주의 비교 이해   답 ④

갑은 아리스토텔레스, 을은 데카르트, 병은 레오폴드이다. 갑과 을은 인간 중심주의, 병은 생태 중심주의를 대표한다. 따라서 병은 갑, 을과 달리 무생물까지 도덕적으로 존중해야 한다고 보며, 공동체의 범위를 대지까지 확대해야 한다고 본다. 또한, 병은 인간을 생명 공동체의 한 구성원으로 보았으며 인간은 생태계의 안정을 유지할 의무가 있다고 여겼다. 반면, 갑과 을은 오직 인간만을 도덕적으로 존중해야 한다고 보며, 동물은 인간을 위한 수단으로 여겨질 수 있다고 생각한다. 특히 아리스토텔레스는 인간 중심주의의 대표 사상가로 인간을 위해 자연을 이용하는 것을 당연하다고 보았다.

🔍 **정답을 찾아가는 Self - Tip**

ㄴ. 을은 인간과 자연이 서로 균형과 조화를 이루어야 한다고 본다.
→ 데카르트는 인간 중심주의의 대표 사상가로 인간과 자연이 동일한 권리와 이익을 지닌다고 생각하지 않았으며, 인간을 다른 자연적 존재들보다 우월하고 귀한 존재로 파악하였다.

03 인간과 자연의 유기적 관계   답 ④

제시문은 보기를 없애기 위해 살포한 살충제가 먹이 사슬을 통해 결국 인간에게까지 축적되어 암을 유발하였다는 사례이다. 제시문을 통해 모든 문제를 과학 기술로 해결할 수 있다는 생각으로 생태계의 안정을 깨뜨리면, 그 피해는 인간을 포함한 생태계의 구성원들에게 고스란히 돌아온다는 것을 알 수 있다. 또한, 생태계 구성원들은 서로 유기적인 관계를 맺고 있으며 서로 의존하며 살아간다는 것을 보여 준다.

04 동양의 자연관   답 ②

유교는 인간과 자연이 조화를 이루는 천인합일의 경지를 이상적인 것으로 여겼다. ㉡의 무위자연을 추구한 것은 도가이다.

📝 **내 것으로 만드는 Self - Tip**

동양의 자연관

유교	만물이 본래적 가치를 지닌다고 보며, 인간과 자연이 조화를 이루는 *천인합일(天人合一)의 경지를 지향함. *천인합일 하늘과 인간이 하나로 일치하는 유교의 이상적 경지
불교	만물이 독립적으로 존재할 수 없으며, 서로 연결되어 상호 의존하고 있다는 *연기(緣起)를 깨닫고 모든 생명을 소중히 여기며 자비를 베풀 것을 강조함. *연기(緣起) 모든 존재와 현상이 무수한 원인과 조건에 의해 생겨난다는 불교의 교리
도가	사람의 힘이 더해지지 않은 자연 그대로의 질서를 따르는 *무위자연(無爲自然)을 추구하며, 자연의 한 부분인 인간이 자연과 조화를 이루어야 한다고 봄. *무위자연(無爲自然) 사람의 힘을 더하지 않은 그대로의 자연, 또는 그런 이상적인 경지

03 환경 문제 해결을 위한 노력

내신 실력 쌓기				p. 49 ~ p. 52
01 ③	**02** ⑤	**03** ④	**04** ③	**05** ④
06 ③	**07** ③	**08** ②	**09** ④	**10** ④
11 ①	**12** ③	**13** ②	**14** ④	**15** ④
16 해설 참조		**17** 해설 참조		

01 세계의 환경 문제   📖 ③

인구 증가와 과학·기술의 발달에 따라 자원 소비량과 폐기물의 양이 급증하면서 세계에는 다양한 환경 문제가 발생하였다. 자연은 본래 자정 능력을 가지고 있지만, 오늘날에는 자정 능력의 한계를 넘어설 정도로 환경 문제가 심각해졌다. 환경 문제는 한번 발생하면 피해 복구에 오랜 시간이 걸리고 많은 노력과 비용이 든다. 또한 환경 문제는 광범위한 영향을 미치기 때문에 피해 발생 국가만의 문제가 아니라 전 지구적 차원의 문제이다. 이러한 환경 문제를 해결하기 위해서는 인간을 포함한 자연 전체의 균형을 고려하는 생태 중심주의 자연관이 필요하다.

02 지구 온난화   📖 ⑤

제시된 글에는 이탈리아의 한 피아니스트가 북극해의 한가운데에서 슬프고 애잔한 곡을 연주했다는 내용이 담겨 있다. 북극해는 지구 온난화로 인해 빙하 면적이 감소하고 있는 지역이다. 따라서 제시된 글과 가장 관련 있는 환경 문제는 지구 온난화이다.

> **📝 내 것으로 만드는 Self - Tip**
>
> **세계의 환경 문제**
> - 지구 온난화: 온실가스의 배출량이 늘어나면서 지구의 평균 기온이 상승 → 빙하 면적 감소, 해수면 상승, 이상 기후 발생, 동식물의 서식 환경 변화 등의 변화가 나타남.
> - 사막화: 장기간의 가뭄과 인간의 과도한 개발 → 식량 생산량 감소, 황사 심화 등의 문제가 발생함.
> - 열대림 파괴: 무분별한 벌목과 개간, 목축 → 생물 종이 감소함.
> - 오존층 파괴: 염화 플루오린화 탄소 사용 증가 → 피부암, 안과 질환 유발 등
> - 산성비: 대기 오염 물질과 빗물의 결합으로 산성비 → 건축물 부식, 삼림 파괴 등의 문제가 발생함.

03 산성비   📖 ④

제시된 시 속의 '검은 석탄 구름'과 '재의 비' 등으로 미루어봤을 때 시는 매연이 빗물에 섞여 내리는 산성비를 묘사하고 있음을 알 수 있다. 산성비는 건축물을 부식시키거나 산림을 파괴하는 등의 피해를 주기도 한다.

> **💡 정답을 찾아가는 Self - Tip**
>
> ㄱ. 시에서 검은 장막은 오존층 파괴를 나타낸다.
> → 검은 장막은 석탄이 연소할 때 발생하는 매연을 나타낸다.
> ㄷ. 지구의 평균 기온이 점점 상승하는 현상을 표현하였다.
> → 제시된 시는 지구 온난화가 아닌 산성피 피해와 관련 있다.

> **🔍 자료를 분석하는 Self - Tip**
>
> 메슥거리는 영국의 검은 석탄 구름이 / 이 지방에 검은 장막을 씌우고 / 신선한 녹음으로 빛나는 초목을 모조리 상처 입히며 / 아름다운 새싹을 말려 죽이고 / 독기를 휘감은 채 소용돌이치며 / 태양과 그 빛을 들에서 빼앗고 / 고대의 심판을 받은 저 마을에 / 재의 비처럼 떨어져 내린다.
>
> → 산성비의 원인을 알 수 있다. 석탄이 연소할 때 발생하는 매연을 의미한다.
> → 초목: 산성비의 모습을 형상화하였다.

04 환경 영향 평가 제도   📖 ③

제시문에서 설명하는 제도는 정부나 민간이 각종 개발 사업이 시행되기 전에 환경에 미치게 될 영향을 평가하는 환경 영향 평가 제도를 뜻한다. 우리나라를 비롯한 세계 각국 정부에서는 자국의 사회 환경과 특성을 고려하여 환경 영향 평가를 실시하고 있다.

> **💡 정답을 찾아가는 Self - Tip**
>
> ① 탄소 성적 표지제
> → 온실가스 배출량을 제품에 표기하여 소비자에게 제공하는 제도
> ② 탄소 배출량 감축 제도
> → 온실가스의 배출량을 줄이기 위한 제도
> ④ 온실가스 배출권 거래제
> → 정부에서 기업에 온실가스 배출 허용량을 정해 주고, 기업에서는 그 범위 내에서 온실가스 감축을 하되, 남거나 부족한 배출권의 기업 간 거래를 허용하는 제도
> ⑤ 에너지 소비 효율 등급 표시제
> → 소비자들이 효율이 높은 에너지 절약형 제품을 쉽게 구입할 수 있도록 하고 제조업자들이 생산 단계에서부터 원천적으로 에너지 절약형 제품을 생산하고 판매하도록 하는 의무적인 신고 제도

05 환경 문제 해결을 위한 정부의 노력   📖 ④

정부는 환경 문제를 해결하기 위해 친환경 산업을 육성하거나 환경 정책을 홍보하는 활동을 하고, 대외적으로는 국제 사회와 협력하여 환경 문제에 공동으로 대응하려고 노력한다. 이외에도 정부는 환경 오염 규제와 예방을 위한 다양한 법과 제도를 마련하고 친환경 정책을 시행한다. 환경 보전 계획 수립, 탄소 배출권 거래 제도 시행, 오염 물질 배출에 대한 부담금 부과, 친환경 사업자를 위한 국가 보조금 지급 등이 이에 해당한다. ④ 에너지 효율이 높은 생산 시설의 운영은 기업 차원의 노력에 해당한다.

> **📝 내 것으로 만드는 Self - Tip**
>
> **환경 문제 해결을 위한 정부의 노력**
> - 오염 물질 배출 부담금 부과, 탄소 배출권 거래 제도 등 환경 오염 규제
> - 친환경 사업자 국가 보조금, 환경 영향 평가 등 환경 오염 예방을 위한 노력
> - 기업에 친환경 제품 개발 및 청정 과학 기술과 에너지 연구·개발 장려
> - 다양한 환경 협약 체결
> - 기업과 개인을 대상으로 한 환경 정책 홍보

06 환경 문제 해결을 위한 기업의 노력   📖 ③

기업은 환경 문제를 해결하기 위해 여러 가지 노력을 기울일 수 있다. 자원이나 에너지를 절약하기 위해 사용한 자원을 재활용하

거나 에너지 사용량을 줄일 수 있다. 또한, 환경 오염 물질의 배출을 줄이기 위해 청정 에너지를 사용하거나 오염 물질 정화 시설을 갖출 수도 있다. ③ 기업은 환경에 미치는 부정적인 영향을 최소화하기 위하여 기업의 이윤뿐만 아니라 환경까지도 고려해야 한다.

07 환경 문제 해결을 위한 시민 단체의 노력　📖③

시민 단체는 환경 오염 유발 행위를 감시하거나 환경친화적인 행위를 하도록 지원하는 역할을 한다. 제시된 사례의 그린피스는 영향력 있는 국제 환경 시민 단체이다. 그린피스는 장난감 회사인 L사에 압력을 행사하여 북극해에서 석유를 시추해 환경을 파괴하는 다국적 석유 회사인 S사와의 계약을 해지하도록 만들었다. 이를 통해 그린피스가 전 지구적인 환경 문제를 해결하기 위해 기업에 압력을 행사하는 등의 환경 보호 활동을 하고 있음을 알 수 있다.

💡 정답을 찾아가는 Self - Tip

ㄱ. 그린피스는 친환경 산업을 육성하는 제도를 마련하고 있다.
　→ 정부 차원에서 할 수 있는 노력이다.

ㄹ. 그린피스는 시민을 대상으로 환경 보호 실천 방안을 교육하고 있다.
　→ 제시된 사례로는 알 수 없는 내용이다.

📝 내 것으로 만드는 Self - Tip

그린피스
1979년에 창설된 그린피스는 각국에 지부를 둔 영향력 있는 국제적인 시민 단체이다. 그린피스는 반핵, 군비 축소, 남극 보호, 에너지 절약과 재생 가능한 에너지 개발, 삼림 보호, 해양 생태계 보호 등을 주요 활동 영역으로 설정하고 있다. 2014년에 그린피스는 세계 어린이들과 함께 장난감 회사인 L사에 압박을 넣어 북극에서 석유를 시추할 예정인 S사와의 협력 관계를 해지하겠다는 약속을 받아냈다.

08 환경 문제 해결을 위한 정부의 노력　📖②

정부는 다양한 환경 관련 법과 제도를 마련하여 시행함으로써 환경 문제를 해결하고자 노력한다. 제시된 자료의 빈 병 보증금 제도 역시 환경 보호를 목적으로 한 정부의 노력이다.

💡 정답을 찾아가는 Self - Tip

ㄴ. ⓒ: 회수한 빈 병을 새로 가공해 유리병을 만드는 것을 말한다.
　→ 빈 병 보증금 제도는 빈 병을 회수하여 세척·소독 처리한 후 재사용하도록 만든 제도이다. 빈 병을 새로 가공하여 유리병을 만드는 것은 재활용에 해당한다.

ㄹ. ⓔ: 고용 촉진에도 도움이 된다.
　→ 무인 회수기는 고용 촉진에 도움이 되지 않는다.

09 국제 환경 협약　📖④

국제 사회는 다양한 환경 협약을 맺어 세계의 환경 문제에 공동으로 대응하려고 노력하고 있다. 심각한 가뭄과 사막화를 방지하기 위한 사막화 방지 협약, 지구 온난화에 대응하기 위한 기후 변화 협약과 파리 협정, 생태계 유지를 위한 생물 종 다양성 협약, 오존층 파괴 물질의 생산 및 사용을 규제하기 위한 몬트리올 의정서 등이 이에 해당한다. ④ 폐기물 투기에 의한 해양 오염 방지에 관한 협약은 런던 협약이다.

📝 내 것으로 만드는 Self - Tip

국제 환경 협약

협약	내용
람사르 협약	습지 보호
몬트리올 의정서	염화 플루오린화 탄소의 생산·사용 규제
바젤 협약	유해 폐기물의 국가 간 이동·처리 통제
기후 변화 협약	온실가스의 배출량 규제
생물 다양성 협약	생물 종 보호
사막화 방지 협약	사막화 방지
런던 협약	방사성 폐기물 및 기타 오염 물질의 해양 투기 방지

10 탄소 성적 표지제　📖④

제시된 사진은 탄소 성적 표지제로, 제품의 생산, 수송, 사용, 폐기 등의 모든 과정에서 발생하는 온실가스 배출량을 이산화 탄소의 배출량으로 환산하여 라벨 형태로 제품에 부착하는 제도이다. 정부는 모든 제품의 탄소 배출량 정보를 공개하여 소비자들이 저탄소 상품을 구입할 수 있도록 하고 있다. ④ 효율이 높은 에너지 절약형 제품을 쉽게 구입하도록 하는 제도는 에너지 소비 효율 등급 표시제이다.

📝 내 것으로 만드는 Self - Tip

탄소 성적 표지제

탄소발자국은 1단계 탄소발자국 인증, 2단계 저탄소 제품 인증으로 구성되어 있다. 탄소발자국 인증은 제품 및 서비스의 생산부터 폐기까지의 과정에서 발생되는 온실가스 배출량을 산정한 제품임을 정부가 인증하는 것이고, 저탄소 제품은 동종 제품의 평균 탄소 배출량 이하이면서 저탄소 기술을 적용하여 온실가스 배출량을 감축한 제품을 대상으로 정부가 인증하는 것이다.

11 환경 문제 해결을 위한 시민 단체의 노력　📖①

제시된 사진 속 활동 주체는 시민 단체이다. 시민 단체는 환경 오염을 유발하는 행위를 감시하고, 정부 정책이나 기업 활동이 환경에 부정적인 영향을 미칠 때는 반대 여론을 형성하여 정부와 기업에 압력을 행사하기도 한다.

💡 정답을 찾아가는 Self - Tip

ㄷ. 환경 협약을 체결하여 국제 사회와 공동 대응한다.
　→ 정부 차원의 노력에 해당한다.

ㄹ. 오염 물질을 배출하는 사업자나 소비자를 처벌한다.
　→ 정부 차원의 노력에 해당한다.

📝 내 것으로 만드는 Self - Tip

환경 문제 해결을 위한 시민 단체의 노력

감시 기능	지원 기능
• 정부의 정책 수립 및 시행 과정 감시 및 비판 • 기업의 환경 윤리 준수 감시 및 비판	• 정부와 기업, 개인이 환경친화적인 행동을 하도록 지원 • 환경 운동 전개, 홍보 활동, 서명 운동 실시 • 시민 대상 환경 보호 실천 방안 교육

12 환경 문제 해결을 위한 시민 단체의 노력　　정답 ③

오염이 심각한 울산의 태화강을 살리기 위한 다양한 노력 중 시민 사회가 할 수 있는 노력을 선택하는 문제이다. 시민 단체는 하천 오염 문제를 쟁점화하고 시민의 참여를 촉구하거나 직접 하천 정화 활동을 함으로써 하천 오염을 극복할 수 있다.

정답을 찾아가는 Self - Tip

ㄱ. 하수 처리장 건설 등 각종 수질 개선 정책을 시행하였다.
　→ 정부 차원에서 이루어질 수 있는 노력이다.
ㄹ. 오수 배출을 억제하고 하천을 정화하는 각종 기술을 개발하고자 노력하였다.
　→ 기업 차원에서 할 수 있는 노력이다.

13 환경 문제 해결을 위한 기업의 노력　　정답 ②

기업은 상품의 생산이나 유통 및 폐기 과정에서 환경 오염을 줄이기 위해 노력해야 한다. 먼저, 기업은 생산 과정에서 배출되는 오염 물질을 정화하는 시설을 갖추어야 한다. 그리고 환경 오염을 일으키지 않거나 최소화하도록 돕는 친환경 기술을 개발하고 전기 자동차, 에너지 고효율 가전제품 등 친환경 상품을 생산해야 한다. 또한, 기업은 상품 유통 과정을 간소화하여 유통 단계에서 사용되는 화석 연료를 줄여야 하며, 친환경 상품이 우선 공급될 수 있도록 노력해야 한다. 마지막으로, 기업은 상품이 폐기되는 과정에서 포장이 쉽게 분해될 수 있도록 과대 포장을 지양해야 한다. 또한 사용 후 버려진 제품을 재활용하여 새로운 제품을 제조하고자 노력해야 한다. ② 휘발유를 동력으로 하는 자동차는 환경 오염을 가중시킨다.

내 것으로 만드는 Self - Tip

환경 문제 해결을 위한 기업의 노력
· 생산 측면: 오염 물질 정화 시설 도입, 친환경 기술 개발, 친환경 상품 생산
· 유통 측면: 상품 유통 과정 최소화, 친환경 상품의 우선 공급
· 폐기 측면: 과대 포장 지양, 버려진 제품을 재활용한 새로운 제품 제조

14 환경 문제 해결을 위한 개인의 노력　　정답 ④

수지와 원준이는 환경 문제 해결을 위해 일상생활에서 작은 실천을 하려고 노력하고 있다. 원준이는 그린스타트 사이트를 통해 적은 양의 탄소를 배출하려고 노력하고 있고, 수지는 일회용품 사용을 줄이기 위해 개인 컵 사용을 실천하고 있다. 이와 같은 노력으로는 교복 물려주기, 자전거 이용하기, 녹색 소비 실천하기, 사용하지 않는 가전제품의 플러그 뽑기 등이 있다. ④ 종이, 유리, 캔 등은 다시 활용할 수 있도록 분리 배출하는 것이 좋다.

내 것으로 만드는 Self - Tip

환경 문제 해결을 위한 개인의 노력
· 다양한 방식으로 자원과 에너지 절약 ⑩ 대중교통 이용하기, 사용하지 않는 플러그 뽑기, 일회용품 사용 줄이기 등
· 쓸모 있는 물건을 고쳐서 사용하거나 다른 사람에게 팔고 기증하는 재사용이나, 버려지는 물건을 자원으로 다시 활용하는 재활용의 실천
· 환경에 미치는 영향을 고려하여 녹색 소비 실천
· 인간과 자연의 관계를 바르게 인식하고 생활 속 환경의 중요성 인식
· 환경 관련 법을 지키고 정책에 동참

15 생태 도시　　정답 ④

생태 도시는 인간과 자연이 공존할 수 있는 환경친화적 도시이다. 생태 도시를 통해 자원을 절약하고 오염 물질 배출을 최소화하는 등 도시 환경을 관리할 수 있을 뿐만 아니라 주민들의 삶의 질을 높일 수 있다. 대표적인 생태 도시로는 브라질의 쿠리치바, 스웨덴의 예테보리, 독일의 프라이부르크가 있다.

정답을 찾아가는 Self - Tip

① 신도시 → 계획된 목표에 따라 의도적으로 개발된 새로운 도시
② 거대 도시 → 인구와 여러 가지 사회적 기능이 고도로 집중화된 현대의 대도시
③ 기업 도시
　→ 기업과 협력 업체가 특정 산업을 중심으로 자리를 잡고 주택, 교육 및 의료 시설, 각종 생활 편의 시설 등을 고루 갖춘 일종의 자족형 도시
⑤ 세계 도시
　→ 세계화 시대에 국가의 경계를 넘어 세계적인 중심지 역할을 수행하는 대도시

서술형 문제

16 지구 온난화와 개인적 차원의 해결 방안

모범 답안 | (1) 지구 온난화
(2) 자원과 에너지 절약하기, 재사용과 재활용을 생활화하기, 환경 친화적 제품을 소비하기, 환경 정책에 참여하기, 환경 윤리 의식 함양하기 등
주요 단어 | 자원과 에너지 절약, 재사용과 재활용, 환경친화적 제품 소비, 환경 정책 참여, 환경 윤리 의식 함양

채점 기준	배점
개인적 차원의 노력을 두 가지 모두 서술한 경우	상
개인적 차원의 노력을 한 가지만 서술한 경우	중
개인적 차원의 노력을 서술하지 못한 경우	하

17 환경 문제를 해결하기 위한 노력

모범 답안 | (1) 환경 영향 평가
(2) 골프장 건설과 관련된 정책과 기업의 활동이 환경에 부정적인 영향을 미치는지 감시하고, ○○동 주민들을 대상으로 환경 보호의 필요성을 교육하는 등의 노력을 펼칠 수 있다.
주요 단어 | 정부와 기업의 활동 감시, 주민 대상 교육

채점 기준	배점
시민 단체의 노력을 두 가지 모두 서술한 경우	상
시민 단체의 노력을 한 가지만 서술한 경우	중
시민 단체의 노력을 서술하지 못한 경우	하

1등급 완성하기　　　　　　　p. 53

01 ⑤　　**02** ②　　**03** ③　　**04** ①

01 파리 협정　　정답 ⑤

제시된 글은 지구 온난화를 위해 채택된 파리 협정에 관련된 내용이다. 선진국뿐만 아니라 개발도상국에게도 감축의 의무를 부과하고 있으므로 협정 이행을 위한 환경 관련 정책이 증가하고 생태학적 관점이 중시될 것이다. 이러한 노력으로 지속 가능한 발전에 대한 국제 사회의 관심을 촉구할 수 있다. ⑤ 온실가스 배출량을 감축하기 위해서는 사후 대책보다 사전 예방이 더 중요하다.

파리 협정
- 국제 연합(UN) 기후 변화 협약의 당사국이 새로운 기후 변화 체제 수립을 위해 채택한 협정
- 2020년을 시작으로 2050년까지 지구촌 온실가스 배출량을 0으로 만드는 것이 목표임.
- 이에 따라 우리 정부도 2030년까지 온실 가스 배출량을 37% 감축한다는 목표를 내세움.

02 지구 온난화   📗 ②

제시된 지도에 빙하 감소 지역, 해수면 상승 지역 등이 표시되어 있는 것으로 보아 지구 온난화로 인한 영향을 나타낸 것임을 알 수 있다. 지구 온난화는 온실가스의 과도한 배출로 인해 발생하였으며, 이상 기후 현상과 생태계 변화를 초래하였다.

ㄴ. 피부암, 안과 질환 등을 유발하는 직접적 요인이다.
    → 오존층 파괴로 인한 영향이다.
ㄹ. 이 문제의 해결을 위한 국제 협력의 결과 몬트리올 의정서가 체결되었다.
    → 몬트리올 의정서는 오존층 파괴 물질의 사용 규제와 관련된 협정이다.

지구 온난화의 영향
- 전지구적 기온 상승
- 빙하 면적 감소
- 해수면 상승 → 저지대 침수
- 동식물의 서식 환경 변화 → 생물 종 다양성 감소
- 이상 기후 발생
- 식량 생산 감소

03 환경 문제 해결을 위한 정부와 기업의 노력   📗 ③

환경 관련 법과 제도를 만드는 (가)는 정부, 친환경 경영을 하는 (나)는 기업이다. 정부는 기업이나 개인을 대상으로 환경 정책과 에너지 절약 실천 방안을 홍보하고, 기업은 오염 물질 배출량의 최소화를 위해 기반 시설을 정비한다.

갑 (가)는 상품의 생산, 유통, 폐기 과정에서 환경 오염을 최소화하려고 해요.
    → 기업 차원의 노력에 해당한다.
정 (나)는 정부 정책이 환경에 부정적인 영향을 미칠 때 반대 여론을 형성하여 압력을 행사해요.
    → 시민 단체가 하는 역할이다.

04 환경 문제 해결을 위한 개인적 차원의 노력   📗 ①

일상생활에서 하는 개인의 작은 행동은 환경 문제에 중요한 영향을 미칠 수 있다. 이면지 활용하기, 자전거 이용하기, 음식물 쓰레기 남기지 않기, 학용품은 꼭 필요한 것만 구매하여 아껴 쓰기 등의 작은 노력으로 환경을 보호할 수 있다. ① 일회용품은 자연 상태에서 잘 분해되지 않아 환경을 해치기 때문에 사용하지 않는 것이 좋다.

III. 생활 공간과 사회

01 산업화·도시화에 따른 변화

내신 실력 쌓기				p. 60 ~ p. 63
01 ⑤	02 ③	03 ⑤	04 ①	05 ⑤
06 ②	07 ⑤	08 ⑤	09 ①	10 ①
11 ⑤	12 ④	13 ④		
14 해설 참조		15 해설 참조		16 해설 참조

01 산업화·도시화에 따른 생활 공간의 변화   📗 ⑤

농업 중심의 사회가 광공업과 서비스업 중심의 사회로 변화해가는 산업화가 이루어짐에 따라 도시화도 함께 진행된다. 촌락의 인구가 일자리를 찾아 도시로 이동하는 이촌 향도 현상이 나타나기 때문이다. 도시화의 진전으로 우리나라는 현재 10명 중 9명이 도시에 거주하고 있으며, 세계적으로도 도시 거주 인구와 도시 수가 크게 늘었다. 이로 인해 우리의 생활 공간에는 많은 변화가 나타났는데, 그 사례가 도시 내 토지 이용이 집약적으로 이루어진다는 것이다.

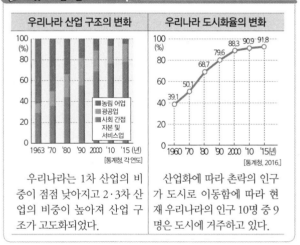

우리나라 산업 구조의 변화	우리나라 도시화율의 변화
우리나라는 1차 산업의 비중이 점점 낮아지고 2·3차 산업의 비중이 높아져 산업 구조가 고도화되었다.	산업화에 따라 촌락의 인구가 도시로 이동함에 따라 현재 우리나라의 인구 10명 중 9명은 도시에 거주하고 있다.

02 산업화에 따른 생활 공간의 변화   📗 ③

(가)는 1945년의 울산이고, (나)는 2015년의 울산이다. (나)에는 각종 건물, 도로, 다리, 공장 등이 나타나 있어, 울산에 산업화와 도시화가 진행된 것을 알 수 있다. 울산은 산업화가 진행되면서 도시 기반 시설이 증가하였고, 자연 상태의 녹지 면적이 줄어든 대신 공장 부지 면적이 증가하였다.

ㄱ. 생물 종이 다양해졌다.
    → 산업화가 진행되면 보통 생물 종의 다양성은 감소하게 된다.
ㄹ. 1차 산업에 종사하는 사람들의 비율이 높아졌다.
    → 산업화가 되면 산업 구조가 고도화되면서 1차 산업에 종사하는 사람들의 비율은 낮아진다.

03 산업화에 따른 생활 공간의 변화　답 ⑤

제시된 글에는 산업화가 되면서 일자리를 찾아 모여든 사람들의 삶의 모습이 드러나 있다. 특히 제한된 공간에 많은 사람들이 몰려들면서 주택 부족을 겪고 있는 모습을 볼 수 있다. 제시된 글에서는 바다를 메워 간척 사업을 하면서 자연 상태의 토지 면적이 줄어들었음을 알 수 있다.

자료를 분석하는 Self - Tip

지금 괭이부리말이 있는 자리는 원래 땅보다 갯벌이 더 많은 바닷가였다. 그 바닷가에 '고양이섬'이라는 작은 섬이 있었다. 호랑이까지 살 만큼 숲이 우거진 곳이었던 <u>고양이섬은 바다가 메워지면서 흔적도 없어졌고</u>, 오랜 세월이 지나면서 그곳은 소나무 숲 대신 공장 굴뚝과 판잣집들만 빼곡히 들어찬 공장 지대가 되었다. …… <u>일자리를 찾아 도시로 올라온 이농민들은 돈도 없고 마땅한 기술도 없어 괭이부리말 같은 빈민 지역에 둥지를 틀었다.</u> …… <u>집 지을 땅이 없으면 시궁창 위에도 다락집을 짓고, 기찻길 바로 옆에도 집을 지었다.</u>

→ 간척 사업이 이루어졌음을 알 수 있다.
→ 이촌 향도 현상이 나타났음을 의미한다.
→ 주택 부족 문제가 발생했음을 알 수 있다.

04 도시화로 인한 토지 이용의 변화　답 ①

2015년은 1980년에 비해 임야 면적과 논밭의 면적이 감소했고, 대지 면적과 도로 면적이 증가했다. 논밭의 면적이 감소했다는 것은 경지 면적이 감소했다는 것을 의미한다. 임야 면적이 감소하고 대지 면적이 증가했다는 것은 녹지 면적과 삼림 면적이 감소했다는 것을 의미한다. 대지 면적과 도로 면적이 증가했다는 것은 포장 면적과 시가지 면적이 증가했다는 것을 의미한다. 즉, A에 들어갈 수 있는 항목은 경지 면적, 녹지 면적, 삼림 면적이고, B에 들어갈 수 있는 항목은 포장 면적, 시가지 면적이다.

05 불투수 면적 증가에 따른 생태 환경의 변화　답 ⑤

불투수 면적은 아스팔트나 콘크리트로 덮여 있어 빗물이 투과되기 어려운 지역의 면적을 말한다. 불투수 면적이 증가하면 열섬 현상, 열대야 현상은 더욱 자주 발생하게 되고 생물 종의 다양성은 감소하게 된다. 또한 비가 왔을 때 빗물이 토양에 흡수되기 어렵기 때문에 빗물이 이전보다 빠른 속도로 하천에 유입된다. 이에 따라 하천이 범람할 위험성도 커진다.

자료를 분석하는 Self - Tip

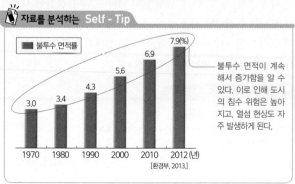

불투수 면적이 계속해서 증가함을 알 수 있다. 이로 인해 도시의 침수 위험은 높아지고, 열섬 현상도 자주 발생하게 된다.

06 산업화와 도시화에 따른 생활 양식의 변화　답 ②

산업화와 도시화로 인해 도시에 거주하는 사람들이 가지는 특징적인 사고와 행동 양식을 의미하는 도시성이 확산되었고, 제품의 대량 생산과 대량 소비가 가능해졌다.

정답을 찾아가는 Self - Tip

ㄴ. 직업이 단순화된다.
→ 산업화로 인해 직업이 분화되어 그 수가 증가한다.

ㄹ. 노동 시간의 증가로 여가 시간이 줄어든다.
→ 산업화에 따른 자동화와 기계화로 인해 근로자의 노동 시간은 줄어들고 여가 시간은 늘어났다.

07 도시화에 따른 생활 양식의 변화　답 ⑤

제시된 노래는 신해철의 〈도시인〉이다. 제시된 노랫말에는 도시화로 인해 변화된 생활 양식이 잘 드러나 있다. '쫓기는 사람처럼 시곗바늘 보면서'라는 대목에서 속도 지향적인 삶의 모습을 확인할 수 있다. 또한 '함께 있지만 외로운 사람들'을 통해 개인주의 가치관의 확산으로 사람들 간의 유대감이 약화되었다는 것을 알 수 있다. 그러나 제시된 노랫말에서는 도시인의 풍요로운 삶을 확인할 수 없다.

08 개인주의 가치관의 확산　답 ⑤

제시된 소설에서 3년 동안 같은 아파트에서 살고 있음에도 불구하고 본 적이 없다는 대화 내용을 봤을 때, 아파트는 이웃 간의 교류가 단절된 공간을 의미한다고 볼 수 있다. 이는 개인주의적 가치관의 확산으로 인한 인간관계의 변화에서 비롯된 것이다. 즉, 과거에는 개인보다는 공동체를 중시하는 경향이 컸으나 산업화와 도시화의 진행으로 공동체보다는 개인의 정체성을 중시하는 경향이 나타나게 된 것이다.

정답을 찾아가는 Self - Tip

① 산업화에 따른 직업의 분화
→ 산업화에 의한 생활 양식의 변화 사례에 해당하지만 주어진 글과 관련성은 적다.

② 거주 공간 변화에 따른 생활 수준의 향상
→ 도시화로 거주 공간은 변화했지만 주어진 글과 생활 수준의 향상은 관련이 없다.

③ 교통과 통신의 발달에 따른 도시성의 확산
→ 도시화에 따른 생활 양식의 변화는 맞지만 주어진 글과 관련성은 적다.

④ 효율성과 합리성을 추구하는 도시인의 행동 양식
→ 도시인들의 생활 양식은 맞지만 주어진 글과 직접적인 관련성은 적다.

09 산업화와 도시화로 나타나는 문제점　답 ①

산업화·도시화로 사회가 전체적으로 풍요로워졌지만, 도시에는 도시 문제, 인간 소외 현상, 공동체 의식의 약화 등의 문제가 발생하고 있다. 그리고 산업화와 도시화로 인해 발생하는 또다른 문제 중 하나는 지역 간 격차의 심화이다. 각종 기능과 산업 시설이 도시에 집중하면서 촌락은 상대적으로 경제 활동이 위축되는 등 사회적·경제적으로 문제가 발생하고 있다.

10 열섬 현상　　　　　　　　　　　　답 ①

　도시화가 진행되면서 인구가 증가하면 그에 따라 자동차의 통행량도 증가하고, 건물에서 뿜어져 나오는 인공 열의 배출도 늘어난다. 배출된 인공 열이 콘크리트나 아스팔트 등에 흡수되고, 불규칙적으로 배열된 고층 건물에 의해 바람의 순환이 방해를 받으면 (가)와 같은 도심 지역의 기온이 주변 지역보다 높아지는 열섬 현상이 발생한다.

ㄷ. 대도시권이 형성되어 도시의 인구가 분산되었기 때문이다.
　→ 대도시권이 형성되어 도시의 인구가 분산되는 것이 열섬 현상의 원인이 되기는 어렵다.

ㄹ. 건물을 지을 때 바람길을 고려해서 건물 배치를 했기 때문이다.
　→ 최근 바람길을 고려한 건물 배치가 늘어나고 있다. 이는 열섬 현상을 완화시키기 위한 대책이다.

열섬 현상
· 의미: 도심 지역 온도가 주변 지역보다 높게 나타나는 현상
· 원인 – 자동차, 냉·난방기, 건물 등에서 인공 열 배출
　　　– 콘크리트나 아스팔트의 인공 열 흡수
　　　– 불규칙적으로 들어선 고층 건물들의 바람 순환 방해
· 해결 방안 – 도심 내 자동차 이용 제한, 냉·난방기 이용 자제
　　　　　 – 도시 내 공원 조성 등 녹지 면적 증가
　　　　　 – 바람길을 고려한 건물 배치

11 공동체 주택　　　　　　　　　　　　답 ⑤

　공동체 주택은 기존의 아파트와 같은 획일화된 모습의 주거 공간이 아닌 공동체가 살아있는 새로운 주거 유형이다. 이는 타인에 대한 무관심과 이기주의를 극복하고, 이웃 간의 소통을 늘리기 위한 것이다. 공동체 주택에 거주하는 사람들은 자신들이 거주하는 공간에 대한 문제를 거주민이 직접 해결하고 결정한다. 공동체 주택의 구성원들은 공동으로 토지나 건물을 매입하여 함께 거주하면서 육아, 취미 등을 공유하기도 하며, 지역 사회의 활성화를 위해 노력하기도 한다.

① 실업과 노사 갈등 문제를 해결할 수 있기 때문입니다.
　→ 실업과 노사 갈등 문제는 고용 보험 제도, 최저 임금제, 비정규직 보호법 등의 제도 시행으로 완화할 수 있다.

② 출퇴근 시간의 교통 혼잡을 해결할 수 있기 때문입니다.
　→ 출퇴근 시간의 교통 혼잡은 대중교통의 이용을 확대함으로써 완화할 수 있다.

③ 개인이 휴식할 수 있는 공간의 중요성이 커지기 때문입니다.
　→ 공동체 주택은 개인의 휴식 공간과 거리가 멀다.

④ 빈부 격차, 사회 계층 간의 갈등의 해결에 도움을 줄 수 있기 때문입니다.
　→ 빈부 격차와 사회 계층 간 갈등은 다양한 사회 복지 제도를 마련함으로써 완화할 수 있다.

12 도시 재개발 사업　　　　　　　　　　답 ④

　제시된 신문 기사의 서울특별시 △△ 마을은 지은 지 20년이 넘은 주택이 마을의 대부분을 차지할 정도로 주택 문제를 겪고 있는 지역에 해당한다. 주거 환경을 개선하고자 서울특별시에서 시행한 '개선 사업'은 넓은 의미에서 도시 재개발 사업에 해당한다. 도시 재개발 사업은 노후화되고 불량해진 주택이나 공공 시설물을 개량하여 주거 환경을 개선하는 사업을 의미한다.

① 지방 도시를 육성하기 위한 사업이다.
　→ 지방 도시 육성은 대도시 위주의 성장 문제를 개선하고자 시행하는 정책에 해당한다.

② △△ 마을의 실업 문제를 개선하였을 것이다.
　→ 도시 재개발 사업과 실업 문제 개선 사이에는 직접적인 관련성이 적다.

③ 사업 시행 후 주민 간의 공동체 의식은 약화될 것이다.
　→ 마을 공동체 프로그램이 진행되었다는 것과 공동 텃밭이 조성됐다는 것을 통해 공동체 의식은 강화될 것임을 알 수 있다.

⑤ 도시 문제를 해결하기 위한 개인적 차원의 노력에 해당한다.
　→ 도시 재개발 사업은 도시 주거 환경 개선을 위한 사회적 차원의 노력에 해당한다.

도시 재개발 사업
· 의미: 노후화되고 불량해진 주택이나 공공 시설물을 개량하여 주거 환경을 개선하고, 교통 시설과 교통 체계 등을 정비하는 사업
· 목적: 생활 기반 시설 확충을 통해 쾌적한 주거 환경 마련, 낙후 지역의 기능 재생 등

13 도시 하천의 복원　　　　　　　　　　답 ④

　(가)는 콘크리트, 아스팔트 등으로 복개된 도시 하천, (나)는 자연 상태에 가깝게 복원된 하천이다. 도시 지역의 하천을 복원하면 악화된 수질이 개선되는 효과가 발생한다. 또한, 열섬 현상이 완화되고 불투수 면적은 줄어든다. 이로 인해 생물 종 다양성은 증가하고 도심 속의 여가 및 휴식 공간이 증가한다.

ㄱ. 수질이 ~~악화~~된다.
　　　개선

ㄷ. 불투수 면적이 ~~증가~~한다.
　　　　　감소

서술형 문제

14 산업화와 도시화로 인한 변화

모범 답안 | 산업 구조는 고도화되었고 직업의 수는 다양해졌으며, 도시 인구 비율은 높아졌다.

주요 단어 | 산업 구조 고도화, 직업 다양화, 도시 인구 비율 증가

채점 기준	배점
세 가지 항목의 상대적 특성을 모두 바르게 서술한 경우	상
세 가지 항목 중 두 가지의 상대적 특성만을 바르게 서술한 경우	중
세 가지 항목 중 한 가지의 상대적 특성만을 바르게 서술한 경우	하

15 열섬 현상

모범 답안 | (1) 열섬 현상

(2) 자동차 배기가스나 냉·난방열과 같은 인공 열 배출, 콘크리트나 아스팔트 같은 포장 면적의 열 흡수, 고층 건물에 의한 바람길 차단 등이 있다.

주요 단어 | 인공 열 배출, 포장 면적 증가, 바람길 차단

채점 기준	배점
원인을 두 가지 모두 옳게 서술한 경우	상
원인을 한 가지만 옳게 서술한 경우	중
원인을 서술하지 못한 경우	하

16 환경 문제 해결을 위한 노력

모범 답안 | 대중교통 이용, 자원 절약, 쓰레기 최소화 등 친환경적인 생활 양식을 실천한다.

주요 단어 | 친환경적인 생활 양식 실천

채점 기준	배점
실천 방안을 구체적으로 서술한 경우	상
실천 방안의 내용이 미흡한 경우	하

1등급 완성하기
p. 64 ~ p. 65

01 ② **02** ① **03** ① **04** ⑤ **05** ③
06 ⑤ **07** ② **08** ④

01 도시화율의 비교 답 ②

A 국가는 1970년대에 이미 높은 도시화율을 보이고 있다. B 국가에서는 1960년대부터 본격적인 이촌 향도 현상이 시작되었다. C 국가는 가장 늦게 도시화가 진행되는 국가이다. B 국가는 1980년에 도시화율이 약 57% 정도이다. 이는 B 국가의 인구 중 57% 정도가 도시에 거주하고 있다는 의미이므로, 도시 인구는 촌락 인구보다 많다고 할 수 있다.

🖐 정답을 찾아가는 Self - Tip

① A는 1970년대 이후 이촌 향도 현상이 본격화되었다.
→ 1970년대에는 이미 도시화율이 80%에 도달하였고 그 이후로 도시화율이 유지되었다. 이촌 향도 현상이 본격화된 것은 그 이전이다.
③ C는 2015년 현재 A와 B보다 도시화가 더 많이 이루어졌다.
→ 현재 도시화 정도는 A〉B〉C 순이다.
④ A는 B보다 산업화가 늦게 시작되었다.
→ A의 도시화율은 1960년 이전부터 높았지만 B의 도시화율은 1960년대부터 급격히 높아지므로, A의 산업화의 시작 시기가 B보다 빠르다고 볼 수 있다.
⑤ B는 C보다 2000년 이후 도시 인구 증가율이 높다.
→ 2000년 이후 도시 인구 증가율의 경우 B는 거의 정체되었지만, C는 가속화되었다.

🖐 자료를 분석하는 Self - Tip

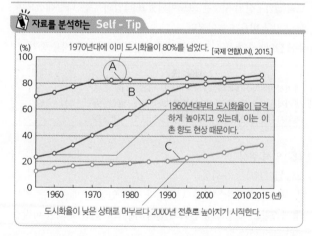

1970년대에 이미 도시화율이 80%를 넘었다. [국제 연합(UN), 2015.]

1960년대부터 도시화율이 급격하게 높아지고 있는데, 이는 이촌 향도 현상 때문이다.

도시화율이 낮은 상태로 머무르다 2000년 전후로 높아지기 시작한다.

02 산업화·도시화에 따른 울산광역시의 변화 답 ①

1차 산업에 종사하는 사람들의 비율이 높고, 산업 총종사자 수가 적은 ⊙은 1970년, 그 반대인 ⓒ은 2014년이다. 산업화·도시화가 진행되면서 울산광역시의 인구는 늘어났다.

🖐 정답을 찾아가는 Self - Tip

ㄷ. ⓒ은 ⊙보다 직업의 종류가 ~~단순~~할 것이다.
                     다양
ㄹ. ⓒ은 ⊙보다 아파트에 거주하는 인구가 ~~적~~을 것이다.
                                   많을

03 우리나라의 도시화 답 ①

산업화가 진행되기 이전인 1925년에는 도시에 거주하는 사람들보다 촌락에 거주하는 사람들이 많아 100만 명 이상이 살고 있는 대도시가 없었다. 2010년의 지도를 보면 서울의 인구는 약 1,000만 명, 부산의 인구는 약 350만 명 정도로, 서울의 인구는 부산보다 2배 이상 많다. 한편, 우리나라의 산업화는 1960년대 경제 개발 계획 추진 이후 수도권과 남동 임해 지역을 중심으로 진행되었는데 지도를 통해서도 수도권과 영남권 중심으로 대도시가 발달한 것을 확인할 수 있다.

🖐 정답을 찾아가는 Self - Tip

ㄷ. 1925년보다 2010년에 도시 거주 인구의 비율이 ~~낮다~~.
                                         높다.
ㄹ. 1925년~2010년 사이에 지역적으로 균등하게 도시가 성장했다.
→ 수도권과 영남권 중심으로 불균등하게 도시가 성장했다.

04 산업화·도시화에 따른 변화 답 ⑤

산업화·도시화 이전에는 공동체 의식이 강하고 대가족 중심의 사회이기 때문에 평균 가구원 수가 많지만, 산업화·도시화 이후에는 소득 수준이 높고 직업의 종류는 많으며 여가 시간이 늘어났다. A에 들어갈 수 있는 항목은 공동체 의식과 평균 가구원 수이고, B에 들어갈 수 있는 항목은 소득 수준, 여가 시간, 직업의 종류이다.

05 지역 분화로 인한 도시 내부의 다양한 모습 답 ③

A 지역은 도심, B 지역은 주거 지역이다. 도심은 주거 지역 보다 교통이 편리하고 접근성이 높으며, 주거 지역에는 대형 마트와 초등학교 등 학교가 많다.

🖐 정답을 찾아가는 Self - Tip

ㄱ. A 지역은 B 지역보다 고층 건물이 적다.
→ A 지역은 B 지역보다 교통이 편리하고 지가가 높아 고층 건물이 밀집한다.
ㄹ. B 지역은 A 지역보다 행정·금융 기관, 대기업의 본사, 백화점 등이 모여 있다.
→ 행정·금융 기관, 대기업의 본사, 백화점 등은 주거 지역보다는 도심에 모여 있다.

✏️ 내 것으로 만드는 Self - Tip

도시 내부의 지역 분화
• 의미: 도시가 성장하면서 도시 내부가 업무·상업, 주거, 공업 지역 등으로 기능이 분화되는 현상
• 지역 분화의 결과
  - 도심: 접근성이 높고 교통이 편리한 지역, 상업 및 업무 기능 집중
  - 부도심: 도심의 기능을 분담하는 지역
  - 주거 지역: 도시의 외곽 지역, 아파트 위주의 대규모 주거 단지가 집중
  - 공업 지역: 넓은 부지가 있는 도시의 외곽 지역에 형성

06 산업화와 도시화로 인한 생활 양식의 변화   🅐 ⑤

(가)는 1960년대, (나)는 오늘날의 일기이다. 1960년대에만 하더라도 마을 사람들과 함께 품앗이도 하고 잔치도 벌였지만 오늘날에는 같은 아파트에 살아도 서로 누군지 모른다. 오늘날에는 공동체 의식이 약화되었고, 도시적 생활 양식이 확대되었다.

💡 정답을 찾아가는 Self - Tip

ㄱ. 산업 구조가 <del>단순</del>하다.
            복잡

ㄴ. 생태적 공간이 <del>확대</del>되었다.
               축소

---

07 도시 문제   🅐 ②

도시 문제는 인구와 각종 기능이 도시로 과도하게 집중하여 도시 기반 시설이 부족하게 될 때 발생한다. 그 예로는 주택 문제, 교통 문제, 환경 문제, 범죄 발생 등이 있다.

💡 정답을 찾아가는 Self - Tip

① 대도시권
  → 대도시가 그 주변을 포함하여 밀접한 관계를 가지고 일원화되어 있는 지역을 말한다.

③ 열섬 현상
  → 도심 지역의 기온이 주변의 다른 지역보다 높게 나타나는 현상을 말한다.

④ 지역 분화
  → 도시가 성장하고 기능이 다양해지면서 도시 내부가 기능에 따라 나뉘는 현상을 말한다.

⑤ 인간 소외 현상
  → 노동의 주체인 인간이 노동 과정에서 객체나 수단으로 전락하여 소외되는 현상을 말한다.

📝 내 것으로 만드는 Self - Tip

도시 문제
- 원인: 인구와 각종 기능이 도시로 과도하게 집중하여 도시 기반 시설이 부족하게 되어 발생
- 종류
  - 주택 문제: 주택 부족, 불량 주택 지역 형성
  - 교통 문제: 교통 체증, 주차난 발생
  - 환경 문제: 수질 오염, 대기 오염, 토양 오염 등
  - 범죄 발생: 다양한 범죄 발생

---

08 도시 문제의 해결 방안   🅐 ④

(가)에서 창원시는 교통 체증과 에너지 문제 해결을 위해 공영 자전거 제도를 실시하고 있고, (나)에서 로스앤젤레스는 스모그를 해결하기 위해 자동차 배기가스를 통제하고 있다.
(가)에서 나타난 교통 체증과 에너지 문제를 해결하기 위해서는 대중교통 이용을 확대하는 것도 하나의 방법이 될 수 있다. (나)에서 로스앤젤레스는 기술 개발에 따라 경제적 비용이 증가할 수 있음을 고려 대상에서 제외하고 시민의 건강을 우선시하고 있다. (가)와 (나) 모두 도시 문제를 해결하기 위한 사회적 차원의 노력이고, 이 방식을 통해 대기 오염을 개선할 수 있다.
④ (나)는 과학 기술을 활용하여 도시의 생태 문제를 해결하고 있다.

---

02 교통 · 통신의 발달과 정보화에 따른 변화 ～우리 지역의 변화

내신 실력 쌓기   p. 70 ~ p. 73

01 ②	02 ②	03 ②	04 ⑤	05 ⑤
06 ④	07 ③	08 ①	09 ④	10 ③
11 ④	12 ③	13 ④	14 해설 참조	

15 해설 참조

---

01 교통수단의 발달   🅐 ②

제시된 그림처럼 교통수단의 발달로 세계의 시 · 공간 거리가 크게 단축되었고 사람과 물자 이동의 시간적 · 공간적 제약이 줄어들었다.

💡 정답을 찾아가는 Self - Tip

ㄴ. 지구의 상대적 크기가 더욱 <del>커</del>졌다.
                          작아

ㄷ. 지역 간의 접근성이 크게 <del>약화</del>되었다.
                      향상

🔍 자료를 분석하는 Self - Tip

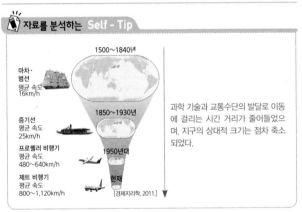

과학 기술과 교통수단의 발달로 이동에 걸리는 시간 거리가 줄어들었으며, 지구의 상대적 크기는 점차 축소되었다.

---

02 교통 발달에 따른 생활 공간의 확대   🅐 ②

제시된 기사는 서울과 부산 간의 교통 발달로 인해 부산에 사는 사람이 서울까지 쉽게 오고 갈 수 있게 되었다는 내용이다. 기사 속 윤○○ 씨는 고속 철도를 이용하여 멀리 떨어진 지역으로 유명한 공연을 보러 가거나 여유를 즐기기도 한다. 따라서 기사의 주제로 '교통 발달에 따른 생활 공간의 확대'가 가장 적합하다.

💡 정답을 찾아가는 Self - Tip

① 고속 철도(KTX) 개통의 역사
  → 제시된 글과 고속 철도 개통은 무관하다.

③ 교통로의 건설이 생태 환경에 미친 영향
  → 제시된 글에는 생태 환경과 관련된 내용은 없다.

④ 교통수단의 발달이 가져온 지역 경제의 쇠퇴
  → 지역 경제에 대한 언급은 없다.

⑤ 새로운 교통수단의 등장에 따른 지방 도시의 성장
  → 제시된 글을 통해서는 지방 도시가 성장하였는지 알 수 없다.

03 교통 발달에 따른 생활 양식의 변화 　답②

제시된 그래프는 방한 외국인 관광객, 내국인 해외 관광객 모두 급증한 것을 보여 주고 있다. 2015년 방한 외국인 관광객 수는 1975년에 비해 20배 넘게 증가할 정도이며, 내국인 해외 관광객 수의 증가율은 방한 외국인 관광객 수의 증가율을 뛰어넘었다. 이는 항공 교통의 대중화로 여가 공간이 확대되었기 때문이다. 한편, 세계 여러 곳을 여행할 수 있게 되면서 다른 지역의 문화를 체험할 기회가 많아졌다.

내 것으로 만드는 Self - Tip

교통 발달에 따른 생활 양식의 변화
- 경제 활동의 변화: 상권의 확대, 국제 무역 활발
- 여가 공간 확대: 국·내외 여행 증가, 문화 체험 기회 증가
- 교류 증가: SNS로 다양한 소통과 인간관계 형성

04 교통 발달에 따른 지역의 변화 　답⑤

기존에 경춘 국도를 이용하던 사람들이 새로 개통된 서울–춘천 고속 국도를 이용하게 되면, 경춘 국도의 통행량이 급감하여 유동 인구가 줄 것이다. 따라서 경춘 국도 주변 음식점은 폐점할 수도 있다.

정답을 찾아가는 Self - Tip

갑: 경춘 국도 주변 지역의 경기가 ~~활성화~~될 거예요.
　　　　　　　　　　　　　　　침체
을: 유명 브랜드가 많은 복합 상가가 건설될 것 같아요.
→ 유동 인구가 줄기 때문에 새로운 상가가 건설될 확률은 낮다.

05 교통·통신 발달에 따른 문제점 　답⑤

교통·통신 발달에 따른 문제점을 찾는 문제이다. 교통이 발달하면서 외래 생물 종 유입에 따른 생태계 교란, 생물 종 다양성 파괴 및 산림 훼손 등의 생태계 파괴, 환경 오염 등의 문제가 나타났다. 하지만 교통·통신의 발달은 생태 환경에 긍정적인 영향을 미치기도 한다. 위치 확인 시스템(GPS)을 이용하여 멸종 위기 동물을 보호하는 것은 통신의 발달이 생태 환경에 미친 긍정적인 측면에 해당한다.

06 교통·통신 발달에 따른 문제의 해결 방안 　답④

교통·통신의 발달로 도시 간 이동이 편해지면서 큰 상권이 작은 상권을 빨대로 빨아들이듯 흡수하는 현상인 빨대 효과로 지역 격차가 커지는 문제가 나타난다. 이를 해결하기 위해 지역의 특성에 맞는 자원을 개발하여 경쟁력을 갖추게 하고, 생태 환경의 변화를 막기 위해 교통수단의 환경 오염 물질 배출에 대한 관리를 강화하는 등의 노력이 필요하다.

정답을 찾아가는 Self - Tip

ㄱ. 빨대 효과가 ~~일어날 수 있는~~ 정책을 강화한다.
　　　　　　일어나지 않도록 하는
ㄷ. 선박 평형수를 통해 다양한 외래 종이 ~~유입되도록~~ 한다.
　　　　　　　　　　　　　　　유입되지 않도록

07 정보화에 따른 경제생활의 변화 　답③

그래프를 통해 온라인 쇼핑 거래액이 꾸준히 증가해 왔음을 알 수 있다. 정보화로 생활 공간이 가상 공간으로 확장됨에 따라 전자 상거래가 활성화되었다. 이로 인해 소비자들은 세계 각국의 우수한 제품을 소비할 수 있게 되었다.

정답을 찾아가는 Self - Tip

ㄱ. 판매자와 구매자 간의 공간적 제약이 ~~늘어났다~~.
　　　　　　　　　　　　　　　줄어들었다.
ㄹ. 2013년 이후 온라인보다 휴대 전화를 활용한 전자 상거래가 더 ~~많다~~.
　　적다.

08 누리 소통망의 발달에 따른 일상생활의 변화 　답①

인터넷에서 검색한 용어는 '누리 소통망(SNS)'이다. 누리 소통망(SNS)의 발달로 온라인 쌍방향 소통이 가능해지면서 일상적인 정보의 생산과 소비가 활발해졌으며, 시민의 정치 참여가 확대되었다.

정답을 찾아가는 Self - Tip

ㄷ. 각종 지리 정보를 수집·분석해 사전에 예측하는 기능을 하기도 한다.
→ 지리 정보 시스템(GIS) 활용에 대한 설명이다.
ㄹ. 다양한 집단과의 교류로 수평적 인간관계에서 권위주의적 인간관계로 변화하게 한다.
→ 권위주의적 인간관계에서 수평적 인간관계로 변화하게 한다.

내 것으로 만드는 Self - Tip

누리 소통망(SNS)
- 의미: 온라인상에서 사람과 사람을 연결해 주어 관계를 맺고 정보를 공유할 수 있는 서비스
- 영향
  - 다양한 소통과 인간관계 형성
  - 일상적인 정보의 교류 확대
  - 정치 참여 활발 → 직접 민주주의 실현 가능

09 사생활 침해 　답④

제시된 사례에는 폐회로 텔레비전(CCTV)을 통해 개인이 타인에 의해 감시와 통제를 받고 있는 상황이 나타난다. 이는 개인 정보가 다른 사람에게 노출되는 '사생활 침해'에 해당한다.

내 것으로 만드는 Self - Tip

정보화에 따른 문제점
- 인터넷 중독: 인터넷 사용을 스스로 조절하지 못하여 대면적 인간관계가 약화되고 일상생활에 지장을 초래하는 것
- 사생활 침해: 개인 정보가 다른 사람에게 노출되거나 악용되는 것
- 사이버 범죄: 사이버 공간의 익명성을 이용한 범죄
  - 예 인터넷 사기, 해킹, 사이버 금융 범죄, 사이버 저작권 침해, 사이버 폭력 등
- 정보 격차: 정보의 소유와 접근 정도에 따라 지역 간, 계층 간 격차가 발생하는 것

10 정보 격차 ^답③

정보화 취약 계층의 정보화 수준은 일반 국민의 정보화 수준을 기준으로 비교한 수치이므로, 수치가 낮을수록 정보 격차가 큰 것을 의미한다. 따라서 2005년에는 역량 부문에서, 2015년에는 활용 부문에서 정보 격차가 가장 크다.

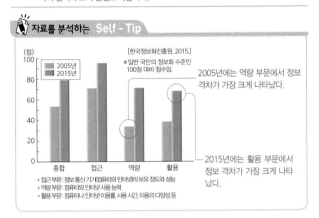
11 사이버 범죄 ^답④

정보화 덕택에 우리 삶은 편리해졌지만, 다양한 부작용과 문제점이 나타나고 있다. 대표적인 것이 사이버 범죄의 발생이다. 제시된 그래프를 보면 사이버 범죄가 전체적으로 증가하고 있음을 알 수 있다. 사이버 범죄의 증가는 가상 공간의 확대와 관련이 깊다. 사이버 범죄를 막기 위해서는 정보 보안 관련 기구 및 전문 인력을 강화하고 관련 법률을 보강해야 한다.
④ 개인 정보 처리 과정을 공개하는 것은 사생활 침해를 해결하는 방법이다.

12 지역 조사 ^답③

지역 조사는 조사 계획 수립 → 지역 정보 수집 → 지역 정보 분석 → 보고서 작성의 순으로 진행된다. 지역 정보 수집 방법에는 실내 조사와 현지 조사가 있다. 따라서 (가)는 실내 조사, (나)는 지역 정보 분석이다.

③ (가) 실내 조사 단계에서는 지도, 통계 자료 등을 통해 지역을 조사하는 것이므로 'ㄴ. 지형도에서 강경 포구, 강경역 등의 위치를 찾아 조사 경로를 결정한다.'가 적합하다. 그리고 (나) 지역 정보 분석 단계에서는 수집된 자료를 바탕으로 지도, 통계표 등을 작성하는 것이므로 'ㄷ. 수집된 자료를 정리하여 젓갈 시장을 이용하는 소비자의 분포도를 작성한다.'가 적당하다.

13 더 좋은 지역 만들기 ^답④

보고서 속 조사 지역은 산업화로 인해 인구 증가, 시설 부족, 외국인 인구 비율 급증, 녹지 감소 및 하천 오염 등 생태 환경 변화, 주민의 공동체 의식 약화 등의 문제를 겪고 있다. 이를 해결하기 위해서는 무분별한 개발을 억제하고, 지역 내 녹지를 조성하며 부족한 공공시설을 확충해야 한다. 또한 주민 화합의 장을 마련하는 것도 중요하다. 하천을 복개하여 도로로 이용할 경우 오염은 가중될 수 있으므로, 지역 문제의 해결 방안으로 적절하지 않다.

서술형 문제

14 위성 위치 확인 시스템의 활용 사례

모범 답안 | (1) 위성 위치 확인 시스템(GPS)
(2) 일상생활에서 위성 위치 확인 시스템(GPS)이 활용되는 또 다른 예로는 내비게이션, 휴대 전화의 인터넷 지도 서비스 등을 들 수 있다.

주요 단어 | 내비게이션, 인터넷 지도

채점 기준	배점
일상생활에서 활용되는 사례를 제시한 경우	상
일상생활에서 활용되는 사례가 적절하지 않은 경우	하

15 교통의 발달에 따른 문제점과 해결 방안

(1) **모범 답안** | 빨대 효과
(2) **모범 답안** | 교통의 발달로 대도시가 주변 중소 도시의 인구나 경제력을 흡수하였기 때문이다.

주요 단어 | 교통 발달, 대도시의 중소 도시 흡수

채점 기준	배점
빨대 효과의 원인을 바르게 서술한 경우	상
빨대 효과의 원인을 바르게 서술하지 못한 경우	하

(3) **모범 답안** | 정부는 지역 격차를 해소하기 위한 정책을 펼쳐야 하고, 지역 사회는 다양한 자원을 지역의 특성에 맞게 개발하여 지역 경쟁력을 강화해야 한다.

주요 단어 | 지역 격차 해소 정책, 지역 경쟁력 강화

채점 기준	배점
지역 문제의 해결 방안을 다양한 차원으로 제시한 경우	상
지역 문제의 해결 방안을 미흡하게 제시한 경우	하

1등급 완성하기 p. 74 ~ p. 75

01 ① 02 ① 03 ③ 04 ③ 05 ④
06 ③ 07 ③ 08 ⑤

01 교통 발달에 따른 변화 답 ①

고속 철도가 개통되면서 교통 조건이 유리해진 지역은 지역 간 교류가 활발해지기 때문에 지역 주민들의 생활권이 확대된다. 쇼핑이나 공연 관람, 병원 진료 등을 위해 원거리도 쉽게 오고 갈 수 있게 된다. 한편, 고속 철도의 개통은 도로와 항공 교통의 이용객을 분담하는 효과가 있으므로 도로 교통의 혼잡을 줄여줄 수 있다.

정답을 찾아가는 Self - Tip

ㄷ. 모든 지역이 고르게 발달하여 지역 경제가 성장할 것이다.
→ 교통 조건이 유리해진 지역과 불리해진 지역 간 격차가 발생할 수 있다.
ㄹ. 서울에서 광주로 이동하는 항공 교통의 이용 승객 수가 ~~증가~~ 감소 할 것이다.

02 교통 발달에 따른 변화 답 ①

교통의 발달로 시공간의 제약이 크게 줄어들면서 생활권이 확대돼 인간 생활에 큰 변화가 나타났다. 인간 생활 뿐만 아니라 생태 환경에도 변화가 발생했는데, 항공기나 선박을 통해 외래 생물종이 전파되어 생태계가 교란된 것이나 새로운 도로의 건설로 산림이 훼손된 것 등이 있다. 또한, 교통수단이 증가하면서 교통사고가 증가하였고, 소음, 공해 등 각종 환경 문제도 나타났다.

내 것으로 만드는 Self - Tip

교통 발달에 따른 문제점

생활 공간 격차	교통·통신이 발달한 지역은 경제 활동이 활성화되지만 교통·통신의 조건이 불리한 지역은 경제가 쇠퇴함. → 빨대 효과 발생
생태 환경 변화	• 새로운 도로 건설 및 교통수단의 증가로 환경 오염, 생태계 파괴, 교통사고, 소음 등의 문제 발생 • 항공기·선박 증가 → 외래 생물 종 전파로 생태 환경 교란, 질병 확산

03 정보화 사회의 특징 답 ③

제시된 사례에는 누리 소통망(SNS)을 통한 일상생활의 변화가 나타나있다. 누리 소통망의 보편화로 가상 공간에서 정치 참여 기회가 증가하고 인간관계의 방식이 다양해지는 등 쌍방향 의사소통이 원활해지고 있다.

정답을 찾아가는 Self - Tip

① 사람들 간의 정신적 유대감이 강화된다.
→ 정신적 유대감 강화와 관련된 사례는 아니다.
② 정보에 접근하는 환경의 격차가 커진다.
→ 제시된 글에는 정보 격차와 관련된 내용은 없다.
④ 정보 통신망을 활용한 거래가 활발해진다.
→ 전자 상거래에 대한 언급은 없다.
⑤ 대면적 접촉을 통한 사회적 관계 형성이 확산되고 있다.
→ 가상 공간의 발달은 대면적 접촉을 약화시킬 수 있다.

04 전자 상거래 답 ③

제시된 그림에는 온라인을 통해 물건을 구입하는 사람의 모습이 나타나 있다. 이러한 전자 상거래는 기존의 상거래와 달리 시간과 공간의 제약을 받지 않으며, 매장이 따로 운영되지 않는 만큼 판매가가 저렴하다는 장점이 있다. 또한, 전자 상거래의 확대는 주문 상품을 소비자에게 배송하는 택배 산업의 동반 성장을 가져왔으며, 물건 구입의 경로를 다양화시켰다.
③ 인터넷을 통한 쇼핑과 판매는 상품을 진열하는 매장의 필요성을 약화시켰다.

05 정보 격차 답 ④

소외 계층의 정보화 수준은 일반 국민의 정보화 수준을 기준으로 비교한 수치이므로, 수치가 높을수록 정보 격차가 적은 것을 의미한다. 저소득층의 활용 수준은 80.9이고, 장노년층의 활용 수준은 64.1이므로 세대 간 격차가 소득 계층 간 격차보다 크다.

정답을 찾아가는 Self - Tip

① 정보화 수준은 소득 수준과 무관하다.
→ 저소득층의 정보화 수준이 일반 국민에 비해 낮으므로 정보화는 소득 수준과 관련이 있다.
② 정보화 수준은 지역별로 차이가 나타나지 않는다.
→ 농어민의 정보화 수준이 일반 국민보다 낮으므로 정보화 수준은 지역별로 차이가 난다.
③ 장애인에게는 정보화 교육보다 컴퓨터 보급이 시급하다.
→ 장애인의 경우, 접근 부문이 활용 부문보다 높아 활용 부문에서의 정보 격차가 더 크게 나타나므로 정보화 교육이 더 시급하다.
⑤ 정보화 기기의 활용 능력보다 정보화 기기 접근에서의 격차가 더 크다.
→ 모든 계층에서 접근 부문이 활용 부문보다 수치가 높으므로 정보화 기기의 활용 능력에서의 격차 더 크다.

06 개인 정보 침해 답 ③

개인의 정보가 정보화 기기에 노출되면서 자신의 행동이나 기록이 다른 사람에게 노출되거나 악용되는 사생활 침해 사례가 증가하고 있다. 제시된 그래프는 개인 정보 침해 신고 상담 건수에 관한 것으로 2010년 이후 급증하고 있다. 그 이유 중 하나는 다양한 기관에서 개인 소득, 신용, 의료, 신체 정보 등을 수집·저장·관리하면서 사생활 침해의 가능성이 높아졌기 때문이다.

정답을 찾아가는 Self - Tip

ㄱ. 지적 재산권을 둘러싼 갈등과 관련이 있다.
→ 지적 재산권 침해는 사이버 범죄에 속한다.
ㄹ. 위 문제를 해결하기 위해서는 정보 소외 계층이 겪는 불평등을 없애려는 노력이 필요하다.
→ 정보 격차 문제에 대한 해결 방안이다.

자료를 분석하는 Self - Tip

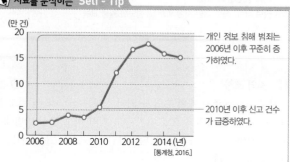

개인 정보 침해 범죄는 2006년 이후 꾸준히 증가하였다.

2010년 이후 신고 건수가 급증하였다.

[통계청, 2016.]

07 지역 조사 답 ③

제시된 자료는 지역 조사를 통해 지역의 변화를 탐구하는 예시이다. 지역 조사는 주제 및 지역 선정 → 지역 정보 수집(실내 조사, 현지 조사) → 지역 정보 분석 → 보고서 작성 단계를 거친다. 제시된 자료의 대상 지역은 대도시에 인접한 군(郡) 지역이므로 도시와 농촌의 경관이 함께 나타나며, 지역 주민들 간에는 공동체 의식이 약화되어 있을 것이다.

③ 지역 주민들 간의 관계는 주로 설문이나 면담을 통해 알 수 있다.

📝 내 것으로 만드는 Self - Tip

지역 조사 과정

조사 계획 수립	조사 주제와 지역, 방법을 선정함.
지역 정보 수집	• 실내 조사: 문헌 자료, 통계 자료, 지형도, 항공 사진 등을 통해 지역 정보를 수집하고 현지 조사를 위한 준비를 함. • 현지(야외) 조사: 설문 조사, 면담, 관찰, 실측 등을 통해 직접 정보를 수집함.
지역 정보 분석	• 수집된 자료를 조사 항목별로 구분하고 정리함. • 중요한 지리 정보를 선별하여 도표, 그래프, 통계표, 지도 등으로 작성함.
보고서 작성	조사 방법, 지역 변화 및 문제점, 해결 방안 등을 포함하여 보고서를 작성함.

08 지역 문제의 해결 방안 답 ⑤

제시된 사례 속 (가) 지역은 산업화·도시화로 인해 각종 도시 문제를 겪고 있으며, 지역 개발을 둘러싸고 주민 간 갈등이 발생하고 있다. 이를 해결하기 위해서는 지역의 특성을 고려한 방안 마련이 필요하다. 다양한 기반 시설을 확충하고 대중교통 이용을 장려하며, 환경 오염을 막기 위해 적극 노력해야 한다.

⑤ 집단 간 갈등이 발생했을 경우에는 다수결의 원칙만을 강조할 것이 아니라 충분한 기간을 가지고 원만한 합의가 이루어지도록 해야 한다.

📝 내 것으로 만드는 Self - Tip

지역 문제의 해결 방안

대도시	• 문제점: 인구 과밀화로 인한 각종 시설 부족, 도시 내 노후화된 공간 증가 • 해결 방안: 도시 재개발을 통한 환경 개선
지방의 중소 도시	• 문제점: 대도시 의존도 심화, 대도시로 인구 유출 • 해결 방안: 지역 특성화 사업 추진
도시와 인접한 촌락	• 문제점: 도시화 진행으로 전통적 가치관 변화 • 해결 방안: 지역 공동체 운영
도시와 멀리 떨어진 촌락	• 문제점: 노동력 부족, 성비 불균형 등 인구 문제, 각종 시설 부족, 지역 경제 침체 • 해결 방안: 지역 브랜드 추진, 지역 축제 개최, 교육·의료·문화 시설 확충

Ⅳ. 인권 보장과 헌법

🏛 **01** 인권의 의미와 변화 양상

01 인권의 의미 답 ③

인권은 인간이라는 이유만으로 누구나 기본적으로 누려야 할 권리로, 인권을 보장하는 것은 인간존엄성을 구체화시키고 실현하는 것이기도 하다.

③ 모든 사람이 인권을 누려야 한다는 생각이 처음부터 당연하게 여겨진 것은 아니었다. 인류 역사를 봐도 처음부터 누구나 인권을 누렸던 것은 아니며, 많은 사람이 지속적인 저항과 투쟁을 통해 인권 보장을 요구하였다. 그 결과 오늘날 인권은 일부 시민의 권리가 아닌 모든 사회 구성원의 권리로 의미가 확장되었다.

02 인권의 특징 답 ①

㉠은 천부성, ㉡은 항구성, ㉢은 보편성, ㉣은 불가침성이다.

📝 내 것으로 만드는 Self - Tip

인권의 특성

보편성	인종, 성별, 종교, 사회적 신분 등과 관계없이 인류 구성원 모두가 가지는 권리
천부성	원래부터, 즉 태어나면서 하늘로부터 부여받는 권리
항구성	일정 기간에만 한정되는 것이 아니라 영구히 보장되는 권리
불가침성	국가나 다른 사람이 함부로 침해할 수 없으며, 남에게 양도할 수 없는 권리

03 인권의 3세대론 답 ⑤

프랑스의 법학자인 카렐 바작은 인권의 변화 과정을 1, 2, 3세대로 설정하여 설명하였다. 1세대 인권은 자유롭기 위해 국가로부터의 불간섭을 요구하는 시민·정치적 권리이다. ① 사상·양심·종교의 자유, ② 노예적 예속 상태로부터의 자유는 1세대 인권의 목록이다. 2세대 인권은 인간다운 삶을 보장받기 위해 국가가 적극적으로 개입할 것을 요구하는 경제·사회·문화적 권리이다. ③ 교육에 관한 권리, ④ 사회 보장을 받을 권리는 2세대 인권의 목록이다. 3세대 인권은 여성, 장애인, 아동, 난민 등 차별받는 집단의 인권 보호에 주목하여 연대와 단결을 강조하는 집단의 권리이다. 자결권, 평화에 관한 권리, 재난으로부터 구제받을 권리, 지속 가능한 환경에 관한 권리가 해당한다.

⑤ 실업으로부터 보호받을 권리는 노동할 수 있는 권리와 함께 2세대 인권 목록에 해당한다.

04 시민 혁명 이전의 사회 상황   답 ④

혁명이 일어나기 전의 프랑스 사회 체제를 '구제도'라고 한다. 구제도에서는 신분제가 법과 관습에 의해 유지되었다. 이렇듯 근대 이전 서구 사회에서는 대다수의 평민이 특권층에게 차별과 억압을 받았다. 프랑스에서도 왕을 비롯한 제1 신분의 성직자와 제2 신분의 귀족이 정치권력을 독점하고, 면세 특권을 비롯한 여러 가지 혜택을 누렸다. 반면, 시민 계급과 농민, 노동자 등으로 구성된 제3 신분인 평민은 전인구의 98%를 이루었지만, 정치 참여가 매우 어려웠으며 무거운 경제적 부담에 시달렸다. 이에 경제적으로 성장한 시민 계급을 중심으로 구제도의 모순을 자각하고, 봉건적 신분제에 의한 차별과 절대 군주의 억압에 맞서 시민의 자유와 권리를 요구하는 시민 혁명이 일어나게 되었다.

05 미국 독립 선언과 프랑스 인권 선언의 의미   답 ⑤

18세기 후반 미국과 프랑스에서 시민 혁명이 일어난 결과 시민의 자유와 권리를 명시하는 여러 선언문이 발표되었다. '미국 독립 선언(1776년)'과 프랑스 인권 선언인 '인간과 시민의 권리 선언(1789년)'에는 모든 인간이 태어날 때부터 자유롭고 평등하다는 점이 명시되었다.

내 것으로 만드는 Self - Tip

시민 혁명과 인권 관련 선언

선언	배경 사건	내용
마그나 카르타('대헌장')	존왕이 귀족과의 다툼 끝에 서약	의회의 승인 없는 과세 금지, 법에 따르지 않은 체포 금지 등 왕의 권한을 제한
영국 '권리 장전'	명예혁명(1688년)을 통한 정권 교체	국왕에게 청원할 권리, 언론의 자유, 의원 선거의 자유, 의회의 동의 없는 과세 금지
미국 '버지니아 권리 장전'	'미국 독립 선언(1776년)' 발표 직전	행복 추구권, 시민의 천부 인권, 자유권, 저항권 등
'미국 독립 선언'	영국의 식민 지배에 대항한 전쟁	국민 주권의 원리, 저항권 등
'인간과 시민의 권리 선언'(프랑스 인권 선언)	구체제에 대항한 시민 주도의 프랑스 혁명(1789년)	천부 인권, 자유권, 저항권, 국민 주권, 권력 분립, 소유권 불가침 등

06 자유권과 평등권의 의미   답 ②

자유권은 정치권력으로부터 간섭받지 않고 자유롭게 생활할 수 있는 권리이며, 평등권은 부당하게 차별받지 않을 권리이다.

정답을 찾아가는 Self - Tip

③ ㉠: 국가에 의해 인간다운 삶을 보장받을 권리이다.
→ 사회권에 대한 설명이다.
⑤ ㉡: 지구촌 구성원의 인권 보장을 위한 연대를 강조하는 권리이다.
→ 연대권에 대한 설명이다.

07 참정권의 등장   답 ③

프랑스 혁명 이후에도 정치 참여의 자유는 주로 재산이 있는 성인 남성을 의미하는 '시민'에게 국한되었다. 즉, 직업, 재산, 성별 등에 따라 선거권이 제한되어 대다수 사람은 정치에 참여할 권리인 참정권을 행사할 수 없었다. 이후 이러한 차별적인 사회 제도를 바꾸려는 노력이 노동자, 농민, 여성 등을 중심으로 일어나게 되었다. 이러한 참정권 확대 운동을 통해 20세기 이후 거의 모든 사람이 참정권을 보장받게 되었다.

08 참정권 확대 운동   답 ②

차티스트 운동은 19세기 영국의 노동자들이 선거권 확대, 비밀 투표 등을 요구한 운동이다. 여성 참정권 운동은 남성과 동등한 참정권을 보장받지 못한 여성들이 투표권을 요구한 운동이다.

내 것으로 만드는 Self - Tip

참정권 요구 운동

차티스트 운동	영국의 노동자들이 1832년 선거법 개정으로도 참정권을 얻지 못하자, 이후 '인민헌장'을 통해 선거권 확대, 비밀 투표 등을 요구하였다.
여성 참정권 운동	시민 혁명 이후에도 여성들은 여전히 참정권을 보장받지 못하였고, 이에 여성 참정권 운동이 일어났다. 1893년 뉴질랜드에서 최초로 여성에게 참정권이 부여된 이후 여러 나라에서 여성 참정권 확대 운동이 전개되었다. 특히 1910년대에 '에밀리 데이비슨'과 같은 영국 여성들은 적극적으로 참정권을 요구하는 운동을 벌였다.

09 사회권의 등장   답 ④

(가)는 모든 국민이 최소한의 인간다운 생활을 보장받으며 살아갈 수 있는 권리인 사회권을 국가가 적극적으로 나서서 보장해야 한다는 입장이다. (나)에는 18세기 산업 혁명 이후 자본주의가 급격히 발전하면서 노동자를 비롯한 사회적 약자들이 열악한 노동 환경, 빈부 격차 등으로 최소한의 인간다운 생활이나 생존을 보장받지 못한 사례가 나타나 있다. (가)의 사회권을 강조하는 입장은 (나)와 같은 문제 상황에 직면하여 시민이 자유와 권리를 실질적으로 누리려면 국가가 사회적 약자를 보호해야 한다는 생각에서 등장하였다. 사회권에는 노동의 권리, 교육을 받을 권리, 쾌적한 환경에서 살 권리 등이 해당한다. 한편 모든 국민이 최소한의 인간다운 생활을 보장받아야 한다는 사회권은 1919년 독일 바이마르 헌법에 처음으로 명시되었고, 이후 여러 나라의 헌법에 본격적으로 도입되고 있다.

정답을 찾아가는 Self - Tip

ㄱ. 국가의 활동을 최소한으로 제한하여야 한다.
→ 사회권은 국가가 적극 나서서 사회 구성원의 인간다운 삶을 보장할 것을 요구한다.
ㄷ. 국가는 개인의 자유를 침해하지 않는 것을 최우선의 과제로 삼아야 한다.
→ 자유권이 강조되었을 당시의 국가관에 해당한다.

19세기 말 미국의 노동자들은 하루 12~16시간의 장시간 노동과 주당 7~8달러에 불과한 저임금에 시달렸다.

→ 자본주의 경제가 급속히 성장하면서 물질적으로는 풍요로워졌지만, 노동자를 비롯한 사회적 약자는 열악한 노동 조건과 낮은 임금에 시달려야 했다. 이 외에도 주택 부족, 실업 등이 노동자들의 생존을 위협하였다.

한편 20세기 초 영국의 도시에서는 누더기 같은 옷을 입고 맨발로 다니는 아이들을 흔하게 볼 수 있었다. 아무리 부지런하게 일해도 가난을 벗어날 수 없던 사람들은 아이들에게 옷과 신발을 사 줄 돈조차 없었기 때문이다.

→ 빈부 격차와 사회 불평등이 심화되면서 사회적 약자는 인간다운 삶을 살아가기 위해 필요한 최소한의 물질적 요건도 갖추지 못하였다.

10 연대권이 강조되는 이유 답 ⑤

오늘날에는 자신의 인권뿐만 아니라 지구촌 구성원 모두의 인권 보장을 위해 함께 노력하자는 연대권이 강조되고 있다. 이는 여성, 장애인, 아동, 난민과 같이 인종 차별, 국가 간 빈부 격차 등으로 인권을 누리지 못하는 개인과 집단에 대한 각성에서 등장하였다. 또한 차별, 전쟁, 기아, 환경 파괴 등 인권 침해를 당하면서도 자신의 인권을 옹호할 힘이 없는 이들을 위해 국제적인 연대와 협력을 중시한다. 연대권은 인종이나 국적과 관계없이 누구나 평등하게 대우받을 권리, 평화의 권리, 재난으로부터 구제받을 권리 등을 주요 내용으로 한다.

① 지구촌 전역에서 모든 사람이 인권을 누리고 있기 때문입니다.
→ 지구촌 일부에서는 여전히 인권을 누리지 못하는 사람들이 있다.
② 타인의 인권보다 자신의 인권을 보장받는 것이 더욱 중요하기 때문입니다.
→ 연대권은 자신의 인권을 보장받는 것도 중요하지만, 타인의 인권도 중요하다는 생각에서 등장하였다.
③ 오늘날 인권의 범위가 자신이 소속되어 있는 공동체 내로 좁아지고 있기 때문입니다.
→ 오늘날 인권 보장의 범위가 지구촌 구성원 모두에 이르기까지 확대되어야 한다는 생각이 강조되고 있다.
④ 차별, 전쟁, 기아, 환경 파괴 등 인권 침해를 일으키는 문제들이 해결되었기 때문입니다.
→ 오늘날 인류의 인권을 위협하는 다양한 문제가 심화하고 있다.

11 세계 인권 선언 답 ③

'이 문서'는 '세계 인권 선언'이다. 인류는 두 차례의 세계 대전을 겪으며 그 참혹한 결과를 반성하는 동시에, 인권을 억압하는 국가가 인류의 평화와 번영을 위협할 수 있고, 인권 문제를 해결하려면 인류 공동의 노력이 필요하다는 데 공감하게 되었다. 이러한 배경을 바탕으로 1948년 국제 연합 총회에서 세계 인권 선언을 채택하였다. 이는 인권 보장의 국제적 기준을 제시하는 포괄적인 인권 문서로, 인권의 보편성, 천부성, 항구성, 불가침성을 확인하고 국가의 인권 보장 책무를 선언하는 한편, 인권 보장이 인류가 보편적으로 추구해야 할 가치이며 모든 인간의 천부적 존엄성은 세계의 자유, 정의, 평등의 기반임을 천명하였다. 이후 각국은 세계 인권 선언을 토대로 인권 보장을 헌법에 명시하는 등 인권 신장을 위해 노력해 왔다.

① 인민헌장
→ 19세기 영국 차티스트 운동(1838~1848) 당시 영국 노동자들이 선거권 확대를 요구하며 내걸었던 헌장이다.
② 바이마르 헌법
→ 1919년 독일의 헌법으로, 국가가 모든 국민의 인간다운 생활을 보장한다는 내용의 사회권을 역사상 최초로 헌법에 명시하였다. 이후 여러 국가에서 복지 국가 헌법을 제정하였다.
④ 미국 독립 선언
→ 미국은 영국의 식민 지배를 받던 당시 영국의 전제와 차별에 항거하여 독립 혁명을 일으켰다. 이 과정에서 미국 독립 선언에 국민 주권의 원리, 저항권 등을 명시하였다.
⑤ 유엔 아동 권리 협약
→ 연대권 등장과 함께 1989년 아동을 권리의 주체로 규정하였다.

12 현대 사회의 인권의 확장 답 ③

인권은 자유권과 평등권 → 참정권 → 사회권 → 연대권의 순서로 발전해 왔다. 즉, 근대에는 엄격한 신분 제도에 따른 차별에서 벗어나기 위해 시민 혁명을 일으켜 자유권과 평등권, 참정권을 확립해 나갔다. 산업 혁명 이후에는 빈곤과 빈부 격차를 해결하여 인간다운 생활을 보장받고자 사회권을 헌법에 명시하였다. 또한 제2차 세계 대전 이후에는 '세계 인권 선언'을 통해 인권 보장이 인류가 보편적으로 추구해야 할 가치임을 선포하였다. 이를 바탕으로 인권 의식이 발전하며 오늘날에는 연대권이 강조되고 있다. 한편 현대 사회에서는 사회적·경제적 환경이 급속도로 변화하면서 새로운 분야에서 인권이 강조되고 있다. 특히 우리나라에서는 1960년대 이후 산업화와 도시화가 진행되면서 도시의 인구가 증가하고 기반 시설 부족, 범죄 증가, 환경 오염 등의 도시 문제가 발생하였다. 이는 도시에서 거주하는 도시민의 인권을 위협하는 새로운 문제로 부상하고 있어 이를 해결하려는 노력의 일환으로 인권의 보장 범위가 확장하고 그 내용이 구체화되고 있다.

③ ㉢ 오늘날 인권으로 보장하는 권리의 범위가 넓어지고 그 내용 또한 구체화되었다.

13 새로운 인권의 등장 배경 답 ①

산업화·도시화에 따라 오늘날 인구가 도시에 집중하면서 기존의 인권 개념으로는 해결되지 않는 새로운 문제가 발생하고 있다. 이에 따라 현대 사회에서는 다양한 인권이 새롭게 대두하고 있다. ② 안전권은 오늘날 서로 다른 배경을 가진 사람들이 모여 살면서 갈등이나 범죄가 증가하고 있고, 인구 밀도가 높은 도시에서 전염병이나 재해가 발생하면 피해가 크다는 점에서 강조되고 있다. ③ 주거권은 도시로의 인구 집중으로 주택이 부족해지고 주거비가 증가하며, 일조권 침해, 층간 소음, 빈곤층 주거 문제, 농어촌의 열악한 주거 문제 등이 발생하는 데서 요구되고 있다. ④ 환경권은 도시의 인구가 증가하면서 대기 오염, 소음 등 환경 문제가 심각해지면서 관심이 커지고 있다. ⑤ 잊힐 권리는 자신과 관련된 정보가 인터넷상에서 많은 사람에게 공개되어 고통을 겪는 사람의 인권을 보호하기 위해 강조되고 있다.

① 오늘날 생활 수준이 높아지면서 노동 시간이 감소하고 여가가 증대됨에 따라 문화권이 중요하게 인식되고 있다.

14 현대 사회에서 확장된 인권 답 ⑤

(가)는 환경권, (나)는 주거권, (다)는 안전권, (라)는 문화권, (마)는 잊힐 권리이다. 환경권은 건강하고 쾌적한 생활에 필요한 모든 조건이 충족된 양호한 환경을 누릴 권리이다. 주거권은 쾌적하고 안정적인 주거 환경에서 인간다운 주거 생활을 할 권리이다. 안전권은 국민이 각종 위험으로부터 안전을 보호받을 권리이다. 문화권은 계층, 민족, 문화적 배경에 상관없이 누구나 문화생활에 참여하고, 자신의 문화적 정체성을 유지할 권리이다. 잊힐 권리는 인터넷상에서 유통되는 개인 정보를 당사자가 삭제하거나 수정해 달라고 요청할 권리이다.

15 문화권 보장 사례 답 ②

제시문이 소개하고 있는 '꿈의 오케스트라' 사업은 문화생활에 참여할 기회가 적은 문화 소외 계층 학생들에게 음악 교육 기회를 제공하는 것으로, 문화권 보장과 관련이 깊다. 오늘날 문화가 인간 삶에서 중요한 의미를 가진다는 인식이 확산되면서 강조되고 있다. 문화권은 문화 활동에 자유롭게 참여하는 것과 함께 자기 자신을 예술적으로 표현하거나 자신의 생각을 예술의 도움을 받아 표현하는 것을 포함한다.

② 주거는 생명을 유지하고 가족을 형성하게 하는 토대이므로, 주거권에 대한 설명이다.

서술형 문제

16 인권의 특징

모범 답안 | 인권은 보편성, 천부성, 항구성, 불가침성 등의 특징을 지닌다. 인권의 보편성은 인종, 성별, 종교, 사회적 신분 등과 관계없이 모든 인간이 누리는 권리라는 의미이다. 천부성은 태어나면서부터 갖게 되는 당연한 권리라는 의미이다. 항구성은 일정 기간에만 한정되는 것이 아니라 영구히 보장되는 권리라는 의미이다. 불가침성은 남에게 양도할 수 없고 누구도 빼앗거나 무시할 수 없는 권리라는 의미이다.

주요 단어 | 보편성, 천부성, 항구성, 불가침성

채점 기준	배점
인권의 특징과 그 의미를 두 가지 이상 바르게 서술한 경우	상
인권의 특징과 그 의미를 한 가지만 바르게 서술한 경우	중
인권의 특징을 제시하였으나 그 의미를 서술하지 못한 경우	하

17 인권 선언문에 나타난 인간의 의미

모범 답안 | (1) (가) 프랑스 혁명, (나) 제1·2차 세계 대전

(2) (가)에서 인권 보장의 주체는 시민 계층에 한정된다. 이에 비해 (나)에서는 인종, 성별, 재산, 계급, 지역 등을 초월한 보편적 의미의 모든 인간, 즉 인류 전체를 의미한다.

채점 기준	배점
인권 보장의 주체가 프랑스 인권 선언에서는 시민, 세계 인권 선언에서는 인류 전체임을 모두 바르게 서술한 경우	상
인권 보장의 주체가 프랑스 인권 선언에서는 시민, 세계 인권 선언에서는 인류 전체임 중 한 가지만 바르게 서술한 경우	하

18 현대 사회에서 강조되는 인권

모범 답안 | (1) 주거권

(2) 주거권은 쾌적하고 안정적인 주거 환경에서 인간다운 주거 생활을 할 권리이다. 따라서 이를 보장하기 위해 국가는 저소득층에 주거비를 지원하거나 일정 수준으로 유지하며 사회적 취약 계층에게 임대 주택을 우선 공급하는 등의 정책을 시행한다. 또한 최저 주거 기준을 설정하여 주거 약자를 보호하고, 주거 환경을 정비한다.

주요 단어 | 주거권, 주거비, 최저 주거 기준, 주거 환경 정비

채점 기준	배점
주거비 지원 및 유지, 주택 공급, 최저 주거 기준 설정, 주거 환경 정비 등 주거권을 보장하려는 노력을 바르게 서술한 경우	상
주거비 지원 및 유지, 주택 공급, 최저 주거 기준 설정, 주거 환경 정비 등 주거권을 보장하려는 노력 중 한 가지만 바르게 서술한 경우	하

1등급 완성하기 p. 86 ~ p. 87

01 ④ **02** ⑤ **03** ② **04** ④ **05** ③
06 ③ **07** ④ **08** ⑤

01 인권 선언문과 인권 보장 답 ④

ㄴ은 (나) 영국 '권리 장전', ㄹ은 (라) '인간과 시민의 권리 선언'에 대한 설명이다. ㄱ은 (다) '버지니아 권리 장전', ㄷ은 (가) '마그나 카르타'에 해당하는 설명이다.

02 근대 시민 혁명의 의의와 한계 답 ⑤

프랑스 혁명 과정에서 채택한 인권 선언에는 천부 인권, 자유권, 저항권, 국민 주권, 권력 분립, 소유권 불가침의 원칙 등이 규정되어 있다. ⑤ 그러나 여기서 권리의 주체는 재산이 있는 성인 남자, 즉 '시민'으로 한정되어 있었다.

03 여성의 참정권 운동 답 ②

제시문은 여성에게 참정권을 부여할 것을 요구한 에밀리 데이비슨의 일화이다. 시민 혁명 이후에도 노동자, 농민, 여성 등에게는 선거권이 보장되지 않았다. 영국은 1867년 당시 의회에서 재산에 따른 선거권 제한 등을 철폐하였지만, 여성의 선거권은 여전히 제한하고 있었다. 여성들은 이후 50여 년간 저항, 시위 및 청원 등을 하였으나 선거권을 확보하지 못하였고, 일부 여성들이 격렬한 시위를 벌이기도 하였다. 이렇듯 많은 여성들이 오랜 기간에 걸쳐 꾸준히 선거권을 요구한 결과 20세기 이후에는 여성도 남성과 동등한 선거권을 가지게 되었다.

04 연대권의 의의 답 ④

연대권은 인종이나 국적, 지역과 관계없이 지구촌 구성원 모두의 인권 보장을 위해 노력할 것을 강조한다. 특히 1948년 '세계 인권 선언'이 국제 연합 총회에서 채택되면서 인권 보장의 국제 기준이 마련되었다. 이후 여성이나 아동, 장애인, 난민 등 사회적으로 차별받고 있는 사회적 약자의 인권을 보호해야 한다는 인식이 확대되었다.

① 자국 국민의 인권 확립을 우선적 가치로 삼는
　→ 연대권은 지구촌 구성원 모두의 인권 보장을 추구한다.

② 일부 시민의 권리로서 인권을 확립하고자 하는
　→ 인권은 모든 인류가 보편적으로 누려야 하는 권리이다.

③ 모든 사람에게 정치에 참여할 권리를 부여하는
　→ 참정권에 관한 설명이다.

⑤ 특정 국가와 지역에 국한된 인권의 특수성을 강조하는
　→ 연대권은 특정 국가와 지역에 국한되지 않는 인권의 보편성을 바탕으로 한다.

05 인권 3세대론 　답 ③

인권 3세대론은 프랑스의 법학자 카렐 바작이 인권의 변화 과정을 세대를 기준으로 설정하여 구분한 것이다.

㉣ 3세대 인권은 인권을 누리지 못하는 개인 또는 집단을 위한 권리로, 전 지구적 차원의 의미를 지닌 연대권 또는 집단권이다.

06 주거권 침해의 사례 　답 ③

제시문은 도시로의 인구 집중으로 주택 부족과 주거비 증가 문제 등이 심화되어 도시에 사는 청년들의 주거권이 침해된 사례이다. 이를 해결하기 위해서 국가는 주거비 지원이나 주택의 안정적 공급에 힘쓰고 최저 주거 기준을 설정하고, 이에 미달하는 주거 약자를 지원해야 한다.

ㄹ은 환경권 보장에 관한 설명이다.

타이완의 청년들은 집 한 채를 여러 개의 방으로 쪼갠 타오팡에서 산다. 홍콩의 청년들은 '인간 닭장'이라 불리는 큐비클에서 산다. 도쿄의 청년들은 방 하나를 몇 칸으로 쪼개 벽장처럼 만든 탈법 셰어하우스에 몸을 눕힌다.
→ 타이완, 홍콩, 도쿄의 청년들이 높은 주거비를 감당할 수 없어 열악한 주거 환경에서 생활하고 있는 모습이 나타나 있다. 이러한 주거 환경은 인간다운 삶을 영위하기 위해 필요한 안정적 주거와는 거리가 멀다.

타이완 청년들은 위성 도시로 쫓겨나고, 홍콩 청년들은 '탈홍콩'을 꿈꾸며, 도쿄 청년들은 도시에서의 삶이 무리라고 느낀다. → 주거비 부담으로 도시에서의 삶을 포기하는 청년들의 사례는 주거권이 보장되지 않은 사례이다.

07 주거권의 의미 　답 ④

우리나라는 〈주거 기본법〉을 제정하여 국민의 쾌적하고 살기 좋은 생활을 위해 필요한 최소한의 주거 수준에 관한 지표로서 최저 주거 기준을 설정하고 있다. 최저 주거 기준이란 인간이라면 기본적으로 누려야 할 최소한의 주거 기준으로, 일반적으로 가구당 면적, 방 개수, 화장실, 부엌 등의 면적 기준을 내용으로 한다.

08 잊힐 권리의 이해 　답 ⑤

㉠은 잊힐 권리이다. 잊힐 권리는 개인 정보를 비롯하여 자신이 원하지 않는 민감한 정보들이 포털 사이트 등에서 많은 사람에게 공개되지 않도록 정보를 통제할 수 있는 권리를 보장해야 한다는 생각이 확산하면서 등장하였다. ㄱ. 잊힐 권리는 개인 정보가 자신의 동의 없이 많은 사람에게 공개될 수 없도록 정보 통제 권한을 강화하는 권리이다.

---

02 인권 보장을 위한 다양한 노력

01 ⑤	02 ②	03 ③	04 ③	05 ②
06 ②	07 ①	08 ④	09 ③	10 ②
11 ③	12 ⑤	13 ②	14 ⑤	15 ①
16 ②	17 ③	18 해설 참조	19 해설 참조	20 해설 참조

01 인권 보장과 헌법의 역할 　답 ⑤

제시된 글에서 안토니오는 샤일록과의 계약을 지키지 못할 경우 살 1파운드를 주겠다고 하였다. 이는 자칫 생명을 잃게 할 수 있을 뿐만 아니라 신체의 자유와 같은 기본권을 침해하는 것이다. 현대 한국 사회에서는 헌법을 통해 인권을 보장하며, 제시된 사례와 같이 개인의 기본권을 침해하는 계약을 무효로 규정하고 있다. 따라서 제시된 계약이 성립할 수 없도록 하는 현대 사회의 장치는 헌법이라고 할 수 있다.

바사니오는 베니스의 상인 안토니오에게 자금을 빌려 달라고 부탁한다. 그러나 안토니오는 자신의 자본이 선박과 상품에 투입되어 있었기 때문에 유대인 고리대금업자인 샤일록에게 돈을 빌린다. 샤일록은 돈을 빌려 주는 대신 안토니오의 살 1파운드를 담보로 하기로 하고 계약을 맺는다.
└ 이는 자칫 생명을 잃게 할 수 있으므로 생명권을 침해하는 것이다.
→ 제시된 글은 《베니스의 상인》으로, 셰익스피어가 악독한 유대인에게 큰 빚을 진 16세기의 한 베네치아 상인에 대해 쓴 희곡이다.

02 기본권의 보장 　답 ②

안토니오는 계약을 지키지 않을 경우, 생명을 내놓는 것과 다름없는 행위를 감수해야 한다. 이는 인간의 존엄과 가치 및 생명권을 침해당한 것이라고 해석할 수 있다. ①은 자유권, ③은 청구권에 해당하는 청원권, ④는 평등권, ⑤는 사회권에 대한 설명이다.

03 헌법의 기본 원리 　답 ③

국민 투표와 민주적 선거 제도는 국민 주권의 원리에 해당한다. 국민 주권의 원리는 주권이 국민에게 있다는 원리이다.

헌법의 원리

국민 주권	주권이 국민에게 있음.
권력 분립	국가 권력을 나누어 권력 남용을 방지함.
입헌주의	통치 및 모든 공동체 생활을 헌법에 따름.
법치주의	국회에서 제정한 법률에 근거하여 국가를 운영해야 함.

04 헌법의 원리 　답 ③

입헌주의는 민주주의 국가에서 통치 및 공동체의 모든 생활이 헌법에 따라 이루어지게 하여 국민의 기본적 인권을 보장하는 것이다.

① 권력 분립의 원리를 규정하고 있지 않다.
→ 우리나라 헌법에서는 국민 주권, 권력 분립, 법치주의, 입헌주의 등의 원리를 규정하고 있고, 입법권, 행정권, 사법권의 삼권 분립과 관련된 조항이 존재한다.

② 국민 주권의 원리는 국민 투표를 통해 헌법을 개정하는 ~~것과 무관하다.~~
→ 것으로 실현된다.

④ 법치주의는 국가의 운영은 ~~대통령의 명령~~에 근거하여 수행되어야 한다는 것이다.
→ 국회에서 제정한 법률

⑤ 국민 선거에 의해 국회 의원을 결정하는 것은 ~~권력 분립의 원리~~를 실현하는 것이다.
→ 국민 주권

05 권력 분립의 정신과 그 제도 　　　답 ②

권력 분립의 정신과 관련된 것은 권력 분립 제도이다. 우리나라는 입법권은 국회에, 행정권은 정부에, 사법권은 법원에 속하게 하는 삼권 분립주의를 헌법에 규정하고 있다. 삼권 분립주의의 한 사례로, 행정부의 국정 수행이나 예산 집행 등 국정 전반에 관해 국정 감사를 할 권한은 국회에 있다.

같은 사람 또는 같은 관리 집단에 입법권과 행정권을 주었을 때 자유란 존재하지 않는다. …… 그리고 사법권이 입법권과 행정권으로부터 분리되어 있지 않은 때에도 역시 자유는 존재하지 않는다. …… 같은 사람이나 같은 집단이 이 세 가지 권력, 즉 입법권, 행정권, 사법권을 모두 행사한다면 모든 것을 잃을 것이다.　　　－ 몽테스키외, 《법의 정신》 －
→ 권력이 집중될 경우 권력 남용으로 인하여 독재가 나타나거나 국민의 기본권이 침해될 수 있음을 경고하고 있다. 이는 권력 분립의 필요성과 관련된 표현이다.

입법·행정·사법권의 분립과 견제

입법부(국회)	행정부(정부)	사법부(법원)
헌법 제40조 입법권은 국회에 속한다.	헌법 제66조 ④ 행정권은 대통령을 수반으로 하는 정부에 속한다.	헌법 제101조 ① 사법권은 법관으로 구성된 법원에 속한다.
• 행정부 견제: 국정 감사권, 탄핵 소추권 • 사법부 견제: 대법원장 임명 동의권	• 입법부 견제: 법률안 거부권 • 사법부 견제: 대법원장 임명권, 사면권	• 입법부 견제: 위헌 법률 심사 제청권 • 행정부 견제: 명령·규칙 심사권

06 헌법과 인권 보장의 관계 　　　답 ②

인권을 보장하기 위해서는 인권 침해를 막아 줄 수 있는 법과 제도가 필요한데, 국가는 최고법인 헌법을 통해 국민의 인간존엄성을 인권으로 확고히 보장하고자 한다. 따라서 유정의 설명은 옳다. 복수 정당제란 두 개 이상의 정당을 인정하는 제도로, 정당 설립의 자유를 보장하고 의견의 다양성, 정권의 평화적 교체 가능성을 보장해 국민의 정치적 견해가 정책에 잘 반영될 수 있게 한다. 따라서 수훈의 설명은 옳다.

진규: 헌법재판소의 심판과 달리 법원의 재판은 국민의 권리 구제와 관련이 없습니다.
→ 법원의 재판 역시 국민의 권리 침해 시 이를 구제하기 위한 목적으로 운영되므로 옳지 않다.

준호: 만 19세 이상 국민이면 누구나 국회 의원 선거권을 갖도록 한 것은 인권 보장과 무관합니다.
→ 민주적 선거 제도를 헌법에서 보장하여 국민의 의사와 이익을 정치에 반영하게 하고 있으므로 옳지 않다.

07 인권 보장을 위한 제도적 장치 　　　답 ①

우리 헌법에 따르면 국민은 법원의 재판이나 헌법재판소의 심판 등을 통해 침해받은 기본권을 구제받을 수 있다. 국가인권위원회와 국민권익위원회는 국민의 인권 보호를 위해 불합리한 행정 제도를 개선하고 인권 의식을 함양하는 데 노력하는 기관이다.

• ~~국가인권위원회~~에서 위헌 법률 심판을 담당하고 있다.
　헌법재판소
• ~~헌법 소원 심판~~에서는 재판 중인 사건에서 다루는 법률의 위헌
　위헌 법률 심판
여부를 판단한다.

08 인권 보장을 위한 국가 기관 　　　답 ④

헌법 소원 심판, 위헌 법률 심판을 담당하는 국가 기관은 헌법재판소이다. 헌법재판소는 위헌 법률 심판이나 헌법 소원 심판을 통해 인권을 보장하는데, 최고법인 헌법에 비추어 법률이 인권을 침해하거나 공권력이 기본권을 침해했다고 판단될 때 위헌 결정을 내린다.

09 인권 보장을 위한 국가 기관 　　　답 ③

헌법재판소의 헌법 소원 심판 사례로, 이는 헌법에 규정된 인권 보장에 관한 제도 중 기본권 구제 제도에 해당한다.

③ 국가 권력을 서로 다른 기관에 분담시켜 상호 견제와 균형을 이루게 하는 것은 권력 분립 제도에 대한 설명이다.

10 기본권의 유형 　　　답 ②

결혼 여부나 키 등 신체 조건은 비서직 업무 수행에 요구되는 자격에 해당한다고 보기 어렵다. 따라서 채용 시 혼인 여부나 용모 등의 기준을 바탕으로 하는 것은 고용에서의 차별이며, 평등하게 대우받을 권리를 침해하고 있다고 해석하는 것이 적절하다.

11 기본권의 유형 　　　답 ③

㉠은 참정권, ㉡은 사회권, ㉢은 청구권이다. ① 참정권은 선거권, 공무 담임권, 국민 투표권 등을 보장하고 있다. ② 공무 담임권은 공직을 맡을 수 있는 권리이다. ④ 청구권에는 청원권, 국가 배상 청구권, 형사 보상 청구권 등이 있다. ⑤ 우리나라 헌법은 인간의 존엄과 가치 및 행복 추구권을 바탕으로 자유권, 평등권, 참정권, 사회권, 청구권 등을 보장하고 있다.

③ 사회생활에서 불합리한 기준에 의해 차별받지 않을 권리는 평등권이다.

12 헌법에서의 기본권 보장   답 ⑤

㉠의 ○○아파트 주민들이 침해당한 권리는 '일조권'으로, 이는 헌법에 명시되어 있지는 않다. 그러나 우리 헌법은 제37조 제1항에서 "국민의 자유와 권리는 헌법에 열거되지 아니한 이유로 경시되지 아니한다."라고 규정하여 헌법에 열거되지 않은 국민의 자유와 권리도 보장하도록 하고 있다. 이에 따르면 일조권, 수면권, 건강권, 문화권 등의 새로운 권리도 광범위하게 보장되고 있다고 볼 수 있다.

13 기본권의 제한   답 ②

갑은 재산권 행사의 자유를 제한당하고 있으며, 을은 그 제한의 근거를 개발 제한 구역으로 지정된 점을 들고 있다. 이는 환경을 보호하기 위함이므로 공공복리를 목적으로 하는 기본권 제한에 해당한다고 볼 수 있다.

기본권의 제한

목적상의 한계	국가 안전 보장, 질서 유지, 공공복리의 목적
방법상의 한계	필요한 때에 한해서만 제한
형식상 한계	국회에서 제정한 법률에 근거
내용상 한계	자유와 권리의 본질적인 내용은 침해 불가능

14 기본권의 제한   답 ⑤

기본권 제한 시에도 내용상 한계에 의하여 자유와 권리의 본질적인 내용은 침해가 불가능하다.

① 조례에 근거하여 국민의 기본권을 제한할 수 있다.
    국회가 제정한 법률
② 국가 안전 보장을 이유로는 국민의 기본권을 제한할 수 없다.
    → 정부가 국가 안전 보장을 이유로 국민의 기본권을 제한하는 것은 헌법 제 37조 2항에 의하여 정당화될 수 있다.
③ 목적상의 한계에 제시된 세 가지 목적을 동시에 모두 충족해야 한다. → 기본권을 제한하려면 국가 안전 보장, 질서 유지, 공공복리라는 세 가지 목적 중 하나를 충족해야 한다.
④ 우리나라는 기본권 제한을 금지하므로, 관련 헌법 조항이 존재하지 않는다. → 우리나라 헌법 제37조 2항에는 기본권 제한의 목적상의 한계, 방법상의 한계, 형식상의 한계, 내용상 한계와 근거가 제시되어 있다.

15 준법 의식   답 ①

노래 가사에서 법이 지켜지는 세상의 장점을 노래하고 있으므로 준법을 통한 질서 유지를 강조하고 있다고 해석할 수 있다.

행복한 이 세상은 법이 지켜지는 세상   → 법의 준수를 통하여 정의가
작은 것을 지켜도 느껴지는 큰 보람   실현되고 모든 사회 구성원
      ……   이 인권을 존중받으며 행복
우리 모두가 지킬수록 기분 좋은 기본   하게 살아가는 바람직한 사
     - 윤형주, 〈지킬수록 기분 좋은 기본〉-   회를 이룰 수 있다.

→ 준법 의식 확립을 위해 법무부에서 만들어 배포한 노래이다. 법무부에서 기초 법질서 준수, 안전 법규 준수 및 범죄 예방 환경 개선 등의 분야에서 벌이고 있는 법질서 실천 운동의 일환이라고 볼 수 있다.

16 시민 참여   답 ②

시민 참여는 대의 민주주의에 따라 대표에 의해서 정책 결정이 이루어지는 오늘날 시민의 의사를 정책에 제대로 반영하고, 권리를 지키는 방법이다. 시민 참여의 유형으로는 선거, 이익 집단 활동, 시민 단체 활동, 국가 기관이나 언론 및 인터넷 게시판 등에의 의견 표현 등을 통한 청원 운동, 자원봉사 활동, 1인 시위 등으로 다양하다.

ㄱ. 직접 민주주의를 보완하기 위한 수단이다.
    대의 민주주의
ㄴ. 사익을 추구하기 위한 이익 단체 활동은 포함될 수 없다.
    → 사익을 추구하더라도 이익 단체 활동을 통해 국민의 기본권을 보장하고 국가 권력 남용을 방지할 수 있으므로 시민 참여에 포함한다.

17 시민 불복종   답 ③

현행법상 위법 행위에 따르는 처벌을 감수하는 동시에, 정의를 추구함을 강조하므로 시민 불복종의 정당화 조건 중 처벌 감수와 공익성에 해당한다.

시민 불복종의 정당화 조건

공익성(공공성)	사회 정의 실현을 목표로 함.
비폭력성	목적 달성을 위한 폭력적인 행위는 금지함.
처벌 감수	현행법상 위법 행위로 인하여 따르는 처벌을 받아들이고서라도 참여할 의사가 있음.
최후의 수단	다른 모든 합법적인 수단을 동원해도 부당한 권력 행사가 해결되지 않을 때, 마지막으로 사용하는 수단임.

서술형 문제

18 준법 의식

모범 답안 | 준법 의식, 준법 의식은 공동체의 질서를 유지하여 사회 정의를 실현하기 위해 필요하다. 또한 개인의 권리와 이익을 보호하고 인권을 보장하기 위해 필요하다.

주요 단어 | 준법 의식, 정의, 인권

채점 기준	배점
준법 의식임을 밝히고, 사회 정의 실현과 구성원의 인권 보장의 두 가지를 모두 서술한 경우	상
준법 의식임을 밝히고, 사회 정의 실현과 구성원의 인권 보장 중 한 가지만 서술한 경우	하

19 권력 분립 제도

모범 답안 | 권력 분립 제도는 국가 권력이 어느 한 기관에 집중되는 것을 막아 국민의 인권(기본권)을 보장하기 위해 마련된 헌법상의 제도적 장치이다.

채점 기준	배점
권력 분립 제도를 밝히고, 권력의 집중과 남용을 막아 국민의 인권(기본권)을 보장하기 위함을 모두 정확하게 서술한 경우	상
권력 분립 제도를 밝히고, 권력의 집중과 남용을 막아 국민의 인권(기본권)을 보장하기 위함 중 일부만 서술한 경우	하

20 기본권 침해 시 구제 방법

모범 답안 | (1) 평등권

(2) 헌법 소원 심판이다. 이는 공권력이나 헌법에 위배되는 법률 때문에 헌법상 보장된 국민의 기본권을 국가 기관이 부당하게 침해하였는지를 심판하는 것이다. 기본권을 침해받은 국민은 헌법 소원을 통해 헌법재판소에 그의 권리를 구제해 주도록 청구할 수 있다.

주요 단어 | 헌법 소원 심판, 국가 기관, 기본권 침해, 헌법재판소

채점 기준	배점
헌법 소원 심판임을 밝히고, 그것이 국가 기관의 기본권 침해와 관련하여 헌법재판소에서 내리는 판결이라는 의미를 구체적으로 서술한 경우	상
국가 기관의 기본권 침해와 관련하여 헌법재판소에서 내리는 판결이라는 내용의 일부만 서술한 경우	하

1등급 완성하기
p. 96 ~ p. 97

01 ④　　02 ②　　03 ③　　04 ③　　05 ⑤
06 ③　　07 ⑤　　08 ②

01 인권과 헌법의 관계
답 ④

㉠은 인권, ㉡은 헌법이다. (나)는 헌법 제10조로, 모든 국민이 인간으로서의 존엄과 가치, 행복을 추구할 권리를 가지며, 국가는 이러한 기본적 인권을 보장할 의무를 짐을 명시하고 있다. 즉, 헌법(㉡)은 인권(㉠)을 보장하기 위해서 제도적으로 구현하고자 한 노력의 결과물이다. 이처럼 인권을 더욱 확실히 보장하기 위해서는 법과 제도가 뒷받침되어야 하며 국가는 최고법인 헌법(㉡)에 인권 관련 규정을 명시함으로써 헌법이 국민의 인권(㉠)을 지켜 주는 마지막 보호막의 역할을 하게 한다.

정답을 찾아가는 Self - Tip

ㄱ. ㉠은 ㉡에 명시될 때에만 보장될 수 있다.
→ 인권은 헌법을 통해 더욱 확실히 보장될 수 있으나, 헌법에 규정되기 이전에 태어나면서부터 누구에게나 보장되는 권리이다.

ㄷ. (가)와 달리, (나)에는 국가의 책무에 관한 내용이 나타나 있지 않다.
→ (나)에서는 '국가는 개인이 가지는 불가침의 기본적 인권을 확인하고 이를 보장할 의무를 진다.'라는 규정을 통해 인권 보장을 국가의 의무로 명시하고 있다.

02 헌법의 원리
답 ②

(가)는 법치주의, (나)는 국민 주권의 원리이다. (가)와 (나) 모두 국민의 의사를 존중하여 인권을 보장하려는 목적에 따르고 있다. 법치주의의 원리는 국가의 운영을 법률에 근거하여 수행하는 민주 정치의 원리로서, 국가 권력을 법에 구속함으로써 국민의 인권을 보장한다. 국민 주권의 원리는 주권이 국민에게 있다는 원리이다. 이는 국민 투표를 통해 헌법을 개정하거나 국민 선거에 의해 대통령과 국회 의원을 결정하는 것 등 민주적 선거 제도를 통해 실현된다. 이로써 국민은 자신의 의사와 이익을 정치에 반영할 수 있다.

정답을 찾아가는 Self - Tip

을: (가)에서의 법률은 ~~행정부가 제정한 규칙~~을 의미합니다.
　　(국회가 제정한 법률)
정: 국민 투표를 통해 헌법을 개정하는 활동은 (가)에 따른 것으로 (나)와는 관련이 없습니다.
→ (나)의 국민 주권 원리를 실현하는 활동에 해당한다.

03 권력 분립의 원리
답 ③

C에서 B에게 법률안 거부권을 행사하므로 C는 행정부이고, B는 입법부이다. 나머지 하나인 A는 사법부이다. 이러한 권력 분립 제도는 상호 견제를 통해 국민의 기본권을 보장하기 위한 것이다. A는 위헌 법률 심사 제청권을 통해 B를 견제할 수 있다.

정답을 찾아가는 Self - Tip

ㄴ. B는 C를 견제하기 위하여 대법원장 임명권을 행사할 수 있다.
→ C가 A를 견제하기 위한 수단이 대법원장 임명권과 사면권이다. B가 C를 견제하기 위한 수단은 국정 감사권, 탄핵 소추권이다.

ㄷ. C는 국정 감사권과 탄핵 소추권을 바탕으로 A와 B를 견제할 수 있다.
→ 국정 감사권과 탄핵 소추권은 C가 아닌 B가 가진 권한에 해당하며, B가 C를 견제하기 위한 수단이다.

자료를 분석하는 Self - Tip

우리나라 국가 기관 간의 견제와 균형

입법부(국회)	행정부(정부)	사법부(법원)
• 국정 감사권 행정부의 활동을 조사할 수 있는 권한 • 탄핵 소추권 고위 공직자의 파면을 신청하는 권한 • 대법원장 임명 동의권 대법원의 최고 직위인 대법원장의 임명에 동의하는 권한	• 법률안 거부권 입법부에서 의결된 법률안을 대통령이 거부하여 재의결할 것을 요구하는 권한 • 대법원장 임명권 대법원을 구성하는 대법관을 임명하는 권한 • 사면권 법원이 내린 형벌을 면죄해 주는 권한	• 위헌 법률 심사 제청권 법원이 법률의 헌법 위배 여부 심사를 헌법재판소에 요청할 수 있는 권한 • 명령·규칙 심사권 행정부에서 제정한 명령, 지방 자치 단체의 장이 제정한 규칙이 헌법에 위배되는지 여부를 심사하는 권한

→ 우리나라는 권력 분립의 원리에 따라 정부를 구성한다. 국가 권력이 한곳에 집중되면 독재가 나타나기 쉬워 국민의 자유와 권리를 보장하기 어렵기 때문이다.

04 기본권 침해 시 구제 방법
답 ③

갑은 인종과 피부색을 이유로 한 목욕탕 출입 금지가 차별에 해당한다고 보고, 국가 인권 위원회에 진정하여 구제를 요청할 수 있다. 또한 모든 국민에게는 청구권의 일종인 청원권이 있으므로 갑은 인종 차별을 금지하는 법률 제정을 국회에 청원할 수 있다.

정답을 찾아가는 Self - Tip

ㄱ. 질서 유지를 위하여 기본권이 제한될 수 있음을 인식한다.
→ 기본권은 국가 안전 보장·질서 유지 또는 공공복리를 위하여 제한될 수 있지만, 제시된 사례에서 갑이 당한 기본권의 침해는 이런 목적에 근거한 것이라고 볼 수 없다.

ㄴ. 을의 기본권 침해 행위를 대상으로 헌법 소원 심판을 청구한다.
→ 헌법 소원은 국가 공권력에 의해 기본권이 침해되었을 경우에 헌법재판소에 최종적으로 그 구제를 청구하는 방식이다. 갑은 을에 의해 기본권을 침해당했지만 을이 국가가 아니라 개인이므로 헌법 소원 심판을 청구할 수 없다.

05 사회권과 국민 주권의 원리 답 ⑤

(가)는 복지 국가의 원리로, 사회권의 보장과 관련된 내용이며, (나)는 국민 주권의 원리와 관련된 내용이다. 사회권은 모든 국민의 인간다운 삶을 보장하기 위한 권리로서 현대 복지 국가의 이념 등장과 함께 중시되었으며 국가에 대하여 인간다운 생활의 보장을 요구할 수 있는 적극적인 권리이다. 교육을 받을 권리, 근로의 권리, 사회 보장을 받을 권리, 쾌적한 환경에서 살 권리 등이 대표적이다. 한편 국민 주권의 원리는 주권이 국민에게 있다는 원리로, 국민 투표를 통해 헌법을 개정하거나 국민 선거에 의하여 대통령과 국회 의원을 결정하는 것 등으로 실현된다.

06 기본권의 보장 답 ③

갑은 자유권, 을은 사회권을 강조하고 있다. ㄷ. 우리나라 헌법에는 자유권, 평등권, 참정권, 사회권, 청구권 등 여러 기본권을 명시하고 있다. 이는 추상적인 인권의 내용을 구체적으로 규정하여 국민의 인권을 실질적으로 보장하기 위함이다. ㄹ. 자유권은 국가권력의 간섭이나 침해를 받지 않고 자유로운 생활을 누릴 권리이므로 국가의 개입에 소극적인 입장이다. 반면 사회권은 국가가 국민의 인간다운 생활의 보장을 위해 적극 나설 것을 요구하므로 국가의 개입에 비교적 적극적인 입장이다.

정답을 찾아가는 Self - Tip

ㄱ. 갑이 주장하는 기본권은 청구권적 기본권에 해당한다.
→ 갑이 주장하는 기본권은 자유권적 기본권이다.

ㄴ. 을은 갑과 달리 국민의 종교적 자유 보장을 강조할 것이다.
→ 을은 사회권을 강조하고 있으므로 갑에 비하여 국민의 종교적 자유 보장을 강조한다고 보기 어렵다.

07 시민 참여 답 ⑤

(가)는 준법 의식, (나)는 시민 참여이다. 투표 참여, 이익 단체 활동은 모두 시민 참여와 관련이 있다.

정답을 찾아가는 Self - Tip

① (가)는 민주주의 사회에서 ~~지양되어야~~ 할 가치이다.
추구해야
② (가), (나)는 사회 변화에 큰 영향을 미치지 못한다.
→ 준법 의식을 통해 법을 지킬 때 구성원이 행복해지고 사회 질서를 유지할 수 있다. 시민 참여는 구성원의 권리를 존중하여 정의로운 사회를 만들 수 있다.

③ (가)와 달리 (나)는 시민의 인권 보장과 관련이 없다.
→ (가)와 (나) 모두 시민의 인권을 보장하는 데 이바지한다.

④ 정의로운 사회 실현을 위해서는 ~~(나)와 달리 (가)~~가 요구된다.
(가)와 (나) 모두

08 시민 불복종 답 ②

시민 불복종은 국가의 법이나 정책을 거부하는 것으로 신중하게 전개하여 사회 질서가 무너지지 않게 해야 한다. 이를 위해 비폭력적인 방법을 써야 하며 최후의 수단으로 시행해야 한다.

정답을 찾아가는 Self - Tip

ㄴ. 사익 추구를 위한 행위라도 정당화될 수 있다.
→ 시민 불복종의 정당화 조건은 공익 추구이다.

ㄷ. 현행법이 정의롭지 않다면, 이러한 행위에 따른 처벌을 거부하여야 한다.
→ 현행법이 정의롭지 않다고 해도 시민 불복종이 현행법상 위법 행위라면 그 처벌을 받아들임으로써 기본적으로 법을 존중해야 한다.

03 국내외 인권 문제와 해결 방안

01 사회적 소수자 답 ①

사회적 소수자는 단순히 수가 적은 사람들이 아니라 약자의 위치에 있는 사람들을 의미한다. 즉, 주류 집단에 비해 그들이 가진 영향력으로 구분된다.

내 것으로 만드는 Self - Tip

사회적 소수자
- 신체적 또는 문화적 특징 때문에 사회의 다른 구성원에게 차별받기 쉬우며, 차별받는 집단에 속해 있다는 의식을 가진 사람들의 집단
- 대표적인 사회적 소수자: 장애인, 이주 외국인(외국인 노동자, 결혼 이민자), 노인, 여성, 북한 이탈 주민, 비정규 노동자 등

02 다문화 가정의 인권 보장 답 ②

제시문은 오늘날 우리 사회가 다문화 사회로 진입하면서 다문화 가정의 자녀와 같은 사회적 소수자가 늘어나고 있고, 또한 이들이 학교생활이나 사회에의 적응 등에 어려움을 겪고 있음을 보여 주고 있다. 이들이 경험하는 차별을 해결하기 위해 사회 구성원 모두의 노력이 필요하다. 개인은 사회적 소수자에 대한 편견을 극복하는 한편, 자신은 물론 타인의 인권 문제에 관심을 두고 이를 해결하고자 노력해야 한다. 사회적 차원에서 사회적 소수자의 인권을 보장하려면, 이들에 대한 차별을 금지하는 법과 불평등을 해소하는 제도를 도입해야 한다.

정답을 찾아가는 Self - Tip

ㄴ. 다문화 사회 속에서 우리 문화의 정체성을 더욱 강화한다.
→ 다문화 가정 자녀의 인권 문제를 해결하기 위해서는 우리 문화의 정체성을 더욱 강화하기보다 다른 민족과 문화를 수용하는 자세를 가져야 한다.

ㄷ. 문화 다양성을 존중하기보다 문화 동질성을 형성하기 위해 노력한다.
→ 다문화 가정 자녀의 인권 문제를 해결하기 위해서는 서로 다른 문화의 다양성을 이해하고 존중하는 태도가 필요하다.

03 사회적 소수자를 위한 사회적 지원 답 ④

제시된 자료에 나타난 두 제도는 각각 결혼 이민자, 교통 약자를 배려하는 사회적 지원의 사례이다. 사회적 소수자는 불합리한 법·제도와 사회 구성원들의 편견으로 차별을 겪는다.

정답을 찾아가는 Self - Tip

ㄱ. 노동권의 침해를 막기 위한 정책이다.
→ 제시된 자료의 제도들은 사회적 소수자를 배려하기 위한 사회적 지원이다.

ㄷ. 소외된 지역의 열악한 생활 여건을 개선하기 위한 제도이다.
→ 제시된 자료의 제도들을 모두 포함하는 설명은 아니다.

내 것으로 만드는 Self - Tip

사회적 소수자를 위한 사회적 지원
- 장애인 차별 금지 및 권리 구제 등에 관한 법률
- 외국인 근로자의 고용 등에 관한 법률
- 장애인 생활 도우미 제도
- 결혼 이민자를 위한 문화 지원 프로그램
- 교통 약자를 위한 저상 버스

04 청소년 노동권 답 ③

근로 기준법 제67조(근로 계약)에 의거, 친권자나 후견인은 미성년자의 근로 계약을 대리할 수 없다.

내 것으로 만드는 Self - Tip

청소년이 알아야 할 〈근로 기준법〉
- 제67조(근로 계약)
  ① 친권자나 후견인은 미성년자의 근로 계약을 대리할 수 없다.
  ② 친권자, 후견인 또는 고용노동부 장관은 근로 계약이 미성년자에게 불리하다고 인정하는 경우에는 이를 해지할 수 있다.
  ③ 사용자는 18세 미만인 자와 근로 계약을 체결하는 경우에는 제17조에 따른 근로 조건을 서면으로 명시하여 교부하여야 한다.
- 제68조(임금의 청구)
  미성년자는 독자적으로 임금을 청구할 수 있다.

05 청소년 아르바이트 십계명 답 ③

㉠은 15, ㉡은 7, ㉢은 35, ㉣은 15이다. 따라서 A는 42이다.

내 것으로 만드는 Self - Tip

청소년 아르바이트 십계명
① 만 15세 이상 청소년만 근로가 가능해요.
② 부모님의 동의서와 나이를 알 수 있는 증명서가 필요해요.
③ 근로 계약서를 반드시 작성해야 해요.
④ 청소년도 성인과 동일한 최저 임금을 적용받아요.
⑤ 하루 7시간, 일주일에 35시간을 초과하여 일할 수 없어요.
⑥ 휴일에 일하거나 초과 근무를 했을 때는 50%의 가산 임금을 받을 수 있어요.
⑦ 일주일을 개근하고 15시간 이상 일을 하면 하루의 유급 휴일을 받을 수 있어요.
⑧ 청소년은 위험한 일이나 유해 업종의 일은 할 수 없어요.
⑨ 일을 하다 다치면 산재 보험으로 치료와 보상을 받을 수 있어요.
⑩ 상담은 청소년 근로권익센터의 1644-3119로 전화하세요.
　　　　　　　　　　　　– 고용노동부, 《청소년 알바 십계명》 –

06 청소년 노동권 답 ④

손△△는 17세 이므로 15세 이상 18세 미만인 연소 근로자에 속한다. 따라서 〈근로 기준법〉에 따라 주의 깊게 근로 계약을 체결해야 한다. 성인의 1일 근로 시간이 8시간인 것과 달리 18세 미만인 자는 휴게 시간을 제외하고 1일 7시간을 초과하지 못한다. 단, 당사자 사이의 합의에 따라 1일에 1시간, 1주일에 5시간을 한도로 연장할 수 있다. 또한, 사용자는 반드시 근로자에게 직접(현금 또는 통장 입금) 임금을 주어야 한다.

자료를 분석하는 Self - Tip

한○○ (이하 "사업주"라 함)과 손△△(17세) (이하 "근로자"라 함)은 다음과 같이 근로 계약을 체결한다.
1. 계약 기간: 20□□년 1월 1일~20□□년 12월 31일
2. 근무 장소: ㉠ □□ 피자 가게
   → 청소년이 일할 수 있는 곳이다.
3. 업무 내용: ㉡ 피자 판매와 청소 및 정리
   → 청소년이 할 수 있는 일이다.
4. 근로 시간: ㉢ 오전 10시부터 오후 8시까지
   → 휴게 시간을 제외하고도 근로 시간이 9시간이므로 근로 기준법에 어긋난다.
   　　　　　휴게 시간(12시 ~ 13시)
5. 근무일/휴일: 매주 6일 근무, 유급 휴일 매주 월요일
6. 임금: ㉣ 부모님 명의의 통장에 입금
   → 사용자는 반드시 근로자에게 직접(현금 또는 통장 입금) 임금을 주어야 한다.
7. 가족 관계 증명서 및 동의서
   - ㉤ 나이를 알 수 있는 증명서 제출 여부: ○
   → 청소년이 일할 때에는 나이를 알 수 있는 증명서가 필요하다.
   - 친권자 또는 후견인의 동의서 구비 여부: ○

07 세계 인권 문제의 대표적 사례 답 ③

제시문은 대표적인 세계 인권 문제를 제시하고 있다.

정답을 찾아가는 Self - Tip

ㄴ. ㉡은 특정 인종에 대한 적대감을 드러내는 배타주의이다.
　→ ㄴ은 인종 차별에 관한 설명이다. ㉡은 여성 차별 및 학대 문제로, 여성 차별 및 학대 문제는 남녀 간 임금 격차나 승진, 교육 기회나 정치 참여 등에서 남녀를 차별하는 문제를 말한다.
ㄷ. ㉢의 아동은 국제적으로 19세 미만의 모든 사람으로 규정하고 있다.
　→ 국제 연합(UN)과 국제 노동 기구(ILO)는 18세 미만의 모든 사람을 '아동'으로 규정하고 있다.

08 세계 인권 문제 답 ⑤

국가나 지역별로 인권이 보장되는 양상은 차이가 난다. 빈곤, 성차별, 아동 노동 등 세계 인권 문제를 해결하기 위해서는 세계 시민 의식에서 나오는 책임 의식을 바탕으로 인권 문제를 해결하고자 노력해야 한다.

정답을 찾아가는 Self - Tip

ㄱ. ㉠이 국가나 지역별로 나타나는 양상에는 차이가 ~~없다.~~
　　　　　　　　　　　　　　　　　　　　　　　난다
ㄴ. ㉠을 해결하기 위해서는 자국민의 인권 보장만을 우선시하여야 한다.
　→ 세계 인권 문제를 해결하기 위해서는 자국민의 인권 보장뿐만 아니라 세계 시민의 차원에서 노력해야 한다.

09 성 격차 지수 답 ①

제시된 자료는 세계 경제 포럼(WEF)이 매년 각국의 경제, 정치, 교육, 건강 분야에서 성별 격차를 측정하여 발표하는 성 격차 지수이다. 성 격차 지수가 1이면 완전 평등, 0이면 완전 불평등을 의미한다. 자료에서 색이 짙을수록 양성평등이 실현된 국가이며, 이 자료를 통해 세계 각국의 여성에 대한 사회적 차별의 정도를 파악할 수 있다.

ㄷ. 영양실조 상태인 인구 비율, 5세 이하의 급성·만성 영양 결핍 등을 기준으로 측정한다.
→ 세계 기아 지수에 관한 설명이다.

ㄹ. 자료에서 유럽 및 북미 지역의 성 격차 지수는 서남아시아 지역의 성 격차 지수보다 ~~낮다.~~ 높다

10 사회적 소수자를 위한 지원

모범 답안 | (1) 사회적 소수자

(2) 장애인 차별 금지 및 권리 구제 등에 관한 법률, 외국인 근로자의 고용 등에 관한 법률, 결혼 이민자를 위한 문화 지원 프로그램, 장애인 생활 도우미 제도, 교통 약자를 위한 저상 버스 등이 있다.

채점 기준	배점
사회적 소수자를 위한 법률과 제도를 두 가지 이상 서술한 경우	상
사회적 소수자를 위한 법률과 제도를 한 가지만 서술한 경우	하

11 청소년 아르바이트에서의 인권 침해

(1) **모범 답안** | 청소년이 사회에 부정적인 인식을 가질 수 있으며, 건전한 가치관 형성에도 나쁜 영향을 미칠 수 있다.

채점 기준	배점
청소년 노동권 침해의 문제점을 두 가지 서술한 경우	상
청소년 노동권 침해의 문제점을 한 가지만 서술한 경우	하

(2) **모범 답안** | 고용주는 청소년이 일하면서 보장받아야 할 권리를 보호하며 관련 법규를 준수하는 한편, 청소년은 노동권에 관한 지식을 갖추고, 부당한 대우 시 적극적인 자세로 대처해야 한다. 사회적 차원에서도 청소년 노동 관련 법률이나 제도를 보완하여 청소년이 노동과 관련해서 인권 침해를 당하지 않도록 법적인 보호가 이루어져야 한다.

주요 단어 | 권리 보호, 법규 준수, 노동권에 관한 지식, 법률 및 제도 보완

채점 기준	배점
고용주, 청소년, 사회적 차원의 해결 방안을 모두 서술한 경우	상
고용주, 청소년, 사회적 차원의 해결 방안 중 일부를 서술한 경우	하

01 ④   **02** ③   **03** ④   **04** ③

01 사회적 소수자 차별에 대한 사회적 차원의 해결 방안 　**답** ④

이주 외국인들은 언어 소통 문제, 문화적 차이, 차별 대우 등으로 어려움을 겪고 있으므로, 언어 교육, 이주자 문화 서비스, 불법 고용 대책 지원 등의 노력이 필요하다.

ㄴ. 모둠2: 전통적인 단일 민족주의 문화를 계승하는 노력이 필요합니다.
→ 이주 외국인의 인권 문제를 해결하기 위해서는 전통적인 단일 문화를 계승하려는 노력보다 다른 민족과 문화를 수용하는 자세를 가져야 한다.

02 사회적 소수자를 위한 사회적 지원 　**답** ③

(가)는 사회적 소수자들을 위한 사회적 지원들이다. (가)의 제도를 지지하는 사람은 사회적 소수자에게 차별에 대한 보상을 제공해야 한다고 생각하며, 차별 금지법과 같은 지원책이 규정된 법률이 필요하다고 여긴다.

03 청소년 노동권 　**답** ④

갑과 을은 15세 이상 18세 미만인 자(연소 근로자)에 해당한다. 연소 근로자의 임금은 최저 임금법에 따라 성인과 동일한 최저 임금을 적용 받으며 독자적으로 임금을 청구할 수 있다. 또한, 연소 근로자의 연장 근무는 1일 1시간, 1주 5시간 한도로만 가능하나.

ㄱ. 갑은 을과 달리 최저 임금법을 적용받지 못한다.
→ 갑과 을은 15세 이상 18세 미만인 자(연소 근로자)에 해당한다. 연소 근로자의 임금은 최저 임금법에 따라 성인과 동일한 최저 임금을 적용받는다.

ㄷ. 을의 경우 ⓒ은 1일 1시간, 1주 7시간 이내에서만 가능하다.
→ 연소 근로자의 근로 시간은 원칙적으로 1일 7시간, 1주 35시간을 초과하여 근무할 수 없지만, 당사자의 합의에 따라 1일 1시간, 1주 5시간을 한도로 연장할 수 있다.

04 세계 인권 문제의 해결 방안 　**답** ③

제시문은 세계 인권 문제의 해결 방안을 개인적 측면과 사회적 측면으로 나누어 설명하고 있다.

〈서술형 평가〉

◎ 문제: 세계 인권 문제의 해결 방안에 대해 서술하시오.

◎ 학생 답안

세계 인권 문제를 해결 방안은 다음과 같다. 우선, 개인적 차원에서는 ㉠ 세계 시민 의식을 가져야 한다. 또한, ㉡ 인권 문제를 해결하는 과정에서 책임 의식을 가져야 한다. 한편, 한 국가 내에서 일어나는 인권 문제는 ㉢ 개별 국가가 해결해야 하는 문제이므로 국제적 연대가 필요하지 않다.
→ 인권 문제는 개별 국가만의 의지나 노력으로 해결하기 어려울 수 있으므로 국제 사회가 함께 노력하고 협력해야 한다.

사회적 차원에서는 ㉣ 국제기구나 비정부 기구의 지원이 필요하며, 필요한 경우 ㉤ 국제적으로 여론을 조성하거나 국제법에 근거하여 제재할 수도 있다.

Ⅴ. 시장 경제와 금융

자본주의의 전개와 합리적 선택

01 자본주의의 특징 　답 ④

자본주의란 사유 재산 제도를 바탕으로 시장에서 자유로운 경쟁을 통해 상품의 생산, 교환, 분배, 소비가 이루어지는 경제 체제이다. 자본주의의 특징으로는 사유 재산권이 법적으로 보장되며, 경제 활동의 자유를 보장하여 사적 이익을 추구할 수 있다. 또한 시장 가격에 따라 자원이 분배된다.

정답을 찾아가는 Self - Tip

ㄱ. 사유 재산 제도를 ~~부정한다.~~
　　　　　　　　　　인정
ㄷ. ~~정부와 계획에~~ 따라 상품의 거래가 이루진다.
　시장에서 결정된 가격

02 자본주의 의미와 특징 　답 ②

우리나라는 자본주의 경제 체제를 갖고 있다. 자본주의는 시장에서 형성된 가격에 따라 상품의 거래가 이루어지는 등 시장 가격을 통해 자원이 분배된다. 이러한 시장의 기능이 효율적인 자원 배분을 돕는다고 보며, 시장에서 자유롭게 경쟁하며 자신의 경제적 이익을 추구하는 과정에서 사회 전체의 부도 증가한다고 본다. 따라서 자본주의 체제에서는 개인의 경제 행위에 대한 책임을 국가가 아니라 개인이 져야 한다.

내 것으로 만드는 Self - Tip

자본주의의 특징
• 사유 재산권 보장
• 시장 가격에 따라 자원 배분
• 경제 활동의 자유 보장

03 수정 자본주의의 특징 　답 ②

1929년 미국에서 시작된 대공황으로 미국의 수많은 은행과 공장이 문을 닫고 실업자가 넘쳐나자, 국가기 적극적으로 시장에 개입하여 시장 실패를 해결해야 한다는 케인스의 수정 자본주의 이론이 힘을 얻게 되었다. 이러한 케인스의 주장은 대규모 공공사업으로 구매력을 높이려는 정부 정책을 뒷받침하였다. 그러나 수정 자본주의가 정부의 적극적인 개입을 주장한다고 해서 개인의 이익보다 사회 전체의 이익을 중시하는 것은 아니며, 다만 민간 부분에 공공 부문이 공존하는 혼합의 형태가 되었다고 이해해야 한다.

04 산업 자본주의 시대의 특징 　답 ⑤

제시문은 애덤 스미스의 《국부론》에 드러나 있는 자유방임주의 사상을 보여 준다. 애덤 스미스는 산업 자본주의 시대에 '보이지 않는 손'의 역할을 강조하면서 국가의 간섭을 배제하고 경제 활동의 자유를 보장해야 한다고 주장하였다.

정답을 찾아가는 Self - Tip

① 국가가 시장에 적극 개입하였다.
　→ 산업 자본주의는 자유방임주의를 근거로 국가의 시장 개입을 최소화하는 작은 정부를 추구하였다.
② 중상주의 정책에 힘입어 발전하였다.
　→ 절대 왕정 시기에 중상주의 정책에 힘입어 발전한 자본주의 사회는 상업 자본주의이다.
③ 시장의 한계를 보완하고자 등장하였다.
　→ 수정 자본주의에 대한 설명이다.
④ 복지 축소와 공기업의 민영화를 주장하였다.
　→ 신자유주의에 대한 설명이다.

05 신자유주의의 특징 　답 ⑤

1970년대 두 차례의 석유 파동 이후 전 세계적으로 경기 침체와 동시에 물가가 상승하는 스태그플레이션이 발생하면서 정부의 시장 개입을 비판하고 경제 활동의 자유를 주장하는 신자유주의가 힘을 얻었다. 신자유주의는 정부의 시장 개입이 비효율성을 낳는다고 보아 정부의 역할을 줄이고 시장의 기능을 중시한다. 구체적인 내용으로는 기업에 대한 세금 감면, 노동 시장의 유연성 강화, 공기업의 민영화를 들 수 있다.

정답을 찾아가는 Self - Tip

ㄱ. 국가가 적극적으로 시장에 개입하여 시장 실패를 해결하였다.
　→ 신자유주의는 정부가 시장에 개입하는 것이 비효율성이나 부패를 낳아 효율적인 자원 배분을 저해한다고 주장하였다.
ㄴ. 소수 기업이 시장에 대한 지배력을 행사하면서 경쟁이 제한되었다.
　→ 독점 자본주의 시기에 나타난 현상이다.

06 자본주의의 역사적 전개 과정 　답 ③

그림과 같이 자본주의의 역사적 전개 과정을 크게 네 단계로 구분해 보자면 (가)의 상업 자본주의, (나)의 산업 자본주의, (다)의 수정 자본주의, (라)의 신자유주의 시기로 나누어 볼 수 있다. 산업 자본주의 시기에 소비자의 구매력 하락 및 과잉 생산에 따른 과도한 경쟁으로 다수의 산업 자본이 몰락하고 소수의 대자본에 의한 독과점이 등장하게 되었다. 이에 따라 시장에서 자유로운 경쟁이 줄어들고 자원이 효율적으로 배분되지 못하는 시장 실패가 나타났다. 이러한 상황에서 1929년 대공황을 계기로 정부가 적극적으로 시장에 개입하여 시장 실패를 해결해야 한다는 케인스의 수정 자본수의 이론이 힘을 얻게 되었다.

정답을 찾아가는 Self - Tip

ㄱ. (가) 시기에는 개인의 경제적 자유를 최대한 보장할 때 사회 전체의 이익도 커진다고 보았다.
　→ 산업 자본주의의 내용이다.
ㄹ. (라) 시기에 복지를 확대하고 노동 시장의 유연성을 강화하였다.
　→ (라) 시기에는 복지를 축소하였다.

자본주의의 역사적 전개 과정

상업 자본주의	상품의 유통 과정에서 이윤 추구
⇩	
산업 자본주의	애덤 스미스의 자유방임주의를 근거로 정부의 시장 개입을 최소화하는 작은 정부 추구
⇩	
독점 자본주의	자원 배분이 효율적으로 이루어지지 않는 시장 실패가 나타남.
⇩	
수정 자본주의	시장 경제의 문제점을 보완하기 위해 정부가 시장에 개입하는 큰 정부 추구
⇩	
신자유주의	정부의 개입을 축소하고 시장의 기능 강조

07 자본주의와 정부의 시장 개입   답 ③

소비자 보호와 공정 거래를 위한 정부 규제에 대해 갑은 찬성 의견을, 을은 반대 의견을 제시하고 있다. 갑과 을은 시장의 기능과 정부의 역할에 대해 각각 다른 견해를 가지고 있다. 갑은 자본주의가 추구하는 시장에서의 자유 경쟁이 소수의 영향력으로 인하여 제한되는 상황을 근거로 하여 정부의 시장 개입이 필요하다는 입장이다. 을은 자본주의 사회에서 시장과 경쟁의 자유가 사회 발전의 필수 요소이므로 정부의 시장 개입을 배제해야 한다는 입장을 보이고 있다. 즉, 갑은 공공의 이익을 위해 정부의 개입이 정당화될 수 있다고 보고 있으므로 시장 실패의 가능성을 강조하며, 을은 시장에 의한 자원 배분이 바람직하다고 보고 있으므로 정부 실패의 가능성을 강조할 것이다.

③ 갑은 큰 정부를, 을은 작은 정부를 추구하고 있다.

08 합리적 선택을 위해 고려해야 할 것들   답 ②

(가)는 매몰 비용, (나)는 편익, (다)는 기회비용이다. 합리적 선택을 위해서는 비용과 편익을 분석하여 비용보다 편익이 큰 것을 선택해야 한다. 또한 매몰 비용을 고려해서는 안 된다.

ㄴ. 어떠한 선택을 할 때 포기한 대안들 중 (나)가 가장 작은 것을 선택하는 것이 합리적 선택이다.
　　　　　　　　　　　　　　　　　(다)
ㄹ. 어떤 선택을 하는 순간 모든 사람에게 (다)는 같다.
　　→ 같은 선택을 하더라도 그에 대한 기회비용은 사람마다 다를 수 있다.

합리적 선택의 방법
• 비용과 편익을 비교하여 비용보다 편익이 더 큰 쪽을 선택
• 매몰 비용은 고려하지 않을 것
• 합리적 선택을 위한 의사 결정 단계 활용: 문제 인식 → 선택 기준의 결정 → 정보 수집 → 대안 평가 → 최종 선택 및 실행

09 합리적 선택과 기회비용   답 ②

갑은 A 대학교와 B 회사에 모두 합격하여 어디로 갈 것인지 고민하고 있다. 이때 비용과 편익을 고려하여 합리적 선택을 할 수 있는데, 갑은 대학 진학을 선택했다. 갑의 대학 진학에 따른 기회비용은 학비 2,000만 원(명시적 비용)과 교재비 200만 원(명시적 비용), 회사에 들어갔을 때 4년 동안 얻을 소득 4,000만 원(암묵적 비용)을 모두 더해야 한다. 즉, 갑의 대학 진학에 따른 기회비용은 6,200만 원이다.

① 갑의 대학 진학에 따른 기회비용은 ~~2,000만 원~~이다.
　　　　　　　　　　　　　　　　　6,200만 원
③ ⓛ은 ~~암묵적 비용~~에 해당한다.
　　　　　　명시적 비용
④ ⓒ은 ~~매몰 비용~~에 해당한다.
　　　　　　암묵적 비용
⑤ 갑은 대학 진학에 따른 편익이 ⊙과 ⓒ의 합보다 크다고 판단하였다.
　　　　　　　　　　　　⊙+ⓛ+ⓒ

기회비용
• 의미: 어떤 선택을 통해 얻게 되는 만족이나 이득으로, 금전적·비금전적인 것을 포함함.
• 유형: 선택한 대안을 위해 지출하는 명시적 비용, 선택을 위해 포기한 대안이 갖는 가치인 암묵적 비용

10 합리적 선택의 방법   답 ①

합리적 선택을 하기 위해서는 비용과 편익을 고려하여 비용보다 편익이 큰 쪽을 선택해야 하며, 매몰 비용을 고려하지 않아야 한다. 기정이와 준서는 등산을 가장 좋아하므로, 등산에 따른 편익이 가장 높다고 할 수 있다. 따라서 편익이 가장 높은 등산을 선택했으므로 등산을 하기로 결정한 것은 합리적 선택이다. 예약한 실내 암벽 등반장의 예약금 2만 원은 매몰 비용이므로 고려해서는 안 된다.

└ 두 사람에게 등산에 따른 편익이 가장 크다는 것을 알 수 있다.
기정이와 준서는 등산을 가장 좋아한다. 그래서 주말마다 함께 등산을 즐기고 있다. 그런데 이번 주말에 비가 온다는 소식을 듣고 실내 암벽 등반장을 2만 원을 지불하고 예약하였다. 그러나 막상 주말이 되니 날씨가 매우 화창하였다. 그래서 둘은 등산을 갈 것인지 실내 암벽 등반을 하러 갈 것인지 고민이 되었다. 실내 암벽 등반장의 예약은 당일 취소 불
└ 이미 지불해서 회수할 수 없는 매몰 비용이다.
가로 환불이 불가능해서 더욱 고민이 되었다. 그러나 결국 두 사람은 가장 좋아하는 등산을 하기로 결정했다.
└ 두 사람은 실내 암벽 등반장 예약금 환불 여부와 상관없이 가장 좋아하는, 즉 편익이 가장 높은 등산을 선택했으므로 합리적 선택을 한 것이다.

ㄷ. 합리적인 선택을 하기 위해서 실내 암벽 등반장 예약금을 고려해야 한다.
　　→ 실내 암벽 등반장 예약금은 매몰 비용이므로 고려하지 말아야 한다.
ㄹ. 두 사람이 합리적인 선택을 했다고 한다면 등산을 통한 금전적 이익이 있어야 한다.
　　→ 편익은 금전적인 이익뿐만 아니라 주관적 만족감도 포함한다.

정답 및 해설

11 합리적 선택의 한계 　답 ①

제시된 사례들은 지나치게 효율성만을 추구했을 때 나타나는 문제점을 보여 준다. 각 경제 주체의 효율성을 추구하는 합리적 선택이 사회적 차원에서 보면 바람직하지 않은 결과를 초래할 수도 있다. 따라서 각 경제 주체는 선택의 과정에서 공익과 규범을 고려하여 조화를 추구하는 자세를 갖추어야 한다.

정답을 찾아가는 Self - Tip

ㄷ. 선택을 통해 공공의 이익과 규범을 준수하기 위해서는 무엇보다 효율성을 추구하는 것이 필요하다.
→ 제시된 사례를 통해 효율성만을 추구할 것이 아니라 공공의 이익과 규범을 준수할 필요가 있음을 알 수 있다.

ㄹ. 합리적 선택을 위해 개인이나 기업이 비용을 줄이려고 사회 규범을 어기는 것은 어쩔 수 없는 과정이다.
→ 합리적 선택의 폐단을 극복하기 위한 노력을 해야 한다.

내 것으로 만드는 Self - Tip

합리적 선택의 한계
· 개인이 경제 활동에서 자신의 선택으로 인한 편익과 비용을 정확히 파악하기 어려운 경우가 있음.
· 효율성을 추구한 개인의 합리적 선택이 사회 전체적으로 볼 때는 효율적이지 않은 경우가 나타나기도 함.
· 개인이 합리적 선택으로 효율성만을 지나치게 추구하다 보면, 공공의 이익을 훼손하거나 규범 준수를 간과할 수 있음.

12 시장 실패의 원인 　답 ⑤

교사는 시장 실패의 원인에 대해서 질문하고 있다. 갑은 공공재 부족, 을은 독과점 기업의 불공정 거래, 병은 외부 경제, 정은 외부 불경제를 설명하고 있다. 이는 모두 시장 실패의 원인이다. 따라서 갑, 을 , 병, 정 모두 교사의 질문에 옳은 답을 하고 있다.

내 것으로 만드는 Self - Tip

시장 실패의 원인
· 불완전 경쟁: 독과점 시장이 형성되어 경쟁이 제한됨.
· 공공재 부족: 무임승차의 문제로 수익성이 낮아 기업이 생산을 꺼림.
· 외부 효과: 제3자에게 의도하지 않은 혜택이나 손해를 가져다주면서도 어떤 대가를 받거나 지급하지 않아 적정 수준보다 적게 생산되거나 많이 생산(소비)됨.

13 합리적 선택의 한계를 보여 주는 사례 　답 ①

밑줄 친 ⓒ과 같은 지나친 사익 추구는 사회 갈등과 경제적 비효율을 초래할 수 있다. 한 기업이 난치병을 앓는 아기들을 위한 특수 분유를 생산하면서 적자를 피할 수 없음에도 계속해서 생산하는 것은 기업이 이윤뿐만 아니라 공공의 이익을 함께 추구하는 사례이다.

②의 사례는 불공정 거래, ③의 사례는 외부 불경제, ④는 사재기, ⑤는 부동산 투기를 통한 지나친 이익 추구가 자원의 비효율적 배분을 초래하고 있음을 보여 준다.

서술형 문제

14 자본주의의 전개 과정

모범 답안 | 국가가 적극적으로 시장에 개입하는 것이다.
주요 단어 | 정부의 시장 개입

채점 기준	배점
국가의 시장 개입이라는 표현을 사용하여 서술한 경우	상
국가의 시장 개입이라는 표현을 직접적으로 사용하지는 않았으나, 같은 맥락의 내용을 서술한 경우	하

15 합리적 선택의 방법

모범 답안 | (1) 기회비용 1억 3천 600만 원, 편익 2억 원
(2) 식당을 개업할 때 기회비용보다 편익이 크므로 식당을 개업해야 한다.
주요 단어 | 기회비용, 편익

채점 기준	배점
합리적 선택의 내용을 그 이유와 함께 옳게 서술한 경우	상
합리적 선택의 내용은 옳게 서술하였으나 그 이유는 옳게 서술하지 못한 경우	중
합리적 선택의 내용만 서술한 경우	하

16 합리적 선택의 한계

모범 답안 | A사는 효율성만을 추구한 나머지 공공의 이익과 규범 준수를 간과하였다.
주요 단어 | 효율성, 공공의 이익과 규범 준수

채점 기준	배점
효율성만을 추구하여 공공의 이익을 간과한 내용을 서술한 경우	상
효율성만을 추구하고 있다는 내용만 서술하였거나, 공공의 이익을 간과하고 있다는 내용만 서술한 경우	하

1등급 완성하기 　　p. 114 ~ p. 115

01 ① 　**02** ① 　**03** ① 　**04** ② 　**05** ③
06 ④ 　**07** ⑤ 　**08** ②

01 자본주의 경제 체제의 특징 　답 ①

자본주의 시장 경제는 사유 재산에 바탕을 두고, 자유로운 경쟁을 통해 상품의 생산, 교환, 분배, 소비가 이루어지는 경제 체제이다. 사회주의 계획 경제는 생산 수단의 국가 소유와 경제 활동에 대한 정부의 통제를 중시하는 경제 체제이다. 자본주의 시장 경제는 최소 비용으로 최대 편익을 추구하므로 효율성이 높고, 사회주의 계획 경제는 효율성보다는 형평성을 고려한다. 따라서 (가)에는 "경제적 효율성이 높은가?"나 "시장 가격에 따라 상품 거래가 이루어지는가?"라는 질문이 적절하므로 갑과 을의 대답이 옳다.

정답을 찾아가는 Self - Tip

병: (나)는 "사유 재산권을 인정하는가?"가 적절합니다. 　적절하지 않다.

정: (나)는 "자원 배분 과정에서 '보이지 않는 손'을 강조하는가?"가 적절합니다.
→ '보이지 않는 손'을 강조하는 경제 체제는 자본주의이므로 자본주의 시장 경제 체제에서 '아니요'라는 대답을 할 수 있는 질문이 아니다.

02 합리적 선택의 방법　　　　　답 ①

　합리적 선택을 위해서는 비용과 편익을 분석하여 편익이 더 큰 쪽을 선택해야 한다. 비용은 명시적 비용과 암묵적 비용을 모두 계산해야 한다. 갑이 책상을 직접 제작할 때 발생하는 목재비, 배송료, 공방 이용료는 명시적 비용이고, 제작 기간 3일 동안 받을 수 없게 되는 아르바이트 급여는 암묵적 비용이다.

💡 정답을 찾아가는 Self-Tip

ㄷ. 명시적 비용은 ㉡보다 ㉠을 선택할 때가 크다.
　　→ ㉠과 ㉡이 20만 원으로 같다.
ㄹ. ㉠과 ㉡을 통해 얻는 편익이 같다고 판단하였다.
　　→ 갑은 ㉠보다 ㉡의 선택에 의한 기회비용보다 편익이 크다고 판단했기 때문에 ㉡을 선택하였을 것이다.

03 자본주의의 시기에 따른 정부의 개입　　　　　답 ①

　㉠은 자유방임주의에 기초한 이전의 경제 체제라는 내용을 통해 산업 자본주의라는 것을 알 수 있으며, ㉡은 적극적인 시장 개입을 했다는 내용을 통해 수정 자본주의임을 알 수 있다. ㉢은 정부의 시장 개입을 축소하고 시장의 자율성을 강조하는 새로운 방향이라는 내용을 통해 신자유주의임을 알 수 있다.
　ㄱ. ㉠은 산업 자본주의 시기로 애덤 스미스의 자유방임주의에 근거하여 국가의 간섭을 최대한 배제하려 하였다.
　ㄴ. ㉡은 수정 자본주의 시기로 시장 실패를 보완하고 국민의 인간다운 생활을 보장하기 위해 큰 정부를 강조하였다.

💡 정답을 찾아가는 Self-Tip

ㄷ. 1929년 대공황은 ㉡으로 이행하는 배경이 되었다.
ㄹ. ㉢에서는 ㉡에 비해 독과점에 대한 규제가 강화되었다.
　　→ ㉡에서 큰 정부를 강조하여 독과점에 대한 규제가 강화되었다.

04 자본주의의 역사적 전개 과정　　　　　답 ②

　㉠~㉣은 자본주의의 전개 과정을 보여 준다. ㉡은 산업 자본주의, ㉣은 수정 자본주의 시기이다.
　② ㉡은 산업 자본주의 시기로 국가들은 애덤 스미스의 자유방임주의를 근거로 국가의 시장 개입을 최소화하는 작은 정부를 추구하였다.

💡 정답을 찾아가는 Self-Tip

① ㉮ 시기에는 개인의 합리적 선택이 사회 전체의 효율성을 증가시킨다는 사상이 지배적이었다.
③ 세계 대공황은 ㉣이 등장하게 된 배경으로 작용하였다.
④ ㉣ 시기에는 정부 규제의 완화 및 철폐를 주장하였다.
　　→ 정부가 시장에 적극 개입해야 한다고 주장하였다.
⑤ ㉢ 시기에는 ㉣ 시기에 비해 시장 실패를 줄이기 위한 조치가 더 적극적으로 시행되었다.
　　→ ㉢의 독점 자본주의 시기에 시장 실패가 나타나 ㉣의 수정 자본주의 시기에 시장 실패를 줄이기 위한 조치가 더 적극적으로 시행되었다.

05 합리적 의사 결정　　　　　답 ③

　갑은 100만 원을 쓸 수 있는 두 가지 방안을 고민하고 있다. 1안을 선택하면 A폰을 100만 원에 구입하고, 1년 후에 되팔아 판매점으로부터 40만 원을 받을 수 있다. 2안을 선택하면 A폰을 70만 원에 구입하고, 30만 원을 저금하여 1년 뒤에 30만 원의 10%의 이자인 3만 원을 더하여 33만 원을 얻게 된다. ㄴ. 2안을 선택하려는 경우, ㉡의 70만 원을 직접 화폐로 지출하게 되므로, 이는 명시적으로 발생하는 비용이다. ㄷ. 1안을 선택하려는 경우, ㉡의 이자는 1안을 선택함으로써 포기한 것의 가치 중 가장 가치 있는 것이므로 기회비용에 포함된다.

💡 정답을 찾아가는 Self-Tip

ㄱ. 갑의 선택에 있어 ㉠은 매몰 비용이다.
　　→ 매몰 비용이란 지불하고 난 뒤 회수할 수 없는 비용이다.
ㄹ. 두 가지 방안 중 2안을 선택하는 것이 합리적이다.
　　→ 1안을 선택하면 1년 후에 40만 원을 받을 수 있고, 2안을 선택하면 1년 후에 33만 원을 받을 수 있으므로, 두 가지 방안 중 1안을 선택하는 것이 합리적이다.

06 정부의 개입　　　　　답 ④

　유가 정책에 대하여 갑은 시장 가격에 따라 자원 배분이 이루어지는 것을 바람직하다며 시장의 정부 개입을 반대하고 있다. 반면, 을은 국민의 어려운 경제 상황을 개선하기 위해서 정부가 적절하게 개입하여 조치를 취해야 한다고 주장하고 있다. 갑과 을은 정부의 역할과 시장의 기능에 대해 다른 견해를 가지고 있다. ④ 효율성은 최소 비용으로 최대 효과를 얻는 것으로 을이 정부 개입의 필요성을 강조한다고 해서 정부의 시장 개입이 시장 가격에 따른 자원 배분보다 효율적이라고 생각한다고 볼 수는 없다.

07 합리적 선택의 의미와 방법　　　　　답 ⑤

　(가)는 편익이고, (나)는 기회비용이다. ㄷ. 편익이 기회비용보다 큰 것을 선택하는 것이 합리적 선택이다. ㄹ. 최소의 비용으로 최대의 편익을 누리는 것이 효율성의 원리이다.

💡 정답을 찾아가는 Self-Tip

ㄱ. (나)는 ~~매몰 비용~~에 해당한다.
　　　　기회비용
ㄴ. 암묵적 비용은 (나)에 ~~포함되지 않는다.~~
　　　　　　　　　　　포함된다.

08 합리적 선택의 방법과 한계　　　　　답 ②

　Ⅰ 편익은 경제 주체가 어떤 경제 행위를 선택할 때 얻게 되는 만족이나 가치이므로 암묵적 비용을 포함한다는 진술은 잘못되었다. Ⅱ 기회비용이 포기한 것의 가치이므로 작을수록 유리하기 때문에 옳은 진술이다. Ⅲ 시장 실패는 각 경제 주체들이 효율성만 추구하면서 공익이나 규범을 준수하지 않아 나타난 결과로 볼 수 있으므로 옳은 진술이다. Ⅳ 합리적 선택을 위해서 매몰 비용을 제외해야 하므로 옳은 진술이다.

💡 정답을 찾아가는 Self-Tip

을: 기회비용은 포기한 것의 가치이므로 Ⅱ은 ~~잘못된~~ 진술이에요.
　　　　　　　　　　　　　　　　　　　　　옳은
정: 매몰 비용도 명시적 비용에 포함되기 때문에 Ⅳ은 옳은 진술이에요. → 명시적 비용은 기회비용에 포함된다.

시장 경제의 발전과 경제 주체의 역할

01 시장 경제의 작동과 정부의 바람직한 역할 **답 ②**

(가)는 가격 담합으로 인한 불공정 거래의 사례이며, (나)는 제3자에게 의도하지 않은 손해를 끼치고도 대가를 지불하지 않는 부정적 외부 효과의 사례이다. (다)는 공공재의 부족 문제를 보여 준다. (가)~(다)는 모두 자원의 비효율적 배분을 초래하는 시장 실패의 사례이며, 이때 정부는 자원의 효율적 배분을 위해 대책 마련에 힘써야 한다.

정답을 찾아가는 Self - Tip

ㄴ. 기업에 세제 혜택을 제공해 공공재 생산을 유도해야 한다.
→ 공공재는 무임승차 문제로 수익성이 낮아 기업이 생산을 꺼리므로 정부가 직접 생산하여 공급한다.

ㄹ. 시장 기능의 원활한 작동을 위해 정부는 시장에 개입해서는 안 된다.
→ 자원이 비효율적으로 배분되는 시장 실패가 나타나면 시장 경제의 원활한 작동과 발전을 위해 정부가 대책 마련에 힘써야 한다.

02 부정적 외부 효과를 개선하는 정부의 역할 **답 ⑤**

(가)와 (나) 모두 다른 사람 또는 사회 전체에 의도하지 않은 손해를 가져다주면서도 대가를 지급하지 않는 부정적 외부 효과의 사례이다. 이러한 부정적 외부 효과는 적정 수준보다 많이 생산되므로 자원의 비효율적 배분을 초래한다. 이때 정부는 오염 물질 배출량 제한이나 세금 부과와 같은 부정적 경제적 유인을 제공하여 자원 배분의 효율성을 높인다.

정답을 찾아가는 Self - Tip

ㄱ. (가)는 ~~긍정적~~ 외부 효과의 사례이다.
    부정적
ㄴ. (나)는 사회적으로 최적의 자원 배분이 이루어진 사례이다.
→ (나)는 부정적 외부 효과의 사례로 자원의 비효율적 배분을 초래한다.

03 기업의 사회적 책임 **답 ④**

선생님은 칠판에 사회 전체의 이익을 추구하는 활동이 기업의 사회적 책임이라는 설명을 하고, 기업이 사회적 책임을 실천하는 구체적인 활동에 대해 질문하고 있다. 사회적 약자를 경제적으로 지원하는 활동이나 낙후된 지역의 문화 시설을 확충하는 활동 등을 통해 기업은 사회적 책임을 실천할 수 있다.

정답을 찾아가는 Self - Tip

갑: 기업의 이윤 극대화를 추구하는 활동
→ 기업이 이윤 극대화를 추구하는 활동은 기업 본래의 목적이며 그 자체를 기업의 사회적 책임이라고 볼 수 없다.

병: 기술 혁신을 통하여 원가를 절감하는 활동
→ 이는 기업이 이윤을 극대화하기 위한 방법이다.

04 기업의 사회적 책임 **답 ⑤**

A사의 창업주는 이윤 극대화를 추구하되, 공정한 경쟁과 법규 준수를 통해 건전한 이윤을 추구하며, 기업 윤리를 토대로 사회적 책임을 다하고 있음을 알 수 있다. 제시글은 필수 의약품을 출시하여 소비자를 만족시켰으며, 경영 세습 없이 투명한 재무 구조와 긴밀한 노사 협력을 바탕으로 건전한 이윤을 추구하였다는 것을 보여 준다.

정답을 찾아가는 Self - Tip

ㄱ. ~~기업은~~ 불공정 거래 행위를 규제하기 위한 대책 마련에 힘써
    정부는
야 한다.

ㄴ. 기업은 사회가 필요로 한다면 수익성이 낮은 상품도 반드시 생산해야 한다.
→ 기업이 사회 전체에 끼치는 영향을 생각해 수익성이 낮은 상품도 생산하는 사회적 책임을 보여 줄 수는 있지만, 반드시 그래야 하는 것은 아니다.

자료를 분석하는 Self - Tip

기업 윤리를 토대로 건전한 이윤을 추구하였다.

> A사는 일제 강점기에 '건강한 국민만이 잃어버린 주권을 되찾을 수 있다.'라는 창업주의 신념으로 설립되었다. 이후 결핵 치료제, 항균제 등 필수 의약품을 출시하며 인지도 높은 제약 기업으로 발돋움했다. 또한 창업주가 사망한 후 A사 주식은 유언대로 공익 법인에 기증되었고, 전문 경영인 체제를 본격적으로 도입하여 경영 세습은 없었다. 여기에 투명하고 안정적인 재무 구조와 긴밀한 노사 협력으로 장수기업의 전통을 이어 오고 있다.

– 긴밀한 노사 협력을 통해 장수 기업이 되었다.

05 노동 삼권 보장 **답 ⑤**

우리 헌법에서는 '노동 삼권'을 통해 노동자의 세 가지 기본 권리를 보장하고 있다. 노동자는 기업가와 대등한 위치에서 근로 조건을 유지·개선하고 경제적 지위 향상을 도모하기 위해 단체를 만들 수 있다는 단결권을 지닌다. 또한 노동조합이 기업가와 근로 조건에 관해 교섭하고 협약을 체결할 수 있는 단체 교섭권, 노동 쟁의가 발생했을 때 파업 등의 방법으로 기업가에게 대항할 수 있는 단체 행동권을 행사할 수 있다. ㉠은 단결권, ㉡은 단체 교섭권, ㉢은 단체 행동권이다.

내 것으로 만드는 Self - Tip

노동 삼권
• 단결권: 노동조합을 결성할 수 있는 권리
• 단체 교섭권: 사용자와 근로 조건에 관하여 교섭하는 권리
• 단체 행동권: 사용자에 대항하여 단체 행동을 할 수 있는 권리

06 노사 협력 **답 ④**

제시문에서 A 기업의 노사가 양보와 타협 없이 대립하고 있다. 이를 해결하기 위해서 노동자와 사용자는 상생의 관계임을 깨닫고 협력을 이루어야 한다. 또한 기업가는 노동권 보장에 힘쓰고

노동자의 노고에 맞게 보상하기 위해 노력해야 하며, 노동자는 노동권에 대해 제대로 알고 보장받고자 하되, 자신의 역할을 성실히 수행하고 기업가와의 불필요한 대립 의식을 버려야 한다.

🔍 정답을 찾아가는 Self-Tip

ㄱ. 기업가는 노동조합의 설립을 막아야 한다.
→ 기업가는 노동자가 노동조합을 설립할 수 있는 단결권을 보장해야 한다.
ㄷ. 노사 대립은 사회적 고통을 수반하므로 노동자가 양보해야 한다.
→ 노동자만 양보할 것이 아니라, 노동자와 기업가가 함께 양보하고 타협해야 한다.

07 시장 경제의 발전과 소비자의 바람직한 역할 답 ⑤

제시문에서 갑은 환경과 공동체를 고려한 윤리적 소비를 하고 있다. 윤리적 소비라는 바람직한 소비 문화를 조성하기 위해 노력하는 방법으로는 자신이 거주하는 인근 지역 사회에서 재배한 채소를 구매(ㄷ)하거나, 제품 구매 전에 탄소 배출량을 확인하여 친환경 상품을 구매(ㄹ)하는 방법을 들 수 있다.

🔍 정답을 찾아가는 Self-Tip

ㄱ. 소비자에게 인기가 높은 해외의 고가 명품을 구매한다.
→ 인기가 높다는 이유로 타인의 소비에 편승하여 소비하는 것은 합리적인 소비 행위도 아니고, 바람직한 소비 자세도 아니다. 지양해야 할 소비 자세이다.
ㄴ. 아동 노동을 통해 생산된 낮은 가격의 상품을 구매한다.
→ 인권을 고려하지 않은 상품을 소비하지 않는 것이 윤리적 소비의 자세이다.

08 윤리적 소비와 기업의 사회적 책임 답 ④

제시된 사례는 N사가 아동과 여성의 노동력을 착취하여 상품을 생산했음을 알고 갑국과 을국에서 시작된 소비자들의 불매 운동이 전 세계로 퍼져 나가게 되고 결국 N사가 노동 환경 개선에 나섰다는 내용을 담고 있다. 즉, 갑국과 을국에서 시작된 불매 운동은 인권을 고려한 윤리적 소비의 실천으로 N사가 사회적 책임을 강화할 수 있게 만드는 계기가 되었다.

🔍 정답을 찾아가는 Self-Tip

① 윤리적 소비의 기준은 사람에 한정되어야 한다.
→ 윤리적 소비의 기준은 사람뿐만 아니라, 동물, 환경 등도 포함되어야 한다.
② 소비자들의 특정 제품 불매 운동은 지양해야 한다.
→ 소비자의 불매 운동은 윤리적 소비를 위한 하나의 방안이 될 수 있다.
③ 갑국과 을국의 소비자는 ~~합리적 소비~~를 실천하였다.
                                윤리적 소비
⑤ 소비자는 상품의 소비를 통해 자신의 필요를 충족시킨다.
→ 소비자는 소비를 통해 필요를 충족시키기도 하지만, 제시된 사례는 윤리적 소비를 통해 기업이 건전한 제품을 만들도록 유도하고, 정의로운 경제 체제가 구축되도록 할 수 있다는 것을 보여 준다.

서술형 문제

09 노동자의 바람직한 역할

모범 답안 | 노동자는 사용자와 맺은 근로 계약에 따라 자신의 업무를 성실히 수행해야 한다. 또한 사용자와 소통하고 협력하며 상생의 관계를 형성하도록 노력해야 한다.
주요 단어 | 업무의 성실한 수행, 상생의 관계

채점 기준	배점
노동자가 업무를 성실히 수행해야 한다는 내용이나, 사용자와 상생의 관계를 형성해야 한다는 내용을 서술한 경우	상
노동자가 업무를 성실히 수행해야 한다는 내용이나, 사용자와 상생의 관계를 형성해야 한다는 내용을 미흡하게 서술한 경우	하

10 시장 경제에서 각 경제 주체의 바람직한 역할

모범 답안 | • 정부: 공정한 거래 질서가 촉진되도록 법규를 만들고 관련 기관을 운영한다. 외부 효과를 개선하기 위해 경제적 유인을 제공한다. 공공재를 생산한다.
• 기업가: 기업가는 기업가 정신을 갖고 사회적 책임을 다해야 한다.
• 노동자: 노동권을 제대로 알고 행사하며, 자신의 업무를 성실히 수행하고 사용자와 상생의 관계를 형성하도록 노력한다.
• 소비자: 인권, 정의, 환경과 공동체를 고려한 윤리적 소비를 실천한다.
주요 단어 | 정부(공정한 거래, 법규, 외부 효과, 공공재), 기업가(기업가 정신, 사회적 책임), 노동자(노동권, 상생의 관계), 소비자(윤리적 소비)

채점 기준	배점
정부, 기업가, 노동자, 소비자의 바람직한 역할을 모두 각각 바르게 서술한 경우	상
경제 주체 중 한 주체의 역할을 바르게 서술하지 못한 경우	중
경제 주체 중 두 경제 주체의 역할을 바르게 서술하지 못한 경우	하

11 윤리적 소비의 사례

모범 답안 | 생산자에게 정당한 몫이 돌아가는 공정 무역 상품을 구매한다. 대기의 질 개선을 위해 이산화 탄소 배출이 적은 친환경 상품을 구매한다. 지속 가능한 소비 운동에 적극 참여한다. 자신의 인근 지역 사회에서 재배한 채소를 구매한다. 노동 착취에 의해 생산된 상품에 대해 불매 운동을 벌인다.
주요 단어 | 공정 무역 상품, 친환경 상품

채점 기준	배점
윤리적 소비에 부합하는 사례를 두 가지 서술한 경우	상
윤리적 소비에 부합하는 사례를 한 가지만 서술한 경우	하

1등급 완성하기 p. 121

01 ⑤ **02** ③ **03** ② **04** ②

01 시장 경제의 원활한 작동을 위한 정부의 역할 답 ⑤

(가)는 다른 사람이나 사회 전체에 의도하지 않은 혜택을 주고도 대가를 받지 못하는 긍정적 외부 효과의 사례이며, (나)는 다른 사람이나 사회 전체에 의도하지 않은 손해를 끼치고도 대가를 지불하지 않는 부정적 외부 효과의 사례이다. (가)와 같은 긍정적 외부 효과가 나타나면 정부는 보조금 지급이나 세제 혜택 등의 긍정적 유인을 통해 개선하고자 한다. 또한 (나)와 같은 부정적 외부 효과가 발생하는 행위에 대해서 정부는 오염 물질 배출량 제한이나 세금 부과 등과 같은 부정적 유인을 제공하여 개선에 힘쓴다.

① (가)는 부정적 외부 효과의 사례이다.
　　　　　긍정적
② (나)에서 ㉠에게 정부가 보조금을 지급하여 자원의 효율적 배
　분을 유도할 수 있다.
　→ ㉠의 경기장을 찾아 응원하는 관중들은 부정적 외부 효과를 발생시키면서 대가를 지
　불하지 않는 주체이므로 부정적 유인을 통해 자원의 효율적 배분을 유도할 수 있다.
③ (가)와 달리 (나)에서는 자원의 비효율적 배분이 나타나고 있다.
　　　　　　(가)와 (나) 모두
④ (나)와 달리 (가)와 같은 경우 재화와 서비스가 사회가 필요로
　하는 것보다 많이 생산된다.
　　　　　　　　적게

02 기업가 정신과 기업의 사회적 책임 　　　　답 ③
　(가)의 손실을 줄이기 위하여 생산을 중단하는 것은 비용과 편
익을 고려하여 효율성을 추구한 측면의 대안이라고 볼 수 있다.
(나)의 새로운 해외 시장 개척은 위험을 무릅쓰고 도전을 통해 혁
신을 이루려는 기업가 정신을 발휘한 대안이다.

ㄱ. A사의 대안 선택 시 ㉠을 고려하는 것이 합리적이다.
　→ ㉠은 매몰 비용이므로 합리적 선택을 위해서는 고려해서는 안 된다.
ㄹ. (가), (나) 모두 기업의 이윤보다 자사 상품 구매자에 대한 사회
　적 책임을 우선시하는 방법이다.
　→ (가)와 (나) 모두 사회적 책임을 우선시하는 방법이라고 볼 수 없다. 기업의 손실을 줄
　이기 위한 방안이다.

03 노동자의 권리와 노사 관계 　　　　答 ②
　A사는 경기 불황으로 노동자들을 감축하고자 했으나 노사가 협
력하여 결국 노동자들은 고용을 보장받고, 기업은 영업 이익률이
개선되는 결과를 보였다. 이를 통해 노동자와 사용자는 상생을 통
해 함께 성장하고 더불어 시장의 발전을 도모할 수 있다는 것을
알 수 있다. 노사가 상생하기 위해서는 기업은 노동자의 권리를
보장하고 노동자는 자신의 책임을 다하는 자세를 가져야 한다.

ㄴ. 노동자는 노동조합의 설립과 가입을 자제해야 한다.
　→ 노동자는 노동 삼권을 통해 단결권을 보장받는다. 노동자는 노동권을 보장받아야 한다.
ㄹ. 노사는 장기적인 관점보다는 단기적인 관점으로 시장을 바라
　　　단기적　　　　　　　　장기적
　보아야 한다.

04 윤리적 소비 　　　　答 ②
　(가)는 효율성을 추구하는 합리적 소비를 옹호하는 입장이다.
(나)는 장기적인 관점에서 사회와 환경을 생각하는 윤리적 소비를
해야 한다고 주장한다. 따라서 (가)는 효율성을 고려하는 것을 소
비의 필수적 요소라고 보며(ㄱ), (나)는 생태계를 고려한 지속 가
능한 소비를 소비자의 의무로 볼 것이다(ㄷ).

ㄴ. (가): 개인적 선호보다 공공성을 상품의 선택 기준으로 삼아야
　　　　　　　　　　　　　　　　　　(나)
　한다.
ㄹ. (나): 인권과 노동 등의 가치는 소비자가 고려할 사항이 아니다.
　→ (나)는 소비자가 인권과 노동의 가치를 고려하여 소비할 것을 주장하고 있다.

---

03 국제 분업 및 무역의 필요성과 그 영향

01 ③	02 ⑤	03 ③	04 ④	05 ③
06 ③	07 ③	08 ③	09 ⑤	10 해설 참조
11 해설 참조		12 해설 참조		

01 국제 분업과 무역의 필요성 　　　　答 ③
　오스트레일리아는 지하자원 수출에, 베트남은 풍부하고 저렴한
노동력을 이용한 섬유·의류 산업에, 우리나라는 자본 및 기술력
을 바탕으로 한 첨단 산업에 비교 우위가 있다.
　생산 요소의 지역적 분포의 차이로 같은 종류의 상품을 생산하
더라도 생산비는 국가마다 다르다. 이러한 생산비의 차이는 국제
분업과 무역을 초래한다. 그래서 자국에서 생산 가능한 상품이라
도 외국에서 더 저렴하게 생산한다면, 그것을 수입하는 것이 더
이익이다. 결국 국가 간에 비교 우위가 있는 상품을 특화하여 거
래하면 무역 당사국 모두 이익을 얻기 때문에 국제 분업과 무역에
서 지하자원이 풍부한 국가가 기술력이 우수한 국가보다 절대적
으로 더 유리하다고 볼 수 없다.

02 우리나라의 시기별 주요 수출 품목의 변화 　　　　答 ⑤
　우리나라의 시기별 주요 수출 품목은 비교 우위 분야의 변화에
따라 변화해 왔다. 우리나라는 1970년에는 노동 집약적 상품에,
1980년에는 중화학 공업 제품에, 최근에는 첨단 산업 제품에 비교
우위가 있다.

ㄱ. 한 국가의 시기별 비교 우위 분야는 항상 동일하다.
　　　　　　　　　　　　　　　　　　　　바뀔 수 있다.
ㄴ. 1970년에는 기술 집약적 상품에 비교 우위가 있었다.
　　　　　　　노동 집약적 상품

03 국제 분업과 무역의 발생 원리 　　　　答 ③
　국제 분업과 무역의 발생 원리는 절대 우위와 비교 우위로 설
명할 수 있다. 한 나라가 어떤 상품을 생산하는 비용이 다른 나라
보다 적게 드는 것을 절대 우위라고 하고, 한 나라가 다른 나라보
다 적은 기회비용으로 상품을 생산하는 것을 비교 우위라고 한다.
즉, ㉠은 절대 우위, ㉡은 비교 우위이다.
　비교 우위는 생산 요소의 지역적 분포의 차이로 인한 경제 여건
의 차이가 생산비의 차이로 이어져서 나타난다.

① 무역은 반드시 ㉠에 의해서만 발생한다.
　→ 무역은 비교 우위의 원리에 의해서도 발생한다.
② 상대 나라가 모든 상품의 생산에서 ㉠이 있을 때는 무역을 하
　지 않는 것이 이익이다.
　→ 한 나라가 모든 상품의 생산에 절대 우위에 있을 때에도 무역을 하는 것이 이익이다.
④ ㉡이 있는 상품을 특화한 뒤 무역을 하면 더 비싼 상품을 파는
　국가만 이익을 얻는다.
　→ 비싼 상품을 파는 국가만이 아니라, 무역 당사국 모두 이익을 얻는다.
⑤ ㉠은 비교 우위, ㉡은 절대 우위이다.
　　　절대 우위　　　비교 우위

04 국제 분업과 무역의 필요성 답 ④

(가)는 자본이 풍부한 국가가 다른 국가에 자본을 직접 투자하는 것을, (나)는 기업이 저렴한 노동력이 풍부한 다른 국가에 공장을 세워서 생산비를 줄이고 있음을 보여 준다. (다)는 자연조건의 차이로 열대 농산물이 생산되지 않는 지역에서는 이를 수입해 먹는다는 것을 보여 준다.

즉 국가 간 자본, 노동, 자연조건의 차이로 상대적 생산비가 차이가 나고, 이에 따라 비교 우위 분야가 달라 국제 분업과 무역이 활발하게 이루어지고 있음을 설명하고 있다.

정답을 찾아가는 Self - Tip

ㄱ. 국제 거래의 대상은 지하자원이 대부분을 차지하고 있다.
　→ 국제 거래의 대상은 지하자원, 노동력, 자본, 기술, 재화, 서비스 등으로 다양하다.
ㄷ. 각 국가의 무역 장벽이 강화되면서 국가 간 의존도가 약화되
　　　　　　　　　　　약화　　　　　　　　　　　　　강화
고 있다.

05 무역 확대의 긍정적인 영향 답 ③

신문 기사는 외국 기업과의 경쟁에서 이기고 성공하기 위하여 연구·개발 분야에 아낌없이 투자한 사례이다. 국제 분업과 무역이 확대되면 국내 기업들은 외국 기업과의 경쟁에서 이기기 위해 더욱 값싸고 질 좋은 상품을 개발하려고 노력하는 과정에서 기업의 효율성과 생산성이 높아지게 된다. 이는 국내 경제 활성화와 일자리 창출로 연결된다. 또한 더 넓은 외국 시장을 개척하면서 규모의 경제를 실현할 수도 있다.

정답을 찾아가는 Self - Tip

종현: A사의 성공으로 국내 실업률이 높아질 거야.
　→ 국내 기업의 기술 개발과 생산성 향상은 국내 경제 활성화와 일자리 창출로 이어져 국가 경제 성장에 이바지할 수 있다.
영민: A사는 외국 기업과 경쟁할 필요가 없어서 연구·개발 분야에 집중 투자할 수 있었어.
　→ 외국 기업과의 경쟁에서 이기기 위해 연구·개발 분야에 투자한 것이다.

06 무역 확대의 부정적인 영향 답 ③

A국은 농업 투자를 줄이는 대신 쌀을 수입하면서 농업의 경쟁력이 떨어져, 국제 곡물 가격 폭등이라는 세계 경제 상황에 의해 큰 타격을 받게 되었다.

정답을 찾아가는 Self - Tip

ㄱ. 쌀의 무역 의존도가 낮아졌다. 높아졌다.
ㄹ. 쌀 생산을 줄이고 수입하면서 소비자들의 식량 안보 상황이 좋아졌다. 나빠졌다.

자료를 분석하는 Self - Tip

세계 시장에서 경쟁력이 떨어진 국내 농업 분야가 어려움을 겪고 있음을 알 수 있다.
……1990년대 초, 쌀은 수입해서 먹으면 된다며 농업 투자를 절반으로 줄이고 산업화를 추진하였다. A국의 쌀 농업은 쇠퇴하였고, 농업 종사자들은 어려움을 겪었다. 그 결과 A국은 세계 최대의 쌀 수입국이 되었다. 그런데 2008년에 국제 곡물 가격이 폭등하고 대표적인 쌀 수출국들이 수출을 통제하면서 A국의 쌀 가격이 2배나 올랐다.
　└ 국외의 경제 상황이 국내 경제에 끼치는 파급 효과가 커졌다는 점을 알 수 있다.

07 무역 확대(자유 무역 협정)가 미치는 영향 답 ③

2004년에 우리나라와 칠레의 자유 무역 협정(FTA)이 발효되었다. 양국 간의 무역 장벽을 낮추자, 우리나라는 자동차, 석유 제품, 무선 통신 기기와 같은 자본·기술 집약적 제품을, 반대로 칠레는 광물, 목재, 과일, 곡물 등을 비교 우위 상품으로 상대국에 많이 수출하였다.

이후 값싼 칠레산 포도가 수입되어 우리나라의 포도 농가는 폐업하는 곳이 많을 정도로 피해를 보았다. 반면 자동차 수출량은 낮은 관세를 바탕으로 매우 많이 증가하였다. 이렇게 자유 무역이 확대되면 양국의 소비자들은 양국의 다양한 제품을 소비할 수 있게 된다.

정답을 찾아가는 Self - Tip

ㄱ. 우리나라 과수 산업의 가격 경쟁력이 높아졌다.
　　　　　　　　　　　　　　　　　　　낮아졌다.
ㄹ. 우리나라는 노동 집약적 산업에, 칠레는 기술 집약적 산업에
　　　　　　자본·기술 집약적 산업　　　　광물 자원, 농산물의 수출
비교 우위가 있다.

내 것으로 만드는 Self - Tip

우리나라와 칠레의 자유 무역 협정(FTA)
• 2004년에 칠레와의 FTA 발효 이후, 2015년 우리나라와 칠레의 교역 규모는 약 61억 달러로, 협정 발효 전인 2003년 16억 달러에서 약 4배 정도 증가하였다.
• 우리나라는 주로 칠레에 자동차와 휴대 전화 등을 수출하고, 칠레는 우리나라에 구리를 비롯한 각종 광물 자원과 포도와 같은 농산물을 많이 수출한다.

08 자유 무역 확대가 우리 삶에 미치는 영향 답 ③

제시글은 무역 확대의 긍정적인 영향을 언급하고 있다. ①, ②는 무역 확대의 긍정적인 영향에 해당한다. ④는 보호 무역 정책의 비효율성을 지적하고 있고, ⑤는 무역 장벽이 있으면 기업들의 기술 개발 및 생산성 향상 노력이 부족함을 지적하고 있으므로 자유 무역을 옹호하는 맥락이라고 볼 수 있다.

③은 자유 무역을 확대하면 무역 구조상 선진국에만 유리하게 작용하여, 개발 도상국은 공업화의 기회조차 가질 수 없음을 지적하고 있다. 따라서 ③은 자유 무역을 반대하는 맥락의 의견이라고 할 수 있다.

09 국제 무역 확대 과정에서 나타나는 경제 협력 답 ⑤

㉠ 세계 무역 기구(WTO)는 국가 간 무역 장벽을 제거하고 자유 무역을 확대하기 위해 1995년에 설립된 국제기구이다. 세계 무역 기구는 공산품뿐만 아니라 자본, 노동, 기술까지 무역 대상을 확대해 왔으며, 불공정 무역 행위를 규제하고, 국가 간 분쟁이나 마찰을 조정하는 역할을 한다. ㉡ 자유 무역 협정(FTA)는 체결 당사국 간 관세 및 비관세 장벽을 없애거나 완화하여 상호 경제적 이득을 추구하는 무역 협정으로, 비회원국에 대한 차별이 행해진다. 세계 무역 기구와 자유 무역 협정은 모두 오늘날 국가 간 상호 의존성을 강화하고 있다.

⑤ ㉠은 무역 장벽을 없애기 위해 등장하였으며, ㉡은 체결 당사국끼리만 관세 장벽을 완화하거나 철폐한다.

서술형 문제

10 국제 분업과 무역의 필요성과 비교 우위

모범 답안 | A국이 반도체와 섬유를 모두 생산하는 것보다, 상대적으로 기회비용이 적은 반도체를 집중적으로 생산하여 얻은 이윤으로 섬유를 수입하는 것이 더 큰 이익이 되기

주요 단어 | 기회비용, 이익

채점 기준	배점
기회비용의 개념을 사용하였고, 비교 우위 상품을 각자 생산하여 무역을 하면 더 큰 이익이 된다는 내용을 서술한 경우	상
기회비용의 개념을 사용하였지만, 비교 우위 상품을 각자 생산하여 무역을 하면 더 큰 이익이 된다는 내용을 미흡하게 서술한 경우	중
기회비용의 개념을 사용하지 않고 서술한 경우	하

11 국제 분업과 무역이 우리 삶에 미치는 긍정적인 영향

모범 답안 | 소비자들이 다양한 상품을 저렴한 가격에 소비할 기회가 증가하면서, 선택의 폭이 넓어지고 소비 만족도가 높아지고 있다.

주요 단어 | 다양한 상품, 선택의 폭, 저렴한 가격

채점 기준	배점
소비자들이 다양한 상품을 저렴한 가격에 소비할 기회가 증가했다는 내용을 정확하게 서술한 경우	상
단순히 소비 영역의 확대만 언급한 경우	하

12 국제 분업과 무역이 우리 삶에 미치는 부정적인 영향

모범 답안 | 국가 간 빈부 격차가 확대된다.

주요 단어 | 빈부 격차

채점 기준	배점
국가 간 빈부 격차가 확대된다는 내용을 서술한 경우	상
국가 간 빈부 격차가 확대된다는 내용은 아니지만, 제시문을 통해 이끌어 낼 수 있는 무역 확대의 폐해와 관련된 내용을 서술한 경우	하

1등급 완성하기
p. 127

01 ③　　**02** ③　　**03** ④　　**04** ③

01 국제 무역과 비교 우위　　**답** ③

갑국에서 X재 1단위 생산의 기회비용은 Y재 1/2단위이며, 을국에서 X재 1단위 생산의 기회비용은 Y재 1/3단위이다. 따라서 을국은 갑국보다 X재 1단위 생산의 기회비용이 더 적다. 그리고 갑국이 을국보다 각 재화 1단위를 생산하는 시간이 모두 더 적으므로 X, Y재 생산에 모두 절대 우위를 갖는다. 하지만 갑국은 Y재 생산에 비교 우위가 있고, 을국은 X재 생산에 비교 우위가 있다. 따라서 갑국은 Y재를 특화·생산하고, 을국은 X재를 특화·생산하여 교환하면 서로 이익을 얻을 수 있다.

자료를 분석하는 Self - Tip

구분	갑국	을국
X재 1단위 생산의 기회비용	Y재 1/2단위	Y재 1/3단위
Y재 1단위 생산의 기회비용	X재 2단위	X재 3단위

정답을 찾아가는 Self - Tip

ㄱ. 갑국에서 X재 1단위 생산의 기회비용은 Y재 ~~2~~ 1/2 단위이다.

ㄹ. 갑국은 을국보다 X재 1단위 생산의 기회비용이 더 ~~작다~~. 크다.

02 국제 분업과 무역 확대가 우리 삶에 미치는 영향　　**답** ③

무역 확대가 우리 삶이 미친 영향 중 갑은 긍정적인 영향, 을은 부정적인 영향을 말하고 있다.

정답을 찾아가는 Self - Tip

① ~~갑~~ 을은 다른 나라의 경제 상황이 국내 경제에 끼치는 파급 효과 확대를 근거로 들 것이다.
② ~~을~~ 갑은 규모의 경제를 실현한 기업들의 경쟁력 상승에 따른 국내 일자리 증가를 근거로 들 것이다.
④ ~~을은 갑과 달리~~ 갑은 을과 달리 다양한 상품이나 서비스를 저렴한 가격에 소비할 기회가 증가함을 근거로 들 것이다.
⑤ ~~갑과 을~~ 갑은 모두 국가 간 문화 교류 활성화로 인한 문화 소비의 만족감 증가를 근거로 들 것이다.

03 우리나라의 무역 현황　　**답** ④

우리나라는 무역 대상국이 중국, 미국, 일본에 편중되어 있다. 특정 국가 중심의 무역은 교역국의 경기에 따라 국내 경제가 큰 어려움을 맞이할 수 있는 위험성을 내포한다. 따라서 다양한 국가와 교역을 추진하는 수출입 시장의 다변화가 필요하다. 또한 무역 상대국이 보호 무역 정책을 강화하는 것에 대비하여, 우리나라는 원가 절감 등을 통해 내실 경영을 해야 한다.

정답을 찾아가는 Self - Tip

갑: 무역 규모가 점점 줄어들고 있어요.
→ 이 자료만으로는 무역 규모를 판단할 수 없다.
병: 무역에서 몇몇 선진국의 비중이 큰 것이 큰 장점이에요.
→ 그래프에서 몇몇 국가에 수출입 비중이 집중되어 있다는 것은 특정 국가의 경제 상황에 따라 우리 경제가 크게 영향을 받을 수 있다는 문제점을 내포하고 있다.

04 자유 무역과 보호 무역　　**답** ③

보호 무역을 옹호하는 사람들은 국내 실업 방지와 국내의 경쟁력이 낮은 기업이나 산업의 보호, 외국 기업의 불공정 거래에 대응하기 위하여 정부가 적극적으로 국내 산업을 보호해야 한다고 주장한다. 자유 무역을 옹호하는 사람들은 자유 무역을 통해 비교 우위가 있는 산업 부문의 수출이 증가하여 국내 일자리가 늘어나고, 국가 간 새로운 기술 전파가 쉬워진다고 주장한다.

정답을 찾아가는 Self - Tip

① ㉠ 정책을 펴게 되면 비교 우위가 있는 산업들은 수출이 증가하여 국내 일자리가 늘어날 것이다. ㉡
② ㉠은 ~~㉡과 달리~~ 무역의 확대를 찬성할 것이다. ㉡은 ㉠과 달리
④ ㉡은 ~~㉠과 달리~~ 외국의 값싼 상품 수입에 따른 국내 상품 공급량 감소로 인한 실업을 막기 위한 것이다. ㉠은 ㉡과 달리
⑤ ~~㉠과 ㉡ 모두~~ ㉠은 경쟁력 없는 국내 산업의 위축을 막기 위한 것이다.

안정적인 경제생활과 금융 설계

---

01 자산 관리의 필요성   📑 ③

제시문을 통해 오늘날 삶의 불규칙함이 더 커지면서 안정적인 경제생활을 영위하기 위해 자산 관리가 필요하다는 것을 알 수 있다. 예상치 못했던 목돈을 지출해야 하는 상황이 생기거나, 노후에 생활 자금이 없는 경우 등을 대비하지 않으면 안정적인 경제생활은 불가능하다.

소비는 평생 이루어지지만 소득을 얻을 수 있는 시기는 한정되어 있다는 것을 염두에 두어야 한다. 더구나 오늘날 위험성이 높은 금융 상품의 개발이 활발하게 이루어지는 등 금융 환경의 변화가 커지고 있어 자산 관리의 필요성은 더욱 커지고 있다.

③ 오늘날 금융 자산은 종류가 다양하고 특성이 각각 다르다.

02 자산 관리의 기본 원칙   📑 ②

효율적인 자산 관리를 위해서는 자산 관리의 기본 원칙인 안전성, 수익성, 유동성을 고려해야 한다.

> **📋 내 것으로 만드는 Self - Tip**
>
> **자산 관리의 기본 원칙**
> - 안전성: 어떤 금융 상품의 원금과 이자가 보전될 수 있는 정도
> - 수익성: 금융 상품의 가격 상승이나 이자 수익을 기대할 수 있는 정도
> - 유동성: 보유 자산을 쉽게 현금으로 전환할 수 있는 정도

03 금융 자산의 종류와 특징   📑 ①

(가)는 예금, (나)는 채권, (다)는 주식이다. 예금은 주식보다 수익성이 낮지만 안전성이 높다.

> **💡 정답을 찾아가는 Self - Tip**
>
> ② (나)보다 (다)를 선호한다면 ~~수익성보다 안전정~~을 중시하는 것이다.
>   안전성보다 수익성을
> ③ (가)는 (나)와 (다)보다 안전성과 수익성이 모두 낮다.
>   → (가)는 (나)와 (다)보다 수익성이 낮지만 안전성이 높다.
> ④ (나)는 (가)와 (다)보다 수익성이 높다.
>   → (다)가 (가)와 (나)보다 수익성이 높다.
> ⑤ (다)는 (가)와 (나)보다 유동성이 높다.
>   → (다)는 (가)보다 유동성이 낮다.

> **📋 내 것으로 만드는 Self - Tip**
>
> **금융 자산의 특징**
> - 예금: 안전성과 유동성은 높지만 수익성은 낮은 편임.
> - 채권: 예금보다 안전성이 낮지만 수익성은 높고, 주식보다는 비교적 안전성이 높지만 수익성은 낮음.
> - 주식: 수익성은 높지만, 안전성이 낮음.

04 주식과 채권의 특징   📑 ③

갑이 주식에 투자하는 A 방안을 선택한다면 주주로서 배당의 권리를 행사할 수 있다. 그러나 기업이 파산하게 되면 주식에 투자한 돈을 전부 잃을 수도 있어 안전성이 낮다.

반면, 갑이 투자 방안으로 B를 선택하게 되면 채권은 공공 기관, 금융 기관, 신용도가 높은 기업 등이 발행하므로 비교적 안전성이 높으며, 만기일에 채권 금액과 이자를 함께 받을 수 있어 원금 손실 가능성이 낮다.

> **💡 정답을 찾아가는 Self - Tip**
>
> ㄱ. A는 국채 투자보다 수익성이 ~~낮은~~ 방안이다.
>   높은
> ㄹ. ~~ⓒ~~은 주식회사가 자금을 조달하기 위하여 발행하는 증서이다.
>   ⓐ

05 금융 자산의 수익성과 위험도   📑 ②

그래프는 A에서 C로 갈수록 위험과 수익이 높아지고 있음을 보여 준다. 따라서 A에 가까울수록 안전한 금융 자산이다. C는 위험과 수익이 높은 점으로 보아 채권보다는 주식의 특징에 가깝다.

> **💡 정답을 찾아가는 Self - Tip**
>
> ㄴ. B는 A에 비해 ~~수익성과 안전성이 모두 높다.~~
>   수익성은 높지만 안전성은 낮다.
> ㄹ. C에 가까울수록 분산 투자가 쉬워진다.
>   → 그래프는 수익과 위험의 정도를 보여 주고 있으므로 분산 투자의 쉽고 어려운 정도를 읽어낼 수 없다.

06 생애 주기별 수입과 지출   📑 ⑤

제시된 그래프를 보면 시기별로 수입이 지출을 초과하는 시기가 있고 반대로 지출이 수입을 초과하는 시기가 있다는 것을 알 수 있다.

일반적으로 A 단계는 지출보다 수입이 적으며, 일반적으로 B 단계인 장년기에 수입이 지출보다 많다. 은퇴를 한 이후의 노년기인 C 단계에는 수입이 줄어든다. 따라서 지출보다 수입이 많은 B 단계에서 충분한 금융 자산을 확보해 두어야 한다. 은퇴 시기가 늦어질수록 ⊙의 면적은 넓어진다.

> **💡 정답을 찾아가는 Self - Tip**
>
> ㄱ. 충분한 금융 자산을 확보할 수 있는 시기는 ~~A~~ 단계이다.
>   B
> ㄴ. B 단계는 수입이 지출보다 많아 재무 설계가 필요 없다.
>   → 재무 설계는 전 생애 동안의 수입과 지출을 고려하여 장기적 관점에서 설계해야 한다.

> **📋 내 것으로 만드는 Self - Tip**
>
> **생애 주기별 수입과 지출 곡선**
>
> [그래프: 금액 - 수입 곡선, 지출 곡선, 퇴직 나이, 20세 30세 40세 50세 60세 70세 80세 (나이)]
>
> - 생애 주기 동안 시기별로 수입이 지출을 초과하는 시기가 있고 반대로 지출이 수입을 초과하는 시기가 있다.
> - 일반적으로 30~50대에 수입이 지출보다 많으므로 이 시기에 충분한 금융 자산을 확보해 두어야 한다.

07 재무 설계의 유의점   답 ④

그림의 칠판에 (가)는 재무 설계이다. 인생의 목표를 달성하기 위해서는 생애 주기별 과업을 바탕으로 수입과 지출을 미리 파악하여 현재와 미래 생활에 적절하게 배분하는 재무 계획을 수립해야 한다.

이때 생애 주기에 따른 소득과 소비, 금융 자산의 큰 흐름에 관한 이해를 바탕으로 재무 설계가 이루어질 수 있다. 즉, 재무 설계는 전 생애 동안의 예상 소득에 맞추어 장기적인 관점에서 소비와 저축을 결정하는 것이다.

정답을 찾아가는 Self - Tip

ㄱ. 한번 정해지면 바꾸지 않아야 한다.
→ 재무 설계 시 목표를 세우고 체계적으로 설계해야 하는 것은 맞지만 한번 정해진 것을 반드시 지켜야 하는 것은 아니다. 살다 보면 예측하지 못한 상황이 발생할 수도 있고 이전에 설계에서 미처 고려하지 못한 변수가 생길 수도 있다.

ㄷ. 현재의 소득이나 자산을 기준으로 작성해야 한다.
→ 장기적인 관점에서 생애 주기별 수입과 지출에 대한 이해를 바탕으로 이루어져야 한다.

08 재무 설계의 필요성   답 ②

생애 주기별로 수입과 지출의 흐름을 살펴보면 수입이 지출을 초과하는 시기가 있고 반대로 지출이 수입을 초과하는 시기가 있다. 재무 설계는 이러한 수입과 지출에 대한 이해를 바탕으로 제한된 소득을 현재와 장래의 생활에 어떻게 배분할 것인지 검토해 보는 작업이다.

이러한 재무 설계를 통해 미래의 과업을 사전에 인식하고 그에 맞는 대비를 할 수 있어 노후 생활을 대비할 수 있다. 또한 생애 주기를 통해 금융 자산의 큰 흐름을 이해할 수 있게 되어 효율적인 자산 관리를 통해 안정적인 경제생활을 영위할 수 있게 된다.

② 전 생애 동안 항상 지출보다 수입이 많을 수는 없다. 다만 재무 설계를 통해 지출보다 수입이 많은 시기에 저축을 늘리고 미래를 준비해야 한다.

내 것으로 만드는 Self - Tip

재무 설계
- 의미: 자신의 경제적 상태를 확인하고 목표에 맞게 자산과 수입을 배분하여 계획을 세우는 것
- 유의점: 생애 주기에 따른 소득과 소비, 금융 자산의 흐름에 대한 이해를 바탕으로 작성해야 함.
- 과정: 재무 목표 설정 → 재무 상태 분석 → 목표 달성을 위한 대안 모색 → 재무 행동 계획 실행 → 재무 실행 평가와 수정

서술형 문제

09 자산 관리의 필요성

모범 답안 | 자산 관리의 원칙과 금융 자산의 종류와 특성을 알고 생애 주기를 고려하여 효율적인 자산 관리를 해야 한다.
주요 단어 | 효율적인 자산 관리

채점 기준	배점
효율적인 자산 관리를 해야 한다는 내용을 서술한 경우	상
효율적인 자산 관리를 해야 한다는 직접적인 표현은 없으나, 유사한 내용을 서술한 경우	하

10 자산 관리의 기본 원칙

모범 답안 | (1) 분산 투자
(2) 주식은 수익성은 높으나 안전성은 낮다. 채권은 주식보다 수익성은 낮으나 안전성은 높다.
주요 단어 | 안전성, 수익성

채점 기준	배점
주식과 채권의 특징을 각각 자산 관리의 원칙에 비추어 바르게 서술한 경우	상
주식과 채권 중 한 가지만 자산 관리의 원칙에 비추어 바르게 서술한 경우	하

11 재무 설계의 필요성

모범 답안 | 지출보다 수입이 더 많은 장년기에 충분한 금융 자산을 확보할 수 있도록 재무 설계를 하고, 이를 실천하는 노력이 필요하다.
주요 단어 | 지출, 수입, 금융 자산, 재무 설계

채점 기준	배점
재무 설계를 하고 실천해야 한다는 내용을 서술한 경우	상
재무 설계라는 개념이 포함되지는 않았으나 미래를 대비해야 한다는 내용을 서술한 경우	하

1등급 완성하기   p. 133

01 ④   **02** ④   **03** ①   **04** ②

01 금융 자산의 종류와 특징   답 ④

수익성이 가장 높고 안전성이 가장 낮은 B는 주식이다. 안전성과 유동성이 가장 높은 D는 요구불 예금이다. 안전성은 D와 같고 유동성이 D보다 낮은 C는 저축성 예금이다. B보다 수익성은 낮고 안전성은 높은 A는 채권이다.

정답을 찾아가는 Self - Tip

ㄱ. A는 ~~주식~~, B는 ~~채권~~이다.
       채권   주식

ㄷ. 원금 손실 위험을 기피하는 투자자일수록 A보다 B를 선호한다.
→ 원금 손실 위험을 기피하는 투자자는 주식보다 채권을 선호할 것이다.

02 자산 관리의 원칙에 비추어 본 금융 자산의 특징   답 ④

요구불 예금과 주식, 채권 중에 수익성이 가장 높고 안전성이 가장 낮은 C는 주식이다. 반면, 수익성이 가장 낮고 안전성이 가장 높은 B는 요구불 예금이다. 따라서 A는 채권이다. 채권과 주식은 모두 가격 상승에 따른 시세 차익을 얻을 수 있다.

① ㉠에는 'C〉A〉B'가 적절하다.
　　B〉A, C

② A와 달리 B는 이자 수익이 발생한다.
　→ 채권도 만기일에 원금과 이자를 함께 받아 이자 수익을 얻을 수 있다.

③ ~~B와 달리~~ C는 예금자 보호 제도의 적용을 받는다.
　C와 달리 B는
　→ 예금은 예금자 보호 제도를 통해 보호를 받는다.

⑤ B의 이자율이 상승하면 A, C의 수요는 증가한다.
　→ B의 이자율이 상승하면 C의 수요는 감소한다.

03 정기 적금, 채권, 연금의 특징 답 ①

정부나 기업이 필요한 자금을 빌리면서 발행한 일종의 차용 증서로 증서에 명시한 만기일에 맞춰 원금과 이자를 지급하는 상품인 A는 채권이며, 이자를 받을 목적으로 계약 기간 동안 매달 일정 금액을 은행에 입금하여 목돈을 마련하는 상품인 B는 정기 적금이다. 노후 생활의 안정을 위해 자금을 적립하여 노령, 퇴직 등의 사유가 발생했을 때 급여를 지급받는 상품인 C는 연금이다.

채권은 만기일 이전에라도 채권 시장에 내다 팔 수 있으며, 정기 적금은 다른 예금과 마찬가지로 예금자 보호 제도에 의해 보호를 받는 금융 상품이다.

병: ~~C는 정기 적금입니다.~~
　　　연금

정: B, C와 달리 A는 배당금을 받습니다.
　→ 배당금은 주식회사의 주식을 갖고 있는 투자자들에게 회사 경영을 통해 얻은 이익 가운데 일부를 투자 지분에 따라 나누어 주는 것이다. 따라서 A, B, C 모두 배당금을 받을 수 있는 금융 자산이 아니다.

다양한 금융 자산의 특징
- 정기 적금: 목돈을 만드는 데 적합함.
- 연금: 장기간 지속적으로 받으며, 노후 보장의 효과가 강함.
- 보험: 사고로 인한 손해를 막아주는 역할을 함.
- 펀드: 일반인들이 어려워하는 투자를 전문 투자가가 대신해 줌.

04 생애 주기에 따른 재무 계획 분석 답 ②

제시된 그래프는 생애 주기에 따른 소득 곡선과 소비 곡선을 나타내고 있다. 저축은 소득에서 소비를 뺀 부분이므로 A~B 기간과 D 이후에는 저축이 없으며 오히려 소비가 더 많은 것을 알 수 있다. B~D 기간에는 소비보다 소득이 많아 저축이 발생했다. 이처럼 B~D 기간에는 누적 저축액이 지속적으로 증가한다.

① A~B 기간에는 소득이 소비보다 ~~크다~~.
　　　　　　　　　　　　　　작다
③ C~D 기간에는 소득 대비 소비가 지속적으로 감소한다.
　→ C~D 기간에는 소득이 급격히 감소하고, 소비는 완만하게 증가하고 있으므로 소득 대비 소비는 오히려 증가하고 있다.
④ D 시점에서 누적 소비액은 일생 중 최대가 된다.
　→ 누적 소비액이 최대가 되는 시점은 더 이상 소비를 하지 않는 시점이다.
⑤ (가)와 (다)의 합은 (나)보다 작다.
　→ 발문을 통해 그래프는 남은 일생 동안의 소득과 소비를 일치시키려는 사람의 재무 계획이라는 것을 알 수 있으므로, (가)와 (다)의 합은 (나)와 같다.

---

01 정의의 의미와 실질적 기준

01 ③	02 ⑤	03 ②	04 ②	05 ②
06 ③	07 ⑤	08 ③	09 ④	10 해설 참조
11 해설 참조		12 해설 참조		

01 정의의 의미 답 ③

A는 정의이다. 동양의 유교에서는 정의를 의로움, 즉 옳음이라고 이해하였으며, 서양의 고전적 의미에서는 '각자에게 그의 몫을 주는 것'을 정의라고 여겼다.

ㄱ. 공동체 전체에 이익이 되는 것이다.
　→ 공동선 또는 공공의 이익을 말한다.
ㄹ. 개인의 행복 추구와 자아실현을 중시하는 것이다.
　→ 개인선 또는 사적 이익을 가리킨다.

02 사회 제도가 추구해야 하는 정의 답 ⑤

롤스는 정의를 사회 제도의 제1덕목이라고 보았다. 그에 따르면 모든 사람은 침해받을 수 없는 기본적 권리를 가지고 있으며, 이를 보장하는 것이 정의로운 사회 제도이다. 따라서 아무리 효율적인 법과 제도일지라도 정의롭지 않다면 개선되어야 한다.

사상 체계의 제1덕목을 진리라고 한다면, 사회 제도의 제1덕목은 정의이다. 이론이 아무리 정교하고 간결하다 할지라
└ 롤스는 사회 제도가 갖추어야 할 가장 중요한 덕목은 정의라고 보았다.
도 그것이 진리가 아니라면 배척되거나 수정되어야 하듯이, 법이나 제도가 아무리 효율적이고 정연할지라도 정의롭지 못
└ 롤스는 법과 제도가 효율적이라고 해도 정의롭지 못하면 개선해야 한다고 주장하였다.
하면 개혁되거나 폐기되어야 한다. 모든 사람은 전체 사회의
　　　　　　　　　　　　　　　　모든 사람에게는 침해할 수 없는
복지를 위한다는 이유로도 결코 침해될 수 없는 기본적 권리
기본권이 있으며, 이는 타인이나 공동체를 위한다는 명분으로 침해되어서는 안 된다고
를 가진다. 그러므로 타인이 갖게 될 더 큰 선을 위하여 소수
보았다.
의 자유를 뺏는 것이 정당화될 수 없다고 본다.

03 아리스토텔레스의 정의 구분 답 ②

제시문은 아리스토텔레스의 정의에 관한 관점이다. 그는 정의를 일반적(보편적) 정의와 특수적(부분적) 정의로 구분하고, 특수적 정의를 다시 분배적·교정적·교환적 정의로 나누었다.

아리스토텔레스의 특수적 정의 구분
- 분배적 정의: 각자가 지닌 가치에 따라 분배하는 것
- 교정적 정의: 다른 사람에게 해를 끼치면 보상하게 하고, 이익을 주었으면 보상받게 하는 것
- 교환적 정의: 같은 가치를 지닌 물건을 교환하여 결과를 공정하게 하는 것

04 정의의 필요성　답 ②

교사의 질문에 을은 옳은 대답을 해야 하므로 (가)에는 정의가 요청되는 이유로 적절한 ㄱ, ㄷ이 와야 한다. 또한 병은 잘못된 대답을 해야 하므로 (나)에는 정의가 요청되는 이유로 적절하지 않은 ㄴ, ㄹ이 와야 한다. 정의는 사회 구성원이 인간다운 삶을 살아갈 수 있게 해 주며, 구성원의 이해 갈등을 공정하게 처리하게 해 준다. 또한 공동선과 개인선을 함께 실현할 수 있게 해 주고, 사회적 자원이 일부 집단에게 편중되는 것을 막아 주어 사회 계층의 양극화 문제를 완화하는 데 도움을 준다.

05 업적에 따른 분배 사례　답 ②

성과 연봉제는 개인이 업무에서 생산해 낸 성과에 따라 급여를 많게 혹은 적게 받는 임금 체계이다. 이는 각자가 조직의 목표 달성에 기여한 업적, 즉 업무 성과와 실적 정도에 따라 소득이나 사회적 지위를 차별적으로 분배하는 업적에 따른 분배의 사례이다.

> **자료를 분석하는 Self - Tip**
>
> 성과 연봉제란 개인의 업무에 대한 성과 평가에 따라 급여
> └ 개인이 업무 수행에서 성취하고 이바지한 결과에 따라 급여를 달리 주는 성과
> 가 결정되는 임금 체계이다. 직급 내 성과 평가에 따라 급여 수
> 연봉제는 업적에 따른 분배에 해당한다.
> 준의 차이가 발생한다. 기업의 성과 연봉제는 근로자의 노력
> 을 극대화하여 기업의 생산성을 향상하려는 전략적인 선택이
> 여를 받기 위해 더 많은 업적을 생산하고자 할 것이므로 생산성이 향상될 것이라고 본다.
> 라고 할 수 있다.

06 능력에 따른 분배 사례　답 ③

사원을 선발할 때 자격증 소지자나 경력자를 우대하는 것은 능력에 따른 분배의 사례에 해당한다. 능력에 따른 분배는 직무 수행에 필요한 육체적·정신적 능력에 따라 분배하는 것이다. 이는 직무 수행에 필요한 전문 지식이나 자질에 따라 분배하는 것으로, 능력이 뛰어난 사람을 우대할 수 있다는 장점이 있다. 그러나 능력을 평가하는 정확한 기준을 마련하기가 쉽지 않으며, 능력은 선천적 자질이나 부모의 사회적·경제적 지위 등 우연적인 요소의 영향을 받아 형성된다는 점에서 한계가 있다.

> **정답을 찾아가는 Self - Tip**
>
> ㄱ. 성취동기를 약화하여 경제적 효율성이 떨어질 수 있다.
> → 필요에 따른 분배의 단점이다.
> ㄹ. 사회적 약자를 비롯하여 최대한 많은 구성원이 인간다운 삶을 살 수 있게 해 준다.
> → 필요에 따른 분배의 장점이다.

07 필요에 따른 분배　답 ⑤

필요에 따른 분배는 기본적 욕구 충족이 어려운 사람들에게 필요한 재화와 가치를 우선적으로 분배하는 것이다. 즉, 인간다운 삶을 보장하기 위한 기본적 욕구를 충족할 수 있도록 분배하는 것이다. 필요에 따른 분배를 시행하면 사회적 약자를 위해 더 많은 재화를 사용할 수 있다. 복지 정책을 통해 생계비나 의료비를 지원하는 일 등이 이에 해당한다.

> **정답을 찾아가는 Self - Tip**
>
> ① 개인이 지닌 잠재력에 따라 몫을 나누는 것이다.
> → 능력에 따른 분배이다.
> ② 당사자들이 성취한 업적에 따라 분배하는 것이다.
> → 업적에 따른 분배이다.
> ③ 모든 사람에게 똑같은 양의 몫을 분배하는 것이다.
> → 절대적 평등에 따른 분배이다.
> ④ 각 사람이 지닌 가치에 따라 사회적 지위를 나누는 것이다.
> → 아리스토텔레스의 분배적 정의에 따른 것이다.

08 업적에 따른 분배의 한계　답 ③

을이 성과 연봉제의 도입에 반대하는 것은 업적에 따른 분배의 한계를 우려하기 때문이다. 업적에 따른 분배는 성취동기를 북돋아 주어 생산성을 향상시킨다는 장점이 있다. 그러나 업적에 따른 분배는 더 많은 업적을 쌓아 보상을 받으려는 구성원들 간에 과열 경쟁이 일어나 결국 사회적 갈등과 분열을 심화시킬 수 있다. 또한 비교적 불리한 처지에 있어 업적을 수월하게 성취하지 못한 구성원을 배려할 수 없다는 한계가 있다.

> **내 것으로 만드는 Self - Tip**
>
> 분배 기준의 장단점
>
> | 구분 | 장점 | 단점 |
> | --- | --- | --- |
> | 업적에 따른 분배 | • 업적은 객관화 및 수량화할 수 있어 분배의 몫을 비교적 공정하게 정할 수 있음.
 • 성취동기를 북돋우어 생산성을 높임. | • 서로 다른 종류의 업적을 비교하기 어려움.
 • 사회적 약자를 배려하기 어렵고 빈부 격차가 심화됨.
 • 경쟁이 과열될 우려 |
> | 능력에 따른 분배 | • 개인이 지닌 잠재적 능력을 발휘하게 함.
 • 능력 있는 사람을 우대해 업무 효율성 제고 | • 정확한 평가 기준의 마련이 어려움.
 • 선천적·우연적 요소의 영향을 받음. |
> | 필요에 따른 분배 | 사회적 약자가 인간다운 삶을 살아가도록 배려할 수 있음. | • 모두의 필요를 만족시키는 것은 불가능함.
 • 경제적 효율성 저하 |

09 능력에 따른 분배와 필요에 따른 분배　답 ④

㉠은 능력, ㉡은 필요이다. 능력은 타고난 재능과 같은 선천적 요소나 부모의 사회적·경제적 지위와 같은 우연적인 요소의 영향을 받으므로 공정한 분배의 기준이 될 수 있는지에 의문이 제기될 수 있다. 한편 필요는 자원이 한정되어 있는 만큼, 모든 사람의 기본적 삶을 보장하려는 필요를 충족시키기 어렵다는 점에서 한계가 있다.

> **정답을 찾아가는 Self - Tip**
>
> ㄱ. ㉠이 뛰어난 사람은 반드시 업적을 이룰 수 있다.
> → 능력이 뛰어나더라도 노력하지 않거나 여건이 여의치 않아 업적을 이루기 어려울 수도 있다. 이렇듯 능력은 각자의 잠재력이 결과로 나타나지 않는 한, 업적에 비해 평가 기준을 마련하기 어렵다.
> ㄷ. ㉡에 따른 분배 방식이 가장 정의롭다.
> → 다양한 분배적 정의의 기준에는 각기 장단점이 있기 때문에 필요에 따른 분배가 가장 정의롭다고 보기는 어렵다.

서술형 문제

10 롤스의 정의의 필요성

모범 답안 | 인간에게는 어떤 이유로도 결코 침해될 수 없는 기본적 권리와 자유가 있다. 정의는 사회나 국가가 바로 이러한 인간의 자유와 권리를 침해하는 것을 정당화하지 못하도록 하기 위해 사회 제도가 최우선으로 추구해야 하는 덕목이다.

주요 단어 | 기본적 권리, 자유

채점 기준	배점
기본적 권리, 자유를 보장한다는 내용을 모두 바르게 서술한 경우	상
정의로운 사회 제도를 유지하게 한다는 내용만 서술한 경우	하

11 능력에 따른 분배의 한계

모범 답안 | 능력을 기준으로 분배하는 방식의 경우 능력을 평가하는 정확한 기준을 마련하기 어렵다. 또한 능력은 노력뿐만 아니라 타고난 재능과 같은 선천적 요소나 부모의 사회적·경제적 지위와 같은 우연적 요소의 영향을 받는다. 이는 사회적·경제적 약자의 소외감을 유발하고 사회 불평등을 심화시킬 수 있다.

주요 단어 | 능력, 평가, 선천적 요소, 우연적 요소, 불평등

채점 기준	배점
능력의 기준이 나타나 있음을 밝히고, 평가 기준을 마련하기 어려운 점, 선천적 요소와 우연적 요소의 영향을 받는 점, 구성원의 소외감과 불평등을 심화한다는 내용 중 하나를 바르게 서술한 경우	상
능력을 서술하고, 능력의 한계를 미흡하게 서술한 경우	하

12 필요에 따른 분배의 장점과 단점

모범 답안 | (1) 필요에 따른 분배

(2) 필요에 따른 분배는 사회적 약자를 비롯한 많은 이들이 인간다운 삶을 살 수 있게 해 준다. 그러나 모든 사람의 필요를 만족시키기 어렵고, 열심히 일하려는 동기를 약화시켜 경제적 효율성이 떨어질 수 있다.

주요 단어 | 필요, 인간다운 삶, 일하려는 동기, 경제적 효율성

채점 기준	배점
필요에 따른 분배에 해당한다는 점을 밝히고, 그것의 장점과 단점을 모두 바르게 서술한 경우	상
필요에 따른 분배에 해당한다는 점을 밝히고, 그것의 장점과 단점 중 한 가지만을 바르게 서술한 경우	중
필요에 따른 분배에 해당한다는 점만 밝힌 경우	하

1등급 완성하기 p. 141

01 ③ **02** ② **03** ② **04** ⑤

01 아리스토텔레스의 분배적 정의 답 ③

제시된 사상가는 아리스토텔레스이다. 그는 각자에게 그의 마땅한 몫을 주는 사회가 정의롭다고 보았으며, 정의로운 분배는 각자가 지닌 가치에 따라 분배하는 것이라고 보았다.

정답을 찾아가는 Self - Tip

ㄱ. 모든 사람에게 절대적 평등을 실현해야 하는가? → 아리스토텔레스는 모든 사람을 절대적으로 평등하게 대하는 것은 정의롭지 않다고 보았다. 그는 같은 것은 같게, 다른 것은 다르게 대우해야 한다고 여겼다.

ㄹ. 사회적 약자를 비롯하여 많은 이들의 인간다운 삶을 보장해야 하는가? → 필요에 따른 분배를 주장하는 입장이다.

02 정의의 역할 답 ②

제시된 개념은 정의이다. 정의는 일반적으로 사회적 이익이나 부담 등에서 '마땅히 받을 만한 몫'을 공정하게 받는 것, 혹은 '동일한 경우를 동일하게 취급하고 다른 것은 다르게 취급하는 것' 등으로 표현된다. 정의는 사회 구성원 간의 이해 갈등을 공정하게 처리하여 상호 신뢰를 바탕으로 개인선과 공동선을 함께 실현하게 한다. 사회 특권층의 권리를 강화하는 것은 부정의하다.

03 능력에 따른 분배와 업적에 따른 분배 답 ②

갑은 능력에 따른 분배, 을은 업적에 따른 분배를 주장한다. 능력에 따른 분배는 개인의 잠재적 능력을 발휘하도록 도와준다는 장점이 있고, 업적에 따른 분배는 생산성을 높일 수 있다는 장점이 있다.

정답을 찾아가는 Self - Tip

① 갑은 사회적 불평등을 완화하고자 한다. → 갑과 을 모두 사회적 불평등 완화와 거리가 멀다.

③ 을은 사회적 약자 보호를 위해 복지 제도를 확충하고자 한다. → 필요에 따른 분배를 지지하는 사람의 입장이다.

④ 을은 모든 사람의 필요와 욕구를 고려하여 분배할 것을 주장한다. → 필요에 따른 분배를 지지하는 사람의 입장이다.

⑤ 갑과 을의 주장은 모두 경제적 효율성이 저하된다는 한계를 지닌다. → 갑과 을의 주장은 구성원의 잠재력이나 성취동기를 자극하여 생산성을 향상시킨다.

04 필요에 따른 분배 답 ⑤

(가)와 같은 큰 임금 격차가 나타나게 된 것은 업적이나 능력이라는 기준에 따라 분배가 이루어지고 있기 때문이다. 한편 (나)는 필요 또는 절대적 평등에 따른 분배를 주장하는 입장으로, (나)의 입장에서는 (가)에서와 같은 격차가 심화되면서 업적이나 능력에 따른 분배를 지나치게 추구하는 일이 정의롭다고 볼 수 있을지 비판할 수 있다. ⑤ 능력이 뛰어난 사람에게 적절한 대우를 해 줄 수 없는 것은 업적이나 능력에 따른 분배의 한계라고 보기 어렵다.

정답을 찾아가는 Self - Tip

① 경쟁이 과열될 수 있다. → 업적에 따른 분배는 성취동기를 북돋워 서로 더 많은 성과를 내려고 하다 보면 개인들 간의 경쟁을 과열시킬 수 있다.

② 빈부 격차가 커질 수 있다. → 업적에 따른 분배에 대한 가장 대표적인 비판으로는 사회적 약자에 대한 배려를 소홀히 여겨 빈부 격차를 심화시킨다는 점이다.

③ 우연적·선천적 요소가 개입할 수 있다. → 업적이나 능력을 이루는 데 우연이나 선천적 요소가 개입하여 분배 기준으로서 공정성에 문제가 제기될 수 있다.

④ 사회적 약자에 대한 배려가 부족할 수 있다. → 업적에 따른 분배를 지나치게 강조하면 배려가 필요한 사회적 약자를 경쟁에서 도태되게 하고 자유로운 경쟁을 불가능하게 한다.

02 자유주의와 공동체주의의 정의관

01 자유주의의 의미와 특징　　　　　　　　　답 ②

㉠은 자유주의이다. 자유주의는 개인의 자유를 가장 소중히 여기는 사상으로, 존엄하며 독립적인 존재인 개인의 독립성과 자율성을 중시한다. 또한 모든 인간은 자신이 원하는 삶을 살아갈 자유와 권리가 있다고 여긴다.

🔍 정답을 찾아가는 Self - Tip

ㄴ. 인간은 공동체에 소속된 구성원으로서 존재한다.
　→ 공동체주의 관점이다. 자유주의의 인간관에서는 인간은 자유롭고 독립적인 개인으로서 존재한다고 본다.
ㄹ. 자신의 자유와 권리를 누리기 위해서 타인의 자유와 권리를 빼앗을 수 있다.
　→ 극단적 이기주의에 해당한다. 자유주의는 개인이 자유를 누리기 위해서는 타인의 자유도 존중해야 한다고 보므로 이기주의와 구분될 수 있다. 그러나 개인의 이익을 지나치게 강조할 경우 이기주의에 빠질 수 있다.

02 자유주의적 정의관　　　　　　　　　　　답 ⑤

자유주의는 개인의 자유와 권리를 최대한 보장하는 것을 정의롭다고 여긴다. 그러므로 타인의 자유를 침해하지 않는 한, 사회나 국가는 개인이 자신의 신념과 입장에 따라 삶을 스스로 계획하고 살아갈 수 있도록 중립적 입장에서 개인의 자유로운 선택권과 자율성을 최대한 허용하고, 공정하게 취득한 재산을 보장하며, 특정한 가치나 삶의 방식 등을 강제해서는 안 된다고 본다. 따라서 자유주의적 정의관에 따르면, 개인이 애국심을 가질 수 있도록 국가가 이끌어 주는 것은 공동체에 속한 특정한 가치를 개인에게 강요하는 것으로서 바람직하지 않다.

🔍 정답을 찾아가는 Self - Tip

갑: 개인은 공동선을 실현하기 위해 책임과 의무를 다해야 해.
　→ 공동체주의적 정의관의 입장이다. 자유주의적 정의관에서는 개인의 권리와 개인선을 중시한다.
병: 개인이 애국심을 가질 수 있도록 국가가 이끌어 주어야 해.
　→ 공동체주의적 정의관에서 옹호할 수 있는 주장이다. 공동체주의적 정의관에 따르면 공동체는 개인이 공동체의 가치와 목적을 내면화하고 소속감을 가질 수 있도록 국가가 개인의 삶의 방식을 이끌어 줄 수 있다.

03 자유주의적 정의관을 주장한 사상가들　　　답 ③

갑은 롤스, 을은 노직이다. 롤스와 노직은 자유주의적 정의관을 대표하는 사상가로, 두 사람 모두 개인의 자유와 권리를 보호하고 존중하는 것을 정의라고 주장하였다. 또한 이들은 어떤 직책이나 지위에 오를 기회가 모두에게 균등하게 개방되었다면, 각 사람이 노력하여 성취한 정도에 따라 발생하는 사회적·경제적 불평등은 허용될 수 있다고 보았다. 그러나 롤스와 노직은 사회적 약자를 배려하기 위한 국가의 재분배 정책에 대해서는 서로 다른 견해를 보였다.

📱 자료를 분석하는 Self - Tip

갑: 모든 사람은 기본적 자유를 최대한 누릴 수 있는 평등한
　└ 롤스는 자유가 무엇보다 중요한 가치라고 본 자유주의적 정의관을 제시하였다.
　권리를 가져야 한다. 또한 사회적·경제적으로 혜택을 가
　장 받지 못하는 계층에게 최대의 이익을 보장할 수 있어
　└ 롤스는 자유를 보장하되, 자유 경쟁에서 도태되기 쉬운 사회적 약
　야 한다.　자를 배려해야 한다고 보았다.
을: 개인의 자유와 권리를 보호하고 존중하는 것이 정의이다.
　└ 노직은 개인의 자유와 권리, 특히 경제적 소유권을 가장 중요한 가치라고
　특히 개인의 선택권과 소유권이 최대한 보장되어야 한다.
　여겼다.
　어떤 사람이 정당하게 소유물을 취득하거나 양도받았다
　└ 노직은 개인의 소유권 보호를 최우선의 가치로 여기기 때문에, 국가가
　면, 그 사람은 그 소유물에 대해 침해당할 수 없는 권리를
　└ 부유한 이들에게 세금을 걷어 사회적 약자를 위해 사용하는 조세
　지닌다.　정책, 복지 제도와 같은 각종 재분배 정책에 반대하였다.

04 롤스와 노직의 자유주의적 정의관　　　　　답 ②

롤스와 노직은 자유주의를 주장하면서 개인의 자유를 보호하고 존중할 것을 공통적으로 강조하였다. 그러나 롤스는 사회적 약자 보호를 위한 국가의 재분배 정책을 주장한 반면, 노직은 국가의 역할을 개인의 소유권 보호로 제한해야 한다고 보았다. 즉, 롤스는 자유 경쟁에서 도태되기 쉬운 사회적 약자를 배려하기 위하여 국가가 조세 정책, 복지 제도 등의 각종 재분배 정책을 운영하는 것이 필요하다고 보았다. 반면, 노직은 이러한 국가의 재분배 정책이 개인의 소유권을 침해한다고 여겨 반대하였다.

🔍 정답을 찾아가는 Self - Tip

ㄴ. A: 국가의 역할은 개인의 소유권 보호로 제한되어야 한다.
　→ C인 노직만의 입장에 해당하는 내용이다.
ㄹ. C: 조세 및 복지 제도 등을 통해 사회적 약자의 복지를 배려해야 한다.
　→ A인 롤스만의 입장에 해당하는 내용이다.

05 자유주의 정의관의 문제점　　　　　　　　답 ②

자유주의 정의관이 지나칠 때는 개인의 권리와 사익만을 추구하여 타인이나 사회 전체의 이익을 침해하는 이기주의의 문제를 초래하거나 타인에게 무관심한 경향이 증가하게 할 수 있다. 이렇게 타인에게 무관심하고 자신의 이익만을 추구하게 되면 결국 사회 전체의 풍요로움이라는 공동선이 사라지고 구성원 모두가 피해를 입는 결과가 나타날 수도 있다.

🔍 정답을 찾아가는 Self - Tip

① 타인과 사회에 대한 관심이 지나치게 증가할 수 있다.
　→ 타인에게 무관심한 경향이 증가할 수 있다.
③ 개인의 사익 추구를 부정하여 경제적 자유가 위축될 수 있다.
　　　　　　긍정　　　　　　　　　　확대
④ 개인선보다 공동선을 우선시하여 개인의 자아실현을 방해할 수 있다.
　　　　　　개인선　　　　　　　　　　　　　보장
⑤ 절대적 평등을 강조하여 개인의 성취동기가 약화되고 생산성이 저하될 수 있다.
　　기회의 평등　　　　　　　　　　　강화
　　높아질

06 공동체주의의 특징 　 정답 ②

공동체주의는 인간의 삶이 공동체에 뿌리를 두고 있다고 주장한다. 또한 인간은 공동체를 선택하기 이전에 이미 특정한 공동체 안에서 태어나며, 그 속에서 바람직한 역할을 요구받으며 살아가는 존재라고 여긴다. 따라서 개인은 그가 속한 공동체가 바르게 유지되고 발전할 때 좋은 삶을 살 수 있다고 본다.

📝 정답을 찾아가는 Self - Tip

ㄴ. 개인선을 우선적 가치로 삼고 추구해야 하는가?
→ 자유주의를 지지하는 사람이 긍정의 대답을 할 질문이다.

ㄷ. 인간은 자신이 선택한 것에 대해서만 책임과 의무를 지니는가?
→ 자유주의를 지지하는 사람이 긍정의 대답을 할 질문이다.

07 공동체주의 정의관 　 정답 ①

공동체주의 정의관에 따르면 개인은 공동체의 이익이나 공동선을 추구해야 하며, 국가는 개인이 공동체의 가치와 목적을 내면화할 수 있도록 개인을 이끌어 주어야 한다. 즉, 공동체주의 관점에서는 공동체의 구성원들이 서로에 관한 유대감을 바탕으로 각자의 역할과 의무를 다하며, 공동체의 선을 실현하는 것을 정의롭다고 여긴다.

📝 정답을 찾아가는 Self - Tip

을: 공익 실현을 위해서 개인의 자유와 권리를 무조건 희생해야 해.
→ 집단주의에 관한 설명이다.

정: 공동체의 목표를 달성하기 위한 책임을 소수의 구성원에게 주어야 해.
→ 공동체주의적 정의관에서는 공동체 구성원 모두가 공동체의 선을 실현하기 위해 책임과 의무를 다해야 한다고 본다.

08 매킨타이어의 정의관 　 정답 ②

(가)의 사상가는 공동체주의를 주장한 매킨타이어이다. 그는 인간의 자아 정체성이 공동체의 역사와 전통에 뿌리를 두고 형성되었다고 본다. 한편 A는 자유주의적 관점에서 개인을 자유롭고 독립적인 존재로 보고, 현재 세대가 과거 세대의 잘못을 책임질 것인가에 대해 개인의 자유로운 선택이나 동의가 있어야 한다고 주장하는 입장이다. 따라서 (가)는 A에게 인간의 자아가 공동체를 바탕으로 형성됨을 강조하며 인간의 삶이나 도덕이 공동체와 분리될 수 없다고 조언할 수 있다.

👆 자료를 분석하는 Self - Tip

나는 이 도시 혹은 저 도시의 시민이며, 이 조합 혹은 저 집단의 구성원이다.
└ 공동체주의 사상가인 매킨타이어는 인간이 공동체에 소속되어 자아 정체성을 형성하는 존재라고 본다.
또한 나는 이 씨족, 저 부족, 이 민족에 속해 있다. 그러므로 나에게 좋은 것은 공동체에서 역할을 담당하는 누구에게나 좋은 것이어야 한다.
└ 공동체주의는 공익과 공동선이 실현되면 자연스럽게 개인의 행복한 삶도 가능해진다고 본다.
이처럼 나는 내 가족, 도시, 부족, 민족으로부터 다양한 부담과 유산, 정당한 기대와 책무를 물려받았다.
└ 공동체주의는 개인이 사회적 역할을 수행함으로써 자신의 정체성을 형성하고, 공동체의 문화와 역사 등의 영향을 받으며 자신의 삶을 구성하는 존재임을 강조한다.
그것들은 나의 삶과 도덕의 출발점을 구성한다.

09 공동체주의 정의관의 문제점 　 정답 ③

공동체주의 정의관은 공동체에 대한 책임 의식과 사회에 대한 관심이 증대된다는 장점이 있는 반면, 지나칠 경우 개인의 자유와 권리를 억압하고 구성원의 희생을 정당화하는 집단주의로 흐를 수 있다는 한계가 있다. 즉, 공동체주의 정의관이 지나칠 때는 개인의 자유를 억압하는 부당한 관습이나 정의롭지 못한 제도가 나타날 수 있고, 연고주의나 공동체의 목표 달성을 위해 인류의 보편적 가치를 위협하는 행위까지 나타날 수 있다.

서술형 문제

10 롤스와 노직의 사상 비교

모범 답안 | 롤스는 공정으로서의 정의의 입장에서 사회적 약자의 복지를 배려하여 사회적·경제적 불평등을 최소화하려는 국가 역할의 필요성을 인정하는 반면, 노직은 소유 권리로서의 정의의 입장에서 개인의 소유권을 보호하는 역할만 하는 최소 국가를 지지하여 국가의 재분배 정책에 반대한다.

주요 단어 | 사회적 약자, 최소 국가, 재분배 정책

채점 기준	배점
롤스가 사회적 약자를 배려하고, 불평등을 최소화하려는 국가의 역할을 인정하는 점을 밝히고, 노직이 최소 국가의 입장에서 재분배 정책에 반대한다는 점을 모두 바르게 서술한 경우	상
롤스가 사회적 약자를 배려하고, 불평등을 최소화하려는 국가의 역할을 인정하는 점, 노직이 최소 국가의 입장에서 재분배 정책에 반대한다는 점 등을 미흡하게 서술한 경우	하

11 공동체주의와 집단주의의 구별

모범 답안 | 공동체주의는 개인과 공동체의 유기적 관계 속에서 공동선 추구를 통해 개인선 및 개인의 행복한 삶의 실현을 도모한다. 그러나 집단주의는 집단의 이익과 목적을 위해 개인의 희생을 강요한다는 점에서 공동체주의와 구별된다.

채점 기준	배점
공동체주의와 집단주의의 차이점이 드러나도록 바르게 서술한 경우	상
공동체주의와 집단주의를 각각 서술하였으나 차이점을 미흡하게 서술한 경우	하

12 사익과 공익의 조화

모범 답안 | 지나친 사익 추구로 인해 공익이 훼손되는 문제가 나타날 수 있다. 그러나 사익과 공익은 상호 보완적인 관계로, 어느 한쪽만을 추구할 때보다 양자를 조화롭게 추구할 때 더욱 잘 실현될 수 있다.

주요 단어 | 상호 보완적 관계, 조화

채점 기준	배점
사익과 공익이 상호 보완적 관계임을 밝히고, 양자를 조화롭게 추구해야 함을 바르게 서술한 경우	상
사익과 공익이 갈등하는 문제를 해소할 수 있는 방법을 미흡하게 서술한 경우	하

1등급 완성하기   p. 147

01 ②   **02** ③   **03** ③   **04** ⑤

01 롤스와 노직의 자유주의적 정의관   답 ②

갑은 노직, 을은 롤스이다. A 국가는 사회적 약자의 교육 기회를 확대하기 위하여 조세 제도를 통하여 재분배 정책을 추진하고 있다. 노직은 이를 개인의 소유권 침해라고 보아 반대하고, 롤스는 사회적 약자를 배려하는 것이기에 지지한다.

정답을 찾아가는 Self - Tip

ㄴ. 기회의 공정성보다는 결과의 평등을 지향하는 입장이므로 지지한다.
  → 노직과 롤스는 모두 자유주의자로 기회의 공정성을 우선적으로 지향한다.

ㄹ. 모든 구성원이 기본적 자유를 누릴 평등한 권리를 부정하는 정책이므로 반대한다.
  → 노직만의 입장이다. 노직은 국가의 재분배 정책이 개인의 소유권의 자유를 부정한다고 보아 반대하지만, 롤스는 이것이 오히려 사회적 약자의 기본적 자유를 보장하는 데 도움이 된다고 여겨 찬성한다.

02 공동체주의 정의관   답 ③

제시문은 공동체주의 사상가인 매킨타이어의 주장이다. 공동체주의에 따르면, 개인의 정체성은 공동체의 역사와 문화를 뿌리로 삼고 있으므로 개인은 공동체에 소속감과 책임감을 지녀야 한다.

정답을 찾아가는 Self - Tip

① 개인의 정체성과 공동체의 전통은 상호 독립적인가?
  → 매킨타이어는 개인이 자신이 소속된 공동체의 전통이나 역사에 영향을 받으며 정체성을 형성해 간다고 본다. 이는 자유주의 입장에서 긍정의 대답을 할 질문이다.

② 국가는 개인의 자유를 보호하고 증진하는 수단인가?
  → 자유주의 입장에서 긍정의 대답을 할 질문이다.

④ 국가는 개인의 가치 판단에 개입하지 말아야 하는가?
  → 자유주의 입장에서 긍정의 대답을 할 질문이다.

⑤ 구성원으로서의 의무보다 개인의 권리가 우선하는가?
  → 자유주의 입장에서 긍정의 대답을 할 질문이다.

03 자유주의와 공동체주의 정의관의 비교   답 ③

갑은 자유주의적 정의관에 따라, 웹툰에 대한 규제 강화가 개인의 자유를 침해한다면 부당하다고 여긴다. 을은 공동체주의 정의관에 따라, 웹툰이 공동체의 가치를 해친다면 이에 대한 규제를 하는 것이 정의롭다고 여긴다.

04 개인선과 공동선의 관계   답 ⑤

개인선이란 개인의 행복 추구와 자아실현을 중시하는 것으로, 개인이 사적으로 누릴 수 있는 이익을 의미한다. 반면 공동선은 특정 개인에게만 유익한 것이 아니라, 공동체 구성원 모두에게 유익한 것, 즉 공동체의 발전을 이루게 하는 것, 공공의 이익을 말한다. 그런데 개인선만을 지나치게 추구하면, 공동체가 파괴되어 개인의 권리와 이익마저도 보장받지 못하게 된다. 한편, 공동선만을 강조하면, 개인의 권리와 이익을 침해하고 공동체를 위한 개인의 희생을 강요할 가능성이 커진다.

⑤ 개인선과 공동선은 상호 보완적인 관계로 볼 수 있으며, 양자를 조화롭게 추구해야 한다.

 사회 및 공간 불평등 현상과 개선 방안

내신 실력 쌓기   p. 150 ~ p. 152

01 ①	**02** ⑤	**03** ②	**04** ④	**05** ④
06 ③	**07** ④	**08** ①	**09** ②	**10** ④
11 해설 참조		**12** 해설 참조		**13** 해설 참조

01 사회 불평등 현상   답 ①

제시문은 사회 불평등 현상을 가리킨다. 사회 불평등 현상은 기본적으로 한 사회에서 부, 권력, 지위와 같은 사회적 가치가 희소하기 때문에 발생한다. 즉, 모든 사회적 자원이 균등하게 배분될 수는 없기 때문에 개인이나 집단에 불평등하게 분배되어 개인, 집단 및 지역이 서열화되는 일은 불가피한 측면이 있다. 한편 근대 이전에는 전통적인 신분 제도가 존재하여 주로 신분에 따른 불평등이 나타났다. 오늘날에는 신분제는 사라졌지만, 사회 계층의 양극화, 공간 불평등, 사회적 약자에 대한 차별 등 다양한 형태의 불평등이 나타나고 있다. 이러한 불평등이 개인적인 노력만으로는 극복하기 어렵도록 사회 구조적인 측면에서 발생하거나 사회 구성원 간의 신뢰와 협력을 해칠 수 있는 수준 이상으로 심화된다면 그러한 불평등한 사회는 정의롭다고 보기 어렵다.

정답을 찾아가는 Self - Tip

ㄷ. 효율성보다 형평성을 중요시한 결과로 나타난다.
    형평성   효율성
  → 특히 오늘날 경제적 불평등은 정부의 경제 개발 정책에서 효율성을 지나치게 추구한 결과로 나타난 측면이 있다.

ㄹ. 재산이나 소득과 같은 경제적인 측면에서만 나타난다.
  → 경제적 측면뿐만 아니라 권력과 같은 정치적 측면, 교육의 기회나 건강 관리와 같은 사회적 측면 등 다양한 영역에서 나타난다.

02 유리 천장 지수   답 ⑤

유리 천장은 투명한 유리로 가로막혀 있어 수직으로 통과할 수 없는 상태를 비유하는 말로, 충분한 능력을 갖춘 사람이 직장 내 차별 때문에 고위직으로 승진하지 못하는 상황을 비유적으로 표현한 것이다. 대개 여성이나 소수자에게 적용된다.

⑤ 여성의 유리 천장을 없애기 위해서는 우선 출산, 육아 문제의 부담을 가정 내에서 분담하려는 노력이 필요하다. 그뿐만 아니라 이 문제를 해소하는 것이 사회적·국가적으로 중요한 일이라는 인식을 고취하고, 제도적으로 뒷받침해 주어야 한다. 이러한 제도적 뒷받침을 통해 여성이 출산이나 육아로 인한 경력 단절에 잘 대처할 수 있다면, 유리 천장 현상은 완화될 수 있을 것이다. 아울러 여성이나 소수자들을 차별하게 만드는 비합리적 고정 관념이나 편견에 대한 사회적 각성이 요구된다.

03 사회 불평등의 유형   답 ②

(가)는 사회 계층의 양극화 현상, (나)는 사회적 약자에 대한 차별 현상이다. 사회 계층의 양극화 현상은 주로 경제적 격차가, 사회적 약자에 대한 차별은 사회적 약자에 대한 선입견이나 편견이 그 원인이 되는 경우가 많다.

ㄴ. (가)의 주요 원인은 성별, 장애, 경제적 조건 등에 대한 선입견
(나)
및 편견이다.
ㄹ. (나)의 주요 원인은 재산과 소득의 차이에 따른 경제적 격차
(가)
이다.

04 공간 불평등의 사례   답 ④

지역별 대중교통 격차, 문화 및 교육 시설 격차, 쓰레기 처리장 주변 주거 환경의 실태 등은 공간 불평등 현상의 정도를 파악할 수 있는 항목이다. 부모의 소득에 따른 자녀의 사교육비를 통해 공간 불평등 현상을 곧바로 추론해 내기는 어렵다. 이는 소득이나 경제적 측면의 불평등과 관련된다.

05 성장 거점 개발의 문제점   답 ④

성장 거점 개발이란 성장 잠재력이 높은 지역을 집중적으로 육성하고, 이에 따른 성장 이익을 다른 지역으로 파급하여 효과를 확산하는 성장 위주의 개발 정책을 말한다. 우리나라는 빠른 경제 성장을 이룩하고자 성장 가능성이 큰 수도권을 중심으로 성장 거점 개발을 추진하였는데, 이 과정에서 수도권은 인구와 자본이 유입되어 크게 성장했지만, 비수도권은 상대적으로 성장이 정체되거나 낙후되었다.

① 공간 불평등 현상이 완화되었다.
심화
② 지방 도시의 경쟁력을 높이게 되었다.
    → 지방 도시는 개발이 제대로 이루어지지 않아 경쟁력이 떨어진다.
③ 수도권에서 지방으로 인구와 자본이 유출되었다.
   지방   수도권
⑤ 장기적으로 국토의 효율적이고 안정적인 발전을 기대할 수 있다.
    → 성장 거점 개발보다는 균형 개발을 할 때 장기적으로 국토의 효율적이고 안정적인 발전을 기대할 수 있다.

06 수도권 집중 현상으로 본 공간 불평등   답 ③

자료는 지역 개발 과정에서 수도권에 다양한 사회 · 문화 · 경제적 자원이 지나치게 집중되는 공간 불평등 현상을 나타낸다. 수도권은 전체 국토 면적의 약 12% 정도를 차지하지만, 인구는 50%를 차지하고 있다. 나머지 지표들도 50% 내외의 점유율을 보여 대부분의 자원이 수도권에 집중되어 있음을 알 수 있다. ③ 매출액 상위 100대 기업 본사의 집중도가 가장 높아 편중이 가장 심각하다고 할 수 있다.

① 성장 거점 개발의 필요성을 잘 보여 준다.
    → 성장 거점 개발의 결과 수도권 집중 현상이 나타났으므로 이를 완화하기 위해서는 지역 균형 개발 방식이 필요하다.
② 금융 기관의 수도권 집중도가 가장 낮은 편이다.
   4년제 대학교
④ 의료 서비스가 집중되어 있는 것은 수도권의 면적이 비수도권 보다 넓기 때문이다.
    → 수도권의 면적은 전체 국토의 약 12% 정도이므로, 수도권에 의료 서비스가 집중되어 있는 것을 설명하는 근거로 보기 어렵다.
⑤ 수도권 집중도를 나타내는 주요 지표의 과반수가 60% 이상의
50%
집중도를 보이고 있다.

07 정의로운 사회의 구현 방안   답 ④

정의로운 사회를 구현하기 위해서는 다양한 불평등 현상을 시정해야 한다. 이를 해결하려면, 개인적 · 의식적 차원의 노력은 물론, 차별을 금지하는 제도를 마련하는 한편, 각종 우대 조치를 확대하여 다양한 측면에서 사회적 약자의 인간다운 삶을 지원하고, 직간접적 혜택을 제공해야 한다.

④ 사회적 약자들에 대한 각종 우대 조치를 폐지한다면, 우대 조치의 비대상자들이 받을 수 있는 역차별의 가능성은 없앨 수 있을지 모르나, 오늘날까지 사회적 약자들이 받아 온 불평등이나 차별은 더욱 확대될 것이다. 적극적 우대 조치는 역차별이 가져올 수 있는 문제에 유의하면서 그 대상과 방법에 대해 사회적으로 충분한 합의를 거쳐 운용해야 할 것이다.

08 공공 부조의 특징   답 ①

국민 기초 생활 보장 제도는 국가가 빈곤 계층에게 최소한의 생활을 보장하는 공공 부조의 일종이다. 공공 부조는 사회 복지 제도로서 소득 재분배 효과를 낳아 경제적 측면의 불평등 완화에 도움이 된다. 국민 기초 생활 보장 제도는 생계, 주거, 교육, 의료 분야로 구분하고, 해당 분야에서 도움이 필요한 계층을 선정하여 맞춤형 복지 급여를 지원하는 방식이다.

② 금전적인 지원보다 서비스를 제공한다.
    → 금전적인 지원이 원칙이다.
③ 본인과 국가가 보험 방식으로 대비한다.
    → 공공 부조는 국가가 전액을 지원하며 지원금은 조세에서 충당한다.
④ 빈곤, 실업 등에 대한 사전 예방적 성격이 강하다.
                    사후 처방적
⑤ 상담이나 재활, 돌봄 등 개별적인 서비스를 제공한다.
    → 사회 복지 제도 중 사회 서비스에 대한 설명이다.

09 사회 복지 제도   답 ②

A는 사회 보험, B는 사회 서비스에 해당한다. 사회 보험은 국민에게 발생할 미래의 사회적 위험에 대비하는 제도이다. 사회 서비스는 도움이 필요한 사회적 취약 집단을 대상으로 하는 것이므로 취약 계층에 더 많은 혜택이 돌아가는 제도이다.

ㄴ. B는 A에 비해 국민 전체를 대상으로 보편적인 혜택을 제공한
           도움이 필요한 국민을   개별적
다.
ㄷ. A, B 모두 빈곤한 국민의 최저 생활을 보장하기 위한 제도이다.
    → 국민의 최저 생활을 보장하기 위한 제도는 공공 부조이다.

사회 복지 제도

사회 보험	개인, 정부, 기업이 보험료를 분담하여 국민이 사회적 위험에 대비할 수 있도록 하는 제도
공공 부조	국가의 지원으로 빈곤 계층에게 최소한의 생활을 보장하는 제도
사회 서비스	사회적 취약 집단을 대상으로 상담, 재활, 직업 소개 등의 개별적인 서비스를 제공하는 제도

10 사회 불평등 현상의 원인 ❸④

갑은 사회 불평등 현상의 원인이 개인의 능력과 노력의 차이에 있다고 본다. 개인이 서로 다른 보상을 받는 것은 열심히 일한 사람과 그렇지 않은 사람이 있기 때문이고 불평등 현상을 개인이 스스로 해결할 수 있다고 보는 것이다. 을은 사회 불평등 현상의 원인을 개인적 능력보다는 이미 사회적 가치를 많이 가지고 있는 사람들을 중심으로 운영되는 사회 구조 때문이라고 본다. 이 구조가 불리하게 작동하기 때문에 최선을 다해서 노력해도 불평등한 위치에서 벗어나지 못하는 사람이 발생한다고 보는 것이다. 따라서 약자들에 대한 각종 우대 정책이나 불평등 해소를 위한 지원에 찬성하는 것은 '을'의 입장에 가깝다.

서술형 문제

11 사회 불평등의 유형

모범 답안 | (1) 사회 계층의 양극화

(2) 사회 계층의 양극화를 초래한 경제적 격차는 사회 전반의 불평등으로 이어져 사회 계층 이동을 막는 계층 대물림이 발생할 수 있다. 또한 사회 발전의 동력이 줄어들고, 계층 간 위화감을 조성하여 사회 통합을 어렵게 할 수 있다.

주요 단어 | 사회 전반의 불평등, 계층 대물림, 사회 통합

채점 기준	배점
경제적 격차의 파급성, 계층 이동의 어려움이나 대물림, 사회 발전이나 통합의 어려움 중 하나를 바르게 지적한 경우	상
경제적 격차의 파급성, 계층 이동의 어려움이나 대물림, 사회 발전이나 통합의 어려움 중 하나를 미흡하게 지적한 경우	하

12 공간 불평등의 해결 방안

모범 답안 | 공간 불평등을 완화하기 위해서는 주요 공공 기관의 지방 이전이나 낙후된 지역을 중심으로 하는 균형 개발을 추진하여 지역 간 발전 격차를 줄인다. 또한 지역의 잠재력과 특성을 살릴 수 있는 자립형 지역 발전 전략을 세워 지역 경쟁력을 높인다.

주요 단어 | 공공 기관의 지방 이전, 균형 개발, 지역 경쟁력

채점 기준	배점
공공 기관 이전을 통한 균형 개발, 자립형 지역 발전 전략을 통한 지역 경쟁력 제고 중 하나를 바르게 서술한 경우	상
공공 기관 이전을 통한 균형 개발, 자립형 지역 발전 전략을 통한 지역 경쟁력 제고 중 하나를 미흡하게 서술한 경우	하

13 적극적 우대 조치

모범 답안 | (1) 적극적 우대 조치

(2) 부당한 차별을 받는 사회적 약자를 보호하기 위해 마련한 제도나 장치가 주는 혜택의 정도가 과도하여 비대상자들에 대한 역차별의 문제가 발생하지 않도록 유의해야 한다.

채점 기준	배점
적극적 우대 조치와 관련됨을 밝히고, 역차별이라는 용어를 사용하여 서술한 경우	상
역차별이라는 용어를 사용하지 않았지만 문제점을 서술한 경우	하

01 ② **02** ① **03** ③ **04** ④

01 교육 불평등 해소 ❸②

(나)에서 각종 이동용 보장구의 대여 및 수리, 교육 보조 인력의 배치 등은 장애인이 교육에 평등하게 접근할 수 있도록 지원하는 적극적 우대 조치이다.

정답을 찾아가는 Self - Tip

① (가)는 경쟁을 통한 교육 기회의 획득을 강조한다.
→ 교육 기회의 차별 없는 보장을 강조하고 있다.
③ (가)는 (나)와 달리 교육 기회 확대를 통한 삶의 질 향상을 추구한다. (가), (나) 모두
④ (가)와 (나) 모두 교육에 있어 결과의 평등을 구체적으로 실현하는 것을 추구한다. → (나)가 지향하는 입장에 가깝다.
⑤ (나)는 (가)와 달리 장애인을 위한 우대 조치를 취함으로써 교육 정책의 효율성을 추구하고자 한다. 형평성

02 양극화 현상의 이해 ❸①

사회 계층 가운데 중간 계층의 비중이 줄어들고 상층과 하층의 비중이 늘어나는 양극화 현상이 심화되고 있다고 볼 수 있다.

정답을 찾아가는 Self - Tip

② 우리나라의 중산층 비율은 지속적으로 늘어나고 있다.
줄어들고
③ 최근으로 올수록 우리 사회의 통합이 용이해졌을 것이다.
어려워
④ 우리 사회의 절대적 빈곤율이 높아지고 있음을 보여 준다.
상대적
⑤ 사회 계층 가운데 하층의 비중이 줄어들 것이라고 기대할 수 있다.
늘어날

내 것으로 만드는 Self - Tip

절대적 빈곤과 상대적 빈곤

절대적 빈곤	인간의 생존 욕구를 충족시키고 최소한의 생활을 유지하는 데 필요한 자원이나 생계비가 절대적 빈곤선에 못 미치는 상태
상대적 빈곤	소득이 중위 소득(소득 순으로 나열했을 때 한가운데 있는 가구의 소득)의 50%에 미치지 못하는 상태

03 소득 불평등 ❸③

소득 5분위 배율은 상위 20%의 소득이 하위 20% 소득의 몇 배인가를 보여 주는 지표로, 값이 클수록 소득 불평등이 심하다.

정답을 찾아가는 Self - Tip

ㄱ. 소득 불평등은 매해 지속적으로 악화되었다.
→ 2012년도에는 전년도에 비해 5분위 배율이 하락했다.
ㄹ. 2013년의 소득 불평등은 전년도에 비해 다소 완화되었다.
심화

04 적극적 우대 조치 ❸④

을에 비해 병은 적극적 우대 조치를 찬성하는 입장이다. 병은 사회적 약자들에 대한 '보상'을 강조하였으므로 결과의 평등을 지향하지만, 을은 '스스로의 노력에 의한 성공'을 강조하였으므로 결과의 평등을 옹호한다고 보기는 어렵다.

Ⅶ. 문화와 다양성

01 다양한 문화권의 특징

내신 실력 쌓기　　　　　　　　　p. 159 ~ p. 162

01 ②	02 ③	03 ⑤	04 ⑤	05 ①
06 ⑤	07 ④	08 ①	09 ④	10 ⑤
11 ⑤	12 ①	13 ④	14 ④	15 ④
16 ①	17 해설 참조		18 해설 참조	
19 해설 참조				

01 문화와 문화권의 의미　　　　　답 ②

문화는 한 사회의 구성원들이 공유하고 있는 생활 양식이다. 문화는 의식주와 같은 유형적인 요소와 언어, 종교, 풍습 등의 무형적인 요소로 구성된다. 문화권은 보통 산맥, 하천, 사막 등 지형에 의해 경계가 구분되고 점이 지대가 나타날 수 있기 때문에 국경과 일치하지 않을 수도 있다.

> **정답을 찾아가는 Self - Tip**
>
> ㄴ. 자연환경이 같으면 동일한 문화권을 형성한다.
> 　→ 자연환경이 같아도 인문 환경이 다르다면 서로 다른 문화권을 형성한다.
> ㄹ. 하나의 문화권 내에 사는 사람들은 비슷한 ~~자연 경관~~을 만든다.
> 　　　　　　　　　　　　　　　　　　　　　문화 경관

02 기후에 따라 다르게 형성된 의복 문화　　　답 ③

제시된 사진은 각각 열대 기후 지역, 한대 기후 지역의 전형적인 의복이다. 열대 기후 지역은 높은 기온 때문에 통풍이 잘되는 개방적인 형태의 간단한 의복 문화가 형성되었고, 한대 기후 지역에서는 추운 기후에 대응하기 위해 보온에 유리한 털옷, 가죽옷 등의 의복 문화가 발달했다.

03 중국의 자연환경에 따른 주식 문화권　　　답 ⑤

중국 남서부의 시짱(티베트)고원은 주식 문화권의 경계에 영향을 주었으며, 기후와 지형에 따라 중국 내에는 크게 세 개의 주식 문화권이 있다. 쌀이 주식인 지역은 여름철 강수량이 많고 기온이 높아 벼농사가 활발하며, 밀이 주식인 지역은 상대적으로 한랭 건조하여 밀을 재배한다. 중국 시짱(티베트)고원 지역은 혹독한 고원의 기후와 지형에 적응한 가축(야크)을 길러 고기와 유제품을 얻는다.

⑤ 시짱고원 지역은 쌀 재배에 불리한 자연조건을 갖추었다.

04 음식 문화의 차이　　　　　　　　답 ⑤

지역별로 다르게 나타나는 기후와 지형의 차이로 인해 잘 생산되는 음식의 재료가 달라져 지역에 따라 다양한 음식 문화가 발달한다. 여름철에 기온이 높고 강수량이 풍부한 아시아의 계절풍 지역에서는 벼농사가 널리 이루어져 쌀을 주식으로 하는 음식 문화가 발달했다. 밀은 쌀에 비해 상대적으로 냉량하고 강수량이 부

족한 곳에서도 잘 자랄 수 있기 때문에 유럽에서는 빵을 주식으로 하는 음식 문화가 나타난다. 뿐만 아니라 유럽에서는 목축업이 발달해 고기를 즐겨 먹는다.

한편, 남아메리카의 고산 지역에서는 냉량한 기후가 나타나 감자나 옥수수를 이용한 음식 문화가 발달했다.

> **내 것으로 만드는 Self - Tip**
>
> **세계 각 지역의 다양한 음식 문화**
> • 아시아의 계절풍 기후 지역: 여름에 고온 다습하여 벼농사 유리 → 쌀을 주식으로 하는 음식 문화
> • 유럽: 밀농사와 목축업 발달 → 빵과 고기를 이용한 음식 문화
> • 남아메리카의 고산 지역: 해발 고도가 높아 냉량한 기후 → 감자, 옥수수가 주식이 되는 음식 문화

05 기후 조건에 따른 전통 가옥　　　답 ①

(가)는 건조 기후 지역의 흙집, (나)는 냉대 기후 지역의 통나무집, (다)는 한대 기후(툰드라) 지역의 이동식 가옥이다. (가)는 큰 일교차에 대비해 창문을 작고, 벽을 두껍게 만들었다.

> **정답을 찾아가는 Self - Tip**
>
> ② (나)는 유목 생활에 편리하도록 만든 가옥이다.
> 　→ 이동식 가옥에 대한 설명이다.
> ③ (다)는 언 땅이 녹아 가옥이 붕괴되는 것을 막기 위한 구조이다.
> 　→ 한대 기후 지역의 고상 가옥에 대한 설명이다.
> ④ (가)는 (나)보다 강수량이 많은 지역에서 볼 수 있다.
> 　　　　　　　　　　　　　　　　　　　　적은
> ⑤ (가)~(다) 모두 각 지역의 ~~산업~~의 영향을 받아 만들어진 전통 가옥이다.
> 　　　　　　　　　　　　기후

> **자료를 분석하는 Self - Tip**
>
>
> **건조 기후 지역의 흙집(흙벽돌집)**
> • 사막 지역의 낮의 열기와 밤의 추위에 대비해 벽이 두껍고 창문이 작음.
> • 강수량이 적어 지붕이 평평함.
>
>
> **냉대 기후 지역의 통나무집**
> • 냉대 기후 지역에 분포하는 냉대림(타이가)을 이용하여 지음.
>
>
> **한대 기후(툰드라) 지역의 이동식 가옥**
> • 순록의 가죽을 이용하여 만듦.

06 산업의 영향을 받아 형성된 문화권의 특징　　　답 ⑤

농경 문화권에서는 정착 생활을 하고 농사를 위한 협동 노동의 필요성이 커 공동체 문화가 발달했다. 유목 문화권에서는 계절에 따라 지역을 오가며 가축을 기르기 때문에 이동 생활을 하고, 의복, 음식, 가옥의 재료를 대부분 가축으로부터 얻는다. 상공업 중심의 문화권에서는 대부분의 사람들이 1차 생산물을 가공하여 새로운 제품을 만들거나, 만든 제품을 유통하는 일에 종사하기 때문에 생산 활동이 이루어지는 곳과 주거지가 분리되어 있고, 이에 따라 출퇴근을 하는 문화가 형성되었다.

07 유목 문화권과 상공업 중심의 문화권 　답 ④

(가)는 유목 문화권, (나)는 상공업 중심의 문화권의 일상 모습을 나타낸 것이다. 유목 문화권은 상공업 중심의 문화권보다 산업의 발달 정도가 낮다. 상대적으로 산업의 발달 수준이 낮은 지역은 전통적인 생활 양식을 유지하는 사람들의 비율이 높고, 개발이덜 되었기 때문에 국토 면적에서 자연 상태의 토지 비율이 높으며, 제조업에 종사하는 사람들의 비율은 낮다.

📝 내 것으로 만드는 Self - Tip

산업의 영향을 받아 형성된 문화권
- 농경 문화권: 정착 생활이 이루어지고, 협동 노동의 필요성이 크기 때문에 공동체 문화가 발달함.
- 유목 문화권: 가축 사육에 따른 이동 생활 때문에 게르와 같은 이동식 가옥이 발달하고, 가축을 돌보는 것이 일상임.
- 상공업 중심의 문화권: 상공업이 발달한 지역에서는 현대적이고 도시적인 생활 모습이 나타남.

08 이슬람교 문화권의 특징 　답 ①

이슬람교 문화권에서는 여성들이 히잡이나 부르카를 착용하고 외출하고, 주민들은 라마단의 단식 기간을 준수한다. 이외에도 중앙의 둥근 돔과 높이 솟은 첨탑이 있는 것이 특징인 모스크(이슬람 사원)에서 집단 예배와 공공 행사가 거행되는 모습을 볼 수 있다. 또한 알라를 유일신으로 믿고, 성지 순례가 강조된다.

💡 정답을 찾아가는 Self - Tip

ㄷ. 매주 일요일에 성당이나 교회에서 예배를 드리는 모습을 볼 수 있다. → 크리스트교 문화권의 특징이다.
ㄹ. 수많은 신을 인정하기 때문에 다양한 신들이 조각되어 있는 사원이 많다. → 힌두교 문화권의 특징이다.

👆 자료를 분석하는 Self - Tip

좌측 상단부터 리비아, 알제리, 터키, 튀니지의 국기이다. 이들 국가는 모두 이슬람교 문화권에 해당하여 공통적으로 국기에 별과 달이 그려져 있는데, 별과 달은 이슬람교의 전통적인 상징이다.

09 종교의 영향을 받아 형성된 문화권 　답 ④

A는 크리스트교, B는 이슬람교, C는 힌두교, D는 불교이다. ① 크리스트교의 신자들은 주일마다 성당이나 교회에 가서 예배를 드린다. ② 힌두교에서는 소, 특히 암소를 신성시하여 먹지 않는다. ③ 불교는 개인의 수양과 해탈을 중요시한다. ⑤ 힌두교와 불교의 발상지는 모두 인도이다.
④는 이슬람교에만 해당하는 설명이다. 이슬람교에서는 돼지를 불결한 동물로 여기며, 먹기를 꺼려 했다.

10 다양한 문화권의 특징 　답 ⑤

B는 유럽 문화권, C는 건조 문화권, D는 앵글로아메리카 문화권, E는 라틴 아메리카 문화권이다. 앵글로아메리카 문화권(D)은 유럽의 문화가 전파되었고, 높은 수준의 경제 발전을 이루었다.

라틴 아메리카 문화권(E)에서는 과거 남부 유럽의 식민 지배 영향으로 에스파냐어와 포르투갈어를 사용하고, 가톨릭교도의 비율이 높다.

💡 정답을 찾아가는 Self - Tip

ㄱ. B̶: 대부분 초원과 사막으로 이루어져 있다.
　 C
ㄴ. C: 주민들은 대부분 소를 신성시하는 종교를 믿는다.
→ 소를 신성시하는 종교는 힌두교이고, 건조 문화권의 주민들은 대부분 이슬람교를 믿는다.

11 오세아니아 문화권의 특징 　답 ⑤

A는 북극 문화권, B는 유럽 문화권, C는 건조 문화권, E는 라틴 아메리카 문화권, F는 오세아니아 문화권이다. 제시된 설명에 해당하는 문화권은 오세아니아 문화권이다. 오세아니아 문화권은 영국의 식민 지배 영향으로, 영어를 사용하고 개신교를 믿는 사람들이 많다. 주민 구성에서 이들과 이들의 후손이 차지하는 비율이 높아져 유럽 문화가 보편화되면서 애버리지니(오스트레일리아의 원주민), 마오리족(뉴질랜드의 원주민) 등의 원주민 문화가 소멸할 위기에 처해 있다.

12 북극 문화권의 특징 　답 ①

A는 북극 문화권, B는 유럽 문화권, C는 건조 문화권, D는 앵글로아메리카 문화권, E는 라틴 아메리카 문화권이다. 제시된 그림은 북극 문화권에서 거주하는 주민의 모습이다.

👆 자료를 분석하는 Self - Tip

동물 가죽으로 만든 천막에서 생활함.

기온이 너무 낮아 농작물을 재배하기 어려워서 물고기를 잡아 먹거나, 순록을 유목함.

13 동부 아시아와 남부 아시아 문화권의 특징 　답 ④

A는 북극 문화권, B는 유럽 문화권, C는 건조 문화권, D는 남부 아시아 문화권, E는 아프리카 문화권이다. 동부 아시아 문화권은 공통적으로 '유교'와 '불교'의 영향을 받았고, '한자' 사용권에 해당한다. 또한 '벼농사'가 활발하며, 식사 시 '젓가락'을 사용하는 문화가 나타난다. 낱말 카드에서 이 글자들을 지우고 나면 '힌두교'가 남는데, 힌두교도가 많은 지역은 남부 아시아 문화권(D)이다.

14 문화권의 특징 　답 ④

① 유럽 문화권에서는 크리스트교의 영향을 크게 받은 생활 양식과 사회 제도가 나타난다. ② 동부 아시아 문화권에 속하는 대한민국, 중국, 일본은 공통적으로 한자를 사용한다는 공통점이 있다. ③ 건조 문화권의 주민들은 주로 아랍어를 사용하고 이슬람교를 믿는다. ⑤ 민족, 종교, 언어 등은 문화권을 구분하는 데 중요한 기준이 된다.
④ 오세아니아 문화권은 과거 영국의 식민 지배로 영어 사용 비율이 높고, 크리스트교도의 비율이 높다.

15 다양한 문화권의 특징 目 ④

A는 건조 문화권, B는 아프리카 문화권, C는 남부 아시아 문화권, D는 동남아시아 문화권, E는 라틴 아메리카 문화권이다. 동남아시아 문화권은 인도양과 태평양을 잇는 교통의 요지에 해당하여 동서양의 문화, 전통문화와 외래문화 등이 혼재해 있다.

① 부족 단위의 공동체 문화와 토속 신앙이 발달하였다.
→ 아프리카 문화권에 대한 설명이다.

② 대부분 건조 기후가 나타나 유목과 오아시스 농업을 한다.
→ 건조 문화권에 대한 설명이다.

③ 이슬람교도의 비율이 높고, 석유가 많이 매장되어 있다.
→ 건조 문화권에 대한 설명이다.

⑤ 과거 북서 유럽의 식민 지배 영향으로 영어를 사용하는 주민들의 비율이 높나.
→ 앵글로아메리카 문화권에 대한 설명이다.

16 건조 문화권의 특징 目 ①

제시된 여행기에는 건조 기후의 특징과 이슬람교의 영향을 받은 생활 양식이 드러나 있다. 건조 기후 지역과 이슬람교와 관련된 문화권은 건조 문화권(A)이다.

• 모래바람이 강하게 불고 뜨거운 열기를 느낄 수 있었다.
→ 건조 기후의 특징이다.

• 주민들은 술과 돼지고기를 먹지 않았다.
→ 이슬람교에서는 교리에 따라 술과 돼지고기를 금기시한다.

• 남자들은 일정한 방향을 향해 수시로 기도를 올렸다.
→ 이슬람교의 성지(사우디아라비아의 메카)를 향한 기도이다.

17 건조 문화권의 특징

(1) **모범 답안** | 건조 기후 지역이라서 유목과 오아시스 농업이 발달하였다.

주요 단어 | 건조 기후, 유목, 오아시스 농업

채점 기준	배점
건조 기후 지역임을 쓰고, 이와 관련하여 발달한 산업으로 유목과 오아시스 농업을 모두 서술한 경우	상
건조 기후 지역임을 쓰고, 이와 관련하여 발달한 산업을 한 가지만 서술한 경우	중
건조 기후 지역이라고만 쓴 경우	하

(2) **모범 답안** | 이슬람교, 라마단 시기에 단식을 한다. 성지 순례를 한다. 메카를 향해 기도를 올린다. 돼지고기와 술을 먹지 않는다.

주요 단어 | 이슬람교, 라마단, 단식, 성지 순례, 돼지고기, 술

채점 기준	배점
이슬람교를 쓰고, 특징을 한 가지 서술한 경우	상
이슬람교만 쓴 경우	하

18 동부 아시아 문화권의 특징

모범 답안 | 동부 아시아 문화권(B)에 속한 국가들은 모두 한자를 사용하고, 유교와 불교문화가 발달했으며, 젓가락을 사용한다.

주요 단어 | 한자, 유교, 불교, 젓가락

채점 기준	배점
〈보기〉의 내용 중 세 가지를 모두 포함하여 서술한 경우	상
〈보기〉의 내용 중 두 가지만 포함하여 서술한 경우	중
〈보기〉의 내용 중 한 가지만 포함하여 서술한 경우	하

19 라틴 아메리카 문화권의 특징

모범 답안 | 라틴 아메리카, 가톨릭교도의 비율이 높고, 에스파냐어나 포르투갈어를 사용한다.

주요 단어 | 라틴 아메리카 문화권, 가톨릭교, 에스파냐어, 포르투갈어

채점 기준	배점
⊙ 문화권을 쓰고, 종교와 언어 특징을 모두 서술한 경우	상
⊙ 문화권을 쓰고, 종교와 언어 특징 중 한 가지만 서술한 경우	중
⊙ 문화권만 쓴 경우	하

01 ③ **02** ③ **03** ② **04** ④

01 각 기후 지역의 전통 가옥 目 ③

(가)는 건조 기후 지역 중 초원 지대에서 발달한 이동식 가옥(게르)이고, (나)는 열대 기후 지역에서 발달한 고상 가옥이다. (가) 가옥이 발달한 건조한 초원 지대에 사는 유목민들은 많은 수의 가축을 유목하면서 이동의 편의성을 위해 조립과 해체가 쉬운 이동식 가옥을 짓고 거주한다. (나) 가옥이 발달한 열대 기후 지역은 연 강수량이 매우 많고, 일 년 내내 무더워 연교차가 작다. 고상 가옥은 지면의 열기 및 습기와 해충의 침입을 차단하고자 지면에서 띄워 지은 것이고, 빗물이 잘 흘러내리도록 가옥 지붕의 경사가 급하다. 따라서 (가) 가옥이 발달한 지역은 (나) 가옥이 발달한 지역보다 연 강수량이 적고, 연교차가 크며, 가구당 가축 수가 많다.

02 힌두교와 이슬람교 문화권의 특징 目 ③

사원에 다양한 신들의 모습이 조각되어 있다는 것을 통해 (가)는 힌두교, 둥근 모양의 지붕과 첨탑이 인상적이라는 것을 통해 (나)는 이슬람교라는 것을 알 수 있다. 이슬람교를 믿는 사람들은 신앙 고백, 예배, 자선 활동, 라마단 시기의 단식, 성지 순례 등 신앙 실천의 다섯 가지 의무를 지키며 살아간다.

① (가)의 신자들은 할랄 식품을 먹는다.
(나)

② (가)는 술과 돼지고기를 먹는 것을 금한다.
(나)

④ (나)는 인간의 영혼이 죽은 뒤 다른 세계에서 태어난다는 윤회 사상을 믿는다.
→ 윤회 사상은 힌두교와 불교에서 나타난다.

⑤ (가), (나) 모두 소를 신성시한다.
(가)는

힌두교 문화권과 이슬람교 문화권
• 힌두교 문화권: 다신교라서 사원에 각양각색의 신들이 조각되어 있고, 윤회 사상을 믿으며, 소를 신성시하여 먹지 않음.
• 이슬람교 문화권: 알라신을 유일신으로 믿고, 신앙 고백, 예배, 자선 활동, 라마단 시기의 단식, 성지 순례를 지키며, 술과 돼지고기를 먹지 않음.

03 오세아니아 문화권과 라틴 아메리카 문화권 답②

A는 오세아니아 문화권, B는 라틴 아메리카 문화권이다. A 문화권에는 애버리지니(오스트레일리아), 마오리족(뉴질랜드) 등의 원주민이 거주한다. B 문화권은 남부 유럽 국가의 식민 지배를 받아 가톨릭교도의 비율이 높고, A 문화권은 영국의 식민 지배를 받아 개신교도의 비율이 높다.

정답을 찾아가는 Self - Tip

ㄴ. ~~A~~ 문화권은 ~~B~~ 문화권보다 에스파냐어 사용 인구가 많다.
　　B　　　　　A
ㄹ. A, B 문화권은 모두 같은 국가의 식민 지배를 받았다.
　→ A 문화권은 영국의, B 문화권은 에스파냐와 포르투갈의 식민 지배를 받았다.

04 다양한 문화권의 특징 답④

A는 크리스트교 문화권이면서 산업 혁명의 발상지이므로 북서 유럽 문화권, 아시아 문화권 중 한자를 공통적으로 사용하는 B는 동부 아시아 문화권, 아시아 문화권 중 인도양과 태평양을 잇는 위치에 있는 C는 동남아시아 문화권, 그렇지 않은 D는 남부 아시아 문화권이다. 남부 아시아 문화권은 인더스 문명과 힌두교 및 불교의 발상지이다.

정답을 찾아가는 Self - Tip

① A는 식민 통치를 받아 종교와 언어가 다양하다.
　→ 동남 및 남부 아시아 문화권 등에 해당하는 설명이다.
② B에서는 메카를 향해 기도를 드리는 사람을 쉽게 볼 수 있다.
　→ 건조 문화권에 해당하는 설명이다.
③ C에 속하는 국가들은 벼농사를 짓기에 불리한 기후 조건을 갖고 있다.
　→ 계절풍 기후 지역이므로 벼농사에 유리하다.
⑤ A~D에서는 흔히 가축의 가죽을 이용해서 지은 전통 가옥을 볼 수 있다.
　→ 북극 문화권에서 순록의 가죽을 이용해서 만든 가옥을 볼 수 있다.

세계 문화권별 특징과 삶의 방식
• 북극 문화권: 원주민들의 순록 유목, 수렵, 어로 등
• 유럽 문화권: 크리스트교의 영향을 받은 지역
• 건조 문화권: 건조 기후가 나타나 유목이나 오아시스 농업이 이루어지고, 주민 대부분이 이슬람교를 믿음.
• 아프리카 문화권: 대부분 열대 기후가 나타나고, 토속 종교를 많이 믿으며, 부족 단위의 공동체 생활을 함.
• 아시아 문화권: 계절풍의 영향으로 벼농사가 발달한 지역
• 오세아니아 문화권: 유럽 문화가 전파된 지역으로, 백인과 개신교도의 비율이 높음.
• 아메리카 문화권: 여러 문화가 공존하는 지역으로, 앵글로아메리카, 라틴 아메리카로 구분됨.

---

02 문화 변동과 전통문화

내신 실력 쌓기			p. 166 ~ p. 168

01 ④	02 ④	03 ②	04 ③	05 ⑤
06 ②	07 ②	08 ⑤	09 ⑤	10 ⑤
11 해설 참조		12 해설 참조		13 해설 참조

01 문화 변동의 요인 답④

최근 우리나라의 드라마와 노래가 인터넷 등을 통해 전 세계로 퍼지면서 한류 열풍이 불고 있는데, 이는 매개체를 통해 간접적으로 문화 요소가 전해지는 간접 전파의 사례이다.

정답을 찾아가는 Self - Tip

① 전기나 불은 ~~발명~~ 사례에 해당한다.
　　　　　　발견
② 신라 시대의 이두 문자는 ~~직접~~ 전파의 사례이다.
　　　　　　　　　　　자극
③ 발명, 발견은 문화 변동의 ~~외재적~~ 요인에 해당한다.
　　　　　　　　　　내재적
⑤ 간다라 양식의 전파는 문화 변동의 ~~내재적~~ 요인에 해당한다.
　　　　　　　　　　　　　외재적(문화 전파)

02 문화 변동의 요인 답④

(가)는 문화 전파(문화 변동의 외재적 요인), (나)는 발명, (다)는 발견이다. (나)의 사례로는 등자, 한글, 전화기, 컴퓨터의 발명 등을, (다)의 사례로는 불, 전기, 페니실린, 비타민, 태양 흑점의 발견 등을 들 수 있다.

ㄴ. 현대 사회에서는 간접 전파에 의한 문화 변동이 자주 일어난다.

자료를 분석하는 Self - Tip

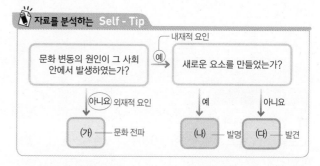

03 문화 융합의 사례 답②

외부에서 전파된 문화 요소(헬레니즘 문화)와 기존의 문화 요소(인도 고유문화)가 결합하여 이전에는 없었던 새로운 문화 요소(간다라 양식)가 나타난 문화 융합의 사례이다.

정답을 찾아가는 Self - Tip

① ~~내재적~~ 요인에 의해 문화가 변화하였다.
　　외재적(문화 전파)
③ 기존의 문화 요소들이 고유의 성질을 상실하였다.
　→ 문화 융합은 기존의 고유한 성질을 유지하면서 제3의 새로운 문화 요소가 형성된 것이다.
④ 하나의 문화 요소가 다른 문화 요소에 흡수되었다.
　→ 문화 동화에 대한 설명이다.
⑤ 세계 각지에 있는 차이나타운의 성격을 설명할 수 있다.
　→ 문화 병존(공존)의 사례이다.

04 문화 변동의 다양한 양상　　　답 ③

(가)는 다른 나라 내에서도 우리나라 문화가 나란히 존재하고 있으므로 문화 병존(공존)에 해당한다. (나)는 아메리카의 원주민 문화가 서양 문화에 의해 흡수되어 정체성을 상실했으므로 문화 동화에 해당한다. (다)의 재즈는 흑인들이 즐기던 아프리카 음악에 유럽 전통 음악의 기법들이 결합하여 새로운 장르가 탄생한 사례이므로 문화 융합에 해당한다.

📒 내 것으로 만드는 Self - Tip

문화 접변에 따른 문화 변동의 양상

문화 동화	기존의 문화 요소가 다른 사회에서 전파된 문화 체계에 흡수되거나 대체되는 현상 → 고유문화의 정체성 상실
문화 병존	기존의 문화 요소와 전파된 다른 사회의 문화 요소가 고유한 정체성을 유지하면서 함께 공존하는 현상
문화 융합	기존의 문화 요소와 외래의 문화 요소가 결합하여 이전의 두 문화와는 다른 새로운 문화가 나타나는 현상

05 문화 동화와 문화 병존의 사례　　　답 ⑤

(가)는 전파된 문화에 의해 기존의 문화 요소가 약화되다가 결국은 사라지게 된 문화 동화의 사례이고, (나)는 전파된 문화 요소와 기존의 문화 요소가 독립적으로 존재하는 문화 병존 사례에 해당한다. 두 문화 변동 양상의 차이는 결국 다른 문화와 접촉하는 가운데서도 자기 문화의 정체성을 유지하였는가를 통해 확인할 수 있다.

💡 정답을 찾아가는 Self - Tip

① 문화 변동이 단기간에 이루어졌는가?
　→ 문화 변동은 보통 장기간에 걸쳐 이루어진 결과이고, 두 문화 변동 양상의 차이를 설명할 수 있는 질문이 아니다.
② 새로운 문화를 만드는 데 기여했는가?
　→ 기존의 문화 요소와 전파된 다른 사회의 문화 요소가 결합하여 새로운 문화가 나타나는 문화 융합에 관련된 설명이다.
③ 유입된 문화의 영향을 크게 받았는가?
　→ (가), (나) 모두 유입된 문화의 영향을 받았으므로, 문화 동화와 문화 병존을 구별하는 일반적인 질문이 될 수 없다.
④ 문화 변동의 원인이 내부에 있는가, 외부에 있는가?
　→ (가), (나) 모두 문화 변동의 원인은 외부에 있다.

06 문화 융합　　　답 ②

성공회 강화 성당은 우리나라에 전파된 서양의 기독교 건축 양식과 기존의 불교 사찰 양식이 결합해서 형성된 문화 요소에 해당하므로 문화 융합 사례로 볼 수 있다.

💡 정답을 찾아가는 Self - Tip

ㄴ. 발명과 발견이 동시에 발생하였음을 알 수 있다.
　→ 문화 전파에 의해 문화 융합이 나타난 사례이다.
ㄹ. 불교 사찰 양식이 서양의 건축 양식을 만나면서 그 고유의 정체성을 상실하였다.
　→ 고유의 성격을 유지한 채 새로운 형태를 탄생시켰다.

07 문화 변동의 양상　　　답 ②

(가)는 문화 융합, (나)는 문화 동화, (다)는 문화 병존(공존)에 해당한다. 현수가 말한 산신각은 문화 융합의 사례이며, 예일이가 말한 사례는 유럽 국가들의 종교를 수용하면서 자신들의 전통 종교를 상실한 문화 동화 사례이다.

수행이가 말한 사례는 (다) 문화 병존에 해당되며, 덕주가 말한 과달루페 성모상은 (가) 문화 융합에 해당된다.

👆 자료를 분석하는 Self - Tip

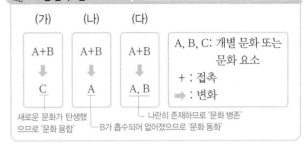

(가)	(나)	(다)	A, B, C: 개별 문화 또는 문화 요소
A+B	A+B	A+B	＋ : 접촉
⬇	⬇	⬇	➡ : 변화
C	A	A, B	

새로운 문화가 탄생했으므로 '문화 융합'　　나란히 존재하므로 '문화 병존'
B가 흡수되어 없어졌으므로 '문화 동화'

08 문화 융합의 사례　　　답 ⑤

두 사회의 음식 문화가 합쳐져 새로운 맛과 형태를 가진 음식으로 재탄생하는 퓨전 음식은 문화 융합의 사례에 해당한다.

09 전통 문화의 의의　　　답 ⑤

현대 사회에서 전통문화는 그대로 머물러 있기 보다는 창조적인 재해석을 통해 문화의 다양성과 세계화에 기여하는 것이 바람직하다.

10 전통문화의 이해　　　답 ⑤

퓨전 국악 뮤지컬은 우리나라의 전통 음악인 국악을 현실에 맞게 창조적으로 발전시켜 국악이 익숙하지 않은 젊은 세대나 외국인에게 한국의 전통 음악을 쉽게 즐길 수 있도록 한 것이다. 즉, 이 사례를 통해 전통문화의 정체성을 지키면서 현대적 감각으로 재해석한 뒤 문화 콘텐츠를 발전시키는 것이 바람직한 문화의 계승 방안임을 알 수 있다.

📒 내 것으로 만드는 Self - Tip

전통문화의 창조적 계승 방안
• 현실적 여건에 맞게 전통문화를 재해석하여 발전 방안 모색
• 외래문화를 비판적으로 수용하며, 전통문화와 조화를 이루고 공존하도록 노력
• 전통문화의 고유성과 독창성을 유지하면서 세계 문화와 교류

서술형 문제

11 문화 병존

모범 답안 | 싱가포르는 다양한 민족과 종교가 공존하여 각 종교의 기념일을 공휴일로 지정하였다. 즉 싱가포르의 종교 기념일 사례는 새로운 문화 요소와 기존의 문화 요소가 독자성을 유지하면서 동시에 존재하는 문화 병존(공존)에 해당한다.
주요 단어 | 문화 병존(공존)

채점 기준	배점
문화 병존(공존)을 서술한 경우	상
문화 병존(공존)이라는 용어를 넣지 않고, 풀어서 서술한 경우	하

12 문화 동화

모범 답안 | (1) 외재적 요인(문화 전파)

(2) 멕시코의 고유한 종교 문화가 에스파냐의 가톨릭 문화로 대체되는 문화 동화가 나타났다.

주요 단어 | 문화 동화

채점 기준	배점
문화 동화를 서술한 경우	상
문화 동화라는 용어를 넣지 않고, 풀어서 서술한 경우	하

13 전통문화의 창조적 계승

모범 답안 | 단순히 전통문화의 원형을 보전하는 것이 아니라, 전통문화의 정체성을 유지하면서 시대적 변화에 맞게 재구성·재창조하여 계승하는 것이다.

주요 단어 | 전통문화, 정체성, 시대적 변화(현실적 여건), 재해석, 창조적 계승

채점 기준	배점
사례를 바탕으로 '전통문화의 창조적 계승'의 의미를 서술한 경우	상
사례와의 직접적인 관련 없이, '전통문화의 창조적 계승'의 의미를 서술한 경우	하

1등급 완성하기
p. 169

01 ② **02** ② **03** ② **04** ④

01 문화 변동의 양상 구분하기 ⑤ ②

A는 문화 융합, B는 문화 동화이다. 따라서 (가)에는 문화 융합의 의미가, (나)에는 문화 동화의 사례가 들어가야 한다.

② '오랜 기간 식민 통치를 받았던 아프리카의 많은 부족은 자신의 전통 종교를 상실하고 서양의 종교를 받아들임.'은 문화 동화의 사례로 (나)에 들어가기에 적합하다.

정답을 찾아가는 Self - Tip

① (가)는 '외래 문화 요소가 기존 문화 요소와는 독립성을 가지면서 동시에 존재하는 현상'이 적절하다.
→ 문화 병존(공존)에 대한 설명이다.

③ A, B 모두 간접 전파의 결과로만 나타난다.
→ 매개체에 의한 문화 전파의 결과로만 나타나는 것은 아니다.

④ A와 달리 B는 자발적 문화 접변을 통해 나타난다.
→ A와 B 모두 강제적 혹은 자발적 문화 접변을 통해 나타날 수 있다.

⑤ A는 B와 달리 문화 접변 후에도 자문화 요소가 원형 그대로 유지된다.
→ A에서는 자문화 요소가 다른 문화의 영향을 받아 새로운 문화 요소가 나타난다.

02 문화 변동의 양상 ⑤ ②

(가) 지역에서 (나) 지역으로 문화 요소가 전파되어 나타난 문화 변동의 양상으로, A에서는 (가), (나) 어느 쪽에도 없던 새로운 문화가 탄생하였으므로 문화 융합, B에서는 (가), (나) 지역의 문화 요소가 함께 나타나고 있으므로 문화 병존(공존), C에서는 (나) 지역의 고유문화가 사라지고 전파된 (가) 지역의 문화 요소만 남게 되었으므로 문화 동화이다.

한편, 그림은 (가) 지역의 문화가 (나) 지역으로 전파되었을 때, (나) 지역이 '수용'함을 전제하였으므로, 자발적 문화 접변인 경우만 고려하는 것이다.

정답을 찾아가는 Self - Tip

ㄴ. B의 사례로는 우리나라의 성공회 강화 성당을 들 수 있다.
  A

ㄷ. C는 <s>외래문화가 전통문화에</s> 흡수된 결과이다.
  전통문화가 외래문화에

자료를 분석하는 Self - Tip

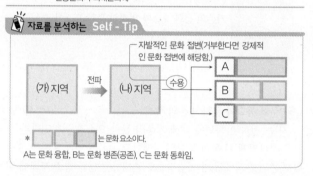

* □□□는 문화요소이다.
A는 문화 융합, B는 문화 병존(공존), C는 문화 동화임.

03 문화 변동의 사례 분석 ⑤ ②

A국은 자극 전파(외재적 요인)로 갑국의 문자를 모방한 새로운 문자를 만들었으며, 자국의 안보를 위해 활을 발명(내재적 요인)하였다. B국은 갑국에게 정복당하여 강제적 문화 접변이 나타나 문화 동화가 나타났다.

정답을 찾아가는 Self - Tip

① A국에서는 간접 전파에 의한 문화 융합이 나타났다.
→ 자극 전파로 새로운 문자를 만들었다.

③ B국에서는 <s>자발적</s> 문화 접변이 나타났다.
  강제적

④ B국에서는 직접 전파에 의한 문화 <s>병존</s>이 나타났다.
  동화

⑤ A, B국은 모두 문화 공존이 나타났다.
→ 제시된 사례에서 A국과 관련된 문화 공존 내용은 나와있지 않고, B국에서는 문화 동화가 나타났다.

내 것으로 만드는 Self - Tip

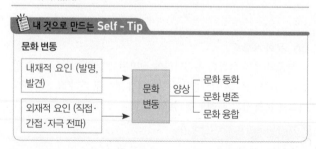

04 전통 문화의 계승 방안 ⑤ ④

우리의 전통 음식인 떡볶이의 고유성과 정체성을 유지하되, 세계화를 위해 현대적 감각에 맞게 창조적으로 발전시켜야 함을 주장하고 있다.

03 문화 상대주의와 보편 윤리

01 세계 문화 다양성 선언 ❘탭❘ ③

제시문은 문화의 다양성을 인정한 '세계 문화 다양성 선언'의 일부이다. 이 선언은 각 사회와 집단이 지닌 고유한 정체성과 문화적 독창성을 인정하고 보장할 것을 강조하고 있다. 이러한 문화 다양성은 교류와 혁신, 창조성의 원천이 된다.

정답을 찾아가는 Self - Tip

ㄱ. 인류 사회의 공통적인 문화 요소를 보존해야 한다.
→ 문화 다양성의 측면에서 보면, 민족·집단에 따라 각기 다르게 나타나는 독창적 문화 요소를 보존하는 것이 바람직하다.

ㄹ. 세계화의 흐름에 맞추어 전 세계에서 통용될 수 있는 보편적 문화를 창조해야 한다.
→ 전 세계에 단일한 문화가 보편적으로 통용되어야 한다는 사고는 문화 다양성 선언의 정신에 부합하지 않는다.

02 문화 다양성의 배경 ❘탭❘ ⑤

제시문은 문화가 나타나는 구체적인 모습은 모두 다르다는 것을 보여 준다. 인간은 서로 다른 자연환경과 인문 환경, 상황에 적응하면서 각각 독특한 생활 방식과 가치관을 형성해 왔기 때문에 사회나 시대에 따라 문화가 다양하게 나타난다.

자료를 분석하는 Self - Tip

문화가 사회마다 각기 다른 모습으로 다양하게 나타나는 현상을 언급하고 있다.

음식, 의복, 언어, 예술, 도덕 등 문화는 모든 사회에 보편적으로 존재한다. 하지만 문화의 구체적인 모습은 각 사회마다 서로 다른 모습을 띤다. 예를 들어, 열대 지방에서는 눈이 내리지 않기 때문에 눈을 표현하는 단어가 없다. 반면 북극 지방의 이누이트 사이에서는 눈의 상태에 관한 다양한 표현이 발달하였다. 이처럼 문화적 차이는 ▨(가)▨ 나타나게 된다.
열대 지방과 북극 지방에 눈과 관련된 언어적 표현이 다르게 나타나는 것은 두 지역의 자연환경이 다르기 때문이다.

03 자문화 중심주의와 문화 사대주의의 의미 ❘탭❘ ④

㉠은 자문화 중심주의, ㉡은 문화 사대주의이다. 자문화 중심주의는 자기 사회의 문화가 가장 우월하다고 여기고 다른 사회의 문화는 열등하다고 생각하는 태도이다. 문화 사대주의는 다른 사회의 문화가 우월하다고 믿고 동경하여 자기 사회의 문화를 무시하는 태도로, 강대국이나 선진국의 문화를 맹목적으로 숭배하는 사람들의 경우가 이에 해당한다.

04 자문화 중심주의와 문화 사대주의 비교 ❘탭❘ ⑤

A 영역은 자문화 중심주의만의 특성을 나타내고, C 영역은 문화 사대주의만의 특성을 나타내는 부분이다. B 영역은 자문화 중심주의와 문화 사대주의의 공통점에 해당하는 부분이다. 자문화

중심주의는 다른 민족이나 인종, 문화에 대한 차별을 불러올 수 있고, 타 문화와 갈등을 빚을 수 있다. 한편 문화 사대주의는 자기 문화의 존속이나 발전을 어렵게 하고, 주체적인 문화 형성을 저해할 수 있다. 자문화 중심주의와 문화 사대주의는 모두 문화를 평가하는 절대적 기준이 있다고 보고, 그 기준에 따라 문화의 선악이나 우열을 가릴 수 있다고 여긴다.

정답을 찾아가는 Self - Tip

ㄱ. A: 문화적 정체성을 잃어 주체적인 문화 형성을 저해한다.
→ 문화 사대주의(C 영역)의 문제점에 해당한다.

내 것으로 만드는 Self - Tip

문화 절대주의

의미	문화를 평가하는 절대적인 기준이 있다고 보고, 그 기준에 비추어 문화의 선악이나 우열을 가릴 수 있다고 여기는 태도
자문화 중심주의	• 자기 사회의 문화를 가장 우월하다고 여기고, 자기 문화를 기준으로 타 문화를 열등하다고 평가하는 태도 • 순기능: 자기 문화에 대한 자긍심으로 사회 통합에 이바지 • 역기능: 다른 문화와의 갈등, 국수주의로 인해 자기 문화의 발전 가능성 저해
문화 사대주의	• 다른 사회의 문화가 우월하다고 믿으며 맹목적으로 동경하고, 자기 문화는 열등하다고 여기는 태도 • 순기능: 다른 사회의 문화를 수용하여 자기 문화를 개선할 수 있음. • 역기능: 문화적 정체성을 상실하여 주체적인 문화 형성 저해, 사회 구성원 간 소속감·일체감 약화

05 문화 사대주의의 사례 ❘탭❘ ②

조선의 세종 대왕은 백성들이 자신의 말과 생각을 쉽게 글로 표현할 수 있도록 훈민정음을 창제하였다. 그러나 당시 일부 사대부들은 중국의 문물과 제도를 우리나라의 것보다 우월하다고 여겨, 중국의 언어와 제도를 따라야 한다고 주장하면서 훈민정음 창제를 반대하는 상소문을 올리기도 하였다. 이는 다른 나라의 문화가 우월하다고 믿으며 동경하는 문화 사대주의의 사례이다.

자료를 분석하는 Self - Tip

대국은 중국을 뜻하며, 중화는 중국과 그 문화를 숭상하여 부르는 말이다. 여기에는 중국의 문화를 우월한 것으로 여기는 문화 사대주의가 나타나 있다.

우리 조선은 예부터 지성스럽게 대국(大國)을 섬기어 중화(中華)의 제도를 그대로 좇아서 행하였는데, (중국과) 글을 같이하고 법도를 같이하는 이때에 언문을 창작하신 것은 보고 듣기에 놀라움이 있습니다. …… 만약 (훈민정음을 창제하였다는 소식이) 중국에 전해져서 혹시라도 비난하여 말하는 자가 있으면, 어찌 대국을 섬기고 중화를 사모하는 데에 부끄러움이 없겠사옵니까.

중국을 섬겨야 한다고 주장하면서, 중국의 글과 다른 독창적인 훈민정음의 창제를 반대하고 있다.

– 《조선왕조실록》 –

06 문화 상대주의   **답⑤**

제시된 인물은 문화 상대주의적 관점에서 문화를 이해할 것을 주장하고 있다. 문화 상대주의는 각각의 문화가 고유성과 가치를 지닌다고 보고, 다양한 문화 사이에 선악이나 우열에 대한 평가를 단정적으로 내릴 수 없다고 보는 입장이다.

📔 내 것으로 만드는 Self - Tip

문화 상대주의

의미	• 각각의 문화가 고유성과 가치를 지닌다고 보고, 문화 간 선악이나 우열에 대한 평가를 단정적으로 내릴 수 없다고 보는 태도 • 해당 사회의 자연환경과 인문 환경, 역사적·사회적 맥락 속에서 문화 이해
필요성	• 문화권마다 다양하게 나타나는 관습과 규범 등을 편견 없이 이해할 수 있게 도움. • 서로 다른 사회 간의 갈등 방지, 다양한 문화의 공존을 도모하는 데 도움.

07 보편 윤리의 의미   **답③**

보편 윤리는 시대와 사회를 초월하여 모든 사람이 존중하고 따라야 할 윤리 원칙을 말한다.

📔 내 것으로 만드는 Self - Tip

보편 윤리

의미	시대와 사회를 초월하여 모든 사람이 존중하고 따라야 할 윤리 원칙
예	인간의 존엄성, 생명 존중, 자유와 평등, 평화와 정의, 황금률 등의 도덕적 가치를 인류가 보편적으로 추구해야 함.

08 보편 윤리와 문화 성찰   **답③**

보편 윤리의 관점에서 (나)의 명예 살인 사례를 성찰해 보면, 사회 구성원의 기본적인 인권과 생명, 존엄성을 훼손한 행위라고 비판할 수 있다.

💡 정답을 찾아가는 Self - Tip

ㄱ. 인류 사회의 발전에 기여하는 문화적 행위이다.
  → 명예 살인은 여성의 인권과 생명권을 침해하는 악습으로, 보편 윤리에 어긋난다.
ㄹ. 그 사회의 고유한 의미와 가치를 지닌 관습으로 옳고 그름을 판단할 수 없다.
  → 한 사회 내에서 고유한 의미와 가치를 지닌 관습이라 할지라도, 인류가 지향하는 보편적 가치를 훼손한다면 그에 대해 옳고 그름을 판단하고 성찰할 수 있어야 한다.

09 문화를 이해하는 바람직한 자세   **답⑤**

문화를 올바르게 이해하려면 문화 상대주의의 태도를 바탕으로 각 문화의 고유한 가치를 인정하면서도, 보편 윤리의 관점에서 자문화와 타 문화를 비판적으로 성찰해야 한다.

💡 정답을 찾아가는 Self - Tip

갑: 모든 문화를 무조건 이해하고 존중하는 태도를 지닌다.
  → 인간의 존엄성을 훼손하고 기본권을 침해하는 문화까지 해당 사회에서 의미와 가치가 있다고 보는 태도는 극단적 문화 상대주의에 해당한다.

서술형 문제

10 문화 절대주의와 문화 상대주의

모범 답안 | 을은 문화를 평가하는 절대적 기준이 있다고 보고, 그 기준에 비추어 문화의 선악이나 우열을 가릴 수 있다고 여기는 문화 절대주의를 취하고 있다. 반면 병은 각 문화를 해당 사회의 자연환경과 인문 환경, 역사적·사회적 맥락 속에서 이해해야 한다는 문화 상대주의의 입장을 보이고 있다.

주요 단어 | 절대적 기준, 문화 절대주의, 자연환경과 인문 환경, 맥락, 문화 상대주의

채점 기준	배점
을, 병의 입장을 문화 절대주의와 문화 상대주의로 옳게 구분하고, 의미를 모두 바르게 서술한 경우	상
문화 절대주의와 문화 상대주의 중 한 가지만 서술한 경우	하

11 문화 상대주의의 의미와 필요성

모범 답안 | ㉠ 문화 상대주의, 문화 상대주의는 다양한 문화를 편견 없이 이해할 수 있게 도움으로써, 다른 문화를 객관적으로 이해하고 자신의 문화를 더 깊이 바라볼 수 있게 한다. 또한 서로 다른 사회 간의 갈등을 방지하고, 다양한 문화가 공존하는 데에도 도움을 준다.

주요 단어 | 문화 상대주의, 편견, 갈등, 공존

채점 기준	배점
문화 상대주의와 필요성을 모두 적절하게 서술한 경우	상
문화 상대주의만 쓴 경우	하

12 보편 윤리 차원에서의 문화 성찰

모범 답안 | 사티는 인간의 존엄성, 생명 존중과 같이 시대와 사회를 초월하여 모든 사람이 존중하고 따라야 할 보편 윤리를 훼손하는 풍습이다. 따라서 이는 한 사회의 문화로 존중받을 수 없으며 정당화될 수 없다.

주요 단어 | 인간의 존엄성, 생명 존중, 보편 윤리

채점 기준	배점
사례가 보편 윤리를 훼손한다는 점을 밝히고 이에 대한 평가를 서술한 경우	상
보편 윤리에 대한 언급 없이 사례에 대한 평가만 서술한 경우	하

1등급 완성하기   p. 175

01 ③   **02** ②   **03** ②   **04** ②

01 자문화 중심주의   **답③**

제시문에는 프랑스인과 독일인이 서로 자국의 난방 방식이 상대국의 방식보다 우월하다고 여기는 자문화 중심주의가 나타나 있다. 자문화 중심주의는 자기 사회의 문화는 우월하고 다른 사회의 문화는 열등하다고 여기는 태도이다. 자문화 중심주의는 다른 사회의 문화를 배척하는 국수주의로 이어져 자기 문화의 발전 가능성을 저해할 우려가 있다.

정답을 찾아가는 Self - Tip

① 선진국의 문화를 맹목적으로 동경하기 때문이다.
→ 문화 사대주의와 관련된 진술이다.

② 인류 사회의 발전을 위협하는 문화까지도 인정하고 있기 때문이다.
→ 극단적 문화 상대주의에 대한 진술이다.

④ 다른 사회의 문화가 우월하다고 믿고 자기 사회의 문화를 무시하고 있기 때문이다
→ 문화 사대주의에 대한 진술이다.

⑤ 모든 문화가 고유한 의미와 가치를 지닌다는 생각을 극단적으로 적용하고 있기 때문이다.
→ 극단적 문화 상대주의와 관련된 진술이다.

02 극단적 문화 상대주의와 보편 윤리   답 ②

갑은 극단적 문화 상대주의를 주장하고, 을은 보편 윤리의 관점에서 문화를 성찰해야 함을 주장한다.

정답을 찾아가는 Self - Tip

ㄴ. 갑: 문화는 인간이 공통적으로 지향하는 바람직한 가치를 따라야 한다고 본다.
→ 문화가 보편 윤리의 가치를 따라야 한다고 보는 것은 을의 관점이다.

ㄹ. 갑, 을: 문화에 선악이나 우열이 있다고 본다.
→ 문화를 평가하는 절대적인 기준이 있다고 보고, 그 기준에 비추어 문화의 선악이나 우열을 가릴 수 있다고 여기는 것은 문화 절대주의이다.

03 문화를 이해하는 다양한 관점   답 ②

문화의 선악이나 우열을 가릴 수 있다고 보는 것은 문화 절대주의 입장이다. 문화 절대주의에는 자기 문화만을 우월하다고 여기는 자문화 중심주의와 타 문화를 맹목적으로 동경하는 문화 사대주의가 있다. 문화 상대주의는 문화의 선악이나 우열을 가릴 수 없으며, 각 문화가 만들어진 해당 사회의 자연환경과 인문 환경, 역사적·사회적 맥락 속에서 문화를 이해해야 한다는 입장이다.

정답을 찾아가는 Self - Tip

ㄴ. B: 자기 문화에 대한 자긍심을 강조하는가?
→ 자문화 중심주의에 대한 설명으로 C에 들어갈 수 있는 질문이다.

ㄷ. C: 타 문화를 맹목적으로 우월하다고 보는가?
→ 문화 사대주의에 대한 설명으로 B에 들어갈 수 있는 질문이다.

04 보편 윤리 차원에서의 문화 성찰   답 ②

제시문은 옳고 그름의 보편적 판단 기준이 존재한다고 보는 입장이다. 이에 따르면 대부분의 문화에는 사람과 사람 사이의 존중이라는 기본 정신이 담겨 있으며, 살인이나 폭력 등 인류가 보편적으로 받아들이기 어려운 문화 현상은 옳지 않다고 평가한다.

정답을 찾아가는 Self - Tip

ㄱ. 인류가 보편적으로 받아들이기 어려운 문화 현상도 인정해야 한다.
→ 제시문과 같은 주장을 한 사람은 도덕의 보편적·절대적 성격을 인정하기 때문에 인류가 보편적으로 받아들이기 어려운 문화 현상에 대해서 경계하는 입장이다.

ㄹ. 문화 활동 과정에서 나타나는 살인, 폭력 등의 극단적인 행위에 대해서도 선악을 판단할 수 없다.
→ 문화 상대주의와 윤리 상대주의의 혼동과 관련된 진술이다.

 다문화 사회와 문화 다양성 존중

내신 실력 쌓기				p. 178 ~ p. 180
01 ②	02 ①	03 ②	04 ②	05 ③
06 ④	07 ①	08 ④	09 ②	10 ④
11 해설 참조		12 해설 참조		

01 다문화 사회로 변화하고 있는 우리나라   답 ②

제시문에 따르면 우리 사회는 외국인 근로자, 국제결혼 이민자 등이 증가하면서 빠르게 다문화 사회로 진입하고 있다. 외국인 근로자는 저출산·고령화에 따른 노동력 부족 문제 등 인력난 해소에 기여하고 있으며, 국제결혼 이민자들은 젊은 사람이 적은 농어촌 지역에 활력을 불어넣고 있다.

정답을 찾아가는 Self - Tip

ㄴ. 단일 민족 국가라는 의식이 강화되고 있다.
→ 다문화 사회로 변화하면서 점차 단일 민족 국가라는 기존의 인식이 약화되고 있다.

ㄷ. 문화적 동질성이 깊어지며 언어와 핏줄을 강조하고 있다.
→ 다문화 사회에서는 인종·민족·종교·언어 등 문화적 배경이 서로 다른 다양한 사람들이 함께 살아가기 때문에 문화적 동질성이 점차 약해지고 있다.

02 다문화 사회의 확대 배경   답 ①

교통수단의 발달과 정보 통신 기술의 발전으로 세계화가 진전되었고, 이에 따라 서로 다른 문화권에 속한 사람들 간의 교류와 접촉이 증가하면서 다문화 사회가 확대되었다.

정답을 찾아가는 Self - Tip

ㄷ. 단일 정부의 수립으로 국경과 민족의 의미가 소멸하였다.
→ 세계화가 진전되고 있지만 세계 단일 정부가 수립된 것은 아니며, 국경과 민족의 구분 또한 유효하다.

ㄹ. 자신의 문화보다 다른 사회의 문화가 우월하다고 믿는 인식이 늘어났다.
→ 문화 사대주의에 대한 설명으로, 다문화 사회의 확대 배경과는 직접적인 관련이 없다.

ㅁ. 자기 문화의 정체성을 포기하면서 외부 문화를 수용하려는 노력이 이루어졌다.
→ 다문화 사회의 확대 배경과는 직접적인 관련이 없다.

03 다문화 사회로의 변화   답 ②

제시된 자료를 통해 국내 거주 외국인 주민 수와 비중이 지속적으로 증가하고 있음을 알 수 있다. 또한 우리 사회에 외국인 근로자, 국제결혼 이민자, 유학생, 북한 이탈 주민 등이 증가함에 따라 다양한 문화적 배경을 가진 사람들이 함께 살아가는 다문화 사회로 접어들고 있음을 추론할 수 있다.

정답을 찾아가는 Self - Tip

ㄴ. 2015년 국내 거주 외국인 주민 수는 전체 주민 등록 인구 대비 3.1%이다.
→ 2015년에는 외국인 주민 수가 전체 주민 등록 인구 대비 3.4%에 도달했다.

ㄹ. 외국인 체류 유형 비율을 고려할 때, 인구 이동은 국제결혼에 의해 가장 많이 발생하고 있다.
→ 외국인 근로자의 비율이 가장 높은 점을 고려할 때, 인구 이동은 주로 해외 구직 활동에 의해 발생하고 있다.

04 다문화 사회의 영향 답②

갑은 다문화 사회의 긍정적 측면 중 문화 다양성 증대를 말하고 있다. 다문화 사회에서는 다양한 문화를 경험할 수 있는 선택의 폭이 넓어지고 문화 간 상호 작용이 활발해져 일상생활이 풍요로워지고 문화 발전이 촉진될 수 있다는 것이다. 반면 을은 다문화 사회의 부정적 측면, 특히 다른 문화에 대한 편견과 차별의 문제를 언급하고 있다.

정답을 찾아가는 Self - Tip

ㄴ. 갑은 문화적 다양성이 증대되면서 사회 내의 갈등이 증가한다고 볼 것이다.
 → 다문화 사회의 갈등을 언급한 것은 을이다.

ㄷ. 을은 외국인 근로자 증가가 노동력 부족 문제 해소에 도움이 된다고 볼 것이다.
 → 노동력 부족 문제 해소는 다문화 사회의 긍정적 영향으로, 갑의 입장에 해당한다.

내 것으로 만드는 Self - Tip

다문화 사회의 영향

긍정적 측면	• 문화 다양성의 증대 • 노동력 부족 문제 해소에 기여
부정적 측면	• 서로 다른 문화적 차이에 대한 무지와 이해 부족으로 인한 갈등 • 다른 문화에 대한 편견과 차별 • 외국인과 내국인 간 일자리 경쟁 심화, 외국인 범죄 증가, 외국인 지원을 위한 사회적 비용 증가 등에 따른 갈등

05 다문화 사회의 갈등 답③

제시문의 사례는 시어머니와 국제결혼 이주민 며느리가 서로의 문화를 이해하지 못해 갈등이 발생한 상황이다. 이처럼 다문화 사회에서는 문화적 차이에 대한 무지와 이해 부족으로 갈등이 발생할 수 있다.

06 다문화 사회의 갈등을 해결하기 위한 노력 답④

다문화 사회의 갈등을 해결하기 위해서는 이주민을 우리 사회를 구성하는 동등한 주체로 인정하고, 다른 민족과 문화에 대해 관용적인 자세가 필요하다. 또한 이주민의 문화를 그 사회의 맥락에서 이해하고 존중하는 문화 상대주의적 태도를 길러야 한다.

내 것으로 만드는 Self - Tip

다문화 사회의 갈등 해결 노력

우리 사회의 노력	• 국가적 차원에서 이주민들을 위한 다양한 법과 제도 마련 • 다문화 교육 강화 • 다문화 정책의 수립: 용광로 정책, 샐러드 볼 정책
문화 다양성의 존중	• 다른 민족과 문화에 대한 관용적 자세 필요 • 문화 상대주의적 태도 함양

07 미국의 다문화 정책 답①

제시문은 미국이 시행했던 용광로 정책을 설명하고 있다. 용광로 정책은 미국 사회를 거대한 용광로에 비유하고, 수많은 이민자

를 용광로에서 녹아 하나가 되는 철광석에 비유한 것으로, 이주민이 기존 백인 사회의 일원으로 동화될 것을 강조하였다. 이는 기존 문화에 이주민의 문화를 녹여 흡수해야 한다는 동화주의 관점을 바탕으로 한다.

정답을 찾아가는 Self - Tip

ㄷ. 이주민의 언어, 문화, 사회적 특성이 유지되어야 한다고 강조한다.
 → 다문화 정책 중 샐러드 볼 정책에 해당한다.

ㄹ. 기존 문화와 이주민 문화가 평등하게 조화를 이루어야 한다고 본다.
 → 다문화 정책 중 샐러드 볼 정책에 해당한다.

08 용광로 이론에 바탕을 둔 다문화 정책 사례 답④

제시된 자료는 다문화 가정의 자녀가 기존의 한국 사회에 자연스럽게 동화될 것을 강조하는 입장이다. 이는 이주민의 문화를 녹여 그 사회의 주류 문화에 동화시키고자 하는 용광로 정책에 해당한다.

정답을 찾아가는 Self - Tip

① 다양한 문화의 공존을 보장하고자 한다.
 → 다문화 정책 중 샐러드 볼 정책에 해당한다. 용광로 정책은 이주민들이 자신의 문화적 정체성을 포기하고 기존 사회의 주류 문화에 동화될 것을 강조한다.

② 주류 문화의 중요성을 강조하는 시도를 경계한다.
 → 샐러드 볼 정책에 대한 진술이다. 용광로 정책은 주류 문화의 중요성을 강조한다.

③ 여러 문화가 평등하게 인정되어야 함을 강조한다.
 → 샐러드 볼 정책에 해당한다. 용광로 정책은 다양한 문화가 동등하게 공존하는 것이 아니라, 이주민 문화가 주류 문화에 융해되어야 한다고 본다.

⑤ 서로 다른 문화의 특성을 유지하면서 조화를 이루는 국가를 만들고자 한다.
 → 샐러드 볼 정책에 해당한다. 용광로 정책은 서로 다른 문화들을 융합하여 하나의 정체성을 갖는 국가를 만들고자 한다.

09 용광로 정책에 대한 비판 답②

용광로 정책은 과거에 소수 집단에 대한 일방적인 동화 정책으로 악용되어 비판을 받았다.

정답을 찾아가는 Self - Tip

ㄱ. 주류 문화가 위축되는 경향이 있다.
 → 용광로 정책은 주류 문화를 강조한다.

ㄷ. 지나치게 여러 문화가 공존하여 통합이 어렵다.
 → 용광로 정책은 주류 문화를 중심으로 단일한 문화적 정체성을 형성할 것을 강조한다.

내 것으로 만드는 Self - Tip

다문화 정책의 수립

용광로 이론	• 기존 문화에 이주민 문화를 융화하여 흡수해야 한다는 관점(동화주의 관점) • 이주민이 자국의 언어, 문화, 사회적 특성을 포기하고 기존 사회의 일원이 되어야 한다고 봄.
샐러드 볼 이론	• 기존 문화와 이주민 문화가 평등하게 인정되어 조화를 이루어야 한다는 관점(다문화주의 관점) • 이주민이 자신의 문화를 유지하면서도 기존 문화와 조화를 이루어 새로운 문화를 형성해 가야 한다고 봄.

10 문화 다양성을 존중하는 태도 답④

문화 다양성을 존중하기 위해서는 다른 민족과 문화에 대해 관용적인 자세가 필요하다. 이주민을 우리 사회를 구성하는 동등한 주체로 인정해야 하며, 이주민의 문화를 그 사회의 맥락에서 이해하고 존중하는 문화 상대주의적 태도를 길러야 한다.

서술형 문제

11 다문화 사회의 의미와 영향

모범 답안 | (1) 다문화 사회

(2) 다문화 사회의 긍정적 영향은 문화 다양성이 증대되고, 노동력 부족 문제를 해소하는 데 도움이 된다는 점이다. 반면 부정적 영향으로는 문화적 차이에 대한 무지와 이해 부족, 다른 문화에 대한 편견과 차별, 외국인과 내국인 간의 일자리 경쟁 심화 등으로 갈등이 발생할 수 있다는 것이다.

주요 단어 | 문화 다양성, 노동력 부족 문제, 무지와 이해 부족, 편견과 차별, 경쟁, 갈등

채점 기준	배점
다문화 사회의 긍정적 영향과 부정적 영향을 모두 바르게 서술한 경우	상
다문화 사회의 긍정적 영향과 부정적 영향 중 한 가지 측면만 바르게 서술한 경우	하

12 다문화 사회의 갈등 해결 노력

모범 답안 | (1) 샐러드 볼 정책

(2) 다문화 사회의 갈등을 해결하기 위해서는 다른 민족과 문화에 대해 관용적인 자세를 가져야 하며, 이주민의 문화를 그 사회의 맥락에서 이해하고 존중하는 문화 상대주의적 태도를 함양해야 한다. 또한 국가적 차원에서 이주민들을 위한 다양한 법과 제도를 마련하고, 다문화 교육을 강화해야 한다.

주요 단어 | 관용, 문화 상대주의, 법과 제도, 다문화 교육

채점 기준	배점
다문화 사회의 갈등 해결 노력을 세 가지 이상 바르게 서술한 경우	상
다문화 사회의 갈등 해결 노력을 두 가지만 서술한 경우	중
다문화 사회의 갈등 해결 노력을 한 가지만 서술한 경우	하

1등급 완성하기 p. 181

01 ③ **02** ④ **03** ③ **04** ⑤

01 다문화 사회로 변화하는 우리 사회 답③

제시문은 다문화 사회로 변해 가고 있는 우리 사회의 모습을 나타낸 것이다. 다문화 사회는 문화 다양성이 증대하여 다양한 문화를 경험할 수 있는 선택의 폭이 확대되고, 문화 간 상호 작용으로 새로운 문화 형성의 기회가 늘어나는 등 긍정적인 영향이 있다.

정답을 찾아가는 Self - Tip

ㄷ. 단일한 문화 요소가 증가하면서 관용의 중요성이 감소하고 있다.
→ 제시문에는 우리 사회에서 다양한 문화 요소가 증가하였음이 나타나 있다. 이러한 변화는 관용의 중요성을 부각시킨다.

02 용광로 이론의 이해 답④

(가)는 세계화 시대에 다문화 사회가 확산하고 있는 현상을 지적하면서, 어떤 다문화 정책을 취할 것인가를 묻고 있다. (나)는 용광로 이론을 바탕으로 다문화 정책을 펼칠 것을 주장한다. 용광로 이론은 이주민의 문화를 주류 문화에 동화시켜 단일한 정체성을 가져야 한다는 입장이다. 반면 샐러드 볼 이론은 이주민이 자신의 문화적 정체성을 유지하면서 기존 문화와 조화를 이루어야 한다는 입장이다.

정답을 찾아가는 Self - Tip

① 이주민의 사회적 관습을 인정한다.
→ 샐러드 볼 이론에 따른 정책이다.
② 이주민의 언어도 함께 사용할 수 있도록 허용한다.
→ 용광로 정책에서는 이주민이 자신의 언어를 포기하고 주류 사회의 언어를 습득해야 한다고 본다.
③ 이주민의 문화적 정체성 유지를 위한 교육 기관을 설립한다.
→ 샐러드 볼 이론에 따른 정책이다. 용광로 정책에서는 이주민이 자국의 언어, 문화, 사회적 특성을 포기해야 한다고 주장한다.
⑤ 이주민들이 자신들의 전통 예절을 계승해 나갈 수 있도록 지원한다.
→ 샐러드 볼 이론에 따른 정책이다.

03 다문화 사회의 갈등 해결 답③

(가)에 들어갈 적절한 내용은 다문화 사회의 갈등 해결 방안이다. 다문화 사회의 갈등을 해결하기 위해서는 다른 민족과 문화에 대해 관용적 자세를 가져야 하며, 이주민의 문화를 그 사회의 맥락에서 이해하고 존중하는 문화 상대주의적 태도를 함양해야 한다. 또한 국가적 차원에서 이주민들을 위한 다양한 법과 제도를 마련하여 운영하고, 이주민들의 사회 적응을 위한 언어 교육 등 다문화 교육을 강화해야 한다.

04 다문화 정책의 비교 답⑤

갑은 용광로 이론, 을은 샐러드 볼 이론의 입장이다. 용광로 이론은 기존 문화에 이주민 문화를 융화하여 흡수해야 한다는 관점으로, 이주민이 자국의 언어, 문화, 사회적 특성을 포기하고 기존 사회의 일원이 되어야 한다고 본다. 반면 샐러드 볼 이론은 기존 문화와 이주민 문화가 평등하게 인정되어 조화를 이루어야 한다는 관점으로, 이주민이 자신의 문화를 유지하면서도 기존 사회의 구성원으로 살아갈 수 있도록 해야 한다고 본다. ⑤ 용광로 이론과 샐러드 볼 이론은 모두 다문화 사회 내에서 다양한 문화와 이민자들을 어떻게 바라볼 것인가와 관련되어 있기 때문에 문화 간 교류 금지와는 거리가 멀다.

정답을 찾아가는 Self - Tip

① 다양한 문화가 동등하게 공존해야 하는가?
→ 갑(용광로 이론)은 부정, 을(샐러드 볼 이론)은 긍정의 대답을 할 질문이다..
② 소수 문화의 정체성과 문화적 다양성을 존중해야 하는가?
→ 갑(용광로 이론)은 부정, 을(샐러드 볼 이론)은 긍정의 대답을 할 질문이다.
③ 주류 문화의 관점에서 문화의 단일성을 유지해야 하는가?
→ 갑(용광로 이론)은 긍정, 을(샐러드 볼 이론)은 부정의 대답을 할 질문이다.
④ 소수 문화는 주류 문화 속에 편입되어 동질화되어야 하는가?
→ 갑(용광로 이론)은 긍정, 을(샐러드 볼 이론)은 부정의 대답을 할 질문이다.

정답 및 해설

VIII. 세계화와 평화

01 세계화에 따른 변화

내신 실력 쌓기				p. 188 ~ p. 191
01 ②	02 ⑤	03 ④	04 ④, ⑤	05 ③
06 ②	07 ④	08 ⑤	09 ④	10 ②
11 ③	12 ⑤	13 ①	14 해설 참조	
15 해설 참조		16 해설 참조		

01 세계화에 따른 변화 　답 ②

제시글은 세계화로 슈퍼마켓에 세계의 다양한 상품이 진열되어 있는 모습을 소개하고 있다. 세계화의 영향으로 국경의 의미가 약해지고 있으며, 교통·통신의 발달로 시공간의 제약이 감소하고 있다. 세계 무역 기구(WTO)의 출범은 자유 무역을 확대하였고, 무역 장벽을 낮췄다.

💡 정답을 찾아가는 **Self - Tip**

ㄴ. 무역 장벽이 높아지면서 국제 교역량이 증가하였다.
　　　　　　　낮아
ㄹ. 시공간 제약이 감소하면서 국가 간 경계가 강화되었다.
　　　　　　　　　　　　　　　　　약화

02 세계화와 지역화의 관계 　답 ⑤

세계화의 흐름 속에서 지역화를 통해 하나의 지역이 세계적인 가치를 갖게 된다. 리우 카니발은 브라질의 고유한 문화가 세계적으로 확산되는 동시에 세계 속에서 정체성과 경쟁력을 갖추어 세계인의 축제로 발전하였다.

ㅁ 리우 카니발은 세계화에 대한 반작용으로 나타난 것이 아니라, 브라질의 지역 축제가 세계화를 통해 세계인의 축제로 발전하는 과정에서 현재의 모습을 갖추게 되었다. 또한 지역 문화의 정체성만 강조한 것도 아니다.

03 지역화 전략 　답 ④

(가)는 타이의 지역 축제, (나)는 우리나라의 첫 번째 지리적 표시 상품으로, 둘 다 지역화 전략과 관련 있다. ④ 지리적 표시 상품은 다국적 기업의 해외 공장이 아니라 해당 지역에서 생산·제조·가공된다.

① 타이의 송끄란 축제나 브라질의 리우 카니발처럼 지역 축제는 다른 지역과 구별되는 독특한 지역만의 특성을 발전시켜 세계적인 축제로 발전하기도 한다. ② 이 과정에서 세계화와 지역화가 동시에 진행된다. ③ 지리적 표시제에 등록된 상품들은 특정 지역의 기후, 지형, 토양 등의 지리적 특성이 반영되어 있다. ⑤ (가), (나)와 같은 지역화 전략을 통해 지역 경제가 활성화되기도 한다.

04 세계 도시 　답 ④, ⑤

세계 도시에는 다른 재화나 서비스의 생산 및 유통 과정에 필요한 생산자 서비스가 전문화되어 있고, 고급 전문 인력이 많이 분포한다. 세계 도시들 간에는 계층적 구조가 형성되어 있다.

💡 정답을 찾아가는 **Self - Tip**

① 임금 수준이 낮은 노동력이 많이 분포한다.
　→ 생산자 서비스 기능이 집중되면서 전문 인력이 많이 분포한다.
② 전문적인 소비자 서비스 기능만 집중되어 있다.
　　　　　　　　　　생산자
③ 세계 도시들 간에는 평등한 구조가 형성되어 있다.
　　　　　　　　　　　계층적 구조

📝 내 것으로 만드는 **Self - Tip**

세계 도시 형성에 따른 변화

세계 도시	경제·정치·문화 등 다양한 측면에서 전 세계적으로 중심지 역할을 하는 도시	
변화	공간적 측면	국제기구의 본부와 국제회의가 집중되고, 세계적인 교통·통신망의 중심지 역할을 함.
	경제적 측면	다국적 기업의 본사, 국제 금융 업무 기능, 생산자 서비스 기능, 자본 등이 집중됨.

05 다국적 기업의 산업 시설 이전 　답 ③

다국적 기업은 본사, 연구소, 생산 공장의 입지를 전 세계에서 가장 적절한 장소로 선정하여 공간적 분업을 한다. S사가 산업 시설을 베트남으로 이전하는 이유는 인건비를 줄여 생산비를 절감하고, 현지 시장을 확보하기 위함이라고 추론할 수 있다. 최근 중국의 인건비가 상승하고 있는 상황에서 베트남의 낮은 인건비는 산업 시설 이전의 매력적인 요인이 된다.

③ 본사나 연구소처럼 자본이나 정보 수집이 필요한 기능은 보통 선진국에 위치한다.

06 다국적 기업의 공간적 분업 　답 ②

H사의 본사는 본국의 대도시인 서울에 있어, 자본과 정보 획득에 유리하다. 기술 연구소는 일본 요코하마와 중국 옌타이에 있는데, 이곳에서는 기술 인력을 구하기 쉽다. 생산 공장은 인건비가 낮거나 무역 장벽을 극복할 수 있는 곳에 위치한다.

💡 정답을 찾아가는 **Self - Tip**

ㄴ. 중국 청두, 충칭 공장에서는 H사의 핵심 기술 및 디자인을 개
　　중국 옌타이, 일본 요코하마
　발한다.
ㄹ. 생산 공장은 인건비가 비싸거나 무역 장벽을 극복할 수 있는
　　　　　　　　　　　저렴하거나
　곳에 있다.

📊 자료를 분석하는 **Self - Tip**

[H사, 2016.]

본사는 서울에 있고 기술 연구소는 핵심 기술, 디자인 개발을 할 수 있는 요코하마, 옌타이에 있다. 생산 공장은 청두, 충칭처럼 인건비가 비교적 저렴한 개발 도상국에 있거나 무역 장벽을 극복하기 위해 선진국에 있다.

07 다국적 기업의 생산 설비 이전에 따른 영향   답 ④

제시된 사례는 다국적 기업의 생산 공장이 낮은 인건비를 찾아 중국에서 베트남으로 이전하고 있음을 보여 준다. (가)에는 다국적 기업의 생산 공장이 새로 신설됨에 따라 나타나는 부정적인 영향과 관련된 내용이 들어가야 한다. ① 다국적 기업의 산업 시설이 들어서면 지역 경제가 다국적 기업에 지나치게 의존하게 될 수 있다. ② 다국적 기업이 저렴한 인건비의 인력을 통한 이익 극대화에 몰두할 경우, 노동 환경이 열악해지는 문제가 나타날 수 있다. ③ 추후에 생산 공장이 다시 다른 곳으로 이전할 경우, 실업자가 증가하여 지역 경제가 침체될 수 있다. ⑤ 해당 지역에서 창출된 이익이 그 지역에 투자되지 않고 본국(모국)으로 빠져나갈 수 있다.

④ 경쟁력이 떨어지는 지역 내 소규모 기업은 다국적 기업에 밀려 피해를 볼 수 있다.

08 문화의 획일화   답 ⑤

M사의 햄버거가 막대한 자본력을 바탕으로 세계화의 흐름 속에서 전 세계에 전파되면서 음식 문화의 획일화 현상이 나타나고 있다. 세계화로 국가 간 교류가 활발해지고 서로에게 미치는 영향력이 증가하면서 전 세계의 문화가 비슷해지는 것이다.

이러한 경향이 계속될 경우, 선진국의 문화에 경제적, 문화적 열세에 처해 있는 국가들의 문화가 잠식당하는 문제가 발생할 수 있다. 선진국에서 형성된 음식 문화가 지닌 파급력으로 각 지역의 고유한 음식 문화가 정체성이 약화되고 문화의 다양성이 훼손될 수 있다.

⑤ 개발 도상국이 아니라 선진국의 음식 문화로 획일화되는 현상이 강해질 것이다.

09 언어의 소멸 위기   답 ④

제시된 사례는 세계화에 따른 문화의 획일화 현상으로 언어문화의 다양성이 훼손되고 있는 상황을 보여 준다.

영어 사용이 확산되면서 영어를 제외한 다른 언어들이 사라질 수 있다는 우려가 제기되기도 한다. 세계화에 따른 무비판적인 외부 문화의 유입은 문화의 정체성을 약화하는 요인으로 작용하므로, 이 문제를 해결하기 위해서는 자신의 문화적 정체성을 지키고 문화의 다양성을 보전하기 위해 노력하고, 문화를 단지 소비 상품으로만 볼 것이 아니라 비판적인 안목을 가지고 능동적으로 수용해야 한다.

10 세계화에 따른 빈부 격차 심화의 원인   답 ②

제시된 그래프는 세계화가 진행되면서 나타나는 빈부 격차의 심화 문제를 나타낸 것이다. 자유 무역이 확대되고 세계화에 따라 전 지구적으로는 부가 증대되었으나 그 증대된 부가 일부 국가에 집중되어 선진국과 개발 도상국 간의 소득 격차가 벌어지고 있으며, 이러한 빈부 격차의 심화는 개별 국가 안에서도 나타나고 있다. 즉 생산 설비와 기술력에서 우위를 차지하는 선진국과 경쟁력을 키우지 못한 개발 도상국 간의 격차가 커지고 있다.

② 세계화로 자유 무역이 확대되면서 선진국과 개발 도상국의 빈부 격차가 심화되었다.

11 무역 구조의 차이에 따른 빈부 격차 심화   답 ③

(가)는 독일, (나)는 에티오피아이다. 선진국인 (가)는 수출입 무역 규모가 크고, 풍부한 자본과 기술을 바탕으로 부가 가치가 높은 공업 제품을 수출하여 이윤을 극대화하고 있다. 이러한 무역 구조에서는 선진국이 개발 도상국보다 자유 무역으로 더 큰 이익을 얻을 수 있다. 이에 비해 개발 도상국인 (나)는 무역 규모가 작으며 1차 상품인 농산물의 수출 비중이 크다.

쪽지 시험지 각 문항의 정답은, 1번은 ✕, 2번은 ○, 3번은 ✕, 4번은 ○, 5번은 ✕이다. 상삼이는 1, 3, 4번 문항의 답을 맞게 적었으므로 총점수는 6점이다.

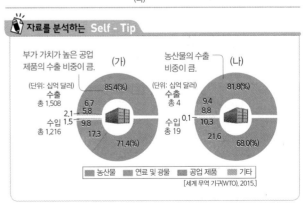

12 보편 윤리와 특수 윤리 간의 갈등   답 ⑤

제시된 싱가포르 사례는 보편 윤리와 특수 윤리 간의 갈등 사례이다. 세계화의 흐름 속에서 인간존엄성의 존중, 인권 보장 등과 같은 보편 윤리의 입장이 강조되고 있으며, 국제 사회는 보편 윤리를 지키지 않는 사회에 대해 제재를 가하기도 한다. 이 과정에서 각 사회가 처한 정치적, 경제적, 사회적 상황을 고려하지 않은 채 일방적으로 보편 윤리를 강요하여 보편 윤리와 특수 윤리 간 충돌이 일어나기도 한다.

⑤ 싱가포르는 자국 시민의 복지를 위해 태형 집행에 따른 인권(보편적 가치) 침해 가능성을 용인한 것으로 볼 수 있다.

13 세계화에 따른 문제를 해결하는 방법   답 ①

문화의 획일화를 막기 위해서는 자국 문화의 정체성을 유지하면서 외래문화를 능동적으로 수용할 수 있어야 한다. 그리고 빈부 격차를 줄이기 위해서는 공적 개발 원조나 공정 무역 등을 통해 지구촌 전체의 분배 정의를 실현해야 한다. 보편 윤리와 특수 윤리 갈등 문제를 해결하기 위해서는 보편 윤리를 존중하는 가운데 각 사회의 특수 윤리를 성찰해야 한다. 무엇보다 세계화에 따른 문제점을 해결하기 위해 우리는 세계 시민 의식을 가지고 지구촌의 문제에 관심을 두고 해결하기 위해 노력해야 한다.

정답을 찾아가는 Self - Tip

병: ~~다국적 기업의 상품을 적극적으로 구매해요.~~
         └ 공정 무역 상품
정: 특수 윤리를 강조하는 사회를 적극적으로 제재해요.
      → 각 사회가 처한 상황을 고려하지 않고 일방적으로 보편 윤리를 강요해서는 안 된다.

서술형 문제

14 세계화와 지역화

모범 답안 | 난타는 지역화를 통해 우리나라 고유의 전통적인 사물놀이 리듬을 현대적으로 해석하여 세계적인 경쟁력을 갖추었고, 세계화로 전 세계에서 상연하게 되면서 인기 공연이 되었다.
주요 단어 | 세계화, 지역화, 전통, 경쟁력

채점 기준	배점
세계화와 지역화의 개념을 모두 포함하여 서술한 경우	상
세계화와 지역화 중 하나의 개념만 포함하여 서술한 경우	하

15 다국적 기업의 생산 시설 이전

모범 답안 | (1) 다국적 기업

(2) 일자리가 늘어 지역 경제가 활성화되지만, 경쟁력이 약한 지역 내 소규모 기업이 피해를 볼 수 있고, 지역 경제가 다국적 기업에 크게 의존하게 될 수 있다.
주요 단어 | 지역 경제 활성화, 경쟁력 약화, 의존

채점 기준	배점
긍정적 영향과 부정적 영향을 모두 서술한 경우	상
긍정적 영향과 부정적 영향 중 하나만 서술한 경우	하

16 공정 무역

모범 답안 | 공정 무역. 공정 무역은 소비자가 생산자에게 정당한 가격을 지불하고 거래하는 윤리적 무역 방식으로, 다국적 기업 중심의 불공정 거래를 멈추게 하고, 무역의 이익을 개발 도상국의 가난한 생산자에게 돌아가게 하여 그들이 경제적으로 자립하도록 만든다.
주요 단어 | 정당한 가격, 윤리적 소비, 개발 도상국, 경제적 자립

채점 기준	배점
빈부 격차 해소에 대한 공정 무역의 역할을 바르게 서술한 경우	상
공정 무역의 개념만 서술한 경우	하

1등급 완성하기   p. 192 ~ p. 193

01 ①   02 ①   03 ①   04 ②   05 ⑤
06 ④   07 ⑤   08 ⑤

01 세계화의 배경과 영향   답 ①

교통과 통신 기술의 발달로 시·공간적 제약이 줄어들어 국가 간, 지역 간에 물자와 사람, 정보 등의 교류와 이동이 활발해졌다.

② 자유 무역의 확대로 전 세계적으로 경제적 상호 의존성과 협력 사례가 증가하였다. ③ 세계화로 자유 무역이 활발해져 국가 간에 상품이 자유롭게 이동하면서 소비자의 상품 선택의 폭이 넓어졌다. ④ 세계화로 사람들의 이동이 활발해져 다양한 문화 요소의 교류가 증가하였다. 이에 따라 다양한 문화를 체험할 수 있는 기회가 증가하였다. ⑤ 선진국은 부가 가치가 높은 첨단 상품의, 개발 도상국은 농산품 등 1차 상품의 수출의 비중이 크다. 이러한 무역 구조의 차이로 세계화에 따라 빈부 격차가 더욱 심화되고 있다.

02 지역화 전략   답 ①

(가)는 모차르트를 활용한 장소 마케팅, (나)는 지리적 표시제의 사례(보성 녹차)이다. 이와 같은 지역화 전략은 특정 지역의 고유한 전통과 특성을 살려 세계적인 경쟁력을 갖추는 것으로, 해당 지역만의 고유한 특성을 추구한다.

지역화 전략은 지역 주민이 적극적으로 참여하여 추진할 때 큰 효과가 있고, 지역 주민들의 자긍심을 향상시키며 지역 경제를 활성화한다는 장점이 있다.

내 것으로 만드는 Self - Tip

지역화 전략

지리적 표시제	상품의 특성과 품질 등에 생산지의 지리적 특성이 반영된 경우, 국가가 해당 지역에서 생산·제조·가공된 상품임을 나타내는 표시를 할 수 있도록 인정해 주는 제도 예 보성 녹차, 프랑스 카망베르 치즈
장소 마케팅	특정 장소를 상품으로 인식하고 사람들이 선호하는 이미지를 개발하여 지역의 가치를 상승시키는 홍보 전략 예 오스트리아 잘츠부르크의 모차르트 활용 홍보
지역 축제	지역의 고유한 특성을 이용한 축제 예 보령 머드 축제, 리우 카니발
지역 브랜드	지역에서 생산되는 상품과 서비스 또는 지역 자체에 부여한 하나의 고유한 상표 예 I♥NY

03 세계 도시의 특징 답 ①

세계 도시는 계층 체계가 형성되어 있으며, 생산자 서비스업이 발달해 있다.

영민: ⓒ과 같은 주요 국제기구들은 보통 ~~개발 도상국~~에 위치해.
　　　　　　　　　　　　　　　　　　　　　세계 도시

민현: ㉣은 지역화 전략 중 ~~지리적 표지제~~의 사례야.
　　　　　　　　　　　　　　　　장소 마케팅

세계 도시의 형성에 따른 변화

세계 도시	경제·정치·문화 등 다양한 측면에서 전 세계적으로 중심지 역할을 하는 도시 예 런던, 뉴욕, 파리 등
변화	• 공간적 측면: 국제기구의 본부와 국제회의 등 집중, 세계적인 교통·통신망의 중심지 • 경제적 측면: 다국적 기업의 본사, 국제 금융 업무 기능, 생산 서비스 기능, 자본과 고급 노동력 집중

04 다국적 기업의 공간적 분업 답 ②

○○ 기업은 다국적 기업으로, 세계화가 진전되면서 세계 각 지역에 공간적 분업을 하며 생산비를 절감하고자 한다. 대개 선진국의 대도시에 본사가 입지하며 생산 공장은 인건비가 싼 개발 도상국에 위치한다. 본사는 경영 기획 및 관리 기능을 담당하며, 자본 및 정보 수집과 전문 인력 확보에 유리한 본국의 대도시에 위치한다.

ㄴ. ⓛ은 ㉠보다 ~~고급 전문 인력~~을 필요로 한다.
　　　　　　　　저렴한 인건비의 인력

ㄹ. 생산 공장이 ⑩으로 이전하면서 ⓒ, ㉣의 근로자들이 ⑩에 대규모로 유입된다.
→ ⓒ, ㉣ 국가의 인건비 상승으로 생산 공장이 ⑩으로 이전한 것이므로, ⓒ, ㉣의 근로자들이 ⑩으로 유입되지는 않는다.

다국적 기업의 공간적 분업

본사	경영 기획 및 관리 기능을 담당하며, 자본 및 정보 수집과 전문 인력 확보에 용이한 본국의 대도시에 위치함.
연구소	연구 및 개발을 담당하며, 기술 수준이 높은 선진국의 대학 및 연구 시설이 밀집한 곳에 위치함.
생산 공장	생산 기능을 담당하며, 저렴한 노동력이 풍부한 개발 도상국에 위치하거나, 무역 장벽을 극복할 수 있는 선진국에 위치하기도 함.

05 다국적 기업의 공간적 분업 답 ⑤

H사는 세계 여러 국가에 진출해 있는 다국적 기업으로, 생산비 절감이나 시장 확보 등 기업 이윤의 극대화를 위해 각 기능이 공간적으로 가장 적절한 곳에 위치하도록 공간적 분업을 하고 있다. 이러한 공간적 분업은 교통·통신 발달, 자유 무역의 확대, 세계화 등에 힘입어 더욱 확산되었다.

⑤ 아시아 지역에 위치한 현지 생산 공장 수가 아메리카보다 많다.

06 세계화의 영향 답 ④

갑은 세계화의 긍정적인 측면을, 을은 부정적인 측면을 강조하여 이야기하고 있다. 세계화의 긍정적인 측면을 강조하는 사람들은 자유 무역을 통해 더 많은 재화나 서비스가 자유롭게 이동하여 소비자의 선택의 폭이 확대될 수 있다고 주장하고, 자유, 평등, 민주주의, 인권 등 인류의 보편적인 가치도 확산될 수 있다고 본다.

반면에 세계화의 부정적인 측면을 강조하는 사람들은 세계화로 경쟁력이 취약한 국가와 기업은 자본과 기술이 풍부한 선진국 및 다국적 기업에 밀려 위기에 처해 빈부 격차가 확대될 수 있다고 본다. 또한 약소국의 고유한 문화가 선진국의 문화에 밀려 소멸당할 수 있어 인류의 문화적 다양성이 훼손될 수 있다는 점을 지적한다.

ㄹ. 을은 선진국 문화의 확산으로 인류의 문화 다양성이 훼손될 수 있다는 섬을 지적할 것이다.

세계화에 따른 문화의 획일화와 빈부 격차 심화
• 문화의 획일화
　– 문제점: 전통문화의 정체성 약화, 인류의 문화적 다양성 훼손
　– 해결 방안: 문화의 다양성을 보전하기 위해 노력
• 빈부 격차 심화
　– 문제점: 선진국과 다국적 기업은 풍부한 자본과 기술력을 바탕으로 경쟁에서 유리한 반면, 그렇지 못한 개발 도상국과 기업은 경쟁에서 밀림.
　– 해결 방안: 공적 개발 원조, 공정 무역, 국제기구를 통한 개발 도상국의 경제적 자립 지원 등

07 세계화에 따른 변화 답 ⑤

세계화로 상품이나 자본, 노동 등의 생산 요소가 국가 간에 더욱 자유롭게 이동하게 되었고, 전 세계적으로 경제적 상호 의존성이 증가하여 한 지역에서 일어난 변화가 연쇄적으로 다른 지역에 큰 영향을 주기도 한다.

다국적 기업은 전 세계를 대상으로 제품을 생산하고 판매하는 기업으로, 세계 각지에 자회사, 지점, 생산 공장을 운영한다. 이러한 다국적 기업은 세계화로 인해 그 활동과 영향력이 증대되었다.

갑: ㉠에 따라 상품과 생산 요소의 이동이 ~~제한되었어~~.
　　　　　　　　　　　　　　　더욱 자유롭게 이동하게 되었어.

을: ㉡은 국가 간 상호 의존성이 ~~낮음~~을 나타내.
　　　　　　　　　　　　　　　높음

08 공정 무역 답 ⑤

공정 무역이 활성화되면 커피 생산 농가에 돌아가는 소득이 늘어나 세계 경제의 불평등 정도가 완화될 것이다. 또한 공정 무역 커피의 수입 가격에 포함된 사회 기금을 통해 커피 생산 지역의 낙후된 생활 환경이 개선될 수 있다.

ㄱ. 세계 경제의 불평등 정도가 ~~심화~~될 것이다.
　　　　　　　　　　　　　　　완화

ㄴ. 공정 무역 커피의 유통 단계가 늘어날 것이다.
→ 일반 커피에 비해 공정 무역 커피는 유통 단계가 간소하여 생산자에게 더 많은 이익이 돌아가도록 한다.

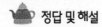

 국제 사회의 행위 주체와 평화를 위한 노력

01 국제 갈등과 협력의 양상 　　답 ①

제시문에는 국제 갈등과 협력의 모습이 모두 나타나고 있다. 이 사례에서는 관련 국가들이 주도하여 국제 협약 등 국제법에 따라 문제를 해결하는 모습을 보이고 있다. 국제 비정부 기구나 다국적 기업, 국제적으로 영향력 있는 개인이 갈등을 중재하는 모습은 나타나지 않고 있다.

02 국제 사회의 행위 주체 　　답 ③

제시문은 국제 비정부 기구에 대한 설명이다. ①은 국가, ②는 국제기구, ④는 지방 자치 단체, ⑤는 말랄라 유사프자이와 같이 국제적 영향력이 강한 개인에 해당한다.

📋 내 것으로 만드는 Self - Tip

국제 사회의 행위 주체

국가	• 일정한 영역과 국민을 바탕으로 주권을 가진 가장 기본적인 행위 주체 • 자국의 이익을 최우선적으로 추구함.
국제기구	• 각 나라의 정부를 구성단위로 함. • 국제 사회의 평화 유지, 경제·사회 협력 등의 목적이나 활동을 위해 구성된 조직체
국제 비정부 기구	• 개인, 민간단체의 주도로 만들어진 조직 • 인류의 공익을 위해 활동 • 오늘날 시민 사회의 영향력이 강화되면서 그 역할이 확대됨.
개인	강대국의 전·현직 국가 원수, 국제 연합 사무총장, 노벨상 수상자 등 국제적 영향력이 강한 개인
기타	각국의 지방 자치 단체, 다국적 기업 등

03 국제 사회의 행위 주체 　　답 ⑤

㉠은 국제기구, ㉡은 국제 비정부 기구에 해당한다. 국제기구는 각 나라의 정부를 구성단위로 하는 조직체로, 국제 연합(UN), 경제 협력 개발 기구(OECD), 세계 보건 기구(WHO), 국제 통화 기금(IMF) 등이 대표적인 국제기구이다. 국제 비정부 기구는 개인이나 민간단체가 주도하여 만든 조직으로, 그린피스, 국경 없는 의사회, 국제 사면 위원회(국제 앰네스티) 등이 대표적인 국제 비정부 기구이다.

04 국제 갈등의 양상 　　답 ②

수단과 남수단의 갈등은 언어, 종교, 역사적 배경, 경제적 문제, 영토 문제 등 복합적인 원인에 의해 발생하고 있다. 한편 수단과 남수단의 갈등을 이해하기 위해서는 과거 영국의 식민 통치 체제 하에서 분리되어 지배를 받은 경험 등 역사적 맥락을 고려해야 하기 때문에 시간적 관점이 필요하다.

💡 정답을 찾아가는 Self - Tip

ㄴ. 양국은 모두 인류의 공익을 고려하였다.
→ 수단과 남수단은 자국의 이익을 우선적으로 추구하고 있다.

ㄹ. 국제 사회의 평화 실현을 위한 노력이 나타났다.
→ 평화 실현을 위한 노력보다는 자원, 종교 등으로 인한 갈등이 나타난 사례이다.

05 국제 사회의 행위 주체 　　답 ③

국제 사회의 행위 주체 중 가장 기본이 되는 것은 국가이다. 국가는 자국의 이익을 최우선적으로 추구한다. 한편 국가 외에도 국제기구, 국제 비정부 기구는 물론, 강대국의 전·현직 국가 원수, 국제 연합 사무총장, 노벨상 수상자 등 국제적 영향력이 강한 개인이나 각국의 지방 자치 단체, 다국적 기업 등도 국제 사회의 행위 주체로서 활동하고 있다.

💡 정답을 찾아가는 Self - Tip

ㄱ. 영토가 작은 국가는 주권 행사에 제약이 있다.
→ 국가의 영토 크기나 국민의 수는 국가의 주권 행사와 관련이 없다. 국제법에 따르면 모든 국가는 국제 사회에서 평등하고 독립적인 주체이다.

ㄹ. 국제 사회의 행위 주체는 상호 협력을 위한 행위가 아니면 활동에 참여할 수 없다.
→ 국제 사회의 행위 주체는 상호 협력뿐만 아니라 국제 갈등을 일으키는 주체가 되기도 한다.

06 국제 연합(UN) 　　답 ①

제시문은 국제 연합(UN)의 창설 과정과 역할에 대한 설명이다. 국제 연합은 국제 사회의 행위 주체 중 정부 간 국제기구에 해당한다. 한편 ② 국제 통화 기금(IMF), ③ 세계 보건 기구(WHO), ④ 경제 협력 개발 기구(OECD) 등도 모두 대표적인 국제기구이다. ⑤ 대한민국 경상북도 도청은 한 국가의 지방 자치 단체에 해당한다. 제시된 국제기구, 각국의 지방 자치 단체는 모두 국제 사회의 행위 주체로서 활동하고 있다.

07 평화의 유형 　　답 ⑤

진정한 평화에 도달하려면 전쟁과 테러 등 물리적 폭력이 발생하지 않아 직접적인 폭력의 사용이나 위협이 없는 상태인 소극적 평화를 달성하되, 직접적 폭력의 근본 원인인 빈곤, 정치적 억압, 인종 차별 등 구조적 폭력을 해소하여 적극적 평화를 이루어 나가는 것이 바람직하다.

📋 내 것으로 만드는 Self - Tip

평화의 의미

소극적 평화	• 전쟁, 테러, 범죄, 폭행 등 물리적 폭력이 발생하지 않아 직접적인 폭력의 사용이나 위협이 없는 상태를 말함. • 직접적 폭력의 원인이 근본적으로 해결되지 않은 상태
적극적 평화	• 직접적 폭력뿐만 아니라 구조적·문화적 측면의 간접적 폭력까지 제거된 상태를 말함. • 적극적 평화의 실현으로 각종 차별·억압에서 벗어나 인간의 존엄성을 보장받으며 행복한 삶을 살 수 있음(진정한 의미에서의 평화).

08 평화의 유형 답 ⑤

제시문은 구조적이고 문화적인 폭력에 의해 차별과 억압이 존재하고 있음을 나타낸 것으로, 이는 적극적 평화가 침해된 상태에 해당한다. 전쟁, 테러, 범죄, 폭행 등 물리적 폭력과 같은 직접적 폭력을 제거하는 것만으로는 진정한 의미의 평화가 실현되었다고 할 수 없다. 적극적 평화는 물리적 폭력뿐만 아니라 차별과 억압 등 사회 구조나 문화에 의해 발생하는 간접적 폭력 문제를 해결해야 달성될 수 있다.

자료를 분석하는 Self - Tip

> 흑인들이 거주의 자유를 침해받는 등 인권이 제대로 보장되지 않으며 억압이 존재하는 모습을 보여 준다.

아프리카 흑인 어린이는 일반적으로 흑인 전용 병원에서 태어나 흑인 거주 지역에서만 살아야 하며, 만약 학교라도 다니고 싶다면 흑인 전용 학교에 다녀야 한다. 그 흑인 아이는 커서도 흑인들만 다니는 직장에만 취직할 수 있고, 흑인 전용 기차만 탈 수 있다. 밤낮을 불문하고 통행증을 제시하기 위해서 수시로 가던 길을 멈춰야 하며, 통행증을 제시하지 못하면 경찰서에 연행된다.

– 넬슨 만델라, 《자유를 향한 머나먼 길》 –

> 흑인들만 통행증을 제시하지 못하면 경찰서에 연행된다는 것은 이들에 대하여 신체의 자유가 보장되지 않고 차별이 존재함을 의미한다.

09 국제 갈등의 특징 답 ④

제시된 자료는 이스라엘과 요르단 사이에서 벌어진 갈등 상황 및 이에 대한 국제 사회의 협력을 나타낸 것이다. 이스라엘과 요르단은 종교, 영토 등을 둘러싸고 오랫동안 대립해 왔다. 이에 국제 사회가 중재에 나섬으로써 두 나라는 적대 관계를 청산하고 평화를 되찾게 되었다. 한편 이스라엘과 요르단은 국제 사회 행위 주체의 유형 중 국가에 해당한다.

정답을 찾아가는 Self - Tip

ㄱ. 동남아시아 지역에서 나타난 갈등이다.
→ 이스라엘과 요르단은 서남아시아 지역에 해당한다.

ㄷ. 전쟁을 막음으로써 적극적 평화가 실현되었다.
→ 전쟁을 막았기 때문에 소극적 평화를 달성한 것이다.

자료를 분석하는 Self - Tip

> 지중해 연안과 아라비아반도 북부에 위치한 나라로, 서남아시아 지역에 속한다.

국경이 인접한 이스라엘과 요르단은 이스라엘 건국 이후 줄곧 극단적으로 대립해 왔다. 두 국가 사이에는 유대교와 이슬람교라는 종교적 차이가 존재한다. 특히 양국은 1967년 중동 전쟁 이후 첨예하게 대립해 왔는데, 미국과 국제 연합(UN) 등 국제 사회의 적극적인 중재로 1994년 평화 협정을 체결하였다.

> 갈등의 원인 중 하나가 종교적 차이임을 알 수 있다.
> 국제 협약에 따라 갈등을 해결하였다.

10 국제 사회의 행위 주체와 그 역할 답 ①

이스라엘과 요르단의 갈등은 국제기구인 국제 연합과 국가인 미국 등의 중재로 해결되었다. 또 평화 협정을 맺은 것을 볼 때, 국제 협약을 통해 문제를 해결하였음을 알 수 있다. ① 자료에서 국

제적으로 영향력이 강한 개인이 갈등 중재에 참여했다는 내용을 찾아보기는 어렵다.

서술형 문제

11 국제 협력의 필요성

모범 답안 | 국제 갈등은 언어, 종교, 자원, 영토 등 여러 가지 원인이 복합적으로 작용하여 발생한다. 이러한 국제 갈등은 특정 국가의 노력만으로는 해결하기 어렵기 때문에 국제 협력이 필요하다.

주요 단어 | 국제 갈등, 복합적, 국제 협력

채점 기준	배점
국제 협력의 필요성을 국제 갈등의 원인과 관련지어 서술한 경우	상
국제 협력의 필요성을 국제 갈등의 원인과 관련짓지 못하고 일반적인 서술에 그친 경우	하

12 평화의 유형

모범 답안 | ㉠은 소극적 평화, ㉡은 간접적 폭력이다. 간접적 폭력에 해당하는 사례로는 빈곤, 기아, 정치적 억압, 경제적 착취, 종교와 사상 차별, 인종 차별 등이 있다.

주요 단어 | 소극적 평화, 간접적 폭력, 빈곤, 기아, 정치적 억압, 경제적 착취, 종교와 사상 차별, 인종 차별

채점 기준	배점
㉠, ㉡에 들어갈 말을 정확하게 쓰고, 간접적 폭력의 유형을 세 가지 이상 모두 서술한 경우	상
㉠, ㉡에 들어갈 말을 정확하게 쓰고, 간접적 폭력의 유형은 쓰지 못한 경우	하

13 적극적 평화의 필요성

모범 답안 | 적극적 평화, 적극적 평화가 실현되면 물리적 폭력의 위험뿐만 아니라 각종 차별과 억압에서 벗어나 인간의 존엄성을 보장받으며 행복한 삶을 살아갈 수 있게 된다는 점에서 필요하다.

주요 단어 | 적극적 평화, 물리적 폭력, 차별과 억압, 인간의 존엄성, 행복

채점 기준	배점
적극적 평화임을 쓰고, 적극적 평화의 필요성을 구조적·문화적 폭력의 제거 관점에서 서술한 경우	상
적극적 평화임을 쓰고, 적극적 평화의 필요성을 물리적 폭력의 제거 관점에서만 서술한 경우	하

1등급 완성하기 p. 199

01 ⑤   **02** ②   **03** ④   **04** ②

01 국제 사회의 행위 주체 답 ⑤

㉡ 국가, ㉢ 국제기구, ㉣ 국제 비정부 기구에 해당한다. ㉤ 티베트 자치구는 중국의 일부분이지만 독자적으로 국제 사회에 영향력을 행사할 수 있다. 이처럼 국가, 국제기구, 국제 비정부 기구 외에도 국제적으로 영향력이 강한 개인, 각국의 지방 자치 단체, 다국적 기업 등도 국제 사회의 행위 주체로서 활동하고 있다.

① ㉠: 국제 사회에서 독립된 주권을 가지고 외교 활동을 한다.
→ 국가에 대한 설명이다. 티베트 망명 정부는 주권과 영토, 국민을 모두 갖춘 온전한 국가로 보기는 어렵다.

② ㉡: 인류의 보편적 가치를 최우선으로 추구한다.
→ 국가는 자국의 이익을 최우선적으로 추구한다.

③ ㉢: 민간단체가 주도하여 만들었으며 국제적인 연대 활동을 한다.
→ 국제 연합은 대표적인 국제기구로, 각 나라의 정부를 구성단위로 한다. 민간단체가 주도하여 만든 국제 사회의 행위 주체는 국제 비정부 기구이다.

④ ㉣: 각국 정부를 구성단위로 하는 국제기구이다.
→ 국제 비정부 기구는 주로 개인이나 민간단체가 주도하여 구성한다.

02 국제 갈등의 원인 　　　　📖②

연설가는 국익을 극대화하려는 국가 정책 때문에 전쟁이 발생한다고 보고, 이로 인하여 소극적 평화가 깨진다고 언급하고 있다. 연설 내용에 따르면 전쟁은 각국의 지도자들이 전쟁을 통해 얻는 이익이 전쟁으로 잃는 손해보다 클 경우 발생한다.

📝 내 것으로 만드는 Self - Tip

국제 갈등의 전개	
원인	영역, 자원, 민족, 언어, 종교 등 여러 가지 원인이 복합적으로 작용하여 발생
특징	특정 국가의 노력만으로 해결하기 어려움. → 국제 협력이 중요해짐.

03 평화의 유형 　　　　📖④

㉠은 소극적 평화, ㉡은 적극적 평화이다. 소극적 평화는 물리적 폭력 등 직접적 폭력이 제거된 상태이고, 적극적 평화는 구조적·문화적 폭력 등 간접적 폭력까지 제거된 상태이다.

💡 정답을 찾아가는 Self - Tip

ㄱ. 어떤 나라의 흑인 격리 정책은 ㉠을 달성하지 못한 사례이다.
→ 흑인에 대한 차별과 억압이 존재하는 것은 적극적 평화가 실현되지 못한 상태이다.

ㄷ. 프랑스에서 발생한 민간인 대상의 테러는 ㉠의 침해와는 거리가 멀다.
→ 전쟁, 테러, 폭행 등 물리적 폭력의 발생은 소극적 평화가 침해된 상태이다.

04 평화의 유형과 특징 　　　　📖②

제시문은 적극적 평화를 지향하고, 평화적 수단을 통해서 이를 실현해야 한다는 입장이다. 적극적 평화는 직접적 폭력은 물론, 구조적·문화적 폭력까지 제거된 상태를 말한다.

💡 정답을 찾아가는 Self - Tip

ㄱ. 적극적 평화를 위한 직접적인 폭력 사용은 인정되어야 한다.
→ 평화를 위해서 폭력을 사용하는 것은 반대하는 입장이다.

ㄹ. 국제 평화의 개념은 테러, 국가 간에 전쟁이 없는 상태로 국한되어야 한다.
→ 테러, 국가 간 전쟁이 없는 상태는 소극적 평화에 해당한다.

ㅁ. 폭력의 개념은 공인되지 않은 비합법적인 무력을 사용하는 것으로 한정된다.
→ 적극적 평화를 지향하는 입장에서는 사회 구조 자체가 행하는 구조적·문화적 폭력까지 제거해야 한다고 본다.

03 남북 분단과 동아시아의 역사 갈등

01 남북 분단의 배경 　　　　📖①

제2차 세계 대전 이후 세계는 미국을 중심으로 한 자유주의 진영과 소련을 중심으로 한 공산주의 진영으로 나뉘어 대립한 냉전 질서로 재편되었다. 우리나라는 광복과 동시에 남북으로 나뉘어 각각 미국과 소련의 영향력 아래 들어갔다. 북위 38도선을 경계로 남과 북에 각각 미국과 소련의 군대가 진주하였고, 민족 내부에서는 신탁 통치 찬반 논쟁, 좌익과 우익 간의 대립이 이어졌다. 우리 민족은 광복 후 통일 정부를 수립하려는 노력을 전개하였으나 실패하였다. 이러한 상황에서 국제 연합은 총선거 실시를 통한 한반도의 통일 정부 구성 방안을 마련하였으나, 소련과 북한 측의 거부로 1948년에 남한에서만 총선거가 시행되었다. 그 결과 우리나라는 남북으로 분단되었고, 1950년 6·25 전쟁의 발발로 분단이 고착화되었다. ① 일본의 식민지 지배와 수탈은 남북 분단에 직접적 영향을 끼친 배경으로 볼 수 없다.

02 남북 분단의 과정 　　　　📖④

우리나라는 제2차 세계 대전 이후 전개된 냉전 질서의 영향이라는 국제적 배경과 민족 내부의 응집력 부족 등 국내적 배경으로 인해 남북으로 분단되었다. ㄹ. 광복 후 김구와 김규식 등은 남북한 간 협상을 추진하며 통일 정부를 수립하기 위해 노력하였으나 그 목표를 이루지 못하였다.

📝 내 것으로 만드는 Self - Tip

남북 분단의 배경	
국제적 배경	제2차 세계 대전 이후 냉전 질서로 재편된 국제적 환경 → 한반도는 남북으로 나뉘어 각각 미국과 소련의 영향력 아래 들어감.
국내적 배경	• 민족 내부의 응집력 부족: 광복 후 신탁 통치에 대한 찬반 논쟁, 좌익과 우익의 이념적 갈등, 통일 정부 수립 노력 실패 • 6·25 전쟁의 발발 → 분단 고착화

03 통일의 필요성 　　　　📖④

제시된 표는 남북의 언어 이질화가 심각해지고 있음을 보여 준다. 같은 언어를 사용하던 남북한은 분단으로 인하여 서로 다른 체제와 이념 속에 살면서 다른 어문 정책을 펴 왔다. 그 결과 남북 간의 언어 이질화 문제가 심화하고 있다. 이처럼 분단이 지속되면서 남한과 북한이 공유하던 공통의 문화가 점차 사라지고 있다. 이와 같은 남북 사이의 이질성을 극복하고 민족의 동질성을 회복하려면 통일이 필요하다.

04 분단 비용의 의미　　　　　　　　　　　答 ③

㉠에 들어갈 말은 분단 비용이다. 분단 비용은 남북이 분단됨으로써 발생하는 모든 비용으로, 한 번 지출하면 돌아오지 않는 소모성 비용이다.

📖 내 것으로 만드는 Self - Tip

통일 관련 비용

분단 비용	남북이 분단되어 있는 동안 끊임없이 지불해야 하는 기회비용 예 안보 유지비, 체제 경쟁을 위한 외교비, 국제 사회에서의 정치·외교적 불이익, 이산가족의 아픔 등
통일 비용	남북의 다른 체제와 제도 등을 통합하는 과정에서 드는 비용 예 통일 후 경제 개발에 투자하는 비용 등
통일 편익	통일로 얻을 수 있는 경제적·비경제적 편익 예 분단 비용의 제거, 이산가족 문제 해결 등

05 분단 비용의 이해　　　　　　　　　　　答 ④

분단 비용은 통일 이전에 남북 간 대립으로 인해 발생하는 소모적 비용으로, 안보 유지비, 체제 경쟁을 위한 외교비 외에도 국제 사회에서 받는 정치·외교적 불이익, 이산가족의 아픔 등 무형의 비용까지 포함된다. 현재 남북한은 정치·경제·외교·군사적 대립에 따른 분단 비용을 지불하고 있으며, 이는 소모적인 경쟁으로 이어지고 있다.

💡 정답을 찾아가는 Self - Tip

ㄱ. 통일 이후에 지출되는 비용이다.
→ 분단 비용은 통일 이전 분단 상태에서 지출되는 비용이다.

ㄷ. 분단으로 발생하는 경제적 비용에 한정된다.
→ 분단 비용은 경제적 비용뿐만 아니라 무형의 비용까지 포함한다.

06 남북한 통일 후 예상되는 편익　　　　　答 ④

제시된 지도는 통일 이후 철도가 한반도에서 유라시아 대륙까지 연결될 것을 표현한 것이다. 통일이 되면 남북으로 나누어진 국토가 통합되어 국토의 일체성을 회복할 뿐만 아니라, 지정학적 요충지로서의 이점을 활용하여 유라시아 대륙과 태평양을 연결하는 중심적인 역할을 할 수 있다.

💡 정답을 찾아가는 Self - Tip

ㄱ. 통일은 남북 간 전쟁의 위협을 제거해 준다.
→ 제시된 자료와는 무관한 진술이다.

ㄷ. 통일 이후에 민족의 역량이 불필요하게 낭비될 우려가 있다.
→ 통일이 되면 분단으로 인해 낭비되었던 민족의 역량을 극대화할 수 있다.

07 일본의 역사 교과서 왜곡　　　　　　　答 ③

제시문은 일본의 역사 교과서 왜곡 문제를 다루고 있다. 일본에서 발간된 역사 교과서들은 일본의 식민지 지배와 침략 행위를 정당화하며 역사를 왜곡하고 있다. 이로 인하여 주변국과의 역사 갈등이 발생하고 있지만, 일본의 우익 단체들은 계속해서 왜곡된 역사 교과서를 만들고 있다. 이와 같은 역사 교과서 왜곡 문제는 우리나라와 중국의 반발을 사고 있을 뿐만 아니라 일본의 시민 단체와 학계로부터 많은 비판을 받고 있다.

💡 정답을 찾아가는 Self - Tip

① 동아시아의 평화 정착에 기여하기 때문이다.
→ 일본의 역사 교과서 왜곡은 동아시아의 평화 실현을 저해하는 요인이다.

② 잘못된 역사 인식을 바로잡아 주기 때문이다.
→ 일본은 역사 교과서 서술을 통해 역사를 왜곡하고 있다.

④ 정부의 공식적인 검정 심사를 통과하지 않았기 때문이다.
→ 일본의 식민지 지배와 침략 행위를 정당화하는 역사 교과서가 일본 정부의 검정 심사를 통과함으로써 주변 나라의 우려를 사고 있다.

⑤ 한국, 중국, 일본의 공동 역사 연구를 바탕으로 했기 때문이다.
→ 역사 왜곡 문제 등 역사 갈등을 해결하기 위해 한·중·일의 학자와 시민 단체들이 앞장서서 공동 역사 연구를 진행하여 역사 인식의 차이를 극복하고자 노력하고 있다.

08 동아시아의 영토 분쟁 지역　　　　　　答 ②

지도의 A는 쿠릴 열도(북방 도서) 분쟁, B는 센카쿠 열도(댜오위다오) 분쟁, C는 시사 군도(파라셀 제도) 분쟁, D는 난사 군도(스프래틀리 군도) 분쟁 지역을 가리킨다.

09 영토 분쟁의 심화　　　　　　　　　　　答 ⑤

1970년대 이후 해양 자원의 중요성이 강조되면서 해양 영토 분쟁이 더욱 심화하고 있다.

📖 내 것으로 만드는 Self - Tip

동아시아의 영토 분쟁 지역

쿠릴 열도 (북방 도서)	• 일본과 러시아의 영토 분쟁 • 러일 전쟁에서 일본 영토로 편입 → 제2차 세계 대전 이후 소련의 영토가 됨. → 일본의 지속적인 영유권 주장으로 갈등
센카쿠 열도 (댜오위다오)	• 중국과 일본의 영토 분쟁 • 청일 전쟁 승리 후 일본이 차지 → 이 지역에 석유와 천연가스가 매장된 사실이 알려지면서 중국이 자국의 영토라고 주장
시사 군도 (파라셀 제도)	남중국해에 위치한 지역으로 중국과 베트남이 영토 분쟁을 벌임.
난사 군도 (스프래틀리 군도)	중국을 비롯하여 베트남, 필리핀, 브루나이, 말레이시아 등이 영유권을 주장하고 있음.

10 동아시아의 역사 인식 문제　　　　　　答 ④

자료에 제시된 사례들은 모두 동아시아의 역사 갈등 중 역사 인식 문제와 관련된 것이다. 일본의 역사 왜곡과 중국의 동북 공정으로 동아시아는 역사 갈등을 겪고 있다.

💡 정답을 찾아가는 Self - Tip

① 남북 분단의 배경
→ 일본은 일본군'위안부' 문제를 축소·은폐하고 있으며, 고위 정치인들이 야스쿠니 신사를 참배함으로써 일본의 식민지 지배와 침략 전쟁을 미화하고 정당화하고 있다. 이는 역사 인식 문제로, 남북 분단의 배경과 무관하다.

② 소극적 평화의 침해
→ 소극적 평화는 전쟁, 테러, 범죄, 폭행과 같은 물리적 폭력이 없는 상태를 말한다. 제시문과는 직접적인 관련이 없다.

③ 영토 분쟁 해결 노력
→ 제시된 내용들은 영토 분쟁 해결 노력과는 무관하다.

⑤ 한반도 긴장 완화와 평화 통일 노력
→ 역사 갈등은 동아시아 세계의 상호 불신과 대립, 긴장을 불러일으키는 요소이다.

11 야스쿠니 신사 참배와 역사 갈등 답 ⑤

일본의 고위 정치인들이 야스쿠니 신사를 공식적으로 참배하는 행위는 자신들의 침략 전쟁을 정당화하고 미화하는 행위이기 때문에 한국과 중국 등 주변 나라와의 갈등 원인이 되고 있다.

정답을 찾아가는 Self - Tip

ㄱ. 종교의 자유를 추구하는 것이다.
→ 일본의 고위 정치인들은 야스쿠니 신사를 참배하는 것에 대해 종교의 자유를 추구하는 것이라고 주장하고 있다. 그러나 A급 전범들의 위패가 있는 야스쿠니 신사에 참배하는 것은 일본의 침략 행위를 미화하고 정당화하려는 시도이다.

ㄴ. 식민 지배를 사죄하는 행위이다.
→ 야스쿠니 신사 참배는 식민 지배를 미화하고 정당화하는 행위이다.

12 중국의 동북 공정 답 ②

㉠에 들어갈 용어는 동북 공정이다. 중국은 랴오닝성, 지린성, 헤이룽장성 등 동북 3성 지역의 역사, 지리, 민족 문제 등을 연구한다는 명목으로, 과거 만주 지역과 한반도 북부에서 전개되었던 고조선, 고구려, 발해 등의 우리 역사가 모두 중국의 역사라고 주장하며 역사를 왜곡하고 있다.

13 동북 공정의 목적 답 ⑤

중국은 중국 영토 내에 있는 소수 민족을 통합하여 이들의 분리 독립을 막고 현재의 영토를 확고히 하기 위해 동북 공정을 추진하여 역사를 왜곡하고 있다. 중국은 역사적 자료를 일방적으로 해석하여 과거 만주 지역과 한반도 북부에서 전개되었던 고조선, 고구려, 발해 등 우리나라의 역사를 모두 중국의 역사라고 주장하고 있다.

정답을 찾아가는 Self - Tip

ㄱ. 동아시아의 군사적 긴장을 해소하기 위해서이다.
→ 동북 공정은 우리나라와 중국 간의 갈등을 야기하였다.

ㄴ. 그동안 잘못 인식되었던 과거사를 바로잡기 위해서이다.
→ 동북 공정은 중국이 역사를 왜곡한 사례이다.

14 한반도의 지정학적 이점 답 ②

우리나라는 지정학적으로 유라시아 대륙과 태평양을 연결하는 지리적 요충지에 위치하였다. 따라서 통일이 실현되면 국제 물류의 중심지로서 도약할 수 있다.

15 국제 사회 평화를 위한 우리나라의 노력 답 ②

우리나라는 국제 사회의 평화를 위해 국제 연합 평화 유지군 파병에 동참하고 있으며, 한국국제협력단(KOICA) 등을 통한 해외 원조에 참여하고 있다.

16 우리나라가 국제 사회 평화에 기여할 수 있는 방안 답 ⑤

우리나라는 개발 경험과 기술이 필요한 저개발 국가나 개발 도상국을 지원하며, 재난을 입은 국가에 긴급 구호 물품 등을 제공하고 있다. 또한 지구촌의 여러 문제를 해결하기 위해 다양한 국제회의를 개최하고 있으며, 주변국 간의 갈등을 중재하고 소통에 이바지하고 있다. 무엇보다 평화적인 방법으로 한반도 통일을 실현하기 위해 노력하고 있다. ⑤ 우리나라는 제3 세계의 기아와 빈부 격차 문제를 해결하기 위해서 다양한 지원을 하고 있다.

내 것으로 만드는 Self - Tip

우리나라가 국제 사회의 평화에 기여할 수 있는 방안

국가적 차원	• 한반도의 평화 통일을 실현하여 세계 평화에 이바지 • 국제 연합 평화 유지군 파견 • 각종 해외 원조 실시 • 지구 온난화 방지와 환경 보호에 적극 동참
개인·민간단체	국제 비정부 기구에 참여하여 반전, 평화 운동 등 다양한 활동 전개

서술형 문제

17 통일의 필요성

모범 답안 | 통일의 실현으로 이산가족과 실향민의 아픔을 해소하고 북한 주민의 삶을 개선할 수 있다. 그리고 남북 간의 이질화 현상을 극복하고 민족의 동질성을 회복하여 민족적 역량을 극대화할 수 있다. 또한 국토의 효율적인 이용이 가능하며, 나아가 세계 평화에도 기여할 수 있다.

주요 단어 | 이산가족, 동질성, 민족적 역량, 국토의 효율적 이용, 세계 평화

채점 기준	배점
통일이 필요한 이유 세 가지를 바르게 서술한 경우	상
통일이 필요한 이유를 두 가지만 바르게 서술한 경우	하

18 일본의 역사 왜곡

모범 답안 | (1) 독도

(2) 일본은 식민지 지배와 침략 전쟁을 미화하고 정당화하는 역사 교과서를 만들어 검정 심사를 통과시켰으며, 일본군 '위안부' 문제를 축소·은폐하고 있다. 그리고 고위 정치인들은 A급 전범이 합사되어 있는 야스쿠니 신사를 참배하여 주변 나라와 갈등을 빚고 있다.

주요 단어 | 역사 교과서, 일본군 '위안부' 문제, 야스쿠니 신사 참배

채점 기준	배점
역사 교과서 왜곡, 일본군 '위안부' 문제 축소·은폐, 야스쿠니 신사 참배를 모두 서술한 경우	상
역사 교과서 왜곡, 일본군 '위안부' 문제 축소·은폐, 야스쿠니 신사 참배 중 한 가지만 서술한 경우	하

19 동아시아의 역사 갈등 해결 노력

모범 답안 | 한·중·일의 학자, 교사, 시민 등 다양한 주체들이 공동 역사 연구를 진행하여 역사 인식의 차이를 극복해 나가도록 한다. 그리고 국제 연대와 교류를 확대하여 서로의 역사에 대한 이해를 넓히고 공통의 역사 인식을 마련하도록 한다.

주요 단어 | 공동 역사 연구, 국제 연대와 교류

채점 기준	배점
공동 역사 연구, 국제 연대와 교류 확대를 모두 서술한 경우	상
공동 역사 연구, 국제 연대와 교류 확대 중 한 가지만 서술한 경우	하

01 ②	02 ④	03 ⑤	04 ④

01 통일의 필요성   답 ②

(가)를 보면 우리나라의 평화 지수 순위가 국제적 위상과 비교했을 때 그리 높지 않고, 북한의 평화 지수 순위는 매우 낮음을 알 수 있다. 이는 분단으로 인해 한반도 전체에 군비 경쟁과 사회적 긴장이 나타나고 있기 때문이다. 이런 점에서 볼 때 통일은 한반도의 전쟁 위협을 제거하고 평화를 정착시키기 위해 필요하다.

🔍 정답을 찾아가는 Self - Tip

ㄴ. 통일이 되면 국제 물류의 중심지로 도약할 수 있습니다.
→ 경제적 차원의 필요성에 해당한다.

ㄹ. 통일이 되면 남한의 자본·기술과 북한의 자원·노동력을 바탕으로 경제가 성장할 것입니다.
→ 경제적 차원의 필요성에 해당한다.

📝 내 것으로 만드는 Self - Tip

통일의 필요성

개인·민족적 차원	• 이산가족과 실향민의 아픔 해소 • 민족 동질성 회복
사회·문화적 차원	• 이념·지역·세대 간의 갈등 극복 • 민족의 역사·전통·문화 발전 가능
정치적 차원	한반도와 주변국의 전쟁 위협 해소
경제적 차원	• 소모적 분단 비용 절감 • 한반도의 지정학적 이점 극대화

02 동아시아의 역사 갈등   답 ④

동아시아의 여러 나라는 영토 문제와 역사 인식 문제 등으로 갈등하고 있다. 동아시아와 주변국은 복잡하게 얽힌 역사적 배경과 해양 자원을 둘러싼 경쟁 등을 이유로 해양 영토 분쟁을 겪고 있다. 한편 일본은 역사 교과서 왜곡 문제, 야스쿠니 신사 참배 문제, 일본군'위안부' 문제 축소·은폐, 독도에 대한 부당한 영유권 주장 등 여러 측면에서 역사를 왜곡하고 있다. 중국은 소수 민족을 통합하여 국경 지역을 안정시키고자, 과거 만주 지역과 한반도 북부에서 전개되었던 우리 역사를 중국의 역사라고 주장하는 동북 공정을 추진하였다.

📝 내 것으로 만드는 Self - Tip

동아시아의 역사 갈등

영토 문제	복잡하게 얽힌 역사적 배경, 해양 자원을 둘러싼 경쟁 등으로 해양 영토 분쟁 심화 예 쿠릴 열도(북방 도서) 분쟁, 센카쿠 열도(댜오위다오) 분쟁, 시사 군도(파라셀 제도) 분쟁, 난사 군도(스프래틀리 군도) 분쟁
역사 인식 문제	• 일본의 역사 왜곡: 역사 교과서 왜곡 문제, 야스쿠니 신사 참배 문제, 일본군'위안부' 문제 축소·은폐, 독도에 대한 부당한 영유권 주장 • 중국의 동북 공정: 만주 지역과 한반도 북부에서 전개된 고조선, 고구려, 발해 등 우리 역사를 모두 중국의 역사라고 주장

03 역사 갈등의 해결 사례   답 ⑤

폴란드와 독일은 두 차례의 세계 대전을 거치면서 영토 및 역사 갈등을 겪었다. 하지만 독일 측의 사과와 국경선 문제 합의 이후 양국의 학자들이 공동 연구를 전개하여 역사 인식의 차이를 좁혀 가고 있다.

🔍 정답을 찾아가는 Self - Tip

ㄱ. 자국의 이익을 우선적으로 추구해야 한다.
→ 자국의 이익을 우선시하면 역사 갈등을 해결하기 어렵다. 상대국과 열린 마음으로 대화하려는 자세가 필요하다.

ㄴ. 상대국의 잘못에 대해 감정적으로 대응한다.
→ 감정적 대응은 오히려 갈등을 증폭시킨다.

🔍 자료를 분석하는 Self - Tip

┌ 폴란드와 독일은 역사적으로 꾸준히 갈등 관계에 있었다.

폴란드는 제1차 세계 대전 이후 영토 문제로 독일과 갈등을 겪었다. 또한 제2차 세계 대전 당시에는 많은 폴란드인들이 나치스에 희생되어 두 나라의 적대 관계가 지속되었다. 그러던 중 1970년 서독의 빌리 브란트 수상이 폴란드에 와서 진심 어린 사과를 하고, 양국이 국경선 문제에 합의하면서 두 나라 사이는 개선되기 시작하였다. 이후 독일과 폴란드의 역사학자, 지리학자들은 꾸준한 교류와 연구를 통해 2016년 공동 역사 교과서를 발간하였다.

└ 폴란드와 독일은 독일 측의 사과, 꾸준한 교류와 연구를 바탕으로 역사 갈등을 극복해 나갔다. 두 나라는 공통된 역사 인식을 바탕으로 토론과 합의를 거쳐 역사적 화해를 위한 공동 교과서를 완성하였다.

04 우리나라의 해외 원조   답 ④

제시문은 우리나라가 개발 도상국을 지원한 해외 원조 사례이다. 우리나라는 원조를 받던 국가에서 지원해 주는 국가로 탈바꿈하여 다양한 형태의 해외 원조를 실시함으로써 국제 사회의 평화에 이바지하고 있다. 앞으로도 제3 세계의 기아와 빈부 격차 문제를 해결하기 위해 저개발 국가와 개발 도상국을 더욱 적극적으로 지원해야 할 것이다.

🔍 자료를 분석하는 Self - Tip

┌ 우리나라가 실시하고 있는 공적 개발 원조 사업의 일환이다. 공적 개발 원조란 정부를 포함한 공공 기관이 개발 도상국의 경제 개발과 복지 향상을 목적으로 제공하는 원조이다.

교육부는 아프리카에 태양광 전력 기반 이동형 교실(솔라 스쿨)을 지원하고 있다. 솔라 스쿨은 태양광 발전에 유리한 아프리카 지역에 특화된 것으로, 각종 정보 통신 기술 실습 환경이 갖추어져 있다. 교육부는 교육을 통한 발전 경험을 개발 도상국과 공유하고, 교육 소외 지역의 지식 정보 격차 해소를 목표로 다양한 활동을 전개하고 있다.

└ 우리나라는 6·25 전쟁 당시 군사적·경제적 원조를 받던 나라였다. 그러나 1960년대 이후 정부 주도의 경제 개발 정책에 따라 고도의 경제 성장을 이루었다. 오늘날 우리나라는 높아진 국제적 위상을 바탕으로 저개발 국가나 개발 도상국에 대해 해외 원조를 지원하고 있다.

정답 및 해설

Ⅸ. 미래와 지속 가능한 삶

 01 인구 문제의 양상과 해결 방안

내신 실력 쌓기   p. 214 ~ p. 217

01 ③	02 ②	03 ③	04 ①	05 ②
06 ③	07 ⑤	08 ⑤	09 ①	10 ④
11 ②, ⑤	12 ④	13 ②	14 ⑤	15 ③
16 ①	17 해설 참조		18 해설 참조	
19 해설 참조				

01 세계의 인구 현황   답 ③

오늘날의 인구 이동은 개발 도상국에서 임금 수준이 높고 고용 기회가 많은 선진국으로의 경제적 이동이 대부분이다.

정답을 찾아가는 Self - Tip

① 최근의 인구 성장은 선진국이 주도하고 있다.
　　　　　　　　　　　　　　개발 도상국
→ 산업 혁명 이후 선진국을 중심으로 세계의 인구가 증가하다가, 20세기 후반 이후에는 개발 도상국을 중심으로 인구가 성장하고 있다.
② 오늘날에는 인간의 거주 지역이 축소되고 있다.
　　　　　　　　　　　　과학 기술과 교통의 발달로 확대
④ 세계의 인구는 정보 혁명 이후 급격하게 성장하였다.
　　　　　　　　　산업
⑤ 인도처럼 남아 선호 사상이 있는 일부 국가에서는 여초 현상이 나타난다.
　　　　　　　　　　　　　　　　　　남초

02 인구 변천 모형   답 ②

A 단계는 다산다사 단계로 출생률과 사망률이 모두 높게 나타난다. B 단계는 다산감사 단계로 사망률이 낮아지고 있어 인구가 빠르게 증가한다. 사망률의 감소는 의학 기술의 발달과 위생 시설의 개선, 인구 부양력의 증대 등 때문이다. C 단계는 감산소사 단계로, 출생률이 낮아지고 있으며 여전히 인구가 증가한다. 출생률의 감소는 여성의 사회 진출 확대, 자녀에 대한 가치관 변화, 양육비 부담 등 때문이다. B, C단계는 주로 개발 도상국에서 나타난다. D 단계는 소산소사 단계로 출생률과 사망률이 모두 낮으며, 주로 선진국에서 나타난다. ②의 설명은 C 단계에 해당하는 내용이다.

자료를 분석하는 Self - Tip

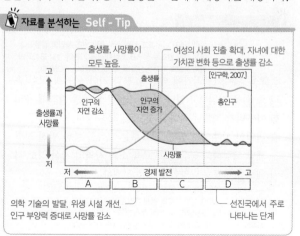

03 세계의 인구 분포   답 ③

인구 밀집(조밀) 지역은 온화한 기후, 비옥한 토양, 넓게 발달한 하천 및 해안 지역, 평야 지역 등의 조건을 갖춘 곳이다. 또한 경제 활동에 유리하여 일자리가 풍부하고 사회 기반 시설이 잘 갖추어진 지역에도 인구가 많이 분포한다. 반면, 인구 희박 지역은 열대·건조·한대 기후 지역이나 높은 산지 및 고원, 사막 등 자연환경 조건이 불리하거나, 경제 활동에 불리하고 교통이 불편한 곳이다.

① 대륙이 넓게 분포하고, 냉·온대 기후가 넓게 나타나는 북반구가 남반구보다 더 많은 인구가 분포한다. ② A는 일찍부터 산업이 발달한 유럽으로, 기후가 온화하고 일자리가 풍부하여 많은 인구가 분포한다. ④ C는 중국 동부 해안 지역으로, 벼농사가 발달하고 각종 산업이 발달하여 인구가 많이 밀집해 있다. ⑤ D는 알래스카 지역으로, 추운 한대 기후가 나타나 인구가 희박하다.

③ B는 사하라 사막으로, 인간 거주에 불리한 자연환경이 나타난다.

내 것으로 만드는 Self - Tip

인구 조밀 지역
• 자연적 요인: 온난한 기후, 해발 고도가 낮은 하천 주변과 해안 지역
• 사회·경제적 요인: 교통이 편리하고 일자리가 풍부하며, 사회 기반 시설이 잘 갖추어 진 지역

04 선진국과 개발 도상국의 인구 구조   답 ①

(가) 국가는 출생률이 낮아 유소년층의 비중이 작고, 노년층의 비중이 크게 나타나는 선진국(일본)이다. (나) 국가는 유소년층 비중이 크고, 노년층의 비중이 작게 나타나는 개발 도상국(니제르)이다. 개발 도상국은 선진국보다 유소년층 비중이 크고, 1인당 국내 총생산(GDP)은 적으며, 중위 연령은 낮다.

05 선진국과 개발 도상국의 인구 구조 특징   답 ②

(가) 국가는 선진국, (나) 국가는 개발 도상국이다. 선진국은 개발 도상국보다 출생률이 낮게 나타나며, 개발 도상국은 선진국보다 노년층의 비중이 작게 나타난다.

정답을 찾아가는 Self - Tip

ㄴ. (가) 국가는 평균 기대 수명이 짧다.
　　　　　　　　　　　　　길다.
ㄷ. (나) 국가는 합계 출산율이 낮다.
　　　　　　　　　　　　　높다.

06 대륙별 인구 분포   답 ③

대륙별 인구 비중이 가장 높게 나타나는 대륙은 중국과 인도가 있는 아시아 대륙이다. 반면 인구 비중이 가장 낮게 나타나는 대륙은 오세아니아이다. 따라서 A는 아시아, B는 오세아니아이다.

자료를 분석하는 Self - Tip

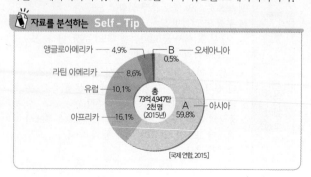

07 세계의 인구 이동 　　　　　　　　　　　**답** ⑤

　A는 노동 이주자로 경제적 목적의 이동을, B는 난민 및 망명자로 정치적 이동을 한다. 경제적 목적의 노동 이주자는 아시아, 아프리카, 라틴 아메리카에서 유출되어 경제 활동의 기회가 풍부한 앵글로아메리카, 유럽 등으로 유입된다. 난민 및 망명자는 정치적 불안과 내전이 일어나는 국가에서 유출되어 주변 국가나 유럽 등으로 유입된다.

⑤ 경제적 목적의 노동 이주자는 난민 및 망명자보다 많다.

① A는 <s>난민</s>, B는 <s>노동 이주자</s>이다.
　　　노동 이주자　　　난민 및 망명자
② A는 대부분 <s>아시아, 라틴 아메리카</s>로 이주한다.
　　　　앵글로아메리카, 유럽으로
③ B는 <s>아메리카</s>로의 이주 인구수가 가장 많다.
　　　주변 국가나 유럽으로의
④ B는 <s>주로 선진국에서 개발 도상국</s>으로 이주한다.
　　정치적 불안과 내전이 일어나는 국가에서 주변 국가나 유럽으로

08 유럽으로의 난민 이동 　　　　　　　　　**답** ⑤

　지도는 아프리카와 서남아시아의 정치적 불안 지역에서 유럽으로 넘어오는 난민을 표시한 것이다. 즉 이러한 이동은 인구 이동의 유형 중 정치적 이동에 해당된다. 이러한 이동의 결과 유럽 국가 주민들은 난민들과 문화가 달라 문화적 충돌을 겪을 수 있으며, 유럽 내의 한정된 일자리를 두고 경쟁하게 될 확률이 높다.

갑: 종교적 박해 때문에 강제로 이주당했어.
　→ 정치적 분쟁 때문에 나타난 인구 이동이다.
을: <s>경제적 목적</s>으로 인구가 이동하고 있어.
　　정치적 안정을 목적으로

09 선진국과 개발 도상국의 인구 문제 　　　**답** ①

　(가) 국가는 노인 한 명을 부양하는 청장년층 인구가 계속 줄어들고 있으므로, 저출산·고령화 문제를 겪는 선진국(일본)이다. 반면 (나) 국가는 종교 등 문화에 따라 인구가 급증하여 빈곤 문제가 나타나는 인구 과잉 문제를 겪고 있으므로 개발 도상국(필리핀)이다.
　개발 도상국은 선진국보다 합계 출산율은 높고, 인구 부양력은 떨어지며, 노년 부양비는 낮다.

국가별 인구 문제

선진국	• 저출산: 생산 연령 인구 감소, 노동력 부족, 경기 침체 등 • 고령화: 노년 부양비 증가, 노동 생산성 감소
개발 도상국	기아, 빈곤, 실업 문제, 대도시의 인구 과밀에 따른 각종 도시 문제 등 인구 과잉 문제

10 선진국과 개발 도상국의 인구 문제 　　　**답** ④

　(가) 국가는 선진국(일본), (나) 국가는 개발 도상국(필리핀)이다. 선진국은 여성의 사회 진출 증가와 결혼에 대한 가치관 변화에 따른 저출산 현상과 평균 기대 수명 증가에 따른 고령화 현상으로 노동력 부족과 노인 복지 비용 증가 등의 문제를 겪는다.

반면 개발 도상국에는 인구 과잉에 따른 식량 및 자원 부족과 기아, 빈곤 문제가 나타난다.

ㄱ. (가) 국가에는 <s>식량 부족</s> 문제가 나타난다.
　　　　저출산·고령화
ㄷ. <s>(나)</s> 국가는 노인 복지 비용이 급증하고 있다.
　　(가)

11 우리나라의 인구 구조 변화 　　　　**답** ②, ⑤

　우리나라는 1960년에 유소년 비중이 크고, 노년 인구 비중이 작았고, 2060년에는 유소년 비중이 작고, 노년 인구 비중이 크게 나타날 것으로 예측된다. 따라서 1960년에는 중위 연령이 2060년보다 낮게 나타났다. ⑤ 미래에는 생산 연령 인구인 청장년층의 비중이 크게 줄어들기 때문에 잠재 성장률을 유지하기 위한 출산 장려 정책 등이 필요하다.

① 1960년에는 출산 <s>장려</s> 정책을 펼쳤을 것이다.
　　　　　억제
③ 2060년에는 1960년보다 출생률이 <s>높게</s> 나타날 것이다.
　　　　　　　　　　　　　　낮게
④ 미래에는 노년 인구 부양비가 <s>줄어들</s> 것이다.
　　　　　　　　　　늘어날

12 우리나라의 인구 문제 　　　　　　　　**답** ④

　노인 인구가 유소년 인구보다 많아서 경로석이 일반석보다 많은 모습을 보여 주는 사진이다. 이는 저출산·고령화의 문제점을 보여 주고 있다.

13 우리나라 인구 변화 　　　　　　　　　**답** ②

　우리나라는 앞으로도 계속 출생률이 감소하여 유소년층 비중이 작아지고, 노년층 비중이 커지는 저출산·고령화 현상이 나타날 것으로 예측된다. 따라서 앞으로 생산 연령 감소에 따른 심각한 노동력 부족 문제가 발생할 수 있다.

　우리나라는 노년 인구의 비중이 증가하고, 출생률이 낮아 유소년 인구의 비중이 감소하고 있다. 따라서 유소년 인구 증가를 위해 출산 장려 정책을 펼쳐야 한다. 또한 고령화로 인해 실버산업이 활성화되고, 노동력 부족 문제 등이 나타날 것이다. 인구 과잉으로 인한 주택 부족 문제와 대도시 인구 과잉 문제는 출생률이 높아 인구가 빠르게 증가하는 개발 도상국에서 주로 나타나는 문제이다.

① 실버산업의 쇠퇴
　→ 고령화로 실버산업이 활성화될 것이다.
③ 출산 억제 정책 실시
　→ 출산 장려 정책
④ 인구 과잉에 따른 주택 부족
　→ 유소년 인구 비중이 지속적으로 감소하고 있는 것으로 보아 출생률이 낮아지고 있으므로 인구 과잉 문제는 나타나지 않을 것이다.
⑤ 이촌 향도 현상에 따른 대도시 인구 밀집
　→ 이촌 향도 현상은 산업화, 도시화가 한창 진행되고 있는 개발 도상국에서 나타난다.

14 선진국과 개발 도상국의 인구 문제와 해결 방안 답 ⑤

합계 출산율이 높은 중남부 아프리카, 남부 아시아 등은 인구 과잉 문제를 겪고, 합계 출산율이 낮은 유럽, 앵글로아메리카의 선진국들은 생산 연령 인구가 줄어들어 경기 침체 위기를 겪고 있다. 따라서 중남부 아프리카 국가들은 출산 억제 정책과 경제 성장 정책이, 유럽 및 일부 선진국은 출산 장려 정책이 필요하다.

ㄱ. 일본은 ~~피라미드~~형 인구 구조가 나타날 것이다.
　　　　　　방추형
ㄴ. 합계 출산율이 높은 국가들은 보통 ~~선진국~~이다.
　　　　　　　　　　　　　　　　개발 도상국

15 고령화 현상의 대책 답 ③

그래프는 생산 연령 인구가 줄어들고 노년 부양비가 크게 증가하는 것으로 보아 고령화 현상을 의미한다. 고령화 현상을 막기 위해서는 장기적인 측면에서 출생률을 높이고, 노인들의 노후 보장을 위해 경제 활동을 지원해야 한다. 즉 출산 장려 정책을 통해 출생률을 높여 고령 인구의 비율을 낮춰야 하고, 노인을 위한 사회 보장 제도를 마련해야 하며, 노인들의 일자리를 창출하거나 정년을 연장하여 노인의 경제 활동을 장려해야 한다.

갑: 장기적인 측면에서 출산 ~~억제~~ 정책이 필요합니다.
　　　　　　　　　　　　장려
정: 노후를 준비할 수 있도록 정년을 ~~단축~~해야 합니다.
　　　　　　　　　　　　　　　　연장

16 정년 연장에 대한 찬반 의견 답 ①

제시된 주장은 정년 연장에 대한 반대 주장이므로, 이 주장에 대한 반대 근거는 곧 정년 연장에 대한 찬성의 근거이다. 정년을 연장하면 노년층의 안정적인 수익을 보장할 수 있어 노후에 경제적 안정성이 높아질 수 있다.

②, ③은 정년 연장에 대한 찬성 의견 자체와는 큰 관련이 없다. ④ 정년 연장을 한다고 해서 노인 인구 비율이 감소하는 것은 아니다. ⑤는 정년 연장에 대한 반대의 근거이다.

17 정치적 이동

모범 답안 | 정치적 이동, 인구 유입 지역인 유럽 국가들에서는 이주민과 기존 주민 간의 경제적(일자리를 둘러싼 경쟁)·문화적 갈등이 발생할 수 있다.

주요 단어 | 정치적 이동, 유럽, 이주민, 경제적·문화적 갈등

채점 기준	배점
인구 이동의 유형을 쓰고, 인구 유입 지역에서 나타나는 문제점을 바르게 서술한 경우	상
인구 이동의 유형만 쓴 경우	하

18 개발 도상국의 인구 과잉 문제

모범 답안 | (1) (가)

(2) (나) 국가에서는 인구 과잉에 따른 기아, 빈곤, 실업 등의 문제가 나타난다. 이를 해결하기 위해서는 산아 제한 정책을 실시하고, 인구 부양력을 높이기 위한 경제 발전과 식량 증산 정책을 실시해야 한다. 또한 대도시의 인구 과밀화 문제를 해결하기 위해 중소 도시를 육성해야 한다.

주요 단어 | 인구 과잉, 기아, 빈곤, 실업, 산아 제한 정책, 인구 부양력, 식량 증산 정책

채점 기준	배점
인구 과잉을 적고, 이를 해결하기 위한 방안으로 산아 제한 정책과 식량 증산 정책을 서술한 경우	상
인구 과잉만 쓴 경우	하

19 고령화 현상에 대한 대책

모범 답안 | 고령화 현상에 대응하기 위해 사회 보장 제도를 마련하고, 노인의 경제 활동을 지원해야 한다. 또한 장기적으로는 출생률을 높이기 위해 출산 장려 정책도 실시해야 한다.

주요 단어 | 고령화, 사회 보장 제도, 노인 경제 활동 지원, 출산 장려 정책

채점 기준	배점
고령화 현상에 대한 인구 정책을 단기적·장기적 측면에서 바르게 서술한 경우	상
고령화 현상에 대한 인구 정책을 미흡하게 서술한 경우	하

01 ①　**02** ③　**03** ③　**04** ②　**05** ⑤
06 ⑤　**07** ②　**08** ⑤

01 세계 인구 분포 답 ①

인구가 많이 분포하는 지역은 기후가 온화하고 넓은 평야가 분포하며, 일자리가 풍부하고 교통이 편리한 곳이다. 중국과 인도가 있는 아시아 대륙의 하천 주변 지역이나 해안 지역은 특히 인구가 많이 분포하고, 일찍부터 산업화를 이룬 유럽 대륙도 인구가 많다. 또한 대륙 분포가 넓은 북반구가 남반구보다 인구가 많이 분포한다. 반면, 열대·한대·사막 기후처럼 자연조건이 불리한 지역이나, 교통 발달이 미약하거나 경제 활동에 불리한 곳에는 인구가 적게 분포한다.

병: ~~북반구~~보다 ~~남반구~~에 더 많은 인구가 분포해요.
　　남반구　　북반구
정: 적도 부근은 산업이 발달해서 인구가 많이 분포해요.
　→ 적도 부근은 너무 덥고 습해서 인구가 적게 분포한다.

02 국가별 인구 구조 답 ③

(가) 국가는 개발 도상국, (나) 국가는 선진국이다. 개발 도상국은 출생률이 높아 유소년층 비중이 크고, 노년층 비중이 작아 유소년 부양비가 노년 부양비보다 높다. 반면, 선진국은 출생률이 낮고, 노년층 인구 비중이 크다. (나) 국가는 노년층 인구에서 여자의 인구가 남자보다 많은 여초 현상이 나타난다. 그리고 노년 인구가 많은 선진국은 중위 연령이 높게 나타난다.

① (가) 국가는 노년 부양비가 유소년 부양비보다 높다.
   (나)
② (나) 국가는 노년층에서 ~~남초~~ 현상이 나타나고 있다.
        여초
④ (가) 국가는 (나) 국가보다 생산 연령 인구가 ~~많다~~. 적다.
⑤ (나) 국가는 (가) 국가보다 중위 연령이 ~~낮다~~. 높다.

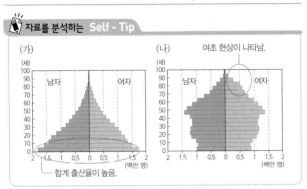

03 세계의 인구 이동과 이에 따른 문제 답 ③

① 경제적 이동은 개발 도상국에서 임금 수준이 높고 고용 기회가 많은 선진국(앵글로아메리카, 유럽)으로 이루어진다. ② 정치적 이동은 전쟁, 분쟁 등에 의한 난민의 이동이다. ④ 서남아시아나 아프리카의 분쟁 지역에서 대규모로 발생한 난민이 유럽으로의 이주를 희망함에 따라, 유럽에서는 난민 수용을 둘러싸고 논쟁이 벌어지고 있다. 난민들의 문화가 유럽의 문화와 달라 문화적 충돌이 발생할 확률이 높고, 한정된 일자리를 두고 인건비가 저렴한 난민들과 경쟁해야 하기 때문이다. ⑤ 경제적 이동 때문에 인구가 유출된 지역은 유입된 지역에 비해 상대적으로 취업 기회가 충분하지 못하다.

③ 오늘날의 인구 이동은 대부분 경제적 이동(㉠)에 해당한다.

04 우리나라의 인구 구조 변화 답 ②

우리나라는 시간이 갈수록 출생률이 낮아져 유소년층 인구 비중이 작아지는 반면, 평균 기대 수명은 계속 늘어나 노년층 인구 비중이 커진다. 즉 생산 연령 인구(15~64세)는 줄어들고, 이에 따라 노년층에 대한 청장년층의 부양 부담은 늘어난다.

우리나라의 노년층 인구 비중이 계속 커진 것으로 보아 ㄱ의 평균 기대 수명은 계속 늘어난다고 생각할 수 있다. 그리고 유소년층의 인구 비중이 계속 줄어드는 것으로 보아 ㄴ의 합계 출산율은 계속 줄어들 것이라고 예측할 수 있다. 유소년층의 비중은 작아지고, 노년층의 비중은 커지므로 청장년층인 ㄷ의 생산 연령 인구 비율도 계속 줄어들 것이다. ㄹ의 총부양비는 청장년층 인구에 대한 유소년층과 노년층 인구의 비율인데, 청장년 인구가 계속 줄어들고 있으므로 총부양비는 계속 커진다고 볼 수 있다.

05 대륙별 인구 문제 답 ⑤

(가)는 합계 출산율이 가장 높고, 노년 부양비가 가장 적은 것으로 보아 아프리카이다. 반면 (다)는 합계 출산율이 가장 낮고, 노년 부양비가 가장 높게 나타나는 것으로 보아 유럽이다. (나)는 아시아이다.

① (가)의 합계 출산율이 가장 높다. ② (다)는 노년 부양비가 높

아 노인을 위한 사회 보장 제도에 대한 지출 부담이 증가하고 있다. ③ 아프리카에는 개발 도상국이 많으므로, 급증하는 인구에 따른 인구 과잉 문제에 대응하기 위하여 인구 부양력을 증대해야 한다. ④ (나)는 (가)보다 합계 출산율이 더 크게 감소하였다.

⑤ (가)는 아프리카, (나)는 아시아이다.

06 우리나라 인구 변화 답 ⑤

우리나라는 노년 부양비가 증가하고 생산 연령 인구는 감소하고 있다. 이는 우리나라가 저출산·고령화 문제가 심각함을 보여 준다. 고령화에 대응하기 위해서는 노인들의 경제 활동을 지원(노인 일자리 확대)하고, 이들에 대한 사회 보장 제도와 노인 복지 시설을 잘 마련해야 한다. 그러나 노년층 인구의 경제 활동은 청장년층에 비해 노동 생산성이 낮게 나타날 수 있다.

⑤ 식량과 자원 부족으로 기아와 빈곤 문제가 나타나는 것은 출생률이 높아 인구가 빠르게 증가하는데 인구 부양력은 떨어지는 국가에서 나타나는 현상이다.

07 선진국과 개발 도상국의 인구 문제 답 ②

유소년층, 청장년층, 노년층의 인구 비중이 A 국가는 각각 30%, 65%, 5%이고, B 국가는 각각 10%, 60%, 30%이다. 즉 상대적으로 A 국가는 개발 도상국, B 국가는 선진국이라고 볼 수 있다. A 국가는 B 국가보다 출생률이 높아 출산 억제 정책에 관심이 많을 것이고, B 국가는 A 국가보다 노년 인구 부양비가 높아 노인 복지 정책이나 출산 장려 정책을 시행할 것이다.

ㄴ. A 국가는 ~~B 국가~~보다 노인 복지 시설을 확충하기 위해 노력할
               B 국가는 A 국가보다
   것이다.

ㄷ. ~~B 국가~~는 ~~A 국가~~보다 유소년 인구 부양비가 높다.
   A 국가는 B 국가보다

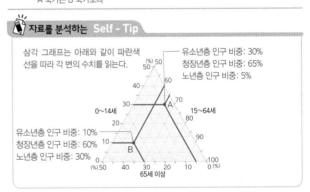

08 선진국과 개발 도상국의 인구 문제와 대책 답 ⑤

(가) 국가는 아동 수당을 지급하는 것으로 보아 출산을 장려하는 선진국, (나) 국가는 출산을 억제하는 정책을 펴는 것으로 보아 개발 도상국이다. 선진국은 개발 도상국보다 평균 기대 수명이 길어 노년층 인구 비중이 크고, 개발 도상국은 선진국보다 유소년층 인구 비중이 클 것이다.

ㄱ. (가) 국가는 ~~피라미드형~~ 인구 구조가 나타날 것이다.
           방추형

ㄴ. ~~(나)~~ 국가는 저출산 문제가 나타날 것이다.
   (가)

지속 가능한 발전을 위한 노력

내신 실력 쌓기   p. 222 ~ p. 224

01 ⑤	02 ①	03 ④	04 ③	05 ④
06 ③	07 ③	08 ⑤	09 ②	10 ④
11 해설 참조		12 해설 참조		

01 자원의 의미와 특성 （답 ⑤）

자원은 인간에게 유용하면서 기술적·경제적으로 이용 가능한 것이며, 과학 기술의 발달과 사회적·문화적 배경 등에 따라 그 가치가 변화한다. 이러한 자원 중 화석 연료는 매장량이 한정되어 있어 언젠가는 고갈되며, 특정 지역에 치우쳐 분포하고 있다.

정답을 찾아가는 Self - Tip
ㄱ. 에너지 자원의 매장량은 무한하다.
  → 대부분의 에너지 자원은 매장량이 한정되어 있어 언젠가는 고갈된다.
ㄴ. 대부분의 자원은 전 세계적으로 고르게 분포한다.
  → 자원은 특정 지역에 편재되어 있고, 고르게 분포하지 않는다.

내 것으로 만드는 Self - Tip
자원의 특성
• 유한성: 자원은 매장량이 한정되어 있어 언젠가는 고갈됨.
• 편재성: 자원은 고르게 분포하지 않고 특정 지역에 치우쳐 분포함.
• 가변성: 자원은 그 가치가 고정되어 있지 않고 과학 기술의 발달과 사회적·문화적 배경 등에 따라 변화함.

02 세계의 에너지 소비 구조 （답 ①）

세계의 에너지 소비량은 석유＞석탄＞천연가스 순으로 많다. 따라서 A는 천연가스, B는 석유, C는 석탄이고, 이들 모두 화석 연료에 해당한다.

정답을 찾아가는 Self - Tip
② 주로 발전용으로 이용된다.
  → C 석탄에 해당하는 설명이다.
③ 서남아시아에 집중 매장되어 있다.
  → A 천연가스와 B 석유에 해당하는 설명이다.
④ 소비량이 지속적으로 감소하고 있다.
            증가
⑤ 연소 시에도 오염 물질이 배출되지 않는다.
  → 화석 연료는 연소 시에 오염 물질이 배출된다.

내 것으로 만드는 Self - Tip
세계 1차 에너지의 소비 비중 변화

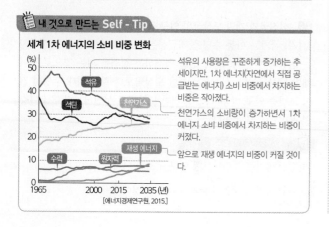

석유의 사용량은 꾸준하게 증가하는 추세이지만, 1차 에너지(자연에서 직접 공급받는 에너지) 소비 비중에서 차지하는 비중은 작아졌다.

천연가스의 소비량이 증가하면서 1차 에너지 소비 비중에서 차지하는 비중이 커졌다.

앞으로 재생 에너지의 비중이 커질 것이다.

03 석유의 생산, 수출, 수입 （답 ④）

석유는 세계 매장량의 절반 정도가 서남아시아에 집중되어 있다. 그중 사우디아라비아에서 특히 많이 생산되어 수출량 역시 많다. 미국 역시 생산량이 많으나 소비량도 많아 수입을 하고 있다.

내 것으로 만드는 Self - Tip

석유는 사우디아라비아가 생산량, 수출량 모두 1위이다.

석탄은 중국이 최대 생산국이고 오스트레일리아가 최대 수출국이다.

[국제 에너지 기구(IEA), 2016.]

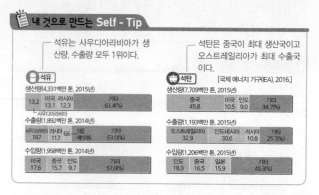

04 주요 에너지 자원의 특징 （답 ③）

A는 서남아시아에 주로 분포하고 유럽과 동아시아, 미국 등으로 이동하는 것으로 보아 석유이다. B는 석유에 비해 비교적 넓은 지역에 걸쳐 분포하고 주로 오스트레일리아, 인도네시아에서 동아시아로 이동하는 것으로 보아 석탄이다. 석유는 세계에서 가장 많이 소비되는 에너지 자원이고 석탄은 주로 제철 공업의 원료나 발전 연료로 사용된다.

정답을 찾아가는 Self - Tip
ㄱ. A는 산업 혁명기의 주요 에너지 자원이었다.
  → B 석탄에 대한 설명이다.
ㄹ. B는 냉동 액화 기술의 발달로 운반과 사용이 편리해지면서 사용이 증가하였다.
  → 천연가스에 대한 설명이다.

05 자원의 생산과 소비에 따른 문제점 （답 ④）

세계의 자원 소비량은 인구 증가와 산업 발달에 따라 계속해서 증가하고 있다. 특히 화석 연료의 소비량이 급증하고 있다. 화석 연료는 연소 과정에서 오염 물질을 배출하여 대기 오염을 초래할 뿐만 아니라, 한번 사용하면 재생할 수 없으므로 자원 고갈에 따른 문제를 불러올 수 있다. 또한, 화석 연료는 편재되어 분포하기 때문에 이를 확보하는 과정에서 국가 간, 지역 간의 갈등이 발생한다. 자원 보유국이 자원 민족주의를 내세울 경우에는 자원을 둘러싼 분쟁이 심화될 수 있다.
ⓒ은 자원의 특성 중 유한성과 관련이 있다.

06 자원 문제를 해결하기 위한 방안 （답 ③）

자원의 이용으로 우리 삶은 편리해졌지만 여러 가지 문제가 발생하기도 했다. 자원 고갈, 환경 문제 발생, 자원의 확보와 이동을 둘러싼 국가 간의 갈등 등이 대표적인 자원 문제이다. 이러한 문제를 해결하기 위해서는 화석 연료의 사용을 줄이고 이를 대체할 수 있는 신·재생 에너지를 개발해야 한다. 또한, 국가 간에는 경제적 협력을 강화하고 개인은 에너지 절약을 위해 힘써야 하며 기업은 에너지 효율이 높은 상품을 개발하는 등의 노력이 필요하다.

자원 문제의 해결 방안

효율적인 자원 활용	자원 절약형 산업으로의 전환, 자원 절약의 생활화
신·재생 에너지 개발	화석 연료 고갈 및 환경 문제에 대처하기 위한 신·재생 에너지 개발 **예** 지역적 특성을 활용한 풍력, 태양광, 지열, 바이오 에너지 등
자원 외교 강화	자원의 안정적 확보를 위한 자원 보유국과의 협력 강화

07 자원을 둘러싼 갈등 　　　　답 ③

ㄱ 지역은 중국, 필리핀, 말레이시아, 브루나이 등의 국가가 영유권을 주장하는 분쟁 지역이다. 또한 원유와 천연가스가 매장되어 있고, 해상 교통로이자 전략적 요충지이기 때문에 분쟁 당사국 간의 갈등이 심화되고 있다. 따라서 ㄱ 지역은 남중국해이다. 지도에서 남중국해는 C에 해당한다. 지도의 A는 카스피해, B는 북극해, D는 동중국해, E는 포클랜드 제도이다. 모두 자원 확보를 둘러싼 갈등 지역이다.

자원을 둘러싼 갈등

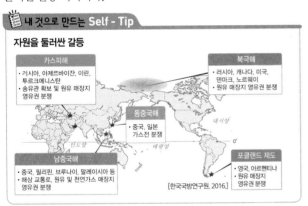

[한국국방연구원, 2016.]

08 북극해 연안의 영유권 분쟁 　　　　답 ⑤

최근 기후 변화로 북극의 빙하가 녹으면서 석유, 천연가스 등 막대한 심해 자원의 개발 가능성이 커졌다. 북극해는 지구 전체 원유 매장량의 13%, 천연가스 매장량의 30% 정도가 매장되어 있다고 한다. 이를 둘러싸고 덴마크, 캐나다, 미국, 러시아, 노르웨이 등 북극해 연안 국가들이 영유권 다툼을 하고 있다.

ㄱ. 분쟁국들은 모호한 국경선을 둘러싸고 분쟁을 벌이고 있다.
→ 북극해 주변은 국경선이 모호한 것은 아니다.

09 지속 가능한 발전 　　　　답 ②

ㄱ에 들어갈 말은 '지속 가능한'이다. 지속 가능하다는 것은 미래 세대가 사용할 경제·환경·사회 등의 자원을 낭비하거나 여건을 저해하지 않는 범위 내에서 현세대의 필요를 충족하는 것을 뜻한다. 지구촌에는 자원 고갈, 생태계 파괴, 빈부 격차의 확대, 갈등과 분쟁 등과 같은 다양한 문제가 나타나고 있어 이러한 문제를 포괄적으로 접근할 수 있는 지속 가능성의 개념이 꼭 필요하다.

ㄴ. ㄱ은 환경 보존·보호에 한정된 개념이다.
→ 지속 가능성은 경제·환경·사회 등을 모두 포괄하는 개념이다.

ㄷ. 대규모 화력 발전소 건설은 ㄱ과 관련이 깊다.
→ 대규모 화력 발전소 건설은 환경 오염을 유발할 수 있기 때문에 지속 가능성과는 거리가 멀다.

10 지속 가능한 발전을 위한 노력 　　　　답 ④

지속 가능한 발전이 필요한 이유는 지구촌에 자원 고갈, 환경 오염, 생태계 파괴, 빈부 격차의 확대, 갈등과 분쟁 등과 같은 다양한 문제가 끊임없이 나타나고 있기 때문이다. 이를 해결하기 위해서는 사회 취약 계층을 지원하고 개발 도상국의 빈곤 문제를 해결하며, 에너지 자원의 절약과 환경 보존을 위한 노력을 할 수 있다. 그러나 세계화를 통한 시장 경제 체제의 확대는 개발 도상국과 선진국 간의 경제적 격차를 크게 확대시킬 수 있다. 이는 지속 가능 발전 목표 중 하나인 불평등 감소와 상반된다고 볼 수 있다.

지속 가능 발전 목표

지속 가능 발전 목표 SDGs

세계화를 통한 시장 경제 체제의 확대는 불평등을 심화시킬 수 있음.

[국제 개발 협력 시민 사회 포럼, 2016.]

서술형 문제

11 석유의 분포와 이동

모범 답안 | (1) 석유

(2) 석유는 세계 매장량의 절반이 서남아시아에 분포하고, 사우디아라비아에서 많이 생산한다. 석유는 주로 산업용 및 수송용으로 사용된다.

주요 단어 | 서남아시아, 사우디아라비아, 산업용, 수송용

채점 기준	배점
자원의 특징을 세 가지 측면에서 정확하게 서술하였을 경우	상
자원의 특징을 일부만 서술하였을 경우	하

12 자원의 고갈 문제와 해결 방안

모범 답안 | (1) 유한성

(2) 국제·국가적 차원에서는 화석 연료를 대체할 신·재생 에너지를 개발해야 하고, 개인적 차원에서는 자원 및 에너지 절약을 실천해야 한다.

주요 단어 | 신·재생 에너지 개발, 에너지 절약

채점 기준	배점
해결 방안을 두 가지 차원에서 모두 서술하였을 경우	상
해결 방안을 한 가지 차원에서만 서술하였을 경우	하

1등급 완성하기   p. 225

01 ④   **02** ③   **03** ②   **04** ⑤

01 주요 에너지 자원의 분포와 특징 　답 ④

A 자원은 전체 생산량이 B 자원보다 많고, 서남아시아에서 집중적으로 생산되므로 석유이다. B 자원은 중국, 인도, 오스트레일리아를 포함한 아시아·태평양 지역에서 생산량이 많은 것으로 보아 석탄이다. 석탄은 산업 혁명 시기에 주요 에너지 자원으로 이용되기 시작하였으므로 석유보다 상용화된 시기가 빠르다.

정답을 찾아가는 Self - Tip

① A는 산업 혁명 초기의 주요 에너지 자원이었다. → B
② B는 세계 에너지 소비량에서 차지하는 비중이 가장 크다. → A
③ A는 B보다 국제 이동량이 적다. → B는 A보다
⑤ B는 A보다 운송 수단의 연료로 많이 사용된다. → A는 B보다

02 에너지 자원의 소비 특징 　답 ③

세계의 에너지 소비는 지역별로 차이가 크다. 세계의 에너지 소비 상위 10개국이 전체 화석 연료 소비량의 절반 이상을 사용하고 있을 정도이다. 국가별 1인당 에너지 소비량을 살펴보면 에너지 소비량이 많은 국가는 선진국이거나 공업이 발달한 국가, 자원 매장량이 많은 국가이다. 반면 경제 발전 수준이 낮은 중남부 아프리카의 국가들은 1인당 에너지 소비량이 매우 적다. 에너지가 부족한 국가의 사람들은 전기 없이 생활하거나 땔감 등을 난방 및 조리의 연료로 사용하며 건강을 위협받고 있다.

정답을 찾아가는 Self - Tip

ㄱ. 에너지 소비량은 매년 비슷하다.
　→ 해당 자료로는 알 수 없으며, 세계의 에너지 소비량은 계속 증가하고 있다.
ㄹ. 지도와 같은 지역적 차이가 나는 이유는 에너지 자원의 편재성 때문이다.
　→ 자원의 편재성은 소비가 아닌 분포 및 생산과 관련이 있다.

03 자원을 둘러싼 갈등 　답 ②

천연가스는 편재성이 크기 때문에 이를 확보하는 과정에서 국가 간 갈등이 발생할 수 있다. 신문 기사와 같이 러시아가 천연가스를 무기화하자, 분쟁 당사국인 우크라이나뿐만 아니라, 이웃 유럽 국가에도 영향을 끼쳤다. 러시아에서 유럽으로 가는 천연가스 파이프라인이 대부분 우크라이나를 지나기 때문이다. 이러한 문제를 해결하기 위해서 우크라이나는 외교적 노력을 해야 한다.

04 지속 가능한 발전 　답 ⑤

제시된 글에는 현세대의 자원 낭비로 인해 미래 세대가 물 부족 문제를 겪고 있다는 내용이 담겨 있다. 현세대는 자신들의 필요를 위해 미래 세대가 사용할 자원을 낭비하여 그들의 권리를 빼앗아서는 안 된다. 이러한 노력은 자원 절약에만 한정돼서는 안 되고 경제·환경·사회 등의 다양한 측면에서도 필요하다. 이를 지속 가능한 발전이라고 한다. 현세대는 지속 가능한 발전을 위해 반성하고 더욱 노력하여 미래 세대들이 고통받지 않도록 해야 한다.

03 미래 지구촌의 모습과 우리의 삶

내신 실력 쌓기   p. 228 ~ p. 230

01 ③   **02** ②   **03** ⑤   **04** ③   **05** ③
06 ①   **07** ④   **08** ⑤   **09** ⑤
10 해설 참조   **11** 해설 참조

01 미래 예측의 필요성 　답 ③

미래는 과거나 현재와 달리 전개되는 상황과 조건에 따라 얼마든지 변화될 수 있다. 미래 사회는 더욱 복잡해지고, 변화 속도가 빨라 미래에 관한 불확실성이 크다. 따라서 미래 예측을 통해 미래에 발생할 수 있는 위험을 막고 미래 사회에 유연하게 대응해야 한다.

정답을 찾아가는 Self - Tip

① 미래 예측을 통해 과거의 모습을 반성할 수 있기 때문이다.
　→ 미래 예측의 목적은 과거에 대한 반성이 아니다.
② 미래는 과거와 현실에 기반하여 이미 정해져 있기 때문이다.
　→ 미래는 정해져 있지 않다.
④ 미래 예측을 통해 미래학이라는 하나의 독립된 학문 영역을 수립하기 위함이다.
　→ 미래 예측의 목적은 미래학의 수립이 아니다.
⑤ 미래의 지구촌 문제를 해결하기 위해서는 개별 국가 중심의 해결 시나리오가 중요해졌기 때문이다.
　→ 미래의 지구촌 문제는 개별 국가가 해결할 수 있는 문제보다 국가 간 협력을 통해 긴밀히 해결해 나가야 하는 전 지구적 문제가 많다.

02 영화를 통해 살펴본 미래 사회 모습 　답 ②

(가)는 '아이, 로봇', (나)는 '아일랜드'라는 영화로, 모두 미래 지구촌의 모습을 다루고 있다. (가)에는 인공 지능 로봇이 인류를 공격하는 모습이, (나)에는 복제 인간이 인간의 필요에 의해 이용당하는 모습이 나타나있다. 인간과 흡사한 외모와 지능에 감수성까지 지닌 인공 지능 로봇과 복제 인간이 탄생한다면 이들 존재에 대한 정의나 권리 측면에서 윤리적 문제가 불거질 수 있다.

정답을 찾아가는 Self - Tip

ㄴ. (나)는 지하 공간이 인간의 새로운 생활 공간이 된다는 것을 보여준다.
　→ 영화 속에서 지하 유토피아에 사는 사람들은 복제 인간이고, 지하 공간은 현재도 인간의 생활 공간으로 이용되고 있다.
ㄹ. (가)는 (나)보다 생명 공학의 발달 수준이 높아질 것임을 보여준다.
　→ (가)에서는 로봇 공학의 발달을, (나)에서는 생명 공학의 발달을 볼 수 있다.

내 것으로 만드는 Self - Tip

과학 기술 발전에 따른 변화
· 교통·통신의 발달
　– 생활 공간의 확대, 초연결 사회의 등장
　– 과학 기술 장치의 오작동, 사생활 침해 등의 문제 발생
· 로봇 공학의 발달
　– 인공 지능 로봇의 발달 → 일자리를 빼앗길 수 있음.
· 생명 및 유전 공학의 발달
　– 유전자 변형 농산물의 생산, 인간 복제 가능성 → 윤리적 문제

03 미래 지구촌의 정치·경제적 갈등과 협력 　　답 ⑤

　미래 지구촌은 세계화에 따라 국가 간 상호 의존성이 더욱 강화되고, 세계의 정치·경제적 주도권을 잡기 위한 경쟁이 치열해질 것이다. 미래 사회에는 영토, 자원, 종교, 문화 등의 차이에 따른 분쟁이 발생하기도 하고, 이를 해결하기 위한 국제 협력도 강화될 것이다. 또한, 미래에는 선진국과 개발 도상국 간 이해관계가 대립하거나 빈부 격차 더욱 심화되어 여러 갈등이 발생할 수 있다.

📝 내 것으로 만드는 Self - Tip

정치·경제적 문제에 따른 국가 간 협력과 갈등

정치적 측면	경제적 측면
• 세계 평화와 난민, 기아, 빈곤, 환경 등 지구촌 문제의 해결을 위한 세계 협력의 중요성이 커짐. • 영토, 자원, 종교, 문화 등에 따른 분쟁	• 자유 무역, 금융 시장 통합, 지역 무역 협정의 확대로 국가 간, 지역 간 상호 의존성이 커짐. • 세계화에 따른 무역 마찰 • 선진국과 개발 도상국 간의 빈부 격차 심화

04 미래 지구촌에 나타날 문제를 해결하는 주체 　　답 ③

　갑은 미래에 개별 국가가 자국의 이익 추구를 강화하는 등 개별 국가의 영향력이 강해질 것이라고 주장하고 있다. 영국이 유럽 연합(EU)을 탈퇴한 것은 지역 협력체보다 개별 국가의 힘을 중시한다는 영국민들의 결정이므로 갑의 주장을 뒷받침하는 것이다. 을은 미래에 나타날 국제 갈등은 개별 국가가 단독으로 대응하기 어렵기 때문에 지역 협력체가 필요하다고 주장하고 있다. 병은 지구촌의 공익을 고려하여 진정한 의미의 지구촌을 형성할 필요가 있다고 주장하고 있다. 이는 지구촌의 공익을 고려하자는 것이지, 개별 국가의 이익을 무시해도 된다는 것은 아니다. 지구촌 문제를 해결하기 위해서 지구촌 시민 모두가 의사결정에 참여하기 때문이다.

05 4차 산업 혁명 　　답 ③

　4차 산업 혁명은 인공 지능에 의해 자동화와 연결성이 극대화되는 산업 환경의 변화를 말한다. 4차 산업 혁명으로 생산성과 효율성이 비약적으로 높아지는 대신, 인간의 일자리가 크게 줄어들 것이다. 인공 지능 로봇의 발달은 제조업의 단순 작업뿐만 아니라 소위 두뇌를 활용하는 고소득 직종도 대체할 수 있을 것이다. 그러나 새로운 첨단 과학 기술과 관련한 직업은 새로 생겨날 것이며, 창의성과 관련된 직업은 늘어날 것이다. 한편, 4차 산업 혁명은 우리의 행동 양식과 정체성도 변화시킨다. 개인의 사생활과 소유권에 대한 개념, 소비 패턴, 일과 여가에 할애하는 시간, 경력을 개발하고 능력을 키우는 방식 등 여러 측면에 영향을 끼칠 것이다.

📝 내 것으로 만드는 Self - Tip

4차 산업 혁명

　1차 산업 혁명이 증기기관과 기계화로 대표되고, 2차 산업 혁명이 전기를 이용한 대량 생산이며, 3차 산업 혁명이 컴퓨터이 자동화 생산 시스템이 수도했다면, 4차 산업 혁명은 로봇, 인공 지능, 유전자 공학이 주도하는 사회 변혁을 의미한다. 즉 4차 산업 혁명은 인공 지능에 의해 자동화와 연결성이 극대화되는 산업 혁명적인 변화를 말한다.

06 미래 과학 기술의 영향력 　　답 ①

　제시된 글에서는 과학 기술의 비약적인 발전이 인간의 삶을 더욱 편리하게 만들어주기도 했지만 과학 기술의 위험성도 함께 고려해야 한다고 주장하고 있다.

　제시문에 부합하는 주장으로는 ㄱ. 인간 복제의 가능성이 인간 존엄성 훼손이라는 윤리적 문제를 가지고 올 수 있다는 것과 ㄴ. 과학 기술 장치의 오작동이 안전에 대한 문제를 가져올 수 있다는 것을 들 수 있다.

💡 정답을 찾아가는 Self - Tip

ㄷ. 교통 기술의 발달로 사람들의 활동 범위는 더욱 축소될 것이다.
　→ 교통의 발달은 시간 거리를 크게 단축하여 사람들의 활동 범위를 확대시킨다.
ㄹ. 사물 인터넷 기술과 고도의 정보화로 근무 형태는 ~~단조로워질~~ 다양해질 것이다.

07 생태 환경 변화에 관한 대처 방안 　　답 ④

　미래 지구촌의 생태 변화에 대처하기 위해서는 전 지구적 차원의 협력을 강화하여 온실가스의 배출을 줄이고, 신·재생 에너지를 개발·보급하기 위해 노력해야 한다. 또한, 과학 기술을 활용하여 멸종 위기에 있는 생물 종을 복원하고, 생태 환경의 변화에 대한 자료를 수집·분석하여 생태계를 관리해야 한다. 그리고 도시화에 따른 농경지 감소로 발생할 식량난에 대비하여 도시 내 수직 농장을 활성화하는 것이 필요하다.

　④ 식량 자원을 확보하기 위하여 농경지 비율이나 축산 농장의 절대적 비율을 늘리는 것은 현실적으로 불가능하고 효율적이지도 않다. 특히 축산 면적의 지속적인 확대는 산림을 파괴하는 등 생태 환경 보전 측면에서는 부정적인 영향을 미칠 수 있다.

08 세계 시민 의식 　　답 ⑤

　세계 시민 의식은 우리가 사는 세계를 긴밀하게 연결된 하나의 공동체로 여기면서 보다 정의롭고 지속 가능한 공동체로 변화시키려는 의식을 말한다. 미래 사회에서 개인은 한 국가의 국민으로서만이 아니라 지구촌의 구성원으로서 올바른 인성을 가지고 지구촌의 문제를 해결하기 위해 책임을 다해야 한다.

💡 정답을 찾아가는 Self - Tip

ㄱ. 자신의 일상 문제와 세계 문제를 분리하여 생각한다.
　→ 일상생활 속의 태도를 개선하지 않으면 전 지구적 차원의 문제를 해결하는 것은 어렵다.
ㄴ. 인류 보편적 가치보다 개별 집단의 이익을 더 중시한다.
　→ 개별 집단의 이익보다 인류의 보편적 이익을 더 중시해야 한다.

📝 내 것으로 만드는 Self - Tip

세계 시민 의식
• 의미: 세계를 하나의 공동체로 인식하고 지구촌 구성원으로서 지구촌 문제에 관심을 갖는 연대 의식
• 노력: 인간의 존엄성, 자유와 평등, 정의 등과 같은 인류의 보편적인 가치를 개별 사회 집단의 이익보다 중시하는 자세가 필요함.

09 세계 시민에 관한 국가별 인식 　　답 ⑤

세계 시민은 더불어 살아가는 지구촌을 만들기 위해 공동체 의식을 바탕으로 다양한 지구촌 문제에 관심을 가지고, 그 문제를 해결하기 위해 적극적으로 행동하는 사람이다. 제시문에 나타난 조사 결과는 세계 시민으로서의 자각이나 요구되는 자질에 대한 인식이 다양하다는 것을 보여 준다.

정답을 찾아가는 Self - Tip
① 세계 시민의 개념에 대해 전 세계적으로 전수 조사를 한 것이다.
　→ 전 세계를 대상으로 한 전수 조사가 아니라 18개국만을 대상으로 한 표본 조사이다.
② 서구의 선진국에서 자신의 정체성을 규정하는 요소로 세계 시민을 꼽은 비율이 높았다.
　→ 나이지리아, 중국, 페루 등에서 높게 나타났다.
③ 세계 시민의 개념은 생태 환경의 보전과 보편적 가치관의 추구에 한정되어 있다고 본다.
　→ '경제적 영향력이 세계 전체에 미치는 것'으로 생각하는 답변도 있다.
④ 자신의 정체성을 규정하는 요소를 국민으로 답한 사람들은 자국에 대한 자부심이 강할 것이다.
　→ 제시문을 통해서는 정확히 알 수 없는 내용이다.

서술형 문제

10 지구촌 생태 환경의 변화에 대한 해결책

모범 답안 | (1) 지구 온난화
(2) 전 지구적 협력을 바탕으로 온실가스의 배출량을 감축하고, 신·재생 에너지를 개발·보급하기 위해 노력해야 한다.
주요 단어 | 전 지구적 협력, 온실가스 배출량 감축, 신·재생 에너지 개발

채점 기준	배점
지구 온난화에 대한 해결 방안을 제대로 서술한 경우	상
지구 온난화에 대한 해결 방안을 제대로 서술하지 못한 경우	하

11 지구촌 구성원으로서 갖추어야 할 태도

모범 답안 | (1) ㉠ 세계 시민, ㉡ 관용
(2) 자신이 지구촌의 구성원이라는 점을 고려하여 미래 삶의 방향을 정해야 한다.
주요 단어 | 지구촌의 구성원임을 고려

채점 기준	배점
미래 삶 설정의 방향을 서술한 경우	상
미래 삶 설정의 방향을 서술하지 못한 경우	하

1등급 완성하기　　p. 231

01 ③　　02 ④　　03 ④　　04 ③

01 과학 기술 발달과 생태 환경 　　답 ③

갑과 을은 과학 기술이 생태 환경에 미치는 영향력이 있다고 보고 있다. 다만, 갑은 과학 기술의 부정적인 영향력에 집중하여 환경 문제 해결을 위해 모든 나라가 과학 기술 개발을 최소화해야 한다고 이야기하고 있고, 을은 과학 기술의 긍정적인 측면에 주목하여 환경 문제를 해결하기 위해 과학 기술을 적극 활용할 것을 주장하고 있다.

정답을 찾아가는 Self - Tip
ㄱ. 갑은 과학 기술이 쓸데없다고 주장하고 있다.
　→ 갑은 최소한으로 과학 기술을 개발해야 한다고 언급하고 있다.
ㄹ. 갑, 을 모두 과학 기술이 환경에 미치는 영향력을 과소 평가한다.
　→ 갑과 을 모두 과학 기술이 환경에 미치는 영향력이 있다고 보고 있다.

02 미래 사회의 모습 예측 　　답 ④

영국민들은 국민 투표를 통해 브렉시트(Brexit)를 선택하였다. 이 사례는 개별 국가가 자국의 이익을 추구하는 움직임으로 개별 국가의 영향력이 더욱 강해질 것이라는 것을 보여 준다.

정답을 찾아가는 Self - Tip
① 지구촌이 하나의 시장으로 통일될 것이다.
　→ 하나의 지구촌 안에서 개별 국가의 영향력을 확대하는 사례이다.
② 전 지구적인 상호 의존성이 약화될 것이다.
　→ 상호 의존성의 약화와는 별개의 문제이다.
③ 개별 국가 정부의 자율성이 침해될 것이다.
　→ 자율성의 극대화 사례이다.
⑤ 문제의 해결을 위해 국가 간 공동의 노력이 이루어질 것이다.
　→ 개별 국가의 독자적 결정으로 내린 선택이다.

내 것으로 만드는 Self - Tip
미래 지구촌의 문제 해결 주체에 관한 다양한 예측
· 개별 국가: 개별 국가가 자국의 이익을 강조하여 영향력이 확대될 수 있음.
· 지역 협력체: 개별 국가가 해결하기 어려운 세계의 다양한 문제에 대응하기 위해 지역 협력체의 영향력이 강해질 수 있음.
· 지구촌 정부: 지구촌의 문제를 해결하기 위해 초국적 협력체인 지구촌 정부가 형성될 가능성이 있음.

03 과학 기술의 발전에 따른 문제점 　　답 ④

신문 기사에는 장애를 가진 부모가 유전자 조작을 통해 장애를 물려주지 않게 된 사례가 실려 있다. 유전 공학의 발달은 유전자 조작에 따른 폐해나 윤리적 문제를 불러올 수 있다.

정답을 찾아가는 Self - Tip
ㄱ. 유전병을 사전에 없앨 수 있다.
　→ 과학 기술의 발전에 따른 이점이다.
ㄷ. 유전자 분석을 통한 맞춤형 치료가 가능해진다.
　→ 기사를 통해 추측할 수 없는 내용이다.

04 미래 지구촌의 다양한 모습 　　답 ③

미래 지구촌은 난민, 빈곤, 환경 등의 문제를 해결하는 과정에서 국가 간 협력이 강화될 것으로 예측된다. 그리고 자유 무역의 확대, 국제 연합(UN) 등의 국제기구 활동 등으로 국가 간 상호 의존성이 증대된다.

다른 한편으로는 영토 분쟁, 빈부 격차 등으로 갈등이 커질 것이다. 빈부 격차는 이해관계에 따라 나타나므로 국내뿐만 아니라 국가 간에도 나타날 수 있다. 또한 미래에는 환경 파괴와 자원 소비 증가로 생태 환경이 더욱 악화될 수 있으므로 신·재생 에너지를 개발하는 등의 노력을 해야 한다. 마지막으로 우리는 환경 문제의 근본적 해결이 미래를 위한 중대한 과제임을 인식하기 위해 세계 시민 의식을 함양하고, 이를 위해 함께 노력해야 한다.

Memo

Memo

찐 천재님들의 거짓없는 솔직 후기

천재교육 도서의 사용 후기를 남겨주세요!

이벤트 혜택

매월

100명 추첨

상품권 5천원권

이벤트 참여 방법

STEP 1
온라인 서점 또는 블로그에 리뷰(서평) 작성하기!

STEP 2
왼쪽 QR코드 접속 후 작성한 리뷰의 URL을 남기면 끝!

※ 상기 내용은 변동될 수 있으며, 자세한 내용은 QR코드 페이지를 참고해주세요.

BOOK **2** | 딱 맞는 풀이집

통합사회

개념을 잡아 주는 **자율학습 기본서**

고등 **셀파**

Sherpa

통합사회

한보라·최지나·서지연·임형준·정명섭·주우연

BOOK **3**

학교 시험 기간에 활용하는 **시험 대비 문제집**

천재교육

통합사회
BOOK
3

학교 시험 기간에 활용하는 **시험 대비 문제집**

Ⅰ단원 인간, 사회, 환경과 행복

01 인간, 사회, 환경의 탐구와 통합적 관점

(1) 인간, 사회, 환경을 바라보는 관점

시간적 관점	• 어떤 사회 현상이나 사건의 현재 모습을 있게 한 시대적 배경과 맥락을 살펴보는 것 • 과거의 사실, 사건, 가치 등을 통해 현재 나타나고 있는 문제를 이해하고 바람직한 해결 방안을 찾는 데 도움을 줌.
(❶) 관점	• 사회 현상이나 인간 생활을 위치, 장소, 분포 패턴, 영역, 이동, 네트워크 등의 공간적 맥락에서 살펴보는 것 • 지역 간의 차이를 이해하고, 사회 현상과 인간 생활에 대한 환경의 영향을 파악하는 데 도움을 줌.
(❷) 관점	• 어떤 사회 현상이나 개인의 행위가 나타나게 된 배경을 사회 구조 및 사회 제도의 측면에서 분석하고 예측하며, 대안을 살펴보는 것 • 사회 구조와 법·제도가 사회 현상에 미치는 영향을 파악하고 정책 대안을 마련하는 데 도움을 줌.
윤리적 관점	• 어떤 인간의 행위가 도덕적 행위인지, 그 기준을 탐색하고 바람직한 삶의 모습을 살펴보는 것 • 사회 현상을 도덕적 가치에 따라 평가하고 사회가 지향해야 할 규범적 방향과 가치를 설정하는 데 도움을 주며, 사회 문제의 바람직한 해결책을 모색하게 해 줌.

(2) 통합적 관점

의미	사회 현상을 탐구할 때 시간적·공간적·사회적·윤리적 관점을 모두 고려하여 (❸)으로 살펴보는 것
필요성	복잡한 사회 현상을 정확하게 이해하고, 이를 바탕으로 문제의 근본적인 해결책을 찾아 인류의 삶을 개선할 수 있음.

02 행복의 의미와 기준

(1) 행복의 의미와 행복의 다양한 기준

행복의 의미		• 일반적 의미: 생활에서 충분한 만족과 기쁨을 느껴 흐뭇한 상태
시대적 상황에 따른 행복의 기준		• 선사 시대: 생존을 위한 식량 및 안전 확보 • (❹): 이성의 기능을 발휘하여 지혜와 덕을 얻음. • 헬레니즘: 마음의 평온 • 서양 중세: 신앙을 통해 신과 하나 되고 구원받는 것 • 근대 이후: 인간의 기본적 권리 및 자유와 평등 실현 • 오늘날: 물질적 풍요뿐만 아니라 개인의 주관적 만족감 중시
지역적 여건에 따른 행복의 기준	자연환경	기후와 지형 등 주어지는 환경에서 얻을 수 있는 것에 행복을 느끼거나, 반대로 환경의 결핍을 채우는 것이 행복의 중요한 기준이 됨.
	인문 환경	종교, 문화, 산업 등 인문 환경에 따라 행복의 기준이 달라질 수 있음.

(2) 삶의 목적과 진정한 행복

삶의 목적으로서의 행복	• 사람들이 추구하는 다양한 목표나 가치는 그 자체가 삶의 목적이 아니라, 행복을 위한 수단임. • 삶의 모습과 행복의 기준은 다양하지만, 결국 궁극적으로 추구하는 삶의 목적은 (❺)임.

진정한 행복을 위한 노력	• 물질적 가치와 정신적 가치의 조화 • 의미 있는 목표의 설정과 추구 • 개인적 측면과 사회적 측면 고려 • 자기 삶에 만족하고 성찰하는 태도

03 행복한 삶을 실현하기 위한 조건

(1) 질 높은 정주 환경과 경제적 안정

질 높은 정주 환경 조성	정주 환경	• 주거지와 다양한 주변 환경 • 자연환경: 거주지 주변의 물, 대기, 토양 등 • 인문 환경: 교통 및 통신·교육·공공시설 등
	질 높은 정주 환경	자연환경이 쾌적하고, 인문 환경이 잘 갖추어진 곳
	필요성	인간의 기본적인 삶의 문제를 해결하여 행복한 삶을 이루는 데 필요함.
경제적 안정	필요성	• 기본적인 삶의 조건을 충족하고, 삶의 질을 유지하려면 일정 수준 이상의 물리적 조건이 기본 토대로 뒷받침되어야 함. • 국민 소득이 높다고 해서 구성원의 삶의 질이 반드시 높은 것은 아님. • 국민의 행복 실현을 위해서는 경제적 성장뿐만 아니라 경제적 안정이 실현되어야 함.
	국가의 노력	• 최저 임금 보장 • 사회 복지 제도 마련 • (❻) 해소

(2) 민주주의 실현과 도덕적 실천

민주주의의 실현	민주주의	국민이 권력을 가지고, 스스로 권력을 행사하는 정치 제도나 사상
	필요성	• 시민의 인권이 존중되고, 시민 각자가 원하는 삶의 방식을 자유롭게 추구할 수 있음. • 권력자에 의한 자의적 지배를 막고 권력 남용과 부패를 방지할 수 있음. • 사회 구성원이 자유와 권리를 최대한 보장받으면서 행복한 삶을 꾸려 나갈 수 있음.
	노력	민주적 제도 마련, (❼)
도덕적 실천과 성찰하는 삶	도덕적 삶의 실천	삶에서 마주하는 여러 문제에 관해 도덕적으로 사고하고 느끼며 실천하는 것
	도덕적 성찰	• 자신의 언행에 부족함이나 잘못이 없는지 반성하고 살펴서 바로잡는 것 • 공동체나 사회에 문제가 있는지 살피고 해결하려고 노력하는 것
	중요성	• 더 나은 사람이 되는 과정에서 만족감과 행복감을 얻을 수 있음. • 사회 구성원 간에 신뢰가 형성되고 사회 전체의 행복 수준도 높아질 것임.
	노력	• 보편적 가치를 토대로 행동하는 습관 기르기 • (❽)의 자세로 다른 사람과 더불어 살아가려는 관용적 태도 기르기

❽ 역지사지

답 | ❶ 공간적 **❷** 사회적 **❸** 통합적 **❹** 아리스토텔레스 **❺** 행복 **❻** 빈부 격차 **❼** 시민 참여

통합사회 예상 문제

성명 　　　반 　　번호 　

[**01** 인간, 사회, 환경의 탐구와 통합적 관점]

1. 다음 신문 기사의 밑줄 친 ㉠과 관련 있는 관점으로 가장 적절한 것은?

> ## NEWS
>
> 2015년 서울시 강남구 테헤란로 일대에는 대형 커피 전문점이 136개로, 매우 많다. 2006년 2월까지만 해도 31개 정도였는데, 10년도 안 돼 100개 이상 늘어난 것이다.
> 이전에는 커피 소비가 증가함에 따라 커피 전문점도 늘어났지만, ㉠ 현재는 커피 전문점의 확산으로 사람들이 더 많이 커피를 선택하고 있다.
>
> - 《○○ 뉴스》, 2015. 2. 28. -

① 철학적 관점　② 공간적 관점　③ 사회적 관점
④ 윤리적 관점　⑤ 문학적 관점

2. 다음 자료에서 학생이 사회 현상을 바라보는 관점의 특징을 〈보기〉에서 고른 것은?

> 세계 축구공의 70%는 인도와 파키스탄에서 생산된다. 인도와 파키스탄에서는 어린이들이 손으로 축구공을 꿰매고 있다. 아이들은 축구공을 만들기 위해 하루 평균 8~9시간씩 일하지만, 축구공 하나를 만들어야 겨우 100~200원을 받는다.

 아이들의 인권이 침해당하고 있어. 모든 사람이 보장받아야 할 보편적 인권이 지켜지지 않고 있어서 안타까워.

┤ 보기 ├
ㄱ. 행위의 옳고 그름을 살펴본다.
ㄴ. 현재의 모습을 있게 한 시대적 배경을 살펴본다.
ㄷ. 규범적 차원에서 바람직한 사회를 실현하기 위해 필요하다.
ㄹ. 위치, 장소, 분포 패턴, 이동 등과 같은 공간적 맥락을 살펴본다.

① ㄱ, ㄴ　　②ㄱ, ㄷ　　③ ㄴ, ㄷ
④ ㄴ, ㄹ　　⑤ ㄷ, ㄹ

3. 다음 글의 관점을 토대로 쓰레기 매립장 선정을 둘러싼 갈등의 원인과 대안을 찾고자 할 때, 탐구 주제로 가장 적절한 것은?

> 사회 현상에 대한 사회 제도·정책·구조의 영향력을 분석하고 예측하는 것이다. 이를 통해 법·제도가 사회 현상에 미치는 영향을 파악하고, 정책 대안을 마련할 수 있다.

① 환경을 보호할 수 있는 쓰레기 처리 방법 찾기
② 쓰레기 매립지 조성에 필요한 입지 조건 파악하기
③ 쓰레기 매립지 선정을 둘러싸고 대립하는 가치관 분석하기
④ 기피 시설의 입지 선정 문제를 겪었던 타 지역의 과거 사례 조사하기
⑤ 쓰레기 매립지 지역에 거주하는 주민들을 위해 정부가 제시한 보상 징책 조사하기

4. 다음 자료에 나타난 관점에 대한 옳은 설명을 〈보기〉에서 고른 것은?

▲ **기후 변화에 따른 지역별 영향** 상위 8개 국가가 전 세계 이산화 탄소 배출량의 대부분을 차지하고 있지만, 그 피해는 개발 도상국을 포함한 전 세계가 받고 있다.

┤ 보기 ├
ㄱ. 시대적 배경과 맥락을 살펴본다.
ㄴ. 현상을 도덕적 가치에 따라 평가한다.
ㄷ. 위치, 장소 등과 같은 공간적 맥락을 살펴본다.
ㄹ. 지역 간 차이를 이해하고, 환경의 영향을 파악하게 해 준다.

① ㄱ, ㄴ　　② ㄱ, ㄷ　　③ ㄴ, ㄷ
④ ㄴ, ㄹ　　⑤ ㄷ, ㄹ

5. 다음 대화에서 각 학생들이 토대를 두고 이야기 한 관점을 바르게 연결한 것은?

> 태형: 멧돼지가 도심에 자주 출현하는 원인은 무엇이고, 이를 해결하기 위해서는 어떻게 해야 할까?
> 예일: 과거에는 서식지에 먹이가 풍부했지만, 지금은 개체 수에 비해 먹이가 부족하기 때문이야.
> 경민: 야생 동물 보호법 때문에 멧돼지를 함부로 포획할 수 없어, 개체 수가 조절되지 않아.
> 희관: 인간 중심적 사고에서 벗어나 인간이 멧돼지와 공존할 수 있는 방법을 찾아야 해.

	예일	경민	희관
①	시간적 관점	공간적 관점	윤리적 관점
②	시간적 관점	사회적 관점	윤리적 관점
③	사회적 관점	시간적 관점	윤리적 관점
④	사회적 관점	윤리적 관점	시간적 관점
⑤	공간적 관점	윤리적 관점	시간적 관점

6. 다음 글이 강조하고 있는 점으로 가장 적절한 것은?

> 화장장 건설을 둘러싼 갈등의 원인은 한 가지로 정리할 수 없다. 연도별로 화장률이 계속 높아지고 있다는 점, 화장장 건설 예정지가 입지 조건상 적절하지 않았다는 점, 공익을 위해 지역 주민의 희생을 요구했다는 점, 공익과 지역 주민의 사익이 조화를 이루기 위해 사회적 합의를 이루는 과정이 쉽지 않다는 점 등 다양한 측면의 요인이 복잡하게 얽혀 있기 때문이다.

① 사회 현상을 통합적으로 살펴보아야 한다.
② 역사적 사실을 찾아내 현재에 의미를 부여해야 한다.
③ 사회 문제에 따라 각각 특정한 관점으로만 분석해야 한다.
④ 타인의 인권이나 공동체의 선을 고려해서 행동해야 한다.
⑤ 사회 문제를 해결하려면 개인의 의식을 바꾸거나 사회 구조에 변화를 주어야 한다.

[02 행복의 의미와 기준]

7. 다음을 주장한 서양 사상가의 행복에 관한 입장으로 적절한 것은?

> 행복이 최고의 선이라는 것은 누구나 다 아는 이야기이다. 그러나 행복에 관해 좀 더 살펴볼 필요가 있는데, 그러기 위해서는 먼저 인간의 기능에 관해 알아야 한다. …… 사람만이 지닌 특별한 기능은 정신의 이성적 활동 기능이다. …… 사람의 이성적 활동은 그에 알맞은 규범, 즉 덕을 가지고 수행할 때 더 잘할 수 있다. …… 행복이야말로 인간 존재의 목적이고 이유이다.

① 행복은 신의 은총을 통해 구원을 받는 것이다.
② 행복은 생로병사의 괴로움에서 벗어난 상태이다.
③ 행복은 육체의 고통이 없고 마음의 불안이 없는 평온한 삶이다.
④ 행복은 정념에 방해받지 않는 초연한 태도로 자연의 질서에 따라 사는 것이다.
⑤ 행복은 삶의 궁극적인 목적이며, 이성의 기능을 잘 발휘할 때 달성되는 것이다.

8. 다음은 어느 학생이 필기한 내용이다. ㉠~㉢에 해당하는 것을 골라 바르게 연결한 것은?

> **[학습 주제] 동양의 행복론**
> 1. **유교**: 하늘로부터 부여받은 도덕적 본성을 보존하고 함양하면서 다른 사람과 더불어 살아가며 (㉠)을(를) 실현하는 것
> 2. **불교**: 청정한 불성을 바탕으로 '나'라는 의식을 벗어 버리기 위한 수행과 고통받는 중생을 구제하는 실천을 통해 (㉡)의 경지에 이르는 것
> 3. **도가**: 타고난 그대로의 (㉢)에 따라 인위적인 것이 더해지지 않은 자연 그대로의 모습으로 살아가는 것

	㉠	㉡	㉢
①	인	연기	자비
②	인	해탈	본성
③	의	해탈	자비
④	의	해탈	본성
⑤	예	상생	본성

9. 다음은 수업의 한 장면이다. 교사가 제시한 질문에 대한 답변으로 가장 적절한 것은?

① 행복은 개인의 인식과는 직접적인 관련이 없다.

② 상황에 대한 인식의 차이가 행복감의 차이를 가져온다.

③ 주어진 상황에 대하여 모든 사람의 행복감은 동일하다.

④ 행복은 주어진 상황을 외면하고 회피할 때 얻어질 수 있다.

⑤ 행복은 자신의 조건을 다른 사람과 비교하는 과정을 통해 얻어진다.

10. 다음은 어느 학생의 수행 평가 결과이다. 총점 A로 옳은 것은?

〈수행 평가〉
◎ 문제: 시대적 상황에 따른 행복의 기준을 서술하시오.
◎ 학생 답안

구분	내용	배점
선사 시대	생존을 위해 식량을 확보하고 외부의 위협으로부터 안전하게 사는 것	1점
고대 그리스	전쟁과 사회적 혼란에 따른 불안에서 벗어나 마음의 평온을 얻는 것	2점
헬레 니즘	이성의 기능을 잘 발휘하여 지혜와 덕을 얻는 것	2점
서양 중세	신앙을 통해 신과 하나가 되고 구원을 얻는 것	2점
근대 이후	인간의 기본적 권리 보장 및 자유와 평등을 실현하는 것	2점
오늘날	행복의 기준이 과거보다 훨씬 복잡하고 다양해짐.	1점
총점		A

① 5점   ② 6점   ③ 7점
④ 8점   ⑤ 9점

11. 다음 신문 기사를 통해 얻을 수 있는 진정한 행복에 관한 교훈을 〈보기〉에서 고른 것은?

△△신문

　힘든 수험 생활을 거쳐 입학한 대학을 스스로 박차고 나가는 학생들이 늘고 있다. 대학 졸업장을 필수로 여기는 사회의 편견에 떠밀려 입학한 대학 생활이 자신의 행복한 삶을 보장해 주지 않는다는 생각 때문이다. ○○ 씨는 요즘 자퇴를 고민하고 있다. A는 "고3 때를 돌이켜 보면 '대학 간판' 수준을 높이려고 공부했을 뿐 진로에 대해 충분히 생각하지 못했다."라며 자퇴를 고민하게 된 배경에 대해 설명했다.

┤ 보기 ├
ㄱ. 진정한 행복은 눈앞의 단기적인 성취를 이룰 때 실현될 수 있다.
ㄴ. 진정한 행복을 실현하기 위해서는 다수의 사람이 선호하는 삶의 방식을 택해야 한다.
ㄷ. 진정한 행복은 자기 자신이 삶의 주인임을 알고, 자기 발전에 꾸준히 힘쓸 때 실현될 수 있다.
ㄹ. 진정한 행복을 이루기 위해서는 자신이 소중하게 여기는 가치와 삶에 대한 성찰이 필요하다.

① ㄱ, ㄴ   ② ㄱ, ㄹ   ③ ㄴ, ㄷ
④ ㄴ, ㄹ   ⑤ ㄷ, ㄹ

12. 삶의 목적과 행복에 대한 옳은 설명을 〈보기〉에서 고른 것은?

┤ 보기 ├
ㄱ. 우리가 궁극적으로 추구하는 삶의 목적은 행복이다.
ㄴ. 성공, 부, 명예 등은 그 자체로 궁극적인 삶의 목적이다.
ㄷ. 삶의 목적으로서의 행복은 일시적이고 감각적인 즐거움이어야 한다.
ㄹ. 우리가 추구하는 다양한 목표나 가치는 그 자체가 삶의 목적이 아니라, 행복을 위한 수단이다.

① ㄱ, ㄴ   ② ㄱ, ㄹ   ③ ㄴ, ㄷ
④ ㄴ, ㄹ   ⑤ ㄷ, ㄹ

13. (가)의 주장을 지지하는 사람이 (나)의 질문에 응답한 결과로 옳은 것은?

(가)	진정한 행복을 추구하기 위해 우선, 물질적 가치와 정신적 가치를 함께 추구해야 한다. 다음으로, 자신이 소중하다고 생각하는 의미 있는 목표를 세우고, 이를 달성하고자 노력해야 한다. 그리고 개인이 느끼는 주관적 만족감과 더불어 사회의 구성원으로서 누리는 다양한 측면의 사회적 여건도 중시해야 한다. 마지막으로, 자기 삶에 만족하고, 자기 삶에 대해 성찰하는 태도가 필요하다.
(나)	질문 1: 행복은 자신의 조건을 타인과 비교하는 데서 오는가? 질문 2: 행복은 원하는 삶을 스스로 선택하고 책임지는 삶에서 오는가?

응답 결과		질문 1	
		예	아니요
질문 2	예	Ⅰ	Ⅱ
	아니요	Ⅲ	Ⅳ

① Ⅰ   ② Ⅱ   ③ Ⅲ
④ Ⅳ   ⑤ Ⅱ, Ⅳ

[03 행복한 삶을 실현하기 위한 조건]

14. ㉠~㉣에 들어갈 알맞은 말을 바르게 연결한 것은?

> 조선 후기의 실학자인 이중환이 저술한 《택리지》에는 사람이 살기에 적합하여 살기 좋은 곳의 조건들이 서술되어 있다. 첫째로 주거를 선정하는 기준으로 풍수적 길지인지를 보는 (㉠), 둘째로 경제활동의 여건이 유리한지를 보는 (㉡), 셋째로 지역의 이웃 간의 정과 풍속이 좋은지를 보는 (㉢), 넷째로 자연경관이 아름다운지를 보는 (㉣)을(를) 들었다.

	㉠	㉡	㉢	㉣
①	생리	지리	인심	산수
②	생리	지리	산수	인심
③	생리	인심	산수	지리
④	지리	생리	산수	인심
⑤	지리	생리	인심	산수

15. 다음 글을 통해 추론할 수 있는 내용으로 가장 적절한 것은?

> 내가 사는 곳은 비가 오면 강물이 넘쳐 집이 물에 잠긴다. 바닥에는 냄새나는 녹색 물이 고여 있어 지나다닐 곳이 없다. 모기들도 극성이다. 4살짜리 내 아이는 기관지염과 말라리아에 걸렸고, 이제는 장티푸스까지 걸렸다. 의사는 아이에게 끓인 물을 먹이고 물이 고여 있는 곳에 가지 못하게 하라고 말한다. 그러나 사방이 물에 고여 있다. 의사는 아이를 잘 보살피지 않으면 아이를 잃게 될 것이라고 말했다.
> – 마이크 데이비스, 《슬럼, 지구를 뒤덮다》 –

① 행복은 도덕적 실천과 성찰을 통해 얻어진다.
② 행복한 삶을 위해서는 질 높은 정주 환경이 필요하다.
③ 거주 공간을 평가할 때 가장 중요한 것은 경제적 가치이다.
④ 질 높은 정주 환경을 조성하기 위해서는 교육 시설이 잘 갖추어져야 한다.
⑤ 행복한 삶을 위해서는 시민이 정치적 의사를 자유롭게 표현할 수 있어야 한다.

16. 다음과 같이 주장한 사상가의 입장만을 〈보기〉에서 있는 대로 고른 것은?

> 고정적인 생업[항산(恒産)]이 없으면서도 일정하고 떳떳하며 도덕적인 마음[항심(恒心)]을 지니는 것은 오직 선비만이 할 수 있습니다. 일반 백성은 고정적인 생업이 없으면 그로 인해 도덕적인 마음도 없어집니다.

┤ 보기 ├
ㄱ. 통치자는 백성의 생업 보장에 힘써야 한다.
ㄴ. 경제적 안정은 백성의 도덕성을 유지하기 위한 토대이다.
ㄷ. 항산은 경제적인 안정을, 항심은 내면적인 도덕성을 의미한다.
ㄹ. 기본적인 생업의 보장보다 도덕적 실천을 이루는 것이 더 중요하다.

① ㄱ, ㄴ   ② ㄷ, ㄹ   ③ ㄱ, ㄴ, ㄷ
④ ㄱ, ㄷ, ㄹ   ⑤ ㄴ, ㄷ, ㄹ

17. 다음은 어느 학생이 필기한 내용이다. 학습 주제 A에 들어갈 말로 가장 적절한 것은?

> [학습 주제] _____ A _____
> (1) 시민의 인권이 존중되고, 시민 각자가 원하는 삶의 방식을 자유롭게 추구할 수 있음.
> (2) 권력자에 의한 자의적 지배를 막고 권력 남용과 부패를 막을 수 있음.
> (3) 사회 구성원이 자유와 권리를 최대한 보장받으면서 행복한 삶을 꾸려 나갈 수 있음.

① 경제적 안정을 위한 국가의 노력
② 도덕적 실천과 성찰을 위한 노력
③ 질 높은 정주 환경의 조성의 필요성
④ 빈부 격차 해소를 위한 복지 정책 마련 방안
⑤ 시민 참여가 활성화되는 민주주의 실현의 필요성

18. ㉠에 들어갈 기사의 제목으로 가장 적절한 것은?

> **△△신문**
>
> _____ ㉠ _____
>
> 어느 심리학 실험에서 한 무리의 참가자를 대상으로 행복감을 측정하였다. 그런 후에 각 사람에게 5달러짜리 혹은 20달러짜리 지폐가 든 봉투를 나눠주었다. 실험자는 참가자의 절반에게는 돈을 전부 자기 자신에게 쓰라고 하였고, 다른 절반에게는 다른 사람을 위해 쓰라고 하였다. 그리고는 돈을 다 쓰고 난 뒤 행복감을 다시 한 번 측정하였다.
> 어떤 사람들의 행복감이 더 증가하였을까? 놀랍게도 '남을 위해서' 돈을 쓴 사람들의 행복감이 더 증가하였다. 더 흥미로운 점은 5달러를 썼는지, 20달러를 썼는지는 중요하지 않았다는 사실이다.

① 경제적 안정과 행복한 삶의 관계
② 부유한 국가일수록 더 행복할까?
③ 타인을 위할 때 자신이 더 행복해진다.
④ 행복한 삶, 질 높은 정주 환경에서부터
⑤ 민주주의의 실현, 행복한 삶을 위해 필요한가?

서술형 문제

19. 다음 자료는 쓰레기 매립장 건설을 둘러싼 갈등에 대한 탐구 주제이다. (가)~(라)에 해당하는 관점을 쓰고, 모든 탐구 주제를 아우르기 위해 필요한 관점과 이 관점의 필요성을 서술하시오.

관점	탐구 주제
(가)	쓰레기 매립지의 영향 지역에 거주하는 주민들을 위한 보상 정책, 제도 조사하기
(나)	쓰레기 매립지의 입지 조건 파악하기
(다)	기피 시설의 입지 문제를 원만하게 해결한 과거 사례 조사하기
(라)	쓰레기 매립지 선정을 둘러싼 가치관의 대립 분석하기

20. 다음 내용을 읽고 물음에 답하시오.

> 아리스토텔레스에 의하면, 행복은 삶의 궁극적 (㉠)이며, 참된 행복은 (㉡)

(1) ㉠에 들어갈 알맞은 개념을 쓰시오.

(2) ㉡에 들어갈 내용을 서술하시오.

21. 다음 사례를 통해 알 수 있는 도덕적 실천이 행복한 삶에 중요한 이유를 서술하시오.

> 회사에서 '봉사 왕'으로 유명한 정○○ 씨는 주말마다 요양원과 장애인 시설을 찾는다. 그에게 봉사하는 이유를 묻자, 그는 "요양원에 가서 어르신과 이야기를 나누며 봉사를 하고 나면 행복감이 밀려온다."라고 답하였다.

자연환경과 인간

01 자연환경과 인간 생활

(1) 자연환경과 인간의 생활 양식

기후	열대 기후	간편한 의복, 기름에 볶거나 튀기는 요리, 개방적이고 바람이 잘 통하는 가옥이 나타남.
	건조 기후	• (❶)은 온 몸을 감싼 의복, 대추야자나 밀을 이용한 음식, 흙벽돌집이 나타남. • 초원은 가축을 이용한 의식주 문화가 나타남.
	온대 기후	• 연중 습윤한 지역: 비옷을 자주 입음. • 여름철이 건조한 지역: 올리브, 포도 등의 작물 재배, 벽이 하얗고 창문이 작은 가옥 발달 • 여름이 덥고 강수량이 많은 지역: 벼농사 발달
	냉대 기후	주변에서 쉽게 구할 수 있는 통나무로 집을 지음.
	한대 기후	• 농경에 매우 불리 → 순록 유목, 수렵, 어업 활동 • 가축을 이용한 의식주 문화가 나타남.
지형	(❷) 지역	해발 고도가 높고 경사가 급해 인간의 거주에 불리 → 밭농사, 임업, 가축 사육 등을 함.
	평야 지역	해발 고도가 낮고 경사가 완만해 거주에 유리 → 대규모 농업 지대, 도시가 발달함.
	해안 지역	육지와 바다 환경 모두를 이용할 수 있고, 어업과 양식업 등이 발달함.

(2) 자연재해와 인간의 삶

(❸)	• 의미: 인간의 삶을 위협하면서 피해를 주는 자연 현상 • 종류: 기상 재해, 지형(지질) 재해
안전하고 쾌적한 환경에서 살아갈 권리	• 권리 보장을 위한 국가적 노력: 법적 장치를 마련하고, 재해에 대한 사전 대비책을 구축하며, 재해 발생 시 신속한 복구 체계를 마련해야 함. • 권리 보장을 위한 개인적 노력: 재해 대비 안전 교육에 참여하고, 재해 발생 시에는 행동 요령에 따라 행동하며 공동체를 위한 시민 의식을 함양해야 함.

02 자연에 대한 다양한 관점

(1) 인간 중심주의

의미	인간에게만 본래적 가치를 인정하고, 자연을 인간의 이익이나 필요에 따라 평가하는 관점
특징	• 인간을 다른 자연적 존재보다 우월한 존재로 인식 • (❹)적 자연관: 인간과 자연을 구별하여 바라봄. • 도구적 자연관: 인간의 이익과 행복 증진을 위해 자연을 수단으로 이용할 수 있다고 여김.
의의	인간의 삶을 풍요롭게 하는 데 도움을 줌.
한계	자연의 (❺) 가치를 인정하지 않고, 도구적 가치만 인정하므로 인간의 자연 정복이 당연시되어 심각한 환경 문제가 발생함.

(2) 생태 중심주의

의미	자연이 인간에게 주는 유용성과 관계없이 자연 그 자체로 존중받을 가치가 있다고 여기는 관점
특징	• 인간을 자연의 한 구성원이라고 여김. • 생태계 전체를 도덕적으로 대우하고자 함. • 인간과 자연은 서로 영향을 주고받는 관계로 조화와 균형을 강조함.
레오폴드의 '대지의 윤리'	• 공동체의 범위를 인간에서 대지까지 확대함. • 인간은 생명 공동체의 한 구성원이므로 생태계 안정을 유지할 의무가 있음.
의의	환경 문제를 해결하기 위한 시사점을 줌.
한계	• 인간의 어떤 개입도 허용하지 않는 비현실적 측면이 있음. • 생태계 전체의 이익을 중시하며 개별 생명체의 희생을 강요하는 (❻)적 성격이 있음.

(3) 인간과 자연의 바람직한 관계

공존을 위한 노력	환경친화적 가치관 함양, 책임 의식 함양, 동양의 자연관을 계승하여 인간과 자연의 (❼) 강조, 자연과 인간의 공생을 중시, 과학 기술 만능주의 경계

03 환경 문제 해결을 위한 노력

(1) 환경 문제의 특징

특징	분포의 광범위성, 피해의 심각성
종류	지구 온난화, 사막화, 열대림 파괴, 오존층 파괴, 산성비 등

(2) 환경 문제 해결을 위한 정부, 시민 단체, 기업의 노력

정부	• 환경 오염 규제 및 예방을 위한 법과 제도 마련 • 친환경 산업 육성 • 국제 사회와 공동 대응: (❽) 체결 • 기업과 개인을 대상으로 환경 정책과 에너지 절약 실천 방안 홍보 활동
시민 단체	• 환경 문제 해결 과정에서 정부, 기업, 시민을 잇는 역할 • 정부와 기업의 행위 감시 • 정부와 기업, 개인이 환경친화적인 행동을 하도록 지원 • 환경 운동 전개 및 홍보, 서명 운동 실시
기업	• (❾) 물질 배출 최소화 • 청정 기술 개발 및 신·재생 에너지의 사용 확대 노력 • 환경 오염을 최소화하려는 기업 윤리를 가짐.

(3) 환경 문제 해결을 위한 개인의 노력

자원 절약	구매한 제품을 아껴 쓰며 자원과 에너지 절약
재사용·재활용	• 재사용: 쓸모 있는 물건을 고쳐서 사용하거나 다른 사람에게 팔고 기증하는 것 • 재활용: 버려지는 물건을 자원으로 다시 활용하는 것
환경친화적 제품 소비	환경에 미치는 영향을 고려하여 (❿) 소비 실천
환경 윤리 의식 함양	인간과 자연의 관계를 바르게 인식하고 생활 속 환경의 중요성 인식
환경 정책 참여	• 환경 관련 법을 지키고 정책에 동참 • 시민 단체에 가입하여 환경 감시 활동

통합사회 예상 문제

성명   반   번호

[01 자연환경과 인간 생활]

1. A 기후 지역에서 특징적으로 볼 수 있는 생활 양식으로 적절하지 <u>않은</u> 것은?

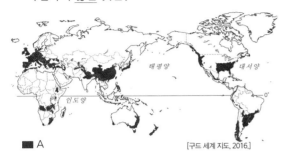

[구드 세계 지도, 2016.]

① 계절에 따라 다른 의복을 입는다.
② 물과 풀을 찾아 이동하며 집을 짓는다.
③ 연중 습윤한 곳에서는 비옷을 자주 입고 다닌다.
④ 여름철이 건조한 곳에서는 흰색 집을 볼 수 있다.
⑤ 여름철에 비가 많이 오는 곳은 벼농사가 발달한다.

2. 다음은 어느 지역을 여행할 때의 유의 사항이다. 이 기후 지역의 특징을 〈보기〉에서 고른 것은?

〈여행시 유의 사항〉
• 모래 먼지가 많이 일어나기 때문에 마스크를 준비하세요.
• 샤워를 할 때 물을 충분히 이용하기 어려울 수도 있습니다.
• 낙타를 타고 이동하는 구간도 있으니 긴 바지도 준비해주세요.

┤ 보기 ├
ㄱ. 강수량이 적어 인간 거주에 불리하다.
ㄴ. 가볍고 통풍을 강조한 옷차림이 나타난다.
ㄷ. 향신료를 많이 사용하거나 튀긴 요리 발달한다.
ㄹ. 전통 가옥은 벽이 두껍고 창이 작은 흙벽돌집이 많다.

① ㄱ, ㄴ   ② ㄱ, ㄹ   ③ ㄴ, ㄷ
④ ㄴ, ㄹ   ⑤ ㄷ, ㄹ

3. (가) 수필과 (나) 영화의 배경이 되는 지역의 자연환경을 비교할 때, A, B에 해당하는 지표로 옳은 것은?

(가)《하얀 마사이》는 한 스위스 여성이 케냐의 마사이족 남성과 함께 살며 경험한 것을 기록한 수필이다. 수필에는 이 여성이 마사이족 남성을 묘사한 다음과 같은 구절이 있다. 그 남자는 허리에서부터 무릎까지 오는 붉은색 짧은 천 하나만을 두르고 있었다. 그 대신 몸에는 많은 치장을 하고 있었다.

(나)〈닥터 지바고〉는 러시아 혁명 전후를 배경으로 하여 우랄산맥과 시베리아 설원을 오가며 펼쳐지는 아름답고 절박한 로맨스를 그려 낸 영화이다. 영화 주인공들은 추운 시베리아 지역에 머물 때 동물의 가죽과 털로 만든 코트와 모자를 착용하였다.

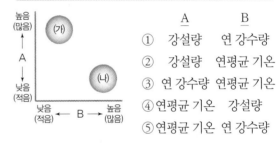

     A   B
① 강설량   연 강수량
② 강설량   연평균 기온
③ 연 강수량   연평균 기온
④ 연평균 기온   강설량
⑤ 연평균 기온   연 강수량

4. 다음은 '지형과 인간 생활' 단원의 마인드맵이다. A~E 중 핵심 개념과 연결된 내용으로 적절하지 <u>않은</u> 것은?

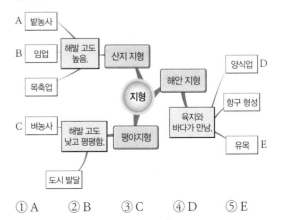

① A   ② B   ③ C   ④ D   ⑤ E

5. ⊙에 들어갈 말로 가장 적절한 것은?

> 고대 그리스는 [　　⊙　　] 지형적 특성 때문에 주변과의 교류가 적어 자연스럽게 폴리스(polis)라는 도시 국가가 형성되었다. 폴리스 중 하나인 아테네는 상대적으로 인구가 적었으므로 시민들이 직접 정치에 참여할 수 있었다. '아고라'라고 불리는 광장에서는 시민들이 모여 국방이나 정치 문제를 토론하는 민회를 열었다. 이러한 아테네의 지형적 특성이 직접 민주 정치를 가능하게 하였다.

① 산지가 많은   ② 경사가 완만한
③ 해안에 위치한   ④ 대하천이 흐르는
⑤ 비옥한 평야가 나타나는

6. (가)에 들어갈 내용으로 가장 적절한 것은?

> 우리나라는 그동안 지진 활동이 적어 안전지대로 여겨져 왔다. 그러나 최근 한반도의 지진 발생 횟수가 급증하고 있다. 경주에서 규모 5.8의 역대 최대 지진이 발생한 것으로 보아 더 이상 우리나라도 지진 안전지대라고 확신할 수 없다. 그렇기 때문에 우리나라도 [　　(가)　　]

① 댐, 저수지 등을 건설하여 대비해야 한다.
② 건물을 지을 때 내진 설계를 의무화해야 한다.
③ 시민들을 위한 홍수 대피 훈련을 실시해야 한다.
④ 지구 온난화에 따른 해안 저지대의 피해를 막아야 한다.
⑤ 시민들의 안전할 권리 보장보다는 자연환경 개발에 비중을 두어야 한다.

7. ⊙~⑩은 안전하게 살아갈 시민의 권리를 보장받을 수 있는 노력이다. 이 중 성격이 가장 다른 것은?

> ⊙ 재난 관리 시스템을 구축한다.
> ⓛ 풍수해 보험의 보험료를 일부 보조한다.
> ⓒ 재해 발생 시 공동체 회복을 위해 시민 의식을 발휘한다.
> ⓔ 재해 발생 지역을 특별 재난 지역으로 선포하고 재정 지원을 한다.
> ⑩ '자연재해대책법', '재난 및 안전관리기본법' 등을 제정하여 권리 보장에 대한 법적 근거를 마련한다.

① ⊙   ② ⓛ   ③ ⓒ   ④ ⓔ   ⑤ ⑩

[02 자연에 대한 다양한 관점]

8. 인간 중심주의에 대한 설명으로 알맞은 것은?

① 인간과 자연을 동등하게 대우한다.
② 인간을 자연의 구성원이라고 여긴다.
③ 자연을 인간보다 더 소중하다고 여긴다.
④ 오직 인간만이 본래적 가치를 지닌다고 본다.
⑤ 인간을 포함한 자연 전체의 균형을 중시한다.

9. 다음 사상가에게 제기할 수 있는 비판을 〈보기〉에서 고른 것은?

> 아는 것이 힘이다. 방황하고 있는 자연을 사냥해서 노예로 만들어 인간의 이익에 봉사하도록 해야 한다.

┤ 보기 ├
ㄱ. 자원 고갈, 환경 오염, 생태계 파괴 등과 같은 문제를 일으킬 수 있다.
ㄴ. 인간이 생태계에 개입하는 것을 허용하지 않는 비현실적인 측면이 있다.
ㄷ. 생태계 전체의 이익을 우선 고려하여 개별 구성원의 희생을 강요할 수 있다.
ㄹ. 자연을 이용하고 개발하는 것을 정당화하여 자연에 대한 남용을 불러올 수 있다.

① ㄱ, ㄴ   ② ㄱ, ㄹ   ③ ㄴ, ㄷ
④ ㄴ, ㄹ   ⑤ ㄷ, ㄹ

10. 다음은 수행 평가 문제와 학생 답안이다. 밑줄 친 ⊙~⑩ 중 옳지 않은 것은?

> 〈수행 평가〉
> ◎ 문제: 인간과 자연의 관계 변화에 대해 서술하시오.
> ◎ 학생 답안
> 　인간이 자연을 대하는 태도는 시대에 따라 계속해서 변화해 왔다. ⊙ 과거 인간은 생태 중심적 사고를 바탕으로 자연을 이용과 지배의 대상으로 여겼다. ⓛ 근대 이후 과학 기술이 발달하면서 인간은 자연을 적극적으로 이용하고 개발하였다. ⓒ 그 결과, 인간의 삶은 편해졌지만 무분별한 개발로 자연이 훼손되고 환경이 파괴되었다. ⓔ 오늘날에는 환경 문제가 사회적 쟁점이 되면서 이를 극복하기 위해 친환경적인 삶을 강조한다. 또한, ⑩ 환경 보호와 경제 성장을 함께 추구한다.

① ⊙   ② ⓛ   ③ ⓒ   ④ ⓔ   ⑤ ⑩

[11~12] 다음을 읽고 물음에 답하시오.

> 갑: 인간은 다른 모든 존재와 구분되는 유일하고 우월한 존재이다. 인간 이외의 다른 모든 존재는 인간의 행복과 복지를 위해 이용할 수 있는 도구적 대상이다.
>
> 을: 모든 생명체는 자연의 일부이며, 인간도 자연으로부터 독립된 존재가 아니라 자연을 구성하는 일부이다. 자연의 가치는 자연이 인간에게 주는 유용성에 따라 평가해서는 안 된다.

11. 갑, 을의 입장에 대한 설명으로 적절하지 <u>않은</u> 것은?

① 갑은 인간 중심주의적 관점을 지니고 있다.

② 갑은 인간과 자연을 구별하여 바라보고 있다.

③ 을은 인간이 자연의 관리자로서 책임이 있다고 본다.

④ 을은 인간과 자연이 서로 영향을 주고받는 관계라고 본다.

⑤ 을은 생태계 전체의 균형과 안정을 우선적으로 고려해야 한다고 본다.

12. 갑, 을이 아래 그림에 나타난 주장을 모두 지지한다고 할 때, 그 이유로 적절한 내용을 〈보기〉에서 고른 것은?

┤ 보기 ├

ㄱ. 갑: 숲은 생태계의 모든 존재가 조화롭게 살아가는 터전이기 때문이다.

ㄴ. 갑: 숲은 인간의 이익과 행복을 증진하기 위하여 필요한 존재이기 때문이다.

ㄷ. 을: 숲은 존재 그 자체로 존중받을 가치가 있기 때문이다.

ㄹ. 을: 숲이 파괴되면 인간에게 유익한 공기 정화 기능을 담당할 수 없기 때문이다.

① ㄱ, ㄴ   ② ㄱ, ㄷ   ③ ㄴ, ㄷ

④ ㄴ, ㄹ   ⑤ ㄷ, ㄹ

13. 다음 글에 나타난 자연에 대한 견해만을 〈보기〉에서 있는 대로 고른 것은?

> 우리는 대지의 일부분이며, 대지는 우리의 일부분이다. 들꽃은 우리의 누이이고, 순록과 말과 독수리는 우리의 형제이다. …… 세상의 모든 것은 하나로 연결되어 있다. 대지에게 일어나는 일은 대지의 아들들에게도 일어난다. 사람이 삶의 거미줄을 짜 나아가는 것이 아니다. 사람 역시 한 올의 거미줄에 불과하다. 따라서 그가 거미줄에 가하는 행동은 반드시 그 자신에게 되돌아오게 마련이다.

┤ 보기 ├

ㄱ. 자연의 가치는 인간의 욕구 충족을 위한 효용성에 근거한다.

ㄴ. 전일론적 관점에 따라 생태계 전체를 도덕적으로 대우해야 한다.

ㄷ. 인간은 생태계의 한 구성원이므로 생태계의 안정을 유지할 의무가 있다.

ㄹ. 인간과 자연은 서로 영향을 주고받는 관계로 조화와 균형을 이루어야 한다.

① ㄱ, ㄴ   ② ㄷ, ㄹ   ③ ㄱ, ㄴ, ㄷ

④ ㄱ, ㄴ, ㄹ   ⑤ ㄴ, ㄷ, ㄹ

14. ㉠에 들어갈 말로 적절하지 <u>않은</u> 것은?

> 인간의 지나친 욕심에서 비롯된 환경 문제는 인류의 생존과 행복을 위협하는 수준에까지 이르고 있다. 환경 문제를 해결하려면 인간과 자연이 상생하는 자연 친화적인 삶을 살아가야 한다. 이를 위해서는
>
> ┌─────────────┐
> │   ㉠   │
> └─────────────┘

① 자연과 인간의 공생을 중시하는 사회적 인식이 확대되어야 한다.

② 현세대뿐만 아니라 미래 세대까지 생각하는 책임 의식이 필요하다.

③ 자연이 지니는 유용성을 중시하며 자연을 도구적으로 대해야 한다.

④ 인간은 생태계의 한 구성원임을 깨닫고, 환경친화적인 가치관을 함양해야 한다.

⑤ 동양의 자연관을 계승하여 인간과 자연 간의 조화를 회복하는 사고방식이 중요하다.

[03 환경 문제 해결을 위한 노력]

15. 다음은 세계의 환경 문제에 대해 정리한 노트이다. (가)~(라)에 들어갈 옳은 내용을 〈보기〉에서 고른 것은?

〈세계의 환경 문제〉

	원인	영향
지구 온난화	온실가스의 배출량 증가	(가)
사막화	(나)	식량 생산량 감소
열대림 파괴	무분별한 벌목과 개간, 목축	(다)
산성비	대기 오염 물질과 빗물의 결합	(라)

┤ 보기 ├
ㄱ. (가): 피부암, 안과 질환 유발
ㄴ. (나): 장기간의 가뭄과 인간의 과도한 개발
ㄷ. (다): 생물 종 다양성 감소
ㄹ. (라): 황사 발생 빈도 증가

① ㄱ, ㄴ   ② ㄱ, ㄷ   ③ ㄴ, ㄷ
④ ㄴ, ㄹ   ⑤ ㄷ, ㄹ

16. ㉠에 들어갈 용어에 대한 옳은 설명을 〈보기〉에서 고른 것은?

정부에서 기업에 온실가스 배출 허용량을 정해주고 기업에서는 그 범위 내에서 온실가스 감축을 하되, 남거나 모자랄 때 사고팔 수 있도록 하는 제도를 ㉠ (이)라고 한다.

┤ 보기 ├
ㄱ. 기업이 수립한 저탄소 녹색 성장 정책이다.
ㄴ. 미세 먼지 피해와 관련된 분쟁 해결을 위해 도입되었다.
ㄷ. 전 지구적 차원의 환경 문제를 해결하기 위한 노력이다.
ㄹ. 탄소 배출량 감축 제도도 같은 이유에서 시행된 제도이다.

① ㄱ, ㄴ   ② ㄱ, ㄷ   ③ ㄴ, ㄷ
④ ㄴ, ㄹ   ⑤ ㄷ, ㄹ

17. 환경 문제 해결을 위해 A가 할 수 있는 또다른 노력을 〈보기〉에서 고른 것은?

A는 유통 단계에서 사용되는 화석 연료를 줄이기 위해 노력해야 한다. 또한 소비자들이 친환경 제품을 더욱 쉽게 이용하도록 판매점에 친환경 상품을 우선 공급하거나 진열해야 한다.

┤ 보기 ├
ㄱ. 상품의 과대 포장을 지양한다.
ㄴ. 에너지 효율이 높은 생산 시설을 도입한다.
ㄷ. 친환경 사업자에게 국가 보조금을 지급한다.
ㄹ. 환경 운동을 전개하며 서명 운동을 실시한다.

① ㄱ, ㄴ   ② ㄱ, ㄷ   ③ ㄴ, ㄷ
④ ㄴ, ㄹ   ⑤ ㄷ, ㄹ

18. (가)에 들어갈 발표 자료의 주제로 가장 적절한 것은?

• 발표 주제: (가)
• 발표 1: 그린피스는 참치 제조업체에 대해 해양 생태계를 파괴하는 조업 방식의 사용 여부와 어업 과정에서의 불법 여부, 선원들의 인권 유린 등을 조사하여 참치 캔의 지속 가능성 순위를 발표하였다.
• 발표 2: ○○ 단체는 화장품에 이용된 미세 플라스틱인 '마이크로비즈'에 대한 사용 중단 및 규제 법안 제정을 촉구하며 한강에서 퍼포먼스를 벌였다. 미세 플라스틱이 강과 바다로 흘러들어가 해양 오염을 유발하고 인체에도 유해하다고 경고하였다.

① 참치 조업 방식의 위험성
② 지구 온난화 피해의 심각성
③ 환경 문제의 해결을 위한 기업 차원의 노력
④ 광범위한 환경 문제의 해결을 위한 국제 협력
⑤ 환경 관련 제도의 수립과 기업 활동을 감시하는 시민 단체

19. 다음 환경 문제 해결 사례의 주체가 하는 일로 적절한 내용을 〈보기〉에서 고른 것은?

> 1960년대 초에 개발된 쇼핑용 비닐 봉투가 환경 오염의 주범으로 떠오르고 있다. 비닐이 분해되는 데 수십에서 수백 년이 걸리고, 이때 발생하는 이산화 탄소가 기후 변화의 원인이 된다. 이에 우리나라는 비닐 봉투 사용 규제 정책을 시행하고 있다.

┤ 보기 ├
ㄱ. 녹색 소비를 생활화한다.
ㄴ. 환경 오염 물질 배출량 기준을 지킨다.
ㄷ. 친환경 사업자에게 국가 보조금을 지급한다.
ㄹ. 제네바 협약, 몬트리올 의정서 등 환경 협약을 체결한다.

① ㄱ, ㄴ　　② ㄱ, ㄷ　　③ ㄴ, ㄷ
④ ㄴ, ㄹ　　⑤ ㄷ, ㄹ

20. 다음은 통합사회 수업에서 학생이 작성한 형성 평가지이다. 질문에 대한 답이 옳게 표시된 것은?

> 주제: 환경 문제 해결을 위한 개인의 노력
> ○반 이름: △△△
> ※ 옳은 진술이면 '예', 틀린 진술이면 '아니요'에 ✓표 하시오.
> (가) 일회용 컵을 사용한다.
> 　　　　　　　　　예 ✓　아니요 □
> (나) 급식 먹을 때 반찬을 적게 남긴다.
> 　　　　　　　　　예 ✓　아니요 □
> (다) TV의 소리와 화면 밝기를 줄인다.
> 　　　　　　　　　예 □　아니요 ✓
> (라) 양치질할 때는 물을 틀어놓고 닦는다.
> 　　　　　　　　　예 □　아니요 ✓

① (가), (나)　　② (가), (다)　　③ (나), (다)
④ (나), (라)　　⑤ (다), (라)

서술형 문제

21. 다음 글을 읽고 물음에 답하시오.

> 자연환경 요소들이 인간의 안전한 생활을 위협하면서 피해를 주는 현상을 　ㅤ⑦ㅤ　(이)라고 한다. 　ㅤ⑦ㅤ　이(가) 발생했을 때에 정부는 시민들을 위해 ㅤㅤㅤㅤ(가)ㅤㅤㅤㅤ.

(1) ⑦에 들어갈 알맞은 단어를 쓰시오.

(2) (가)에 들어갈 정부 차원의 노력을 한 가지만 서술하시오.

22. 다음 사례를 통해 도출할 수 있는 우리 조상들의 자연관을 서술하시오.

> • 우리 조상들은 과일나무의 열매를 수확할 때, 열매를 다 따지 않고 일부를 남겨 두었는데, 이는 까치나 그 밖의 동물들이 먹을 수 있도록 남겨 둔 것이었다.
> • 우리 조상들은 마당에 뜨거운 물을 버릴 때 반드시 그 물을 식혀서 버렸다.

23. 신문 기사를 읽고 정부, 기업, 시민 단체의 입장에서 문제를 해결할 수 있는 방안을 각각 서술하시오.

> ○○ 신문
> △△군 인근의 한 레미콘 공장에서 폐수가 마을 하천으로 흘러나오는 일이 발생하였다. 레미콘 공장의 관계자는 "공장 내의 폐수는 밖으로 흘려보내지 않는 구조를 갖추었는데, 실수로 폐수가 유출된 것 같다."라고 해명하였다. 마을 이장은 "이 하천은 농업용수로 사용될 뿐더러, 멸종 위기에 있는 조류가 서식하는 습지와 바지락 양식장이 있는 해안가로 연결되어 있다."고 설명하며, 피해 방지 대책이 절실하다고 하였다.

Ⅲ단원 생활 공간과 사회

01 산업화·도시화에 따른 변화

(1) 산업화·도시화에 따른 생활 공간의 변화

거주 공간의 변화	집약적 토지 이용	도시에 사람과 기능이 집중함. → 한정된 공간을 효율적으로 이용하기 위해 건물이 고층화됨.
	(❶　　)	도시가 성장하면서 도시 내부가 주거 지역, 공업 지역, 상업 및 업무 지역으로 기능에 따라 나누어짐.
	대도시권 형성	대도시의 인구가 많아지고, 그 기능과 영향력이 커지면서 대도시와 주변 촌락이 하나의 생활권을 이룸.
생태 환경의 변화	녹지 면적 감소	• 시가지 면적이 늘어나면서 녹지 면적이 줄어듦. → 생물 종 다양성이 감소함. • 포장된 지표에 빗물이 흡수되지 못해 홍수 발생의 위험성이 높아짐.
	환경 오염	과도한 오염 물질 배출로 인해 쓰레기 문제, 대기 오염, 수질 오염 등이 나타남.

(2) 산업화·도시화에 따른 생활 양식의 변화

물질적 풍요	• 산업화와 도시화로 대량 생산과 대량 소비가 가능해짐 • 기계화와 자동화로 노동 시간은 줄고 여가 시간은 늘어남.
도시성의 확산	도시에 사는 사람들의 특징적인 사고나 행동 양식이 교통 및 통신의 발달로 점차 확대됨.
직업의 분화	2·3차 산업이 발달하면서 직업의 종류가 다양해지고 전문성이 증가함.
(❷　　) 확산	공동체 의식보다 개인을 중시하는 경향성이 커짐. → 핵가족과 1인 가구의 비중이 증가함.

(3) 산업화·도시화에 따른 문제점과 해결 방안

문제점	(❸　　)	인구와 각종 기능이 도시로 과도하게 집중하면서 주택 문제, 교통 문제, 환경 문제, 범죄 등이 발생함.
	공동체 의식 약화	타인에 대한 무관심과 이기주의 확산 등으로 주변 사람과의 소통이 줄어들고 개인 중심의 생활을 하게 되면서 발생함.
	인간 소외	생산 과정의 자동화로 인해 인간을 마치 기계의 부속품처럼 여기게 되어 노동에서 얻는 만족감과 성취감이 약화됨.
	노동 문제	일할 능력과 의사가 있음에도 불구하고 일자리를 갖지 못하는 실업 문제가 발생하거나 노동자와 사용자 사이의 이해관계 충돌로 노사 갈등이 발생함.
	지역 간 불균형	도시에 각종 기능과 산업 시설 집중 → 도시와 농촌 간의 지역 격차 심화
해결 방안	사회적 차원	• 도시 재개발 사업 및 신도시 건설 • 교통 체계 개편 및 공영 주차장 확대 • 생태 환경 복원 • 범죄 예방 정책 시행 • 사회 복지 제도 확충
	개인적 차원	• 친환경적인 생활 양식 실천 • 연대 의식 함양

02 교통·통신의 발달과 정보화에 따른 변화~우리 지역의 변화

(1) 교통·통신 발달에 따른 생활 공간과 생활 양식의 변화

생활 공간 변화	• 시·공간 제약 감소, 생활권 확대 • 지역 경제 활성화, 국토 이용의 효율성 증대
생활 양식 변화	• 국내·외 여행 및 소통 증가 → 문화 체험 기회 증가 • 경제 활동 공간 확대

(2) 교통·통신 발달에 따른 문제점과 해결 방안

생활 공간 격차	문제점	대도시가 주변 중소 도시의 인구와 경제력을 흡수하는 (❹　　　) 발생
	해결 방안	• 교통 기반 시설 확충 • 지역에 맞는 자원 개발로 지역 경쟁력 강화
생태 환경 변화	문제점	환경 오염, 생태계 파괴, 외래 생물 종 전파, 교통사고 등
	해결 방안	• 생태 통로 및 환경 친화적 도로 건설 • 교통수단의 환경 오염 물질 배출 최소화 • 선박 평형수 처리 장치의 의무적 설치

(3) 정보화에 따른 생활 공간과 생활 양식의 변화

생활 공간 변화	• 생활 공간이 가상 공간까지 확장됨. • (❺　　　)(GPS)와(과) 지리 정보 시스템(GIS) 등 공간 정보 기술을 활용한 의사 결정
생활 양식 변화	• 인터넷을 통한 시민의 정치 참여 증가 • 지식 정보 관련 직업 증가, 원격 근무 가능 • 전자 상거래 활성화, 인터넷 뱅킹 활용도 증가 • 온라인 교육, 원격 진료 가능

(4) 정보화에 따른 문제점과 해결 방안

인터넷 중독	문제점	인터넷 사용을 조절하지 못함.
	해결 방안	인터넷 사용 시간 제한, 인터넷 중독 치료 프로그램
사생활 침해	문제점	개인 정보가 타인에게 노출
	해결 방안	• 개인 정보 관리 강화, 개인 정보 도용 처벌 강화 • 정보 노출 최소화, 유출 시 신속히 신고
(❻　　)	문제점	인터넷 사기, 해킹, 사이버 금융 범죄, 사이버 저작권 침해, 사이버 폭력 등의 범죄
	해결 방안	• 보안 관련 기구·전문 인력 강화, 관련 법률 보강 • 개인의 올바른 정보 윤리 확립
정보 격차	문제점	정보의 소유나 접근도, 활용 능력의 차이 발생
	해결 방안	정보 소외 계층을 위한 정보 기반 시설 확충 및 정보화 활용 교육 지원

(5) 지역의 공간 변화

(❼　　)	• 의미: 지역에 대한 자료를 수집하고 분석·종합하여 지역의 특성과 변화 양상을 파악하는 활동 • 과정: 계획 수립 → 자료 수집 → 자료 분석 → 결론 도출
지역 문제의 해결	지역의 특성에 관한 구체적인 조사를 통해 지역의 문제를 파악하고, 이를 통해 해결 방안을 마련해야 함.

답 ❶ 지역 분화 ❷ 개인주의 ❸ 도시 문제 ❹ 빨대 효과 ❺ 위성 항법 장치 ❻ 사이버 범죄 ❼ 지역 조사

통합사회 예상 문제

성명   반   번호

[01 산업화·도시화에 따른 변화]

1. 밑줄 친 ㉠~㉤에 대한 설명으로 옳지 **않은** 것은?

> ㉠ 산업화 과정에서 도시에 많은 공장이 들어서면서 ㉡ 농촌 사람들이 도시로 이주하게 되었고, 그 결과 빠른 속도로 ㉢ 도시화가 진행되었다. 산업화와 도시화로 인해 이전과 비교했을 때 ㉣ 다양한 사회 변화가 나타났고, 각종 ㉤ 환경 문제가 발생하였다.

① ㉠: 2·3차 산업의 비중이 커진다.

② ㉡: 이촌 향도 현상을 일컫는다.

③ ㉢: 도시에 거주하는 인구의 비율을 통해 그 정도를 알 수 있다.

④ ㉣: 가족의 형태 중 대가족의 비율이 높아지고 1인 가구가 감소한다.

⑤ ㉤: 소음, 각종 폐기물, 대기 오염 등이 나타난다.

2. 다음은 수업 장면의 일부이다. (가)에 들어갈 학생의 대답으로 옳은 것은?

> 교사: 여름철에는 밤에도 너무 더워서 잠을 이루지 못하는 경우가 있습니다. 이것은 일 최저 기온이 25℃ 이상으로 나타나는 열대야 현상과 관련이 있는데요. 최근 열대야가 나타나는 일수를 살펴보면 촌락보다 도시에서 그 증가 폭이 크다고 합니다. 그렇다면 그 이유는 무엇일까요?
>
> 학생: _____(가)_____ 때문입니다.

① 도시 내에 녹지를 조성했기

② 도시 내부에서 인공 열이 배출되기

③ 촌락보다 도시에서 차량의 통행량이 적기

④ 도시에 콘크리트나 아스팔트의 면적이 줄어들었기

⑤ 도시의 고층 빌딩 사이에서 바람의 흐름이 원활하게 나타나기

3. 그래프는 우리나라의 산업별 취업자 변화를 나타낸 것이다. 이에 대한 옳은 설명을 〈보기〉에서 고른 것은?

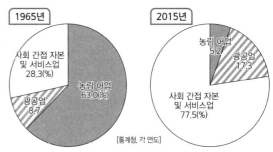

> **1965년**
> 사회 간접 자본 및 서비스업 28.3(%)
> 농림 어업 63.0(%)
> 광공업 8.7

> **2015년**
> 농림 어업 5.2
> 광공업 17.3
> 사회 간접 자본 및 서비스업 77.5(%)

[통계청, 각 연도]

> **보기**
>
> ㄱ. 직업의 종류가 단순해졌다.
> ㄴ. 산업화에 따른 산업 구조의 고도화가 나타났다.
> ㄷ. 직업이 필요로 하는 전문성의 영향이 줄어들었다.
> ㄹ. 광공업 취업자의 증가율보다 사회 간접 자본 및 서비스업 취업자의 증가율이 높다.

① ㄱ, ㄴ   ② ㄱ, ㄷ   ③ ㄴ, ㄷ

④ ㄴ, ㄹ   ⑤ ㄷ, ㄹ

4. 다음 영화를 통해 알 수 있는 산업화의 문제로 가장 적절한 것은?

> 이 영화는 미국의 공장 노동자들이 대량 생산을 위해 기계처럼 반복해서 일하는 생산 방법을 비판한다. 그리고 노동자의 시간과 자유를 억압하는 미국의 산업주의를 풍자하고 하층 노동자들의 삶을 대변하고 있다.

① 환경 오염

② 지역 격차 심화

③ 인간 소외 현상

④ 이기주의의 확산

⑤ 공동체 의식 약화

5. 다음 글에 대한 옳은 설명만을 〈보기〉에서 있는 대로 고른 것은?

> 최근 혼자 밥을 먹거나 여가 생활을 즐기는 등 혼자 활동하는 성향이 강한 '나홀로족'이 증가하고 있다. 이러한 추세를 반영하여 1인 가구를 대상으로 하는 업종도 증가하고 있다. 시대의 변화에 따라 나홀로족에 대한 인식 또한 변화하고 있다.

┌─ 보기 ┐
ㄱ. 1인 가구의 증가로 인해 나타난 현상이다.
ㄴ. 공동체 의식의 확산과 맞물려 나타난 것이다.
ㄷ. 나홀로족은 자신의 내면에 귀를 기울이는 시간을 확보하려고 한다.
ㄹ. 나홀로족을 대상으로 하는 1인 전용 식당이나 편의점 등이 늘고 있다.
└──────┘

① ㄱ, ㄴ　　② ㄴ, ㄷ　　③ ㄷ, ㄹ
④ ㄱ, ㄴ, ㄹ　　⑤ ㄱ, ㄷ, ㄹ

6. (가), (나) 지역의 일반적인 특징을 그림으로 나타낼 때, A, B에 들어갈 항목으로 적절한 것은?

> 도시는 인구가 많고 각종 시설이 밀집한 생활 공간으로서, 상업 및 업무 기능, 주거 기능, 공업 기능 등 다양한 기능을 수행한다. 도시 발달 초기에는 도시의 여러 기능이 혼재해서 나타나지만 점차 도시의 규모가 커지면서 도시 내부에는 지역 분화가 일어난다. 지역 분화의 결과 서울의 중구처럼 교통이 편리하고 접근성이 가장 높은 곳에는 　(가)　이(가) 형성되고 서울의 노원구처럼 많은 인구를 수용할 수 있는 곳에는 　(나)　이(가) 형성된다.

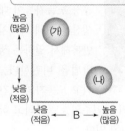

	A	B
①	초등학교 수	대형 마트 수
②	대형 마트 수	토지 이용 집약도
③	업무 기능의 집중도	초등학교 수
④	토지 이용 집약도	상업용 토지 이용
⑤	상업용 토지 이용	업무 기능의 집중도

7. 산업화와 도시화에 따른 생활 양식의 변화로 옳지 않은 것은?

① 도시 문화가 확산되었다.
② 공동체 의식이 약화되었다.
③ 물질적 풍요로움을 누릴 수 있게 되었다.
④ 농업과 가내 수공업 분야를 중심으로 생산이 이루어졌다.
⑤ 소수의 특권 계층에서 누리던 것들을 대중들도 누릴 수 있게 되었다.

8. 다음 글은 울산의 변화에 대한 것이다. 1960년과 비교한 현재의 울산을 나타낸 그래프로 옳은 것을 〈보기〉에서 고른 것은?

> 태화강을 품은 울산은 1960년까지만 해도 작은 농어촌 지역이었지만, 우리나라가 산업화를 추진하던 1962년에 특정 공업 지구로 지정되면서 짧은 기간에 급속하게 도시화되었다. 1997년에 광역시로 승격한 울산광역시는 우리나라 최고의 중화학 공업 도시로 발전해 왔다.

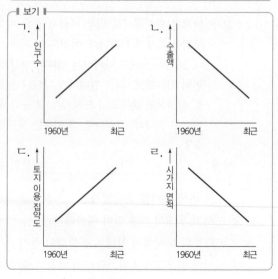

① ㄱ, ㄴ　　② ㄱ, ㄷ　　③ ㄴ, ㄷ
④ ㄴ, ㄹ　　⑤ ㄷ, ㄹ

9. 다음 그래프와 같은 변화가 나타난 원인으로 옳은 것은?

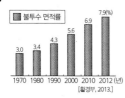

▲ 우리나라 불투수 면적률의 변화

① 포장 면적의 증가
② 녹지 공간의 확대
③ 복개 하천의 복원
④ 도시 내 습지 조성
⑤ 개발 제한 구역의 설정

10. 밑줄 친 ㉠의 사례로 적절하지 <u>않은</u> 것은?

> 산업화와 도시화로 우리는 물질적으로 풍족한 생활을 하게 되었지만, 인구와 각종 기능이 도시로 과도하게 집중하면서 ㉠ 도시 문제가 발생하였다.

① 각종 범죄 문제
② 소음, 쓰레기 문제 등 환경 문제
③ 주택 부족, 집값 상승 등의 주택 문제
④ 노년층 비중 증가에 따른 노동력 부족 문제
⑤ 교통 혼잡, 주차난, 교통사고 증가 등 교통 문제

11. 다음은 수업 시간에 학생이 작성한 형성 평가지이다. 밑줄 친 ㉠~㉤ 중 적절하지 <u>않은</u> 것은?

주제: 산업화·도시화에 따른 문제의 해결 방안 △△반 이름: ○○○	
사회적 차원	• 대도시의 주택 문제를 해결하기 위해 ㉠ 도시 재개발 사업을 추진함. • 교통 문제를 해결하기 위하여 대중교통 수단을 확충하거나 ㉡ 교통 체계를 개편함. • ㉢ 범죄 예방을 위한 구체적인 정책 마련
개인적 차원	• 소외 계층을 위한 ㉣ 사회 복지 제도 확충 • 공동체 의식 약화 문제를 해결하기 위해 ㉤ 연대 의식 함양

① ㉠　　② ㉡　　③ ㉢
④ ㉣　　⑤ ㉤

[**02** 교통·통신의 발달과 정보화에 따른 변화~우리 지역의 변화]

12. 다음 발표 자료로 유추할 수 있는 생활 양식의 변화 모습은?

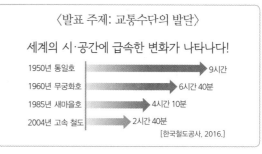

① 교통의 발달로 지역 격차가 크게 완화된다.
② 시·공간적 제약이 감소되어 여가 공간이 축소된다.
③ 생활이 광역화되면서 모든 지역이 빠르게 성장한다.
④ 시·공간 거리가 크게 단축되어 지역 간 접근성이 향상된다.
⑤ 과거보다 집과 직장 간의 거리가 가까워져 원거리 통학이 사라진다.

13. 다음 글의 지역 변화에서 유추할 수 있는 내용을 〈보기〉에서 고른 것은?

> 2015년 4월 호남 고속 철도가 개통된 이후 약 1년 동안 호남선과 전라선 고속 철도의 이용객은 약 950만 1천여 명으로, 전년 같은 기간 669만 7천여 명에 비해 42% 증가하였다. 특히 용산역에서 광주송정역까지의 운행 시간이 약 1시간 40분으로 줄어들면서 이용객이 442만 명으로 증가하였다.

┤ 보기 ├
ㄱ. 광주 공항 주변 지역의 상권이 확대된다.
ㄴ. 광주행 고속버스를 이용하는 승객이 증가한다.
ㄷ. 고속 철도와 연계한 광주 1일 관광 상품 수요가 증가한다.
ㄹ. 고속 철도가 지나가지 않는 광주역 주변 상권의 경기가 침체된다.

① ㄱ, ㄴ　　② ㄱ, ㄷ　　③ ㄴ, ㄷ
④ ㄴ, ㄹ　　⑤ ㄷ, ㄹ

14. 신문 기사의 ⊙에 의해 나타난 생활의 변화로 옳은 내용을 〈보기〉에서 고른 것은?

> ### ○○ 신문
>
> 컴퓨터 시스템을 개발하는 기업에 근무하는 A 씨는 회사로 출근하는 대신 집에서 컴퓨터를 켠 채 근무한다. 회사에서 유아기 자녀를 둔 직원들을 대상으로 재택근무를 실시했기 때문이다. A씨는 일주일에 한 번만 회사에 출근하여 회의를 진행하고 나머지 시간은 업무를 받아 집에서 일하고 있다. 이러한 일이 가능하게 된 배경은 바로 (⊙) 덕분이다.

┃ 보기 ┃
ㄱ. 교통의 발달로 생활권이 확대된다.
ㄴ. 가상 공간을 활용한 여론 형성 기능이 확대된다.
ㄷ. 유비쿼터스 구축으로 온라인 진료 서비스가 확대된다.
ㄹ. 사람과 물자의 빠른 이동으로 국토의 효율성이 증대된다.

① ㄱ, ㄴ   ② ㄱ, ㄷ   ③ ㄴ, ㄷ
④ ㄴ, ㄹ   ⑤ ㄷ, ㄹ

15. 그래프는 온라인 쇼핑 운영 형태별 거래액을 나타낸 것이다. 이에 대한 옳은 설명을 〈보기〉에서 고른 것은?

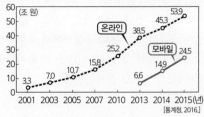

[통계청, 2016.]

┃ 보기 ┃
ㄱ. 가상 공간을 활용한 소비 방식이 확대되고 있다.
ㄴ. 온라인 쇼핑 증가로 국내 택배 물동량이 감소한다.
ㄷ. 모바일 쇼핑은 2001년부터 꾸준히 성장하고 있다.
ㄹ. 2015년에 모바일 쇼핑은 온라인 쇼핑의 40% 이상을 차지할 정도로 성장하였다.

① ㄱ, ㄴ   ② ㄱ, ㄹ   ③ ㄴ, ㄷ
④ ㄴ, ㄹ   ⑤ ㄷ, ㄹ

16. (가)에 들어갈 내용으로 가장 적절한 것은?

> **수행 평가 보고서**
> ◆ 주제: 　　　(가)　　　
> • 정보 격차 심화
> • 사이버 범죄 증가
> • 개인 정보 유출, 사생활 침해
> • 국가 기관이나 기업에 의한 감시 사회 도래

① 가상 공간 활용에 따른 생활 양식의 변화
② 첨단 교통 기술 발달로 인해 발생하는 문제점
③ 첨단 정보 통신 기술 발달에 따른 공간 이용 방식 변화
④ 교통 발달에 따라 발생하는 생활 공간에서의 문제점
⑤ 정보 통신 기술 발전에 따라 정보 사회에서 나타나는 문제점

17. (가), (나) 사례의 해결 방안으로 옳지 <u>않은</u> 것은?

> (가) 최근에 개인의 정보가 정보화 기기에 노출되면서 자신의 행동이나 기록이 다른 사람에게 노출되거나 악용되는 사례가 늘고 있다.
> (나) 인터넷 카페에 허위 판매 글을 올려 수천만 원을 가로챈 혐의로 이○○ 씨를 구속했다.

① (가)를 막기 위해 개인 정보 노출을 최소화한다.
② (가)는 정보 격차를 해소하는 정책으로 해결한다.
③ (나)를 해결하기 위해 법적·제도적 규제를 강화한다.
④ (나)를 막기 위해서 정보 보안 관련 인력을 늘린다.
⑤ (나)와 같은 사이버 범죄를 예방하기 위한 정보 통신 윤리 교육이 필요하다.

18. 다음은 지역 조사 과정을 나타낸 것이다. (가)~(라) 단계에 대한 설명 중 옳지 <u>않은</u> 것은?

(가)	(나)	(다)	(라)
조사 계획 수립 ▶	지역 정보 수집 ▶	지역 정보 분석·종합 ▶	보고서 작성

① (가)에서는 조사 항목과 조사 방법을 선정한다.
② (나)는 실내 조사와 현지 조사를 통해 얻을 수 있다.
③ (나)의 현지 조사 단계에서 설문지를 작성하고 답사 경로를 계획한다.
④ (다)에서는 중요한 지리 정보를 그래프와 통계표로 표현한다.
⑤ (라)에서는 분석한 자료를 바탕으로 결론이 명확하게 드러나도록 보고서를 작성한다.

19. 표는 소외 계층의 정보화 수준을 나타낸 것이다. 이에 대한 옳은 설명을 〈보기〉에서 고른 것은?

구분	장애인	장·노년층	저소득층	농어민
컴퓨터 기반 정보화 수준	86.2	77.4	87.7	72.2
스마트 정보화 수준	62.5	56.3	74.5	55.2

[미래 창조 과학부, 2015.]

*각 수치는 일반 국민을 100으로 가정했을 때 비교 수준임.
*컴퓨터 기반 정보화 수준은 PC 기반 유선 인터넷 환경에서의 정보화 수준을, 스마트 정보화 수준은 이동 통신 기반 유무선 융합 스마트 환경에서의 정보화 수준을 측정한 것임.

┃ 보기 ┃
ㄱ. 장·노년층의 정보화 수준이 가장 낮다.
ㄴ. 정보화 수준은 지역별, 계층별로 차이가 나지 않는다.
ㄷ. 컴퓨터보다 이동 통신 기반 환경에서 정보 격차가 더 크다.
ㄹ. 정보 격차를 줄이기 위해 소외 계층을 위한 정보 기반 시설 확충이 필요하다.

① ㄱ, ㄴ ② ㄱ, ㄷ ③ ㄴ, ㄷ
④ ㄴ, ㄹ ⑤ ㄷ, ㄹ

20. 밑줄 친 ㉠~㉤에 대한 설명으로 옳지 <u>않은</u> 것은?

산업화와 도시화, 교통·통신의 발달에 따라 ㉠ 생활 공간과 생활 양식이 변하였다. 이러한 변화는 ㉡ 생활 환경에 긍정적인 영향을 주기도 하지만, 문제를 일으키기도 한다. 따라서 문제를 해결하기 위해서는 ㉢ 지역을 조사하여 ㉣ 문제의 원인을 정확히 분석하고 ㉤ 해결 방안을 찾는 것이 필요하다.

① ㉠: 지역마다 변화 모습은 차이가 있다.
② ㉡: 지역 경제가 활성화되고 생활이 편리해지는 것이 그 예이다.
③ ㉢: 지역의 토지 이용, 산업 구조, 인구, 생태 환경 등을 조사하면 된다.
④ ㉣: 더 나은 지역으로 만들기 위해서 꼭 필요하다.
⑤ ㉤: 실효성 있는 정책 마련을 위해 지역 주민은 배제하고 전문가의 의견을 수렴하는 것이 좋다.

서술형 문제

21. 옥상 정원 조성을 통해 얻을 수 있는 효과를 두 가지 서술하시오.

22. 다음 글을 읽고 물음에 답하시오.

• 주제: _____(가)_____
• 발표 1: (㉠)은(는) 정보 사회의 구성원으로서 지켜야 할 올바른 가치관과 행동 양식으로, 개인은 가상 공간에서 (㉠)을(를) 지켜야 한다.
• 발표 2: 정보 소외 계층에 장비와 소프트웨어 등을 제공하고, 정보화 활용 교육을 통해 좀 더 쉽게 정보를 이용하고 활용할 수 있도록 지원해야 한다.

(1) ㉠에 들어갈 용어를 쓰시오.

(2) 발표 내용을 보고 (가)에 들어갈 주제를 쓰시오.

23. 다음 글을 읽고 물음에 답하시오.

전라남도는 1996년부터 주민이 살고 있는 섬 273개를 교량으로 잇는 연륙·연도교 사업을 펼치고 있다. 이 사업이 끝나면 전라남도의 섬 273개 대부분이 육지와 연결된다. 섬 주민들은 하루 24시간 언제든지 육지에 오갈 수 있게 되어 ___(가)___ 된다. 하지만 연륙·연도교가 주민들의 삶에 긍정적인 영향만 준 것은 아니다. ㉠ 밤낮없이 드나드는 자동차 소음 문제, 관광객이 증가하면서 발생하는 쓰레기 문제, 주차난, 생활 용수난이 심각해졌다.

(1) (가)에 들어갈 긍정적인 변화를 한 가지 서술하시오.

(2) 밑줄 친 ㉠ 문제를 해결하기 위한 방안을 한 가지 서술하시오.

인권 보장과 헌법

01 인권의 의미와 변화 양상

(1) 인권의 의미와 보장의 역사

의미	인간존엄성을 유지하며 살아갈 수 있도록 모든 사람이 누려야 하는 기본적 권리	
보장의 역사	자유권과 평등권	• 등장 배경: 근대 시민 혁명 • 자유권: 국가 권력의 간섭에서 벗어나 자유롭게 생활할 수 있는 권리 • 평등권: 부당하게 차별을 받지 않을 권리
	참정권	• 등장 배경: 차티스트 운동, 여성 참정권 운동 • 직업, 재산, 성별 등에 관계없이 누구나 선거권을 행사하고 정치에 참여할 수 있는 권리
	사회권	• 등장 배경: 독일 '바이마르 헌법' • 국가가 적극적으로 나서서 모든 국민의 인간다운 생활을 보장해야 한다는 권리
	(❶)	• 등장 배경: '세계 인권 선언', 인권 의식의 발전 • 지구촌 구성원 모두의 인권 보장을 위해 함께 노력할 권리

(2) 현대 사회에서의 인권 확장

배경	인권 의식 발달, 사회 변화
(❷)	쾌적한 환경에서 인간다운 주거 생활을 할 권리
안전권	폭력을 비롯한 여러 위험으로부터 안전을 보호받을 권리
환경권	건강하고 쾌적한 환경에서 살아갈 권리
문화권	문화생활에 참여하고, 문화적 정체성을 유지할 권리

02 인권 보장을 위한 다양한 노력

(1) 인권 보장을 위한 헌법의 역할과 제도적 장치

헌법의 역할	• 헌법은 국가의 최고법으로, 국민의 인권 보장의 근본적 토대이자, 마지막 보호막임. • 헌법의 원리: 국민 주권, 권력 분립, 입헌주의, 법치주의
헌법의 제도적 장치	• 권력 분립 제도: 국회가 입법권, 정부가 행정권, 법원이 사법권을 담당하도록 분담하여 권력의 집중을 방지함. • 민주적 선거 제도: 국민이 선거에 참여하여 대표자를 선출하여 국민의 의사를 정치에 반영함. • 복수 정당 제도: 여러 정당이 자유롭게 활동할 수 있도록 하여 의견의 다양성과 정권의 평화적 교체 가능성을 보장함. • (❸): 법원, 헌법재판소, 국가인권위원회 등 국가 기관의 운영을 통해 국민의 침해받은 권리를 구제함.

(2) 헌법으로 보장하는 기본권

종류	• 인간으로서의 존엄과 가치 및 행복 추구권 • 자유권 • 평등권 • 참정권 • 사회권 • 청구권: 기본권 침해를 막고 보상을 받을 권리

기본권의 제한	• (❹), 질서 유지, 공공복리를 위하여 필요한 때에 한해서만 법률에 근거하여 제한함. • 자유와 권리의 본질적인 내용은 침해할 수 없음.

(3) 정의 실현을 위한 준법 의식과 시민 참여

준법 의식	• 사회 구성원들이 법이나 규칙을 지키고자 하는 의식 • 목적: 정의 실현, 개인의 권리와 이익 보호, 공동선 실현
(❺)	• 정부의 정책 결정 과정과 집행에 일반 시민이 직접 참여해 영향을 미치는 행위 • 유형: 선거, 이익 집단 및 시민 단체 활동, 자원봉사 등
시민 불복종	• 잘못된 법이나 불의한 정책에 대해 비폭력적 수단으로 복종을 거부하는 행위 • 정당화 조건: 공익성, 비폭력성, 처벌 감수, 최후의 수단으로 행사해야 함.

03 국내외 인권 문제와 해결 방안

(1) 사회적 소수자의 인권 문제와 해결 방안

사회적 소수자	신체적 또는 문화적 특징 때문에 사회의 다른 구성원에게 차별받기 쉬우며, 차별받는 집단에 속해 있다는 의식을 가진 사람들의 집단
차별의 문제점	편견이나 법·제도의 미흡 등으로 인해 개인의 인권 침해, 사회 갈등 유발, (❻)에의 장애 등의 문제 발생
해결 방안	• 편견 극복, 인권 감수성 함양, 다양성 존중 • 지속적인 인권 교육과 의식 개선 활동 • 사회적 소수자에 대한 차별 금지 법률 및 제도 도입

(2) 청소년 노동과 관련된 인권 문제와 해결 방안

청소년 노동권 보호	• 청소년은 성인들이 보장받는 노동 조건의 권리를 똑같이 보장받으며, 위험한 일이나 유해 업종에서 일할 수 없고, 노동 시간을 제한받는 등 더 강한 보호를 받음. • 청소년이 노동권을 보장받기 위해서는 〈근로 기준법〉 등을 이해하고 이를 바탕으로 일 시작 전에 (❼)를 쓰는 것이 중요함.
차별의 문제점	청소년이 사회에 부정적 인식을 가질 수 있으며, 건전한 가치관 형성에도 나쁜 영향을 미칠 수 있음.
해결 방안	• 고용주: 법률 준수 • 청소년: 노동권에 관한 지식, 적극적인 대처 • 사회적 차원: 청소년 노동 관련 법률이나 제도를 보완

(3) 세계 인권 문제의 양상과 해결 방안

양상	• 빈곤 문제 • 성차별 문제 • 아동 노동 문제 • 국민의 기본권 침해 문제	
해결 방안	개인적	(❽)을 지니고, 인권 문제 해결 과정에서 책임 의식을 가져야 함.
	사회적	개별 국가뿐만 아니라 국제 연합(UN)이나 비정부 기구의 지원, 국제적인 여론 조성, 국제법에 근거한 제재 등 인권 문제 해결을 위한 국제적인 연대가 필요함.

통합사회 예상 문제

성명 ☐ 반 ☐ 번호 ☐

[**01** 인권의 의미와 변화 양상]

1. 밑줄 친 '권리'에 대한 옳은 설명을 〈보기〉에서 고른 것은?

> 인류 구성원 모두가 원래부터 존엄성과 동등하고도 남에게 양도할 수 없는 권리를 가지고 있다는 점을 인정하는 것이 자유롭고 정의로우며 평화로운 세상을 이루는 밑바탕이 된다.

┤보기├
ㄱ. 인간이라는 이유만으로 지니는 권리이다.
ㄴ. 인간존엄성을 구체화시키고 실현하는 권리이다.
ㄷ. 만 20세 이상의 사람에게는 누구나 주어지는 권리이다.
ㄹ. 신체적·정신적으로 건강한 사람이면 모두 누리는 권리이다.

① ㄱ, ㄴ   ② ㄱ, ㄷ   ③ ㄴ, ㄷ
④ ㄴ, ㄹ   ⑤ ㄷ, ㄹ

2. 다음 대화에서 (가)에 들어갈 적절한 내용만을 〈보기〉에서 있는 대로 고른 것은?

> 19세기 미국 남부에서 노예는 재산으로 간주되어 노예를 사거나 파는 일이 행해졌습니다. 하지만 인간은 인권을 지니므로 이들을 사고파는 대상으로 취급해서는 안 되는 것이지요.

> 그 이유는 인권이 지니는 특성으로부터 생각해 볼 수 있습니다. 인권은 (가)

┤보기├
ㄱ. 모든 사람이 차별 없이 누리는 권리입니다.
ㄴ. 누구나 태어나면서부터 가지는 권리입니다.
ㄷ. 박탈당하지 않고 영구히 보장되는 권리입니다.
ㄹ. 다수의 이익을 위해서 침범할 수 있는 권리입니다.

① ㄱ, ㄴ   ② ㄱ, ㄷ   ③ ㄱ, ㄴ, ㄷ
④ ㄱ, ㄷ, ㄹ   ⑤ ㄴ, ㄷ, ㄹ

[3~4] 다음을 보고 물음에 답하시오.

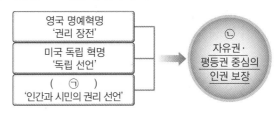

영국 명예혁명 '권리 장전'
미국 독립 혁명 '독립 선언'
(㉠) '인간과 시민의 권리 선언'
→ ㉡ 자유권·평등권 중심의 인권 보장

3. ㉠에 대한 설명으로 옳지 <u>않은</u> 것은?

① 신분 질서를 타파하고자 하였다.
② 시민의 자유와 권리를 요구하였다.
③ 여성에게 참정권을 보장하는 계기가 되었다.
④ 차별과 억압에 시달리던 시민들이 주도하였다.
⑤ 봉건 체제의 모순과 문제점에 대해 항의하였다.

4. ㉡에 대한 옳은 설명을 〈보기〉에서 고른 것은?

┤보기├
ㄱ. 차별 없이 평등하게 대우받을 권리를 중시하였다.
ㄴ. 노동의 권리, 교육을 받을 권리, 쾌적한 환경에서 살 권리 등을 포함하였다.
ㄷ. 정치권력으로부터 간섭받지 않고 자유롭게 생활할 수 있는 권리를 강조하였다.
ㄹ. 특정 국가나 지역을 초월한 인류 전체의 인권 향상을 위하여 연대할 것을 강조하였다.

① ㄱ, ㄴ   ② ㄱ, ㄷ   ③ ㄴ, ㄷ
④ ㄴ, ㄹ   ⑤ ㄷ, ㄹ

5. 참정권에 대한 옳은 설명에만 '✓' 표시를 한 학생은?

설명＼학생	갑	을	병	정	무
차티스트 운동으로 모든 사람이 참정권을 보장받았다.	✓		✓		✓
참정권은 선거를 비롯한 정치 활동에 참여할 권리이다.	✓			✓	✓
시민 혁명 이후에도 다수가 참정권을 보장받지 못하였다.		✓	✓	✓	✓
노동자와 농민, 여성 등의 참정권 확대 운동을 통해 참정권이 보편적 인권으로 자리 잡았다.	✓	✓	✓	✓	

① 갑   ② 을   ③ 병   ④ 정   ⑤ 무

[6~7] 다음 글을 읽고 물음에 답하시오.

> 18세기 산업 혁명 이후 자본주의 경제가 급속히 성장하면서 물질적으로는 풍요로워졌지만, 근로자를 비롯한 사회적 약자들은 열악한 노동 환경, 빈부 격차 등으로 최소한의 인간다운 생활조차 유지하기가 어려웠다. 이에 시민들은 국가가 적극적으로 나서서 사회 구성원의 기본적인 생존을 보장해 줄 것을 요구하였다. 이후 ㉠ 모든 국민이 최소한의 인간다운 생활을 보장받아야 한다는 권리가 확산되었다.

6. 밑줄 친 ㉠이 가리키는 권리로 옳은 것은?

① 자유권   ② 평등권

③ 참정권   ④ 사회권

⑤ 연대권

7. 밑줄 친 ㉠을 역사상 처음으로 명시한 문서로 옳은 것은?

① 영국 대헌장   ② 바이마르 헌법

③ 세계 인권 선언   ④ 미국 독립 선언문

⑤ 인간과 시민의 권리 선언

8. 다음은 수행 평가 문제와 학생 답안이다. 학생 답안의 ㉠~㉤ 중 옳지 <u>않은</u> 것은?

> **수행 평가**
> ◎ 문제: 현대 사회에서 새롭게 대두되고 있는 인권의 종류를 제시하고, 그 의미를 설명하시오.
> ◎ 학생 답안
> ㉠ 오늘날 새롭게 대두되고 있는 인권으로는 주거권, 안전권, 환경권, 문화권 등을 들 수 있다. ㉡ 주거권은 쾌적하고 안정적인 주거 생활을 할 권리이다. ㉢ 안전권은 폭력을 비롯한 여러 위험으로부터 안전을 보호받을 권리이다. ㉣ 환경권은 건강하고 쾌적한 환경에서 살아갈 권리이다. ㉤ 문화권은 문화 생활을 누릴 기회를 일부 구성원에게 제한하는 대신 질 높은 문화생활을 누릴 권리이다.

① ㉠   ② ㉡   ③ ㉢   ④ ㉣   ⑤ ㉤

[02 인권 보장을 위한 다양한 노력]

9. 다음 세 가지 헌법 조항과 관계 깊은 헌법의 원리에 대한 설명으로 옳은 것은?

> 제40조 입법권은 국회에 속한다.
> 제66조 ④ 행정권은 대통령을 수반으로 하는 정부에 속한다.
> 제101조 ① 사법권은 법관으로 구성된 법원에 속한다.

① 헌법재판소의 권한을 설명하는 원리이다.

② 국가 권력의 남용을 방지하기 위한 원리이다.

③ 재판을 담당하는 주체를 국회로 규정하고 있는 원리이다.

④ 정부 형태 구성을 설명하는 원리이므로 인권 보장과 관련이 없다.

⑤ 만 19세 이상 국민이면 누구나 선거에 참여할 수 있는 권리를 보장하는 원리이다.

10. (가), (나)의 원리에 대한 옳은 설명을 〈보기〉에서 고른 것은?

> (가) 국민의 기본적 인권을 보장하기 위하여 국가의 통치 작용 및 공동체 생활이 헌법에 따라 이뤄져야 한다는 정치 원리
> (나) 국민 투표를 통해 헌법을 개정하거나 국민 선거에 의하여 대통령과 국회 의원을 결정하는 등 국가 최고 권력이 국민에게 있다는 원리

> **보기**
> ㄱ. (가)는 법치주의에 대한 설명이다.
> ㄴ. (나)는 국민 주권의 원리에 대한 설명이다.
> ㄷ. (가)와 달리, (나)는 헌법과 인권 보장 간의 관계를 보여 주고 있다.
> ㄹ. (가), (나) 모두 국민의 인권 보장을 위하여 필요한 원리에 해당한다.

① ㄱ, ㄴ   ② ㄱ, ㄷ   ③ ㄴ, ㄷ

④ ㄴ, ㄹ   ⑤ ㄷ, ㄹ

11. ㉠~㉢에 알맞은 제도 또는 국가 기관을 바르게 연결한 것은?

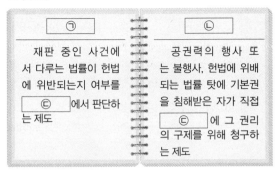

㉠	㉡
재판 중인 사건에서 다루는 법률이 헌법에 위반되는지 여부를 ㉢ 에서 판단하는 제도	공권력의 행사 또는 불행사, 헌법에 위배되는 법률 탓에 기본권을 침해받은 자가 직접 ㉢ 에 그 권리의 구제를 위해 청구하는 제도

① ㉠: 권력 분립 제도
② ㉠: 헌법 소원 심판
③ ㉡: 위헌 법률 심판
④ ㉡: 헌법 소원 심판
⑤ ㉢: 국가인권위원회

12. (가)에 들어갈 기본권에 대한 설명으로 옳은 것은?

국가인권위원회법 제2조
3. " (가) 침해의 차별 행위"란 합리적인 이유 없이 성별, 종교, 장애, 나이, 출신 지역, 사회적 신분, …… 병력 등을 이유로 한 다음 각 목의 어느 하나에 해당하는 행위를 말한다.
가. 고용과 관련하여 특정한 사람을 우대·배제·구별하거나 불리하게 대우하는 행위

① 다른 기본권을 보장하기 위한 수단적 권리이다.
② 국민이 법 앞에 누구나 동등하게 대우받을 권리이다.
③ 국민이 국가의 주인으로서 참여하는 정치적 권리이다.
④ 인간다운 삶을 위한 조건을 국가에 요구할 수 있는 권리이다.
⑤ 국가로부터 개인의 자유로운 생활을 간섭받지 않을 권리이다.

13. 다음 헌법 조항에 근거하여 보장받는 기본권에 해당하지 <u>않는</u> 것은?

제37조 ① 국민의 자유와 권리는 헌법에 열거되지 아니한 이유로 경시되지 아니한다.

① 일조권   ② 수면권   ③ 건강권
④ 문화권   ⑤ 청구권

14. 다음 칼럼의 ㉠에 들어갈 용어로 옳은 것은?

칼럼

인권을 보장하고 정의로운 사회를 만들기 위해서는 시민들이 법이나 규칙을 지키고자 하는 자세인 ㉠ 을 지녀야 한다. 법은 공동체의 약속이며, 공동체의 모든 구성원은 법을 수용하겠다고 동의한 것으로 간주된다. 국가는 다양한 지원을 통해 국민의 ㉠ 을 높이고자 노력해야 한다.

① 애국심   ② 준법 의식   ③ 공동체 의식
④ 양성평등 사상   ⑤ 생명 존중 사상

15. 다음 사례에 대한 설명으로 옳지 <u>않은</u> 것은?

43개의 시민 단체는 얼마 전 발생한 아동 학대 사건을 계기로, 아동 학대 근절 대책 마련을 촉구하는 공동 성명을 발표하였다. 또 이들 중 일부 단체는 아동 학대 예방을 위한 법률을 제정해 달라는 온라인 공동 서명 운동을 벌이고 있다.

① 법을 통한 국민의 권리 보호를 추구하고 있다.
② 시민 단체들의 성명 발표는 시민 불복종을 전개하는 것이라고 볼 수 있다.
③ 시민 단체의 행위는 오늘날의 대의 민주주의를 보완하는 역할을 하고 있다.
④ 시민 참여가 사회 구성원 모두의 권리와 이익을 존중하기 위한 행위임을 보여 주고 있다.
⑤ 시민들이 자신의 권리와 의사에 부합하는 법률을 제정하기 위하여 적극적으로 개입하고 있다.

16. 다음은 학생이 필기한 내용이다. (가)와 (나)에 들어갈 내용을 옳게 연결한 것은?

[학습 주제] 시민 불복종의 정당화 조건
· (가) : 다른 모든 합법적인 수단을 동원해도 해결되지 않을 때 행사하는 수단이어야 함.
· (나) : 사회 정의의 실현을 목표로 하는 양심적 행동이어야 함.

① (가): 공익성   ② (가): 처벌 감수
③ (가): 최후의 수단   ④ (나): 비폭력성
⑤ (나): 최후의 수단

[03 국내외 인권 문제와 해결 방안]

17. 다음 교사가 제시한 질문에 대한 적절한 답변을 〈보기〉에서 고른 것은?

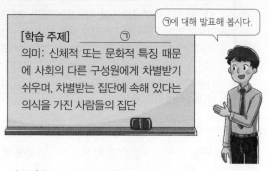

말풍선: ㉠에 대해 발표해 봅시다.

[학습 주제]　　　　㉠
의미: 신체적 또는 문화적 특징 때문에 사회의 다른 구성원에게 차별받기 쉬우며, 차별받는 집단에 속해 있다는 의식을 가진 사람들의 집단

┤ 보기 ├
ㄱ. ㉠은 절대적인 수가 소수인 사람들을 의미한다.
ㄴ. ㉠은 스스로의 노력만으로 차별을 극복해 나가야 한다.
ㄷ. ㉠에 대한 차별은 사회적 갈등을 유발하므로 사회 전체가 노력해야 한다.
ㄹ. ㉠을 위한 사회적 지원으로는 장애인 생활 도우미 제도, 교통 약자를 위한 저상 버스 등이 있다.

① ㄱ, ㄴ　　　② ㄱ, ㄹ　　　③ ㄴ, ㄷ
④ ㄴ, ㄹ　　　⑤ ㄷ, ㄹ

18. 다음과 같은 법률과 정책이 시행되는 이유로 가장 적절한 것은?

· 외국인 근로자의 고용 등에 관한 법률
· 결혼 이민자를 위한 문화 지원 프로그램
· 장애인 차별 금지 및 권리 구제 등에 관한 법률

① 형식적 평등 실현
② 국민의 기초 생활 보장
③ 복지 제도의 역차별 극복
④ 사회적 소수자에 대한 차별 개선
⑤ 소외된 지역의 열악한 생활 환경의 개선

19. 다음 사례에 나타난 사회 문제의 바람직한 해결 방안으로 옳지 <u>않은</u> 것은?

아르바이트 노조 ○○ 지부의 설문 조사에 따르면, 청소년 노동자의 80%가 4대 보험에 가입되어 있지 않았고, 휴게 시간도 보장받지 못하고 있었다. 심지어 휴일 수당과 야간 수당은 청소년 노동자의 10%만 지급받는다고 응답했다.
－《○○신문》, 2015. 9. 1. －

① 고용주는 청소년의 권리를 보호하며 관련 법규를 준수하여야 한다.
② 사회적 차원에서는 청소년 노동 관련 법률이나 제도를 보완해야 한다.
③ 청소년이 휴일에 일하거나 초과 근무를 할 수 없도록 법으로 금지해야 한다.
④ 청소년은 노동권에 대한 지식을 갖추고, 부당한 대우 시 적극적으로 대처해야 한다.
⑤ 청소년은 권리를 제대로 보장받기 위해 일을 시작하기 전에 근로 계약서를 작성해야 한다.

20. 다음은 갑(17세)이 체결한 근로 계약서의 일부이다. 이에 대한 설명으로 옳은 것은?

근로 계약서
1. 계약 기간: 20□□년 1월 1일~20□□년 12월 31일
2. 근무 장소: ㉠ ○○ 편의점
3. 업무 내용: 판매 보조, 재고 관리 및 청소
4. 근로 시간: ㉡ 오전 8시~오후 6시
　　　　　　휴게 시간(12시 00분~13시 00분)
5. 근무일/휴일: ㉢ 월~금(근무)/토, 일(휴무)
6. 임금: ㉣ 상품권과 쿠폰으로 지급
7. 가족 관계 증명서 및 동의서:
　㉤ 친권자 또는 후견인의 동의서 구비 여부: X

① ㉠은 청소년이 일할 수 없는 곳이다.
② 당사자가 합의했다면 ㉡의 근로 계약은 유효하다.
③ 〈근로 기준법〉에 따라 ㉢의 근로 계약은 유효하다.
④ 임금은 돈이 아닌 상품권이나 쿠폰으로도 대체할 수 있으므로 ㉣의 근로 계약은 유효하다.
⑤ 청소년 근로자의 경우 본인이 계약의 당사자이므로 ㉤과 같이 부모님 동의서는 필요하지 않다.

21. 다음은 세계 인권 문제의 다양한 양상을 정리한 표이다. (가)~(라)에 들어갈 내용을 〈보기〉에서 찾아 바르게 연결한 것은?

인권 문제	설명	인권 문제	설명
빈곤 문제	(가)	성차별 문제	(나)
아동 노동 문제	(다)	국민의 기본권 침해 문제	(라)

■ 보기 ■
ㄱ. 최소한의 인간다운 삶을 어렵게 하는 문제
ㄴ. 국가의 지도자가 체제 유지를 목적으로 국민의 자유를 억압하는 문제
ㄷ. 임금 격차나 승진, 교육 수준이나 정치 참여 기회에서의 남녀를 차별하는 문제
ㄹ. 어려운 경제적 형편, 부당한 일에 저항할 힘이 없는 아동이 감당하기 힘든 노동으로 내몰린 문제

	(가)	(나)	(다)	(라)
①	ㄱ	ㄴ	ㄹ	ㄷ
②	ㄱ	ㄷ	ㄴ	ㄹ
③	ㄱ	ㄷ	ㄹ	ㄴ
④	ㄴ	ㄱ	ㄹ	ㄷ
⑤	ㄴ	ㄷ	ㄹ	ㄱ

22. 다음은 세계 기아 지수를 나타낸 것이다. 이에 대한 옳은 분석을 〈보기〉에서 고른 것은? (단, 짙은 색으로 표시된 지역일수록 기아 지수가 높다.)

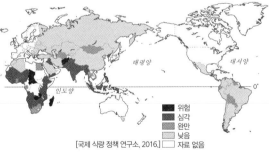

태평양 / 대서양 / 인도양 / 0°

위험 / 심각 / 완만 / 낮음 / 자료 없음
[국제 식량 정책 연구소, 2016.]

■ 보기 ■
ㄱ. 지도에서 짙은 색으로 표시된 지역일수록 굶주림과 영양실조 문제가 적다.
ㄴ. 지도에서 북미의 기아 지수는 인도나 아프리카 지역의 기아 지수보다 낮다.
ㄷ. 각국의 정치적 압력·통제, 경제적 압력, 실질적인 언론 피해 등을 기준으로 측정한다.
ㄹ. 지도에서 '위험' 지역은 대개 가뭄이나 기근 등으로 식량 생산이 어렵거나, 잦은 내전 등을 겪는다.

① ㄱ, ㄴ　　② ㄱ, ㄷ　　③ ㄴ, ㄷ
④ ㄴ, ㄹ　　⑤ ㄷ, ㄹ

서술형 문제

23. 밑줄 친 '이 문서'가 무엇인지 쓰고, 그 등장 배경을 서술하시오.

> '이 문서'는 1948년 국제 연합 총회에서 채택한 포괄적인 인권 문서로, 인권 보장의 국제적 기준이 되어 각국의 헌법은 물론, 수많은 국제 인권법의 토대가 되었다.

24. 밑줄 친 ⊙~⊜이 시민 불복종의 조건 중 무엇에 해당하는지를 그 이유와 함께 서술하시오.

> 영국은 식민지인 인도에서 인도인의 소금 생산을 금지하는 소금법을 시행하고 있었다. 간디는 소금법이 ⊙ 인도인의 권리를 침해한다며 폐지를 요구하였다. 그러나 ⓒ 모든 합법적인 수단을 동원해도 영국 정부가 이를 거부하자, 마지막 수단으로 간디는 그의 지지자들과 함께 ⓒ 평화적 행진을 시작했다. 1개월 동안의 행진 끝에 해안에 도착한 간디는 바닷물로 소금을 만들기 시작했다. 결국 간디는 ⊜ 영국 경찰에 의해 투옥되었지만 여전히 평화적 시위를 이끌었다.

25. (가), (나)를 참고하여 세계 인권 문제를 해결하기 위한 개인적·사회적 차원의 해결 방안을 서술하시오.

(가)	○○ 지역 학생들이 자신의 용돈을 쪼개고, 집안에 굴러다니는 작은 동전 하나씩을 모아 아프리카 케냐를 위한 사랑의 빵(저금통)을 구웠다.
(나)	정부가 아프리카 난민 등을 위해 2,120만 달러의 국제 빈곤 퇴치 기여금을 지원하기로 했다. 정부는 지난 2007년부터 개발 도상국의 빈곤과 질병 퇴치 지원을 목적으로 국제 빈곤 퇴치 기여금 제도를 시행하고 있다.

01 자본주의의 전개와 합리적 선택

자본주의의 의미와 특징		• 의미: 사유 재산제에 바탕을 두고 자유로운 경쟁을 통해 상품의 생산, 교환, 분배, 소비가 이루어지는 경제 체제
		• 특징: (❶　　　) 보장, 경제 활동의 자유 보장, 시장 가격에 따라 자원 배분
자본주의의 역사적 전개 과정	상업 자본주의	절대 왕정의 중상주의 정책에 힘입어 발전, 상품의 유통 과정에서 이윤 추구
	산업 자본주의	산업 혁명으로 생산성이 증가하여 등장 → 애덤 스미스가 (❷　　　) 사상 제시
	독점 자본주의	자본주의가 고도로 발달하면서 거대한 소수 기업이 시장을 지배하기 시작 → 시장 실패가 나타남.
	(❸　　　)	시장 실패를 해결하기 위해 1929년 대공황을 계기로 등장함. → 정부가 적극적으로 시장에 개입함.
	신자유주의	1970년대 석유 파동으로 인한 스태그플레이션 발생 → 정부의 개입을 축소하고 시장의 기능을 강조함.
합리적 선택		• 의미: 선택에 따른 편익이 (❹　　　)보다 큰 선택
		• 방법: 비용과 편익 분석, 매몰 비용은 고려하지 않을 것, 합리적 선택을 위한 의사 결정 모형을 따를 것
		• 한계: 지나치게 효율성만을 추구하다 보면, 공공의 이익이나 규범 준수를 간과할 수 있음.
시장의 한계	불완전 경쟁	독과점 시장이 나타나 경쟁이 제한됨.
	공공재 부족	무임승차 문제로 사회가 필요로 하는 만큼 공공재가 생산되지 않음.
	(❺　　　)	제3자에게 의도하지 않은 혜택이나 손해를 가져다주면서도 어떤 대가를 받거나 지급하지 않아 적게 또는 많이 생산됨.

02 시장 경제의 발전과 경제 주체의 역할

정부	• 공정한 경쟁 촉진: 각종 법규나 관련 기관을 통해 불공정한 거래 행위 규제
	• (❻　　　) 공급: 기업의 수익성이 낮아 생산을 꺼리는 공공재 생산
	• 외부 효과 개선: 긍정적 외부 효과가 있는 행위에 긍정적 유인 제공, 부정적 외부 효과가 있는 행위에 부정적 유인 제공
	• 빈부 격차 문제: 사회 보장 제도나 누진세제 등을 이용하여 소득 재분배
기업가	• (❼　　　): 혁신과 창의성을 바탕으로 이윤을 추구하는 기업가의 의지
	• 기업의 사회적 책임: 공정한 경쟁과 법규 준수를 통한 건전한 이윤 추구, 노동자와 소비자의 권익 존중
노동자	• 노동자의 권리 보장: 단결권, 단체 교섭권, 단체 행동권의 (❽　　　) 보장
	• 업무를 성실히 수행, 바람직한 노사 관계 형성
소비자	윤리적 소비: 소비자가 상품, 서비스 등을 구매할 때 윤리적으로 소비하는 것

03 국제 분업 및 무역의 필요성과 그 영향

국제 분업과 무역		• 국제 분업: 국가별로 가장 유리한 상품을 (❾　　　)하여 생산하는 것
		• 무역: 국가 간에 상품, 서비스, 생산 요소 등을 거래하는 것
		• 필요성: 생산 요소의 지역적 분포가 달라 발생하는 상대적 생산비의 차이로 각 국가는 상대적으로 더 적은 기회 비용으로 생산할 수 있는 (❿　　　) 상품을 특화하여 생산한 뒤, 무역을 통해 거래하면 모두에게 이익이 됨.
국제 무역 확대에 따른 긍정적 영향		• 개인: 상품 선택의 폭이 넓어져 편익이 증가함.
		• 기업: (⓫　　　)의 경제를 실현하여 생산비를 절감함, 기술 개발과 생산성 향상 노력으로 일자리가 창출되고 국내 경제가 활성화됨.
		• 국가: 자원 및 기술력 부족 문제를 해결하고, 선진국의 기술이나 자본이 전파되어 경제 발전에 도움이 됨.
국제 무역 확대에 따른 부정적 영향		• 경쟁력이 떨어지는 국내 산업의 위축
		• 국가 간 상호 의존도 심화로 자율적인 경제 정책 운영의 어려움.
		• 국외의 경제 상황이 국내 경제에 끼치는 파급 효과 증가
		• 국가 간 빈부 격차 확대
경제 협력	세계 무역 기구	자유 무역을 확대하기 위해 설립되어, 불공정 무역 행위를 규제하고, 국가 간 무역 분쟁이나 마찰을 조정함.
	자유 무역 협정	국가 간에 관세 및 무역 장벽을 완화하거나 제거하는 협정

04 안정적인 경제생활과 금융 설계

자산 관리의 원칙	(⓬　　　)	어떤 금융 상품의 원금과 이자가 보전될 수 있는 정도
	수익성	금융 상품의 가격 상승이나 이자 수익을 기대할 수 있는 정도
	유동성	보유 자산을 쉽게 현금으로 전환할 수 있는 정도
	합리적인 자산 관리	다양한 금융 자산에 적절히 배분하여 분산 투자해야 함. → 안정적인 경제생활
금융 자산의 종류와 특징	예금	안정성과 유동성은 높지만 수익성은 낮은 편이며, 예금자 보호 제도를 통해 보호함.
	(⓭　　　)	주식회사가 사업 자금 조달을 위해 발행하는 것 → 수익성은 높지만 안전성은 낮음.
	채권	국가나 공공 기관, 금융 회사, 기업 등이 발행한 일종의 차용 증서 → 예금보다 안전성이 낮지만 수익성은 높음.
생애 주기를 고려한 금융 설계	생애 주기	일련의 단계를 거쳐 삶이 변화하는 모습을 나타낸 것
	재무 설계	자신의 생애 주기별 과업을 바탕으로 재무 목표를 설정하고, 미래의 수입과 지출을 고려하여 구체적인 계획을 세우는 과정

답 ❶ 사유 재산권 ❷ 자유방임주의 ❸ 수정 자본주의 ❹ 기회비용 ❺ 외부 효과 ❻ 공공재 ❼ 기업가 정신 ❽ 노동 3권 ❾ 특화 ⓫ 규모 ⓫ 규모 ⓬ 안전성 ⓭ 주식

통합사회 예상 문제

성명 ⬜ 반 ⬜ 번호 ⬜

[01 자본주의의 전개와 합리적 선택]

1. 다음은 수행 평가에 대한 학생 답안이다. 학생이 받을 점수는?

〈수행 평가〉

다음 내용이 자본주의의 특징으로 옳으면 ○표, 틀리면 ✕표를 하시오. (맞으면 2점, 틀리면 0점)

자본주의의 특징	표시
사유 재산권이 보장된다.	○
시장 실패가 나타날 가능성이 있다.	✕
자원 배분이 시장 가격에 의해 결정된다.	○
국가가 정한 가격에 따라 상품의 거래가 이루어진다.	✕
개인들의 이익 추구를 위한 자유로운 경쟁을 보장한다.	○

① 2점   ② 4점   ③ 6점
④ 8점   ⑤ 10점

2. (가)와 (나)에 대한 설명으로 옳은 것은?

(가) 자동차는 혼자 굴러 가지 않는다. 운전자가 적절히 방향을 바꾸어야 하고, 필요할 때는 가속 페달이나 브레이크를 밟아야 한다. 경제도 마찬가지이다. 경제는 저절로 잘 돌아가지 않는다.

(나) 샤워를 할 때 뜨거우면 찬 쪽으로, 차가우면 뜨거운 쪽으로 수도꼭지 돌리기를 반복하는 행동을 한다. 얼마나 어리석은가. 경제도 이와 같아서 자칫 잘못 손대면 어려움만 더하게 된다. 이를 '샤워실의 바보'라는 말로 빗대어 표현하기도 한다.

① (가)는 정부의 적극적인 개입을 주장할 것이다.
② (나)는 케인스의 주장에 가깝다.
③ (가)는 (나)와 달리 '보이지 않는 손'의 역할을 강조할 것이다.
④ (나)는 (가)와 달리 시장 실패의 가능성을 강조할 것이다.
⑤ (가)와 (나) 모두 작은 정부가 최선이라고 주장할 것이다.

3. ㉠~㉢에 대한 옳은 설명만을 〈보기〉에서 있는 대로 고른 것은?

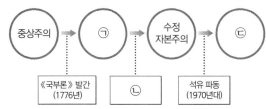

| 중상주의 | → | ㉠ | → | 수정 자본주의 | → | ㉢ |

| 《국부론》 발간 (1776년) | ㉡ | 석유 파동 (1970년대) |

┤ 보기 ├
ㄱ. ㉠은 애덤 스미스가 중상주의를 비판하면서 내놓은 경제 이론이다.
ㄴ. ㉡은 정부가 시장에 개입하는 경제 정책을 펴는 계기가 된 역사적 사건이다.
ㄷ. ㉢은 수정 자본주의 체제를 비판하며 등장한 주장으로 시장의 자율과 경쟁을 중시한다.
ㄹ. ㉠과 ㉢은 공통적으로 복지 확대를 실시하였다.

① ㄱ, ㄴ   ② ㄴ, ㄷ   ③ ㄷ, ㄹ
④ ㄱ, ㄴ, ㄷ   ⑤ ㄴ, ㄷ, ㄹ

4. 밑줄 친 ㉠에 대한 설명으로 옳지 않은 것은?

시장에서 자유로운 경제 활동을 통해 사적 이익을 추구하는 시장 경제에서는 경제 주체들의 선택에 따라 한정된 자원의 배분이 결정되기 때문에 합리적 선택은 매우 중요하다. 합리적 선택을 하기 위해서는 대안의 ㉠ 편익과 비용을 분석해야 한다.

① 편익이 일정하다면 비용을 최소화하는 선택을 한다.
② 비용이 일정하다면 편익을 최대로 얻을 수 있어야 한다.
③ 기회비용보다 편익이 큰 쪽을 선택해야 합리적 선택이다.
④ 편익은 주관적 만족감을 포함하며, 비용은 매몰 비용을 포함한다.
⑤ 모든 선택에는 비용과 편익이 존재하므로 비용과 편익을 분석해야 한다.

5. 다음 사례에 대한 옳은 분석을 〈보기〉에서 고른 것은?

> 대학생인 기정이는 한 시간당 10,000원을 받고 하루에 3시간씩 학원에서 수학을 가르치는 아르바이트를 하고 있다. 그런데 오늘 기정이의 생일을 맞아 친구들이 영화를 보자고 하는 시간이 아르바이트 시간과 겹친다. 영화 티켓은 9,000원이다. 결국 기정이는 학원에 양해를 구하고 친구들과 영화를 보았다.

┤ 보기 ├
ㄱ. 기회비용은 19,000원이다.
ㄴ. 영화 티켓 구입 비용은 암묵적 비용이다.
ㄷ. 암묵적 비용은 30,000원이며 명시적 비용은 9,000원이다.
ㄹ. 친구들과 영화를 보며 누리는 만족감이 39,000원보다 커야만 합리적 선택으로 볼 수 있다.

① ㄱ, ㄴ   ② ㄱ, ㄷ   ③ ㄴ, ㄷ
④ ㄴ, ㄹ   ⑤ ㄷ, ㄹ

6. (가)~(다)의 사례를 종합하여 설명할 수 있는 적절한 내용을 〈보기〉에서 고른 것은?

> (가) 양봉업자가 과수원 옆에서 양봉을 하는 경우, 양봉업자는 과수원 덕분에 더 많은 꿀을 얻을 수 있어 이득을 보지만, 과수원 주인에게 그 대가를 지불하지 않는다. 이 때문에 이러한 재화나 서비스는 사회적으로 적정한 수준보다 적게 생산 또는 소비된다.
> (나) 동종이나 유사한 제품을 생산하는 기업끼리 가격, 판매 지역 등에 관한 협정을 맺어 서로 경쟁을 제한하여 이익을 누리고 있다.
> (다) 공원이나 도서관은 수익성이 낮아 기업이 생산을 꺼리면서 사회에 필요한 양만큼 생산되지 않는다.

┤ 보기 ├
ㄱ. 효율성보다 형평성을 고려하였다.
ㄴ. 정부가 시장에 개입할 필요성을 보여 준다.
ㄷ. 각 경제 주체는 공공의 이익과 규범을 준수하였다.
ㄹ. 자원의 비효율적 배분을 초래하는 시장 실패를 보여 준다.

① ㄱ, ㄴ   ② ㄱ, ㄷ   ③ ㄴ, ㄷ
④ ㄴ, ㄹ   ⑤ ㄷ, ㄹ

[02 시장 경제의 발전과 경제 주체의 역할]

7. 다음과 같은 경우에 정부의 역할로 가장 적절한 것은?

> 의료 진단 장비 분야에서 전 세계 70% 이상을 점유하고 있는 다국적 기업 A사가 신제품을 내놓으면서 기존 제품에 대한 부품 공급을 중단하여 원성을 사고 있다. 병원들은 기존 제품의 장비가 고장 나도 제때 부품을 공급받지 못해 진료에 차질을 빚고 있다. 결국 기존 제품이 고장 나면 신제품을 구매해야만 한다. 게다가 A사는 신제품을 출시하면서 가격을 이전보다 2~3천만 원이나 올려 받고 있다.

① 공공재를 생산하여 공급한다.
② 시장 경제에서 정부는 시장에 개입해서는 안 된다.
③ 누진세 제도를 활용하여 빈부 격차 문제를 개선한다.
④ 보조금 지급, 세제 혜택 등의 긍정적 유인을 제공한다.
⑤ 관련 법규를 통해 공정한 경쟁을 해치는 행위를 규제한다.

8. 다음 사례에 대한 분석으로 옳은 것은?

> 정부는 대기 질 개선과 온실가스 감축을 위해 친환경 자동차인 전기차 보급 확대를 위해 전기 자동차 구매 보조금을 확대하고, 세제 혜택 지원을 강화하고 있다. 시민들이 전기차 보급에 참여할 수 있도록 전기 자동차 충전기 설치에도 지원금을 준다.

① 정부가 공정한 경쟁을 촉진하고 있다.
② 무임승차 문제가 발생할 우려가 있다.
③ 기업은 노동권과 소비자의 권리를 보장해야 한다.
④ 정부는 소득 불평등의 완화를 위해 노력하고 있다.
⑤ 정부는 긍정적 외부 효과가 있는 행위에 긍정적 유인을 제공하고 있다.

9. 다음 글에 대한 옳은 분석을 〈보기〉에서 고른 것은?

> 기업은 다변화된 이해관계자들 전체의 총익을 추구하여 '사랑받는 기업'이 됨으로써 지속적으로 성장할 수 있다. 여기서 기업의 이해관계자에는 주주뿐만 아니라 근로자, 협력 회사, 고객, 지역 사회, 정부, 환경까지 포함되어야 한다. 따라서 기업은 주주의 이익이나 직접적 관계자의 이익만을 중시하던 것에서 벗어나 모든 이해관계자들의 공생을 도모하는 단계로 나가야 한다.

> **┤ 보기 ├**
> ㄱ. 사회 공헌 활동은 기업의 이윤 추구에 부정적으로 작용한다.
> ㄴ. 사회 전체의 이익보다 특정 관계자의 이익을 우선해야 한다.
> ㄷ. 기업은 이윤 추구 활동 이외에도 사회적 책임을 다해야 한다.
> ㄹ. 공익 추구를 통해 사회의 신뢰가 높아지면 기업의 가치도 높아진다.

① ㄱ, ㄴ 　② ㄱ, ㄷ 　③ ㄴ, ㄷ
④ ㄴ, ㄹ 　⑤ ㄷ, ㄹ

10. 다음 사례를 통해 추론할 수 있는 내용으로 가장 적절한 것은?

> ○○ 회사는 전자 기기 부품을 대기업에 납품하고 수출도 하는 우량 중소기업으로, 재무 구조가 건전한 벤처기업으로 성장하였다. 그러나 이 건실한 중소기업은 '40일간의 노사 협상'으로 좌초했다. 노사 간 교섭을 위한 상견례를 시작한 이후 부도 처리될 때까지 걸린 기간은 40일에 불과했다. 회사는 부도 처리되었고, 노동자는 모두 일자리를 잃었다.

① 노동조합 설립이 노사 관계를 악화시킨다.
② 노사 관계에서 노동자는 노동권을 지키는 것이 우선이다.
③ 노동자는 사용자에 비해 상대적으로 약자의 위치에 있다.
④ 기업의 이윤 극대화를 위해서 노동자의 희생이 필요하다.
⑤ 노사는 장기적 관점에서 상생을 위해 함께 노력해야 한다.

11. 밑줄 친 ㉠에 대한 설명으로 옳지 <u>않은</u> 것은?

> 노동의 수요자인 기업은 공급자인 노동자에 비해 경제적으로나 사회적으로 우월한 위치에 있는 경우가 많기 때문에, 노동자는 기업과 동등한 위치에서 거래를 하지 못할 가능성이 존재한다. 이런 점을 감안하여 국가는 상대적으로 약자인 노동자의 권리를 보호하기 위하여 ㉠ 법적 및 제도적 장치를 마련하였다.

① 노동자는 노동조합을 결성할 수 있다.
② 기업가는 노동자의 노동권을 보장하여야 한다.
③ 최저 임금제를 시행하여 노동자의 생활 안정을 돕는다.
④ 시장의 안정을 위하여 단체 행동 중 파업은 금지한다.
⑤ 노동자는 사용자와 근로 조건에 관하여 교섭할 수 있다.

12. 다음 사례에서 드러나는 '기업가 정신'으로 가장 적절한 것은?

> 갑국의 한 경제 주간지에서는 매년 혁신 기업을 발표한다. 최근 1위를 한 T사는 전기 자동차 회사이다. T사의 창업주는 전기 자동차 시장을 통해 운송업을 바꾸어 놓을 것이라는 기대를 한 몸에 받고 있다. A사가 만든 휴대폰으로 휴대폰 시장이 바뀌고, M사가 온라인 책 판매를 시작하면서 유통업을 바꾼 것처럼 T사도 운송업을 근원적으로 바꿔 놓을 것이라는 전망이다. 맨손으로 벤처기업을 창업해 세계적인 부호가 된 T사의 창업주는 "언제든지 재산을 전부 잃을 각오로 모든 일에 도전한다."라는 지론을 갖고 있다. 또한 그는 "실패는 옵션이다. 당신이 무언가 실패하고 있지 않는다면, 충분히 혁신하지 않고 있는 것이다."라는 말도 더욱 높이 평가받고 있다.

① 노동자의 권리와 복지를 위해 힘쓰는 것이다.
② 재화와 서비스를 사회가 필요로 하는 만큼 공급하는 것이다.
③ 이윤 극대화를 추구하지 않고 사회적 책임을 다하는 것이다.
④ 소비자를 만족시키는 재화와 서비스를 시장에 공급하는 것이다.
⑤ 미래의 불확실한 상황에서 위험을 무릅쓰고 도전하며 혁신을 이루어 나가는 것이다.

13. (가)에 대한 설명으로 옳지 <u>않은</u> 것은?

> 최근 소비자들은 가격이 싸고 품질이 좋은 것만을 구입하는 것이 아니라, 물건을 만든 기업의 도덕성, 생산 과정과 사회와 환경에 미치는 영향 등을 고려하기 시작했다. 소비자는 개인의 경제적 이익만 생각할 것이 아니라, 사회적 정의까지도 고려하여 자신의 권리를 행사하거나 선택해야 한다. 이러한 소비를 (가) (이)라고 한다.

① (가)에 들어갈 말은 '윤리적 소비'이다.
② 기업의 사회적 책임을 강화할 수 있다.
③ 공정 무역 제품을 구매하는 것이 해당된다.
④ 비용과 편익을 고려하여 합리적으로 소비할 때 가능하다.
⑤ 비윤리적 노동으로 생산된 제품은 사지 않는 행위가 해당된다.

[03 국제 분업 및 무역의 필요성과 그 영향]

14. 다음 사례를 통해 추론할 수 있는 국제 분업과 무역에 대한 옳은 설명을 〈보기〉에서 고른 것은?

> A국은 1960년대 이후 풍부한 지하자원을 개발하여 세계적인 자원 수출국이 되었다. 특히 철광석은 제철 공업이 발달한 세계 각국으로 수출되고 있다. A국은 자원을 수출하여 경제적으로 부유해졌지만, 아직도 공업 발달은 부진한 편이어서 공산품은 주로 수입하고 있다. 오랜 식민 지배, 노동력 부족, 높은 임금, 좁은 국내 시장 등으로 공업 기반 시설이 제대로 발달하지 못했기 때문이다.

|보기|
ㄱ. 생산 요소의 지역적 분포의 차이는 국제 분업과 무역을 초래한다.
ㄴ. 자국에서 생산 가능한 상품은 국제 분업과 무역의 대상에서 제외된다.
ㄷ. 자국에서 부족하거나 생산하기 어려운 상품은 무역을 통해 얻을 수 있다.
ㄹ. 공업이 발달한 국가가 지하자원이 풍부한 국가보다 국제 분업과 무역에서 유리하다.

① ㄱ, ㄴ   ② ㄱ, ㄷ   ③ ㄴ, ㄷ
④ ㄴ, ㄹ   ⑤ ㄷ, ㄹ

15. 다음 자료에 대한 분석으로 옳지 <u>않은</u> 내용을 말한 학생을 모두 고르면?

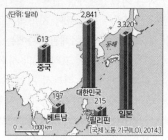

주요 수출 상품
반도체, 무선 통신 기기, 합성수지

주요 수입 상품
의류, 신발, 목재류

[산업통상자원부, 2015.]

▲ 국가별 월평균 인건비(2013년)   ▲ 베트남에 대한 우리나라의 주요 수출입 상품(2014년)

① 수행: 우리나라는 첨단 산업에 비교 우위가 있어.
② 재호: 베트남은 의류, 신발 등을 상대적으로 저렴하게 생산할 수 있어.
③ 예일: 베트남은 사람의 손이 많이 필요한 상품을 특화하여 생산하는 것이 유리해.
④ 지혁: 다국적 신발 기업 N사는 아시아 지역 중 일본에 생산 공장을 설립할 확률이 높아.
⑤ 경민: 우리나라가 의류, 신발, 반도체 등 모든 산업 분야에서 절대 우위가 있다면, 다 직접 생산하는 것이 유리해.

16. 다음 우리나라의 3대 수출 상품의 변화에 대한 분석으로 적절한 것을 〈보기〉에서 고른 것은?

연도	품목
1970년	섬유, 합판, 가발
1990년	의류, 반도체, 신발
2015년	반도체, 자동차, 선박

|보기|
ㄱ. 경제 여건에 따라 상품 생산비는 달라진다.
ㄴ. 한 국가의 비교 우위 상품은 변하지 않는다.
ㄷ. 우리나라는 최근 자본·기술 집약적 산업에 비교 우위가 있다.
ㄹ. 1970년에는 고급 전문 인력을 바탕으로 노동 집약적 제품을 수출하였다.

① ㄱ, ㄴ   ② ㄱ, ㄷ   ③ ㄴ, ㄷ
④ ㄴ, ㄹ   ⑤ ㄷ, ㄹ

17. 다음 사례에 대한 분석으로 옳은 것은?

> 갑국은 노트북과 신발 생산의 기술력 및 생산력이 세계에서 가장 뛰어나지만, 신발은 인건비가 저렴한 을국에서 수입한다. 갑국이 기회비용이 적은 노트북을 집중적으로 생산하는 것이 더 이익이기 때문이다.

① 갑국은 노트북과 신발 생산에 비교 우위가 있다.

② 을국은 노트북 생산에 비교 우위가 있다.

③ 을국은 갑국보다 신발 생산의 기술력에 절대 우위가 있다.

④ 각 국가가 절대 우위 상품을 모두 특화하여 생산해야 한다.

⑤ 한 국가가 모든 상품에 절대 우위를 가질 때에도 무역은 필요하다.

18. 국제 분업과 무역이 미치는 영향에 대해 다음 사례와 같은 맥락의 진술을 〈보기〉에서 고른 것은?

> 갑국의 국토 대부분은 벼 재배지이다. 갑국은 1980년대 후반에 국제 금융 기구가 주도하는 자유 무역 정책을 따랐다. 그러자 정부 보조금 덕분에 값이 저렴해진 을국의 쌀이 수입되기 시작했다. 갑국의 영세 농민들은 경쟁해 볼 도리가 없었다. 갑국의 외국 쌀에 대한 의존도가 높아지자, 이제는 쌀 수입 가격이 오르면서 식량 문제가 나타나기 시작했다.

┌ 보기 ┐
ㄱ. 분업과 특화로 생산의 효율성이 증대된다.
ㄴ. 소비자의 상품 선택의 폭이 줄어들고 있다.
ㄷ. 국가 간 빈부 격차가 더욱 확대되기도 한다.
ㄹ. 국외의 경제 정책에 따라 국내 경제가 좌우된다.

① ㄱ, ㄴ　　② ㄱ, ㄷ　　③ ㄴ, ㄷ
④ ㄴ, ㄹ　　⑤ ㄷ, ㄹ

19. 국제 무역 확대의 긍정적인 영향으로 적절하지 않은 것은?

① 효율적 자원 배분과 경제 성장에 도움이 된다.

② 국내의 경쟁력이 낮은 산업의 기반을 무너뜨린다.

③ 다양한 상품을 낮은 가격에 소비할 기회가 증가한다.

④ 국내 기업은 규모의 경제를 실현하여 이윤이 증가한다.

⑤ 경제 기반이 취약한 나라에 선진 기술이 전파될 수 있다.

20. 다음 글에 대한 분석으로 옳지 않은 것은?

> 오늘날 지구촌의 문제에 공동으로 대응하기 위한 ㉠ 세계 무역 기구(WTO)와 같은 국제기구의 영향력이 커지고 있다. 또한 ㉡ 자유 무역 협정(FTA)을 맺거나 ㉢ 지역 경제 협력체를 형성하여 경제 협력과 무역 증진을 통한 공동의 이익을 추구하는 경우도 많아지고 있다.

① ㉠을 통해 자유 무역이 확대되었다.

② ㉡에 따라 국가 간 노동과 자본의 이동이 확대되고 있다.

③ 우리나라는 칠레와의 ㉡으로, 폐업하는 포도 농가가 늘었다.

④ ㉢은 전 세계 모든 국가와의 자유 무역을 확대하고자 한다.

⑤ 국가 간 상호 의존성이 커지면서 교류가 더욱 활발하게 행해지고 있다.

[**04** 안정적인 경제생활과 금융 설계]

21. 그림은 생애 주기에 따른 소득과 소비 곡선을 나타낸다. 이에 대한 설명으로 옳은 것은?

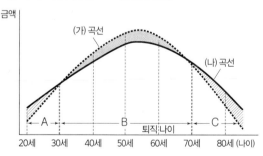

① A 시기는 국가의 경제적 지원이 있어야만 생활이 가능하다.

② C 시기를 대비하기 위해 B 시기에 수익성이 높은 주식에 집중적으로 투자하여야 한다.

③ A와 B 시기에는 C 시기를 대비하여 소비에 집중해야 한다.

④ (가)는 소비 곡선, (나)는 소득 곡선이다.

⑤ (가)가 (나)보다 많을 때 충분한 금융 자산을 확보해 두어야 한다.

22. 자산 관리의 기본 원칙 A~C에 대한 옳은 설명을 〈보기〉에서 고른 것은?

> 자산을 관리하는 기본 원칙으로는 세 가지를 들 수 있다. 먼저 A는 보유하고 있는 자산을 쉽게 현금으로 전환할 수 있는 정도를 의미한다. B는 투자한 금융 자산의 가치가 안전하게 보호될 수 있는 정도를 의미하며, C는 금융 상품의 가격 상승이나 이자 수익을 기대할 수 있는 정도를 의미한다.

┃ 보기 ┃
ㄱ. A는 유동성, C는 수익성이다.
ㄴ. 일반적으로 B가 높을수록 C가 낮다.
ㄷ. C가 높을수록 A가 높아진다.
ㄹ. 요구불 예금은 B와 C가 높은 편이다.

① ㄱ, ㄴ ② ㄱ, ㄷ ③ ㄴ, ㄷ
④ ㄴ, ㄹ ⑤ ㄷ, ㄹ

23. 그림은 자산 관리 시 고려해야 할 사항인 세 가지 원칙을 기준으로 주식과 다른 상품을 비교한 것이다. 이에 대한 옳은 설명을 〈보기〉에서 고른 것은? (단, (가)와 (나)는 각각 수익성과 안전성 중 하나이다.)

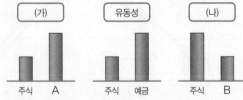

* ■ 높이가 높을수록 그 정도가 큼(높음).

┃ 보기 ┃
ㄱ. 예금은 A에 해당할 수 없다.
ㄴ. 채권은 B에 해당할 수 있다.
ㄷ. (가)는 필요할 때 현금으로 전환할 수 있는 정도를 의미한다.
ㄹ. (나)는 가격 상승이나 이자 수익을 기대할 수 있는 정도를 의미한다.

① ㄱ, ㄴ ② ㄱ, ㄷ ③ ㄴ, ㄷ
④ ㄴ, ㄹ ⑤ ㄷ, ㄹ

24. 밑줄 친 ㉠~㉢에 대한 설명으로 옳은 것은?

> 갑: 어제 2년 동안 매달 정기적으로 은행에 돈을 넣었던 것이 만기가 되어 3천만 원이 생겼는데 어떻게 투자를 하면 좋을까?
> 을: ㉠ 주식에 투자해. 주가가 상승 중인 관련 주가 있거든.
> 병: 요즘 ㉡ 채권에 투자하는 사람도 많아졌어.
> 정: 난 ㉢ 정기 예금을 추천하고 싶어.

① ㉠은 정부나 기업이 자금을 조달하기 위해 발행하는 증서이다.
② ㉢은 시세 차익과 배당금을 얻을 수 있다.
③ ㉠에 비해 ㉡은 수익성이 높지만 안전성은 낮다.
④ ㉡은 ㉠보다 안전성이 높은 편이다.
⑤ ㉡과 ㉢은 ㉠과 달리 예금자 보호 제도를 통해 보호를 받는다.

25. (가)에 들어갈 적절한 내용을 말한 학생을 〈보기〉에서 고르면 모두 몇 명인가?

> 성인 10명 중 6명은 자신의 노후를 제대로 준비하지 못하고 있다는 조사 결과가 나왔다. 전문가들은 부실한 노후 준비 현실을 극복하지 못하면 '한국 사회에서 100세 시대는 재앙으로 다가올 수 있다.'고 경고한다. 개인 스스로 노후 자금을 준비하지 못한다면 기댈 곳은 두 가지 정도다. 자녀에게 손을 내밀거나 국가에서 이들을 지원하는 방법이다. 하지만 현실은 두 가지 모두 쉽지 않아 보인다. 그래서 우리는 _____ (가) _____

┃ 보기 ┃
갑: 노후 생활에 대비해야 한다.
을: 효율적인 자산 관리가 필요하다.
병: 은퇴 시기를 앞당겨 청년들의 일자리를 늘려야 한다.
정: 생애 주기를 고려한 재무 설계를 하여 실천할 필요가 있다.
무: 소득이 많은 시기에 적절한 투자를 통해 금융 자산을 확보해야 한다.

① 1명 ② 2명 ③ 3명
④ 4명 ⑤ 5명

26. 밑줄 친 ㉠에 대한 옳은 설명을 〈보기〉에서 고른 것은?

> 한 나라의 정부나 각각의 기업 모두 목표를 효과적으로 달성하려면 계획이 중요하다. 계획을 구체적으로 마련하고 그에 따라 실천해야 한다. 개인도 마찬가지이다. 자신의 인생 목표를 달성하기 위해 ㉠ 재무 계획을 수립해야 한다.

┤ 보기 ├

ㄱ. 단기적 관점에서 소비와 저축을 결정할 수 있게 해 준다.
ㄴ. 전 생애 동안의 예상 소득에 맞추어 효율적인 자산 관리가 가능해진다.
ㄷ. 현재의 수입과 지출을 기준으로 미래의 예기치 못한 지출에 대비할 수 있다.
ㄹ. 생애 주기를 통해 금융 자산의 큰 흐름을 이해하여 노후 생활에 대비할 수 있다.

① ㄱ, ㄴ   ② ㄱ, ㄷ   ③ ㄴ, ㄷ
④ ㄴ, ㄹ   ⑤ ㄷ, ㄹ

서술형 문제

27. 다음을 보고 물음에 답하시오.

> 1929년 10월 29일 아침 뉴욕의 월가(Wall Street)에서 주식 시장 사상 최악의 폭락 사태가 발생한 지 3년이 지났다. 그해 겨울 사람들은 이상한 경험을 하였다. 창고에 물건이 가득 쌓여 있는데도 사람들은 굶주림과 추위에 떨었다. 이러한 사정은 달라지지 않았다. 실업률은 당시보다 6배 이상 증가하였으며, 산업 생산량은 약 3분의 1이 줄었다. 이에 많은 사람들이 이제는 자유방임주의 사상을 중심으로 했던 ㉠ 기존의 정책 기조에서 ㉡ 새로운 형태로 바꾸어야 한다는 데 동의하고 있다.
> – 《○○ 저널》, 1933. 1. 30. –

(1) 자본주의의 역사적 전개 과정에서 밑줄 친 ㉡을 무엇이라 지칭하는지 쓰시오.

(2) 밑줄 친 ㉠과 ㉡의 차이점을 정부의 역할을 중심으로 서술하시오.

28. 갑과 을의 대화를 읽고 을의 대답으로 적절한 내용을 한 가지만 서술하시오.

> 갑: 바람직한 소비자는 어떤 사람입니까?
> 을: 환경, 인권, 지속 가능한 발전 등을 고려하여 상품을 구매하는 사람입니다.
> 갑: 구체적인 방법으로는 무엇이 있나요?
> 을: _____

29. 다음 글을 읽고 물음에 답하시오.

> 사우디아라비아는 원유, 방글라데시는 의류, 스위스는 의약품, 일본은 전기 기계가 주력 수출 상품이다. 각 국가마다 (㉠) 상품이 다르므로 주력 수출 상품에 차이가 난다. 무역을 통해 이러한 주력 수출 상품을 교환하면 여러 가지 혜택을 가져다주지만, 국가 경제나 개인의 삶에 ㉡ 부정적 영향을 끼치기도 한다.

(1) ㉠에 들어갈 말을 쓰시오.

(2) ㉡의 구체적인 내용을 한 가지만 서술하시오.

30. 밑줄 친 ㉠을 합리적으로 관리하는 방안을 서술하시오.

> 사람들은 누구나 생애 주기를 거치며 각 단계에 따라 수입과 지출이 달라진다. 게다가 오늘날 평균 수명이 길어지면서 은퇴 이후를 대비할 필요성이 더욱 커졌다. 그래서 전 생애 동안의 수입과 지출을 고려하여 장기적 관점에서 자신의 경제적 상태를 확인하고 목표에 맞게 자산과 수입을 배분하여 계획을 세우는 재무 설계가 필요하다. 일반적으로 노년기 이전에 충분한 ㉠ 자산을 확보해 두어야 한다.

사회 정의와 불평등

01 정의의 의미와 기준

(1) 정의의 의미와 필요성

정의	• 개인이 지켜야 할 올바른 도리 또는 사회를 구성하고 유지하는 공정한 도리 • 동양의 유교: 의로움, 즉 옳음 • 서양의 고전적 의미: 각자에게 그의 몫을 주는 것 • 오늘날: 주로 사회 정의를 의미하며, 사회 제도가 추구해야 할 최고의 덕목으로 여겨짐.	
다양한 정의론	공자	천하의 바른 정도를 이루는 것이 삶의 목표
	플라톤	국가가 지녀야 할 가장 필수적 덕목
	(❶)	일반적 정의	법을 준수하는 것
		특수적 정의	분배적·교정적·교환적 정의
정의의 필요성	• 사회 구성원이 기본적 권리를 누리며 인간다운 삶을 살게 함. • 사회 구성원들이 서로 신뢰하고 공동체 발전을 위해 참여하고 협력하게 함. • 사회 구성원들의 이해 갈등을 공정하게 처리해 줌. • 개인선과 더불어 공동선을 실현하게 해 줌.	

(2) 다양한 분배 정의의 기준

업적에 따른 분배	• 장점: 분배의 몫을 비교적 공정하게 정할 수 있음, 성취 동기를 북돋워 생산성을 높임. • 단점: 서로 다른 종류의 업적을 비교하기 어려움, 선택적·사회적 약자에 대한 배려가 부족할 수 있음, 빈부 격차 심화와 과열 경쟁이 우려됨.
능력에 따른 분배	• 장점: 개인이 지닌 잠재적 능력을 실현하게 함. • 단점: 능력을 평가하는 정확한 기준 마련의 어려움, 선천적·우연적 요소의 영향을 받음.
(❷)에 따른 분배	• 장점: 사회적 약자를 배려할 수 있음. • 단점: 자원이 한정되어 모든 필요의 만족이 불가능함, 경제적 효율성 저하

02 자유주의와 공동체주의의 정의관

(1) 자유주의적 정의관

자유주의	• 개인의 자유를 가장 소중한 가치로 여기는 사상 • 개인의 독립성과 자율성을 중요시함.	
자유주의 정의관	내용	• 개인의 자유와 권리를 최대한 보장하여 (❸)을 실현하는 것이 정의로움. • 사회나 국가는 개인의 자유로운 선택권과 자율성을 최대한 허용해야 함.
	특징	• 장점: 개인의 자유로운 선택과 권리, 사적 이익 보장 • 단점: 타인이나 사회에 대한 무관심 증가, 이기주의로 변질 우려
	사상가	롤스	• 공정으로서의 정의 • 개인의 자유와 사회적 약자의 복지 배려 추구
		노직	• 소유 권리로서의 정의 • 국가의 소득 재분배 정책에 반대

(2) 공동체주의적 정의관

공동체주의	• 인간의 삶에서 공동체가 가지는 의미를 중시하는 사상 • 개인은 공동체의 구성원으로서 책임과 의무를 부여받으며, 공동체가 유지되고 발전할 때 좋은 삶을 살 수 있음.	
공동체주의 정의관	내용	• 공동체 구성원들이 유대감을 바탕으로 역할과 의무를 다하면서 (❹)을 추구하는 것이 정의로움. • 공동체는 개인이 공동체의 가치와 목적을 내면화하고, 소속감을 가지도록 개인을 이끌어 주어야 함.
	특징	• 장점: 개인과 공동체의 유기적 관계 중시 • 단점: 집단주의로 변질 우려
	사상가	• 매킨타이어: 공동체의 가치와 전통을 존중하는 삶 강조 • 왈처: 다양한 분배 기준의 필요성 강조

(3) 자유주의와 공동체주의 정의관의 조화

개인선과 공동선	• 자유주의: 개인의 이익 추구로 공동선에 이바지할 수 있음. • 공동체주의: 공동선의 실현은 구성원의 개인선으로 이어짐.
권리와 의무	개인주의는 개인의 권리를, 공동체주의는 공동체에 대한 의무를 중시하지만, 권리와 의무는 (❺)적 관계로 양자를 조화롭게 추구해야 함.

03 사회 및 공간 불평등 현상과 개선 방안

(1) 사회 및 공간 불평등의 양상

사회 계층의 (❻)	사회 구성원 간 불평등이 심화되어 사회 계층 가운데 중간 계층의 비중이 줄어들고 상층과 하층의 비중이 늘어나는 현상
사회적 약자에 대한 차별	경제 수준이나 사회적 지위 등에서 열악한 위치에 있는 개인 또는 집단에 대한 차별
공간 불평등	지역 간에 자원이 불균등하게 분배되어 경제적·사회적·문화적 수준의 차이가 나타나는 현상

(2) 불평등 개선 방안

사회 복지 제도	• 사회 보험: 국가가 국민에게 발생할 사회적 위험을 보험 방식으로 사전에 대비하는 제도 • 공공 부조: 생활을 유지할 능력이 없거나 생활이 어려운 국민의 최저 생활을 보장하는 제도 • 사회 서비스: 사회적 취약 집단을 대상으로 상담, 재활, 돌봄 등의 개별적인 서비스를 제공하는 것
적극적 우대 조치	• 사회적 약자의 불리한 처지를 완화하기 위해 다양한 측면에서 혜택을 주는 제도 ⓔ 여성 할당제, 장애인 의무 고용제, 기회균등 대입 전형 등 • 역차별 발생 가능성에 유의해야 함.
지역 격차 완화 정책	공간 불평등을 해소하여 국토의 균형 발전이 이루어질 수 있도록 하는 정책 ⓔ 균형 개발, 공공 기관 및 기업의 지방 이전, 자립형 지역 발전, 지역 경쟁력 제고, 주거 환경 개선 사업 등

답 | ❶ 아리스토텔레스 ❷ 필요 ❸ 개인선 ❹ 공동선 ❺ 상호 보완 ❻ 양극화

통합사회 예상 문제

성명 [   ]   반 [   ]   번호 [   ]

[01 정의의 의미와 기준]

1. 정의에 대한 설명으로 가장 적절한 것은?

① 개인이 추구하는 좋은 것이다.

② 사회를 구성하고 유지하는 공정한 도리이다.

③ 오늘날 정의는 주로 개인의 내면적 덕목이다.

④ 유교에서는 역지사지의 정신을 실현하는 것을 의미한다.

⑤ 서양에서는 모두에게 똑같이 나누어 주는 것을 의미한다.

[2~3] 다음은 학생의 노트 필기의 일부이다. 물음에 답하시오.

> **[학습 주제]** 아리스토텔레스의 정의 구분
> 1. 일반적 정의: [㉠]
> 2. 특수적 정의
>   (1) 교정적 정의: [㉡]
>   (2) 분배적 정의: [㉢]
>   (3) 교환적 정의: 같은 가치를 지닌 두 물건을 교환하는 것

2. ㉠은 잘못된 내용, ㉡은 옳은 내용이라고 할 때, ㉠과 ㉡에 들어갈 내용을 〈보기〉에서 바르게 짝지은 것은?

> ┤ 보기 ├
> ㄱ. 천하의 바른 정도를 이루는 것
> ㄴ. 공익 실현을 위한 법을 준수하는 것
> ㄷ. 공동선보다 개인선을 우선 실현하는 것
> ㄹ. 사람과 사람 사이에 잘못된 것을 바로잡는 것

	㉠	㉡			㉠	㉡
①	ㄱ	ㄴ		②	ㄱ	ㄷ
③	ㄴ	ㄷ		④	ㄴ	ㄹ
⑤	ㄷ	ㄹ				

3. ㉢에 들어갈 말로 적절한 것은?

① 물건을 교환한 결과를 공정하게 하는 것

② 교섭에서 동등하지 않은 것을 시정하는 것

③ 각자의 가치에 따라 사회적 가치를 분배하는 것

④ 다른 사람에게 해를 끼치면 그만큼 보상하게 하는 것

⑤ 다른 사람에게 이익을 주면 그만큼 보상받게 하는 것

4. 정의의 역할에 대한 설명으로 옳지 <u>않은</u> 것은?

① 사회 구성원이 인간다운 삶을 살아가게 해 준다.

② 사회적 자원이 일부 집단에게 편중되게 해 준다.

③ 구성원 간의 이해 갈등을 공정하게 처리해 준다.

④ 개인선과 공동선을 더불어 실현할 수 있게 해 준다.

⑤ 구성원들이 서로 신뢰하면서 공동체 발전을 위해 협력하게 해 준다.

5. 다음과 같이 주장하는 사람이 긍정의 대답을 할 질문을 〈보기〉에서 고른 것은?

> 경영자의 자질이 우수한 사람을 회사의 경영자로 삼아야 하고, 훌륭한 치료 기술을 가진 사람이 의사가 되게 하며, 더 나은 실력을 가진 선수에게 더 많은 수입을 보장해야 한다.

> ┤ 보기 ├
> ㄱ. 객관화할 수 있는 기준에 따라 분배해야 하는가?
> ㄴ. 한 사람이 지닌 잠재력을 발휘할 기회를 주어야 하는가?
> ㄷ. 개인의 전문적 지식이나 자질에 따라 몫을 주어야 하는가?
> ㄹ. 기본적 욕구 충족이 어려운 이에게 재화를 우선 분배해야 하는가?

① ㄱ, ㄴ   ② ㄱ, ㄷ   ③ ㄴ, ㄷ

④ ㄴ, ㄹ   ⑤ ㄷ, ㄹ

6. 다양한 분배의 기준이 지니는 장점을 바르게 설명한 것에만 '✓' 표시를 한 사람은?

설명 \ 학생	갑	을	병	정	무
업적에 따른 분배는 개인의 성취동기를 높여 준다.	✓	✓	✓		✓
필요에 따른 분배는 구성원의 최소한의 인간다운 삶을 보장해 준다.		✓		✓	✓
능력에 따른 분배는 잠재력을 발휘하게 해 업무의 효율성을 향상시킨다.			✓	✓	✓

① 갑   ② 을   ③ 병   ④ 정   ⑤ 무

[7~8] 다음 대화를 보고 물음에 답하시오.

제 생각은 다릅니다. 당연히 객관적으로 판단할 수 있는 결과를 기준으로 삼아야 합니다. 그러니 각종 경연 대회에서 우수한 성적을 거두어 우리 학교의 위상을 높여 준 학생에게 장학금을 지급해야 합니다.

우리 학교 예산으로는 올해 전교생 200명 중 5명에게 전액 장학금을 지급할 수 있습니다. 이 장학금을 어떤 기준에 따라 지급하는 것이 좋을까요?

제 생각에는 성장할 가능성이 큰 재능 있는 학생에게 지원하는 것이 좋겠습니다. 장래에 우리 학교의 명성을 높일 인재가 될 것이니까요.

장학금은 그것이 꼭 필요한 학생에게 돌아가는 것이 옳다고 생각합니다. 재능이 있거나 성적이 우수한 학생이라고 다 장학금이 필요하지는 않을 것입니다. 그렇다면 경제적 형편이 어려운 학생을 대상으로 장학금을 주어야 할 것입니다.

7. 위 대화에서 각 학생이 지지하는 분배의 기준을 바르게 짝지은 것은?

	갑	을	병
①	능력	업적	필요
②	능력	필요	업적
③	업적	능력	필요
④	업적	필요	능력
⑤	필요	능력	업적

8. 갑, 을, 병의 주장에 대한 옳은 설명을 〈보기〉에서 고른 것은?

┤ 보기 ├

ㄱ. 갑의 주장에 따른 분배에는 타고난 재능이나 환경과 같은 우연적 요소가 개입할 수 있다.

ㄴ. 을의 주장에 따른 분배는 더 많은 보상을 위해 열심히 노력하려는 동기를 북돋을 수 있다.

ㄷ. 병의 주장에 따른 분배에는 사회적 약자에 대한 배려가 부족하게 될 수 있다는 한계가 있다.

ㄹ. 갑과 을의 주장은 병의 주장에 비해 경제적 효율성을 떨어뜨릴 수 있다는 단점이 있다.

① ㄱ, ㄴ   ② ㄱ, ㄷ   ③ ㄴ, ㄷ
④ ㄴ, ㄹ   ⑤ ㄷ, ㄹ

[02 자유주의와 공동체주의의 정의관]

9. 자유주의에 대한 설명으로 옳은 것은?

① 개인의 독립성과 자율성을 중시한다.

② 자신이 속한 공동체에 대한 소속감을 강조한다.

③ 개인이 좋은 삶을 살도록 사회가 장려해야 한다.

④ 개인의 자아 정체성은 공동체에 뿌리를 두고 있다고 본다.

⑤ 개인의 좋은 삶은 공동체의 역사와 전통 속에서 형성된다고 여긴다.

[10~11] 다음을 읽고 물음에 답하시오.

누구나 독립된 자아로서 자유로운 선택을 할 수 있다. 개인이 자유롭게 이익을 추구함으로써 사회 전체의 부가 증가하며, 국가는 국민의 자유와 권리를 보호하기 위해 존재한다.

10. 위와 같이 주장하는 사람이 긍정의 대답을 할 질문을 〈보기〉에서 고른 것은?

┤ 보기 ├

ㄱ. 개인의 자유와 권리를 최대한 보장해야 하는가?

ㄴ. 개인이 자신의 신념과 입장에 따라 살도록 해야 하는가?

ㄷ. 국가가 특정 가치나 삶의 방식을 개인에게 주입해야 하는가?

ㄹ. 개인이 공동체가 지켜야 할 미덕을 따르도록 국가가 이끌어 주어야 하는가?

① ㄱ, ㄴ   ② ㄱ, ㄷ   ③ ㄴ, ㄷ
④ ㄴ, ㄹ   ⑤ ㄷ, ㄹ

11. 위와 같은 주장이 지니는 한계를 바르게 지적한 것은?

① 개인의 사적 이익 추구를 제한한다.

② 타인이나 사회에 대한 무관심이 증가할 수 있다.

③ 개인의 자유로운 선택과 권리를 제약할 수 있다.

④ 개인과 공동체의 유기적 관계를 지나치게 강조한다.

⑤ 특정 집단의 이념과 이익을 전체 구성원에게 강요할 수 있다.

[12~13] 다음은 서양 사상가가 제시한 정의의 원칙이다. 물음에 답하시오.

> **정의의 제1원칙:** 개인은 기본적 자유에 있어서 평등한 권리를 가져야 한다.
> **정의의 제2원칙:** 사회적·경제적 불평등은 다음과 같은 두 가지 조건이 충족될 때 허용된다. 먼저, 최소 수혜자에게 우선적으로 최대의 이익을 보장하도록 이루어져야 한다. 다음으로, 공정한 기회균등의 원칙에 따라 모든 사람에게 개방된 직책이나 직위와 결부되도록 배정되어야 한다.

12. 위 사상가의 관점으로 옳지 <u>않은</u> 것은?

① 개인의 평등한 자유를 보장해야 한다.
② 사회적 약자의 복지를 배려해야 한다.
③ 구성원에게 공정한 기회를 부여해야 한다.
④ 사회적 약자에게 최대 이익을 보장해야 한다.
⑤ 국가의 역할은 개인의 소유권 보호에 한정되어야 한다.

13. 다음과 같이 주장하는 사람이 위 사상가에게 제기할 수 있는 적절한 비판을 〈보기〉에서 고른 것은?

> 어떤 사람이 다른 사람에게 피해를 주지 않고 정당하게 소유물을 취득하거나 양도받았다면, 그 사람은 그 소유물에 대한 권리를 가진다. 개인이 자신의 소유물을 어떻게 사용할 것인가는 개인의 자유로운 선택에 맡겨야 한다.

┤ 보기 ├
ㄱ. 최소 수혜자의 인간다운 삶을 보장해야 한다.
ㄴ. 자유 경쟁의 결과로 생긴 빈부 격차는 정당하다.
ㄷ. 국가가 적극적으로 분배 문제에 개입해야 한다.
ㄹ. 국가의 재분배 정책은 개인의 소유권을 침해한다.

① ㄱ, ㄴ   ② ㄱ, ㄷ   ③ ㄴ, ㄷ
④ ㄴ, ㄹ   ⑤ ㄷ, ㄹ

[14~16] 다음을 읽고 물음에 답하시오.

> 나는 공동체와 분리된 독립된 존재가 아닙니다. 왜냐하면 내 삶의 역사는 항상 내가 그것으로부터 나의 정체성을 도출해 내는 공동체의 역사 속에 편입되어 있기 때문입니다. 나는 가족, 도시, 친족, 민족, 국가 등 다양한 공동체의 구성원입니다. 나는 내 가족, 나의 도시, 나의 민족, 나의 국가로부터 다양한 빚과 유산, 적절한 기대와 의무를 물려받습니다. 이는 내 삶에 주어진 사실이며, 내 도덕의 출발점이기도 합니다.

14. 위와 같이 주장한 사상가는?

① 노직   ② 롤스
③ 플라톤   ④ 매킨타이어
⑤ 아리스토텔레스

15. 위 사상가의 입장을 〈보기〉에서 고른 것은?

┤ 보기 ├
ㄱ. 인간은 공동체로부터 분리되어 독립적으로 존재한다.
ㄴ. 인간의 자아는 공동체의 역사와 전통을 기반으로 형성된다.
ㄷ. 인간은 자신이 선택한 것에 대해서만 도덕적 책임을 지닌다.
ㄹ. 인간은 공동체를 선택하기 이전에 이미 특정한 공동체 안에서 태어난다.

① ㄱ, ㄴ   ② ㄱ, ㄷ   ③ ㄴ, ㄷ
④ ㄴ, ㄹ   ⑤ ㄷ, ㄹ

16. 위 사상가의 입장에 대해 제기할 수 있는 비판으로 가장 적절한 것은?

① 공동체에 대한 소속감을 무시할 수 있다.
② 개인의 자유로운 선택권을 제한할 수 있다.
③ 개인과 공동체의 유기적 관계를 경시할 수 있다.
④ 인간이 독립적 개체임을 지나치게 강조하고 있다.
⑤ 구성원으로서 지니는 책임과 의무를 소홀히 할 수 있다.

[03 사회 및 공간 불평등 현상과 개선 방안]

17. 다음은 소득 수준별 암 환자 생존율을 나타낸다. 이에 대한 분석으로 옳은 것은?

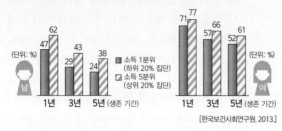

[한국보건사회연구원, 2013.]

① 우리나라 의료 환경의 낙후성을 알 수 있다.

② 암 환자의 생존율 차이는 환자 개인의 특성에 기인한다.

③ 소득과 암 환자 생존율은 상관관계가 없음을 알 수 있다.

④ 소득 불평등이 건강과 의료에까지 영향을 미쳐 불평등을 심화시킨다는 것을 보여 준다.

⑤ 소득 상위 20% 남성 암 환자의 5년 생존율은 소득 하위 20% 남성 암 환자의 그것보다 13% 높다.

18. 그래프는 가구 소득별 학생 1인당 월평균 사교육비를 나타낸 것이다. 이에 대한 분석으로 옳은 것은?

[통계청, 2016.]

① 저소득층에 대한 사회 보험의 시행이 필요하다.

② 경제적 측면의 불평등과 교육 불평등은 관련성이 낮다.

③ 부모의 소득이 자녀의 학습 능력에 영향을 끼칠 수 있다.

④ 가구 소득과 사교육비 지출에는 유의미한 상관관계가 없다.

⑤ 소득이 높을수록 사교육비가 가구의 전체 지출에서 차지하는 비율이 높다.

19. (가), (나)에 대한 옳은 설명을 〈보기〉에서 고른 것은?

(가) 저소득 근로자의 삶의 질 향상을 위해 이미 납부한 세금의 일부를 환급해 주는 제도를 시행하고 있다.

(나) 대학 입학 전형에서 사회적 소외 계층이 대학에 진학할 수 있도록 하기 위해 별도의 경로를 마련하고 있다.

┤ 보기 ├

ㄱ. (가)는 빈곤한 국민의 최저 생활을 보장한다.

ㄴ. (나)는 형식적 평등의 실현을 추구한다.

ㄷ. (나)는 적극적 우대 조치의 한 사례이다.

ㄹ. (가), (나) 모두 역차별을 해소하는 데 기여한다.

① ㄱ, ㄴ   ② ㄱ, ㄷ   ③ ㄴ, ㄷ
④ ㄴ, ㄹ   ⑤ ㄷ, ㄹ

20. 다음은 우리나라에서 사회 복지를 위해 실시하고 있는 정책이다. 이에 대한 설명으로 옳은 것은?

> **산모 · 신생아 건강 관리 지원 사업**
>
> • **사업 목적:** 출산 가정에 산모 · 신생아 관리사를 통한 가정 방문 서비스를 지원하여 산모 · 신생아 건강 관리 및 출산 가정의 경제적 부담 완화
>
> • **지원 내용:** 산모 건강 관리, 신생아 건강 관리, 산모 식사 준비, 산모 · 신생아 세탁물 관리 및 청소 등

① 공간 불평등을 개선하고자 한다.

② 사회 서비스의 성격을 가지고 있다.

③ 미래의 위험에 대비하기 위한 정책이다.

④ 저소득층의 빈곤을 해결하고 자립을 지원하고자 한다.

⑤ 수혜자가 부담하는 비용에 비례하여 혜택이 증가한다.

21. 갑, 을의 견해에 대한 옳은 진술을 〈보기〉에서 고른 것은?

> 우리 사회에는 장애인이라는 이유로 채용이나 능력 계발에 제한받는 일이 많으므로 '장애인 고용 촉진법'이 적극 시행되어야 한다고 생각해.
>
> 갑

> 이 법은 오히려 능력 있는 비장애인이 채용이나 업무에서 배제되는 결과를 가져올 수 있기 때문에 법 시행에 신중해야 한다고 생각해.
>
> 을

┃ 보기 ┃
ㄱ. 갑은 장애인이 사회적 약자임을 전제로 한 적극적 우대 조치에 찬성한다.
ㄴ. 을은 법 시행에 따른 역차별 문제를 제기하고 있다.
ㄷ. 을은 장애인 고용 촉진법이 정의 실현에 이바지한다고 보아 찬성한다.
ㄹ. 갑에 비해 을은 실질적인 기회의 평등에 관심이 많다.

① ㄱ, ㄴ   ② ㄱ, ㄷ   ③ ㄴ, ㄷ
④ ㄴ, ㄹ   ⑤ ㄷ, ㄹ

22. 다음에서 설명하는 정책에 대한 내용으로 옳지 <u>않은</u> 것은?

> 2005년 정부는 수도권의 공공 기관 지방 이전 계획을 세운 후, 전국에 10대 혁신 도시를 지정하여 공공 기관 이주를 추진하였다. 2016년 8월 현재 혁신 도시, 세종특별자치시, 기타 지역에 총 154개 공공 기관의 이전 계획이 승인·완료되어 공공 기관의 수도권 비중이 85% 수준에서 35% 수준으로 감소할 것으로 예상한다.

① 균형 개발에 따른 부작용을 시정하기 위한 정책이다.
② 민간 기업의 지방 이전이나 인구의 이동도 유도할 수 있다.
③ 수도권 집중화에 따른 공간 불평등을 시정하기 위한 정책이다.
④ 공공 기관 지방 이전 정책을 통해 지방의 자립을 추구할 수 있다.
⑤ 지방 이전의 효과는 경제뿐만 아니라 다양한 분야에 걸쳐 나타날 것이다.

23. (가)에 들어갈 적절한 내용을 서술하시오.

> 분배적 정의의 기준은 다양하며, 이들은 각기 장단점을 지닌다. 따라서 어느 한 가지 기준만이 정의롭다고 말할 수 없다. 따라서 분배적 정의가 요구되는 상황이 발생했을 때, _____ (가)

24. 다음 글에 나타난 갈등을 해소하기 위한 방안을 서술하시오.

> 모두가 자신의 권리만 내세우며 책임이나 의무를 회피한다면 누구도 자신의 권리를 누릴 수 없게 될 것이다. 반면 공동체에 대한 의무만을 강요한다면, 개인이 사회를 위한 수단으로 취급될 것이다. 또한 사익만을 내세우면 공동체가 파괴되어 개인의 이익마저 보장받지 못하게 된다. 한편 공익만을 강조하면 개인의 이익을 침해하고 개인의 희생을 강요하게 될 것이다.

25. 다음 글을 읽고 물음에 답하시오.

> 이 현상은 지역 간에 경제적·사회적·문화적 수준의 차이가 나타나는 것을 의미한다. 특히 우리 사회에서는 1960년대 이후 급속한 도시화와 산업화를 거치면서 수도권과 비수도권, 도시와 농촌 등 지역을 기준으로 사회적 자원이 불균등하게 분배되었다.

(1) 밑줄 친 '이 현상'이 무엇인지 쓰시오.

(2) 위 현상이 발생한 원인을 <u>한 가지만</u> 서술하시오.

01 다양한 문화권의 특징

(1) 문화권의 의미와 문화권 형성에 영향을 주는 요인

문화와 문화권	문화	한 사회의 구성원들이 공유하고 있는 생활 양식
	문화권	문화적 특성이 유사하게 나타나는 지표 범위
문화권 형성에 영향을 주는 요인	자연환경	기후, 지형 등 → 의복 문화, 음식 문화, 주거 문화가 달라져 서로 다른 문화권 형성
	인문 환경	• (❶): 농경 문화권, 유목 문화권, 상공업 중심의 문화권 등이 형성 • (❷): 크리스트교 문화권, 이슬람교 문화권, 힌두교 문화권, 불교 문화권 등이 형성

(2) 세계 문화권별 특징과 삶의 방식

북극 문화권	한대 기후가 나타나 순록 유목이나 사냥에 종사하는 원주민들이 거주함.
유럽 문화권	북서 유럽, 남부 유럽, 동부 유럽 문화권으로 나눌 수 있고, (❸)교의 영향이 강하게 나타남.
건조 문화권	주민 대부분이 이슬람교를 믿으며, 건조 기후가 나타나 유목과 오아시스 농업이 발달함.
아프리카 문화권	대부분 열대 기후가 나타나고, 부족 단위의 공동체 생활을 하며 토속 종교를 많이 믿음.
아시아 문화권	동부 아시아, 동남아시아, 남부 아시아 문화권으로 나뉘고, 계절풍 기후가 나타나 (❹)가 발달함.
오세아니아 문화권	영국의 식민 지배로 유럽 문화가 전파되었고, 원주민 문화가 소멸 위기에 놓여 있음.
아메리카 문화권	앵글로아메리카, 라틴 아메리카 문화권으로 나뉘며, 다양한 문화가 공존함.

02 문화 변동과 전통문화

문화 변동 요인	내부	• 발명: 이전에 없었던 새로운 문화 요소를 만들어 내는 것 • 발견: 이미 존재했지만 알려지지 않았던 문화 요소를 찾아내는 것
	외부	• (❺): 다른 사회 구성원과의 직접적인 교류를 통해 다른 사회의 문화가 전파되는 것. • 간접 전파: 간접적인 매개체를 통해 다른 사회의 문화가 전파되는 것. • 자극 전파: 전파된 문화 요소에서 자극을 받아 새로운 문화 요소를 만들어 내는 것
문화 변동의 양상	문화 동화	기존의 문화 요소가 다른 사회에서 전파된 문화 체계에 흡수되거나 대체되는 현상 → 고유문화의 정체성 상실
	문화 (❻)	기존의 문화 요소와 전파된 다른 사회의 문화 요소가 고유한 정체성을 유지하면서 나란히 존재하는 현상
	문화 융합	기존의 문화 요소와 외래의 문화 요소가 결합하여 이전의 두 문화와는 다른 새로운 문화가 나타나는 현상
(❼)		• 의미: 한 사회에서 오랜 기간 이어져 내려와 그 사회의 고유한 가치로 인정받는 문화 • 창조적 계승 방안: 고유성과 독창성을 유지하면서 현실적 여건에 맞게 재해석하여 발전 방안 모색

03 문화 상대주의와 보편 윤리

문화 다양성		• 의미: 문화가 지역의 환경이나 시대의 흐름에 따라 다양하게 나타나는 것 • 배경: 각 사회마다 자연환경과 인문 환경이 다르기 때문
(❽)		문화를 평가하는 절대적 기준이 있다고 보고, 그 기준에 따라 문화의 선악이나 우열을 가릴 수 있다고 보는 태도
	자문화 중심주의	자기 사회의 문화는 우월하고 다른 사회의 문화는 열등하다고 여기는 태도
	문화 사대주의	타 문화를 맹목적으로 동경하고 자신의 문화는 열등하다고 여기는 태도
(❾)		• 각 문화가 고유성과 가치를 지닌다고 보고, 문화 간의 선악이나 우열에 대해 단정적으로 평가할 수 없다고 보는 태도 → 문화가 형성된 배경, 역사적·사회적 맥락 등 고려 • 극단적 문화 상대주의로 흐를 경우, 인간의 존엄성을 훼손하고 기본권을 침해하는 문화까지도 인정해야 한다고 여길 수 있으므로 경계해야 함.
보편 윤리와 문화 성찰	보편 윤리	시대와 사회를 초월하여 모든 사람이 존중하고 따라야 할 윤리 원칙(예 인간의 존엄성, 생명 존중, 자유와 평등, 평화와 정의, 황금률 등)
	바람직한 문화 이해	문화 상대주의를 바탕으로 각 문화의 고유한 가치를 인정하면서도, 보편 윤리의 관점에서 문화를 성찰해야 함.

04 다문화 사회와 문화 다양성 존중

(❿)		• 의미: 하나의 공동체 안에 인종·종교·언어 등 문화적 배경이 서로 다른 다양한 사람들이 함께 살아가는 사회 • 확대 배경: 교통수단·정보 통신 기술의 발달에 따른 세계화 • 우리나라의 상황: 외국인 근로자, 국제결혼 이민자, 유학생, 북한 이탈 주민 등이 증가하면서 빠르게 다문화 사회로 진입
다문화 사회의 영향	긍정적 측면	• 문화 다양성의 증대 • 노동력 부족 문제 해소에 기여
	부정적 측면	• 문화적 차이에 대한 무지와 이해 부족으로 갈등 발생 • 다른 문화에 대한 편견과 차별의 문제 • 외국인과 내국인 간의 일자리 경쟁 심화, 외국인 지원을 위한 사회적 비용 증가 등으로 갈등 발생
다문화 사회의 갈등 해결	우리 사회의 노력	• 국가적 차원에서 이주민들을 위한 법과 제도 마련 • 다문화 교육 강화
	다문화 정책의 수립	• 용광로 이론: 기존 문화에 이주민 문화를 융화하여 흡수해야 한다는 관점 → 동화주의 관점 • (⓫): 기존 문화와 이주민 문화가 평등하게 인정되어 조화를 이루어야 한다는 관점 → 다문화주의 관점
	문화 다양성 존중	• 다른 민족과 문화에 대한 관용적 태도 • 문화 상대주의적 태도

통합사회 예상 문제

성명 [　　　] 반 [　] 번호 [　　]

[01 다양한 문화권의 특징]

1. 다음 교사의 물음에 대한 학생의 적절한 답변을 〈보기〉에서 고른 것은?

> 교사: 세계 각 지역별로 사회의 구성원들이 공유하는 생활 양식이 차이 나는 이유는 무엇일까요?
> 학생: _____ 때문입니다.
>
> ┤ 보기 ├
> ㄱ. 지역 간 교류가 활발해지고 있기
> ㄴ. 지역별로 나타나는 자연환경이 다르기
> ㄷ. 지역별로 우세하게 나타나는 종교가 다르기
> ㄹ. 지역별로 나타나는 문화의 우수한 정도가 다르기

① ㄱ, ㄴ ② ㄱ, ㄷ ③ ㄴ, ㄷ
④ ㄴ, ㄹ ⑤ ㄷ, ㄹ

2. 다음과 같은 생활 양식의 차이에 영향을 준 요인으로 가장 적절한 것은?

> • 몽골에 사는 A 씨는 가축들을 키우기 위해 물과 풀을 찾아 이동하는 생활을 한다.
> • 미국 뉴욕에 사는 B 씨는 맨해튼으로 출근하기 위해 아침마다 만원 지하철을 탄다.

① 산업 ② 언어 ③ 예술
④ 종교 ⑤ 지형

3. 세계의 의복 문화에 대한 설명으로 옳은 것은?

① 건조 기후 지역의 주민들은 모두 털옷을 입는다.
② 기온이 높은 기후 지역일수록 옷감의 소재가 두꺼워진다.
③ 열대 기후 지역의 주민들은 보온을 강조한 의복을 입는다.
④ 한대 기후 지역에서는 통풍을 강조한 전통 의복 문화가 나타난다.
⑤ 열대 기후 지역의 전통 의복 문화는 한대 기후 지역보다 가볍고 헐렁한 형태로 나타난다.

4. (가), (나)와 같은 종교 경관이 나타나는 지역의 생활 양식에 대한 옳은 설명을 〈보기〉에서 고른 것은?

(가)  (나)

> ┤ 보기 ├
> ㄱ. (가)에는 윤회 사상을 믿는 사람들이 많다.
> ㄴ. (나)에서는 탁발하는 승려의 모습을 볼 수 있다.
> ㄷ. (가)는 (나)보다 섬기는 신의 숫자가 많다.
> ㄹ. (나)는 (가)보다 먹지 않는 동물에 대해 신성하게 여기는 정도가 높다.

① ㄱ, ㄴ ② ㄱ, ㄷ ③ ㄴ, ㄷ
④ ㄴ, ㄹ ⑤ ㄷ, ㄹ

5. A~G 문화권에 대한 설명으로 옳은 것은?

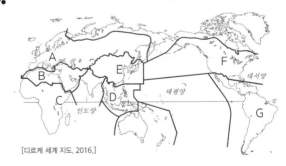

[디르케 세계 지도, 2016.]

① A의 문화 요소는 F의 영향을 받아 형성되었다.
② B와 C는 리오그란데강을 경계로 구분된다.
③ C는 종족의 영역과 국경의 불일치로 인한 분쟁이 자주 일어난다.
④ E는 D보다 한자의 영향이 작게 나타난다.
⑤ F는 G보다 가톨릭교를 믿는 사람들의 비율이 높게 나타난다.

6. (가)~(다)에 해당하는 문화권을 지도의 A~C에서 골라 바르게 연결한 것은?

> (가) 말은 다르지만 한자를 사용하고, 불교와 유교라는 공통적인 문화적 특징이 나타난다. 벼농사가 활발해 쌀을 주식으로 삼고, 젓가락을 사용한다.
> (나) 태평양과 인도양이 만나는 교통의 요지에 있어 다양한 문화가 함께 나타난다. 불교, 이슬람교, 크리스트교 등 다양한 종교가 분포한다.
> (다) 인더스 문명과 힌두교 및 불교의 발상지이다. 종교, 언어, 민족 분포가 복잡하다.

	(가)	(나)	(다)
①	A	B	C
②	A	C	B
③	B	A	C
④	B	C	A
⑤	C	A	B

[02 문화 변동과 전통문화]

7. 문화 변동의 내재적 요인의 사례가 <u>아닌</u> 것은?

① 등자가 만들어져 전쟁 문화가 변화하였다.
② 바퀴의 원리를 응용하여 수레가 만들어졌다.
③ 한글이 탄생하여 백성들 간에 소통이 원활해졌다.
④ 페니실린의 발견으로 전염병 치료 문화가 변했다.
⑤ 불교와 토착 신앙의 결합으로 산신각이 만들어졌다.

8. (가)~(다)에 나타난 문화 변동의 양상이 바르게 연결된 것은?

> (가) 우리나라에서는 한의학과 별도로 서양 의학이 자리 잡고 있다.
> (나) 서양의 침대 문화와 우리의 온돌 문화가 결합한 돌침대가 등장하였다.
> (다) 서구의 의복이 전해지면서 우리나라 사람들이 입었던 잠방이가 사라졌다.

	(가)	(나)	(다)
①	문화 융합	문화 동화	문화 병존
②	문화 융합	문화 병존	문화 동화
③	문화 병존	문화 융합	문화 동화
④	문화 병존	문화 동화	문화 융합
⑤	문화 동화	문화 병존	문화 융합

9. 다음 지도에 표시된 길과 관련된 문화 변동에 대한 추론으로 옳지 <u>않은</u> 것은?

① 비단길을 따라 문화가 직접 전파되었을 것이다.
② 비단길을 따라 문화 융합의 결과물이 있을 수 있다.
③ 정복 전쟁을 통해 각 지역은 로마 문화에 모두 동화되었을 것이다.
④ 이 시기에 생성된 문화 양식은 비단길을 따라 여러 곳에서 발견될 것이다.
⑤ 비단길은 동서 간 상품의 교역뿐만 아니라 문화가 교류되는 통로였을 것이다.

10. (가)~(다)에 해당하는 문화 변동의 양상을 A~C에서 골라 바르게 연결한 것은?

> (가) 에스파냐의 지배를 받은 멕시코 원주민들은 자신들의 종교를 밀어내고 가톨릭으로 개종하였다.
> (나) 인천 차이나타운에 거주하는 중국인들은 한국의 생활 양식을 받아들이면서도 중국 고유문화를 유지하면서 생활하고 있다.
> (다) 나바호족은 에스파냐인과의 접촉을 통해 배운 은세공 기술을 그들 고유의 문화에 접목하였다.

문화 변동 양상	자기 문화의 정체성 유지	외부 문화의 수용
A	○	○
B	○	×
C	×	○

	(가)	(나)	(다)
①	A	A	C
②	A	B	C
③	B	C	A
④	C	A	A
⑤	C	A	B

11. 다음 글의 전통문화 계승에 대한 관점과 일맥상통하는 문장으로 적절한 것은?

> 프랑스의 바게트는 전통적으로 밀가루, 물, 천연발효효모, 소금만으로 만든 빵이다. 산업화 이후 많은 가게에서 이스트 등을 넣고 기계를 활용하여 손쉽게 바게트를 만들어 팔면서 전통 바게트의 맛이 점점 사라지기 시작했다. 이에 프랑스 정부는 1993년에 '프랑스 전통 바게트법'을 만들어 전통적 방법으로 제조된 것만 바게트라는 이름을 사용하게 하는 등 바게트의 전통을 지키고자 노력하였다. 이에 바게트는 프랑스를 대표하는 빵으로 세계적으로 그 맛을 인정받고 있다.

① 문화의 보존만을 강조할 경우 발전이 없다.
② 문화의 세계화를 위해 다양한 시도를 해야 한다.
③ 때로는 가장 전통적인 것이 가장 세계적인 것이다.
④ 문화의 창조적 계승은 다른 문화와의 융합에서 나온다.
⑤ 문화의 정체성을 유지할 수 있다면 문화를 표현하는 방법은 다양해도 된다.

[03 문화 상대주의와 보편 윤리]

12. 밑줄 친 ㉠과 같은 문화 이해 관점에 대한 옳은 설명을 〈보기〉에서 고른 것은?

> 요즘 들어 뜻 모를 영어가 남발하는 만화를 보면서 ㉠ 아이들은 영어가 멋지고, 같은 뜻의 한국어는 촌스럽다고 느끼는 경우가 많다. 만화 속 인기 캐릭터들은 "합체하자! 인티그레이션", "트랜스포메이션(변신)" 등 어른도 선뜻 이해하기 어려운 영어 단어를 사용한다. 얼마든지 한국어로 나타낼 수 있는 말을 외국어로 표현하는 것은 외국어가 더 우월하다는 인식을 바탕으로 한다.

┤ 보기 ├
ㄱ. 각 문화가 고유성과 가치를 지닌다고 본다.
ㄴ. 강대국이나 선진국의 문화를 맹목적으로 동경한다.
ㄷ. 타 문화는 우월하고 자신의 문화는 열등하다고 여긴다.
ㄹ. 자기 문화만 우수하다고 여겨 다른 사회의 문화를 배척한다.

① ㄱ, ㄴ ② ㄱ, ㄷ ③ ㄴ, ㄷ
④ ㄴ, ㄹ ⑤ ㄷ, ㄹ

13. 다음 글을 읽고 유추할 수 있는 적절한 내용만을 〈보기〉에서 있는 대로 고른 것은?

> 동아프리카의 키쿠유족은 상대의 손바닥에 침을 뱉어 반가움을 표현한다. 이와 같은 행위는 물이 귀한 아프리카 지역에서 수분을 함께 나눈다는 뜻으로, 행운을 기원한다는 의미가 포함되어 있다. 한편 미국에서는 악수를 나누며 인사를 한다. 과거 미국에서 낯선 사람을 만나면 상대를 의심하여 무기에 손을 대고 경계를 하며 살피다가, 서로 싸울 뜻이 없음이 확인되면 무기를 쓰는 오른손을 들어 악수한 것에서 유래하였다.

┤ 보기 ├
ㄱ. 문화의 다양성과 특수성을 인정해야 한다.
ㄴ. 각각의 문화는 고유한 가치와 의미를 지닌다.
ㄷ. 갈등을 해소하기 위해서 단일한 문화를 형성해야 한다.
ㄹ. 문화가 형성된 역사적 맥락이나 사회적 상황을 이해해야 한다.

① ㄱ, ㄴ ② ㄱ, ㄷ ③ ㄱ, ㄴ, ㄷ
④ ㄱ, ㄴ, ㄹ ⑤ ㄴ, ㄷ, ㄹ

14. 다음 사례와 같은 문제를 해결하기 위해 필요한 자세로 옳은 것은?

> 인도에 사는 힌두교도는 암소를 생명의 모체로 간주하여 숭배하는 반면, 이슬람교도는 돼지고기를 먹지 않고 대신 소고기를 먹는다. 이 때문에 힌두교도는 이슬람교도를 소 살해자라고 증오한다. 인도 대륙이 인도와 파키스탄으로 나뉘기 전에는 이슬람교도가 암소를 잡아먹는 것에 분노하여 힌두교도가 일으킨 유혈 폭동이 연례행사처럼 일어났다.
>
> – 마빈 해리스, 《문화의 수수께끼》 –

① 타 문화의 유입과 문화 간 교류를 차단한다.
② 서로 다른 문화 간의 우열을 명확하게 가린다.
③ 각 사회의 문화를 그 사회의 맥락 속에서 이해한다.
④ 자문화의 주체성을 지키기 위해 타 문화를 부정한다.
⑤ 문화적 차이를 부정하고 특정한 문화만 옳다고 여긴다.

15. (가)에 들어갈 내용으로 가장 적절한 것은?

> 어느 지역에 사람을 먹는 식인 풍습이 있다고 가정했을 때, 이러한 풍습도 문화 상대주의적 관점에서 존중해야 할까? 대부분의 사람들은 이 풍습을 잘못된 것이라고 비판할 것이다. 하지만 극단적 문화 상대주의 관점에서는 모든 문화를 이해하고 존중해야 한다고 보기 때문에 식인 풍습의 옳고 그름을 따지지 않을 것이다. 이처럼 극단적 문화 상대주의로 흐를 경우 [(가)   ] 는 한계가 나타난다.

① 문화의 다양성을 부정한다
② 낯선 문화도 그 사회의 맥락 속에서 이해한다
③ 인간의 생명과 존엄성을 위협하는 행위도 잘못되었다고 말할 수 없다
④ 다른 문화에 대해서는 관용적이고, 자기 문화에 대해서는 겸손한 태도를 갖게 된다
⑤ 인류가 보편적으로 받아들이기 어려운 문화 현상에 대해 잘못되었다고 비판할 수 있다

[04 다문화 사회와 문화 다양성 존중]

16. 다음 글을 읽고 유추할 수 있는 적절한 내용만을 〈보기〉에서 있는 대로 고른 것은?

> 경기도 안산시 단원구 원곡동 일대는 2009년에 다문화 특구로 지정되었다. 반월 공업 단지가 들어선 이후 안산에는 노동자 밀집 거주 지역이 형성되기 시작하였고, 1990년대에는 외국인 노동자가 많이 늘어났다. 안산은 2015년 기준 70여 개국의 외국인 7만여 명이 거주하고 있어, 말 그대로 '국경 없는 마을'이 되었다.

┤ 보기 ├
ㄱ. 우리 사회가 다문화 사회로 변모하고 있다.
ㄴ. 노동력 부족 문제 해소를 위해 외국인 노동자가 증가하였다.
ㄷ. 우리나라에 거주하는 외국인의 수가 지속적으로 감소하고 있다.
ㄹ. 오늘날 우리 사회는 단일한 문화적 배경을 가진 사람들로 구성되어 있다.

① ㄱ, ㄴ   ② ㄱ, ㄷ   ③ ㄱ, ㄴ, ㄷ
④ ㄱ, ㄴ, ㄹ   ⑤ ㄴ, ㄷ, ㄹ

17. 다문화 사회의 긍정적 측면으로 옳은 것은?

① 외국인 지원을 위한 사회적 비용이 증가하여 구성원 간에 이해관계가 대립한다.
② 다른 언어, 가치관, 생활 양식 등에 관한 이해가 부족하여 갈등이 생기기도 한다.
③ 문화 간 상호 작용으로 새로운 문화가 형성되어 창조적 공동체로 발전할 수 있다.
④ 저출산·고령화 현상, 도시로의 인구 이동으로 노동력 부족 문제가 발생할 수 있다.
⑤ 주류 집단이 소수 집단을 차별하거나 소수 집단 구성원의 인권을 침해하기도 한다.

18. 다음 글에 나타난 문제에 대한 옳은 설명만을 〈보기〉에서 있는 대로 고른 것은?

> 최근 영국에서는 이민자들이 자신들의 일자리를 빼앗고 각종 복지 혜택을 공짜로 누린다고 주장하는 영국인들이 증가하고 있다. 특히 폴란드인이 모여 사는 런던 서쪽의 거리에는 "더 이상 폴란드 기생충은 필요 없다."라는 내용의 전단이 뿌려지기도 했다. 한편 스위스의 한 정당은 흰 양이 검은 양을 스위스 국기 밖으로 내쫓는 선거 포스터를 만들기도 하였다. 이러한 '제노포비아(외국인 혐오)' 현상은 영국뿐만 아니라 스위스, 프랑스, 독일 등 유럽의 많은 국가에서 나타나고 있다.

┤ 보기 ├
ㄱ. 다른 문화적 배경을 지닌 사람에 대한 편견과 차별의 문제가 심화하고 있다.
ㄴ. 구성원들이 다양한 문화를 경험할 수 있는 폭이 넓어져 선택의 어려움을 겪고 있다.
ㄷ. 내국인과 외국인 간 일자리 경쟁이 심화되면서 사회 구성원 사이에 갈등이 발생하고 있다.
ㄹ. 이주민들의 사회 적응을 위한 교육이 강화되면서 이주민 고유의 문화적 정체성이 사라지고 있다.

① ㄱ, ㄴ   ② ㄱ, ㄷ   ③ ㄱ, ㄴ, ㄷ
④ ㄱ, ㄴ, ㄹ   ⑤ ㄴ, ㄷ, ㄹ

[19~20] 다음을 읽고 물음에 답하시오.

> 갑: 한국 사회의 통합을 위해서는 이민자들이 우리나라의 문화, 사회적 질서와 가치, 언어 등을 받아들이도록 해야 한다. 즉, 기존 사회의 문화와 가치 속에 이민자들을 융화하여 흡수해야 한다.
>
> 을: 한국 사회의 발전을 위해서는 이민자들이 자신의 문화를 유지하면서도 우리나라의 구성원으로서 살아갈 수 있도록 해야 한다. 즉 주류 문화를 강요하기보다 다양한 문화를 평등하게 인정해야 한다.

19. 갑, 을의 주장에 해당하는 다문화 정책을 바르게 짝지은 것은?

	갑	을
①	용광로 정책	동화주의 정책
②	용광로 정책	샐러드 볼 정책
③	동화주의 정책	용광로 정책
④	샐러드 볼 정책	용광로 정책
⑤	샐러드 볼 정책	동화주의 정책

20. 을이 갑에게 제기할 수 있는 비판으로 가장 적절한 것은?

① 소수 집단의 문화적 정체성을 인정하지 않는다.

② 기존 문화와 이주민 문화를 평등하게 대하고 있다.

③ 한 사회 내에서 주류 문화의 중요성을 경시하고 있다.

④ 여러 문화가 공존하여 사회 통합이 어려워짐을 간과한다.

⑤ 서로 다른 문화적 특성을 유지할 것을 지나치게 강조한다.

서술형 문제

21. 다음 글을 읽고 물음에 답하시오.

> (㉠)를 믿는 건조 문화권은 돼지를 키우기에 적합하지 않다. 돼지는 물을 많이 먹고 습한 곳을 좋아하며 체온 조절 능력이 약하기 때문이다. 또한 돼지는 사람이 먹는 밀, 옥수수 등을 먹어, 매우 비효율적인 식량이다. 이에 따라 돼지고기에 대한 선호가 생기지 않게 하기 위한 전략으로 (㉠)에서는 돼지고기를 금기시하고, 돼지를 혐오하는 관습이 내려오게 되었다.

(1) ㉠에 들어갈 종교를 쓰시오.

(2) 윗글에 나타난 사례 이외에 ㉠을 믿는 주민들의 생활 양식을 <u>한 가지</u> 서술하시오.

_____

_____

22. 사진은 우리나라 강화도에서 볼 수 있는 성당의 안과 밖의 모습이다. 이를 통해 알 수 있는 문화 변동의 양상을 쓰고, 그렇게 판단한 근거를 서술하시오.

▲ 한옥 지붕 형태의 전통 사찰 양식   ▲ 기독교 교회의 전형적인 바실리카 양식 평면 구성

_____

_____

_____

23. 다음을 읽고 물음에 답하시오.

> 문화는 각 사회의 특수한 환경을 반영하는 고유한 생활 양식이므로, 모든 문화는 나름의 바람직한 가치를 지니고 있다. 따라서 우리는 어떤 문화이든지 무조건 인정하고 존중해야 한다.

(1) 윗글과 같은 문화 이해 태도를 가리키는 개념을 쓰시오.

_____

(2) 위와 같은 태도가 지닌 문제점을 서술하시오.

_____

_____

_____

01 세계화에 따른 변화

(1) 세계화의 다양한 양상

세계화와 지역화	세계화	국가 간의 경계를 넘어 경제·문화·정치 등 다양한 측면에서 세계가 단일한 생활권으로 통합되어 가는 현상
	지역화	특정 지역이 지역화 전략을 통해 그 지역의 고유한 전통과 특성을 살려 세계적인 경쟁력을 갖추는 현상
	관계	세계화와 지역화는 (❶　　　)에 이루어짐.
세계 도시의 형성	세계 도시	경제·정치·문화 등 다양한 측면에서 전 세계적으로 중심지 역할을 하는 도시
	기능	국제기구의 본부와 국제회의 집중, 다국적 기업의 본사, 국제 금융 업무 기능, 생산자 서비스 기능, 자본과 고급 노동력 등 집중
다국적 기업의 등장	다국적 기업	전 세계적으로 제품을 생산·판매하는 기업으로, 세계 각지에 자회사, 지점, 생산 공장을 운영함.
	공간적 분업	본사와 연구소는 대도시나 선진국에, 생산 공장은 대개 저임금 노동력이 풍부한 (❷　　　)에 위치
	영향	산업 시설 이전과 신설에 따라 지역 경제에 영향을 줌.

(2) 세계화 시대에 나타나는 문제점과 해결 방안

문화 획일화	문제점	지역 전통문화의 정체성 약화, 약소국 문화 소멸 위기, 인류의 문화적 다양성 훼손
	해결 방안	(❸　　　) 의식을 가지고 문화의 다양성을 보전하기 위해 노력, 외래문화를 능동적으로 수용하는 태도
빈부 격차 심화	문제점	경쟁력 유무에 따라 국가 간, 개인 간 빈부 격차 심화
	해결 방안	공적 개발 원조, 공정 무역, 국제기구를 통한 개발 도상국의 경제적 자립 지원, 기술 이전 등
보편 윤리와 특수 윤리 갈등	문제점	각 사회가 처한 정치, 경제, 사회, 종교적 상황을 고려하지 않고 강요할 경우 갈등이 생김.
	해결 방안	(❹　　　) 윤리를 존중하는 가운데 각 사회의 특수 윤리를 성찰하는 태도, 특정 사회의 가치가 인류의 보편적 가치를 훼손하는지에 대한 비판적 사고

02 국제 사회의 행위 주체와 평화를 위한 노력

(1) 국제 갈등과 협력

양상	• 세계화로 상호 의존도 증대 → 국제 갈등과 협력의 동시 진행 • 대화와 양보, 국제기구나 국제 비정부 기구의 중재, 국제 협약 등 국제법을 통한 갈등 해결 모색	
국제 사회의 행위 주체	국가	국제 사회의 가장 기본적인 행위 주체로, 자국의 이익을 최우선으로 추구
	(❺　　　)	각 나라의 정부를 구성단위로 하여 국제적 목적이나 활동을 위해 구성된 조직체
	국제 비정부 기구	개인이나 민간단체로 구성된 조직으로, 인류 공익을 위해 활동함.
	개인	국제적 영향력이 강한 개인
	기타	각국의 지방 자치 단체, 다국적 기업 등

(2) 국제 평화의 중요성과 노력

평화의 의미	소극적 평화	전쟁, 테러 등 물리적 폭력이 발생하지 않아 직접적인 폭력의 사용이나 위협이 없는 상태
	(❻　　　)	직접적 폭력뿐만 아니라 구조적·문화적 측면의 간접적 폭력까지 제거하여 모든 사람이 인간답게 살아갈 삶의 조건이 조성된 상태
평화 실현 노력	• 인류의 안전과 생존 보장 • 국제 정의의 실현 • 자연환경·인공 건축물·문화유산의 보존 • 인류의 삶의 질을 높일 수 있는 바탕 마련	

03 남북 분단과 동아시아의 역사 갈등

(1) 남북 분단의 배경과 통일의 필요성

분단의 배경	• 국제적 배경: (❼　　　)로 재편된 국제적 환경 • 국내적 배경: 민족 내부의 응집력 부족, 6·25 전쟁으로 고착화	
통일의 필요성	개인·민족적 차원	• 이산가족과 실향민의 아픔 해소 • 민족 동질성 회복
	사회·문화적 차원	• 이념·지역·세대 갈등 극복 • 민족의 역사·전통·문화 발전 가능
	정치적 차원	• 한반도와 주변국의 전쟁 위협 해소 • 정치적 안정과 평화 달성
	경제적 차원	• 소모적 분단 비용 절감 • 남북한 역량 발휘 및 지정학적 이점 극대화

(2) 동아시아의 역사 갈등과 해결을 위한 노력

동아시아 역사 갈등	영토 문제	복잡하게 얽힌 역사적 배경과 해양 자원을 둘러싼 경쟁 등으로 인하여 해양 영토 분쟁 심화
	역사 인식 문제	• 일본의 역사 왜곡: 역사 교과서 왜곡, 야스쿠니 신사 참배 문제, 일본군'위안부' 문제, 독도에 대한 부당한 영유권 주장 • 중국의 (❽　　　): 고조선, 고구려, 발해 등의 우리 역사를 모두 중국의 역사라고 주장
갈등 해결 노력	• 한·중·일의 공동 역사 교재 발행 등 공동 역사 연구 진행 • 국제 연대와 교류 확대를 통한 역사 문제 해결	

(3) 국제 사회의 평화를 위한 우리나라의 노력

국제 사회 속 우리나라의 위상	• 지정학적 측면: 유라시아 대륙과 태평양을 연결하는 지리적 요충지 • 정치적 측면: 국제 사회에서의 정치적 영향력 증대 • 경제적 측면: 급속한 경제 성장을 이루어 경제 대국으로 발전 • 문화적 측면: 전 세계적으로 문화적 우수성을 인정받음.
우리나라가 국제 사회 평화에 기여할 수 있는 방안	• 국가적 차원: 한반도 긴장 완화와 평화 통일 노력, 국제 연합 (❾　　　) 파견으로 평화 유지 활동 지원, 해외 원조 실시, 지구 온난화 방지와 환경 보호에 동참 • 개인·민간단체: 국제 비정부 기구 활동에 참여

통합사회 예상 문제

성명 □□□ 반 □□ 번호 □□

[01 세계화에 따른 변화]

1. 세계화에 대한 설명으로 옳지 **않은** 것은?

① 지역 간 상호 의존도를 높인다.

② 국가 간 빈부 격차를 없애 준다.

③ 교통·통신의 발달이 그 배경이다.

④ 무역 장벽 감소로 더욱 확대되었다.

⑤ 문화 요소의 교류가 증가하여 세계 문화가 등장한다.

2. (가)에 들어갈 내용으로 가장 적절한 것은?

> **수행 평가 보고서**
> ◆ 주제: ┌─────(가)─────┐
> • 특정 지역의 특성을 보존하고 발전시킴.
> • 지역적 요소들이 세계적으로 가치를 인정받음.
> • 사례: 진주 남강 유등 축제, 베네치아의 카니발 등

① 시역화와 지역화 전략

② 다국적 기업의 현지화 전략

③ 세계화를 반대하는 세력의 움직임

④ 세계화가 문화 획일화에 미치는 영향

⑤ 세계화에 따른 지역 간 상호 의존성 증가

3. ㉠에 대한 옳은 설명을 〈보기〉에서 고른 것은?

> (㉠)의 대표적인 예는 뉴욕이다. 뉴욕에는 국제 연합(UN) 본부가 있어 각국 대표가 모여 국제 사회의 주요 문제에 대해 의사 결정을 내린다. 또한 뉴욕에는 각종 문화 공연 극장이 밀집해 있다. 이곳에서 여러 국가의 공연을 상연하고 세계 각국에서 온 관광객이 이를 즐긴다.

> ┤ 보기 ├
> ㄱ. ㉠은 다국적 기업이다.
> ㄴ. ㉠은 기능상 독립적으로 존재한다.
> ㄷ. ㉠은 세계의 많은 자본이 집중되고 축적되는 곳이다.
> ㄹ. ㉠는 전문적인 생산자 서비스업이 집중하여 분포한다.

① ㄱ, ㄴ ② ㄱ, ㄷ ③ ㄴ, ㄷ
④ ㄴ, ㄹ ⑤ ㄷ, ㄹ

4. 밑줄 친 ㉠~㉢에 대해 옳은 내용을 말한 학생을 고른 것은?

> ㉠ S 전자는 세계 곳곳에 사업장을 두고 있다. 최근 S 전자는 생산비 절감을 위해 전자 제품의 생산 거점을 ㉡ 중국에서 ㉢ 베트남으로 옮기고 있다.

갑: ㉠으로 보아 S 전자는 다국적 기업이야.

을: ㉡은 ㉢보다 인건비가 저렴할 거야.

병: ㉢은 전자 제품 관련 기술 수준이 높은 곳이야.

정: 생산 기지가 이동한 ㉢ 지역은 지역 경제가 활성화될 거야.

① 갑, 을 ② 갑, 정 ③ 을, 병
④ 을, 정 ⑤ 병, 정

5. (가), (나) 현상에 대한 설명으로 옳지 **않은** 것은?

> (가) 세계화는 지구촌을 단일 시장으로 만들고 있다. 자국의 상품을 보다 많이 팔기 위한 경쟁이 국가 간에 치열하게 전개되고 있으며, 자유 무역이 강조됨에 따라 기술력이 우위를 점하고 있는 선진국에 유리한 무역 환경이 조성되고 있다.
> (나) 세계화는 출판이나 연예·오락, 의사소통 방식 등과 같은 생활 방식에 있어서도 세계적인 유행을 만들어 나가고 있다. 이러한 현상은 앞으로도 자본의 자유로운 이동과 인터넷의 보급 등에 힘입어 더욱 활발해질 것으로 예상된다.

① (가)로 선진국과 개발 도상국 간의 빈부 격차가 심화된다.

② (가)와 같은 문제를 해결하기 위해 공정 무역이 주목을 받고 있다.

③ (나)로 선진국의 문화가 보편화된다.

④ (나)가 확대되면 문화의 다양성이 보장된다.

⑤ (나)와 같은 문제를 해결하기 위해 자기 지역의 고유한 문화가 지닌 특성을 보존하려는 태도가 필요하다.

6. 다음을 읽고, 세계화에 대한 도르플러 씨의 관점에 부합하는 내용을 〈보기〉에서 고른 것은?

> 도르플러 씨는 한 친구를 만나 불평을 털어 놓았다. "요즘에는 대형 상점이 들어선 거리 어디를 가나 비슷한 물건을 팔고 있어. 먹을 것이라고는 감자튀김과 핫도그, 피자뿐이고, 기차역과 공항, 쇼핑센터에 들어가면 청소년들이 하나같이 청바지와 운동화, 티셔츠 차림에 야구 모자를 쓰고 대형 오락실에서 게임에나 열중하고 있고 말일세."

〈보기〉
ㄱ. 서구식 민주주의 제도와 법체계가 전파되어 개발 도상국 주민들의 인권이 신장되었다.
ㄴ. 세계 각 지역에는 다른 데서는 찾을 수 없는 그 지역만의 독특한 문화가 있어서 흥미롭다.
ㄷ. 할리우드 영화의 영향력이 확대되면서 각국의 정서와 특성이 반영된 영화의 입지가 좁아졌다.
ㄹ. 세계의 모든 사람들이 영어를 사용한다면 의사소통이 편리해져 여러 측면에서 효율성이 증가한다.

① ㄱ, ㄴ
② ㄱ, ㄷ
③ ㄴ, ㄷ
④ ㄴ, ㄹ
⑤ ㄷ, ㄹ

7. 밑줄 친 ㉠~㉢에 대한 옳은 설명을 〈보기〉에서 고른 것은?

> 우리는 ㉠ 다국적 기업의 다양한 제품을 손쉽게 접할 수 있다. 이 제품의 이면에는 ㉡ 제3 세계의 노동자 착취, 환경 오염 등과 같은 여러 가지 문제가 숨어 있다. 우리가 매일 입고, 먹고, 일하는 것의 모든 일에는 ㉢ 세계화의 양면성이 담겨 있음을 인식해야 한다. 또한 세계화가 더욱 빠른 속도로 진행됨에 따라 ㉣ 구체적인 해결 방안을 마련해야 한다.

〈보기〉
ㄱ. ㉠: 지역화의 영향으로 본사가 있는 모국에만 생산 공장을 설립한다.
ㄴ. ㉡: 비용 절감에만 관심을 기울인 결과 노동자들의 처우는 개선되지 않는 문제가 나타났다.
ㄷ. ㉢: 세계화는 자유 무역의 확대로 긍정적인 측면과 부정적인 측면이 나타난다.
ㄹ. ㉣: 세계화로 나타나는 문화의 획일화를 막기 위해 외래문화를 적극적으로 수용해야 한다.

① ㄱ, ㄴ
② ㄱ, ㄷ
③ ㄴ, ㄷ
④ ㄴ, ㄹ
⑤ ㄷ, ㄹ

[**02** 국제 사회의 행위 주체와 평화를 위한 노력]

8. 다음 자료에 나타난 국제 사회의 양상을 분석한 것으로 옳지 않은 것은?

> 남극의 풍부한 자원을 노린 영유권 분쟁이 심화하자 영유권을 주장하는 영국, 프랑스, 아르헨티나, 칠레, 노르웨이, 오스트레일리아, 뉴질랜드 외에 남아프리카 공화국, 미국, 벨기에, 소련, 일본은 1959년 남극 조약을 체결했다. 이 조약에 따라 남극 대륙은 누구도 영유권을 주장할 수 없고, 과학 연구 등 오직 평화적 목적으로만 이용할 수 있다.

① 국제 갈등과 협력이 함께 나타나고 있다.
② 국가가 갈등의 행위 주체로 나타나 있다.
③ 국가를 초월한 협력과 조정이 이루어졌다.
④ 자원 문제로 인한 국제 갈등의 양상을 보였다.
⑤ 국제 갈등은 어느 한 국가의 노력만으로도 해결할 수 있다.

9. 지도의 (가)~(다)에 대해 옳게 설명한 학생만을 〈보기〉에서 있는 대로 고른 것은?

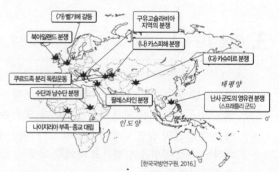

[한국국방연구원, 2016.]

〈보기〉
갑: (가)는 언어의 차이 및 지역감정으로 인한 분쟁이 발생하였다.
을: (나)는 석유 등 풍부한 지하자원을 둘러싸고 영유권 분쟁이 나타났다.
병: (다)는 서로 다른 종교로 인한 갈등이 나타났다.
정: (다)는 강대국의 약소국에 대한 이권 침해가 발생하였다.

① 갑, 을
② 병, 정
③ 갑, 을, 병
④ 갑, 병, 정
⑤ 을, 병, 정

10. (가), (나)에 해당하는 국제 사회 행위 주체의 사례를 바르게 짝지은 것은?

> (가) 일정한 영역과 국민을 바탕으로 주권을 가진 국제 사회의 대표적인 행위 주체로, 자국의 이익을 최우선적으로 추구한다.
>
> (나) 개인이나 민간단체 주도로 만들어진 국제 조직으로, 환경이나 평화, 인권 등 인류 공동의 이익을 위해 활동한다.

	(가)	(나)
①	대한민국	그린피스
②	대한민국	국제 연합
③	국제 연합	그린피스
④	국제 연합	국제 앰네스티
⑤	국제 앰네스티	국제 연합

11. (가)~(다)에 대한 옳은 설명만을 〈보기〉에서 있는 대로 고른 것은?

> '해비탯 운동'을 펼치고 있는 지미 카터 전 미국 대통령과 같은 [(가)]이(가) 있습니다.

> 국제 사회의 행위 주체를 설명해 보세요.

> [(나)]은(는) 각 나라의 정부를 구성단위로 하여 운영됩니다.

> [(다)]은(는) 공익을 추구하는 시민들이 모여 만든 국제 조직입니다.

┤ 보기 ├
ㄱ. (가)는 국제 연합 사무총장과 같은 영향력 있는 개인을 의미한다.
ㄴ. (나)는 주권, 영토, 국민을 구성 요소로 하는 국제 사회의 가장 기본적인 행위 주체이다.
ㄷ. 세계 보건 기구(WHO), 국제 앰네스티는 (다)에 속한다.
ㄹ. (나)는 (가)와 달리 국제 평화의 실현을 위하여 활동하는 모습을 보인다.
ㅁ. (가), (나), (다) 모두 국제 사회의 갈등과 협력 상황에 영향력을 행사한다.

① ㄱ, ㄷ   ② ㄱ, ㅁ   ③ ㄷ, ㅁ
④ ㄱ, ㄷ, ㅁ   ⑤ ㄴ, ㄷ, ㄹ

12. 다음 글에 나타난 국제 평화 문제에 대한 설명으로 옳은 것은?

> "폭격은 밤에야 끝이 났어. 그리고 다음 날 아침에 눈이 내렸지. 우리 병사들 주검 위로 하얗게 ……. 많은 시신이 팔을 위로 뻗고 있었어. 하늘을 향해 ……. 행복이 뭐냐고 한번 물어봐 주겠어? 행복, 그건 죽은 사람들 사이에서 기적처럼 산 사람을 발견하는 일이야."
> – 스베틀라나 알렉시예비치,《전쟁은 여자의 얼굴을 하지 않았다》–

① 국가에 행복 등 인간다운 삶을 요구하고 있다.
② 물리적 폭력에 의하여 생존권을 위협받고 있다.
③ 인류의 공존과 번영을 위한 조건이 갖추어진 상태이다.
④ 구조적이고 문화적 측면의 폭력까지 완전히 제거된 상태이다.
⑤ 자유로운 생활을 영위할 수 있도록 종교와 사상의 차별이 제거된 상태이다.

13. 다음 대화 내용에 대한 옳은 설명을 〈보기〉에서 고른 것은?

> 전쟁과 테러가 없는 상태인 [(가)]로 충분히 평화로운 게 아닌가?

> 인간답게 살아갈 환경을 조성한 [(나)]가 더 바람직하지.

> 아프리카 흑인은 밤낮을 불문하고 수시로 통행증을 제시해야 하며, 통행증을 제시하지 못하면 경찰서에 연행된다. ㉠ 진정한 평화가 아닌 셈이다.

갑   을

┤ 보기 ├
ㄱ. ㉠은 (가)에 해당하는 평화를 가리킨다.
ㄴ. 갑의 입장에서는 흑인에 대한 차별이 평화를 위협한다고 볼 것이다.
ㄷ. 을은 직접적 폭력은 물론 간접적 폭력까지 제거해야 한다는 입장이다.
ㄹ. 갑, 을 모두 물리적 폭력이 평화를 위협한다고 볼 것이다.

① ㄱ, ㄴ   ② ㄱ, ㄷ   ③ ㄴ, ㄷ
④ ㄴ, ㄹ   ⑤ ㄷ, ㄹ

[03 남북 분단과 동아시아의 역사 갈등]

14. 남북의 분단 배경으로 옳은 내용을 〈보기〉에서 고른 것은?

┤ 보기 ├
ㄱ. 언어의 이질화 심화
ㄴ. 민족 내부의 응집력 부족
ㄷ. 역사적·문화적 동질성 부족
ㄹ. 냉전 질서로 재편된 국제 환경

① ㄱ, ㄴ   ② ㄱ, ㄷ   ③ ㄴ, ㄷ
④ ㄴ, ㄹ   ⑤ ㄷ, ㄹ

15. 다음 대화를 읽고 을의 질문에 대한 적절한 답변만을 〈보기〉에서 있는 대로 고른 것은?

일부 사람들은 통일 과정에서 발생할 수 있는 경제적 부담과 정치적·사회적 혼란을 우려하기도 합니다.

그럼에도 불구하고 통일을 해야 하는 이유는 무엇일까요?

갑   을

┤ 보기 ├
ㄱ. 민족의 발전과 번영을 위해서입니다.
ㄴ. 한반도에 평화를 정착시키기 위해서입니다.
ㄷ. 이산가족과 실향민의 고통을 해소하기 위해서입니다.
ㄹ. 북한의 인권 수준을 남한 사회에도 적용하기 위해서입니다.

① ㄱ, ㄴ   ② ㄱ, ㄷ   ③ ㄱ, ㄴ, ㄷ
④ ㄱ, ㄷ, ㄹ   ⑤ ㄴ, ㄷ, ㄹ

[16~17] 다음 자료를 보고 물음에 답하시오.

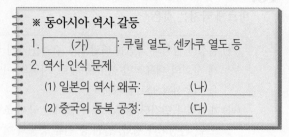

※ 동아시아 역사 갈등
1. _____(가)_____ : 쿠릴 열도, 센카쿠 열도 등
2. 역사 인식 문제
  (1) 일본의 역사 왜곡: _____(나)_____
  (2) 중국의 동북 공정: _____(다)_____

16. (가)에 대한 옳은 설명만을 〈보기〉에서 있는 대로 고른 것은?

┤ 보기 ├
ㄱ. 해양 자원을 둘러싼 경쟁으로 심화하였다.
ㄴ. 동아시아에 평화가 정착되었음을 보여 준다.
ㄷ. 복잡하게 얽힌 역사적 배경 때문에 발생하였다.
ㄹ. 동아시아 국가들 간에 영토 분쟁이 진행 중이다.

① ㄱ, ㄴ   ② ㄷ, ㄹ   ③ ㄱ, ㄴ, ㄷ
④ ㄱ, ㄷ, ㄹ   ⑤ ㄴ, ㄷ, ㄹ

17. (나), (다)에 들어갈 내용을 〈보기〉에서 골라 바르게 짝지은 것은?

┤ 보기 ├
ㄱ. 식민지 지배와 침략 전쟁 미화
ㄴ. 독도에 대해 부당한 영유권 주장
ㄷ. 고위 정치인들의 야스쿠니 신사 참배
ㄹ. 고조선과 고구려의 역사를 자국의 역사라고 주장

	(나)	(다)		(나)	(다)
①	ㄱ	ㄴ	②	ㄱ	ㄷ
③	ㄱ	ㄹ	④	ㄴ	ㄷ
⑤	ㄹ	ㄷ			

18. 우리나라의 국제적 위상에 대한 옳은 설명에만 '✓' 표시를 한 학생은?

설명＼학생	갑	을	병	정	무
지리적 요충지로서 지정학적 중요성을 지닌다.	✓	✓	✓		
전 세계적으로 문화의 우수성을 인정받고 있다.	✓	✓		✓	✓
국제 사회에서 정치적 영향력이 증대되었다.	✓		✓		✓
지속적으로 해외 원조를 받으면서 경제가 성장하고 있다.			✓	✓	✓

① 갑   ② 을   ③ 병   ④ 정   ⑤ 무

19. 밑줄 친 ㉠에 대해 내릴 수 있는 평가로 가장 적절한 것은?

> 우리나라와 중국, 일본이 역사 갈등을 극복하고 평화 공존과 공동 번영을 이루려면 역사 왜곡을 바로잡아야 한다. 이를 위해 서로의 역사 인식을 공유하면서 과거의 잘못을 인정하고 반성하는 태도가 필요하다. ㉠한·중·일의 양심적인 지식인과 시민 단체들은 공동 역사 교재를 펴내기도 하였다.

① 통일을 통해 민족의 역량을 결집하고 있다.
② 교류 단절과 외교적 대립을 야기하고 있다.
③ 감정적 대응으로 역사 문제를 해결하고 있다.
④ 역사 왜곡으로 인한 갈등을 심화시키고 있다.
⑤ 역사 인식의 차이를 극복하고자 노력하고 있다.

20. 다음은 서술형 평가 문제와 학생 답안이다. ㉠~㉤ 중 옳지 않은 것은?

> ◎ 문제: 우리나라가 국제 사회의 평화에 기여할 수 있는 방안을 서술하시오.
> ◎ 학생 답안: ㉠ 우리나라는 유라시아 대륙과 태평양을 연결하는 지리적 이점을 살려 주변 국가 간의 갈등을 중재하고 소통에 이바지할 수 있다. 그리고 ㉡ 국제 연합 평화 유지군을 파견함으로써 적극적인 평화 유지 활동을 전개해 나가고 있다. 한편 ㉢ 탄소 배출량을 늘려 나감으로써 지구 온난화에 적극 동참하고 있다. 이 밖에도 ㉣ 저개발 국가나 개발 도상국에 대해 해외 원조를 실시하고 있다. 마지막으로 ㉤ 통일을 이루어 동아시아 지역의 군사적 대립과 긴장을 완화하기 위해 노력해야 한다.

① ㉠　　② ㉡　　③ ㉢　　④ ㉣　　⑤ ㉤

21. 우리나라의 문화적 우수성을 알 수 있는 사례로 적절한 것을 <보기>에서 고른 것은?

> **│ 보기 │**
> ㄱ. 대중문화에서 나타난 한류 열풍 현상
> ㄴ. 저개발 국가, 개발 도상국에 대한 경제 원조
> ㄷ. 경제 협력 개발 기구에의 가입과 활발한 활동
> ㄹ. 유네스코 세계 문화유산에 등재된 각종 문화재

① ㄱ, ㄴ　　② ㄱ, ㄹ　　③ ㄴ, ㄷ
④ ㄴ, ㄹ　　⑤ ㄷ, ㄹ

서술형 문제

22. 다음 노트 필기 내용을 보고 물음에 답하시오.

> **※ 세계화의 다양한 양상과 문제점**
> • 자유 무역의 확대
> → 문제점: ___(가)___
> • 인간존엄성, 인권, 자유, 평등 등의 가치 강조
> → 문제점: 보편 윤리와 특수 윤리 간의 갈등
> • 막대한 자본력을 바탕으로 자국의 문화를 수출하는 선진국
> → 문제점: ___(나)___

(1) (가)에 들어갈 내용을 쓰시오.

(2) (나)에 들어갈 내용을 쓰고, 이를 해결하기 위한 방안을 서술하시오.

23. 다음 자료를 보고 물음에 답하시오.

> **△△신문**
> 테러 단체인 ○○은 자신들이 간다라 미술의 대표적인 석상을 폭파하였다며 사진을 공개하였다. 이에 유네스코는 인류의 정신적 문화가 담긴 유적이 사라졌다며 아쉬움을 표명하며 유감이 담긴 성명을 발표하였다. 한편 이 사건으로 인근의 시민들까지 목숨을 잃는 등 이 지역의 평화 실현의 길은 멀어 보인다. …… △△ 등 시민 단체에서는 구호 물품 확보 및 피해 지역의 주민들을 돕기 위한 캠페인을 시작하였다.

(1) 윗글에서 분쟁 해결에 참여한 행위 주체의 유형 두 가지를 찾아 쓰시오.

(2) 윗글의 상황을 바탕으로 알 수 있는 국제 평화의 필요성을 두 가지 서술하시오.

01 인구 문제의 양상과 해결 방안

(1) 세계의 인구 현황

인구 분포	• 자연적 요인: 기후, 지형, 토지 등 • 사회·경제적 요인: 산업, 교통, 문화, 교육 등 • 기후가 온화하고 넓은 평야가 분포하며, 산업이 발달하고 일자리가 풍부한 곳에 인구가 밀집하여 분포함.
인구 구조	• (❶): 출생률이 낮고, 평균 기대 수명이 김. → 유소년층 인구 비중이 작고, 노년층 인구 비중이 큼. • 개발 도상국: 출생률이 높고, 평균 기대 수명이 짧음. → 유소년층 인구 비중이 크고, 노년층 인구 비중이 작음.
인구 이동	• 인구 이동의 유형: 경제적·정치적·환경적 이동 등 • 최근에는 (❷) 이동이 활발함.

(2) 다양한 인구 문제와 해결 방안

인구 문제	• 인구 이동에 따른 문제: 인구가 유출된 지역은 청장년층 노동력 감소 문제, 인구가 유입된 지역은 이주민과 기존 주민 간의 경제적·문화적 갈등 문제 발생 • 인구 (❸) 문제: 개발 도상국은 경제 발전 속도보다 인구 증가 속도가 빨라 기아, 빈곤, 실업, 대도시 과밀화 등의 문제가 나타남. • 저출산·고령화 문제: 선진국은 여성의 사회 진출 증가, 결혼에 대한 가치관 변화로 출생률이 감소하고, 의학 발달로 평균 기대 수명이 증가함. → 생산 연령 인구가 감소하여 (❹) 부족 및 경기 침체 문제가 나타나고, 노인 부양 부담이 증가함.
해결 방안	• 인구 과잉 문제: 출산 억제 정책, 인구 부양력을 높이기 위한 정책 등 • 저출산·고령화 문제: 출산 (❺) 정책, 노후 생활 보장을 위한 다양한 사회 보장 제도 마련, 노인의 경제 활동 지원, 친가족적 가치관 형성, 세대 간 정의를 실현하기 위한 노력 등

02 지속 가능한 발전을 위한 노력

(1) 자원의 분포와 소비 실태

자원의 특성	• 유한성: 자원은 매장량이 한정되어 있어 언젠가는 고갈됨. • (❻): 자원은 고르게 분포하지 않고 특정 지역에 치우쳐 분포함. • 가변성: 자원은 과학 기술의 발달과 사회적·문화적 배경 등에 따라 가치가 변화됨.
에너지 자원의 분포와 소비	• 석유: 서남아시아에 집중 매장되어 있으며, 현재 세계에서 가장 많이 소비됨. • 석탄: 비교적 넓은 지역에 매장되어 있으며, 석유에 이어 두 번째로 많이 소비됨. • 천연가스: 석유와 함께 발견되며, 냉동 액화 기술의 발달로 소비량이 급증함.

자원 분포와 소비에 따른 문제점	• 자원 확보를 둘러싼 국가 간 갈등 • 자원 소비 증가에 따른 자원 (❼) 문제 • 화석 연료 사용 증가에 따른 환경 문제 • 에너지 소비 격차 문제

(2) 지속 가능한 발전을 위한 노력

지속 가능한 발전	• 의미: 현세대의 필요를 충족시키기 위하여 미래 세대가 사용할 경제·사회·환경 등의 자원을 낭비하거나 여건을 저해하지 않으면서 조화와 균형을 이루는 것 • 국제·국가적인 노력: 개발 도상국의 빈곤 문제 해결, 지속 가능한 기술 개발, 환경 보존 노력, 사회 계층 간 통합 및 취약 계층 지원 • 개인적 노력: 자원 및 에너지 절약, (❽) 소비, 건강한 시민 의식 함양

03 미래 지구촌의 모습과 우리의 삶

(1) 미래 지구촌의 모습

정치·경제적 측면의 변화	• 세계 평화와 지구촌 문제의 해결을 위한 세계 협력의 중요성이 커짐. • 세계화에 따른 국가 간, 지역 간 상호 의존성 증대 • 난민 문제, 문화권 간의 충돌, 세계화에 따른 무역 마찰, 선진국과 개발 도상국 간의 빈부 격차 문제 등 다양한 갈등 발생
과학 기술 발달에 따른 변화	• 시간 거리의 단축, 생활 공간의 확대 • 사물 인터넷 기술, 인공 지능 로봇의 발달 • 과학 기술 장치의 오작동에 따른 안전 문제 발생 • 유전자 조작을 통한 식량 생산량 증가 및 인간 복제와 관련하여 윤리적 문제 발생
생태 환경의 변화	• 온실가스 배출로 인한 기후 변화, 사막화, 열대 우림 파괴에 따른 생물 종 다양성 감소 등 생태계 파괴 문제 발생 • 다양한 (❾) 체결, 온실가스 배출 최소화, 신·재생 에너지 개발·보급, 멸종 위기의 생물 종 복원, 다양한 방식의 식량 생산 노력

(2) 지구촌의 미래와 나의 삶

지구촌 구성원으로서 갖추어야 할 태도	• (❿): 세계를 하나의 공동체로 인식하고 지구촌 구성원으로서 지구촌 문제에 관심을 갖는 연대 의식 • 구성원 간에 소통과 화합을 이루기 위해 올바른 인성과 가치관 정립 • 미래 사회는 문화적 다양성, 개인의 가치 및 신념, 정체성 등이 다양하기 때문에 개방성과 관용의 정신이 필요함.
미래 내 삶의 방향	• 지구촌의 구성원이라는 점을 고려하여 설정해야 함. • 직업을 선택할 때에는 미래 지구촌의 변화에 대한 관심과 탐색, 가치관의 수립, 지식 및 경험, 흥미와 적성 등을 고려해야 함.

답 | ❶ 선진국 ❷ 경제적 ❸ 과잉 ❹ 노동력 ❺ 장려 ❻ 편재성 ❼ 고갈 ❽ 친환경 ❾ 국제 협약 ❿ 세계 시민 의식

통합사회 예상 문제

성명   반   번호

딱풀 p.78

[01 인구 문제의 양상과 해결 방안]

1. 대륙별 인구 비율 변화를 나타낸 그래프에 대한 옳은 설명을 〈보기〉에서 고른 것은?

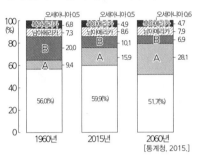

[통계청, 2015.]

┃보기┃
ㄱ. A의 인구 증가 주요 원인은 난민의 유입이다.
ㄴ. B에는 인구 변천 모형에서 소산 소사 단계에 속하는 국가들이 많다.
ㄷ. A는 B보다 합계 출산율이 높다.
ㄹ. B는 A보다 유소년층 비중이 크다.

① ㄱ, ㄴ   ② ㄱ, ㄷ   ③ ㄴ, ㄷ
④ ㄴ, ㄹ   ⑤ ㄷ, ㄹ

2. (가), (나) 국가의 상대적인 인구 특성을 그래프로 나타낼 때 A, B에 들어갈 항목으로 가장 적절한 것은?

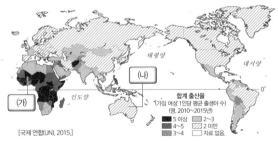

[국제 연합(UN), 2015.]

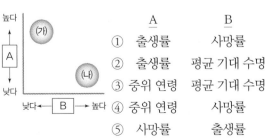

	A	B
①	출생률	사망률
②	출생률	평균 기대 수명
③	중위 연령	평균 기대 수명
④	중위 연령	사망률
⑤	사망률	출생률

3. 밑줄 친 ㉠, ㉡과 같은 유형의 인구 이동을 하는 사람들에 대한 일반적인 설명으로 적절하지 않은 내용을 말한 학생은?

- 필리핀은 실업률이 높아 자국민의 해외 취업을 장려하는데, 특히 맞벌이 부부가 많은 홍콩에 ㉠ 필리핀 출신의 입주 가사 도우미가 많다.
- 아랍 지역의 민주화 운동, 시리아 내전으로 ㉡ 서남아시아와 북부 아프리카에서 유럽으로 넘어오는 난민의 숫자가 폭발적으로 증가하였다.

① 종현: ㉠은 주로 개발 도상국에서 유출돼.
② 민기: ㉠이 유출된 지역은 장기적으로 청장년층 노동력이 감소해 문제가 될 수 있어.
③ 영민: ㉡은 사막화 등 기후 변화로 나타난 환경 재앙을 피하기 위해 이동했어.
④ 수행: ㉡이 유출되는 지역의 종교와 유입되는 지역의 종교가 달라 문화적 갈등이 나타날 수 있어.
⑤ 병헌: 오늘날에는 ㉠과 같은 유형의 이동이 ㉡보다 활발해.

4. (가), (나) 국가군의 인구 구조 변화 그래프를 보고 추론할 수 있는 내용으로 옳은 것은?

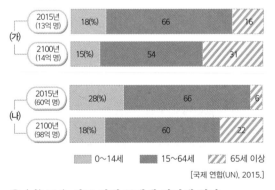

[국제 연합(UN), 2015.]

① (가) 군은 인구 과잉 문제에 직면해 있다.
② (나) 군은 여성의 사회 진출 증가와 출산 및 육아에 대한 부담으로 출생률이 낮다.
③ (가) 군보다 (나) 군의 경제 수준이 더 높다.
④ (나) 군보다 (가) 군은 산아 제한 정책에 세금을 더 많이 투입할 것이다.
⑤ (가) 군뿐만 아니라 (나) 군도 미래에 고령화 문제에 직면한다.

[5~7] 다음 우리나라의 인구 구조를 보고 물음에 답하시오.

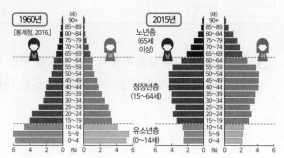

5. 연도별 인구 구조 변화로 나타날 수 있는 인구 부양비의 변화로 적절한 것을 ㉠~㉤에서 고른 것은?

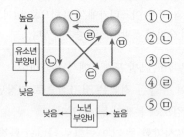

① ㉠
② ㉡
③ ㉢
④ ㉣
⑤ ㉤

6. 2015년 현재의 인구 구조를 참고하여, 현재 정부가 시행할 인구 정책의 표어로 가장 적절한 것은?

① 잘 키운 딸 하나, 열 아들 부럽지 않다
② 신혼부부 첫 약속은 웃으면서 가족계획
③ 낳을수록 희망 가득, 기를수록 행복 가득
④ 덮어 놓고 낳다 보면, 거지꼴을 못 면한다
⑤ 아들 바람 부모 세대, 짝꿍 없는 우리 세대

7. 위 인구 구조에 대한 옳은 분석 및 추론만을 〈보기〉에서 있는대로 고른 것은?

┤ 보기 ├
ㄱ. 1960년에는 인구 부양력의 한계를 넘어선 인구 과잉 문제가 나타났다.
ㄴ. 1960년보다 2015년에는 청년 한 명이 부양해야 하는 노인의 숫자가 줄어들었다.
ㄷ. 앞으로 노인의 경제적 자립을 지원하기 위한 정책이 확대될 것이다.
ㄹ. 미래 세대의 부담을 줄이기 위한 사회 복지 비용 논의가 필요하다.

① ㄱ, ㄴ
② ㄱ, ㄷ
③ ㄷ, ㄹ
④ ㄱ, ㄷ, ㄹ
⑤ ㄴ, ㄷ, ㄹ

[**02 지속 가능한 발전을 위한 노력**]

8. 다음은 석유와 천연가스의 대륙별 매장 비율을 나타낸 것이다. 이와 관련된 자원의 특성으로 옳은 것은?

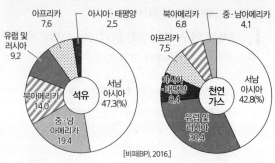

[비피(BP), 2016.]

① 자원의 가변성
② 자원의 유한성
③ 자원의 편재성
④ 자원의 상대성
⑤ 자원의 희소성

9. 그래프는 세계의 에너지 자원의 소비 비중 변화를 나타낸 것이다. A~C 자원에 대한 옳은 설명을 〈보기〉에서 고른 것은?

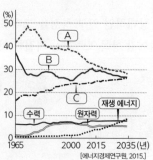

[에너지경제연구원, 2015.]

┤ 보기 ├
ㄱ. A는 산업 혁명기의 주요 에너지 자원이었다.
ㄴ. B는 서남아시아에 집중 매장되어 있다.
ㄷ. C는 냉동 액화 기술의 발달로 소비량이 급증하였다.
ㄹ. C는 A보다 대기 오염 물질의 배출이 적다.

① ㄱ, ㄴ
② ㄱ, ㄷ
③ ㄴ, ㄷ
④ ㄴ, ㄹ
⑤ ㄷ, ㄹ

10. 지도는 어떤 두 자원의 분포와 이동을 나타낸 것이다. (나) 자원에 대한 (가) 자원의 상대적 특징을 그림의 A~E에서 고른 것은? (단, (가), (나)는 석유, 석탄, 천연가스 중 하나이다.)

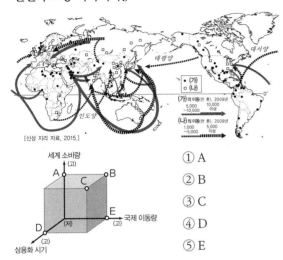

* 고(저)는 많음(적음), 이름(늦음)을 의미함.

① A
② B
③ C
④ D
⑤ E

11. 지도는 주요 갈등 지역을 나타낸 것이다. A~E 지역에 대한 설명으로 옳지 <u>않은</u> 것은?

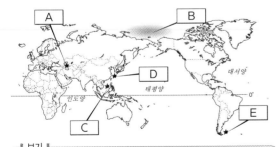

┤ 보기 ├
ㄱ. A와 B의 분쟁 당사국에는 러시아가 포함되어 있다.
ㄴ. D는 C보다 분쟁 당사국의 수가 많다.
ㄷ. A~E는 모두 자원 확보를 둘러싼 갈등 지역이다.
ㄹ. A~E의 갈등을 해결하기 위해서는 각국이 경제적 이익을 최대한 추구해야 한다.

① ㄱ, ㄴ
② ㄱ, ㄷ
③ ㄴ, ㄷ
④ ㄴ, ㄹ
⑤ ㄷ, ㄹ

12. 밑줄 친 ㉠~㉢에 대한 설명으로 옳지 <u>않은</u> 것은?

┌─────────────────────────────────┐
㉠ 특정 자원을 보유한 국가들이 합심하여 자원의 생산과 공급을 통제함으로써 자국의 이익을 극대화하려는 움직임이 있다. 대표적인 사례가 주요 산유국들이 결성하여 만든 ㉡ 석유 수출국 기구(OPEC)이다. 최근에는 천연가스, 철광석, 쌀 등을 생산하는 국가들도 비슷한 움직임을 보여 ㉢ 자원 갈등의 빌미가 되고 있다.
└─────────────────────────────────┘

① ㉠: 자원 민족주의를 뜻한다.
② ㉠: 자원의 편재성으로 인해 나타난다.
③ ㉡: 세계 경제에 큰 영향을 미친다.
④ ㉡: 석유를 무기화하려는 경향이 나타난다.
⑤ ㉢: 갈등을 겪고 있는 국가들만의 문제이다.

13. 다음은 국제 환경 협약을 정리한 것이다. ㉠~㉣ 중 옳은 내용을 고른 것은?

협약	목적
㉠ 람사르 협약	습지 보호
㉡ 생물 다양성 협약	생물 종 보호
바젤 협약	㉢ 산성비 문제 해결
기후 변화 협약	㉣ 프레온 가스의 생산·사용 규제

① ㉠, ㉡
② ㉠, ㉢
③ ㉡, ㉢
④ ㉡, ㉣
⑤ ㉢, ㉣

14. 다음 자료와 같이 지속 가능한 발전의 목표가 필요한 원인으로 가장 적절한 것을 〈보기〉에서 고른 것은?

[국제 개발 협력 시민 사회 포럼, 2016.]

┤ 보기 ├
ㄱ. 과학 기술의 발달
ㄴ. 빈부 격차의 확대
ㄷ. 국가 간 협력 확대
ㄹ. 지구촌의 자원 고갈

① ㄱ, ㄴ
② ㄱ, ㄷ
③ ㄴ, ㄷ
④ ㄴ, ㄹ
⑤ ㄷ, ㄹ

[03 미래 지구촌의 모습과 우리의 삶]

15. 미래 예측의 특징으로 옳은 것은?

① 미지의 영역인 미래를 예측하는 것은 불가능하다.

② 과거의 예언가, 사상가들의 미래 예측은 매우 과학적이었다.

③ 각 분야의 전문가들은 미래 예측에 관해 한 가지 예측을 하고 있다.

④ 미래 예측을 통해 지구촌의 평화와 지속 가능한 발전 방향을 모색해 볼 수 있다.

⑤ 미래 예측은 불확실성이 크기 때문에 독립된 학문 영역인 미래학의 수립은 어려울 것이다.

16. 미래학자가 이야기하는 내용을 통해 알 수 있는 것을 〈보기〉에서 고른 것은?

미래학자

> 저는 51%의 확률로 인류의 미래가 긍정적일 것이라고 생각하고, 49%의 확률로 인류의 미래가 부정적일 것이라고 생각합니다. 그런데 우리에게 닥친 인류의 여러 문제들은 모두 우리가 만든 것이죠. 문제를 만든 것이 우리라면 더 이상 문제가 발생하지 않게 하는 것도 우리의 선택이라고 믿습니다.

▮ 보기 ▮

ㄱ. 미래 모습에 대한 낙관적 전망과 비관적 전망이 비슷한 확률로 존재한다.

ㄴ. 미래에 발생할 것으로 예상되는 위기 상황을 고려하여 이를 대처하기 위해 준비해야 한다.

ㄷ. 미래 사회의 모습은 현재의 인류가 어떻게 준비하고 대처해 나가느냐에 관계없이 이미 정해져 있다.

ㄹ. 인류에게 닥친 문제가 더 이상 확산되지 않기 위해서는 국가 간 자원의 이동과 교류를 줄여야 한다.

① ㄱ, ㄴ　　　② ㄱ, ㄷ　　　③ ㄴ, ㄷ
④ ㄴ, ㄹ　　　⑤ ㄷ, ㄹ

17. 밑줄 친 ㉠~㉣에 대한 옳은 설명을 〈보기〉에서 고른 것은?

> 증기 기관과 기계화로 대표되는 ㉠1차 산업 혁명, 전기를 이용한 대량 생산이 본격화된 ㉡2차 산업 혁명, 컴퓨터의 자동화 시스템이 주도한 ㉢3차 산업 혁명에 이어, 로봇, 인공 지능, 유전자 공학이 주도하는 ㉣4차 산업 혁명이 나타나 우리 사회에 엄청난 영향을 줄 것으로 예상한다. 4차 산업 혁명의 특징은 기존의 산업 혁명보다 그 속도가 빠르고 광범위하게 진행되며 끊임없이 다양한 영역 간 융합과 조화가 실현된다는 점이다.

▮ 보기 ▮

ㄱ. ㉠은 이전 사회보다 제조업의 생산 비중을 높이는 계기가 되었다.

ㄴ. ㉠보다 ㉢에 의해 등장한 사회에서 익명성으로 인한 사회 문제가 더 심각해졌다.

ㄷ. ㉡보다 ㉢에 의해 등장한 사회에서 부가 가치의 원천으로서 노동이 차지하는 비중이 증가하였다.

ㄹ. ㉢과 달리 ㉣에서는 2차 산업의 중요성이 감소한다.

① ㄱ, ㄴ　　　② ㄱ, ㄷ　　　③ ㄴ, ㄷ
④ ㄴ, ㄹ　　　⑤ ㄷ, ㄹ

18. 밑줄 친 ㉠~㉤에 대한 설명으로 옳지 않은 것은?

> 과학 기술의 발전은 미래 지구촌의 공간과 삶에 많은 영향을 끼칠 것이다. ㉠새로운 교통수단이 발달하여 시공간의 제약이 줄어들고, 우리의 생활 공간의 범위는 더욱 넓어질 것이다. 또한, ㉡사물 인터넷 기술과 ㉢인공 지능의 발달로 생활 방식에 큰 변화가 나타날 것으로 예측된다. 그리고 미래에는 ㉣생명 및 유전 공학이 발달하여 인간의 수명이 연장될 것으로 기대된다. 그러나 과학 기술은 인류의 삶을 순식간에 파괴할 수 있으므로 우리는 ㉤과학 기술의 위험성을 항상 인식하면서 이를 제어해야 한다.

① ㉠: 자율 주행 자동차와 같은 무인 운송 수단이 활용될 것이다.

② ㉡: 모든 것이 연결되는 초연결 사회가 될 수 있다.

③ ㉢: 인공 지능 로봇의 개발로 인간은 노동 없이 살아갈 수 있을 것이다.

④ ㉣: 유전자 변형 동식물을 만들어 농업 생산에 도움을 줄 것이다.

⑤ ㉤: 드론의 발달로 인한 사생활 침해가 그 예이다.

19. 다음 글에 나타난 생태 환경 변화에 대한 설명으로 옳지 않은 것은?

> 극지 연구가들은 남극 대륙과 그린란드의 빙하를 제외한 전 지구 빙하의 부피가 최대 35~85%까지 감소할 것으로 전망하고 있다. 또한, 해안 지형학자들은 전 세계 해안 지역의 95% 이상에서 해수면이 최대 0.45~0.82m 상승하여 해안 지역의 침수 문제가 매우 심각해질 것으로 내다봤다.

① 인구 증가와 자원 소비량 증가가 그 원인이다.
② 개별 국가를 넘어 전 지구적 차원의 문제이다.
③ 고도의 산업화가 진행된 나라를 중심으로 피해가 발생한다.
④ 환경 보전과 미래 세대에 대한 책임까지 고려하여 해결 방안을 모색해야 한다.
⑤ 윗글에 나타난 변화 이외에도 생물 종 감소, 이상 기후 발생 등의 문제가 나타난다.

20. 다음 글에서 강조하고 있는 미래 사회에 요구되는 자질로 바람직하지 않은 것은?

> 오늘날에는 지구촌이라는 말이 자연스러울 정도로 전 세계가 하나의 공동체로 통합되고 있다. 따라서 우리는 한 국가의 국민으로서만이 아니라 지구촌의 구성원으로서 자신을 인식하며 세계 시민 의식을 지니고 살아가야 한다.

① 인류의 보편성에 대한 확고한 가치관을 가진다.
② 지속적인 경제 성장을 최우선 가치로 두고 노력한다.
③ 국제 사회의 정치·경제적 문제에 관심을 가져야 한다.
④ 다른 나라의 문화를 이해하고 수용하려는 태도를 가진다.
⑤ 지구촌 문제에 관심을 가지고 해결하기 위해 협력하는 태도가 필요하다.

21. 미래 사회에 유망한 직업군으로 볼 수 없는 것은?
　① 택시 운전사, 택배 배달원
　② 노년 플래너, 음악 치료사
　③ 녹색 건축 전문가, 전기 자동차 정비원
　④ 가상 현실 전문가, 인공 지능 로봇 설계사
　⑤ 장애인 여행 도우미, 범죄 예방 환경 전문가

서술형 문제

22. 다음 우리나라 인구 포스터를 보고, 물음에 답하시오.

(가)  (나)  (다)

(1) (가)~(다)를 시기 순서대로 배열하시오.

(2) (나) 시기에 필요한 인구 정책을 두 가지 서술하시오.

23. 다음 글에 나타난 갈등과 분쟁을 해결하기 위한 방안을 두 가지 서술하시오.

> 세계 여러 국가는 자원을 안정적으로 확보하기 위해 다양한 노력을 하고 있다. 그런데 이 과정에서 갈등과 분쟁이 발생하여 현세대는 물론 미래 세대의 안정까지도 위협하고 있다. 자원 갈등을 해결하고 지속 가능한 발전을 이루기 위해서는 지구촌 구성원 모두의 노력이 필요하다.

24. 다음 글을 통해 도출할 수 있는 미래 사회의 문제점이 무엇인지 서술하시오.

> 영화 《아일랜드》에서 복제 인간인 클론들은 자신들이 복제 인간이라는 사실도 알지 못한 채 지하의 유토피아(Utopia)에서 통제를 받으며 살아간다. 그들은 자신의 후원자를 위해 장기나 태아의 적출을 당한 후 생을 마감한다.

Ⅰ. 인간, 사회, 환경과 행복

통합사회 예상 문제 제1회
p. 3 ~ p. 7

1 ③	**2** ②	**3** ⑤	**4** ⑤	**5** ②
6 ①	**7** ⑤	**8** ②	**9** ②	**10** ②
11 ⑤	**12** ②	**13** ②	**14** ⑤	**15** ②
16 ③	**17** ⑤	**18** ③	**19** 해설참조	
20 해설참조		**21** 해설참조		

1. 다양한 관점의 이해 답 ③
커피를 마시는 개인의 행위가 사회에 영향을 주고, 사회도 개인의 행위에 영향을 줌을 보여 준다. 즉, 커피 소비의 증가 이유를 사회적 관점에서 파악한 것이다.

2. 윤리적 관점의 특징 답 ②
학생은 아동 노동 착취에 대해 보장받아야 할 보편적 인권이 침해받았다며 안타까워하고 있으므로, 사회 현상을 윤리적 관점에서 바라보고 있다.
윤리적 관점은 인간 행위의 좋고 나쁨, 옳고 그름과 관련하여 어떤 행위가 도덕적 행위인지 살펴보며, 가치나 규범적 차원에서 바람직한 사회를 실현하기 위한 관점이다.

정답을 찾아가는 Self - Tip
ㄴ. 현재의 모습을 있게 한 시대적 배경을 살펴본다.
→ 시간적 관점에 대한 설명이다.
ㄹ. 위치, 장소, 분포 패턴, 이동 등과 같은 공간적 맥락을 살펴본다.
→ 공간적 관점에 대한 설명이다.

3. 다양한 관점의 이해 답 ⑤
사회적 관점은 사회 현상에 대한 사회 제도, 정책, 구조의 영향력을 분석하고 예측하는 것으로, 제시된 글은 사회적 관점에 대한 설명이다. ⑤ 쓰레기 매립지 지역에 거주하는 주민들을 위해 정부가 제시한 보상 정책을 조사하는 것은 사회적 관점에서의 문제 해결 방안에 해당한다.
①은 윤리적 관점, ②는 공간적 관점, ③은 윤리적 관점, ④는 시간적 관점에서의 탐구 주제에 해당한다.

4. 공간적 관점에서 살펴 본 기후 변화 답 ⑤
기후 변화로 지구촌 곳곳에서 피해가 나타나고 있음을 보여 주는 자료로, 이는 공간적 관점을 드러낸다. 공간적 관점은 위치, 장소 등과 같은 공간적 맥락을 살펴보는 것이고, 지역 간 차이를 이해하고, 지역에 대한 환경의 영향을 파악할 수 있게 해 준다.

정답을 찾아가는 Self - Tip
ㄱ. 시대적 배경과 맥락을 살펴본다.
→ 시간적 관점에 대한 설명이다.
ㄴ. 현상을 도덕적 가치에 따라 평가한다.
→ 윤리적 관점에 대한 설명이다.

5. 다양한 관점의 이해 답 ②
예일이는 현재 모습을 있게 한 시간적인 흐름에 초점을 두고 있으므로 시간적 관점에 가깝다. 경민이는 멧돼지의 개체 수가 늘어난 이유를 '법'에서 찾고 있으므로 사회적 관점에 토대를 두고 있다. 희관이는 도심에 자주 출현하는 멧돼지 문제를 해결하기 위해서는 근본적으로 인간이 인간 중심적 사고에서 벗어나야 함을 지적하고 있으므로 윤리적 관점에 가깝다.

6. 통합적 관점의 필요성 답 ①
사회 문제를 특정한 관점으로만 분석하면, 그 문제의 속성을 깊이 있게 이해할 수 없어 적절한 대책을 세우기 어렵다. 따라서 사회 문제를 탐구할 때에는 시간적, 공간적, 사회적, 윤리적 관점 등을 활용하여 통합적으로 살펴보아야 한다.

정답을 찾아가는 Self - Tip
② 역사적 사실을 찾아내 현재에 의미를 부여해야 한다.
→ 시간적 관점에 대한 설명이다.
③ 사회 문제에 따라 각각 특정한 관점으로만 분석해야 한다.
→ 사회 문제를 특정한 관점으로만 분석하면, 그 문제의 속성을 깊이 있게 이해할 수 없다.
④ 타인의 인권이나 공동체의 선을 고려해서 행동해야 한다.
→ 윤리적 관점에 대한 설명이다.
⑤ 사회 문제를 해결하려면 개인의 의식을 바꾸거나 사회 구조에 변화를 주어야 한다.
→ 사회적 관점에 대한 설명이다.

7. 아리스토텔레스의 행복론 답 ⑤
제시문은 고대 그리스의 철학자 아리스토텔레스의 《니코마코스 윤리학》의 일부분이다. 아리스토텔레스는 행복을 삶의 궁극적 목적으로 보았으며, 행복은 이성의 기능을 잘 발휘할 때 달성된다고 보았다. 그는 "행복이야말로 인간 존재의 목적이고 이유이다."라고 말하였으며, 행복은 '탁월성(덕)에 따르는 영혼의 활동'이라고 여겼다.

정답을 찾아가는 Self - Tip
① 행복은 신의 은총을 통해 구원을 받는 것이다.
→ 신이 모든 것의 중심이었던 서양 중세의 행복 기준이다.
② 행복은 생로병사의 괴로움에서 벗어난 상태이다.
→ 석가모니의 행복에 관한 관점이다.
③ 행복은 육체의 고통이 없고 마음의 불안이 없는 평온한 삶이다.
→ 헬레니즘 시대 에피쿠로스학파의 행복론이다.
④ 행복은 정념에 방해받지 않는 초연한 태도로 자연의 질서에 따라 사는 것이다.
→ 헬레니즘 시대 스토아학파의 행복론이다.

8. 동양의 행복관 답 ②
㉠은 인, ㉡은 해탈, ㉢은 본성이다. 동양 사상에는 행복에 대한 직접적인 언급이 많지 않다. 그러나 동양 사상은 몸과 마음을 바르게 하는 수양을 통해 인간 본성을 실현하는 것을 이상적인 삶으로 강조한다는 점에서 결국 행복에 이르는 길을 모색한다고 볼 수 있다.

9. 행복의 기준의 다양성에 대한 이해 📘 ②

같은 상황에 대해서 여학생과 남학생은 서로 다른 인식을 하고 있다. 여학생은 시험 기간이 반이나 남았다고 하며 부정적으로 인식하는 반면, 남학생은 시험 기간이 반밖에 안 남았다고 하면서 긍정적으로 인식하였다. 이러한 인식의 차이는 행복감의 차이로 나타날 수 있다는 것을 보여준다.

10. 시대적 상황에 따른 행복의 기준 📘 ②

그리스 시대에는 이성의 기능을 잘 발휘하여 지혜와 덕을 얻는 것을, 헬레니즘 시대에는 전쟁과 사회적 혼란에 따른 불안에서 벗어나 마음의 평온을 얻는 것을 행복의 기준으로 여겼다.

📋 **내 것으로 만드는 Self - Tip**

시대적 상황에 따른 행복의 기준

선사 시대	생존을 위해 식량을 확보하고 외부의 위협으로부터 안전하게 사는 것
고대 그리스	이성의 기능을 잘 발휘하여 지혜와 덕을 얻는 것
헬레 니즘	전쟁과 사회적 혼란에 따른 불안에서 벗어나 마음의 평온을 얻는 것
서양 중세	신앙을 통해 신과 하나가 되고 구원을 얻는 것
근대 이후	인간의 기본적 권리 보장 및 자유와 평등을 실현하는 것
오늘날	물질적 풍요뿐만 아니라, 건강, 일과 취미, 인간관계, 사회 복지 등 행복의 기준이 과거보다 훨씬 복잡하고 다양해짐.

11. 진정한 행복의 의미 📘 ⑤

제시된 기사는 사회적 편견에 떠밀려 자신의 진로를 선택한 ○○ 씨가 자퇴를 고민하고 있다는 사례로, 진정한 행복의 의미에 대해 생각하게 한다. 진정한 행복은 다수의 사람이 선호하는 삶의 방식을 택해야 실현되는 것이 아니고, 일시적이고 감각적인 즐거움이나 눈앞에 단기적인 성취로 인해 실현되는 것도 아니다. 진정한 행복은 자기 자신이 자기 삶의 주인임을 알고, 자기 발전에 꾸준히 힘쓸 때 실현될 수 있다. 따라서, 진정한 행복을 위해서는 자신이 소중하게 여기는 가치와 자기 삶에 대한 성찰이 필요하다.

12. 삶의 목적으로서의 행복 📘 ②

우리가 추구하는 다양한 목표나 가치는 그 자체가 삶의 목적이 아니라, 행복을 위한 수단이며, 사람들의 삶의 모습과 행복의 기준은 다양하지만, 결국 궁극적으로 추구하는 삶의 목적은 행복이다.

💡 **정답을 찾아가는 Self - Tip**

ㄴ. 성공, 부, 명예 등은 그 자체로 궁극적인 삶의 목적이다.
　　→ 성공, 부, 명예 등은 그 자체가 삶의 목적이 아니라 행복해지기 위한 수단이다.
ㄷ. 삶의 목적으로서의 행복은 일시적이고 감각적인 즐거움이어야 한다.
　　→ 삶의 목적으로서의 행복은 일시적이고 감각적인 즐거움이라기보다 비교적 장기간에 걸쳐 자기 삶 전체를 통해 느끼는 지속적이고 정신적인 즐거움이어야 한다.

13. 진정한 행복을 실현하기 위한 노력 📘 ②

제시문 (가)는 진정한 행복을 실현하기 위한 노력에 대해 설명하고 있다. 진정한 행복은 자신의 조건과 타인의 조건을 비교하는 데서 오는 것이 아니라, 자신이 원하는 것을 스스로 선택하고 그에 책임지며, 자기 삶에 만족하고 자기 삶에 대해 성찰하는 태도를 통해 실현될 수 있다.

14. 《택리지》에 나타난 질 높은 정주 환경의 조건 📘 ⑤

제시문은 조선 후기의 실학자인 이중환이 저술한 《택리지》의 일부분이다. 그는 이 책에서 가거지(可居地), 즉 사람이 살기에 적합하여 살기 좋은 곳의 조건들이 서술되어 있는데, 지리는 풍수지리적 명당을, 생리는 땅에서 생산되는 이익인 풍부한 산물, 산수는 빼어난 경치, 인심은 넉넉하고 좋은 이웃 간의 정을 의미한다.

📋 **내 것으로 만드는 Self - Tip**

택리지에 나타난 가거지의 조건

지리	풍수지리적 명당	인심	넉넉하고 좋은 이웃 간의 정
생리	땅에서 생산되는 이익, 풍부한 산물	산수	빼어난 경치

15. 질 높은 정주 환경 조성과 행복한 삶 📘 ②

제시문은 안락한 주거 환경과 기본적인 위생 시설이 갖추어지지 않은 정주 환경으로 인해 자녀가 질병에 걸려 생존의 위협을 받고 있는 사례를 소개하고 있다. 이를 통해 낙후된 정주 환경에서는 인간다운 삶을 살기 어렵고, 행복한 삶을 영위하기 어렵다는 것을 추론할 수 있다.

16. 맹자의 항산과 항심 📘 ③

제시문은 맹자의 주장으로, 맹자는 경제적 안정이 궁극적으로 백성의 도덕성을 유지하기 위한 토대가 된다고 보았으며, 통치자는 백성의 행복을 위해서 기본적인 생업을 보장하여 경제적 안정을 이루게 해 주어야 한다고 보았다.

17. 시민 참여가 활성화되는 민주주의 실현의 필요성 📘 ⑤

제시문은 시민 참여가 활성화되는 민주주의 실현의 필요성에 대해 설명하고 있다.

18. 도덕적 실천과 행복 📘 ③

제시문은 자기 자신을 위하는 행동보다 남을 위하는 행동으로부터 더 강하게 행복을 경험하게 된다는 것을 말해준다. 즉, 타인을 위한 행동으로부터 나를 위한 행복을 경험하게 된다는 것을 알 수 있다.

정답 및 해설

서술형 문제

19. 다양한 관점과 통합적 관점의 특징

모범 답안 | (가)는 사회적 관점, (나)는 공간적 관점, (다)는 시간적 관점, (라)는 윤리적 관점이다. 사회 문제에 관련된 탐구 활동을 잘 수행하기 위해서는 통합적 관점이 필요하다. 통합적 관점에서 바라보면 복잡한 사회 현상을 종합적으로 이해할 수 있으며, 이를 바탕으로 문제에 대한 근본적인 해결책을 찾을 수 있다.

주요 단어 | 시간적 관점, 공간적 관점, 사회적 관점, 윤리적 관점, 통합적 관점

채점 기준	배점
(가)~(라) 관점을 모두 바르게 쓰고, 통합적 관점의 필요성을 논리적으로 서술한 경우	상
(가)~(라) 관점을 모두 바르게 썼으나, 통합적 관점의 필요성을 미흡하게 서술한 경우	중
(가)~(라) 관점만 바르게 쓴 경우	하

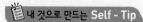 내 것으로 만드는 Self - Tip

통합적 관점의 필요성
복잡한 사회 현상을 정확하게 이해하고, 이를 바탕으로 문제의 근본적인 해결책을 찾아 인류의 삶을 개선할 수 있다.

20. 아리스토텔레스의 행복관

모범 답안 | (1) 목적
(2) 이성의 기능을 잘 발휘할 때 달성된다.

주요 단어 | 이성, 기능

채점 기준	배점
참된 행복은 이성의 기능을 잘 발휘할 때 달성된다고 서술한 경우	상
참된 행복을 이성의 기능과 관련지어 서술하지 않은 경우	하

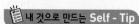 내 것으로 만드는 Self - Tip

아리스토텔레스의 행복관
"행복은 삶의 궁극적* 목적이며, 참된 행복은 이성의 기능을 잘 발휘할 때 달성된다."
*궁극적 더할 나위 없는 지경에 도달하는 것

21. 도덕적 실천과 행복

모범 답안 | 행복한 삶을 실현하기 위해서는 도덕적 실천이 중요하다. 위 사례에서 알 수 있듯이, 남과 더불어 살아가려는 노력은 다른 사람을 행복하게 만들 뿐만 아니라 자기 자신에게도 진정한 행복을 가져다주기 때문이다.

채점 기준	배점
행복한 삶을 실현하기 위해서는 도덕적 실천이 중요하며, 남과 더불어 살아가려는 노력은 다른 사람을 행복하게 만들 뿐만 아니라 자기 자신에게도 진정한 행복을 가져다준다는 점을 적절하게 서술한 경우	상
행복한 삶을 실현하기 위해서는 도덕적 실천이 중요하다는 것은 서술하였으나, 남과 더불어 살아가려는 노력은 다른 사람을 행복하게 만들 뿐만 아니라 자기 자신에게도 진정한 행복을 가져다준다는 점을 서술하지 않은 경우	하

II. 자연환경과 인간

통합사회 예상 문제 제2회   p. 9 ~ p. 13

1 ②	2 ②	3 ④	4 ⑤	5 ①
6 ②	7 ③	8 ④	9 ②	10 ①
11 ③	12 ③	13 ⑤	14 ③	15 ③
16 ⑤	17 ①	18 ⑤	19 ⑤	20 ④
21 해설 참조		22 해설 참조		23 해설 참조

1. 온대 기후 지역의 생활 　답 ②

A는 온대 기후 지역이다. 온대 기후 지역은 계절별 기온 및 강수량의 차이가 있어 계절에 따라 다른 의복을 입는다. 온대 기후 지역 중 연중 습윤한 서부 유럽 등지에서는 비옷을 자주 입고 다니며, 여름철이 뚜렷하게 건조한 지중해 연안 등지에서는 햇빛을 차단하기 위해 흰색으로 칠한 집을 볼 수 있다. 또한, 온대 기후 지역 중 여름철에 비가 많이 오는 동아시아 등지에서는 벼농사가 활발하게 이루어진다.

② 물과 풀을 찾아 이동하며 집을 짓는 모습은 건조 기후 지역 중 초원 지역에서 볼 수 있다.

2. 건조 기후 지역의 특징 　답 ②

자료와 같은 특징이 나타나는 지역은 건조 기후 지역 중 사막 지역에 해당한다. 사막은 강수량이 매우 적어 인간 거주에 불리하지만, 지역 주민들은 이러한 기후 환경에 적응하기 위해 벽이 두껍고 창이 작은 흙벽돌집을 지어 살았다.

💡 정답을 찾아가는 Self - Tip

ㄴ. 가볍고 통풍을 강조한 옷차림이 나타난다.
→ 열대 기후 지역에서 볼 수 있는 의복이다.
ㄷ. 향신료를 많이 사용하거나 튀긴 요리가 발달한다.
→ 열대 기후 지역에서 볼 수 있는 모습이다.

3. 열대 기후 지역과 냉·한대 기후 지역의 특징 　답 ④

(가) 수필의 배경이 되는 지역은 열대 기후 지역이고, (나) 영화의 배경이 되는 지역은 냉·한대 기후 지역이다. 열대 기후 지역은 냉·한대 기후 지역보다 연평균 기온이 높고, 강설량은 적다.

4. 지형과 인간 생활 　답 ⑤

유목(E)은 물과 풀을 찾아 목축을 하는 것을 말한다. 따라서 해안 지형보다는 산지 지형이나 평야 지형에서 볼 수 있는 모습이다.

5. 지형적 특성이 정치 체제에 준 영향 　답 ①

주변과의 교류가 적었다는 언급을 통해 아테네는 교통이 불편한 산지 지역에 위치했음을 추론할 수 있다. 이러한 특성 때문에 고대 그리스는 중앙 집권적인 대규모의 국가 형태가 아닌 도시 국가 형태로 발전한 것이다.

② 경사가 완만한
> → 경사가 완만한 평야 지역은 예부터 사람들이 많이 모여들어 주변과 교류가 많았다.

③ 해안에 위치한
> → 해안에 위치했다면 주변과의 교류가 많았을 것이다.

④ 대하천이 흐르는
> → 규모가 큰 대하천은 보통 평야 지역에서 흐르기 때문에 주변과의 교류가 많았을 것이다.

⑤ 비옥한 평야가 나타나는
> → 평야 지역은 주변과의 교류가 많았다.

6. 지진에 대응하는 방식   답 ②

　제시된 글의 핵심은 우리나라에서도 얼마든지 지진이 발생할 수 있다는 것이다. 따라서 빈칸 (가)에는 지진에 대응하는 방식이 들어가야 한다. 내진 설계의 의무화는 지진의 피해를 줄이기 위한 대책이다.

① 댐, 저수지 등을 건설하여 대비해야 한다.
> → 홍수와 가뭄에 대한 대책이다.

③ 시민들을 위한 홍수 대피 훈련을 실시해야 한다.
> → 홍수에 대한 대책이다.

④ 지구 온난화에 따른 해안 저지대의 피해를 막아야 한다.
> → 지구 온난화가 진행되면 극지방의 빙하가 녹아 해수면이 상승해 해안 저지대가 침수될 수 있지만, 지진과의 관련성은 적다.

⑤ 시민들의 안전할 권리 보장보다는 자연환경 개발에 비중을 두어야 한다.
> → 무분별한 개발은 자연재해로 인한 피해를 증가시킬 수 있고, 시민들의 안전할 권리는 보장받아야 할 권리이다.

7. 안전하게 살아갈 권리의 보장 방법   답 ③

　안전하게 살아갈 시민의 권리를 보장할 수 있는 방법에는 시민 스스로의 노력과 국가의 노력이 있다. 재해 발생 시 공동체 회복을 위해 시민 의식을 발휘하는 것은 시민 스스로의 노력에 해당한다. 자연재해와 관련된 법을 제정하여 권리의 보장에 대한 법적 근거를 마련하고, 재정 지원을 하거나 재난 관리 시스템을 구축하는 것은 국가의 노력에 해당한다.

8. 인간 중심주의   답 ④

　인간 중심주의는 오직 인간만이 이성을 지닌 존재라는 점에서 인간에게만 본래적 가치를 인정하고, 자연을 인간의 이익이나 필요에 따라 평가하는 관점이다. 이에 따르면 인간은 자연과 구별되는 우월한 존재로, 인간의 이익과 행복 증진 등을 위해 자연을 수단으로 이용할 수 있다. 이는 인간의 욕구 충족을 위한 도구로서 자연이 지니는 유용성을 중시하는 도구적 자연관에 근거한다.

① 인간과 자연을 동등하게 대우한다. → 생태 중심주의의 입장이다.

② 인간을 자연의 구성원이라고 여긴다. → 생태 중심주의의 관점이다.

③ 자연을 인간보다 더 소중하다고 여긴다.
> → 인간 중심주의에서는 인간을 더 소중하다고 여긴다.

⑤ 인간을 포함한 자연 전체의 균형을 중시한다.
> → 생태 중심주의의 입장이다.

9. 인간 중심주의에 대한 비판적 견해   답 ②

　제시문은 인간 중심주의의 대표 사상가 베이컨의 주장이다. 그의 주장은 인간이 물질적 욕망을 좇아 자연을 이용하고 개발하는 것을 정당화하여 자연에 대한 남용을 불러왔다는 비판을 받는다.

10. 인간과 자연의 관계 변화 양상   답 ①

　제시문은 인간과 자연의 관계 변화를 보여 주고 있다.

㉠ 과거 인간은 생태 중심적 사고를 바탕으로 자연을 이용과 지배의 대상으로 여겼다.
> → 과거 인간은 자연을 두려워 하였고, 자연에 순응하면서 살아왔다.

11. 인간 중심주의와 생태 중심주의의 비교 이해   답 ③

　제시문의 갑은 인간 중심주의, 을은 생태 중심주의를 주장하고 있다. 갑은 인간이 자연과 구별되는 우월한 존재라고 여기며, 인간과 자연을 이분법적으로 분리하여 바라본다. 반면, 을은 인간도 자연의 일부라고 여기며, 인간은 자연의 관리자나 지배자가 아니라 자연의 구성원이라고 본다. 또한, 인간과 자연이 서로 영향을 주고받는 관계라고 여기며, 생태계 전체의 균형과 안정을 우선적으로 고려해야 한다고 생각한다.

③ 을은 인간이 자연의 관리자로서 책임이 있다고 본다.
> → 을은 인간도 자연의 일부라고 여기며, 인간은 자연의 관리자나 지배자가 아니라 자연의 구성원이라고 본다.

12. 환경 보호를 지지하는 다양한 근거   답 ③

　인간 중심주의적 관점에서 숲을 보호해야 하는 이유는 숲이 인간에게 여러 이익을 주는 유용한 존재이기 때문이다. 반면, 생태 중심주의적 관점에서 숲을 보호해야 하는 이유는 숲은 생태계의 구성원이 조화를 이루어 살아가는 터전으로 그 자체로 보호할 만한 가치가 있기 때문이다.

13. 생태 중심주의   답 ⑤

　제시문은 아메리칸 인디언 '시애틀' 추장이 쓴 편지의 일부이다. 여기에 나타난 관점은 인간과 자연이 서로 끊임없이 영향을 주고받는 관계임을 강조하는 생태 중심주의에 해당한다. 이에 따르면 인간도 자연을 구성하는 일부이다. 따라서 인간은 생태계의 조화와 균형을 유지해야 한다.

14. 인간과 자연의 공존을 위한 노력   답 ③

　제시문은 인간과 자연의 공존을 위한 노력에 대해 설명하고 있다.

③ 자연이 지니는 유용성을 중시하며 자연을 도구적으로 대해야 한다.
> → 자연이 지니는 유용성을 중시하며 자연을 도구적으로 대하는 것은 인간 중심주의의 특징이다. 이는 자칫 인간과 자연의 공존을 해칠 수 있다.

15. 세계의 환경 문제 답 ③

과학·기술의 발전에 따라 자연을 과도하게 이용한 결과 여러 가지 환경 문제가 발생하였다. 지구 온난화, 사막화, 열대림 파괴, 산성비 등이 대표적인 예이다. 그중 사막화는 장기간의 가뭄과 인간의 과도한 개발로 인해 발생한 것이다. 그리고 열대림 파괴로 인해 생물 종 다양성이 감소되는 문제가 나타난다.

정답을 찾아가는 Self - Tip

ㄱ. (가): 피부암, 안과 질환 유발
→ 피부암, 안과 질환 유발은 오존층 파괴에 따른 영향이다.

ㄹ. (라): 황사 발생 빈도 증가
→ 산성비의 영향으로는 건축물 부식, 삼림 파괴 등이 있다.

16. 탄소 배출권 거래 제도 답 ⑤

제시된 자료에서의 ㉠은 탄소 배출권 거래 제도이다. 이는 전 지구적 차원의 환경 문제인 지구 온난화 문제를 해결하기 위한 제도이다. 지구 온난화는 온실가스의 인위적 배출의 증가로 나타난 현상이기 때문에, 탄소 배출권 거래 제도나 탄소 배출량 감축 제도 등의 시행을 통해 해결하고자 노력한다.

정답을 찾아가는 Self - Tip

ㄱ. 기업이 수립한 저탄소 녹색 성장 정책이다.
정부가

ㄴ. 미세 먼지 피해와 관련된 분쟁 해결을 위해 도입되었다.
→ 탄소 배출권 거래 제도는 지구 온난화의 대책으로 시행되고 있다.

17. 환경 문제 해결을 위한 기업의 노력 답 ①

A는 기업으로, 기업은 환경 문제 해결을 위해 과대 포장을 지양하고 환경친화적 상품을 개발하거나 에너지 효율이 높은 생산 시설을 도입한다.

정답을 찾아가는 Self - Tip

ㄷ. 친환경 사업자에게 국가 보조금을 지급한다.
→ 정부는 보조금을 지급하여 친환경 정책을 지원한다.

ㄹ. 환경 운동을 전개하며 서명 운동을 실시한다.
→ 시민 단체가 하는 역할이다.

18. 시민 단체의 환경 운동 답 ⑤

발표 1은 그린피스가 참치 제조업체의 활동을 감시하고 있다는 내용이고, 발표 2는 마이크로비즈의 규제 법안 제정을 촉구하는 시민 단체의 활동과 관련된 내용이다. 이를 모두 포괄 할 수 있는 발표 주제는 '환경 관련 제도의 수립과 기업 활동을 감시하는 시민 단체'이다.

정답을 찾아가는 Self - Tip

① 참치 조업 방식의 위험성
→ 발표1에만 해당하는 주제이다.

② 지구 온난화 피해의 심각성
→ 제시된 자료와는 관련이 없다.

③ 환경 문제의 해결을 위한 기업 차원의 노력
시민 사회

④ 광범위한 환경 문제의 해결을 위한 국제 협력
→ 제시된 글에는 국제 협력과 관련된 내용이 담겨 있지 않다.

19. 환경 문제 해결을 위한 정부의 노력 답 ⑤

제시된 자료의 주체는 정부이다. 정부는 환경 오염을 예방하기 위해 친환경 산업을 육성하고 친환경 사업자에게 보조금을 지급하며, 환경 협약을 체결하는 등 국제 사회와 공동으로 대응한다.

정답을 찾아가는 Self - Tip

ㄱ. 녹색 소비를 생활화한다. → 개인적 차원의 노력에 해당한다.

ㄴ. 환경 오염 물질 배출량 기준을 지킨다. → 기업 차원의 노력에 해당한다.

20. 환경 문제 해결을 위한 개인의 노력 답 ④

일상생활에서 개인이 환경 보호를 위해 실천할 방안은 다양하다. 일회용 컵 대신 개인용 컵 사용하기, 음식물 쓰레기 남기지 않기, 텔레비전의 소리와 화면 밝기 줄이기, 양치질할 때 컵 사용하기 등이 해당한다.

서술형 문제

21. 자연재해에 대한 대응

모범 답안 | (1) 자연재해

(2) 경보 시스템을 발령하고 대피 요령을 알려주며, 복구 지원을 해야 한다.

주요 단어 | 경보 시스템 발령, 대피 요령 안내, 복구 지원

채점 기준	배점
정부 차원의 노력을 옳게 서술한 경우	상
정부 차원의 노력을 미흡하게 서술한 경우	하

22. 우리 조상들의 전통적 자연관

모범 답안 | 우리 조상들은 인간과 자연이 서로 분리된 존재가 아니라, 자연 속에서 더불어 살아가는 존재로 보고, 자연과의 조화를 이루는 삶을 강조하였다.

주요 단어 | 인간, 자연, 분리, 조화

채점 기준	배점
인간과 자연이 서로 분리된 존재가 아니라, 자연 속에서 더불어 살아가는 존재로 보았다는 점, 자연과의 조화를 이루는 삶을 강조하였다는 점을 모두 서술한 경우	상
인간과 자연이 서로 분리된 존재가 아니라, 자연 속에서 더불어 살아가는 존재로 보았다는 점, 자연과의 조화를 이루는 삶을 강조하였다는 점 중 일부만 서술한 경우	하

23. 환경 문제 해결을 위한 노력

모범 답안 | 정부는 오염 물질을 배출하는 레미콘 업체를 처벌하고, 오염 물질을 정화하는 시설을 정비하도록 규제해야 한다. 기업은 오염 물질 배출을 막기 위해 기반 시설을 정비해야 하고, 환경 오염을 최소화하려는 기업 윤리를 가져야 한다. 시민 단체는 정부와 기업 활동을 꾸준히 감시하여 같은 문제가 반복되지 않도록 해야 한다.

주요 단어 | 오염 물질 배출 규제, 기반 시설 정비, 감시 활동

채점 기준	배점
정부, 기업, 시민 단체의 노력을 모두 서술한 경우	상
정부, 기업, 시민 단체의 노력 중 두 가지만 서술한 경우	중
정부, 기업, 시민 단체의 노력 중 한 가지만 서술한 경우	하

Ⅲ. 생활 공간과 사회

통합사회 예상 문제 제**3**회   p. 15 ~ p. 19

1 ④	**2** ②	**3** ④	**4** ③	**5** ⑤
6 ③	**7** ④	**8** ②	**9** ①	**10** ④
11 ④	**12** ④	**13** ⑤	**14** ③	**15** ②
16 ⑤	**17** ②	**18** ③	**19** ⑤	**20** ⑤
21 해설 참조		**22** 해설 참조		**23** 해설 참조

1. 산업화·도시화에 따른 변화   🔑 ④

산업화와 도시화가 진행되면서 다양한 사회 변화가 나타나는데, 그 중 하나가 핵가족의 비율이 높아지고 1인 가구가 증가하는 것이다.

2. 도시화로 인한 열대야의 증가   🔑 ②

도시 지역은 촌락에 비해 자동차, 냉·난방 시설, 공장 등에서 배출되는 인공 열이 많고, 열을 잘 가두어 놓는 콘크리트나 아스팔트로 포장된 면적이 넓으며, 고층 빌딩 사이에서 바람이 잘 통하지 않아 열대야 현상이 더 자주 나타난다.

정답을 찾아가는 Self - Tip

① 도시 내에 녹지를 조성했기
  → 녹지의 조성은 열대야 현상을 해소하는 방안이다.
③ 촌락보다 도시에서 차량의 통행량이 ~~적기~~ 많기
④ 도시에 콘크리트나 아스팔트의 면적이 ~~줄어들었기~~ 늘어났기
⑤ 도시의 고층 빌딩 사이에서 바람의 흐름이 원활하게 ~~나타나기~~ 원활하지 않기

3. 산업 구조의 고도화   🔑 ④

산업화가 진행되면서 1차 산업의 비중이 점차 줄어들고 2·3차 산업의 비중이 늘어나는 산업 구조의 고도화가 나타났다. 1965년~2015년 사이에 광공업 취업자 비율은 8.7%에서 17.3%로, 사회 간접 자본 및 서비스업 취업자 비율은 28.3%에서 77.5%로 증가하였으므로, 사회 간접 자본 및 서비스업 취업자의 증가율이 더 높다.

정답을 찾아가는 Self - Tip

ㄱ. 직업의 종류가 ~~단순해졌다.~~ 다양
ㄷ. 직업이 필요로 하는 전문성의 영향이 ~~줄어들었다.~~ 커졌다.

4. 산업화로 인한 인간 소외 현상   🔑 ③

제시된 사진은 영화 '모던 타임즈'의 한 장면이다. 이 영화는 공장 노동자들이 대량 생산을 위해 기계처럼 반복해서 일하는 당시의 현실을 비판했다. 즉, 이 영화에서 비판하는 산업화의 문제점은 기계화와 분업화 과정에서 나타나는 인간 소외 현상이라고 할 수 있다.

📝 내 것으로 만드는 Self - Tip

산업화·도시화에 따른 문제점

도시 문제	도시 기반 시설이나 일자리 부족으로 인해 주택 문제, 교통 문제, 환경 문제, 범죄 등이 발생함.
공동체 의식 약화	타인에 대한 무관심과 이기주의 확산 등으로 발생
인간 소외 현상	생산 과정의 자동화로 인해 인간을 마치 기계의 부속품처럼 여기게 되어 노동에서 얻는 만족감과 성취감이 약화됨.
노동 문제	실업 문제, 노사 갈등 등의 문제 발생
지역 간 불균형	도시에 각종 기능과 산업 시설 집중 → 도시와 농촌 간의 지역 격차 심화

5. 1인 가구의 증가   🔑 ⑤

산업화와 도시화의 영향으로 개인주의적 가치관이 확산되면서 1인 가구의 비중이 꾸준히 증가하고 있다. 나홀로족은 자신의 내면에 귀를 기울이기 위해 혼자 밥을 먹거나 여가 시간을 보낸다. 이 때문에 최근 나홀로족을 대상으로 하는 업종이 증가하고 있다.

정답을 찾아가는 Self - Tip

ㄴ. 공동체 의식의 ~~확산~~과 맞물려 나타난 것이다.
  → 공동체 의식의 약화와 관련이 있다.

6. 산업화와 도시화에 따른 거주 공간의 변화   🔑 ③

(가)는 도심, (나)는 주거 지역이다. 도심은 접근성이 좋기 때문에 토지 이용 집약도가 높으며, 지역 분화의 결과 도심에는 상업 및 업무 기능이 밀집한다. 한편, 주거 지역에는 초등학교, 대형 마트 등이 많이 분포한다. 따라서 A, B에 들어갈 항목으로 적절하게 짝지어진 것은 ③이다.

7. 산업화에 따른 생활 양식의 변화   🔑 ④

산업화가 진행되면 전체 산업에서 제조업이 차지하는 비중이 증가했다. 이에 따라 기존의 농업과 가내 수공업을 중심으로 행해지던 생산 활동이 공장제 기계 공업으로 변화하게 되었다.

8. 산업화에 따른 울산의 변화   🔑 ②

울산은 산업화, 도시화를 거치면서 인구수가 증가하고 토지 이용 집약도가 높아졌으며, 수출액 또한 증가하였다. 그리고 각종 기반 시설의 확충으로 시가지 면적도 증가하였다. 따라서 옳게 그려진 그래프는 ㄱ과 ㄷ이다. ㄴ과 ㄹ의 그래프 역시 우상향으로 그려져야 한다.

9. 불투수 면적의 증가   🔑 ①

불투수 면적은 콘크리트나 아스팔트로 덮여 있어 빗물이 투과되기 어려운 지역의 면적을 말한다. 포장 면적의 증가는 불투수 면적을 증가시킨다. ②, ③, ④, ⑤는 모두 불투수 면적을 감소시키는 요인이다.

10. 도시 문제 ④

산업화와 도시화로 도시에는 범죄 발생, 환경 문제, 주택 문제, 교통 문제 등 다양한 문제가 발생한다. ④ 노년 인구 비율의 증가로 고령화 현상이 두드러지게 나타나 지역의 활기가 감소하고 노동력 부족 문제를 겪고 있는 곳은 촌락이다.

11. 산업화·도시화에 따른 문제의 해결 방안 답 ④

산업화와 도시화로 발생하는 문제를 해결하기 위해서는 사회적, 개인적 측면의 여러 노력이 필요하다. ④ 소외 계층을 위한 사회 복지 제도를 확충하는 것은 사회적 차원의 해결 방안이다.

📋 내 것으로 만드는 Self - Tip

산업화·도시화에 따른 문제의 해결 방안

사회적 차원	• 도시 재개발 사업 및 신도시 건설 • 교통 체계 개편 • 생태 환경 복원 • 범죄 예방 • 사회 복지 제도 확충
개인적 차원	• 친환경적인 생활 양식 실천 • 연대 의식 함양

12. 교통수단의 발달 답 ④

교통수단의 발달로 시·공간 제약은 감소하고 시·공간 거리는 크게 단축되어 지역 간 접근성이 향상된다.

💡 정답을 찾아가는 Self - Tip

① 교통의 발달로 지역 격차가 크게 ~~완화된다.~~
　　　　　　　　　　　　　　심화될 수 있다.
② 시·공간적 제약이 감소되어 여가 공간이 ~~축소된다.~~
　　　　　　　　　　　　　　　　　　확대된다.
③ 생활이 광역화되면서 ~~모든 지역이 빠르게 성장한다.~~
　→ 교통수단 발달의 혜택을 받은 지역과 그렇지 못한 지역 간의 격차가 발생하여 차별적으로 성장한다.
⑤ 과거보다 집과 직장 간의 거리가 가까워져 원거리 통학이 사라진다.
　→ 통근권, 통학권이 광역화된다.

13. 교통 발달에 따른 변화 답 ⑤

제시문은 호남 고속 철도 건설로 인한 이용객의 증가 모습을 보여 준다. 이로 인해 고속 철도와 연계한 관광 상품은 증가하고, 고속 철도가 지나가지 않는 지역의 상권은 경기가 침체될 것이다.

💡 정답을 찾아가는 Self - Tip

ㄱ. 광주 공항 주변 지역의 상권이 ~~확대된다.~~
　　　　　　　　　　　　　　　　축소
ㄴ. 광주행 고속 버스를 이용하는 승객이 ~~증가한다.~~
　　　　　　　　　　　　　　　　　　감소

14. 정보화로 인한 재택근무 답 ③

제시된 기사는 ⊙ 정보화로 재택근무가 가능해진 경제생활의 변화 모습을 보여 준다. 정보화에 따라 가상 공간을 활용한 정치 참여가 가능해졌으며, 유비쿼터스의 구축으로 온라인 진료 서비스가 확대되었다. ㄱ과 ㄹ은 교통의 발달에 따른 변화이다.

15. 정보화로 인한 온라인 쇼핑 증가 답 ②

제시된 그래프는 온라인 쇼핑의 확대를 보여준다. 온라인 쇼핑은 가상 공간을 활용한 소비 방식이다. 모바일 쇼핑은 매우 빠른 속도로 성장하여 2015년에 온라인 쇼핑의 약 45%를 차지하였다.

💡 정답을 찾아가는 Self - Tip

ㄴ. 온라인 쇼핑 증가로 국내 택배 물동량이 ~~감소한다.~~
　　　　　　　　　　　　　　　　　　　증가
ㄷ. 모바일 쇼핑은 2001년부터 꾸준히 성장하고 있다.
　→ 그래프에는 2013년 수치부터 나타나 있으므로 알 수 없다.

16. 정보화에 따른 문제점 답 ⑤

정보 통신 기술의 발전으로 일상생활이 편리해졌지만 정보 격차 심화, 사이버 범죄 증가, 개인 정보 유출, 사생활 침해 등 각종 문제가 발생한다.

💡 정답을 찾아가는 Self - Tip

① 가상 공간 활용에 따른 생활 양식의 변화
　→ 제시된 내용은 문제점과 관련이 있다.
② 첨단 교통 기술 발달로 인해 발생하는 문제점
　→ 교통의 발달과는 관련이 없다.
③ 첨단 정보 통신 기술 발달에 따른 공간 이용 방식 변화
　→ 공간 이용 방식에 대한 내용은 없다.
④ 교통 발달에 따라 발생하는 생활 공간에서의 문제점
　→ 교통의 발달과는 관련이 없다.

17. 정보화에 따른 문제의 해결 방안 답 ②

(가)는 사생활 침해 사례로, 개인 정보 노출을 최소화하고 개인 정보 도용에 대한 처벌 수준을 높이는 법적 장치를 강화하여 해결할 수 있다. (나)는 사이버 범죄 사례로, 정보 보안 관련 기구 및 전문 인력을 강화하고 관련 법률을 보강하는 방향으로 해결해야 한다.

② 정보 격차를 해소하는 방안으로는 개인 정보 침해에 대한 근본적인 해결이 되지 않는다.

18. 지역 조사 과정 답 ③

지역 조사 과정 중 (나) 단계에서는 실내 조사와 현지(야외) 조사를 통해 지역 정보를 수집한다. 그 중 실내 조사 단계에서 설문지를 작성하고 답사 경로를 계획해야 한다.

📋 내 것으로 만드는 Self - Tip

지역 조사 과정

계획 수립	조사 주제와 지역, 방법을 선정함.
지역 정보 수집	• 실내 조사: 문헌, 통계 자료, 지형도, 항공 사진 등을 통한 지역 정보 수집, 설문지 작성 및 답사 경로 계획 등 현지 조사를 위한 준비 • 현지(야외) 조사: 설문 조사, 면담, 관찰, 실측 등을 통한 정보 수집
지역 정보 분석	• 수집된 자료를 조사 항목별로 구분하고 정리함. • 중요한 지리 정보 선별하여 도표, 그래프, 통계표, 지도 등으로 작성함.
보고서 작성	조사 방법, 지역 변화 및 문제점, 해결 방안 등을 포함하여 보고서를 작성함.

19. 정보 격차

답 ⑤

모든 계층에서 컴퓨터 기반 정보화 수준이 스마트 정보화 수준보다 높은 것으로 보아 컴퓨터보다 이동 통신 기반 환경에서 정보 격차가 더 크다는 것을 알 수 있으며, 이를 해결하기 위해서는 정보 소외 계층을 위한 정보 기반 시설 확충이 필요하다.

정답을 찾아가는 Self - Tip

ㄱ. 장·노년층의 정보화 수준이 가장 낮다.
　　　　　　농어민

ㄴ. 정보화 수준은 지역별, 계층별로 차이가 나지 않는다.
　　　　　　　　　　　　　　　　　　　난다.

20. 지역의 공간 변화

답 ⑤

지역의 문제를 해결하기 위해서는 지역 주민들도 지역 구성원으로서 적극적으로 참여하고 의견을 표출해야 한다.

서술형 문제

21. 옥상 정원 조성의 효과

모범 답안 | 도시의 열섬 현상을 줄일 수 있고, 냉·난방비 절감에 효과가 있으며, 도시 생태계를 살릴 수 있다.

주요 단어 | 열섬 현상 완화, 냉·난방비 절감, 생태계 복원

채점 기준	배점
옥상 정원 조성의 효과를 두 가지 서술한 경우	상
옥상 정원 조성의 효과를 한 가지만 서술한 경우	하

22. 정보 윤리

모범 답안 | (1) 정보 윤리

(2) 정보화의 문제점에 대한 해결 방안

채점 기준	배점
발표 주제를 정확히 쓴 경우	상
발표 주제를 쓰지 못한 경우	하

23. 교통의 발달에 따른 지역의 변화

(1) **모범 답안 |** 응급 환자가 발생하거나 급한 일이 있을 때 바로 육지로 나갈 수 있게, 싱싱한 수산물을 대도시에 빠르게 수송할 수 있게 되어 소득이 증가하게

주요 단어 | 육지와 연결성 증가, 수산물 판매 소득 증가

채점 기준	배점
지역의 긍정적인 변화를 쓴 경우	상
지역의 긍정적인 변화 내용이 부족한 경우	하

(2) **모범 답안 |** 방음벽, 쓰레기 처리 시설, 주차 시설, 수도 시설 등 각종 기반 시설을 확충하고, 지역 문제 해결을 위해 주민들이 적극 참여한다.

주요 단어 | 각종 기반 시설 확충, 지역 주민들의 참여

채점 기준	배점
해결 방안을 구체적으로 서술한 경우	상
해결 방안을 서술하지 못한 경우	하

Ⅳ. 인권 보장과 헌법

통합사회 예상 문제 제4회　　　　p. 21 ~ p. 25

1 ①	2 ③	3 ③	4 ②	5 ④
6 ④	7 ②	8 ⑤	9 ②	10 ④
11 ④	12 ②	13 ⑤	14 ②	15 ②
16 ③	17 ⑤	18 ④	19 ③	20 ③
21 ③	22 ④	23 해설 참조	24 해설 참조	25 해설 참조

1. 인권의 의미

답 ①

인권은 인간이면 누구나 누릴 수 있는 권리로서, 인간존엄성을 구체화시키고 실현하는 권리이다. 인권은 인간이라는 이유만으로 지니게 되는 권리이므로, 나이, 건강 유무 등과 같은 제한 조건 없이 모든 사람이 누려야 할 권리이다.

2. 인권의 특성

답 ③

인권은 모든 사람이 차별 없이 누리는 보편적인 권리이다. 또한 사람이라면 누구나 태어나면서부터 가지는 천부적 권리이며, 박탈당하지 않고 영구히 보장되는 항구적 권리이다. 또한 누구도 침범할 수 없는 불가침의 권리이다.

3. 프랑스 혁명의 의의

답 ③

차별과 억압에 시달리던 시민들은 프랑스 혁명을 통해 절대 왕정의 전제 정치와 봉건적 신분 질서를 타파하고 새로운 사회를 만들고자 하였다. 이는 봉건 체제의 모순과 문제점에 대해 항의하면서 시민에게 자유와 권리를 보장할 것을 요구하는 투쟁이었다. 그러나 프랑스 혁명 당시 인권의 주체는 재산이 있는 성인 남자, 즉 '시민'에 한정되었다.

4. 자유권과 평등권

답 ②

근대 시민 혁명은 억압당하던 인간의 기본권을 되찾기 위한 투쟁이었다. 이를 통해 자유권과 평등권 중심의 인권을 보장받게 되었다. 자유권은 국가 권력의 간섭에서 벗어나 자유롭게 생활할 수 있는 권리이며, 평등권은 부당하게 차별을 받지 않을 권리이다. ㄴ은 사회권, ㄹ은 연대권에 대한 설명이다.

5. 참정권의 등장

답 ④

참정권은 국가 정책이나 정치에 직접 또는 간접적으로 참여할 수 있는 권리 전반을 가리키며, 선거권 및 피선거권, 공무 담임권 등이 포함된다. 근대 시민 혁명 이후에도 직업, 재산, 성별 등에 따라 선거권이 제한되어 있었기 때문에 노동자, 농민, 여성 등은 이러한 차별의 시정을 요구하는 운동을 지속적으로 전개하였다. 이러한 노력을 통해 20세기 이후 거의 모든 사람에게 선거권이 주어지면서 참정권이 보편적 인권으로 자리 잡게 되었다. 영국의 차티스트 운동(1838~1848년)은 노동자와 농민에게 선거권을 부여하는 계기가 되었으나, 이후에도 여성의 참정권은 여전히 제한되어 있었다.

6. 사회권의 의미 답④

사회권은 모든 국민이 최소한의 인간다운 생활을 보장받아야 한다는 권리이다. 사회권은 국민이 자유와 권리를 실질적으로 누리려면, 국가가 사회적 약자를 포함한 모든 국민의 인간다운 삶을 보장해야 한다는 생각을 토대로 발전하였다.

7. 바이마르 헌법과 사회권 답②

독일의 '바이마르 헌법'(1919년)은 사회권을 헌법에 최초로 명시하였다. 바이마르 헌법이 사회권적 기본권을 규정한 이후, 사회권을 규정한 헌법이 세계 각국에서 제정되었다.

8. 현대 사회에서 대두하고 있는 인권 답⑤

오늘날 인권 의식이 높아지고 사회가 변하면서 새롭게 요구되는 인권으로는 주거권, 안전권, 환경권, 문화권 등이 있다. 이 중 문화권은 누구나 문화생활에 참여하고, 자신의 문화적 정체성을 유지할 권리이다.

9. 헌법의 원리 답②

권력 분립의 원리는 국가 권력의 남용을 방지하여 국민의 권리를 보장하기 위한 것이다. ③ 재판의 주체는 사법부이다. ④ 현대 민주주의 사회에서는 국민 주권의 원리에 따라 국민의 의사를 반영하여 정부 형태를 구성하고, 권력 분립의 원리에 따라 정부 권력 남용을 견제함으로써 국민의 인권을 보장한다. ⑤ 국민 주권의 원리와 관련된다.

10. 헌법의 원리 답④

(가)는 입헌주의, (나)는 국민 주권의 원리에 대한 설명이다. 이는 모두 국민의 인권 보장을 위한 헌법의 원리이다. ㄱ. 법치주의는 국가의 운영이 국회에서 제정한 법률에 근거하여 수행되어야 한다는 민주 정치의 원리이다. ㄷ. (가)와 (나) 모두 헌법이 인권 보장을 위한 최후의 보호막 역할을 담당하고 있음을 보여 주는 헌법의 원리에 해당한다.

11. 헌법 재판소의 심판 답④

㉠은 위헌 법률 심판이고, ㉡은 헌법 소원 심판, ㉢은 헌법재판소에 해당한다. 헌법재판소는 위헌 법률 심판이나 헌법 소원 심판을 통해 인권을 보장하는데, 최고법인 헌법에 비추어 법률이 인권을 침해하거나 공권력이 기본권을 침해했다고 판단될 때 위헌 결정을 내린다.

12. 기본권의 유형 중 평등권 답②

(가)는 평등권으로, 사회생활에서 불합리한 기준에 의해 차별받지 않고 동등하게 대우받을 권리이다. 법 앞에서의 평등과 차별받지 않을 권리 등이 대표적이다. 평등권은 어떠한 조건에 상관없이 모든 국민이 평등할 권리로서 다른 기본권 보장의 전제 조건이 된다. ①은 청구권, ③은 참정권, ④는 사회권, ⑤는 자유권에 대한 설명이다.

13. 기본권의 유형 답⑤

청구권은 헌법에 명시된 기본권에 해당한다. 청구권은 다른 기본권들이 침해되었을 때, 침해를 막고 보상을 받기 위한 수단적 권리이다. ①~④는 헌법에 열거되지 않았지만, 사회가 변하면서 인간의 존엄을 위해 필요하다고 여겨지는 새로운 권리이다. 헌법 제37조를 근거로 우리 헌법은 이러한 새로운 권리도 광범위하게 보장한다.

14. 준법 의식 답②

㉠은 준법 의식이다. 준법을 통해 사회 질서를 유지하고, 구성원의 권리와 이익을 보호할 수 있으므로, 국가가 국민의 준법 의식을 고취하는 일은 중요하다.

15. 시민 참여 답②

사례는 시민 단체 활동을 통한 시민 참여라고 볼 수 있으므로, 시민 불복종이라고 보기 어렵다. 시민 불복종은 정의롭지 못한 법이나 정책을 변혁시켜 공공의 이익을 지키려는 목적에서 양심적으로 행하는 비폭력적인 위법 행위이다.

16. 시민 불복종 답③

(가)는 최후의 수단, (나)는 공익성에 대한 설명이다. 시민 불복종의 정당화 조건은 공익성, 비폭력성, 처벌 감수, 최후의 수단이다.

17. 사회적 소수자에 대한 이해 답⑤

㉠은 사회적 소수자이다. 사회적 소수자에 대한 차별은 개인의 인권을 침해할 뿐 아니라, 사회적 갈등을 유발하여 사회 통합을 가로막으므로, 이를 해소하기 위해 사회 전체가 노력해야 한다. 사회적 소수자를 위한 사회적 지원으로는 장애인 생활 도우미 제도, 교통 약자를 위한 저상 버스, 결혼 이민자를 위한 문화 지원 프로그램 등을 들 수 있다.

⚡ **정답을 찾아가는 Self - Tip**

ㄱ. ㉠은 절대적인 수가 소수인 사람들을 의미한다.
→ 사회적 소수자는 단순히 수가 적은 사람들이 아니라, 약자의 위치에 있는 사람들을 의미한다. 달리 말해, 사회적 소수자는 주류 집단의 구성원에 비해 가진 힘이나 세력, 영향력 등이 약하다.

ㄴ. ㉠은 스스로의 노력만으로 차별을 극복해 나가야 한다.
→ 사회적 소수자가 스스로 차별을 해소하기 위해 노력하는 것에는 한계가 있으므로, 사회 구성원 모두의 노력이 필요하다.

18. 사회적 소수자를 위한 법률과 정책 답④

제시된 법률과 정책은 모두 사회적 소수자에 대한 차별을 개선하려는 공통된 목표를 지니고 있다.

19. 청소년의 노동권 침해 문제의 해결 방안 답③

청소년 노동권 침해 문제를 해결하기 위해 고용주는 청소년의 권리를 보호하며 법규를 준수하여야 한다. 청소년은 노동권에 대한 지식을 갖추고, 부당한 대우 시 적극적으로 대처해야 하며 권리를 제대로 보장받기 위해 일 시작 전에 근로 계약서를 쓰는 것이 중요하다. 또한 청소년 노동 관련 법률이나 제도를 보완하는 등의 사회적 노력이 필요하다.

③ 고용노동부에 따르면, 청소년은 휴일에 일하거나 초과 근무를 할 수 있고, 그 경우 50%의 가산 임금을 받을 수 있다. 다만, 청소년의 동의하에 하루에 1시간, 일주일에 5시간을 한도로 연장 근무를 할 수 있고, 근로 가능 시간을 초과하는 근로 요구에 대해서는 거부할 수 있다.

20. 청소년 〈근로 기준법〉에 대한 이해   답 ③

17세 갑은 연소 근로자(15세 이상 18세 미만인 자)에 해당한다. 갑이 체결한 근로 계약서에는 근무일 및 휴일의 구체적인 내용이 명시되어야 한다. 또한 사용자는 근로자에게 1주일에 평균 1회 이상의 유급 휴일을 주어야 한다. 특히 근로자는 일주일을 개근하고 15시간 이상 일을 하면 하루의 유급 휴일을 받을 수 있다.

자료를 분석하는 Self - Tip

근로 계약서

1. 계약 기간: 20□□년 1월 1일~20□□년 12월 31일
2. 근무 장소: ㉠ ○○ 편의점 → 청소년이 일할 수 있는 곳이다.
3. 업무 내용: 판매 보조, 재고 관리 및 청소
4. 근로 시간: ㉡ 오전 8시~오후 6시
   → 15세 이상 18세 미만인 근로자의 1일 법정 근로 시간은 7시간을 초과할 수 없다. 단, 당사자의 합의에 따라 1일 1시간, 1주일에 5시간을 한도로 연장할 수 있다.
   휴게 시간(12시 00분 ~ 13시 00분)
5. 근무일/휴일: ㉢ 월~금(근무)/토, 일(휴무)
   → 일주일을 개근하고 15시간 이상 일을 하면 하루의 유급 휴일을 받을 수 있다.
6. 임금: ㉣ 상품권과 쿠폰으로 지급
   → 사용자는 매월 일정한 날짜에 임금을 주어야 하고, 반드시 청소년에게 직접(현금 또는 통장 입금) 주어야 한다. 또한 상품권, 쿠폰 등이 아닌 돈으로 지급해야 한다.
7. 가족 관계 증명서 및 동의서:
   ㉤ 친권자 또는 후견인의 동의서 구비 여부: X
   → 연소 근로자(15세 이상 18세 미만인 자)의 경우, 일을 할 때에는 친권자나 후견인의 동의서가 필요하다.

21. 세계 인권 문제의 다양한 양상   답 ③

국제 사회의 대표적인 인권 문제로는 빈곤 문제, 성차별 문제, 아동 노동 문제, 국민의 기본권 침해 문제 등이 있다. ㄱ은 빈곤 문제, ㄴ은 국민의 기본권 침해 문제, ㄷ은 성차별 문제, ㄹ은 아동 노동 문제에 관한 설명이다.

22. 세계 기아 지수에 대한 이해   답 ④

제시된 자료는 국제 식량 정책 연구소(IFPRI)에서 117개국을 대상으로 영양실조 상태인 인구 비율, 5세 이하 아동의 급성·만성 영양 결핍과 사망률 등 4개 부문의 지표를 토대로 발표하는 〈세계 기아 지수 2015〉이다. 짙은 색으로 표시된 지역일수록 기아 지수가 높다. 북미는 인도나 아프리카 지역보다 옅은 색으로 표시되었으므로 기아 지수가 낮다고 볼 수 있다. '위험' 지역은 기아 지수가 높아 굶주림과 영양실조 문제가 극심한 지역인데, 이들 지역은 대개 식량 생산이 어려운 환경이거나 불안정한 정치·경제·사회적 상황에 직면해 있다.

정답을 찾아가는 Self - Tip

ㄱ. 지도에서 짙은 색으로 표시된 지역일수록 굶주림과 영양실조 문제가 ~~적다.~~ 극심하다.
ㄷ. 각국의 정치적 압력·통제, 경제적 압력, 실질적인 언론 피해 등을 기준으로 측정한다.
→ 언론 자유 지수에 관한 내용이다.

서술형 문제

23. 세계 인권 선언의 의의

모범 답안 | 세계 인권 선언. 세계 인권 선언은 인류가 두 차례의 세계 대전으로 생명과 자유, 평화 등이 억압받는 등 많은 사람이 심각한 인권 침해를 당한 것을 반성하며, 인권을 억압하는 국가가 인류의 평화와 번영을 위협할 수 있다는 점, 인권 문제 해결을 위해서는 인류 공동의 노력이 필요하다는 점 등을 깨달으면서 만들어졌다.

채점 기준	배점
세계 인권 선언을 밝히고, 세계 대전에서의 인권 침해에 대한 반성, 인류 공동 노력의 필요성 등을 들어 바르게 서술한 경우	상
세계 인권 선언을 밝히고, 세계 대전에서의 인권 침해에 대한 반성, 인류 공동 노력의 필요성 등의 일부를 미흡하게 서술한 경우	하

24. 시민 불복종

모범 답안 | ㉠은 공익성으로, 인도인의 인권과 사회 정의 구현을 목표로 하는 행동이었다. ㉡은 최후의 수단으로, 다른 모든 합법적인 수단을 동원한 뒤에 마지막으로 행사하는 수단이었다. ㉢은 비폭력성으로, 목적 달성을 위하여 폭력적인 행위를 하지 않았다. ㉣은 처벌 감수로, 위법 행위에 따르는 처벌을 받아들였다.

주요 단어 | 공익성, 최후의 수단, 비폭력성, 처벌 감수

채점 기준	배점
㉠~㉣에 해당하는 시민 불복종의 조건을 바르게 파악하고, 그렇게 본 이유를 바르게 서술한 경우	상
㉠~㉣에 해당하는 시민 불복종의 조건을 바르게 파악했으나, 그렇게 본 이유를 미흡하게 서술한 경우	하

25. 세계 인권 문제의 해결 방안

모범 답안 | 개인적 차원에서는 세계 시민 의식을 지니고, 인권 문제를 해결하는 과정에서 책임 의식을 가져야 한다. 사회적 차원에서는 개별 국가뿐만 아니라 국제기구나 비정부 기구의 지원이 필요하며, 국제적인 여론을 조성하고, 국제법에 근거한 제재를 하는 등 인권 문제 해결을 위한 국제적인 연대가 필요하다.

주요 단어 | 세계 시민 의식, 책임 의식, 국제적인 연대

채점 기준	배점
개인적 차원, 사회적 차원의 해결 방안을 모두 서술한 경우	상
개인적 차원, 사회적 차원의 해결 방안의 일부를 서술한 경우	하

Ⅴ. 시장 경제와 금융

통합사회 예상 문제 제5회

p. 27 ~ p. 33

1 ④	2 ①	3 ④	4 ④	5 ⑤
6 ④	7 ⑤	8 ⑤	9 ⑤	10 ⑤
11 ④	12 ⑤	13 ④	14 ②	15 ④, ⑤
16 ②	17 ⑤	18 ⑤	19 ②	20 ④
21 ⑤	22 ①	23 ④	24 ④	25 ④
26 ④	27 해설 참조		28 해설 참조	
29 해설 참조		30 해설 참조		

1. 자본주의의 특징 🄰 ④

자본주의 사회에서는 시장의 기능을 신뢰하기 때문에 시장 실패가 나타날 가능성이 있는데, 학생은 수행 평가지에 X를 표시했다. 결과적으로 맞으면 2점이고 틀리면 0점인 5문항 중 4문항을 옳게 표시했다. 따라서 학생의 수행 평가 점수는 8점이다.

2. 자본주의와 정부의 역할 🄰 ①

(가)는 경제는 저절로 잘 돌아가지 않는다는 말로 정부의 개입이 필요하다는 입장을, (나)는 국가의 간섭을 배제해야 한다는 주장을 드러내고 있다.

💡 정답을 찾아가는 Self - Tip
② (나)는 케인스의 주장에 가깝다.
⠀⠀⠀(가)
③ (가)는 나와 달리 '보이지 않는 손'의 역할을 강조할 것이다.
⠀⠀⠀(나)는 (가)와 달리
④ (나)는 (가)와 달리 시장 실패의 가능성을 강조할 것이다.
⠀⠀⠀(가)는 (나)와 달리
⑤ (가)와 (나) 모두 작은 정부가 최선이라고 주장할 것이다.
⠀⠀→ (가)는 큰 정부를, (나)는 작은 정부를 최선이라고 주장할 것이다.

3. 자본주의의 역사적 전개 과정 🄰 ④

㉠은 산업 자본주의 시대로 애덤 스미스가 중상주의를 비판하며 자유방임주의 사상을 제시하였다. ㉡은 대공황을 의미하며, ㉢은 신자유주의 시대이다.

4. 합리적 선택 시 고려해야 할 것 🄰 ④

편익이 주관적 만족감을 포함하는 것은 맞지만, 비용에 매몰 비용은 포함되지 않는다. 합리적 선택을 위해서 비용과 편익을 분석할 때 비용은 기회비용을 말하며, 기회비용은 명시적 비용과 암묵적 비용을 포함한다. 합리적 선택을 위해서는 매몰 비용을 고려해서는 안 된다.

5. 합리적 선택의 방법 🄰 ⑤

제시된 사례에서 명시적 비용은 티켓 값 9,000원이며, 암묵적 비용은 3시간 동안 아르바이트를 했을 때 받았을 돈 30,000원이다. 즉 기회비용은 39,000원이다. 기정이의 영화 관람이 합리적 선택이 되기 위해서는 영화 관람에 따른 편익이 기회비용인 39,000원보다 커야 한다.

💡 정답을 찾아가는 Self - Tip
ㄱ. 기회비용은 <s>19,000원</s>이다.
⠀⠀⠀⠀⠀⠀⠀⠀39,000원
ㄴ. 영화 티켓 구입 비용은 <s>암묵적</s> 비용이다.
⠀⠀⠀⠀⠀⠀⠀⠀⠀⠀⠀⠀⠀명시적

6. 합리적 선택의 한계 🄰 ④

(가)는 긍정적 외부 효과, (나)는 불공정한 거래, (다)는 공공재의 부족 사례를 보여 준다. (가)~(다) 모두 정부가 시장에 개입할 필요성을 보여 주는 시장 실패의 사례이다.

💡 정답을 찾아가는 Self - Tip
ㄱ. 효율성보다 형평성을 고려하였다.
⠀⠀→ (가)~(다)의 사례는 형평성보다는 효율성 추구로 나타난 한계를 보여 준다.
ㄷ. 각 경제 주체는 공공의 이익과 규범을 준수하였다.
⠀⠀→ 각 경제 주체는 공공의 이익과 규범 준수를 간과하였다.

7. 공정한 거래를 촉진하는 정부의 역할 🄰 ⑤

제시문에서 A사는 독점적 지위를 이용하여 불공정한 거래 행위를 하고 있다. 이와 같은 자원의 비효율적 배분을 초래하는 불공정 거래 상황에서 정부는 관련 법규나 관련 기관을 이용하여 공정한 거래를 촉진하기 위해 힘 쓰는 것이 바람직하다.

8. 외부 효과를 개선하는 정부의 역할 🄰 ⑤

전기 자동차를 구매함으로써 사회에 대기 질 개선과 온실가스 감축이라는 혜택을 주는 사람들이 아무런 대가를 받지 못함으로써 그런 행위가 사회가 필요로 하는 것보다 적게 생산되는 긍정적 외부 효과가 나타난다. 정부는 이를 개선하기 위하여 보조금을 확대하고 세제 혜택 지원을 강화하는 등 경제적 유인을 제공할 수 있다.

📋 내 것으로 만드는 Self - Tip
시장 경제의 원활한 작동을 위한 정부의 역할
• 공정한 경쟁 촉진: 독과점 기업의 횡포를 각종 법규나 소비자 보호 기관을 통해 규제하여 공정한 경쟁 질서를 촉진함.
• 공공재 생산: 무임승차 문제 때문에 사회에 필요한 양만큼 생산되지 않는 공공재를 정부가 직접 공급함.
• 외부 효과 개선: 긍정적 외부 효과가 있는 행위에는 긍정적 유인을 제공하고, 부정적 외부 효과가 있는 행위에는 부정적 유인을 제공함.

9. 기업의 사회적 책임 🄰 ⑤

제시문에서는 기업이 사회 전체의 총익을 추구함으로써 지속적으로 성장할 수 있다는 내용을 담고 있다. 기업의 목적은 이윤의 극대화이지만, 그 과정에서 사회적 책임을 다할 때 기업에 대한 사회의 신뢰가 두터워져 기업의 가치도 높아진다.

💡 정답을 찾아가는 Self - Tip
ㄱ. 사회 공헌 활동은 기업의 이윤 추구에 <s>부정적</s>으로 작용한다.
⠀⠀⠀⠀⠀⠀⠀⠀⠀⠀⠀⠀⠀⠀⠀⠀⠀긍정적
ㄴ. 사회 전체의 이익보다 특정 관계자의 이익을 우선해야 한다.
⠀⠀→ 제시문은 사회 전체의 총익을 추구할 때 기업이 더욱 성장할 수 있다고 본다.

10. 노사 협력　　　　　　　　　　　　　답 ⑤

　제시문은 우량 중소기업이었던 ○○회사가 40일 간의 노사 협상으로 좌초되었다는 내용을 담고 있다. 노사가 장기적인 관점에서 공동의 이익을 달성하기 위하여 서로 양보하고 타협하며 함께 노력해야 한다.

11. 노동권 보장　　　　　　　　　　　　답 ④

　우리나라는 헌법에 근거한 〈근로 기준법〉, 〈최저 임금법〉, 〈노동조합 및 노동관계 조정법〉 등을 통해 노동권을 법적으로 보장하고 있다. 사용자에 비해 상대적 약자인 노동자를 보호하기 위한 대표적인 권리가 '노동 삼권'이다. 노동자는 노동자가 사용자와 대등한 위치에서 근로 조건을 개선하고 경제적 지위 향상을 도모하고자 단체를 만들 수 있다는 단결권과 노동조합이 사용자와 근로 조건에 관해 교섭하고 협약을 체결할 수 있는 단체 교섭권을 가진다. 또한 노동자는 노동 쟁의가 발생했을 때 파업 등의 방법으로 사용자에게 대항할 수 있는 단체 행동권을 행사할 수 있다.

12. 기업가 정신　　　　　　　　　　　　답 ⑤

　제시문에서 T사의 창업주는 실패를 두려워하지 않고 도전하려는 기업가 정신을 갖고 있다. 기업가 정신은 미래의 불확실한 상황에서 위험을 무릅쓰고 도전하며 혁신을 이루어 나가는 것이다.

13. 윤리적 소비　　　　　　　　　　　　답 ④

　제시된 내용은 (가)에 들어갈 윤리적 소비의 구체적인 내용을 소개하고 있다. 비용과 편익을 고려한 합리적 소비가 공공의 이익을 간과하거나 규범을 준수하지 않는 폐단을 낳을 때도 있으므로 소비자는 효율성만을 추구할 것이 아니라 환경과 공동체를 생각하는 윤리적 소비를 해야 한다. 윤리적 소비는 기업의 사회적 책임을 강화할 수 있으며, 공정 무역 제품을 구매하거나 비윤리적인 노동으로 생산된 제품은 사지 않는 것도 모두 이에 해당한다.

14. 국제 분업과 무역의 필요성　　　　　　답 ②

　제시된 사례에서 A국(오스트레일리아)은 풍부한 지하자원을 수출하고 공산품을 수입하고 있다. 이처럼 생산 요소의 지역적 분포의 차이는 국제 분업과 무역을 초래하며, 무역을 통해 자국에서 부족하거나 생산하기 어려운 상품을 얻을 수 있다.

> **정답을 찾아가는 Self - Tip**
>
> ㄴ. 자국에서 생산 가능한 상품은 국제 분업과 무역의 대상에서 제외된다.
> 　→ 자국에서 생산 가능한 상품이라도 상대적으로 생산비가 더 적게 드는 국가에서 생산된 것을 수입할 수 있다.
> ㄹ. 공업이 발달한 국가가 지하자원이 풍부한 국가보다 국제 분업과 무역에서 유리하다.
> 　→ 각국이 비교 우위에 있는 상품을 특화하여 교환을 하면 무역 당사국 모두 이익을 얻을 수 있다.

15. 생산 요소 분포에 따른 비교 우위　　답 ④, ⑤

　④ 다국적 신발 기업 N사는 생산비를 줄이기 위해 저렴한 노동력이 풍부한 베트남에 생산 공장을 설립할 확률이 높다. ⑤ 우리

나라가 모든 산업 분야에 절대 우위가 있더라도, 상대적 생산비를 고려하여 비교 우위 상품을 특화하여 생산한 뒤 교환하는 것이 더 유리하다.

16. 우리나라 수출 품목의 변화　　　　　　답 ②

　우리나라는 시기에 따라 주요 수출 품목이 바뀌었는데, 이는 시기별로 비교 우위를 갖는 상품이 달라졌기 때문이다. 과거에는 저렴한 노동력을 이용한 노동 집약적 상품(섬유, 합판, 가발 등)을 수출하였으며, 최근에는 기술 및 자본 축적으로 선박, 반도체, 자동차와 같은 상품을 주로 수출하고 있다.

> **정답을 찾아가는 Self - Tip**
>
> ㄴ. 한 국가의 비교 우위 상품은 변하지 않는다.
> 　→ 상대적 생산비의 변화에 따라 변한다.
> ㄹ. 1970년에는 ~~고급 전문 인력~~을 바탕으로 노동 집약적 제품을 수출하였다.
> 　　　　　　풍부한 저임금 노동력

17. 비교 우위와 절대 우위　　　　　　　　답 ⑤

　갑국은 노트북과 신발 생산의 기술력 및 생산력이 세계에서 가장 뛰어나므로 두 상품에 모두 절대 우위를 갖고 있다고 볼 수 있다. 그러나 신발을 을국에서 수입하고 있으므로 두 나라 사이에 갑국은 노트북 생산에, 을국은 신발 생산에 비교 우위가 있음을 알 수 있다. 한 국가가 모든 상품에 절대 우위가 있어도, 비교 우위에 있는 상품을 특화하여 생산한 뒤 교환하면 이익이다.

> **정답을 찾아가는 Self - Tip**
>
> ① 갑국은 ~~노트북과 신발 생산~~에 비교 우위가 있다.
> 　　　　　노트북 생산에
> ② 을국은 ~~노트북~~ 생산에 비교 우위가 있다.
> 　　　　신발
> ③ ~~을국~~은 ~~갑국~~보다 신발 생산의 기술력에 절대 우위가 있다.
> 　갑국　　을국
> ④ 각 국가가 ~~절대 우위 상품~~을 모두 특화하여 생산해야 한다.
> 　　　　　비교 우위 상품을

18. 국제 무역 확대의 부정적 영향　　　　답 ⑤

　제시문은 국제 무역 확대에 따른 부정적인 측면을 보여주는 사례이다. ㄷ, ㄹ은 국제 무역 확대에 따른 부정적인 영향을 지적하고 있다.
　ㄱ은 국제 무역 확대에 따른 긍정적인 영향이다. ㄴ에서 국제 무역이 확대되면 소비자의 상품 선택의 폭은 넓어진다.

19. 국제 무역 확대의 긍정적 영향　　　　답 ②

　국내의 경쟁력이 낮은 산업 기반을 무너뜨릴 수 있는 것은 국제 무역 확대에 따른 부정적인 영향이다.

20. 국제 무역 확대 과정에서 나타나는 경제 협력　答 ④

　지역 경제 협력체는 회원국끼리 무역 장벽을 낮춰 공동의 이익을 추구하는 반면, 비회원국들에 관해서는 차별적인 무역 규제를 한다.

21. 생애 주기에 따른 소득과 소비 곡선　　답 ⑤

　(가)는 소득 곡선, (나)는 소비 곡선이다. 따라서 (가)가 (나)보다 많을 때, 즉 노년기 이전에는 소득이 소비보다 많으므로 이 시기에 충분한 금융 자산을 확보해 두어야 한다.

22. 자산 관리의 기본 원칙 🔲①

A는 유동성, B는 안전성, C는 수익성이다. 일반적으로 안전성과 수익성은 상충 관계에 있으며, 수익성이 높을수록 유동성이 낮을 수 있다는 점을 유의해야 한다.

23. 자산 관리의 원칙에 비추어 본 금융 자산의 특징 🔲④

그림은 자산 관리의 원칙을 기준으로 주식과 다른 상품을 비교한 것이다. (가)와 (나)가 수익성과 안전성 중 하나이기 때문에 주식은 수익성이 높은 반면 안전성이 낮다는 특징에 비추어 (가)는 안전성, (나)는 수익성이라는 것을 알 수 있다. ㄴ. 채권은 주식보다 수익성이 낮으므로 B에 해당할 수 있다. ㄹ. (나) 수익성에 대한 설명이다.

💡 정답을 찾아가는 Self - Tip

ㄱ. 예금은 A에 해당할 수 없다. ~~없다~~ 있다
ㄷ. ~~(가)~~는 필요할 때 현금으로 전환할 수 있는 정도를 의미한다.
유동성은

24. 금융 자산의 종류와 특징 🔲④

채권은 주식보다 안전성이 높다.

💡 정답을 찾아가는 Self - Tip

① ~~⊙~~은 정부나 기업이 자금을 조달하기 위해 발행하는 증서이다.
   ⓛ
② ~~⊙~~은 시세 차익과 배당금을 얻을 수 있다.
   ⓛ
③ ~~⊙~~에 비해 ~~ⓒ~~은 수익성이 높지만 안전성은 낮다.
   ⓒ에 비해 ⊙
⑤ ⓛ과 ⓒ은 ⊙과 달리 예금자 보호 제도를 통해 보호를 받는다.
   → ⊙~ⓒ 중에서 예금자 보호 제도의 보호를 받는 것은 ⓒ뿐이다.

25. 자산 관리의 필요성 🔲④

(가)에는 부실한 노후 준비 현실을 극복하기 위한 방안이 들어가야 한다. 따라서 노후 생활에 대비해야 한다는 갑과 효율적인 자산 관리가 필요하다는 을의 의견은 적절하다. 또한 생애 주기를 고려한 재무 설계를 하여 실천해야 한다는 정과 소득이 많은 시기에 적절한 투자를 통해 금융 자산을 확보해야 한다는 무의 의견도 (가)에 적합하다. 그러나 병의 의견과 같이 은퇴 시기를 앞당기면 소득이 없는 노후 생활이 길어져 안정적인 경제생활을 영위할 수 없게 된다.

26. 재무 설계 🔲④

재무 계획 수립을 통해 제한된 소득을 현재와 장래에 어떻게 배분할 것인지를 사전에 검토해 봄으로써 장기적인 관점으로 효율적 자산 관리가 가능해져 노후 생활도 대비할 수 있다.

💡 정답을 찾아가는 Self - Tip

ㄱ. ~~단기적~~ 관점에서 소비와 저축을 결정할 수 있게 해 준다.
   장기적
ㄷ. 현재의 수입과 지출을 기준으로 미래의 예기치 못한 지출에 대비할 수 있다.
   → 전 생애 동안의 예상 소득과 지출을 기준으로 대비하는 것이 필요하다.

27. 자본주의의 역사적 전개 과정

모범 답안 | (1) 수정 자본주의
(2) ⊙은 정부의 간섭을 배제해야 한다고 주장하고, ⓛ은 시장 경제의 문제점을 보완하려면 정부가 시장에 개입해야 한다고 본다.
주요 단어 | 정부의 시장 개입

채점 기준	배점
⊙과 ⓛ의 차이점을 정부의 역할을 중심으로 바르게 서술한 경우	상
⊙과 ⓛ 중 한 가지만 정부의 역할을 바르게 서술한 경우	하

28. 바람직한 소비자의 역할

모범 답안 | 생산자에게 정당한 몫이 돌아가는 공정 무역 상품을 구매한다. 대기의 질 개선을 위해 이산화 탄소 배출이 적은 친환경 상품을 구매한다. 인근 지역 사회에서 재배한 채소를 구매한다. 아동 노동이나 노동자를 착취하여 생산한 물건을 구매하지 않는다.
주요 단어 | 인권, 환경, 노동, 공동체

채점 기준	배점
인권, 환경, 노동, 공동체의 가치를 중시 여기는 윤리적 소비의 취지를 토대로 구체적 방법을 서술한 경우	상
인권, 환경, 노동, 공동체의 가치를 중시 여기는 윤리적 소비의 내용을 서술하고 있으나, 구체적인 방법이 아닌 경우	하

29. 무역 확대가 우리 삶에 미치는 영향

모범 답안 | (1) 비교 우위
(2) 경쟁력을 갖추지 못한 국내 산업이 어려움을 겪는다. 국외의 경제 상황이 국내 경제에 끼치는 파급 효과가 커진다. 정부의 자율적인 경제 정책 운영에 어려움을 겪는다. 국가 간 빈부 격차가 확대된다.
주요 단어 | 경쟁력, 파급 효과, 자율적인 경제 정책 운영의 어려움, 빈부 격차

채점 기준	배점
국제 무역 확대에 따른 부정적인 영향을 바르게 서술한 경우	상
국제 무역 확대에 따른 부정적인 영향을 미흡하게 서술한 경우	하

30. 자산 관리와 금융 설계

모범 답안 | 자산 관리의 원칙인 안전성, 수익성, 유동성을 고려하여 다양한 금융 자산에 적절히 배분하여 분산 투자한다.
주요 단어 | 분산 투자

채점 기준	배점
자산 관리의 세 가지 원칙과 분산 투자의 개념을 모두 포함하여 서술한 경우	상
분산 투자의 개념만 포함하여 서술한 경우	중
분산 투자라는 표현을 직접 사용하지 않았으나 맥락상 같은 내용을 서술한 경우	하

Ⅵ. 사회 정의와 불평등

통합사회 예상 문제 제**6**회   p.35 ~ p.39

1 ②	**2** ⑤	**3** ③	**4** ②	**5** ③
6 ⑤	**7** ①	**8** ①	**9** ①	**10** ①
11 ②	**12** ⑤	**13** ④	**14** ④	**15** ④
16 ②	**17** ④	**18** ③	**19** ②	**20** ②
21 ①	**22** ①	**23** 해설 참조	**24** 해설 참조	**25** 해설 참조

1. 정의의 의미   답 ②

정의는 일반적으로 개인이 지켜야 할 올바른 도리 또는 사회를 구성하고 유지하는 공정한 도리를 의미한다. 동양의 유교에서는 의로움, 즉 옳음을 정의로 이해하였고, 서양의 고전적 의미에서는 각자에게 그의 마땅한 몫을 주는 것을 뜻하였다. 오늘날 정의는 주로 사회 정의를 의미하며, 사회 제도가 추구해야 할 최고의 덕목으로 여겨진다. ①은 개인선을 가리킨다.

2. 아리스토텔레스의 정의 구분   답 ⑤

㉠은 일반적 정의에 관한 잘못된 내용, ㉡은 교정적 의미에 관한 옳은 내용이 들어가야 한다. 아리스토텔레스의 일반적 정의는 공익 실현을 위한 법을 준수하는 것이므로, 이에 대한 잘못된 서술로는 ㄱ, ㄷ, ㄹ이 해당한다. 교정적 정의는 서로의 관계에서 동등하지 않은 것, 즉 잘못된 것을 바로잡아 시정하는 것이다. 예를 들어, 다른 사람에게 해를 끼치면 그만큼 보상하게 하고, 다른 사람에게 이익을 주었으면 그만큼 받게 하는 것이다.

3. 아리스토텔레스의 분배적 정의   답 ③

분배적 정의는 각 사람이 지닌 가치에 비례하여 권력, 명예, 재화 등을 분배하는 것이다.

4. 정의의 역할과 필요성   답 ②

정의는 사회 구성원 모두가 기본적인 권리를 누리며 인간다운 삶을 살아가게 하는 역할을 한다. 또한 구성원들이 공동체의 발전을 위해 서로를 신뢰하면서 적극적으로 참여하고 협력하는 데 필요하다. 또한 구성원 간의 이해 갈등을 공정하게 처리하는 기준이 되기도 한다.

② 정의는 구성원 각자가 공정하게 자기의 몫을 분배받으며 살아갈 수 있도록 도와주어 사회적 자원이 일부 집단에게 편중되지 않도록 해 준다.

5. 능력에 따른 분배   답 ③

제시문은 육체적·정신적 능력을 기준으로 분배할 것을 주장하는 사람의 입장이다. 이 입장에서는 전문적 지식이나 자질이 뛰어난 사람에게 더 많은 분배와 보상이 이루어지는 것이 공정하다고 여긴다. 능력에 따른 분배가 이루어지면 사람들에게 자신의 잠재력을 적극적으로 개발하고 실현하게 할 수 있는 기회를 제공하므로 사회의 발전을 기대할 수 있다. ㄱ은 업적에 따른 분배, ㄹ은 필요에 따른 분배를 주장하는 사람이 긍정의 대답을 할 질문이다.

6. 다양한 분배 기준의 장점   답 ⑤

업적에 따른 분배는 개인의 성취동기를 높이고 사회가 역동적으로 발전할 수 있다는 장점이 있다. 필요에 따른 분배는 사회적 약자를 배려하고 최소한의 인간다운 삶을 보장할 수 있다는 장점이 있다. 능력에 따른 분배는 개인이 투자한 시간과 노력을 보상하고, 잠재력을 발휘하게 해 업무의 효율성을 높일 수 있다는 장점이 있다.

7. 다양한 분배 정의의 기준   답 ①

갑은 재능 있는 학생, 즉 능력이 있는 학생에게 장학금을 주어야 한다는 입장이다. 을은 경연 대회에서 우수한 성적을 거둔 학생, 즉 업적과 성과를 거둔 학생에게 장학금을 주어야 한다는 입장이다. 병은 경제적 형편이 어려운 학생, 즉 절박한 필요가 있는 학생에게 장학금을 주어야 한다는 입장이다.

8. 능력, 업적, 필요에 따른 분배   답 ①

능력에 따른 분배에는 타고난 재능이나 환경과 같은 우연적 요소가 개입할 수 있다. 업적에 따른 분배는 업적만큼 보상하기 때문에 열심히 노력하려는 개인의 성취동기를 북돋을 수 있다. 한편, 필요에 따른 분배는 사회적 약자를 배려하고 최소한의 인간다운 삶을 보장할 수 있다는 장점이 있다. 그러나 능력이나 업적에 따른 분배에 비해 열심히 노력하려는 개인의 동기가 부족해져서 경제적 효율성을 저해할 수 있다는 단점이 있다.

9. 자유주의의 의미와 특징   답 ①

자유주의는 개인의 자유를 무엇보다 소중한 가치로 보는 사상으로, 개인이 공동체의 전통이나 가치로부터 독립적이고 자율적인 존재임을 강조한다.

10. 자유주의적 정의관   답 ①

제시문은 자유주의를 지지하는 사람의 주장이다. 자유주의적 정의관에 따르면, 개인의 자유와 권리를 최대한 보장하는 것이 옳으며, 개인이 자신의 신념과 입장에 따라 살도록 해야 한다. 이에 따르면, 국가가 개인에게 특정 가치나 삶의 방식을 주입하거나, 공동체의 미덕을 따르도록 이끌어 주는 것은 개인의 자유로운 선택권을 간과하는 것이므로 정의롭지 않다.

11. 자유주의적 정의관의 한계   답 ②

자유주의를 지나치게 강조하여 자신의 이익만을 추구하면 타인에게 무관심하게 되고, 타인이나 사회 전체의 이익을 침해하는 이기주의로 변질될 가능성이 있다. ①, ③ 자유주의는 개인의 자유로운 선택과 권리, 사적 이익 추구를 보장한다. ④, ⑤는 공동체주의적 정의관이 지나칠 때 발생할 수 있는 한계이다.

12. 롤스의 정의론   답 ⑤

제시문의 정의의 원칙을 제안한 사상가는 롤스다. 그는 정의의 제1원칙을 통하여 개인의 기본적 자유를 평등하게 보장해야 함을 강조하였다. 또한 정의의 제2원칙에서 사회적 약자에게 최대 이익을 보장할 것을 제안함으로써 사회적 약자의 복지를 배려해야 한다고 주장하였다. 이를 위해 국가가 단순히 개인의 소유권을 보호하는 역할에서 더 나아가 재분배 정책을 시행할 필요성을 인정하였다.

13. 롤스에 대한 노직의 비판 🅐 ④

제시문은 노직의 소유 권리로서의 정의의 입장이다. 노직은 최소 수혜자를 위한 국가의 재분배 정책이 개인의 소유권이나 재산권을 침해할 수 있다는 점을 들어 비판하였다. 또한 자유 경쟁의 결과로 발생한 빈부 격차는 자연스러운 것으로 문제가 되지 않는다고 주장하였다.

14. 매킨타이어의 공동체주의 🅐 ④

제시문은 공동체주의 사상가 매킨타이어의 주장이다. 그는 공동체의 가치와 전통을 존중하는 삶을 강조하였다.

15. 공동체주의 인간관과 정의관 🅐 ④

매킨타이어에 따르면, 인간은 공동체를 선택하기 이전에 이미 특정한 공동체 안에서 태어나고, 그러한 공동체가 추구하는 가치와 목적의 영향을 받으며 살아간다. 따라서 인간에게는 자신의 선택과는 무관하게 요구되는 도덕적·정치적 책임과 의무가 존재한다. 또한 인간의 자아 정체성은 공동체의 역사와 전통에 기반을 두고 형성된 것이므로, 개인은 공동체의 구성원으로서 공동체의 가치와 전통을 존중하는 삶을 살아야 한다.

16. 공동체주의에 대한 비판 🅐 ②

공동체주의 정의관은 개인과 공동체의 유기적 관계를 일깨워 주어 공동체에 대한 소속감을 북돋우고, 공동체의 구성원으로서 지니는 책임과 의무를 충실히 하는 데 기여한다. 그러나 개인의 자유와 권리를 제한할 수 있다는 비판을 받는다.

17. 소득과 건강 불평등 🅐 ④

소득 불평등은 건강 의료 분야를 포함한 삶의 다른 측면에까지 영향을 미친다는 점에서 문제가 될 수 있음을 보여 준다.

정답을 찾아가는 Self - Tip

① 우리나라 의료 환경의 낙후성을 알 수 있다.
→ 의료 환경의 낙후성 여부는 파악할 수 없다.
② 암 환자의 생존율 차이는 환자 개인의 특성에 기인한다.
→ 개개인의 특성이라기보다는 계층별 특성을 보이는 문제임을 알 수 있다.
③ 소득과 암 환자 생존율은 상관관계가 없음을 알 수 있다.
　　　　　　　　　　　　　　　　　　　　있음
⑤ 소득 상위 20% 남성 암 환자의 5년 생존율은 소득 하위 20% 남성 암 환자의 그것보다 13% 높다.
　　　　　　　　　　　　　　　　　14%

18. 소득과 교육 불평등 🅐 ③

소득 불평등이 자녀의 학습 능력과 같은 교육 분야의 불평등으로까지 이어질 수 있음을 보여 주는 통계 자료이다.

정답을 찾아가는 Self - Tip

① 저소득층에 대한 사회 보험의 시행이 필요하다.
　　　　　　　└ 공공 부조나 사회 서비스
② 경제적 측면의 불평등과 교육 불평등은 관련성이 낮다.
　　　　　　　　　　　　　　　　　　　　　높다.
④ 가구 소득과 사교육비 지출에는 유의미한 상관관계가 없다.
　　　　　　　　　　　　　　　　　　　　　있다.
⑤ 소득이 높을수록 사교육비가 가구의 전체 지출에서 차지하는 비율이 높다. → 가구의 지출 비용은 나와 있지 않다.

19. 공공 부조와 적극적 우대 조치 🅐 ②

(가)는 공공 부조의 사례인 근로 장려세제, (나)는 적극적 우대 조치의 사례인 기회균등 대입 전형이다. (가)의 공공 부조는 사회 복지 제도 중 빈곤 계층에게 최소한의 생활을 보장하는 것이다. (나)의 적극적 우대 조치는 사회적 약자를 보호하기 위한 제도이다.

정답을 찾아가는 Self - Tip

ㄴ. (나)는 형식적 평등의 실현을 추구한다.
→ 사회적 약자에 대한 차별은 단순히 다른 사람들과 동등한 기회를 부여하는 것만으로는 해결이 어렵기 때문에 실질적인 기회의 평등을 보장하기 위해 적극적 우대 조치와 같이 일정한 혜택을 부여하는 다양한 정책들을 실시하고 있다.
ㄹ. (가), (나) 모두 역차별을 해소하는 데 기여한다.
→ 사회적 약자에 대한 보호 및 우대 조치의 혜택의 정도가 과하면 역차별을 초래할 수 있다.

20. 사회 서비스의 특징 🅐 ②

산모·신생아 건강 관리 지원 사업은 전문 교육을 받은 산모·신생아 건강 관리사가 출산 가정을 방문해 산모와 신생아를 돌봐 주는 사회 서비스의 하나이다. 사회 서비스는 사회 구성원의 삶의 질 향상을 위해 여성, 어린이, 노인, 장애인 등 도움이 필요한 국민에게 국가 등이 다양한 서비스 혜택을 제공하는 제도이다.

정답을 찾아가는 Self - Tip

① 공간 불평등을 개선하고자 한다.
　 사회
③ 미래의 위험에 대비하기 위한 정책이다.
→ 사회 보험에 대한 설명이다.
④ 저소득층의 빈곤을 해결하고 자립을 지원하고자 한다.
→ 공공 부조에 대한 설명이다.
⑤ 수혜자가 부담하는 비용에 비례하여 혜택이 증가한다.
→ 수혜자가 비용을 부담하는 보험적 성격의 서비스가 아니다.

21. 적극적 우대 조치와 역차별 🅐 ①

'장애인 고용 촉진법'에 대해 갑은 찬성하는 입장이고, 을은 비장애인에 대한 역차별 문제를 근거로 반대하는 입장이다. 장애인 고용 촉진법은 사회적 약자인 장애인에 대한 적극적 우대 조치에 해당한다. 적극적 우대 정책은 사회적 약자에 대한 결과적 차별을 줄이기 위해 적극적으로 가산점을 주거나 특혜를 주는 사회 정책이다. 이는 비장애인에 대한 역차별 논란을 불러올 수 있다.

정답을 찾아가는 Self - Tip

ㄷ. 을은 장애인 고용 촉진법이 정의 실현에 이바지한다고 보아
　　갑
　　찬성한다.
ㄹ. 갑에 비해 을은 실질적인 기회의 평등에 관심이 많다.
　　을　　　　　갑

22. 공공 기관의 지방 이전의 목적 🅐 ①

공공 기관 지방 이전 정책은 정부가 그동안의 소극적 지방 육성 정책에서 벗어나 지방의 자립을 추구하는 방안이다. 공공 기관의 기능적 특성과 지역 전략 산업을 연계시켜 지역 발전의 토대를 구축하고, 이를 10대 혁신 도시와 연계하여 지역의 경쟁력 강화를 촉진하겠다는 전략이다. 또 공공 기관과 밀접한 관련이 있는 민간 기업의 지방 이전을 유도하여 지역 경기를 살리고 수도권 집중을 억제하는 효과도 거두려는 것이다.

① 지역 격차와 같은 공간 불평등이 발생하게 된 원인 중 하나는 우리나라의 성장 거점 개발 방식 때문이다. 따라서 공공 기관의 지방 이전은 균형 개발이 아니라 성장 거점 개발에 따른 부작용을 시정하기 위한 정책이다.

서술형 문제

23. 분배 기준을 적용하는 바람직한 태도

모범 답안 | 다양한 분배 정의의 기준은 각기 장단점을 지니므로, 어느 하나의 분배 기준만을 적용하기보다는 사회적 합의를 거쳐 각각의 분배 상황에서 가장 적합한 기준을 마련하여 적용하는 것이 바람직하다.

주요 단어 | 분배 기준의 장단점, 사회적 합의, 적합한 분배 기준

채점 기준	배점
다양한 분배 정의의 기준이 각기 장단점을 지님을 밝히고, 사회적 합의를 통해 각 상황에서 가장 적합한 기준을 찾아야 함을 바르게 서술한 경우	상
사회적 합의를 통해 각 상황에서 가장 적합한 기준을 찾아야 함을 미흡하게 서술한 경우	하

24. 권리와 의무, 사익과 공익의 관계

모범 답안 | 권리는 의무를 전제로 하고, 의무는 권리를 전제로 한다. 또한 사익과 공익 중 어느 한쪽만을 추구하면 결국 사익과 공익을 모두 해치게 된다. 권리와 의무, 사익과 공익은 상호 보완적인 관계이기 때문이다. 따라서 권리와 의무, 사익과 공익은 양자를 조화롭게 추구할 때 더욱 잘 실현될 수 있다.

주요 단어 | 상호 보완적인 관계, 조화

채점 기준	배점
권리와 의무, 사익과 공익의 상호 보완적 관계를 밝히고, 양자를 조화롭게 추구할 때 더욱 잘 실현될 수 있음을 바르게 서술한 경우	상
권리와 의무, 사익과 공익이 항상 갈등하는 것은 아니라는 내용만 서술한 경우	하

25. 공간 불평등의 의미와 원인

모범 답안 | (1) 공간 불평등

(2) 공간 불평등이 발생한 원인으로는 지역 개발 과정에서 성장 가능성이 큰 수도권과 대도시 위주로 투자를 집중하면서 비수도권과 농촌 지역에 대한 투자에 상대적으로 소홀했던 성장 거점 개발 방식을 들 수 있다. 이 과정에서 수도권과 도시에는 인구와 자본이 유입되어 크게 성장했지만, 비수도권과 농촌 등은 상대적으로 성장이 정체되거나 낙후되었다.

주요 단어 | 공간 불평등, 성장 거점 개발

채점 기준	배점
성장 거점 개발 방식을 지적하고, 그 내용과 한계를 구체적으로 서술한 경우	상
성장 거점 개발 방식을 지적하였으나, 그 내용과 한계를 미흡하게 서술한 경우	하

Ⅶ. 문화와 다양성

통합사회 예상 문제 제**7**회   p. 41 ～ p. 45

1 ③	2 ①	3 ⑤	4 ②	5 ③
6 ②	7 ⑤	8 ③	9 ③	10 ④
11 ③	12 ③	13 ④	14 ③	15 ③
16 ①	17 ③	18 ②	19 ②	20 ①
21 해설 참조		22 해설 참조		23 해설 참조

1. 문화의 형성 요인   답 ③

지역별로 나타나는 자연환경과 인문 환경이 다르기 때문에 다양한 문화가 나타난다. 종교는 인문 환경의 대표적인 예이다.

정답을 찾아가는 Self - Tip

ㄱ. 지역 간 교류가 활발해지고 있기
→ 지역 간 교류가 활발해지면 지역별로 문화가 비슷해질 수 있다.

ㄹ. 지역별로 나타나는 문화의 우수한 정도가 다르기
→ 문화의 우열을 가릴 수 없고, 이것이 지역 간 문화 차이를 불러오는 요인도 아니다.

2. 산업에 따른 생활 양식   답 ①

유목이 발달한 몽골에 사는 A 씨의 이동 생활과 상공업이 발달한 미국 뉴욕에 사는 B 씨의 출근 모습을 통해 어떤 산업이 발달하느냐에 따라 생활 양식이 다름을 알 수 있다.

3. 세계의 의복 문화   답 ⑤

열대 기후 지역은 높은 기온과 습도의 영향으로 추운 한대 기후 지역보다 통풍이 잘되는 헐렁하고 가벼운 형태의 의복 문화가 나타난다.

정답을 찾아가는 Self - Tip

① 건조 기후 지역의 주민들은 모두 털옷을 입는다.
→ 겨울이 추운 중위도의 건조 기후 지역에서는 털옷을 입지만, 사막 기후 지역의 주민들은 보통 모래바람과 강한 햇볕으로부터 몸을 보호하기 위해 온몸을 감싸는 옷을 입는다.

② 기온이 높은 기후 지역일수록 옷감의 소재가 두꺼워진다.
                                      얇아

③ 열대 기후 지역의 주민들은 보온을 강조한 의복을 입는다.
   한대

④ 한대 기후 지역에서는 통풍을 강조한 전통 의복 문화가 나타난다.
   열대

4. 힌두교 문화권과 이슬람교 문화권의 생활 양식   답 ②

(가)는 갠지스강에서 목욕 의식을 하는 모습이고, (나)는 메카에 온 순례자들의 모습으로, 각각 힌두교 문화권, 이슬람교 문화권의 종교 경관이다. 힌두교의 교리에는 윤회 사상이 나타나고, 다신교이기 때문에 알라를 유일신으로 섬기는 이슬람교보다 섬기는 신의 숫자가 많다.

정답을 찾아가는 Self - Tip

ㄴ. (나)에서는 탁발하는 승려의 모습을 볼 수 있다.
   불교 문화권

ㄹ. (나)는 (가)보다 먹지 않는 동물에 대해 신성하게 여기는 정도가 높다.
         (가)는 (나) 보다

5. 세계의 다양한 문화권　　　　　　　　**답** ③

　A는 유럽 문화권, B는 건조 문화권, C는 아프리카 문화권, D는 동남아시아 문화권, E는 동부 아시아 문화권, F는 앵글로아메리카 문화권, G는 라틴 아메리카 문화권이다. 아프리카 문화권에서는 과거 식민지 시절의 영향으로 종족의 분포 범위와 국경이 일치하지 않아 잦은 종족 분쟁이 일어난다.

> **정답을 찾아가는 Self - Tip**

① A의 문화 요소는 ~~F~~의 영향을 받아 형성되었다.
　　F　　　　　　　　A
② B와 C는 ~~리오그란데강~~을 경계로 구분된다.
　　　　　　사하라 사막
　→ F와 G는 리오그란데강을 경계로 구분된다.
④ E는 D보다 한자의 영향이 ~~작게~~ 나타난다.
　　　　　　　　　　　　　크게
⑤ F는 G보다 가톨릭교를 믿는 사람들의 비율이 ~~높게~~ 나타난다.
　　　　　　　　　　　　　　　　　　낮게

6. 아시아 문화권의 특징　　　　　　　　**답** ②

　(가)는 동부 아시아 문화권으로 A에 해당한다. 동부 아시아 문화권은 한자, 유교, 불교, 젓가락 등의 문화 요소가 나타나고 벼농사가 활발하다. (나)는 동남아시아 문화권에 대한 설명으로 C에 해당한다. (다)는 남부 아시아 문화권으로 B에 해당한다.

7. 문화 변동의 내재적 요인　　　　　　　**답** ⑤

　문화 변동의 내재적 요인으로는 발명, 발견이 있다. 발명은 다시 1차적 발명과 2차적 발명이 있는데, ②에서 바퀴의 발명은 1차적 발명, 이를 응용하여 수레를 만든 것은 2차적 발명에 해당한다. ①~③은 발명, ④는 발견의 사례이다.
　⑤ 불교와 토착 신앙의 결합으로 만들어진 산신각은 외재적 요인(문화 전파)에 의한 문화 융합의 사례이다.

8. 문화 변동의 양상　　　　　　　　　　**답** ③

　(가)에서 한의학과 서양 의학이 독립적으로 각각 자리를 잡고 있는 것은 문화 병존에 해당한다. (나)에서 서양의 침대 문화와 우리나라의 온돌 문화가 결합되어 돌침대가 탄생한 것은 서로 다른 문화가 만나 새로운 형태의 문화를 만들어 낸 문화 융합에 해당한다. (다)에서 서구의 의복이 전해지면서 우리나라 사람들이 입었던 잠방이라는 의복이 사라진 것은 문화 동화에 해당한다.

9. 비단길과 문화 변동　　　　　　　　　**답** ③

　알렉산드로스 대왕의 인도 침공 이후, 간다라 지역은 로마 제국과의 교류로 헬레니즘 문화의 영향을 받았고, 간다라 지역의 문화와 헬레니즘 문화의 융합으로 간다라 양식이 탄생하였다.

10. 문화 변동의 양상　　　　　　　　　　**답** ④

　(가)는 외부 문화에 동화되어 자기 문화의 정체성을 상실하였으나, (나)와 (다)는 외부 문화를 수용하면서도 자기 문화의 정체성을 유지하였다.

11. 전통문화의 계승에 대한 관점　　　　　**답** ③

　프랑스 바게트의 고유한 맛을 지키기 위해 전통적인 제조 방법

만을 고수하기로 하였으며 그 결과 바게트는 프랑스를 대표하는 빵으로 세계적으로 인정받게 되었다는 사례이다.

> **정답을 찾아가는 Self - Tip**

① 문화의 보존만을 강조할 경우 발전이 없다.
　→ 전통의 보존을 강조하여 전통문화의 세계화를 이룬 사례이다.
② 문화의 세계화를 위해 다양한 시도를 해야 한다.
　→ 다양한 시도보다는 전통적인 방법을 고수하여 문화의 세계화를 이룬 사례이다.
④ 문화의 창조적 계승은 다른 문화와의 융합에서 나온다.
　→ 융합보다는 독자적인 고유성과 전통적인 방법을 훼손시키지 않으려는 노력을 보였다.
⑤ 문화의 정체성을 유지할 수 있다면 문화를 표현하는 방법은 다양해도 된다.
　→ 제시된 사례는 전통적인 방법을 고수하여 바게트를 만들었다.

12. 문화 사대주의의 사례　　　　　　　　**답** ③

　제시문은 영어 과다 사용 현상에 나타난 문화 사대주의를 소개하고 있다. 영어가 한국어보다 더 멋있다는 인식은 강대국이나 선진국의 문화를 맹목적으로 동경하고, 자신의 문화가 타 문화보다 열등하다고 여기는 문화 사대주의적 관점에 해당한다.

> **정답을 찾아가는 Self - Tip**

ㄱ. 각 문화가 고유성과 가치를 지닌다고 본다.
　→ 문화 상대주의의 관점이다.
ㄹ. 자기 문화만 우수하다고 여겨 다른 사회의 문화를 배척한다.
　→ 자문화 중심주의에 해당한다.

13. 다양한 인사법과 문화 상대주의　　　　**답** ④

　제시문은 키쿠유족과 미국의 인사법에 담긴 의미를 소개한 것이다. 각 문화는 인간이 각기 다른 환경과 상황에 적응하며 나름의 생활 양식과 가치관을 만들어 나가는 과정에서 형성된 것이다. 따라서 사회마다 독특하고 다양한 문화가 형성된 역사적 맥락과 사회적 상황을 이해하고, 각 문화의 고유성과 가치를 인정하는 문화 상대주의적 태도가 필요하다.

> **정답을 찾아가는 Self - Tip**

ㄷ. 갈등을 해소하기 위해서 단일한 문화를 형성해야 한다.
　→ 문화적 다양성을 중시하는 문화 상대주의와 거리가 먼 진술이다.

14. 문화 상대주의의 필요성　　　　　　　**답** ③

　제시문은 서로의 문화적 차이를 이해하지 못하여 갈등한 사례이다. 이러한 문제를 해결하려면 각 사회의 문화를 그 사회의 맥락 속에서 이해하려는 문화 상대주의적 태도가 필요하다.

> **자료를 분석하는 Self - Tip**

　　　　힌두교도와 이슬람교도는 각각 암소와 돼지고기를
　　　　먹지 않는 종교적 관습이 있다.
인도에 사는 힌두교도는 암소를 생명의 모체로 간주하여 숭배하는 반면, 이슬람교도는 돼지고기를 먹지 않고 대신 소고기를 먹는다. 이 때문에 힌두교도는 이슬람교도를 소
　　　　　　　　　문화적 차이로 인해 서로에 대한 오해와 편견이 있다.
살해자라고 증오한다. 인도 대륙이 인도와 파키스탄으로 나뉘기 전에는 이슬람교도가 암소를 잡아먹는 것에 분노하여 힌두교도가 일으킨 유혈 폭동이 연례행사처럼 일어났다.
　　　　　　상대의 문화가 형성된 역사적 맥락과 사회적 상황을
　　　　　　이해하지 못하여 갈등이 일어났다.

15. 극단적 문화 상대주의의 한계   📝 ③

제시문은 극단적 문화 상대주의의 문제점을 지적하고 있다. 극단적 문화 상대주의 입장에서는 인간의 생명과 존엄성을 위협하는 행위도 잘못되었다고 말할 수 없게 된다.

16. 다문화 사회로 변화하는 우리 사회   📝 ①

제시문은 다문화 사회의 대표적 사례인 경기도 안산시를 소개하고 있다. 오늘날 우리 사회는 외국인 노동자가 지속적으로 증가하는 등 다양한 문화적 배경을 가진 사람들이 함께 모여 살아가는 다문화 사회로 변모하고 있다.

ㄷ. 우리나라에 거주하는 외국인의 수가 지속적으로 감소하고 있다.
→ 제시문을 통해서 국내 거주 외국인이 증가하였다는 점을 유추할 수 있다.

ㄹ. 오늘날 우리 사회는 단일한 문화적 배경을 가진 사람들로 구성되어 있다.
→ 오늘날 우리 사회는 다양한 문화적 배경을 가진 사람들이 함께 어울려 살아가고 있다.

17. 다문화 사회의 긍정적 측면   📝 ③

다문화 사회로 접어들면서 서로 다른 문화를 다양하게 접할 수 있게 되어 문화적 차이에 관한 이해가 높아지고 문화 발전이 촉진된다. 또한 저출산·고령화 현상으로 인한 중소기업이나 농어촌 지역의 노동력 부족 문제를 해소하는 데 도움을 준다.

① 외국인 지원을 위한 사회적 비용이 증가하여 구성원 간에 이해관계가 대립한다.
→ 다문화 사회의 부정적 영향이다.

② 다른 언어, 가치관, 생활 양식 등에 관한 이해가 부족하여 갈등이 생기기도 한다.
→ 다문화 사회의 부정적 영향이다.

④ 저출산·고령화 현상, 도시로의 인구 이동으로 노동력 부족 문제가 발생할 수 있다.
→ 다문화 사회는 인력난 해소에 도움을 준다.

⑤ 주류 집단이 소수 집단을 차별하거나 소수 집단 구성원의 인권을 침해하기도 한다.
→ 다문화 사회의 부정적 영향이다.

18. 다문화 사회의 갈등   📝 ②

제시문은 유럽 각국에서 일어나고 있는 다문화 사회의 갈등을 다루고 있다. 다문화 사회에서는 문화적 차이에 대한 무지와 이해 부족, 편견과 차별로 갈등이 발생할 수 있다. 또한 일자리를 둘러싼 내국인과 외국인 간의 경쟁이 심화되기도 한다. 특히 상대방이 자기와 다르다는 이유만으로 무조건 경계하는 심리 상태인 '제노포비아'는 구성원 간에 심각한 갈등을 일으키기도 한다.

ㄴ. 구성원들이 다양한 문화를 경험할 수 있는 폭이 넓어져 선택의 어려움을 겪고 있다.
→ 제시문과 무관한 설명이다.

ㄹ. 이주민들의 사회 적응을 위한 교육이 강화되면서 이주민 고유의 문화적 정체성이 사라지고 있다.
→ 제시문은 이주민의 사회 적응을 위한 교육에 대해 다루고 있지 않다.

19. 다문화 정책의 구분   📝 ②

갑은 다양한 문화를 그 사회의 주류 문화에 동화시키고자 하는 용광로 정책에 해당하고, 을은 다양한 문화가 함께 어울리는 문화를 만들고자 하는 샐러드 볼 정책에 해당한다.

20. 용광로 정책에 대한 비판   📝 ①

용광로 정책은 이민자가 자신의 언어와 문화, 사회적 특성을 포기하고 기존 사회의 일원이 되는 것을 목표로 하는 동화주의 관점이다. 이러한 관점은 소수 집단의 문화적 정체성을 인정하지 않는다는 비판을 받을 수 있다.

서술형 문제

21. 자연환경과 종교에 따른 문화

모범 답안 | (1) 이슬람교

(2) 신앙 실천의 다섯 가지 의무를 지키며 살아간다. 술을 먹지 않는다. 할랄 식품만 먹는다. 여성들은 베일로 얼굴 혹은 전신을 가린다.

주요 단어 | 술, 할랄 식품, 베일(히잡, 차도르), 성지 순례, 라마단 시기의 단식

채점 기준	배점
이슬람교도의 생활 양식을 바르게 서술한 경우	상
이슬람교도의 생활 양식을 미흡하게 서술한 경우	하

22. 문화 융합의 사례

모범 답안 | 문화 융합, 기존의 문화 요소인 전통 한옥에 기반을 둔 사찰 양식과 전파된 다른 사회의 문화 요소인 기독교 교회의 바실리카 양식이 결합하여 상호 작용한 결과, 이전의 두 문화와는 다른 새로운 문화가 탄생하였으므로, 문화 융합의 사례이다.

주요 단어 | 문화 요소, 결합, 새로운 문화, 문화 융합

채점 기준	배점
문화 융합의 의미를 포함하여 바르게 서술한 경우	상
문화 융합의 의미를 제대로 서술하지 않은 경우	하

23. 극단적 문화 상대주의의 문제점

모범 답안 | (1) 극단적 문화 상대주의

(2) 극단적 문화 상대주의에 따르면 인류가 시대와 사회를 초월하여 존중하고 따라야 할 보편 윤리에 어긋나는 현상까지 인정해야 한다는 문제가 발생한다. 즉, 살인, 폭력 등 인간의 생명과 존엄성을 위협하는 행위도 비판할 수 없게 된다는 한계가 있다.

주요 단어 | 보편 윤리, 생명, 존엄성, 비판

채점 기준	배점
보편 윤리에 어긋나는 문화 현상까지 인정해야 한다는 점을 바르게 지적하고, 생명 및 인간의 존엄성 등을 침해하는 행위를 비판할 수 없게 된다는 점을 구체적으로 서술한 경우	상
보편 윤리에 어긋나는 문화 현상까지 인정해야 한다는 점을 지적하였으나, 생명 및 인간의 존엄성 등을 침해하는 행위를 비판할 수 없게 된다는 점은 서술하지 못한 경우	하

VIII. 세계화와 평화

통합사회 예상 문제 제8회   p. 47 ~ p. 51

1 ②	2 ①	3 ⑤	4 ②	5 ④
6 ③	7 ③	8 ⑤	9 ③	10 ①
11 ②	12 ②	13 ⑤	14 ④	15 ③
16 ④	17 ③	18 ①	19 ⑤	20 ③
21 ②	22 해설 참조		23 해설 참조	

1. 세계화   답 ②

세계화는 교통·통신의 발달과 세계 무역 기구(WTO) 출범에 따른 무역 장벽 감소가 그 배경이며, 국가 간의 경계를 넘어 세계가 단일한 생활권으로 통합되어 가는 흐름을 말한다. 세계화로 다양한 측면에서 국가 간, 지역 간 상호 의존도가 높아졌으며, 다양한 생산 요소와 문화 요소가 교류되었다.

② 세계화는 선진국과 다국적 기업에 유리한 자유 무역을 강화하여 빈부 격차를 심화하기도 한다.

2. 지역화와 지역화 전략   답 ①

지역화의 개념과 지역화 전략 사례이다. 지역화란 특정 지역이 고유한 전통과 특성을 살려 세계적인 경쟁력을 갖추는 현상으로, 지역화 전략을 통해 지역은 세계적인 가치를 갖게 되기도 한다.

② 다국적 기업의 현지화 전략은 M 햄버거 회사가 돼지고기를 먹지 않는 이슬람 국가의 매장에 현지인들이 잘 먹는 닭이나 소고기를 이용한 햄버거 메뉴를 출시하는 것을 사례로 들 수 있다.

📋 내 것으로 만드는 Self - Tip

지역화 전략

지리적 표시제	상품의 특성과 품질 등에 생산지의 지리적 특성이 반영된 경우, 국가가 해당 지역에서 생산·제조·가공된 상품임을 나타내는 표시를 할 수 있도록 인정해 주는 제도 ⑩ 보성 녹차, 프랑스 카망베르 치즈
장소 마케팅	특정 장소를 상품으로 인식하고 사람들이 선호하는 이미지를 개발하여 지역의 가치를 상승시키는 홍보 전략 ⑩ 오스트리아 잘츠부르크의 모차르트 활용 홍보
지역 축제	지역의 고유한 특성을 이용한 축제 ⑩ 보령 머드 축제, 리우 카니발

3. 세계 도시   답 ⑤

㉠은 세계 도시이다. 세계화로 정치, 경제, 문화 등 다양한 측면에서 전 세계적으로 중심지 역할을 하는 세계 도시가 등장하였는데, 이러한 세계 도시에는 국제기구의 본부, 다국적 기업의 본사, 국제 금융 업무 기능, 생산자 서비스 기능, 자본 등이 집중되어 있다.

💡 정답을 찾아가는 Self - Tip

ㄱ. ㉠은 ~~다국적 기업~~이다.
       세계 도시

ㄴ. ㉠은 기능상 독립적으로 존재한다.
→ 세계 도시들은 서로 상호 작용이 매우 활발하며, 기능적으로 연계되어 있다.

4. 다국적 기업의 공간적 분업   답 ②

S 전자는 전 세계에 본사, 자회사, 생산 공장 등을 운영하는 다국적 기업으로, 생산비 절감을 위해 인건비가 더 저렴한 베트남으로 생산 기지를 이동시켰다. 이에 따라 베트남은 일자리가 증가하고 지역 경제가 활성화될 것이다.

💡 정답을 찾아가는 Self - Tip

을: ㉡은 ㉢보다 인건비가 ~~저렴할 거야.~~
                        비쌀 거야.

병: ㉢은 전자 제품 관련 기술 수준이 높은 곳이야.
→ S 전자는 베트남의 기술 수준이 높아서가 아니라, 인건비가 저렴해서 생산 기지를 이동한 것이다.

5. 세계화에 따른 문제점   답 ④

(가)는 세계화로 인한 선진국과 개발 도상국 간의 빈부 격차 심화를, (나)는 세계화로 인해 문화가 보편화되는 현상을 설명하고 있다.

④ (나)와 같은 현상이 확대되면 문화 다양성이 훼손되며 문화가 획일화된다.

6. 세계화에 대한 관점   답 ③

도르플러 씨는 세계화로 문화가 획일화되는 것에 불만을 가지고 있다. ㄴ은 세계 각 지역마다 고유한 문화가 있는 것이 흥미롭다고 하였으므로 문화의 다양성을 강조하는 내용이고, ㄷ은 세계화에 따라 선진국의 영화 문화로 획일화되어 지역의 고유한 영화가 사라지고 있다는 내용이다.

ㄱ은 세계화로 서구권의 문화가 퍼져 나가면서 나타난 긍정적인 영향을, ㄹ은 영어 사용의 확산을 긍정적으로 보는 내용을 담고 있다.

7. 세계화에 따른 문제점과 해결 방안   답 ③

다국적 기업은 생산비 절감을 위해 생산 공장을 주로 개발 도상국에 설립하는데, 이때 이익 극대화에만 관심을 가진 결과 제3 세계 노동자들의 노동 환경이 개선되지 않는 문제가 나타나기도 한다.

💡 정답을 찾아가는 Self - Tip

ㄱ. ㉠: 지역화의 영향으로 본사가 있는 모국에만 생산 공장을 설립한다.
→ 세계화의 영향으로 생산 공장은 주로 생산비를 절감할 수 있는 개발 도상국에 설립한다.

ㄹ. ㉣: 세계화로 나타나는 문화의 획일화를 막기 위해 외래문화를 적극적으로 수용해야 한다.
→ 문화의 획일화를 막기 위해서는 외래문화를 능동적으로 수용해야 한다.

8. 국제 사회의 양상   답 ⑤

국제 갈등은 여러 가지 원인이 복합적으로 작용하여 발생하기 때문에, 어느 한 국가의 노력만으로는 해결하기 어렵다. 이에 따라 국제 협력이 더욱 중요해지고 있는 추세이다.

📋 내 것으로 만드는 Self - Tip

국제 사회의 갈등과 협력 양상
- 세계화에 따라 상호 의존도 증대 → 국제 갈등과 협력이 동시에 나타남.
- 여러 가지 원인이 복합적으로 작용하여 특정 국가의 노력만으로는 국제 갈등을 해결하기 어려움. → 대화와 양보, 국제기구나 국제 비정부 기구의 중재, 국제 협약 등 국제법을 통한 해결 방안 모색

9. 국제 갈등의 사례   답 ③

(가) 벨기에 지역은 네덜란드어를 쓰는 북부와 프랑스어를 쓰는 남부 사이에 언어와 지역감정 대립이 있다. (나) 카스피해 지역은 석유와 천연가스 확보를 위한 영유권 분쟁이 나타난다. (다) 카슈미르 지역은 주민 대부분이 이슬람교도인데, 힌두교를 믿는 인노에 편입되면서 갈등을 겪고 있다.

10. 국제 사회의 행위 주체   답 ①

(가)는 국가, (나)는 국제 비정부 기구에 대한 설명이다. 국제 연합은 국제기구이고, 그린피스와 국제 앰네스티는 국제 비정부 기구에 해당한다.

국제 사회의 행위 주체

국가	국제 사회의 가장 기본적인 행위 주체, 자국의 이익을 최우선적으로 추구 예 대한민국, 미국 등
국제기구	각 나라의 정부를 구성단위로 하여 국제적 목적이나 활동을 위해 구성된 조직체 예 국제 연합, 세계 보건 기구 등
국제 비정부 기구	개인이나 민간단체로 구성된 조직으로, 인류 공익을 위해 활동함. 예 그린피스, 국제 앰네스티 등
개인	국제적 영향력이 강한 개인 예 강대국의 전·현직 국가 원수, 국제 연합 사무총장, 노벨상 수상자 등
기타	각국의 지방 자치 단체, 다국적 기업 등

11. 국제 사회의 행위 주체   답 ②

(가)는 개인, (나)는 국제기구, (다)는 국제 비정부 기구에 해당한다. 국제기구로는 국제 연합, 세계 보건 기구 등이 있고, 국제 비정부 기구로는 그린피스, 국제 앰네스티 등이 있다.

ㄴ. (나)는 주권, 영토, 국민을 구성 요소로 하는 국제 사회의 가장 기본적인 행위 주체이다.
→ 국가에 대한 설명이다.

ㄷ. 세계 보건 기구(WHO), 국제 앰네스티는 (다)에 속한다.
→ 세계 보건 기구는 국제기구이고, 국제 앰네스티는 국제 비정부 기구에 해당한다.

ㄹ. (나)는 (가)와 달리 국제 평화의 실현을 위하여 활동하는 모습을 보인다.
→ (가)와 (나)는 모두 국제 평화의 실현을 위해 활동하는 모습을 보인다.

12. 소극적 평화   답 ②

제시문은 전쟁의 상황에서 희생된 사람들을 이야기하는 장면이다. 전쟁, 폭력 등 물리적인 폭력에 의해 생명을 위협받는 상황으로, 소극적 평화가 보장되지 못한 상태이다.

13. 평화의 유형   답 ⑤

갑은 (가) 소극적 평화, 을은 (나) 적극적 평화를 강조한다. 제시문의 상황에는 흑인에게만 통행증을 제시하라고 요구하는 등의 사회 구조적 차별이 나타나고 있다. 따라서 적극적 평화에는 도달하지 못한 상태라고 할 수 있다.

ㄱ. ㉠은 (가)에 해당하는 평화를 가리킨다.
→ ㉠은 (나) 적극적 평화를 가리킨다.

ㄴ. 갑의 입장에서는 흑인에 대한 차별이 평화를 위협한다고 볼 것이다.
→ 흑인에 대한 차별이 평화를 위협한다고 보는 입장은 적극적 평화를 강조하는 을이다.

14. 남북 분단의 배경   답 ④

남북 분단의 국제적 배경으로는 미국과 소련을 중심으로 전개된 냉전 질서를 들 수 있다. 국내적 배경으로는 광복 후 좌익·우익의 이념적 갈등 등 민족 내부의 응집력 부족을 들 수 있다.

ㄱ. 언어의 이질화 심화
→ 분단의 결과 및 영향에 해당한다.

ㄷ. 역사적·문화적 동질성 부족
→ 남북한은 분단되기 전까지 동일한 역사와 문화를 공유하였다.

15. 통일의 필요성   답 ③

통일이 되면 한반도에 평화를 정착시키고 민족의 동질성을 회복할 수 있다. 또한 이산가족과 실향민의 고통을 해소하고, 빈곤과 기아로 고통받는 북한 주민의 인권을 개선할 수 있다.

16. 동아시아의 영토 분쟁   답 ④

(가)에 들어갈 내용은 영토 분쟁이다. 동아시아와 여러 주변국은 청일 전쟁, 러일 전쟁 등 복잡하게 얽힌 역사적 배경과 해양 자원을 둘러싼 경쟁 등을 이유로 해양 영토 분쟁을 겪고 있다.

17. 일본과 중국의 역사 왜곡   답 ③

일본의 역사 왜곡에는 식민지 지배와 침략 전쟁을 정당화한 역사 교과서 발간, 독도에 대한 부당한 영유권 주장, 야스쿠니 신사 참배 등이 있다. 한편 중국은 동북 공정을 추진하여 고조선, 고구려, 발해 등의 우리 역사를 중국의 역사라고 주장하고 있다.

동아시아의 역사 갈등

영토 분쟁		복잡하게 얽힌 역사적 배경과 해양 자원을 둘러싼 경쟁 등으로 인하여 해양 영토 분쟁 심화
역사 인식 문제	일본	역사 교과서 왜곡(식민지 지배와 침략 전쟁을 미화·정당화), 야스쿠니 신사 참배 문제, 일본군'위안부' 문제, 독도에 대한 부당한 영유권 주장
	중국	고조선, 고구려, 발해 등 과거 만주 지역과 한반도 북부에서 전개된 우리 역사를 모두 중국의 역사라고 주장

18. 우리나라의 국제적 위상   답 ①

우리나라는 유라시아 대륙과 태평양을 연결하는 지리적 요충지로서 지정학적 중요성을 지니며, 국제 사회에서 정치적 영향력이 증대되고 있다. 또한 1960년대 이후 급속한 경제 성장을 이루어 원조를 받던 나라에서 원조를 하는 나라로 탈바꿈하였으며, 전 세계적으로 문화적 우수성을 인정받고 있다.

19. 한·중·일의 공동 역사 교재 제작 답 ⑤

한·중·일의 학자, 교사, 시민들은 역사 인식의 차이를 극복하며 공통의 역사 인식을 마련하기 위해 공동 역사 연구를 진행하여 공동 역사 교재를 제작하였다. 공동 역사 교재의 발간은 상대의 역사를 올바르게 이해하고, 과거의 갈등을 넘어 평화로운 미래로 나아가기 위한 바탕이 될 수 있다.

20. 우리나라의 국제 평화 기여 방안 답 ③

우리나라는 경제 성장과 정치 발전을 이루며 국제적 위상을 높여 왔고, 이를 바탕으로 국제 사회의 평화에 이바지하고 있다. 또한 친환경적인 산업을 발전시키고 탄소 배출량을 줄여 나감으로써 지구 온난화 방지와 환경 보호에 적극 동참하고 있다.

21. 우리나라의 문화적 우수성 답 ②

우리의 전통문화는 그 우수성을 인정받아 석굴암과 불국사, 해인사 장경판전 등이 유네스코 세계 문화유산으로 등재되었다. 또한 드라마, 케이팝 등 대중문화도 한류 열풍을 타고 전 세계로 확산되고 있다.

> 💡 정답을 찾아가는 **Self - Tip**
>
> ㄴ. 저개발 국가, 개발 도상국에 대한 경제 원조
> → 우리나라는 6·25 전쟁 당시 원조를 받는 나라였다가 1960년대 이후 급속한 경제 성장을 이룩하며 저개발 국가와 개발 도상국 등에 원조를 하는 나라가 되었다.
>
> ㄷ. 경제 협력 개발 기구에의 가입과 활발한 활동
> → 우리나라의 경제적 성장과 관련된 진술이다.

서술형 문제

22. 세계화에 따른 문제점과 해결 방안

모범 답안 | (1) 국가 간, 국가 내 빈부 격차 심화
(2) 문화의 획일화와 소멸, 자국 문화의 정체성을 유지하면서도 외래문화를 능동적이고 비판적으로 수용하는 자세가 필요하다.
주요 단어 | 정체성 유지, 능동적·비판적 수용

채점 기준	배점
(나)에 들어갈 내용을 쓰고, 이를 해결하기 위한 방안을 바르게 서술한 경우	상
(나)에 들어갈 내용만 쓴 경우	하

23. 국제 사회의 행위 주체와 국제 평화의 필요성

모범 답안 | (1) 국제기구, 국제 비정부 기구
(2) 평화를 실현하면 문화유산을 보존하여 물질적 풍요와 함께 정신적 문화의 가치를 후세에 전달할 수 있으며, 인류의 안전과 생존을 보장할 수 있다.
주요 단어 | 문화유산, 정신적 문화, 인류의 안전과 생존

채점 기준	배점
문화유산을 보존하여 후세에 정신적 문화의 가치를 전달할 수 있음, 인류의 안전과 생존을 보장할 수 있음을 모두 정확하게 서술한 경우	상
문화유산을 보존하여 후세에 정신적 문화의 가치를 전달할 수 있음, 인류의 안전과 생존을 보장할 수 있음 중 한 가지만 서술한 경우	하

 Ⅸ. 미래와 지속 가능한 삶

통합사회 예상 문제 제**9**회   p. 53 ~ p. 57

1 ③	**2** ②	**3** ③	**4** ⑤	**5** ③
6 ③	**7** ④	**8** ③	**9** ⑤	**10** ②
11 ②	**12** ⑤	**13** ①	**14** ④	**15** ④
16 ①	**17** ①	**18** ③	**19** ③	**20** ②
21 ①	**22** 해설 참조		**23** 해설 참조	
24 해설 참조				

1. 대륙별 인구 비율 변화 답 ③

A는 아프리카, B는 유럽이다. 아프리카 대륙의 인구 증가 주요 원인은 높은 출생률이다. 아프리카는 합계 출산율이 높아 인구가 빠르게 증가하고 있으며, 유럽은 아프리카보다 노년층의 인구 비중이 크다. 또한 유럽은 인구 변천 모형에서 4단계인 소산 소사 단계에 속하는 국가들이 많다. 모든 연도에서 대륙별 인구 비율은 아시아가 가장 높다.

> 💡 정답을 찾아가는 **Self - Tip**
>
> ㄱ. A의 인구 증가 주요 원인은 <s>난민의 유입</s>이다.
>   높은 출생률
> ㄹ. <s>B는 A보다</s> 유소년층 비중이 크다.
>   A는 B보다

2. 선진국과 개발 도상국의 인구 특성 답 ②

(가)는 말리, (나)는 오스트레일리아이다. 말리는 합계 출산율이 높게 나타나는 개발 도상국이고, 오스트레일리아는 합계 출산율이 낮게 나타나는 선진국이다.

따라서 (가) 국가는 상대적으로 출생률과 사망률이 모두 높고, 평균 기대 수명이 낮다. 반면 (나) 국가는 상대적으로 출생률과 사망률이 모두 낮고 평균 기대 수명이 길다. 중위 연령은 (가)보다 (나)가 높게 나타난다.

3. 세계의 인구 이동과 이에 따른 문제 답 ③

㉠은 경제적 목적의 노동 이주자, ㉡은 정치적 목적의 난민 및 망명자이다. ① 경제적 이동은 주로 개발 도상국에서 선진국으로 나타난다. ② 취업 기회를 찾아 선진국으로 떠나는 청장년층이 많은 개발 도상국들은 장기적으로 청장년층 노동력이 감소하여 사회 분위기가 침체될 수 있다. ④ 정치적 이동의 유출 지역인 서남아시아 및 북부 아프리카와 유럽의 종교 및 문화가 서로 달라 문화적 갈등이 나타날 수 있다. ⑤ 오늘날의 세계 인구 이동은 대부분 경제적 이동에 해당한다.

③ 정치적 이동은 전쟁과 분쟁에 의한 이동이다. 영민이는 환경적 이동에 대해 말하고 있다.

4. 선진국과 개발 도상국의 인구 문제 답 ⑤

(가) 군은 경제 협력 개발 기구(OECD) 회원국이고, (나) 군은 비회원국이다. (가), (나) 군 모두 2100년의 인구 구조를 보면 생산 연령 인구는 감소하고, 노년층 인구 비중은 증가하여 고령화 문제에 직면해 있다.

① (가) 군은 인구 과잉 문제에 직면해 있다.
(나)
→ (가) 군은 저출산·고령화 문제에 직면해 있다.

② (나) 군은 여성의 사회 진출 증가와 출산 및 육아에 대한 부담으로 출생률이 낮다. (가)

③ (가) 군보다 (나) 군의 경제 수준이 더 높다.
(나) 군보다 (가) 군의

④ (나) 군보다 (가) 군은 산아 제한 정책에 세금을 더 많이 투입할 것이다.
→ (가) 군은 출산 장려 정책과 노인을 위한 사회 보장 제도 정책에 세금을 많이 투입할 것이다.

5. 우리나라의 인구 구조 변화 답 ③

2015년은 1960년보다 유소년층 비중이 작고, 노년층 비중이 크다. 따라서 유소년 부양비는 감소하고 노년 부양비는 증가한 것을 고르면 된다.

6. 우리나라의 인구 정책 답 ③

저출산 현상이 심각한 현재에는 우리나라에서 출산을 장려하는 인구 정책 표어를 만들고 있다. 1980년대까지는 높은 출산율을 줄이기 위해 가족계획을 유도하는 인구 정책 표어를 만들었고, 1990년대에는 남아 선호 사상을 없애기 위한 표어를 만들었다. 이후 출생률이 너무 많이 떨어지자 2000년대부터는 출산을 장려하는 인구 정책 표어를 만들었다. ④는 1960년대, ②는 1980년대에 가족계획을 유도하기 위한 표어이고, ①과 ⑤는 1980~1990년대의 남아 선호 사상을 없애기 위한 표어이다.
③은 출산을 장려하는 2000년대의 인구 표어이다.

7. 우리나라 저출산·고령화의 문제점과 해결 방안 답 ④

1960년에는 경제 성장이 미진한데 비해, 출생률이 높아 인구 과잉 문제가 나타났다. 현재는 출생률이 너무 낮고 고령화 속도가 빨라, 노인의 경제적 자립을 위한 지원 및 복지 정책이 필요하다. 특히 현세대를 위한 복지 확대는 생산 연령 인구가 매우 적은 미래 세대에게 부담이 될 수밖에 없으므로, 연금 등을 현세대에만 유리하게 적용할 것이 아니라 미래 세대의 부담을 줄이기 위한 배려가 필요하다.
ㄴ. 1960년보다 2015년에는 청년 한 명이 부양해야 하는 노인의 숫자가 늘어났다.

8. 자원의 특성 답 ③

제시된 자료를 통해 석유와 천연가스가 서남아시아에 40% 넘게 매장되어 있는 것을 알 수 있다. 이는 자원이 세계 여러 지역에 고르게 분포하지 않고 특정 지역에 치우쳐 분포하는 편재성과 관련이 깊다.

① 자원의 가변성
→ 자원의 가치가 과학 기술 발달과 사회적·문화적 배경 등에 따라 달라지는 것을 의미한다.

② 자원의 유한성
→ 매장량이 한정되어 있어 언젠가는 고갈되는 자원의 특성을 말한다.

④ 자원의 상대성
→ 자원의 가치는 지역과 문화에 따라 달라진다는 것을 뜻한다.

⑤ 자원의 희소성
→ 사람들의 욕구를 충족시킬 만큼 자원의 양이 충분하지 않다는 것을 의미한다.

9. 세계의 에너지 소비 답 ⑤

세계의 에너지 소비량은 석유, 석탄, 천연가스, 수력, 원자력 순으로 나타난다. 따라서 A는 석유, B는 석탄, C는 천연가스이다. 천연가스는 냉동 액화 기술의 발달로 소비량이 급증하였으며, 석유나 석탄보다 대기 오염 물질의 배출이 적다.

ㄱ. A는 산업 혁명기의 주요 에너지 자원이었다.
B

ㄴ. B는 서남아시아에 집중 매장되어 있다.
A, C

10. 자원의 분포와 이동 답 ②

(가)는 서남아시아 지역에서 유럽, 동아시아, 미국 등으로 이동하는 것으로 보아 석유이다. (나)는 오스트레일리아와 인도네시아에서 주로 수출하는 것으로 보아 석탄이다. 석유는 석탄보다 세계 소비량과 국제 이동량이 많고, 상용화 시기가 늦다.

11. 자원 갈등 지역 답 ②

A 카스피해는 천연가스와 석유 자원을 확보하기 위한 러시아, 카자흐스탄, 투르크메니스탄 등의 주변국 간 갈등이 나타나는 지역이다. B 북극해는 기후 변화로 북극의 빙하가 녹으면서 개발이 가능해진 자원을 둘러싼 러시아, 캐나다, 미국 등의 갈등이 나타나는 지역이다. C 남중국해는 중국, 베트남, 필리핀 등 5개국이 천연가스와 원유를 확보하기 위한 분쟁을 벌이는 지역이다. D 동중국해는 중국과 일본이 가스전을 두고 갈등을 빚고 있는 지역이다. E 포클랜드 제도는 영국과 아르헨티나가 원유 매장지를 두고 영유권 분쟁을 벌이는 지역이다. 따라서 A~E는 모두 자원 확보를 둘러싼 갈등 지역이다.

ㄴ. D는 C보다 분쟁 당사국의 수가 많다.
→ C는 D보다 분쟁 당사국의 수가 많다.

ㄹ. A~E의 갈등을 해결하기 위해서는 각국이 경제적 이익을 최대한 추구해야 한다.
→ 국가 간 이해와 노력을 통해 공동의 이익을 추구해야 한다.

12. 자원 민족주의 답 ⑤

석유 수출국 기구(OPEC)는 원유의 생산을 조정함으로써 석유 가격을 인상시켜 석유 파동을 일으켰다. 이와 같은 경우 세계 경제는 큰 타격을 입을 수 있다. 따라서 자원을 둘러싼 갈등은 몇몇 국가만의 문제가 아니라 지구 전체의 문제이다.

13. 국제 환경 협약 답 ①

세계 각 국가는 각종 국제 환경 협약을 체결하여 환경 보전 활동에 힘쓰고 있다. 습지 보호를 위해 람사르 협약을 맺거나 생물 종 보호를 위해 생물 다양성 협약을 체결한 것이 그 예이다.

ⓒ 산성비 문제 해결
→ 바젤 협약은 유해 폐기물의 국가 간 이동을 통제하기 위한 협약이다.

ⓔ 프레온 가스의 생산·사용 규제
→ 기후 변화 협약은 온실가스의 배출량을 규제하기 위한 협약이다.

14. 지속 가능한 발전   답 ④

지속 가능한 발전이 필요한 이유는 지구촌에 자원 고갈, 빈부 격차의 문제가 끊임없이 나타나고 있기 때문이다. 과학 기술의 발달, 국가 간 협력 확대는 지속 가능한 발전을 이룰 수 있는 방법이다.

15. 미래 예측의 특징   답 ④

미래 지구촌의 모습을 다양한 측면에서 예측하면 지구촌의 평화와 지속 가능한 발전 방향을 모색해 볼 수 있다.

🔍 정답을 찾아가는 Self - Tip

① 미지의 영역인 미래를 예측하는 것은 불가능하다.
→ 최근에 더욱 과학적이고 체계적인 미래 예측이 이루어지고 있다.
② 과거의 예언가, 사상가들의 미래 예측은 매우 ~~과학적이었다.~~
                과학적 근거가 부족하였다.
③ 각 분야의 전문가들은 미래 예측에 관해 ~~한 가지~~ 예측을 하고
                          다양한
있다.
⑤ 미래 예측은 불확실성이 크기 때문에 독립된 학문 영역인 미래 학의 수립은 어려울 것이다.
→ 미래학은 하나의 독립된 학문 영역으로 발전하였다.

16. 미래 사회의 낙관론과 비관론   답 ①

제시문의 미래학자는 미래 모습에 대해 51%의 확률로 낙관적 전망을, 49%의 확률로 비관적 전망을 내놓고 있다. 그리고 미래 사회의 문제는 우리가 만든 것이므로 이를 해결하려면 우리의 노력이 필요하다고 이야기하고 있다.

🔍 정답을 찾아가는 Self - Tip

ㄷ. 미래 사회의 모습은 현재의 인류가 어떻게 준비하고 대처해 나가느냐에 관계없이 이미 정해져 있다.
→ 현재의 인류가 미래를 어떻게 준비해나가느냐에 따라 미래는 달라질 수 있다.
ㄹ. 인류에게 닥친 문제가 더 이상 확산되지 않기 위해서는 국가 간 자원의 이동과 교류를 줄여야 한다.
→ 전 지구적 문제의 확산과 국가 간 자원의 이동 및 교류는 연관성이 없거나 그 여부를 알 수 없다. 오히려 국가 간 교류의 활성화를 통해 연대 의식을 높이고 협력하는 것이 인류의 문제 해결에 도움이 된다.

17. 산업 혁명의 변화 양상과 특징   답 ①

1차 산업 혁명은 농업 중심의 1차 산업에서 제조업 중심의 2차 산업으로 전환되는 계기가 되었다. 1차 산업 혁명에 의해 등장한 사회는 산업 사회이며, 3차 산업 혁명에 의해 등장한 사회는 정보 사회에 해당한다. 익명성으로 인한 사회 문제는 산업 사회보다 정보 사회에서 심각하다.

🔍 정답을 찾아가는 Self - Tip

ㄷ. ⓛ보다 ⓒ에 의해 등장한 사회에서 부가 가치의 원천으로서 노동이 차지하는 비중이 증가하였다.
→ 정보 사회에서는 부가 가치의 원천으로서 지식과 정보의 비중이 높아지고 자본과 노동의 비중은 낮아진다.
ㄹ. ⓒ과 달리 ⓔ에서는 2차 산업의 중요성이 감소한다.
→ 4차 산업 혁명은 첨단 기술과 2차 산업(제조업)의 결합에 바탕을 두고 있으므로 2차 산업의 중요성이 감소한다고 볼 수 없다.

18. 과학 기술 발전에 따른 변화   답 ③

인공 지능 로봇의 개발로 인간의 노동 시간이 줄어들겠지만 그것이 노동 없이 살아갈 수 있음을 의미하지는 않는다.

19. 환경 문제의 이해   답 ③

제시된 글의 빙하 감소 및 해수면 상승은 기후 변화에 대한 내용이다. 기후 변화로 인한 지구 온난화는 인구 증가와 자원 소비량 증가가 원인으로, 개별 국가를 넘어 전 지구적으로 나타나는 문제이다.

20. 미래 사회에 요구되는 자질   답 ②

미래 사회에 요구되는 자질 중 하나는 지구촌의 다양한 문제에 관심을 갖고 지속 가능한 발전의 방향에서 환경 보전과 미래 세대에 대한 책임을 고려하는 것이다. 따라서 ② 지속적인 경제 성장만을 최우선 가치로 두고 노력하는 것은 바람직하지 않다.

21. 미래 사회의 직업   답 ①

무인 자동차 시대가 도래할 것으로 예측되므로 택시 운전사는 사라질 가능성이 있고, 드론의 보급은 택배 배달원의 일자리를 대체할 수 있다.

서술형 문제

22. 인구 문제
모범 답안 | (1) (가)-(다)-(나)

(2) 임신, 출산, 육아를 위한 비용을 지원하고, 육아 휴직 기간을 연장한다. 또한 공공 보육 시설을 확충하고, 유연 근무제를 확대 실시한다.

주요 단어 | 임신, 출산, 육아 비용 지원, 육아 휴직, 공공 보육 시설, 유연 근무제

채점 기준	배점
인구 정책 두 가지를 모두 바르게 서술한 경우	상
인구 정책을 한 가지만 서술한 경우	하

23. 자원 갈등의 해결 방안
모범 답안 | 각국은 경제 협력을 통해 공동의 이익을 추구해야 하며, 자원을 보존하고 효율적으로 이용하려는 국가 간 이해와 노력이 필요하다. 또한 화석 연료를 대체할 신·재생 에너지를 개발해야 한다.

주요 단어 | 공동의 이익 추구, 자원의 보존 및 효율적 이용, 신·재생 에너지 개발

채점 기준	배점
자원 갈등의 해결 방안을 두 가지 모두 서술한 경우	상
자원 갈등의 해결 방안을 한 가지만 서술한 경우	하

24. 미래 사회의 문제점
모범 답안 | 복제 인간을 둘러싼 인간존엄성 훼손이라는 윤리적 문제를 불러올 수 있다.

주요 단어 | 인간존엄성 훼손, 윤리적 문제

채점 기준	배점
미래 사회의 문제점을 통합적으로 서술한 경우	상
미래 사회의 문제점을 사례 중심으로 서술한 경우	하